I0058467

TECHNISCHER SELBSTUNTERRICHT

FÜR DAS DEUTSCHE VOLK

Briefliche Anleitung zur Selbstausbildung in allen Fächern
und Hilfswissenschaften der Technik

unter Mitwirkung von

JOH. KLEIBER
Oberstudienrat in München

und bewährten anderen Fachmännern

herausgegeben von

INGENIEUR KARL BARTH

————

I. Fachband
Naturkräfte und Baustoffe

München und Berlin 1922
Druck und Verlag von R. Oldenbourg

Alle Rechte, insbesondere das der Übersetzung, vorbehalten
Copyright 1921 by R. Oldenbourg, München

Vorrede zum I. Fachbande.

Wie schon aus der Bezeichnung „Fachband" für diesen Teil unseres Werkes „Technischer Selbstunterricht" hervorgeht, handelt es sich hier um das Studium von Lehrgegenständen, die nicht mehr zu den Hilfswissenschaften zählen, sondern bereits als Grundlagen der Technik mit zum Aufbau der technischen Wissenschaften gehören. Sie sind daher für jeden, der auf irgendwelchem praktischen Gebiete technisch schaffen will, von großer Bedeutung.

Für die Darstellung sollen im allgemeinen die gleichen Grundsätze maßgebend bleiben, die uns bei der Bearbeitung der die Hilfswissenschaften umfassenden Vorstufe geleitet haben und die im ersten Vorworte sozusagen als Unterrichtsprogramm aufgestellt worden sind. In dieser Absicht werde ich mich dem volkstümlichen Charakter des Werkes entsprechend und im Interesse der gründlichsten Selbstausbildung auch hier bemühen, nur jene Stoffgebiete auszuwählen, deren Kenntnis für die technische Praxis unbedingt nötig und sonach auch am besten verwertbar ist; innerhalb dieser Grenzen soll nach wie vor in allen Einzelheiten dem wichtigen Unterschiede zwischen „technischem Wissen" und „praktischem Können" möglichst Rechnung getragen werden; erleichtert werden diese Bestrebungen wesentlich dadurch, daß im gegenwärtigen Stadium des Selbstunterrichtes auf Grund des Studiums der Vorstufe bei allen Lesern, sie mögen welchem Stande oder Berufe immer angehören, gleiche mathematische, geometrische und chemische Vorkenntnisse vorausgesetzt werden dürfen.

Einzelne Teile der hier in Betracht kommenden Lehrgegenstände haben sich übrigens schon von selbst aus Gründen der Zweckmäßigkeit mit der Zeit zu förmlich selbständigen Wissenschaften entwickelt, denen naturgemäß auch in diesem Selbstunterrichtswerke der ihnen gebührende Platz von vornherein gesichert bleiben muß. Es gilt dies insbesondere von dem äußerst umfangreichen Gebiete der **Physik**, der Lehre von den Naturkräften, die sich in bezug auf die rein mechanischen Kräfte allmählich zu der in erster Linie für bautechnische Arbeiten hervorragend wichtigen „**Baumechanik**" und der mehr in das Maschinenfach schlagenden „**Technischen Mechanik**" und endlich bezüglich der elektrischen Erscheinungen zu der in ihrer Bedeutung für Technik heute wohl kaum noch richtig einzuschätzenden „**Elektrotechnik**" entwickelt hat. Diese Teile der allgemeinen Physik können daher im vorliegenden Bande etwas allgemeiner gehalten werden, weil die drei genannten aus der Physik hervorgegangenen Fachwissenschaften ohnedies später je nach ihrer Zusammengehörigkeit zu den betreffenden Hauptfächern der Technik in den folgenden Fachbänden über „Bautechnik" sowie über „Maschinenbau und Elektrotechnik" zur eingehenden Darstellung kommen werden. Gleich wichtig für Techniker jeder Fachrichtung sind dagegen die Lehrgegenstände „**Stoffkunde**" und „**Technologie**", die sich von vornherein nur mit den für die Technik wichtigsten Baustoffen und deren kunstgerechter Bearbeitung befassen, sowie der Teil „**Technisches Zeichnen**", der der Hauptsache nach die für jeden Konstrukteur unentbehrlichen Lehren der darstellenden Geometrie in ihren Anwendungen für das Bau- und Maschinenzeichnen enthalten wird.

Zur Übung im „praktischen Können" werden in der Physik und im technischen Zeichnen wieder zahlreiche, zum großen Teile der technischen Praxis entnommene Aufgaben rechnerischer und konstruktiver Natur gegeben und gelöst, die technisch-universelle Bildung wie bisher durch eine Reihe sorgfältig gewählter Aufsätze allgemein-technischen Inhaltes und durch eine Anzahl von Lebensbildern unserer berühmtesten Gelehrten und Fachmänner gefördert werden. — Die äußere Ausstattung des Werkes bleibt ungeändert; insbesondere wird auf die bisher beobachtete weitgehende Zerlegung des Inhaltes in einzelne, leicht faßbare Unterabteilungen, die durch ihre Übersichtlichkeit den Selbstschülern die Bewältigung des Stoffes in ganz besonderem Maße erleichtern dürfte, nach wie vor besonderer Wert gelegt werden. — Die in der Vorstufe unter [2—4] gemachten Bemerkungen über das Studium und die Einteilung der einzelnen Briefe sowie über die Benützung der Fragestelle bedürfen auch bezüglich dieses Bandes keiner weiteren Ergänzung.

Ich kann nur neuerlich den Wunsch aussprechen, daß alle jene, die ihre Selbstausbildung auf diesem Wege anstreben, den verdienten Lohn ihrer Mühen in reichlichstem Maße finden mögen. Unsere Zeit stellt an jeden einzelnen die höchsten Ansprüche und braucht Männer von gründlicher Fachbildung, um den schweren Wirtschaftskampf glücklich zu bestehen. An geistigen Waffen für diesen Kampf fehlt es auch im vorliegenden Fachbande keineswegs; jeder intelligente Mann, der sich dem Studium der technischen Wissenschaften mit Eifer und Tatkraft hingibt, kann sie sich im reichlichsten Maße herausholen und dadurch zielbewußt und ohne jede fremde Hilfe seine Geistesbildung und seine praktische Verwendbarkeit wesentlich erhöhen.

Meinen bisherigen Mitarbeitern, die mich auch bei diesem Bande in der ersprießlichsten Weise unterstützten, vor allem dem sehr geschätzten Herrn **Professor Johann Kleiber**, der an der Bearbeitung des ganzen Werkes so hervorragenden Anteil nimmt, sowie den verehrten Herren **Ingenieuren Hubert Dietl und Robert Nowotny** für ihre wertvollen Beiträge sei auf diesem Wege wieder mein bester Dank ausgesprochen. Für das Mitlesen und für zeichnerische Arbeiten bin ich dem **Ingenieur Otto Zwierina** sehr verbunden. — Außerdem danke ich herzlich dem **Maler Ludwig Girardi**, dessen künstlerisch ausgeführte Federzeichnungen die Lebensbilder unserer berühmten Vorfahren ungemein beleben.

Der **Verlag R. Oldenbourg** wird es sich auch fernerhin angelegen sein lassen, das Werk in jeder Hinsicht auf das beste auszustatten, wofür ich ihm an dieser Stelle schon im vorhinein verbindlichst danke. — Und so möge denn auch dieser Band freundliche Aufnahme und wohlwollende Beurteilung finden. Anregungen zu Verbesserungen und Ergänzungen werden jederzeit gerne angenommen.

Im Juni 1921.

Ing. K. BARTH.

1. BRIEF.

> „Der Strom der menschlichen Geschäfte wechselt;
> nimmt man die Flut wahr, führt sie zum Glück.
> Versäumt man sie, so muß die ganze Reise
> des Lebens sich durch Not und Klippen winden.“
>
> (Shakespeare.)

Kraft, Stoff und Energie.

[1] Die Physik hat in unserer Zeit Gesetze festgestellt, die das Wirken der Naturkräfte in ihren gegenseitigen Beziehungen beherrschen und die nicht nur große Bedeutung für unsere theoretischen Vorstellungen über die Naturvorgänge haben, sondern auch für deren technische Anwendung maßgebend sind. Die großartigen Schauspiele, die uns die Natur täglich darbietet, regen unsere Wißbegierde so mächtig an, daß wir uns unwillkürlich veranlaßt fühlen, über die Gesamtheit der Ursachen nachzudenken, welche diese wunderbaren Wirkungen hervorbringen. Veranlassen wir selbst eine Veränderung in der Lage oder in dem Verhalten der uns erreichbaren Körper, indem wir z. B. eine Last emporheben oder einen Wagen ziehen, so fühlen wir, daß unser **Wille** die Ursache ist und unsere **Kraft** die Wirkung hervorruft oder mindestens auslöst.

Ebenso lassen sich auch Naturerscheinungen nur begreifen und in ihren Gesetzen feststellen, wenn die Kräfte bekannt sind, die die Ursachen der Erscheinungen sind. Wir kennen bereits aus der Chemie das bedeutungsvolle Gesetz von Lavoisier über die Erhaltung des Stoffes, wonach die Grundstoffe unzerstörbar und sowohl in ihrer Masse wie in ihren Eigenschaften unveränderlich sind. An dieses Gesetz schließt sich von selbst die weitere Folgerung an, daß alle elementaren Substanzen in ihren Eigenschaften wohl unveränderlich, dafür aber in ihrer Verteilung im Raume, in ihrer Mischung und Verbindung veränderlich sind, welche räumliche Verteilung schließlich nur durch Bewegung zustande kommen kann. Ist aber **Bewegung** die Urveränderung, die allen Naturerscheinungen zugrunde liegt, so sind alle Naturkräfte **Bewegungskräfte**. In dieser Erkenntnis liegt das Endziel der Naturwissenschaften: Die allen Erscheinungen und Veränderungen in der Welt zugrunde liegenden Bewegungen und die sie auslösenden Triebkräfte zu finden, also alle Naturvorgänge als Wirkungen rein mechanischer Kräfte zu erklären. — In vielen Zweigen der Naturwissenschaften, z. B. in der Astronomie, beim Licht und Schall sowie in der Wärme- und in der Elektrizitätslehre ist es bereits gelungen, die unmittelbar beobachteten Erscheinungen auf Bewegungen und Bewegungskräfte zurückzuführen; in der Chemie wird eifrigst an der Ausbildung bestimmter Vorstellungen über die Form der Bewegungen und Lagerung von Molekülen und Atomen gearbeitet.

Alle diese elementaren Kräfte, die Bewegungskräfte, unterliegen dem für die rein mechanischen Kräfte schon längst erwiesenen, von dem **deutschen Forscher Dr. Robert Mayer 1842** zum ersten Male in der allgemeinsten Form aufgestellten **Gesetze von der Erhaltung der Energie, wonach im Weltall sowie an Stoff auch an Energie nichts verloren gehen kann.** Über die Gesetze rein mechanischer Bewegung sowie über die Wirkungen rein mechanischer Kräfte ist sich Wissenschaft und Technik schon lange im klaren: die Mechanik arbeitet in ihrer ganzen Ausdehnung mit einzelnen Kräften und Kräftegruppen, um die Erscheinungen des mechanischen Gleichgewichtes und der Bewegung zu erklären. Tritt bei solchem Spiele der Kräfte irgendeine Wirkung ein, so wird diese vom Tieferblickenden auf Grund des Gesetzes von der Erhaltung der Energie nicht mehr der **Kraft an sich**, sondern einem Etwas zugeschrieben, das wir schon früher als „**Arbeit**“ bezeichnet haben. **Die Einheiten dieser fundamentalen „Arbeitsgröße“** sind uns bereits bekannt (siehe Vorstufe [1]): das **Kilogrammeter** für die bei Hebung eines Gewichtes von **1 kg auf ein Meter Höhe** geleistete Arbeit, das **Sekundenkilogrammeter** für die Leistung, wenn 1 kg 1 m hoch in einer Sekunde gehoben wird, und die von den Maschinentechnikern eingeführte **Pferdestärke** (früher Pferdekraft genannt) als Einheit jener Leistung, die bei Hebung von **75 kgm in einer Sekunde** vollführt wird. Es darf daher nicht gesagt werden, die Kraft P sei identisch mit der Arbeit $P \times s$ ($s =$ Weglänge); die Kraft spielt hier bloß die Rolle des Auslösemomentes; die Wirkung, die Arbeit, kann sie nur untrennlich verbunden mit den ihr also gleichwertigen Faktoren des Weges und allenfalls der Zeit vollbringen.

Es gibt aber noch einen Fall, der für unsere Betrachtung von besonderer Bedeutung ist, und das ist der, daß zwar noch keine Wirkung der Kraft eingetreten, also noch keine Arbeit geleistet worden ist, daß aber nach den gegebenen Verhältnissen die Möglichkeit des Eintrittes einer Wirkung von bestimmter Größe vorliegt. **Diese Fähigkeit, „Arbeit zu leisten“,** nennt die Wissenschaft **Energie.** Man unterscheidet dabei die **Energie der Lage** (potentielle Energie, Spannung) von der **Energie der Bewegung** (kinetische Energie, oder auch, was freilich leicht zu Mißverständnissen führen kann, lebendige Kraft genannt).

Unter **potentieller Energie eines Körpers versteht man den Betrag an Arbeitsfähigkeit, der ihm infolge der gespannten Lage seiner Teile zukommt.** Es ist dies die jedem Körper innewohnende „Eigenenergie": Gehobene Gewichte, die zum Herabfallen oder zum Arbeiten bereitstehen, gespannte Federn, komprimierte Gase, elektrisierte Körper, Brennstoffe, Explosivstoffe enthalten geheime Energievorräte dieser Art; ändert sich die äußere Lage oder die chemische Beschaffenheit der Teilchen solcher Körper, so ändert sich auch ihr Energieinhalt. Ohne ausnutzbare Eigenenergie (potentielle Energie) sind wohl nur Körper im tiefen Meeresgrunde oder die ruhenden Wassermassen des Meeres selbst, die natürlich bei den Verhältnissen unseres Erdkörpers absolut nicht tiefer mehr fallen, sonach keine tiefere Lage mehr einnehmen können. Ebenso Gase in freier Luft, deren Ausdehnungsbestreben keine Grenze gesetzt ist, u. dgl.

Auch die potentielle Energie wird wie jeder Arbeitsbetrag aus dem Produkte zweier Faktoren: der **Kraft,** die bei der Auslösung auftritt (Gewicht, Federspannung, Gasdruck) mal dem **Wege,** den die den Energievorrat enthaltende Materie unter den gegebenen Umständen bei der Entladung der Energie zurückzulegen vermag, berechnet. Bei einer „Wasserkraft" ist die entladene Energie also gleich dem **Gewichte** der fallenden Wassermassen mal der **Höhe,** von welcher sie bis zur Arbeitsstelle herabfließen, ohne Rücksicht darauf, daß das Wasser dann noch weiter nach abwärts fließen und daher auch in diesen Strecken noch Arbeit leisten (Energie entladen) kann. Die nutzbare Arbeitsfähigkeit des Wassers wird eben erst, wie oben gesagt, im Meere gleich Null. Diese besondere Wirkungsform der Energie tritt bei den technischen Arbeiten außerordentlich häufig auf und wird deshalb allgemein als „**Mechanische Arbeit**" bezeichnet. Wenn ich mit einem Teile meiner physischen Energie, mit meiner Muskelkraft, längs eines Weges — den Widerstand der irdischen Schwere überwindend, — einen Körper von einem tieferen auf ein höheres Niveau hebe, so hat die ihm auf dem tieferen Niveau bereits innewohnende potentielle Energie (Fallfähigkeit) offenbar zugenommen; man sagt kurz: Die von mir beim Heben geleistete Arbeit [$P \times s$] **hat sich als geheime potentielle Energie im gehobenen Körper aufgespeichert.** (Man vergesse aber dabei nicht, daß wir selbsterkennbar an unserer Ermüdung — einen ganz gleichen Teil an Muskelenergie verloren haben.) Der Körper hat nun, am oberen Niveau angelangt, eine der Distanz zwischen den beiden Niveaus entsprechende höhere potentielle Energie erlangt, die durch das Sinken des Körpers jederzeit wieder in nutzbare Arbeit voll umgewandelt werden kann.

Kinetische Energie (oder Bewegungsenergie) nennt man dagegen die Arbeitsfähigkeit eines Körpers, die ihm infolge seiner Bewegung, also infolge seiner Geschwindigkeit im ganzen oder der seiner Teile zukommt. Hierher gehört u. a. die Energie bewegter Massen (Geschosse, fallende Körper, Wasser, Luft usw.), die Energie von Lichtschwingungen und strahlender Wärme, die Energie von Körpern, die Wärmebewegungen zwischen ihren kleinsten Teilchen zeigen (Wärme im eigentlichen Sinne) u. dgl. (Bei unterschlächtigen Wasserrädern und Turbinen kommt die kinetische Energie der unablässig daherströmenden Wassermassen, bei oberschlächtigen Wasserrädern dagegen potentielle Energie des hochgestauten Wassers zur Wirkung.)

Mit der Bewegung tritt ein neuer Faktor, die **Geschwindigkeit,** auf den Plan: Läßt man einen hochgehobenen Stein fallen, so leistet er während seines Falles (mit Ausnahme der Überwindung des geringen Luftwiderstandes) keine Arbeit, nimmt aber dafür immer größere Geschwindigkeiten an, d. h. die Wirkung der Erdanziehung wird verwendet, um den Widerstand zu überwinden, den die träge Masse jeder Änderung der Geschwindigkeit entgegensetzt; hierdurch wird Energie im fallenden Körper akkumuliert. In ähnlicher Weise kann die Umwandlung anderer Energiemengen in kinetische Energie erreicht werden, wie das beim Abschießen einer Kugel, bei der Bewegung eines Schwungrades usw. der Fall ist.

Die kinetische Energie spielt neben der mechanischen Arbeit im Naturhaushalte eine sehr wichtige Rolle; beide zeigen jedoch charakteristische Unterschiede, weil in der einen der **Weg,** in der anderen die **Geschwindigkeit** besonders zur Geltung kommt; während aber die potentielle Energie z. B. beim Hub um gleiche Strecken je um einen gleichen Betrag zunimmt, wächst die Bewegungsenergie im **quadratischen Verhältnisse** der Geschwindigkeit (z. B. bei 7facher Geschwindigkeit schon $7 \times 7 = 49$mal).

Für die technische Arbeit, namentlich im Maschinenwesen, hat die kinetische Energie eine ungeheure Bedeutung: ihre Anwendung ist in den meisten Fällen mit Stoße verbunden, der nahezu immer einen bedeutenden Energieverlust herbeiführt. Die kinetische Energie wird dabei in zwei Teile zerlegt, von welcher der eine die Fortsetzung der Bewegung, der andere aber Formveränderungen der stoßenden Körper herbeizuführen sucht; nebst dem sind Erschütterungen der ganzen Umgebung sowie Wärme- und Schallwirkungen die Folgen des Stoßes. Diese Erscheinungen sind unter Umständen vom Techniker wohl zu beachten: beim Einrammen von Pfählen z. B. strebt er in erster Linie die Fortsetzung der Bewegung, bei der Bearbeitung eines glühenden Eisenstückes dagegen die weitestgehende Formveränderung ohne Fortsetzung der Bewegung an. Im ersteren Falle wird er daher die Masse des stoßenden Körpers, den Rammklotz, in letzterem jene des gestoßenen Körpers, also des zu bearbeitenden Metallstückes möglichst überwiegen lassen.

Beide Energieformen, die potentielle sowie die kinetische, können von Körper zu Körper übergehen und vollführen dies entweder ununterbrochen selbsttätig oder in vom Menschen bewußt veranlaßter Weise; wird z. B. eine Kugel senkrecht nach aufwärts geschossen, so ist die in den antreibenden Explosivstoffe enthaltene potentielle Energie während der Explosion (durch chemische Arbeit und Ausdehnung der in dem engen Gewehrlaufe komprimierten elastischen Gase) in die Kugel übergegangen und leistet beim Aufstiege mit ihr Bewegungsarbeit; hat die Kugel den höchsten Punkt ihrer Bahn erreicht, so ist ihre kinetische Energie für einen Moment voll in potentielle übergegangen, die sich jedoch alsbald beim Herabfallen der Kugel mehr und mehr in kinetische rückwandelt (erkennbar an der größeren Geschwindigkeit); beim Auffallen der Kugel geht endlich ihre Energie auf den von ihr getroffenen Körper über und leistet dort je nachdem Bewegungs- oder Wärmearbeit. Diese Arbeit wird aber erst beim Auffallen der Kugel vollbracht und besteht im Zertrümmern einzelner Teile, im Abplatten oder Wegschleudern der Kugel u. dgl. Der ganze Vorgang wird noch verwickelter, weil die abgeschossene Kugel vorher schon die verschiedensten Widerstände im Gewehrlaufe und in der Luft zu überwinden und dabei Wärme- und Schallarbeit zu leisten gehabt hat. Die Summe aller dieser Einzelwirkungen, im „Arbeitsmaße" gemessen, muß jedoch in jedem Falle der der Kugel innewohnenden Energiemenge gleichbleiben.

In den mächtigsten unserer Maschinen, in den Dampfmaschinen, sind es stark komprimierte luftförmige Körper, die **Wasserdämpfe**, die durch ihr Bestreben, sich auszudehnen, die Maschine in Bewegung setzen; wir verdichten aber hier die Dämpfe nicht mechanisch durch eine äußere Kraft, um ihre Energie ruckweise zu erhöhen, sondern leiten „Wärme", d. h. eine besonders praktische Form des Energievorrates zu einer gegebenen Wassermasse in einen geschlossenen Kessel und verwandeln dadurch das Wasser in Dampf von starker Pressung, der nun den Energieträger vorstellt.

Die **Wärme** erhalten wir zumeist durch Verbrennung von Kohle, also durch einen chemischen Prozeß, bei dem wie überhaupt bei jeder chemischen Verbindung zweier Körper von starker Verwandtschaft Wärme und, wenn die Wärme einen Stoff zum Glühen bringt, Licht entsteht. Daher sind es im Grunde **chemische Prozesse** (sonach chemische Energien) und **Wärme**, die die staunenswerten mechanischen Arbeitsleistungen unserer Dampfmaschinen hervorbringen.

Wir sehen also: **Wärme kann mechanische Arbeitskraft erzeugen, ebenso wie Arbeit in Wärme verwandelt werden kann.** In den bisher besprochenen Fällen mechanischer Energie haben wir gefunden, daß das Quantum von Arbeit, das durch einen bestimmten physikalischen Vorgang erzeugt werden kann, immer ein bestimmt begrenztes ist und daß die weitere Arbeitsfähigkeit einer sog. Naturkraft durch die bereits getane Leistung verringert oder ganz erschöpft wird. Wie verhält es sich in dieser Hinsicht mit der Wärme?

Ursprünglich hat man die Wärme für einen zwar sehr feinen und unwägbaren, aber so wie die chemischen Grundstoffe unzerstörbaren und in ihrer Menge unveränderlichen Stoff gehalten. Heute ist erwiesen (ähnlich wie beim Licht und beim Schall), daß Wärme kein Stoff, sondern eine innere, unsichtbare zitternde Bewegung der kleinsten Teile des Körpers ist. Wenn also durch Reibung und Stoß Bewegung verloren zu gehen scheint, so geht sie tatsächlich nur von den großen sichtbaren Massen auf deren kleinste Teile über und erregt dort Wärme (Zittern der Teilchen). Bei Erzeugung mechanischer Arbeit durch Wärme findet der umgekehrte Vorgang statt.

Nach vielfachen Versuchen (namentlich von Joule) wurde das Verhältnis der verbrauchten „Arbeit" (die bei der Reibung fester und flüssiger Körper [selbst Eis auf Eis gerieben, gibt Wärme] anscheinend vernichtet wird) zu der erzeugten „Wärme" das sog. **mechanische Wärmeäquivalent**, mit **427 Kilogrammeter pro Wärmeeinheit** gefunden, wobei unter dieser Einheit jene Wärmemenge verstanden wird, die 1 kg Wasser um 1° C erwärmt.

Die Energieverhältnisse bei den chemischen Prozessen, bei den magnetischen und elektrischen Erscheinungen sowie bei der strahlenden Energie, die die wellenartigen Schwingungen des Lichtes, des Schalles und der Elektrizität hervorrufen, zu besprechen, würde den Rahmen und wohl auch den Zweck dieses Aufsatzes überschreiten. Sie lassen sich vorläufig auch nur schwer volkstümlich und allgemein verständlich darstellen, weil selbst die wissenschaftlichen Anschauungen hierüber noch nicht vollständig geklärt sind; in dieser Hinsicht stehen noch viele ausschlaggebende Änderungen bevor, namentlich, seit man sich die elektrische Strömung und Strahlung durch Fortbewegung kleinster, elektrisch geladener Teilchen, der sog. **Ionen**, die man in gewissen Fällen durch sich in den Körpern frei bewegende Elektrizitätsatome, die **Elektronen**, ersetzt, zu erklären sucht. — Wie sehr solche neuere und neueste Forschungen selbst die bisher für unumstößlich gehaltenen Grundlehren der Naturwissenschaften beeinflussen können, möge beispielsweise daraus entnommen werden, daß man neuerdings mit Hilfe der Röntgenstrahlen gefunden haben will, daß das bisher für ein Element gehaltene Chlor ein Gemisch von zwei chemisch nicht trennbaren Stoffen ist, von denen der eine das Atomgewicht 37, der andere das Atomgewicht 35 besitzt. Ähnliches vermutet man bei anderen Elementen, deren Atomgewichte bisher nicht ganzzahlig sind. Oder daß man nach Untersuchungen des englischen Chemikers Rutherford aus Stickstoffatomen Wasserstoff abspalten kann, wenn man sie mit genügend schnellen α-Teilchen, d. h. mit positiv elektrischen Heliumatomkernen beschießt. Der Rest soll dann aus 4 Atomen eines neuen Stoffes vom Atomgewichte 3 bestehen. Freilich haben diese jüngsten Fortschritte der Wissenschaft zurzeit für die praktische Chemie keine Bedeutung; immerhin zeigen sie aber, daß in diesen Wissensgebieten noch viele Neuerungen zu erwarten sind.

Für uns genügt es zu wissen, daß auch die letztgenannten Energiearten durchwegs als Bewegungsenergien aufzufassen sind und sonach unbedingt dem für die Technik so ungemein wichtigen Gesetze von der Erhaltung der Energie unterliegen.

Das Weltall erscheint uns demnach mit einem gewissen Vorrate an Energie ausgestattet, die in ihren Teilen in verschiedenen Formen auftritt, wobei aber durch die Naturvorgänge (die nur in der allmählichen Verwandlung der einen Energieform in eine andere bestehen) der **Gesamtvorrat weder vermehrt, noch vermindert** werden kann. Alle Veränderungen in der Welt bestehen nur in einem ewigen Wechsel der Erscheinungsformen dieser Energie: hier als Energie bewegter Massen, dort als regelmäßige Oszillation in Licht- und Schallwellen, bald als Wärme als unregelmäßige Bewegung kleinster Körperteilchen; bald macht sich die Energie als Anziehung zweier gegeneinander gravitierender Massen, bald als chemische Verwandtschaft, elektrische Ladung oder magnetische Verteilung geltend. Verschwindet sie in der einen Form, so erscheint sie sicher in einer anderen, und wo sie in einer anderen Form auftritt, ist gewiß eine ihrer früheren Erscheinungsformen verbraucht worden. — Die Sonnenstrahlen geben bekanntlich den Pflanzen die Kraft, aus der Kohlensäure der Luft und dem aufgenommenen Wasser verbrennliche Stoffe aufzubauen, die den Tieren zur Nahrung dienen; und so sehen wir auch im Kreislaufe des „organischen Lebens" die treibende Kraft nur aus dem großen Energievorrate des Weltalls geschöpft.

Wenn Goethe daher in seiner bekannten, dem Dichter wohl verzeihlichen Abneigung gegen alles, was die Harmonie der Natur stören könnte, sagt:

„Geheimnisvoll am lichten Tag,
Läßt sich Natur des Schleiers nicht berauben,
Und was sie deinem Geist nicht offenbaren mag,
Das zwingst du ihr nicht ab mit Hebeln und mit Schrauben",

so beweist die historische wissenschaftliche Tätigkeit, daß auch die der Erkenntnis zugänglichen Naturgeheimnisse sich niemals gewaltsam und plötzlich, sondern nur durch mühselige, unverdrossene Sammlung von Tatsachen und Beobachtungen sowie deren geistvolle Verwertung durch geniale Forscher langsam Schritt für Schritt enthüllen lassen.

PHYSIK

Mechanik.

Einleitung.

[2] a) Als am Schlusse des Mittelalters die Naturwissenschaften ihre rasche Entwicklung begannen, machte auch die praktische Kunst der technischen Mechanik erhebliche Fortschritte, aber freilich, ähnlich der Alchimie, in einer Richtung, die nach heutigen Anschauungen als gänzlich verfehlt bezeichnet werden muß. Namentlich versuchte man mit vielem Eifer und Scharfsinn, lebende Menschen und Tiere in der Form der sog. Automaten nachzubauen. Das Staunen des 18. Jahrhunderts waren z. B. Vaucansons Ente, welche fraß und sogar verdaute, sowie die Klavierspielerin des jüngeren Droz, die beim Spiele ihren Händen auch mit den Augen folgte und nach beendeter Kunstleistung der Gesellschaft eine höfliche Verbeugung machte. Der schreibende Knabe des älteren Droz, dessen verwickeltes Räderwerk selbst für kluge Köpfe kaum zu enträtseln war, wurde als Erzeugnis der schwarzen Kunst erklärt und sein in mechanischen Werken gewiß genial veranlagter Erbauer in die Kerker der spanischen Inquisition geworfen.

Aus diesem Streben, lebende Geschöpfe nachzubilden, scheint sich eine andere Idee entwickelt zu haben, die gleichsam ein neuer „Stein des Weisen" werden sollte; es handelte sich darum, eine Maschine zu finden, die ihre Triebkraft unaufhörlich aus sich selbst erzeugt, wie es anscheinend bei den lebenden Geschöpfen der Fall ist; denn davon, daß bei diesen die fortdauernde Kraftentwicklung in innigem Zusammenhange mit der Nahrungsaufnahme, mit dem Stoffwechsel steht, hatte man damals noch wenig Ahnung. Krafterzeugung aus sich selbst hielt man zu dieser Zeit für die wesentlichste Eigentümlichkeit alles organischen Lebens. Und diese dem kunstvollen Automaten zu verleihen, sie also mit einer solchen Maschine, einem **Perpetuum mobile,** wie man sie nannte, auszustatten, hielt man für die vollkommenste Lösung der Aufgabe, lebende Geschöpfe zu bauen. Daneben scheint aber noch eine andere Hoffnung in den Köpfen dieser Erfinder gespuckt zu haben. Kraft aus nichts zu schaffen, hatte eine verdächtige Ähnlichkeit mit den Bestrebungen der Alchimisten, Gold zu machen, denn auch Arbeit ist Geld. Hier winkte also auch eine goldene Lösung der großen Aufgabe, die es begreiflich machte, mit welcher Beharrlichkeit und mit welchem Aufwande an Erfindergenie diesem Phantom nachgejagt wurde. Seit Entdeckung des allumfassenden Gesetzes von der Erhaltung der Energie weiß man, daß Kraft, Energie und Arbeit vom Menschen nur umgeformt, aber niemals neu erzeugt werden kann, daß daher ein Perpetuum mobile ein Ding der Unmöglichkeit ist. Ebenso suchen wir nicht mehr Maschinen zu bauen, die die tausend verschiedenen Leistungen eines lebenden Geschöpfes vollführen, sondern verlangen im Gegenteile, daß **eine Maschine nur eine bestimmte Leistung, aber diese an Stelle von tausend Menschen verrichte.**

Immerhin haben diese Kunstwerke mechanischen Geschickes und erfinderischen Geistes nicht wenig zur Bereicherung der mechanischen Hilfsmittel beigetragen, die später zu besseren Zwecken herangezogen werden konnten, so gut wie auch die vielfachen verfehlten Versuche der Alchimisten nicht wenig zum späteren wissenschaftlichen Ausbau der Chemie beitrugen.

b) **Die Physik, die Lehre von den Naturkräften, ist die wichtigste Grundlage der gesamten Technik geworden.** Der Siegeslauf der Technik begann erst, als die Physik ihr die richtigen Bahnen wies, und auch jetzt noch löst jeder Erfolg der Wissenschaft neue Fortschritte der Technik aus.

Die Physik beschäftigt sich hauptsächlich mit der Erklärung der Naturerscheinungen, mit der Feststellung der Naturgesetze in bezug auf die Veränderung des äußeren Zustandes der Körper, während die Technik sich der Naturkräfte bedient, um ihre besonderen Zwecke zu erreichen, die Naturgesetze sonach praktisch verwertet. Der Physiker muß durch Beobachtung in der Natur und durch Anstellung von Versuchen eine Menge von Tatsachen sammeln, sie gruppieren und das diesen Gruppen innewohnende Gesetz durch Messung und Rechnung zu ermitteln trachten.

Einen ähnlichen Weg wollen auch wir einschlagen und in dieser Absicht zunächst die einzelnen Naturerscheinungen, die hierüber bekannten Tatsachen und möglichen Versuche eingehend schildern und dann erst die Naturgesetze durch gemeinschaftliche Lösung zahlreicher Aufgaben anwenden lernen. Durch diesen Vorgang soll der Leser veranlaßt werden, selbst die anscheinend nebensächlichen Erscheinungen aufmerksam zu beobachten, die Ursachen der beobachteten Erscheinungen zu suchen und sich durch Versuche die Erscheinungen womöglich nachzubilden, um sodann ziffermäßig die Verhältnisse, unter welchen die gleiche Erscheinung auftritt, ermitteln zu können. Die gleiche Geistesarbeit muß fast bei jeder technischen Ausführung geleistet werden, und es ist daher für den Leser wertvoll, wenn er schon durch das Studium der Physik daran gewöhnt wird, alles zu beobachten und alles zu ergründen.

Im ersten Briefe wollen wir zunächst mit den mechanischen Kräften, deren Zusammensetzung und Zerlegung beginnen und anschließend daran die von ihnen ausgelösten Bewegungserscheinungen besprechen; so vorbereitet, wollen wir uns dann schon im folgenden Briefe mit den für die Technik so ungemein wichtigen Energieverhältnissen eingehend beschäftigen.

1. Abschnitt.

Mechanische Kräfte und Widerstände.

A. Grundbegriffe.

[3] Mechanik.

Mechanik ist die Lehre von der Bewegung der Körper und vom Gleichgewichte der Kräfte.

Wenn auf einen Körper Kräfte einwirken, so wird er zumeist seinen Beharrungszustand ändern; ein ruhender Körper wird in Bewegung geraten, ein in Bewegung befindlicher Richtung oder Geschwindigkeit oder beides zugleich ändern. Wird an dem Beharrungszustande bei Einwirkung mehrerer Kräfte nichts geändert, so sagt man: „Die Kräfte sind im Gleichgewichte." Die Mechanik zerfällt demnach in die

1. **Lehre von der Bewegung (Dynamik)**, die die Bewegungen eines Körpers beschreibt;

2. **Lehre vom Gleichgewichte (Statik)**, die die Bedingungen untersucht, unter welchen Kräfte im Gleichgewichte stehen.

In bezug auf die Aggregatzustände unterscheidet man die Geomechanik bei festen Körpern (Geodynamik und Geostatik), die Hydromechanik bei flüssigen Körpern (Hydrodynamik und Hydrostatik) und die Aëromechanik bei Gasen (Aërodynamik und Aërostatik).

Die angewandte Mechanik behandelt die Konstruktion von Maschinen und Bauwerken, und zwar heißt die angewandte Dynamik Technische Mechanik, die angewandte Statik Baumechanik.

Da die Bewegung den allgemeineren Fall darstellt und das Gleichgewicht von Kräften nur unter besonderen Bedingungen eintritt, wollen wir im folgenden grundsätzlich die Dynamik der Statik vorausgehen lassen. Die Baumechanik wird einen Lehrgegenstand der Bautechnik, die Technische Mechanik einen Lehrgegenstand des Maschinenbaues bilden.

[4] Allgemeines über Kräfte.

a) Eine Veränderung in dem Beharrungszustande eines Körpers kann nur durch eine äußere Ursache bewirkt werden. Diese Ursache bezeichnen wir als **Kraft**.

Der Mensch sucht bei der Wahrnehmung von Bewegungen, von Formveränderungen an Körpern, von Naturerscheinungen überhaupt nach Ursachen derselben; er fühlt sich erst befriedigt, wenn er die Wirkung auf eine Kraft oder auf mehrere gleichzeitig vorhandene Kräfte zurückführen kann. Wenn ein Arbeiter einen schwerbeladenen Karren weiterbringen soll, muß er seine Muskeln anstrengen, um die zur Fortbewegung nötige Arbeit zu leisten; dem Arbeiter selbst ist ohne weiteres klar, daß es seine Muskelkraft ist, die die Leistung der Fortbewegung hervorbringt. Ein Wilder, der durch kräftiges Reiben zweier trockener Holzstücke aneinander Feuer erzeugt, muß ebenfalls seine Muskeln anstrengen, muß eine bedeutende Kraft aufbieten; auch er weiß ganz gut, daß das Feuer nicht von selbst entsteht, sondern daß er es ist, der es hervorruft, daß das Feuer von seiner Kraft herrührt.

Einen schweren Stein bringen wir nicht von der Stelle; wir können ihn nicht heben, weil die Schwerkraft entgegenwirkt, sein Gewicht zu groß ist; wir können ihn aber auch nicht wegschieben, weil zwischen dem Stein und der Bodenfläche eine Reibungskraft auftritt, welche ihn festhält. Ein Stück Kautschuk oder eine Metallfeder leisten Widerstand gegen alle Formveränderungen, und wir sprechen deshalb von einer Federkraft und von der Elastizität des Kautschuks, die jedem Außendrucke entgegenwirkt.

b) Man unterscheidet **äußere** und **innere Kräfte**. **Äußere Kräfte** sind solche, die von außen her auf die Körper einwirken.

Außer der tierischen Muskelkraft und der Schwerkraft, die sich als Eigengewicht (Absolutes Gewicht, Erddruck usw.) oder als Belastung (z. B. Schneebelastung auf Dächern) äußert, gibt es noch eine ganze Reihe verschiedener anderer äußerer Kräfte, von denen wir vorläufig nur den Winddruck sowie den Wasser- und den Gasdruck anführen wollen.

Unter der Einwirkung der äußeren Kraft kann ein Körper in Bewegung geraten, oder es kann hierdurch eine vorhandene Bewegung geändert werden. Freilich setzt das voraus, daß der Körper frei beweglich und daß die Kraft groß genug ist, um die Widerstände, die sich der Bewegung entgegensetzen, zu überwinden.

Bei äußeren Kräften kommt auch das außerordentlich wichtige, von Newton aufgestellte **Prinzip der gleichen Wirkung und Gegenwirkung (Aktion, Reaktion)** zur Geltung. Es besagt, daß jeder Wirkung am ruhenden Körper eine gleich große Gegenwirkung entgegensteht, oder anders ausgedrückt: übt ein Körper auf einen zweiten eine Kraft aus, so übt dieser auf den ersten eine gleiche, aber entgegengesetzt gerichtete Gegenkraft aus.

Lege ich auf meine ausgestreckte Hand ein Gewicht, so übt es einen nach abwärts gerichteten Druck aus; will ich, daß sich die Hand unter der Einwirkung dieses Druckes nicht abwärts bewegt, so muß ich mit der Kraft der Armmuskeln der Schwerkraft entgegenwirken. Bleibt die Hand ruhig, so ist die Muskelkraft dem Gewichte gleich geworden; es ist Gleichgewicht eingetreten, weil sich die am Körper wirkenden äußeren Kräfte das Gleichgewicht halten.

Springt man aus einem Kahn ans Ufer, so bewegt sich dieser vom Ufer hinweg, falls er nicht festgehalten wird oder angebunden ist. Wird ein Gewehr oder Geschütz abgefeuert, so erleidet die Waffe einen starken Stoß nach rückwärts (Rückstoß).

c) Bei den eben erwähnten Kräftewirkungen handelt es sich um äußere Kräfte, die sich am Körper das Gleichgewicht halten. Gegenwirkung wird aber auch dann hervorgerufen, wenn während der Einwirkung einer äußeren Kraft der Körper nicht beweglich ist; dann löst diese Kraft **innere Kräfte** aus und zwar in solcher Stärke, daß sie den äußeren gleich groß werden.

Versuchen wir, ein Stück Holz mit einem Messer zu spalten, so finden wir, daß ein Widerstand zu überwinden ist, daß die Holzteilchen von einer Kraft fest zusammengehalten werden, die ihrer Trennung starken Widerstand entgegensetzt. Als Ursache dieses Zusammenhaltes nehmen wir eine innere Kraft an, die im Körper zwischen den Teilchen wirkt, die **Kohäsionskraft** (Zusammenhalt). Ihr Maß findet diese Kraft in der Festigkeit der Körper.

Eine andere innere Kraft ist die **Elastizität**, die bei Formänderungen elastischer Körper geweckt wird und die ursprüngliche Gestalt wieder herstellen will. Versuchen wir eine starke Feder zusammenzudrücken, so wirkt die Elastizität derselben dem Zusammendrücken entgegen; ist die Feder in die Gleichgewichtslage gekommen, so sind Wirkung (äußere Kraft) und geweckte Gegenwirkung (Elastizität) einander gleich.

Ähnlich der Kohäsionskraft wirkt auch die **Adhäsion**, d. i. die Anziehung der Oberflächenteilchen zweier sich berührender Körper. Bei festen Körpern ist sie im allgemeinen kleiner als die Kohäsion; sie wird ihr nur dann annähernd gleich, wenn die Stoffe gleich sind und sich ohne zwischenliegende Luftschichte innig berühren.

d) Jeder Bewegung setzen sich Widerstände entgegen, selbst wenn sie in manchen Fällen scheinbar nicht vorhanden sind. Die vorhandenen Widerstände können so groß sein, daß sie die Bewegung des Körpers teilweise hemmen oder auch ganz verhindern. Auch diese Widerstände sind als Kräfte anzusehen.

Lassen wir einen Stein in der Luft fallen, so bewegt er sich rasch zum Boden. Wenn wir aber eine leichte Flaumfeder fallen lassen, so schwebt sie langsam zur Erde. Bei ihr macht sich eben der **Widerstand des Mittels**, der Luftwiderstand, den sie beim Fallen überwinden muß, augenfällig bemerkbar. Beim größeren Stein überwiegt die darauf wirkende Schwerkraft, sein Gewicht, gegenüber dem Widerstande des Mittels so bedeutend, daß er scheinbar hemmungslos herabfällt.

Eine andere Art des Widerstandes ist die **Trägheit der Körper (Beharrungsvermögen)**. Wenn der Karrenschieber den ruhenden, beladenen Karren in Bewegung zu setzen versucht, muß er anfangs eine sehr erhebliche Kraft anwenden; ist der Wagen in Bewegung gekommen, so braucht er nur noch eine verhältnismäßig kleinere Kraft zur Weiterbewegung; der zuerst zu überwindende größere Widerstand hat in der Trägheit des Karrens seine Ursache.

Soll ein Körper, der auf einem zweiten ruht, weitergeschleift werden, so wirkt die **Reibung** zwischen beiden Körpern als Hemmung der Bewegung.

[5] Merkmale einer Kraft.

Um eine bestimmte Kraft zu kennzeichnen, müssen mehrere Bestimmungsstücke für sie angegeben werden:

a) **Angriffspunkt**. Das ist jener Punkt des Körpers, an dem die Kraft angreift oder an dem man sie sich angreifend denken kann. Der Angriffspunkt kann in der Richtung der Kraft nach jedem in dieser liegenden und mit dem ursprünglichen Angriffspunkte in fester Verbindung stehenden Punkte verschoben werden, ohne daß die Wirkung der Kraft geändert würde.

Wirken mehrere Kräfte auf einen Körper, so können sie entweder an einem gemeinschaftlichen Punkte oder an verschiedenen Punkten angreifen.

b) Richtung der Kraft. Das ist jene Gerade, in der die Kraft den Angriffspunkt zu bewegen sucht. Je nach der Richtung bezeichnet man die Kraft als horizontal, vertikal usw. Greifen mehrere Kräfte an einem Körper an, so können sie gleiche, entgegengesetzte oder verschiedene Richtungen haben; bei verschiedenen Angriffspunkten können sie auch parallel sein.

c) Größe der Kraft. Die auf einen Körper wirkende Kraft kann in ihrer Größe gleich bleiben (konstante Kraft) oder ihre Größe ändern (veränderliche Kraft).

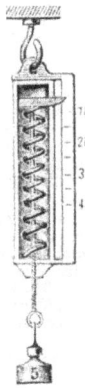

Als Einheit für Kraftgrößen verwendet man die Gewichtseinheit und drückt daher die Größe einer Kraft in Kilogramm aus. Zumeist lassen sich Gewichte nicht ohne weiteres zur Kraftmessung benützen; praktischer sind für solche Zwecke Federwagen mit Stahlfedern von besonders guter Qualität in Spiral- oder Halbkreisform.

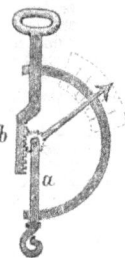

Solche Federwagen lassen sich in beliebiger Lage verwenden und gestatten die Ablesung der Kraftgröße unmittelbar in kg. Sie werden mit Gewichten geeicht und heißen dann Dynamometer (Kraftmesser). In Abb. 1 sehen wir einen Kraftmesser mit gerader, in Abb. 2 einen solchen mit kreisförmiger Skala. Mit der halbkreisförmigen Spiralfeder sind die Ansätze *a* und *b* verbunden; *a* trägt ein Zahnrädchen, das in die Zahnstange *b* eingreift. Die Drehung des Rädchens bewegt den Skalenzeiger.

Abb. 1   **Abb. 2**
Kraftmesser

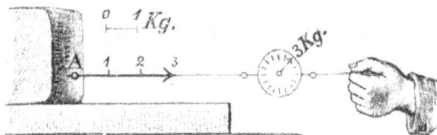

Abb. 3
Darstellung einer Kraft

Graphische Darstellung: Eine Kraft wird bildlich durch eine Gerade dargestellt, die von dem Angriffspunkte der Kraft ausgehend in ihrer Richtungslinie verläuft. Die Kraftrichtung gibt ein Pfeil am Ende der Geraden an; die Größe der Kraft wird auf der Geraden in einem bestimmten Maßstabe aufgetragen (Abb. 3 und die folgenden Darstellungen).

B. Zusammensetzung und Zerlegung von Kräften.

[6] Resultante; Komponenten.

a) Wirken zwei Kräfte an einem Angriffspunkte in derselben Richtung, so ist die Wirkung die gleiche, wie wenn eine einzige Kraft in der Stärke der Summe beider Kräfte angreifen würde. Die sich ergebende Kraft heißt Resultante (Resultierende, Mittelkraft); die zwei Einzelkräfte heißen die Komponenten (Seitenkräfte).

Greifen an einem Lastzuge zwei Lokomotiven mit den Zugkräften *P* und *Q* an, so kann man sie ersetzen durch eine kräftigere mit der Zugkraft $= P + Q$.

b) Wirken zwei Kräfte in genau entgegengesetzter Richtung auf einen Angriffspunkt, so ist die Resul-

tante gleich der Differenz der Kräfte. Sind die Kräfte gleich groß, so heben sie sich in der Wirkung auf; der Körper bleibt, auch wenn er frei beweglich ist, in Ruhe.

Ziehen an den Enden eines Seiles zwei ungleich starke Männer, so wird der kräftigere Mann den anderen mit einer Kraft zu sich ziehen, die gleich der Differenz der von beiden ausgeübten Zugkräfte ist. Haben die zwei Männer dieselbe Stärke, so heben sich die auf das Seil ausgeübten gleichen Kräfte auf, und das Seil bleibt in Ruhe.

[7] Kräfteparallelogramm.

a) Die Resultante von zwei gegeneinander geneigten Kräften, die an einem Angriffspunkte wirken, findet man mit Hilfe des sog. Kräfteparallelogrammes.

Dieser Fall kommt so häufig vor, daß wir uns mit ihm ausführlicher beschäftigen müssen.

Um die Verhältnisse klarzulegen, wollen wir uns ein Schiff *S* (Abb. 4a) denken, das vom Wasser in der Stromrichtung SS_1 abwärts getrieben wird. Wir nehmen an, das Schiff sei steuerlos. Ziehen wir es von einem Ufer aus mit der Kraft *P* flußaufwärts, so wird es zweifellos langsam, aber sicher ans Ufer getrieben werden. Um es in der Mitte des Flusses zu erhalten, müssen wir am anderen Ufer mit einer zweiten Kraft *Q* ziehen, deren Größe so zu wählen ist, daß die aus *P* und *Q* zusammengesetzte Mittelkraft *R*, die Resultierende (oder Resultante) in der Richtung der Flußmitte, in den „Stromstrich" zu liegen kommt. Die Größe der Mittelkraft *R*, die dieselbe Wirkung auf das Schiff auszuüben vermag, wie die beiden von den Ufern aus wirkenden Einzelkräfte (Komponen-

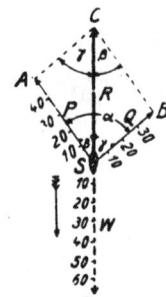

Abb. 4a

Abb. 4b

ten) zusammen, muß mindestens ebenso groß sein als die das Schiff abwärts treibende Wasserkraft *W*, wenn das Schiff im Gleichgewichte, also stehen bleiben, muß aber entsprechend größer sein, wenn es sich flußaufwärts bewegen soll.

Die Größe und Richtung der Mittelkraft *R* können wir in folgender Weise ermitteln:

Wir tragen auf den beiden Richtungslinien die Kraftgrößen *P* und *Q* in einem bestimmten Maßstabe auf, so daß jeder Längeneinheit ein bestimmtes Gewicht, etwa 1 kg oder 10, 20 kg usw. entspricht. So erhalten wir die Punkte *A* und *B* und konstruieren uns von diesen aus ein Parallelogramm, indem wir von *A* und *B* aus parallele Linien zu *Q* und *P* ziehen. Der Schnittpunkt *C* mit *S* verbunden, gibt uns die Mittelkraft *R* in Größe und Richtung an. Das Parallelogramm *SACB* heißt Kräfteparallelogramm.

Entspricht der Kraft *P* z. B. in dem gewählten Maßstabe die Größe von 50 kg, der Kraft *Q* jene von 40 kg, so finden wir aus der Zeichnung die Mittelkraft *R* mit etwa 70 kg.

b) Wir können *R* auch berechnen, wenn die Kraftkomponenten *P* und *Q* und der von ihren Richtungen eingeschlossene Winkel α bekannt sind. Es ist

$$R = \sqrt{P^2 + Q^2 - 2\,P \cdot Q \cos(180^0 - \alpha)}$$

oder

$$R = \sqrt{P^2 + Q^2 + 2\,PQ \cos \alpha}.$$

Bezeichnet man die Winkel, die *R* mit den Einzelkräften *P* und *Q* einschließt, mit β und γ, so verhält sich

$$P : Q : R = \sin \gamma : \sin \beta : \sin \alpha.$$

Es ist

$$R = P \frac{\sin \alpha}{\sin \gamma} \quad \text{oder} \quad R = Q \frac{\sin \alpha}{\sin \beta}.$$

Der einfachste Fall ist der, daß die beiden Komponenten aufeinander senkrecht stehen; das Kräfteparallelogramm geht dann in ein Rechteck über.

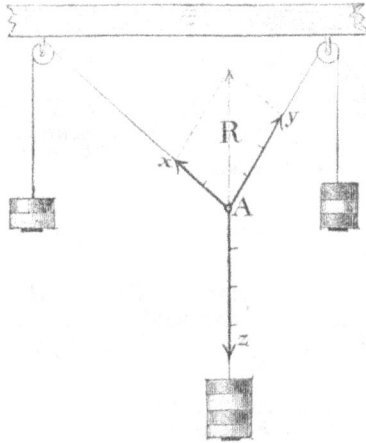

Abb. 5
Drei Kräfte im Gleichgewicht

Wenn beide Kräfte gleich groß sind, so liegt die resultierende Kraft bezüglich ihrer Richtung genau in der Mitte zwischen den beiden Komponenten. Bei ungleichen Kräften liegt die Richtung der Resultierenden mehr nach der Seite der größeren Kraft.

Diese Verhältnisse zeigt folgender lehrreiche Versuch: Knüpft man in einem Punkte A drei Schnüre x, y, z aneinander und übt auf jede Schnur einen bestimmten Zug P, Q, Z aus (in dem man die Schnüre nach Abb. 5 über Rollen führt und belastet), so stellt sich bald ein Ruhezustand ein. Man sieht daraus, daß die 3 Kräfte sich gegenseitig aufheben. Berechnung wie oben.

Abb. 6
Zusammensetzung von mehreren Kräften

c) **Die Resultante zu mehreren Kräften** x, y, z, w, die in einem Punkte A angreifen (Abb. 6), findet man durch wiederholte Anwendung des Satzes vom Kräfteparallelogramm.

Die Resultante von x, y ist R_1; R_1 und z geben als Resultante R_3; R_3 und w ergeben die Resultante R_4, und diese ist gleichzeitig die Resultante aller 4 Kräfte.

[8] Kräfteplan (Kräftepolygon, Kräftevieleck).

a) Zur Zusammensetzung von Kräften auf graphischem Wege wird mit Vorteil noch eine andere Methode, die des **Kräfteplans**, angewendet.

In dem unter [7a] behandelten Falle ziehen wir von einem beliebigen Punkte s (Abb. 4b) aus eine Parallele zu P, tragen in einem bestimmten Maßstabe die Größe der Kraft P auf und finden so den Punkt a; von a ziehen wir eine Parallele zu Q, tragen die Größe Q auf und finden den Punkt c; die Verbindungslinie zwischen c und s gibt die Größe der Kraft W in dem gewählten Maßstabe, die den Einzelkräften P und Q das Gleichgewicht hält; die Richtung derselben finden wir dadurch, daß wir die Richtung der das Kräftepolygon bildenden Kräfte im gleichen Sinne verfolgen; die Kraft P hat die Richtung von s nach a, die Kraft Q jene von a nach c, folglich muß die Kraft W die Richtung von c nach s haben, wenn Gleichgewicht herrschen soll. Es ist das die Richtung jener Kraft W, mit der das Wasser das Schiff flußabwärts zieht, und in der Tat halten sich die Kräfte P, Q und W im Gleichgewichte.

Das Dreieck sac ist im Grunde genommen nichts anderes als die eine Hälfte SAC des Kräfteparallelogrammes und heißt auch **Kräftedreieck**. Bei nur 2 Kräften genügt aber das Kräfteparallelogramm ohne Kräfteplan vollkommen, nur darf nicht übersehen werden, daß das Kräfteparallelogramm die Richtung der **Mittelkraft** angibt und nicht, wie das Kräftedreieck, jene der das Gleichgewicht mit den Resultierenden der Einzelkräfte haltenden **Gegenkraft**.

b) Bei mehr als 2 Kräften wird das Kräftedreieck zum **Kräftepolygon** (Kräftevieleck). Ist eine größere Zahl von Kräften zu einer Resultanten zusammenzusetzen, so ermöglicht das Kräftepolygon eine viel raschere Lösung als die unter [7c] erwähnte wiederholte Anwendung des Satzes vom Kräfteparallelogramm.

Dieses Polygon erhält man nach Abb. 6, indem man die Kraftpfeile x, y, z, w durch **Parallelverschiebung** aneinanderreiht, so daß sie eine Kette (1), (2), (3), (4) bilden. Verbindet man den Ausgangspunkt A des Polygons mit seinem Endpunkte (4), so stellt die **Schlußlinie** die Resultante R_4 dar.

Weiteres über Kräftepolygone folgt in der Statik.

[9] Zerlegung von Kräften.

a) Sehr oft ergibt sich in der Praxis die Aufgabe, eine Kraft durch zwei oder mehrere andere Kräfte zu ersetzen, sie zu zerlegen. Zumeist handelt es sich um die Zerlegung in zwei Kräfte, deren Richtungen gegeben sind.

Zur Erläuterung dieser Aufgabe wollen wir wieder das Schiff S betrachten (Abb. 4a), das mit der Kraft W vom Wasser nach abwärts getrieben wird; um es zu halten, müssen wir dieser Kraft eine gleich große Zugkraft R entgegensetzen, die auf das Schiff in gleicher Linie, aber in entgegengesetzter Richtung, also flußaufwärts wirkt. Wenn das Schiff keine eigene Triebkraft (Motor, Dampfmaschine, Segel, Ruder) besitzt, müssen wir diese Zugkraft R von den Ufern aus wirken lassen, zu welchem Behufe sie in zwei Kräfte P und Q zerlegt werden muß, die in ihrer gemeinsamen Wirkung

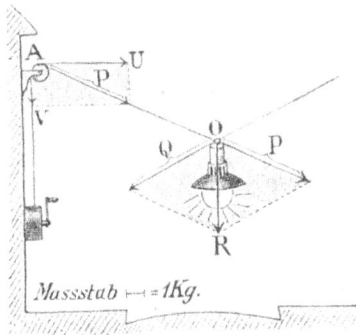

Abb. 7
Bogenlampe

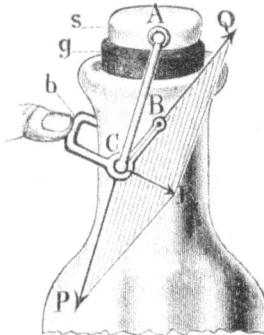

Abb. 8
Bierflaschenverschluß

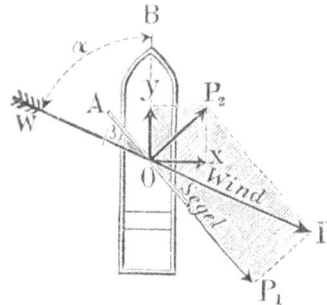

Abb. 9
Segelkunst

der Mittelkraft R in Größe und Richtung gleich sind. Die Richtungen der beiden Einzelkräfte P und Q sind gegeben, ebenso ist die Größe der nötigen Mittelkraft $R = W$ bekannt; es handelt sich sonach nur mehr darum, die Größe der Kräfte P und Q zu bestimmen. Zu diesem Behufe konstruieren wir das Kräfteparallelogramm, in dem wir vom **Endpunkte** C der Mittelkraft R Parallele zu den Richtungen der Einzelkräfte P und Q ziehen. Wir erhalten so die Punkte A und B, wodurch die Größe der Kräfte $P = AS$ und $Q = BS$ bestimmt wird. Hatten wir $R = SC$ in einem bestimmten Maßstabe aufgetragen, so ergibt sich uns P und Q dann unmittelbar in dem gewählten Maßstabe. Die Berechnung von P und Q ergibt sich aus [7b]:

$$P = R \cdot \frac{\sin \gamma}{\sin \alpha}; \quad Q = R \cdot \frac{\sin \beta}{\sin \alpha}.$$

b) **Die gebräuchlichste Zerlegung** ist die in zwei aufeinander senkrechte Komponenten. Für diesen besonderen Fall ist

$$\boxed{P = R \cdot \sin \gamma} \quad \text{und} \quad \boxed{Q = R \cdot \sin \beta}$$

Beispiele: 1. Eine **Bogenlampe** sei im Punkte O des Tragseils befestigt (Abb. 7); ihr Gewicht R zerlegt sich in die Seilspannungen P und Q, die um so größer werden, je gespannter das Tragseil ist. P beansprucht die Aufhängerolle A, an der eine weitere Zerlegung stattfindet. Die eine Komponente U wirkt als Zug, die zweite Komponente V als Druck auf die Rolle A.

2. Abb. 8 zeigt, wie sich bei dem modernen **Bierflaschenverschlusse** der angewendete Druck in zwei Komponenten P und Q zerlegt, die viel größer sind als R.

3. Auf ein **Segelschiff** (Abb. 9) mit der Fahrrichtung OB und der Segelrichtung AO wirke seitlicher Wind in der Richtung WP. Wie groß ist die Komponente des Windes, die in die Fahrrichtung fällt, die Bewegung des Schiffes also fördert? Der Winddruck P zerlegt sich in P_1 (unwirksam) und in P_2; P_2 wieder in X (drängt das Schiff nach rechts ab), und Y (treibt das Schiff an). Es ist das ein Beispiel einer wiederholten Zerlegung.

Aufgabe 1.

[10] *Ein Schiff wird flußaufwärts mit einer Kraft $R = 430$ kg gezogen; das Zugseil schließt mit der Kielrichtung einen Winkel von $\alpha = 30^0$ ein. Wie groß ist die Komponente Q, die das Schiff stromaufwärts zieht, und wie groß die Kraft P, mit der es gegen das Ufer gedrückt wird? (Abb. 10.)*

a) **Graphische Lösung:** AS unter 30^0 zu Kielrichtung SC ziehen, $R = 430$ kg im Maßstabe 20 kg $= 1$ mm auftragen und Parallelogramm $ABSC$ zeichnen:

$$P = SB = 215 \text{ kg}; \quad Q = SC = 370 \text{ kg}.$$

b) **Rechnerische Lösung:** Die Kraft, die das Schiff zum Ufer drückt, ist nach vorstehendem

$$P = R \cdot \sin 30^0 = \frac{1}{2} \cdot 430 = 215 \text{ kg}.$$

Die das Schiff stromaufwärts ziehende Kraft ist $Q = 430 \cdot \cos 30^0$; $\cos 30^0 = 0,866$, sonach $Q = 372$ kg.

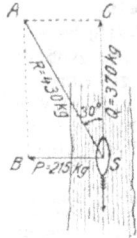
Abb. 10

Der Kraft P muß mit dem Steuerruder entgegengewirkt werden, damit das Schiff nicht gegen das Ufer gedrückt wird.

Aufgabe 2.

[11] *Von den unter 45^0 gegen die Horizontale geneigten Streben eines Sprengwerkes wird je ein Druck von 1700 kg auf eine vertikale Säule übertragen. Wie groß ist der Vertikaldruck auf die Säule? (Abb. 11.)*

a) **Graphisch:** Die Richtungslinien der Kräfte P_1 und P_2 schneiden sich im Punkte A. Von A aus trägt man die Kräfte P_1 und P_2 nach B und C auf; 1 mm $= 200$ kg. — Diagonale AD des Parallelogrammes $ABCD$ ist gleich dem gesuchten Vertikaldrucke; $R = 2400$ kg.

b) **Durch Rechnung:**

$$R = \frac{P_1}{\cos 45^0} = \frac{1700}{0,7071} = 2404 \text{ kg}.$$

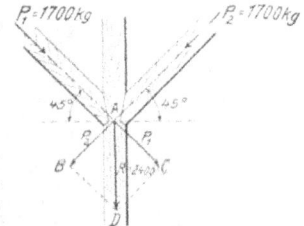
Abb. 11

Aufgabe 3.

[12] *Auf eine Mauer wirkt eine horizontale Kraft $P_1 = 800$ kg und eine vertikale Kraft $P_2 = 2800$ kg. Es ist die Größe und Lage der Mittelkraft zu ermitteln. (Abb. 12.)*

a) **Graphisch:** Kräftemaßstab 1 mm $= 200$ kg; daher $AB = 4$ mm; $AC = 14$ mm. Diagonale des Kräfteparallelogrammes AD ist die gesuchte Mittelkraft $R = 14,5 \cdot 200 = 2900$ kg.

b) **Durch Rechnung:**

$$R = \sqrt{P_1^2 + P_2^2} = \sqrt{800^2 + 2800^2} = 2912 \text{ kg}.$$

$$P_1 = P_2 \cdot \text{tg} \, \alpha; \quad \text{daher tg} \, \alpha = \frac{800}{2800} = 0,2857.$$

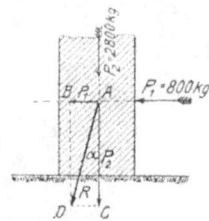
Abb. 12

$$\alpha \sim 16^0.$$

Aufgabe 4.

[13] *Im Firstpunkte C eines Dachbinders wirkt ein vertikaler Druck G = 1500 kg. Wie groß ist der hiedurch in den Sparren hervorgerufene Druck P und wie überträgt sich letzterer auf die Auflager A und B? (Abb. 13.)*

a) Graphisch: Man konstruiert mit $CF = 1500$ kg (200 kg = 1 mm) das Parallelogramm $CDEF$ und zerlegt dadurch den Vertikaldruck G in die beiden in den Sparrenrichtungen gelegenen Komponenten. Man erhält für $P = 1500$ kg. Verlegt man den Angriffspunkt C für P nach A, so läßt sich P in eine horizontale Seitenkraft H, der der Balken AB mit seiner Zugfestigkeit entgegenwirken muß, und eine vertikale Seitenkraft V, die den Druck des Sparrens auf das Auflager darstellt, zerlegen. H ist annähernd aus der Zeichnung mit 1300 kg, V mit 750 kg anzunehmen.

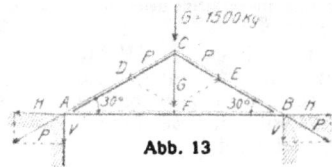

Abb. 13

b) Durch Rechnung:

$$\frac{G}{2} = P \cdot \sin \alpha; \text{ daraus } P = \frac{G}{2 \sin \alpha};$$

$$H = P \cdot \cos \alpha = G \frac{\cos \alpha}{2 \sin \alpha} = \frac{G}{2} \cdot \text{ctg } \alpha.$$

$$V = P \cdot \sin \alpha = G \cdot \frac{\sin \alpha}{2 \sin \alpha} = \frac{G}{2}.$$

Für $G = 1500$ kg und $\alpha = 30°$ ist

$$P = \frac{1500}{2 \cdot 0,5} = \textbf{1500 kg}; \quad H = \textbf{1299 kg} \text{ und } V = \textbf{750 kg.}$$

Aufgabe 5.

[14] *In den Mitten der Seiten eines Dachbinders von der in Abb. 14a gezeichneten Form wirken die zu den Seiten normalen Drücke P_1, P_2 und P_3. Man soll die Resultante der 3 Kräfte ermitteln.*

Da die Kräfte normal zu den Seiten AC, CD und DE gerichtet sind, so schneiden sich deren Richtungslinien im Mittelpunkte M. Man kann daher die sämtlichen Kräfte mit ihren Angriffspunkten nach M verlegen; dann wird auch die Mittelkraft durch den Mittelpunkt hindurchgehen. Zeichnet man daher das Kräftevieleck 0, 1, 2, 3 (Abb. 14b), so gibt dessen Schlußlinie $\overline{O3}$ die Größe und die Richtung der der gesuchten Mittelkraft R gleichen, aber entgegengesetzt gerichteten Gegenkraft G an [8]. Die Mittelkraft selbst ist dann in der gefundenen Größe gegen M zu ziehen und $R = G$ zu machen.

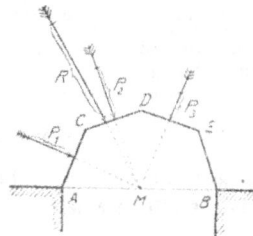

Abb. 14a Abb. 14b

[15] Kraftmoment.

Im Punkte A eines starren Körpers (Abb. 15) greife die Kraft P an; wir betrachten ihre Wirkung in bezug auf den Punkt O des starren Körpers und fällen die Normale vom Punkte O auf die verlängerte Richtungslinie der Kraft P; die Strecke p heißt **Arm der Kraft.** Das Produkt aus der Maßzahl der Kraft mit der Maßzahl des Armes derselben, also $P \cdot p$ heißt das **statische Moment der Kraft.** Ist der Körper um eine durch den Punkt O gehende, senkrecht zur Zeichenebene stehende Achse drehbar, so heißt das Produkt $P \cdot p$ das **Drehmoment der Kraft in bezug auf die Achse O.**

Abb. 15

[16] Kräfte mit verschiedenen Angriffspunkten (Seilpolygon).

a) Zwei gegeneinander geneigte Kräfte an einem starren System. Die zwei Kräfte P und Q (Abb. 16) greifen in den Punkten A und B an.

Um die Resultante zu finden, denkt man sich die Kraftrichtungen bis zum Schnitte in O verlängert, verschiebt die Angriffspunkte nach O (was

nach [5] statthaft ist) und zeichnet das Kräfteparallelogramm. Die Resultante R kann am Punkt M angreifend gedacht werden. Für diesen sind die Kraftarme von P und Q, p und q, und es gilt der Satz

$$\boxed{P \cdot p = Q \cdot q.}$$

Für jeden Punkt der Resultanten (als Drehpunkt) ist das Drehmoment der beiden Komponenten einander gleich (Momentensatz).

b) Mehrere beliebig gerichtete Kräfte an mehreren Angriffspunkten eines starren Körpers.

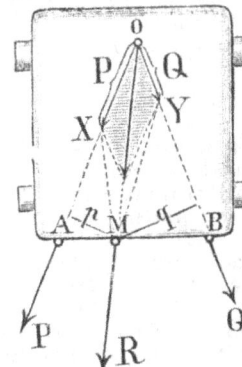

In Abb. 17 sind die angreifenden Kräfte P_1, P_2 und P_3 gegeben; wir zeichnen nach Abb. 18 das Kräftepolygon $ABCD$ und finden $AD = R$ als Resultante der Größe und Richtung nach. Um ihren Angriffspunkt zu finden, nehmen wir nun einen beliebigen Punkt M als Pol an und ziehen die Polstrahlen 1—4. P_1 kann man sich zerlegt denken in 1 und 2' (wobei 2'$\parallel$2). 2 ist also gleich 2', die

Abb. 16
Schiefe Kräfte an verschiedenen Angriffspunkten

Komponenten der Kraft P_1 sind sonach gleich 1 und 2, ebenso die von P_2 gleich 2 und 3 usf. Nach Abb. 17 zieht man nun I 1, wobei P_1 in dem beliebig angenommenen Punkte Y geschnitten wird, ähnlich dann II 2 usf. Da 2 einmal in der Richtung A2', das andere Mal in der Richtung BM wirkt und 2 = 2' ist, wirken II und — II, III sowie — III in gleicher Größe gegeneinander und heben sich auf. Wirkend bleiben nur I und IV, die sich in m schneiden, durch diesen Punkt geht die Resultante R = AD.

Der Linienzug XYZWV heißt das **Seilpolygon**, mit dem wir später noch viel arbeiten werden. Dieses Seilpolygon stellt uns die Gleichgewichtslage eines Seiles dar, welches von den Kräften P_1, P_2 usw. belastet wird.

[17] Parallele Kräfte.

a) Die Parallelkräfte wirken in gleichem Sinne.

Die parallelen Kräfte P und Q (Abb. 19) greifen in den Punkten A und B an. Die Resultante läßt sich hier nicht in der früher angewendeten Weise ermitteln, da man die Kraftrichtungen P und Q nicht zum Schnitte bringen kann. Zur Aushilfe denkt man sich in A eine Kraft z wirken und in B eine gleich große, aber entgegengesetzt gerichtete Kraft z', wodurch an der Kräftewirkung nichts geändert wird. Setzen wir nun P mit z zu P', Q mit z' zu Q' zusammen, so können wir jetzt die gegeneinander geneigten, in A und B wirkenden Kräfte P' und Q', die sich in O schneiden, zu einer Mittelkraft zusammensetzen. Sie hat natürlich ihren Angriffspunkt in O; ihre Größe wollen wir aber nicht mit Hilfe des

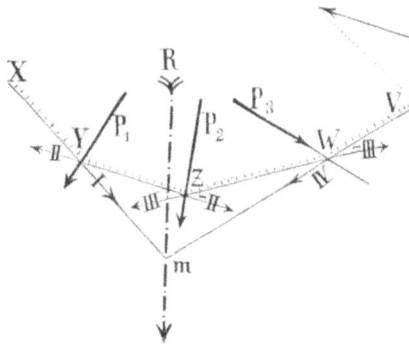

Abb. 17
Seilpolygon

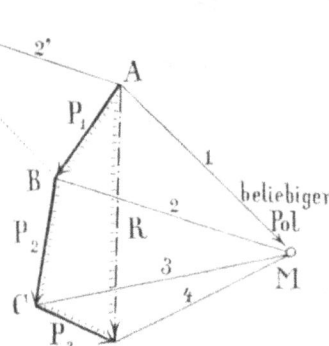

Abb. 18
Kräftevieleck

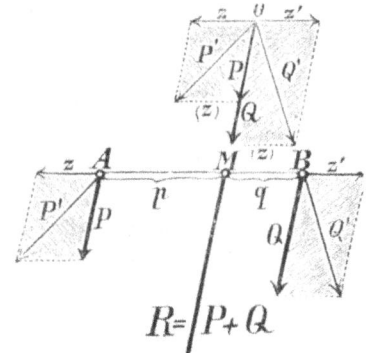

Abb. 19
Parallele Kräfte

Kräfteparallelogramms finden, sondern denken uns P' und Q' wieder zerlegt in P und z sowie in Q und z'; z und z' heben sich gegenseitig auf, wirkend bleibt nur die Resultante $\boxed{R = P + Q}$, deren Richtung und Größe wir nun kennen; ihren Angriffspunkt können wir ohne weiteres nach M verlegen.

Merke· Die Resultante paralleler Kräfte ist stets ihrer Summe gleich.

Es läßt sich zeigen, daß sich verhält $\boxed{P:Q = q:p,}$ d. h. **die Resultante greift in einem Punkte an, der**

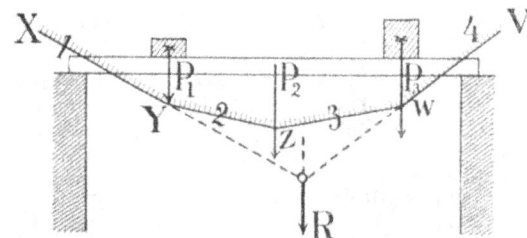

den Abstand der Angriffspunkte der Kräfte im umgekehrten Verhältnisse der Komponenten teilt.

Auch wenn mehrere Parallelkräfte wirken, ist die Resultante der Größe nach gleich ihrer algebraischen Summe; den Angriffspunkt (**Kräftemittelpunkt**) findet man mit dem Seilpolygon. (Abb. 20.) [16b.]

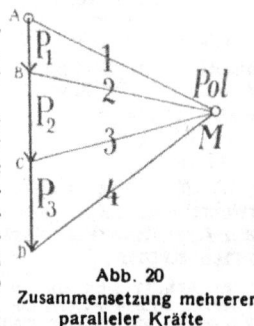

Abb. 20
Zusammensetzung mehrerer
paralleler Kräfte

Beispiel: Wo ist der Punkt M, in dem man das in Abb. 21 dargestellte, aus Rechtecken (3 × 2, 2 × 3, 3 × 4) zusammengesetzte Blechstück unterstützen muß, um es im Gleichgewichte zu erhalten (Schwerpunkt)? Antwort: Im Mittelpunkte A greift das Gewicht 6, in B das Gewicht 6, in C

das Gewicht 12 an. Aus A und B findet man E mit dem Gewichte 12, aus E und C mit den Gewichten 12 den Punkt M mit dem Gewichte 24, welcher Punkt den zu unterstützenden Schwerpunkt des ganzen Blechstückes bildet.

b) Die parallelen Kräfte wirken in entgegengesetztem Sinne. (Abb. 22.)

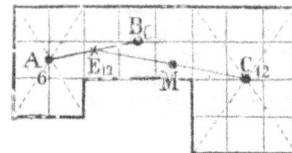

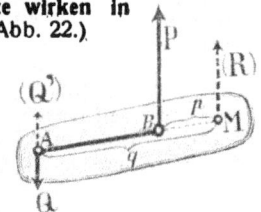

Abb. 21　　　　Abb. 22

Die Kräfte P und Q ergeben eine Resultante, die gleich ist der **Differenz der Kräfte**, also $\boxed{R = P - Q;}$ die Abstände der Angriffspunkte der Kräfte vom Angriffspunkte M der Resultanten verhalten sich umgekehrt wie die Kräfte $\boxed{P:Q = q:p;}$ der Momentensatz [16a] gilt auch hier, weil man ABM senkrecht zu den Kräften wählen kann.

[18] Kräftepaare.

Sind die entgegengesetzt wirkenden parallelen Kräfte gleich groß, so spricht man von einem **Kräftepaar** oder einem **Drehzwilling**. (Abb. 23.) Das Kräftepaar erteilt dem Körper eine Drehung, hat aber keine Resultante.

Ist AB ⊥ auf P und Q, so ist das Moment von P in bezug auf einen beliebigen Punkt O = P · p, jenes von Q = Qq; die Momentensumme ist Pp — Qq oder, weil P = Q,

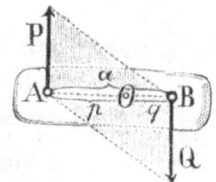

Abb. 23
Kräftepaar

$Pp + Pq = P(p + q) = P \cdot a$, wenn $a = p + q$ den Abstand der Kräfte bedeutet. Das Produkt aus einer der beiden Kräfte mit dem Abstand der Kräfterichtungen (dem Arme des Kräftepaares) bezeichnen wir als das konstante Drehmoment. (Moment des Kräftepaares.) Dieses Moment ist an Größe gleich der Maßzahl der zwischen P und Q gebildeten Parallelogrammfläche. — Ein Kräftepaar kann in seiner Ebene beliebig verschoben und gedreht sowie durch ein anderes von gleicher Fläche $P \cdot a$ ersetzt werden.

C. Widerstände und innere Kräfte.

[19] Trägheit (Beharrungsvermögen).

Eines der wichtigsten und auffälligsten Hindernisse, die sich der Wirkung von Kräften entgegenstellen, ist die sog. Trägheit oder das Beharrungsvermögen der Körper. Jeder in Ruhe oder in Bewegung befindliche Körper will seinen Zustand — Ruhe oder Bewegung — möglichst unverändert beibehalten. [„Prinzip der Trägheit" (Trägheitsgesetz) von Galilei und Newton aufgestellt.]

Ein Pferd muß sich beim „Anfahren" bekanntlich am meisten anstrengen; ist der Wagen einmal in Bewegung, seine Trägheit überwunden, so bedarf es nur einer viel geringeren Kraft, um den Wagen in Bewegung zu erhalten. Freilich wird diese Wirkung der Trägheit noch durch den Umstand verstärkt, daß auch die Reibungswiderstände in den Rädern beim Übergang von Ruhe in Bewegung sind; dasselbe ist bei einem anfahrenden Eisenbahnzuge der Fall, der deshalb auch nur allmählich seine normale Geschwindigkeit erreichen kann.

Wenn ein Straßenbahnwagen plötzlich nach vorne bewegt wird, erhalten die Mitfahrenden einen heftigen Stoß nach rückwärts. — Verlangsamt ein Eisenbahnzug plötzlich seine Geschwindigkeit (durch zu starke Bremsung), so stürzen die Reisenden infolge der Trägheit nach vorne (Unglücksfälle bei Eisenbahnzusammenstößen). — Will jemand von einem in schneller Fahrt begriffenen Wagen abspringen, so muß das mit großer Geschicklichkeit in der Fahrrichtung geschehen, sonst stürzt der Abspringende zu Boden. — Unterbricht ein Reitpferd plötzlich seinen Lauf, so wird der Reiter über den Kopf des Pferdes nach vorn herabgeschleudert. — Stößt man mit dem Stiel eines lose gewordenen Hammers auf eine feste Unterlage, so wird der Hammerkopf wieder befestigt, weil er vermöge seiner Trägheit die Bewegung fortsetzt und am Stiel tiefer rutscht.

Ein schwingendes Pendel sucht in seiner Schwingungsebene zu beharren (der Gelehrte Foucault hat das bei seinem berühmten Pendelversuche im Pantheon in Paris zum Beweise der Erddrehung benützt).

[20] Reibung.

Wenn durch Einwirkung einer Kraft ein Körper an einem anderen hinbewegt wird, muß ein größerer oder kleinerer Reibungswiderstand überwunden werden, der der Kraft entgegenwirkt und einen Teil derselben allenfalls zu schädlichen Wärme- (oder auch Schall-) Wirkungen verbraucht. Die Kenntnis der Reibungswiderstände und der geeigneten Mittel zu ihrer möglichsten Verringerung ist für jeden Techniker außerordentlich wichtig, weshalb er mit den Verhältnissen derselben vertraut sein soll.

a) Liegt ein Körper auf einem anderen auf und wird er darauf fortgeschoben, so haben wir es mit der gleitenden Reibung zu tun; dabei werden die Unebenheiten der sich reibenden Flächen entweder abgerieben oder übereinander herausgehoben. (Bewegung des Schlittens, Festsitzen des Korkes im Flaschenhals u. a.)

Der Reibungswiderstand bei gleitender Reibung ist proportional dem Drucke der Reibungsflächen, unabhängig von ihrer Größe, aber in hohem Maße abhängig von ihrer Beschaffenheit.

Daß die Reibung unabhängig von der Größe der sich berührenden Flächen ist, erklärt sich dadurch, daß mit der Größe der Berührungsfläche allerdings die Zahl der sich berührenden Flächenteilchen wächst, der Druck sich aber im selben Verhältnisse auf mehr Punkte verteilt.

Ferner ist die Reibung beim Übergang von Ruhe in Bewegung größer als während der Bewegung und im letzteren Falle beinahe unabhängig von der Geschwindigkeit.

Dieser letztere Umstand im Vereine mit der jedem Körper innewohnenden Trägheit [19] bewirkt z. B. die erhöhte Kraftanstrengung beim Anfahren eines Wagens und die Verzögerung im Stillstande eines gebremsten Eisenbahnzuges.

Wird die Reibung mit R, der Druck auf die Reibungsflächen mit N bezeichnet, so ist $\boxed{R = kN,}$ wobei k die von der Beschaffenheit der Reibungsflächen und vom Materiale abhängige Reibungszahl (Reibungskoeffizient) bedeutet. Also

$$\boxed{\text{Reibung } R = k \cdot N = \text{Reibungszahl mal Normaldruck}}$$

$$\text{Reibungszahl } k = \frac{\text{Reibung}}{\text{Normaldruck}} = \frac{R}{N}.$$

Zur Bestimmung dieser Reibungszahl k werden die auf ihre gegenseitige Reibung zu untersuchenden Körper so aufeinander gelegt, daß der untere eine schiefe Ebene bildet; wird diese Ebene immer steiler gemacht, so wird schließlich der oberhalb liegende Körper ins Gleiten kommen (Abb. 24); aus dem in diesem Momente gemessenen Winkel der schiefen Ebene mit der Horizontalen, dem Reibungswinkel, läßt sich die Reibungszahl für den gegebenen Fall berechnen.

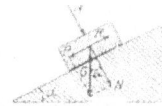

Abb. 24
Reibungswinkel

Das Gewicht G des Körpers läßt sich in eine auf die Gleitfläche senkrechte, daher für die Abwärtsbewegung wirkungslose Kraft N (den Normaldruck) und das Gleiten bewirkende Komponente P zerlegen. In dem Momente, als P größer wird als der Reibungswiderstand R, gleitet der obere Körper herab.

$$\text{Reibungskoeffizient } k = \frac{R}{N} = \frac{P}{N} = \operatorname{tg} \alpha.$$

$$\boxed{\text{Reibungskoeffizient} = \text{Tangente des Reibungswinkels.}}$$

In anderer Weise kann man die Reibungszahl bestimmen, wenn man den Körper, der auf einer horizontalen Unterlage ruht, einem immer größer werdenden Zuge aussetzt, bis er zu gleiten anfängt. (Abb. 25.)

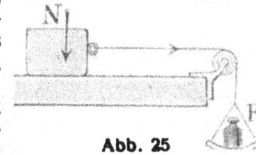

Abb. 25
Reibungsmessung

Solche Reibungszahlen wurden durch Versuche für die verschiedensten Gattungen von Materialien festgestellt. So beträgt die Reibungszahl von Metall auf Metall 0,19, von Holz auf Holz in der Richtung der Fasern 0,48, von Holz auf Metall 0,42, von Leder auf Holz 0,27, von Leder auf Gußeisen 0,56, von Mauerwerk auf Beton 0,76 usw.

Beispiele: 1. Zum Fortziehen eines schmiedeeisernen Körpers von 10 kg Gewicht auf gußeiserner Unterlage ist nach der Formel $R = kN$, worin $N = 10$ kg und $k = 0,19$ ist, eine Kraft $R = 0,19 \cdot 10 = 1,9$ kg erforderlich.

2. Ein Eichenholzbalken von 20 kg Gewicht erfordert zum Ziehen auf einer Eichenholzunterlage $R = 0,48 \cdot 20 = 9,6$ kg.

3. Ein Schlitten von 50 kg Gewicht ist besetzt von 2 Personen (von je 75 kg Gewicht). Welche Zugkraft setzt den Schlitten auf dem Eise in Bewegung, wenn $k = 0,015$ ist? Antwort: $N = 50 + 2 \cdot 75 = 200$ kg; $R = 0,015 \cdot 200 = 3$ kg.

Die Reibungszahl zwischen gleichartigen Körpern ist größer als zwischen ungleichartigen. Durch Schmieren oder Einfetten der Reibungsflächen wird die Reibung bedeutend kleiner.

Die Reibungszahl sinkt durch Fettung mit Öl z. B. bei Schmiedeeisen auf Gußeisen von 0,19 auf 0,13 bei Eichenholz auf Eichenholz durch Schmierung mit Talg oder Seife von 0,48 auf 0,16 usw.

b) Wenn ein runder Körper, eine Kugel oder eine Walze, auf einer Unterlage rollt, so tritt die **rollende** oder **wälzende Reibung** auf, bei der die Erhöhungen der einen Fläche in die Vertiefungen der anderen eingreifen, wobei je zwei zur Berührung gelangte Stellen gleich wieder auseinandergerissen werden. Die rollende Reibung ist daher auch bedeutend kleiner als die gleitende.

Zwei ineinander greifende Bürsten geben im großen ein Bild von den Verhältnissen, wie sie im kleinen eintreten, wenn rauhe Flächen von Körpern sich berühren (Abb. 26 u. 27). Beispiele für rollende Reibung sind die Holzwalzen, die unter einen schweren Körper gelegt werden, um ihn leichter fortzuschieben, die an den Füßen von Möbelstücken (Klavieren) angebrachten Rollen, die Kugellager der Fahrräder usw.

 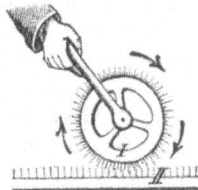

Abb. 26
Gleitende Reibung

Abb. 27
Rollende Reibung

Rollt ein Zylinder, ohne zu gleiten auf einer wagerechten, ebenen Unterlage, gegen die er mit der Kraft N (Normaldruck) gepreßt wird (Abb. 28), so ist zur Erreichung der Drehung um den Stützpunkt ein Kräftepaar mit dem Momente $M = N \cdot f$ zu überwinden. Die Größe f (in cm) ist der Arm der Reibungskraft und wird **Koeffizient der rollenden Reibung** genannt. Dieses Moment kann in verschiedener Weise überwunden werden, z. B. durch

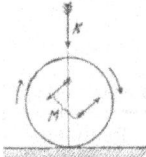 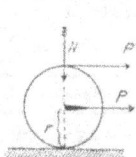 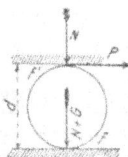

Abb. 28　　　Abb. 29　　　Abb. 30

eine im Mittelpunkte wirkende Kraft P oder eine am Umfange dem Stützpunkte gegenüber angreifende Kraft P' (Abb. 29). Im ersteren Falle ist das äußere Kraftmoment Pr und dieses muß dem Momente des Kräftepaares $N \cdot f$ gleich sein, also

$$Pr = M = N \cdot f;$$

im 2. Falle ist

$$P' \cdot 2r = M = N \cdot f.$$

Wird eine Last N auf einer Walze fortgeschoben (Abb. 30) und bedeutet f den Koeffizienten der rollenden Reibung für Walze und Unterlage, f' jenen für Walze und Last, endlich G das Eigengewicht der Walze, so ist

$$P \cdot d = M = N \cdot f' + (N + G) f.$$

f ist z. B. für Ulmenholz auf Pockholz 0,081 cm, für Pockholz auf Pockholz 0,047 cm, für Eisen auf Eisen (Stahl auf Stahl) im Mittel 0,05 cm.

Bei einem Wagenrad findet rollende Reibung am Umfange des Rades, gleitende Reibung aber an den Achsen statt. Beide Widerstände sind um so leichter zu überwinden, je größer der Durchmesser des Rades ist. Aus diesem Grunde baut man leichte Wagen mit möglichst großen Rädern (Rennwagen), unterlegt möglichst große Rollen, wenn man besonders schwere Gegenstände verschieben will, usw.

c) Nach dem Gesetze von der Erhaltung der Energie kann keine Energie vernichtet werden; die Reibungswiderstände sind aber nach dem Vorstehenden Kräfte, die Arbeit verbrauchen, also Energie verzehren; wo findet dieser Verbrauch sonach statt und was geschieht mit dieser Energie? Sie wird zum „Verschleiß", zur Zerstörung des Materiales der reibenden Flächen verbraucht.

Die reibenden Flächen nützen sich mit der Zeit ab, wenn das Material noch so hart und die Schmierung noch so vorzüglich ist. Man sagt, die Lager sind „ausgerieben"; die Ventile schließen nicht mehr ordentlich, weil die Dichtungen abgerieben sind usw. Ein anderer Teil der Reibungsarbeit wird in Wärme umgewandelt; „die Lager laufen heiß" und verschleißen dadurch noch rascher, als die rein mechanische Abnützung es bewirken könnte.

Übrigens ist es mit den Reibungswiderständen bei der Maschine wie mit den Krankheiten des Menschen; wie im letzteren Falle die Natur durch Schmerzempfindungen Warnungssignale gibt, und damit anzeigt, daß ein Leiden in Bildung begriffen sei und Abhilfe erheische, macht auch bei der Maschine jedes unnatürliche Geräusch darauf aufmerksam, daß irgend etwas nicht in Ordnung sei; der gewissenhafte Maschinist wird dieses Zeichen nicht unbeachtet lassen und abhelfen, bevor größerer Schaden, Heißlaufen, Beschädigung der Lager und Achsen usw. eingetreten ist.

d) Die Reibung hat aber auch vielfach ihre guten Wirkungen, und man kann ruhig behaupten, daß ohne Reibung unsere heutige Technik gar nicht möglich wäre.

Durch Reibung zweier Holzstücke haben sich die Menschen schon in den ältesten Zeiten Feuer gemacht, eine vermutlich zufällige Errungenschaft, die an Wert unsere größten Erfindungen übertrifft. Die Feuerbeschaffung durch Reibung ist im Grunde nichts anderes als die Verwendung unserer Zündhölzchen mit dem Unterschiede, daß sich diese schon bei geringerer Temperatur, also bei geringstem Arbeitsaufwande entzünden.

Die Zugkraft einer Lokomotive hört auf, wenn die gleitende Reibung ihrer Triebräder auf den Schienen kleiner ist als die Summe der Reibungen an den Rädern der angehängten Wagen; ist die Reibung der Triebräder infolge von Nebel oder Eisbildung an den Schienen nicht groß genug, so tritt das bekannte „Rädergleiten" auf, eine in langen Tunnels und im Winter sehr häufige Erscheinung; es muß dann Sand gestreut werden, um die Reibung der Triebräder auf den Schienen zu vergrößern.

Auch das Gewicht der Lokomotive ist für ihre Zugkraft maßgebend, weil die Reibung an den Triebrädern um so größer ist, je größer ihr Achsendruck ist und dieser letztere wieder vom Gewichte der Lokomotive abhängt.

Es könnte kein Riemenantrieb, kein Seilantrieb wirken, wenn zwischen Riemen und Riemenscheiben, zwischen Seil und Seilrolle keine Reibung vorhanden wäre. — Das Polieren der Metalle, das Schleifen der Linsengläser, das Schärfen der Werkzeuge auf den Schleifsteine, alle diese unentbehrlichen Verrichtungen verdanken wir derselben Reibung, die uns in anderer Hinsicht so viel Schwierigkeiten bereitet. Die vorteilhafte Wirkung der Reibung sehen wir tagtäglich dutzendmale im Alltagsleben. Es beruht darauf das Haften

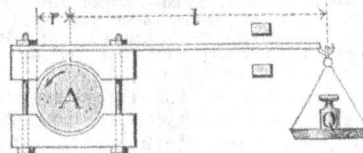

Abb. 31
Der Pronysche Zaum

der Nägel in der Wand und im Holze, das Festsitzen der Korkstöpsel im Flaschenhalse, das sichere Stehen und Gehen überhaupt (unsicheres Gehen auf sehr glatten Parkettböden, Stehen und Gehen auf blanken Eisflächen), das Festmachen von Körpern aneinander durch Binden, Nähen usw.

Der Reibungswiderstand findet übrigens eine wichtige praktische Anwendung in zwei Vorrichtungen, die zur Bestimmung der nutzbaren Leistung von Maschinen dienen.

Die eine ist der Pronysche Zaum, Abb. 31, der aus zwei Bremsbacken besteht, die auf der Welle A der zu untersuchenden Maschine aufsitzen und so eingestellt werden, daß die Welle ihre normale Umdrehungszahl beibehält. Man ermittelt das Auflegegewicht Q, das erforderlich ist, damit der Zaum bzw. der Hebel von der Welle nicht mitgenommen werde. Mit Anwendung bestimmter Formeln, auf die wir später zurückkommen werden, läßt sich die Leistung der Maschine berechnen.

Ähnlich wirkt das Bremsband, dessen Verwendung wir der Abb. 32 entnehmen können. Es besteht aus einem breiten Hanfgurte $ABCDE$ mit eingeschaltetem Dynamometer bei A und einer Wagschale bei E. Das Bremsband ist über das Schwungrad beispielsweise einer Dynamomaschine gelegt, deren Leistung bestimmt werden soll. Nach Abschaltung der letzteren würde das Schwungrad eine viel höhere Umdrehungszahl haben wie vordem; durch Auflegen von Gewichten bei E bremst man das Schwungrad so weit, daß es die Umdrehungzahl wie bei angeschalteter Dynamo hat. Aus der Reibung, die man als Differenz der Dynamometerablesung und der Gewichtsbelastung bei E findet, läßt sich durch Anwendung bestimmter Formeln

die Leistung ermitteln. Darauf kommen wir später noch zurück.

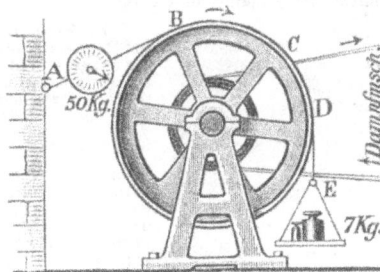
Abb. 32
Das Bremsband

Aufgabe 6.

[21] *Wie groß muß die Zugkraft einer Lokomotive sein, um einen Güterzug von 30 Wagen zu je 15 t Gewicht auf horizontaler, gerader Strecke in Bewegung zu setzen, wenn die Lokomotive ein Eigengewicht von 40 t und der mit Kohlen vollbeladene Tender ein solches von 20 t besitzt?*

Infolge der Achsenlagerreibung, das ist der Reibung der Radachsen in ihren Lagern, setzt jeder einzelne Wagen ebenso wie die Lokomotive und der Tender dem Anfahren einen gewissen Widerstand entgegen, der von der Zugkraft der Lokomotive überwunden werden muß; die Widerstände der Achsenlagerreibung sind von der Geschwindigkeit abhängig; bei Güterzügen rechnet man rund 4 kg per Tonne Zugsgewicht.

Das Zugsgewicht G ist gleich dem Gewichte der 30 Wagen zu 15 t = 30 · 15 = 450 t, mehr dem Gewichte der Lokomotive von 40 t und des Tenders von 20 t; also G = 450 + 40 + 20 = 510 t. Diese Zahl, multipliziert mit dem pro Tonne entfallenden Widerstande von 4 kg, ergibt sonach den Gewichtswiderstand des Zuges mit 510 · 4 = 2040 kg.

Dieser Widerstand von 2040 kg stellt jene Kraft dar, die von der Zugkraft der Lokomotive überwunden werden muß; letztere Kraft muß daher etwas größer sein, um den Zug tatsächlich aus dem Ruhezustande in den der Bewegung zu überführen. Ist der Zug einmal im Gange, so werden die Reibungswiderstände kleiner; es genügt dann eine weit geringere Zugkraft, um den Zug im Laufe zu erhalten.

[22] Widerstand des Mittels.

a) Unter dem Einflusse einer äußeren Kraft können Körper nur in gasförmigen oder tropfbar flüssigen Mitteln in Bewegung versetzt werden, im allgemeinen also in der Luft oder im Wasser. Wir haben schon früher darauf hingewiesen, daß diese Mittel der Bewegung einen gewissen Widerstand entgegensetzen, den sog. Widerstand des Mittels. Bei der Bewegung müssen die Teilchen des Mittels beiseite geschoben werden, wobei ihre Trägheit zu überwinden ist; ferner tritt Reibung auf, einerseits zwischen dem bewegten Körper und den Teilchen des Mittels, anderseits der letzteren aneinander.

b) Je nach dem Mittel, in dem der Körper bewegt wird, unterscheidet man den Luftwiderstand und den Widerstand des Wassers.

Der Widerstand des Mittels ist abhängig von der Gestalt des Körpers, also von seiner Größe, von der Beschaffenheit seiner Oberfläche und der Neigung derselben zur Bewegungsrichtung; je dichter das zu verdrängende Mittel, desto größer ist der Widerstand; er ist also seiner Dichte proportional.

Sofern es sich nicht um sehr große oder sehr kleine Geschwindigkeiten handelt, ist der Widerstand des Mittels auch dem Quadrate der Geschwindigkeit des bewegten Körpers proportional.

Ein auffallendes Beispiel für den hemmenden Einfluß des Mittels bietet der Fallschirm, durch den der rasche Fall nach abwärts sehr bedeutend verlangsamt wird. Seifenblasen fallen langsam zur Erde. Eine bekannte Anwendung des Luftwiderstandes ist die Windflügelhemmung (Windfang) bei den Schlagwerken der Uhren.

Bei großen Geschwindigkeiten ist der Widerstand des Mittels bedeutend. Ein Versuch mit einem Motorwagen

ergab bei einer Geschwindigkeit von ungefähr 150 km/Stunde einen Widerstand an der vorderen Stirnfläche von über 200 kg/m². Rennautomobile haben daher nach vorn gegeneinander zulaufende glatte Seitenflächen. Der Schiffskörper verjüngt sich zum Kiel hin, um das Wasser leicht zu verdrängen. Lenkbare Luftschiffe müssen eine langgestreckte Form erhalten. Vögel und Fische haben im allgemeinen einen langen Körper mit spitzen Köpfen.

[23] Festigkeit.

Vermöge der Kohäsion leistet ein Körper einer Kraft, die seinen Zusammenhang zu zerstören sucht, einen Widerstand, dessen Maß wir als Festigkeit bezeichnen; diese ist der äußerste Widerstand, den der Körper der gänzlichen Trennung seiner Teilchen entgegensetzt.

a) Das Einwirken äußerer Kräfte auf den Körper bedingt in der Regel vorerst eine Formänderung des letzteren. Nach dem Aufhören der Kraftwirkung zeigt der Körper das Bestreben, seine ursprüngliche Gestalt wieder zurückzugewinnen, welches Bestreben man Elastizität nennt. In der Regel bleiben kleine Formänderungen bestehen, die bis zu einer gewissen Grenze, die Proportionalitätsgrenze heißt, proportional den äußeren Kräften sind. Über diese Grenze hinaus wachsen die Formänderungen bei fortgesetzter Beanspruchung in einem anderen Verhältnisse als die Belastungen, und es tritt schließlich der Bruch ein. Die entsprechende Belastung nennt man die Bruchbelastung. — Infolge der Beanspruchung durch äußere Kräfte entstehen in dem Körper weiters Spannungen. Der Bruchbelastung entspricht als Spannung die Bruchspannung, d. h. die Festigkeit des Körpers.

Statt der Proportionalitätsgrenze nahm man früher eine Elastizitätsgrenze an; neuere Untersuchungen mit außerordentlich feinen Meßinstrumenten haben dagegen gezeigt, daß bleibende Formänderungen schon bei Beanspruchung durch verhältnismäßig kleine äußere Kräfte eintreten.

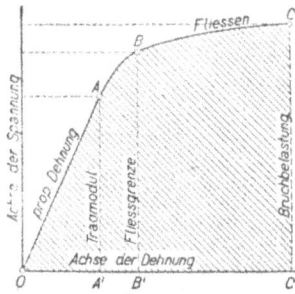

Abb. 33
Diagramm der Dehnung

Die Verhältnisse bis zur Bruchbelastung zeigt das Diagramm in Abb. 33; auf der horizontalen Linie sind die **Dehnungen**, auf der Senkrechten die **Spannungen** $S = \dfrac{P}{F}$ (für 1 cm² Querschnitt) aufgetragen. Von O bis A ist die Linie gerade, weil die Dehnung proportional der Spannung ist. Bei A ist die Proportionalitätsgrenze erreicht (zugehörige Spannung = T = **Tragmodul**). Zwischen A und C tritt das **Dehnen (Fließen)**, und zwar anfangs langsam, später immer rascher zunehmend ein. Bei C erfolgt schließlich der Bruch. — Die Proportionalitätsgrenze reicht bei den verschiedenen Eisensorten bis zu 2500, beim Flußstahl bis zu 5000, bei Kupferlegierungen von 300 bis zu 2200, bei Holz bis zu 500, bei Leder bis zu 160 kg/cm².

b) Dehnungs- (Verkürzungs-) Gesetz. Bleibt die Beanspruchung unter der Proportionalitätsgrenze, so ist die Dehnung (beim Zuge) oder die Verkürzung (beim Drucke) genau proportional der Belastung P; d. h. 1, 2, 3 . . . kg Belastung rufen die 1-, 2-, 3- . . . . fache Dehnung oder Verkürzung hervor.

Dehnungs- (Verkürzungs-) Koeffizient nennt man die Dehnung (Verkürzung) α in cm, die ein Stab von 1 cm Länge und 1 cm² Querschnitt bei Belastung von $P = 1$ kg erfährt. Sein umgekehrter Wert $E = \dfrac{1}{\alpha}$ heißt der **Elastizitätsmodul** (in kg/cm²).

Er ist 2000000—2200000 für Schweiß-Flußeisen und Flußstahl, 750000—1050000 für Gußeisen, für Zinkdraht 150000, für Eichenholz 90000, für Lederriemen 1250. Je größer der Elastizitätsmodul, um so kleiner ist die Dehnung und umgekehrt.

c) Der Zusammenhang des Körpers kann durch die einwirkenden äußeren Kräfte in verschiedener Weise zerstört werden; hiernach unterscheidet man verschiedene Arten von Festigkeit.

1. Zugfestigkeit (Zerreiß- oder absolute Festigkeit). Hängen wir am unteren Ende eines oben festgeklemmten Bindfadens Gewichte an, so wird der Faden auf Zug beansprucht; bei genügend großer Belastung zerreißt er (Abb. 34). Vor dem Zerreißen dehnt sich der Faden um eine gewisse Länge aus (d bei M_2). Der äußeren Kraft wirken hier die ausgelösten inneren Kräfte

Abb. 34
Dehnung

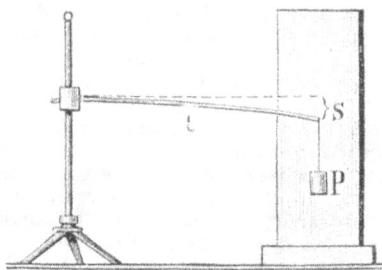

Abb. 35
Biegung

der Kohäsion als Zugfestigkeit entgegen. In dieser Weise werden z. B. Hanf- und Drahtseile, Drähte in Leitungen,

Eisen und Holz in verschiedenen Baukonstruktionsteilen beansprucht.

2. Druckfestigkeit (rückwirkende Festigkeit). Sucht die äußere Kraft den Körper zu zerdrücken, so wirkt diesem Bestreben seine **Druckfestigkeit** entgegen. Auf Druck werden sehr viele Konstruktionsteile im Hoch- und Maschinenbau beansprucht.

3. Biegungsfestigkeit (relative Festigkeit). Spannen wir einen Holzstab l an einem Ende ein und belasten ihn am freien Ende mit dem Gewichte P (Abb. 35), so wird er auf Biegung beansprucht, die äußere Kraft sucht den Stab abzubrechen. Bei genügend großer Belastung zerbricht der Stab, vordem wird er mehr oder weniger durchgebogen.

Auf Biegung sind beispielsweise hölzerne Tragbalken, Konstruktionsteile bei Brücken, die Telephon- und Lichtmaste beansprucht.

4. Knickfestigkeit. Belasten wir eine schwächere Holzstange, die unten auf dem Boden aufsteht, am oberen Ende mit Gewichten, so wird sie sich unter der Belastung ausbiegen und endlich durch den Druck zerbrechen; sie ist auf Knickung beansprucht, dem Bruche wirkt in diesem Falle die Knickfestigkeit entgegen.

5. Torsionsfestigkeit (Festigkeit gegen Abdrehen, Verdrehungsfestigkeit). Greift die äußere Kraft an einem Körper so an, daß sie ihn zu verdrehen (abzudrehen) sucht, so wirkt ihr die Torsionsfestigkeit entgegen.

6. Schub- (Abscher-) Gleitungsfestigkeit. In den Balken N (Abb. 36) ist das untere Ende einer Holzstrebe M eingelassen; der in dieser in der Richtung MA nach abwärts wirkende Druck sucht das Holzstück ABCD wegzudrücken (abzuscheren). Die Schubfestigkeit bei Holz ist verschieden, je nachdem der Schub in der Faserrichtung oder gegen diese geneigt ausgeübt wird. Werden aus Blechplatten durch Druck eines Stahlstempels Löcher herausgestanzt, so wird das Blech auf Abscherung beansprucht.

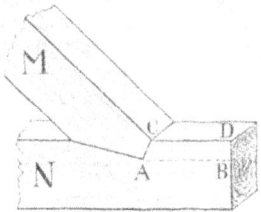

Abb. 36
Schub

Die genaue Kenntnis der Größe der verschiedenen Arten von Festigkeit bei den Baustoffen ist von größter Bedeutung für jeden Techniker. Ohne Kenntnis und Beachtung dieser Werte ist es unmöglich, verläßliche, dauerhafte Bauten, Maschinen u. dgl. auszuführen. Zur Bestimmung der Festigkeiten dienen besonders konstruierte **Materialprüfungsmaschinen**, mittels denen man die Festigkeit an besonders hergerichteten Materialproben bestimmen kann. (Zerreißmaschinen, die zugleich die Bestimmung der auftretenden Dehnung gestatten, Papierprüfungsapparate, Torsionsmaschinen u. dgl.)

d) Natürlich darf man die Baustoffe in den Konstruktionen nicht mit den vollen Werten der jeweils in Betracht kommenden Festigkeit beanspruchen, da ja sonst der Bruch erfolgen müßte. Die Beanspruchung darf nur bis zu einem gewissen Bruchteile der betreffenden Festigkeit erfolgen, welchen Wert man den **Sicherheitskoeffizienten** oder **Sicherheitsfaktor** nennt.

Wird beispielsweise Holz mit $^1/_{10}$ seiner Druckfestigkeit in einer Konstruktion in Anspruch genommen, so sagt man, sie bietet zehnfache Sicherheit gegen ihre Zerstörung. Der Grad der Beanspruchung ist bei den einzelnen Baustoffen verschieden; die anzuwendende Sicherheit ist auf Grund langjähriger Erfahrungen in der Baupraxis ermittelt worden. Sie wird dementsprechend gewählt, in vielen Fällen ist sie durch behördliche Vorschriften festgelegt (Brückenbau, Hochbau), in denen die zulässige Beanspruchung in kg für 1 cm² angegeben wird.

Auch beim selben Materiale wird nicht immer mit demselben Sicherheitskoeffizienten gerechnet; besonders wichtige Konstruktionsteile müssen größere Sicherheit bieten, dürfen also nur mit einem kleineren Teile der Festigkeit beansprucht werden. Eisenteile können je nach ihrer Verwendung mit 3- bis 5facher Sicherheit eingebaut werden, für Holz wird zumeist zehnfache Sicherheit gefordert, Hanfseile beansprucht man in der Regel mit $^1/_6$ ihrer Zerreißfestigkeit usw.

Zur beiläufigen Übersicht über die zulässigen Spannungen in kg pro cm² bei den wichtigsten Baustoffen diene Tabelle 1.

Tabelle 1: Zulässige Beanspruchungen in kg/cm².

Material	Zug	Druck	Schub	Anmerkung
I. Eisen:				
Schweißeisen	900	900	600	
Flußeisen	1000	1000	720	
Flußstahl	1200	1200	960	} bei ruhender Belastung
Stahlguß	600	900	480	
Gußeisen	300	500	200	
II. Holz:				
Eiche (Buche)	100	80	{ 20 / 85	‖ zur Faserrichtung / ⊥ „ „ „
Kiefer (astfrei)	100	60	{ 10 / 60	‖ „ „ „ / ⊥ „ „ „
Tanne	60	50		
III. Andere Stoffe:				
Granit	—	45	—	
Sandstein	—	25	—	} ⊥ zur Lagerrichtung
Kalkstein	—	20	—	
Ziegelmauerwerk in Kalkmörtel .	—	7	—	1 Kalk, 3 Sand
Ziegelmauerwerk in Zementmörtel	—	11	—	1 Zement, 2 Kalk, 6 Sand
Klinker in Zementmörtel	—	12—14	—	1 Zement, 3 Sand
Rammpfähle	—	25	—	je nach Bodenart
Beton (Gußbeton)	—	10—15	—	} 1 Zement, 3 Sand, 5 Kies
„ (Stampfbeton)	—	15—20	—	
Guter Baugrund	—	2,5 (bis 5)	—	—

Genaueres hierüber, sowie die Festigkeits- und Elastizitätslehre überhaupt, wird noch eingehend im II. Fachbande unter „Baumechanik" zur Sprache kommen.

2. Abschnitt.

Die Lehre von der Bewegung (Dynamik).

[24] Allgemeines.

a) Wir haben schon früher gehört, daß ein ruhender Körper unter dem Einflusse einer äußeren Kraft in Bewegung geraten kann, wenn diese stark genug ist, die Hemmungen, die sich der Bewegung entgegensetzen, zu überwinden. Ob ein Körper in Ruhe ist, beurteilen wir immer im Verhältnisse zum Zustande der ihn zunächst umgebenden Körper.

Liegt auf dem Verdecke eines sich bewegenden Schiffes eine Kugel, so ruht sie im Vergleiche zu ihrer nächsten Umgebung, dem Schiffskörper; diese Ruhe ist aber nur eine scheinbare (relative), da sich das Schiff und mit ihm die darauf ruhende Kugel im Vergleiche zum Ufer selbst schon bewegt. Versetzen wir die Kugel auf dem Deck in Bewegung, so ist die vom Beobachter auf dem Schiffe wahrgenommene Kugelbewegung wieder nur eine relative, da sie in Wirklichkeit auch die Bewegung des Schiffes mitmacht.

Wird der Sternenhimmel mit einer Kamera photographisch aufgenommen, die, auf einen Fixstern eingestellt, mit diesem sich fortbewegt, so geben die Fixsterne Punkte (sie sind eben gegenüber der Kamera in absoluter Ruhe), die Planeten dagegen Striche, weil diese sich während der Exposition gegenüber den Fixsternen bewegen. Die Landschaft bewegt sich vor dem Eilzuge Fahrenden, der Reisende dünkt sich aber in Ruhe. (Beispiel relativer Bewegung.)

Absolute Ruhe und Bewegung im wahren Sinne des Wortes können im allgemeinen nicht Gegenstand unserer Betrachtungen sein, denn auch die Erde bewegt sich beständig, sie dreht sich um eine (gedachte) Achse, bewegt sich um die Sonne und überdies auch noch mit dem ganzen Sonnensystem. (Relativitätstheorie von Dr. Einstein in Berlin.)

Dies ist Grund, weshalb wir die Bewegungserscheinungen im allgemeinen nur mit Beziehung auf die nähere Umgebung des Körpers verfolgen können.

b) Bewegt sich ein Körper ständig in ein und derselben Richtung, so sprechen wir von einer fortschreitenden Bewegung; dreht sich der Körper um eine durch ihn hindurchgehende Achse, so führt er eine drehende Bewegung (Rotation) aus.

Beide Arten von Bewegung können miteinander vereinigt sein. (Erdbewegung, Bewegung eines Geschosses aus einem gezogenen Geschütze.)

Als Beispiel einer geradlinigen Bewegung führen wir den freien Fall eines Körpers durch Einwirkung der Erdschwere an, der sich in einer Lotrechten nach abwärts bewegt. Ein schräg nach aufwärts geworfener Stein führt eine krummlinige Bewegung aus.

c) Als weiteres Bestimmungsstück einer Bewegung dient die **Geschwindigkeit** des bewegten Körpers; wir verstehen darunter den Weg, den er in der Zeiteinheit (Stunde, Minute oder Sekunde) zurücklegt. Diese Geschwindigkeit kann in den aufeinanderfolgenden gleichen Zeitabschnitten stets den gleichen Wert aufweisen, sie bleibt also ungeändert, die Bewegung ist **gleichförmig**. In anderen Fällen ändert sich die Geschwindigkeit in gleichen Zeitabschnitten fortwährend, die Bewegung ist veränderlich oder **ungleichförmig**. Wächst die Geschwindigkeit einer Bewegung, so nennen wir diese **beschleunigt**; der Zuwachs an Geschwindigkeit in der Sekunde heißt **Beschleunigung (Akzelleration)**.

Nimmt die Geschwindigkeit in den aufeinanderfolgenden Sekunden immer um den gleichen Betrag zu, so haben wir es mit einer **gleichförmig beschleunigten** Bewegung zu tun (freier Fall eines Körpers); andernfalls liegt eine ungleichförmig beschleunigte Bewegung vor.

Verringert sich die Geschwindigkeit in jeder Sekunde um den gleichen Betrag, so heißt die Bewegung **gleichförmig verzögert**; die Abnahme an

Geschwindigkeit bezeichnen wir als **Verzögerung** (**Retardation**); eine solche Bewegung führt z. B. ein vertikal nach aufwärts geschleuderter Stein beim Aufstiege aus. Auch die Verzögerung kann sich ungleichmäßig ändern.

Die Wirkung einer Kraft ist immer ein Bewegungszustand: eine Geschwindigkeit (gleichförmige Bewegung), wenn die Kraft nur momentan wirkt, oder eine Beschleunigung (ungleichförmige Bewegung), wenn die Kraft kontinuierlich wirkt.

A. Einfache Bewegungen.

1. Gleichförmige Bewegungen.

[25] Gleichförmig fortschreitende Bewegung.

a) Ändert der Körper während der Bewegung ständig seinen Ort, so heißt diese Art der Bewegung eine **fortschreitende**. Legt der Körper hierbei in gleichen Zeitabschnitten gleich lange Wegstücke zurück, so bezeichnen wir die Bewegung als **gleichförmig**.

Der in der Zeiteinheit zurückgelegte Weg heißt **Geschwindigkeit** und ist für die gleichförmige Bewegung ein konstanter Wert.

Merke: Momentankraft gibt Geschwindigkeit.

Bezeichnet man in Abb. 37 den in je einer Sekunde zurückgelegten Weg mit v, so sieht man ohne weiteres, daß der nach 2, 3 usf. Sekunden zurückgelegte Weg $2v$, $3v$ usf. ist, allgemein also nach t Sekunden

$$\text{Weg } s = v \cdot t = \text{Geschwindigkeit mal Zeit.}$$

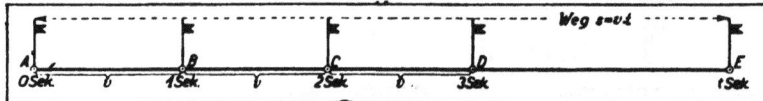

Abb. 37
Die gleichförmige Geschwindigkeit

Hieraus ergibt sich die weitere Folgerung:

$$\text{Geschwindigkeit } v = \frac{s}{t} = \frac{\text{Weg}}{\text{Zeit}}.$$

Wir können auch ohne weiteres die Zeit berechnen, die ein Körper gebraucht hat, um bei einer bestimmten Geschwindigkeit einen gewissen Weg zu durchlaufen.

$$\text{Zeit } t = \frac{s}{v} = \frac{\text{Weg}}{\text{Geschwindigkeit}}.$$

b) **Graphische Darstellung der gleichförmigen Bewegung**: Auf eine wagerechte Achse trägt man die Zeit t auf und errichtet in jedem Zeitpunkte eine Senkrechte gleich der zu diesem Zeitpunkte herrschenden Geschwindigkeit. Da diese konstant ist, bilden die Endpunkte der Senkrechten eine Parallele zur Zeitachse (Abb. 38). Das von der Senkrechten bestrichene Rechteck stellt in seiner

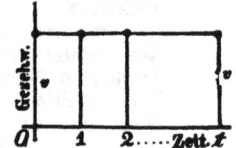

Abb. 38

Fläche ($= v \cdot t$) den zurückgelegten Weg dar.

Als **Zeiteinheit** wählt man in den meisten Fällen die Sekunde, namentlich bei Bewegungen von größerer Geschwindigkeit; den Weg drückt man zumeist in Metern aus. Bei langsameren Bewegungen nimmt man eine größere Zeiteinheit, zumeist die Stunde an. Der Schall z. B. legt in der Sekunde 333 m zurück, man drückt das folgendermaßen aus: Schallgeschwindigkeit = 333 m/sek, und liest es „333 Meter in der Sekunde". Geschwindigkeit des Mondes = 1 km/sek. (Ein Kilometer in der Sekunde.)

In Tabelle 2 geben wir eine Übersicht von öfter genannten Geschwindigkeiten.

Tabelle 2: Geschwindigkeiten in m/sek.

Der Rhein bei Worms	1	Schnellzug (86 km/Std.)	24
Radfahrer (15—20 km/Std.)	4—5	Brieftaube	40
Postdampfer (10 Kn [= 18 km]/Std.)	5	Automobil (150 km/Std.)	40
Personenzug (25 km/Std.)	7	Flugzeug (200 km/Std.)	55
Schnellstes Segelschiff (Fünfmaster, 16 Kn [= 29 km]/Std.)	8	Schallgeschwindigkeit in der Luft	333
Frische Brise	10	Granate	400
Linienschiff (18 Kn [= 33 km]/Std.)	10	Äquatorpunkt (Drehung der Erde)	463
Rennpferd	12	Mond in seiner Bahn (1 km/sek.)	1000
Kreuzer (23 Kn [= 42 km]/Std.)	12	Erde in ihrer Bahn (30 km/sek.)	30000
Torpedofahrzeug (30 Kn [=55 km]/Std.)	16	Elektrischer Strom im Telegraphendrahte (17,000 km/sek.)	17,000,000
Sturm	20—50	Licht u. Elektrizität in d.Luft (300 000 km/sek.)	300,000,000

Anm. 1 Knoten (1 Kn) = 1 Seemeile = 1852 m.

Erfolgt eine Bewegung, an der wir teilnehmen, vollkommen gleichförmig und treten dabei keine Nebenerscheinungen (Erschütterungen u. dgl.) ein, so nehmen wir die Bewegung nicht wahr. Trotz der hohen Geschwindigkeit der Erdbewegung werden wir uns ihrer nicht bewußt. Befinden wir uns in einem Personenaufzug, der sich ganz gleichmäßig bewegt, so können wir bei geschlossenem Auge nicht feststellen, ob wir uns in Bewegung befinden oder nicht.

b) **Geschwindigkeitsmessung.** Zur Bestimmung der Geschwindigkeit ist es nach dem Früheren erforderlich, den zurückgelegten Weg, dessen Länge man genau gemessen hat, durch die Zeit des Durchlaufens zu dividieren.

Für gewisse Fälle muß man sich besonderer Hilfsmittel bedienen. Die **Windgeschwindigkeit** mißt man mit dem Windmesser (**Anemometer**), der 4 halbkugelförmige Flügel trägt, deren Bewegung mittels ihrer Achse auf ein Zählwerk übertragen wird. (Abb. 39.)

Die Geschwindigkeit des Wassers in Flußläufen bestimmt man, indem man die Zeit mißt, die eine **Schwimmkugel** braucht, um eine ausgemessene Strecke des Flußlaufes zu durchlaufen. Bequemer geschieht die Ermittlung der Geschwindigkeit mit dem **Woltmannschen Flügel** (Abb. 40). An der Stange S, die in den Flußlauf gehalten wird, ist das Zählwerk Z befestigt, durch die vom Wasser bewegte Flügelschraube W betätigt wird. (Wird im „Wasserbau" noch besprochen.)

Abb. 39 Anemometer

Die **Geschwindigkeit von Schiffen** ermittelt man mit dem **Log.** Das Handlog und seinen Gebrauch zeigt Abb. 41. Es

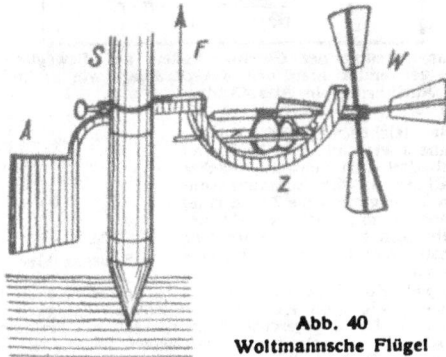

Abb. 40
Woltmannsche Flügel

besteht aus einem dreieckigen Brett, das unten mit Blei beschwert ist, damit es im Wasser aufrecht stehe. Es hängt an der Logleine, die man so rasch nachlaufen läßt, daß das

Log an derselben Stelle verbleibt. Bequemer ist das Patentlog, das aus einer Flügelschraube mit Zählwerk besteht, die man an einer Leine nachschleppt.

Beispiele: 1. Ein Fußgänger legt in 15 Minuten 1 km zurück; wie groß ist seine Geschwindigkeit in der Sekunde? 15 Minuten sind $15 \cdot 60 = 900$ Sek.;

$$v = \frac{\text{Weg}}{\text{Zeit}} = \frac{1000}{900} = 1{,}11 \text{ m/sek.}$$

Abb. 41
Gebrauch des Logs

2. Die Strecke New York—Hamburg (3467 Seemeilen) ist seinerzeit vom Dampfer „Deutschland" in 6 Tagen 13½ Stunden zurückgelegt worden; welche mittlere stündliche Geschwindigkeit hatte das Schiff? 6 Tage sind $6 \cdot 24 = 144$ Stunden, hierzu 13½ Stunden ergibt 157,5 Stunden; $v = \frac{3467}{157{,}5}$ fast genau gleich **22 Seemeilen** per Stunde oder rund 11 m/sek.

3. Welche Zeit braucht das Licht, um den Weg von der Sonne zur Erde (= 20 Mill. Meilen zu je 7,5 km = 150 Millionen km) zurückzulegen? Welche Zeit würde ein Schnellzug dazu brauchen? Antwort: 8⅓ Minuten, bzw. 199 Jahre!

Aufgabe 7.

[26] *Ein Beobachter sieht eine Granate im selben Augenblicke in die Zielscheibe einschlagen, als er den Schuß hört. Das Geschütz ist 1500 Meter von der Scheibe entfernt, der Beobachter steht 1000 Meter hinter dem Geschütze. Welche Geschwindigkeit besaß das Geschoß?*

In Anbetracht der sehr großen Geschwindigkeit des Lichtes kann man annehmen, daß der Beobachter den Einschuß im gleichen Augenblicke sieht. Der Schall braucht eine Sekunde, um 333 m zurückzulegen, 1000 m werden daher in fast genau 3 Sek. durchlaufen. Dieselbe Zeit braucht das Geschoß zum Durchlaufen des 1500 m langen Weges zur Scheibe.

$$v = \frac{s}{t} = \frac{1500 \text{ m}}{3} = 500 \text{ m per Sekunde.}$$

Aufgabe 8.

[27] *Ein Dampfschiff hat bei der Talfahrt die Geschwindigkeit $V_1 = 6{,}2$ m, bei der Bergfahrt und bei gleichem Energieaufwande $V_2 = 3{,}8$ m. Wie groß ist die Geschwindigkeit des Stromes und die des Schiffes?*

Bei der Bewegung stromabwärts addiert sich die Eigengeschwindigkeit des Schiffes (Vs) zur Geschwindigkeit des Wassers (Vw); daher $\boxed{V_1 = Vs + Vw;}$ bei der Bergfahrt verringert sich die Geschwindigkeit des Schiffes Vs um die Stromgeschwindigkeit Vw, also $\boxed{V_2 = Vs - Vw.}$ Wir haben somit 2 lineare Gleichungen mit 2 Unbekannten Vs und Vw vor uns. Durch Addition beider Gleichungen ergibt sich

$$\frac{V_1 + V_2}{2} = Vs \quad \text{oder} \quad \frac{6{,}2 \text{ m} + 3{,}8 \text{ m}}{2} = Vs = 5 \text{ m}$$

als **Schiffsgeschwindigkeit** und $Vw = V_1 - Vs = 6{,}2 \text{ m} - 5 \text{ m} = 1{,}2 \text{ m}$ als **Stromgeschwindigkeit.**

[28] Gleichförmige Bewegung im Kreise.

a) Bewegt sich ein starrer Körper um eine Achse, so beschreiben seine Punkte kreisförmige Bahnen; die Achse ist der Mittelpunkt aller Kreisbahnen. Wegen der Starrheit des Körpers muß die Umlaufszeit für alle Punkte ein und dieselbe sein.

Stellt man sich ein Schwungrad (Abb. 42) vor, das sich um die Achse O von rechts nach links dreht, so legt der Punkt E, der von der Achse den Abstand gleich einer Längeneinheit hat, in der Zeiteinheit den Weg ω zurück, während der am Rad-

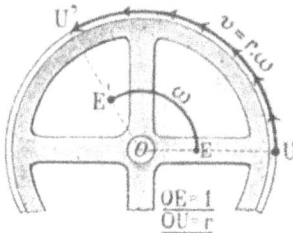

Abb. 42
Winkelgeschwindigkeit

umfange liegende Punkt U in derselben Zeit den Weg $UU' = v$ durchläuft. Da dieser offenbar weit länger ist als der Weg ω, so muß die Geschwindigkeit dieses Punktes U größer sein.

Die Geschwindigkeit eines Punktes im Abstande 1 von der Drehachse (hier Punkt E), mithin den Weg, den dieser Punkt E in einer Sekunde zurücklegt, bezeichnen wir als **Winkelgeschwindigkeit** ω; die Geschwindigkeit eines Punktes des Umfanges, also im Abstande r von der Achse (Punkt U) ist dann $v = r\omega$, und diese Geschwindigkeit heißt **Umfangsgeschwindigkeit** v.

b) Bezeichnen wir die Zeit, die der Punkt E braucht, um eine volle Kreisumdrehung auszuführen, mit T (Umlaufszeit), so legt er dabei den Weg $2\pi \cdot OE = 2 \cdot \pi$ zurück, da $OE = 1$ angenommen wird. Die Winkelgeschwindigkeit (Weg des Punktes E in der Sekunde) ist sonach gleich $\omega = \frac{2\pi}{T}$. Ist die

Umdrehungszahl des rotierenden Körpers in der Minute n, so beträgt die Zahl der Umdrehungen in der Sek. $\frac{n}{60}$; vom Punkte E wird bei einer Umdrehung der Weg 2π zurückgelegt, bei $\frac{n}{60}$ Umdrehungen der Weg $\frac{2\pi \cdot n}{60}$, d. i. also ebenfalls der in der Sekunde zurückgelegte Weg; die Winkelgeschwindigkeit ω, die ausgedrückt werden kann durch $\omega = \frac{2\pi \cdot n}{60}$, oder rund $\frac{1}{10}n$, ist immer eine unbenannte Zahl. Die Umfangsgeschwindigkeit ist $v = r \cdot \omega = \frac{n \cdot 2r\pi}{60}$.

Merke:

$$\text{Winkelgeschwindigkeit } \omega = \frac{2\pi \cdot n}{60} \sim \frac{1}{10}n$$

$$\boxed{\text{Umfangsgeschwindigkeit } v = \omega \cdot r = \frac{n \cdot 2r\pi}{60} \sim \frac{1}{10} \cdot n \cdot r.}$$

Zur Messung der Geschwindigkeit der Bewegung im Kreise verwendet man den **Tourenzähler**, wie er in einfacher Ausführung in Abb. 43 dargestellt ist.

Die leichtbewegliche, endlose Schraube a wird mit dem Ende c an die sich drehende Schwungradachse angehalten; in die Schraubenwindungen bei a greifen die Zähne eines Zahnrades b ein, das die Zahl der Umdrehungen angibt; an einer Uhr liest man die Zeit genau ab, die verflossen ist.

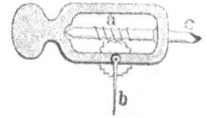
Abb. 43
Tourenzähler

Beispiel: Ein Schwungrad macht in der Minute 38 Umdrehungen; wie groß ist seine Winkelgeschwindigkeit und wie groß die Umfangsgeschwindigkeit, wenn der Halbmesser des Rades 3 m beträgt? Die Winkelgeschwindigkeit $\omega = \frac{2\pi \cdot n}{60} = \frac{2 \cdot 3{,}14 \cdot 38}{60} = 3{,}98$ oder rund 4. Die Umfangsgeschwindigkeit $v = r \cdot \omega = 3{,}98 \cdot 3\,\text{m} = 11{,}94$ oder rund 12 m/sek.

Aufgabe 9.

[29] *Bei einer Nähmaschine ist der Halbmesser des Antriebrades $r = 13$ cm, der des oberen Kurbelrades $r' = 8$ cm; wenn in der Minute 75 Tritte gemacht werden, wie groß ist 1. die Tourenzahl des oberen Rades, 2. seine Winkelgeschwindigkeit?*

a) Wir berechnen die Umfangsgeschwindigkeit des Antriebrades aus

$$v = r \cdot \omega = \frac{0{,}13 \times 2 \times 3{,}14 \times 75}{60} = 1 \text{ m/sek.}$$

Durch die Riementransmission ist das Kurbelrad mit dem Antriebsrade verbunden, muß also die gleiche Umfangsgeschwindigkeit haben wie das Triebrad. Es ist sonach $r \cdot \omega = r' \cdot \omega'$; ist die Umdrehungszahl des oberen Rades x, so ist $0{,}13 \cdot \frac{2\pi \cdot 75}{60} = 0{,}08 \cdot \frac{2\pi x}{60}$, daraus $x = \frac{0{,}13}{0{,}08} \cdot 75 \sim 122$.

b) Die Winkelgeschwindigkeit $\omega' = \frac{2\pi \cdot 122}{60} = 12{,}7$.

Da die Umfangsgeschwindigkeiten gleich sind, müßten sich hier naturgemäß die Winkelgeschwindigkeiten umgekehrt zueinander verhalten wie die Halbmesser. Es muß mithin gelten

$$\omega : \omega' = 8 : 13,$$
$$\omega : 12{,}7 = 8 : 13, \text{ woraus } \omega = 7{,}8 \text{ folgt.}$$

Überprüfe den Wert aus der Formel für ω.

2. Ungleichförmige Bewegungen.

[30] Die gleichförmig veränderliche Bewegung.

a) Wir hatten früher [24] schon darauf hingewiesen, daß sich die Geschwindigkeit einer Bewegung von Sekunde zu Sekunde ändern kann, in welchem Falle wir es also mit einer veränderlichen Bewegung zu tun haben. Die größte Wichtigkeit hat die **gleichförmig veränderliche** (entweder beschleunigte oder verzögerte) Bewegung. Sie kommt immer dann zustande, wenn eine Kraft (z. B. die Erdschwere) mit gleichbleibender Größe auf einen Körper wirkt, der sich unter ihrem Einflusse frei bewegen kann. Die Beschleunigung der Bewegung bleibt hierbei gleich groß (konstant); wir haben uns also den wichtigen Satz zu merken:

Konstante Kraft gibt konstante Beschleunigung.

b) Um uns die Gesetze, die über gleichförmig veränderliche Bewegungen gelten, klarzumachen, wollen wir zu einer graphischen Darstellung greifen. In Abb. 44 haben wir auf der wagerechten Achse —

(Zeitachse) die Anzahl der Sekunden in einem beliebigen Maßstabe aufgetragen, auf den Senkrechten, die wir in den Punkten von o—t errichten, tragen wir die Werte der Geschwindigkeiten auf. Die **Anfangsgeschwindigkeit** in der Zeit 0 sei v_a;

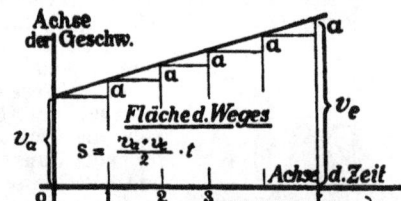
Abb. 44
Diagramm der Geschwindigkeit

in jeder Sekunde nimmt die Geschwindigkeit um den Wert a (Beschleunigung) zu, nach t Sekunden hat der Körper die Geschwindigkeit v_e (**Endgeschwindigkeit**). Der Zuwachs an Geschwindigkeit beträgt also, wie ohne weiteres klar ist, $a \cdot t$. Ist die Bewegung gleichmäßig verzögert, so hat sich der Anfangswert v_a um den gleichen Betrag at vermindert; es gilt sonach

Endgeschwindigkeit $v_e = v_a \pm a \cdot t$.

Die Geschwindigkeitslinie verläuft als schräg ansteigende Linie bei der beschleunigten, als schräg nach abwärts geneigte Linie bei der verzögerten Bewegung.

Wird $a = 0$, ist also die Bewegung gleichförmig, so geht die Geschwindigkeitslinie in eine zur Zeitachse parallele Gerade über (Abb. 38).

c) Der Weg, den der bewegte Körper in einem sehr kleinen Zeitteilchen zurücklegt, kann allgemein durch das Produkt $v \cdot t$ ausgedrückt werden, weil während dieser Zeit die Bewegung als gleichförmig angesehen werden kann. Der Weg läßt sich somit zeichnerisch durch ein Rechteck darstellen, dessen Grundlinie ein sehr kleines Zeitteilchen auf der Zeitachse und dessen Höhe die betreffende Geschwindigkeit v ist. Durch Addition aller kleinen Rechtecke erhalten wir die Fläche des Weges, die in unserem Falle von der Zeitachse, der Geschwindigkeitslinie und den Geschwindigkeitsgrenzwerten v_a und v_e eingeschlossen wird. Der Weg ist also hier gleich der Fläche eines Trapezes $s = \dfrac{v_a + v_e}{2} \cdot t$;

setzen wir in dieser Formel für v_e den früher gefundenen Wert $v_a \pm at$ ein, so erhalten wir

$$s = \frac{v_a + v_a \pm at}{2} \cdot t = v_a \cdot t \pm \frac{1}{2} \cdot a \cdot t^2$$

Weg $s = v_a t \pm \dfrac{1}{2} a t^2$.

d) War der Körper ursprünglich in Ruhe und versetzen wir ihn in eine gleichförmig beschleunigte Bewegung, so ist die Anfangsgeschwindigkeit $v_a = 0$; wir erhalten dann

Endgeschwindigkeit $v_e = at$ und   **Weg $s = \dfrac{1}{2} at^2$.**

Setzen wir $t = 1$, so erhalten wir $s_1 = \dfrac{1}{2} a$,

d. h. der Weg in der 1. Sekunde ist gleich der halben Beschleunigung.

Abb. 45
Die gleichförmig beschleunigte Bewegung

Ein anschauliches Bild der Teil- und Gesamtwege gibt Abb. 45. Aus der Wegformel und der Abbildung ergeben sich folgende wichtige Sätze:

1. Die Gesamtwege nach 1, 2, 3, 4 ... Sek. verhalten sich wie die aufeinanderfolgenden Quadratzahlen 1 : 4 : 9 : 16 ....

2. Die Teilwege in den aufeinanderfolgenden Sekunden verhalten sich wie die aufeinanderfolgenden ungeraden Zahlen 1 : 3 : 5 : 7 ....

3. Die Teilwege wachsen von Sekunde zu Sekunde um die Beschleunigung a.

[31] Beschleunigung und Masse.

a) Unter der Einwirkung einer konstanten Kraft wird ein Körper (eine Masse) in beschleunigte Bewegung versetzt. Die näheren Verhältnisse hierüber lassen sich sehr gut an der **Fallmaschine von Atwood** studieren.

Ihre Einrichtung ersehen wir aus Abb. 46; über eine möglichst reibungslose Rolle läuft ein Faden, an dessen beiden Enden gleich große Gewichte m hängen. Sie bleiben daher in der ihnen gegebenen Ruhelage. Beschwert man nun eines der Gewichte mit einem Auflagegewicht p (links in der Abb.), so gerät das aus den 3 Massen m, p, m bestehende System in beschleunigte Bewegung; die zurückgelegten Wege kann man auf der Skala des Ständers ablesen und hieraus die erteilten Beschleunigungen berechnen. Man kann nun sowohl die treibende Kraft p (das Auflagegewicht) als auch die zu bewegenden Massen (durch weitere Auflagereifen) vergrößern und die hierdurch hervorgerufenen Veränderungen beobachten.

Es ergeben sich folgende Gesetze:

1. Die Beschleunigung ist der Kraft gerade proportional und

2. der zu bewegenden Masse umgekehrt proportional.

Das in mathematische Form gebracht, gibt allgemein

Beschleunigung $a = \dfrac{\text{Kraft}}{\text{Masse}} = \dfrac{P}{M}$.

Es handelt sich nur noch um die Feststellung, in welchen Einheiten die Größen P und M ausgedrückt werden sollen. Vor allem müssen wir uns über die Einheit der Masse eine klare Vorstellung machen. In Paris ist das aus Platin hergestellte Urkilogrammstück aufbewahrt; **die Masse dieses Stückes wird als Einheit der Masse angenommen und als Massenkilogramm (1 kgr) bezeichnet.** Der tausendste Teil dieser Masse heißt Massengramm (1 gr). Das Pariser Massenkilogramm wird von der Erde angezogen, es **wiegt in Paris ein Kilogramm (Kraftkilogramm, kg)** und erhielte, wenn man es frei fallen ließe, eine Beschleunigung von **981 cm in der Sekunde (981 cm/sek.).**

Das Gewicht dieses Kilogrammstückes ist an verschiedenen Orten der Erde (wegen ihrer Abplattung) etwas verschieden, desgleichen auch die Beschleunigung.

Merke: Das Gewicht eines Körpers ist je nach seinem Standorte veränderlich, nur seine Masse bleibt unter allen Umständen konstant.

b) Das Kraftgramm (g) erteilt sonach dem Massengramm (gr) die Beschleunigung 981 cm/sek. In der Physik, d. h. im sog. absoluten Maßsysteme, nimmt man nun als Einheit der Kraft jene an, die dem Massengramm nur die Beschleunigung von 1 cm in der Sekunde erteilt. Diese Krafteinheit heißt Dyn; sie ist gleich $\dfrac{1}{981}$ g, also offenbar eine sehr kleine, für den praktischen Gebrauch zu kleine Größe, da 1 g = 981 Dyn ist; 1 kg = 981 000 Dyn.

Unter Berücksichtigung dieser Voraussetzungen ist die Beschleunigung $a = \dfrac{\text{Kraft } P \text{ (ausgedrückt in Dyn)}}{\text{Masse } M \text{ (ausgedrückt in gr)}}$.

Die Wirkung des Dyn in natürlicher Größe zeigt Abb. 47.

Anwendungen: I. Was wiegt die Masseneinheit an verschiedenen Punkten der Erde? Um diese Kraft festzustellen, läßt man die Masseneinheit an verschiedenen Orten frei fallen und

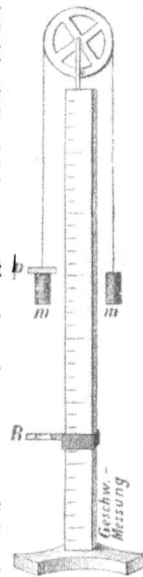

Abb. 46
Fallmaschine

bestimmt die Erdbeschleunigung g in cm. Dann ist in $P = M \cdot g$, wegen $M = 1$

$$P \text{ (in Dyn)} = g \text{ (in cm)}.$$

Demnach wiegt ein Massengramm in Paris 981 Dyn.

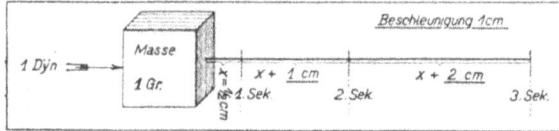

Abb. 47
Wirkung des Dyn

II. Was wiegt die Masse M an einem Orte mit der Erdbeschleunigung g_1?

Antwort: Jede Masseneinheit wiegt g_1 Dyn, also für den Ort mit der Erdbeschleunigung g_1 ist das **Gewicht G (in Dyn) = M (in gr) $\cdot g_1$ (in cm)**.

III. Aus den Formeln $P = M a$ und $G = M g$ folgt: **Kraft P : Gewicht G = Beschl. a : Beschl. g;**

d. h. wenn die Kraft P ein gewisser Bruchteil des Gewichtes G ist, so ist die Beschleunigung a derselbe Bruchteil der Erdbeschleunigung g.

Beispiel: 5 Arbeiter schieben mit je einem Drucke von 30 kg an einem Wagen von 3000 kg. In welche Beschleunigung gerät der Wagen? Antwort: Da $P = 150$ kg; $G = 3000$ kg, so folgt aus $150 : 3000 = a : 981$,

$$a = 981 \cdot \frac{150}{3000} = 49{,}5 \text{ cm,}$$

d. h. der **Teilweg** wächst von Sekunde zu Sekunde um fast 50 cm.

Zusammenfassend können wir über den sehr wichtigen Begriff „Masse" noch folgendes sagen:

Wie wir schon wissen, besteht die Wirkung einer Kraft auf einen Körper darin, daß sie ihm Geschwindigkeit oder Beschleunigung erteilt, je nachdem sie eine Momentankraft oder eine kontinuierliche Kraft ist. Die Körper sind aber in bezug auf die Wirkung, welche sie von einer Kraft erleiden, verschieden. Zwei Körper heißen von gleicher Masse, wenn dieselbe Kraft ihnen dieselbe Geschwindigkeit oder Beschleunigung erteilen kann; ein Körper hat die doppelte, dreifache usw. Mfache Masse eines anderen, wenn die Kraft, die ihm dieselbe Geschwindigkeit oder Beschleunigung zu erteilen vermag, doppelt dreifach usw. Mmal so groß sein muß. **Zwei Kräfte, die auf zwei Körper gleiche Wirkung ausüben, verhalten sich daher wie deren Massen.** Die Größe (Intensität) P einer **Momentankraft**, welche der Masse M die **Geschwindigkeit** v gibt, ist demnach $\boxed{P = M \cdot v;}$ die Intensität P einer **kontinuierlichen** Kraft, die der Masse M die **Beschleunigung** a gibt, ist $\boxed{P = M \cdot a.}$ Für kontinuierliche Kräfte hat die Technik das **Kilogramm** als Krafteinheit gewählt, und da die Erdschwere allen Körpern die **Beschleunigung g** erteilt, ist das Gewicht G einer Masse M, $\boxed{G = M \cdot g}$ und ebenso $\boxed{M = G : g.}$ **Man findet also die Masse eines Körpers, indem man das Gewicht durch die Beschleunigung g der Erdschwere dividiert.**

Aufgabe 10.

[32] *Ein Schnellzug fährt mit der Geschwindigkeit $v_a = 18$ m. Er wird gebremst und bleibt nach 15 Sekunden stehen. Welchen Weg legt er bis zum Stillstand noch zurück und wie groß ist die Verzögerung?*

Hier ist die Endgeschwindigkeit $v_e = 0$, daher verwenden wir am einfachsten die Formel aus [30c]:

Weg $s = \dfrac{v_a + v_e}{2} \cdot t = \dfrac{18}{2} \cdot 15 = 135$ m, d. h. der Zug fährt noch 135 m weiter und bleibt dann stehen.

Ferner ist nach [30b] $v_e = v_a - at$, da es sich um eine verzögerte Bewegung handelt; $0 = v_a - at = 18 - a \cdot 15$.

$15 a = 18$, $a = 1{,}2$ m, d. h. der Teilweg nimmt von Sekunde zu Sekunde um 1,2 m ab.

Aufgabe 11.

[33] *In einer Station soll ein Nebengeleise mit 5% Steigung gebaut werden, um durchgegangene Bahnwagen ohne Schaden aufhalten zu können. Wie lang muß das Geleise sein, wenn ein mit einer Geschwindigkeit von 15 m/sek heransausender Wagen ein Gewicht von 20 Tonnen (mit Ladung) hat. (Abb. 48.)*

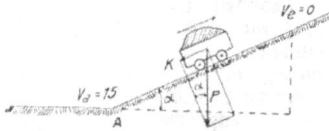

Abb. 48

Der mit einer Geschwindigkeit von 15 m per Sek. in A ankommende Wagen fährt auf die Steigung und erleidet dabei eine Verzögerung in seiner Bewegung. Um diese zu berechnen, muß zunächst die Kraft K ermittelt werden, die den Wagen auf der Steigung herabzuziehen sucht. Aus dem im verzerrten Maßstabe gezeichneten Kräfteparallelogramme ergibt sich bei 5% Steigung $tg\ \alpha = 0{,}05$ und $\alpha = 2^\circ 50'$,

die verzögernde Kraft sonach mit $K = P \cdot \sin 2^\circ 50' = 20\,000 \cdot 0{,}05 = 1000$ kg.

Nach [31a] ist die Beschleunigung, hier also die Verzögerung:

$$a \text{ in Metern} = \frac{K}{M} = \frac{1000}{20\,000 : 10} = \frac{1000}{2000} = 0{,}5 \text{ m.}$$

Die Anfangsgeschwindigkeit $v_a = 15$ m wird also in jeder Sekunde des Auslaufs um rund **0,5 m** vermindert, bis sie endlich aufgezehrt ($v_e = 0$) ist. Der Wagen läuft so viele Sekunden lang, als 0,5 m in 15 m enthalten ist; daher

Laufzeit $t = \dfrac{v_a}{a} = \dfrac{15}{0{,}5} = 30$ **Sek.**

Laufweg $s =$ mittlere Geschw. $\times$ Zeit $= \dfrac{v_a + v_e}{2} \cdot t = \dfrac{15 + 0}{2} \cdot 30 = 225$ **m.**

Das Geleise muß daher mindestens **225 m** lang sein, damit jeder Wagen sich totlaufen kann.

[34] Freier Fall.

a) Auf jeden auf der Erde befindlichen Körper wirkt die Schwerkraft ständig ein, er wird daher von einer am selben Orte konstanten Kraft nach abwärts gezogen; kann er frei fallen, so wird er nach [30a] eine gleichförmig beschleunigte Bewegung annehmen. Da der Körper zuerst in Ruhe war, haben wir den unter [30d] behandelten Fall vor uns; hierbei ist offenbar die Kenntnis der beim freien Fall auftretenden Beschleunigung, der Erdbeschleunigung, von Wichtigkeit.

Die Gesetze des freien Falles sind von dem berühmten Gelehrten Galilei durch Versuche am schiefen Turm in Pisa ermittelt worden. Er ließ Steine von dem Turme herabfallen und maß die Fallhöhe in bestimmten Zeiten. Angenähert ist die Erdbeschleunigung gleich 10 m in der Sekunde; man bezeichnet sie zu Ehren Galileis mit g, sonach $g \sim 10$ m/sek.

Durch Pendelversuche hat man genauere Werte für die Erdbeschleunigung gefunden; es ergab sich, daß sie am Äquator 978 cm/sek, an den Erdpolen 983 cm/sek (wegen der Abplattung der Erde) beträgt. In Paris ist $g = 981$ cm/sek.

b) Die unter [30d] angegebenen Formeln gehen über in

I. $\boxed{\text{Endgeschwindigkeit } v_e = g\,t}$ und

II. $\boxed{\text{Weg } s = \dfrac{1}{2}\,g\,t^2.}$

c) Aus I ergibt sich $t = \dfrac{v_e}{g}$; dies in II. eingesetzt,

erhält man $s = \dfrac{1}{2}\,g \cdot \dfrac{v_e^2}{g^2} = \dfrac{1}{2}\,\dfrac{v_e^2}{g}$ und $v_e = \sqrt{2\,g\,s}$.

s ist die Fallhöhe, die besser mit h bezeichnet wird, daher

III. $\boxed{\text{Endgeschwindigkeit } v_e = \sqrt{2\,g\,h}.}$

Aus I folgt $t = \dfrac{v_e}{g}$ und mit Benützung von III.

die Fallzeit $t = \dfrac{\sqrt{2\,g\,h}}{\sqrt{g^2}}$ oder IV. $\boxed{t = \sqrt{\dfrac{2\,h}{g}}}$

Beispiel: Ein Stein fällt vom Eiffelturm in Paris ($h = 300$ m) zur Erde. Wie groß ist die Endgeschwindigkeit und die Fallzeit?

Antwort:

$$v_e = \sqrt{2\,g\,h} \sim 77 \text{ m/sek};$$
$$t = 77 : 10 \sim 7,7 \text{ sek}.$$

Schon Galilei schloß aus seinen Versuchen, daß alle Körper gleich schnell fallen müssen. Genau trifft dies nur zu, wenn das Fallen im luftleeren Raum erfolgen kann. Zum Nachweise dessen dient die sog. Fallröhre (Abb. 49), die luftleer gepumpt wird und in der sich eine Münze und eine Flaumfeder befinden, die man durch Umdrehen der Röhre gleichzeitig fallen läßt. Die beiden Körper fallen gleich rasch.

Beim Fallen in der Luft wirkt der Luftwiderstand der Bewegung entgegen, indem die Luft vor dem fallenden Körper verdichtet wird und eine Reibung an den Luftteilchen stattfindet. Die Körper kommen nicht zu gleicher Zeit am Boden an.

Abb. 49
Fallröhre

Aufgabe 12.

[35] *Ein Stein wird in einen 333 m tiefen Schacht fallen gelassen; nach welcher Zeit wird ein Beobachter, der mit einer Stoppuhr versehen ist, an der Schachtmündung das Aufschlagen des Steines auf der Schachtsohle hören? Mit welcher Endgeschwindigkeit kommt der Stein unten an? ($g \sim 10$ m.)*

Die Fallhöhe $h = 333$ m, die Fallzeit $t = \sqrt{\dfrac{2 \cdot 333}{10}} = \sqrt{67} = 8,16 \sim 8^{1}/_{4}$ Sek.; der Körper erreicht also nach $8^{1}/_{4}$ Sek. die Schachtsohle, der Schall braucht zum Durchlaufen der 333 m langen Strecke bis zur Erdoberfläche 1 Sek., der Beobachter wird also das Aufschlagen nach $9^{1}/_{4}$ Sek. hören.

Die Endgeschwindigkeit ist nach III. $v_e = \sqrt{2\,g\,h} = \sqrt{2 \times 10 \times 333} = 81,6$ m.

[36] Lotrechter Wurf.

a) Wird einem Körper bei Beginn des freien Falles eine Geschwindigkeit v_a nach abwärts erteilt, so vergrößert sich diese in jeder Sekunde um die Erdbeschleunigung g.

Wir haben daher den Fall [30b, c] vor uns, wobei wir in den Formeln für die Endgeschwindigkeit und den Weg statt a die Erdbeschleunigung g einzuführen haben. Es wird also für den lotrechten Wurf nach abwärts gelten:

$\boxed{v_e = v_a + g\,t,}$ $\boxed{s_e = v_a\,t + \dfrac{1}{2}\,g\,t^2.}$

b) Wirft man einen Körper mit der Anfangsgeschwindigkeit v_a lotrecht nach aufwärts, so sind die Formeln anzuwenden:

$\boxed{v_e = v_a - g\,t}$ und $\boxed{s = v_a\,t - \dfrac{1}{2}\,g\,t^2.}$

Die Aufwärtsbewegung des Körpers wird so lange dauern, bis die Anfangsgeschwindigkeit durch die Verzögerung infolge der Erdschwere aufgezehrt ist. Dann wird $v_e = 0$, $v_a - g\,t = 0$; $v_a = g\,t$, daher

$\boxed{\text{Steigzeit } T = \dfrac{v_a}{g}\ (\text{Sek.}).}$

Durch Einsetzen des Wertes für T in die oben stehende Wegformel erhalten wir für die

$\boxed{\text{Steighöhe } H = \dfrac{v_a^2}{2\,g}\ (\text{in m}).}$

Nach Erreichung der Höhe H fällt der Körper im freien Fall wieder zurück und kommt nach [34c] am Boden mit der Endgeschwindigkeit $v_e = \sqrt{2\,g\,H}$ an, d. i. aber derselbe Wert, den die Anfangsgeschwindigkeit nach der vorstehenden Formel für die Steighöhe $H = \dfrac{v_a^2}{2\,g}$, $v_a = \sqrt{2\,g\,H}$ hat, d. h. **der Körper kommt am Boden mit derselben Geschwindigkeit an, die ihm beim Hinaufschleudern erteilt wurde,** nur hat die Geschwindigkeit jetzt die entgegengesetzte Richtung.

Die Fallzeit ist $t = \dfrac{v_e}{g}$; da $v_a = v_e$ und die Steigzeit $T = \dfrac{v_a}{g}$ ist, folgt, **daß die Steigzeit der Fallzeit gleich ist,** d. h. der Körper braucht zum Aufstiege ebensolange wie zum Fall.

Aufgabe 13.

[37] *Nach wieviel Sekunden erreicht ein mit $v_a = 20$ m in der Sekunde abwärts geworfener Körper eine Tiefe von 300 m?*

Wir haben die Wegformel für den lotrechten Wurf nach abwärts [36a] zu verwenden, $s = v_a \cdot t + \frac{1}{2} g \cdot t^2$; $s = 300$ m, $v_a = 20$ m, $g = 10$ m (abgerundet) und erhalten in $300 = 20\,t + \frac{1}{2} \cdot 10\,t^2$ eine gemischte quadratische Gleichung mit einer Unbekannten (t); nach Vereinfachung wird $t^2 + 4\,t — 60 = 0$. Hieraus nach früher angegebener Formel in Vorstufe [190, 3a] $t = 6$ Sekunden.

Aufgabe 14.

[38] *Ein vertikal nach aufwärts geworfener Körper befindet sich in 200 m Höhe und hat dort eine Geschwindigkeit von 30 m in der Sekunde. Wie groß war die Anfangsgeschwindigkeit und nach wieviel Sekunden hat er die Höhe von 200 m erreicht?*

In der Geschwindigkeitsformel für lotrechten Wurf nach aufwärts [36b] $v_e = v_a — gt$ ist uns $v_e = 30$ m gegeben; v_a und t sind die beiden Unbekannten. In der Wegformel $s = v_a\,t — \frac{1}{2} g t^2$ ist s bekannt $= 200$ m, also $200 = v_a \cdot t — \frac{1}{2} \cdot 10 \cdot t^2$. Wir haben 2 Gleichungen mit den Unbekannten v_a und t. Aus der ersten $30 = v_a — 10\,t$ finden wir $v_a = 30 + 10\,t$, setzen dies für v_a in die zweite Gleichung ein und erhalten $200 = (30 + 10\,t)\,t — \frac{1}{2} 10 \cdot t^2$. Nach Kürzung mit 10 und Vereinfachung erhalten wir $t^2 + 6\,t — 40 = 0$, also wieder eine gemischte quadratische Gleichung mit einer Unbekannten. Hieraus $t = 4$ Sekunden und $v_a = 30 + 10\,t = 70$ **Meter.**

B. Zusammengesetzte Bewegungen.

[39] Zusammensetzung und Zerlegung von Bewegungen.

a) Im Vorangehenden haben wir bereits Fälle kennen gelernt, wo auf einen Körper mehrere Kräfte gleichzeitig einwirken; jede derselben sucht ihm eine andere Bewegung zu erteilen. Das Schlußergebnis war einfach, da es sich um Bewegungen handelte, deren Richtung dieselbe war; entweder sollten beide Bewegungen (oder Geschwindigkeiten) im gleichen Sinne erfolgen wie beim lotrechten Wurfe nach abwärts oder im entgegengesetzten Sinne wie beim lotrechten Wurfe nach aufwärts. Die resultierende Geschwindigkeit war entweder die Summe oder Differenz der Einzelgeschwindigkeiten.

Anders gestalten sich die Verhältnisse, wenn der Körper sich unter der Einwirkung zweier Kräfte in Richtungen bewegen soll, die zueinander geneigt sind.

Wir wollen uns diesen Fall in Abb. 50 klarmachen. In einem Flußlaufe befindet sich bei A ein Kahn, den ein Ruderer in der Richtung X zum Ufer bringen will. Durch das Rudern würde der Kahn mit der Geschwindigkeit v_1 gegen das Ufer geführt werden; durch die Strömung wird der Kahn mit der Geschwindigkeit v_2 in der Stromrichtung AY abgetrieben. Der Ruderer wird mit dem Kahn daher nicht bei X, sondern bei E landen.

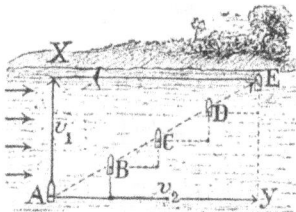

Abb. 50
Geschwindigkeitsparallelogramm

Wenn die Geschwindigkeiten v_1 und v_2 gleichförmig waren, so wird die resultierende Geschwindigkeit v ebenfalls gleichförmig sein und wird sich ihrer Größe und Richtung nach aus dem **Bewegungsparallelogramme** $AYEX$ ergeben, das aus den beiden Einzelgeschwindigkeiten konstruiert wurde.

Stellen im anderen Falle AX und AY die Wege dar, die der Kahn durchlaufen würde, wenn nur

immer eine der Kräfte wirksam wäre, so ist der resultierende Weg AE; der Kahn befindet sich nacheinander an den Orten B, C, D, E. Wir haben also durch Konstruktion des Parallelogrammes der Wege den resultierenden Weg ermittelt. Dabei ist es für die Endstellung ganz gleichgültig, ob die Kräfte gleichzeitig oder nacheinander auf den Körper wirken.

Sollen nach Abb. 51 einem Körper die Geschwindigkeiten v_x und v_y erteilt werden in Richtungen, die zueinander senkrecht stehen, so ergibt sich die

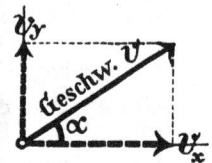

Abb. 51

Resultante der Geschwindigkeit v aus dem rechtwinkligen Dreiecke mit $v = \sqrt{v_x^2 + v_y^2}$.

Ganz ähnlich kann man auch Beschleunigungen durch die Konstruktion des Parallelogrammes zusammensetzen.

b) Andererseits läßt sich mit dem Parallelogramme auch wieder die Aufgabe lösen, **eine gegebene Bewegung in Einzelbewegungen zu zerlegen.** Die Zerlegung kann sich auf Wege, Geschwindigkeiten oder Beschleunigungen beziehen. Soll in Abb. 51 die Geschwindigkeit v in 2 aufeinander senkrechte Geschwindigkeiten zerlegt werden, von denen die eine den $\sphericalangle \alpha$ mit v einschließt, so ergibt sich

$$\boxed{v_x = v \cdot \cos \alpha} \quad \text{und} \quad \boxed{v_y = v \cdot \sin \alpha.}$$

[40] Wagerechter Wurf.

a) Wird ein Körper in wagerechter Richtung fortgeschleudert, so steht er unter der Einwirkung zweier Kräfte: der **wagerecht wirkenden Wurfkraft,** die den Körper eine gleichförmige Bewegung mit der Geschwindigkeit v verleiht, und der **Erdschwere,** die den Körper mit gleichmäßiger Beschleunigung lotrecht nach abwärts zu bewegen sucht. **Unter der Einwirkung beider Kräfte beschreibt der Körper eine krummlinige Bahn, die eine Parabel darstellt, deren Scheitelpunkt im Ausgangspunkte der Bewegung liegt.**

b) Zur Darstellung der resultierenden Wurf linie läßt sich ein aus einer wagerecht endigenden

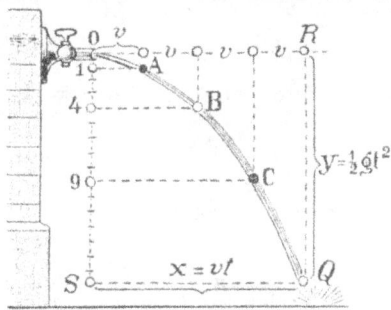

Abb. 52
Wagerechter Wurf

Ausflußröhre fließender Wasserstrahl sehr gut verwenden (Abb. 52).

Projizieren wir nach t Sekunden einen Punkt der Wurfbahn auf die Achsen OR und OS, so gilt für die erstere $OR = x = v \cdot t$ und für $OS = = y = \frac{1}{2} g \cdot t^2$ (infolge des freien Falles). Bestimmt man aus der ersten Gleichung $t = \frac{x}{v}$, setzt es in die

zweite ein, so gelangt man zu $\boxed{x^2 = 2 \cdot \frac{v^2}{g} \cdot y,}$

eine Gleichung, die nach Vorstufe [353] einer Parabel entspricht.

Will man ein in derselben Horizontalebene liegendes Ziel beim Schießen treffen, so muß man höher zielen, weil das Geschoß immer etwas lotrecht nach abwärts fällt. **Man kann nachweisen, daß ein Körper beim wagerechten Wurfe ebenso schnell zur Erde kommt wie beim freien Fall allein.**

Der Widerstand des Mittels bewirkt eine Verkürzung der zurückgelegten Wege, so daß also die vom Geschosse in Wirklichkeit zurückgelegten Wege von den theoretischen etwas abweichen. Hierauf muß in der praktischen Artillerie Rücksicht genommen werden (ballistische Kurven, **Ballistik**, die Lehre von den Geschoßbewegungen).

[41] Schiefer Wurf.

a) Wird ein Körper unter dem Winkel α (**Erhebungs- oder Elevationswinkel**) mit einer Geschwindigkeit v **schief nach aufwärts** geschleudert (Abb. 53), so beschreibt er unter dem Einflusse dieser Kraft und der Erdschwere eine Bahn, die wieder eine **Parabel** darstellt; ihr Scheitel liegt im höchsten Punkte der Bahn.

Hier gelten für den jeweiligen Ort des Körpers die Koordinaten x und y.

Würde der Körper t Sekunden gleichmäßig weiterlaufen, so käme er nach R ($OR = v \cdot t$); $x = v \cdot t \cdot \cos \alpha$; lassen wir dann den in R angekommenen Körper t Sekunden lang fallen, so kommt er nach $Q \left(R \cdot Q = \frac{1}{2} g t^2 \right); y = R \cdot S - RQ = = v \cdot t \cdot \sin \alpha - \frac{1}{2} g t^2.$

Daraus folgt: 1. daß der Punkt S gleichmäßig mit der Geschwindigkeit $v \cdot \cos \alpha$ wagerecht fortschreitet, und 2. daß er mit der Geschwindigkeit $v \cdot \sin \alpha$ aufsteigt.

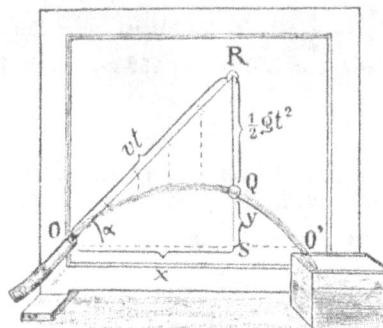

Abb. 53
Schiefer Wurf

b) Nach [36b] gilt hier sonach für die Steigzeit die Formel

$$\boxed{\text{Steigzeit } T = \frac{v \cdot \sin \alpha}{g}.}$$

Nach Ablauf der ganzen Wurfdauer T_1 wird $y = 0$, daher

$$v T_1 \cdot \sin \alpha = \frac{1}{2} g T_1^2.$$

Da $\frac{v \cdot \sin \alpha}{g} = T$, ist $T \cdot T_1 = \frac{1}{2} T_1^2$ oder $T = \frac{1}{2} T_1$,

d. h. **die Wurfdauer T_1 ist gleich der doppelten Steigzeit, oder der Körper braucht ebensolange zum Aufstiege wie zum Abstiege.**

Nach [36b] ist weiters die Steighöhe $H = \frac{v_a^2}{2g}$ in m, hier also nach a, 2.:

$$\boxed{\text{Steighöhe } H = \frac{v^2 \cdot \sin^2 \alpha}{2g}.}$$

Die Wurfweite W ergibt sich aus jenem x, für das $y = 0$ wird; also $v \cdot t \cdot \sin \alpha = \frac{1}{2} g t^2$; daraus $t = \frac{2 \cdot v \cdot \sin \alpha}{g}$. Diesen Wert in $x = v \cdot t \cdot \cos \alpha$ eingesetzt, gibt $x = v^2 \cdot \frac{2 \sin \alpha \cos \alpha}{g}$, mithin nach Vorstufe [218 b]

$$\boxed{\text{Wurfweite } W = \frac{v^2}{g} \cdot \sin 2\alpha.}$$

Für $\alpha = 45°$ wird die Wurfweite am größten. Man erzielt dieselbe Wurfweite bei α (**Flachschuß**) und $90° - \alpha$ (**Steilschuß**).

Gegen freistehende Ziele schießt man unter kleinem Erhebungswinkel im Flachschuß, gegen gedeckte Ziele im Steil-(Bogen-)schuß (aus Mörsern und beim Bombenwerfen).

Infolge des Luftwiderstandes ist der absteigende Ast der Parabel stärker gekrümmt als der aufsteigende (Beachtung in der Ballistik).

c) Endlich ergibt die Rechnung, daß v in O und O' gleich ist. Da jeder Punkt der Bahn als Anfangspunkt gelten kann, folgt, daß der Körper beim Auf- und Abstiege die gleiche Horizontale mit der gleichen Geschwindigkeit durchschneidet.

Aufgabe 15.

[42] *Wie weit kann von einer 45 m hoch gelegenen Turmspitze wagerecht geschossen werden, wenn v = 250 m/sek.?*

In $y = \frac{1}{2} g t^2$ (s. [40 b]) ist $y = 45$ m, hieraus $t = 3$ ($g = 10$ m); aus der 2. Gleichung $x = v \cdot t$ erhalten wir $x = 250 \times 3 = $ **750 m.** Nach 750 m ist also das Geschoß am Erdboden angelangt.

Aufgabe 16.

[43] *Welche Elevation muß einem Geschützprojektil gegeben werden, wenn es, mit v = 500 m/sek. herausgeschleudert, ein 5 km entferntes Ziel erreichen soll?*

In der Formel für die Wurfweite des schiefen Wurfes [41 b] $W = \dfrac{v^2 \sin 2\alpha}{g}$ ist nach dem Ansatze $W = 5000$ m, $v = 500$ m und $g = 10$ m einzusetzen, sonach $5000 = \dfrac{500^2}{10} \cdot \sin 2\alpha$, woraus $1 = 5 \sin 2\alpha$ und $\sin 2\alpha = \dfrac{1}{5} = 0{,}2$ folgt.

Suchen wir in der Tabelle für die Winkelfunktionen (Vorstufe [212]) den Sinus-Wert für 0,2 auf, so finden wir $2\alpha = 11°32'$, α daher $= $ **5°46'.**

[44] Kreisbewegung.

a) Ein Körper *A* sei an einer Schnur befestigt und werde um den Punkt *M* im Kreise geschwungen (Abb. 54); man nimmt während der Bewegung an der Verbindungsschnur einen Zug wahr, der den Mittelpunkt der Bewegung *M* in der Richtung der Schnur nach außen zu bewegen sucht. Es hat den Anschein, als ob der bewegte Körper mit einer gewissen Kraft auf den Mittelpunkt wirken würde. Man muß eine gleich große und entgegengesetzt wirkende Kraft aufwenden, um dem ersteren Zuge, der **Fliehkraft (Schwung-** oder **Zentrifugalkraft)** entgegenzuwirken. Die aufgewendete Gegenkraft heißt man die **Zentripetalkraft.**

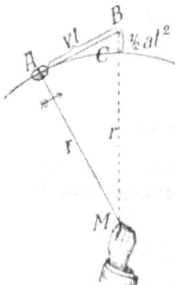

Abb. 54
Schleuder

Die nähere Betrachtung dieser Kreisbewegung lehrt uns allerdings, daß der als Fliehkraft bezeichnete Zug eigentlich keine Kraft darstellt, sondern ein Trägheitswiderstand ist. Der Körper würde sich vermöge seiner Trägheit in der Richtung der Tangente (in *t* Sekunden um die Strecke $v \cdot t$) weiterbewegen, es muß also eine Kraft (die Zentripetalkraft) wirken, die ihn gegen *C* zieht, ihn sonach in seiner Bahn erhält. Eigentlich **ist also die Fliehkraft der bei der Bewegung auftretende Trägheitswiderstand** (gegen die Ablenkung aus der Bahntangente).

Man überzeugt sich von diesem Sachverhalte sofort, wenn der Faden reißt oder zerschnitten wird. Hierdurch hört natürlich die Wirkung der Zentripetalkraft augenblicklich auf, aber die vermeintliche Fliehkraft kommt nicht zur Wirkung, da sich der Körper nicht etwa radial nach außen, sondern vermöge seiner Trägheit in **tangentialer** Richtung fortbewegt.

Die Kreisbewegung ist somit eine zusammengesetzte Bewegung: auf den Körper wirkt die Tangentialgeschwindigkeit *v* und die konstante Zentripetalkraft, die ihm sonach eine Zentripetalbeschleunigung (*a*) zu erteilen sucht. Manchmal halten große bewegte Massen den auftretenden Fliehkräften (bei übergroßer Geschwindigkeit oder Materialfehlern) nicht mehr stand, und es kommt zur explosionsartigen Zerstörung von Schwungrädern oder Schleifsteinen.

Bewegt sich ein Reiter oder ein Radfahrer rasch in einer stark gekrümmten Bahn, so müssen sie sich mehr oder weniger stark nach einwärts neigen, um nicht durch die Zentrifugalkraft nach außen geschleudert zu werden; hier wirkt dann das Gewicht des Körpers der Fliehkraft entgegen.

Beim Durchlaufen von Kurven würden die schnellbewegten Eisenbahnwagen durch die Schwungkraft hinausgeschleudert werden; man wirkt daher durch Höherstellung der äußeren Schienen (Überhöhung) der Schwungkraft entgegen.

b) Vor allem interessiert uns die Größe der Zentripetalkraft (*Z*). Ist *M* die Masse des bewegten Körpers, *v* die Geschwindigkeit der gleichförmigen Bewegung im Kreise, *a* die Zentripetalbeschleunigung, so läßt sich zeigen, daß $\overline{AB}^2 = BC \, (BC + 2r)$ oder, weil *BC* gegen 2*r* vernachlässigt werden kann, $\overline{AB}^2 = BC \cdot 2r$ ist. Nach Einsetzen der Werte ist $(v\,t)^2 = 2 \cdot r \left(\frac{1}{2} a t^2 \right)$ und $a = \dfrac{v^2}{r}$.

Die Kraft *Z* ist nach [31 a] gleich Masse mal Beschleunigung, also $Z = M \cdot a$ oder

Zentripetalkraft $\boxed{Z = M \cdot \dfrac{v^2}{r}}$

Die Umlaufzeit ergibt sich nach [28], indem man den Kreisumfang $2r\pi$ durch die Geschwindigkeit *v* teilt; also $T = \dfrac{2r\pi}{v}$ und daraus $v = \dfrac{2r\pi}{T}$.

Dann ist $\boxed{Z = \dfrac{4\pi^2}{T^2} \cdot r \cdot M,}$ d. h. **die Zentripetalkraft ist dem statischen Momente** *M r* **gerade und dem Quadrate der Umlaufzeit umgekehrt proportional.**

Beispiel: Ein Eisenbahnwagen vom Gewichte $G = 7000$ kg durchfährt eine Kurve vom Radius $r = 200$ m mit einer Geschwindigkeit $V = 7$ m/sek. Wie groß ist die Zentrifugalkraft und wieviel muß die Überhöhung bei einer Spurweite von 1,435 m betragen?

Antwort: In Abb. 55 sind die Verhältnisse (der Deutlichkeit wegen absichtlich etwas übertrieben) gezeichnet. Zu verwenden ist die Formel $Z = M \cdot \dfrac{V^2}{r}$; $M = \dfrac{7000}{g}$ (g rund 10) $= 700$; daraus $Z = 172$ kg. Ist *S* der Schwerpunkt des Wagens, so ist *G* das Gewicht und *Z* die Zentrifugalkraft. Die Tangente des Winkels α der Einwärtsneigung ergibt sich aus $\operatorname{tg}\alpha = \dfrac{Z}{G}$; $\dfrac{172}{7000} = 0{,}0246$. Am Geleise ist $\operatorname{tg}\alpha = \dfrac{h}{b}$; $h = b \cdot \operatorname{tg}\alpha = b \cdot 0{,}0246$; *b* kann man hier wegen des sehr kleinen α gleich der Spurweite setzen; *h* ergibt sich dann mit **35 mm.**

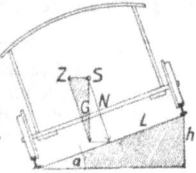

Abb. 55
Überhöhung

Wir wollen hier einige der häufigeren Anwendungen der Schwungkraft anführen. Die früheste praktische Verwendung fand sie wohl in der **Schleuder,** die schon die einfachsten und ältesten Völker kannten. Wichtig ist der **Zentrifugalregulator** der Dampfmaschine, dessen Wesen aus

Abb. 56 ersichtlich ist; je rascher der Umlauf der Regulatorachse erfolgt, desto höher werden die Schwungkugeln gehoben, die den Dampfzufluß regulieren. Bei der **Zentrifugal-(Kreisel-) Pumpe** (Abb 57) entsteht in der Mitte des Schaufelgehäuses durch das Hinausschleudern der Luft ein luftverdünnter Raum, in den das Wasser aus S aufsteigt; durch die Zentri-

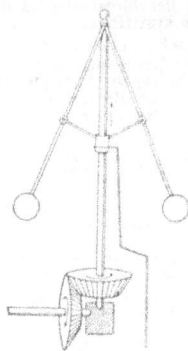

Abb. 56
Zentrifugalregulator

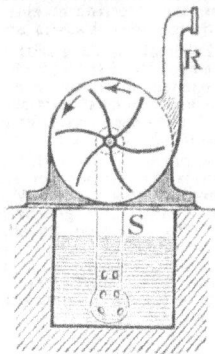

Abb. 57
Zentrifugalpumpe

fugalkraft wird dieses dann nach R gedrückt. Ähnlich wirkt das **Zentrifugalgebläse.**

Zentrifugen dienen zur Trennung des Sirups von den festen Zuckerteilchen in der Zuckerfabrikation, ferner der Milch von der Sahne (Separatoren zur Milchentrahmung). Die **Honigschleuder** schleudert durch Kreisbewegung den Honig aus den Waben. In der **Schnellwäscherei** wird die Wäsche durch Fliehkraft rasch getrocknet.

[45] Freie Achsen.

a) Versetzen wir einen **Kreisel** um seine lotrecht gestellte Achse in rasche Rotation, so heben sich die an ihm wirkenden Zentrifugalkräfte auf, wodurch also die Achse nach keiner Richtung hin beansprucht wird; wir heißen sie demzufolge **freie Achse.**

Sie hat die bemerkenswerte Eigenschaft, ihre Lage im Raume wegen des Trägheitswiderstandes der Teilchen des bewegten Körpers beizubehalten. Der Kreisel stellt daher bei genügend großer Winkelgeschwindigkeit jeder Verschiebung seiner Achse einen Widerstand entgegen.

Setzen wir einen rotierenden Kreisel schief auf eine wagerechte Unterlage, so fällt er nicht um, wie man erwarten sollte, sondern dreht sich mit geneigter Achse weiter. Hierbei

Abb. 58
Kreisel

tritt nun eine merkwürdige Erscheinung auf: durch das Zusammenwirken der Erdschwere, die den Kreisel umzukippen sucht, und des Beharrungsvermögens der freien Achse kommt der Kreisel in Bewegung, und zwar so, daß seine Achse eine **Kegelfläche** beschreibt, deren **Spitze das untere Ende der Kreiselachse** ist. Der Drehungssinn stimmt mit der Rotationsrichtung des Kreisels überein (Abb. 58). Zur gleichen Bewegung kommt es, **wenn wir die Achse eines Kreisels aus der lotrechten in eine schiefe Lage bringen** (nach M.), wozu ein Trägheitswiderstand zu überwinden ist.

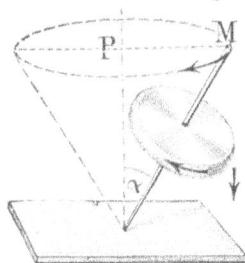

Die Bewegung der schiefgestellten Kreiselachse in einer Kegelfläche bezeichnet man als Präzession.

Die Erscheinung der freien Achse hat auch praktische Anwendungen gefunden: Man versieht den Lauf von Feuerwaffen, aus denen Langgeschosse geschleudert werden, mit einem schraubenförmigen Drall, wodurch das hinausfliegende Geschoß in rasche Kreisbewegung um seine Längsachse versetzt wird. Es entsteht eine freie Achse, wodurch das Geschoß in derselben Lage weiterfliegt. In Torpedos werden Kreisel eingebaut, um die Abschußrichtung genau einzuhalten.

Zur Bekämpfung der Seekrankheit hat man große Kreisel in Schiffe eingebaut, um die heftigen Schiffsbewegungen (Schlingern) bei bewegter See zu dämpfen (**Schlickscher Schiffskreisel**).

Erscheinungen der Kreisbewegung finden wir auch bei den Himmelskörpern; soweit wir letztere beobachten können, zeigen sie alle mehr oder weniger rasche Drehungen um eine Achse, woraus sich dann die verschiedenen Größen der Umlaufzeiten ergeben.

Auch unsere Erde dreht sich bekanntlich um eine Achse; ihre Umlaufzeit beträgt 24 Stunden (Wechsel von Tag und Nacht).

Eine Folge dieser Rotationsbewegung ist die **Abplattung der Erde** an den beiden Polen, die in unvordenklichen Zeiten erfolgt ist, als die Erde sich noch im feuerflüssigen oder zumindest bildsamen Zustande (nach der **Kant-Laplace-schen Theorie**) befand.

Man kann die abplattende Wirkung der Fliehkraft an einer Kugel durch einen einfachen Versuch leicht nachweisen. Auf eine Achse, die man durch Aufsetzen auf eine **Schwungmaschine** (Abb. 59) rasch rotieren lassen kann, setzt man

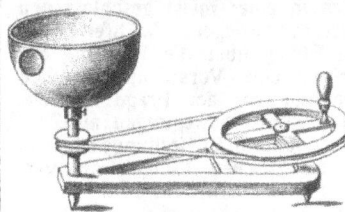

Abb. 59
Schwungmaschine

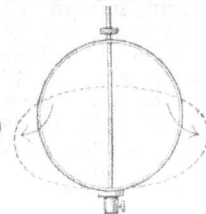

Abb. 60
Abplattung

bewegliche Stahlreifen, welche in Kugelform angeordnet sind, auf (Abb. 60); bei der Kreisbewegung tritt eine Abplattung der Kugel am oberen und unteren Ende ein. Die gleiche Erscheinung kann man beobachten, wenn man eine feuchte Tonkugel auf die rotierende Achse aufsetzt.

Die Abplattung der Erde muß eine Zunahme der Erdschwere vom Äquator zu den Polen hin zur Folge haben, da sich ein Körper in der Polgegend näher dem Erdmittelpunkte befindet; an den Polen beträgt diese Gewichtszunahme $\frac{1}{576}$.

Durch die Achsendrehung der Erde treten an ihr und den mit ihr rotierenden Körpern die früher geschilderten Erscheinungen der Zentrifugalkraft auf; letztere wirkt der Erdschwere entgegen, **vermindert daher das Gewicht der Körper.** Am Äquator ist offenbar wegen der größten Umfangsgeschwindigkeit auch die Fliehkraft am größten; mit zunehmender geographischer Breite nimmt diese Gewichtsverminderung ab. Am Äquator wird das Gewicht um $\frac{1}{289}$ vermindert.

Würde sich die Erde immer rascher und rascher drehen, so müßte es schließlich dazu kommen, daß die Körper am Äquator ins Schweben geraten.

Die Himmelskörper drehen sich um Achsen, die die Erscheinungen der freien Achsen aufweisen. Auch bei der Erdachse ist dies der Fall. Die Anziehung der Sonne auf den äquatorialen Wulst der Erde sucht eine Verschiebung der freien Achse herbeizuführen, was eine **Präzessionsbewegung** hervorrufen muß; die Erdachse beschreibt infolgedessen in etwa **26 000 Jahren** (platonisches Jahr) einen

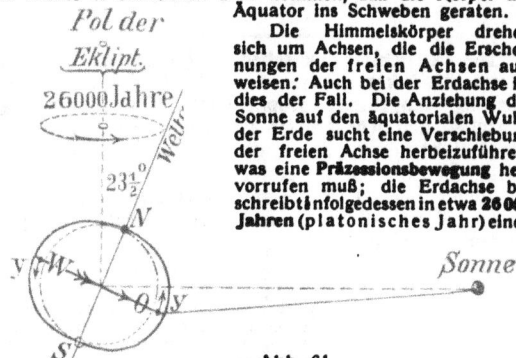

Abb. 61
Präzession der Erdachse

Kegel von 23½° Öffnung um die Achse der Erdbahn (Ekliptik). (Abb. 61.) Auch der Mond wirkt ablenkend auf die Erdachse ein, sein Einfluß ist aber nur sehr gering. Die Präzessionsbahn wird hierdurch wellenförmig. Die vom Monde herrührenden Abweichungen bezeichnet man als **Nutation.**

[46] Die Gravitationsgesetze.

a) Bei den bisher betrachteten Beispielen der Kreisbewegung hatten wir es mit bewegten Körpern zu tun, deren Teile entweder unmittelbar oder durch mechanische Verbindungen zusammenhängen. Die Zentripetalkraft könnte man als Kohäsion im bewegten Systeme auffassen. Wir kennen eine Reihe von Bewegungen, bei denen sich Körpermassen um einen Zentralpunkt in geschlossenen, zumeist fast kreisförmigen Bahnen bewegen. Das sind die Fälle der sog. **Zentralbewegung**, die bei einer großen Zahl von Gestirnen (z. B. bei Planeten und Monden) beobachtet werden können. Wird einem frei beweglichen Körper durch einen Stoß eine gewisse Anfangsgeschwindigkeit erteilt und wirkt gleichzeitig ständig auf den in Bewegung gekommenen Körper eine Kraft ein, die ihn zu einem Mittelpunkte (zu einem Zentralkörper) zu ziehen sucht, so wird er sich in einer meist geschlossenen Bahn um das Zentrum bewegen. Während wir uns in den früheren Fällen über die Wirkung der Zentripetalkraft leichter eine Vorstellung machen konnten, stehen wir hier vor der Frage: Welche Kraft wirkt bei diesen Zentralbewegungen als Zentripetalkraft, überdies noch auf Entfernungen, gegen die unsere gewohnten irdischen Längen als verschwindend klein angesehen werden müssen?

Es ist das Verdienst des berühmten englischen Gelehrten **Newton** (1687), die Zentralbewegung als Folge einer zwischen den Weltkörpern wirkenden Anziehung, der **Gravitation** oder allgemeinen Schwere erkannt zu haben. 70 Jahre vorher hat der große deutsche Astronom **Kepler** seine berühmten Gesetze über die Planetenbewegung aufgestellt, die endlich Klarheit über die bis dahin ungeklärten Verhältnisse der Bewegungen dieser Gestirne brachten. Das wichtigste dieser Gesetze brachte die Erkenntnis, daß die Planeten in elliptischen, von Kreisen wenig abweichenden Bahnen sich bewegen, in deren einem Brennpunkte die Sonne steht. Nur über die Ursache dieser Zentralbewegung vermochte sich Kepler keine Vorstellung zu machen.

b) Die Aufklärung blieb Newton vorbehalten, der für die Massenanziehung zwischen zwei Massen M_1 und M_2 in der Entfernung r das Gesetz fand

$$Z = k \cdot \frac{M_1 \cdot M_2}{r^2}.$$

Die Anziehung zwischen 2 Massen ist sonach ihrem Produkte gerade, dem Quadrate ihrer Entfernung umgekehrt proportional. Die Anziehung zwischen den Körpern ist eine gegenseitige, d. h. es zieht nicht nur die Sonne die Erde an, sondern diese wirkt ebenso auch auf erstere zurück. Der Faktor k in obiger Formel ist die sog. **Gravitationskonstante**, deren Wert durch verschiedene Beobachtungen bestimmt worden ist.

Newton zeigte auch, daß unsere Erdschwere nur ein besonderer Fall der allgemeinen Gravitation ist. Es ließ sich durch verschiedene Versuchsanordnungen zeigen, daß auch auf der Erde zwischen darauf befindlichen Massen Anziehung stattfindet und gemessen werden kann (nahe Gebirgsmassen lenken ein Pendel ab).

Das Gravitationsgesetz gestattet die angenäherte Ermittlung einiger interessanter Werte. So konnte man auf die **Größe der Erdmasse** schließen und hieraus die mittlere Dichte der Erde mit etwa 5,51 berechnen. Bei einer mittleren Dichte der Erdrinde von 2,7 besagt obiges Resultat, daß die Dichte der Erdmasse in tieferen Schichten viel größer sein muß. Man vermutet, daß sich dort geschmolzene Schwermetalle befinden. Aus dem Gravitationsgesetze konnte man weiters berechnen, daß die **Masse der Sonne etwa 324000mal so groß ist wie die Erdmasse.**

Auf die Gravitation ist auch die Erscheinung der **Ebbe** und **Flut** (Gezeiten) zurückzuführen. Vor allem wirkt der uns verhältnismäßig naheliegende Mond auf die Wassermassen der auf der Erde befindlichen Meere, wodurch bei jeder Kulmination des Mondes (Höchststellung über und unter dem Horizonte) eine Erhebung der Meeresoberfläche, ein Steigen des Wassers an den Ufern stattfindet. Zweimal im Tage tritt Flut und nach je etwa 6 Stunden Ebbe ein. Die Fluthöhe hängt von der Gestaltung und Lage der Küsten ab, sie kann bis zu 15 m betragen (Fundybai in Amerika). Zumeist tritt sie verspätet gegen die Kulmination des Mondes ein; diese Verspätung ist in den einzelnen Orten verschieden (Hafenzeit).

Ähnlich der Mondflut gibt es auch eine **Sonnenflut**, deren Wirkung aber nur etwa halb so groß ist wie die der ersteren. Beträchtliche Werte erreichen die Gezeiten, wenn Sonne und Mond gleichzeitig kulminieren, wenn wir also Voll- oder Neumond haben, dann treten durch Addition der Einwirkungen **Springfluten** ein, die oft beträchtliche Überschwemmungen an den betroffenen Küsten hervorrufen. Stehen Sonne und Mond in einem Winkel von 90° voneinander (in der „Quadratur"), so ergeben sich als Differenzwirkung die sehr schwachen **Nippfluten**.

[47] Das Pendel.

a) Die Bewegungen, die wir bisher behandelt haben, waren entweder gleichförmig, gleichförmig beschleunigt oder gleichförmig verzögert. Wir wollen uns nun noch mit einer **ungleichförmigen** Bewegung beschäftigen. Jedes Uhrpendel zeigt uns eine solche. **Allgemein nennen wir Pendel jeden Körper, der so aufgehängt ist, daß er unter dem Einflusse der Erdschwere hin- und herschwingen kann.**

Die Bewegung eines Pendels unterliegt ganz besonderen Gesetzen, die man von einem sog. mathematischen Pendel ableitet. Streng genommen wäre das ein Massenpunkt, der an einem gewichtslosen Faden aufgehängt ist. Angenähert kann man ein solches Pendel durch ein Fadenpendel

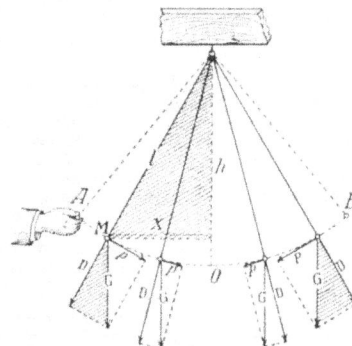

Abb. 62
Pendel

darstellen, das aus einer kleinen Metallkugel besteht (A in Abb. 62), die an einem dünnen Faden befestigt ist.

b) Bringen wir den Pendelkörper aus der Ruhelage an den Punkt A und lassen ihn los, so wird er sich im Kreisbogen, dessen Radius gleich der Pendellänge l ist, über O nach B hinbewegen, dort einen Augenblick stillstehen, dann wieder nach A zurückschwingen usf.

Ursache dieser Bewegung ist die Erdschwere. Betrachten wir in der Abbildung den Punkt M der Pendelbahn, so wirkt das Gewicht G der Metallkugel lotrecht nach abwärts. Es tritt eine Zerlegung der Kraft ein: eine Komponente D ist für die Bewegung unwirksam, da sie lediglich als Zug auf den Aufhängefaden wirkt und durch dessen Festigkeit aufgehoben wird. Die 2. Komponente P, die in der Richtung der Tangente wirkt, ruft die Bewegung des Pendels hervor.

Aus der Ähnlichkeit der schraffierten Dreiecke ergibt sich $P : G = x : l$ oder $P = \frac{G}{l} \cdot x$. Daraus folgt, daß diese **Kraft** P **dem Abstande** x **des Punktes** M **von der Ruhelage des Pendels proportional** ist. Die bewegende Kraft ist hier daher ungleichförmig, die Beschleunigung im Herabfallen des Pendels von A nach O ungleichmäßig. Wir haben es mit einem behinderten Falle des Körpers zu tun, indem er gezwungen wird, in der vorgeschriebenen Kreisbahn zu bleiben. **Beim Durchgange durch die Mittellage** O **hat das Pendel die größte Geschwindigkeit erreicht;** sie ist nach dem Fallgesetze [34b] $V = \sqrt{2gh}$, wobei h die Fallhöhe darstellt; in unserem Beispiele ist also h gleich dem Niveanabstande von A bis O.

Die in O erreichte Geschwindigkeit treibt nun das Pendel über diese Nullage hinaus; die Erdschwere beginnt mit einer veränderlichen Komponenten zu wirken, die Geschwindigkeit wird aufgezehrt, **die Bewegung verzögert,** bis das Pendel den Umkehrpunkt B erreicht hat, der in gleicher Höhe liegt wie A.

Der zu AO und BO gehörige Zentriwinkel heißt **Amplitude** oder **Elongation** des Pendels. Die Zeit, die das Pendel braucht, um die Schwingung AOB und zurück auszuführen, also **zum Hin- und Hergange,** bezeichnen wir als **Schwingungsdauer,** den einfachen Hin- oder Hergang als **Schwingungszeit.**

c) Lassen wir das mathematische oder das Fadenpendel nur in kleinen Amplituden (Elongation unter 5°) schwingen, so gilt die Formel:

$$\boxed{\text{Schwingungszeit } t = \pi \sqrt{\frac{l}{g}} ,}$$

wenn l die Pendellänge und g die Erdbeschleunigung ist.

Wir sehen vor allem, daß die **Pendelschwingung unabhängig ist vom Material des Pendelkörpers, seinem Gewichte und seiner Masse,** da die Formel keine dieser Größen enthält. **Die Schwingungszeit ist aber auch unabhängig von der Amplitude,** d. h. der größere Kreisbogen AO wird in der selben Zeit (aber rascher) durchlaufen, wie der kleinere MO.

Weiters folgen daraus die sehr wichtigen Pendelgesetze:

1. **Gleichlange Pendel von verschiedenem Gewichte, auch aus verschiedenen Stoffen hergestellt, schwingen gleich schnell** (von Galilei beobachtet).

2. **Die Quadrate der Schwingungszeiten verschieden langer Pendel am selben Orte der Erde verhalten sich wie die Pendellängen;** man muß also das Pendel viermal so lang nehmen, um die doppelte Schwingungszeit zu bekommen.

3. **Die Quadrate der Schwingungszeiten von gleichlangen Pendeln an verschiedenen Orten der Erde verhalten sich umgekehrt wie die Erdbeschleunigungen.**

Es folgt aus der Formel $\boxed{\text{Erdbeschleunigung } g = \frac{\pi^2}{t^2} l.}$

Zählt man die Zahl der einfachen Schwingungen eines Pendels in der Sekunde und bezeichnet diese Zahl als **Schwingungszahl** n, so ist die $\boxed{\text{Erdbeschleunigung } g = n^2 \cdot \pi^2 \cdot l.}$

Man kann also die Größe der Erdbeschleunigung durch Beobachtung der Schwingungszeit oder Schwingungszahl an Pendeln bestimmter Länge genau ermitteln.

Schlägt ein Pendel genau Sekunden, so bezeichnet man es als **Sekundenpendel;** es hat also die Schwingungszeit $= 1$ und seine Länge ist $l = \frac{g}{\pi^2}$. Für $g = 981$ cm (Paris) ergibt sich die Länge des Sekundenpendels zu **99,4 cm.**

Dieses Pendel in einen anderen geographischen Breitegrad gebracht, wird nicht mehr Sekunden schlagen; man muß, damit dies geschehe, seine Länge ändern.

Diese Beobachtung machte schon 1672 der französische Astronom **Richer,** als er seine in Paris richtig gehende Penduluhr nach Cayenne brachte.

Wichtig ist die Verwendung des Pendels in den **Uhren,** und zwar den **Pendeluhren;** sie stammt aus dem Jahre 1656, in dem der berühmte Gelehrte **Huygens** das Pendel einführte. Das Uhrpendel dient zur Regulierung des Uhrganges, wobei es durch die Hemmung ab (Echappement) in das Steigrad des Räderwerkes eingreift (Abb. 63).

Naturgemäß haben wir es beim Uhrpendel nicht mehr mit einem dem mathematischen Pendel nahekommenden Fadenpendel, sondern mit einem **physischen** Pendel zu tun. Wichtig ist hierbei die **reduzierte Länge** desselben. Man versteht darunter die Länge des Fadenpendels, das die gleiche Schwingungszeit hat wie das physische. Als **Schwingungsmittelpunkt** bezeichnet man den Punkt in dem letzteren, der vom Aufhängepunkte die Entfernung der reduzierten Länge hat.

Das Uhrpendel in seiner einfachsten Form besteht aus einem Holz- oder Metallstabe, an dessen unterem Ende der aus Metall bestehende Pendelkörper (die **Pendellinse**) verschiebbar angebracht ist. Schwingt das Pendel zu langsam, so geht die Uhr zu spät; man muß, um den richtigen Gang zu erzielen, die Pendellänge verkürzen, was durch Höherstellen der Pendellinse an der Pendelstange geschieht.

Bei Uhren, die sehr genau gehen sollen, muß man noch andere Einrichtungen treffen. Das Pendel wird sich bei Erhöhung der Temperatur ausdehnen, sonach länger, in der

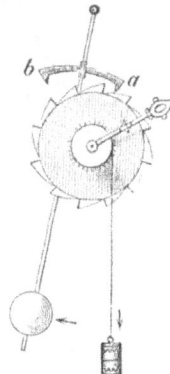

Abb. 63
Pendeluhr

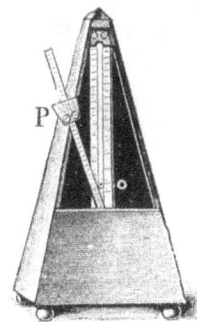

Abb. 64
Metronom

Kälte kürzer werden. Die Uhr wird daher im ersten Falle bei Tage oder im Sommer zu langsam gehen, bei kühlerem Wetter (nachts oder im Winter) voreilen. Hieraus ergibt sich also ein unregelmäßiger Uhrgang. Man hat sich bemüht, in genau gehenden Uhren (Präzisionsregulatoren) den Einfluß der Wärmeausdehnung bzw. Zusammenziehung zu beseitigen, zu kompensieren. Solche Pendel heißen **Kompensationspendel.** Die älteren Pendel dieser Art, die sog. Rostpendel, bestanden aus 3 Eisen- und 2 Zinkstäben. Neuerer Zeit verwendet man als Material für die Pendelstange Nickelstahl, das besser kompensiert. Ein noch günstiger wirkendes Material hat man vor ein paar Jahren im Quarzglas gefunden, das sich bei Erwärmung nur um eine ganz außerordentlich kleine Strecke verlängert. Der Quarz wird in elektrischen Öfen zu Stäben geschmolzen, die man als Pendelstangen verwendet. Die an ihnen unten angebrachten schweren Pendelkörper sind überdies noch mit einem Kompensationsrohr aus Metall versehen, um der geringen Ausdehnung des Quarzstabes entgegenzuwirken. Der mittlere tägliche Gangunterschied solcher, namentlich astronomischen Zwecken dienender Uhren beträgt nur noch 0,03 Sekunden.

Das **Mälzelsche Metronom** oder der **Taktschläger** (Abb. 64) gibt Bruchteile von Sekunden an. Es ist ein durch ein Uhrwerk angetriebenes Pendel, das durch Aufschlagen auf eine Hemmung das Abfließen gleicher Zeitabschnitte hörbar macht.

Aufgabe 17.

[48] *Ein physisches Pendel macht in 10 Sekunden 20 einfache Schwingungen (Halbsekunden-pendel). Wie groß ist seine reduzierte Pendellänge l? (g = 981 cm.)*

Aus der Formel [47c] $t = \pi \sqrt{\dfrac{l}{g}}$ folgt $l = \dfrac{t^2 g}{\pi^2}$; t ist hier gleich $\dfrac{1}{2}$ Sek., $t^2 = \dfrac{1}{4}$; $l = \dfrac{981}{4\pi^2} = 24{,}85$ cm.

Die Lösung ergibt sich übrigens auch aus dem in [47] gebrachten Wert für die Länge des Sekunden-pendels bei $g = 981$ cm. Diese Länge L ist 99,4 cm; nun verhalten sich am selben Orte die Pendellängen wie die Quadrate der Schwingungszeiten, also $L : l = T^2 : t^2$, $99{,}4 : l = 1 : \dfrac{1}{4}$, woraus $l = \dfrac{99{,}4\ \text{cm}}{4} = 24{,}85$ cm folgt.

Aufgabe 18.

[49] *Der Astronom Richer beobachtete gelegentlich von Gradmessungsarbeiten, daß sein Regulator mit Sekundenpendel, der in Paris ganz genau ging, in Cayenne (Südamerika) täglich um 128 Se-kunden zu spät ging. Um wieviel mußte der Gelehrte das Pendel verkürzen, damit es in Cayenne genau Sekunden angeben konnte?*

Die Länge des Sekundenpendels (L) in Paris ist (wie früher erwähnt) 99,4 cm; dort schlägt die Pendel-uhr täglich $n_1 = 60 \times 60 \times 24 = 86\,400$ Sekunden. In Cayenne betrug die Zahl der täglichen Schwin-gungen nur $n_2 = 86\,400 - 128 = 86\,272$. Es verhält sich nach dem Pendelgesetze $L : l = n_2{}^2 : n_1{}^2$, wenn l die Pendellänge in Cayenne bedeutet, oder $99{,}4 : l = 86\,272^2 : 86\,400^2$, woraus $l = 99{,}6$ folgt; Richer mußte daher sein Pendel um 99,6 cm — 99,4 cm = 0,2 cm = 2 mm verkürzen.

Aufgabe 19.

[50] *Ein Sekundenpendel mit eiserner Pendelstange von der Länge l_1 geht bei 0° richtig. Um wie viele Schwingungen macht es täglich zu wenig bei 30° C? (Eisen dehnt sich bei 1° C Temperaturerhöhung um 0,000011 seiner Länge aus, d. h. sein Ausdehnungskoeffizient ist 0,000011.)*

Die Pendellänge l_1 vergrößert sich bei Erwärmung bis 30° auf $l_1 + l_1 \times 0{,}000011 \times 30 = l_1 + 0{,}00033\,l_1$; das richtig gehende Sekundenpendel macht täglich 86 400 Schläge (n_1); es verhält sich also $l_1 : l_1 + 0{,}00033\,l_1 = n_2{}^2 : n_1{}^2$ (n_2 Zahl der einfachen Schwingungen des Pendels bei 30°) oder $1 : 1{,}00033 = n_2{}^2 : 86\,400^2$; woraus sich $n_2 = 86\,386$ ergibt. Das Pendel macht daher täglich um $n_1 - n_2 = 14$ **Schwingungen** zu wenig.

Der Ausdehnungskoeffizient des Quarzglases beträgt nur 0,0000003, woraus der außerordentlich geringe Einfluß der Temperaturschwankungen auf solche Pendel zu ersehen ist.

[51] Übungsaufgaben.

Aufg. 20. An einem Punkte A eines Körpers wirkt eine Kraft $P = 400$ kg und senkrecht zu ihr eine Kraft $Q = 300$ kg. Wie groß ist die Resultante?

Aufg. 21. Ein 8 m langes Seil ist an zwei Haken aufgehängt; es wird in der Mitte mit 80 kg belastet, wodurch es dort um 80 cm tiefer gezogen ist. Welcher Zug wirkt an den Haken?,

Aufg. 22. Auf einen Träger (Abb. 65), der im Punkt a von einer Zugstange ac gehalten wird, wirkt im Punkte a eine vertikale Kraft von 1400 kg. Wie äußert sich diese auf die Zugstange und den Träger?

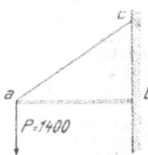
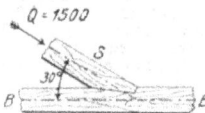

Abb. 65 Abb. 66

Aufg. 23. Das Fundament eines Schornsteines ist ein Qua-drat von 5 m Seitenlänge; sein Gewicht beträgt 400 Ton-nen. Wie stark wird der Baugrund in kg/cm² bean-sprucht?

Aufg. 24. Die in Abb. 66 gezeichnete Strebe S sei unter 30° gegen den Balken B geneigt und mit 1500 kg in der Richtung ihrer Achse auf Druck beansprucht. Welche Kraft wirkt vertikal auf den Balken und welche auf Abscherung?

Aufg. 25. Der berühmte schiefe Turm in Pisa, wo Galilei seine Untersuchungen über den freien Fall anstellte, ist 54 m hoch. Wie lange fällt ein Stein von seiner obersten Plattform zur Erde und mit welcher End-geschwindigkeit kommt er am Boden an? [34b]

Aufg. 26. Eine Gewehrkugel wird mit der Geschwindigkeit von 600 m/sek lotrecht nach aufwärts geschossen. Wie hoch könnte sie theoretisch (ohne Luftwiderstand) steigen? [36b]

Aufg. 27. Eine Kraft $P = 12$ kg wirkt auf einen schweren Körper durch 15 Sekunden und bewegt ihn 600 m weit. Wie groß ist das Gewicht des Körpers? [30d] [31a, b]

Aufg. 28. Ein Kahn braucht zur Übersetzung eines 54 m breiten Stromes 30'' und wird dabei um 15 m stromab-wärts getrieben. Wie groß ist die Wassergeschwindig-keit und welche Geschwindigkeit hätte der Kahn bei gleicher Anstrengung des Ruderers ohne Strömung er-zielt? Anleitung: Erst Länge der vom Kahne durch-fahrenen Strecke und daraus seine tatsächliche Ge-schwindigkeit berechnen. Komponenten graphisch und rechnerisch bestimmen.

Aufg. 29. Ein Eisenbahnzug hat 12 m Geschwindigkeit in der Sekunde und verliert beim Abbremsen 0,3 m pro Sekunde. Wann und wo kommt er zur Ruhe? Anleitung: Lösung ähnlich [32], nur ist hier der Weg s und die Zeit t zu suchen.

Aufg. 30. Ein mit Wasser gefülltes Gefäß wird in einem vertikalen Kreise vom Radius $r = 0{,}8$ m geschwungen. Wie groß muß die Geschwindigkeit v sein, damit kein Wasser ausfließt? Anleitung: Die Zentripetalkraft muß dem Gewichte des Wassers gleich sein. Anleitung:

[31b] und [44b]; aus $Mg = M \cdot \dfrac{v^2}{r}$ ist v zu berechnen.

Aufg. 31. Auf einen Eisenbahnwagen von 5 t Gewicht wirkt die Kraft von 2 Arbeitern mit zusammen 70 kg. Wie groß ist die Beschleunigung, die der Wagen durch diese kontinuierlich wirkende Kraft erhält? [31]

(Lösungen im 2. Briefe.)

STOFFKUNDE

[52] Einleitung.

Die 3 Fächer der Lehre von den Bau- und Betriebsstoffen, die „Chemie", die „Stoffkunde" und die „Technologie" sind in der Literatur nicht scharf abgegrenzt. So z. B. ist häufig unter „Chemie" vieles zu finden, was eigentlich in die „Stoffkunde" gehört, werden in der „Technologie" mitunter Eigenschaften der Rohstoffe behandelt, über die eher in der Stoffkunde oder in der Chemie Aufklärung gesucht wird usw. Wir werden versuchen, die Gebiete schärfer zu trennen, indem wir in der Stoffkunde nur jene Materialien behandeln, die in der Technik als Bau- und Betriebstoffe ausgedehnte Verwendung finden, also Holz, Eisen, Kupfer, Blei, Zink, Zinn, Aluminium, Steine und Mörtel, Asphalt, Ton, Glas, Gespinstfasern, Kautschuk und Guttapercha, ferner die Sprengstoffe, die Heiz- und Leuchtstoffe und endlich die Schmiermaterialien. In der Chemie haben wir bereits alle übrigen Stoffe, welche irgendwelche technische Verwertung finden, in Kürze besprochen: dagegen werden wir bei den in die Stoffkunde eingereihten, also für den Techniker besonders wichtigen Stoffen weiter gehen als es sonst üblich ist und auch deren Gewinnung im Bergbaue und in der Forstwirtschaft so weit schildern, als es für die Leser der Unterrichtsbriefe von Interesse sein kann, weil wir die beiläufige Kenntnis auch dieser Fächer als zur allgemeinen technischen Bildung gehörig betrachten.

Wir beginnen im folgenden mit dem für die Technik allerwichtigsten Baustoffe, dem Holz, dessen Eigenschaften und Konservierung.

I. Abschnitt.

Das Holz.

[53] Allgemeines.

Die Verwendung des Holzes zur Herstellung von Gebrauchsgegenständen ist gewiß ebenso alt, wie die menschliche Tätigkeit selbst; die ersten Werkzeuge, die ersten Waffen und die ersten Wohnstätten fand der Mensch im Urwald, und zwar meist schon in jener Form, die zur Verwendung die geeignetste war. — Wo es nötig schien, ließ sich Holz mit jedem scharfen Steine genügend bearbeiten, um daraus Hütten zu bauen oder brauchbare Geräte zu schaffen. — Später konnte dieses Material weit vollkommener mit Werkzeugen aus Bronze und Eisen gestaltet werden, bis etwa im 4. Jahrhundert schon von Wasser und Wind betriebene Sägemühlen dazu dienten; aber erst im 19. Jahrhundert verwandelten sich die ursprünglich meist recht einfachen Holzbearbeitungswerkzeuge in wirkliche Werkzeugmaschinen und von diesem Zeitpunkte an sind die schönen Erfolge hoch entwickelter Holztechnik zu verzeichnen. — Mit der Zeit ist wohl Holz als Baumaterial teilweise durch andere Stoffe verdrängt worden, dafür hat es aber wieder vielfach neue Verwendungsgebiete gefunden, die der Holzindustrie weitere Aussichten für die Zukunft eröffnen.

Daß Holz als Rohstoff eine so ausgedehnte Verwendung finden konnte, hat seinen Hauptgrund in seiner großen Verbreitung; nur in den Wüsten, in den Fels- und Schneeregionen des Hochgebirges und in den den Erdpolen naheliegenden Gebieten des nördlichen und südlichen Eismeeres fehlt es gänzlich; sonst ist Holz überall reichlich vorhanden, leicht zu beschaffen und durch seine vorzüglichen Eigenschaften in der vielseitigsten Weise zu brauchen: in den heißen Tropengegenden finden sich Urwälder mit Laubbäumen von den größten Dimensionen und in Tausenden von Arten mit prachtvoll gefärbtem, schwerem Holz; weiter gegen Norden und Süden tritt das Nadelholz immer mehr in den Vordergrund, bis es an der Grenze des ewigen Eises durch niedriges Strauchwerk, Moos und Flechten ersetzt wird. Ebenso sind in den Tälern vorwiegend Laubwälder, bergauf immer mehr Nadelhölzer und schließlich in der Nähe der Baumgrenze nur mehr Krummholz und verkrüppelte Zirben zu finden.

Leider hat der enorme Bedarf an Holz in vielen Gegenden zur schonungslosesten Ausbeutung der Waldbestände geführt, die sich später durch Holznot, Verkarstung ganzer Landstriche mit all ihren Schrecken, Überschwemmungen und anderen Elementarereignissen, freilich zunächst der unschuldigen Bevölkerung bitter rächte und der Natur selbst die Möglichkeit benahm, den Verbrauch zu ersetzen. Hoffentlich wird es den jetzt in allen Kulturstaaten in Kraft stehenden strengen Forstgesetzen gelingen, diese Übelstände zu beseitigen und die Schäden des durch Jahrhunderte geübten Waldfrevels wieder gut zu machen.

[54] Gewinnung des Holzes — Forstwirtschaft.

a) In bezug auf die beabsichtigten Holznutzungen, die wohl in hohem Maße auch von der Natur des Bodens und dem Klima abhängig sind, unterscheidet man drei verschiedene forstwirtschaftliche Betriebssysteme, den Hochwaldbetrieb, den Niederwaldbetrieb und den Mittelwaldbetrieb.

1. Der Hochwaldbetrieb strebt an, innerhalb der wirtschaftlichen Grenzen eine möglichst große Holzproduktion von jedem einzelnen Baume zu erhalten, ohne daß vorher einzelne Teile des Baumes abgetrennt und gesondert verwertet werden. Hierbei bildet entweder der ganze Wald ein ungeteiltes Ganzes, aus dem nur die stärksten Bäume herausgeholt werden, oder er ist in Schläge eingeteilt, die nacheinander abgeholzt und ebenso neu aufgeforstet werden. Die Umtriebszeit eines solchen Hochwaldes beträgt je nach den Baumarten 80—120 Jahre. Die Verjüngung der abgeholzten Schläge erfolgt hier nur durch Saat oder Pflanzung.

Der Hochwaldbetrieb mit der Schlagwirtschaft, namentlich dann, wenn die einzelnen Schläge gänzlich abgeholzt werden (Kahlhieb) eignet sich nur für sehr große Forste, während sich die Besitzer von kleineren Waldungen den Vorteile des Hochwaldbetriebes, die hauptsächlich in der Erzeugung der größten Bäume und der wertvollsten Hölzer bestehen, nur zunutze machen können. Der Hochwaldbetrieb empfiehlt sich besonders in gebirgigen Gegenden, wo Nadelhölzer gut fortkommen.

2. Beim Niederwaldbetriebe erfolgt die Verjüngung nach der Abholzung nicht durch Samen, sondern durch „Ausschlag", d. h. durch Heranziehung der an den abgeholzten Bäumen hervorsprießenden Triebe. Nach der Art, wie das Abholzen geschieht, unterscheidet man den „Stockausschlag", bei welchem der ganze Stamm abgehauen wird und die neuen Triebe aus dem Wurzelstocke hervorkommen und das „Köpfen", bei welchem die Stämme in einiger Höhe abgeschnitten werden, so daß viele seitliche Triebe entstehen.

Der Niederwald hat die kürzeste Umtriebszeit, 12 bis 35 Jahre, eignet sich nur für Laubhölzer, auch auf kleineren Flächen, aber durchaus nicht in rauhem Klima; er liefert nicht so große Holzmassen wie der Hochwald, dafür aber neben Brennmaterial auch sonstige Erzeugnisse von hohem Werte, z. B. Eichenrinden usw.

3. Der Mittelwaldbetrieb ist eine Vereinigung der beiden vorgenannten Systeme auf derselben Bodenfläche, also ein

Wald mit hochragenden Bäumen, zwischen denen niedriges Gehölz vorhanden ist. — Für das Unterholz müssen Baumarten wie Linde, Ulme, Eiche usw. gewählt werden, die auch in mäßigem Schatten sich entwickeln, für die Hochstämme aber Nadelbäume oder Laubbäume, die nicht zu viel Schatten geben, wie Eiche, Ahorn usw.

Die Art des Betriebes hängt daher nicht nur vom Klima, sondern auch davon ab, welche Holzart man hauptsächlich gewinnen will.

b) Wenn das Holz das richtige Alter und die richtige Größe erreicht hat, werden die Bäume gefällt. **Die beste Zeit für das Fällen ist der Winter,** nicht so sehr deshalb, weil die Dauerhaftigkeit von im Safte geschlagenen Hölzern geringer sein soll, als vielmehr, weil die Arbeit im Winter billiger ist. Soll die Rinde gewonnen werden, so muß das Schlagen im Safte geschehen. In Niederwaldungen ist das zeitliche Frühjahr die vorteilhafteste Schlagzeit, weil dann die Stocktriebe sich am besten entwickeln. — Das Fällen der Bäume erfolgt mit Axt und Säge oder durch „Ausrodung", wobei nur die Wurzeln abgehackt und der Baum sodann mit dem ganzen Wurzelstocke niedergebrochen wird.

Für den Transport bedient man sich häufig eigener Waldbahnen und auf Bergabhängen der sog. Holzriesen. Für weitere Entfernungen empfiehlt sich der Wassertransport, in kleinen Flüssen durch das „Triften" im Frühjahr, bei welchem die einzelnen Stämme in den Fluß geworfen und vom Ufer aus in ihrer Bahn erhalten werden, in größeren Flüssen auf Flössen, die aus den zu befördernden Stämmen zusammengefügt, Flächenausmasse bis zu 1000 qm haben können.

c) Wenn im vorhergehenden von einem Alter der Bäume zwischen 80 bis 120 Jahren die Rede war, so ist damit keineswegs ihr Höchstalter bezeichnet worden. Unter günstigen Verhältnissen können einzelne Bäume sehr alt werden, wobei sie natürlich auch gewaltige Dicken- oder Höhenausmaße erreichen.

In unseren Klimaten sind es Eichen, Linden, Fichten und Tannen, die ganz außerordentlich lang erhalten können; es handelt sich dabei um eine Standdauer, die bis an 1500 Jahre reicht, also um ein für Lebewesen ungewöhnliches Alter. So hatte eine Eiche bei Körtlingshausen (Reg.-Bez. Arnsberg) einen Umfang von etwa 12 m bei einem Alter von mehr als 1400 Jahren. Noch viel älter können tropische Bäume werden, Affenbrotbäume bis an 6000 Jahre, Mammutbäume in Kalifornien bis gegen 3000 Jahre bei Durchmessern bis zu 8 m.

[55] Bau des Holzes.

a) Betrachten wir einen unbearbeiteten Holzstamm oder Holzast, so finden wir ihn außen umgeben von der **Rinde**, die also die äußere Hülle des Holzkörpers darstellt. Unter der Rinde (Abb. 67 bei R) liegen die zumeist dunkler gefärbten, langfaserigen **Bastschichten** (B).

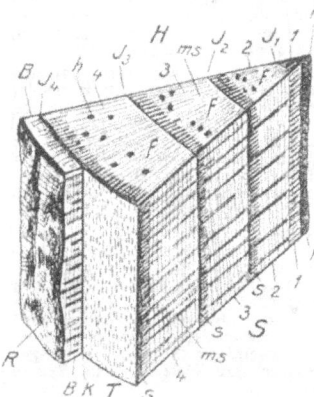

Das eigentliche Holz zeigt einen sehr verwickelten Aufbau, von dessen Gestaltung das Aussehen und die mechanischen Eigenschaften der einzelnen Holzarten wesentlich abhängen. Über den Bau des Holzes gibt uns teilweise schon die aufmerksame Betrachtung eines Holzstückes mit freiem

Abb. 67

Keilstück aus einem 4 jährigem Stamm der Gemeinen Kiefer. (M Mark, ms Markstrahlen, J₁—J₄ Grenzen der Jahresringe 1—4; h Harzgänge, f Frühholz, S Spätholz, K Kambium, B Bastschichten, R Rinde.)

Auge Aufschluß; weit mehr Einzelheiten erkennen wir aber mit dem Vergrößerungsglase. Den besten Einblick in den Aufbau eines Holzstammes erhalten wir, wenn wir ihn nach drei Richtungen zerschneiden:

1. senkrecht zur Längsrichtung (Hirnschnitt H), wodurch wir das Hirnholz sehen,

2. in der Richtung eines Halbmessers (Radial- oder Spiegelschnitt S),

3. in der Richtung einer Sehne (Tangential- oder Fladerschnitt T).

b) Die genaue Untersuchung des Holzkörpers mit Hilfe des Vergrößerungsglases (Lupe) und des Mikroskopes hat gelehrt, daß alle Holzteile aus einer Unzahl von kleinen, verschieden gestalteten Körperchen, den **Zellen** bestehen. Die Zellwände schließen in den lebenden Zellen den Zellsaft ein, in dem der eigentliche Bildungsstoff, das **Protoplasma**, eingebettet ist. Je nach der Ausbildung der Holzzellen zu kurzen, eckigen, rundlichen oder anderseits wieder zu langgestreckten Holzkörpern ergeben sich dann die charakteristischen Unterschiede im Holze.

c) Einen Überblick über die Holzstruktur erhalten wir schon aus der Betrachtung des **Hirnholzes**. In der Mitte des zumeist kreisrunden Querschnittes sehen wir die Markröhre (M) oft als dunkelgefärbten Strang. Von ihm laufen radial nach außen schmale Bänder, die sog. **Markstrahlen** (ms). Besonders deutlich sehen wir sie im Spiegelschnitte (S), wo sie als verschieden lange, oft glänzende Querstreifen („Spiegel") erscheinen. Bei Nadelhölzern bestehen sie oft nur aus einer Zellreihe, sind deshalb schmal, bei manchen Laubhölzern werden sie aus mehreren Reihen von Zellen gebildet, sind daher zumeist breit und auffallend (Eiche, Rotbuche).

Bei vielen Holzarten (Kiefer, Eiche, Lärche) sieht man im Hirnschnitte einen kreisrunden, inneren, etwas dunkler gefärbten Teil, den Kern, der aus trockenerem, festerem und widerstandsfähigerem Kernholz besteht; nach außen hin liegt dann der lichtere, aus weicheren Holzfasern bestehende Splint. Im Kernholz scheiden sich mitunter verschiedene harzartige oder gummiähnliche Stoffe ab; man spricht dann von einer Verkernung. Manchmal ist das Kernholz zwar stark ausgetrocknet, unterscheidet sich aber in Farbe und Härte kaum vom Splintholz, man spricht dann von Reifholz (Fichte, Tanne, Rotbuche). Wieder bei anderen Hölzern ist auch das Kernholz saftführend, in welchem Falle wir das Holz als Splintholz bezeichnen (Birke, Erle, Ahorn usw.). Manchmal kommt es auch zur Bildung von sog. falschem oder krankem Kerne, in dem sich gefärbte Körper in unregelmäßigen Formen ablagern (Buche).

Der Splint läßt sich von Flüssigkeiten leicht durchdringen, was in der Holzimprägniertechnik eine wichtige Rolle spielt.

Im Hirnholz verschiedener Bäume sehen wir eine Reihe konzentrisch angeordneter, licht und dunkler gefärbter Ringe, die sog. **Jahresringe** (J₁—J₄). Sie bestehen aus einem ringförmigen Bande von dünnwandigen Zellen mit größerem Durchmesser, entstanden durch rascheres Wachstum im Frühjahr (Frühholz f), dann aus einem schmäleren Bande von kleineren, dickwandigen Zellen, die im Sommer entstehen (Spätholz s). Das Spätholz ist daher dichter als das lockere Frühholz.

Mit Eintritt der kalten Jahreszeit hört das Wachstum völlig auf; im nächsten Jahre schließen sich unvermittelt an das Spätholz die größeren Zellen des jungen Frühholzes an, daher die scharfe Trennung der Jahresringe im Holzquer- und Radialschnitt (bei J).

Die Bildung neuer Jahresringe erfolgt immer nur an der Grenze zwischen Holz und Rinde in einer eigenen Bildungsschicht (**Kambium**, k).

Jahresringe sind für Bäume unserer Klimate kennzeichnend; in der Regel wird jedes Jahr ein Ring gebildet. In den Tropenbäumen bilden sich die Jahresringe zumeist nicht aus, da das Wachstum dort oft gar nicht aussetzt.

Im Hirnschnitte der Nadelhölzer finden wir noch unregelmäßig zerstreut angeordnet, kleine kreisrunde Öffnungen, die Schnitte durch die Harzgänge *h* darstellen.

Das Hirnholz der Laubbäume zeigt uns ein teilweise anderes Bild, wie jenes der Nadelbäume, indem wir da eine größere Zahl runder Öffnungen ,Poren, verstreut vorfinden. Es sind dies die Schnittbilder der zahlreichen röhrenförmigen Gebilde, der Gefäße, die in der Längsrichtung des Holzes verlaufen; Sie sind im Frühholze größer, im Spätholze kleiner im Querschnitte.

d) Schneiden wir Holz im **Sehnenschnitte**, namentlich gegen die Mitte zu, so durchschneiden wir eine große Zahl von Jahresringen und sehen auf dem Schnitte eine Reihe von gekrümmten, dem betreffenden Holz eigentümlichen Linien (**Masern**); man nennt die dadurch entstehende Zeichnung die **Fladerung**, die für die Fabrikation der Furniere wichtig ist.

Diese charakteristischen Zeichnungen entsprechen also dem normalen Wachstum der Hölzer. Zu unterscheiden sind hiervon die durch andere Ursachen, Verwundungen und Unregelmäßigkeiten im Wachstum hervorgerufen, oft sehr verwickelten Maserzeichnungen. Durch Politur, Beizen und Färben läßt sich die Masernwirkung noch besonders steigern.

Im **Tangentialschnitte** (*T*) erscheinen die Markstrahlen als andersgefärbte spindelförmige Flecken oder Strichelchen (bei der Eiche beispielsweise oft zentimeterlang).

[56] Chemie des Holzes.

Die vorhergehenden Ausführungen haben uns gelehrt, daß das Holz ein kompliziert zusammengesetztes Produkt lebender pflanzlicher Organismus ist; der verwickelten Lebenstätigkeit im Baume entsprechend, findet sich im Holz eine ganze Reihe von verschiedenen chemischen Verbindungen, die entweder Bestandteile der Zell- und Gefäßwandungen oder des Zellinhaltes sind.

a) **Wird das Holz als ganzes chemisch untersucht, so ergeben sich als Hauptbestandteile Kohlenstoff, Sauerstoff und Wasserstoff.** Die quantitative chemische Zusammensetzung schwankt, wenn auch in nicht zu weiten Grenzen, von Art zu Art; auf Grund vieler Analysen haben sich folgende Mittelwerte für die chemische Zusammensetzung des lufttrockenen Holzes ergeben:

Kohlenstoff . . . 38,6 v. H.
Wasserstoff . . . 4,8 „
Sauerstoff . . . 34,8 „
Stickstoff . . . 1,0 „
Asche . . . . . 0,8 „
Wasser . . . . . 20,0 „

Die **Hauptbestandteile der Holzasche** sind **Pottasche, Soda und Kalziumkarbonat** (Holzaschenlauge mit alkalischer Reaktion).

Die vorgenannten Elemente sind im Holz zu verschiedenen Körpern verbunden; einige hiervon sind im Wasser, Alkohol oder Äther löslich und bilden zusammen den sog. **Holzextrakt**. Hat man Holz derart ausgelaugt, so bleibt das eigentliche Holzgerüst übrig, die **Holzsubstanz**. **Sie besteht zum größten Teile aus Zellulose,** die wir schon früher (Vorstufe [393]) kennengelernt haben. Ihr Anteil an der Zusammensetzung des Holzes beträgt etwa 50%. Neben der Zellulose findet sich noch **Lignin** (Ligninsäure), die Holzsubstanz im engeren Sinne, zu etwa 30% vor; sie ist kohlenstoffreicher und sauerstoffärmer als Zellulose. Auf sie werden die

charakteristischen Eigenschaften des Holzkörpers zurückgeführt.

Außer diesen Stoffen sind noch andere, der Zellulose ähnliche Kohlehydrate (Xylan, Holzgummi) festgestellt worden.

Die meisten übrigen Bestandteile des Holzes finden sich im Zellinhalte vor. **Das als eigentlicher Träger des Lebens in der Zelle aufzufassende Protoplasma enthält Eiweißstoffe,** ist also stickstoffhaltig. Dann finden sich in der Zelle noch **Stärke, Zucker, Farbstoffe, Harze, Gerb- und Gummistoffe, sowie aromatische Körper.** In ausländischen Hölzern finden sich auch noch **Farbstoffe**, die als solche vielfache Verwendung finden (Blau- oder Campecheholz, Fernambuk- oder Brasilienholz [rot]).

[57] Eigenschaften des Holzes.

Das von verschiedenen Baumarten stammende Holz hat sehr verschiedene Eigenschaften; Klima, Bodenart, Standort haben den größten Einfluß auf ihre Ausbildung.

a) **Spezifisches Gewicht.** Dasselbe schwankt stark; wir finden bei lufttrockenem Holz alle Zwischenstufen von 0,30 bis etwa 1,30.

Zu den **sehr schweren** Hölzern, die natürlich im Wasser untersinken, gehören namentlich die aus Tropenländern stammenden: das Pockholz (Guajakholz, Lignum sanctum, aus Westindien), das Ebenholz (aus Afrika stammend) und das Buchsbaumholz. **Mittelschweres** Holz liefern Eiche, Buche, Esche, Birke, Lärche; **leichtes** Kiefer, Tanne, Fichte; **sehr leichtes** die Linde und Pappel.

Das spezifische Gewicht ist größer beim Holze aus rauhen Gegenden, von ˙trockenem Standorte und von langsam gewachsenen Bäumen. Kernholz ist zumeist schwerer als Splintholz.

Bei Gewichtsangaben von Hölzern ist ihr Trockenheitsgrad wohl zu beachten. Frisch gefälltes Holz enthält ca. 45% Wasser. Lufttrockene Hölzer, die etwa ein Jahr lang geschützt lagerten, enthalten noch immer etwa 20—25%; erst nach drei- und mehrjährigem Austrocknen geht der Wassergehalt des lufttrockenen Holzes auf 10—15% herab (siehe Vorstufe [106, Tab. 2]). Bei Hölzern, die künstlich bei 110° C getrocknet (gedörrt) wurden, spricht man von Dörrgewicht.

b) **Härte.** Damit bezeichnet man den Widerstand des Holzes gegen das Eindringen von Werkzeugen.

Manche in den Tropen wachsenden Hölzer sind so hart, daß sie sich erst nach dem Kochen im Wasser mit Stahlwerkzeugen bearbeiten lassen. Nach der Härte unterscheiden wir 2 Hauptgruppen der Hölzer: **weiche** und **harte**. Zu den weichen gehören unsere Nadelhölzer, zu den sehr weichen die Pappel und die Linde; von den Harthölzern sind einzelne sehr hart, Pockholz, Teakholz steinhart, Buchsbaum knochenhart.

Widerstand der Holzarten gegen einen zur Stammachse rechtwinklig geführten **Sägeschnitt:** Buche = 1, Kiefer = 0,53, Fichte = 0,6, Eiche = 1,03, Birke = 1,35.

c) **Spaltbarkeit.** Sie ist von der Ausbildung'der Markstrahlen abhängig; in radialer Richtung ist sie am größten. Auf die Spaltbarkeit hat die Härte des Holzes bedeutenden Einfluß. Sehr harte und sehr weiche Hölzer lassen sich schwer spalten, am besten gelingt dies bei mittelharten. Grünes Holz hat geringe Spaltfähigkeit; bei Frost nimmt das Spaltvermögen ab.

Sehr schwer spalten lassen sich Pockholz, Ebenholz, Buchsbaumholz (also die schweren und harten Hölzer). Sehr leicht spaltbar sind beispielsweise Tanne, Fichte und Pappel.

d) **Elastizität.** Auch diese Eigenschaft ist bei den verschiedenen Holzarten verschieden ausgebildet; Klima, Standort und Wassergehalt haben auch hier großen Einfluß.

e) **Biegsamkeit, Zähigkeit, Sprödigkeit.** Diese Eigenschaften sind für die technische Verwertung des Holzes (z. B. für gebogene Möbel, Faßreifen, Flechtwaren) wichtig. **Grünes Holz ist biegsamer** wie trockenes; Erwärmen, warmes Wasser oder Wasserdampf erhöhen die Biegsamkeit.

Große Biegsamkeit bezeichnet man als Zähigkeit. Sehr zähe sind Flechtweiden, Haselnuß, Birken. Spröd sind alte Eichen, Rotbuchen usw.

f) Farbe. Das Holz kann sehr verschieden gefärbt sein, es kommen alle Tonstufen von Gelb, Grün, Braun, Rot und Schwarz vor. Die Färbungen werden durch eingelagerte Farbstoffe und Harze hervorgerufen. Von Einfluß ist der Wassergehalt, Alter, Standort und Klima. **Frische, lebhafte Farben sind Anhaltspunkte für die Güte eines Holzes.**

Von besonderem Werte sind die farbigen Hölzer für die Kunsttischlerei. Manche hiervon waren seit jeher, namentlich im Altertum, wegen ihrer prächtigen Färbung und Zeichnung hoch geschätzt.

g) Leitfähigkeit. Holz ist ein schlechter Leiter für Wärme und Elektrizität.

Über Festigkeit siehe [23].

[58] Das „Arbeiten" des Holzes (Schwinden und Quellen).

Beim Trocknen des Holzes erfolgt eine Zusammenziehung seiner Fasern, die eine Volumverminderung zur Folge hat; man bezeichnet diesen Vorgang als „Schwinden" des Holzes. Hierauf muß bei allen seinen Verwendungarten geachtet werden. Dabei ist es nicht gleichgültig, wie die Fasern des Holzes in den Konstruktionen liegen, **denn das Schwinden ist wesentlich abhängig von der Richtung, nach der das Holz geschnitten ist.** Sehr klein (0,1%) ist das Schwinden in der Richtung der Längsfaser, größer (3—5%) in radialer Richtung, am stärksten (6—10%) im Sehnenschnitte.

Saftreicheres Holz schwindet stärker als trockenes; daher junges mehr wie altes, Splintholz mehr wie Kernholz. Auf das Schwinden muß bei der Übernahme von Hölzern Rücksicht genommen werden; man muß eine Verminderung der Maße nach der Erfahrung zugestehen (Toleranz).

Erfolgt das Schwinden ungleichmäßig, so tritt **Werfen** oder **Verziehen** (Windschiefwerden) des Holzes ein. Da die Splintholzschichten früher austrocknen als das Kernholz, so reißen sie der Länge des Stammes nach auf (Trockenrisse, Kernrisse.) Das Reißen beginnt beim gefällten, aber nicht entrindeten Stamm an den Hirnflächen.

Kommt das ausgetrocknete Holz in feuchte Luft, so nimmt es entsprechend der jeweiligen Luftfeuchtigkeit wieder Wasser auf, wodurch sein Rauminhalt vergrößert wird. Man nennt das „Quellen". „Schwinden" und „Quellen" bezeichnet man als das „Arbeiten" des Holzes.

Mittel gegen das „Arbeiten" des Holzes:

1. **Austrocknen.** Um die Bildung von Rissen möglichst zu vermeiden, muß das Trocknen langsam vor sich gehen. (Trocknung an der Luft durch luftige Stappelung der teilweise oder ganz entrindeten Stämme, Zerteilung der letzteren in kleinere Abschnitte.) Zur Beschleunigung wird auch von der künstlichen Austrocknung Gebrauch gemacht, indem man das Holz in besonders konstruierten Trockenapparaten oder Trockenkammern der Einwirkung mäßig erwärmter trockener Luft aussetzt.

2. **Auslaugen.** Bei dem früheren Verfahren bleiben die Saftbestandteile im Holz; will man auch diese entfernen, so greift man zum Auslaugen des Holzes. In geringem Maße erfolgt es schon beim Flößen; kräftiger ist die Wirkung des Einlegens im Wasser durch 1—2 Jahre. Auslaugung kann auch mit heißem Wasser oder am raschesten mit Wasserdämpfen erfolgen. Selbstverständlich muß das Holz nach dem Auslaugen gut getrocknet werden. Ausgelaugtes Holz wirft sich nicht mehr, quillt nur wenig und läßt sich leichter biegen.

3. **Anstrich und Tränkung.** Dem Einflusse feuchter Luft läßt sich sehr wirksam durch Auftragen von Anstrichen mit gut deckenden Ölfarben, Firnissen, Lösungen von Harzen oder durch Tränkung mit Wachs, Paraffin begegnen. Selbst bei Verwendung von ausgelaugtem Holz empfehlen sich solche schützende Überzüge der Oberfläche.

4. **Trockenhaltung** des eingebauten Holzes.

5. **Konstruktive Maßnahmen** bei der Verwendung des Holzes, indem bei der Bearbeitung und Verbindung auf das Schwindungsvermögen gehörig Rücksicht genommen wird. (Zusammensetzung größerer Teile aus kleineren Stücken, **bewegliche Füllungen,** daher kein Festleimen derselben, Brettlagen mit sich kreuzenden Fasern, kleine Tafeln für Parkettböden; Hirnholz stoße immer auf Hirnholz! usw.).

[59] Dauerhaftigkeit des Holzes.

a) Sie weist bei den verschiedenen Hölzern große Unterschiede auf; **sehr dauerhaft sind: Eiche, Ulme, engringige Lärchen und Kiefern,** am wenigsten dauerhaft: **Buche, Ahorn, Birke und Pappel.** Die Dauerhaftigkeit des Holzes ist namentlich bei seiner Verwendung für Bauzwecke ungemein wichtig. **Ganz im Trocknen oder ganz unter Wasser erhält sich fast jedes Holz lang.**

1858 fand man z. B. in der Donau beim Eisernen Tor-Pfeiler der vor 1700 Jahren erbauten Trajansbrücke aus Eichen- und Lärchenholz, das noch ganz gut erhalten war. Dasselbe beweisen ferner Hölzer, die man in Torflagern, in Pfahlbauten usw. mitunter findet.

Häufiger Wechsel von Feuchtigkeit und Trockenheit, feuchtdumpfe Luft in Ställen, Kellern, Bergwerken usw. beschleunigen die Zersetzung.

Ganz im Freien befindliches Holz erhält sich im allgemeinen nicht lange.

Auf Grund jahrzehntewährender Beobachtungen beträgt beispielsweise die mittlere Standdauer von rohen Telegraphenstangen aus:

Kiefernholz	4—8	Jahre,
Fichten- oder Tannenholz	3—5	,,
Eichenholz	7	,,
Pichpine (Pichkiefern-)holz	15	,,
Lärchenholz	9—10	,,
Kastanienholz	10	,,
Rotzederholz (Nordamerika)	10	,,
Weißzederholz (do.)	14	,,

Wegen der allgemeinen kurzen Lebensdauer muß das Holz verschiedener Arten (namentlich der bei uns heimischen) durch Konservierung haltbar gemacht werden, worauf wir noch im folgenden zu sprechen kommen.

Die Dauerhaftigkeit ist im allgemeinen noch von folgenden Umständen abhängig:

1. **Vom Saftgehalte des Holzes;** saftreiche Hölzer gehen rascher zugrunde; Kernholz erhält sich länger als Splintholz.

Bei Holz derselben Art ist das spezifisch schwerere dauerhafter als das leichtere.

2. **Vom Standorte des Baumes;** Holz von trockenem Boden oder aus größeren Höhen oder aus kälterem Klima ist widerstandsfähiger.

3. **Vom Orte der Verwendung.** Die Standdauer ist hoch im gleichmäßig feuchten Lehm- oder Tonboden, verhältnismäßig kurz im abwechselnd feuchten und trockenen Sandboden.

[60] Feinde des Holzes.

Das Holz besteht, wie wir früher gesehen haben, aus einer Reihe von organischen Verbindungen, die heftigeren von außen kommenden Angriffen natürlich auf die Dauer nicht standhalten können. Am ehesten ist dies noch bei einigen tropischen, außerordentlich harten und widerstandsfähigen Hölzern der Fall.

Das Zugrundegehen des Holzes ist vorwiegend auf die Angriffe holzzerstörender tierischer und pflanzlicher Organismen zurückzuführen.

Wir lassen im folgenden die Holzfeinde außer Betracht, die den lebenden Baum oder das Holz bald nach seiner Fällung schädigen, wie es beispielsweise die zahlreichen, oft verheerend auftretenden Borkenkäferarten tun, und wollen uns nur auf die Angriffe beschränken, denen lagerndes oder bereits verwendetes Holz ausgesetzt ist:

a) **Die Holzfeinde des Tierreiches.** Einige Holzzerstörer stammen aus dem Tierreiche; sie sind aber im großen und ganzen in unseren Klimaten weniger zu fürchten als die pflanzlichen Lebewesen. Hierher gehören vor allem die Holzwespen und mehrere Käferarten, darunter der Hausbock und der in Möbeln so gefürchtete Klopfkäfer (Totenuhr). Ameisen und Bienen greifen ebenfalls Hölzer an.

Außerordentlich schädlich sind die Termiten, die in den Tropen leben, aber auch schon in Südfrankreich vorkommen.

Die Termiten gehören nicht zu den Ameisen, leben aber ähnlich wie diese in großen Tierstaaten, die bis zu einer Million Einzelwesen umfassen können. Ihren zerstörenden Angriffen hält außer einigen sehr harten oder kreosotierten Hölzern kein organischer Stoff stand. Häuser sind in wenigen Wochen so angegriffen worden, daß sie einstürzten. In Kalkutta in Indien mußte der Regierungspalast abgebrochen werden, weil er durch Termitenangriffe baufällig geworden war. Ebensolche Verwüstungen erzeugten mit einem Schiffe eingeschleppte Termiten in Jamestown auf der Insel St. Helena. Es ist bekannt, daß man in einigen tropischen Gebieten nur eiserne oder stark kreosotierte Telegraphenstangen verwenden kann, weil alle hölzernen ungeschützten Säulen in kurzer Zeit unerbittlich den Termiten zum Opfer fallen.

Dabei scheuen die Termiten das Licht, verrichten also ihr Zerstörungswerk nur im Dunkeln, im Innern der Hölzer, so daß von außen gar kein Anzeichen des bevorstehenden Zusammenbruches sichtbar wird.

Gegen Termitenangriffe hat lediglich die Imprägnierung des Holzes mit größeren Mengen von Kreosotöl guten Erfolg gehabt; verschiedene andere, auch giftige Stoffe führten nicht zum Ziele. Es zeigt sich dabei immer wieder, daß Stoffe, die für den Menschen giftig sind, für viele niedrig entwickelte Lebewesen keine merkliche Giftwirkung aufweisen.

Ein anderer berüchtigter Schädling von Holzbauten ist der **Bohrwurm (Schiffswurm, Teredo),** der zu den Weichtieren, und zwar zu den Muscheln gehört, obzwar er äußerlich einem Wurme sehr ähnelt. Er ist ein Meeresbewohner, kommt in allen Zonen und Meeren vor, und zerstört die im Wasser befindlichen Hölzer von Hafenbauten und Schiffen.

Er bohrt sich tief in die Rammpfähle ein, durchlöchert sie siebartig, ohne daß er aber die Holzbestandteile zur Ernährung brauchte. Im französischen Hafen Lorient müssen die Holzpfeiler alle drei Jahre ausgewechselt werden, so arg werden sie vom Teredo hergenommen. Nur einige tropische widerstandsfähige Hölzer (z. B. Pockholz) werden von ihm nicht angegriffen. Die Bestrebungen, wirksame Mittel gegen die großen Verheerungen durch den Bohrwurm zu finden, reichen Jahrhunderte zurück und sind namentlich in neuerer Zeit mit bedeutendem Aufwande an Mühe fortgesetzt worden. Um die Hölzer gegen den Bohrwurm zu schützen, werden Bleche auf das Holz genagelt oder man schlägt auf der ganzen Oberfläche Breitkopfnägel ein. Als wirksam hat sich endlich die Imprägnierung mit Kreosotöl erwiesen.

b) **Pflanzliche Holzfeinde.** Die größten Verwüstungen am eingebauten Holz richten aber auch bei uns pflanzliche Organismen an; ihren Angriffen fallen nicht nur Bauhölzer sondern auch Telegraphenstangen, Lichtmasten, Eisenbahnschwellen, Grubenholzstempel, Zaunpfähle, Hopfenstangen u. dgl. rasch zum Opfer, wenn nicht wirksame Gegenmittel angewendet werden.

Eine teilweise Zersetzung des Holzes erfolgt durch den Angriff pflanzlicher Kleinlebewesen (**Bakterien, Spaltpilze**) und von **Schimmelpilzen**; diese Organismen zersetzen, vergären und verzehren Bestandteile des Zellsaftes und Zellinhaltes, also des Holzextraktes. „Das Holz erstickt" (Vermoderung). Weiter geht ihre Zerstörungskraft nicht, sie leiten aber damit die eigentliche Holzfäulnis ein, die im allgemeinen immer nur von höher organisierten Pilzarten, eigentlichen oder echten Holzzerstörern, hervorgerufen wird. Unter dem Einflusse dieser wuchernden Holzpilze tritt eine vollkommene Zersetzung der Holzsubstanz ein, sie wird rissig und so mürbe, daß sie zwischen den Fingern zerrieben werden kann. Das Pilzfädengewebe der Holzzerstörer hat die Eigenschaft, die Zellulose und das Lignin des Holzes chemisch zu spalten und zu ihrer Ernährung zu verwerten, was dann die weitgehende Zerstörung des Holzes zur Folge hat.

Der wichtigste und gefährlichste Holzpilz ist der echte **Hausschwamm (Tränenpilz, Lauf- oder Mauerschwamm),** der die botanische Bezeichnung „der Weinende" von dem Umstande erhielt, daß sein Fruchtkörper Flüssigkeitstropfen („Tränen") absondert. Er gedeiht auf allen Nadelhölzern und kann außerordentlich weitgehende Schädigungen in Gebäuden hervorrufen; zum Wachstum braucht er einen mäßigen Wassergehalt des Holzes und eine bestimmte Temperatur (am günstigsten entwickelt er sich zwischen 17 u. 19° C). Er kann sehr leicht in andere Gebäude übertragen werden.

Andere Holzzerstörer sind noch: der Lohporenschwamm und der Kellerschwamm.

[61] Holzkonservierung. (Verfahren.)

Wir fassen darunter alle Verfahren zusammen, die das Holz haltbarer machen, es also gegen Fäulnis sowie gegen Feuersgefahr schützen.

Die wirtschaftlich ungemein wichtige Frage der Schutzmaßregeln gegen Holzpilze ist durch zahlreiche Untersuchungen in den letzten Jahrzehnten geklärt worden. Man hat erkannt, daß eine halbwegs verläßliche Abwehr der holzzerstörenden Pilzarten nur durch Anwendung antiseptisch wirkender, also pilzwidriger und pilztötender Körper zu erreichen ist. Diese müssen dem zu schützenden Holze in genügender, den jeweiligen Verhältnissen angepaßter Menge zugeführt werden, denn bei zu kleiner Menge bleiben auch sie unwirksam.

Konservierungsverfahren: Um Holz gegen Fäulnis zu schützen, müssen ihm Pilzgifte einverleibt werden, was in verschiedener Weise geschehen kann. Je nach dem Verfahren kann zunächst mehr oder weniger vom Antiseptikum ins Holz gebracht werden, wodurch auch der Schutz entsprechend erhöht oder vermindert wird. Im Freien, wo das eingebaute Holz den Wettereinflüssen und der Bodenfeuchtigkeit ausgesetzt ist oder in Bergwerken, wo oft sehr günstige Verhältnisse für das Gedeihen von Pilzen herrschen, muß die abwehrende Wirkung natürlich möglichst hoch getrieben werden. Die wichtigsten Methoden sind:

1. **Ankohlen.** Von alters her ist das Ankohlen der in die Erde eingerammten Pfähle bekannt; dadurch wird nur ein geringer Schutz erreicht (durch Abtöten der vorhandenen Pilzkeime in der Hitze und Entwicklung pilzwidriger Stoffe beim Verkohlen), auch wird das Holzgefüge teilweise stark geschädigt.

2. **Anstrich.** Wo es sich um geschützt liegende Hölzer und nicht allzuheftige Pilzangriffe handelt, reicht der Anstrich mit konservierenden Stoffen, allenfalls mehrmals wiederholt, aus. Bei den im Freien befindlichen Hölzern (Telegraphenstangen, Schwellen) oder bei Grubenstempeln haben sich Anstriche als nicht ausreichend erwiesen, weil man damit doch nur geringe Stoffmengen ins Holz bringen kann.

3. **Tränkung.** Größere Stoffaufnahmen erzielt man durch die Tränkung des gut ausgetrockneten Holzes. Hierbei wird das Holz zur Gänze

oder nur zum Teile (z. B. mit dem unteren Ende von Stangen) in die antiseptische Flüssigkeit auf kürzere oder längere Zeit gebracht (eingelaugt, eingesumpft). Die Tränkungsflüssigkeit befindet sich in großen hölzernen Bottichen oder Trögen, neuerer Zeit in großen Bassins aus Zement. Beim kurzen Verweilen in der Flüssigkeit spricht man vom Tauchverfahren; auch kann die Lösung erhitzt werden (Tankverfahren der Amerikaner). Allenfalls taucht man das Holz zuerst in heiße Flüssigkeit, anschließend dann in kalte (Doppeltankmethode). Längeres Einlaugen heißt Tränkung (Dauer 3 bis 14 Tage).

4. Saftverdrängung. Das vom französischen Arzte Dr. Boucherie stammende Saftverdrängungsverfahren wurde bis in die neuere Zeit in Europa allgemein verwendet; es ist noch in Frankreich üblich. Hierbei wird der Zellsaft des frisch geschlagenen, noch berindeten Holzes durch in hochgelegenen Reservoiren befindliche Metallsalzlösungen (namentlich Kupfervitriol) mittels hydrostatischen Druckes verdrängt.

5. Kesselimprägnierung. Die größte Stoffzufuhr in kurzer Zeit ermöglicht die Kesselimprägnierung, die in großen Anlagen zur Verwendung kommt. Hier werden die lufttrockenen Hölzer in große, oft bis gegen 20 m lange Eisenkessel (auf kleinen Wägelchen) gebracht. Die Imprägnierungsflüssigkeit wird durch Druck oder besser noch durch kombinierte Anwendung von Luftverdünnung und Druck ins Holz eingepreßt. Das erfordert bereits eine verwickelte Maschinenanordnung mit Luftdruck- und Saugapparaten, aber man hat es dann genau in der Hand, dem Holze bestimmte Mengen von Flüssigkeit zuzuführen.

[62] Holzkonservierung (Imprägnierstoffe).

Von der großen Zahl von Mitteln, die im Laufe der Zeit zur Haltbarmachung des Holzes vorgeschlagen worden sind, wollen wir nur die am häufigsten verwendeten anführen:

1. Zinkchlorid (Chlorzink, $ZnCl_2$) in verdünnter Lösung von 2,3% zur Kesselimprägnierung von Stangen und Schwellen verwendet (von Burnett vorgeschlagen).

2. Kupfervitriol ($CuSo_4 + 7H_2O$) im Saftverdrängungsverfahren nach Boucherie in 1,5% Lösung benutzt; Eisenbestandteile müssen bei der Anlage vermieden werden (wegen Cu-Ausscheidung).

3. Sublimat (Ätzsublimat, Quecksilberchlorid, $HgCl_2$) von Kyan zur Tränkung im Troge vorgeschlagen.

Das Mittel ist sehr giftig, daher schon in ½proz. Lösung wirksam; Tränkungsdauer je nach der gewünschten Aufnahme 3—14 Tage. Zur Imprägnierung in Eisenkesseln nicht geeignet (Metallangriff). Wegen der Giftigkeit wird es für Bauholz in Wohngebäuden und für Grubenstempel nicht verwendet. (Im allgemeinen 0,8 kg $HgCl_2$ für 1 m³ Holz.)

4. Teeröl (Steinkohlenteeröl oder Kreosotöl), auch mit Zusatz von Braunkohlenteeröl oder letzteres allein.

Bethell schlug zuerst mit sehr gutem Erfolge die Verwendung der schweren Steinkohlenteeröle (Imprägnieröle) zum Kreosotieren von Holz vor. Ursprünglich wandte man Volltränkung an, bei Kiefernholz bis zu 350 kg/m³ Neuererzeit schränkt man die Teerölaufnahme durch Sparverfahren (Rüping, Rütgers-Heise) bis auf 60—100 kg für 1 m³ Holz ein. Zu Anstrichen geeignet, wofür auch Karbolineum

verwendet wird. Teeröl wird auch im Tankverfahren benutzt.

5. Fluoridhaltige Mittel. Fluoride von Alkalien und Schwermetallen sind kräftige antiseptische Mittel; zumeist wird Natriumfluorid verwendet. Mit einer wässerigen Lösung (4%) kann man im Kessel imprägnieren.

Zinkfluorid aus einer Mischung von Zinkchlorid- (oder Zinksulfat-) und Natriumfluoridlösung gebildet, für Kesselimprägnierung.

Basilit (Bellit) ist ein Gemenge von Dinitrophenolanilin (89 Gew.T.) und Fluornatrium (11 Gew.T.), für Tränkung und Kesselimprägnierung (2—3 kg pro m³ Holz) verwendbar.

6. Andere Imprägnierungsstoffe sind noch: Antigermin mit dem wirksamen Orthodinitrokreosol und Antinonnin mit dem Kaliumsalz dieses Kreosols für Anstriche.

Wieses Salz. Naphthalinsulfonsaures Zink für Grubenstempel gut bewährt.

Sublimat-Natriumfluorid (Dr. Bub), 80% NaF, 20% $HgCl_2$ in 1 proz. Lösung.

Eine gute Imprägnierung vervielfacht die Lebensdauer des Holzes.

Wir sehen das beispielsweise aus der mittleren Standdauer von Telegraphenstangen in Mitteleuropa. Im Mittel halten solche Stangen aus Kiefern-, Fichten- oder Tannenholz bei Imprägnierung:

mit Kupfervitriol	14,1 Jahre,	
„ Zinkchlorid	12,2 „	
„ Ätzsublimat	16,0 „	
„ Teeröl	22,3 „	(Volltränkung).

Es ist höchst unwirtschaftlich, bei zu erwartenden Pilzangriffen nichtimprägniertes Holz zu verwenden.

[63] Vorbeugender Schutz gegen Hausschwamm.

Die Beseitigung der Schäden, die durch das Auftreten des Hausschwammes in einem Gebäude hervorgerufen wurden, ist zumeist eine kostspielige, langwierige und verantwortungsvolle Sache. Man muß alle Pilzherde freilegen, das verfaulte oder angegriffene Holz beseitigen (verbrennen), das erhaltene mit verläßlich wirkenden Konservierungsmitteln tränken oder anstreichen, die feuchten Teile trocken legen und alles zur Verhütung der Schwammgefahr noch Erforderliche ausführen.

Daraus ergibt sich die wichtige Forderung, von Haus aus schon bei Neubauten die aus langjährigen Erfahrungen der Baupraxis geschöpften Vorsichtsmaßregeln genau zu beachten.

Die allerwichtigsten Regeln für Schwammschutz sind folgende:

1. Verwendung von völlig trockenem und gesundem Bauholze, das womöglich durch Imprägnierung zu schützen ist (wichtig namentlich für große, kostspielige Bauten; für Bauhölzer eignen sich besonders Fluoride zur Konservierung; altes verdächtiges Holz unbedingt ausschließen!)

2. Verwendung von trockenen, keimfreien Füllstoffen für die Zwischendecken (am sichersten reiner, erhitzter Sand, frische Schlacken; wegen des Gehaltes an Alkalien Asche, Koks und Steinkohlenlösche vermeiden! Selbst anscheinend reinen Mauerschutt rösten!)

3. Gründliches Austrocknen des Rohbaues und dauernde Trockenhaltung des Mauerwerkes und der Bauhölzer durch Anordnungen, die eine Lüftung der Balkenköpfe und der Fußböden ermöglichen; Abhalten der Bodenfeuchtigkeit durch Isolierschichten; ruhige, feuchte Luft begünstigt das Wachstum des Laufschwammes ganz besonders.

4. **Nicht zu frühe Anbringung von Ölfarbanstrichen auf das Holz** sowie der **Tapeten und Holzverkleidungen**, Vermeidung der Übertragung von Schwammkeimen in den Neubau durch pilzinfizierten Schutt, durch altes Holz, Werkzeuge.

[64] Schutz des Holzes gegen Feuer.

Unverbrennlich läßt sich Holz nicht machen, doch kann man durch Anwendung verschiedener Mittel erzielen, **daß es sehr schwer entflammt und nur weiterglimmt.**

Zu dem Zwecke kann man die Hölzer mit **Anstrichen** geeigneter Mittel versehen oder kann sie, wenn kräftigerer Feuerschutz geboten erscheint, damit **imprägnieren.**

Sehr häufig findet hierfür eine **Wasserglaslösung** (kieselsaures Kalium oder Natrium von 10—15%) mit Zusatz von Kreide, Ton oder Knochenasche oder eine **Chlorkalziumlösung** mit gebranntem Kalk Anwendung. (Mehrmaliger Anstrich nötig!)

Andere Mittel sind: **Borax**, Borsäure, Kieselfluornatrium, Natriumwolframat, Ammoniumphosphat.

Sonst läßt sich das Holz gegen Feuersgefahr noch schützen durch Umhüllung mit Asbestpappe, Eisenblech, Ummantelung mit Rabitzputzwänden, bestehend aus einem Drahtnetze, auf das der Mörtel aufgetragen wird, mit Gipsdielen usw.

[65] Handelssorten des Holzes.

Die im Handel üblichen Formen des Holzes lassen sich in folgende Gruppen unterscheiden:

a) **Bauholz**, und zwar:

1. **Rundholz** (für Gerüste, Telegraphenstangen und Lichtmasten, Wellen, Achsen usw.) mit den Klassen: extrastark (Zopfdurchmesser über 35 cm, Länge über 14 m), stark (Z.D. = 25—35 cm, L. = 12—14 m), Mittelbauholz (Riegelholz) (Z.D. = 20—25 cm, L. = 9—12 m) und Kleinbauholz (Sparrholz) (Z.D. = 15—20 cm, L. = 9—11 m).

2. **Kantholz**, entweder mit Axt oder Beil beschlagen oder mit der Säge zugeschnitten, wird unterschieden als Ganz-, Halb- oder Kreuzholz je nach der Unterteilung des Stammes (beim Kreuzholze geviertelt, beim Halbholze halbiert).

3. **Schnittholz**, und zwar Bohlen (5—10 cm stark), Bretter oder Dielen (1,5—4,5 cm), Schalbretter (2 cm), Kistenbretter (1,5 cm), Latten (2—3 cm stark, 5—7 cm breit), Furniere (1,5—15 mm stark), Schwarten (Abfall der äußeren Stammteile).

4. **Spaltholz** (für Schindeln).

b) **Werk- oder Nutzholz** für Tischler, Wagner u. dgl., ist oft hartes Holz.

c) **Brennholz** (Knüppel-, Scheit-, Wurzelholz, Reisig).

d) **Faschinen- oder Strauchholz** aus Reisig von Weiden, Birken, Erlen u. dgl. für Wasser- und Bahnbauten.

Bau- und Nutzholz liefert man nach **Festmetern,** d. h. nach dem reinen Holzausmaße, Brennholz nach **Raummetern,** wobei der vom Holzstoße im ganzen eingenommene Raum gerechnet wird.

[66] Die wichtigsten Holzarten.

A. Europäische Hölzer.

a) **Nadelhölzer:**

1. **Kiefer (Föhre)**, halbhart, harzreich, dauerhafter als Fichte und Tanne, im Freien gut verwendbar, ferner für Bau-, Tischler-, Böttcherholz, für Rostpfähle, Schiffsmasten, Brunnenröhren, Bahnschwellen und Telegraphenstangen (läßt sich im Splint leicht imprägnieren).

2. **Fichte (Rottanne)**, sehr elastisch, daher für größere, freitragende Konstruktionen gut verwendbar, wenig haltbar bei abwechselnder Nässe und Trockenheit, unter Wasser für Rostpfähle brauchbar; Verwendung sonst wie bei Kiefer (außerdem für Holzstoff zur Papierfabrikation und die Rinde als Gerbstoff).

3. **Edel- oder Weißtanne**, weich, sehr elastisch, leicht spaltbar, beim Wechsel von Feuchtigkeit und Trockenheit wenig haltbar; im Trocknen erhält sie sich lange; für Balken, Bretter und inneren Ausbau.

4. **Lärche**, ziemlich hart, elastisch, harzreich, zu Tischlerarbeiten, Parkett- und Möbelholz, für Wasser- und Schiffsbau.

b) **Laubhölzer:**

5. **Eiche**, in unseren Gebieten von zwei Arten stammend: Stiel- oder Sommereiche (Eicheln an langem Stiele sitzend) und Winter-, Stein- oder Traubeneiche. Holz hart, fest, schwer, auch im Wasser sehr dauerhaft. Liefert das beste Bauholz für Erd- und Wasserbauten; als Parkett-, Möbel- und Furnierholz sehr geschätzt.

6. **Rotbuche**, hart, spröd, gegen Abschleifen widerstandsfähig, daher für Parketten, Treppenstufen, Thonetmöbel, Drechslerwaren usw. sehr geeignet, wird auch zu imprägnierten Bahnschwellen und Holzstöckelpflaster verwendet.

7. **Weißbuche (Hainbuche)**, hart, elastisch, sehr geeignet für Maschinenteile, Wagnerarbeiten; gutes Brennholz.

8. **Esche**, sehr zähe, zu Hammerstielen, Reckstangen, Wagen, Leitern, Furnieren, als Tischler- und Drechslerholz verwendet.

9. **Ulme (Rüster)**, hart, zähe, auch im Wasser sehr dauerhaft, zu Wasser-, Mühlen- und Schiffsbauten und als Maserholz.

10. **Erle (Rot- und Schwarzerle)** hält sich ausgezeichnet im Wasser, daher zu Grund- und Wasserbauten, Brunnenröhren, Möbelholz; liefert schöne Furniere.

11. **Walnußbaum** gibt schön gemasertes, politurfähiges Tischlerholz, Furniere.

12. **Linde**, Tisch- und Zeichenbretter, Schnitzholz.

13. **Pappeln**, sehr weich und zähe, gutes Schnitzholz, für Furniere, Blind- und Parkettholz (außerdem zur Papier- und Zündholzfabrikation).

B. Außereuropäische Hölzer.

1. **Pockholz (Guajakholz, Lignum sanctum)** aus Westindien, grünlich bis schwarzbraun, sehr hart und dauerhaft, würzig duftend, für Walzen, Rollen, Riemenscheiben, Flaschenzüge, Maschinenteile, Kegelkugeln.

2. **Hickoryholz (amer. Walnuß)**, weiß, Kern rötlich, sehr zähe, für Werkzeuge gut brauchbar, auch für Möbel.

3. **Teakholz (Indische Eiche)**, braun, gegen Wurmfraß geschützt, liefert das beste Schiffsbauholz, auch für Eisenbahnwagen, Portale und Schaufenster.

4. **Mahagoniholz** aus Mittel- und Südamerika, rot, fest und hart, sehr dauerhaft, spiegelglatte Politur, für Möbel, Furniere, Maschinenteile, Schiffsbauten.

5. **Palisanderholz (Jakaranda)** aus Brasilien, dunkelbraun, fest, hart, hohe Politur, für Möbel, Furniere, musikalische Instrumente.

6. Verschiedene andere außereuropäische Hölzer: Pitschpine (Pechkiefer) und Yellow pine (gelbe Kiefer) aus Amerika; Rot- und Weißzeder, Zypressen finden auch bei uns vielfache Verwendung; eine Reihe tropischer Pflanzen liefert schön gefärbte und gemaserte Hölzer für Möbel und kunstgewerbliche Arbeiten (Ebenholz, Atlasholz usw.).

[67] Holzprüfung.

Bei der vielseitigen Verwendung, die das Holz findet, ist es begreiflich, daß der Verbraucher lebhaftes Interesse daran haben muß, nur zweckentsprechendes Holz in guter Qualität zu erhalten. Will er sich vor Schaden bewahren, der bei größeren Lieferungen sehr bedeutend werden kann, so darf er die Übernahme des bestellten Holzes nur auf Grund einer vorhergehenden gründlichen Prüfung vornehmen. Beim Holz ist namentlich immer zu bedenken, daß es als ein Produkt des pflanzlichen Organismus auch nach der Übernahme rasch dem Verderben anheimfallen kann, falls man die frühen Anzeichen der später ausbrechenden Holzfäulnis nicht rechtzeitig beachtet.

Die Prüfung des Holzes wird nach zwei Richtungen vorzunehmen sein: A. Das Holz kann mit verschiedenen Fehlern und Krankheiten behaftet sein, die bei seiner sorgsamen

Besichtigung ohne Zuhülfenahme besonderer Vorrichtungen und Proben erkannt werden können und deren Vorhandensein die Verwendung des Holzes für gewisse Zwecke ausschließt oder zumindest stark beeinträchtigt.

B. Zur Beurteilung der Güte des Holzes sind an fehlerfreien Stücken verschiedene Versuche vorzunehmen, deren ziffermäßige Ergebnisse durch Vergleichen mit solchen von anerkannt guten Hölzern benutzt werden können.

A. Fehler und Krankheiten des Holzes.

a) Holzfäule. Fäulniserscheinungen können schon am lebenden Baum auftreten; aber auch Hölzer, die im Wald oder auf Lagerplätzen liegen, können sie — oft in sehr bedeutendem Maße — zeigen, namentlich wenn sie auf feuchtem Boden unmittelbar lagern. Wenn hier auch nicht der früher erwähnte Hausschwamm vorkommt, so können doch andere Holzzerstörer großen Schaden anrichten. Hand in Hand mit der fortschreitenden Fäule gehen oft Verfärbungen des Holzes, die zu besonderen Namen Anlaß gegeben haben: Rotfäule, Weißfäule (bei manchen Laubhölzern), Grünfäule, Splintbläue (im Splint bei Kiefern).

Je nach der Lage der faul gewordenen Stellen unterscheidet man: Stock-, Kern-, Splint- und Astfäule.

Ringfäule verläuft längs einiger Jahresringe (Mondring); tritt namentlich bei Eichen auf.

b) Wuchsfehler: Drehwuchs (spiralig gewachsene Fasern), verursacht Werfen und Verdrehen des Holzes (oft zu beobachten bei Telegraphen- und Lichtmasten).

c) Klüfte. Windklüfte: Risse zwischen den Jahresringen durch Sturm erzeugt.

Eisklüfte (Frostrisse) gehen quer durch den Kern.

Kernrisse (Spiegelklüfte) vom Kerne zum Splinte verlaufend.

Strahlenrisse in umgekehrter Richtung vom Splinte zum Kerne laufend.

Ringklüfte (Kernschäle, Ringschäle): Abtrennung zweier oder mehrerer Jahresringe, gibt leicht Anlaß zur Ringfäule.

d) Wurmfraß an den Bohrlöchern, die durch Insekten hervorgerufen wurden, kenntlich.

B. Prüfverfahren.

Handelt es sich darum, über die Güte des zu übernehmenden Holzes ein endgültiges Urteil zu gewinnen, so müssen verschiedene Versuche ausgeführt werden; mit groben Fehlern (siehe oben) behaftete Hölzer sind schon vor solchen Prüfungen auszuscheiden.

a) Festigkeitsversuche. 1. Druckversuche an würfelförmigen oder prismatischen Probekörpern, wobei der Druck auf die Hirnfläche ausgeübt wird. 2. Biegeversuche an prismatischen Holzstäben. 3. Ermittlung der Scherfestigkeit, wobei das Abscheren in der Faserrichtung erfolgt. 4. Spaltproben an kegelförmig ausgeschnittenen Holzproben.

b) Ermittlung des Feuchtigkeitsgrades, dessen Kenntnis zur richtigen Beurteilung der unter a) erwähnten Proben unbedingt notwendig ist, durch vorsichtiges Trocknen bis 90° C.

c) Ermittlung der Änderung des Rauminhaltes durch Schwinden und Quellen an Holzprismen nach drei Richtungen [58].

d) Raumgewicht (spezifisches Gewicht) des grünen, lufttrockenen oder gedörrten Holzes durch Abwägung des Probeholzes und Ausmessung desselben, allenfalls mit besonderen Apparaten, die den Kubikinhalt durch Wasserverdrängung bestimmen lassen (Xylometer, Holzmesser, ein in der Forstwirtschaft gebräuchliches Gerät zur Messung des kubischen Inhaltes unregelmäßig geformter Holzstücke; s. Vorstufe [106d]).

e) Widerstand des Holzes gegen Faulen. Hierauf bezügliche Versuche sind namentlich bei der Erprobung eines Holzes, das mit neu angebotenen Imprägnierungsstoffen getränkt worden ist, wichtig. Imprägnierte Probehölzer werden mit kräftig wuchernden Pilzgeweben echter Holzzerstörer infiziert und in eigenen Schwammkellern der Fäulnis unterworfen; zum Vergleiche dienen gleiche Stücke des rohen oder mit anderen bekannten Imprägnierungsmitteln getränkten Holzes (Schwammprobe).

f) Chemische Reaktionen der Holzsubstanz. Es handelt sich oft darum, in Körpern Holz nachzuweisen, wenn es darin mit anderen Bestandteilen gemischt vorkommt; solche Fälle liegen beispielsweise bei Papier vor, dessen billigere Sorten (namentlich der Druckpapiere) einen erheblichen Anteil an Holzstoff aufweisen. Über das Vorhandensein von Holzteilchen gibt die schwierige und nur von Geübten durchführbare Untersuchung des Körpers mit dem Mikroskope Aufschluß. Weit leichter kann man mit Zuhilfenahme einfach durchführbarer chemischer Reaktionen Holzstoff nachweisen. Betupft man Holz mit einer wässerigen Lösung von schwefelsaurem Anilin, die farblos ist, so färbt sich das Holz intensiv gelb (Zeitungspapier zeigt die Färbung sofort stark; gute, fast ganz aus Lumpen hergestellte Papiere färben sich fast gar nicht). Befeuchtet man Holz mit einer Lösung von Phloroglucin (einem dreiwertigen Phenol) und hierauf mit konzentrierter Salzsäure, so erhält man eine violettrote Färbung.

TECHNOLOGIE

[68]   Einleitung.

Um auch zwischen „Stoffkunde" und „Technologie" klare Grenzen einzuhalten, wollen wir in dieser Abteilung nur diejenigen Hilfsmittel (Werkzeuge) und Arbeitsvorgänge beschreiben, durch welche der Gebrauchswert der in der Stoffkunde behandelten wichtigen Rohstoffe erhöht wird; es ist das die Aufgabe der **allgemeinen mechanischen Technologie.** Sie umfaßt die Lehre von den Werkzeugen, Maschinen und anderen Hilfsmitteln, die gebraucht werden, um Formveränderungen verschiedenster Art an Stoffen durchzuführen (z. B. Werkzeuge zum Festhalten, Zerteilen, Bohren), und dann die Kenntnis von den Arbeitsvorgängen, die sich bei der Formgebung abspielen.

Die Gewinnung und die Eigenschaften der Rohstoffe auch in ihren verschiedenen Abarten, z. B. Gußeisen, Flußeisen, Stahl usw., behandeln wir in den einschlägigen Kapiteln der „Stoffkunde".

Alles was darüber hinausgeht, sich sonach auf besondere Gewerbe- oder Industriezweige bezieht, bildet das Gebiet der **speziellen mechanischen Technologie**; in einem der folgenden Bände werden wir hierüber eine übersichtliche Darstellung bringen. Während wir die allgemeine **mechanische Technologie**, die sich nur mit den Formveränderungen des rohen oder bereits durch Walzen, Schmieden oder Ziehen usw. vorgearbeiteten Materiales befaßt, als für den Techniker unentbehrlich so eingehend besprechen werden, als es der Rahmen und der Zweck dieses Werkes gestattet, werden wir der **chemischen Technologie**, die eine stoffliche Veränderung des Materiales bezweckt, keine eigene Abteilung widmen, da die einzelnen hierher gehörigen Verfahren in den Abteilungen „Chemie" und „Stoffkunde" behandelt sind, natürlich auch nur so weit und in jenem Umfange, als es unseren Lesern von Wert sein kann.

Im folgenden wollen wir nun zunächst die technologischen Eigenschaften der verschiedenen Rohstoffe und dann die bei allen technologischen Arbeiten verwendeten Werkzeuge besprechen, um im nächsten Briefe nach Besprechung der Feuerungen zu den eigentlichen Arbeitsvorgängen übergehen zu können.

1. Abschnitt.

Technologische Eigenschaften der Rohstoffe.

[69] Allgemeines.

a) Alle Stoffe, die die Natur bietet, wie Stein, Holz usw., und zahlreiche Stoffe, die der Mensch auf künstlichem Wege aus Naturstoffen abscheidet oder herstellt, wie Metalle, Glas, Kautschuk usw., müssen zum Zwecke der Herstellung von Gebrauchsgegenständen **einer Bearbeitung,** einer **Formveränderung** unterzogen werden.

Wiewohl jeder dieser Stoffe besondere Eigenschaften hat, auf die bei der Bearbeitung und bei der Wahl der Werkzeuge Rücksicht genommen werden muß, lassen sie sich doch in einzelne Gruppen einteilen, für deren Glieder entweder die gleichen oder wenigstens ähnliche Werkzeuge und Arbeitsvorgänge angewendet werden können.

b) Für die Praxis werden die Stoffe am zweckentsprechendsten in **gießbare, bildsame, schleifbare, spaltbare, schneidbare** und **spinnbare** Stoffe eingeteilt.

Manche Stoffe verhalten sich auch in einer und derselben Eigenschaft in so verschiedener Weise, daß erst Versuche ausgeführt werden müssen, bevor das richtige Werkzeug und die passendste Art der Bearbeitung gewählt werden kann. Dabei wird oft auch das Verhalten des Stoffes bei verschiedenen Temperaturen, die zulässige Grenze der Erwärmung, bei welcher sich der Stoff noch nicht chemisch zersetzt, der Einfluß des Wassers auf den betreffenden Stoff und vieles andere in Betracht gezogen werden müssen. Die Bearbeitungsvorschrift für ein bestimmtes Material hat daher stets zuerst möglichst gründlich die mechanisch-physikalischen Eigenschaften des Stoffes mit Rücksicht auf die handelsüblichen Sorten und auf zufällige oder absichtliche Verunreinigungen und Verfälschungen zu berücksichtigen.

c) Manche Materialien bereiten durch ihre besonderen Eigenschaften der Bearbeitung besondere Schwierigkeiten. So kann z. B. Kautschuk fast nach Belieben **knetbar** gemacht werden, aber die Erreichung dieser Eigenschaft ist an so kräftig wirkende Mittel, Kneten in besonderen Walzwerken, Zusatz von Schwefel, Kienruß usw. gebunden, daß diese Arbeit nur von Spezialfabriken geleistet werden kann, daher nicht mehr in das Gebiet der allgemeinen Technologie fällt.

[70] Gießbare Stoffe.

Unter **Gießbarkeit** wird jene Eigenschaft verstanden, vermöge welcher **ein Stoff durch Erhitzung oder Wasserzusatz vorübergehend in flüssigen Zu**stand versetzt und in Hohlräume (Formen) **gegossen werden kann,** in welchen er unter Annahme der Gestalt des Hohlraumes wieder in den festen Zustand zurückkehrt. Die Gießbarkeit verlangt, daß der Stoff verhältnismäßig leicht in flüssigen Zustand zu bringen ist, die Form gut ausfüllt und nachher zu einem festen Körper erhärtet oder erstarrt.

Unter diesen Bedingungen können auch sehr komplizierte Stücke rasch vervielfältigt werden. Die Herstellung der Gußformen gehört mit zu den Arbeiten des eigentlichen Gießens.

Die gießbaren Stoffe werden unterschieden: a) in solche, die vor dem Gießen geschmolzen werden. Hierher gehören alle Metalle und deren Legierungen, ferner Glas, Stearin, Wachs und Seife; — b) in solche, die vorher durch Wasserzusatz in einen flüssigen Brei verwandelt werden, wie z. B. Gips.

[71] Bildsame Stoffe.

a) **Bildsame** Stoffe nennt man jene, **deren Form man durch äußeren Druck verändern kann, ohne daß ein Bruch eintritt.**

Ist die aufzuwendende Arbeit für eine bestimmte Formänderung sehr gering, etwa ein Fingerdruck genügend, so bezeichnet man das Material als **knetbar**; muß man dazu einen Hammer oder ein ähnliches Werkzeug verwenden, so nennt man den Stoff **hämmerbar**; hierher gehört auch das Walzen, Prägen, Stanzen, Pressen und Ziehen.

b) **Knetbare Stoffe sind sehr leicht in die gewünschte Form zu bringen.**

Um einem Klumpen Ton die Ziegelform zu geben, schlägt man ihn in die vorher mit Sand bestreute Form hinein und streift den Überschuß ab. Schleudert man einen Klumpen solchen Materiales auf den Werktisch, so drückt er sich von selbst breit, wobei die Luftblasen aus der Masse hinausgepreßt werden. Knetbare Stoffe lassen sich mit Draht schneiden und durch Druck zum Ausfluß aus einer Gefäßöffnung bringen. Ist der Querschnitt dieser Ausflußöffnung rechteckig und von richtiger Form, so erhält man einen Tonstrang, der nur in gewissen Abständen mit Draht zerschnitten zu werden braucht, um Ziegel zu liefern. Wird die Gefäßöffnung durch einen Kern ringförmig gemacht, so erhält man Tonröhren, Bleiröhren, Mehlteigröhren (Makkaroni) usw.

Um knetbare Stoffe aus Ausflußöffnungen herauszudrücken, müssen verschieden große Drücke angewendet werden, die von wenigen Atmosphären bis zu 10000 steigen können; dementsprechend sind auch die hierzu erforderlichen Maschinen sehr verschieden ausgebildet.

Ein wichtiges Werkzeug für knetbare Stoffe ist die Töpferscheibe, auf welche ein Klumpen knetbaren Materiales aufgesetzt und in rasche Drehung gebracht wird. Durch Einwirkung der Hände oder geeigneter Werkzeuge kann man so die mannigfaltigsten Hohlformen herausbringen.

c) Bei der **Hämmerbarkeit** ist zu unterscheiden, **ob der Stoff in kaltem Zustande gehämmert oder in glühendem Zustande geschmiedet wird.**

Die Schmiedbarkeit des Eisens ist sprichwörtlich; bei schmiedbarem Eisen (Roheisen ist nicht schmiedbar) braucht eine Formveränderung im glühenden Zustande nur $\frac{1}{6}$ der Arbeit gegenüber der Hämmerung in kaltem Zustande.

d) **Knetbare Stoffe** sind in erweichtem Zustande Ton, Porzellanmasse, Glaserkitt, in erwärmtem Zustande viele Harze, Guttapercha (bei 60—70°), Kautschuk (bei 90°), Glas (glühend) usw.

Hämmerbare Stoffe (walzbar, ziehbar und prägbar): Blei, Zinn, Zink, Kupfer, Messing, Aluminium, Eisen (Fluß- und Schweißeisen), weicher Stahl, Silber, Platin, Gold und Nickel.

Glühend hämmerbar, also **schmiedbar**: Stahl, Eisen, Nickel, Platin, Kupfer, Gold, Silber.

[72] Schleifbare Stoffe.

Spröde Materialien sind jene, die unter gewöhnlichen Verhältnissen eher zerbrechen, als daß sie eine Verschiebung ihrer Teilchen zulassen. Eine Formänderung kann bei spröden Stoffen nur durch Schleifen erzielt werden.

Häufig trachtet man spröde Stoffe durch Einlegen in Wasser oder durch Erwärmung in einen mehr oder weniger bildsamen Zustand zu versetzen; so z. B. finden bei Glas die meisten Formänderungen in hellglühendem, bildsamem Zustande statt, während das Schleifen nur zur letzten Vollendung des Gegenstandes dient. Schleifbare Stoffe sind u. a. Glas, gewisse Steine, Zink, Gußeisen, Elfenbein.

[73] Spaltbare Stoffe.

Stoffe, welche durch einen Keil nach einer Fläche geteilt werden können, nennt man spaltbar; meist erstreckt sich die Teilung weit über den Angriffspunkt des Werkzeuges hinaus. — Von der Spaltbarkeit wird für Zwecke der Formgebung seltener, meist nur zur Herstellung roher Formen oder zur Teilung Gebrauch gemacht.

Holz ist nur in der Richtung der Fasern, Schiefer nur nach Lagerschichten, Leder nur parallel zur Außenfläche spaltbar. Die Werkzeuge Meißel, Äxte, Hacken, Messer sind alle keilförmig. Der auf sie ausgeübte Druck erfolgt senkrecht zur Werkzeugschneide, welche Schneidewirkung man gedrückten Schnitt nennt.

[74] Schneidbare Stoffe.

Schneidbarkeit gestattet leicht die Abtrennung von Teilen mit dem Messer. Man bewegt hierbei das Messer unter einem zur Schneide spitzen Winkel, was man den **gezogenen Schnitt** nennt.

Ein schönes Beispiel dieses Schnittes bildet das Mähen mit Sense oder Sichel; Kork kann nur durch gezogenen Schnitt gut bearbeitet werden.

[75] Spinnbare Stoffe.

Spinnbar sind nur faserige Stoffe, die durch Zusammendrehen der Fasern einen Faden, ein **Garn** bilden lassen.

Das Glasspinnen ist eigentlich kein Spinnen, sondern vielmehr das Ausziehen oder Abziehen eines Fadens vom glühenden Ende eines Glasstabes.

2. Abschnitt.

Werkzeuge.

[76] Allgemeines.

Das Gebiet der Formänderungsarbeiten ist außerordentlich weit verzweigt, wie schon bei einem ganz flüchtigen Überblick einzusehen ist. Trotz der großen Mannigfaltigkeit der auszuführenden Arbeiten benötigt man doch in einer Reihe von Fällen immer wieder die gleichen Hilfsmittel, die also nicht an die besondere Art der Bearbeitung der oder jener Stoffe gebunden sind, sondern die unabhängig von der Art des Stoffes und seiner Formänderung Verwendung finden. Es sind dies in erster Linie die sog. passiven Hilfsmittel der Bearbeitung.

Im folgenden sollen die wichtigeren dieser Hilfsmittel erwähnt werden, wobei es sich empfehlen wird, sie zur besseren Übersicht in 2 Gruppen einzuteilen, und zwar:

1. Meßwerkzeuge,
2. Werkzeuge zum Festhalten der Werkstücke.

A. Meßwerkzeuge (Mittel zum Messen und Linienziehen).

[77] Strichmaße.

a) Es ergibt sich von selbst, daß bei der Bearbeitung der Baustoffe der Fortgang der Formänderung öfters durch Messung verschiedener Dimensionen nachgeprüft werden muß. Hierbei bedient man sich vor allem der allbekannten **Maßstäbe**, die zur Gruppe der **Strichmaße** gehören.

Sie sind zumeist aus Holzstreifen, die man gelenkig miteinander verbindet, hergestellt, daher zusammenlegbar eingerichtet und mit Zentimeter- und Millimeterteilung versehen. Dauerhaftere Maßstäbe werden aus Messing- oder Stahlbändern mit vertiefter Teilung hergestellt.

Sind größere Längen abzumessen, so bedient man sich mit Vorteil des **Bandmaßes**, das aus einem mit Längenteilung versehenen längeren, mittels einer kleinen Kurbel rasch zusammenrollbaren Stahlbande besteht.

b) Manchmal läßt sich der gewöhnliche Maßstab nicht gut an die zu messende Strecke anlegen; dann benützt man den **Zirkel**. Man „greift die Länge ab", oder man „nimmt sie in den Zirkel" und liest dann am Maßstabe die Größe der Zirkelöffnung ab.

Der Zirkel in seinen verschiedenartigen Formen dient natürlich auch sehr oft zur Übertragung der gemessenen Länge, ohne daß man die Strecke selbst in Längeneinheiten bestimmt.

[78] Endmaße.

a) Die mannigfache Formausbildung der Arbeitsstücke bringt es mit sich, daß man mit den bisher erwähnten Hilfsmitteln der Messung nicht immer auskommt; die Bedürfnisse der Praxis haben zur Konstruktion einer ganzen Reihe von Meßwerkzeugen geführt, die den besonderen Anforderungen der Spezialarbeit angepaßt sind. Hierher gehören vor

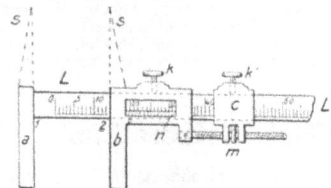

Abb. 68
Schublehre

allem die **Endmaße,** als deren wichtigsten Vertreter wir die **Schub-(Schieb-) Lehren** und die **Schraublehren (Mikrometerschrauben)** besprechen wollen.

Die Einrichtung einer Schublehre ist aus Abb. 68 zu ersehen. In der einfacheren Form besteht sie aus einem Lineale L, an dem rechtwinkelig der „Anschlag" a befestigt ist; längs L ist ein zweiter Anschlag b verschiebbar, der nach Bedarf festgeschraubt werden kann. Man stellt b auf die zu übertragende Strecke ein, schraubt fest und sieht nach, ob das zu prüfende Arbeitsstück bereits in die Öffnung der Schublehre paßt. Zum Übertragen der Streckenlänge in Zeichnungen sind die Anschläge a und b mit Spitzen SS versehen.

Zumeist ist an der Lehre eine Millimeterteilung angebracht; allenfalls kann man an einem „Nonius", der sich in einem Ausschnitt des Anschlages b befindet, noch $^1/_{10}$ mm ablesen. Zur feinen Einstellung des Anschlages dient die an c angebrachte Schraubenmutter m.

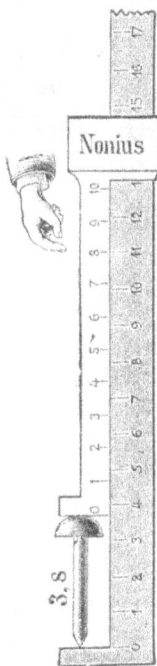

Abb. 69

Gebrauch beim Messen: Klemmschrauben K und K' lüften; b und c gegen den messenden Gegenstand anschieben, dann c mit K' festklemmen; zur feineren Einstellung Mutter m so lange drehen, bis der Gegenstand mäßig geklemmt ist; Nonius ablesen und bekannte Strecke 0—1 hinzu addieren. — Der Nonius, der in Abb. 69 in vereinfachter Ausführung in größerem Maßstabe dargestellt ist, dient dazu, um an Maßstäben noch kleinere Teile abzulesen, als dies die Teilung des Hauptmaßstabes zuläßt. Man erreicht dies, indem man auf ein längs der Teilung des Maßstabes in gleitender Bewegung verschiebbares Lineal, den eigentlichen Nonius $n-1$, hier z. B. 9 der kleinsten Teile des Maßstabes aufträgt und diese Länge von einem Nullpunkte aus in n (hier also in 10) gleiche Teile teilt. Hierdurch wird jeder Noniusteil um $\frac{1}{n}$ (hier also um $\frac{1}{10}$) kleiner als der Maßstabteil. Stellt man den Nullstrich des Nonius genau auf einen Maßstabteilstrich, z. B. 4 ein, so müssen alle Teilstriche des Nonius um je $^1/_{10}$, $^2/_{10}$, $^3/_{10}$.... gegen die Teilstriche des Maßstabes zurückbleiben und nur der letzte, hier also der 10. Teilstrich wird auf den 9. Teilstrich des Maßstabes (13) fallen. Fällt aber bei Messungen der Nullpunkt des Nonius zwischen 2 Teilstriche des Maßstabes, so werden zunächst die vollen Maßstabteile abgelesen, um die der Nullpunkt des Nonius vom Nullpunkte des Maßstabes entfernt ist (hier also 3); das noch überstehende Stück wird dadurch in seiner Größe bestimmt, daß man ermittelt, der wievielte Teilstrich des Nonius mit einem Maßstabteilstriche zusammenfällt; hier fällt 8 mit 11 zusammen; die Länge des zu messenden Nagels beträgt daher 3,8.

Von dieser Vorrichtung, die der Portugiese Nunez 1556 erfand, wird in der technischen Praxis häufig Gebrauch gemacht. Die geschilderte Teilungsart ergibt einen **vortragenden Nonius;** werden dagegen $n+1$ Maßstabteile am Nonius in n Teile geteilt, so entsteht ein **nachtragender Nonius,** der aber den Nachteil hat, daß die Bezifferung des Nonius jener des Maßstabes entgegengesetzt ist. Bei Winkelmeßinstrumenten sind kreisförmige Nonien längs der Kreisteilung angebracht, wovon noch im Feldmessen die Sprache sein wird.

b) Zur Dickenmessung dienen die **Schraublehren,** deren üblichste Form aus Abb. 70 ersichtlich ist. Das zu messende Stück wird so angelegt, daß es von der Lehre bei d umfaßt werden kann.

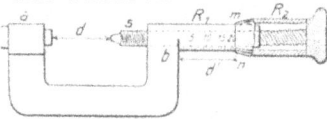

Abb. 70   Abb. 71

Schraublehren

Die Schraubenspindel s ist mit R, fest verbunden und drehbar. Die Ablesung in mm erfolgt bei d'; auf der abgeschrägten Fläche bei m ist eine Teilung angebracht, so daß man noch $^1/_{10}$ mm oder bei genügend großer Kreisteilung selbst $^1/_{100}$ mm direkt ablesen kann. Beim Gebrauche darf

man die Schraube s gerade nur bis zur Berührung mit dem zu messenden Körper einstellen, sonst drückt sie sich in den Körper ein, und man erhält unrichtige Längen.

Zur Vermeidung des zu starken Andrückens der Meßschraube führt man das Dickenmaß auch in der aus Abb. 71 ersichtlichen Form aus; hier gleitet das mit einer Kugel beschwerte Maßstäbchen durch sein Gewicht nach abwärts, bis es den zu messenden Gegenstand berührt. Die Ablesung erfolgt mit Hilfe des Nonius N.

In abgeänderter Form wird die Mikrometerschraube als **Tiefenmaß** benützt, wenn es sich darum handelt, die Tiefe von Bohrlöchern u. dgl. zu messen (Abb. 72). Eine einfachere Ausführung eines solchen Tiefenmaßes zeigt uns die Abb. 73.

c) Zum **Abgreifen** der Dicke von runden oder beliebig gestalteten Formstücken dienen Zirkel, von denen der gewöhnliche **Greifzirkel** die einfachste Form darstellt. Allenfalls ist der Dickzirkel mit einer Einstellschraube versehen, wie es Abb. 74

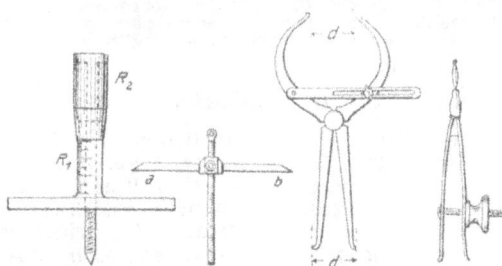

Abb. 72   Abb. 73   Abb. 74   Abb. 75

Tiefenmaße   Greifzirkel

zeigt; das untere Schenkelpaar ist hier zu einem Hohlzirkel ausgebildet. Eine andere Form des letzteren zeigt uns Abb. 75.

Zur Bestimmung des Durchmessers stärkerer Drähte verwendet man Drahtzangen nach Art der in Abb. 76 dargestellten. Die Teilung ist an einem der Zangenschenkel befestigt.

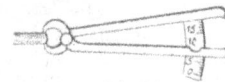

Abb. 76

Drahtzange

Die Dicke von Papier wird mit besonders konstruierten Apparaten, den Piknometern, gemessen, die noch die Ablesung von Hundertsteln von Millimetern gestatten, womit jedoch die Grenze der Längenmessung durchaus noch nicht erreicht ist. Da für manche Zwecke sehr kleine Längenunterschiede gemessen werden sollen, hat man besondere Feinmeßmaschinen konstruiert, mittels denen man noch ein Tausendstelmillimeter messen kann. Neuerer Zeit ist man noch weiter gegangen. Bei feineren Untersuchungen, z. B. bei Materialprüfungen, handelt es sich um die Feststellung von kleinsten Längenänderungen. Bei den hierfür konstruierten Apparaten hat man die Ablesung mit Spiegel und Fernrohr eingeführt und ist durch diese Hilfsmittel, die seinerzeit von dem deutschen Mathematiker Gauß vorgeschlagen wurden, imstande, Längenänderungen bis zu $^1/_{10000}$ mm zu messen.

[79] Streich- und Reißmaße.

Während der Bearbeitung ergibt sich oft die Notwendigkeit, Linien auf dem Arbeitsstücke in bestimmten Entfernungen, namentlich auch parallel

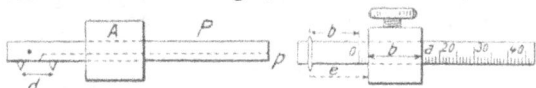

Abb. 77   Abb. 78

Streichmaße

zur Kante zu ziehen. Hierzu dienen die **Streich-oder Reißmaße.** Sie beruhen darauf, daß verschiebbare Stahlspitzen beim Hinschieben des Anschlages an einer Kante des Arbeitsstückes parallele Linien in das allenfalls mit einem weißen Anstriche versehene Arbeitsstück einreißen.

Eine einfache Ausführung des Streichmaßes zeigt Abb. 77. A ist der Anschlag, mit dem man entlang der Kante des Arbeitsstückes fährt; P ist ein in A verschiebbares, mit der Reißspitze versehenes Prisma. (Allenfalls trägt die in einer Nut p verschiebbare Leiste P noch eine zweite Anreißspitze, so daß man gleichzeitig zwei parallele Linien anreißen kann.) Das Prisma läßt sich mit einer Teilung versehen, so daß man die Spitze auf eine bestimmte Entfernung einstellen kann (Abb. 78).

Die Praxis erheischt oft, auf ein Arbeitsstück, z. B. ein Lager, in einer gewissen Höhe eine Linie einzureißen. Zu diesem Behufe wird das Arbeitsstück mit seiner bereits bearbeiteten Grundfläche auf eine Richtplatte gestellt und die Linie mit einem **stehenden Streichmaß** angerissen.

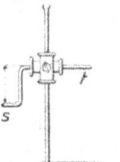

Abb. 79
Steh. Streichmasse

Das stehende Streichmaß (Abb. 79) wird auf der Richtplatte verschoben, wobei je nach Bedarf die verstellbaren Reißspitzen s oder t die gewünschten Linien einreißen.

[80] Lehren und Kaliber.

In einer großen Reihe von Betrieben muß man tagtäglich Drähte, Bleche, Zapfen, Lager usf. nachmessen. Wollte man dies mit Greifzirkeln, Schublehren und ähnlichen Hilfsmitteln ausführen, so würde dies viel zu viel Zeit erfordern. Man erleichtert sich diese Nachprüfungen ganz ungemein durch Benützung von **Lehren**, die dem jeweiligen Zwecke angepaßt sind. Das sind aus Stahl hergestellte Körper, deren genau bearbeitete Ausnehmungen den abzumessenden Längen oder sonstigen Dimensionen entsprechen.

Abb. 80 zeigt die seit langem verwendete **Drahtlehre**, die aus einer Stahlscheibe mit einer Reihe von genau gearbeiteten Einschnitten besteht, entsprechend den Dicken (oder Nummern) der zu prüfenden Drähte. Man versucht, bei welchem Einschnitte man den Draht von außen gerade noch einführen kann und liest die dabeistehende Zahl ab.

Wichtig ist die Verwendung von Lehren zum Nachprüfen der richtigen Dimensionen von zueinander gehörigen Zapfen und Lagerbohrungen, denn es ist ohne weiteres einzusehen, daß

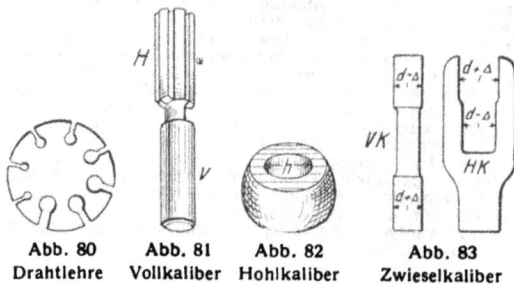

Abb. 80	Abb. 81	Abb. 82	Abb. 83
Drahtlehre	Vollkaliber	Hohlkaliber	Zwieselkaliber

ein anstandsloses Funktionieren der Maschine nur bei ganz genau ineinander passenden Teilen möglich ist. Solche Lehren heißen **Kaliber**.

Sie bestehen aus 2 Teilen, dem **Vollkaliber** und dem **Hohlkaliber**, aus gehärtetem Stahl hergestellt. Das erstere (Abb. 81) ist ein genau gearbeiteter Stahlzylinder v, der um etwa $^1/_{100}$ mm schwächer ist als das zugehörige Hohlkaliber h (Abb. 82) und einen Handgriff H trägt. Die nach dem Vollkaliber angefertigten Zapfen müssen offenbar alle in die Lagerbohrung passen und etwas Raum für das Schmiermittel frei lassen.

Die praktische Erfahrung hat nun gelehrt, daß es außerordentlich schwierig ist, vorgeschriebene Maße ganz genau, also mit mathematischer Genauigkeit einzuhalten; die Praxis war gezwungen, gewisse kleine Zugeständnisse in bezug auf Abweichungen von dem bedungenen Normalmaße zu

machen. Man gesteht also eine sehr kleine Abweichung hiervon nach oben oder nach unten als **Toleranz** zu. Bezeichnen wir die zugelassene Abweichung mit Δ (Delta), so kann das Stück mit den Maßen: Normalmaß $\pm \Delta$ abgeliefert werden. Kaliber, welche diese Toleranz berücksichtigen, heißen **Doppel-** oder **Zwieselkaliber** (Abb. 83).

Die 2 Bohrungen des Hohlkalibers HK und die Durchmesser der beiden Ansätze des Vollkalibers VK entsprechen der zulässigen $\pm$ Toleranz. Ein Zapfen muß also in die obere Bohrung eingeführt werden können, darf aber nicht mehr in die untere passen, weil er sonst kleiner wäre als die zulässige Grenze $d - \Delta$. Umgekehrt darf der dickere Zapfen des Vollkalibers $(d + \Delta)$ nicht mehr in die zu prüfende Bohrung passen, weil diese dann größer wäre als die zulässige Grenze $d + \Delta$; es darf sich nur der kleinere Zapfen einführen lassen.

Zum Nachprüfen verschieden gestalteter Profile der Arbeitsstücke wendet man **Schablonen** an, die genau nach dem verlangten Profile aus Stahlblech gearbeitet sind und die man so lange anlegt, bis sich das in Bearbeitung stehende Werkstück ihnen genau angepaßt hat.

B. Werkzeuge zum Festhalten.

Um die Arbeitsstücke vorteilhaft bearbeiten zu können, muß man sie in passender Weise festhalten, **einspannen**, damit der Arbeiter allenfalls beide Hände frei bekommt und das Werkstück trotzdem kräftigen Einwirkungen standhalten kann.

Die Werkzeuge zum Festhalten der Arbeitsstücke müssen naturgemäß dem zu bearbeitenden Baustoffe angepaßt werden. Das verhältnismäßig weiche Holz wird eine andere Gestaltung solcher Werkzeuge bedingen wie etwa sehr widerstandsfähige Metalle. Es werden deshalb die Festhaltevorrichtungen für Stücke, die in der Werkstatt des Metallarbeiters Formänderungen unterworfen werden sollen, anders ausgebildet sein müssen, als wie die bei der Holzbearbeitung vom Tischler oder Drechsler benutzten.

[81] Schraubstöcke.

a) Eines der wichtigsten Werkzeuge in den Werkstätten der Metallarbeiter ist der **Schraubstock** in seinen verschiedenartigen Formen und Größen. In seiner gewöhnlichen Form wird er als **Flaschenschraubstock** bezeichnet (Abb. 84).

Der bewegliche Backen a' ist hierum eine Achse c drehbar, der feste Backen a mit einer Klammer (Schere) K und der Schraube i an der Werkbank w befestigt. Die beiden an a befestigten Bleche b tragen die Drehachse c und bilden die sog. Flasche. Durch Drehung des Schlüssels d (Windeisen) kann die Entfernung der Backen aa_1, die Maulweite des Schraubstockes, geändert werden. Da der Backen a_1 um die Achse c drehbar ist, sieht man ohne weiteres ein, daß die Endflächen der Backen nicht immer parallel zueinander stehen können. Das

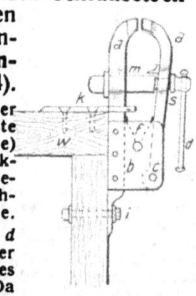

Abb. 84
Flaschenschraubstock

wird nur bei einer mittleren Lage der Fall sein, bei engerer oder weiterer Stellung werden die Flächen nach unten oder oben etwas auseinandergehen. Beim scharfen Anziehen des Schlüssels können sich dann die oberen oder unteren Backenränder in das Werkstück eindrücken, weshalb man, um dies zu verhüten, Einlagen aus Blei oder Spannbleche zwischen Backen und Arbeitsstück legt.

Als zweckmäßig haben sich daher die **Parallelschraubstöcke** erwiesen, die **eine stets parallele Verschiebung der Backen** zueinander gestatten. Die Einrichtung einer einfachen Form dieses Werkzeuges ist aus Abb. 85 zu ersehen.

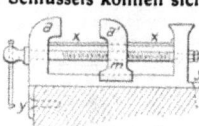

Abb. 85
Parallelschraubstock

Der Schlüssel dreht die wagrecht liegende Schraubenspindel; als Schraubenmutter ist der bewegliche Backen ma'

ausgebildet, dessen Druckfläche sonach immer lotrecht liegen wird. (*xx* ist ein Blech zum Schutze der Schraubenspindel gegen Feilspäne.

Kleine Werkstücke spannt man in **Feilkloben** (Abb. 86) ein, die man als kleine, in der Hand zu haltende Schraubstöcke auffassen kann.

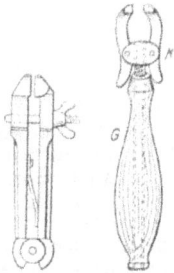

Auch hier bewegen sich die Klobenbacken nicht genau parallel zueinander, weshalb man besondere **Parallelfeilkloben** konstruiert hat, bei denen der erwähnte Übelstand behoben ist.

Beim Rundfeilen oder bei sonstiger Bearbeitung von Draht läßt sich der in Abb. 87 dargestellte Feilkloben mit axialer Bohrung benützen. Der Zu-

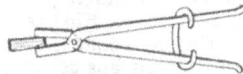

Abb. 86   Abb. 87
Feilkloben

Abb. 88
Schmiedezange

sammenschluß der Backen wird durch Drehen des Griffes *G* erzielt, der sich an der mittleren Schraubenspindel fortschraubt und die unteren Teile der Backen (bei *k*) auseinander treibt.

Ganz kleine Feilkloben hält man an einem besonderen Griff; sie heißen dann Stielklöbchen.

Zu den allgemein bekannten Werkzeugen zum Festhalten von Arbeitsstücken gehören auch noch die verschiedenen Arten der Flach- und Rundzangen. Allenfalls kann eine Fixierung der Zangenstellung, also auch des Werkstückes, durch Verschiebung eines über die Zangenschenkel gehobenen Stückes erfolgen, wie wir es bei den in Abb. 88 dargestellten Schmiedezangen sehen.

[82] Hobelbänke.

Die wichtigste Vorrichtung zum Festhalten hölzerner Arbeitsstücke ist die **Hobelbank**, die gleichzeitig auch als Werkbank dient. Sie ist dem Holzarbeiter ebenso unentbehrlich wie der Schraubstock dem Metallarbeiter. Wir wollen in Kürze ihre vielseitigen Verwendungsarten besprechen.

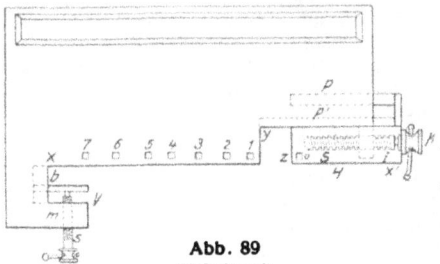

Abb. 89
Hobelbank

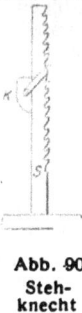

Abb. 90
Stehknecht

Abb. 89 zeigt die gebräuchlichste Hobelbank im Grundrisse. An der massiven Grundplatte, die auf einem kräftigen Gestell ruht, sind verschiedene Vorrichtungen zum Festhalten der Arbeitsstücke angebracht. Linker Hand vorn befindet sich die Klemmvorrichtung *V* (Vorderzange), mit der das Brettchen *b* gegen die Vorderkante *X X'* der Hobelbank gepreßt werden kann. Die rechts befindliche Hinterzange *H* ist ein großer, hölzerner Parallelschraubstock, dessen Bewegung durch Drehen des Schlüssels bei *K* erfolgt. Werk-

stücke können zwischen *y z* festgeklemmt werden. Zur Befestigung größerer Werkstücke verwendet man viereckige Bankeisen, von denen man eines in das Loch *O* des Schubers *H* steckt, während ein zweites je nach Bedarf in eines der viereckigen Löcher 1—7 gesteckt werden kann. Seitlich an den Bankeisen angebrachte Blattfedern ermöglichen das Festsitzen der ersteren und verhindern ihr Durchfallen.

Soll ein längeres Brett auf der schmalen Kante bearbeitet werden, so klemmt man es bei *x* mittels des Brettchens *b* fest und unterstützt es weiter davon mit dem Stehknecht (Abb. 90), indem man dessen Stütze *K* auf der Verzahnung des Ständers *S* entsprechend hoch einstellt.

Für das Festhalten von hölzernen Arbeitsstücken, die mit dem Reifmesser bearbeitet werden sollen (Werkzeugstiele und ähnliches) ist die **Schnitzbank** (Hanslbank) eingerichtet.

Abb. 91 zeigt sie in der Vorderansicht. Der Arbeiter sitzt rittlings auf dem von vier Füßen gestützten, ausgeschnittenen Sitzbrette und drückt den Hebel *H* mit dem Fuße nach vorne, wodurch das Arbeitsstück *A* durch den Kopf *K* des Hebels festgeklemmt wird.

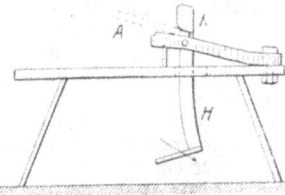

Abb. 91
Schnitzbank

Besondere Klemmvorrichtungen dienen zum Festklemmen geleimter Arbeitsstücke, die man bekanntlich während des Erkaltens und Erstarrens des Leimes kräftig aneinander pressen muß.

Die gewöhnlichsten Klemmen für solche Zwecke sind die sog. Leimzwinge (Abb. 92) und der rascher verstellbare Schraubknecht (Abb. 93).

Wie leicht einzusehen, braucht man zum Festschrauben mit den genannten Vorrichtungen immer eine geraume Zeit, bis die Schraubenspindel angezogen ist. Rascher erfolgt das Festklemmen mit der aus Weichguß hergestellten amerika-

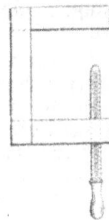

Abb. 92   Abb. 94
Leimzwingen

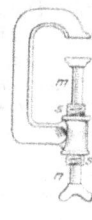

Abb. 95
Gehrungszwinge

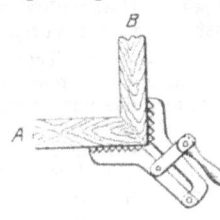

nischen Leimzwinge (Abb. 94), bei der die Spindel *m n* zuerst bis zum Anschlag an das Werkstück einfach verschoben wird; beim Drehen des Flügels wird durch gezahnte Rippen die Schraubenspindel *S S* mitgenommen und das Stück nun in üblicher Weise festgeschraubt.

Abb. 93
Schraubknecht

Zu erwähnen wäre noch die besondere Form der **Gehrungszwinge** (Abb. 95), deren Zweck es ist, die im Winkel von 45° (auf Gehrung) zugeschnittenen, mit einander verleimten Stücke *A* und *B* fest aneinander zu pressen. Diese Zwinge besteht ebenfalls aus Weichguß.

DAS TECHNISCHE ZEICHNEN

Einleitung.

[83] Eine der wichtigsten Vorbedingungen für „technisches Schaffen" ist die Fähigkeit, seine Absichten über die Gestaltung eines herzustellenden Gegenstandes in einer Zeichnung so deutlich zum Ausdruck zu bringen, daß danach der Gegenstand selbst von anderen ohne weitere Erklärungen in allen Einzelheiten richtig erkannt und ausgeführt werden kann. Der Zweck, der durch jede technische Zeichnung zur Gänze erreicht werden muß, ist in der Praxis in der Regel ein zweifacher: Einerseits muß der ausführende Fachmann, der Handwerker, danach sicher und genau arbeiten können, anderseits müssen aber auch Leute ohne Fachbildung, wozu insbesondere die Besteller gehören, aus der Zeichnung deutlich erkennen, was erzeugt und was geliefert werden soll. Je nach dem doppelten Zwecke wird auch die technische Zeichnung in verschiedenartiger Weise auszuführen sein. Für den erstgenannten Zweck dienen Baupläne, Werkzeichnungen, die alle Dimensionen, alle Formen deutlich erkennen lassen, was, wie wir bereits wissen, nur durch streng geometrische Darstellung, also durch orthogonale Projektion erreichbar erscheint. Dem Nichtfachmanne sind solche Zeichnungen meist zu schwer verständlich; er will in der Regel nur ein Bild des besprochenen Gegenstandes oder der zu bestellenden Einrichtung haben, aus dem er die Form im allgemeinen und die wichtigsten Größenverhältnisse ohne Schwierigkeit entnehmen kann, und hierfür werden sich wohl zumeist räumliche Darstellungen (Perspektiven) weit besser eignen.

Das Wesen der sonach für den Techniker in erster Linie in Betracht kommenden orthogonalen Projektion haben wir bereits in der Vorstufe (im 7. Abschnitte über Geometrie) kennen gelernt, soweit es sich um Naturaufnahmen, d. h. um die Darstellung von bereits vorhandenen Gegenständen in seinen orthogonalen Projektionen handelt; das Objekt wird hierbei sozusagen in seine einzelnen Projektionen zerlegt, aus welchen es sich mit fachlichem Verständnisse jederzeit wieder in richtiger Lage und Größe zusammensetzen läßt. Wir haben absichtlich diese Einführung in die darstellende Geometrie schon vor der Beschreibung der körperlichen Gebilde gegeben, weil nicht nur der Techniker sehr häufig in die Lage kommt, zu den verschiedensten Zwecken in der Natur vorhandene Gegenstände richtig aufnehmen und darstellen zu müssen, sondern weil solche Naturaufnahmen und Darstellungen unbestritten das beste Mittel sind, den Studierenden in die Kunst räumlicher Vorstellung einzuweihen.

Soll aber der Techniker Neues, noch nicht Vorhandenes schaffen, so genügt ihm diese Fähigkeit allein bei weitem noch nicht; um das zu erreichen, muß er selbst entwerfen, selbst konstruieren lernen, und das kann natürlich nur in den seltensten Fällen an der Hand von Modellen, sondern zumeist nur am Papiere durch geometrische Konstruktionen erzielt werden; der Konstrukteur muß imstande sein, schon in den Projektionen Linien und Flächen so zusammenzufügen, daß aus ihnen nach seinem Belieben jene körperlichen Gebilde entstehen, die er für seine Zwecke jeweilig braucht. Hat er einmal in den Projektionen seine Konstruktionen richtig durchgeführt, dann ist es leicht, daraus auch den Gegenstand selbst in seiner körperlichen Gestaltung genau sich vorzustellen, räumlich darzustellen und schließlich auch im gewünschten Materiale anzufertigen. Aus diesen Andeutungen ergibt sich ganz von selbst die zweckmäßigste Methode für den Selbstunterricht in diesem unter dem Titel **„Das technische Zeichnen"** zu behandelnden, für die technische Praxis **außerordentlich wichtigen Lehrgegenstande:** Zunächst muß der Studierende allmählich dazu kommen, mit Linien und Flächen, aus welchen jedes körperliche Gebilde besteht, auch in ihren Projektionen so umzugehen, wie wenn sie im Raume selbst vorhanden wären; **er muß aus den Projektionen von Linien und Flächen den gewünschten Gegenstand selbst konstruieren können;** weiters muß er aber auch lernen, seine geometrischen Zeichnungen so auszuführen, **daß sie jeder Fachmann, gleichviel welchem Lande und welcher Nationalität er angehört, richtig zu verstehen und zu verwerten vermag;** in dieser Hinsicht bestehen nämlich unter den Technikern der ganzen Welt sozusagen ungeschriebene internationale Vereinbarungen, die von jedem Konstrukteur genau eingehalten werden müssen, der es anstrebt, daß seine Zeichnungen von allen Fachleuten verstanden und ausgeführt werden.

Der erste Teil der Aufgabe wird sonach in der Hauptsache jenes Lehrgebiet umfassen, das in den Schulen als **„darstellende Geometrie"** oder „Projektionslehre" bekannt ist, hier aber mit besonderer Rücksichtnahme auf die Bedürfnisse des künftigen Konstrukteurs behandelt werden soll. Der zweite Teil dagegen wird die Ausführung von technischen Zeichnungen behandeln, die bei der Darstellung von Baukonstruktionen aller Art im **Bauzeichnen,** sowie von Maschinenteilen und Maschinen im **Maschinenzeichnen** allgemein üblich ist.

Im ersten Briefe werden wir nun zunächst zeigen, wie im Raume gelegene Punkte, Gerade, Figuren und Ebenen in der Zeichenebene dargestellt und wie diese Elemente der projektiven Geometrie für konstruktive Zwecke verwertet werden. So vorbereitet, können wir uns dann in den nächsten Briefen eingehend mit den Körperschnitten und mit der gegenseitigen Durchdringung von Körpern, sonach schon mit Aufgaben beschäftigen, wie sie bei jeder technischen Konstruktion vielfach zu lösen sind. Der Leser bemühe sich, die im ersten Abschnitte gegebenen Konstruktionsaufgaben so lange zu üben, bis er sie auch ohne Anleitung zu lösen vermag. Sie bilden die unentbehrliche Grundlage für seine weitere Konstrukteurtätigkeit. Zum Troste diene ihm, daß es sich hierbei nur um verhältnismäßig wenige grundlegende Konstruktionen handelt, die sich dann in der Folge immer wiederholen.

1. Teil.

Projektionslehre.
(Darstellende Geometrie.)

[84] Projektionsarten.

a) Die Art, wie ein Körper mit seinen 3 Dimensionen auf einer Ebene abgebildet werden kann, läßt sich sehr anschaulich erklären, wenn man von der Sonne den Schatten eines Körpermodelles, etwa eines Würfels scharf auf die Zeichenfläche werfen läßt. Die so entstehende Schattenfigur kann man eine **Parallelprojektion** des Würfels auf die Ebene nennen, weil die projizierenden Lichtstrahlen von der sehr weit entfernten Sonne als parallel angesehen werden können.

Die Projektionen des Tisches in Abb. 138 in Vorstufe [326] machen doch unwillkürlich den Eindruck von Schattenfiguren.

Denkt man sich das Auge des Beschauers an die Sonne versetzt, so verdeckt ihm das Modell genau jene Stellen der Zeichenfläche, welche vorher die Schattenfigur bildeten. (Schneide verschiedene Figuren aus Papier aus und betrachte sie in verschiedenen Lagen durch eine Glasplatte, indem du gleichzeitig das zweite Auge schließt, so erhältst du Projektionsfiguren, die den vorerwähnten Schattenfiguren kongruent sind.)

Nimmt man statt der Lichtstrahlen projizierende Gerade an, die von dem Auge des unendlich fern gedachten Beschauers nach geeigneten Punkten des Körpers gezogen werden, so erkennt man, **daß die Parallelprojektion eines Raumgebildes nichts anderes ist als die Durchschnittsfigur, die sich aus dem Schnitte einer Anzahl von Parallelstrahlen mit einer Ebene (der Projektionsebene) ergibt.**

b) Bei der Parallelprojektion sind 2 Hauptfälle zu unterscheiden:

1. Fall. Stehen die projizierenden Geraden senkrecht zur Bildebene, so erhält man die senkrechte, rechtwinklige oder orthogonale Parallelprojektion. Sie allein gibt in bezug auf Größe und Lage vollkommen richtige Bilder, mit welchen sich geometrisch konstruieren läßt, und ist daher auch die für technische Konstruktionen einzig verwendbare Darstellungsart.

Wie wir bereits wissen, sind zur eindeutigen Darstellung eines körperlichen Gegenstandes hier mindestens 2, mitunter auch mehr Projektionen auf verschiedene, zueinander senkrecht stehende Projektionsebenen nötig, die sich der Fachmann leicht zu einem verständlichen Gesamtbilde vereinigen kann.

2. Fall. Ist der Winkel der projizierenden Geraden mit der Bildebene ein spitzer, so nennt man die Projektion eine schiefe Parallelprojektion. Um aus einer solchen die richtigen Abmessungen des dargestellten Gegenstandes herauszufinden, müssen erst gewisse Umrechnungen vorgenommen werden.

Diese Projektionsart eignet sich sonach nicht zu geometrischen Konstruktionen, dafür hat sie den für illustrative Zwecke schätzbaren Vorteil, daß sie den Gegenstand, gleichzeitig von verschiedenen Seiten aus betrachtet, auf einer einzigen Bildfläche erscheinen läßt, das Bild daher dem Laienauge weit verständlicher ist als eine geometrische Darstellung nach Fall 1. Sie läßt den Gegenstand räumlich abbilden und wird wegen ihrer Ähnlichkeit mit perspektivischen Bildern mitunter auch **Parallelperspektive** genannt. Eine bequeme Methode, um solche Bilder aus dem Grundrisse und dem Seitenrisse einer geometrischen Zeichnung naturgetreu anzufertigen, haben wir bereits in Vorstufe [327] kennen gelernt; einige andere, weniger einfache Methoden dieser Darstellungsart werden wir am Schlusse der Projektionslehre bringen.

c) Da wir unser Auge nicht in unendliche Entfernung versetzen können, so zeigt uns die Parallelprojektion die Gegenstände niemals so, wie wir sie in Wirklichkeit sehen.

Soll ein Gegenstand auf einer Ebene so abgebildet werden, wie er von einem gewissen Standpunkte aus tatsächlich erscheint, so kann dies nur durch eine **Zentralprojektion** geschehen, bei der die projizierenden Geraden von einem diesmal im Endlichen liegenden **Augenpunkte ausgehen.**

Solche „perspektivische" Bilder eignen sich besonders für künstlerische Zwecke (Architekturaufnahmen usw.), haben aber den Nachteil, daß aus ihnen Dimensionen und Winkel abzuleiten, noch umständlicher ist, als bei der vorerwähnten Parallelperspektive. Zum Unterschiede von letzterer nennt man die Zentralprojektion auch **Zentralperspektive.** Beide sind räumliche Darstellungen. Über die Anfertigung perspektivischer Bilder sowie über Schattenkonstruktionen wollen wir am Schlusse der Projektionslehre noch in Kürze sprechen.

Bei allen Zentralprojektionen liegt die Bildebene zwischen dem abzubildenden Gegenstande und dem Augenpunkte (Zentrum). Bei unserem Auge, bei jedem photographischen Apparate usw. liegt die Linse zwischen dem Objekte und der Bildebene (Netzhaut des Auges oder photographische Platte), auf welcher der darzustellende Gegenstand als ein verkleinertes, perspektivisches Bild erzeugt wird. Bei den Projektionsapparaten (Diorama, Skioptikon, Kinematograph usw.) wird dagegen von einem als Objekt dienenden kleinen ebenen Bilde auf einer Glasplatte (Diapositiv) oder von dem Spiegelbilde eines kleinen Gegenstandes ein entsprechend vergrößertes Bild auf eine Bildfläche (Leinwand) projiziert.

[85] Geometrische Konstruktionen.

a) Aus Vorstufe [326] wissen wir, wie die zur Darstellung von Körpern nötigen orthogonalen Projektionen (Aufriß, Grundriß und Seitenriß) ermittelt und gezeichnet werden. Diese Kenntnisse reichen vollkommen aus, um ein vorhandene Gebilde aufzunehmen und in beliebigem Maßstabe zu Papier zu bringen (Naturaufnahmen).

Handelt es sich aber darum, Gebilde nach bestimmten Angaben in bezug auf Größe, Gestalt und Lage darzustellen, dann müssen mit den geometrischen Elementen, den Linien, Flächen (Ebenen) und Körpern, aus welchen sie zusammengesetzt werden sollen, erst gewisse Operationen (Umlegungen, Drehungen, Schnitte usw.) vorgenommen, sonach **geometrische Konstruktionen** ausgeführt werden, die mit den eigentlichen Projektionen Gegenstand der Projektionslehre im weiteren Sinne des Wortes sind. Sie bilden die Voraussetzung für alle **technischen Konstruktionen**, die die zweckentsprechende Formgebung und Größenbestimmung von baulichen oder mechanischen Bestandteilen und Anlagen anstreben und uns in den Bau- und Maschinenfächern noch vielfach beschäftigen werden.

b) Die Konstruktionsaufgaben werden wir im allgemeinen nur im Grund- und Aufrisse lösen und den Seitenriß nur dann benützen, wenn die Lösung anders nicht möglich ist oder dadurch vereinfacht wird.

Wir können diesen auch in der Praxis üblichen Vorgang um so unbedenklicher anwenden, weil wir schon erfahren haben, daß zu jeder Darstellung nur 2 Projektionen unbedingt nötig sind, aus welchen sich die 3. und, wenn aus irgendwelchem Grund 2 Seitenrisse (etwa Seitenansicht von links und rechts) gewünscht werden, auch die 4. jederzeit ableiten läßt.

c) Der Vereinfachung wegen werden wir hier für die am häufigsten vorkommenden Ausdrücke und deren Verbindungen besondere Abkürzungen und Bezeichnungen einführen:

Hiernach bedeutet z. B.:

$G \times L$ den Schnittpunkt von zwei in einer Ebene liegenden Geraden G und L,

$G \times E$ den Durchdringungspunkt einer Geraden G mit einer Ebene E,

$E \times F$ die Schnittlinie von zwei Ebenen E und F.

Ferner haben folgende Bezeichnungen als feststehend zu gelten:

Pr.E. = Projektionsebene überhaupt,

Gr.E. = Horizontale Projektionsebene (Grundrißebene).

A.E. = 1. Vertikale Projektionsebene (Aufrißebene),

S.E. = 2. Vertikale Projektionsebene (Seitenrißebene),

Gr. = Grundriß,

A. = Aufriß,

S. = Seitenriß,

X = Schnittlinie Gr.E. $\times$ A.E. (Projektionsachse OX),

Y = Schnittlinie Gr.E. $\times$ S.E. (Projektionsachse OY),

Z = Schnittlinie A.E. $\times$ S.E. (Projektionsachse OZ),

a', a'', a''' = Gr., A. und S. des Punktes a,

G', G'', G''' = Gr., A. und S. der Geraden G,

g_1, g_2, g_3 = Schnittpunkte einer Geraden G mit der Gr.E., mit der A.E. und mit der S.E., also $G \times$ Gr.E. $= g_1$, $G \times$ A.E. $= g_2$ und $G \times$ S.E. $= g_3$.

E_1, E_2, E_3 = Schnittlinie einer Ebene mit der Gr.E., A.E. und S.E., also E. $\times$ Gr.E., E. $\times$ A.E. und E. $\times$ S.E.

a_x, a_y, a_z = Projektionen eines Punktes a auf eine der Projektionsachsen.

Buchstaben ohne Striche oder Zeiger bezeichnen immer die wirklichen Gebilde, nicht ihre Projektionen, so z. B. ist G die Gerade im Raume. In eine der Projektionsebenen umgelegt G^I, G^{II}, G^{III}, in eine andere Ebene umgelegt G^E usw. Die Drehung eines Punktes a wird durch $\widehat{a}$ gekennzeichnet.

Die ermittelten oder gegebenen sichtbaren Hauptlinien werden in den Abbildungen voll ausgezogen und punktiert, wenn sie gedeckt sind, und zwar werden die ermittelten Hauptlinien in beiden Fällen etwas stärker gehalten als die gegebenen. Alle anderen Linien sind Hilfslinien und werden gestrichelt. Achsen, Umlegungen und Drehungen werden in Doppellinien dargestellt.

Bem. Doppellinien werden hier nur des leichteren Verständnisses wegen gewählt. Der Techniker verwendet sie jedoch so wenig als möglich, weil sie zu ungenaue Schnittpunkte ergeben.

1. Abschnitt.

Die Grundlagen der darstellenden Geometrie.

A. Darstellung von Punkten, Linien und Figuren.

[86] Projektion von Punkten.

a) In Abb. 96 sind die senkrecht aufeinanderstehenden Pr.E., Gr.E. und A.E., parallelperspektivisch gezeichnet. Der Punkt a schwebt im Raume und soll auf die Gr.E. und auf die A.E. projiziert werden. Wir fällen von a das Lot aa' auf die Gr.E. und erhalten in dessen Fußpunkt a' den Gr. des Punktes a. Das Lot von a auf die

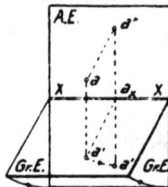
Abb. 96

Abb. 97

A.E. liefert in a'' den A. von a.

b) Durch die beiden projizierenden Lote, die Projektionsstrahlen aa' und aa'' läßt sich eine Ebene legen, die auf den beiden Pr.E., mithin auch auf der X-Achse $\perp$ steht. Diese Ebene, die projizierende Ebene, schneidet die X-Achse in a_x, also

$$a'a_x \perp a''a_x \perp X\text{-Achse},$$

d. h. die von den beiden Projektionen a' und a'' eines Punktes auf die X-Achse gefällten Lote treffen sich im selben Punkte a_x der X-Achse.

$a'a_x$ ist die Gr.-Ordinate,
$a''a_x$ die A.-Ordinate.

Da man nicht in zwei aufeinander $\perp$ stehenden Ebenen zeichnen kann, wird bekanntlich die Gr.E. um X in die A.E. (unsere Zeichenfläche) umgeklappt

(Vorstufe [325d]). Hierdurch gelangt die Projektion a' in die in Abb. 97 gezeichnete Lage.

Merke: Die beiden Projektionen a' und a'' liegen senkrecht untereinander (Punktprobe!)

c) Sind anderseits die zwei Projektionen a' und a'' eines Punktes a gegeben, so wird seine Lage im Raume folgendermaßen gefunden: Man bringt die Gr.E. und damit auch den Gr. in seine wahre Lage, dreht also die Gr.E. so lange nach aufwärts, bis sie $\perp$ zur A.E. liegt (wird die Zeichenfläche vertikal gehalten, so ist dann die Gr.E. horizontal), errichtet in a' das Lot zur Gr.E. und macht $\boxed{a'a = a_x a''}$; dann ist der Endpunkt des Lotes der gesuchte Punkt a.

Wie wir in Vorstufe [325d] ausgeführt haben, kann man sich dadurch die umständliche Errichtung eines horizontalen Projektionsstrahles auf die A.E. ganz ersparen.

d) Die Projektionslote aa' und aa'' geben die Abstände des Punktes a von der Gr.E. und der A.E. an, und zwar heißt

aa' der Gr.-Abstand
aa'' der A.-Abstand.

Aus $aa' = a''a_x$ und $aa'' = a'a_x$ folgt, daß die Gr.-Ordinate gleich ist dem A.-Abstande und die A.-Ordinate gleich dem Gr.-Abstande.

[87] Projektion von Linien.

a) Die Projektion einer Linie wird als Gesamtheit der Projektionen aller ihrer Punkte erhalten. Liegt daher ein Punkt in einer Linie, so liegen seine Projektionen in den gleichnamigen Projektionen der Linie und umgekehrt.

b) Man projiziert eine krumme Linie, indem man beliebig viele Punkte derselben projiziert und diese Projektionen durch eine stetige Kurve miteinander verbindet. Eine **ebene Kurve** projiziert sich **in wahrer Größe und Gestalt**, wenn ihre Ebene zur Pr.E. **parallel** ist; sie projiziert sich verzerrt und verkürzt, wenn ihre Ebene schief zur Pr.E. ist; sie projiziert sich endlich als **Gerade**, wenn ihre Ebene zur Pr.E. **senkrecht (⊥)** steht.

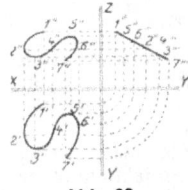

In Abb. 98 ist eine Kurve dargestellt, die sich im Seitenrisse als Gerade darstellt, die sonach in einer zur S.E. senkrechten Ebene liegt.

Abb. 98

c) Besonders wichtig sind diese Verhältnisse bei den Projektionen von **geraden Linien**; es sind dabei folgende Regeln zu beachten:

1. Liegt ein Punkt in einer Geraden, so liegen seine Projektionen in den gleichnamigen Projektionen der Geraden und umgekehrt.

2. Wenn sich zwei Gerade schneiden, so schneiden sich auch ihre Projektionen; die Schnittpunkte der letzteren liegen in einer Senkrechten zur Projektionsachse. (**Schnittpunktprobe!**)

3. Parallele Gerade haben parallele Projektionen.

4. Nur eine zur Projektionsebene parallele Gerade projiziert sich auf dieser in wahrer Größe; ist sie zur Projektionsebene geneigt, so erscheint sie verkürzt;

steht sie senkrecht zur Projektionsebene, so projiziert sie sich als Punkt.

[88] Projektion ebener Figuren.

a) Man projiziert ein begrenztes ebenes Flächenstück, indem man dessen Begrenzungslinien projiziert.

In Abb. 99 ist eine **Kreisfläche** dargestellt, welche zur Gr.E. und S.E. geneigt und zur A.E. ⊥ liegt. Sie erscheint also in A. als Gerade, im Gr. und S. je als Ellipse. Der zur Gr.E. parallele Durchmesser ab erscheint im Gr. und S. in wahrer Größe, der zu ab normale, im Raume geneigt liegende Durchmesser cd verkürzt.

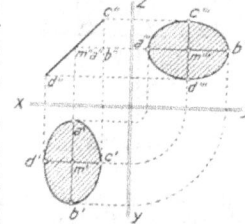

Abb. 99

b) Die Projektionen eines ebenen **Dreieckes** können ohne weiteres gezeichnet werden, weil 3 Punkte immer in einer Ebene liegen. Bei einem ebenen **Vielecke** müssen die Projektionen der überschüssigen Punkte jeweils so bestimmt werden, daß sie mit drei anderen in einer Ebene liegen; man muß in einem solchen Falle die Diagonalen zu Hilfe nehmen, die sich in jeder ebenen Figur schneiden müssen. (**Schnittpunktprobe!**)

Aufgabe 32.

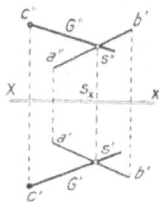

Abb. 100

[89] *Es ist eine Gerade G durch einen gegebenen Punkt c zu ziehen, die eine gegebene Gerade ab in einem vorgegebenen Punkte s schneidet. (Abb. 100.)*

Die Verbindungslinie der 2 Punkte ab ist durch deren Projektionen $a'b'$ und $a''b''$ bestimmt. **Die Projektionen s' s'' des auf ab liegenden Punktes s liegen in $a'b'$ bzw. in $a''b''$ und zwar senkrecht untereinander.** (s' kann man beliebig auf $a'b'$ wählen. **Geradenprobe!**) Verbindet man nun einerseits c' mit s', andererseits c'' mit s'', so erhält man den Grund- und Aufriß der gesuchten Geraden G: $\boxed{c's' = G', \; c's'' = G''.}$

Aufgabe 33.

[90] *Es sind die Projektionen eines ebenen Fünfeckes zu konstruieren. (Abb. 101.)*

Die Ebene der Figur ist durch 3 Eckpunkte bestimmt; die beiden anderen Eckpunkte müssen so gewählt werden, daß auch sie in dieser Ebene liegen; sie lassen sich mit Hilfe der Diagonalen leicht finden. Eine der Projektionen des Fünfeckes kann hierbei beliebig gewählt werden, z. B. $a''b''c''d''e''$; es sei $a''c''$ die eine und $b''d''$ die andere Diagonale des A. und q'' im A. des Schnittpunktes der beiden Diagonalen. Der Gr. q' muß in $a'c'$ und in dem durch q'' gehenden Projektionsstrahle liegen. b' mit q' verbunden und verlängert, ergibt d' im Schnittpunkte mit dem Projektionsstrahle durch d''. Zum angenommenen Aufrisse e'' findet man e' auf gleiche Weise mit Hilfe des diagonalen Schnittpunktes r durch Verlängerung der Geraden $b'r'$ bis e'.

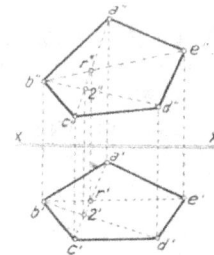

Abb. 101

B. Schnitte von Ebenen untereinander und mit Geraden.

[91] Schnitt einer Ebene mit den Projektionsebenen (Spurlinien).

a) Es ist leicht begreiflich, daß man eine unbegrenzte Ebene nicht wie Punkte, Linien und Figuren projizieren kann, denn die Projektion jeder unbegrenzten Ebene auf eine Bildfläche könnte nur wieder die Projektionsebene sein. Man hilft sich hier dadurch, daß man die Ebene durch ihre Schnittlinien mit den einzelnen Projektionsebenen, ihre **Spurlinien**, festlegt.

Versuch: Taucht man eine Zigarrenschachtel mit einer Ecke in Wasser, so stellen sich die Grenzlinien der Benetzung die Spurlinien der Wasserfläche (Ebene) auf 3 aufeinander senkrecht stehenden Ebenen dar. Nimmt man die letzteren als Projektionsebenen an und legt man sie nach der in Vorstufe [325 d] geschilderten Art in die Zeichenfläche, so erhält man das Bild der 3 sich in den Achsen schneidenden Schnittlinien (Spurlinien) E_1 E_2 E_3 einer Ebene E mit den 3 Projektionsebenen (Abb. 102). Die Spurlinien schneiden sich in den Achsen (Punkte e_x, e_y und e_z). Durch Änderung der Lage der Schachtelecke im Wasser ergeben sich natürlich auch geänderte Spurlinien. Wie muß die Schachtel eingetaucht werden, um zu den Kanten (Achsen) parallele Spurlinien zu erhalten?

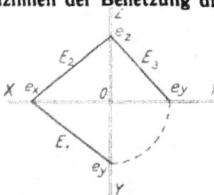

Abb. 102

Merke: Die Spurlinien müssen sich in den Achsen schneiden. (Spurlinienprobe!)

b) **Liegt eine Ebene senkrecht oder parallel zu einer Projektionsebene, so liegen die Spurlinien in den beiden anderen Projektionsebenen zu den Achsen parallel,** d. h. die Schnittpunkte der Spurlinien liegen

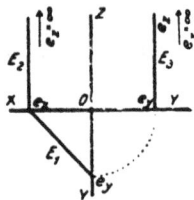
Abb. 103

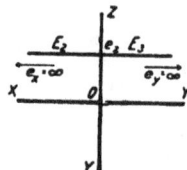
Abb. 104

in unendlicher Entfernung. (Abb. 103, $E \perp$ Gr.E., Abb. 104, $E \parallel$ Gr.E.)

c) **Spurlinien paralleler Ebenen sind parallel. (Parallelebenenprobe!)**

d) **Liegt eine Ebene senkrecht zu einer Geraden, so stehen die Projektionen der Geraden senkrecht zu den gleichnamigen Spurlinien.**

[92] Schnitt zweier Ebenen.

a) **Die Schnittlinie zweier Ebenen verbindet stets die Schnittpunkte ihrer Spurlinien; sind 2 Spurlinien zueinander parallel, so ist auch die Schnittlinie zu diesen Spurlinien parallel.**

b) Sehr wichtig ist die Schnittlinie einer beliebig geneigten Ebene mit zu einer Projektionsebene parallelen Ebenen, die bei Konstruktionen so häufig als **Hilfsebenen** benützt werden. Hier können sich nur die in einer Projektionsebene gelegenen Spurlinien schneiden, während sich die Schnittpunkte der übrigen Spurlinien in unendlicher Entfernung befinden. Infolgedessen wird die Schnittlinie sich auf die eine Projektionsebene **als Parallele zur Achse,** in der anderen Projektion **als Parallele zur gleichnamigen Spurlinie** projizieren. **Diese Schnittlinien nennt man Hauptgerade oder Spurparallele der Ebene.**

Aufgabe 34.

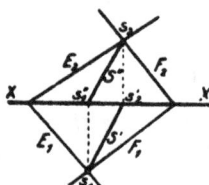
Abb. 105

[93] *Es ist die Schnittlinie S zweier Ebenen E und F aus deren Spurlinien zu konstruieren, wenn die beiden Ebenen beliebig gegen die Projektionsebenen geneigt sind. (Abb. 105.)*

Lösung: Die geneigten Ebenen E und F sind durch ihre Spurlinien E_1, E_2 und F_1, F_2 gegeben. $E_2 \times F_2 = s_2$ ist sicher ein Punkt der Schnittlinie S, da er auf beiden Ebenen E und F liegt; sein Gr. s_2' liegt in der X-Achse. Ebenso führt uns der Schnitt $E_1 \times F_1$ zu einem 2. Punkte s_1 der Schnittlinie S; dessen A. s_1'' liegt in der X-Achse. Die gesuchte Schnittlinie S verbindet die Punkte s_1 und s_2. Also in deren Projektionen:

$$\boxed{S' = s_1 s_2'} \qquad \boxed{S'' = s''_1 s_2}$$

Aufgabe 35.

[94] *Es ist die Schnittlinie zweier Ebenen E und F zu ermitteln, wenn die Schnittpunkte ihrer Spuren aus der Zeichenfläche herausfallen. (Abb. 106.)*

Lösung: Wenn beide Spurpunkte der Schnittgeraden S zweier Ebenen aus der Zeichenfläche fallen, so führt man 2 Hilfsebenen H und J ein, wovon

H parallel zur A.E. und J parallel zur Gr.E.

ist. Deren Spuren H_1 und J_2 sind Parallele zur X-Achse (die Spuren H_2 und J_1 liegen im Unendlichen). $H \times E = V_1$, wobei V_1' in die Spur H_1 fällt und V_1'' eine Spurparallele zu E_2 ist. Ebenso findet man die Schnittgeraden $J \times E = V_2 (V_2'', V_2')$, ferner $H \times F = W_1 (W_1', W_1'')$ und $J \times F = W_2 (W_2', W_2'')$. Im Schnittpunkte $x = V_1 \times W_1$ erhalten wir einen Punkt der Schnittgeraden der Ebenen E und F, da V_1 und W_1 Gerade der Ebenen E und F sind. Der Aufriß von x ist $x'' = V_1'' \times W_1''$, der Grundriß x' der Schnittpunkt des Projektionsstrahles durch x'' mit V_1'. Ein zweiter Punkt der Schnittgeraden S ist $y = V_2 \times W_2$, der so wie x gefunden wird. Der Grundriß von y ist $y' = V_2' \times W_2'$; sein Aufriß $y'' \cdot x'' y'$ und $x'' y''$ geben die Projektionen der gesuchten Schnittlinie.

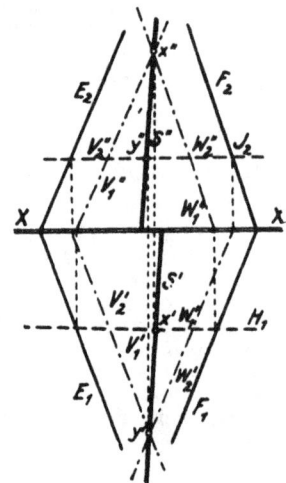
Abb. 106

[95] Schnitt einer Geraden mit den Projektionsebenen (Spurpunkte).

Unter allen Punkten einer Geraden werden bei Konstruktionen vorzugsweise die beiden in den Pr.E. gelegenen Durchstoßpunkte $\boxed{g_1 = G \times \text{Gr.E.}}$ und $\boxed{g_2 = G \times \text{A.E.}}$

benützt. Sie heißen die **Spurpunkte** der Geraden, und zwar:

g_1 der Gr.-Spurpunkt,
g_2 der A.-Spurpunkt;

beide fallen mit ihren gleichnamigen Projektionen zusammen, also g_1 mit g_1' und g_2 mit g_2''.

Um sie zu finden, müssen wir uns daran erinnern, daß die Projektionsstrahlen sämtlicher Punkte einer Geraden G (Abb. 107) 2 projizierende Ebenen bilden, die zur Gr.E. bzw. zur A.E. ⊥ stehen. Die **beiden Projektionen** G' und G'' der Geraden G sind sonach die Schnittlinien ihrer projizierenden Ebenen mit der Gr.E. und der A.E.

Die Schnittpunkte g_1 und g_2 dieser Schnittlinien mit der Geraden sind daher auch gleichzeitig ihre Spurpunkte.

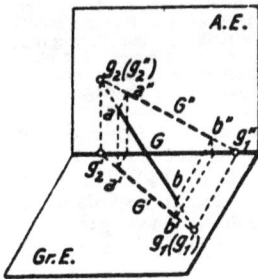

Abb. 107

Bisher haben wir der Einfachheit halber die Projektionsebenen als durch X begrenzt angenommen. In vielen Fällen wird man damit aber nicht ausreichen; es kann vorkommen, daß eine Gerade so liegt, daß sie die Projektionsebenen nicht im I. Raume, wie in Abb. 107, sondern die eine oder die andere hinter demselben schneidet. So trifft in Abb. 108 die Gerade G zwar die A.E. im Raume I, dagegen die Gr.E. erst im Raume II. Um in diesem Falle die Spurpunkte ermitteln zu können, muß man sich die Gr.E. auch hinter X, also hinter der A.E. fortgesetzt denken.

Werden nun die Projektionsebenen für undurchsichtig gehalten, so ist der Spurpunkt g_1 von $G \times$ Gr.E. unsichtbar. Bei solchen Konstruktionen muß bedacht werden, daß bei Umlegung der Gr.E. in die Zeichenfläche der hinter der A.E. liegende Teil der Gr.E. **nach aufwärts** bewegt wird, der Pro-

jektionsstrahl g_1 g_1'' daher nach **aufwärts** gezogen werden muß. Schon ein flüchtiger Blick auf Abb. 108 zeigt, daß die Gerade G, die ihren Gr. in G' und ihren A. in G'' hat, die A.E. im Punkte g_1 durchstößt; **dieser Spurpunkt** g_1 **muß sowohl der wirklichen Geraden im Raume** G **als auch ihrem Aufrisse** G'' **gemeinsam sein, also gleichzeitig den Schnittpunkt** $G \times G''$ **darstellen.** Da g_1 als Durchstoßpunkt in der A.E. selbst gelegen ist, kann sein Gr. nur im Schnittpunkte des von g_1'' ausgehenden Projektionsstrahles mit der X-Achse, also in g_1' gelegen sein. Der Punkt g_1 fällt natürlich mit seinem Aufrisse g_1'' zusammen.

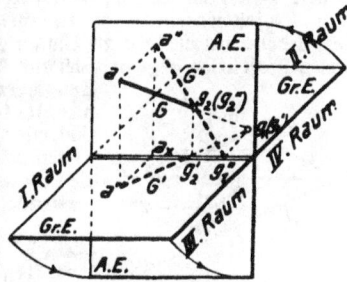

Abb. 108

Etwas verwickelter wird die Sache bei dem Schnittpunkte der Geraden G mit der Gr.E., die sie erst **hinter** der A.E. in g_1 trifft. Auch hier ist g_1 der Schnittpunkt der Geraden G mit ihrem Grundrisse G'. Da g_1 in der Gr.E. liegt, fällt g_1 wieder mit seinem Grundrisse g_1' zusammen. Der A. dieses Punktes muß nicht nur in der X-Achse und in dem von g_1' ausgehenden Projektionsstrahle gelegen sein. Dann liegen auch hier A. und Gr. des Durchstoßpunktes g_1, also g_1'' und g_1' in dem zur X-Achse ⊥ stehenden Projektionsstrahle g_1'' g_1', der jedoch als **hinter** der A.E. gelegen, nach der entgegengesetzten Seite hin zu ziehen ist.

Aufgabe 36.

[96] *Es ist eine Gerade gegeben, die zur A.E. und G.E. so geneigt ist, daß sie beide Ebenen im I. Raume durchstößt. Es sind ihre Spurpunkte zu bestimmen.* (*Abb. 109.*)

Die Lösung ist räumlich in Abb. 107 und orthogonal in Abb. 109 dargestellt. Die Projektionen der Geraden G seien G' und G''. Ihr Schnittpunkt mit der A.E., also g_2, muß in ihrem A. und in dem vom Schnittpunkte ihres Gr. mit der X-Achse aus gefällten Projektionsstrahle liegen. Wir verlängern also G' bis zum Schnitte mit X (gibt g_2') und zeichnen den Projektionsstrahl g_2' g_2'' ⊥ X; dessen Schnittpunkt mit G'' gibt uns den Spurpunkt g_2 der Geraden G mit der A.E.; dessen A. ist g_2'' und fällt mit g_2 zusammen; sein Gr. ist g_2'.

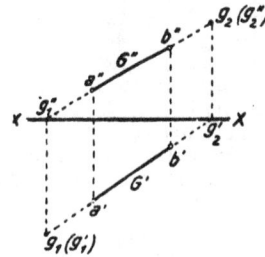

Abb. 109

Ebenso finden wir den Spurpunkt g_1 von G mit der Gr.E., indem wir G'' mit X zum Schnitte bringen (gibt g_1'') und von g_1'' eine Senkrechte auf X ziehen, die G' im gesuchten Spurpunkte g_1 schneidet. Aufriß von g_1 ist g_1'' und der Grundriß g_1'.

Aufgabe 37.

[97] *Es ist eine Gerade G gegeben, die nur die A.E. im I. Raume trifft und erst hinter ihr die Gr.E. durchstößt. Es sind die Spurpunkte zu suchen.* (*Abb. 110.*)

Die hier zutreffenden Verhältnisse sind in Abb. 108 perspektivisch und in Abb. 110 orthogonal dargestellt. Den **Spurpunkt** g_2 von G mit der A.E. finden wir, wie oben, indem wir G' mit X in g_2' zum Schnitte bringen und von g_2' den Projektionsstrahl g_2' g_2'' ziehen. Den **Spurpunkt** g_1 von G mit der Gr.E. finden wir, indem wir G'' mit X zum Schnitte in g_1'' bringen und von g_1'' den Projektionsstrahl bis zum Schnitte mit G' ziehen. Da wir uns aber die Gr.E. vorn nach abwärts in die Zeichenfläche umgelegt denken, müssen wir folgerichtig alle Punkte der Gr.E., die **hinter** der A.E. liegen, nach **aufwärts** gedreht annehmen, weshalb selbstverständlich der Projektionsstrahl g_1' g_1'' die Projektion G' nicht **unterhalb**, sondern **oberhalb** der X-Achse treffen muß. Wegen G^{I}, G^{II}, g_2^{I} und g_1^{II} siehe [106, d].

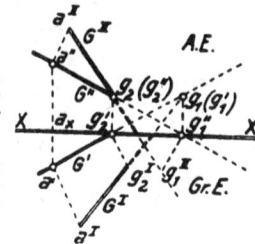

Abb. 110

[98] Spurlinien und Spurpunkte.

a) Liegt eine Gerade in einer Ebene, so muß sie die Spurlinien der Ebene schneiden, und diese Schnittpunkte g_1 und g_2 sind dann zugleich die Spurpunkte der Geraden. (Spurpunktprobe!)

Dadurch ist aber die Lage der Ebene und ihrer Spuren noch nicht eindeutig festgelegt, da durch eine Gerade unendlich viele Ebenen gelegt werden können.

b) Kennt man 2 Gerade in einer Ebene (sei es, daß die Geraden zueinander parallel sind oder sich schneiden, siehe Vorstufe [335, 1]), so **ergeben sich in jeder Projektionsebene 2 Spurpunkte, durch die dann der Verlauf der Spurlinien festgelegt ist.**

— 51 —

4*

c) Liegt die Gerade in einer zu den Projektionsebenen geneigten Ebene, verläuft aber **parallel** zu einer Projektionsebene, so ist ihre Projektion auf diese Ebene parallel zur gleichnamigen Spurlinie; die zweite Projektion liegt parallel zur Achse. **Diese sog. Hauptgeraden oder Spurparallelen einer Ebene sind,** wie wir bereits aus [92] wissen, **sehr wichtigeLinien, die häufig als Hilfslinien verwendet werden.**

Bringt man eine solche z. B. zur A.E. parallele Gerade *L* (Abb. 111), deren Gr.-Projektion *L'* bekanntlich parallel der

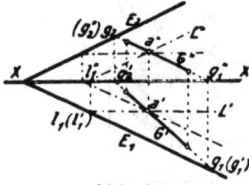
Abb. 111

X-Achse ist, mit einer zweiten beliebig geneigten Geraden *G* zum Schnitte, so kann durch diese beiden Geraden eine bestimmte Ebene gelegt werden. Die beiden Geraden durchstoßen die Gr.E. in den Spurpunkten g_1 und l_1, deren Verbindung die Spurlinie E_1 in der Gr.E. ergibt. Für die zweite Spurlinie E_2 steht nur ein Spurpunkt g_2 zur Verfügung; der zweite l_2 liegt als Schnittpunkt einer Geraden mit einer zu ihr parallelen Ebene in unendlicher Entfernung und deshalb muß auch die Spurlinie E_2 parallel zu *L"* liegen, d. h. *L"* erst in unendlicher Entfernung schneiden.

d) Da ein Punkt nur durch zwei Projektionen, die unbegrenzte Ebene dagegen nur durch Spuren darstellbar ist, braucht man als Bindeglied zwischen beiden die gerade Linie. **Ein Punkt liegt daher in einer Ebene, wenn er einer in dieser Ebene gezogenen Geraden angehört.** (Punktprobe [86], Geradenprobe [89] und Schnittpunktprobe [87 c].)

Aufgabe 38.

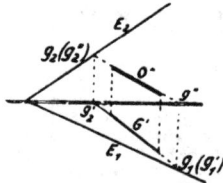
Abb. 112

[99] *Von einer Geraden G, die in der Ebene E mit den Spurlinien E_1 und E_2 liegt, ist der Grundriß G' gegeben; man bestimme den Aufriß G"! (Abb. 112.)*

$G' \times E_1 = g_1$. Dieses ist der erste Spurpunkt g_1. Da *G* eine Gerade der Ebene *E* sein soll, so muß der Spurpunkt g_1 in E_1 liegen. (Spurpunktprobe [98].) $G' \times X$-Achse $= g_2'$. Dadurch findet man den zweiten Spurpunkt g_2. Er liegt senkrecht über g_2' in $E_2 \cdot g_1"$ mit g_2 verbunden, gibt den gesuchten Aufriß *G"* der Geraden *G*.

Aufgabe 39.

[100] *Durch 2 „sich schneidende" Gerade G und L ist eine Ebene zu legen; deren Spurlinien sind zu bestimmen. (Abb. 113.)*

Um die Spuren der Ebene zu erhalten, bestimmt man die Durchstoßpunkte (Spurpunkte) der Geraden mit den Pr.E. in der nach [99] bereits bekannten Art. Verlängert man *G'* (bzw. *G"*) bis zur Achse, so erhalten wir den Schnittpunkt g_2' (bzw. $g_1"$). Die Schnittpunkte der in diesen Punkten errichteten Projektionsstrahlen mit den betreffenden Projektionen der Geraden stellen die **gesuchten Spurpunkte** g_2 bzw. g_1 dar. Auf gleiche Art suche man die Spurpunkte l_1, l_2 der Geraden *L*. Die Verbindungslinie $g_1 l_1$ stellt die **Gr.-Spur** E_1, die Gerade $g_2 l_2$ die **A.-Spur** E_2 der Ebene *E* dar. (Probe: E_1 muß sich mit E_2 in der *X*-Achse schneiden [91, a]. Spurlinienprobe!) F_1 und F_2 seien die Spuren einer zur Ebene *E* parallelen Ebene *F* [91 c]; sie sind parallel zu den Spuren der Ebene *E*.

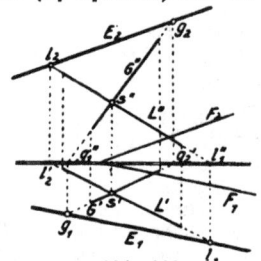
Abb. 113

Aufgabe 40.

[101] *Es sind die Spurlinien E_1 und E_2 einer Ebene E gegeben und die Grundrisse a' b' c' dreier in ihr gelegenen Punkte a b c; zeichne deren Aufrisse! (Abb. 114.)*

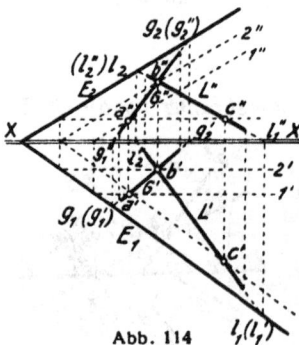
Abb. 114

Lösung: Nehmen wir die Grundrisse der Punkte *a*, *b*, *c* beliebig in *a'*, *b'*, *c'* an, so können wir *b* als Schnittpunkt der beiden Geraden $\boxed{G = a\,b}$ und $\boxed{L = b\,c}$ wählen; deren Projektionen sind $G' = a' b'$ und $L' = b' c'$. Die A.-Spurpunkte g_2 und l_2 dieser Geraden müssen in E_2 liegen (G_1 und L_1 bis zur *X*-Achse verlängert und durch g_2' und l_2' die Projektionsstrahlen gezogen, ergeben in E_2 die gesuchten Spurpunkte g_2 und l_2).

Die Gr.-Spurpunkte g_1 und l_1 von *G* und von *L* müssen einerseits in *G'* und *L'*, andererseits in E_1 liegen; es ergeben sich sonach leicht g_1 und l_1, deren A. in $g_1"$ und $l_1"$ gelegen sind.

$g_2 g_1"$ ist daher **der Aufriß** *G"* **der Geraden** *G*, $l_2 l_1"$ jener von *L* der Geraden *L*. Die Projektionsstrahlen durch *a'*, *b'* und *c'*, mit *G"* und *L"* zum Schnitte gebracht, ergeben schließlich die **gewünschten Aufrisse** *a"*, *b"*, *c"*. (Zur Probe zeichne man die Spurparallelen 1' und 2', 1" und 2" durch *a'* und *a"* bzw. durch *b'* und *b"*; wenn *a* und *b* in der Ebene *E* liegen, so muß 1' ∥ 2' ∥ *X* und 1" ∥ 2" ∥ E_2 sein.)

Aufgabe 41.

[102] *Durch die Gerade G ist eine Ebene zu legen, die parallel zur Geraden L liegt. (Abb. 115.)*

Lösung: Legt man durch einen auf *G* beliebig gewählten Punkt *a* (*a'*, *a"*) eine **Parallele** *D* zu *L* (*D'* ∥ *L'*, *D"* ∥ *L"*), so bestimmen die zwei sich schneidenden Geraden *D* und *G* die gesuchte Ebene parallel zu *L*. Konstruiert man nun genau so wie in vorhergehender Aufgabe die Spurpunkte $d_1 g_1$ und $d_2 g_2$ der Geraden *D* und *G* auf den Pr.E., so ergeben die Verbindungsgeraden der gleichnamigen Spurpunkte g_1 mit d_1 und g_2 mit d_2 die Spuren E_1 und E_2 der gesuchten Ebene *E*.

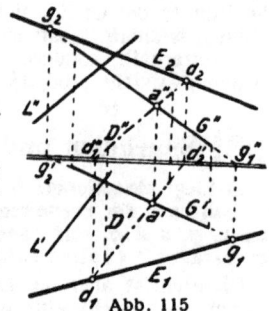
Abb. 115

[103] Schnitte von Geraden mit Ebenen.

a) Um den Schnitt von Geraden mit Ebenen, den sog. **Durchstoßpunkt,** zu bestimmen, **legt man durch die Gerade eine Hilfsebene, die senkrecht zu einer Projektionsebene liegt und konstruiert die Schnittlinie der Hilfsebene mit der gegebenen Ebene.** Da diese Schnittlinie und die gegebene Gerade in der Hilfsebene gelegen sind, müssen sie sich schneiden; deren Schnittpunkt ist, als in der Ebene und in der Geraden gelegen, jener Punkt, an welchem die Gerade die Ebene durchstößt.

b) Diese Methode kann auch zur Ermittlung der **Schnittlinie zweier ebenen Figuren** benützt werden. — Man legt zu diesem Behufe durch die Seiten der einen Figur Hilfsebenen und bringt diese zum Schnitte mit der zweiten Figur. Übrigens läßt sich diese Aufgabe vielleicht noch einfacher mit Hilfe von Spurparallelen lösen.

Aufgabe 42.

[104] *Es sind die Schnittpunkte zweier vertikaler Geraden M und L (etwa der Kanten eines Schornsteines oder eines sonstigen Aufbaues), deren Projektionen in M', L' und in M" L" gegeben sind, mit der ebenen Walmfläche a b c eines Daches zu bestimmen. (Abb. 116 u. 117.)*

Diese Aufgabe soll zeigen, wie man in der Praxis die Verhältnisse zu wählen hat, um auch bei begrenzten Flächenstücken mit den Spurlinien unbegrenzter Ebenen arbeiten zu können. Da die untere Kante der Walmfläche horizontal liegt, legen wir die Gr.E. gleich durch diese Kante, so daß diese Kante a'b' sofort die Gr.-Spurlinie der Walmebene bildet (sie schneide die X-Achse in w_x). Die A.E. wählen wir am zweckmäßigsten parallel zum Dachfirste.

Lösung 1. Art: Wir suchen zunächst die A.-Spur der Walmebene zu finden; hierzu bringen wir den Grat $a\,c$ mit der A.E. in bekannter Weise in g_2 zum Schnitte (Abb. 116); w_x, mit g_2 verbunden, gibt die A.-Spur der Walmebene, und damit haben wir unsere Aufgabe in eine gewöhnliche Aufgabe der darstellenden Geometrie verwandelt. Die Geraden M und L haben ihre Gr.-Projektionen in M' und L', die auch gleichzeitig die Grundrisse x_1 und y' ihrer Durchstoßpunkte mit der Walmfläche sind. Um sie im Aufrisse zu finden, legen wir durch M und L eine zur Gr.E. senkrechte Hilfsebene H, die sich nach [92] mit der Ebene W ($W_1\,W_2$) in S (S', S'') schneidet; die Schnittpunkte x'' und y'' von S'' mit M'' und L'' sind auch zugleich die A. der Schnittpunkte dieser Geraden mit der Walmfläche.

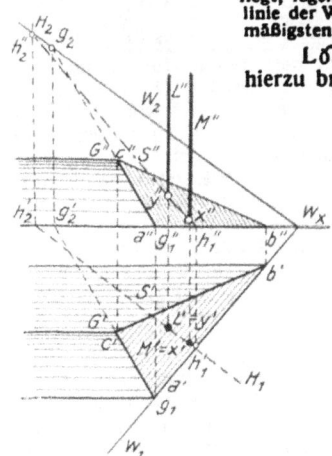

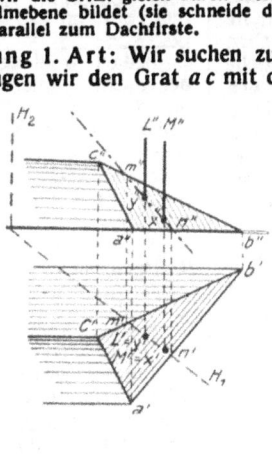

Abb. 116   Abb. 117

2. Art: Man kann die Schnittpunkte der Geraden M und L mit dem den Walm darstellenden Dreiecke $a\,b\,c$ auch unmittelbar ohne **Benützung der Spurlinien** bestimmen (Abb. 117). Man lege durch M und L die vertikale Hilfsebene H, deren Spur H' die Dreiecksseiten in den Punkten m' und n' schneidet. m' liegt in der Kante $b'c'$, hat daher seinen Aufriß in m'' (lotrecht über m' in $b''\,c''$); n' liegt in $a'\,b'$; daher ist sein Aufriß n'' (lotrecht über n' in $a''\,b''$). mn selbst ist eine Gerade in der Walmfläche und schneidet daher die Geraden M und L im Aufrisse in x'' und y'' auf der Linie $m''n''$.

Aufgabe 43.

[105] *Es ist der Durchschnitt eines Dreieckes mit einem Vierecke zu bestimmen. (Abb. 118 u. 119.)*

a) **Lösung mit Spurlinien:**

Die Schnittgerade der die beiden Figuren enthaltenden zwei Ebenen könnte man in der bisher besprochenen Weise bestimmen. Zur Probe kann dies der Leser selbst ausführen, indem er jeweils zwei Gerade jeder Figur mit den Pr.E. zum Schnitte bringt, damit die Spuren der Ebenen erhält und dann die Schnittgerade wie oben [93] konstruiert.

b) **Lösungen ohne Spurlinien: 1. Art.** Man braucht nicht erst die Spuren der Figurenebenen aufzusuchen, sondern man benutzt **Hilfsebenen, die ⊥ zur betreffenden Pr.E. stehen.** Man legt z. B. (Abb. 118) durch ac eine zur A.E. ⊥ Ebene H, welche das Viereck in der Geraden $1\,2$ schneidet. ($1'$, $2''$ liegt mit $a''\,c''$ in ein und der-

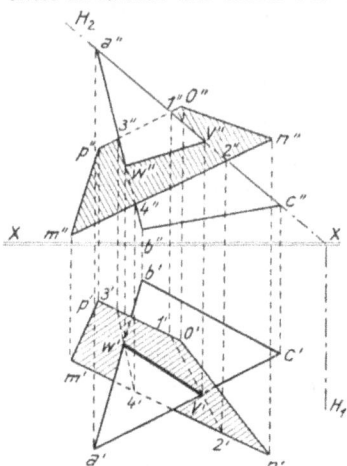

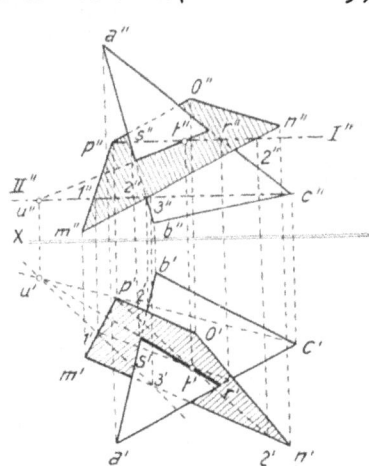

Abb. 118   Abb. 119

selben Linie.)   Zum Aufrisse $1''2''$ findet man leicht den Grundriß $1'2'$, der die Dreiecksseite $a'c'$ im Punkte v' schneidet.

Ebenso findet man den Schnittpunkt w'. Die Verbindung $v'w''$ stellt uns die Schnittgerade im Gr. dar. Der A. ergibt sich dann in $v''w''$.

2. Art. Auch mittels **Hilfsebenen parallel zu den Pr.E.** läßt sich die Schnittgerade bestimmen. Legt man z. B. durch p'' (Abb. 119) eine Ebene $I \parallel$ zur Gr.E., so schneidet diese Ebene die beiden Ebenen der Figuren im A. in den Strecken $p''q''$ und $r''s''$. Nun sucht man den Gr. dieser Strecken auf. $p'q' \times r's' = t'$ ist ein Punkt der Schnittlinie der beiden Ebenen. Eine 2. beliebige Hilfsebene II z. B. durch c'' gestattet die Konstruktion eines zweiten Punktes u der Schnittgeraden der beiden Figuren ($1'3' \times 2'c' = u'$); u' und t' verbunden, ergibt dann den Gr. der Schnittgeraden zwischen den Dreiecksseiten ab und ac, dessen A. leicht zu finden ist.

C. Umlegungen und Drehungen.

[106] Zweck und Durchführung.

a) Ebene Raumgebilde projizieren sich bekanntlich nur auf jener Projektionsebene in wahrer Größe und Gestalt, die zur Ebene des Gebildes parallel liegt. Bei jeder anderen Lage erscheinen sie in allen Projektionen verzerrt. Soll nun aus solchen Projektionen **die wahre Größe, sowie die wirkliche Lage des Gegenstandes (Neigungswinkel)** zu den **Projektionsebenen und zu benachbarten Gebilden** ermittelt werden, was bei technischen Konstruktionen sehr häufig notwendig ist, so muß **das Gebilde entweder in eine der Projektionsebenen umgelegt oder so gedreht werden, daß es parallel zu einer der Projektionsebenen zu liegen kommt.**

b) Bei **geraden Linien** braucht zu diesem Behufe nur eine der projizierenden Ebenen um ihre Spurlinie umgelegt oder um einen Projektionsstrahl in die parallele Lage zur Projektionsebene gedreht zu werden. Bei **ebenen Gebilden** sind zunächst die Spurlinien der Ebene des Gebildes zu konstruieren, um welche dann diese Ebene mit allen in ihr gelegenen und in wahrer Größe darzustellenden Gebilden umgelegt werden kann.

c) Umlegungen und Drehungen müssen natürlich immer zu den gleichen Ergebnissen führen, gleichviel in welcher Projektionsebene das wahre Bild des Gegenstandes gesucht wird. Es empfiehlt sich daher, in wichtigen Fällen zur Probe Umlegungen und Drehungen mindestens in zwei Projektionen durchzuführen.

d) Sehr interessant und lehrreich ist das Umlegen einer Geraden G, die die Gr.E. und A.E. in zwei verschiedenen Räumen durchstößt, wie dies in Abb. 110 dargestellt ist.

Um die Gerade G in die **Gr.E.** umzulegen, muß bedacht werden, daß jeder ihrer Punkte so weit von der Gr.E. absteht, als seine A.-Projektion von der X-Achse entfernt ist; wird daher $\boxed{a'a^I \perp G'}$ gezogen und $\boxed{a'a^I = a_x a''}$ gemacht, so stellt a^I einen ersten Punkt der in die Gr.E. umgelegten Geraden G dar. Einen 2. Punkt finden wir in dem Spurpunkt g_2 von G mit der A.E., indem wir $\boxed{g_2'g_2^I \perp G'}$ ziehen und $\boxed{g_2'g_2^I = g_2'g_2''}$ machen; es bedarf wohl keiner besonderen Überlegung, daß bei dieser Umlegung der Geraden G in die Gr.E. ihr **Spurpunkt** g_1 mit dieser Ebene **unberührt** bleibt, weil er ja schon in dieser Ebene liegt. Daraus ergibt sich die auch aus der Zeichnung hervorgehende Tatsache, daß die **Verlängerung** der umgelegten Geraden G_1 genau durch den Spurpunkt g_1 hindurchgehen muß.

Wollen wir ferner die Gerade G in die **A.E.** umlegen, so finden wir Punkt a^{II} in gleicher Weise wie vorhin, indem $\boxed{a''a^{II} = a_x a'}$ gemacht wird.

Merke: Der Spurpunkt g_2 bleibt wieder ungeändert, weil er schon in der A.E. liegt. Um aber in der Umlegung den 2. Spurpunkt g_1 zu finden, muß beachtet werden, daß dieser von der A.E. den Abstand g_1g_1'' hat und in einer von g_1'' auf G'' errichteten Senkrechten liegen muß. In der Tat finden wir, daß

$$g_1''g_1 = g_1'g_1^{II}.$$

Die Drehung vollzieht sich in dem **vor** der A.E. gelegenen Teile ag_2 nach **rechts**, in dem **hinter** der A.E. gelegenen Teile g_2g_1 nach **links**, und **wieder liegen beide umgelegten Spurpunkte in der umgelegten Geraden** G^{II}.

Der Leser wird guttun, sich diese Verhältnisse mit Hilfe einer senkrecht abgeknickten Postkarte (oder 2 aufeinander senkrecht stehenden Kartonblättern) und einer Stricknadel, die durch die beiden Blätter in der gezeichneten Lage durchgestoßen wird, zu versinnlichen; sie sind für das Folgende von besonderer Bedeutung.

Aufgabe 44.

[107] *Es sind die Neigungswinkel α_1 und α_2 zu bestimmen, welche die durch ihre Spurpunkte g_1 und g_2 gegebene Gerade G mit den beiden Projektionsebenen bildet. Weiters ist auch die wahre Länge der Geraden zwischen ihren Spurpunkten zu bestimmen. (Abb. 120.)*

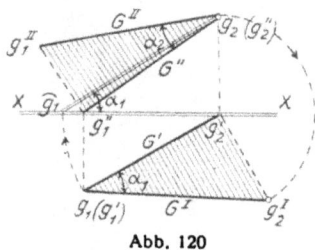

Abb. 120

a) Man legt das von der Geraden G mit ihrem Grundrisse G' gebildete Bestimmungsdreieck $g_1 g_2' g_2$ um die Gr.-Spur $g_1 g_2$ in die G.E. um, wobei man macht:

$$\boxed{g_2'g_2^I = g_2'g_2.}$$

Der $\sphericalangle \alpha_1$ in diesem umgelegten Dreiecke stellt uns dann den **Neigungswinkel** der Geraden G mit der Gr.E. dar. Gleichzeitig ist $\boxed{g_1 g_2^I}$ die **wahre Größe der Geraden** zwischen den Prj.E.

b) Den Neigungswinkel α_2 der Geraden G gegen die A.E. und ihre wahre Größe erhalten wir ähnlich durch Umlegen des zweiten Bestimmungsdreieckes: $g_1''g_2g_1$ um $g_1''g_2$ in die A.E.; wobei $\boxed{g_1''g_1^{II} = g_1''g_1}$; es ergibt sich auch hier in $\boxed{g_2 g_1^{II}}$ die wahre Länge der Geraden. (Probe!)

c) Beide Größen (wahre Länge und Neigungswinkel mit einer der Projektionsebenen) erhält man auch dadurch, daß man das über G' aufstehende Dreieck $g_1 g_2' g_2$ um den durch $g_2 g_2'$ gezogenen, in der A.E. liegenden Projektionsstrahl in die A.E. dreht, wobei g_1 den Bogen $g_1 \widehat{g_1}$ beschreibt; verbindet man den gedrehten Punkt $\widehat{g_1}$ mit g_2, so ist das früher erwähnte 1. Bestimmungsdreieck zwar nicht um die Gr.-Spur umgelegt, sondern vielmehr in die A.E. gedreht worden; es erscheint daher wieder in wirklicher Größe.

Der Leser versuche dasselbe mit der A-Projektion zu tun, indem er g_2 in die X-Achse dreht. Er mache sich auch ein Modell mit einer abgeknickten Postkarte.

Aufgabe 45.

[108] *Es ist die wahre Länge der durch ihre Projektionen $a' b'$, $a'' b''$ gegebenen Strecke ab zu bestimmen. (Abb. 121 u. 122.)*

a) **1. Lösung:** Das über $a'b'$ senkrecht aufstehende Trapez $a'b'ba$, dessen A. durch $a_x b_x b'' a''$ gegeben erscheint (Abb. 121), wird um $a'b'$ in die Gr.E. umgelegt. Die Höhe der Punkte a und b über der Gr.E. ergibt sich aus dem A.

$$\boxed{a'a^I = a_x a''} \qquad \boxed{b'b^I = b_x b'',}$$

$a^I b^I$ stellt die wahre Größe der Strecke ab im Raume und α_1 ihren Neigungswinkel gegen die Gr.E. dar.

b) **2. Lösung:** Man dreht das über $a'b'$ senkrecht aufstehende Trapez $a'b'ba$ (Abb. 121) um den lotrechten Projektionsstrahl $b'b$ als Achse in die zur A.E. **parallele** Lage; die Abstände der Punkte über der Gr.E. ändern sich bei dieser Drehung nicht, dagegen gelangt der Punkt a' nach $\widehat{a'}$, dessen Aufriß in $\widehat{a''}$ ist; daher ist $\widehat{a''}b''$ die **wahre** Größe der Strecke ab und $\sphericalangle \alpha_1$ der **Neigungswinkel** der Geraden **gegen die Gr.E.**

c) **3. Lösung:** Man findet die wahre Größe noch einfacher, indem man (Abb. 121) die Strecke $a'b'$ auf der Achsenparallelen $a''c''$ bis $\widehat{a''}$ aufträgt. $\alpha_1 =$ Neigungswinkel. In analoger Art werden (Abb. 122) die wahre Länge der Geraden ab und ihr Neigungswinkel α_2 mit der A.E. bestimmt.

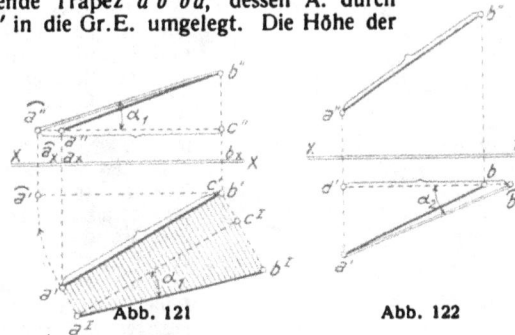
Abb. 121   Abb. 122

D. Neigungswinkel zwischen Geraden und Ebenen.

[109] Allgemeines.

a) Wie die Neigungswinkel von Geraden mit den Projektionsebenen bestimmt werden, ist uns bereits bekannt. Um den von **zwei sich schneidenden Geraden eingeschlossenen Winkel** zu konstruieren, müssen wir zunächst eine Spurlinie der durch die beiden Geraden gelegten Ebene bestimmen und diese sodann um die Spurlinie in die betreffende Projektionsebene umlegen.

b) Bei **Ebenen** handelt es sich entweder:

1. um den **Neigungswinkel einer gegebenen Ebene mit einer der Projektionsebenen** oder
2. um den **Winkel, den zwei beliebig geneigte Ebenen miteinander einschließen,** oder endlich
3. um den **Winkel, den eine Gerade mit einer Ebene bildet.**

In den beiden ersten Fällen müssen wir eine Hilfsebene senkrecht zur Schnittlinie der beiden gegebenen Ebenen legen, mit den Ebenen zum Schnitte bringen und den Neigungswinkel zwischen den gefundenen, sich schneidenden Schnittlinien bestimmen. Im dritten Falle muß eine Hilfsebene durch eine von einem Punkte der Geraden auf die Ebene gefällte Normale und durch die gegebene Gerade gelegt werden.

c) Soll von einem gegebenen Punkte eine **Normale auf eine gegebene Ebene** gefällt oder **durch einen bestimmten Punkt einer Geraden** eine **Normalebene** gelegt werden, so müssen wir uns an den Lehrsatz [91, d] erinnern, daß eine Gerade zu einer Ebene oder umgekehrt eine Ebene zu einer Geraden normal liegt, wenn die Spurlinien der Ebene mit den gleichnamigen Projektionen der Geraden rechte Winkel einschließen.

Die in einer Ebene senkrecht zur Grundrißspur gezogenen Geraden werden als **erste Spurnormalen** oder **erste Fallinien** bezeichnet, weil sie unter allen Geraden **die größte Neigung** oder **den stärksten Fall** gegen die Grundrißebene haben. Die zweiten Spurnormalen oder Fallinien in der Ebene stehen senkrecht zur Aufrißspur.

d) Nach einem ähnlichen Verfahren kann auch **die wahre Gestalt jeder** durch ihre Projektionen bestimmten **ebenen Figur** gezeichnet werden. Kennt man z. B. die Projektionen eines Dreieckes, so ziehe man in seiner Ebene eine Spurparallele durch eine Ecke und drehe das Dreieck um die Spurparallele in die durch sie gehende Hilfsebene senkrecht zur Grundrißebene. Der Aufriß des gedrehten Dreieckes ergibt dann dessen wahre Gestalt. Bei der Umlegung in die Hilfsebene beschreibt diese Ecke einen Kreisbogen, der sich im Grundrisse als Senkrechte zur Spurparallelen darstellt. Sein Radius wird als Hypotenuse eines rechtwinkligen Dreieckes gefunden, dessen Katheten uns bekannt sind. Ebenso beschreibt die dritte Ecke bei ihrer Drehung in die Hilfsebene einen Kreisbogen senkrecht zur Spurparallelen.

e) Die **Halbierung eines Winkels** kann nur nach seiner Darstellung in wahrer Gestalt, **also in der Umlegung** ausgeführt werden.

f) Hierher gehört endlich auch die Aufgabe, **die kürzeste Entfernung zweier windschiefen Geraden G und L zu bestimmen.** (Abb. 122a.) Man lege durch die Gerade G eine

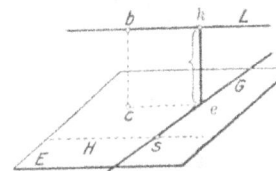
Abb. 122 a

Ebene E, die parallel zu L liegt, zu welchem Behufe man durch einen beliebigen Punkt s eine Gerade $H \parallel L$ zieht [102]. Nun fällen wir von einem beliebigen Punkte b der Geraden L ein Lot auf die Ebene E und ermitteln seinen Durchstoßpunkt c [115]. Durch c legen wir eine Parallele zu L in der Ebene E und erhalten damit den Schnittpunkt e [87]. Durch e eine Normal-

ebene zu L gelegt, ergibt den Durchstoßpunkt k von L mit der Normalebene [116]. ke ist in der Tat der kürzeste Abstand zwischen G und L, denn alle Punkte auf L haben von E dieselbe senkrechte Entfernung, folglich kann keiner weniger entfernt sein [108].

Da die Aufgabe mehrere Einzelaufgaben dieses Abschnittes umfaßt, versuche der Leser selbst deren Lösung.

Aufgabe 46.

[110] *Es ist der Winkel α zweier sich schneidender Geraden G und L zu bestimmen.* (Abb. 123.)

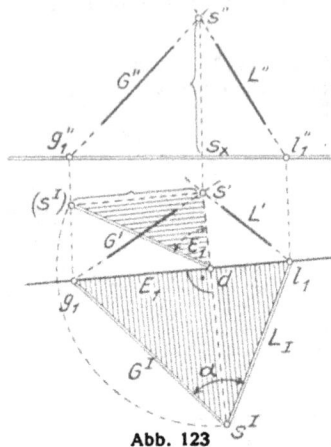
Abb. 123

Lösung: Zwei sich schneidende Gerade bestimmen eine Ebene; wir bringen sie mit der Gr.E. zum Schnitte, indem wir die Spurpunkte g_1 und l_1 auf bereits bekannte Art konstruieren; die Verbindungsgerade $g_1 l_1$ ist die Spur E_1. Nun legen wir die Ebene, gebildet aus den beiden Geraden G und L mit ihrem Schnittpunkte s um die Spur E_1 um. Der Punkt s beschreibt dabei einen Kreisbogen, der sich im Gr. als Normale zur Spur E_1 abbildet. **Um den Punkt s^I zu erhalten, brauchen wir den Abstand ds in seiner natürlichen Größe.** Zu diesem Zwecke legen wir am besten das rechtwinklige Dreieck $ds's$, das sich im Gr. als Strecke ds' abbildet, in die Gr.E. um. Es besitzt als Katheten den Grundriß ds' der Strecke ds und den durch s' gehenden Projektionsstrahl $s_x s''$, als Hypotenuse die Strecke ds im Raume. Legt man nun dieses Dreieck in die Gr.E. um ds' um, so ist der Abstand ds in seiner wahren Größe $d'(s^I)$ ermittelt; wird nun dieser auf der durch s' gezogenen Normalen zu E_1 $(g_1 l_1)$ bis s^I aufgetragen, so erhalten wir in s^I den in die Gr.E. umgelegten Punkt s. Da l_1 und g_1 als Spurpunkte bereits in der Gr.E. liegen, ändern sie bei der Drehung ihre Lage nicht. $g_1 s^I$ und $l_1 s^I$ sind die umgelegten Geraden G^I und L^I, welche den Neigungswinkel α der beiden Geraden G und L einschließen.

Übung: Der Leser bestimme den Neigungswinkel durch Umlegen in die A.E. Dieser Winkel muß mit dem vorhergehenden, sonst gleiche Annahmen vorausgesetzt, übereinstimmen.

Aufgabe 47.

[111] *Es ist der Neigungswinkel zu bestimmen, den die Ebene E mit den Proj.-Ebenen einschließt.* (Abb. 124.)

Lösung: Die Spuren der Ebenen seien E_1 und E_2. Man konstruiert eine zur G.E. senkrechte Ebene N, die auch auf der Spur E_1 senkrecht steht. $g_1 g_2'$ ist der Gr. eines rechtwinkeligen Dreieckes, gebildet aus der Schnittgeraden der Ebenen N und E, $= g_1 g_2$, aus der Schnittgeraden der Ebene N und der Gr.E. $= g_1 g_2'$; und der Schnittgeraden der Ebene N und der A.E. $= g_2' g_2$. Das Dreieck erscheint im A. als Dreieck $g_1'' g_2' g_2$ und besitzt einen rechten Winkel bei g_2'. Legt man das Dreieck um die Gerade $g_1 g_2'$ in die Gr.E. um, so bleibt die eine Kathete $g_1 g_2'$ in ihrer ursprünglichen Lage; die Größe der zweiten, dazu $\perp$ stehenden Kathete zeigt sich in wahrer Größe im A. in $g_2' g_2$, auf einer Senkrechten zu $g_1 g_2'$ aufgetragen in $g_2' g_2^I$. Die Hypotenuse $g_1 g_2^I$ stellt uns den umgelegten Schnitt der Normalebene N mit der Ebene E dar. Der Winkel ε_1 dieses Dreieckes **ist der gesuchte Neigungswinkel der Ebene E gegen die Gr.E.**; $\sphericalangle \varepsilon_2$ findet man auf gleichem Wege mit Hilfe einer zur Spur E_2 und zur A.E. senkrechten Hilfsebene.

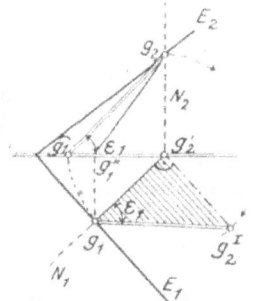
Abb. 124

Probe: Man drehe das Dreieck $g_1 g_2' g_2$ um $g_2' g_2$ in die A.E. und erhält damit den gleichen Winkel ε_1.

Aufgabe 48.

[112] *Es ist der Neigungswinkel α einer Geraden G gegen eine Ebene E zu bestimmen.* (Abb. 125.)

Lösung: Der Neigungswinkel einer Geraden zu einer Ebene ist bekanntlich jener Winkel, den die Gerade mit ihrer Projektion auf dieser Ebene einschließt; wird daher von einem Punkte der Geraden eine Normale auf die Ebene gefällt, so wird der Winkel β, den die Gerade mit der Normalen bildet, der Ergänzungswinkel zu dem Neigungswinkel α sein, den die Gerade mit der Ebene einschließt, also $\beta = 90^0 - \alpha$.

Von einem beliebigen Punkte a ($a'' a'$) der Geraden G errichten wir eine Normale auf die Ebene E ($L' \perp E_1$; $L' \perp E_2$); es entsteht

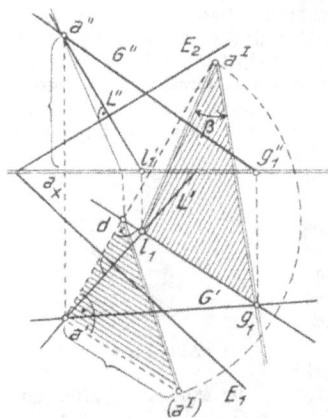
Abb. 125

zwischen G und L der Winkel $\beta = 90^\circ - \alpha$, der als Winkel zweier sich schneidenden Geraden leicht gefunden werden kann. Man bestimmt, wie vorher, den Schnitt der Ebene, die durch G und L gegeben ist, mit einer Pr.E., z. B. mit der Gr.E. und legt die Ebene, wie vorhergehende Aufgabe zeigt, um $g_1 l_1$ in die Gr.E. um; man erhält so den $\sphericalangle \beta = 90^\circ - \alpha$ in natürlicher Größe somit $\alpha^\circ = 90^\circ - \beta$.

Aufgabe 49.

[113] *Es ist der Neigungswinkel ε zweier Ebenen E und F zu bestimmen. (Abb. 126.)*

Lösung: Man bestimmt zuerst die Schnittgerade S der beiden Ebenen E und F, was uns keinerlei Schwierigkeiten mehr bereitet [93]; die beiden Projektionen sind S' und S''. Nun errichtet man eine Normalebene N auf die Schnittgerade, welche die zwei gegebenen Ebenen in zwei Geraden schneidet, die den Neigungswinkel ε der beiden Ebenen gegeneinander einschließen. Die Spur N_1 dieser Normalen auf der Gr.E. steht auf S' senkrecht und schneidet die Spuren E_1 und F_1 in e' und f'. Es handelt sich also nur mehr darum, **das Dreieck, dessen zwei Seiten die Schnittgeraden von N mit E und F bilden, um die 3., in der Gr.E. liegende Seite $e_1 f_1$ umzulegen.** Der Winkel, den die beiden Schnittgeraden miteinander einschließen, ist dann der gesuchte Neigungswinkel ε der beiden Ebenen. Legt man die auf der Gr.E. $\perp$ stehende Ebene, welche die Grundrißspur S' hat, in die Gr.E. um, so erhält man das Dreieck, das im Gr. als Gerade S' und im A. als Dreieck $s_1'' s_2 s_2'$ erscheint, in wahrer Größe. $s_2' s_2 = s_2' s_2\mathrm{I}$; $s_2\mathrm{I} s_1$ ist die wahre Größe der Schnittgeraden.

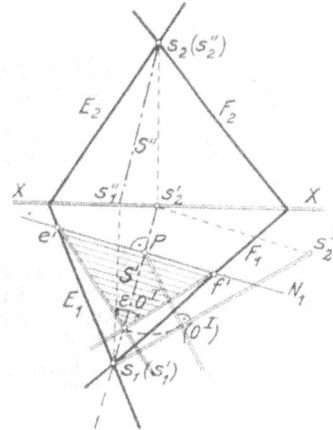
Abb. 126

$(O\mathrm{I})$ ist der umgelegte Schnittpunkt der Ebene N mit S; also auch die Spitze des gesuchten Dreieckes und die Strecke $O\mathrm{I}P$ die Entfernung dieser Spitze von der 3. Seite $e'f'$. Tragen wir nun diesen Abstand auf S' auf, so erhalten wir in $e'f'O\mathrm{I}$ das Dreieck in seiner wahren Größe, so daß die Verbindungsgeraden $e'O\mathrm{I}$ und $f'O\mathrm{I}$ die in die Gr.E. umgelegten Schnittgeraden der Normalebene N mit den Ebenen E und F darstellen. Der $\sphericalangle \varepsilon$ zwischen diesen beiden Geraden ist **der Neigungswinkel der beiden Ebenen E und F.**

Übung: Führe dieselbe Aufgabe bei gleicher Annahme auch mit Hilfe der A.E. durch. Der $\sphericalangle \varepsilon$ muß natürlich derselbe bleiben.

Aufgabe 50.

[114] *Es ist der Neigungswinkel der beiden, an den Grat $a\,c$ des in den Abb. 116 und 117 gezeichneten Walmdaches anschließenden Dachflächen zu bestimmen. (Abb. 127.)*

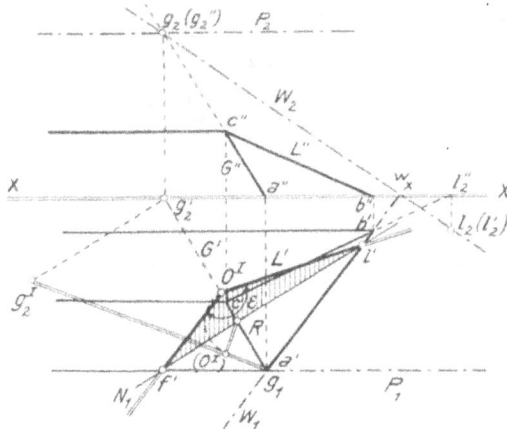
Abb. 127

Um die Lösung dieser Aufgabe auf jene der Aufgabe 49 zurückzuführen, müssen wir zunächst die Spuren der beiden Dachflächen bestimmen: Die **Spur** W_1 **der Walmfläche** $a\,b\,c$ ist der Gr. der Walmseite $a'b'$ selbst; die Spur W_2 konstruieren wir uns, indem wir nach bekanntem Verfahren die Spurpunkte l_2 und g_2 der in der Walmebene liegenden Geraden G und L (der beiden Grate) auf der A.E. suchen; ihre Verbindungsgerade $l_2 g_2$ ergibt W_2 und trifft W_1 in der X-Achse bei w_x. Die Spuren der Ebene P parallel zur X-Achse **durch die Gerade** $a\,c$, sonach der zweiten **Dachfläche**, sind selbst parallel zur X-Achse in P_1 und P_2. Der weitere Vorgang ist dann genau gleich wie in Aufgabe 49. Hilfsebene N senkrecht auf der Schnittgeraden G $(N_1 \perp G')$; Dreieck $g_1 g_2\mathrm{I} g_2$ umlegen; auf Hypotenuse $g_1 g_2\mathrm{I}$ von R Normale fällen, gibt $(O\mathrm{I})$; $R(O\mathrm{I}) = RO\mathrm{I}$. Die Verbindungsgeraden $e'O\mathrm{I}$ und $f'O\mathrm{I}$ sind die in die Gr.E. umgelegten Schnittlinien der Normalebene N mit

den beiden Dachflächen und der Winkel ε der gesuchte Neigungswinkel zwischen den zwei den Grat $a\,c$ bildenden Dachflächen.

Aufgabe 51.

[115] *Von einem gegebenen Punkte a ist ein Lot L auf eine Ebene E zu fällen, deren Spurlinien E_1 und E_2 gegeben sind. Wo durchstößt dieses Lot die Ebene? (Abb. 128.)*

Lösung: Der Aufriß L'' der gesuchten Geraden L geht durch a'' und steht auf der gleichbenannten Spur E_2 senkrecht; ebenso steht der Grundriß $L' \perp$ auf E_1 und geht durch a'. **Damit ist die Gerade L gefunden.**

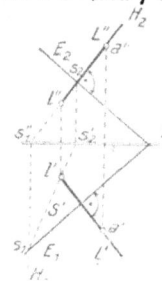
Abb. 128

Der **Durchstoßpunkt** der Geraden L mit der Ebene E wird mit Hilfe einer zu einer der Pr.E. senkrechten Hilfsebene durch die Gerade L konstruiert. Diese Ebene H habe ihre A.-Spur in H_2; sie schneidet die Ebene E längs einer Geraden S, deren A. mit der Spur $H_2 = L''$ zusammenfällt, während sich die Gr. durch Aufsuchen der Spurpunkte $s_1 s_2$ dieser Schnittgeraden S ergibt.

Da nun L und S derselben Hilfsebene H angehören, so müssen sie sich in einem Punkte l schneiden, dessen Grundriß $l' = L_1 \times S_1$ leicht zu bestimmen ist; l'' liegt senkrecht über l' auf L''. Die Schnittgerade S gehört aber auch der Ebene E an, infolgedessen ist der Punkt l **der gesuchte Durchstoßpunkt der Geraden L mit der Ebene E.**

Aufgabe 52.

[116] *Durch einen Punkt a ist eine Normalebene zu einer vorgegebenen Geraden G zu legen. (Abb. 129.)*

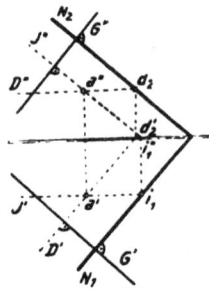

Abb. 129

Lösung: Die Spuren N_1 bzw. N_2 der gesuchten Normalebene müssen zu den Projektionen G' bzw. $G'' \perp$ stehen (Umkehrung der Aufgabe 51). Man kennt daher schon die Richtung der Spurlinien und braucht zur eindeutigen Festlegung nur mehr eine erste oder zweite Spurparallele durch den Punkt a, wodurch dieser dann der Normalebene angehört. Die erste Spurparallele $D' \parallel N_1$ durch a ist leicht zu konstruieren (D'' läuft achsenparallel durch a''). In d_2 erhalten wir den Spurpunkt der Spurparallelen auf der A.E. Durch diesen Punkt muß die A.- Spur N_2 gehen; durch den Schnittpunkt $N_2 \times X$-Achse geht $\perp$ zu G' die Gr.-Spur N_1 der Ebene N. (Die zweite Spurparallele J liefert eine Probe, indem sie der Ebene angehören und ebenfalls durch a gehen muß.)

Übung: Der Leser möge allein den Durchstoßpunkt der Geraden G mit der Normalebene N bestimmen.

[117]   Übungsaufgaben.

Aufg. 53. Es ist eine Gerade G darzustellen, die in der Gr.E. liegt.

Aufg. 54. Es sind die Spurpunkte einer Geraden zu bestimmen, die

     a) $\parallel$ zur Gr.E.,
     b) $\parallel$ zur A.E.,
     c) $\parallel$ zur S.E. liegt.

Aufg. 55. Eine zur X-Achse $\parallel$ Gerade ist darzustellen.

Aufg. 56. Es ist eine Gerade darzustellen, die

     a) $\perp$ zur Gr.E.,
     b) $\perp$ zur A.E.,
     c) $\perp$ zur S.E. liegt.

Aufg. 57. Man konstruiere den Gr. eines Quadrates von bestimmter Seitenlänge l, dessen Ebene $\perp$ zur A.-Ebene liegt, wenn eine Ecke a im A. und Gr. und die anliegende Seite ab nur im A. gegeben sind. Anleitung: Ecke a und den Projektionsstrahl der 2. Ecke b in die A.-Ebene umlegen; von a aus Kreisbogen mit Seitenlänge l ziehen und mit dem umgelegten Projektionsstrahle zum Schnitte bringen; Schnittpunkt gibt die umgelegte Ecke b. Über ab Quadrat konstruieren und durch Rückverlegung in die Ebene des Quadrates den Gr. ermitteln. Schnittpunktprobe mit den Diagonalen. Wann ist nur eine Lösung möglich?

Aufg. 58. Es sind die Spurlinien einer

     a) zur Gr.E. $\parallel$,
     b) zur S.E. $\perp$ Ebene gegeben.

Man suche die Projektionen dreier in den Ebenen gelegenen Punkte.

Anleitung: Bei Aufgabe b) muß der S. verwendet werden.

Aufg. 59. Es sind die Schnittlinien zweier Ebenen zu konstruieren, wenn

     a) die eine Ebene beliebig geneigt, die zweite aber $\perp$ zur A.E. liegt,
     b) beide Ebenen $\perp$ zur Gr.E. liegen,
     c) die eine Ebene beliebig geneigt ist, die zweite jedoch $\parallel$ zur Gr.E. liegt,
     d) beide Ebenen $\parallel$ zur X-Achse gelegen sind.

Anleitung zu d): Hilfsebene $\perp$ Gr.E.; Lösung mit S. einfacher.

Aufg. 60. Von einem gegebenen Punkte ist ein Lot auf die Ebene eines Dreieckes zu fällen. — Anleitung: Man braucht zur Lösung dieser Aufgabe keine Spurlinien. Durch Eckpunkt des Dreieckes Spurparallele legen.

ALLERLEI WISSENSWERTES

über Technik und Naturwissenschaft.

Taucherkunst und Tiefseeforschung.

[118] Während das unseren Erdball umgebende Luftmeer kaum mehr wesentliche Geheimnisse verbirgt, wir mindestens jetzt durch unsere Flugzeuge in der Lage sind, bis zu ganz bedeutenden Höhen zu gelangen, bleibt uns auch heute noch das Meer von verhältnismäßig geringen Tiefen nach abwärts so gut wie verschlossen; es ist diese Lücke in der technischen Bezwingung des Meeres um so bedauerlicher, als es gerade in der gegenwärtigen Zeit, wo das Meer unendliche Schätze an wertvollstem Materiale verschlungen hat, mehr als je notwendig und wünschenswert wäre, ungehindert am Meeresgrunde arbeiten und die Schätze heben zu können.

Die Tiefe, bis zu der der Mensch im Meere gelangen kann, beträgt kaum mehr als 70 m, und auch in dieser Tiefe ist ein längerer Aufenthalt, wie er zur Vornahme von Arbeiten nötig wäre, nahezu ausgeschlossen; es ist das um so merkwürdiger, als bei der vielfachen Berührung, in welcher der Mensch schon frühzeitig mit dem Wasser trat, auch das Bestreben immer reger wurde, die Hindernisse, welche dieses Element dem Eindringen in größere Tiefen bereitet, zu beseitigen.

Um dem Menschen ein längeres Verweilen unter Wasser zu ermöglichen, muß das Wasser von ihm ferngehalten und er ständig mit frischer Luft versorgt werden.

Ohne Hilfsmittel ist es selbst den geübtesten Freitauchern, wie man sie unter den Perlen-, Schwamm-, Korallen- und Bernsteinfischern findet, unmöglich, länger als einige Minuten unter Wasser zu verbleiben, eine Zeit, die viel zu kurz ist, um eigentliche Arbeiten auszuführen.

Hauptsächlich sind es der Luftmangel und der Druck, der sich dem Atmen entgegenstellt, die das natürliche Tauchen ohne Apparat beeinträchtigen. Der erste primitive Taucherapparat war ein umgestürzter Kessel, den der Taucher über seinen Kopf stülpte. Erst im 17. Jahrhundert kamen die sog. Taucherkästen auf, die von Drebbel, Sinclair u. a. erfunden und z. B. bei der Bergung von Wertsachen aus den an der englischen Küste gesunkenen Schiffen der „Armada" verwendet wurden. An Stelle der hölzernen Kästen traten später die metallenen Taucherglocken, das sind Vorrichtungen, durch die der in einer unten offenen Glocke verschlossene Luftraum einen längeren Aufenthalt unter Wasser ermöglicht, namentlich seit diesen Glocken mit Hilfe von Luftpumpen frische Luft zugeführt werden konnte. Aus diesen Glocken entwickelten sich durch Anbringung von mit Luftschleusen ausgestatteten Steig- und Förderschächten die Taucherschächte, wie sie bei der Preßluftfundierung als Caissons jetzt so häufig angewendet werden, wovon im 2. Bande bei den Fundierungen noch eingehender die Sprache sein wird. — Man darf sich aber nicht vorstellen, daß solche Glocken einfach ohne weitere Vorsorge gegen den Wasserdruck hinabgelassen werden können; das Wasser würde in die Glocke eindringen, sobald in größeren Tiefen der Wasserdruck steigt; auch ein Glas, welches mit dem Boden nach aufwärts in ein Wassergefäß eingetaucht wird, bleibt anfangs größtenteils leer; dann aber mit zunehmendem Wasserdrucke in größerer Tiefe wird es sich infolge Zusammenpressens der eingeschlossenen Luftsäule bald mit Wasser füllen. Wie unsere Leser bereits wissen, entspricht der gewöhnliche Luftdruck, eine Atmosphäre, einem Drucke von 1 kg per cm². denken wir uns nun einen Wasserwürfel von 10 cm Seitenlänge, der bekanntlich 1 kg wiegt, in 100 Wassersäulchen vom Querschnitt 1 cm² zerlegt, so wird jedes dieser Wassersäulchen $\frac{1}{100}$ kg wiegen; der Druck auf 1 cm² wird sonach bei 10 cm Höhe der Wassersäule $\frac{1}{100}$ kg betragen. — Um nun dem Drucke der Luftsäule von 1 Atmosphäre, d. h. von 1 kg per cm², das Gleichgewicht zu halten, müssen 100 solcher Säulchen von je 10 cm Höhe aufeinander gestellt werden. — Die Gesamthöhe dieser Säulchen wird sonach $100 \cdot 10 = 1000$ cm $= 10$ m betragen. Daraus geht hervor, daß je 10 m Wasserhöhe einem Drucke von 1 Atmosphäre entsprechen, d. h. der Druck in 10 m Tiefe ist gleich 1 Atm., in 20 m Tiefe 2 Atm. usw. Außer diesem von der Wassertiefe abhängigen Drucke muß aber noch dem Drucke der äußeren Luft mit 1 Atm. entgegengewirkt werden, um mit Sicherheit das Eindringen des Wassers und das Zusammenpressen der Wände zu verhüten. Soll daher aus einer Taucherglocke in z. B. 30 m Tiefe das Wasser aus der Glocke verdrängt werden, so muß im Inneren der Glocke der Luftdruck gegen 4 Atm. betragen, ein Druck, der wohl der äußerste ist, unter dem ein Mensch überhaupt noch atmen kann. Übrigens gehört auch schon bei geringerem Drucke von 2—3 Atm. eine sehr große Übung dazu, um beim Übergange von der gewöhnlichen zur hochgespannten Luft und umgekehrt zu atmen. Versäumt der Arbeiter diese Vorsicht, so stehen die inneren Hohlräume seines Körpers, in welchem der Austausch der Luft nicht so rasch erfolgen kann, unter einem anderen Drucke als die ihn umgebende Luft, was wegen des zu befürchtenden Berstens der Lunge und anderer Körperhöhlen sowie der Adern mit größter Lebensgefahr verbunden ist. — Deshalb darf auch der Taucher nur ganz langsam, etwa 2 m per Minute, steigen oder sinken.

Eine wesentliche Verbesserung der Tauchvorrichtungen gelang durch die Erfindung der Taucher-
anzüge, der sog. Skaphanderapparate, die jetzt für die Taucharbeiten fast ausschließlich in
Verwendung sind. Die Taucherrüstung (Abb. 130) besteht aus einem vollkommen luft- und wasserdichten Anzuge aus gummierten Geweben; über den Kopf wird ein kupferner Helm *H* angeschraubt,
der drei mit Glas verschlossene Öffnungen zum Zwecke des freien Ausblickes besitzt. Das vordere
Glas *g* wird erst im letzten Momente, wenn schon die Pumpe in Tätigkeit ist, eingeschraubt, und

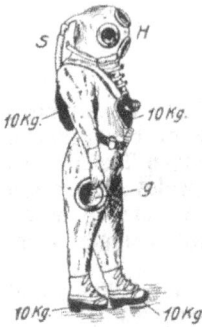

Abb. 130

von diesem Momente an muß der Taucher durch geschicktes Atmen trachten,
den Druckausgleich auch im Innern seines Körpers allmählich zu erzielen. —
Um versenkt werden zu können, wird der Taucher künstlich belastet, zu welchem
Behufe er bleierne Schuhsohlen von je 10 kg Gewicht und außerdem auf Brust
und Rücken zwei Bleiplatten von je 10 kg Gewicht erhält. Der luftbringende
Schlauch *S* hat seinen Ansatz am Hinterteile des Helmes; für den Austritt der
ausgeatmeten Luft ist ein eigenes Ventil vorhanden, das der Taucher selbst
weiter und enger stellen kann. In der Regel bleibt ein Taucher nicht länger als
eine halbe Stunde unten, worauf ihm eine längere Ruhepause gewährt wird, so
daß er im Tage etwa 7—8 Fahrten machen kann. — Aber auch diese Apparate
sind mit der Zeit wesentlich verbessert worden. Man hat dem Taucher die
Möglichkeit geboten, sich aus einem am Rücken aufgeschnallten Lufttornister
nach Belieben Luft von der richtigen Spannung verschaffen zu können, ihn sogar
durch Mitnahme eines größeren Vorrates an gepreßter Luft, die er durch ein
Reduzierventil in der jeweils nötigen Menge und Spannung sich selbst schaffen
kann, bis zu einem gewissen Grade von der Zuverlässigkeit seiner im Boote und bei der Luftpumpe arbeitenden Kameraden unabhängig gemacht. — Durch Füllen und Entleeren seines Anzuges kann der
Taucher auch selbständig sinken und steigen. Das Tauchen mit einem solchen Luftvorrate, der für
etwa eine Stunde ausreicht, ist namentlich dort sehr am Platze, wo es nötig ist, ein gesunkenes Schiff
auszuräumen, da es doch sehr gefährlich erscheint, in den Räumlichkeiten des Schiffes herumzu-
tasten, während das Leben von dem mitgeführten Luftschlauche abhängig bleibt.

Trotz allem ist die Taucherarbeit selbst in einem Anzuge, der freieste Beweglichkeit bietet, in
Tiefen von über 30 m sehr anstrengend und kaum mehr durchführbar. Man versuchte Tieftauch-
apparate und Taucherboote zu konstruieren und soll z. B. der Tauchapparat „Neptun" von To-
selli schon bis zu einer Tiefe von 70 m niedergegangen sein. Vielleicht werden die Fortschritte im
Bau von Unterseebooten auch hier Wandel schaffen. Freilich muß dabei berücksichtigt werden,
daß bei allen diesen Booten, wenn sie selbst in wesentlich größere Tiefen gelangen könnten, Arbeiten
außerhalb des Bootes unter Wasser mit sehr großen Schwierigkeiten verbunden sein werden, so daß
wahrscheinlich der frei bewegliche Taucher noch lange Zeit unersetzbar bleiben wird. —

Größere Tiefen sind für den Menschen heute noch unzugänglich, und unsere Kenntnis von allem,
was im tiefen Meere vorgeht, beruht unr auf den dürftigen Erfahrungen, die uns die Tiefseefor-
schung mitteilt. Selbst die Messung größerer Meerestiefen ist mit großen Schwierigkeiten verbunden und werden eigene Schiffe nur zu den Zwecken ausgerüstet, um die Meerestiefen, die Wasser-
temperaturen, die Beschaffenheit des Meeresbodens sowie die dort gedeihenden Pflanzen und Tiere
zu erforschen. — Mit gewöhnlichen Lotleinen kommt man höchstens auf 1000 m Tiefe. Bei größeren
Tiefen bedient man sich eigener Tiefseelote, die so eingerichtet sind, daß das schwere Gewicht
von 40 bis 70 kg, mit dem die Leine versenkt wird, beim Auftreffen auf den Boden losgekuppelt
und die Leine mit dem Tiefseethermometer und mit der die Grundproben aufnehmenden Stange
allein hochgezogen wird. — Zur Heraufbeförderung von Bodenproben und lebenden Organismen
werden in nicht allzu großen Tiefen auch Schleppnetze verwendet. Noch viel größere Schwierigkeiten hat man zu überwinden, wenn es sich darum handelt, bei Auftreten von Kabelfehlern in
Tiefen von mehreren tausend Metern das Kabel zu schneiden und das eine Kabelstück aufzuheben.
In dieser Richtung sind übrigens schon sehr schöne Erfolge aufzuweisen, die aber natürlich ganz
außerordentlich vom Zufalle abhängig sind; davon wird noch im Abschnitte über Kabeltelegraphie
die Rede sein.

Im allgemeinen schätzt man die Meerestiefen viel zu hoch ein. — Der Atlantische Ozean zwischen Europa und Nordamerika weist z. B. Maximaltiefen von etwas über 4000 m auf, was gelegentlich einer Lotung längst der transatlantischen Kabelzüge festgestellt wurde, Im Profil des Stillen
Ozeans finden sich Tiefen von 6000 m vor und in den chinesischen Gewässern sollen Tiefen von
über 8000 m gemessen worden sein.

Bei solchen Untersuchungen hat man u. a. auch gefunden, daß im Atlantischen Ozean bei
Tiefen von mehr als 3000 m eine nahezu gleichmäßige Temperatur von $1,8^0$ C herrscht. Tageslicht
dringt nur bis zu Tiefen von 400 m ein, und auch da ist es nur mehr mit Hilfe sehr empfindlicher,
photographischer Vorrichtungen nachzuweisen. — Die schwachen Lichtstrahlen sind nicht mehr
imstande, pflanzliches Leben zu erhalten, das von etwa 200 m abwärts aufhört. Dagegen leben in
Tiefen bis 5000 m noch ganz ansehnliche Fische, trotzdem dort ein Druck von ca. 500 Atm. herrscht.

Jedenfalls wird auf dem Gebiete der Taucherkunst noch viel zu erfinden sein, bis der Mensch
auch unter Wasser nach Belieben und nach Bedarf schalten und walten wird können.

LEBENSBILDER

berühmter Techniker und Naturforscher.

Galileo Galilei.
* 1564, † 1642.

Der eigentliche Begründer der neuen Naturforschung, die nur den Versuch als Grundlage alles Naturwissens gelten läßt, war unbestritten Galileo Galilei, dem übrigens die Menschheit eine ganze Reihe der wichtigsten Entdeckungen und Erfindungen verdankt. Sein Vater Vincenzo Galilei in Pisa, der „reich an Kindern, aber arm an Geld" war, hatte sich als bedeutender Mathematiker durch einige Schriften über die Theorie der Musik einen Namen in der Gelehrtenwelt erworben. Sein Sohn Galileo sollte Tuchmacher werden, machte aber in der Lateinschule so gute Fortschritte, daß sein Vater sich trotz seiner beschränkten Verhältnisse entschloß, ihn auf der Universität in Pisa Medizin studieren zu lassen.

Schon als 19 jähriger Student machte er im Dome zu Pisa die für die weitere Entwicklung der Physik so bedeutungsvolle Beobachtung, daß zwei Kronleuchter von ungleicher Größe, die an gleich langen Schnüren hingen, zufällig in Schwingungen geraten, in gleichem Takte schwangen. Wie eine Erleuchtung überkam es ihn da, daß ihm diese Entdeckung das Mittel gab, die 2000 Jahre alte, bisher unangefochtene Aristotelessche Ansicht über den freien Fall der Körper umzustürzen. Wenn sich der Kronleuchter am weitesten aus der Gleichgewichtslage entfernt hat, so bewegt er sich durch eine Art Fallbewegung, wenn auch nicht vertikal, so doch abwärts in die ursprüngliche Lage zurück. Er kommt damit mit einer gewissen Geschwindigkeit an, geht infolgedessen abermals über die Gleichgewichtslage hinaus usw. Galilei erkannte nun sofort, daß das Fallbestreben für die beiden ungleich schweren Leuchter gleich groß sein müsse, da sie sonst nicht gleich schnell schwingen könnten. Aristoteles lehrte dagegen, daß ein Gegenstand von doppelter Schwere mit der doppelten Geschwindigkeit fällt. Galilei fand das letztere sehr unwahrscheinlich: „Wenn ein Pferd in der Stunde drei Meilen laufen kann und ein anderes ebenfalls so, so werden sie doch nicht 6 Meilen laufen können, wenn man sie zusammenbindet; und wenn ein Pfundgewicht 16 Fuß in einer Sekunde fällt und ein zweites Gewicht ebenfalls so, so werden die beiden Gewichte doch nicht doppelt so schnell fallen können, wenn man sie zu einem 2-Pfundgewichte zusammen verbindet." Diese Galileische Beweisführung ist so schlagend, daß man sich wundert, daß man so lange das Gegenteil glauben konnte. Aber der 2000 jährigen Autorität des Aristoteles gegenüber konnte sich der junge Mann mit solcher Beweisführung allein nicht begnügen; er mußte Versuche machen, die am schiefen Turm in seiner Vaterstadt besonders leicht auszuführen waren und die volle Richtigkeit seiner Behauptung, **daß ohne einen Widerstand des Mittels alle Körper gleich schnell fallen**, glänzend bestätigten.

Hierdurch wurde Galilei zum Neuschöpfer der **Dynamik**, indem er das Prinzip der Trägheit aufstellte; er erkannte als erster das Wesen der Kraftwirkung in der Beschleunigung; er stellte die Pendelgesetze und die Gesetze der Wurfbewegung auf.

Mittlerweile hatte Galilei eine Professur für Mathematik zunächst an der Universität in Pisa und später in Padua erhalten. Seine Vorlesungen erwarben ihm einen europäischen Ruf, so daß bald Zuhörer aus aller Herren Länder herbeiströmten, um den berühmten italienischen Gelehrten zu hören.

Sehr unruhige Zeiten begannen für den von Natur aus höchst temperamentvollen und stiernackigen Galilei von dem Augenblicke an, als er sich mit all seiner genialen Begabung auf das Gebiet der Astronomie stürzte, das gerade damals ein Kampfplatz ersten Ranges zwischen den Gelehrten der alten und neuen Schule war oder richtiger gesagt, zwischen den geistlichen Größen, die einschließlich Luthers an der mit dem Wortlaute der Heiligen Schrift im Einklang stehenden Weltanschauung festhielten und den Anhängern des deutschen Astronomen **Kopernikus**, der mit mathematischem Scharfsinn die Theorie aufstellte, **daß nicht die Erde, sondern die Sonne der Mittelpunkt sei, um den sich die Erde gleich den übrigen Planeten drehe**[1]). In diesem Kampfe trat Galilei 1610 ein, nachdem er sich auf die bloße Kunde hin, daß ein Holländer ein Instrument besitze, mittels dessen man ferne Gegenstände ganz nahe gerückt und deutlich wahrnehmen

---

[1]) Interessant ist es, wie sich die **Einsteinsche Relativitätstheorie** zu dieser Frage verhält: So schreibt z. B. der bekannte Physiker Prof. Dr. **Sommerfeld** (München) in einem zusammenfassenden Berichte über die Einsteinsche Relativitätstheorie: Künftig ist es nicht mehr verboten zu sagen: „Die Erde steht still und der Fixsternhimmel dreht sich um die Erde, oder: die Sonne bewegt sich und die Erde steht im Brennpunkt der Sonnenbahn („und sie bewegt sich doch nicht") usw. [Süddeutsche Monatshefte 1920; XVIII, 2].

könne, selbst ein Fernrohr angefertigt und mit diesem vier Monde des Jupiters in einer Nacht entdeckt hatte. Auf Grund seiner Beobachtungen trat Galilei dann öffentlich für den Satz ein, daß die Planeten keine selbstleuchtenden Himmelskörper seien, und daß sicher Venus und Mars sich um die Sonne drehen, worauf **seine Verteidigung des von Kopernikus aufgestellten Weltsystems** folgte.

Sehr bald richtete die römische Inquisition ihr Augenmerk auf den Vorkämpfer dieser nach ihren Anschauungen gegen die Bibel und gegen kirchliche Dogmen verstoßenden Anschauungen. Da aber Galilei trotz des für ihn glimpflich ausgefallenen ersten Inquisitionsprozesses seine Veröffentlichungen fortsetzte, wurde der damals 68jährige Forscher im Jahre 1632 im Inquisitionspalaste zu Rom gefangen gehalten und mußte schließlich die von ihm vertretene Kopernikanische Lehre öffentlich und feierlich abschwören. Das geflügelte Wort: „Epur si muove" („und sie bewegt sich doch") hat der innerlich gebrochene Greis dabei nicht gesprochen; die Nachwelt hat es ihm in den Mund gelegt, um damit seine Gefühle, zugleich aber auch den Sieg der wissenschaftlichen Forschung auszudrücken. Es wurde ihm gestattet, sich nach Florenz zurückzuziehen, wo er später, gänzlich erblindet, doch unermüdlich bis zu seinem Tode mit seinen Schülern, unter welchen besonders Torricelli, der Erfinder des Quecksilberbarometers, zu nennen ist, weiter arbeitete. Er starb als gläubiger Katholik 1642.

Alfred Krupp.

* 1812, † 1887.

> „Der Zweck der Arbeit soll das Gemeinwohl sein, dann bringt Arbeit Segen, dann ist Arbeit Gebet."
>
> A. Krupp.

Wo immer in der Welt der Name Krupp genannt wird, verknüpft sich damit unwillkürlich das Bild einer Kanonenfabrik; wer aber die Geschichte der Kruppschen Werke besser kennt, weiß, daß die ersten erfolgreichen Schritte zu ihrer Größe nicht auf dem Gebiete der Waffentechnik, sondern vielmehr auf jenem der Verkehrstechnik gelegen waren und daß auch in der Folge die Herstellung der hochwertigsten Gußstahlerzeugnisse für Friedenszwecke die breiteste Grundlage dieses Großunternehmens geblieben ist. Gerade durch den von Alfred Krupp aufgenommenen und erfolgreich durchgeführten Kampf bester, wenn auch teurerer Ware gegen minderwertige aber billigere, oder wenn man will, des Neuen gegen das Althergebrachte und Gewohnte, zwang Alfred Krupp der ganzen Welt zum ersten Male das Bewußtsein deutscher Überlegenheit auf, so daß noch heute in fernen Weltteilen der Name Krupp sozusagen als Symbol der gewerblichen Tüchtigkeit und Solidität unseres Volkes gilt, die seiner Industrie bisher immer und überall zum Siege verholfen hat.

Im Gegensatze zu dem englischen Erfinder Bessemer, dem das Schicksal vom Anfange bis zum Ende gleich hold blieb, mußte Alfred Krupp erst sehr harte Lehrjahre durchmachen, bevor es seiner genialen Tatkraft, seinem unermüdlichen Fleiße und seiner eisernen Ausdauer gelang, aus der kleinen, von seinem Vater gegründeten und durch Widerwärtigkeiten aller Art dem Niederbruche nahen Gußstahlfabrik **den ersten Großbetrieb Deutschlands,** das größte Stahlwerk der Erde zu schaffen. — Sein Vater,

Friedrich Krupp, besaß in Altenessen ein durch Wasser getriebenes Hammerwerk, in dem er sich seit 1810 mit Versuchen zur Herstellung von Tiegelgußstahl beschäftigte. Später errichtete er bei Essen ein kleines Werk, dessen Erzeugnisse zwar zu manchen Zwecken als vorzüglich geeignet befunden wurden, aber viel zu wenig Absatz fanden, um die Fabrik lebensfähig zu erhalten. Schließlich war Friedrich Krupp, den Sorge und Krankheit frühzeitig altern ließen, in der Leitung des Werkes ganz auf seinen Sohn Alfred angewiesen, der deshalb schon mit 13 Jahren die Schule verließ, aber an Energie und praktischem Verstande seinem Alter weit voraus war. — Der Betrieb kam allmählich fast völlig zum Stillstande, und als Friedrich Krupp 1826 mit 39 Jahren starb, war eigentlich nichts als nur eine

technische Grundlage gegeben, von der ausgehend **Alfred Krupp** sicher und zielbewußt weiterarbeiten konnte. Das Erbe war ein wenig erfreuliches, und es gehörte wahrlich viel Mut und Charakterstärke dazu, daß die Witwe sich in Gemeinschaft mit ihrem damals 14jährigen Sohne Alfred zur Fortführung der eigentlich nur mehr aus leeren Gebäuden bestehenden Fabrik ohne Kredit und Kunden entschloß.

Nun galt es, die Fabrikation aufs neue aufzunehmen und die Beziehungen zur Kundschaft wieder herzustellen, Aufgaben, die Alfred trotz seiner Jugend zufielen und denen er sich mit so großem Geschicke unterzog, daß tatsächlich das Geschäft bald wieder in Gang kam.

Um persönliche Fühlung mit seinen Kunden zu gewinnen, durchzog Krupp die Täler der Ruhr und brachte eine ansehnliche Zahl neuer Bestellungen, namentlich auf gußstählerne Sättel für die Reckhämmer der Umgebung heim. Da die bisher gebräuchlichen Sättel aus Gußeisen sich an der Schlagfläche rasch abnützten, setzte Krupp einen schmalen Sattel aus Gußstahl in einen Falz der Hammerbahn ein, was sich so rasch einbürgerte, daß diese Hammersättel bald ein lohnender Artikel seiner Fabrik wurden. Daneben blieben aber zunächst die Geräte für Lohgerber das meistbegehrte Produkt, weil die Firma für sie Garantie leistete, d. h. jedes minderwertige Stück umsonst gegen ein fehlerloses umtauschte. Diese damals neuartige Garantie, die für ihn anfangs mit ziemlichen Kosten verbunden war, machte Krupp später zu einem Grundpfeiler seines ganzen Geschäftes, zwang ihn aber, nur beste Rohstoffe zu ver-

wenden und von seinen Arbeitern sorgfältigste Leistungen zu verlangen. Um trotzdem auch im Preise konkurrenzfähig zu bleiben, baute er sich schon 1829 eine Schmiedepresse und verwendete die größte Aufmerksamkeit auf die richtige Wahl und gründlichste Schulung seiner Arbeitskräfte.

Aus Mangel an Betriebskapital an der Ausdehnung seiner Produktion gehindert, arbeitete er vorerst hauptsächlich auf die Veredlung seiner Erzeugnisse hin; so lieferte er bald zur großen Zufriedenheit seiner Abnehmer **Walzen,** die er nicht nur geschmiedet, sondern auch abgedreht, gehärtet und sogar geschliffen hatte. Größere Stahlwalzen erzeugte er durch ein neues Gießverfahren: vom schmiedbaren Tiegelstahl ging er zum Stahlformguß über; er gab dem Stahl verschiedene Zusätze, wie Roheisen, Messing, Kupfer, um ihn flüssiger und härter zu machen. Diese Walzen waren widerstandsfähiger als die englischen Hartgußwalzen und nahmen eine so feine Politur an, daß sie sogar zum Strecken von äußerst dünnen Silberzainen (Silberstäben) verwendet werden konnten.

Des weiteren gelang es Krupp, **Ringwalzen aus Gußstahl ohne Schweißnaht** anzufertigen. Er durchlochte zu diesem Zwecke einen massiven scheibenförmigen Stahlblock und schmiedete ihn dann über einem Dorn ringförmig aus. Ein solcher Ring besaß innen und außen die gleiche Beschaffenheit und ließ sich deshalb leichter härten als eine massive Walze gleichen Durchmessers. Nach dem Härten wurde der Ring auf einer starken, stählernen Achse befestigt. Auf demselben Verfahren beruhte die spätere Anfertigung **hohlgeschmiedeter Bandagen für Eisenbahnräder,** mit denen Krupp 20 Jahre später den Grund zur Weltstellung seines Hauses legte. Übrigens beschränkte er sich bald nicht mehr auf die Fabrikation von einzelnen Walzen, sondern baute ganze **Walzmaschinen,** die sehr guten Absatz fanden. 1839 erzeugte Krupp mit 11 sehr tüchtigen Arbeitern schon 4,5 Tonnen Stahlprodukte und erzielte einen Umsatz von 3700 Taler, der sich aber bereits nach vier weiteren Jahren bei 80 Arbeitern verzehnfachte. Hatte Krupp in bezug auf die Rohstoffe schon bisher dem Grundsatze gehuldigt, nur das Beste zu nehmen, so warf er sich jetzt mit allen Kräften auf die Verbesserung seiner technischen Betriebseinrichtungen; er baute sich kostspielige Einrichtungen für das Schleifen, Härten und Räderschneiden und erweiterte sein Dampfhammerwerk, in welchem drei Hämmer als Schwanzhämmer mit schneller Bewegung, der mittlere, 8 Zentner schwer, als Brusthammer mit langsamen Schlägen angetrieben wurden.

Die wachsenden Ansprüche, die gegen Ende der 40er Jahre an den Maschinenbau herantraten, und die hohen Anforderungen, die namentlich Schiffahrt und Eisenbahnen an die Qualität ihres Materials stellen mußten, verschafften dem Gußstahl auf Kosten des Eisens und des Schweißstahles weitere Verbreitung. Zuerst waren es die **Gußstahlfedern** für Eisenbahnwagen und Lokomotiven, die der Firma Krupp vom Sommer 1849 an immer größer und lohnender werdende Beschäftigung brachte. Um allen Aufträgen gegenüber der Konkurrenz anderer Federfabriken, die englischen Stahl verarbeiteten, gerecht zu werden, sah sich Krupp genötigt, ein neues Walzwerk zu errichten, mit dem dann die Fabrikation wesentlich verbilligt werden konnte.

Unter größeren Schwierigkeiten entwickelte sich die Erzeugung der **Eisenbahnachsen,** die Krupp aus zähem, ungehärtetem Stahle lieferte, während die Konkurrenz gehärtete Gußstahlachsen empfahl. Eine vergleichende Prüfung ergab die glänzende Überlegenheit der Kruppschen Achsen; weil sie aber teurer waren, fanden sie nur langsam bei den Bahnen Eingang. — Immerhin war die Aufnahme dieser Fabrikation der Anlaß, eine neue mechanische Werkstatt zu errichten, in der auch nach und nach die ersten Drehbänke für nahtlose Reifen, die erste hydraulische Presse zum Aufpressen der Räder auf die Achsen und die erste Kanonen-Bohrbank Aufstellung fanden. Bald von Wagenachsen zur Herstellung von Tender- und Lokomotivachsen übergehend, tat Krupp anfangs 1852 einen weiteren bedeutenden Schritt vorwärts durch die Aufnahme der Erzeugung von **schweren Kurbelwellen.** Für diese Arbeiten versagte aber das alte Hammerwerk, und so entschloß sich Krupp zum Bau eines neuen großen Dampfhammers mit 100 Zentnern Fallgewicht; da ihm jedoch zur Anschaffung einer solchen Maschine nach englischem Muster vorerst die nötigen Mittel fehlten, mußte wieder seine Erfindergabe aushelfen; er baute sich nach eigenen Plänen einen gewaltigen Stielhammer, der an der Brust durch die Kolbenstange eines Dampfzylinders gehoben wurde. Mit diesem Hammer und mit zwei ähnlichen Hämmern von je 140 und 70 Zentnern Fallgewicht erzeugte nun Krupp eine Anzahl großer **Schiffswellen,** was ihn mit solcher Befriedigung erfüllte, daß er schon Ende 1858 mit den Entwürfen für einen **Riesenhammer von 600 Zentnern Fallgewicht** begann, um Gußstahlblöcke bis zu 50000 Pfund Gewicht schmieden zu können.

Es war dies der historische Hammer „Fritz", der später für ein Fallgewicht von 1000 Zentnern umgebaut wurde. „Fritz" war und blieb der größte Hammer der Gußstahlfabrik, ebenso wie sein riesiger Kamin jahrzehntelang als Wahrzeichen des Werkes alle übrigen Schornsteine weit überragte. Mit ihm wurden 1862 ein **durchgeschmiedeter Gußstahlblock von 20000 kg** für die Londoner Ausstellung und 2 schwere geschmiedete Kurbelwellen für den Norddeutschen Lloyd und die englische Holyhead Co. erzeugt. In dieser Zeit mußte noch jedes große deutsche Schiff in England erbaut werden, und es war ein um so größerer Stolz für das in Rede stehende deutsche Werk, daß der Bremer Lloyd von nun an solche Bestellungen nur unter der Bedingung erteilte, daß Kruppsche Gußstahlachsen verwendet werden. 1875 bestellte die deutsche Admiralität eine dreifache Kurbelwelle für die im Baue befindliche Korvette „Stosch", die in den Schmelzöfen die Herstellung eines Gußstahlblocks von 52000 kg bedingte.

Inzwischen hatte die bereits erwähnte Fabrikation von **nahtlosen Radreifen** einen Aufschwung genommen, der den Namen Krupp weltbekannt machte. Über 2½ Millionen solcher Radreifen sind im Laufe der Zeit aus den Walzen hervorgegangen und brachten den Werken so reichlichen Nutzen, daß sie sich schließlich mit der Herstellung von **Gußstahlkanonen** befassen konnten.

Die Welt hat Alfred Krupp den „**Kanonenkönig**" genannt, und doch haben die Kruppschen Werke, wie schon erwähnt wurde, sich mehr als 40 Jahre nur ausschließlich mit Erzeugnissen für friedliche Zwecke befaßt. Mit der Frage, Schußwaffen aus Gußstahl herzustellen, beschäftigte sich Krupp schon im Jahre 1836, als er daran ging, Gewehrläufe durch Hohlschmieden zu erzeugen.

Krupp war der festen Meinung, daß dem gezogenen Geschütze aus Gußstahl die Zukunft gehöre. Solche Rohre hatte er schon in den 60er Jahren für Ägypten und auch für Preußen geliefert. Eine bedeutsame Wendung in diesem Fabrikationszweige trat aber erst ein, als Krupp erkannte, daß er sich dabei nicht darauf beschränken durfte, nur guten Stahl zu liefern, sondern darangehen mußte, das Gußstahlgeschütz überhaupt zu höheren Leistungen als den bisherigen zu befähigen. — Im Jahre 1865 begann dann die bedeutsame Weiterentwicklung der Rohrkonstruktion, die zur Anfertigung zusammengesetzter, durch Aufschrumpfen von Ringen verstärkter Rohre, der sog. Ringrohre, führte. Die so gegebene Möglichkeit zu gesteigerter Leistung hatte auch Fortschritte in bezug auf Verschluß und Pulver im Gefolge, auf die wir an dieser Stelle nicht näher eingehen können. Jedenfalls ist das Kruppsche Geschützsystem heute weltbekannt und in gewissem Sinne unübertroffen.

Die bedeutende Steigerung seiner Stahlproduktion brachte Krupp dahin, sich mit der Frage einer billigen Stahlerzeugung für den Tiegelprozeß zu befassen, und es gelang ihm, nach einem eigenen Verfahren Puddelstahl in vorzüglicher Qualität zu erzeugen. Inzwischen hatten Versuche, flüssigen Stahl auf anderem Wege als im Tiegel herzustellen, in England zum Erfolge geführt. Krupp erkannte sofort die große Bedeutung des Bessemerprozesses für die Verwendung von Stahl auf vielen neuen Gebieten und faßte daher den Entschluß, auch auf diesem Felde mit der größten Energie voranzugehen. — Sein wichtigstes Produkt aus Bessemerstahl wurden **Eisenbahnschienen;** später nahm Krupp auch die Herstellung von **Stahlblechen** und **Schiffspanzerplatten** auf. Mittlerweile hatte Friedrich Siemens, der Bruder des berühmten Werner von Siemens, die umwälzende Erfindung der Regenerativheizung gemacht, die durch die Vorwärmung von Gas und Verbrennungsluft weit höhere Wärmegrade als bisher erreichen ließ. Durch Verbesserung des Martinofens war es dem dritten Bruder Siemens, William, gelungen, das Niederschmelzen von Guß stahl in großen Mengen aus einem Gemische von Stahlschrott und Roheisen zu ermöglichen; die guten Ergebnisse des Siemens-Martinofens führten dann 1871 zum Bau des ersten Martinwerkes mit 12 Öfen. — Im Jahre 1882 begann Alfred Krupp in weiser Voraussicht die künftige Leitung seines bis dahin zu riesenhaftem Umfang gewachsenen Werkes nach seinen persönlichen Anschauungen und Erfahrungen neu zu organisieren. Nachdem er sie dann mit Ruhe seinem gleichfalls hervorragenden Sohne Friedrich Alfred anvertraut hatte, zog er sich immer mehr und mehr von den Geschäften zurück. Nach kurzer Krankheit schied der große Mann am 14. Juli 1887 im Alter von 75 Jahren aus einem Leben, das in Mühe und Arbeit köstlich gewesen sein mußte.

Mit seinem Namen ist die Vorstellung eines beispiellosen industriellen Erfolges verbunden. Mit Recht: das Werk, das ihm sein Vater in den dürftigsten Verhältnissen hinterließ, hat er zur glänzenden Höhe eines Industrieunternehmens geführt, das den Ruhm deutscher Arbeit und deutscher Tüchtigkeit in alle Weltteile trug. Aber dieser Erfolg ist wahrlich kein Geschenk des Glückes gewesen; wenn er auch in seiner bescheidenen Art manchmal sagte: „Ich habe mehr Glück gehabt als mein Vater", so war er doch in 60 langen Jahren das treibende Element des Fortschrittes und die Seele des ganzen Unternehmens geblieben. Er besaß nicht nur die eiserne Ausdauer, in zähem Ringen um sein Ziel sich unermüdet zu behaupten, sondern er war vor allem die von hoher sittlicher Auffassung durchdrungene Persönlichkeit, die den Erfolg nicht um seiner selbst willen anstrebte, sondern in dem Gelingen stets nur ein Mittel zur Weiterarbeit, eine Stufe zu höheren Zielen sah.

Das sittliche Empfinden Alfred Krupps fand den schönsten Ausdruck in seiner Anschauung, daß die Fabrik ein großer Verband sei, der in erster Linie der Wohlfahrt aller seiner Angehörigen zu dienen habe. Er hatte ein mitfühlendes Herz für die Bedrängnisse und Bedürfnisse seiner Arbeiter und war durchdrungen von der Achtung vor der Arbeit derjenigen, die sich der Leitung des Unternehmens anvertrauten. Nach seinen an der Spitze dieses Lebensbildes angeführten Worten sah er die große soziale Bedeutung der Wohlfahrtseinrichtungen vor allem in ihrer lohnergänzenden Wirkung. In dieser Absicht hatte Krupp seine Fabrikswohnungen als Altersprämie, die Konsumanstalt, die Kranken- und Pensionskassa mit den zugehörigen Erholungs- und Krankenhäusern in großartigem Maßstabe eingerichtet und deren Erhaltung als Fürsorge für alle Werksangehörigen seinen Nachfolgern zur Pflicht gemacht.

Was Alfred Krupp an Werken der Technik und Wohlfahrtspflege geschaffen hat, das wird im Fortschritte der Kultur überholt und durch Vollkommeneres ersetzt werden. Seine menschliche Größe sichert ihm aber für alle Zeiten einen ehrenvollen Platz in der Geschichte und erhebt ihn unter die seltenen Erscheinungen, die nach dem Dichterworte erfüllt sind:

> „Von jener Jugend, die uns nie entfliegt,
> Von jenem Mut, der früher oder spät
> Den Widerstand der stumpfen Welt besiegt,
> Von jenem Glauben, der sich stets erhöht,
> Bald kühn hervordrängt, bald geduldig schmiegt,
> Damit das Gute wirke, wachse, fromme!"

2. BRIEF.

„Wer recht bequem ist und faul,
Flög' dem eine gebrat'ne Taube ins Maul,
Er würde höchlich sich's verbitten,
Wär' sie nicht auch geschickt zerschnitten."
(Goethe.)

| PHYSIK |

Mechanik.

Inhalt: Nachdem wir im ersten Briefe die Gesetze der verschiedenen Bewegungsarten kennengelernt haben, wollen wir uns nunmehr mit den Begriffen „Arbeit", „Leistung" und „Energie" im technischen Sinne eingehender befassen. Daran wird sich folgerichtig die Beschreibung jener Vorrichtungen anschließen, die dazu dienen, gegebene Arbeit umzuformen; sie bilden als sog. „Einfache Maschinen" die Grundelemente der Maschinentechnik. Schließlich soll hier noch die Lehre vom Gleichgewichte behandelt werden, aber nur so weit, als die Stabilität der Körper in Betracht kommt. Die für die Bautechnik so ungemein wichtige Stabilität von Konstruktionen, die Gleichgewichtsverhältnisse zwischen äußeren und inneren Kräften sowie die Lösung statischer Aufgaben mit Hilfe der Graphostatik werden in der „Baumechanik" ausführlich zur Sprache kommen.

Im nächsten Briefe wird die Mechanik der Flüssigkeiten und Gase folgen.

3. Abschnitt.

Arbeit und Energie.

A. Arbeit.

[119] Mechanische Arbeit.

a) **Arbeit ist Aufwand von Kraft längs eines Weges.**

Arbeit wird nicht nur von mechanischen Kräften geleistet; wir werden später in den Abschnitten über Elektrizität und Wärme sehen, daß Arbeit auch vom elektrischen Strome und von Wärme geleistet werden kann, und daß zwischen diesen Arten von Arbeit und der mechanischen Arbeit ganz bestimmte Beziehungen bestehen.

b) Um zu einem **Maß für die Arbeit** zu gelangen, bedenke man, daß wer dieselbe Arbeit 2-, 3-, 4mal verrichtet, im ganzen die 2-, 3-, 4fache Arbeit leistet. Hebt jemand eine Last von 2, 3, 4 . . . kg auf eine gewisse Höhe, so leistet er offenbar dieselbe Arbeit, als wenn er 1 kg 2-, 3-, 4mal auf dieselbe Höhe heben würde und eine 2-, 3-, 4mal so große Arbeit, als wenn er 1 kg auf die gleiche Höhe heben würde. **Die geleistete Arbeit ist sonach der Kraft proportional.** Dasselbe ist auch beim Wege der Fall: Die Arbeit ist 2-, 3-, 4mal so groß, wenn der Weg, den der Angriffspunkt der Kraft zurücklegt, 2-, 3-, 4mal so groß ist, wobei es gleichbleibt, ob die Summe des Weges dadurch erhalten wird, daß das Gewicht auf 2, 3, 4 . . . m oder 2-, 3-, 4 . . mal auf je 1 m gehoben wird.

Merke: Die Arbeit ist proportional der Größe der Kraft und der Länge des Weges.

Wenn man ein Gewicht hebt, so vollbringt man eine mechanische Arbeit A, deren Größe in **Meterkilogramm** (mkg) oder **Kilogrammeter** (kgm) uns die Multiplikation liefert:

Größe des Gewichtes (Kraft) in Kilogramm $\times$ **Höhe des Hubes (Weg) in Metern.**

Allgemein gilt daher:

$$\boxed{\text{Arbeit} = \text{Kraft} \times \text{Weg} = P \cdot s.}$$

Beispiel: Zieht ein Pferd einen Wagen 1 km weit und übt es hierbei einen Zug von 30 kg aus, so ist die von ihm geleistete Arbeit $A = 1000 \text{ m} \times 30 \text{ kg} = 30000$ mkg.

c) **Die goldene Regel der Mechanik.** Sieht man bei Maschinen von den inneren Reibungswiderständen ab, so gilt für sie, weil sie die Arbeit nur umformen, der wichtige Satz:

$$\boxed{\text{Arbeitsleistung} = \text{Arbeitsaufwand}}$$

oder mit anderen Worten:

Was an Kraft erspart wird, wird an Weg verlängert.

Dieser Leitsatz dient nicht selten in verwickelteren Fällen zur Berechnung des Kraftaufwandes.

Beispiel: Ein Arbeiter zieht mittels eines aus Kurbeln, Wellen und Zahnrädern bestehenden Kranes (Abb. 131), wie er in Hafenorten vielfach zum Heben schwerer Lasten verwendet wird, eine Last $Q = 1000$ kg empor. Wollte man die Kraft ermitteln, mit der der Arbeiter an der Kurbel zu arbeiten hat, so würden ganz umständliche Messungen und Rechnungen nötig sein. Beobachtet man aber, daß sich die

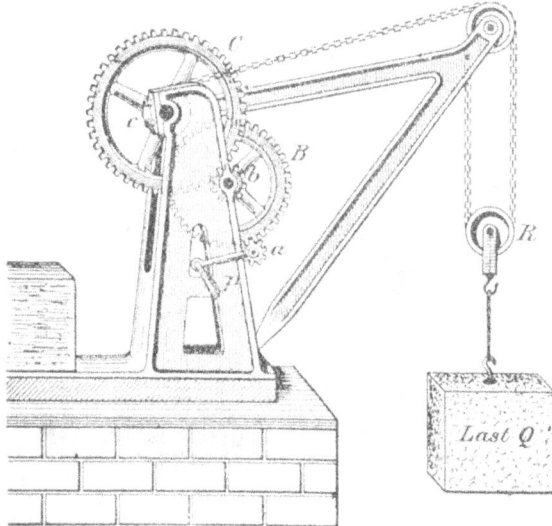

Abb. 131. Hebekran

Last um 10 cm hebt, wenn der Arbeiter die Kurbel von 40 cm Länge 8mal umdreht, so ergibt sich die Kraft P, die der Arbeiter aufzuwenden hat, sehr einfach wie folgt:

Weg s der Kraft $P = 8 \cdot 80 \cdot \pi \approx 2000$ cm,
Weg h „ Last $Q = \qquad = 10$ cm.

Somit $P \cdot 2000 = 1000 \cdot 10$,

daraus $P = 5$ kg.

d) In der Physik wird manchmal eine andere Arbeitseinheit verwendet. Wenn die sehr kleine Kraft 1 Dyn [31] längs einer Strecke von 1 cm Arbeit leistet, so bezeichnet man diese Arbeit als **Erg**; es ist sonach

$$1 \text{ Erg} = 1 \text{ cm} \times 1 \text{ Dyn.}$$

Da diese Arbeit minimal ist, hat man ein Vielfaches von ihr, und zwar den 10^7fachen Betrag als höhere Einheit aufgestellt. Er führt die Bezeichnung **1 Joule** (sprich: 1 Dschaul). Es ist

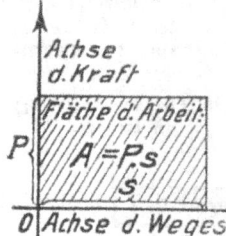

Abb. 132
Arbeitsdiagramm

$$1 \text{ Joule} = \frac{1 \text{ mkg}}{9{,}81},$$

rund $\dfrac{1}{10}$ mkg.

e) Ein anschauliches Bild der geleisteten Arbeit erhält man, wenn man die graphische Darstellung zu Hilfe nimmt. Tragen wir auf einer Horizontalachse (Abb. 132) in irgendeiner Einheit die Weglänge s, auf der dazu senkrechten Achse die Kraft P auf, so stellt die Fläche des über P und s errichteten Rechteckes die Größe der geleisteten Arbeit dar.

[120] Mechanische Leistung.

a) Bei den bisherigen Betrachtungen über Arbeit haben wir die Zeit, in der sie ausgeführt wurde, außer acht gelassen. Für die Beurteilung einer Ar-

beit ist es aber offenbar sehr wesentlich, ob sie in kürzerer oder längerer Zeit geleistet wurde.

Bringen wir die Zeit bei Bestimmung der Arbeit mit ins Spiel, so gelangen wir zum hochwichtigen Begriffe der **Leistung** oder des **Effektes**.

Unter der **mechanischen Leistung** L versteht man **die in einer Sekunde vollbrachte Arbeit**. Die Einheit dieser Leistung ist das **Sekundenmeterkilogramm (mkg/sek)** oder **Sekundenkilogramm-meter (kgm/sek)**

$$\text{Leistung} = \text{Sekunden - Arbeit.}$$

Der Zusammenhang zwischen mechanischer Leistung und mechanischer Arbeit ist nun folgender:

Die mechanische Leistung L (in mkg/sek)	=	**der vollbrachten mechanischen Arbeit A** (in mkg)	:	**Arbeitsdauer t** (in sek)

$$\text{Leistung } L = \frac{A}{t} = \frac{P \cdot s}{t} = \frac{\text{Kraft} \times \text{Weg}}{\text{Zeit}}.$$

Da nach früherem $\dfrac{s}{t}$ die Geschwindigkeit v der Bewegung darstellt, so gilt für die Leistung auch

$$L = P \cdot v = \text{Kraft} \times \text{Geschw.} \quad \text{(in mkg).}$$

b) Die in der Technik übliche Einheit mechanischer Leistung ist nicht das mkg/sek, sondern die **Pferdestärke (PS)**, und zwar ist

$$1 \text{ PS} = 75 \text{ mkg/sek.}$$

Bezeichnet man die Zahl der Pferdestärken mit N, so ergibt sich aus der obenstehenden Formel für die Leistung

$$N = \frac{P \cdot s}{75\, t} \quad \text{(in PS)} \qquad \text{und} \qquad N = \frac{P \cdot v}{75} \quad \text{(in PS).}$$

Größere mechanische Arbeiten drückt man in der Technik in **Pferdestärkestunden** (PSSt) aus; da 1 Stunde 3600 Sekunden zählt, ist **1 PSSt $= 3600 \cdot 75$ mkg $= 270\,000$ mkg.** Bezeichnen wir die Arbeitsdauer in Stunden mit T, so ist

$$1 \text{ PS} = \text{PSSt} : T = \frac{\text{PSSt}}{T}$$

und

$$1 \text{ PSSt} = \text{PS} \cdot T = \text{Pferdestärken} \times \text{Stunden,}$$

d. h. **die Zahl der Pferdestärkestunden ist gleich dem Produkte aus der Zahl der Pferdestärken und der Arbeitsdauer in Stunden.**

Beispiel: Wenn das früher erwähnte Pferd den Wagen 20 Minuten lang zu ziehen hat, so ist seine Leistung hierbei

$$L = 30000 \text{ mkg} : \text{Sekundenzahl } (20 \cdot 60) = 25 \text{ mkg/sek.}$$
$$= \tfrac{1}{3} \text{ PS.}$$

Die dabei geleistete Arbeit in Pferdekraftstunden ist

$$\tfrac{1}{3} \text{ PS} \times \tfrac{1}{3} \text{ St.} = \tfrac{1}{9} \text{ PSSt,}$$

da die Zeitdauer $T = 20$ Minuten $= \tfrac{1}{3}$ Stunde beträgt.

Merke: 1. Die durchschnittliche Tagesarbeit eines Arbeiters in 8 Stunden beträgt rund ½ PSSt $= 135\,000$ mkg.
2. Die durchschnittliche Leistung eines Pferdes bei längerer Beanspruchung ist rund ³/₄ PS; bei kürzerer kann ein Pferd mittlerer Stärke 1 PS leisten. Früher wurde diese Effekteinheit als Pferdekraft (HP vom englischen horsepower) bezeichnet und nach James Watt mit 550 Sekundenfußpfund $= 76{,}04$ mkg/sek angenommen.

c) **Physikalische Einheit.** Als solche ist die winzige Arbeit eines Sekunden-Erg aufgestellt, die von einem Erg in der Sekunde geleistet wird.

Als höhere Einheit dient das

Sekunden-Joule $= 10^7$ Sekunden-Erg,

wofür die Bezeichnung **Watt** gebraucht wird.

1 mkg/sek = 9,81 Watt

1000 Watt (W) = 10 Hektowatt (HW) = = 1 Kilowatt (KW).

Von dem Zusammenhange zwischen dieser Einheit und der Leistung des elektrischen Stromes (Watt) wird in der Elektrizitätslehre die Rede sein. Es ist

1 PS = 736 Watt (W) = 0,736 Kilowatt (KW).

d) **Nutzeffekt.** Zieht man von der Leistung einer Maschine oder einer ganzen Anlage alle Effektverluste durch Reibung, Bewegungshindernisse u. dgl. ab, so verbleibt der **Nutzeffekt** als verwertbarer Rest. **Das Verhältnis des Nutzeffektes zur gesamten aufgewendeten Leistung nennt man den Wirkungsgrad oder das Güteverhältnis einer Anlage.** Naturgemäß ist der Wirkungsgrad stets kleiner als 1, weil von der zu Gebote stehenden und tatsächlich aufgewendeten Arbeit immer ein gewisser Teil durch Reibung und sonstige Verluste verlorengeht, daher nicht nutzbar verwertet werden kann.

Aufgabe 61.

[121] *Für das Fundament eines Gebäudes muß Erde im Gesamtausmaße von 500 m³ ausgehoben werden; die Erde wird auf Wagen geworfen, deren oberster Kastenrand 2 m höher liegt als die Sohle der Grabung. Wieviel Arbeiter müssen zur Verladung herangezogen werden, wenn jeder Arbeiter durchschnittlich 2 mkg/sek leistet, die Arbeitszeit 8 Stunden beträgt und 1 m³ Erde 1500 kg wiegt?*

500 m³ Erde wiegen 500 · 1500 = 750000 kg. Dieses Gewicht muß auf 2 m Höhe geworfen werden, was einen Arbeitsverbrauch von 750000 kg · 2 m = 1500000 mkg erfordert. 1 Arbeiter leistet 2 mkg/sek, sonach in 8 Stunden eine Arbeit von

$$2 \cdot 3600 \cdot 8 = 57600 \text{ mkg.}$$

Da im ganzen 1500000 mkg zu leisten sind, so finden wir die notwendige Arbeiterzahl durch

$$1500000 : 57600 = \textbf{26.}$$

Um das Verladen in 8 Stunden zu bewerkstelligen, müssen 26 Arbeiter herangezogen werden.

Probe: Die 1500000 mkg sollen in 8 Stunden, d. i. in 8 · 3600 = 28800 Sekunden geleistet werden. Die erforderliche

$$\text{Gesamtleistung in der Sekunde} = 1500000 : 28800 = 52 \text{ mkg/sek.}$$

Da ein Arbeiter 2 mkg/sek leistet, so ergibt sich die Zahl der erforderlichen Arbeiter auch mit 52 : 2 = 26.

Aufgabe 62.

[122] *In einen Kellerraum ist Wasser im Ausmaße von 100 m³ eingedrungen; zum Pumpen des Wassers in die 3 m ober der Kellersohle gelegene Straßenkanalöffnung steht eine elektrische Zentrifugalpumpe zur Verfügung, die 1 m³ Wasser in der Minute fördern kann. Wieviel elektrische Arbeit wird beim Auspumpen des Kellers verbraucht, wenn die gesamten Verluste 25% betragen, und in welcher Zeit wird der Keller trocken gelegt sein?*

a) 100 m³ Wasser wiegen 100000 kg; um diese auf 3 m zu heben, ist eine Arbeit von 100000 kg · 3 m = 300000 mkg nötig. Die Pumpe fördert per Minute 1 m³ Wasser, sonach 1000 kg, also in der Sekunde 1000 : 60 = 16,6 kg; bei 3 m Höhe entspricht das einer Leistung von 16,6 kg · 3 m ∾ **50 mkg/sek** oder einer Arbeit per Stunde von 50 · 3600 = 180000 mkg; da 300000 mkg zu leisten sind, so ergibt sich die Dauer des Pumpens aus

$$T = 300000 : 180000 = \textbf{1,66 Stunden} = \textbf{1 h 40'.}$$

Der elektrische Motor hat durch 1 h 40' eine Leistung von 50 mkg/sek = 50 : 75 = 0,66 = $^2/_3$ **Pferdestärke** zu vollbringen.

b) 1 Pferdestärke entspricht 736 Watt, sonach entsprechen $^2/_3$ PS einer elektrischen Leistung von $\dfrac{2 \cdot 736}{3} = 491$ Watt. Bezeichnen wir die Gesamtleistung der Pumpe mit x, so müssen wir von diesem x 25%, sonach $\dfrac{25}{100} x$ abziehen, um die Nutzleistung von 491 W zu bekommen. Die Gleichung lautet daher:

$$x - \frac{25}{100} x = 491 \text{ oder } x \left(1 - {}^1/_4\right) = 491.$$

daraus

$$x = \frac{4}{3} \cdot 491 \sim \textbf{655 Watt.}$$

Zum Vergleich sei bemerkt, daß dieser Motor annähernd so viel Energie verbraucht, als wenn 32 16kerzige Metallfadenlampen brennen würden, weil eine solche Lampe ca. 20 Watt erfordert und 655 : 20 ∾ 32 ergibt.

Aufgabe 63.

[123] *Eine Dampfmaschine von 20 PS betreibt eine Pumpe, welche in 12 Stunden 34560 hl Wasser auf eine Höhe von 15 m hebt. Welche Leistung geht für die Widerstände in der Pumpe verloren?*

a) Zunächst muß berechnet werden, welche Arbeit erforderlich ist, um in 12 Stunden 34560 hl Wasser auf 15 m zu heben. Zu diesem Behufe müssen alle angegebenen Größen, Zeit, Gewicht und Hubhöhe auf die Einheiten des mkg/sek-Maßsystemes umgerechnet werden. 12 Stunden sind gleich 43200 Sekunden.

34560 Hektoliter sind 3456000 Liter; 1 Liter Wasser wiegt 1 kg; sonach wiegen 3456000 Liter Wasser 3456000 kg. Diese werden in 43200 Sekunden gehoben; sonach werden in 1 Sekunde 3456000 : 43200 = **80 kg** gehoben.

Um in der Sekunde 80 kg auf 15 m zu heben, dazu sind $80 \cdot 15 = 1200$ mkg/sek. oder **16 PS** erforderlich. Die Dampfmaschine liefert aber **20 PS**, sonach betragen die Leistungsverluste in der Pumpe

$$20 - 16 = 4 \text{ PS.}$$

Der **Wirkungsgrad** einer Maschine ist nun das Verhältnis der gewonnenen Nutzleistung zur aufgewendeten Leistung, im gegebenen Falle 16 : 20 oder **0,8.**

$$\boxed{\text{Wirkungsgrad} = \frac{\text{Nutzleistung}}{\text{Aufgew. Leistung}}.}$$

Die **Verluste** sind gleich der Differenz der aufgewendeten Leistung und der Nutzleistung, sonach $1 - 0,8 = \mathbf{0{,}2}$

$$16 \text{ PS} + 4 \text{ PS} = 20 \text{ PS.}$$

$$\boxed{\text{Nutzleistung} + \text{Verlust} = \text{aufgewendete Leistung.}}$$

b) Im vorstehenden haben wir die Lösung dadurch gefunden, daß wir die Nutzleistung mit der aufgewendeten Gesamtleistung verglichen haben. Wir können aber zur Probe dieselbe Aufgabe auch dadurch lösen, daß wir die gegebene Leistung der Dampfmaschine zunächst in Arbeit umrechnen und mit der Nutzarbeit vergleichen.

Die Dampfmaschine leistet 20 PS, d. h. $20 \cdot 75 = 1500$ mkg/sek. Da die Dampfmaschine durch 43200 Sekunden arbeitet, so vollbringt sie in dieser Zeit eine Gesamtarbeit $1500 \cdot 43200 = 64800000$ mkg. Das ist die von der Dampfmaschine aufgewendete Arbeit. Die Nutzarbeit der Pumpe beträgt nach Angabe $3456000 \text{ kg} \cdot 15 \text{ m} = 51840000$ mkg.

Das Verhältnis der Nutzarbeit zur aufgewendeten Arbeit ist sonach

$$51840000 : 64800000 = 0{,}8 \; (= 8 : 10).$$

Wir sehen daraus, daß wir auch auf diesem Wege denselben Wirkungsgrad 0,8 erhalten; es ist **für die Berechnung des Wirkungsgrades gleichgültig, ob wir derselben die Arbeit oder die sekundliche Leistung zugrunde legen.** Der Wirkungsgrad stellt ein Verhältnis zweier Glieder dar, welches bekanntlich ungeändert bleibt, ob wir die beiden Glieder mit der Arbeitsdauer multiplizieren oder nicht; in dem einen Falle vergleichen wir die während der ganzen Arbeitsdauer aufgewendete Arbeit der Dampfmaschine mit der während derselben Zeit von der Pumpe vollbrachten Arbeit; im zweiten Falle die sekundliche Leistung der Dampfmaschine mit der sekundlichen Leistung der Pumpe.

Aufgabe 64.

[124] *Durch Messungen wurde bei einem Wasserfall festgestellt, daß bei niederstem Wasserstande 525 Liter Wasser per Sekunde auf 10 m herabfallen; es ist die mit dieser Wasserkraft erzielbare mechanische Leistung in PS zu berechnen und anzugeben, wieviel Glühlampen von der mit dieser Wasserkraft zu betreibenden elektrischen Anlage gespeist werden können, wenn die unvermeidlichen Energieverluste der Anlage im ganzen 30°/o betragen und jede Glühlampe (16kerzige Metallfadenlampen) 20 Watt verbraucht.*

Wie solche Messungen an Wassergerinnen vorgenommen und wie solche Anlagen zur Ausnützung der Wasserkräfte technisch ausgeführt werden, werden wir später im „Wasserbau" kennenlernen. Ebenso können wir uns vorläufig nicht um die Einzelheiten der elektrischen Anlage kümmern, zu deren Beurteilung wir eingehendere Kenntnisse in der Elektrotechnik brauchen. Hier handelt es sich nur darum, die Berechnungen für eine mit einer gegebenen Wasserkraft zu betreibende kleinere Lichtanlage durchzuführen, wie solche Aufgaben sich jetzt sehr häufig am Lande ergeben.

525 Liter Wasser per Sekunde oder 525 kg per Sekunde von einer Höhe von 10 m herabfallend, ergeben eine mechanische Leistung von $L = 525 \text{ kg} \times 10 \text{ m} = 5250$ mkg/sek. $= 5250 : 75 = \mathbf{70 \text{ PS}}$. Diese mechanische Leistung müssen wir durch elektrische Maschinen in elektrische Leistung umwandeln.

1 PS entspricht einer elektrischen Leistung von 736 Watt; 70 PS daher einer solchen von $736 \cdot 70 = 51520$ Watt.

Da aber bei der Umwandlung der mechanischen in die elektrische Energie und in der elektrischen Anlage selbst ein Energieverlust von 30% zu gewärtigen ist, so darf man der Sicherheit halber für die Speisung der Glühlampen nicht mit 51520 Watt, sondern nur mit $100 - 30 = 70\%$ dieser Wattzahl rechnen. 70% von 51520 Watt sind 36064 Watt, die für die Glühlampenspeisung zur Verfügung stehen.

51520 Watt — 36064 Watt = 15456 Watt gehen verloren, was selbst bei mangelhafter Ausführung der Anlage kaum zu befürchten steht. In dem ersten Stadium der Projektierung empfiehlt es sich aber, bei allen technischen Arbeiten mit den ungünstigsten Ziffern, d. h. mit der größten Sicherheit zu rechnen.

Da eine Glühlampe einen Wattverbrauch von 20 Watt haben soll, so können mit 36064 Watt $36064 : 20 = 1803{,}2$, also rund **1800** Stück 16kerzige Metallfadenlampen gespeist werden.

Aufgabe 65.

[125] *Wieviele Pferdestärken muß die Lokomotive, deren Zugkraft in [21] mit 2040 kg berechnet wurde, entwickeln, um dem Zug in horizontaler, gerader Strecke eine Geschwindigkeit von 30 km in der Stunde zu erteilen?*

Der Einfachheit und Sicherheit halber wollen wir im folgenden in runden Zahlen, also etwa mit einer Zugkraft von 2100 kg weiterrechnen. Diese erteilt dem Güterzuge eine Geschwindigkeit von 30 km in der

Stunde, sonach von $30000 : 3600 = 8,3$ m in der Sekunde. Nach der uns schon bekannten Formel über die mechanische Leistung ist diese gleich dem Produkte aus Kraft mal Geschwindigkeit, also $2100 \cdot 8,3 = 17430$ mkg/sek oder in Pferdestärken umgerechnet $17430 : 75 = $ **232 PS.**

Die Lokomotive muß sonach 232 PS entwickeln, um sich selbst, dem Tender und 30 vollbeladenen Lastwagen auf horizontaler, gerader Strecke eine Fahrgeschwindigkeit von 30 km per Stunde zu erteilen.

B. Energie.

[126] Energie der Bewegung.

a) **Bewegungsenergie** nennt man die Fähigkeit bewegter Körper, **Arbeit zu leisten. Das Maß der Bewegungsenergie ist die Arbeit,** die ein **bewegter** Körper leisten kann, bis sich seine Anfangsgeschwindigkeit auf **Null** vermindert.

Soll ein Pfahl P (Abb. 133) in den Erdboden getrieben werden, so bedient man sich des Rammbären, eines Lastklotzes vom Gewichte Q, der um die Höhe h mit einer Rolle so weit emporgehoben wird, bis der Aufhängehaken durch Anstoßen an die Nase den Klotz fallen läßt. Er fällt die Strecke h frei herab, schlägt auf den Pfahl P auf und rammt ihn um die Strecke s in den Boden ein, wobei der Widerstand im Boden überwunden wird. Hierbei wird eine Arbeit geleistet, die in der Überwindung des Reibungswiderstandes im Boden besteht. Der in Bewegung gekommene Rammklotz hat die Fähigkeit erlangt, Arbeit zu leisten, und zwar eine Arbeit, die, wie wir gleich hören werden, einer weit größeren Kraft entspricht als seinem Gewichte.

Wir nennen die Fähigkeit eines bewegten Körpers, Arbeit zu leisten, **Energie.** Hier haben wir es mit der **Energie der Bewegung** zu tun, die wir auch als **kinetische Energie, lebendige Kraft** oder **Wucht** bezeichnen. (Der ältere Ausdruck „lebendige Kraft"

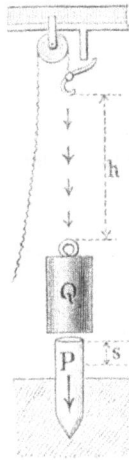

Abb. 133
Rammbär

setzt unrichtigerweise eine Kraft voraus, während es sich in Wirklichkeit um ein Arbeitsvermögen handelt.)

Bewegungsenergie können wir oft in ihren augenfälligen Wirkungen wahrnehmen: im Wasserfall, im Sturm; zerstörende Wirkungen bewegter Wasser- und Luftmassen, der Hagelschlossen, Wucht des in Bewegung begriffenen Eisenbahnzuges u. a. m.

b) **Bei der Überwindung des Widerstandes verringert sich die Geschwindigkeit des Körpers, bis sie ganz aufgezehrt ist; gleichzeitig nimmt die kinetische Energie immer mehr ab, so daß sie gleich Null wird, wenn der Körper zur Ruhe gekommen ist.** Ist v_a die Anfangsgeschwindigkeit, v_e die Endgeschwindigkeit, die ein Körper von der Masse M hat, so läßt sich zeigen, **daß die geleistete Arbeit Ps gleich ist der Differenz zwischen den Bewegungsenergien am Anfang und Ende der Bewegung.**

Nehmen wir z. B. an, daß eine Kugel von der Anfangsgeschwindigkeit v_a durch eine Wand von der Dicke s hindurchgehe (Abb. 134) und dadurch

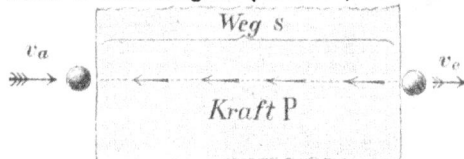

Abb. 134

ihre Geschwindigkeit sich auf v_e vermindere. Ist die widerstrebende Kraft längs des Weges durch die Wand P, so läßt sich die Arbeit auf diesem Wege in 2facher Weise ausdrücken:

1. Aus Kraft und Weg : Arbeit $= P \cdot s$.
2. Auf Grund der Bewegungsformeln, denn die in die Schichte eindringende Kugel wird eine gleich-

mäßig verzögerte Bewegung annehmen, für die nach [30 b, c] [31 a] gilt:

I) $\boxed{P = M \cdot a}$ II) $\boxed{v_e = v_a - at}$

III) $\boxed{s = \dfrac{v_a + v_e}{2} \cdot t.}$

Aus I und III folgt: Arbeit $P \cdot s = M \cdot a \cdot \frac{1}{2} t (v_a + v_e)$; nach II ist $at = v_a - v_e$. Sonach

$$Ps = M \cdot \frac{1}{2} (v_a + v_e)(v_a - v_e) \text{ oder}$$

$$\boxed{Ps = \frac{1}{2} M v_a{}^2 - \frac{1}{2} M v_e{}^2,}$$

wobei die Produkte $\frac{1}{2} M v_a{}^2$ und $\frac{1}{2} M v_e{}^2$ die Bewegungsenergien am Anfange und am Ende der Bewegung darstellen.

> Die **Abnahme** der Bewegungsenergie eines Körpers ist gleich der **von** ihm geleisteten Arbeit.

Wird die Endgeschwindigkeit gleich Null, so ist die geleistete Arbeit $= \frac{1}{2} M v_a{}^2$ oder allgemein

> **Bewegungsenergie $= \frac{1}{2} M v^2$.**

Beispiele: 1. Eine Kanonenkugel von **20 kg** vermindert beim Durchqueren der Luft ihre Geschwindigkeit von $v_a = 500$ m/sek auf $v_e = 400$ m/sek. Wieviel Arbeit hat sie bei Überwindung des Luftwiderstandes geleistet?

Antwort: $M = \dfrac{G}{g} = \dfrac{20}{10} = 2.$

a) Bew.-Energie am Anfang:

$\frac{1}{2} M \cdot v_a{}^2 \quad \frac{1}{2} \cdot 2 \cdot 500^2 \quad 250000$ mkg,

b) Bew.-Energie am Ende:

$\frac{1}{2} M \cdot v_e{}^2 \quad \frac{1}{2} \cdot 2 \cdot 400^2 \quad 160000$ mkg.

Unterschied ist die gesuchte Arbeit = **90000 mkg.**

2. Eine 24pfündige (= 12 kg-) Kanonenkugel schlägt mit der Geschwindigkeit $v = 600$ m in den Boden. Welche Arbeit leistet sie dabei?

$M = \dfrac{12}{10} \quad 1,2; \quad \frac{1}{2} M v^2 \quad \frac{1}{2} \cdot 1,2 \cdot 600^2 \quad 216000$ mkg.

c) **Wirkt der Bewegung des Körpers keine hemmende Kraft entgegen, sondern wirkt eine Kraft an dem Körper im Sinne der Bewegung, so wird eine Zunahme der Energie eintreten;** mithin:

> Die **Zunahme** an Bewegungsenergie ist gleich der **vom** Körper aufgenommenen Arbeit.

Schieben z. B. Arbeiter an einem langsam dahinrollenden Eisenbahnwagen, so erteilen sie ihm eine gleichmäßig beschleunigte Bewegung; die Leistung der Arbeiter verursacht sonach eine Zunahme der Bewegungsenergie des Wagens.

d) **Beim freien Fall** ist die Bewegungsenergie immer gleich $\boxed{\frac{1}{2} M v^2 = G \cdot h}$ $=$ Gewicht des Körpers mal seiner Fallhöhe, weil $G = M \cdot g$ und $v = \sqrt{2\,gh}$.

In dem früher angeführten Beispiel des Rammbären ist also die **Wucht** $= Qh$. Ist der Klotz 100 kg schwer und fällt er beispielsweise 4 m hoch herab, so ist sein gesamtes Arbeitsvermögen $Q \cdot h = 400$ mkg.

Beispiele: 1. Ein Eisenbahnwagen von 7000 kg Gewicht bewegt sich mit der Geschwindigkeit $v = 7$ m/sek; wie groß ist sein Arbeitsvermögen?

Die Bewegungsenergie $B = \frac{1}{2} M v^2$; $M = \frac{7000}{10}$, sonach $B = 17\,150$ mkg.

2. Im vorstehenden Beispiele verringert sich die Geschwindigkeit des Bahnwagens durch Bremsen von $v = 7$ auf 2 m/sek; welche Arbeit ist hierbei geleistet worden?

Die geleistete Arbeit ist

$= \frac{1}{2} M v_0^2 - \frac{1}{2} M v_1^2 = \frac{1}{2} \cdot \frac{7000}{10} (7^2 - 2^2) = 15\,750$ mkg.

Aufgabe 66.

[127] *Eine Lokomotive vom Gewicht $P = 30$ Tonnen hat eine Geschwindigkeit $v = 12$ m/sek erreicht; wie weit würde sie nach Abstellung des Dampfes auf vollkommen glatten, wagrechten Schienen weiterlaufen, wenn sie einen gleichmäßigen Widerstand W von 32 kg zu überwinden hätte?*

Das Arbeitsvermögen B der Maschine berechnen wir wie folgt:

$$B = \frac{1}{2} M v^2 = \frac{1}{2} \cdot \frac{30\,000}{10} \cdot 12^2 = 216\,000 \text{ mkg.}$$

Der Widerstand W ist auf der fraglichen Wegstrecke x zu überwinden, hierbei sonach die Arbeit $W x$ zu leisten; $W x$ muß gleich sein dem zur Verfügung stehenden Arbeitsvermögen, mithin $32\,x = 216000$ mkg, woraus $x = $ **6,75 km.**

Aufgabe 67.

[128] *Ein Rammbär von der früher angegebenen Einrichtung hat ein Gewicht von 120 kg und fällt 8 m frei herab.*

1. Wie groß ist die Wucht B bei seinem Auftreffen auf einen Pfahl?

2. Wie groß ist der Widerstand W der Erde gegen das Eindringen des Pfahles, wenn dieser 0,5 m tief eingeschlagen wurde?

3. Wenn der Rammklotz 5 mal in der Minute gehoben werden soll und ein Mann nur mit 10 Sekunden-Meterkilogramm beansprucht werden soll, wieviel Mann müssen den Rammbär bedienen?

Zu 1. Die **Wucht** ist $B = Q \cdot h = 120 \cdot 8$ mkg $=$ **960 mkg.**

Zu 2. Von der Wucht muß die gegenwirkende Kraft des **Erdwiderstandes** W auf der Strecke $s = 0,5$ m überwunden werden; die dabei geleistete Arbeit ist $W \cdot 0,5 = 960$, woraus $W = $ **1920 kg.**

Zu 3. Bei der fünfmaligen Hebung des Klotzes müssen $5 \cdot 960 = 4800$ mkg geleistet werden; die Leistung ist hiervon der 60. Teil, da diese Arbeit sich auf die Zeit von 60 sek verteilt, also 80 mkg/sek. Da jeder Mann nur 10 mkg/sek leisten soll, braucht man **8 Mann.**

[129] Energie der Lage.

Bringen wir den früher erwähnten Rammklotz in seine höchste Lage, ohne ihn auszulösen, so ist er befähigt, beim freien Fall eine Bewegungsenergie zu entwickeln. Wir hatten durch das Emporheben Energie in dem Körper aufgespeichert, die frei wird, wenn wir die Hemmung lösen.

a) Diese Art der Energie bezeichnen wir als **Energie der Lage, Lagenenergie** oder **potentielle Energie.**

Betrachten wir die Bewegung eines nach aufwärts geworfenen Steines: Wurde er mit der Geschwindigkeit v emporgeschleudert, so wurde ihm eine Bewegungsenergie von der Größe $\frac{M \cdot v^2}{2}$ sozusagen auf seine Reise mitgegeben. Während des Aufstieges verliert er immer mehr an Bewegungsenergie, dafür nimmt die ihm innewohnende potentielle Energie mit wachsender Entfernung vom Erdboden in gleichem Maße zu. Am höchsten Punkt seiner Bahn ist $\frac{M \cdot v^2}{2} = 0$, dagegen die potentielle Energie $G \cdot h$ am größten. Beim Herabstürzen wird wieder die potentielle Energie immer kleiner, dafür die kinetische immer größer, bis er schließlich am Erdboden wieder mit der ursprünglichen Bewegungsenergie $\frac{M \cdot v^2}{2}$ anlangt, die dort in irgendeiner Form Arbeit leistet (Vertiefung im Boden, Schall usw.). **Es läßt sich nachweisen, daß in jedem Momente die Summe der beiden Energien konstant bleibt.**

Denkt man sich auf jeden Bestandteil (Ziegel, Traversen usw.) eines Hauses die Arbeit notiert, die nötig war, um ihn zu seiner Höhe zu heben, so hat man einen Überblick über die im Hause aufgespeicherte Energie, die bei seinem Einsturze frei werden würde.

Eine solche Energieaufspeicherung tritt auch ein, wenn wir z. B. eine Feder oder einen Bogen spannen (daher auch die Bezeichnung **Spannungsenergie**). In einer Dynamitmasse ist eine ganz gewaltige Menge von Energie aufgespeichert, die bei ihrer Explosion frei wird (**chemische Energie**).

b) Im Falle mechanischer Kräfte gilt der Satz, daß **ein Körper stets ebenso viel an Bewegungsenergie gewinnen muß, als er an Lagenenergie verliert oder umgekehrt.**

Die potentielle Energie ist die Arbeit, die aufgewendet werden muß, um einen Körper in die gespannte Lage zu bringen (Überwindung der Höhendifferenz, Spannungsarbeit, chemische Arbeitsleistung). Die kinetische Energie ist die durch gänzliche Aufhebung der Spannung freiwerdende Arbeit.

Ist der früher erwähnte Rammklotz $Q = 100$ kg schwer und hebt man ihn 10 m hoch, so ist hierbei eine Arbeit von 1000 mkg geleistet worden, die in ihm in seiner neuen Lage als Lagenenergie aufgespeichert ist. Diese kann er dann, wie wir gesehen haben, als Wucht an den Pfahl weitergeben. Dringt dieser $\frac{1}{2}$ m in den Boden ein, so ist auch hier nach der goldenen Regel der Mechanik:

$Q \cdot h$	$=$	$P \cdot s$
Arbeit des Ramm-klotzes		die am Pfahl ge-wonnene Arbeit

mithin $100 \cdot 10 = 0,5 \cdot P$,

daraus $P = $ **2000 kg,** — d. h. durch den Fall des Rammklotzes von 100 kg aus 10 m Höhe wird auf den Pfahl dieselbe Wirkung ausgeübt, wie wenn der Pfahl mit 2000 kg in den Boden gedrückt würde.

[130] Erhaltung der Energie.

Die angegebenen Beispiele haben uns gezeigt, daß die Energie verschiedene Umwandlungen erleiden kann. Wir haben gesehen, daß die potentielle Energie, die der Rammklotz in seiner erhöhten Lage besaß, sich in kinetische Energie umsetzt, daß diese den Pfahl bedeutend tiefer einschlug, als dies mit ruhigem Druck gleicher Größe möglich wäre, daß hierbei Schall- und Wärmewirkungen auftreten, bei denen wieder Energie zur Hervorrufung von Bewegungen kleinster Teilchen aufgewendet wird usw.

Die genaue Untersuchung aller dieser Vorgänge zeigt nun, daß bei solchen Umwandlungen nichts von der Energie verlorengeht. Wird die eine Art der Energie um einen gewissen Betrag vermindert, so nimmt die andere Energieart um den gleich großen Betrag zu. **Einer Abnahme der Lagenenergie steht eine gleich große Zunahme der Bewegungsenergie gegenüber.** Das ist der Sinn des außerordentlich wichtigen Satzes von der **Erhaltung der Energie,** der besagt, **daß die Größe der Energie im Weltall unveränderlich ist:** sie erfährt Umwandlungen, bleibt aber in der Summe stets gleich. Wird irgendwo Arbeit gewonnen, so muß die gleiche Menge Arbeit anderswo verlorengehen.

Die Möglichkeit der allgemeinen Gültigkeit dieses bedeutungsvollen Naturgesetzes hat zuerst 1842 der deutsche Arzt Jul. Rob. Mayer dargelegt. In allgemeinster Fassung für alle Naturkräfte hat es zum ersten Male der berühmte deutsche Physiker H. v. Helmholtz in der Schrift „Über die Erhaltung der Kraft" ausgesprochen, nachdem das Gesetz schon vorher von Newton, Bernoulli, später vom Engländer Joule für beschränkte Gebiete von Naturerscheinungen erkannt worden war.

Wir haben uns damit schon mehrfach beschäftigt in der Vorstufe [126], [244], [252], [265] und in diesem Bande [1]. Der besonderen Bedeutung dieser Verhältnisse für den gesamten Naturhaushalt und damit auch für die Technik wegen wollen wir den Gegenstand in Kürze nochmals zusammenfassen:

Wir können aus Wärme mechanische Arbeit erhalten und mechanische Arbeit in Wärme, in Licht, in Elektrizität verwandeln. Es ist ermittelt worden, daß die Arbeit von 427 kgm in Wärme umgewandelt, eine Kalorie, d. i. jene Wärmemenge liefert, die nötig ist, um 1 kg Wasser von 0° auf 1° C zu erwärmen. Es ist weiters ermittelt worden, daß 1 Pferdestärke 736 Watt an elektrischer Leistung erzeugt; aber bei allen diesen und vielen anderen Umwandlungen von einer Energieform in die andere kann nie und nimmer Energie verlorengehen. Man spricht zwar von Arbeitsverlusten, berechnet den Wirkungsgrad jeder Maschine nach dem Verhältnisse der gewonnenen Nutzleistung zur aufgewendeten Arbeit; aber alle diese Arbeitsverluste sind doch nur Verluste an nutzbringender Arbeit, niemals jedoch wirklicher Energieverlust; stets wird sich die scheinbar verlorene Energie in irgendwelcher anderen Form als vielleicht nicht beabsichtigte, häufig sogar als schädliche Nebenwirkung, Erwärmung, Reibung usw. wiederfinden.

Unsere Leser haben bereits von der unlösbaren Aufgabe eines Perpetuum mobile gehört, einer Maschine, die ohne Zufuhr von Arbeit ewig laufen soll. Oft sind solche Apparate sehr sorgfältig mit polierten Lagern ausgestattet, um möglichst wenig Reibung und damit Energieverlust zu erleiden. Aber schließlich bleibt die „ewig laufende Maschine" infolge der unvermeidlichen Reibungswiderstände doch stehen, weil sich weder Bewegung noch Arbeit aus nichts erzeugen läßt.

Das Gesetz von der Erhaltung der Energie gilt aber, wie gesagt, auch ganz allgemein von allen **Naturkräften,** die in letzter Linie wie die **Windkraft,** die **Wasserkraft** und selbst unsere **Kohlenlager** der Wirkung der Sonne ihren Ursprung verdanken.

Alle diese gewaltigen Kräfte, diese unerschöpflichen Energiequellen, stellt die Natur dem Menschen frei zur Verfügung; seine hochentwickelte Technik hat es vermocht, sie nach Belieben umzuwandeln und in ungeahntem Maße den Zwecken der Menschheit dienstbar zu machen; sie wird aber auch in ihrer höchsten Ausbildung niemals Kräfte neu erzeugen können.

[131] Trägheitsmoment.

In den früheren Ausführungen haben wir die Energie bewegter Massen kennengelernt, soweit diese fortschreitende Bewegungen ausführen. Wie wir wissen, gibt es aber auch Bewegungen, bei denen sich der Körper um eine Achse dreht, wie z. B. die Kreisbewegung. Es ist ohne weiteres klar, daß auch derartig bewegte Massen **Bewegungsenergie** haben müssen. Mit ihrer Größe wollen wir uns nun beschäftigen, denn sie ist für die Technik von großer Wichtigkeit.

a) In Abb. 135 ist ein Teil eines Schwungrades schematisch dargestellt; seine **Winkelgeschwindigkeit** (also die Geschwindigkeit eines Punktes E im Abstande 1 von der Drehungsachse) sei ω. Die

Masse des Schwungrades können wir uns zusammengesetzt denken aus einer großen Zahl kleiner Massenteilchen M_1, M_2, M_3, deren Entfernungen von der Achse r_1, r_2, r_3 sein mögen. Die Geschwindigkeiten dieser Massenteilchen werden dann der Reihe nach sein $v_1 = r_1\,\omega$, $v_2 = r_2\,\omega$, $v_3 = r_3\,\omega$. Jedes von ihnen wird eine gewisse Wucht aufweisen, die der allgemeinen Formel $\frac{1}{2}\,M v^2$ entsprechen wird. Es wird sich also hierfür ergeben $\frac{1}{2}\,M_1 r_1{}^2\,\omega^2$, $\frac{1}{2}\,M_2 r_2{}^2\,\omega^2$ usf.

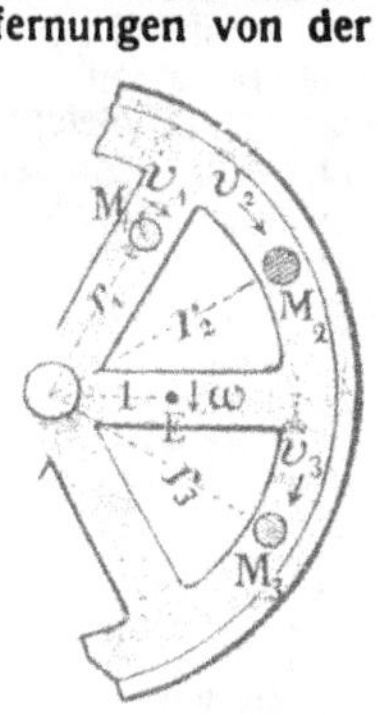

Abb. 135

Die Gesamtenergie des rotierenden Körpers ist der Summe dieser Teilenergien gleich, so daß wir bei Heraushebung der gemeinsamen Faktoren als gesamte Bewegungsenergie erhalten

$$B = \frac{1}{2}\,(M_1 r_1{}^2 + M_2 r_2{}^2 + M_3 r_3{}^2 + \ldots)\,\omega^2;$$

bezeichnen wir den Klammerausdruck mit T, so erhalten wir kurz

$$\boxed{B = \frac{1}{2}\,T\,w^2.}$$

Die Größe T bezeichnet man als Trägheitsmoment. Es stellt nach obigem eine Summe dar, deren Glieder man erhält, **wenn man jedes Massenteilchen mit dem Quadrate seiner Entfernung von der Drehungsachse multipliziert.** Man verwendet für solche Ausdrücke die Form $\Sigma M r^2$, indem man vor das allgemein ausgedrückte Glied $M r^2$ den griechischen Buchstaben Σ („Sigma") als Summenzeichen setzt und liest: „Summe aller $M r^2$". Es gilt sonach für das Trägheitsmoment

$$\boxed{T = \Sigma M r^2.}$$

b) Welche physikalische Bedeutung hat nun das Trägheitsmoment? Antwort darauf gibt uns eine einfache Überlegung: Denken wir uns einen Augenblick das Schwungrad gewichtslos und dafür eine **Ersatzmasse** = T im Abstande 1 mit der gleichen Winkelgeschwindigkeit ω rotierend, so ist die Wucht dieser Ersatzmasse = $\frac{1}{2}\,T\,\omega^2$. **Das Trägheitsmoment ist sonach die Ersatzmasse am Hebelarme 1, d. h. im Abstande 1 von der Drehachse, die bei gleichförmiger Bewegung die gleiche Bewegungsenergie aufweist, wie der Körper selbst.**

Beispiel: An einer gewichtlosen Stange stecken 5 Kugeln A, B, C, D, E von der Masse je 3 gr im Abstande von je 2 cm voneinander (Abb. 136). Wie groß ist das Trägheitsmoment, wenn die Stange um den Punkt B rotiert? Antwort: Für $A = 3\cdot2^2$; für $B = 0$; für $C = 3\cdot2^2$; für $D = 3\cdot4^2$; für $E = 3\cdot6^2$. Also Gesamtträgheitsmoment

$$T = 3\,(2^2 + 0 + 2^2 + 4^2 + 6^2) = 180 \text{ gr},$$

d. h. es ist gerade so, als ob die Masse von **180 gr** im Abstande 1 cm schwingen würde ($180 \cdot 1^2 = 180$ gr).

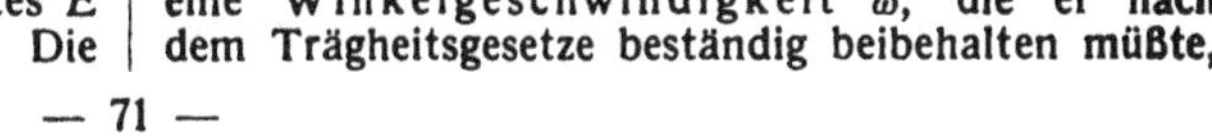

Abb. 136

c) Bisher war angenommen, daß auf einen um eine Achse drehbaren Körper eine momentane Kraft, ein Stoß, einwirkt; sie erteilt dem Körper eine **Winkelgeschwindigkeit** ω, die er nach dem Trägheitsgesetze beständig beibehalten müßte, wenn keine Hindernisse der Bewegung entgegenwirken. Wirkt hingegen auf einen rotierenden Körper eine Kraft **dauernd** im Drehsinne ein, so wird seine Rotation eine beschleunigte werden, und zwar eine gleichförmig beschleunigte, wenn die Kraft konstant ist. In diesem Falle spricht man von einer **Winkelbeschleunigung** und versteht darunter die in der Zeiteinheit erfolgende Zunahme der Winkelgeschwindigkeit. Für diesen Fall läßt sich zeigen, daß **die Winkelbeschleunigung gleich ist dem statischen Momente der Kraft dividiert durch das Trägheitsmoment des Körpers, beide bezogen auf die Drehachse.**

Wird nämlich die Drehbewegung des Körpers von einer konstanten Kraft P mit dem Drehmoment $P \cdot r$ hervorgerufen, so ist nach [31]

die Beschleunigung $a = \dfrac{\text{treibende Kraft}}{\text{Masse}} = \dfrac{P}{M}$

Die Winkelbeschleunigung v im Abstande 1 erhält man, indem man die Beschleunigung durch r dividiert, mithin

$$v = \frac{P}{M \cdot r} = \frac{P \cdot r}{M r^2} = \frac{\text{Drehmoment}}{\text{Trägheitsmoment}}.$$

Diese Formel kann man zur Ermittlung der Schwingungszeit (oder Schwingungsdauer) eines physischen Pendels benützen, anderseits kann man mit ihrer Hilfe auch das **Trägheitsmoment** eines Körpers bestimmen, indem man ihn schwingen läßt und die Schwingungszeiten beobachtet.

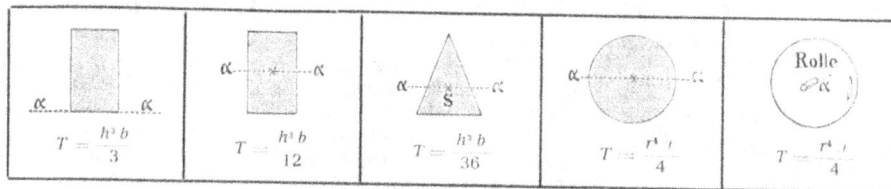

d) Bestimmung des Trägheitsmomentes.

1. **Bei einfachen geometrischen Formen** läßt sich der Wert von T durch Rechnung finden, die aber zumeist die Anwendung höherer Mathematik oder gewisse Kunstgriffe erfordert.

Z. B. Berechnung von T für das Stäbchen $OA (= l)$, das sich um O dreht (Abb. 137). Zieht man durch O eine Gerade OB unter $\alpha = 45°$, so ist an jeder Stelle M die Ordinate $= r$. Das Trägheitsmoment eines Teilchens m bei M ist $T = m r^2$; dies ist geometrisch der Inhalt einer dünnen quadratischen Platte über der Fläche 1, 2, 3, 4. Die Summe aller dieser Platten von O bis A ist im Grenzfalle gleich dem Volumen der quadratischen Pyramide von der Grundfläche l^2 und der Spitze in O.

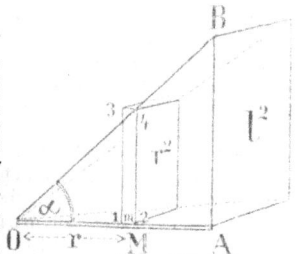

Also $T = \dfrac{1}{3}$ Grundfl. $\times$ Höhe $= \dfrac{1}{3} l^3$.

So ergeben sich u. a. für folgende Figuren (Abb. 138), die um eine in der Ebene der Figur liegende Achse oder, wie rechts bei der Rolle um eine $\perp$ zu dieser Ebene liegende Achse rotieren, folgende Werte:

Abb. 138 Trägheitsmomente

2. Wichtig ist noch der sog. **Schwerpunktssatz:** Kennt man für eine Schwerpunktsachse S das Trägheitsmoment T_s, so bekommt man es für eine hierzu parallele Achse A im Abstande a, indem man zu dem Trägheitsmomente T_s, bezogen auf die Schwerpunktsachse, das Produkt aus dem Flächeninhalte und dem Quadrate der Entfernung a hinzuaddiert:

$$\boxed{T = T_s + F \cdot a^2.}$$

3. Für beliebig gestaltete Körper kann T nur durch Versuch festgestellt werden, indem man den Körper schwingen läßt.

Die Werte der Trägheitsmomente finden in der Technik bei statischen Berechnungen aller Art vielfache Anwendung, worauf wir noch mehrmals zurückkommen werden.

Oft haben Körper, die in Rotation begriffen sind, auch noch eine fortschreitende Bewegung (Geschosse aus gezogenen Geschützen), dann ist die Gesamtenergie solcher Körper gleich der Summe aus der Rotationsenergie und der lebendigen Kraft der fortschreitenden Bewegung

$$\boxed{B = \frac{1}{2} T \cdot w^2 + \frac{1}{2} M \cdot v^2.}$$

[132] Stoß (Impuls).

a) Trifft ein in Bewegung befindlicher Körper mit einem anderen ebenfalls in Bewegung oder in Ruhe befindlichen Körper zusammen, so vollzieht sich in einer sehr kurzen Zeit eine gegenseitige Kraftwirkung der Körper aufeinander, die Änderungen in den Geschwindigkeiten herbeiführt. Wirkt t Sek. lang eine Kraft P auf eine Masse ein, so sagt man, diese habe den **Impuls** $\boxed{Pt}$ empfangen. Dabei

gerät die Masse M in eine gleichförmig beschleunigte Bewegung, für welche die Formeln gelten:

I. Kraft $P = M \cdot a$,
II. Endgeschwindigkeit $v_e = v_a + a \cdot t$.

Bildet man das Produkt $P \cdot t$ aus I, so folgt aus II:

$$\underset{\text{Impuls}}{P \cdot t} = \underset{\text{Zuwachs an Bew.-Größe.}}{M \cdot v_e - M \cdot v_a}$$

Das Produkt aus Masse M mal Geschwindigkeit v nennt man die augenblickliche Bewegungsgröße eines Körpers, das Produkt aus Kraft mal Wirkungszeit den Impuls (oder Antrieb). Daher die wichtige Beziehung:

$$\boxed{\text{Verbrauchter Impuls = Erzeugte Bewegungsgröße.}}$$

Kommen in einem geladenen Geschütze von der Masse M_1 die Pulvergase zur Explosion, so wirkt die Kraft der letzteren (P) während der Zeit t sowohl auf die Masse (M_2) des Geschosses und erteilt diesem einen **Antrieb (Impuls)**, als auch auf das Geschütz, dem es ebenfalls denselben Antrieb (Impuls) erteilt. Die Größe des Antriebes ist $P \cdot t$. Die Geschoßmasse erhält durch den Impuls eine Beschleunigung $a_2 = \dfrac{P}{M_2}$, die Endgeschwindigkeit der Bewegung ist $v_2 = a_2 \cdot t$. Das Produkt Masse mal erreichte Geschwindigkeit, also $M_2 \cdot v_2$ bezeichnet man als Bewegungsgröße. Der Impuls ist aufgebracht worden zur Erzeugung der Bewegungsgröße des herausgeschleuderten Geschosses. Das Geschütz hat beim Abschusse den gleichen Impuls Pt bekommen, es erhält ebenfalls eine Beschleunigung (a_1), die gleich ist $\dfrac{P}{M_1}$; $v_1 = a_1 \cdot t$; seine Bewegungsgröße wird daher $M_1 v_1$ sein, woraus $M_1 v_1 = M_2 v_2$ folgt. Da die Masse des Geschützes sehr viel mal größer ist als die des Geschosses, wird die Endgeschwindigkeit des Geschützes im Vergleich zu v_2 nur klein sein (Rückstoß der Geschütze beim Abfeuern).

b) Zu solchen Impulsen kommt es, wenn ein bewegter Körper einen anderen entweder ebenfalls in Bewegung befindlichen oder ruhenden Körper einen Stoß erteilt. Am einfachsten liegen die Verhältnisse, wenn die Bewegungsrichtungen beider Körper in derselben Geraden liegen, man spricht dann vom **zentralen Stoß**. Die Erscheinungen sind wesentlich verschieden, je nachdem es sich hierbei um unelastische oder elastische Körper handelt.

I. Bewegt sich ein **unelastischer** Körper von der Masse M_1 mit der Geschwindigkeit v_1 und folgt ihm in derselben Geraden ein zweiter, ebenfalls u n e l a s t i s c h e r Körper von der Masse M_2 und Geschwindigkeit v_2 (wobei $v_2 > v_1$), so gibt im Momente des Zusammenstoßes die stoßende Masse Energie an den ersten Körper ab, beide Körper bewegen sich als eine Masse $M_1 + M_2$ mit der gemeinsamen Geschwindigkeit u weiter. Es ist

$$\underbrace{M_1\,(u - v_1)}_{\substack{\text{Bew.-Gewinn des}\\\text{gestoßenen K.}}} = \underbrace{M_2\,(v_2 - u)}_{\substack{\text{Bew.-Verlust des}\\\text{stoßenden K.,}}}$$

daraus $\boxed{u = \dfrac{M_1\,v_1 + M_2 \cdot v_2}{M_1 + M_2}}$.

Die Summe der Bewegungsgrößen vor dem Stoße bleibt auch nach dem Stoße erhalten.

Aus obiger Formel folgt:

1. Ist $M_1 = M_2$, d. h. stoßen 2 Körper von gleicher Masse aufeinander, so ist $u = \dfrac{v_1 + v_2}{2}$.

Für $v_1 = 0$ (der gestoßene Körper war in Ruhe) ist $u = \dfrac{v_2}{2}$, d. h. **beide Körper bewegen sich mit halber Geschwindigkeit weiter.**

2. Ist v_1 negativ, d. h. bewegen sich die Körper gegeneinander, so ist

$$u = \frac{-M_1 v_1 + M_2 v_2}{M_1 + M_2},$$

u wird Null, d. h. **beide Körper bleiben stehen, wenn**

$$M_1 v_1 = M_2 v_2 \text{ oder } M_1 : M_2 = v_2 : v_1,$$

wenn also die größere Masse sich mit verhältnismäßig kleinerer Geschwindigkeit bewegt hat, oder mit anderen Worten, wenn eine kleine, rasch bewegte Masse mit einer großen sich langsam bewegenden Masse zusammenstößt.

3. Die Wucht beider Kugeln zusammen vor dem Stoße ist größer als nach dem Stoße.

$$\frac{M_1 v_1^2}{2} + \frac{M_2 v_2^2}{2} > \frac{(M_1 + M_2)\,u^2}{2}.$$

Dieser Energieverlust ist aber nur scheinbar, denn er findet in der eintretenden Deformation der Körper und in den Begleiterscheinungen (Wärme, Schall) seinen Gegenwert.

4. Ist M_1 unendlich groß und ruhend, d. h. trifft der Körper von der Masse M_2 auf eine **unnachgiebige, starre Wand**, so ist wegen

$$u = \frac{v_1 + \dfrac{M_2}{M_1} \cdot v_2}{1 + \dfrac{M_2}{M_1}},$$

$u = 0$, d. h. **die normal gegen eine Wand stoßende unelastische Kugel bleibt an der Wand liegen.**

Stößt eine unelastische Kugel s c h i e f gegen eine starre Wand, so rollt sie nach dem Zusammentreffen entlang der Wand weiter.

Versuche diese Stoßarten mit Kugeln aus plastischem Ton. Bei der Kruppschen 14 m langen Schiffskanone von 40 cm Kaliber empfängt die **1050 kg** schwere Panzergranate durch eine Pulverladung von **400 kg** eine Anfangsgeschwindigkeit von **580 m**. Die dadurch erlangte Energie wird zum größten Teile zur Durchbohrung des Panzers aufgebracht. Gleichzeitig wird infolge der plötzlich gehemmten Bewegung die Sprengladung ohne besondere Zündvorrichtung zur Explosion gebracht.

II. Anders verläuft die Erscheinung, wenn die zusammenstoßenden Körper **elastisch** sind. Denken wir uns zwei solche in ähnlicher Bewegung begriffen wie unter I, so können wir beim Zusammenstoß zwei Abschnitte unterscheiden.

Da die Körper elastisch sind, so werden sie sich beim Zusammentreffen a b p l a t t e n, bis sie dieselbe

Geschwindigkeit u erreicht haben. Sie bewegen sich aber dann nicht mit der gleichen Geschwindigkeit gemeinsam weiter, denn durch das Zusammendrücken ist die Elastizität geweckt worden, die jetzt auf die Körper zurückwirkt. Die n u n wirkenden Impulse sind von gleicher Größe wie beim ersten Anpralle, aber entgegengesetzt gerichtet. Der stoßende Körper wird neuerdings einen Bewegungsverlust erleiden, der gestoßene wird an Energie gewinnen.

Im ersten Abschnitte wird sonach eine gemeinsame Geschwindigkeit u erzielt werden, welche nach den unter I gegebenen Formeln zu berechnen ist. Zufolge der Rückverwandlung der Spannungsenergien der abgeplatteten Kugeln erfährt jedoch die gestoßene Masse M_1 nochmals den Geschwindigkeitszuwachs $u - v_1$, die stoßende Masse M_2 nochmals den Geschwindigkeitsverlust $v_2 - u$.

Die Geschwindigkeiten n a c h dem Stoße werden daher sein:

$$V_1 = u + (u - v_1) = 2u - v_1,$$
$$V_2 = u - (v_2 - u) = 2u - v_2.$$

Setzt man den unter I gefundenen Wert für u ein, so erhält man:

$$V_1 = \frac{2 M_2 v_2 + (M_1 - M_2)\,v_1}{M_1 + M_2},$$
$$V_2 = \frac{2 M_1 v_1 + (M_2 - M_1)\,v_2}{M_1 + M_2}.$$

Erklärung dieser Formeln:

1. Die Summe der Bewegungsgrößen v o r und n a c h dem Stoße bleibt auch hier ungeändert, denn

$$M_1 v_1 + M_2 v_2 = M_1 V_1 + M_2 V_2.$$

Ein scheinbarer Verlust an Wucht tritt hier nicht ein.

2. Für $M_1 = M_2$ **(zwei gleiche Billardkugeln)** wird $V_1 = v_2$ und $V_2 = v_1$, d. h. **gleiche Massen tauschen ihre Geschwindigkeiten aus.** S t o ß t eine Billardkugel auf eine ruhende Kugel, so bleibt die stoßende stehen und die gestoßene rollt mit der Geschwindigkeit der stoßenden Kugel weiter (Versuch mit der Stoßmaschine (Abb. 139). — Versuch der Stoßfortpflanzung (Abb. 140) mit einer Reihe sich berührender Kugeln; werden mehrere Kugeln angestoßen, so fliegen ebensoviel letzte Kugeln weg, während die übrigen in Ruhe bleiben.)

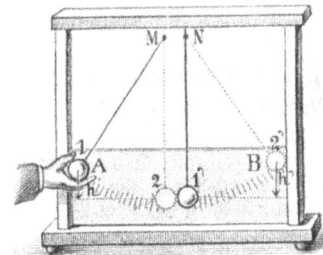

Abb. 139
Stoßmaschine

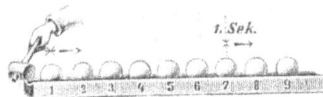

Abb. 140

3. Ist $M_1 = \infty$ und $v_1 = 0$, so ergibt sich $V_2 = -v_2$ und $V_1 = 0$, d. h. **die gegen eine elastische Wand normal auftreffende elastische Kugel prallt normal mit gleich großer Geschwindigkeit in entgegengesetzter Richtung zurück.**

4. Trifft eine solche Kugel schief gegen eine elastische Wand (Abb. 141), so ist für die normale Komponente v_2 der Fall 3 gegeben; die zweite Komponente v_1 setzt sich mit der Abprallgeschwindigkeit v_2 zur resultierenden Geschwindigkeit v zusammen, deren Winkel zur Normalen α' gleich ist dem Winkel α, unter dem die Kugel auf die Wand trifft.

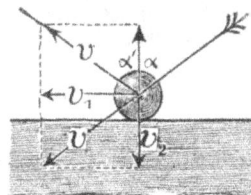

Abb. 141
Stoß gegen eine elastische Wand

Das sog. **Reflexions-(Zurückwerfungs-)Gesetz** lautet daher: **Trifft eine elastische Kugel eine ela-**

stische Wand, so wird sie von ihr unter demselben Winkel zurückgeworfen, unter dem sie auftraf. Merke:

Einfallswinkel α = Reflexionswinkel α^1.

Wichtig für das **Billardspiel.**

Von Interesse sind die Erscheinungen des Stoßes bei Eisenbahnwägen mit und ohne Puffer. Auf einem Gleis stehe z. B. ein Wagen **ohne** Puffer, gegen den ein zweiter solcher Wagen mit der Geschwindigkeit v rollt. Im Momente, wo die beiden Wagen sich berühren, beginnt der Stoßakt; es drückt der stoßende Wagen auf den gestoßenen und der letztere ebenso stark (nach dem Prinzipe der gleichen Aktion und Reaktion) auf den ersteren zurück. Infolge der dem stoßenden Wagen innewohnenden Energie wird der Trägheitswiderstand des ruhenden Wagens überwunden und der letztere so lange beschleunigt, der erstere so lange verzögert, **bis beide dieselbe gemeinsame Geschwindigkeit besitzen,** welche im vorliegenden Falle $\frac{v}{2}$ sein muß, also halb so groß ist als jene, die der stoßende Wagen ursprüng-

lich besaß. Anders gestaltet sich die Erscheinung, wenn beide Wagen **mit** Puffern versehen sind, deren stählerne Federn wir vollkommen elastisch annehmen wollen. Beim Beginn des Stoßaktes werden beide Federn zusammengedrückt. Druck und Gegendruck sind so lange vorhanden, bis eine gemeinsame Geschwindigkeit erreicht ist. Wieder hat dabei der stoßende Wagen $\frac{v}{2}$ verloren, der gestoßene $\frac{v}{2}$ gewonnen. Nun aber nehmen die zusammengepreßten Pufferfedern ihre ursprüngliche Form wieder an und verwandeln dabei die in ihnen aufgespeicherte potentielle Energie in kinetische Energie. Da hierbei der stoßende Wagen nochmals den gleichen Druck nach rückwärts, der gestoßene nochmals den gleichen Druck nach vorwärts empfängt, muß der **stoßende** Wagen einen nochmaligen Geschwindigkeitsverlust von $\frac{v}{2}$ erleiden — **also zur Ruhe kommen** — wogegen der **gestoßene** Wagen nochmals denselben Geschwindigkeitsgewinn von $\frac{v}{2}$ erfährt — **also die volle Geschwindigkeit v des stoßenden Wagens übernimmt.** Ein Verlust an Wucht tritt bei diesem sich sehr rasch abspielenden Vorgange nicht ein.

Aufgabe 68.

[133] *Beim ballistischen Pendel benützt man die Erscheinungen des Stoßes zur Bestimmung der Geschwindigkeit von abgefeuerten Geschoßen. Ein solches Pendel (Abb. 142) besteht aus einem massiven Holzblocke, der an Eisenstangen pendelartig aufgehängt ist. Seine Masse m_1 sei 18 kgr, die Pendellänge $l = 2$ m. Die gegen den Klotz abgefeuerte Kugel ($m = 30$ gr) trifft ihn, verschiebt ihn, bleibt in ihm endlich stecken und erteilt dem Pendel einen Ausschlag $\alpha_1 = 26^0$. Wie groß war die Geschoßgeschwindigkeit v?*

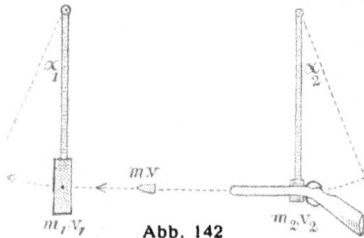

Abb. 142
Ballistisches Pendel

Es ist $mv = (m + m_1) v_1$, woraus $v = \dfrac{m + m_1}{m} v_1$. Beim Pendel gilt $v_1 = \sqrt{2gh}$, wobei h die Fallhöhe ist; diese kann man aus l und α_1 berechnen $v_1 = \sqrt{2gl(1 - \cos \alpha_1)}$ und findet $v_1 = 2$ m/sek. Die Geschoßgeschwindigkeit v ergibt sich mit rund **1200 m/sek.**

Aufgabe 69.

[134] *Ein Rammbär von $P_1 = 250$ kg Gewicht treibt in $n = 30$ Schlägen einen $P_2 = 50$ kg schweren Pfahl $s = 0,75$ m tief ein, wenn er jedesmal aus einer Höhe von $h = 2$ m fällt. Welchen Widerstand leistet der Boden?*

Der Rammklotz, dessen Masse M_1 sei, fällt im freien Fall bis zum Pfahl herab, wobei er die Geschwindigkeit u_1 erreicht hat. Nach dem Zusammentreffen bildet der Klotz mit dem Pfahl (Masse $= M_2$) eine Masse mit der gemeinsamen Geschwindigkeit u_2, diese bewegte Masse überwindet dann den Erdwiderstand auf der Strecke s und leistet dabei die Arbeit: Erdwiderstand (E) × Weg (s); hierdurch wird die Geschwindigkeit u_2 aufgezehrt.

Die Bewegungsgröße des Klotzes vor dem Aufschlagen ist $M_1 \cdot u_1$, nach dem Stoße ist sie gleich $(M_1 + M_2) u_2$; da diese Größen gleich sein müssen, ist $M_1 u_1 = (M_1 + M_2) u_2$; daraus $u_2 = \dfrac{M_1 \cdot u_1}{M_1 + M_2}$, was sich übrigens auch aus I dieses Abschnittes ergibt, wenn man dort die Masse M_2 auf einen ruhenden Körper stoßen läßt.

Die Wucht W der gemeinsamen Masse $(M_1 + M_2)$ ist nach der allgemeinen Formel $\frac{1}{2} M v^2 = \frac{1}{2}(M_1 + M_2) u_2^2$. Setzen wir hierin den früher abgeleiteten Ausdruck für u_2 ein, so ist

$$W = \frac{1}{2}(M_1 + M_2) \frac{(M_1 \cdot u_1)^2}{(M_1 + M_2)^2} = \frac{1}{2} M_1 u_1^2 \cdot \frac{M_1}{M_1 + M_2}$$

Hierin ist $\frac{1}{2} M_1 u_1^2$ die Bewegungsenergie B des Rammklotzes, der den Erdboden mit der Geschwindigkeit u_1 erreicht. Dieses Arbeitsvermögen des Klotzes ist bei einem einmaligen Fall gleich $P_1 h$, bei n Schlägen n mal so viel, also zusammen

$$B = P_1 h n; \quad W = P_1 h n \frac{M_1}{M_1 + M_2} = P_1 h n \frac{\dfrac{P_1}{g}}{\dfrac{P_1}{g} + \dfrac{P_2}{g}} = \frac{P_1^2 h n}{P_1 + P_2}.$$

Ist nun E der gesuchte Erdwiderstand, der längs der Rammstrecke s überwunden wird, so ist der eben angeschriebene Ausdruck auch gleich Es. Daraus folgt:

$$\boxed{E = \frac{P_1^2 h n}{s(P_1 + P_2)}.}$$

Bei Einsetzung der vorgegebenen Zahlenwerte ergibt sich dann der Erdwiderstand in unserem Falle

$$E = 16667 \text{ kg.}$$

4. Abschnitt.

Die einfachen Maschinen.

[135] Allgemeines.

Maschine nennt man jede Vorrichtung, die zur Übertragung von Kräften geeignet ist. Der Vorteil der Maschine liegt teils darin, daß man die zur Verrichtung einer Arbeit aufzuwendende Kraft bequemer, d. h. in einer günstigeren Richtung wirken lassen kann, teils darin, daß man an Kraft durch einen Mehraufwand von Weg, in anderen Fällen wieder an Weg durch einen Mehraufwand von Kraft zu ersparen vermag. **An Arbeit selbst wird aber durch keine Maschine etwas gewonnen, im Gegenteil wird bei jeder Maschine eine gewisse Arbeit (von der Reibung) aufgezehrt werden.**

Wenn z. B. ein Stein von 100 kg 1 m hoch zu heben ist, wird es gewiß viel leichter sein, diese Hebung mittels einer einfachen Kurbelwinde zu bewirken, als den Stein unmittelbar anzufassen und zu heben. Übrigens könnte ein einzelner Mann einen so schweren Stein überhaupt nicht heben, während er ihn mit Hilfe einer geeigneten Handmaschine sogar auf größere Höhe fördern kann.

Die Kenntnis der einfachsten, hierher gehörigen Vorrichtungen reicht jedenfalls in vorhistorische Zeiten zurück. Hebezeuge oder Hebemaschinen, die zur Förderung von Lasten in lotrechter oder in wagrechter Richtung dienen, sind schon von den alten Ägyptern in ihrer einfachsten Form als Rollenzüge und Winden beim Bau der Pyramiden verwendet worden, und auch die Griechen und Römer haben die verschiedenartigsten Hebezeuge in ausgedehntester Weise bei der Herstellung ihrer Prachtbauten benützt. Heute spielt die Technik der Förderungsmittel im Bauwesen und in der Großindustrie eine sehr wichtige Rolle, weil es in vielen Fällen weit ökonomischer ist, Lasten durch passend konstruierte Aufzugsvorrichtungen aufzuziehen, als sie durch Arbeiter hinauftragen zu lassen. Abgesehen davon, daß es oft ganz unmöglich wäre, an der Last selbst so vielen Arbeitern die richtigen Angriffsstellen zu bieten, müssen die **Arbeiter** noch stets ihr **eigenes Gewicht** als tote Last mitbefördern, wogegen beim maschinellen Heben die tote Last der Körbe, der Greifvorrichtungen usw. doch immer gegen die Nutzlast verschwindend klein bleibt. Wird nun noch die ungleich größere Leistungsfähigkeit der maschinellen Förderung gegenüber der Handarbeit berücksichtigt, so wird es begreiflich, daß wir uns kaum mehr eine halbwegs bedeutende technische Arbeitsstätte vorstellen können, in der nicht Hebe- und Fördereinrichtungen aller Art, von der Rolle und dem Flaschenzuge angefangen bis zu Dampfwinden, elektrischen Riesenkranen usw. unausgesetzt in vollster Tätigkeit sind.

Die wichtigsten **einfachen Hebemaschinen**, die selbst in ihren Grundformen im täglichen Leben und im Bauwesen häufigste Anwendung finden, deren Grundsätze wir aber später in den verschiedensten Bestandteilen der Maschinentechnik wiedererkennen werden, sind:

    A. **der Hebel** [Wellrad],
    B. **die Rolle** und
    C. **die schiefe Ebene** [Keil und Schraube].

A. Der Hebel.

[136] Einleitung.

Das einfachste Werkzeug, wie auch der wichtigste Bestandteil jeder noch so komplizierten Maschine ist der Hebel.

Unsere Arme wie auch unsere Hände und Finger selbst sind sehr kunstvoll gebaute Hebelvorrichtungen; jedes Stück Holz, jeder feste Körper von einiger Längenausdehnung kann zum Hebel werden, wenn es gilt, größere Kräfte auszuüben, als sie uns die Natur in unserer Muskelkraft geboten hat; die Brechstange des Steinbrechers, der Schaufelstiel, der Tragbalken sind ebenso Hebel wie die Türklinke, die Klaviertaste, die Zange und die Schere. — Die Ausnutzung der Hebelwirkung erscheint uns so selbstverständlich, als wäre die Idee dazu dem Menschen geradezu angeboren. — Arbeiter von der geringsten Intelligenz benutzen den Hebbaum, die Brechstange, ohne je darüber nachgedacht zu haben, wieso es kommt, daß mit diesen einfachsten Werkzeugen so bedeutende Kraftleistungen bewirkt werden können, die der Entdecker der Hebelgesetze Archimedes sogar, wie unsere Leser aus seinem Lebensbilde bereits wissen (Vorstufe S. 59), zu dem kühnen Ausspruche „Gebt mir einen festen Punkt, und ich hebe die Erde aus den Angeln" veranlaßt haben soll.

[137] Hebelarten.

Die einfachste Form des Hebels haben wir in einer Stange (z. B. einer eisernen Brechstange) gegeben, die um einen Stützpunkt drehbar ist. An einem überwinden soll und die **Kraft** genannt wird. Je nach der Lage seines Unterstützungs- oder Drehpunktes zum Angriffspunkte der Kraft und der Last unterscheiden wir verschiedene Arten von Hebeln:

Liegen die Angriffspunkte von Kraft und Last auf derselben Seite des Drehpunktes, so nennen wir den Hebel einen **einarmigen (einseitigen)** Abb. 143, im anderen Falle einen **zweiarmigen (zweiseitigen)**, s. Abb. 144.

Die zu überwindende Last ist in den Abbildungen mit Q, die sie bewältigende Kraft mit P bezeichnet.

Abb. 145   Abb. 146
Schiebkarren   Brotmesser

Beispiele für einarmige Hebel sind: Schiebkarren (Abb. 145) Nußknacker, Zuckerzange, Brotmesser (Abb. 146), Häckselschneidmaschine, Ruder (Drehungspunkt im Wasser anzunehmen!), Stange an Sicherheitsventilen, menschliche Glied-

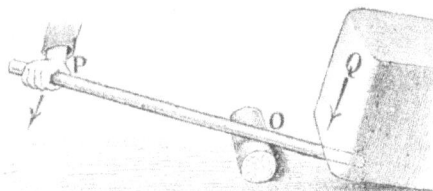

Abb. 147
Hebebaum

Abb. 143   Abb. 144
Einarmiger Hebel   Zweiarmiger Hebel

solchen Hebel wirken zwei Kräfte: eine, die als zu überwindender Widerstand auftritt und als **Last** bezeichnet wird und eine zweite, die den Widerstand maßen, Trittbretter an Drehbänken, Schleifsteinen, Spinnrädern usf.

Für zweiarmige Hebel: Hebebaum (Abb. 147), Brechstange, Wagebalken, die verschiedenen Arten von Zangen und Scheren, Schlagbäume, Pumpenschwengel, Schaukelbrett (Abb. 148), Klaviertasten usf.

Liegen die Angriffspunkte von Kraft und Last nicht in einer Geraden mit dem Drehpunkte, so

Abb. 148
Schaukelbrett

spricht man von einem **Winkelhebel**, s. Abb. 149, wie er sich im Winkeleisen einfacher Drahtglocken-züge, bei Schnell- oder Briefwagen vorfindet.

Abb. 149
Winkelheber

Man kann einen Hebel auf einen 2. oder 3. wirken lassen, um die Wirkung zu vergrößern und ge-langt so zur Konstruktion von **zusammengesetzten Hebeln,** wie wir sie bei den Brückenwagen noch näher kennenlernen werden.

[138] Hebelgesetze.

a) Die **senkrechten** Strecken von der Dreh-achse des Hebels auf die Richtung der Kräfte heißen **Hebelarme;** ist der Hebel gerad-linig und wirken Kraft und Last senkrecht auf seine Richtung, so fallen die Hebelarme mit dem Hebel selbst zusammen. Der Hebelarm der Kraft heißt **Kraftarm,** jener der Last **Lastarm.**

Die Last Q, die am Hebelarm q wirkt, sucht den Hebel nach abwärts zu drehen, während die Kraft P, am Hebelarm p wirkend, ihn nach aufwärts zu drehen versucht. Zahlreiche Versuche mit verschiedenen Belastungen haben gezeigt, daß am Hebel Gleich-gewicht herrscht, wenn

Kraft × Kraftarm = Last × Lastarm

mithin

$$P \cdot p = Q \cdot q.$$

In Abb. 150 hält die Kraft 3 am Hebelarm 4 der Last 6 am Hebelarm 2 das Gleichgewicht, weil $3 \cdot 4 = 2 \cdot 6$. Beim einarmigen Hebel (Abb. 151) zeigt das am Hebelarme 4 an-

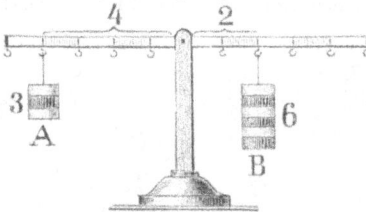

Abb. 150

gebrachte Federdynamometer, daß eine Kraft 15 einer Last 20 am Arme 3 das Gleichgewicht hält: $4 \cdot 15 = 3 \cdot 20 = 60$.

Merke: Je größer der Hebelarm, desto kleiner die Kraft.

b) Bei der Besprechung der Kräfte [15] ist schon erwähnt worden, daß das Produkt einer Kraft mit ihrem Arm **statisches Moment** oder **Dreh-moment** genannt wird. Das eben erwähnte Hebel-gesetz läßt sich daher auch so ausdrücken: Am Hebel herrscht Gleichgewicht, wenn

das Drehmoment der Kraft = dem Drehmomente der Last.

Bezeichnen wir beispielsweise das Drehmoment der Kraft als positiv, so ist das der Last negativ, da der Drehungssinn der Last der umgekehrte ist. Durch Umformung der Gleichung $Pp = Qq$ er-halten wir $Pp - Qq = 0$, d. h. **es herrscht Gleichgewicht, wenn die algebraische Summe der Drehmomente gleich Null ist.**

Als Hebelarm gilt auch hier stets die senkrechte Entfernung des Drehpunktes von der Kraft-richtung. Wir-ken Kraft und Last senkrecht auf den Hebel, so fällt die Armrichtung mit dem Hebel zusammen. Wirken Kraft oder Last oder beide schief zur

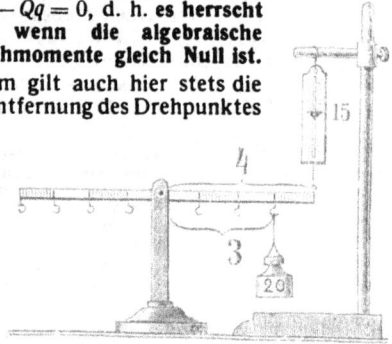

Abb. 151

Hebelrichtung, so muß die senkrechte Entfernung erst graphisch oder rechnerisch ermittelt werden (Abb. 152).

Greift z. B. P schief am Hebel an, so kann man P in 2 senk-recht aufeinander stehende Komponenten $N = P \cdot \cos \alpha$ und $Z = P \sin \alpha$ zerlegen, wovon Z wirkungslos bleibt. Nur N dreht den Hebel; sein Drehmoment ist $N \cdot l = P (\cos \alpha \cdot l) = Pp$. Man braucht daher die Zerlegung gar nicht, wenn man p als Hebelarm von P annimmt. Dies gilt auch dann, wenn eine Reihe von Kräften und Lasten auf einen um einen Punkt O drehbaren Körper

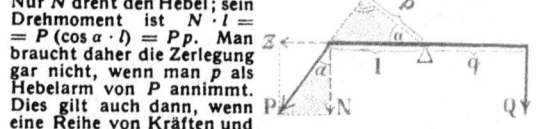

Abb. 152

wirkt, wie wir es in Abb. 153 sehen. Die Kräfte P, Q und R drehen in einem Sinne, die Kraft S in dem anderen. Die Gleichgewichtsbedingung ist für diesen Fall $Pp + Q \cdot q + R \cdot r - Ss = 0$ oder in allgemeiner Form $\Sigma P p = 0$ (Algebrai-sche Summe aller Dreh-momente = 0).

c) **Der Druck (oder Zug) auf den Drehpunkt des He-bels ist gleich der Mittelkraft aller am Hebel wirkenden Kräfte.** Wie sie be-stimmt wird, haben

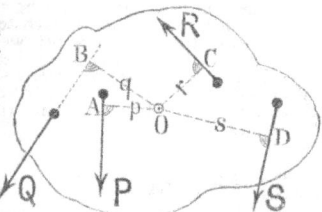

Abb. 153

wir bereits im I. Abschnitte [7, 17] gelernt. **Diese Mittelkraft muß natürlich durch den Drehpunkt gehen.**

d) Bisher haben wir den Hebel selbst als ge-wichtslos, als sog. mathematischen Hebel betrachtet; in vielen Fällen wird es aber notwendig sein, das Eigengewicht des Hebels mit in Rechnung zu ziehen, das man als eine im Schwerpunkte an-greifende Kraft (oder Last) anzunehmen hat. Der Hebel ist dann gegenüber einem mathematischen ein **physischer Hebel.**

Beispiel: Eine Stange AB von 8 kg Gewicht liegt nach Abb. 154 auf einer Kiste CD. Welche Kraft ist nötig, um die Stange bei B zu heben? Antwort: Die Stange dreht sich um C, ist also in dem Falle ein einarmiger Hebel:

$$P \cdot 120 = G \cdot 30 = 8 \cdot 30; \text{ daraus } P = 2 \text{ kg.}$$

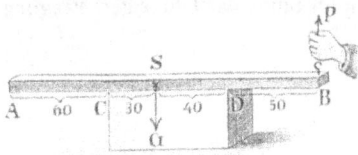

Abb. 154

Aus dem Hebelgesetze erklärt sich nun die besondere Wirkung des Hebels, **daß man nämlich mit einer gegebenen Kraft einen fast beliebigen großen Widerstand überwinden kann, wenn der Kraftarm im Verhältnis zum Lastarme nur groß genug ist.**

Es gibt aber auch Fälle, freilich viel seltener, wo eine große Kraft zur Verfügung steht, mit der ein Körper in rasche Bewegung versetzt werden soll, wie z. B. bei den Steinschleudern der alten Römer, bei den Dreschflegeln, den Fußantritten der Drehbänke usw. **Hier wird die Kraft am kurzen Hebelarme angreifen müssen, und wir gewinnen an Geschwindigkeit, Zeit und Weg, was wir an Kraft zusetzen müssen.**

e) Bei Maschinen, und zu diesen gehört auch der Hebel, handelt es sich aber nicht so sehr um ganz ruhiges Gleichgewicht, sondern vielmehr um die Bewegung, um die Erzielung einer Nutzarbeit. Bei der Bewegung, die der Hebel unter der Einwirkung der ihn bewegenden Kräfte ausführt, leistet die Kraft Arbeit längs des Kraftweges, während die Last Arbeit längs des Lastweges verbraucht. Es läßt sich beweisen, daß **die von der Kraft geleistete Arbeit genau so groß ist wie die von der Last verbrauchte,** ein Gesetz, welches mit dem uns schon bekannten Grundsatze von der Erhaltung der Energie vollkommen übereinstimmt; es kann keine Energie gewonnen werden, weil jedem Gewinne an Kraft ein entsprechender Verlust an Weg und damit auch an Zeit, an Geschwindigkeit entgegensteht. Der Satz: daß an Kraft nichts gewonnen werden kann, daß also

> **Arbeit der Kraft = Arbeit der Last,**

gilt, wenn von der Reibung abgesehen wird, für alle Maschinen und entspricht vollkommen der **goldenen Regel der Mechanik** [119c].

Aufgabe 70.

[139]   *2 Arbeiter A und B tragen auf einem Brette von 1,8 m Länge einen Stein im Gewichte von 160 kg. Wohin muß der Stein gerückt werden, damit die Arbeiter im Verhältnisse 3 : 5 belastet werden, und wieviel hat dann jeder zu tragen? (Abb. 155.)*

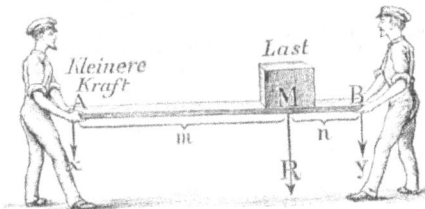

Abb. 155

Auf den Arbeiter A käme die Teillast $x = 3$ Teile, auf B $y = 5$ Teile. Ist nun 1 Teil $= T$, so ist $x = 3 \cdot T$, $y = 5 \cdot T$. Da nun $x + y$ gleich der gesamten Last $R = 160$ kg sein soll, so muß $3 \cdot T + 5 \cdot T = 160$ kg, oder $8 \cdot T = 160$ kg sein, woraus folgt $T = 20$ kg. Daher: $x = $ **60 kg**; $y = $ **100 kg**.

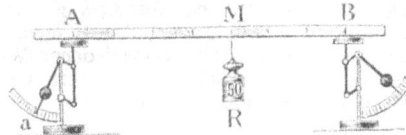

Abb. 156

Der Stein soll in der Entfernung n vom Arbeiter B liegen. Denken wir uns das Brett bei B drehbar befestigt und den Punkt A durch eine nach aufwärts wirkende Kraft $x = 60$ kg unterstützt, so gibt nach dem Momentensatze:

$$x \cdot (n + m) = R \cdot n,$$
$$60 (1,80) = 160 \, n \text{ oder } n = \textbf{0,675},$$
$$m : n = (1,80 - 0,675) : 0,675 = 1,125 : 0,675 = 5 : 3.$$

Die Kräfte verhalten sich sonach wie 3 : 5, die Entfernungen wie 5 : 3.

Versuch: Die Zerlegung einer Last läßt sich sehr bequem mit zwei kleinen Briefwagen ausführen (Abb. 156).

Aufgabe 71.

[140]   *Das in Abb. 157 schematisch gezeichnete Sicherheitsventil soll sich bei 6 at Dampfdruck (d. h. 6 kg Druck auf jedes cm² der Ventilfläche q) öffnen. Gewicht des Hebels G = 0,5 kg, Entfernung des Schwerpunktes S vom Stützpunkte O = 4 cm. Druckfläche F = 2 cm². Entfernung des Mittelpunktes M der Druckfläche von O = 3 cm. Wo ist das Laufgewicht L = 2 kg anzubringen und welche Kraft wirkt auf den Stützpunkt?*

Das Sicherheitsventil bei einem Dampfkessel hat den Zweck, ein Steigen des Dampfdruckes über eine gewisse Höhe hinaus (hier 6 Atmosphären) zu verhindern, indem es sich bei Erreichung des zulässigen Drucks selbsttätig öffnet und durch das hörbare Abblasen des Dampfes den Kesselwärter aufmerksam macht, daß Gefahr im Verzuge ist und dem weiteren Steigen des Dampfdruckes durch entsprechende Maßregeln vorgebeugt werden muß.

a) Auf den einarmigen Hebel l wirkt der Dampfdruck nach aufwärts; nach abwärts das im Schwerpunkte des Hebels S wirkende Gewicht G des Hebels selbst und das aufgehängte Gewicht L.

Der Dampfdruck im Kessel beträgt 6 Atmosphären, d. h. es entfällt auf eine cm²-Fläche ein Druck von 6 kg. Von diesem Drucke muß jedoch der äußere Luftdruck von 1 at in Abzug gebracht werden, so daß der in Rechnung zu ziehende Überdruck $6 - 1 = 5$ Atmosphären, d. h. 5 kg/cm² Ventilfläche beträgt.

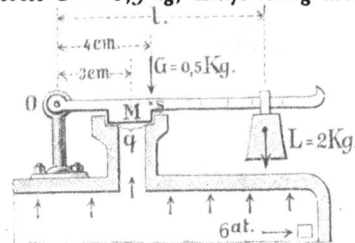

Abb. 157
Sicherheitsventil

Das Ventil hat eine Fläche von 2 cm²; der Dampfdruck P auf die ganze Ventilfläche von 2 cm² nach Abzug des äußeren Luftdruckes ist sonach $5 \cdot 2 = 10$ kg, welche Kraft den Hebel nach aufwärts zu bewegen sucht.

Die auf dem Drehpunkt O wirkenden statischen Momente sind sonach im Sinne der Uhrzeigerbewegung:

für das Hebelgewicht $G = 0,5 : \div 0,5 \cdot 4 = -2,0$,

„ „ Laufgewicht $L = 2$ kg $: \div 2 \cdot l = -2 \cdot l$;

im entgegengesetzten Sinne der Uhrzeigerbewegung:

für den Dampfdruck $D = 10 : -10 \cdot 3 = -30$;

daher steht die Gleichung:

$$2 \div 2 \cdot l - 30 = 0,$$

daraus

$$l = \frac{28}{2} = \textbf{14 cm,}$$

wenn von der Zapfenreibung im Drehpunkte abgesehen wird.

b) Um die Kraft P zu finden, die auf den Drehpunkt O des Ventilhebels wirkt, nimmt man ihn entweder als zweiarmigen Hebel mit dem Drehpunkte im Mittelpunkte der Ventilfläche oder als einarmigen Hebel mit dem Drehpunkte an der Angriffsstelle des Laufgewichtes L an. Das Ergebnis muß in beiden Fällen das gleiche sein. Sonach

$$\text{I.} \quad L \cdot (l - 3) \div G \cdot (4 - 3) = P \cdot 3,$$

wenn P als nach abwärts gerichtete Kraft angenommen wird, die den Hebel in O festzuhalten und im Gegensinne des Uhrzeigers um M zu drehen sucht. $(14 - 3)\, 2 + 0,5 = P \cdot 3$ oder $P = \dfrac{22,5}{3} = \textbf{7,5 kg.}$

$$\text{II.} \quad P \cdot l \div G\,(l - 4) = D\,(l - 3),$$
$$P \cdot 14 \div G \cdot 10 = D \cdot 11,$$
$$P = \frac{10 \cdot 11 - 0,5 \cdot 10}{14} = \textbf{7,5 kg.}$$

[141] Die Wagen.

Die ausgebreitetste Verwendung des Hebelprinzips findet man bei den zum Abwägen von Körpern bestimmten Vorrichtungen, den **Wagen.** Ihre Konstruktion kann in sehr verschiedener Weise ausgeführt werden, so daß sich mehrere Gruppen von Wagen unterscheiden lassen:

a) **Schnellwagen.** Sie bestehen in der Form der sog. römischen Schnellwagen aus einem geraden

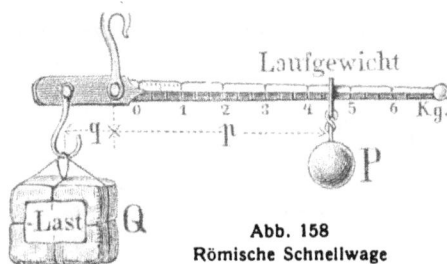

Abb. 158
Römische Schnellwage

zweiarmigen Hebel (Abb. 158), dessen Drehungspunkt dem Angriffspunkte der Last sehr nahe gerückt ist.

Der Drehungspunkt wird an einem Haken gehalten, am kurzen Hebelarm wird der zu wägende Körper aufgehängt; am langen Hebelarme kann ein Gewicht längs einer Skala verschoben werden. Je größer die Last ist, um so weiter muß das Gewicht vom Drehungspunkte entfernt werden. Mit solchen Wagen lassen sich auch größere Lasten wägen.

Eine andere Form der Schnellwage ist die Zeigerwage, die als deutsche Schnellwage zur Wägung kleiner Lasten dient. (Abb. 159.)

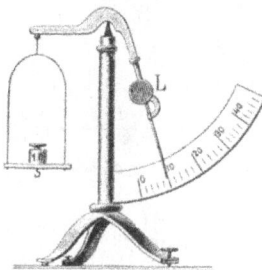

Abb. 159
Deutsche Schnellwage

Sie besteht aus einem Winkelhebel, bei dem ein Arm, der mit einem Gewichte L belastet ist, auf einer Gewichtsskala spielt, während der andere eine Wagschale zum Auflegen des zu wägenden Körpers trägt. Bei der Briefwage ist diese Schale oben angebracht.

b) **Gleicharmige Wagen.** Diese finden außerordentlich häufig Anwendung zur Wägung mäßig schwerer und ganz kleiner Lasten, wie dies in der chemischen Analyse vorkommt. Je nach der verlangten Genauigkeit ist die Ausführung der Wagen eine andere.

Im Wesen bestehen die hierher gehörigen Wagen aus einem Wagebalken, der bei feineren Wagen in seiner Mitte eine Stahlschneide S trägt (Abb. 160); diese ruht auf einer

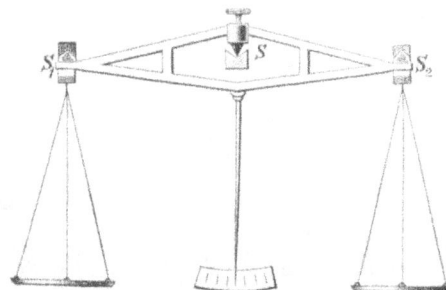

Abb. 160
Chemische Wage

Stahl- oder Achatunterlage auf, kann sich also sehr leicht um die Schneide drehen. An den Enden des Wagebalkens sind die Wagschalen ebenfalls auf Stahlschneiden S_1 und S_2 drehbar aufgehängt. Die Zunge des Wagebalkens ist nach abwärts gerichtet und spielt auf einer Skala ein, deren Nullpunkt sich in der Mitte befindet.

Eine solche Wage muß richtig, stabil und empfindlich sein.

Eine Wage ist **richtig,** wenn der Wagebalken horizontal ist und der Zeiger auf Null einspielt, sobald Last und Gewicht einander gleich sind. — Damit die Wage **stabil** ist, muß der Schwerpunkt der ganzen Vorrichtung **unter** dem Drehungspunkt liegen. Sie ist **emp-**

findlich, wenn sie schon bei einem geringen Übergewichte einen merklichen Ausschlag gibt, zu welchem Zwecke der Wagbalken möglichst leicht und möglichst lang sein soll.

Außerordentlich empfindlich sind die chemischen Wagen, mit denen man sehr genaue Wägungen ausführen kann; bei einer Belastung von 100 g bringt der Zusatz eines Zehntel Milligrammes noch einen Ausschlag hervor; die Empfindlichkeit einer solchen Wage ist daher $\dfrac{1}{1\,000\,000}$.

Die Wage ist in einem Gehäuse mit Glaswänden untergebracht, um vor Luftbewegungen geschützt zu sein. Die kleinen Gewichtchen bis zu 10 Milligramm sind aus Platindraht oder -blech hergestellt. Die Milligramme und Zehntel hiervon wägt man mit einem kleinen Drahtreiter (Abb. 161), der auf der Teilung des einen Wagebalkens verschoben werden kann. Bei besonders feinen Wagen erfolgt das Auflegen aller Gewichte durch besondere Hebelvorrichtungen von außen her, so daß das Wagengehäuse bei der Wägung gar nicht geöffnet werden muß.

Abb. 161

c) Für größere Lasten verwendet man .sog. **Brückenwagen,** die aus zusammengesetzten Hebeln bestehen und entweder als **Dezimal- oder Zentesimalwagen** ausgebildet sein können.

In einfacher Darstellung sehen wir eine Dezimalwage in Abb. 162.

Bei dem zweiarmigen Hebel $AOBO$ sind die Längen der Hebelarme $AO : OB : OC = 10 : 1 : n$. Im Punkte C hängt mittels der Stange CC_1 der einarmige Hebel C_1C_2, der bei C_1 seinen Drehpunkt hat. Die „Brücke'' der Wage B_1B_2 hängt einerseits durch Q an B, anderseits ruht sie bei B_2 auf dem Hebel C_1C_2 auf, wobei sich erhält: $B_2C_1 : C_1C_1 = 1 : n$.

Die Last L wirkt durch die Brücke als Druck P auf B_2 und als Zug Q auf B_1B. Am einarmigen Hebel ist Gleichgewicht, wenn $P \cdot 1 = R \cdot n$ (wobei R die Zugspannung in CC_1 ist). Am zweiarmigen Hebel ist Gleichgewicht, wenn $x \cdot 10$ (x das aufgelegte Gewicht) $= Q \cdot 1 + R \cdot n$ und weil $P = Rn$, $x \cdot 10 = Q + P = L$; daraus $x = \dfrac{1}{10} L$, d. h.

man erzielt Gleichgewicht, wenn man den 10. Teil des Lastgewichtes auf die Wagschale legt, daher der Name **Dezimalwage.** Dabei hebt sich die Brücke immer wagrecht, und die Wägung bleibt richtig, wo auch die Last auf der Wage liegt.

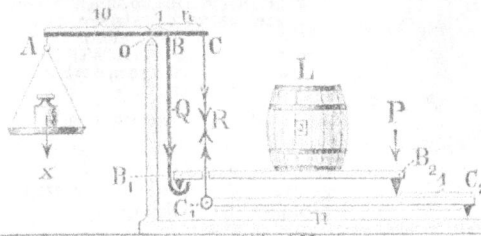
Abb. 162
Dezimalwage

Wird das oberwähnte Verhältnis statt 1 : 10 gleich 1 : 100 gemacht, so ergibt sich die **Zentesimalwage, die zur Wägung großer Lasten (Eisenbahnwagen usf.) benützt wird.**

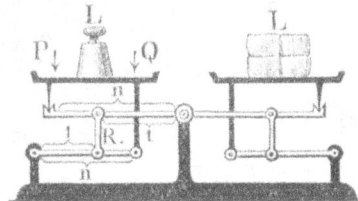
Abb. 163
Tellerwage

Die ebenfalls sehr häufig verwendete **Tellerwage** (Abb. 163) besteht auf beiden Seiten aus zusammengesetzten Hebeln.

Wende hier die 3 Hebelgleichungen an.

Aufgabe 72.

[142] *Auf einer ungenauen Krämerwage wog eine Ware in der einen Schale $p = 534\,g$, in der anderen $q = 596\,g$. Wie groß ist das richtige Gewicht?*

Man kann auch mit einer unrichtigen Wage richtig wägen, wenn man eine **Doppelwägung** ausführt und das Hebelgesetz hierauf anwendet.

Hängt die Schale mit p am Hebelarm a, die Schale mit q am Arm b und ist G das richtige Gewicht, so gilt für die 1. Wägung $p \cdot a = G \cdot b$, für die 2. Wägung $q \cdot b = G \cdot a$; multipliziert man die Gleichungen miteinander, so hat man $p \cdot a \times q \cdot b = G \cdot b \times G \cdot a$, woraus $G^2 = pq$, $\boxed{G = \sqrt{p \cdot q}}$ folgt, d. h. das richtige Gewicht ist das geometrische Mittel (Vorstufe [162]) aus den beiden Wägungen. G ergibt sich mit $564 \cdot 2$. Angenähert kann man das arithmetische Mittel nehmen, wenn die Gewichte p und q nicht viel voneinander abweichen. In unserem Falle wäre dann $G_1 = \dfrac{p+q}{2} = 565\,g$.

[143] Das Wellrad.

a) Das ebenfalls zu den Maschinen gehörende **Wellrad** (oder **Rad an der Welle**) ist aus Abb. 164 ersichtlich.

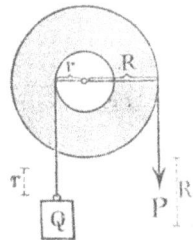
Abb. 164
Wellrad

Seine Hauptbestandteile sind die zylindrische Welle (Walze) vom Halbmesser r, auf die ein Seil mit der Last Q aufgewickelt ist, und eine Scheibe (oder ein Rad) mit dem Halbmesser R, die zumeist durch eine Kurbel oder durch Speichen ersetzt ist.

Am Umfange der Welle wirkt die Last, am Umfange des Rades die Kraft; wir haben sonach einen zweiarmigen Hebel vor uns, an dem Gleichgewicht herrscht, wenn $Q \cdot r = P \cdot R$, oder

$\dfrac{P}{Q} = \dfrac{r}{R}$, **d. h. die Kraft verhält sich zur Last wie umgekehrt die zugehörigen Halbmesser.** Die Kraft folgt hieraus $P = Q\,\dfrac{r}{R}$; sie ist mithin im Verhältnisse dieser Halbmesser kleiner als die Last, wobei der Quotient $\dfrac{r}{R}$ das **Umsetzungsverhältnis** genannt wird. **Je größer der Radius R im Verhältnisse zu r ist, desto kleiner wird die Kraft sein, die man zur Überwindung einer bestimmten Last braucht.**

Es gibt Wellräder mit horizontaler Welle, die **Haspel** oder **Winden** genannt werden, und solche mit vertikaler Welle, die **Göpel** heißen. Soll ein Wellrad vom Wasser oder Winde getrieben werden, so hat es **Schaufeln, Zellen** oder **Flügel** (Windmühle Abb. 165, Mühlrad Abb. 166).

Haspel und **Winden** der verschiedensten Art werden in der Bautechnik vielfach benutzt. In der Landwirtschaft verwendet man sehr häufig das Prinzip des Wellrades in den Laufrädern, Treträdern, bei denen das Eigengewicht von Menschen oder Tieren zur Arbeitsleistung herangezogen wird, ferner in der Form der Pferdegepöl, an deren Speichen Pferde angespannt werden können, hauptsächlich zum Wasserpumpen. Auf den Schiffen wird das Wellrad im Gangspill zum Heben des Schiffsankers angewendet.

Abb. 165
Windmühle

b) Die Wirkung des Wellrades läßt sich vergrößern, wenn man zwei oder mehrere derartige Maschinen miteinander in Verbindung bringt. Zu diesem Zwecke werden sie als Zahnräder ausgebildet, die ineinander greifen.

Die Wirkungsweise dieser Anordnungen ist aus Abb. 167 ersichtlich. Die Wellradscheibe trägt am Rande die (nach ganz bestimmten Formen geschnittenen) Zähne, in die passende Zähne eines mit einer Kurbel drehbaren kleineren Zahnrades eingreifen.

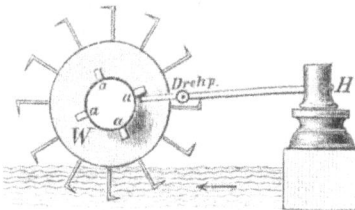

Abb. 166
Mühlrad

Führen wir an der Stelle, wo sich beide Räder berühren, den Zwischendruck x ein, so zerfällt die Verbindung in zwei einfache Wellräder, für die im Gleichgewichtsfalle die Beziehungen gelten:

I. Wellrad $\quad x = \left(\dfrac{r_1}{R_1}\right) \cdot Q$ ⎫

II. Wellrad $\quad P = \left(\dfrac{r_2}{R_2}\right) \cdot x$ ⎬

$$P = \left(\frac{r_1}{R_1}\right) \cdot \left(\frac{r_2}{R_2}\right) \cdot Q,$$

d. h. **das Übersetzungsverhältnis einer solchen aus zwei (oder auch mehreren) Wellrädern gebildeten Kombination ist gleich dem Produkte aus den einzelnen Übersetzungsverhältnissen.** Ein solches Räder

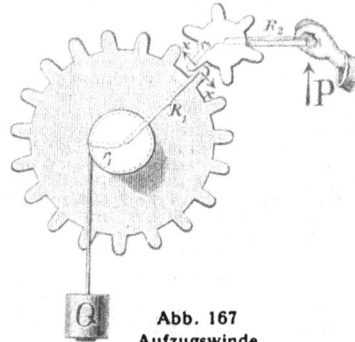

Abb. 167   Abb. 168
Aufzugswinde   Wagenwinde

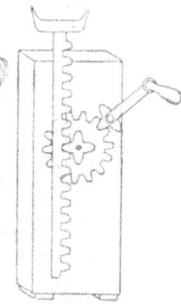

werk heißt **Vorgelege**, die kleinen Räder desselben bezeichnet man als **Triebe**.

Mit Vorgelegen und Trieben werden wir in der Maschinentechnik vielfach zu tun haben.

Bei der **Wagen-** und **Fuhrmannswinde** (Abb. 168) ist die Welle als gezähntes Triebrad ausgebildet, das in eine bewegliche Zahnstange eingreift, die oben in einer eisernen Klaue endet (Klauenwinde). Man kann mit diesen Winden durch Menschenkraft sehr bedeutende Lasten heben (Waggons, Lokomotiven).

Siehe Berechnung der Kraft nach der goldenen Regel der Mechanik [119 c].

In mannigfacher Ausführung finden Räderwerke in Uhrwerken Anwendung. Die Berechnung für die Kurbeln und für das Vorgelege erfolgt ganz nach Art der beim einfachen Wellrade ermittelten Formeln. Nur sind da Kraft und Last zumeist vertauscht, weil die Räder zur Verlangsamung der Bewegung dienen.

Aufgabe 73.

[144] *Der Radius der Welle an einer Winde ist 15 cm. Das große Zahnrad hat 60, das kleine Zahnrad, der Trieb hat 12 Zähne. Die Länge der beiden Kurbelarme betragen je 36 cm. An jeder dieser Kurbeln dreht je ein Arbeiter mit einem stets gleichen Drucke von je 15 kg 5 Minuten lang, so daß jede Umdrehung 2 Sekunden in Anspruch nimmt.*

Frage 1. Welche Last kann mit dieser Winde gehoben werden? 2. Welche Höhe wird sie in 5 Minuten erreichen? 3. Wie groß ist dabei die von den beiden Männern geleistete Arbeit?

ad 1. Bezeichnen wir den Druck auf die Kurbel mit P, jenen der Zähne des Triebes auf die Zähne des großen Zahnrades mit p und den unbekannten Halbmesser des Triebrades mit r, so ist

$$36 \cdot P = p \cdot r \quad \text{und} \quad p = \frac{36 \cdot 30}{r} = \frac{1080}{r}.$$

Die Last Q wird nach dem Gesetze der statischen Momente mit dem Drehmomente $15 \cdot Q$ die Welle und das mit ihr festverbundene große Zahnrad nach links zu drehen versuchen, welche Drehungsabsicht als ein Druck q auf die Zähne des Triebrades sich äußern wird. Ist der unbekannte Halbmesser des Zahnrades R, so ist $15 \cdot Q = q \cdot R$, woraus $q = \dfrac{15 \cdot Q}{R}$ sich ergibt. Wenn Gleichgewicht herrschen soll, müssen die Drücke auf die Zähne des großen und kleinen Rades gleich sein, mithin $\dfrac{1080}{r} = \dfrac{15 Q}{R}$; daraus $Q = \dfrac{1080}{15} \cdot \dfrac{R}{r}$; wir brauchen somit die absoluten Werte der Halbmesser gar nicht zu kennen, sondern nur ihr Verhältnis, das uns, da die Zähne des großen und kleinen Rades gleich breit sein müssen, aus dem Verhältnisse der Zähnezahlen $60 : 12 = 5 : 1$ bekannt ist.

$$Q = \frac{1080}{15} \cdot 5 = \textbf{360 kg.}$$

Probe: Die Kurbelachse wird sich 5 mal schneller als die Welle drehen müssen. Der Lastweg verhält sich zum Kraftweg wie $\dfrac{1}{5} \cdot \dfrac{15}{36} = \dfrac{1}{12}$. Die Kraft ist $\dfrac{1}{12}$ der Last, daher $Q = 30 \quad 2 = \textbf{360 kg.}$

ad 2. Eine Umdrehung der Kurbel dauert 2''; in 5 Minuten werden 150 Umdrehungen gemacht. Das große Rad und damit die Welle wird beim Übersetzungsverhältnisse $\frac{1}{5}$ nur 30 Umdrehungen machen. Bei einer Umdrehung der Welle werden sonach $2\,r\pi = 2 \cdot 15 \cdot 3,14 = 94,2$ cm, bei 30 Umdrehungen sonach $0,942 \cdot 30 = 28,26$ m Seil aufgewickelt werden, d. h. **die Last von 360 kg wird in 5 Minuten 28,26 m gehoben werden.**

Probe: Der Kurbelgriff beschreibt einen Weg von $2 \cdot 36 \cdot 3,14 = 226,08$ cm. In 5' (bei 150 Umdrehungen) $= 339,12$ m. Die Last kann aber nur $^1/_{12}$ gehoben werden, daher $339,12 : 12 = 28,26$ m.

ad 3. Die Kraft beider Arbeiter von 30 kg legt in 5' 339,12 m zurück. Die **verbrauchte Arbeit =** $30 \cdot 339,12 = $ **10173,60 mkg.** Die **gewonnene Arbeit** ist $360 \cdot 28,26 = $ **10173,60 mkg.** Diese Übereinstimmung zwischen Nutzarbeit und Arbeitsaufwand ließe auf ein ideales, technisch nicht erreichbares Güteverhältnis 1 schließen. In Wirklichkeit wird es jedoch wegen der Zapfenreibung, Seilsteifigkeit usw. bei solchen Baumaschinen höchstens 0,8 betragen. — Von dem Arbeitsaufwande per 10173,60 mkg, der bei der angenommenen Geschwindigkeit einer sekundlichen Leistung von $10173,6 : 300 = 33,9$ mkg/sek oder **ca. 0,45 PS** entspricht, werden wir daher höchstens 8138 mkg/sek an Nutzarbeit bzw. **0,36 PS** an Nutzleistung rückgewinnen können.

B. Die Rolle.

[145] Feste und lose Rolle.

a) Die Rolle besteht aus einer kreisrunden Scheibe, die um eine in ihrer Mitte befindlichen Achse leicht drehbar ist und am Rande eine Nut (Laufrinne) zur Aufnahme eines Seiles oder einer Kette besitzt. Das Achsenlager befindet sich in einem gabelförmigen Gehäuse (der Schere oder dem Kloben), das mit einem Haken versehen ist.

Ist die Rolle am Haken aufgehängt, (s. Abb. 169) so daß sie bei ihrer Drehung am selben Orte bleibt, so bezeichnet man sie als **feste (fixe) Rolle.** Soll die Last Q durch die Kraft P gehoben werden, so herrscht Gleichgewicht, wenn die

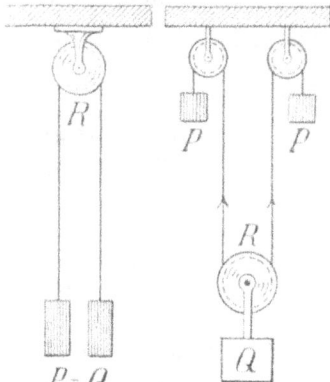

$$\boxed{\text{Kraft} = \text{Last}}$$

ist, da P und Q an einem gleicharmigen Hebel wirkt. Hier tritt also **keine Kraftersparnis** ein, im Gegenteil wird ein **Mehraufwand an Arbeit** infolge der Achsenreibung und Seilsteifigkeit notwendig. Die **feste Rolle wirkt als Leitrolle,** um die Kraft in anderer Richtung wirken zu lassen.

Abb. 169
Feste Rolle

Abb. 170
Lose Rolle

Hängt die Last, wie in Abb. 170, unmittelbar am Haken der Rolle, so bewegt sich diese beim Heben der Last ebenfalls; wir haben dann eine **lose (oder bewegliche) Rolle** vor uns.

Beide Seilenden tragen, wenn sie **parallel zu**einander laufen, je die Hälfte der Last, woraus klar wird, **daß der Arbeiter nur die halbe Kraft aufzuwenden hat, um eine gegebene Last zu heben.**

Also $\text{Kraft} = \dfrac{\text{Last}}{2}$

$$\boxed{P = \dfrac{Q}{2}.}$$

Aber auch da macht sich das Gesetz von der Erhaltung der Energie geltend. — **An Kraft erspart der Mann wohl die Hälfte, dafür muß er aber doppelt solange arbeiten, bis er die Last auf eine bestimmte**

Höhe gebracht hat, weil er beide Seilteile an sich ziehen muß. — Demgemäß bewegt sich auch die Last nur mit halber Geschwindigkeit nach aufwärts.

b) Bei nicht parallelen Seilen (Abb. 171) ergibt sich aus dem Parallelogramm der Kräfte

$$\boxed{P = \dfrac{Q}{2 \cos \dfrac{\alpha}{2}}.}$$

Weil der vom Seile umspannten Sehne der Zentriwinkel α entspricht, kann man auch sagen, daß sich **bei Gleichgewicht die Kraft zur Last wie der Radius zur Sehne verhält.** Das Gewicht der losen Rolle muß der Last zugezählt werden.

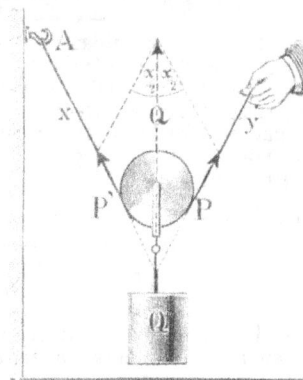

Abb. 171

[146] Flaschenzüge.

a) Das Verhältnis **Kraftersparnis** zu **Zeitmehraufwand** läßt sich durch Vermehrung der losen Rollen, wie diese in sehr zweckmäßiger Weise bei den ver-

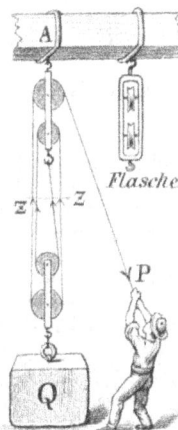

Abb. 172
Flaschenzug

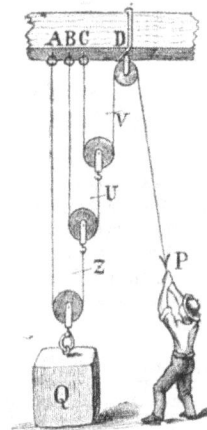

Abb. 173
Rollenzug

schiedenen Arten von Flaschenzügen und Rollenzügen durchgeführt erscheint, in fast beliebiger Weise ändern:

1. Der **gewöhnliche Flaschenzug** (Abb. 172) besteht aus zwei Kloben, sog. Flaschen, die mehrere Rollen (zumeist gleich viele) enthalten; die eine Flasche ist fix aufgehängt, die darin befindlichen Rollen sind feste Rollen; die Last hängt an einer beweglichen Flasche.

Die Last zerlegt sich in so viele Teile, als Rollen vorhanden sind, daher ist Gleichgewicht, wenn

$$P = \frac{Q}{n}$$

falls n Rollen angebracht sind.

2. Der **Potenzflaschenzug (Rollenzug)** (Abb. 173) besteht aus einer festen und mehreren beweglichen Rollen. Sind n bewegliche Rollen vorhanden, so herrscht Gleichgewicht, wenn

$$P = \frac{Q}{2^n}.$$

3. Der **Differentialflaschenzug** ist die Verbindung eines **gezahnten Wellrades** mit einer **losen Rolle** (Abb. 174). Die Verbindung erfolgt durch eine endlose Kette. Der Vorteil dieses Apparates ist, daß sich die Last Q (wegen der losen Rolle) in zwei Hälften Z, Z zerlegt, von denen die eine dem Arbeiter oben ziehen hilft. Gleichgewicht herrscht, wenn $P \cdot R + Z \cdot r = Z \cdot R$, woraus, da $Z = \frac{Q}{2}$, folgt:

$$P = Q \cdot \frac{R - r}{2R},$$

d. h. die Kraft verhält sich zur Last wie die **Radiendifferenz** zu dessen größerem **Durchmesser**.

Die Last sinkt von selbst nicht nieder; um das zu bewirken, muß, wie beim Aufziehen, an dem freiherabhängenden Kettenstrange gezogen werden.

b) Der Flaschenzug ist eine umkehrbare Maschine, d. h. man kann eine Kraft an der beweglichen Flasche angreifen lassen, wo sonst die Last angebracht ist

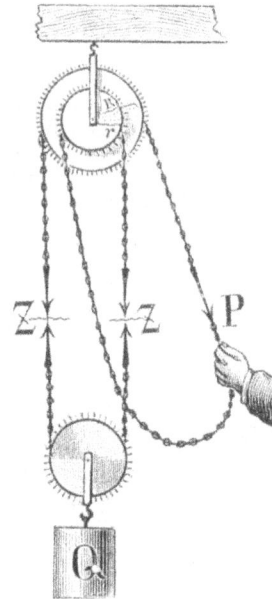

Abb. 174
Differentialflaschenzug

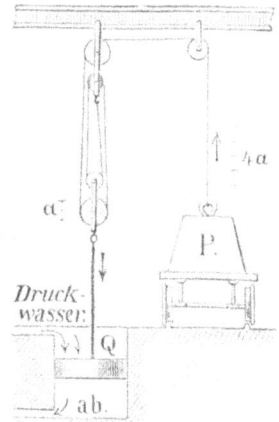

Abb. 175
Hydraulischer Kran

und hebt die Last am anderen Seilende. Hierauf beruht der **hydraulische Kran** (Abb. 175), bei dem die Last P verhältnismäßig rasch gehoben wird. Zur Betätigung des Kranes wird Druckwasser verwendet. Hier ist der Kraftweg klein, die Kraft groß, der Lastweg im Verhältnis groß.

Aufgabe 74.

[147] *Bei dem in Abb. 175 dargestellten hydraulischen Kran hat die Kolbenfläche einen Durchmesser von 50 cm und das Druckwasser wirkt mit 8 Atmosphären Überdruck; welche Last kann damit gehoben werden?*

Die Kolbenfläche bei Q ist $\frac{\pi \, 50^2}{4} = 1962{,}5$ cm², der hierauf ausgeübte Druck ist $1962{,}5 \cdot 8 = 15700$ kg.

Da 4 Rollen vorhanden sind, entfällt auf P $\frac{1}{4}$ dieses Druckes $= \frac{1}{4} \cdot 15700 = $ **3925 kg**, und diese Last bewegt sich 4mal so rasch als der Kolben.

C. Die schiefe Ebene.

[148] Verwendung der schiefen Ebene als Maschine.

a) Sehr häufig hat der Techniker mit den Kraftverhältnissen zu tun, die sich auf einer schiefen Ebene ergeben. **Eine schiefe Ebene nennt man jede widerstandsfähige, gegen den Horizont geneigte Ebene.** In (Abb. 176) ist l die Länge, h die Höhe und b die Basis der schiefen Ebene. Nehmen wir an, die schiefe Ebene habe eine Neigung von α^0 gegen die Horizontale und auf ihr liege ein Körper von Q kg Gewicht.

Um die Kraft zu finden, die den Körper nach abwärts zu bewegen sucht, müssen wir die Kraft Q in zwei Komponenten, und zwar in eine Kraft N, die senkrecht auf die schiefe Ebene gerichtet ist, und in eine zweite zur schiefen Ebene parallele Einzelkraft P zerlegen. Die Kraft N wird sich nur als Druck auf die Unterstützungsfläche äußern und höchstens noch den Reibungswiderstand zwischen dem Körper und der schiefen Ebene hervorrufen, falls unter den gegebenen Umständen eine gleitende Reibung überhaupt

möglich ist. Die zweite Kraft P wird dagegen den Körper hinabzubewegen suchen, wenn diesem Bestreben nicht in

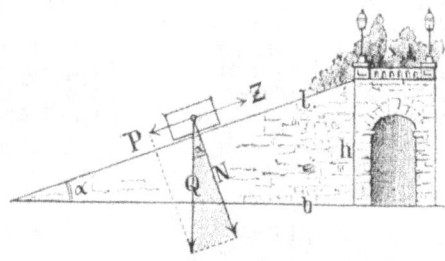

Abb. 176
Die schiefe Ebene

irgendeiner Art, sei es durch die Reibung oder eine äußere, ihr entgegengesetzt gerichtete Kraft Z entgegengewirkt wird.

Es ist bekanntlich

$$N = Q \cdot \cos \alpha \quad \text{und} \quad P = Q \cdot \sin \alpha.$$

Die Komponente N wirkt, wie gesagt, nur als Druck auf seine Unterstützungsfläche; dieser Druck ist um so kleiner, je geneigter die schiefe Ebene ist; infolgedessen wird auch die Reibung zwischen dem auf der schiefen Ebene liegenden Körper und seiner Unterlage um so kleiner werden, je steiler die schiefe Ebene ist; der Körper, sich selbst überlassen, wird daher um so früher ins Gleiten kommen, je größer der Winkel α ist [20]. Die Kraft P, die um so größer wird, je geneigter die Ebene ist, zieht den Körper längs der schiefen Ebene hinunter, wenn ihr nicht eine ebenso große Kraft entgegenwirkt.

b) Die Neigung der Ebene kann auch durch das Verhältnis der Höhe h zur Länge l bestimmt werden.

Es ist $\sin \alpha = \dfrac{h}{l}$, sonach $P = Q \cdot \dfrac{h}{l}$ oder $P : Q = h : l$,

d. h. **die längs der schiefen Ebene wirkende Kraft verhält sich zur Last wie die Höhe der schiefen Ebene zu ihrer Länge.**

Bei Straßen, Bahnen, Flüssen usw. bezeichnet man das Gefälle zumeist durch das Verhältnis der Höhe zur Länge der schiefen Ebene. Man sagt z. B. eine Straße hat 4% (Prozent) **Steigung** oder eine Bahnstrecke hat ein **Gefälle** von 10‰, wenn die Straße auf 100 m Länge um 4 m oder die Bahn auf 1000 m Länge um 10 m steigt (Vorstufe [298]). Diese Verhältniszahl mit dem Gewichte des Wagens oder des Eisenbahnzuges multipliziert, gibt jene Kraft, die den Wagen oder Zug hinabzuziehen trachtet und daher nebst der Achsenreibung überwunden werden muß, wenn das Fuhrwerk auf der geneigten Straße nach aufwärts gezogen werden soll.

c) **Um eine Last auf eine gewisse Höhe längs der schiefen Ebene zu befördern, wird daher eine kleinere Kraft notwendig sein, als bei senkrechter Hebung, wofür aber wieder, wie beim Hebel und bei der Rolle, der Weg und damit die Zeit, die die Hebung beansprucht, entsprechend größer werden.**

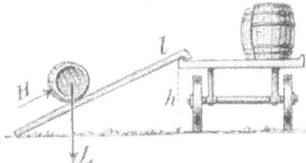

Abb. 177
Schrotleiter

Die Ägypter haben sich wahrscheinlich zum Transport der ungeheuren Steinmassen für die Pyramiden künstlich hergestellter schiefer Ebenen bedient, und auch heute stellen sich die Arbeiter, die einen schweren Gegenstand z. B. auf einen Wagen heben sollen, absichtlich mit Hilfe sog. „Schrotleitern" (Abb. 177) eine schiefe Ebene her, auf der die Last hinaufgeschoben oder hinaufgezogen werden kann. Schließlich hat auch die Anlage von Serpentinen bei Gebirgsbahnen nur den Zweck, die Hebung des Eisenbahnzuges, wenn auch auf Kosten der Zeit zu erleichtern. Weitere Anwendungen der schiefen Ebene sehen wir bei Rampen, Bergstraßen, Laufbrücken bei Bauten, Stiegen.

Auf dem Prinzipe der schiefen Ebene beruhen endlich auch die in der Technik so häufig verwendeten Keilwirkungen und eine sehr wichtige einfache Maschine, die Schraube.

d) **Beschleunigung auf der schiefen Ebene.** Die Masse des Körpers wird beim lotrechten Fall durch sein Gewicht Q, beim Fall auf der reibungslosen schiefen Ebene nur durch die kleinere Kraft $P = Q \sin \alpha$ angetrieben, daher ist auch die Beschleunigung nicht g, sondern nur $g \sin \alpha$.

Der Körper erlangt beim Herabfallen längs einer schiefen Ebene dieselbe Geschwindigkeit und somit auch dieselbe Wucht, als wenn er bis zu derselben Tiefe vertikal herabgefallen wäre.

[149] Der Keil.

a) **Der Keil** besteht aus einem dreiseitigen Prisma, dessen Querschnitt ein gleichschenkliges oder rechtwinkliges Dreieck mit verhältnismäßig kurzer Grundlinie ist (s. Abb. 178). Letztere heißt **Rücken** (r), die längere Dreiecksseite (w) bezeichnet man als **Schneiden, Wangen** oder **Seiten des Keils.**

b) Die Kraft R wirkt auf den Rücken des Keils und treibt ihn in den zu spaltenden Körper. Hierbei tritt eine Zerlegung der Kraft in die zwei Komponenten W, W ein, die senkrecht zu den Seiten des Keils gerichtet sind und denen die trennende Wirkung zuzuschreiben ist. Aus der Ähnlichkeit der Dreiecke folgt $R : W = r : w$, daher

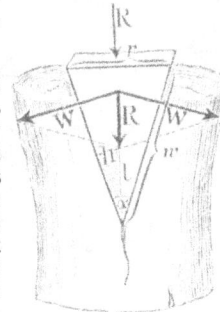

Abb. 178
Der Keil

$$\text{Wangendruck } W = \frac{w}{r} \cdot R.$$

Es wird also der Wangendruck um so größer, je kleiner der Keilrücken im Verhältnis zur Seitenlänge ist. Das Verhältnis $\dfrac{w}{r}$ bezeichnet man als **Übersetzungsverhältnis.** Die an den Seiten des Keils erzeugte Reibung muß so groß sein, daß der in den Körper eingetriebene Keil nicht mehr zurückrutscht, also **Selbsthemmung** besitzt.

Von der Keilwirkung macht man vielfachen Gebrauch. Bekannt ist die Verwendung des Keils zum Holzspalten, wobei man Eisen oder Holzkeile eintreibt, ebenso die Wirkung des Beils, der Axt, des Meißels. Als Keile wirken alle schneidenden und spitzen Werkzeuge, also Messer, Sensen, Nadeln, Nägel. Auch zum Heben schwerer Lasten, z. B. der im Dock liegenden Schiffe, kann der Keil benutzt werden; man treibt hierbei Keile unter den Schiffskörper ein.

Aufgabe 75.

[150] *Bei einem gleichschenkligen Keil (s. Abb. 178) sei $w = 30$ cm, $r = 5$ cm; auf jede der Wangen wirke der Widerstand von 84 kg. 1. Wie groß muß die Kraft R sein, damit Gleichgewicht herrsche? 2. Wie groß ist die vom Keil geleistete Arbeit, wenn er 9 cm tief eingetrieben wurde?*

Zu 1: Wir benützen die Formel $W = \dfrac{w}{r} R$; durch Einsetzen der gegebenen Größen erhalten wir

$84 = \dfrac{30}{5} \cdot R$ und hieraus $R = 14$ kg.

Zu 2: Diese Kraft leistet eine Arbeit längs des Weges von 9 cm, sonach ist die Arbeit $= 14 \cdot 0{,}09$ mkg $= 1{,}26$ **mkg.**

[151] Die Schraube.

a) Um die Konstruktion der Schraube zu verstehen, gehen wir von einem rechtwinkligen Dreiecke aus (Abb. 179), das aus Papier geschnitten ist; wickeln wir es um einen vertikalen Zylinder, so bildet die Hypotenuse l auf diesem eine **Schraubenlinie.**

Bewegen wir längs einer solchen Linie eine kleine Dreiecks- oder Rechtecksfläche, so beschreiben die Ecken dieser Flächen bei ihrer Bewegung **Schraubenlinien,** wie sie die gebräuchlichen aus verschiedenem widerstandsfähigem Material geschnittenen Schrauben aufweisen.

Eine solche Schraube (Schraubenspindel) besteht aus dem **Schraubenkern** und dem längs desselben verlaufenden **Schraubengewinde**. Ist dessen Querschnitt dreieckig, so heißt die Schraube **scharfgängig**; bei rechteckigen Querschnitten bezeichnet man die Schraube als **flachgängig**. Verläuft das

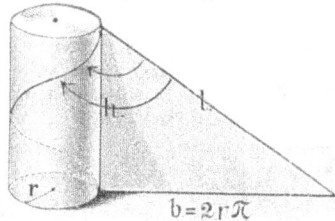

Abb. 179
Entstehung der Schraubenlinie

Gewinde rechtsläufig ansteigend, so haben wir es mit einem Rechtsgewinde, sonst mit Linksgewinden zu tun.

Die Entfernung zweier Schraubenlinien in vertikaler Richtung heißt die Ganghöhe der Schraube, der volle Umgang der Schraubenlinie ein Schraubengang.

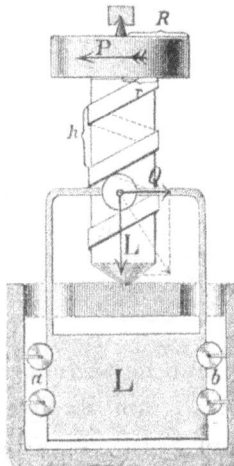

Abb. 180
Wirkung der Schraube.

Innerhalb einer Ganghöhe können eine oder mehrere Schraubenlinien verlaufen; die so gebildeten Schrauben heißen dann zum Unterschiede von den einfachen eingängigen Schrauben zwei- oder mehrgängige.

b) Die Wirkungsweise der Schraube ergibt sich folgendermaßen: Nach der goldenen Regel der Mechanik muß die von der Kraft geleistete Arbeit gleich der Arbeit der Last sein. Die Kraft P wirkt am Schraubenkopfe, und zwar am Umfange des Kreises vom Radius R (Abb. 180), die Last am Schraubenende in der Richtung der Achse. Dreht man den Schraubenkopf einmal herum, so hebt sich die Last um die Höhe h eines Schraubenganges. Sonach ist dann **Kraftarbeit** $P \cdot 2 \pi R$ = **Lastarbeit** $L \cdot h$. Hieraus folgt die Bedingung für das Gleichgewicht an der Schraube

$$L = \frac{2 \pi R}{h} \cdot P.$$

Je kleiner also die Ganghöhe ist, eine desto größere Last kann man überwinden.

Die Schrauben werden vielfach verwendet; scharfgängige Schrauben zur Befestigung von Holzteilen (Holzschrauben), wobei die Schraubenspindel auch konisch verjüngt sein kann. Flachgängige starke Schrauben, die in Schraubenmuttern eingeschraubt werden, sind in verschiedenen Pressen benutzt (Schraubenpressen Abb. 181, Kopierpressen, Schraubstock, Lithographen- und Buchbinderpressen, Spindelpressen zum Weinkeltern, Münzpressen). Zum Messen kleiner Dimensionen werden die Mikrometerschrauben verwendet [78]. Um kleine Änderungen in der Richtung zu erzielen, werden Stellschrauben (an Apparaten), Richtschrauben an Geschützen angebracht. Zur Bewegung von Lasten dienen die Schrauben der Bauwinden. Zur Verbindung von Körpern findet die Schraube Anwendung in der Spannschraube und im Spannschloß. Hierbei werden rechts- und linksgängige Schrauben verwendet, die entweder an derselben Spindel angebracht oder als getrennte Spindeln ausgebildet sind. (Durch Drehen der Spannschraube oder des Spann-

schlosses erfolgt ein Anziehen der zu verbindenden Körper gegeneinander.

Die Schraube läßt sich auch in umgekehrter Weise verwenden, indem man eine Verschiebung der Schraubenspindel vornimmt, wodurch Drehung am anderen Ende erfolgt, wie wir das am Drillbohrer beobachten können. Werden besonders gestaltete Schraubenflächen in rasche Drehung gesetzt, so erfolgt eine fortschreitende Bewegung (Schiffsschraube Abb. 182 [erfunden von Joseph Ressel 1827], Luftschraube bei Flugzeugen).

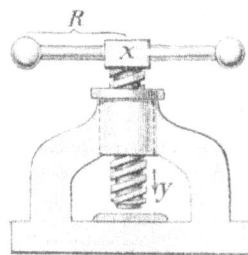

Abb. 181   **Abb 182**
Schraubenpresse   Schiffsschraube

c) Eine besondere Verwendung findet die Schraube in ihrer Kombination mit einem Zahnrad, die als **Schraube ohne Ende** bezeichnet wird. Hierbei greift eine kurze Schraube in ein Zahnrad ein, wie es Abb. 183 zeigt.

Die Kurbel R, an deren Umfang die Kraft P wirkt, muß z mal umgedreht werden, um eine volle

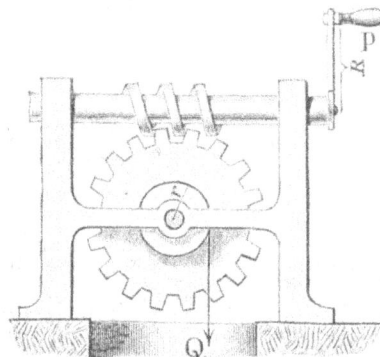

Abb. 183
Schraube ohne Ende

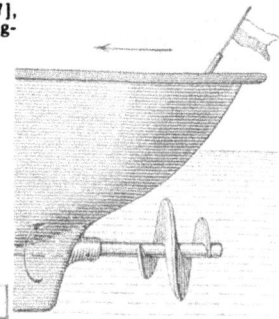

Umdrehung der Welle mit dem Radius r zu bewirken, wobei die daran hängende Last Q in die Höhe $2 \pi \cdot r$ gehoben wird. Die Kraftarbeit ist

$$2 \pi R \cdot z \cdot P = \text{Lastarbeit } 2 \pi r \cdot Q,$$

daher die Kraft

$$\text{Kraft } P = \frac{r}{R} \cdot \frac{1}{z} \text{ mal Last } Q.$$

Vergleichen wir diese Formel mit der für die Arbeit am Wellrad, wo $P = \frac{r}{R} Q$ war, so ist ersichtlich, daß die Schraube ohne Ende eine z mal größere Leistung ergeben muß, als ein Wellrad mit dem Hebel R und der Welle r.

Die Schraube ohne Ende findet als Schneckengetriebe zum Heben schwerer Lasten in den verschiedenen Winden (Bau- oder Schneckenwinde) und in Zählwerken Anwendung.

5. Abschnitt.

Vom Gleichgewichte unterstützter Körper.

[152] Schwerkraft.

a) Für das Gleichgewicht, für die Stabilität aller unserer Baukonstruktionen am maßgebendsten ist jene geheimnisvolle Kraft, die alle Körper nach dem Mittelpunkte der Erde zu ziehen trachtet, von der das Gewicht der Körper abhängt und die wir **Schwerkraft** nennen.

Der Schwerkraft ist alles Körperliche auf der Erde, ja in der ganzen Welt unterworfen; jeder Körper wird von allen anderen angezogen und zieht seinerseits alle anderen Körper an. Ebenso wie die Erde einen fallenden Stein anzieht, übt auch der Stein seine Anziehung auf die Erde aus; nur merken wir letztere nicht, weil der Stein im Verhältnis zur Erde viel zu klein ist. Wir kennen alle Gesetze und alle Wirkungen der Schwerkraft; nicht nur auf unserem Planeten, sondern auch auf vielen anderen Himmelskörpern; so z. B. ist die Schwerkraft auf der Sonne 28mal größer als auf der Erde; ein 2 Markstück würde dort ungefähr 1 kg wiegen; auf der Vesta wieder ist die Schwerkraft so klein, daß wir leicht 30 m hoch springen könnten, usw. **Über das Wesen der Schwerkraft wissen wir aber noch gar nichts.** Die Beziehungen zwischen mechanischer Arbeit, Wärme, Licht, Elektrizität und Magnetismus sind uns fast restlos bekannt, nur der Zusammenhang der Schwerkraft mit allen anderen Naturkräften und damit auch der Ursprung dieser zauberhaften, das ganze Weltall beherrschenden Kraft ist heute noch für uns ein Rätsel, dessen einwandfreie Lösung wohl in Zukunft als einer der größten Erfolge der Naturwissenschaften bezeichnet werden müßte.

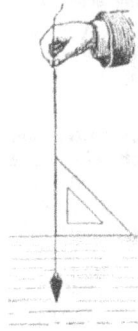

b) Die **Richtung der Schwerkraft** zeigt das Lot (oder Senkblei) an (Abb. 184). Die vom Lot angezeigte Richtung heißt **lotrecht** oder **vertikal.**

Abb. 184
Das Lot

Die Lote führen zum Erdmittelpunkte; Lote an verschiedenen Punkten der Erde bilden einen Winkel, der bei ungefähr 30 m Entfernung 1" beträgt.

Jede Richtung, die auf dem Lote senkrecht steht, heißt **wagerecht** oder **horizontal.** (Siehe auch Vorstufe [325e].)

[153] Absolutes Gewicht.

Erfahrungsgemäß ist von allen Kräften, denen ein Körper unterworfen sein kann, der Druck, den er auf seine Unterlage ausübt und den man als **absolutes Gewicht** bezeichnet, die einzige Kraft, welche auf der ganzen Erde als unveränderlich angenommen werden kann, **soweit praktische Zwecke in Betracht kommen.**

Aus [31] wissen wir, daß genau genommen **nur die Masse,** nicht das Gewicht **unveränderlich** ist; für praktische Zwecke kommt das aber nicht in Betracht, weil die auf der Erde möglichen Schwankungen im Gewichte höchstens 0,5% betragen (das Urkilogramm in Paris wiegt 981 000, das Kilogramm am Pol 983 000 und am Äquator 978 000 Dyn) und auch diese beim Vergleich von Gewichten untereinander sich nicht geltend machen. — Mit Gewichtswagen müßte z. B. „1 kg Kaffee" genau dieselbe Menge von Kaffeekörnern enthalten, gleichviel ob die Wägung in Paris, auf Spitzbergen, ja sogar auf dem Monde stattfindet. **Bei Gewichtswagen wird keine Vergleichung von Gewichtsdrücken, sondern von Massen vorgenommen.** Anders liegt die Sache bei **Federwagen,** die vom Ort der Aufstellung unabhängig sind, weil die Federkraft eben unabhängig von der Schwerkraft ist.

b) Als **Einheit des absoluten Gewichtes** gilt das **Kilogramm (kg).** Es ist das Gewicht eines in Paris aufbewahrten Platinstückes, das soviel wiegt wie 1 Liter Wasser bei 4° C. Den 1000. Teil eines Kilogramms nennt man ein **Gramm (g).**

Kleine Gewichte wiegt man nach Gramm und Milligramm (1 mg = $^{1}/_{1000}$ g), große Lasten nach Tonnen (1 t = 1000 kg).

Über „spezifisches Gewicht" siehe Vorstufe [106].

[154] Schwerpunkt.

a) Die Schwerkraft der Erde wirkt auf jedes einzelne Massenteilchen der Körper mit einer vertikal nach abwärts gerichteten Kraft; denkt man sich diese unzählig vielen parallelen Einzelkräfte zu einer Resultanten zusammengesetzt, die also das Gesamtgewicht des Körpers darstellt, so bezeichnet man den Mittelpunkt dieser Kräfte als den **Schwerpunkt** des Körpers; er ist der **Massenmittelpunkt, in dem das Gewicht des Körpers angreift.**

b) Um den **Schwerpunkt von Körpern zu bestimmen, müssen wir die Lage des Schwerpunktes von Linien und Figuren kennen;** in vielen Fällen läßt er sich durch Rechnung finden. Der Schwerpunkt jeder Linie liegt im Halbierungspunkte. Jede Fläche läßt sich nach verschiedenen Richtungen in dünne, parallele Streifen, Linien zerschneiden; die Verbindung der Schwerpunkte aller dieser Linien bildet die **Schwerlinie (Schwerpunktsachse)** der ebenen Fläche und **der Schnittpunkt zweier solcher Linien ist gleichzeitig der Schwerpunkt der betreffenden Figur.** Ebenso läßt sich jeder Körper nach verschiedenen Richtungen durch parallele Ebenen in eine große Anzahl unendlich dünner Scheiben zerschneiden, deren jede eine ebene Figur bildet; die Schwerpunkte aller dieser Flächenfiguren bilden aufeinanderfolgend eine der Schwerlinien des Körpers; der Schnittpunkt zweier solcher Schwerlinien ergibt den Schwerpunkt des Körpers.

Ein Dreieck (Abb. 185) läßt sich in lauter sehr dünne, zu einer Seite parallele Streifen, Linien, zerschneiden, die von der Basis gegen die Spitze hin immer kürzer werden und schließlich in der Spitze selbst in einen Punkt übergehen. Jeder dieser dünnen Streifen hat seinen Schwerpunkt im Halbierungspunkte. Wenn wir daher eine Seite halbieren und den Halbierungspunkt mit der gegen-

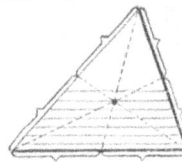
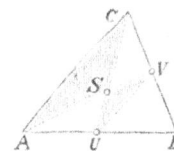

Abb. 185a   **Abb. 185b**

überliegenden Ecke verbinden, so erhalten wir eine Schwerlinie, in der jedenfalls der Schwerpunkt des ganzen Dreieckes gelegen sein muß. Machen wir dasselbe von einer zweiten Seite aus, so erhalten wir eine zweite Schwerlinie, die den Halbierungspunkt dieser zweiten Seite mit der gegenüberliegenden Ecke verbindet. Da sonach der Schwerpunkt in beiden Linien und, wenn auch noch parallel zur dritten Seite geschnitten wird, in allen drei Schwerlinien liegt, kann er nur mit dem Schnittpunkte aller dieser drei Schwerlinien zusammenfallen. Der Schwerpunkt bildet einen der vier merkwürdigen Punkte des Dreieckes und unterteilt jede der Schwerlinien im Verhältnis 1 : 2 (Vorstufe [92]).

Der Schwerpunkt aller geradlinig begrenzten Figuren läßt sich dadurch bestimmen, daß man die Figur in Dreiecke zerlegt, den Schwerpunkt jedes dieser Dreiecke bestimmt und aus diesen Angaben die Lage des Schwerpunktes für die ganze Figur bestimmt. In Abb. 186 ist die Schwerpunkts-

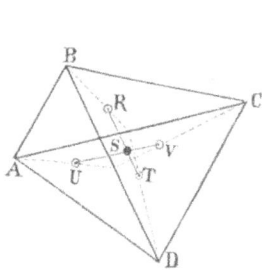
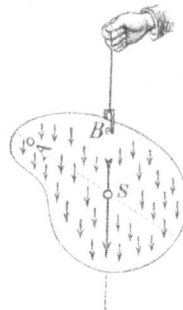

Abb. 186   Abb. 187

bestimmung für ein unregelmäßiges Viereck durchgeführt. Die Zerlegung in Dreiecke erfolgte einmal nach der Diagonale AC, das andere Mal nach BD. Der Schwerpunkt S liegt im Schnittpunkte der Schwerlinien RT und UV.

Bei regelmäßigen Figuren, z. B. bei einem Kreise, bei einem Quadrate, Rechtecke usw. liegt der Schwerpunkt im Mittelpunkte der Figur.

c) Den Schwerpunkt ebener Figuren kann man leicht durch einen Versuch finden.

Hängt man z. B. eine beliebige Scheibe aus dünnem Holze an einem Punkte B (Abb. 187) mittels eines Fadens auf, so liegt der Schwerpunkt in der Verlängerung dieses Fadens, welche Linie man sich auf der Scheibe anreißen kann. Hängt man dann die Scheibe an einem anderen Punkte A auf, so erhält man auf der Scheibe in der Verlängerung des Fadens eine zweite Linie, in der ebenfalls der Schwerpunkt liegen muß. Der Schnittpunkt beider Linien S gibt den Schwerpunkt der Scheibe.

d) Der Schwerpunkt einer Pyramide liegt auf der Schwerlinie, die den Schwerpunkt der Grundfläche mit der Spitze verbindet, und zwar in einer Entfernung von $^1/_4$ ihrer Länge von der Grundfläche entfernt (Abb. 188).

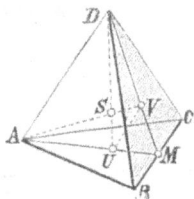

Abb. 188

Hat ein Körper einen Symmetriepunkt, so ist dieser gleichzeitig auch sein Schwerpunkt. (Also im Mittelpunkte wie bei der Kugel.) Der Schwerpunkt eines Körpers kann auch nach dem Hebelsatze: Drehmoment des im Schwerpunkte angreifenden Gewichtes = der algebraischen Summe der Drehmomente der einzelnen Teile ermittelt werden [138 b].

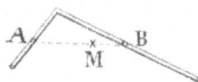

Abb. 189

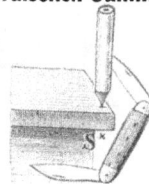

Abb. 190

Es ist nicht notwendig, daß der Schwerpunkt im Körper selbst liegt. So liegt er bei einer Hohlkugel wohl innerhalb derselben, in ihrem Mittelpunkte, fällt aber mit keinem ihrer materiellen Punkte zusammen. Bei den Anordnungen in Abb. 189 u. 190 liegt er ganz außerhalb der Körper.

[155] Gleichgewichtslagen.

a) Die einzige Gleichgewichtsbedingung schwerer Körper ist die, daß ihr Schwerpunkt aufgehängt oder unterstützt sein muß.

Dieser Forderung kommen Menschen und Tiere sozusagen unbewußt (instinktiv) nach. Jemand, der in einer Hand ein schweres Gewicht trägt, neigt sich nach der entgegengesetzten Seite; wer ein Gewicht auf dem Rücken trägt, bückt sich unwillkürlich usw. — Auch unser aufrechter Gang ist nur von der richtigen Funktion unserer Gleichgewichtsorgane abhängig, die bekanntlich bei jeder nachhaltigen Störung versagen.

b) Es können sich bei der Unterstützung des Schwerpunktes eines Körpers dreierlei Ruhelagen ergeben:

1. Die Drehungsachse geht durch den Schwerpunkt; in diesem Falle findet indifferentes Gleichgewicht statt, d. h. der Körper bleibt in jeder Lage, die man ihm gibt, im Gleichgewicht.

Lagert man z. B. einen Stab in seiner Mitte drehbar um eine Achse, so behält er jede Lage ruhig bei, die man ihm gibt. Ebenso bleibt eine Kreisscheibe, die man im Mittelpunkt unterstützt, in jeder ihr erteilten Lage. Der in Abb. 191 gezeichnete Kegel ist durch eine Achse unterstützt, die durch seinen Schwerpunkt geht; er bleibt in jeder beliebigen Lage stehen. Liegt eine Kugel auf einer horizontalen Unterstützungsfläche, so zeigt sie ebenfalls indifferentes Gleichgewicht; man kann ihr jede beliebige Stellung erteilen.

Das Kennzeichnende für diese Art von Gleichgewicht ist, daß der Schwerpunkt bei jeder Drehung des Körpers in derselben Horizontalen verbleibt.

2. Wenn der Schwerpunkt vertikal unter dem Drehpunkte liegt, so ist das Gleichgewicht ein festes oder stabiles, d. h. der Körper trachtet immer in dieser Gleichgewichtslage zu verbleiben oder, wenn herausgebracht, wieder in diese Lage zurückzukehren.

Befestigt man z. B. einen Stab drehbar oberhalb des Schwerpunktes, so wird er sich immer wieder lotrecht stellen; eine oben aufgehängte, unten mit einer Bleikugel beschwerte Schnur nimmt stets die Richtung einer vertikalen Linie an usw.

Im stabilen Gleichgewichte befinden sich alle Körper, die auf der festen Unterstützungsfläche aufruhen, wobei die durch den Schwerpunkt gezogene Vertikale noch in die Unterstützungsfläche fallen muß.

Kugeln, die auf einer schüsselförmigen Unterstützungsfläche liegen, sind stabil gelagert (Abb. 192). Kennzeichnend für diese stabile Ruhelage ist der Umstand, daß der Schwer-

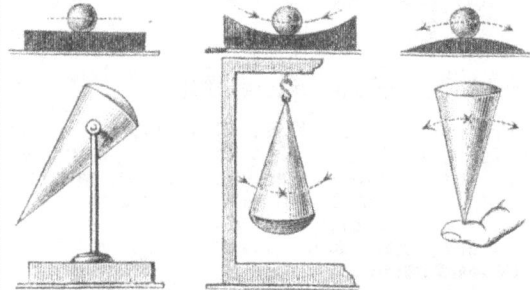

Abb. 191   Abb. 192   Abb. 193
Indifferent   Stabil   Labil

punkt bei jeder Lagenänderung des Körpers gehoben wird. Beim Loslassen kehrt der Körper wieder in seine frühere Lage zurück. Wird der aufgehängte Kegel (Abb. 192) aus seiner Ruhelage gebracht, so nimmt er sie wieder ein, wenn die verschiebende Kraft aufhört.

3. Liegt der Schwerpunkt lotrecht oberhalb des Drehungspunktes, so befindet sich der Körper in einem unsicheren, labilen Gleichgewichtszustande; solange der Schwerpunkt genau vertikal ober dem

Drehungspunkte liegt, ist der Körper im Gleichgewichte; bei der geringsten Wirkung einer dieses Gleichgewicht störenden Kraft, z. B. bei einer Erschütterung, wird der Körper aber sofort in die stabile Gleichgewichtslage übergehen, sich also jene Lage wählen, in der sein Schwerpunkt am tiefsten liegt.

Darauf beruht z. B. jenes aus Hollundermarkstückchen mit Bleikopf bestehende Spielzeug, das unter dem Namen „Stehaufmännchen" bekannt ist. — Im labilen Gleichgewicht befinden sich der in Abb. 193 dargestellte, auf der Spitze stehende Kegel und die auf einer gewölbten Fläche liegende Kugel.

Für die labile Ruhelage ist kennzeichnend, daß sich der Schwerpunkt des Körpers bei der geringsten Lagenänderung nach abwärts bewegt, wodurch der Körper umstürzt und in ein stabiles Gleichgewicht gelangt.

[156] Widerstand gegen das Umkippen.

a) Versucht man einen stabil unterstützten Körper umzuwerfen, so muß man ihn aus der stabilen Ruhelage in eine labile bringen, so daß er bei der geringsten Weiterbewegung umstürzt. Wenn wir dieses Umkippen oder Umkanten praktisch selbst versuchen, so finden wir, daß ein gewisser Widerstand überwunden werden muß, bevor der Körper umkippt. Diesen Widerstand gegen das Umkippen bezeichnet man als Standfestigkeit oder Stabilität.

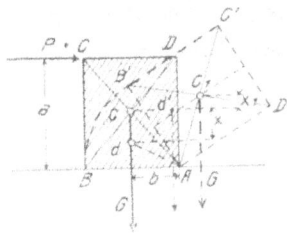

Abb. 194

b) Sei in Abb. 194 der stabil unterstützte Körper $ABCD$ durch die Kraft P um die Kante A um-

zukippen, so wird dies dann eintreten, wenn das Moment $P \cdot a = G \cdot b$, wobei G das Gewicht des Körpers darstellt und b die Entfernung der vertikalen Schwerlinie von der Kippkante ist. $G \cdot b$ **ist das statische Moment der Schwere oder des Gewichtes des Körpers; man bezeichnet es auch als Stabilitätsmoment.** Der Widerstand gegen das Umkanten ist daher durch dieses Moment gegeben und wird um so größer, je größer das Gewicht des Körpers und je größer der Kraftarm b ist.

c) **Die Standfestigkeit eines Körpers ist sonach um so größer, je größer die Unterstützungsfläche und das Gewicht des Körpers sind.** Außerdem ist aber für die Wirkung des Umkantens die Höhe des Schwerpunktes über der Unterstützungsfläche maßgebend.

Wird der Körper in Abb. 194, dessen Schwerpunkt in c liegt, um die Kante A gedreht, so wird er erst umfallen, wenn der Schwerpunkt c außerhalb der Unterstützungsfläche nach c' zu liegen kommt; das wird natürlich früher eintreten, wenn der Schwerpunkt hoch liegt, während ein Körper mit tiefliegendem Schwerpunkt d viel weiter bis d' gedreht werden kann, bis er umfällt.

Im letzteren Falle muß eine größere Arbeit geleistet werden, nämlich $G \cdot x$, da die Last G um diese Höhe x zu heben ist; bei höher liegendem Schwerpunkt fällt diese Arbeit $G \cdot x_1$ kleiner aus, da die Hebung jetzt nur über eine kleine Höhe x_1 zu erfolgen hat.

d) **Ebenso wird man den Körper um so leichter umkanten, in je größerer Höhe die Kraft P angreift, weil ihr Drehmoment mit wachsendem Dreharm a größer wird.**

Der schiefstehende Turm in Abb. 195 fällt nicht um, weil die Schwerlinie S noch innerhalb der Stützfläche zu liegen kommt; der Wagen wird dagegen umfallen, weil S außerhalb des äußersten Räderpaares fällt. Zur stabilen Unterstützung genügen drei Unterstützungspunkte (Stativ mit drei Stellschrauben); die von diesen Punkten umgrenzte Fläche wirkt als volle Unterstützungsfläche.

Abb. 195

Aufgabe 76.

[157] *Eine quadratische, gerade Marmorpyramide von der Höhe h = 12 dm, der Basiskante a = 9 dm und dem spezifischen Gewichte s = 2,8 soll durch eine wagerecht wirkende Kraft P umgekippt werden, die an der Spitze angreift. Wie groß muß diese mindestens sein?*

Vorerst ist das Gewicht der Pyramide zu berechnen. Das Volumen ist $a^2 \cdot \dfrac{h}{3}$, das Gewicht sonach $a^2 \cdot \dfrac{h}{3} \cdot s$. Der Schwerpunkt liegt auf der durch die Spitze führenden Schwerlinie, der Arm des Gewichtes ist $\dfrac{a}{2}$, das Stabilitätsmoment

$$G \cdot \frac{a}{2} = a^2 \cdot \frac{h}{3} \, s \cdot \frac{a}{2} = \frac{a^3 \cdot h}{6} \, s$$

$$Ph = \frac{a^3 \cdot h}{6} \cdot s, \text{ daraus } P = \frac{a^3 \cdot s}{6} = 340,2 \text{ kg.}$$

[158]   Übungsaufgaben.

Aufg. 77. Eine Hebemaschine (Kran) hebt eine Last von 200 kg um 10 m. Wie groß ist die vom Kran vollbrachte Arbeit und seine durchschnittliche Leistung, wenn er hierzu 20 Sekunden und in einem zweiten Falle 25 Sek. braucht?

Aufg. 78. Ein Dampfschiff braucht zur Erzielung einer Geschwindigkeit von 20 km per Stunde 3000 PS; wie groß ist der Widerstand, den es zu überwinden hat? Anleitung: Die Leistung des Widerstandes x der Leistung des Schiffes gleichsetzen!

Aufg. 79. Wie groß ist die Leistung bei einem Wasserfall, wenn in jeder Sekunde 750 kg Wasser 9 m hoch herabfallen?

Aufg. 80. Durch den Querschnitt eines Flusses fließen in der Sekunde 8000 kg Wasser mit einer mittleren Geschwindigkeit von 2 m; wie groß ist die Arbeitsfähigkeit dieses Flusses?

Aufg. 81. Erde und Mond verhalten sich ihrer Masse nach wie 81 : 1; der zentrale Abstand E beider Weltkörper ist 382420 km. Wo liegt der gemeinsame Schwerpunkt? Anleitung: $x =$ Entfernung des Schwerpunktes vom Erdmittelpunkte, wird nach dem Hebelgesetze berechnet.

Aufg. 82. Ein Zylinder vom Radius r und der Höhe h wird konisch ausgebohrt; der Kegel hat die Deckfläche des Zylinders zur Basis und als Spitze den Mittelpunkt seiner Grundfläche. Wo ist der Schwerpunkt des Restkörpers? Anleitung: Volumina verhalten sich bei gleichem Materiale wie die Massen.

(Lösungen im 3. Briefe.)

[159] Lösungen der im ersten Briefe unter [51] gegebenen Übungsaufgaben.

Aufg. 20. Nach der Zeichnung (Abb. 196) ist $R = $ **500 kg.**

Rechnung: $Q = P \cdot \operatorname{tg} \alpha$; $300 = 400 \cdot \operatorname{tg} \alpha$; $\operatorname{tg} \alpha = 0{,}75$; $\alpha = 36^0 50'$;

$$R = \frac{P}{\cos \alpha} = \frac{400}{0.8003} \sim \textbf{500 kg.}$$

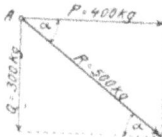 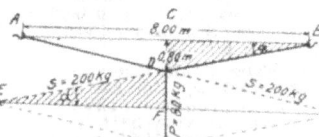

Abb. 196   Abb. 197

Aufg. 21. (Abb. 197.) Aus $\triangle BCD : 0{,}8 = 4 \cdot \operatorname{tg} \alpha$, daraus $\alpha = 11^0 20'$. Aus $\triangle DEF : \dfrac{P}{2} = S \cdot \sin \alpha$;

$$S = \frac{P}{2 \cdot \sin \alpha} = \frac{80}{2 \cdot 0{,}1965} = \textbf{204 kg.}$$

Aufg. 22. (Abb. 198.) Aus $\triangle abe$: $\operatorname{tg} \alpha = 64 : 95 = 0{,}6737$; $\alpha = 33^0 58'$. Aus $\triangle ade$: $Z = \dfrac{P}{\sin \alpha}$

$$= \frac{1400}{0{,}5587} = \textbf{2506 kg.} \quad D = \frac{P}{\operatorname{tg} \alpha} = \frac{1400}{0{,}6737} = \textbf{2078 kg.}$$

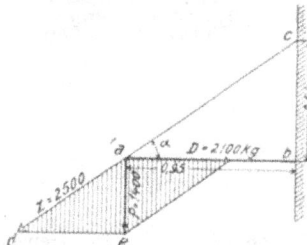

Abb. 198

Stange $\overline{ac}$ wird mit 2506 kg auf Zug, Träger $\overline{ab}$ mit 2078 kg auf Druck beansprucht.

Bemerkung: Die graphisch ermittelten Werte werden um so genauer sein, je größer der Maßstab der graphischen Darstellung gewählt wurde und je sorgfältiger die Zeichnung ausgeführt ist.

Aufg. 23. Die Fläche des Schornsteins ist $5 \cdot 5 = 25$ m² ($= 250000$ cm²). 400000 kg $: 250000 = $ **1,6 kg per cm².**

Aufg. 24. (Abb. 199.) $D = 1500 \cdot \sin 30^0 = 1500 \cdot 0{,}5 = $ **750 kg,** welcher Druck vom Balken aufgenommen werden muß. Die Kraft, die in der

Fläche ab auf Abscherung wirkt, ist $S = Q \cdot \cos \alpha = 1500 \cdot 0{,}866 = $ **1299 kg.**

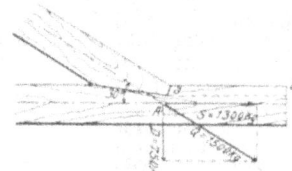

Abb. 199

Aufg. 25. $t = \sqrt{\dfrac{2 h}{g}} = \sqrt{\dfrac{2 \cdot 54}{10}} \sim \textbf{3 Sekunden.}$

Endgeschwindigkeit $v_e = g t = $ **30 m.**

Aufg. 26. Steighöhe $H = \dfrac{v_a^2}{2 g}$; für $v_a = 600$ m, $g \sim 10$ ist $H = \dfrac{36000}{2} = \textbf{18 km.}$

Aufg. 27. Aus $s = \dfrac{1}{2} a t^2$ ist $a = \dfrac{2 \cdot s}{t^2} = \dfrac{1200}{225} = 5{,}3$ m.

$a = \dfrac{\text{Kraft } P}{\text{Masse } M} = \dfrac{P \cdot g}{G}$; es ist daher $5{,}3 = \dfrac{12 \cdot 10}{G}$ oder das Gewicht des Körpers $G = 120 : 5{,}3 = $ **22,6 kg.**

Aufg. 28. (Abb. 200.) Die Länge L der durchfahrenen Strecke ergibt sich aus $15 = 54 \cdot \operatorname{tg} \alpha$; $\operatorname{tg} \alpha = 15 : 54 = 0{,}2778$; $\alpha = 15^0 40'$; $15 = L \cdot \sin \alpha$;

$L = \dfrac{15}{0{,}2672} = \textbf{56,1 m.}$

Zu diesen 56,1 m braucht der Kahn $30''$, daher Geschwindigkeit V pro Sekunde $56{,}1 : 30 = $ **1,87m.** Wassergeschwindigkeit $V_w = V \cdot \sin \alpha = 1{,}87 \cdot 0{.}2672 \sim $ **0,5 m.** Normale Geschw. (ohne Strömung) $V_N = V \cdot \cos \alpha = 1{,}87 \cdot 0{,}9606 \sim $ **1,8 m.**

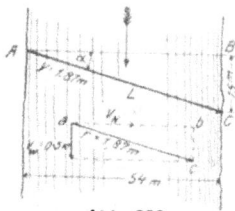

Abb. 200

Aufg. 29. Da $V_e = 0$, ist $s = \dfrac{Va}{2} \cdot t$ und $0 = Va - at$; daraus $t = \dfrac{Va}{a}$; daher $s = \dfrac{(Va^2)}{2 a}$; für $Va = 12$ und $a = 0{,}3$ ist $s = \dfrac{144}{0{,}6} = $ **240 m.** $t = \dfrac{2 s}{Va} = \dfrac{480}{12} = $ **40 Sekunden.**

Aufg. 30. Aus $M \cdot g = M \dfrac{v^2}{r}$ ist $v^2 = gr$ und $v = \sqrt{r \cdot g} = \sqrt{8}$

$v = $ **2,828 m.**

Der Versuch ist ganz unabhängig von der Wassermasse und damit auch von der Größe des Gefäßes, weil M aus der Gleichung herausfällt.

Aufg. 31. $M = \dfrac{5000}{9{,}81} = $ **509,7 kg.**

Beschl. $a = \dfrac{\text{treibende Kraft}}{\text{Masse}} = \dfrac{70}{509{,}7} = $ **0,14 m/sek.**

STOFFKUNDE

2. Abschnitt.

Eisen und Stahl.

„Der Gott, der Eisen wachsen ließ,
der wollte keine Knechte."

(Arndt.

Inhalt: Gewiß hat der berühmte Freiheitsdichter mit dem obigen Satze nur der kriegerischen Begeisterung Ausdruck verleihen wollen, die sich in jener Zeit unerträglichen Druckes der ganzen deutschen Nation bemächtigte. Unbewußt, aber vielleicht vorahnend, hat jedoch der Dichter damit auch gleichzeitig die ganze weltbeherrschende Bedeutung des Eisens für Industrie und Technik in unvergleichlich schöne Form gekleidet. Auch im **friedlichen Wettkampfe** vermag jenes **Volk** sich am ehesten eine achtunggebietende Stellung zu verschaffen, das ausreichend über **Kohle** und **Eisen** verfügt und namentlich letzteres technisch richtig zu verwerten versteht. Daß auf diesem Gebiete **deutsche Tat-** **kraft** und **deutscher Fleiß** nicht nur nicht zurücksteht, sondern im Gegenteile seit jeher eine der führenden Rollen vertritt, braucht wohl an dieser Stelle nicht besonders hervorgehoben zu werden.

Damit ist aber das Bedürfnis erwiesen, **Eisen und Stahl,** diese allerwichtigsten Stoffe der Technik mit besonderer Ausführlichkeit zu behandeln. Von den Eisenerzen ausgehend, wollen wir planmäßig alle die verschiedenen technisch hochausgebildeten Verfahren schildern, die nötig sind, um aus dem **Roheisen** jene Baustoffe zu gewinnen, deren vorzügliche Eigenschaften allein der Technik die Erzeugung der bewundernswerten Konstruktionen und Maschinen ermöglicht hat. Am Schlusse wollen wir noch eine gedrängte Anleitung geben, wie Eisen und Stahl praktisch geprüft werden müssen, um sich auf ihre Eigenschaften, auf ihr Verhalten äußeren Beanspruchungen gegenüber vollkommen verlassen zu können.

[160] Metallographie.

Bekanntlich ist es nicht reines Eisen, das wir praktisch verwerten — dazu ist es viel zu weich —, sondern vielmehr lediglich Eisen in seinen Verbindungen und Gemengen mit **Kohlenstoff** und anderen Metalloiden und Metallen. Wir haben schon früher erwähnt, daß es vor allem der **Kohlenstoff** ist, dessen Menge und Art der Bindung bestimmend ist für die Verwendbarkeit unserer Eisen- und Stahlsorten. Hierüber haben neuere Untersuchungen sehr wichtige Aufschlüsse gebracht; wir danken sie in erster Linie den Fortschritten der mikroskopischen Technik, die es gestattet, die mit besonderen Reagenzien behandelten Oberflächen der verschiedenen Eisenoder Stahlsorten unter stärkster Vergrößerung zu beobachten. Die systematisch ausgebildete Lehre der hierher gehörigen Erscheinungen heißt **Metallographie.**

[161] Eisensorten.

Es wird das Verständnis der Eisensorten und deren Erzeugung wesentlich erleichtern, wenn wir einige Bemerkungen über die chemische Zusammensetzung derselben vorausschicken:

Den Zusammenhang zwischen Kohlenstoffgehalt und Eigenschaften ersehen wir aus der folgenden Übersicht, die uns zugleich die wichtigsten Eisensorten ins Gedächtnis zurückrufen soll (s. Vorstufe [369]).

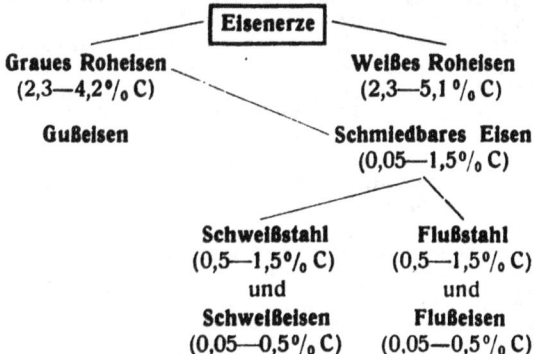

Eisenerze

Graues Roheisen (2,3—4,2% C)

Weißes Roheisen (2,3—5,1% C)

Gußeisen

Schmiedbares Eisen (0,05—1,5% C)

Schweißstahl (0,5—1,5% C) und Schweißeisen (0,05—0,5% C)

Flußstahl (0,5—1,5% C) und Flußeisen (0,05—0,5% C)

Von dem verschieden großen Gehalte an Kohlenstoff und der verschiedenen Bindung desselben können wir uns leicht durch ein paar einfache Versuche überzeugen.

1. Versuch: Wir lösen etwas Blumendraht in verdünnter Schwefelsäure auf; es bleibt fast gar kein Rückstand, weil der Draht aus weichem schmiedbaren Eisen mit sehr kleinem Gehalte an Kohlenstoff besteht.

2. Versuch: Behandeln wir Teile von grauem Roheisen ebenso, so bleibt ein gut wahrnehmbarer Rückstand in Form grauer Blättchen zurück, den wir leicht als **Graphit** erkennen.

3. Versuch: Nehmen wir statt des grauen, **weißes Roheisen** (Spiegeleisen), so geht die Lösung unter Entwicklung eines übelriechenden Gases (Kohlenwasserstoffe enthaltend) vor sich, und es bleibt etwas Kohlenstoff als lockeres Pulver zurück.

Bei den Versuchen 2 und 3 kam Eisen mit hohem C-Gehalt zur Auflösung; beim Versuch 2 finden wir Kohlenstoff in **freiem Zustande als Graphit** vor, beim weißen Roheisen ist es **an das Eisen chemisch gebunden,** daher die wesentlich andere Wirkung der auflösenden Säuren. Man nimmt an, daß sich der Kohlenstoff mit Eisen zu **Eisenkarbiden** verbindet (z. B. Fe_3C, **Zementit** genannt). Diese Karbide sind in der **Grundmasse,** die aus reinem Eisen (**Ferrit**) gebildet wird, gelöst, so daß wir es hier mit sog. **festen Lösungen** zu tun haben; wir können diese Verhältnisse mit denen in Metalllegierungen vergleichen; die Metallographie hat verschiedene solche Verbindungen und Lösungen in den Eisensorten erkennen lassen und sie besonders bezeichnet (**Perlit,** **Martensit** usf.). Das Härten der Stahlsorten ist auf die Bildung chemisch gebundenen Kohlenstoffes („Härtungskohle") zurückzuführen.

Kann Roheisen langsam erkalten, so scheidet sich der **Kohlenstoff größtenteils als Graphit** aus; man kann ihn auf dem Bruche mit freiem Auge erkennen; er bedingt die graue Farbe dieser Eisensorten. Wird Eisen **rasch abgekühlt,** so erfolgt eine **chemische Bindung** des Kohlenstoffes an das Eisen, es kommt zur Karbidbildung, womit das Auftreten lichterer Farbe verbunden ist, da die Karbidlösungen zumeist heller gefärbt sind, als die aus Ferrit bestehende Grundmasse.

Die Erzeugung bestimmter Eisensorten hängt also vor allem von den Änderungen ab, die der C-Gehalt erleidet, wobei die Führung des Prozesses die Form bestimmt, in der der Kohlenstoff im Eisen verbleibt.

A. Roheisen.

[162] Eisenerze.

a) Das Ausgangsmaterial für die Gewinnung von Eisen bilden verschiedene Eisenerze.

Eisen findet sich zwar auch in **gediegener** Form in der Natur, doch nur in verhältnismäßig sehr geringer Menge.

Stellenweise liegt es als **irdisches** (sog. **tellurisches**) Eisen vor, größere Massen werden von **meteorischem** (**kosmischem**) Eisen gebildet, das vom Meteoriten stammt, die zeitweise aus dem Weltraume auf die Erde herabfallen; die bekanntesten größeren Meteoreisen sind in Bendego (Brasilien) (85 Tonnen schwer) und Olumba in Peru (150 Tonnen) gefunden worden.

b) **Brauchbare Eisenerze werden nur von den sauerstoffhaltigen oxydischen Mineralien geliefert; ihre Verhüttung lohnt sich erst, wenn ihr Eisengehalt mindestens 25—30% beträgt.** Der in großer Menge vorkommende Eisen- oder Schwefelkies FeS$_2$ ist nicht ohne weiteres zur Eisengewinnung geeignet; es muß erst der Schwefel durch besondere Röstprozesse vollständig entfernt werden.

Die allerwichtigsten Eisenerze sind folgende:

1. **Magneteisenstein** Fe$_3$O$_4$ (Eisenoxyduloxyd FeO Fe$_2$O$_3$), grauschwarz bis schwarz, magnetisch, stark eisenhaltig (bis 72%), leicht zu verarbeiten, in großen Lagern in Schweden, Norwegen, Mexiko, Nordamerika.

2. **Roteisenstein** Fe$_2$O$_3$ (Eisenoxyd) als Eisenglanz (Eisenglimmer), metallglänzend, schwarz, roter Glaskopf (Hämatit), rot, strahlig; Eisenocker, erdig (30—70% Fe), Schweden, Nordamerika, England, Lahngegend, Siegener Land, Harz, Erzgebirge.

3. **Brauneisenstein**, Eisenhydroxyd Fe(OH)$_3$ als brauner Glaskopf, Bohnenerz, Rasen-, Morast- oder Wiesenerz, Limonit, Minette (phosphorhaltig wie Rasenerz), in Thüringen, im Harz, in Oberschlesien, Luxemburg, Lothringen. **Brauneisenerz ist das wichtigste Erz Deutschlands.**

4. **Spateisenstein** FeCO$_3$ (Strahlstein, Ferrokarbonat), weiß, gelbgrau bis blauschwarz, leicht schmelzbar, im Harz, im Siegener Land, Westfalen, Thüringen, Freiberg i. S., Eisenerz in Steiermark usw. Als Toneisenstein (Sphärosiderit) mit Ton oder Mergel vermengt.

Über die Art des Abbaues dieser Erze wird Näheres im „Bergbau" folgen.

Die Gewinnung des Roheisens aus Eisenerzen erfolgt in großen stehenden Schachtöfen, den Hochöfen, vor deren Beschickung die Eisenerze noch gewissen vorbereitenden Prozessen unterworfen werden müssen.

[163] Aufbereitung und Gattierung der Erze.

a) **Aufbereitung.** Um die Eisenerze den Reduktions- und Schmelzprozessen im Hochofen unterwerfen zu können, müssen sie zuerst **mechanisch aufbereitet** werden, d. h. mit verschiedenartigen Vorrichtungen, die wir in der Technologie besprechen werden (Steinbrecher [Erzquetsche], Pochwerke, Mahlwerke u. dgl.) zerkleinert werden; nach Bedarf erfolgt die Entfernung der Gangart auch durch Sieben, Waschen, Schlämmen (Magnete).

b) **Rösten.** Viele Erze (namentlich Spat- und Toneisenerze) müssen auch noch **chemisch aufbereitet, geröstet** werden, indem man sie bei Luftzutritt erhitzt, ohne daß es jedoch zum Schmelzen käme. Hierbei entweicht CO$_2$, Schwefel wird oxydiert, Eisenoxydul in Oxyd umgewandelt. Die Erzmasse wird dabei auch im Gefüge gelockert. Das Rösten geschieht in Schacht- oder Flammöfen, Gasröstöfen oder Meilern. Dem Rösten folgt eine nochmalige Zerkleinerung.

c) **Gattierung, Möllerung. Der Reduktionsprozeß läßt sich im Hochofen nur dann durchführen, wenn es zur Bildung von Schlacke kommt.** Manche Erze enthalten die Gangart (das Gestein) in derartiger Mischung, daß sie für sich allein verschmolzen werden können, da sich die erforderliche Schlacke in richtiger Weise bildet. Zumeist aber müssen verschiedene Zusätze **(Zuschläge)** gemacht werden, damit es zur Schlackenbildung kommen kann; die Zuschläge richten sich nach der Zusammensetzung des Ganggesteines und bezwecken die Bildung von schmelzbaren Kalzium-Aluminium-Silikaten.

Manchmal läßt sich die richtige Mischung zur Vermengung verschiedener Eisenerze erzielen **(Gattieren)**. Quarzreiche Gangart erfordert kalk- und magnesiahaltige Zuschläge (Kalk, Dolomit); bei kalkhaltiger Gangart ist der Zusatz von kieselsäure- und tonerdehaltigen Gesteinen nötig. Leicht schmelzbare Schlacken ergeben sich bei Zusatz von Flußspat. Das erhaltene, für die Beschickung des Hochofens nun brauchbare Erz- und Gesteingemenge heißt **Möllerung.**

[164] Der Hochofen und seine Beschickung.

a) **Der Hochofen** (Abb. 201) ist ein 15—30 m hoher, stehender Schachtofen, **in dem der Schmelzbetrieb ununterbrochen so lange weitergeht, als das Mauerwerk den Schmelzmassen standhält.** Eine Betriebsperiode im Hochofen (Kampagne, Ofen- oder Hüttenreise) dauert eine Reihe von Jahren; beim Eintritt der Betriebsunfähigkeit wird der Ofen **ausgeblasen.**

Die Wände des Hochofens bestehen aus feuerfesten Steinen, und zwar entweder aus den besten Schamottesteinen oder aus Koksteinen, die chemisch überhaupt nicht angegriffen werden. Früher umgab man den ganzen Ofen mit einem Rauhgemäuer, weil man schädliche Wärmeverluste fürchtete. Jetzt ist man überzeugt, daß die Abkühlung nicht nur nicht schädlich ist, sondern die Haltbarkeit sehr erhöht. Darum läßt man das Rauhgemäuer fort und macht die Wände nur mehr 60—80 cm stark. Der Hochofen, der heute nicht einmal mehr von einem Blechmantel zusammengehalten ist, wird von einer starken Eisenkonstruktion umgeben und von 6—8 gußeisernen Säulen S S getragen.

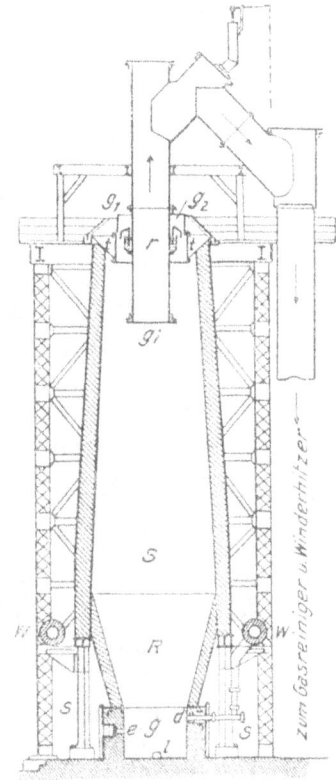

Abb. 201
Hochofen

Der unterste Teil des Schachtes ist zylindrisch und heißt **Gestell** G, in dem sich das geschmolzene Eisen ansammelt. Über dem Gestell liegt die **Rast** R, die sich kegelförmig nach oben bis zu einem Durchmesser von 5—8 m erweitert. Hieran schließt sich der **Schacht** (Kohlensack) S, der sich nach oben kegelförmig verjüngt. Der oberste Teil des Schachtes heißt **Gicht** Gi. Er ist als Einfüllöffnung für die Beschickung des Ofens ausgebildet und dient gleichzeitig zum Auffangen der entweichenden Gase, **Gichtgase,** die in weiten Eisenröhren aufgefangen und zur Verwertung weitergeleitet werden.

In früherer Zeit blieb die Gicht offen, und es brannte aus ihr fortwährend eine große Flamme, die **Gichtflamme,** wodurch nicht nur die Mannschaft sehr belästigt wurde, sondern auch ein großer Verlust an Brennmaterial entstand. Heute schließt man die Gicht mit Vorrichtungen (Gasfängern) ab, welche den Zweck haben, die Gichtgase aufzufangen und abzuleiten, aber auch gestatten, den Ofen zu beschicken und die Beschickung in bestimmter Weise zu lagern.

Unter den in Deutschland im Gebrauche stehenden Gasfängern ist der **Parrysche Trichter** am bekanntesten: Zur Beschickung des Ofens wird zunächst die große äußere Glocke g$_1$ gehoben, wodurch der Trichter t zum Einkippen der Beschickung frei wird. Nachdem durch Senken der äußeren Glocke g$_1$ die Gicht wieder geschlossen ist, wird die innere Glocke g$_2$ und das Rohr r für das Auffangen und Ableiten der Gichtgase gehoben. Jetzt rutscht die Beschickung aus dem Trichter in den Ofen hinab. Beide Verschlußglocken tauchen am Umfange des Gasrohres in mit Wasser gefüllte Rinnen, um einen gasdichten Abschluß zu sichern.

Eine große Eisenkonstruktion, die den Ofen umgibt, trägt im oberen Teil das Gichtplateau (**Gichtbrücke,** Gichtbühne, Gichtplattform). Auf die Plattform muß die Beschickung, Erze und Koks, befördert werden, wozu **Gichtaufzüge** (Gichttürme, Schrägaufzüge) dienen. Für mehrere zu einem Betriebe vereinigten Hochöfen ordnet man zumeist nur einen Aufzug an, der mit den Gichtbühnen der Öfen verbunden ist.

Im Gestell befinden sich in einer Höhe von 1—1,5 m in der Formebene symmetrisch angeordnete Öffnungen, Formen, in die Düsen d eingesetzt sind, durch die man vorgewärmte Luft mittels großer Gebläsemaschinen einbläst (Blaseformen). Eine Form e liegt tiefer und dient zum Ablassen der flüssigen Schlacke (Schlackenform). In der Mitte der Rast läuft um den Ofen außen ein aus weiten Eisenröhren gebildetes Rohrsystem, die Windleitung W, die mit den Düsen in Verbindung steht. Das Gestell wird durch eine besondere Wasserkühlung gekühlt. Im untersten Teile des Eisenkastens (Herd) befindet sich das Stichloch l, das zum Ablassen des flüssigen Roheisens dient und das für gewöhnlich mit tonhaltigem Sande verschlossen bleibt.

b) **Beschickung des Ofens.** Bei der Beschickung (Charge) des Hochofens werden abwechselnd Schichten von Erz (Erzgicht, Möller) und Brennstoff (Koksgicht) durch den Fülltrichter der Gicht eingebracht. Zumeist wird Koks verwendet, nur in holzreichen Gegenden (Schweden) Holzkohle, in Nordamerika auch Anthrazit.

Entsprechend dem Herabsinken des schmelzenden Materiales muß die Beschickung (allenfalls stündlich) erneuert werden. In großen Hochöfen kann man **in 24 Stunden bis zu 300 Tonnen** Roheisen gewinnen. Hieraus ist ersichtlich, welche große Mengen an Rohstoffen täglich verbraucht werden. Um ganz gewaltige Mengen handelt es sich beim Betrieb einer ganzen Hochofenanlage, die aus einer Reihe benachbarter Einzelöfen besteht.

[165] Betrieb des Hochofens.

a) Die in der Gicht zugeführte Beschickung sinkt entsprechend dem Ausschmelzen des Roheisens und Abfließen der Schlacke im Gestell langsam durch den Hochofen her-

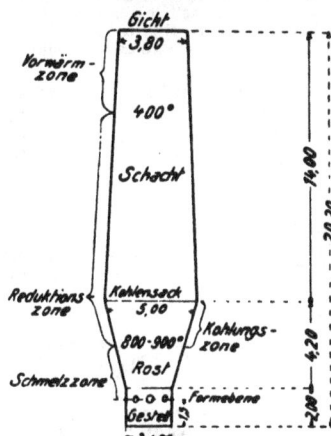

Abb. 202
Hochofenzonen

ab; hierbei gelangt sie in immer heißere Zonen. Man kann im Schachte die in der Abb. 202 angedeuteten Zonen unterscheiden. Wir wollen die chemischen Vorgänge in der nach unten sinkenden Beschickung kurz darstellen. In der **Vorwärmezone** werden Möllerung und Koks durch die nach oben entweichenden Gichtgase getrocknet und erwärmt. Erst in der darunter liegenden **Reduk**tionszone steigt die Temperatur so hoch, daß das Eisenoxyd der Erze zu metallischem Eisen reduziert werden kann. Dies wird vor allem durch

das entgegenströmende Kohlenmonoxyd bewirkt (siehe Vorstufe [268]):

$$Fe_2O_3 + 3CO = Fe_2 + 3CO_2.$$

Das reduzierte Eisen bildet eine schwammige Masse, die hier nicht zum Schmelzen kommt. In der Reduktionszone wird aus den Karbonaten der Zuschläge oder der Gangart (z. B. Kalkstein) Kohlendioxyd CO_2 ausgetrieben.

Die Beschickung gelangt nun in die **Kohlungszone,** wo das Eisen Kohlenstoff aufnimmt; hier kommt es also zur Bildung der früher erwähnten Karbide; die so entstandenen Kohlenstoff-Eisenlösungen sind nun im Schachte schmelzbar. Das Roheisen schmilzt in der **Schmelzzone** zu Tropfen zusammen und sammelt sich im Eisenkasten als geschmolzenes Eisen an, das von Zeit zu Zeit durch Öffnen des Stichloches abgelassen werden kann. In der Schmelzzone bildet sich auch die Schlacke, indem die Gangart und die Zuschläge zu leichtflüssigen Silikaten zusammenschmelzen, die sich über dem Eisen ansammeln und durch die Schlackenform ständig abfließen.

Im Schmelzraume ist der Koks weißglühend geworden und wird nun von der eingepreßten Gebläseluft, die den Düsen entströmt, getroffen und zu CO_2 verbrannt. Dieses steigt empor und trifft weiter oben im Schacht mit glühender Kohle zusammen, die wieder eine Reduktion zu Kohlenmonoxyd bewirkt. Die reduzierende Wirkung des letzteren Gases haben wir schon oben kennengelernt. Nicht alles Kohlenoxyd wird für diese Reduktion verbraucht; ein Teil entweicht mit den Gichtgasen (CO_2, N) so daß diese bis zu 25% CO, das bekanntlich brennbar ist, enthalten können. Es wäre unwirtschaftlich, die Gichtgase unausgenutzt in die Luft entweichen zu lassen; wir wollen uns später mit ihrer Verwertung beschäftigen.

Zu erwähnen ist noch, daß die Schlackenbildung außer zur Entfernung der Ganggesteine noch aus einem anderen Grunde sehr notwendig ist; es fällt auf, daß das flüssige Eisen der entgegenströmenden Gebläseluft standhält, ohne oxydiert zu werden. Hier wirkt die gebildete Schlacke schützend, indem sie das herabtropfende Eisen umhüllt und der Einwirkung des Sauerstoffs des Windes entzieht.

Das geschmolzene Roheisen läßt man entweder in Sandrinnen fließen, in denen es zu **Barren** („Masseln") erstarrt oder fängt es, wenn man weißes Roheisen erzeugt, in offenen eisernen Formen („Kokillen") auf; allenfalls sammelt man es in angeheizten, ausgemauerten Pfannen, um es in geschmolzenem Zustande der Stahlbereitung zuzuführen.

b) Die **Schlacke** fällt beim Hochofenbetriebe in sehr bedeutenden Mengen ab, da sich auf einen Raumanteil Eisen ungefähr 3 R.T. Schlacke bilden.

Bei langjährigem Betriebe eines größeren Hochofens entstehen daher gewaltige Massen von Schlacken, deren Unterbringung den Werksleitern früher viel Kopfzerbrechen verursachte, da man dafür keine Verwendung hatte. Einfach lag die Frage des Wegschaffens der Schlacke beispielsweise bei vielen englischen Hochöfen, die in unmittelbarer Nähe des Meeres errichtet worden waren; hier schüttete man die Abfallschlacke einfach ins Meer. Zu Lande aber wuchsen die stetig nachgeschobenen Schlacken in der Nähe der Eisenwerke zu förmlichen Hügelketten an.

Hierin ist in neuerer Zeit ein Wandel eingetreten, da man gelernt hat, die Schlacken nutzbringend zu verwenden. Wenn man die flüssige Schlacke in Wasser fließen läßt, wird sie in ein grobes Pulver zerteilt (Schlackensand, granulierte Schlacke), das mit Kalkstein (als Bindemittel) zu Schlackensteinen als Ersatz für Ziegel verarbeitet wird.

Einwirkung von Wasserstrahlen auf flüssige Schlacke hat eine noch weitergehende Zerteilung derselben zur Folge. Die gebildete „Schlackenwolle" dient als Isolierstoff. Schlackenmehl wird Zementmischungen zugesetzt. Verwertung der Thomasschlacke zu Düngzwecken [174].

[166] Verwertung der Gichtgase.

Die Ausnutzung der abziehenden heißen und brennbaren Gichtgase bietet so viel Interesse, daß wir ihrer, wenn auch kurz, doch gedenken müssen.

Erinnern wir uns, daß in der Formebene dem Hochofen Luft eingeblasen wird, um die Verbrennung des Brennmateriales durchzuführen. Dieser Prozeß würde offenbar sehr geschädigt, wenn man kalten „Wind" einpressen wollte; bedeutendes Herabsinken der Temperatur, Verminderung der Ausbeute wäre die Folge. Die schon seit über 70 Jahren angewendete direkte Erwärmung der Gebläseluft durch verbrennende Gichtgase gab eine wesentliche Erhöhung des Nutzeffektes; ausschlaggebend war aber erst die Einführung von besonders konstruierten **Winderhitzern**, bei denen gleichsam eine Aufstapelung der Verbrennungswärme der Gichtgase, nicht mehr eine Erhitzung des Rohrsystemes selbst erfolgt. Solche Apparate sind von Cowper-Siemens und Whitwell angegeben worden. In Deutschland sind fast nur die ersteren im Gebrauche.

Ein solcher Winderhitzer (Abb. 203) besteht aus einem großen, aufrecht stehenden, aus Eisenblechen genieteten Zylinder von 15—30 m Höhe und 6—8 m Durchmesser, der innen mit feuerfesten Ziegeln ausgemauert ist und in

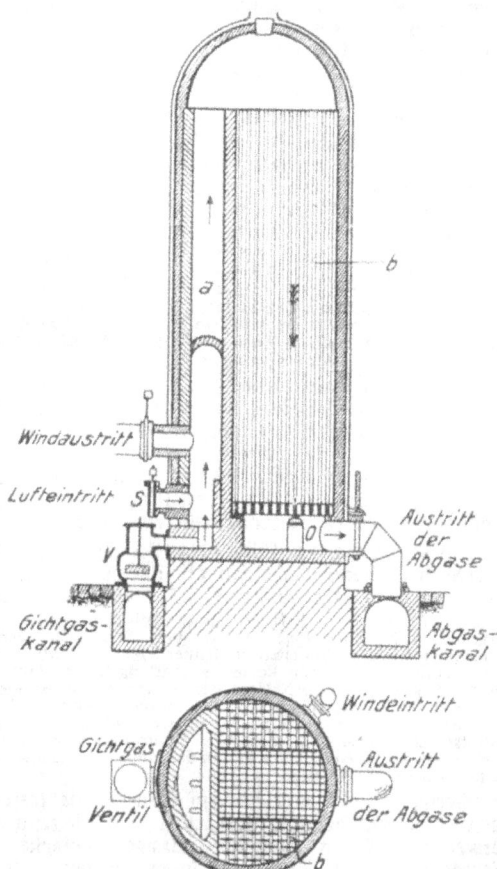

Abb. 203
Winderhitzer

einen Verbrennungsschacht *a* sowie in einen Raum *b* geteilt ist; letzterer enthält bis zu 500 aus Formsteinen gebildete Röhren. Das von der Hochofengicht in weiten, gegen Wärmeverluste geschützten Röhren durch einen Gasreiniger kommende Gas gelangt aus dem Gichtgaskanal durch ein Ventil in den Verbrennungsraum *a*; die zur Verbrennung nötige Luft

tritt durch einen geöffneten Stutzen *s* ein; die abziehenden sehr heißen Verbrennungsgase erhitzen die Schamottefüllung in den Kammern, streichen in den zahlreichen Röhren herab und erhitzen die Wände teilweise bis zur Rotglut. Nach genügender Erhitzung stellt man den Zufluß der Gichtgase ab und preßt die kalte Gebläseluft in umgekehrter Richtung durch das Kammersystem, wo sie sich stark (bis auf 800—900°) erhitzen kann, so daß sie nun in heißem Zustande aus den Düsen in den Hochofen strömt und hierdurch Verbrennung und Temperatur wesentlich steigert. In einem Winderhitzer bringt man bis zu 1000 t feuerfeste Steine mit einer Heizfläche bis zu 4800 m² unter. Von diesen beiden Größen ist seine Leistung abhängig. Man stellt mehrere Winderhitzer für einen Ofen auf; während einer den durchgedrückten Wind erhitzt und dabei auskühlt, werden die anderen abwechselnd angeheizt, um zur rechten Zeit in Betrieb gestellt werden zu können.

Außerdem heizt man mit den Gichtgasen die Dampfkessel oder betreibt Gasmaschinen.

[167] Eigenschaften des Roheisens.

a) Der Hochofenprozeß liefert entweder **graues** oder **weißes Roheisen**; welche Sorte hierbei entsteht, hängt vor allem von der Geschwindigkeit des Abkühlens des geschmolzenen Roheisens ab, aber auch von der Art der Erze und Zuschläge. Wir haben früher schon erwähnt, daß **die langsame Abkühlung Bedingung ist für die Abscheidung des Graphites; man wird also in diesem Falle graues Roheisen erhalten**, und zwar um so graphitischer und grobkörniger, je langsamer die Abkühlung erfolgen kann. Dieses Verhalten ist der Grund, weshalb man bei der Erzeugung von grauem Roheisen Sandformen anwenden muß. Im flüssigen Roheisen des Hochofens ist kein Graphit vorhanden, seine Bildung erfolgt erst während des Abkühlungsprozesses. Geht dieser rasch vor sich, indem man die Eisenschmelze in eiserne Behälter fließen läßt, so kommt es nicht zur Graphitabscheidung, der Kohlenstoff bleibt chemisch gebunden, man erhält weißes Roheisen.

Allerdings wirkt auch noch die Beschaffenheit der Beschickung mit; Gegenwart von Silizium (also kieselsäurereiche Zuschläge) fördert die Bildung des grauen Roheisens, Mangan begünstigt die Erzeugung des weißen Roheisens.

b) **Graues Roheisen (Graueisen).** Es ist dunkelgrau, beim Schmelzen dünnflüssig, daher zum Gießen gut geeignet, füllt die Formen (aus tonigem Sand) gut aus, ist nicht besonders hart, läßt sich daher gut bearbeiten. Schmelzpunkt 1100—1300°, enthält Silizium (1—3%). Spez. Gewicht = 7,25.

Graueisen wird vor allem für Eisenguß verwendet, für geringere Qualität kann man das unmittelbar aus dem Hochofen fließende Roheisen verwenden, im allgemeinen wird es vorher noch umgeschmolzen. Im übrigen wird es auf schmiedbares Eisen verarbeitet.

c) **Weißes Roheisen (Weißeisen)** ist von lichter Farbe, hart und spröde, läßt sich nicht bearbeiten, wird zähflüssig, teigig, füllt Gußformen schlecht aus, **daher zum Gießen weniger geeignet**, Schmelzpunkt 1050 bis 1200°, enthält Mangan, der Kohlenstoff ist als Karbid in gebundener Form enthalten.

Weißeisen ist namentlich für die Erzeugung des schmiedbaren Eisens geeignet, da es leicht kohlenstoffärmer gemacht werden kann.

Abarten des weißen Roheisens:

1. **Spiegeleisen**, gekennzeichnet durch großblättriges Gefüge mit glänzenden Flächen von weißer Farbe; Gehalt an C in gebundener Form 4—5,1 %; erheblicher Mangangehalt 5—25 %.

2. **Weißstrahl oder strahliges Roheisen.** Kohlenstoffgehalt kleiner als 4 %, manganärmer (unter 5 %), Gefüge deutlich strahlig.

3. **Ferromangan.** Der Gehalt an Mangan kann gesteigert werden, so daß man Eisen-Manganlegierungen von 30—80 % Gehalt an Mangan erhält; gleichzeitig steigt der C-Gehalt bis auf 5,5—7,5 %. Farbe gelblich, feinkörnig, sehr hart, spröde; Ferromangan wird als Zusatz zur Eisenschmelze im Bessemer- oder Siemens-Martin-Prozeß verwendet. Es wird auch im Hochofenprozeß aus stark manganhaltigen Erzen erzeugt.

B. Schmiedbares Eisen.

[168] Allgemeines.

Das im Hochofenprozeß erhaltene Roheisen ist durch einen größeren C-Gehalt ausgezeichnet um zu schmiedbaren Eisensorten zu gelangen, muß der Gehalt an Kohlenstoff herabgedrückt werden. Es muß also eine „Entkohlung" des Roheisens eintreten geht diese weit, so gelangt man zu schmiedbarem Eisen, sinkt der C-Gehalt nicht so tief herunter, so ergibt sich Stahl als Endprodukt. Hat der Entkohlungsprozeß zuerst ein an Kohlenstoff sehr armes Produkt geliefert wie z. B. beim Bessemern so läßt sich durch „Rückkohlung" Kohlenstoff teilweise wieder zuführen, wodurch man zu Stahl gelangt.

Zu einer Aufnahme von C kommt es auch schon, wenn man kohlenstoffarmes Eisen mit C-Pulver umgibt und lediglich glüht und hierauf beruhen ebenfalls Methoden der Stahlerzeugung.

Die oben erwähnte Entkohlung des Roheisens erfolgt durch Oxydation des darin enthaltenen Kohlenstoffes, also durch Verbrennung desselben, indem man bei genügend hoher Temperatur Sauerstoff (Luft) zuführt. Dieser Vorgang heißt das Frischen; je nach der Art der Ausführung dieses Prozesses erhält man Schweißeisen oder Schweißstahl, deren Erzeugung in teigigem Zustande des Materiales vor sich geht, oder man gelangt zu Flußeisen- oder Flußstahlsorten, wenn die Eisenmassen in vollkommen flüssigem Zustande verarbeitet werden.

I. Schweißeisen, Schweißstahl.

[169] Puddeleisen (Puddelstahl).

a) Erfolgt die Oxydation des Kohlenstoffes im liegenden Flammofen ohne Anwendung eines Gebläses, so bezeichnet man diesen Vorgang als Flammofenfrischen oder Puddeln.

Die Einrichtung eines Puddelofens zeigt Abb. 204

In der Feuerung R erfolgt die Entwicklung der Verbrennungsgase, deren Flammen über die (innen oft durch Wasser gekühlte) Feuerbrücke b zu dem 1,4—1,7 m langen und in der Mitte 1,5 m breiten Schmelzherde H schlagen. Die Verbrennungsgase entweichen über die Fuchsbrücke c durch den Fuchs O in die Abzugsesse. Der Herd selbst besteht aus dicken Gußeisenplatten, auf denen eine Schlackenschicht als Unterlage für

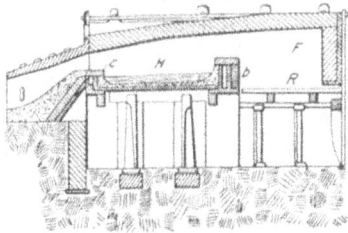

Abb. 204
Puddelofen

das zu puddelnde Eisen zusammengeschmolzen wird. Die Flammen des Herdfeuers schlagen aus dem eigentlichen Verbrennungsraum über das auf der Herdsohle ausgebreitete Roheisen, bringen es zum Schmelzen und verbrennen dabei den Kohlenstoff (nebenbei werden auch andere schädliche Beimengungen oxydiert, wie S, P Mn).

Das geschmolzene Eisen muß beim Frischen mit Eisenstangen gerührt, „gepuddelt" werden Es wird strengflüssiger und teigiger in dem Maße als die Entkohlung vor sich geht. Aus dem sich zusammenballenden Eisen werden Klumpen (Luppen) gebildet, die mit dem Dampfhammer oder mit Quetsch- oder Walzwerken bearbeitet werden, um die Schlacke aus der Masse zu entfernen

(zängen). Die ausgewalzten Eisenstäbe (Roh schienen) bringt man durch Bandeisen in Bundel vereinigt im Schweißofen in Weiß glut und behandelt sie mit dem Dampf hammer um eine gleichmäßige Verschwei ßung zu erzielen („Raffinieren").

Man kann graues und weißes Roheisen durch Puddeln frischen, das erstere schwieriger weshalb man oft ein Umschmelzen des Eisens, das Feinen oder Läutern vorausgehen läßt

Der Frischprozeß geht langsam vonstatten, man hat es hier also völlig in der Hand, ihn je nach Bedarf abzubrechen Wird er weit getrieben, der Kohlenstoff also fast ganz entfernt so erhält man **Schweißeisen** (Puddeln ,auf Sehne'), also ein kohlenstoffarmes, nicht härtbares Eisen von sehnigem Bruch. Unterbricht man rechtzeitig das Puddeln, so daß noch genügend viel Kohlenstoff vorhanden ist, so ergibt sich **Schweißstahl** (Puddeln „auf Korn'), **härtbarer Stahl** von körnigem Bruch. Feinkorneisen steht in der Mitte zwischen Puddeleisen und Puddelstahl Letzterer kann ähnlich wie Puddeleisen raffiniert werden, wodurch man **Gärbstahl** erhält er eignet sich gut zur Erzeugung von Sensen Sicheln gröberen Scheren u dgl

[170] Zementstahl.

Von der früher erwähnten Eigenschaft des Schmiedeeisens, Kohle beim Erhitzen aufzunehmen, wird bei der Erzeugung von Zementstahl, dem „Zementieren", Gebrauch gemacht, indem man möglichst schlackenfreies Puddeleisen in besonderen Zementieröfen erhitzt.

Die Eisenstäbe werden in Holzkohlepulver gebettet und in Schamottekästen mehrere Tage lang bis gegen 1000° unter Luftabschluß erhitzt. Obzwar man also erheblich unter dem Schmelzpunkte des Eisens bleibt, erfolgt eine C-Aufnahme von außen her und damit die Umwandlung in Stahl Durch Umschmelzen („Raffinieren") erhält man einen für feinere Werkzeuge, Feilen u. dgl. sehr gut brauchbaren Stahl.

Schmiedeeiserne Gegenstände lassen sich in dieser Weise auch oberflächlich **verstählen**, indem man sie in Holzkohlenpulver oder besonderen Härtungspulver einbettet und erhitzt

[171] Temperguß.

Werden gegossene Gegenstände aus weißem Roheisen längere Zeit mit oxydierenden Stoffen (namentlich Eisenerzen, Roteisenstein) in eisernen Töpfen geglüht, so tritt hierdurch eine teilweise Entkohlung ein, ohne daß es zum Schmelzen kommt. Das Eisen wird also von außen her in schmiedbare Form über führt. Wir bezeichnen diese Eisensorte als **Temperguß** oder **schmiedbaren Guß** (allenfalls auch Weichguß oder adoucierter Guß). Das Verfahren ist insbesondere für kleinere Massenartikel verwend bar, deren Erzeugung durch Schmieden zu umständlich wäre, z. B. Schlüssel, Schloßbestandteile, Fenster- und Türbeschläge, Steigbügel.

Graues Roheisen läßt sich zum Tempern nicht verwenden, weil es Graphit enthält.

II. Flußeisen, Flußstahl.
[172] Allgemeines.

Liefert der früher geschilderte Puddel prozeß und die daran anschließenden Ver fahren gut brauchbare Eisen und Stahl sorten so haftet ihnen doch der große Übelstand an daß man zur Erzeugung größerer Mengen sehr viel Zeit überdies bedeutende Mengen von Brennmaterial braucht und schwierige Arbeit zu bewäl tigen hat

Es ist begreiflich, daß sich viele Techniker eifrig bemühten, diese Schwierigkeiten zu überwinden und ein einfacheres Verfahren zur Weiterverarbeitung des Roheisens zu ersinnen. Es blieb dem Engländer **Henry Bessemer** vorbehalten, durch die von ihm gemachte Erfindung mit einem Schlage die höchst schwierige Aufgabe zu lösen. **Das nach ihm benannte Bessemerverfahren ("Bessemern") gestattet in kürzester Zeit, außerordentlich große Mengen von Roheisen zu entkohlen und damit Flußeisen und Flußstahl rasch in beliebig gewünschter Güte und Quantität zu erzeugen.**

Wie Bessemer zu seiner Erfindung gelangte, mit welchen Schwierigkeiten er zu kämpfen hatte, bevor er mit seiner neuen Idee durchdringen konnte, das findet der Leser in dem Lebensbilde Bessemers, das wir in der Vorstufe (S. 120) gebracht haben. Hier sei nur erwähnt, daß seine Erfindung (v. J. 1855) von weittragendster Bedeutung für die ganze moderne technische und kulturelle Entwicklung der Mensch-

also ein Kippen desselben, zu ermöglichen. Die Antriebsvorrichtung besteht entweder aus einem auf der Achse aufgesetzten Zahnrad, in das eine mit hydraulischem Druck bewegte Zahnradstange eingreift oder aus einem Schraubenrade, das von einer Schraube und einer Reversiermaschine angetrieben wird. Die Achsen ruhen auf starken eisernen Böcken.

Trotz des gewaltigen Gewichtes, das die mit der Eisenschmelze gefüllte Konverterbirne hat, läßt sie sich nach Bedarf mit größter Sicherheit um die Horizontalachse umkippen.

Zur Aufnahme des geschmolzenen fertigen Eisens dient eine bewegliche eiserne Gießpfanne, die mit feuerfestem Material ausgekleidet ist und die man vor den Konverter bringt, um sie dann gefüllt an den Gießort zu fahren.

2. Das Bessemern.

Als Rohmaterial für das Bessemerverfahren eignet sich graues Roheisen sehr gut, da es siliziumhaltig ist;

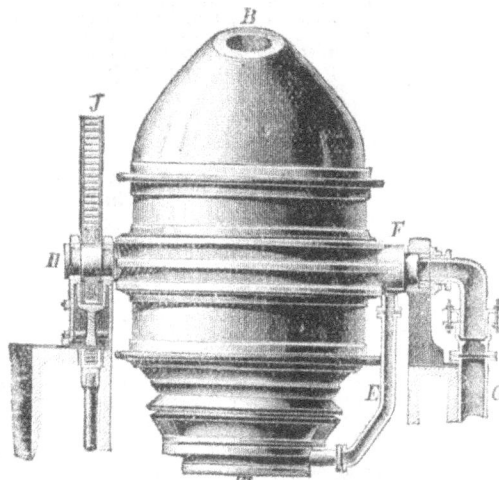

Abb. 205
Bessemerbirne, Ansicht

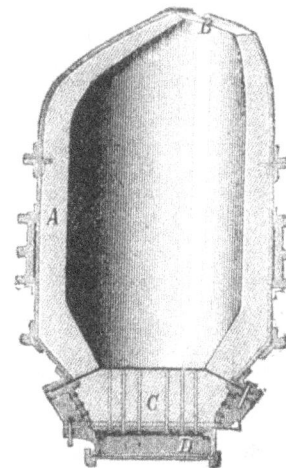

Abb. 206
Bessemerbirne, Schnitt

heit war. Nicht so bald hat eine technische Neuerung solche gewaltige Umwälzungen in den verschiedensten Gebieten menschlichen Schaffens zur Folge gehabt wie das Bessemerverfahren. Die Bautätigkeit, das Verkehrswesen auf dem Lande und zu Wasser, Industrie und Gewerbe entwickelten sich durch die gewaltigen Mengen von Eisen und Stahl, die ihnen die Eisenindustrie seither zur Verfügung stellen konnte, in ungeahnter Weise.

Die große Wichtigkeit, die das Bessemern im Laufe der Jahrzehnte gewonnen hat, erfordert es, den Leser wenigstens in großen Zügen mit den Einzelheiten des Verfahrens bekannt zu machen.

[173] Der Bessemerprozeß.

1. Die Bessemerbirne (Konverter).

Zur Durchführung des Verfahrens dient ein großes, birnförmiges Gefäß (Abb. 205 u. 206) aus starken Kesselblechen, das mit feuerfestem, kieselsäurereichem Material ausgefüttert ist.

Der unterste Teil (Abb. 206) ist zylindrisch und bildet den Windkasten (D), in den die Gebläseluft vermittelst eines Rohres zugeführt wird. Der Boden der Birne ist aus einem besonderen, auswechselbaren Teile C gebildet, in den eine Reihe von Düsen eingesetzt ist, mittels deren der Wind in die im Konverter befindliche flüssige Eisenmasse einströmen kann. Der obere, kegelförmig verlaufende Teil der Birne B ist offen. Sie ruht auf zwei starken Achsen (Abb. 205), von denen die eine, F, hohl ist und die Gebläseluft zum Zuleitungsrohr des Windkastens führt; die 2. Achse H ist massiv und steht in Verbindung mit einer Antriebsvorrichtung J, um die Drehung des Konverters um die Horizontalachse,

im übrigen muß es möglichst schwefel- und **namentlich phosphorfrei** sein, da durch das Bessemern der schädliche Phosphor nicht entfernt wird. Wegen der SiO_2-haltigen Fütterung der Birne heißt das Verfahren das **saure**.

Das Roheisen wird in einem oberhalb der Birne liegenden Kupolofen [188] geschmolzen, während erstere innen stark erhitzt wird. Man neigt sie dann um etwas mehr als 90° und läßt das Roheisen in den liegenden Konverter so einfließen, daß es nicht zu den Düsenöffnungen gelangen kann. Nach beendeter Füllung wird die Birne unter Anlassen des Gebläsewindes aufrecht gestellt. Die mit großer Gewalt durch das flüssige Eisenbad gepreßte Luft bringt die Schmelze in wallende Bewegung, wobei der Luftsauerstoff seine oxydierende Wirkung vorerst auf das Silizium, Mangan und teilweise auf das Eisen ausüben kann. Es bildet sich Silikatschlacke; der Kohlenstoff, der bisher in graphitischer Form vorhanden war, wird chemisch gebunden. Diese erste Periode heißt **Fein-** oder **Schlackenbildungsperiode.** Gefehlt wäre es, zu vermuten, daß die Temperatur des Eisenbades durch das Einblasen des Windes sinken würde. Im Gegenteil, sie steigt sogar sehr stark an, bis 2900°. Dies wird durch das verbrennende Silizium bewirkt, das eine sehr hohe Verbrennungswärme entwickelt. Hierin liegt ja namentlich die große Bedeutung der Idee Bessemers, daß man zur Durchführung des ganzen Verfahrens keine kostspielige Nachheizung braucht, da im Beginne der Oxydationsprozesse genügend Wärme gebildet wird, um die Eisenmasse flüssig zu erhalten. Das Auftreten einer gelbleuchtenden, blau gesäumten Flamme kündigt die 2. Periode, die **Koch-** oder **Stahlbildungsperiode** an. Ein großer Teil des Kohlenstoffes wird nun verbrannt, wobei sich CO bildet, das die Masse ins Wallen bringt. Die aus dem Halse der Birne schlagende, mächtige Flamme wird länger und sehr stark leuchtend. Die 3. Periode ist die **Garfrisch-** oder **Entkohlungsperiode,** während der noch restliche C verbrannt wird. Hierbei wird die Schmelze ruhiger, die Flamme wird kleiner, hell und zeigt blaue und violette Streifen; verbrennende mitgerissene Eisenteilchen erzeugen einen lebhaften Funkenregen, bis endlich die Flamme erlischt; **der Prozeß ist beendet, das Roheisen ist in Schmiedeeisen, hier Flußeisen übergegangen.**

Das Bessemern bietet ein geradezu überwältigendes Schauspiel für den Beobachter, namentlich zur Nachtzeit, wo die leuchtenden, verschiedenartig gefärbten Feuergarben prächtig wirken. Die stürmischen Vorgänge in der Birne, das Wallen der flüssigen Eisenmasse, der mächtige Funkenregen machen auf den Nichteingeweihten einen beängstigenden Eindruck — doch verläuft der Prozeß nicht planlos oder unbeaufsichtigt; jede Einzelheit daran wird von den Hüttenmännern genau verfolgt, jede Entwicklungsstufe ist aufs genaueste ausgeprobt, man hat den Verlauf der scheinbar so regellos sich abspielenden gewaltigen Reaktionen völlig in der Hand.

Stetige und aufmerksamste Beobachtung des brennenden Gasstromes gibt die wertvollsten Anhaltspunkte über den Verlauf der chemischen Umwandlungen. Man hat diese Beobachtung schon seit Jahren vervollkommnet, indem man mit dem Spektroskop, einem optischen Instrument, die chemische Zusammensetzung der Konvertergase und der von ihnen mitgerissenen glühenden Schlacken- und Metallteile untersucht.

Wie mächtig die Reaktionen sein müssen, erkennen wir daraus, daß eine Beschickung der Birne 12000 kg betragen kann und der ganze Oxydationsprozeß sich in der kurzen Zeit von 15—20 Minuten abspielt. Hieraus kann man leicht ermessen, welche großen Mengen von schmiedbarem Eisen mit einem Konverter erzeugt werden können. Wenn man beachtet, daß man früher etwa 3 Tage brauchte, um 10000 kg Roheisen in schmiedbares Eisen zu verwandeln, so ist einzusehen, welche tiefgreifenden Umwälzungen in der Eisenindustrie durch die Erfindung Bessemers hervorgerufen werden mußten.

Wie wir den Prozeß geschildert haben, ist ein sehr weit entkohltes Eisen, also Schmiedeeisen, das Endprodukt. Um Stahl (also Flußstahl) zu erzeugen, muß der Schmelzfluß einen etwas größeren C-Gehalt aufweisen. Dies läßt sich entweder so erzielen, daß man das Verfahren vor der vollständigen Entkohlung rechtzeitig abbricht, oder man unterwirft die Schmelze der Rückkohlung, indem man Spiegeleisen oder Ferromangan hinzusetzt. Ersteres wird vorher geschmolzen, letzteres allenfalls zur Rotglut erhitzt, die Birne geneigt, die erwähnten Zusätze eingefüllt und hierauf nochmals Wind durchgeblasen.

Es erfolgt die Aufnahme von chemisch gebundenem Kohlenstoff aus dem kohlenstoffhaltigen Spiegeleisen oder Ferromangan und eine Desoxydation des teilweise verbrannten Eisens durch das hinzugegebene Mangan, das leicht oxydiert wird. Statt des Ferromangans kann auch Ferrosilizium verwendet werden.

Die Rückkohlung wird auch zur Erzeugung von Flußeisen benutzt; es hat sich als vorteilhaft gezeigt, die bei weitgehender Entkohlung gebildeten Eisenoxyde zu reduzieren, was eben durch die manganhaltigen Zuschläge leicht bewirkt werden kann. Wendet man ein hochprozentiges Ferromangan als Zuschlag an, so wird wenig Kohlenstoff zugeführt, trotzdem aber die Desoxydation bewirkt; man erhält also weiches Flußeisen.

[174] Das Thomasverfahren.

So außerordentlich wertvoll das Bessemerverfahren für die rasche Erzeugung von Flußeisen und Stahl auch ist, läßt es sich doch für die Verarbeitung **phosphorhaltiger Eisenerze nicht** verwenden. Der Grund liegt in der „sauren" Ausfüllung der Konverterbirne. Der Phosphor des Roheisens wird beim Bessemern zwar oxydiert, aber nicht fest gebunden, da er immer wieder reduziert wird. Phosphorhaltige Eisenerze sind aber sehr verbreitet, weshalb es als ein sehr großer Fortschritt zu bezeichnen war, als **Thomas** und **Gilchrist** 1878 ein Verfahren einführten, das die Anwendung des Bessemerprozesses auch auf Erze mit Phosphorgehalt gestatteten.

Nach ihrem Vorschlage wird zur Ausfütterung des Konverters gebrannter Magnesit ($MgCO_3$) oder Dolomit ($CaCO_3$, $MgCO_3$) benutzt, überdies wird der Beschickung gebrannter Kalk hinzugesetzt. Diese basischen Zuschläge ermöglichen die vollständige Bindung der entstandenen Phosphorsäure unter Bildung von basischer Phosphatschlacke. **Wegen der hier verwendeten basischen Ausfütterung heißt das Thomasverfahren auch basisches Verfahren.** Die Verbrennung des Phosphors, die Entphosphorung des Eisens erfolgt erst nach der Entkohlung während eines besonderen „Nachblasens"; hierbei entwickelt sich (ähnlich wie bei der Oxydation des Siliziums) so viel Wärme, daß der Eisenfluß am Ende doch noch vollkommen flüssig ist, daher gut gießbar bleibt.

Da der verbrennende Phosphor hinreichend viel Wärme entwickelt, tritt er gleichsam an die Stelle des Siliziums im grauen Roheisen; es läßt sich also beim Thomasieren auch siliziumarmes weißes Roheisen verarbeiten, wenn der Phosphorgehalt genügend hoch ist. Der Thomasprozeß geht langsamer vor sich als das Bessemerverfahren und verursacht höhere Betriebskosten, bietet aber den außerordentlich wichtigen Vorteil, **daß das aus den so häufig vorkommenden phosphorhaltigen Eisenerzen gewonnene geringwertige Roheisen ohne weiteres zu vollkommen gebrauchsfähigem Flußeisen oder zu Flußstahl aufgearbeitet werden kann.**

Die sich bildende Schlacke, **Thomasschlacke**, besteht vorwiegend aus Kalziumphosphat, das von Pflanzenwurzeln leicht aufgenommen wird und ein wertvolles **Düngemittel** (Thomasmehl) darstellt (Vorstufe [259]). Die Schlacke wird in Behälter abgelassen und nach dem Erkalten zu Pulver gemahlen. Thomasschlacke braucht nicht erst aufgeschlossen, d. h. mit Schwefelsäure vorbehandelt zu werden.

[175] Der Siemens-Martin-Prozeß.

Von Martin stammt der Vorschlag, Flußstahl, der also mittleren Kohlenstoffgehalt aufweist, durch Zusammenschmelzen von **Roheisen** (mit hohem C-Gehalt) und **Schmiedeeisenabfällen** (C-arm) in Form von Alteisen und Stahlabfällen zu erzeugen, indem man diese Stoffe in Flammöfen zusammenschmilzt. Das Verfahren ist deshalb sehr wertvoll, weil es die Weiterverwertung der in neuerer Zeit sehr stark zunehmenden Eisenabfälle gestattet. **Die erfolgreiche Durchführung des Martinschen Vorschlages war aber erst möglich, als es gelang, auf dem Herde des Flammofens Temperaturen bis 2000° zu erzeugen.** Dies ermöglichte die **Siemenssche Regenerativfeuerung** ohne weiteres, auf die wir unten noch ausführlich zu sprechen kommen werden.

Siemens bildete das Verfahren weiter aus, so daß es auch zur Erzeugung von Flußeisen aus Roheisen verwendet werden kann, also ähnlich wirkt wie das Bessemern. Der zur Entkohlung des Roheisens erforderliche Sauerstoff wird von Eisenoxyderzen geliefert, die man (z. B. Roteisenstein) hinzusetzt; überdies werden noch schlackenbildende Zusätze (Kalk) beigefügt. Am Schlusse erfolgt eine Desoxydation des Metallbades durch Zusatz von weißem Spiegeleisen oder Ferromangan. Man kann sowohl phosphorhaltiges wie phosphorfreies Roheisen verarbeiten und wählt hiernach eine basische oder saure Fütterung der Herdsohle.

Das Verfahren gestattet die Herstellung sehr weicher, C-armer Flußeisensorten von guter und genau festzuhaltender Qualität, weil sich die Vorgänge langsamer abspielen und durch Probeentnahmen aus der Schmelze der Zeitpunkt genau festgestellt werden kann, wann der Prozeß abgebrochen werden soll. **Das Verfahren eignet sich namentlich zur Herstellung von Spezialstahlsorten, wie Wolfram-, Nickel- oder Chromstahl.**

Das Wesen der hier zur Verwendung kommenden Siemensschen Regenerativfeuerung haben wir schon in der Vorstufe [269] erklärt. Hier wollen wir die Anordnung noch durch schematische Skizzen erläutern (s. Abb. 207, 208).

Der Grundgedanke des Regenerativsystemes beruht auf der Vorhitzung der zur Verbrennung kommenden Gase.durch entsprechende Ausnutzung (Regeneration) jener Wärme, die in den aus dem Ofen abtretenden Verbrennungsgasen enthalten ist; es fußt demnach auf der Anwendung gasförmigen Brennmateriales, welches in den sog. Generatoren durch unvollkommene Verbrennung fester Brennmaterialien erzeugt wird.

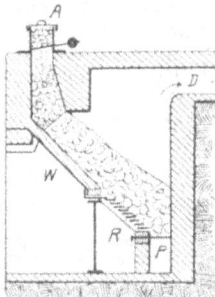

Abb. 207
Siemenscher Generator

Der **Siemenssche Generator** (Abb. 207) besteht aus einer Kammer, deren vordere geneigte Wand W in einen ebenso geneigten Rost R endigt, der wieder seinerseits in einen Planrost P übergeht. Das Gewölbe enthält Öffnungen mit Fülltrichtern A, durch die das feste Brennmaterial eingebracht wird und eine Abzugsöffnung D für das gebildete Gas (Kohlenoxyd und·Stickstoff), das nun durch ein eisernes Kühlrohr K in den eigentlichen **Flammofen** eintritt.

Die **Regeneratoren** (Wärmespeicher) bestehen aus paarweise angeordneten Kammern, zumeist unterhalb des Flammofens, die aus feuerfestem Materiale aufgebaut und mit einem Gitterwerke aus feuerfesten Ziegeln ausgefüllt sind (VL u. V_1L_1 in Abb. 208). Über dem Herde H des Flammofens erfolgt die Verbrennung; die hierbei gebildeten

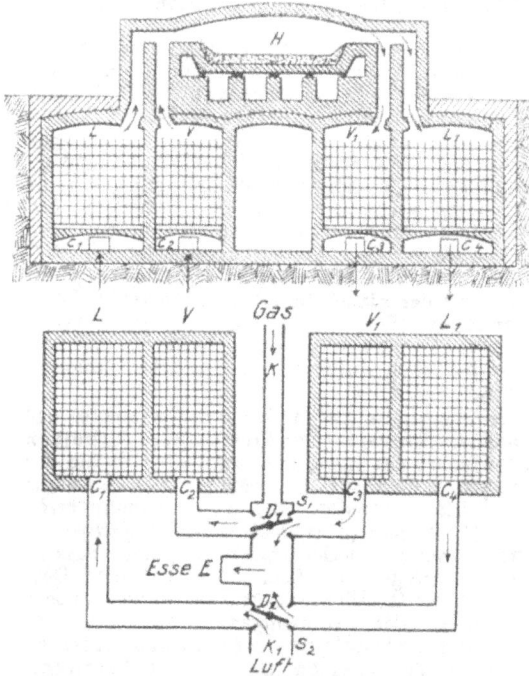

Abb. 208
Der Siemens-Martin-Prozeß
(Regenerator)

Gase gelangen in das Kammerpaar $V_1 L_1$, geben ihre Wärme fast vollständig ab und erhitzen hierbei die Füllung. Infolge der Schieberstellungen bei s_1 und s_2 werden sie zur Abzugsesse E geleitet. In gleicher Weise waren vorher die Kammern V und L erhitzt worden. Durch C_1 und V streichen die vom Generator kommenden Verbrennungsgase, erhitzen sich in dem heißen Gitterwerke und gelangen oben durch einen Schlitz in den Verbrennungsraum oberhalb des Herdes. Die Luft

wird durch den Schieber s_2 nach C_1 und L geführt, wo sie ebenfalls vorgewärmt wird. Sie gelangt dann nach aufwärts, vereinigt sich mit den Gasen und ermöglicht ihre Verbrennung. Ist die Temperatur in VL herabgesunken, so werden die Schieber s_1 und s_2 umgestellt und hierdurch Gase und Luft gezwungen, in entgegengesetzter Richtung zu- und abzuströmen. Durch die geschilderte Anordnung wird die Verbrennungstemperatur so außerordentlich gesteigert, daß man in solchen Flammöfen auch sehr weiches Flußeisen von hohem Schmelzpunkte ohne Schwierigkeiten zum Schmelzen bringen kann.

[176] Gußstahl.

Für gewisse Zwecke ist ein außerordentlich gleichmäßiger Stahl erforderlich; der nach den bisher geschilderten Verfahren gewonnene Rohstahl enthält noch hier und da kleine Schlackenteilchen oder feine Gasbläschen, die störend wirken und zu deren Entfernung ein Umschmelzen des Rohstahles erforderlich ist.

1. Tiegelgußstahl. Der nach den Verfahren von **Bessemer, Thomas** oder **Martin** erzeugte **Rohstahl** oder **Zementstahl** wird in feuerfeste **Tiegel** aus Ton oder Graphit gebracht und unter Luftabschluß **umgeschmolzen.** Die Schlacke sammelt sich an der Oberfläche, die Gase entweichen. Man erhitzt gleichzeitig eine Reihe von Tiegeln im Flammofen und gießt ihren Inhalt dann gleichzeitig in eine Gießpfanne. Werden die gewonnenen Stahlblöcke (**Ingots**) nochmals erhitzt, gewalzt oder gehämmert, so erhält man „**raffinierten Gußstahl**". **Tiegelgußstahl stellt die vorzüglichste und gleichmäßigste Stahlsorte dar.**

2. Elektrostahl. Neuerer Zeit ersetzt man den Flammofen durch elektrische Öfen [191]. Die mit feuerfestem Material ausgekleideten Gefäße aus starkem Eisenblech sind zum Kippen eingerichtet und mit Elektroden versehen; ein gewaltiger Lichtbogen wird zum Metallbad geleitet, das er zum Schmelzen bringt.

[177] Übersicht über die schmiedbaren Eisensorten.

1. Schmiedeeisen. Die kohlenstoffarmen Eisensorten (Schweiß- oder Flußeisen) **sind weich, dehnbar, gut schmied- und schweißbar.** Die Farbe ist lichter grau als bei Stahl, aber glänzender. Gefüge bei Schweißeisen sehnig, bei Flußeisen kristallinisch körnig; nicht härtbar. Der Schmelzpunkt liegt hoch, 1600—2000°. Spez. Gewicht bei Schweißeisen 7,8, bei Flußeisen 7,85· Ersteres ist noch etwas schlackenhaltig. **Flußeisen ist etwas fester als Schweißeisen,** letzteres läßt sich besser schweißen.

2. Stahl ist ebenfalls schmiedbar, in der Weißglut schweißbar; Farbe lichtgrau („stahlgrau"), matter Glanz; Gefüge feinkörnig. Er läßt sich durch rasche Abkühlung härten und ritzt dann Glas; sein Schmelzpunkt liegt zwischen 1400 und 1600°. **Stahl behält den Magnetismus dauernd.**

Stahl, der seine besonderen Eigenschaften nur dem Kohlenstoffgehalt verdankt, heißt **Kohlenstoffstahl.** Neuerer Zeit haben die Spezialstähle (**Schnelldrehstahl, Rapidstahl,** chrom- oder wolframhaltig) als Werkzeugstahl die alten Stahlsorten stark verdrängt, da sie sich ganz wesentlich weniger abnutzen.

[178] Härten des Stahles.

Über die Änderungen, die der Stahl durch das Härten erleidet, mögen uns zwei einfache Versuche aufklären.

1. Versuch: Wir bringen eine alte Uhrfeder zur Rotglut und kühlen sie dann durch Eintauchen in kaltes Wasser oder Öl plötzlich ab. Sie ist nun sehr hart und spröd geworden, ritzt Glas (glasharter Stahl). Der Kohlenstoff ist in die Form der „Härtungskohle" übergegangen. In der glasharten Form ist der Stahl zumeist nicht verwendbar. Er muß durch „Anlassen" oder „Nachlassen" weicher gemacht werden.

2. Versuch: Wir erhitzen die glasharte Uhrfeder nochmals, aber nur mäßig, so daß sie nicht zur Rotglut kommt. Wir bemerken, daß die Feder verschiedene Farben annimmt („Anlaßfarben"), und zwar zwischen 220°—316° in folgender Reihenfolge: lichtgelb, gelb, orange, rot, violett, blau. Lassen wir die Feder jetzt erkalten, so hat sie einen Teil ihrer Härte verloren, sie ist nicht mehr so spröd, läßt sich ohne Bruch biegen und ritzt Glas nicht mehr. Je stärker wir die Feder erhitzen, desto mehr verliert sie an

Sprödigkeit und Härte. Beim Erhitzen auf 750° geht die Härtung ganz verloren.

Der Härtungsgrad muß bei der Verwendung stählener Werkzeuge und anderer Gegenstände genau beachtet werden. Bohrer für Holz, Sägen läßt man dunkelblau anlaufen, Uhrfedern macht man blauhart, Federmesser und Werkzeuge für Stahlbearbeitung läßt man gelb usw.

Es gibt verschiedene Stahlhärtepulver, mit denen man den heiß gemachten Stahl bestreut oder Härtemassen, in die man ihn zur Härtung eintaucht; man kann auch verbrannten Stahl mit solchen „Regenerierungspulvern" wieder härten. Zur oberflächlichen Verstählung von weichen Eisen wird dasselbe heiß mehrmals mit Härtepulvern (Einsetzpulvern) bestreut.

C. Handelssorten des Eisens.

[179] Gußeisensorten.

Röhren für verschiedene Zwecke mit größerem Durchmesser werden aus Gußeisen hergestellt; man unterscheidet Wasserleitungs-, Gasleitungs- und Dampfleitungsröhren; an den Enden der Rohrstücke sind **Flanschen** oder **Muffen** angegossen.

Aus Gußeisen werden ferner hergestellt: Tragsäulen mit verschieden ausgebildetem Querschnitte (Voll- und Hohlsäulen), Herdplatten, Öfen und deren Bestandteile, Heizkörper, Kochkessel, Gartenmöbel, Wasserleitungsschüsseln und eine Unzahl anderer, namentlich nur auf Druck beanspruchter Gegenstände für Bauten und die Industrie.

[180] Schmiedbare Eisensorten.

Die außerordentlich mannigfache Verwendung der schmiedbaren Eisensorten geht von gewissen Hauptformen derselben aus; als solche kommen in Betracht: a) das **Stabeisen,** b) **Bleche,** c) **Draht,** d) **Röhren.**

a) Stabeisen. Je nach der Ausbildung des Querschnittes führen die einzelnen Sorten besondere Bezeichnungen. Wir unterscheiden **Rundeisen, Quadrat-(Vierkant-)Eisen, Flacheisen** (von rechteckigem Querschnitt), **Bandeisen** (mit geringer Dickendimension).

Diese Handelssorten (wie auch die später angeführten) kommen in einer großen Zahl von Abstufungen ihrer Ausmaße vor; die Stufen sind in den verschiedenen Ländern verschieden, aber zumeist durch Vereinbarung zwischen Werken und Verbrauchern (Ingenieur-Vereinigungen) festgesetzt („Normalprofile"). Bei dieser Gelegenheit wird dringend empfohlen, sich bei allen Eisenkonstruktionen möglichst genau an die gangbaren Typen und Profile zu halten; die meisten Werke geben hierfür eigene Tabellen heraus; wer sie nicht besitzt, wende sich unmittelbar an größere Walzwerke.

Die Eisensorten mit anderen unregelmäßigen, dabei oft auch symmetrischen Querschnitten bilden die Gruppe des **Form-, Profil-** oder **Fassoneisens.**

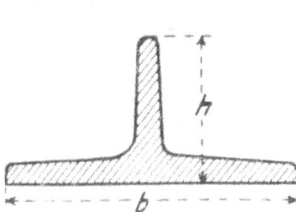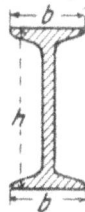

Abb. 209   Abb. 210

Die wichtigsten Formen des Profileisens (Profil hier Querschnittsform) sind:

1. **T-Eisen** (Abb. 209):
   breitfüßig: $b:h = 2:1$;
   $b = 60 — 200$ mm; $h = 30 — 100$ mm;

hochstegig: $b:h = 1:1$;
$b = 20 — 140$ mm; $h = 20 — 140$ mm;

2. **Doppel-T-Eisen** (I-Eisen, Abb. 210):
   $b = 42 — 200$ mm; $h = 80 — 550$ mm;

3. **Winkeleisen:**
   gleichschenklig (Abb. 211):
   $b = 15 — 160$ mm;

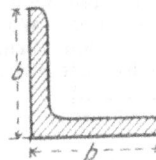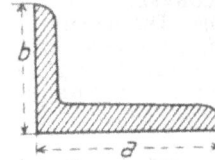

Abb. 211   Abb. 212

ungleichschenklig (Abb. 212):
$b = 20 — 100$ mm; $a = 30 — 200$ mm;

4. **Z-Eisen** (Z-Eisen Abb. 213):
   $b = 38 — 80$ mm; $h = 30 — 200$ mm;

5. **⌐-Eisen** (U-Eisen Abb. 214):
   $b = 33 — 100$ mm; $h = 30 — 300$ mm;

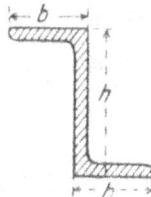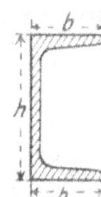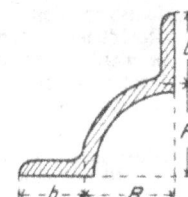

Abb. 213 Abb. 214 Abb. 215

6. **Quadrant-Eisen** (Abb. 215):
   $R = 50 — 150$ mm; $b = 35 — 55$ mm;

7. **Belag-** oder **Zorès-Eisen** (Abb. 216):
   $h = 50 — 110$ mm;
   $b = 120 — 240$ mm.

8. **Eisenbahnschienen** der verschiedensten Profile.

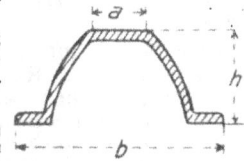

Abb. 216

Als **Normallängen** gelten die, in denen ein Profil nach bestimmtem Grundpreise geliefert wird (meist 4—8 m, bei I-Eisen 4—10 m). Die **größte Länge,** in der die Profile gewalzt werden, beträgt 12—16 m bei I-Eisen 14—18 m.

Außerdem gibt es noch eine große Menge von sehr verschiedenartig gestalteten Formen des Fassoneisens (Halbrundeisen, Dreikant-, Oval-, Kreuz-, Sechskant-Eisen usf.).

b) Bleche. Man unterscheidet:

1. **Schwarz-** oder **Sturzbleche,** bis 5 mm stark;

2. **Grob-** oder **Kesselbleche,** von 5—20 mm stark;

3. **Panzerplatten,** bis 250 mm stark.

Die Dicken der Bleche sind durch festgesetzte B l e c h - l e h r e n abgestuft (in verschiedenen Ländern verschieden).

Stahlbleche haben kleinere Dicken (Uhrfederblech usw.).

Gegen Rost geschützte Bleche sind das **Weißblech** (verzinntes Eisenblech) und das **verzinkte** (galvanisierte) Eisenblech. Eine besondere Form weist das **Wellblech** auf, gewöhnliches oder flaches Wellblech (Dacheindeckung, Rolläden usw.), Trägerwellblech zu Dach- und Deckenkonstruktionen. **Dekapierte Bleche** nennt man solche, deren Oberflächen durch Glühen, Kochen in Soda, Beizen in Säuren, Bürsten usw besonders gesäubert sind.

c) Draht. Die Dimensionen richten sich nach den Abstufungen der D r a h t l e h r e n.

Die gröberen Drahtsorten (durch Walzen gewonnen) heißen **Walzdraht** (von etwa 5,5—10 mm Durchmesser), die gezogenen Drähte sind schwächer und werden im Zieheisen erzeugt.

Außer runden Drähten gibt es noch solche mit anderem Querschnitt (Fasson- oder Formdrähte).

Stacheldraht aus 2 zusammengewundenen Drähten mit eingeflochtenen Stacheln.

Drahtseile aus dünnen Drähten zusammengedrillt.

Aus hartgezogenen Drähten werden D r a h t s t i f t e verschiedener Größe und Form erzeugt (Tischler-, Bau-, Wagnerstifte usf.)

d) Röhren. Schmiedeeiserne Röhren von verschiedenen Dimensionen werden für Gas-, Wasser- und Dampfleitungen verwendet. Sie sind allenfalls hart gelötet, stumpf geschweißt oder nahtlos gewalzt (M a n n e s m a n n - S t a h l r ö h r e n).

[181] Rostschutz des Eisens.

a) Rostbildung. In vollkommen trockener Luft erleidet das Eisen keine Veränderung. Wirkt aber Feuchtigkeit und Luft darauf, so kommt es zur Rostbildung; aus dem Eisen bildet sich Eisenhydroxyd ($Fe(OH)_3$, Eisenoxydhydrat), ein rostbrauner Körper. Untersuchungen haben gezeigt, daß die **Anwesenheit von Wasser und darin gelöstem Sauerstoff notwendig ist, damit Eisen roste.** Säuren beschleunigen den Prozeß, Laugen verzögern ihn. **Der Rostüberzug schützt das Eisen vor weiterem Rosten nicht;** wenn man nicht Vorkehrungen gegen das Rosten trifft, so geht der Rostprozeß weiter und zerstört endlich das Eisen in seiner ganzen Tiefe.

Bei der außerordentlich vielseitigen Verwendung, die das Eisen derzeit findet, ist es selbstverständlich, daß man sich seit langem bemüht, das Verrosten des Eisens zu verhüten. Bei den modernen großen Eisenbauten (Brücken, Eisengerüsten) darf man weder Kosten noch Arbeit scheuen, um sie vor dem schädigenden Einfluß des Rostens zu bewahren. Der Rostschutz ist deshalb ein sehr wichtiges Kapitel der fachgemäßen Erhaltung solcher Bauwerke. Je kohlenstoffärmer das Eisen ist, desto rascher und leichter rostet es, **so daß also Schmiedeeisen am meisten dem Verrosten ausgesetzt ist, weniger leidet Stahl, am wenigsten Gußeisen.**

b) Rostschutzmittel. Aus der oben angegebenen Art der Rostbildung ergibt sich von selbst, daß man das Eisen oberflächlich vollkommen luft- und wasserdicht abschließen müsse, um es vor dem Rosten zu schützen. Wir kennen eine Reihe von Schutzmaßnahmen, die bei richtiger Anwendung mehr oder weniger guten Schutz gewähren.

1. Anstriche.

Zu solchen müssen Stoffe verwendet werden, die eine vollkommen dicht abschließende, nicht rissig werdende oder abblätternde Schichte bilden.

Vor dem ersten Anstrich („Grundierung") müssen die Eisenteile gereinigt, allenfalls mit verdünnter Salzsäure gebeizt, gewaschen und getrocknet werden. Zum Grundieren wird zumeist ein B l e i m e n n i g e - F i r n i s **(Miniumanstrich)**

verwendet, hierauf folgen nach Trocknung 2—3 Deckanstriche mit **Ölfarben,** die aus mineralischen Farbstoffen mit Leinöl- oder Spiritus-Firnissen hergestellt sind.

Für Lackanstriche (Lackieren) dienen **Asphaltlacke.** Eisen unter Wasser wird mit Kautschuköl oder einer Lösung von Guttapercha bestrichen.

Gas- und Wasserleitungsröhren werden mit heißem **Teer** unter Zusatz von Kalk bestrichen.

2. Einreiben mit Fett, Graphit.

Eisenteile, die sich nicht im Freien befinden, können gegen Rosten geschützt werden, indem man sie mit Vaselin, Paraffin, Ceresin und Mischungen von ähnlicher Wirkung überzieht oder sie, wenn sie glatte Oberfläche haben, mit Graphit einreibt (eiserne Öfen).

3. Metallüberzüge.

Sie geben einen sehr guten Rostschutz ab. Sehr häufig wird die Verzinkung angewendet; das Zink legiert sich teilweise mit dem Eisen, haftet sehr fest und schützt dasselbe außer in säurehaltiger Luft gut. **Das Verzinken erfolgt entweder durch Eintauchen in geschmolzenes Zink (Feuerverzinkung,** namentlich bei Eisendrähten) oder **durch Elektrolyse** („galvanisiertes" Eisen, „kalte" Verzinkung).

Verzinnung. Ein Überzug von Zinn gibt ebenfalls guten Rostschutz, die dünne Zinnschichte muß aber unverletzt bleiben, weil sonst rasches Rosten eintritt. Das Verzinnen kann mit geschmolzenem Zinn oder elektrolytisch erfolgen. Verzinntes Eisenblech heißt W e i ß b l e c h.

Verbleiung. Der Überzug ist teuer, muß aber angewendet werden, wenn es sich darum handelt, Eisengefäße gegen Säuren zu schützen; allenfalls wird zuerst verzinkt und dann erst der Bleiüberzug darüber aufgetragen.

Vernickelung erfolgt meist auf galvanischem Wege; der Nickelüberzug läßt sich gut polieren. Allenfalls werden Nickelbleche auf das Eisen aufgeschweißt (Nickelplattierte Bleche).

Verkupferung wird auf elektrolytischem Wege ausgeführt, namentlich bei Spiralfedern und Stahldrähten für Matratzen und Sophas verwendet.

Neuerer Zeit wird der schützende Metallüberzug auch nach dem **Schoopschen Metallzerstäubungsverfahren** aufgetragen, wobei flüssiges Metall durch einen starken Gasstrom aufs feinste zerstäubt und gegen den Körper, der überzogen werden soll, geschleudert wird. Weiteres hierüber in der Technologie.

4. Emailüberzüge.

Email besteht aus Schmelzflüssen, die zumeist Zinnoxyd enthalten und namentlich zum Schutze von Gegenständen aus Gußeisen dienen (Ausgußschüsseln, Geschirre usw.). Man trägt zwei Emailschichten auf (Grund- und Deckemail).

5. Brünieren.

Bei diesem Verfahren wird das Eisen mit einem künstlich hergestellten Rostüberzuge (daher die dunkelbraune Farbe) überzogen; man bildet ihn durch Verreiben von Chlorantimon mit Öl auf den zu brünierenden Gegenständen.

6. Zementanstrich.

Man trägt dünnen Zementbrei mit dem Pinsel mehrmals auf die Eisenkonstruktionen (namentlich bei Gußeisen verwendet) auf und erhält einen gut haftenden und schützenden Überzug.

D. Prüfung des Eisens.

[182] Oberflächliche Prüfung.

I. Bei Gußeisen.

a) Proben durch Besichtigung. Die üblichen Lieferungsbedingnisse stellen folgende Anforderungen an Gußeisenwaren: Das Gußstück soll eine glatte Oberfläche haben und fehlerfrei sein, also keine Löcher, Blasen, Poren aufweisen. Es soll reine, scharfe Kanten, scharf ausgeprägte Verzierungen, feinkörnigen, grauen Bruch besitzen.

b) Mechanische Proben. Schlägt man mit einem Hammer gegen eine rechtwinkelige Kante des Gußstückes, so soll ein Eindruck erzielbar sein, ohne daß die Kante abspringt.

An Probekörpern von bestimmten Dimensionen können Zug-, Druck- und Biegungsfestigkeit ermittelt werden, wobei namentlich die letztere als Gütemaßstab benutzt wird. Gußsäulen, die starker Belastung ausgesetzt sind, werden Belastungsproben mit hydraulischer Presse unterworfen.

II. Bei schmiedbarem Eisen.

a) Fehler der schmiedbaren Eisensorten. Schon ein kleiner Gehalt an Schwefel macht das Eisen bei Rotglut brüchig (**rotbrüchig**). Selbst Spuren von Phosphor machen Eisen schon in der Kälte brüchig (**kaltbrüchig**).

Verunreinigung durch Silizium bewirkt bei schmiedbarem Eisen „**Faulbrüchigkeit**", d. h. es ist in der Kälte und Hitze brüchig. Durch eingeschlossene Schlacken- und Roheisenteile wird Eisen **rohbrüchig**, das Gefüge ist im Bruche teils körnig, teils faserig.

Blaubrüchig ist das Eisen, wenn es bei etwa 400°, wobei es eine blaue Anlauffarbe zeigt, plötzlich hart und spröde wird (Blauwärme). Dieser Fehler ist beispielsweise für Kessel und andere Konstruktionen von großer Wichtigkeit.

b) Allgemeine Lieferungserfordernisse. Schweißeisen soll keine Längsrisse, offenen Schweißnähte oder unganzen Stellen aufweisen; es soll dicht, gut stauch- und schweißbar sein und eine glatte Oberfläche haben.

Flußeisen soll ebenfalls glatt an der Oberfläche sein, ohne Schiefern und Blasen, es darf weder Kantrisse noch unganze Stellen haben.

[183] Mechanisch-technologische Prüfung.

Manche Proben werden bei gewöhnlicher Temperatur, als **Kaltproben**, manche in der Hitze, als **Warmproben**, ausgeführt.

1. Biegeprobe. Hierbei wird ein Probestab an einem Ende fest eingespannt und das freie Ende mehrmals über einen Dorn oder eine Kante von bestimmtem Abrundungsradius hin- und hergebogen (um 180° oder einen anderen gleichbleibenden Winkel), bis der Stab bricht. Die Kanten der Probestäbe müssen sorgfältig abgerundet werden. (Für Kesselbleche Vornahme der Probe bei Blauwärme, Blaubruchprobe.)

2. Schleifenprobe. Man biegt das Probestück kalt zu einer Schleife zusammen, deren lichter Durchmesser gleich ist der halben Dicke des Versuchsstückes. Es dürfen keine Risse entstehen.

3. Loch- oder Aufdornprobe (auf rotbrüchiges Eisen). Schlitzt man einen rotwarmen Probestab mit dem Setzmeißel und treibt einen Eisendorn in den Schlitz, so entstehen bei Rotbruch Risse an den Schlitzenden.

4. Aufhauprobe. Der Probestab wird an einem Ende etwas eingehaut und die Lappen umgeschlagen; bei Rotbruch zeigen sich Risse.

5. Ausbreit- oder Ausblattprobe. Die Versuchskörper müssen sich auf das 1½fache ihrer Breite ohne Rißbildung ausschlagen lassen.

6. Stauchprobe (namentlich für Nieten verwendet). Der Probekörper ist ein Rundeisen, dessen Länge doppelt so groß ist wie der Durchmesser; er soll sich in der Wärme auf ein Drittel seiner Länge zusammenstauchen lassen, ohne daß sich am Rande Risse bilden.

7. Schmiedeprobe. Das rotglühende Probestück wird geschmiedet, gestreckt und gebogen, es dürfen keine Risse entstehen.

8. Wurf- und Schlagprobe. Kaltbrüchiges Eisen zerbricht, wenn man es mit großer Kraft auf den scharfen Rücken eines Ambosses wirft; bei der Schlagprobe wird der Probestab an beiden Enden frei aufgelegt und auf die Mitte kräftig geschlagen.

9. Härtungsprobe. Man taucht den geglühten Probestahl in Wasser von 20° C; mäßig harter Stahl darf keine Risse zeigen. Mit der Zahl der Risse, die härterer Stahl hierbei zeigt, nimmt seine Widerstandsfähigkeit ab.

10. Ätzprobe. Das glatt gefeilte Probestück wird mit sehr verdünnter Salzsäure geätzt, mit Wasser abgespült, mit Alkohol und Äther getrocknet; die Oberfläche zeigt bei gleichmäßigem Gefüge gleichartiges Aussehen. Sonst werden Schlackenstücke, Hohlräume, härtere und weichere Stellen sichtbar.

11. Festigkeitsproben. An bestimmt geformten und vorbereiteten Probekörpern werden Versuche zur Bestimmung der Zug-, Druck-, Biegungs- und Abscherfestigkeit ausgeführt. Auch bei derselben Eisensorte schwanken die Werte für die verschiedenen Festigkeiten ziemlich bedeutend, je nach der Qualität und Form des Eisens (Stabeisen, Blech oder Draht); bei Blechen ist beispielsweise die Zugfestigkeit je nach der Walzrichtung verschieden.

Die Zugfestigkeit schwankt bei Flußeisen zwischen 3500 und 4500 kg für ein cm², bei Flußstahl zwischen 4500 und 6500 kg (sehr harter Stahl), bei Tiegelgußstahl kann die Zugfestigkeit bis 14000 kg, bei Gußstahldraht bis 25000 kg für 1 cm² anwachsen. Bei Blechen ist die Zugfestigkeit in der Walzrichtung größer als senkrecht hierzu, bei gewöhnlichen Blechen in der Walzrichtung 3400 kg/cm², senkrecht hierzu 3000 kg.

Die Druckfestigkeit ist zumeist etwas geringer als die Zugfestigkeit (5—14% bei Flußeisen).

Die Abscherfestigkeit ist zumeist ⁴/₅ der Zugfestigkeit.

Bei der Beanspruchung auf Zug wird auch die Dehnung des Materiales beim Bruch beobachtet und in Prozent der ursprünglichen Länge ausgedrückt. Bei guten Flußeisen 25%, bei Stahl 10—22%, bei Tiegelgußstahl unter 10%.

TECHNOLOGIE

Inhalt: Zu den passiven Hilfsmitteln der Stoffbearbeitung gehören außer den bereits erörterten Mitteln zum Messen und Festhalten der Arbeitsstücke auch noch jene, die zu deren Erhitzung bestimmt sind; es sind dies die verschiedenen Gattungen von technischen Feuerungsanlagen, mit denen die Erzielung möglichst hoher Temperaturen angestrebt wird. Wir wollen diese noch in Kürze zusammenhängend besprechen, bevor wir zu den technologischen Arbeitsverfahren selbst übergehen, von welchen wir in diesem Briefe zunächst die Arbeiten zum Zwecke der Verkleinerung, der Sortierung und der Mischung der Rohstoffe erörtern werden; gerade diese Arbeiten spielen in allen Industrien von der Hüttentechnik angefangen bis zur Müllerei und Farbenerzeugung eine so hervorragende Rolle, daß die allgemeine Kenntnis der hier gebräuchlichen Arbeitsmethoden und Vorrichtungen für jeden Techniker notwendig ist. Im nächsten Briefe werden wir uns dann eingehend mit der Metall- und später mit der Holzbearbeitung befassen.

3. Abschnitt.

Feuerungen.

[184] Allgemeines.

Es ist eine bekannte Tatsache, daß die gewöhnlich herrschenden Temperaturen bei weitem nicht ausreichen, um eine große Zahl der in technischen Betrieben erforderlichen Stoffe zu erzeugen oder an ihnen Formveränderungen vorzunehmen, sie zu bearbeiten. Wir brauchen uns nur an die verschiedenartigen **Schmelz- und Glühprozesse** zu erinnern, denen Stoffe unterworfen werden müssen, um das gewünschte Endprodukt zu erhalten (Eisen und Stahlerzeugung, Metallgießerei usf.), oder um den Stoff in einen Zustand zu bringen, der seine Bearbeitung ermöglicht (z. B. beim Schmieden, Schweißen).

Die Aufgabe ist oft recht schwierig, da es sich hierbei auch um die Erzeugung sehr hoher Temperaturen handeln kann (man denke nur an die Erzeugung von Stahl, an das Schmelzen von Platin u. ähnl.). Um solchen Aufgaben zu genügen, mußten ganz besondere Konstruktionen ersonnen werden, mit welchen die erforderliche Steigerung der Temperatur erzielt wird.

Den mannigfachen Zwecken entsprechend, gibt es naturgemäß sehr verschiedenartig gestaltete Feuerungsanlagen. Wir wollen in diesem Abschnitte nur eine Übersicht der am häufigsten verwendeten Formen von Feuerungen geben; die besonderen Zwecken dienenden mögen hier außer Betracht bleiben, da von ihnen jeweils in den zugehörigen Abschnitten der Baustofflehre und der mechanischen Technologie die Rede sein wird. Ebenso sollen die **Kesselfeuerungsanlagen** hier nicht behandelt werden, da sie bei den Dampfmaschinen näher besprochen werden; ferner soll auf die gewöhnlichen Hausfeuerungsanlagen, die zum Abschnitte über Heizung gehören, nicht weiter eingegangen werden.

[185] Feuer oder Herde.

a) Die einfachsten, technologischen Zwecken dienenden Feuerungsanlagen sind die **Feuer oder Herde**. In der Form des einfachen **Schmiedeherds** sind sie jedem unserer Leser aus eigener Anschauung bekannt.

In der Abb. 217 sehen wir bei *h* die im Ofengestell angebrachte Grube, in der das Brennmaterial (Steinkohle, Koks oder allenfalls Holzkohle) zur Glut erhitzt wird. Zur Erzielung höherer Temperatur muß bekanntlich Luft (Wind) hinzugeblasen werden, was durch Blasbälge, Gebläse oder Ventilatoren geschieht; das Einströmen des Windes erfolgt durch die Düse *d*. Oberhalb des Feuers befindet sich der Rauchmantel *r* und der Abzug durch die Esse *e*. Bei *w* ist ein Wasserbehälter eingebaut, in den der Löschwedel getaucht wird, mittels dessen man die weiter von der Gebläsedüse

Abb. 217
Schmiedeherd

befindliche Kohle zeitweise bespritzt, um unnütze Verbrennung hintanzuhalten.

b) Eine ähnlich einfache Einrichtung weist der **Frischherd** (oder das **Frischfeuer**) auf. Er dient zum Herdfrischen, Umschmelzen und Entkohlen des weißen Roheisens, also zur Erzeugung von Schmiedeeisen in kleineren Mengen.

Die Einrichtung ergibt sich aus Abb. 218; die Schmelzgrube ist hier mit dicken Eisenplatten ausgelegt; auf das Holzkohlenfeuer wirkt der aus der Düse *d* zuströmende Gebläsewind, der das Niederschmelzen des eingebrachten Roheisens bewirkt.

Bei diesen Feuerungen kann das Brennmaterial nur unvoll-

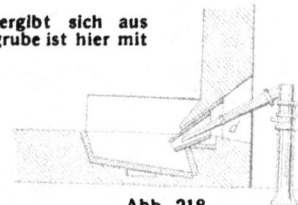

Abb. 218
Frischherd

kommen ausgenutzt werden, aber die einfache Bauart sichert ihnen auch heute noch große Verbreitung.

[186] Rostöfen (Windöfen).

Diese ebenfalls in kleineren Ausmaßen gehaltenen Feuerungen unterscheiden sich von dem Herde durch das **Vorhandensein eines Rostes** *R* (Abb. 219), auf den das Brennmaterial aufgeschichtet wird. Zur Erzeugung des kräftigen Zuges für die Verbrennungsluft dient die oberhalb der Rostfeuerung mündende Esse (*E*); allenfalls wird Luft mit einem Ventilator durch den Aschenfall eingepreßt. Das Brennmaterial (Stein- oder Holzkohle, Koks) wird durch eine Feuerungstür eingebracht.

In solchen Öfen werden namentlich Metalle geschmolzen, die man in Tiegel bringt. Diese werden auf den Rost gestellt und ringsum von Brennmaterial umgeben (s. *i* in der Abb.). Die Windöfen finden daher vor allem als **Tiegelschmelzöfen** (zum Schmelzen von Messing, Bronze) Anwendung. Das Brennmaterial kann hier etwas besser ausgenutzt werden als beim einfachen, offenen Herdfeuer.

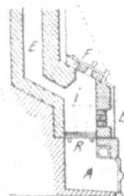

Abb. 219
Rostofen

[187] Flammöfen.

Die bisher besprochenen Feuerungen haben nur kleinere Ausmaße, sind daher zur Erhitzung größerer Stoffmassen nicht ausreichend. Auch haben sie den Nachteil, daß das zu schmelzende Material (wenn man es nicht durch Einbringung in Tiegel schützt) mit den Brennstoffen unmittelbar in Berührung kommt, was oft unbedingt vermieden werden muß.

Man hat daher schon seit langem sog. **Flammöfen** (Reverberieröfen, kommt von Reverberation = Zurückstrahlung) gebaut, **bei denen nur die Flamme des verbrennenden Brennstoffes zu dem zu erhitzenden Körper gelangen kann.** Hier ist der Ofenraum von dem Schmelzraum durch die Feuerbrücke getrennt; die Flammen schlagen über diese zu dem Schmelzfluß hinüber. Da nur die Flamme, nicht aber das Brennmaterial selbst mit dem zu erhitzenden Körper in Berührung kommt, ist man von der Qualität des Brennmaterials weniger abhängig; es wirkt auf die zu schmelzende Substanz chemisch weit weniger ein. Dieser Vorteil ist oft so entscheidend, daß man dafür den geringeren Nutzeffekt dieser Anlagen gerne in Kauf nimmt.

Der Flammofen findet vielfache Anwendung, trotz aller Verschiedenheiten in den Einzelheiten ist das Wesen seiner Konstruktion doch immer das gleiche. Eine der gewöhnlichsten Konstruktionen ist die des **Puddelofens** der Eisenindustrie [169].

Ähnliche Flammöfen werden auch in der Glasindustrie zum Zusammenschmelzen größerer Glasmassen verwendet.

Die Ausnutzung des Brennmateriales ist bei der einfachen Ausbildung des Flammofens nur eine mäßige. Sie wird aber ganz wesentlich gesteigert, wenn die Verbrennung in einem gesonderten Generator erfolgt und mit dem Flammofen die Siemenssche Regenerativfeuerung verbunden wird, wie wir dies beim Siemens-Martin-Verfahren der Stahlerzeugung bereits näher beschrieben haben [175].

[188] Schachtöfen.

Ganz andere Formen weisen die Schachtöfen auf. Der aus feuerfestem Material hergestellte Ofenraum hat die Form eines stehenden Zylinders, die Höhe überwiegt dabei den Durchmesser des Ofens ganz erheblich. **Der Brennstoff kommt hier durchgehends in unmittelbare Berührung mit dem zu schmelzenden Körper,** die Verbrennung wird durch Einblasen von Wind sehr beschleunigt, **so daß hohe Temperaturen erreicht werden können.** Der Nutzeffekt solcher Feuerungsanlagen ist dank ihrer besonderen Konstruktion wesentlich größer.

Hierher gehören vor allem die Hochöfen der Eisenindustrie, die wir im Abschnitte „Eisen und Stahl" der Stoffkunde ausführlich beschrieben haben.

Eine andere Gruppe der Schachtöfen bilden die **Kupolöfen, die für Gießereizwecke in der Eisenindustrie mannigfache Anwendung finden.**

Im allgemeinen werden beim Hochofen selbst nur selten Gußstücke erzeugt. Dies erfolgt in den besonders ausgestalteten Gießereien. In den Kupolöfen dieser Betriebe wird das Roheisen nochmals umgeschmolzen, indem man Koks und Kalkstein (letzteren zur Schlackenbildung) zusetzt.

Ähnlich wie beim Hochofen wird auch beim Kupolofen zur besseren Verbrennung des Kohlenstoffes Luft durch Düsen eingedrückt; dabei ist in den neueren Konstruktionen die Zahl der Düsen erhöht worden. Für den Abfluß der Schlacke ist durch eine besondere Schlackenform gesorgt. Außen sind die aus Schamottemauerwerk bestehenden Kupolöfen mit eisernen Blechmänteln versehen.

Oft sind die Kupolöfen mit einem angebauten Vorherd ausgestattet, in dem eine größere Menge des zusammengeschmolzenen Eisens angesammelt werden kann.

Kupolöfen können für große und kleinere Leistungen (Kleinkupolöfen) gebaut werden. In Abb. 220 sehen wir einen **5 m hohen Kupolofen neuerer Bauart für 10000 kg**

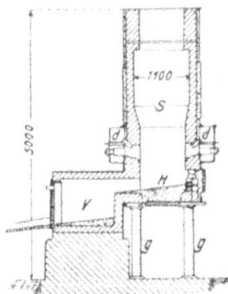

Abb. 220
Kupolofen

Stundenleistung; das Ofengestell ruht auf starken Gußeisensäulen G, linker Hand schließt sich ein geräumiger Vorherd V an. S Schacht, H Herd, d Windkanal (Ringkanal), aus welchem kurze Hohlkegel den Wind in das Innere des Ofens führen.

Zu den Schachtöfen gehören auch manche Arten von Kalköfen und Erzröstöfen.

[189] Gefäßöfen.

Bei diesen Öfen befinden sich die zu erhitzenden Körper in einem in den Ofen fest eingebauten Gefäße, unter dem die Verbrennung des Brennstoffes erfolgt. Der zu erhitzende Körper wird daher nicht direkt der Wirkung der Flamme ausgesetzt, sondern ist von dieser durch die Wände eines Gefäßes geschieden, das einen Bestandteil des Ofens bildet und durch die hindurch die Wärme zur Wirkung gelangt. In diese Gruppe gehören beispielsweise die Kesselöfen und die Muffenöfen.

Einen **Kesselofen** in gebräuchlicher Ausführung sehen wir in Abb. 221 dargestellt. K Kessel, R Rost, A Aschenfall.

Bei den **Muffel- (oder Muffen-) Öfen** wird in den Ofen ein Gefäß aus feuerfestem Material eingebaut, das, von den Flammen auf allen Seiten umspielt, in helle Glut kommt. In die Muffel werden die zu erhitzenden Gegenstände gebracht, z. B. Emailgußwaren.

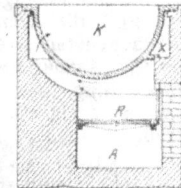

Abb. 221
Kesselofen

Hierher zählen ferner die Retortenöfen der Leuchtgasbereitung, die aus großen eisernen Zylindern bestehen, in denen die Gaskohlen auf eine hohe Temperatur erhitzt werden. Retorten werden ferner zur Destillation des Zinks verwendet.

[190] Gasöfen.

Bei den bisher angeführten Feuerungsanlagen kommt überall der Brennstoff in fester Form zur Verbrennung, was ja in Betrieben großen Umfanges nicht zu umgehen ist. Bei Öfen kleinerer Dimensionen kann man sich mit großem Vorteil des Leuchtgases bedienen, um hohe Temperaturen zu erzeugen. Solche Gasöfen bestehen im Wesen aus einer Anzahl von Bunsenbrennern, in denen das Gas mit einer genügenden Menge von Luft gemengt und dann zur Verbrennung gebracht wird, wobei bekanntlich weit höhere Wärmegrade erreichbar sind als ohne Mischung mit Luft (s. Vorstufe [269]).

Beim **Perrotschen Gasofen** umspielen die Flammen des Bunsenschen Brenners den Schmelztiegel, der von einer Schamottehülse umgeben ist. Da die abziehenden, sehr heißen Verbrennungsgase diese Hülse auch noch von außen erhitzen, tritt offenbar eine erhebliche Temperatursteigerung ein (man kann Temperaturen bis 1200° C erreichen).

Handelt es sich darum, ganz besonders hohe Temperaturen zu erzielen, so macht man sich die sehr große Wärmeentwicklung der **Knallgasflamme** zunutze. Hierzu dient der **Knallgasofen** (Abb. 222). Er besteht aus zwei entsprechend ausgehöhlten Klötzen gebrannten Kalkes, in deren Höhlung das Verbrennen des mittels der Röhren S und H zugeführten Knallgasgemisches vor sich geht. Man erreicht ohne weiteres Temperaturen, bei denen Platin schmilzt, Silber destilliert.

Man hat neuerer Zeit die Verbrennung explosiver Gasgemische (aus Generator-, Hochöfen- oder Leuchtgas und Luft) durch das sog. **flammenlose Oberflächenverbrennungs-Verfahren** von Boncourt-Bone ausgeführt. Man bläst hierbei das Gasgemisch zu einer feuerfesten körnigen Masse hin, deren Temperatur nach der Entzündung des Gases allmählich so hoch steigt, daß das Gasgemisch dort vollständig ohne Flamme und Explosion verbrennt. Hierbei wird ein großer Teil der Wärmeenergie in strahlende Wärme umgewandelt, so daß sich hohe Temperaturen auch ohne Regenerativfeuerung erzielen lassen. Man kann z. B. Muffel- oder Schmelzöfen in dieser Weise heizen, Schmiedefeuer mit Gaszufuhr anwenden.

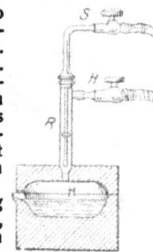

Abb. 222
Knallgasofen

[191] Elektroöfen.

Die rasche Entwicklung des Baues elektrischer Zentralen in den letzten Jahrzehnten führte förmlich von selbst dazu, die gewaltigen Energiemengen, die nun (namentlich in der Nähe großer Wasserkräfte) zur Verfügung standen, nutzbringend für die Durchführung von Hütten- und Schmelzprozessen zu verwerten. Es ist bereits eine ganze Reihe elektrischer Öfen in wesentlich verschiedener Ausführung konstruiert worden, deren Anwendungsgebiet in der Eisen- und Stahlindustrie sich immer mehr erweitert. Der Bau und die Ausgestaltung solcher Elektroöfen ist in aufsteigender Entwicklung begriffen und gewinnt immer größere Bedeutung, vor allem wegen der mehr als doppelt so großen Ausnutzung der Energie, als wie dies im besten Verbrennungsofen möglich ist. Wir können hier nur eine Übersicht der wichtigsten Formen elektrischer Öfen geben.

Die elektrischen Öfen gruppieren sich in zwei wesentlich verschiedene Konstruktionsarten: die zur ersten Gruppe gehörigen Formen nutzen die hohe Wärmeentwicklung **des elektrischen Lichtbogens** aus, das sind die zuerst in der Praxis angewendeten **Lichtbogenöfen.** Neuerer Zeit kam noch die Gruppe der sog. **Induktionsöfen** hinzu, **die auf der Wärmeentwicklung von Induktionsströmen beruhen,** die man in geeigneten, im Ofen eingebauten Leitern erzeugt.

Die älteste, aber noch heute verwendete Konstruktion des Lichtbogenofens stammt von **Héroult,** der ihn als **Elektrostahlofen** baute. Über dem Schmelzbade befinden sich zwei große Elektroden, denen der elektrische Strom zugeführt wird und zwischen denen der gewaltige Lichtbogen stehen bleibt. Das geschmolzene Endprodukt wird durch Umkippen des Ofens ausgegossen.

Bei den **Elektroöfen** von **Girod und Keller** befinden sich im unteren Teile des Schmelzofens Bodenelektroden, so daß sich also die Lichtbögen von den oberen Elektroden durch das Schmelzbad hindurch zu den Bodenelektroden, die durch Wasser immer gekühlt werden, entwickeln können. Die Dimensionen der in solchen Öfen zur Verwendung kommenden Kohlenelektroden übersteigen natürlich die in gew. Bogenlampen verwendeten ganz bedeutend; man hat Elektroden bis zu 85 cm Durchmesser eingebaut.

Eine noch weitere Ausnutzung des Heizeffektes der elektrischen Lichtbögen erscheint im **Elektroofen von Nathusius** durchgeführt. Bei diesem sind 3 obere und 3 Bodenelektroden vorhanden (Abb. 223), die in den Endpunkten eines gleichseitigen Dreieckes stehen und mit den 3 Leitern einer Dreiphasenstromanlage verbunden sind. Da diese verschiedene Spannungen haben, wird erreicht, daß Lichtbögen sowohl zwischen den oberen und zwischen den unteren Elektroden untereinander als auch zwischen den übereinanderliegenden oberen und unteren Elektroden entstehen (strichliert angedeutet), wodurch eine rasche und ökonomische Erhitzung des Schmelzgutes stattfindet. Nach beendeter Schmelzung wird auch dieser Ofen durch Kippung entleert.

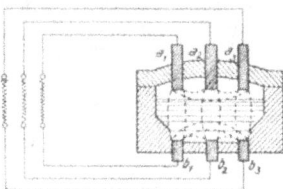

Abb. 223
Elektroofen

Beim **Induktionsofen von Kjellin** ist das Schmelzgut in einer einzigen ringförmigen Schmelzrinne den Induktionsströmen ausgesetzt. **Röchling** und **Rodenhauser** verwendeten mehrere Schmelzrinnen, außerdem noch Polplatten, so daß hier mit einer kombinierten Induktions-Widerstandsheizung gearbeitet wird.

[192] Nutzeffekt der verschiedenen Öfen.

Es ist im vorhergehenden schon angedeutet worden, daß das in den verschiedenen Feuerungsanlagen verwendete Brennmaterial (oder die elektrische Energie) nicht in gleicher Weise ausgenutzt werden kann. Nur ein Teil der bei der Verbrennung entstehenden Wärme bzw. der zugeführten elektrischen Energie läßt sich praktisch wirklich verwerten; **man pflegt den Quotienten aus der nützlich**

verwendeten Wärme durch die erzielbare Gesamtwärme als **Nutzeffekt** zu bezeichnen.

Er ist bei den einzelnen Ofentypen recht verschieden. Wir führen einige Werte desselben hier an.

Nutzeffekt:

bei Herdfeuern	bis 3%,
bei Tiegelschmelzöfen	2—5%,
bei Flammöfen	7—10%,
bei Regenerativanlagen . .	bis 30%,
bei Schachtöfen	bis 33%,
bei Gefäßöfen	3—23%,
bei Elektroöfen durchschnittlich bis 60%.	

Man ersieht daraus die große Überlegenheit der elektrischen Öfen.

[193] Messung hoher Temperaturen.

Die verschiedenen Feuerungsanlagen ergeben recht verschiedene, mitunter sehr hohe Temperaturen. Es wird für unsere Leser gewiß auch von Interesse sein, einiges über die Mittel zu erfahren, mit deren Hilfe man so hohe Temperaturen messen kann. Selbstverständlich lassen sich hierfür die gewöhnlichen Quecksilberthermometer nicht verwenden. Mit Konstruktionsänderungen, wie Erweiterung der Thermometerröhre am oberen Ende und Füllung mit Kohlendioxyd von 20 Atmosphären Spannung, lassen sich Quecksilberthermometer noch zur Ablesung bis zu etwa 550° C benutzen.

Handelt es sich nur um die grobe Schätzung höherer Temperaturen, so kann man aus dem Helligkeitsgrade auf die Temperatur des in Glut kommenden Körpers folgendermaßen schließen:

dunkle Rotglühhitze .	bis	525° C
dunkelrote Glühhitze .	„	700° C
Dunkelkirschrot	„	800° C
Kirschrot	„	900° C
Hellkirschrot	„	1000° C
Dunkelorange	„	1100° C
Hellorange	„	1200° C
Weiß, gelb	„	1300° C
Blendend weiß	„	1500° C

Zur genaueren Bestimmung hoher Temperaturen benutzt man verschiedene Hilfsmittel:

Zu solchen Zwecken lassen sich zunächst **Legierungen von genau bekannten Schmelzpunkten** verwenden. Man stellt Blättchen aus verschiedenen solchen Legierungen her und sieht nach, welches hiervon in bestimmtem Falle noch zusammenschmilzt.

Ähnlich ist das Verfahren mit den sog. **Segerkegeln,** das namentlich bei der Bestimmung der **Feuerfestigkeit** von Ton, Schamotte, Porzellan usw. vielfach benutzt wird. Die Segerkegel sind kleine, oben abgestumpfte Pyramiden, die man aus feuerfesten Tonen von verschiedenen, genau bekannten Schmelzpunkten herstellt; sie werden fortlaufend numeriert, so daß jeder Nummer ein bestimmter Schmelzpunkt entspricht.

Hat man durch Vorversuche den Schmelzpunkt im großen eingegrenzt, so verwendet man zur genaueren Bestimmung zumeist drei aufeinanderfolgende Nummern von Segerkegeln, die in den Ofen eingesetzt werden und so gewählt sind, daß die höchste Nummer noch unverändert stehen bleibt.

Hohe Temperaturen kann man auch durch das sog. **kalorimetrische Verfahren** bestimmen. Näheres hierüber wird in der Wärmelehre gebracht werden, hier wollen wir nur kurz erwähnen, daß man einen Probekörper von bestimmtem Gewichte in den Raum einsetzt, dessen Temperatur gemessen werden soll und ihn dann, nachdem er verläßlich die zu messende Temperatur angenommen hat, in eine bestimmte Menge Wasser bringt und die Anfangs- und Endtemperatur desselben genau ermittelt. Der erhitzte Körper gibt die von ihm aufgenommene Wärmemenge an das Wasser ab und man kann Formeln ableiten, mittels denen man die fragliche Temperatur berechnen kann.

Endlich hat man auch **Pyrometer** konstruiert, die auf der Verwendung von **Thermoströmen** beruhen, indem man eine kleine Lötstelle zwischen einem Platindrahte und einem Drahte aus einer Platin-Rhodium-Legierung auf die zu messende Temperatur erhitzt und den in den Drähten entstehenden schwachen elektrischen Strom mit feinen Meßinstrumenten mißt; man kann hieraus auf die Temperatur der Lötstelle schließen. Auch die Lichtintensität hat man im optischen Pyrometer zur Bestimmung hoher Temperaturen benutzt.

4. Abschnitt.

Zerkleinerungs-, Sortierungs- und Mengungsarbeiten.

[194] Allgemeines.

Die Rohstoffe, deren sich die verschiedenen Zweige der Industrie zur Erzeugung ihrer Produkte bedienen, liegen nur selten in der Beschaffenheit vor, die zu ihrer Verarbeitung erforderlich ist. Dies gilt vor allem für die Stoffe, die in der Natur als Minerale oder Gesteine vorkommen, oder durch den Lebensprozeß von Pflanzen und Tieren geliefert werden.

Handelt es sich beispielsweise um die Beschaffung von Steinquadern, so müssen diese aus dem harten Felsen herausgebrochen und bis zur gewünschten Größe verkleinert werden. Sollen die wertvollen Bestandteile von Erzen verwertet werden, so muß durch Pochwerke eine oft sehr weitgehende Zerkleinerung vorgenommen werden. In vielen Fällen muß mit der Größenverminderung der Teilchen eine planmäßig eingerichtete Sortierung Hand in Hand gehen; ein gutes Beispiel hierfür liefert uns die Müllerei, in deren Betrieb eine Reihe von Produkten durch eigens hierfür erfundene Vorrichtungen voneinander gesondert wird. Oft ist es notwendig, die zerkleinerten Körper miteinander oder mit Flüssigkeiten zu mengen, zu mischen, um das gewünschte Endprodukt zu erhalten oder um die zu verarbeitenden Stoffe in eine Form zu bringen, die ihre weitere Verwertung ermöglicht. Soll zur Betonierung Zement mit Sand gründlich vermischt werden, so wird die Handarbeit hierbei nur für ganz kleinen Bedarf hinreichen; man wird sich besser hierzu besonders konstruierter Mischmaschinen bedienen. Sind feste Körper in Flüssigkeiten gleichmäßig zu verteilen, so müssen Rührwerke benutzt werden usw.

Aus dieser kurzen Übersicht ersieht der Leser schon, wie mannigfach die in dieses Gebiet fallenden Arbeiten und Vorrichtungen sein müssen. Wir können hier nur die wichtigsten dieser Arbeitsprozesse in übersichtlicher Darstellung besprechen.

A. Zerkleinerungsarbeiten.

[195] Das Sprengen.

a) Seit langem hat man erkannt, daß der Zerkleinerung größerer Massen durch menschliche Arbeit oder selbst durch Verwendung noch so kräftig konstruierter maschineller Vorrichtungen recht enge Grenzen gezogen sind. Die Zerkleinerung gelingt zwar mit diesen Mitteln, aber sie ist mühsam, braucht viel Zeit und ist unwirtschaftlich. Hier kommen uns die ganz gewaltigen Kräfte zu Hilfe, die sich bei der explosionsartig vor sich gehenden Verbrennung der verschiedenen Sprengstoffe entwickeln, worauf wir in der „Chemie" mehrmals hingewiesen haben.

Den größten Widerstand finden wir bei der Zertrümmerung der Felsgesteine. Hier wird die Sprengarbeit unentbehrlich und um so wichtiger, je härter das Gestein ist und je rascher man arbeiten will. Vor der Erfindung des Nitroglyzerins konnte man Sprengungen nur mit Sprengpulver (Schwarzpulver) vornehmen; in neuerer Zeit benutzt man fast ausschließlich die unvergleichlich heftiger wirkenden Sprengstoffe: Dynamit, Sprenggelatine, Ekrasit, Dynammon u. a., deren Eigenschaften in der Stoffkunde eingehender besprochen werden sollen.

Bei den Sprengungen werden selbstverständlich nicht Gesteinsteile von bestimmter Gestalt und Größe aus dem natürlichen Felsverbande losgetrennt, sondern es kommt zur Zertrümmerung mehr oder weniger großer Massen. **Die Sprengwirkung ist bei den verschiedenen Explosionsmitteln verschieden groß; sie ist vor allem abhängig von der sog. Brisanz des Mittels.** Man bezeichnet damit die Heftigkeit der Sprengwirkung; sie wird um so größer, in je kürzerer Zeit die Vergasung bei der Explosion erfolgt. Hochbrisante Mittel haben sehr große Sprengwirkung nur in der Nähe (Zermalmungszone), schwächere Dynamitsorten wirken dagegen in der Nähe nicht so heftig zermalmend, führen aber Trennungen des zu brechenden Gesteins auf weitere Entfernung herbei (Verschiebungs- und Trennungszone); daher ihre Verwendung zur Erzeugung von Werksteinen.

b) Um die Sprengwirkung zu erzielen, muß der Explosivstoff in **Bohrlöchern**, die man in das Gestein eintreibt, zur Entzündung gebracht werden. Hierbei wird er durch den „Versatz" abgedeckt, sonst tritt keine explosive Wirkung ein. (An offener Luft verbrennt Sprengpulver wirkungslos, Nitroglyzerin explodiert durch elektrische Zündung ohne größere Wirkungen.)

Die **Bohrlöcher** werden entweder durch **Handarbeit** oder mittels besonders konstruierter **Bohrmaschinen**, deren Antrieb elektrisch oder pneumatisch (durch Preßluft) erfolgt, hergestellt.

Beim Bohren mit Handarbeit benutzt man stählerne Bohrstangen, die mit schweren Steinmeißeln in das Gestein eingetrieben werden. Am besten wird „zweimännisch" gearbeitet, indem der eine Arbeiter den Bohrer „setzt" (hält, hebt und nach jedem Schlage dreht), während der zweite schlägt; ins Bohrloch wird etwas Wasser gebracht. Mit der „Raumnadel" wird das Bohrmehl aus dem Bohrloch gebracht. Das Bohrloch muß gegen die Horizontale geneigt sein. Die Bohrer der rasch arbeitenden Gesteinsbohrmaschinen bestehen am vorteilhaftesten aus dem Karbon, der kristallinischen, außerordentlich harten Abart des Diamanten. Bohrlöcher für Schwarzpulver sind 3—5 cm weit, für Dynamit nur 2—4 cm, Lochtiefe 30—120 cm.

c) Nach Herstellung der Bohrlöcher (deren Zahl und gegenseitige Lage sich nach der Brisanz des Mittels richtet) geht man an das **Laden** derselben.

Beim Laden mit Sprengpulver bringt man die Pulverpatrone ins Bohrloch und drückt sie mit dem hölzernen Setzer (Ladestock) auf den Grund desselben. In die Pulverladung wird das Ende einer ca. 2 m langen Zündschnur (Lunte) eingeführt. Das Bohrloch wird dann mit dem Versatz (Besatz) verschlossen, indem man zuerst Bohrmehl oder feinen Sand („loser Besatz") einfüllt und dann mit Lehm („fester Besatz") ausfüllt.

Auch bei der Ladung mit Dynamit werden die Patronen vorsichtig in das Bohrloch eingeführt, die Zündung muß aber hier in anderer Weise erfolgen. Bloße Entzündung durch die Zündschnur würde nicht zur gewünschten brisanten Explosion führen. Das Nitroglyzerin (oder ähnliche Sprengstoffe) bedarf einer sog. Initialzündung, d. h. eines besonders heftigen Stoßes, der seine Zündung einleitet. Dies wird erzielt durch die Explosion eines mit Knallquecksilber gefüllten Zündhütchens Z, in das das Ende der Zündschnur eingebracht und bei K eingeklemmt wird (Abb. 224). Der Besatz wird ähnlich wie früher hergestellt, braucht jedoch nicht so hoch und fest zu sein wie bei Pulver.

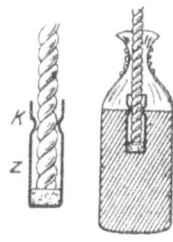

d) Die **Zündung der Ladung** erfolgt bei den erwähnten Anordnungen durch Anzünden der Zündschnur, deren Brenndauer man genau kennt; die Arbeiter entfernen sich hierauf schleunig aus dem Bereiche der

Abb 224.
Initialzündung

Sprengwirkung und warten an gesicherten Stellen die Schüsse ab.

Bei einer größeren Zahl von Sprengladungen wird die **elektrische Zündung** vorteilhaft verwendet; man kann hierdurch benachbarte Ladungen gleichzeitig zur Zündung bringen, was von großem Werte ist, da sich dann die nachbarlichen Sprengschüsse in ihren Wirkungen gegenseitig unterstützen. In solchen Fällen wird eine eigene Zündpatrone als oberste ins Bohrloch eingesetzt; der elektrische Strom bringt eine darin enthaltene Zündmasse zur Entzündung, wodurch die Zündkapsel explodiert und den Sprengstoff durch Initialzündung zur Explosion bringt. Es ist leicht einzusehen, daß man die elektrische Zündung aus beliebiger Entfernung, daher gesicherter vornehmen kann. Näheres über Sprengarbeiten, Gesteinsbohrmaschinen usw. folgt im „Tunnelbau".

[196] Das Spalten.

a) Während man es bei der Sprengarbeit nicht in der Hand hat, den Sprengstücken eine bestimmte Form zu erteilen, ist das bei der Zerkleinerung durch **Spalten, Abspalten und Absprengen** der Fall. Nicht nur leicht spaltbare Körper können so in kleinere Stücke zerlegt werden, auch festes Gestein kann durch Anwendung besonderer Hilfsmittel, die man systematisch wirken läßt, nach gewünschten Richtungen gespalten werden. .

Für die Spaltarbeit benutzt man die Wirkung des Keiles, der in das Werkstück eingetrieben wird. Vor allem werden Stahlkeile verschiedener Form verwendet, die mit Schlägeln oder Fäusteln eingetrieben werden. Um bei Stein-

Abb. 225
Keil

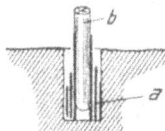

Abb. 226
Rundkeil

quadern den Schlitzrand zu schonen, wird ein V-förmiges Blech a eingelegt (Abb. 225).

Der Schlitzrand wird besser geschützt durch Anwendung von Rundkeilen (Abb. 226).

In das Bohrloch werden unten aufstehende gekrümmte Blechstücke und -Zylinder a eingesetzt, in deren Mitte der Rundkeil b sitzt, den man vortreibt. Hier findet die Pressung nahe am Boden des Loches und die Gefahr des Abbrechens des Schlitzrandes ist gänzlich beseitigt.

b) Zumeist ist die Wirkung eines Keiles nicht ausreichend, der überdies auch nicht die Spaltung in ganz bestimmter Fläche verbürgt. Um dies zu erzielen, muß man eine ganze Reihe benachbarter Keile einsetzen und gleichmäßig durch mehrere Arbeiter vortreiben lassen. **Man stellt so einen Schlitz oder Schramm her, in dessen Richtung dann die Loslösung sicher vor sich geht.**

Manchmal macht man vom Pflocksetzen oder -Sprengen Gebrauch, indem man in die Bohrlöcher des Schrammes trockene Weidenholzzylinder eintreibt und diese dann gleichzeitig mit heißem Wasser begießt; die eintretende Quellung bewirkt dann die Trennung. Man kann statt dessen die Holzzylinder auch mit einer Bohrung versehen, in die mit starker Hebelwirkung kegelförmige Stahlschrauben eingetrieben werden.

Zum Spalten von Dachschiefer benutzt man sehr dünne Keile.

Auch bei den Spaltarbeiten hat die neuere Zeit verbesserte Arbeitsweisen durch Anwendung von Schrämm- und Schlitzmaschinen und verschiedenen Sägen zur Einführung gebracht.

[197] Steinbrecher, Stampf- und Pochwerke.

a) Handelt es sich darum, Gestein in gröbere Stücke zu zerkleinern, wie es bei der Aufbereitung von Erzen, bei der Ge-

winnung von Schotter der Fall ist, so wird von der Handarbeit (mit Steinschlägen an längerem Stiel) nur noch selten Gebrauch gemacht. Man verwendet maschinell angetriebene, sehr kräftig gebaute **Steinbrecher**, bei denen ein beweglicher Brechbacken gegen einen feststehenden, ebenfalls mit Rippen versehenen Backen gedrückt wird.

Abb. 227 zeigt einen Steinbrecher Blakeschen Systems. Der festgestellte Brechbacken ist bei $C_1 C_1$, der bewegliche bei $C_1 C_2$ ersichtlich. Auf der Stahlwelle F, welche etwa 100 Touren macht, sitzt der Exzenter, der die Zugstange auf- und abwärts bewegt. $H K_1 K_2$ wirkt als Kniehebel; die Gelenkstützen $K_1 K_2$ sind in Stahllager $s s_1$ eingelegt, von welchen s_1 durch den Stellkeil L adjustiert werden kann, während s auf den um G drehbaren Hebel D drückt. Die in den kräftigen Ständer A

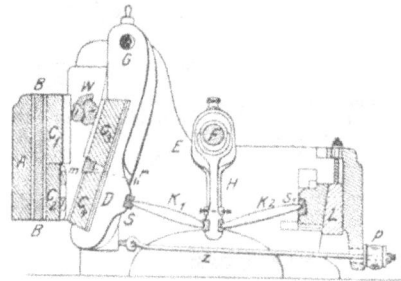

Abb. 227
Steinbrecher

eingesetzten festen Brechbacken $C_1 C_2$ lassen sich durch die Stützplatte B richtig einstellen. Die Befestigung von C_1 und C_4 erfolgt durch den Keil m und die Schrauben r. Die Rückbewegung des Hebels D erfolgt durch sein eigenes Gewicht und durch die der Wirkung des Kautschukpuffers p ausgesetzten Zugstangen z. Der zwischen die Brechbacken gelangende Stein W wird von den Hartguß-Backenrippen gebrochen, rutscht beim Auseinandergehen der Backen tiefer und wird so immer mehr verkleinert. Die Leistung für Straßenschotter kann mit 1—1,5 Tonnen pro PS-Stunde angenommen werden.

b) **Sehr häufig handelt es sich darum, die Zerkleinerung von Stoffen so weit zu treiben, daß pulverförmige Produkte erhalten werden.** Beispielsweise ist dies der Fall bei der Erzaufbereitung, bei der Zerkleinerung des Gipses zu Gipsmehl u. a. Für solche Zwecke werden **Stampf-** oder **Pochwerke** benutzt, deren einfache Ausführungsformen schon seit langer Zeit bekannt sind.

Die wesentlichen Bestandteile eines solchen Zerkleinerungswerkes (Abb. 228) sind Pochstempel oder Stampfen St, die als Stößel in vertikaler Führung im freien Fall herabfallen und durch die hierbei erzeugte Bewegungsenergie das im Stampf- oder Pochtrog T vorhandene Material zerkleinern. Die Pochstempel sind entweder aus Holz verfertigt, haben viereckigen Querschnitt und tragen am unteren Ende einen Stahlfuß P, oder sie bestehen aus Eisen, haben kreisförmigen Querschnitt und werden beim Heben etwas um die Vertikalachse gedreht, so daß beim Aufstoßen jedesmal andere Teile des Fußes

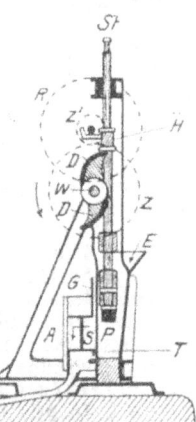

Abb. 228
Pochwerk

auf dieselbe Stelle des Troges T zu liegen kommen, wodurch eine gleichmäßigere Abnutzung des Stampfen erreicht wird. Das Aufschlagen der Stempel im Trog erfolgt gegen Stahlplatten.

Jeder Stempel trägt den Pochkopf G, der den Zweck hat, das Aufschlaggewicht zu vergrößern und den Hebling H, der so befestigt ist, daß er der Abnutzung des Polschuhes P entsprechend verstellt werden kann. Seitlich am Hebling greifen die auf der mittels Vorgelege $Z Z'$ drehbaren Welle W sitzenden Hebedaumen, die sog. Däumlinge D, an und drehen den Stempel bei jedem Hub. Die Hubzahl ist etwa 60 pro Min., das Stempelgewicht 150—500 kg und die Fallhöhe 100—300 mm. Das Eintragen des Pochgutes erfolgt bei E und kann nach Bedarf selbsttätig geregelt werden.

Im selben Trog arbeitet eine ganze Reihe von Stempeln (meist 5), die abwechselnd mit Hilfe der gemeinsamen horizontalen Welle W gehoben werden. Die Hebedaumen sind so angeordnet, daß die Stempel in bestimmter Reihenfolge niederfallen.

Wo es das Pochgut zuläßt und eine Sonderung leichterer Teilchen erforderlich wird, arbeitet man mit Wasserzufluß im Troge; in die Wände des letzteren sind dann Siebe S von passender Lochweite eingesetzt, die den Abfluß der Teilchen von bestimmter Korngröße ermöglichen.

Die zum Betriebe der Pochwerke erforderliche Kraft ist verhältnismäßig klein, aber sie verursachen häufig Reparaturen und erzeugen heftige Erschütterungen, großen Lärm und viel Staub.

[198] Walzwerke, Kollergänge.

a) Bewegen sich zwei Walzen mit parallelen Achsen gegeneinander, so wird das zwischen sie eingebrachte Zerkleinerungsgut beim Durchgange durch den zwischen ihnen vorhandenen Spalt je nach der Stellung der Walzen in größere oder kleinere Stücke zerbrochen und zerrieben. Solche **Walzwerke** oder **Walzmühlen** lassen viele Verwendungsmöglichkeiten zu; baut man sie kräftig, so läßt sich auch sehr festes Material zu gröberen Stücken zerkleinern, sie wirken dann ähnlich wie Steinbrecher. Man kann die Walzen aber auch sehr eng zueinander stellen und sie zum Feinmahlen verwenden.

Abb. 229
Walzquetsche

Die Anordnung der Walzen gegeneinander kann in verschiedener Weise vorgenommen werden. Die Walzenachsen liegen in der Regel horizontal nebeneinander (Abb. 229). Die Walzmühle (Walzquetsche) besteht aus 2 Walzen a und b, welche mittels wagerechter Wellen in einem eisernen Rahmen, dem Walzenstuhle, gelagert sind. Jede Walze besteht aus einem Hartgußmantel mit schmiedeeisernem Kerne. Der Antrieb erfolgt meist durch Riemenscheibe auf die eine Walze und wird mit Zahnrädern auf die andere Walze übertragen. Die Walze a ist festgelagert, während die Lager der Walze b sich gegen starke Gummipuffer P stützt, um ausweichen zu können, falls ein zu großer harter Gegenstand zwischen die Walzen gelangt. Zur gleichmäßigen Aufgabe des Gutes dient der Schüttelschuh S, der vom Fülltrichter E aus beschickt wird.

Je nach dem zu zerkleinernden Material und dem beabsichtigten Grad der Zerkleinerung wird die Oberfläche der Walzen verschieden ausgebildet. Eine energische Einwirkung auf das Gut wird, wie leicht einzusehen, erreicht, wenn die Walzen mit Unebenheiten versehen sind. Die Oberflächen können beispielsweise wellenförmig gestaltet sein oder sie tragen Zähne (Stachelwalzen), die sich nach Abnutzung auswechseln lassen. Sehr häufig wird die Walzenoberfläche geriffelt; läßt man hierbei die Walzen mit verschieden großer Winkelgeschwindigkeit laufen, so arbeiten die Walzen mit abscherender Wirkung auf das Material. Diese Walzenformen lassen sich aber bei hartem Material (z. B. festem Oestein, bei der Erzaufbereitung) nicht anwenden, da die Abnutzung zu groß wäre. Man benutzt dann glatte Walzen aus Hartguß mit aufgeschobenen Flußstahlreifen, die nach Bedarf ausgewechselt werden können.

b) Zum **Feinmahlen** dienen glatte Walzen in enger Stellung. Laufen beide mit gleicher Geschwindigkeit, so zerdrücken sie das Mahlgut; hat eine derselben eine größere Geschwindigkeit, so wirken sie nicht nur quetschend, sondern auch reibend. Allerdings wird dabei die rascher umlaufende Walze viel früher abgenutzt. Dies läßt sich vermeiden, falls man konische Walzen benutzen kann; man stellt diese so auf, daß das dickere Ende der einen dem schwächeren der anderen gegenübersteht. Solche Walzen halten sich besser rund als zylindrische.

Das Material zur Herstellung der glatten Walzen ist Hartguß oder für nicht zu festes Mahlgut Porzellan.

Auch bei feinmahlenden Walzen muß eine derselben gegen die andere mit elastischem An-

druck gepreßt werden, sie muß daher beweglich gelagert sein; die Walzen stellen sich selbsttätig gegeneinander je nach der Menge des zugeführten Mahlgutes ein.

Eine sehr vorteilhafte Ausnutzung der Walzwirkung erreicht man, wenn mehrere Walzen mit horizontaler Achse vertikal übereinander gestellt werden. Hierbei ist die unterste Walze fix gelagert, die darüber stehenden haben bewegliche Lager mit Vertikalführung, so daß der auf die oberste Walze ausgeübte Andruck auf die zwei darunter befindlichen übertragen wird. Diese Anordnung stellt uns also zwei Durchgänge zur Verfügung, leistet daher bei richtiger Verwendung die doppelte Arbeit wie der Zweiwalzenstuhl. Um den Dreiwalzenstuhl in der eben erwähnten Art ausnutzen zu können, wird er mit dem **Kreuzdurchlaß** ausgestattet. Bei der mittleren Walze sind zwei Rohrsysteme, die gekreuzt zueinander stehen, so angebracht, daß der Abgang des gemahlenen Gutes unabhängig vom Zugang zum unteren Durchgang erfolgen kann.

Zumeist sind die Walzenstühle mit Vorrichtungen zur selbsttätigen Abstellung versehen, falls sich harte Gegenstände zwischen den Walzen eingeklemmt haben oder das Mahlgut nicht zuläuft.

c) Ähnliche Wirkung wie mit Walzenstühlen läßt sich mit **Kollergängen** erreichen. Sie können sehr verschiedenartig konstruiert sein; zumeist bestehen sie aus zwei großen, schweren, scheibenförmigen Walzen (Läufer), die auf einem Bodenstein (Teller oder Tischplatte) rotieren. Eine solche Anordnung zeigt Abb. 230.

Die Läufersteine S S drehen sich um die horizontalen Achsen a a, zugleich erhält das ganze System die Bewegung um die Vertikalachse A,

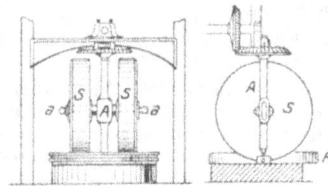

Abb. 230
Kollergang

wodurch sich die Läufer im Kreise auf dem Teller rollend bewegen. Das Mahlgut wird hier gleichzeitig gequetscht und zerrieben. Der erhöhte Rand des Tellers R verhütet das Hinausschieben der Masse. Die Walzenachse muß so ausgebildet werden, daß sich die Läufer nach Bedarf während ihrer Bewegung etwas heben können; allenfalls wird die Anordnung so getroffen, daß jeder Läufer unabhängig gehoben wird, falls eine höhere Schicht des Mahlgutes das erfordert. Streichbretter, die sich mit den Läufern bewegen, schieben das zu mahlende Gut immer wieder unter die Walzen.

Für manche Zwecke wird der Kollergang nur mit einem beweglichen Läufer ausgestattet (z. B. beim Mahlen von Formsand in den Gießereien); statt eines zweiten Läufers ist ein Schöpfrad angebracht, das zum Durchsieben der gemahlenen Masse dient.

Bei manchen Kollergängen rotieren die Läufer um feststehende Achsen; dann ist der Bodenstein beweglich und rotiert um eine vertikale Achse, die von oben oder von unten angetrieben werden kann.

Die Verwendung der Kollergänge ist eine mannigfaltige; so werden sie in der Tonwaren- und Porzellanindustrie, in der Papierfabrikation, Gießerei angewendet. Handelt es sich dabei, wie in der Porzellanfabrikation, darum, die zu pulverisierende Masse (Feldspat und Quarz) vollkommen eisenfrei zu erhalten, so werden Läufer und Bodenstein aus Sandstein hergestellt; sonst benutzt man gußeiserne Laufsteine.

[199] Mörser, Mörsermühlen.

a) Zur Zerkleinerung von Stoffen dient auch der **Mörser,** dessen Form und Anwendung allbekannt ist. Die Mörserkeule wird in dem aus Gußeisen oder Messing hergestellten Mörser entweder auf das am gekrümmten Boden liegende Gut gestoßen oder im Kreise im Mörser bewegt, wobei sie durch Reibung wirkt. Die allerdings nur in kleinerer Form ausgeführten Reibschalen, in denen ein Stempel (das Pistill) im Kreise bewegt wird, beruhen ebenfalls auf der letzterwähnten Arbeitsweise.

b) In der althergebrachten, in den Haushaltungen und Laboratorien gebräuchlichen Form eignet sich der Mörser nur für ganz einfache und kleinere Betriebe. Man hat jedoch das Wesen der Mörserwirkung auch für industrielle Zwecke ausgenutzt, indem man verschiedenartig ausgebildete **Mörsermühlen** konstruierte.

Die Reibkeule ist unten birnförmig verbreitert und sitzt auf einem mittleren Zapfen auf; das obere Ende wird von einem Exzenter mitgenommen und in schwingende Bewegung versetzt, wobei sich die Keule abwechselnd von der Wand des Mörsers entfernt und wieder nähert.

Ähnlich arbeiten die **konischen Mühlen**, die jedermann in einfacher Ausführung als Kaffee- und Mohnmühlen bekannt sind. Für industrielle Zwecke baut man solche Mühlen derart, daß ein geriffelter, kegelstumpfförmiger Körper aus Hartguß in einer innen ebenfalls geriffelten Hartgußglocke um eine vertikale Achse rotiert.

Der Arbeitskegel wirkt abscherend und brechend; seine Achse kann verstellt werden, wodurch die Entfernung zwischen Kegel und Außenglocke geändert wird.

[200] Mahlgänge.

a) Außerordentlich vielseitige Anwendung zur Zerkleinerung, namentlich auch zum Feinmahlen finden die Anordnungen, die in den Mühlen als **Mahlgänge** eingebaut sind. Wie allbekannt, wird der wesentlichste Bestandteil derselben von zwei scheibenförmigen Steinen gebildet, zwischen denen die Verkleinerung des Mahlgutes durch Rotation des einen hiervon erfolgt.

Je nachdem der obere oder der untere Stein bewegt wird, unterscheidet man **oberläufige** oder **unterläufige** Mahlgänge. Der oberläufige ist sehr glücklich gebaut: die Reibungswiderstände sind minimal und gerade dann gering, wenn der Stein kräftig arbeitet. Beim unterläufigen Mahlgang läuft die Spindel sehr leicht heiß.

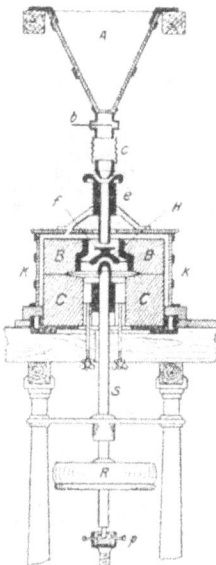

Abb. 231
Oberläufiger Mahlgang

Wir wollen an der Hand der Abb. 231, in der die Hauptbestandteile eines oberläufigen Mahlganges dargestellt sind, die Wirkungsweise desselben in Kürze beschreiben. Die Mahlsteine, die aus Quarzkonglomerat oder aus porösem Quarz bestehen, sind meistens so angeordnet, daß die Mahlflächen horizontal liegen. In der Regel ist der Oberstein (*B*) beweglich und wird dann als **Läufer** bezeichnet, er rotiert auf dem Boden- oder Unterstein C. Der Antrieb des Läufers erfolgt von unten vermittelst der in der Pfanne *p* gelagerten Mühlspindel *S* und der Riemenscheibe *R*; die Übertragung der Bewegung auf den Läufer geschieht durch die bewegliche „Haue" *H*. Die Zuführung des Mahlgutes erfolgt durch den Trichter *A*; sie kann durch den Schieber *b* reguliert werden. Hieran schließt sich der Schlauch *c* und das einstellbare Rohr *e*. Im Läufer wird das Material durch den Wurfteller *f* verteilt. Die Mühlsteine werden von einem dichten Kasten (der Zarge) *K* bedeckt, in deren Hohlraum das feingemahlene Gut herausgeschleudert wird; durch ein Abflußrohr gelangt es ständig nach außen.

Die Vermahlung des Gutes würde zwischen den Mühlsteinen nur mangelhaft vor sich gehen, wenn ihre Mahlflächen glatt wären; um das Zerreiben zu bewirken, sind beide Steine mit gröberen und feineren Furchen versehen, in denen das Mahlgut bei der Rotation gequetscht wird. Die gröberen Furchen, die Hauschläge (die „Felderschärfe") bewirken als Luftfurchen das Einziehen des Gutes über den Stein, außerdem wirken sie quetschend auf das Mahlgut. Die Flächen zwischen den Hauschlägen sind mit feineren Furchen, den Sprengschlägen, versehen.

Das Mahlgut wird in ganz bestimmter Weise zwischen den Steinen weiterbewegt; beim oberläufigen Mühlgang bewegt es sich längs einer mehrfach gewundenen Spirale nach außen hin, beim unterläufigen Gang ist seine Bahn viel kürzer.

Die Mühlsteine sind gegeneinander verstellbar eingerichtet, wodurch der Grad der Vermahlung geändert werden kann.

b) **Für die Vermahlung von Erzen und anderen Mineralien werden Scheiben aus Gußeisen verwendet,** deren Oberflächen mit Schlitzen, Zähnen oder Riffeln versehen sind und die vertikal oder horizontal gelagert sind. Manchmal ist eine der Scheiben exzentrisch angebracht, oder es bewegen sich auf einem großen, langsam rotierenden Mahlteller mehrere kleinere Läufer.

c) **Handelt es sich um die Erzeugung sehr feinen Pulvers aus Gestein oder für das Emaillieren,** so bedient man sich der **Schleif-** oder **Glasurmühlen**.

Die Vermahlung geschieht unter Wasser, das zur Verteilung des Materials mit beiträgt. Die Steine bestehen aus Sandstein; der Läufer wird von 2 Ansätzen der Laufspindel mitgenommen. Auf der Unterseite befindet sich eine Vertiefung, um die Verteilung des Gutes zu befördern.

[201] Kugel- und Rohrmühlen.

Das Kennzeichnende für diese Zerkleinerungsvorrichtung sind Kugeln, die beim Rollen oder durch ihren Fall das Material, das etwas spröde und nicht zu fest sein soll, zerkleinern; sie eignen sich daher namentlich zur Verkleinerung von Kohle, Kalk (bei der Zementerzeugung) u. dgl.

Die **Kugelmühlen** bestehen aus großen Eisentrommeln, in denen sich Kugeln aus Hartguß oder Quarz, die mehrere kg schwer sein können, befinden; bei der Rotation der Trommel rollen die Kugeln und fallen teilweise von Segmentabsätzen herab. Das Material wird auf Faust-, Nuß- oder Wickengröße zerkleinert.

In den **Rohrmühlen** erfolgt die Zerkleinerung des Materials bis zur Staubfeinheit. Die Trommel ist hier zu einem mehrere Meter langen Eisenzylinder ausgebildet, der sich um eine horizontale Achse bewegt und im Innern zur Hälfte mit Feuersteinkugeln gefüllt ist. Das Material wird an einem Ende stetig zugeführt, am anderen Zylinderende stetig herausbefördert.

[202] Schleudermühlen.

Auf ganz anderer Grundlage wie die bis jetzt beschriebenen Zerkleinerungsvorrichtungen sind die Schleudermühlen oder Desintegratoren gebaut. Sie beruhen auf der Bewegungsenergie des mit großer Kraft geschleuderten Materials, das etwas spröde sein muß (Knochen, Kohle, kalkhaltiger Ton, Schmirgel u. ä.).

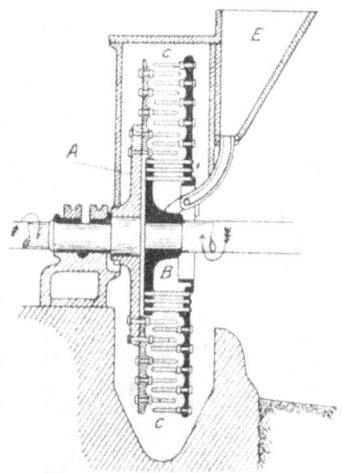

Abb. 232
Desintegrator

Der Desintegrator besteht aus zwei beweglichen Scheiben *A B*, die auf getrennten horizontalen Wellen aufsitzen und mit großer Geschwindigkeit (bis zu 1000 Touren in der Min.) im entgegengesetzten Sinne rotieren. Auf den Platten sind kräftige Schlagbolzen *c* aus Schmiedeeisen oder härterem Material aus Stahl in konzentrischen Kreisen so angeordnet, daß die hierdurch gebildeten Zylinder der einen Scheibe zwischen jene der zweiten zu liegen kommen (Abb. 232). Es entstehen so zylinderförmige Schlagkörbe, von denen der erste, dritte, fünfte usf. auf einer Scheibe sitzt, der 2.

4., 6. usf. auf der anderen. Das Material gelangt durch den Fülltrichter E zuerst in das Innere des innersten Schlagkorbes, wird hier mit großer Kraft gegen die Bolzen geschleudert und teilweise zerkleinert. Die zerkleinerten Stücke werden durch die Zwischenräume der Bolzen in den 2. Schlagkorb geworfen, treffen hier auf seine in entgegengesetzter Richtung rotierenden Stäbe, wo sie weiter zerbrochen werden. So setzt sich dies fort, bis das Material aus dem letzten Zylinder in Pulverform herausgeschleudert und nach außen befördert wird.

Werden verschiedene Stoffe in die Schleudermühle eingebracht, deren Festigkeit nicht allzusehr voneinander abweicht, so werden sie gleichzeitig zerkleinert und bei den oftmaligen Hin- und Herschleudern innig miteinander gemengt, so daß der Desintegrator hier auch die Rolle eines Mischapparates spielt.

B. Sortierungsarbeiten.

Siehe auch Vorstufe [139—143].

I. Sortierung nach der Korngröße.

Mag die Zerkleinerungsarbeit ein scheinbar noch so gleichmäßiges Produkt liefern, so besteht das Gut doch fast immer aus Teilchen von verschiedener Korngröße; um diese zweckentsprechend verwenden zu können, muß eine Sonderung derselben vorgenommen werden. Hierfür sind verschiedenartige Vorrichtungen ersonnen worden, die nach ganz verschiedenen Grundlagen gebaut sind.

[203] Sieben, Sichten.

a) Bringt man das gemahlene Gut auf Vorrichtungen mit regelmäßig angeordneten Öffnungen, so fallen beim Bewegen solcher Siebe die Teilchen, deren Größe kleiner ist als die Öffnungen, durch das Sieb, während die größeren Teilchen zurückgehalten werden, es erfolgt also eine **Sonderung des Sichtgutes je nach der Dimensionierung der Öffnungen.**

Die Siebe bestehen entweder aus Geweben (einfach leinwandartig mit Kette und Schluß oder gazeförmig gewebt) oder aus gelochten (perforierten) Blechen. Als Material für Siebgewebe können Faserstoffe, Roßhaar, Eisen- oder Messingdrähte in Verwendung kommen.

Wie bekannt, findet bei ruhiger Lagerung des Sichtgutes auf der Siebfläche keine Sichtung statt; das Sieb muß in lebhafte rüttelnde Bewegung versetzt werden oder das Material muß kräftig gegen die Siebfläche geworfen werden, wie in den **Wurfsieben.** Um größere Siebflächen auszunutzen, muß das Siebgut den Siebflächen möglichst gleichmäßig zugeführt werden, wobei zu beachten ist, daß das Gut in nicht zu hoher Schicht aufliegt.

Je nach dem zu sichtenden Material können die Siebvorrichtungen in den mannigfaltigsten ·Formen ausgeführt werden.

Bei den **Wurfsieben** (Sandgatter), die zur Sortierung des Bausandes dienen, wird das Gut mit Schaufeln gegen das in einem Rahmen gefaßte, unter 60—70° aufgestellte Sieb geworfen.

Für industrielle Zwecke werden größere Siebflächen verwendet, denen man durch besondere Antriebe eine heftige Schüttelbewegung erteilt (**Schüttel- oder Rüttelsiebe**). Die Siebfläche ist unter einem kleinen Winkel (**4—5°**) gegen die Horizontale geneigt, wodurch eine langsame Weiterbewegung des Siebgutes auf der Siebfläche erzielt und die Sichtung befördert wird.

Vielfach werden zum Sieben **Sichtzylinder** verwendet; sie bestehen aus einer polygonalen, zumeist sechseckigen Siebfläche, die auf ein prismatisches Lattengerüst gespannt ist, dessen Längsachse unter **4—5°** gegen die Wagerechte geneigt ist. Das Sichtgut befindet sich im Innern des Zylinders, der in langsame Rotation versetzt wird.

Erhält das Sieb eine zylindrische Form, so wird die Vorrichtung als **Trommelsieb** oder **Rundsichter** bezeichnet. Bei horizontal liegender Zylinderachse wird das Sichtgut im Zylinder durch schrägstehende Bleche weitergeschoben.

Für die möglichst gleichförmige Zuführung des Gutes zu den Sieben muß durch besondere Anordnungen gesorgt werden. Bei der **Walzenzuführung** wird der Zufluß durch einen verstellbaren Schieber oberhalb der Walze reguliert. Eine andere Zuführung erfolgt mittels des **Rüttelschuhes.** Die Verteilung kann ferner durch eine kegelförmige Fläche geschehen, die sich an das Zuflußrohr anschließt; allenfalls ist die Verteilungsfläche trapezförmig und trägt dreieckige Prismen, die zum gleichförmigen Auseinanderbreiten des darüber laufenden Gutes bestimmt sind.

b) Eine wesentlich erhöhte Leistungsfähigkeit der **Siebtrommeln** wird erreicht, wenn man die Wirkung der **Zentrifugalkraft zu Hilfe nimmt, um das Sichtgut gegen die Siebflächen zu werfen.**

Von dieser Anordnung macht man in den **Zentrifugal-Sichtmaschinen** Gebrauch.

Auf der Achse des Sichtzylinders sind Schläger angebracht, die rascher in der gleichen Richtung rotieren, wie die Trommel selbst. Durch die Schläger wird das Material gegen die Siebwand geschleudert und hierdurch ein erhöhter Effekt erzielt.

c) Eine sehr gute Ausnutzung der Siebfläche gestatten die **Plansichter** oder **Sichtmaschinen,** die bei gleicher Siebfläche etwa die vierfache Leistung der Siebzylinder ergeben. **Dies wird erzielt, indem man dem Plansichter eine kreisende Bewegung erteilt.**

Abb. 233 zeigt uns die schematische Anordnung eines Plansichters. S ist der Sichterkasten, der an den Stangen h hängt, die in Kugellagern laufen. Die Achse A endet am unteren Ende in eine Kurbel K, die das Sieb mitnimmt und allen Teilen desselben die gleiche kreisende Bewegung erteilt. Bei einer gewissen Geschwindigkeit machen die Teilchen des Sichtgutes eine krummlinige Bewegung auf der Siebfläche und kommen fortwährend an andere Stellen des Siebes, worin die gute Ausnutzung desselben liegt. Ver-

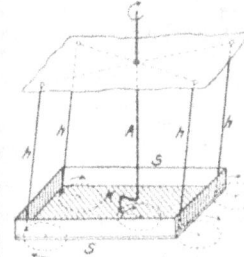

Abb. 233
Plansichter

schiedene Förderleisten und Wände oberhalb des Siebes zwingen das Sichtgut in bestimmter Weise über das Sieb weiterzugleiten.

d) Schließlich wollen wir noch einige Sortierungsverfahren erwähnen, die angewendet werden müssen, falls das Sieben zu keinem Ziele geführt hat. Durch letzteres kann man nur Teilchen ziemlich gleicher Korngröße erhalten; soll aber noch eine Trennung derselben nach gewisser gleicher Gestalt erfolgen, so muß zu anderen Hilfsmitteln gegriffen werden.

Bei der Erzeugung von Gewehrschrott müssen die wirklich kugelförmigen Schrotte von den mehr scheibenförmig ausgebildeten getrennt werden; hierzu benutzt man **schiefe Ebenen,** auf denen die korrekt gestalteten Körner leicht herabrollen, während die unregelmäßig geformten liegen bleiben.

Auf demselben Grundsatze beruht eine Vorrichtung, die zur Sortierung von kugeligen Samen von länglich gestalteten dient. Auf das endlose Tuch, das sich im oberen Teile aufwärts bewegt, fallen die Samenkörner am oberen Ende auf; die kugeligen rollen am Tuch herunter und werden gesammelt, die anders gestalteten vom Band mitgenommen und abgeworfen werden.

Beim **Trieur** wird die Trennung durch Zylinder herbeigeführt, deren Oberfläche mit halbsegmentförmigen Grübchen versehen ist, in die sich runde Körner leicht einlegen können. Hierdurch werden sie weiter geführt als längliche und von diesen getrennt.

II. Sortierung nach dem Gewichte.

[204] Schlämmen und Siebsetzen.

a) **Schlämmen.** Von diesem Arbeitsverfahren wird sehr häufig Gebrauch gemacht, um die Teilchen gemahlener Körper nach ihrem Gewichte zu sondern. Hierbei wird das gemahlene Gut zuerst durch besondere Rührvorrichtungen in Wasser vollständig verrührt; die so erhaltene Flüssigkeit, die „Trübe', passiert nun nacheinander eine Reihe von Gefäßen, in denen sich die festen Teilchen ablagern. Es ist ohne weiteres einzusehen, daß sich im ersten Gefäße die gröbsten, schwersten Bestandteile absetzen werden; die etwas leichteren werden von der Flüssigkeit, die durch heberartig wirkende Röhren in die nächsten Gefäße weiterfließt, mitgenommen und setzen sich je nach ihrer Feinheit erst später ab.

Geschlämmt werden beispielsweise Graphit, Mineralfarben, Schleifpulver, namentlich auch die Tone für bessere Sorten der Tonwaren. Für letzteren Zweck werden besondere Schlämmaschinen angewendet. Das Rührwerk derselben zerkleinert die Masse und mischt sie aufs innigste mit Wasser. Gröbere Verunreinigungen, die vom Wasser nicht mitgeführt werden, fallen im Rührbassin schon zu Boden und können daraus entfernt werden. Die erhaltene Tonmilch (Schlempe) wird in Schlämmgruben oder -bassins geleitet, in denen die festen Teilchen allmählich niederfallen.

b) **Siebsetzen.** Namentlich bei der Aufbereitung von Erzen handelt es sich darum, schwerere Teilchen ziemlich gleicher Korngröße, aber von verschiedenem spezifischen Gewichte so weit als möglich mit einfachen Hilfsmitteln voneinander zu trennen, um die hüttenmännische Verarbeitung zu erleichtern. Ist erzführendes Gestein im Stampfwerk gepocht worden, so finden sich in dem zerkleinerten Material schwere Teilchen der Erze und spezifisch leichte der verschiedenen Gesteine. Hier kann das Schlämmen wegen der verhältnismäßig gröberen und dabei schweren Teilchen nicht mehr angewendet werden. Doch kann auch hier mit einfachen Mitteln eine Trennung der verschiedenen Bestandteile vorgenommen werden.

Liegt grobkörniges Material vor, so führt das Verfahren des **Siebsetzens** zum Ziel. Es beruht auf folgender Erfahrung. Drückt man ein Sieb, in dem solches Material gleicher Korngröße vorhanden ist, ins Wasser, so strömt dieses durch die Sieblöcher nach aufwärts und hebt die spezifisch leichteren Teile höher hinauf als die schweren. Bei mehrmaliger Wiederholung tritt also eine Sonderung des Gutes in den übereinander liegenden Schichten ein. Im größeren Betriebe erfolgt das Siebsetzen maschinell in besonderen **Siebsetzmaschinen**, die für kontinuierlichen Betrieb eingerichtet sind. In der Abb. 234 ist der Querschnitt durch eine solche Vorrichtung

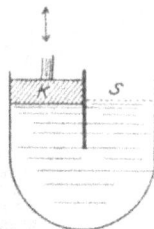

Abb. 234   Abb. 235
Siebsetzmaschine   Stoßherd

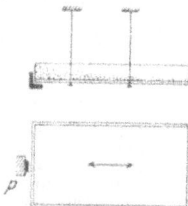

dargestellt. *S* ist das schwach geneigte Sieb, auf dem das Material aufgeschüttet wird. Durch den Kolben *K* werden stoßartige Bewegungen des im Setztroge enthaltenen Wassers hervorgerufen, die das auf dem Sieb *S* enthaltene Material sondern; die schwache Neigung desselben bewirkt das Vorwärtsgleiten desselben.

[205] Stoßherde.

Eine Sonderung feiner gemahlenen Erzgutes geschieht in Stoßherden. Das sind Kästen, die aufgehängt sind, so daß sie durch einen Exzenter in schwingende Bewegung gebracht werden können und dabei gegen Prellklötze anschlagen.

Der Kastenboden ist glatt und etwas geneigt; über ihn fließt Wasser, mit dem das Gut eingetragen wird und das auch die leichtesten Teilchen mit fortführt.

Wird ein solcher Stoßherd (Abb. 235) an einen Prellklotz bei *p* gestoßen, so sammeln sich nach und nach die schwersten Teilchen (das Erz) in der Umgebung der Anschlagstelle an, in weiteren Entfernungen die leichteren (die Teilchen des tauben Gesteins).

[206] Luftschlämmung (Separatoren).

a) Ähnlich wie man feste Teilchen mit Wasser durch Schlämmung sortieren kann, läßt sich ein solches Verfahren auch mit Luft durchführen. Eine **Luftschlämmung** kann in verschiedener Weise vorgenommen werden. Das einfachste hierher gehörige Verfahren wendet man in kleineren Betrieben beim Werfen von Getreiden mit Schaufeln an.

Hierbei legen die spezifisch schwereren Getreidekörner einen längeren Weg durch die Luft zurück, als die leichteren Verunreinigungen, deren Bewegung durch den Luftwiderstand stark verzögert wird, die daher schon in der Nähe zu Boden fallen.

b) Zweckmäßiger arbeitet man mit den **Windseparatoren**, bei denen ein Luftstrom senkrecht zur Fallrichtung gegen die aus einer Spalte herabfallenden festen Teilchen (Getreidekörper, fein gemahlener Ton usf.) geblasen wird.

Hier spielt sich der umgekehrte Vorgang wie unter *a)* geschildert ab, da jetzt die leichteren Teilchen vom Stoßwind viel weiter mitgerissen werden als die schwereren. Bekannt sind die Getreideputzmaschinen, die nach diesem System arbeiten. Allenfalls wird statt eingeblasener Luft Saugwind verwendet, indem mittels eines Saugventilators die Luft aus dem Separatorkasten gezogen wird.

c) Sehr oft führen Abzuggase verschiedene feste Teilchen mit, die gesammelt und weiter verwendet werden sollen. Leitet man die Gase durch passend angelegte Staubkammern, so fallen die mitgerissenen festen Teilchen je nach ihrem Gewichte früher oder später zu Boden und können daher auf diese Art gesondert werden.

Von diesem Prinzipe der Sortierung macht man Gebrauch in den sog. Steigmühlen, in denen sehr fein gemahlene Pulver (z. B. Bronze- oder Brokatfarben) durch Luft aufgerührt werden, um sie zu sortieren, da in solchen Fällen auch die allerfeinsten Gewebe nicht hinreichen, um das Sieben durchzuführen.

In einem zylindrischen Kasten rotiert eine vertikale Achse mit unten eingesetzten Querarmen, die Bürsten tragen. Bei der Rotation schleifen diese über Rippen am Boden des Kastens und wirbeln hierdurch das dort aufgeschüttete Gut auf. Das feine Pulver steigt im Kasten empor, das feinst gemahlene natürlich am höchsten und lagert sich im obersten Kastenfache ab; die etwas schwereren Anteile sammeln sich dann in den tieferen Abteilungen an.

III. Sortierung nach dem Aggregatzustande.

[207] Sonderung fester Körper von Flüssigkeiten.

a) **Zentrifugen.** Im Abschnitte der Physik über die Zentrifugal- oder Fliehkraft ist bereits darauf hingewiesen worden [44], daß man von dieser Wirkung Gebrauch macht, um Flüssigkeiten in rascher und bequemer Weise von festen Körpern zu trennen.

So wird beispielsweise Kristallzucker von der Melasse getrennt, „Halbzeug" in der Papierfabrikation entwässert, nasses Gewebe rasch getrocknet. Im Wesen besteht die Zentrifuge aus einem rasch rotierenden zylinderförmigen Gefäße „Korb", dessen Achse zumeist vertikal steht. Der Zylindermantel ist siebartig durchbrochen, so daß die Flüssigkeiten bei der Rotation in das den Korb umschließende Gefäß gedrückt werden können.

b) **Filterpressen.** Hier findet ein Filtrieren der mit festen Teilchen vermengten Flüssigkeit mit Hilfe von Filtersäcken aus dichtem Tuch statt; hierbei wird auf die in den Säcken befindliche Flüssigkeit ein Druck ausgeübt, durch den sie aus deren Gewebe hinausgepreßt wird, während die festen Teile als Kuchen im Sacke zurückbleiben.

Die Filterpressen werden in 2 Formen ausgeführt:
1. **Kammerpressen:** Diese werden aus eisernen ausgehöhlten und mit vertikalen Reifen versehenen Platten aufgebaut, die dicht aneinander schließen. In die gebildeten Hohlräume werden Filtersäcke eingelegt, in die oben die

Flüssigkeit zufließen kann; unten sind Ausläufe für die mit 1,5—3 at durchgepreßte klare Flüssigkeit angebracht. Beim Drucke auf die in den Säcken vorhandene Flüssigkeit fließt diese in den Rinnen der Filterplatten nach abwärts zum Auslauf.

2. **Rahmenpressen:** Hier verwendet man gefurchte Platten ohne Aushöhlungen, sie werden beiderseits mit einem Siebblech bedeckt und mit Filtertuch überspannt. Ein Eisenrahmen trennt jede Platte von der nächsten. In die so gebildeten Hohlräume wird die zu filtrierende Flüssigkeit eingedrückt; der Schlamm bleibt zum Schlusse in diesen Hohlräumen zurück, die klare Flüssigkeit fließt durch die Öffnungen der Siebbleche ab.

Sind die festen Körper nur mit wenig Flüssigkeit vermengt, so kann die Trennung durch Pressen in Preßsäcken erfolgen. Mittels verschiedenartig ausgebildeter Pressen, bei denen auch hydraulischer Druck zur Verwendung kommen kann, übt man auf die gefüllten Preßsäcke genügend starken Druck aus, wodurch die Flüssigkeit herausgedrückt wird.

[208] Sonderung fester Körper von Luft.

In vielen industriellen Betrieben gelangen ganz feine Teilchen von festen Körpern in die Luft, die man nicht verloren geben darf, woraus sich häufig die Notwendigkeit, eine Trennung des Staubes von der Luft vorzunehmen, ergibt.

Eine diesem Zwecke dienende Vorrichtung ist der Zyklon, der bei gröberem Staube Verwendung finden kann. Hier wird die Staubluft in kreisende Bewegung versetzt, indem man sie durch das Rohr, das im oberen zylindrischen Teile des Zyklons angebracht ist, einbläst. Bei der Bewegung der Luft im Innern der Vorrichtung werden die festen Teilchen an die Außenwand geschleudert, gleiten dann aus dem sich an den Zylinder anschließenden Kegelmantel abwärts und werden unten in Säcken aufgefangen; die gereinigte Luft entweicht durch das Mittelrohr nach aufwärts.

Bei feineren Staubteilchen muß eine Filtrierung, ähnlich wie bei tropfbaren Flüssigkeiten, angewendet werden. Hierzu dienen Filtertücher (aus Flanell), die in verschiedener Form (Säcke, ebene Wände) benutzt werden. Da sich die Tücher sehr bald durch das feine Pulver verlegen, muß man noch besondere Vorrichtungen anbringen, die das Abklopfen der Filter selbständig in gewissen Zeitabschnitten bewirken.

IV. Sortierung nach dem magnetischen Verhalten.

[209] Magnetische Scheidevorrichtungen.

a) Die Eigenschaften mancher Stoffe (Eisen, Stahl), von Magneten angezogen zu werden, kann mit großem Vorteile zur Sonderung solcher Körper von nicht magnetisierbaren benutzt werden.

Es kann sich beispielsweise um die Trennung von Eisenspänen von Bronzespänen handeln, oder es soll Getreide von hineingeratenen Eisenstückchen befreit werden. Für solche Zwecke verwendet man Zylinder, die um eine horizontale Achse rotieren und auf ihrer Mantelfläche Magnete tragen. Das zu sortierende Material läßt man an der Außenfläche des Zylinders herabgleiten, wobei die magnetischen Teilchen zurückgehalten werden. Die anderen fallen herab. Bei der Weiterbewegung der Trommel werden die angezogenen Eisen- und Stahlteilchen abgestreift.

b) **Ganz wesentliche Vorteile bietet die Verwendung magnetischer Vorrichtungen bei der Aufbereitung eisenhaltiger Erze, wie z. B. des Magneteisensteines und des Spateisensteines.** Es ist ohne weiteres verständlich, wie sehr sich die Erzaufbereitung vereinfacht, wenn die Trennung des zu verhüttenden Bestandteiles vom tauben Gesteine in so vollkommener Weise erfolgen kann. Da heute elektrischer Strom in solchen Betrieben überall zur Verfügung steht, lassen sich kräftige Elektromagnete ohne Schwierigkeit in Betrieb erhalten.

Im Wesen besteht eine solche elektromagnetische Aufbereitungsanlage aus Elektromagneten, vor deren Polen das fein zerkleinerte Erzgut auf endlosen Bändern vorüberbewegt wird, wobei die magnetischen Teilchen angezogen und aus der Gesteinsmasse herausgehoben werden.

C. Mengungsarbeiten.

Hierher fällt eine ganze Reihe von Arbeiten, die ausgeführt werden müssen, um feste Körper in Pulverform miteinander innigst zu vermischen oder bei plastischen Stoffen (wie Ton) gleichmäßig zu machen, zu homogenisieren, ferner um feste Körper mit mehr oder weniger Flüssigkeit zu verrühren.

[210] Misch- und Knetmaschinen.

a) Zur Mengung von feingepulverten Stoffen (Farben, Mehl) dienen **Mischmaschinen mit Streutellern (Wurfscheiben).**

Die zu mengenden Pulver werden gemeinsam in eine Gosse eingefüllt, aus deren unten angebrachter Auslauföffnung sie auf eine rasch rotierende Scheibe, den Streuteller, fallen, von dem sie durch die auftretende Fliehkraft in einen großen Kasten oder eine Kammer geschleudert werden. Wenn der Streuteller an der Decke des Kastens angebracht wird, kann namentlich während des Herabfallens eine innige Mischung eintreten.

b) Bei den **Walzenmischmaschinen** fallen die in einem prismenförmigen, sich unten zu einer Ausflußöffnung verengenden Kasten eingefüllten Pulver auf zwei Walzen, die sich gegeneinander bewegen und das Pulvergemisch in eine darunter angebrachte Förderschnecke fallen lassen. Das aus dieser kommende Pulver wird zu einem Hebewerk (Paternosterwerk oder Elevator) geführt, das es neuerlich in den Einwurfkasten bringt, so daß der Mischprozeß mehrmals wiederholt wird.

Zur Homogenisierung des Tones in der Tonwarenindustrie werden **Tonschneider** in verschiedener Ausführung verwendet. Sie bestehen aus einem vertikalen oder horizontalen Arbeitszylinder und einer Füllvorrichtung für die Tonmasse trägt. Im Zylinder rotiert eine Achse (in vertikaler oder horizontaler Anordnung je nach der Aufstellung des Arbeitsgefäßes) an der verschiedenartig gestaltete Messer, Schraubenflügel oder Ansätze angebracht sind. Zweck aller dieser Mittel

ist das vielfache Durchschneiden, Durcharbeiten und Weiterbefördern der plastischen Tonmasse durch die langsame Rotation der armierten Welle. Beim vertikalen Tonschneider ist unten eine Öffnung angebracht, um die durchgearbeitete Masse herausnehmen zu können, bei horizontaler Anordnung tritt sie an einem Zylinderrande heraus.

Für besonders innige Mischung von Tonen oder Zumischung von Farbstoffen sind Misch- oder Homogenschnecken in Gebrauch, bei denen eine Reihe besonders konstruierter Messer und Flügel die innige Vermengung bewirken.

c) Die eben erwähnten Maschinen sind in ihrer Arbeitsweise nahe verwandt den verschiedenartig ausgeführten **Knetmaschinen,** die in einer Reihe von industriellen Betrieben Verwendung finden, so auch in Brot- und Teigwarenfabriken.

Im Wesen bestehen solche Vorrichtungen aus zwei gegeneinander arbeitenden Flügeln mit besonders gekrümmten Arbeitsflächen.

Zum Durcharbeiten des Kautschuks werden Walzen, die sich in entgegengesetzter Richtung zueinander bewegen, benutzt. Auch mit Kollergängen läßt sich ein Durchmischen teigiger Körper erzielen (Melangeur in der Schokoladefabrikation).

[211] Rührwerke.

In verschiedenen Gewerben müssen feste Körper in größeren Mengen von Flüssigkeiten verrührt werden.

Wir haben in der Vorstufe im Abschnitte über Chemie mehrmals Gelegenheit gehabt, auf solche Mischungen hinzuweisen („Maischen" in den Bierbrauereien, Durchmischen des Papierzeuges, Schlämmen).

Bei allen diesen Vorgängen wendet man **Rührwerke** an, die aus einem großen Bottich (Maischbottich) bestehen, in dem eine vertikale Achse, an der Arme angebracht sind, langsam rotiert.

DAS TECHNISCHE ZEICHNEN

Darstellende Geometrie.

Inhalt: Nachdem wir im früheren Abschnitte die gegenseitigen Beziehungen von Punkten, Geraden und Ebenen im Raume kennengelernt haben, wollen wir im folgenden zu den Schnitten von Geraden und Ebenen mit Körpern, wie sie sich bei technischen Konstruktionen so ungemein häufig ergeben, übergehen. Der Leser wird dabei angenehm überrascht sein, mit wie wenig Grundregeln man im allgemeinen in der darstellenden Geometrie das Auslangen findet. Die Lösung aller hier überhaupt möglichen Aufgaben besteht eigentlich nur immer in einer wiederholten Anwendung der im I. Abschnitte gegebenen Konstruktionsregeln; wir konnten daher mit vollem Rechte diese als Grundlage der ganzen Konstruktionskunst bezeichnen.

2. Abschnitt.

Ebene Körperschnitte.

[212] Grundbegriffe.

a) Unter „Körperschnitt" im weitesten Sinne des Wortes verstehen wir die **Durchstoßpunkte** einer **Geraden** bei ihrer Durchdringung durch einen Körper und die **Schnittfigur**, die sich beim Schnitte eines Körpers mit einer **Ebene** ergibt.

Beide Aufgaben bedingen ähnliche Lösungen; **wir müssen, um die Schnittpunkte einer Geraden mit einem Körper zu finden, stets vorerst durch die Gerade eine Ebene legen und diese zum Schnitte mit dem Körper bringen.** Die Schnittpunkte der Geraden mit der in derselben Ebene gelegenen Schnittfigur sind dann gleichzeitig die gesuchten Durchstoßpunkte. Davon macht man bei Durchdringungen von Körpern und bei Schattenkonstruktionen ausgedehnten Gebrauch.

b) Man legt zu den verschiedensten Zwecken ebene Schnitte durch Körper; bei **vollen** Körpern wohl meist, um den Weg zur Lösung anderer Konstruktionsaufgaben zu bahnen, wie wir dies eben bei der Durchdringung von Geraden erwähnt haben; bei hohlen Körpern dagegen, um das Innere derselben (Materialstärke, Verbindungsstellen und andere innere Einzelheiten) zur Darstellung bringen zu können. **Die Schnittlinie liegt stets im Mantel des geschnittenen Körpers und die Projektionen dieser Linie sind auch die der Schnittfigur.** Zur Körperachse kann die Schnittebene folgende Lagen haben:

1. **durch die Körperachse (Achsenschnitt),**
2. **senkrecht zur Körperachse (Normalschnitt, Querschnitt, Profil),**
3. **parallel zur Körperachse (Längsschnitt),**
4. **geneigt zur Körperachse (schräger Schnitt).**

Schräge Schnitte kommen in der Praxis verhältnismäßig selten vor, weil sie dem Hauptzwecke jeder technischen Darstellung, die Anfertigung des Gebildes zu erleichtern, nur in sehr mangelhaftem Grade genügen. Darauf wolle bei jeder technischen Konstruktion besonders geachtet werden. Nach den Querschnitten lassen sich die für die Ausführung nötigen Schablonen herstellen; aus ihnen sowie aus Achsen- und Längsschnitten ergeben sich Abmessungen, die der Ausführende zu seiner Arbeit braucht. Mit schrägen Schnitten kann er in der Regel nicht viel anfangen.

c) Zu den Projektionsebenen kann die Schnittebene liegen:

1. **parallel zu einer Projektionsebene,**
2. **senkrecht zu einer Projektionsebene** und
3. **geneigt zu allen Projektionsebenen.**

Bei Körperschnitten trachte der Konstrukteur für seine Arbeiten die einfachsten Verhältnisse zu wählen, mithin soweit als möglich die Projektionsebene senkrecht oder parallel zur Schnittebene, nötigenfalls Hilfsprojektionsebenen anzunehmen, die diesen Bedingungen entsprechen. Jeder andere Weg führt in der Regel zu Komplikationen, die nur unnütze Mühe machen und die Deutlichkeit der Zeichnungen erschweren. Am einfachsten gestaltet sich die Konstruktion der schneidende Ebene $\perp$ zu einer Projektionsebene steht, weil sich dann ihre Projektion als gerade Linie darstellt. Erforderlichenfalls wird eine 3. Projektionsebene einzuführen sein, wenn anders dieser Bedingung nicht entsprochen werden kann. Es wird auf diese Weise vermieden, daß die eine oder andere Konstruktion ohne Ergebnis bleibt, was immerhin eintreten kann, wenn unter ausschließlicher Benutzung von Gr. und A. die Durchstoßpunkte der einzelnen Kanten oder die Schnittlinien der einzelnen Flächen aufgesucht werden müssen.

d) Für viele technische Zwecke wichtig ist die **Abwicklung** oder das **Netz der Körperoberfläche**, worunter man die Ausbreitung der Begrenzungsflächen in der gleichen Ordnung, wie sie am Körper zusammenhängen, versteht.

Die Lösung der Aufgaben ist eine verschiedene, je nachdem es sich um ebenflächig und krummflächig begrenzte Körper handelt; letztere ist naturgemäß ungleich schwieriger.

A. Schnitte und Netze bei Polyedern.

[213] Ebene Schnitte durch Polyeder.

a) Wenn eine Ebene einen ebenflächigen Körper schneidet, so ist die Schnittfigur ein ebenes Vieleck. Von jeder Fläche des Körpers können nur 2 Kanten von der schneidenden Ebene getroffen werden, da letztere sonst mit der betreffenden Polyederfläche zusammenfallen müßte.

Eine Ausnahme erleidet diese Regel nur, wenn die schneidende Ebene durch eine Körperecke geht, in welchem Falle freilich die Schnittpunkte aller Kanten zusammenfallen.

b) Man bestimmt das Schnittpolygon, indem man nach den früher erläuterten Methoden entweder die **Durchstoßpunkte der Polyederkanten** [103a] oder die **Durchschnittslinien der Polyederflächen** [103b] mit der Schnittebene ermittelt.

Die einzelnen Schnittlinien kommen bei Bildung der Schnittfigur nur so weit in Betracht, als sie innerhalb der Grenzen beider jeweilig zum Schnitte kommenden Ebenen liegen.

[214] Zeichnung von Polyedernetzen.

a) Man erhält das Netz eines Körpers, d. h. die Ausbreitung seiner Mantelfläche in die Zeichenebene, **wenn man die sämtlichen Seiten in ihrer wahren Größe mit den entsprechenden Kanten aneinanderlegt.** Dies kann entweder durch Umlegen der Seitenflächen oder auch durch die Bestimmung der wahren Länge der einzelnen Kanten [106], nötigenfalls durch Ermittelung ihrer gegenseitigen Winkel [109] geschehen, aus welchen Angaben dann die einzelnen Seitenflächen zu konstruieren sind.

Die Grundkanten und, falls der Körper geschnitten wurde, die Seiten der Schnittfigur wird man aus der wahren Größe der Grundfläche und der Schnittfläche entnehmen. Man erhält sie am besten durch Umlegung im ganzen, wenn die Flächen nicht schon mit einer ihrer Projektionen kongruent sind. Dem Netze der Seitenflächen sind die Grund- und die Schnittfläche so anzufügen, daß eine ihrer Seiten mit der zugehörigen Grundkante einer Seitenfläche zusammenfällt. Beim Aufheben der Seitenfläche und Rückdrehung in die richtige räumliche Lage wird jede Grundkante des Netzes mit der zugehörigen Seite der Grundfläche zusammenfallen.

Aufgabe 83.

[215] *Eine auf der Gr.E. aufstehende Pyramide soll durch eine zur A.E. normale und gegen die Gr.E. geneigte Ebene so geschnitten werden, daß der Schnitt eine Seitenkante in der Entfernung m von der Spitze trifft. Es ist das Netz des Pyramidenstumpfes zu zeichnen. (Abb. 236 u. 237.)*

Lösung: Wir stellen die Pyramide (Abb. 236) so auf, daß ihre Seitenkante $AS \parallel$ zur A.E. liegt, damit sie im Aufrisse in wahrer Größe erscheint, und daher auf ihr auch Strecken in wahrer Größe sofort aufgetragen werden können. Auf $A''S''$ von S'' die Entfernung m aufgetragen, gibt uns einen Punkt der A.-Spur, die durch a'' unter dem gegebenen Winkel zur X-Achse zu ziehen ist; die Gr.-Spur ist E_1. Die Schnittfigur ist im A. die Linie a''—e''; nach der Schnittpunktprobe [87] ergibt sich der Gr. der Figur in $a'b'c'd'e'$. Ihre wahre Gestalt finden wir durch Umlegen der Schnittebene E um ihre Grundrißspur E_1 in a^1—e^1.

Um das Netz zu zeichnen, legen wir die Seitenflächen um ihre Grundkanten in die Gr.E. um [110] und reihen die gefundenen Vierecke entsprechend aneinander (Abb. 237); die Grundfläche und die Schnittfläche können wir bei irgendeiner der Grundkanten bzw. Schnittlinie, hier z.B. bei AB bzw. ab anfügen.

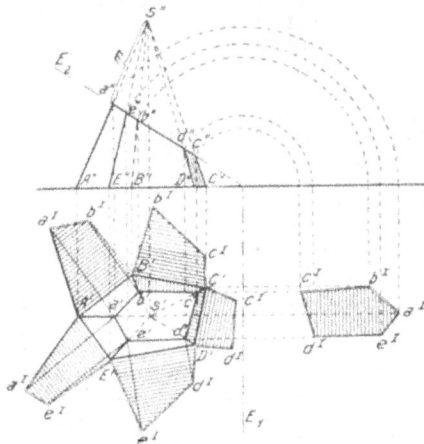
Abb. 236

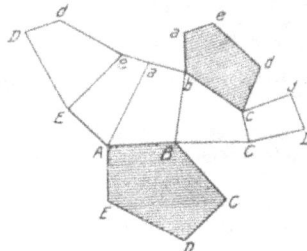
Abb. 237

Zeichne dieses Netz auf einen Karton, schneide es aus und du wirst nach Aufbiegen der einzelnen Kanten das Modell des Pyramidenstumpfes erhalten.

Aufgabe 84.

[216] *Es ist der Schnitt zwischen einem auf der Gr.E. stehenden geraden Prisma und der Fläche eines Parallelogrammes (MNPQ) zu ermitteln. Der obere und untere Teil des durchschnittenen Prismas sind samt Grund- und Schnittfläche abzuwickeln. (Abb. 238 u. 239.)*

a) Grundfläche und Schnittfigur (Abb. 238) decken sich hier im Gr. Um den Aufriß der letzteren zu finden, können wir durch jede Seite des Gr. (z. B. durch AB) eine Ebene $\perp$ zur Gr.E. legen und deren Schnitt $(x'y')$ mit dem Parallelogramme leicht nach [105] ermitteln. Wo der A. dieser Schnittlinie $x''y''$ die 2 Kanten des Prismas schneidet, sind die Durchstoßpunkte $a''b''$ der Kanten mit der Parallelogrammebene.

b) Da das Netz beider Prismateile verlangt wird, sind die Seitenflächenteile entsprechend aneinander zu reihen. Die Höhenlage aller Punkte ist in wahrer Größe dem A. zu entnehmen (Abb. 239).

c) Um die Schnittfigur in wahrer Größe zu erhalten, lege man sie um die Gr.-Spur R_1R_1 der Parallelogrammebene um. Dies geschieht so: Ziehe $N''P'' \times$ X-Achse $= n_1''$; ferner $M''Q'' \times X = m_1''$; $N'P' \times$ Proj.-Strahl $n_1'' = n_1$; $M'Q' \times$ Proj.-Strahl $m_1'' = m_1$; $\boxed{m_1 n_1 = R_1}$ die gesuchte Gr.-Spur der Parallelogrammebene. — Umlegung nach [110] durchzuführen.

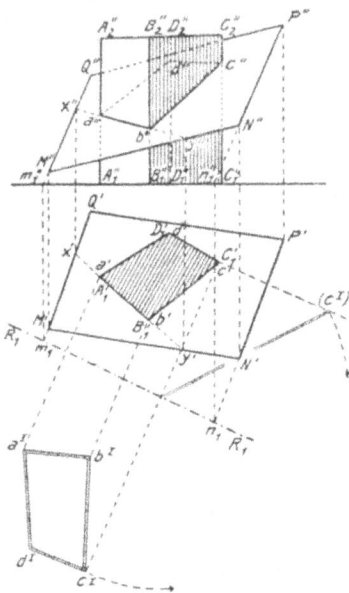
Abb. 238

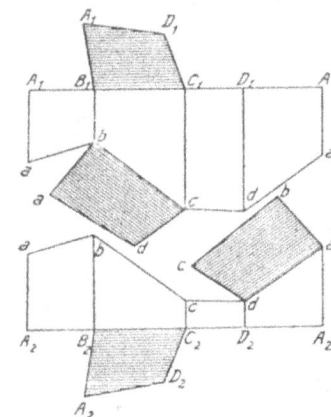
Abb. 239

B. Schnitte und Netze bei krumm-flächigen Körpern.

[217] Über gekrümmte Flächen im allgemeinen.

a) Die Flächen werden in **Regelflächen** (= geradlinig gekrümmte) und in krumme Flächen eingeteilt, je nachdem sie durch Bewegung einer geraden Linie entstanden sein können oder nicht.

Regelflächen, in denen sich nach allen Richtungen gerade Linien ziehen lassen, sind nur die Ebenen; geradlinig gekrümmte Flächen aber solche, in denen durch jeden ihrer Punkte meist nur eine Gerade in ihr gezogen werden kann. Sie sind nur dann abwickelbar, wie bei Zylinder- und Kegelflächen, wenn zwei unmittelbar aufeinanderfolgende Lagen der erzeugenden Geraden in einer Ebene liegen (sich also schneiden oder parallel sind), siehe Vorstufe [335]. **Nicht abwickelbar sind die sog. windschiefen Regelflächen, zu denen einige Arten von Schraubenflächen gehören.**

Über die Entstehung der Schraubenlinie siehe [151]. **Es gibt auch abwickelbare Schraubenflächen, die entstehen, wenn sich eine Gerade so fortbewegt, daß sie in allen ihren Lagen Tangente an der Schraubenlinie bleibt.** Daß eine solche Fläche abwickelbar ist, sonach zu den geradlinig gekrümmten Flächen gehört, geht daraus hervor, daß je 2 aufeinanderfolgende Lagen der Erzeugenden einen Punkt gemein haben, sonach in einer Ebene liegen.

Unter einer Schraubenfläche kurzweg versteht man aber im allgemeinen nur die windschiefe Fläche, die dadurch gebildet wird, daß sich eine Gerade so bewegt, daß sie eine gegebene Schraubenlinie und deren Achse stets schneidet, und zwar letztere unter einem unveränderlichen Winkel.

Eine Schraube (nicht eine Schraubenfläche) entsteht, wenn sich ein gleichschenkliges Dreieck oder ein Rechteck, deren Basis auf der Mantellinie eines geraden Kreiszylinders liegt und deren Ebene (erweitert) die Achse enthält, so bewegt wird, daß jede ihrer Ecken eine Schraubenlinie beschreibt. Das durch die Bewegung der Figur entstehende Gebilde nennt man das Gewinde, den Zylinder den Kern der Schraube. Ist die Figur ein Dreieck, so hat man es mit einer Schraube mit **scharfem** Gewinde zu tun; ist die erzeugende Figur ein Rechteck, so hat die Schraube ein **flaches** Gewinde. Von Schrauben und Schraubenflächen wird im „Maschinenbau" noch viel die Rede sein.

b) Zu den krummen Flächen gehören alle Rotationsflächen, die durch Rotation einer Kurve um eine feste Achse entstehen, wie die Kugel und der Kreisring durch Rotation einer Kreislinie, das Ellipsoid, das Paraboloid, das Hyperboloid durch Drehung einer Ellipse, einer Parabel oder einer Hyperbel. Am vorteilhaftesten orientiert man solche Flächen bei der Darstellung dadurch, daß die Rotationsachse AB vertikal zur Grundebene steht, wodurch sich sämtliche **Parallelschnitte** (d. s. Schnitte normal zur Achse) im Grundrisse als konzentrische Kreise (**Parallelkreise**) und im Aufrisse als parallele Linien projizieren; sämtliche **Meridiane** (d. s. Schnitte durch die Achse) erscheinen im Grundrisse als gerade Linien, die sich in der Achse schneiden (Abb. 240). Im Aufriß zeigt sich nur der mit dieser Ebene parallele Meridian, der **Haupt**-

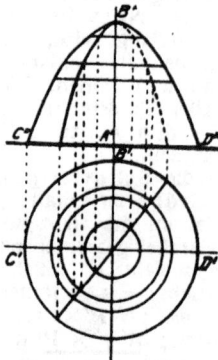

Abb. 240

meridian $B''C''D''$ in wahrer Gestalt und Größe und bildet den Umriß der Vertikalprojektion.

In krummen Flächen lassen sich gerade Linien überhaupt nicht ziehen; sie sind daher auch nicht abwickelbar.

Streng genommen gehören zu den Rotationsflächen auch die Kreiszylinder und Kreiskegelflächen. Da sie aber, wie erwähnt, abwickelbar sind, werden sie besser als geradlinig gekrümmte Flächen bezeichnet.

c) Eine Gerade ist eine **Tangente** an eine gekrümmte Fläche, wenn sie eine auf letztere gezogene Kurve berührt. Da man durch jeden Punkt einer gekrümmten Fläche auf dieser unendlich viele Kurven legen kann, muß es für jeden Punkt unendlich viele Tangenten geben. Liegen sie in einer Ebene, so heißt diese eine **Tangentialebene** oder Berührungsebene. Daraus ergibt sich, daß man

1. in einem Punkte der Fläche selbst eine Tangente konstruiert, indem man durch den Punkt einen ebenen Schnitt legt und an die Schnittkante die Tangente zieht;

2. von einem gegebenen **Punkte außerhalb** aus oder parallel zu einer gegebenen Geraden eine Tangente an eine Fläche legt, indem man durch den Punkt oder durch die Gerade eine Ebene führt, welche die Fläche schneidet und an die Schnittkurve die verlangte Tangente zieht;

3. in einem Punkte einer Fläche eine **Tangentialebene** an diese legt, indem man nach 1. zwei Tangenten zieht, durch die die Tangentialebene bestimmt ist;

4. von einem Punkte aus eine Berührungsebene an eine Fläche legt, indem man erst von diesem Punkte aus eine Tangente und in ihrem Berührungspunkte eine 2. Tangente zieht. Beide Tangenten bestimmen dann die Berührungsebene.

d) **Jeder ebene Schnitt durch eine krumme Fläche ist eine Kurve. Geradlinig gekrümmte Flächen** werden von Ebenen in Kurven oder, wenn der Schnitt durch die Achse oder durch zwei Mantellinien geführt wird, **in Geraden geschnitten.**

e) Den **Durchstoß** einer Geraden mit einer gekrümmten Fläche findet man, indem man durch die Gerade eine Hilfsebene legt, die die Fläche in einer Kurve oder womöglich in einer Geraden schneidet. Ihre Schnittpunkte mit der gegebenen Geraden sind die verlangten Durchstoßpunkte.

[218] Kegelschnitte.

a) Eine krumme Linie oder Kurve heißt **eben** oder **einfach gekrümmt**, wenn alle Punkte derselben in einer Ebene liegen; ist dies nicht der Fall, so heißt sie **uneben, doppelt gekrümmt** oder eine **Raumkurve**. Zu den ebenen Kurven, die für die Technik von besonderer Bedeutung sind, gehören die sog. Kegelschnitte: Kreis, Ellipse, Parabel und Hyperbel (Vorstufe [342]).

Die geometrischen Eigenschaften des Kreises, der Ellipse und Parabel sind bereits Gegenstand der Erörterung in der Vorstufe [55], [69—80] gewesen. Es erübrigt sich daher nur mehr, die stereometrischen Verhältnisse bei den Kegelschnitten zu besprechen.

b) Die Kegelschnitte entstehen, wenn man die Fläche eines Kegels von kreisförmiger Basis nach beiden Seiten hin erweitert denkt und dann durch Ebenen schneidet.

1. Der Kreisschnitt:

Er ergibt sich, wenn Kreiskegel oder Kreiszylinder parallel zur Grundfläche geschnitten werden; die

Schnittfigur ist bei Zylindern kongruent, bei Kegeln ähnlich der Grundfläche.

2. Der elliptische Schnitt:

Wird ein gerader Kreiskegel oder Kreiszylinder von einer zur Grundfläche schiefen Ebene geschnitten, so ist der Durchschnitt eine Ellipse.

Ein zur Proj.-Ebene geneigt liegender Kreis projiziert sich als Ellipse; die Projektion des Kreismittelpunktes gibt den Mittelpunkt der Ellipse, weil die Projektionen aller Kreisdurchmesser durch diesen Punkt gehen und durch ihn halbiert werden. Soll ein Kreis projiziert werden, so ergibt sich als Projektion ein kongruenter Kreis mit den Durchmessern $A_0 B_0$ und $C_0 D_0$, wenn seine Ebene parallel zur Projektionsebene, z.B. zur A-Ebene liegt (Abb. 241).

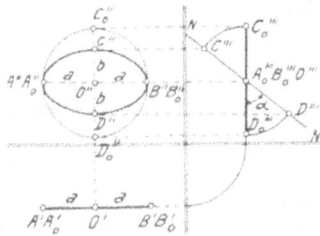

Abb. 241

Drehen wir die Kreisebene um den Durchmesser $A B$ in die Lage $N N$, was wir am besten im Seitenrisse durchführen, so wird der eine Durchmesser $A_0 B_0$ unverkürzt bleiben, der darauf senkrechte Durchmesser $C_0 D_0$ jedoch (im Verhältnisse $1 : \cos \alpha$) verkürzt werden und im A. als Strecke $C'' D''$ erscheinen; $C'' D''$ ist die kleine und $A'' B''$ die große Achse der darzustellenden Ellipse. Abb. 242 (die nur eine Vergrößerung der A.-Projektion in Abb. 241 ist) zeigt, daß zur Herstellung der Ellipse alle Lote des Kreises auf die große Achse im selben Verhältnisse gekürzt werden.

Dies gibt uns **ein einfaches Verfahren für die Zeichnung von Ellipsenpunkten, deren aufeinander senkrecht stehende Halbachsen vorgegeben sind.** Man beschreibe (Abb. 242) um $A B$ einen Hilfskreis, ziehe dann von O aus einen beliebigen Durchmesser $O E_0$, trage auf diesem die kleine Halbachse auf und ziehe von diesem Punkte e eine Parallele $E e$ zu $A B$. Wo diese das Lot $E_0 e_x$ trifft, ist ein **Ellipsenpunkt** E. Aus Abb. 242 ersehen wir außerdem, daß jeder Tangente des Kreises z. B. T_0 eine Tangente T' an die Ellipse entspricht, die beide sich je in einem Punkt der großen Ellipsenachse schneiden (S).

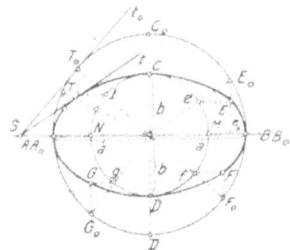

Abb. 242

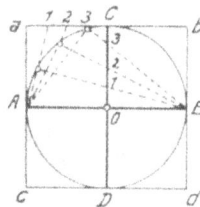

Abb. 243

Im Kreis sind je zwei aufeinander senkrecht stehende Durchmesser **konjugiert**, d. h. alle zu dem einen Durchmesser **parallelen** Sehnen werden durch den zweiten halbiert. Zwei solche Durchmesser erscheinen in der Projektion auch als **konjugierte Durchmesser** der Ellipse. Letztere sind aber meist nicht mehr normal zueinander. Sehr oft handelt es sich darum, **aus zwei solchen konjugierten Durch-**

messern **die Ellipse zu konstruieren.** Hierfür gibt es drei verhältnismäßig bequeme Verfahren:

I. Das **I. Verfahren** gründet sich auf der hier nicht näher zu begründenden Eigenschaft, daß man Kreispunkte erhält (Abb. 243), wenn man die dem Kreise umschriebene Quadratseite ab und den zugehörigen, auf ihr senkrecht stehenden Durchmesser CD in eine gleiche Zahl gleicher Teile teilt, die Teilpunkte 1, 2, 3 der einen Strecke mit A, der andern mit B verbindet und die Verbindungslinien zum Schnitte bringt. Durch Projektion wird nun

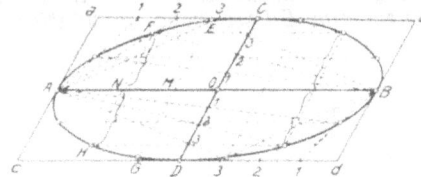

Abb. 244

aus dem Kreise die Ellipse (Abb. 244), aus dem Quadrat $abcd$ ein Parallelogramm, aus den konjugierten Kreisdurchmessern konjugierte Durchmesser der Ellipse. Es gibt z. B.:

$$A\,3 \times B\,3 = \text{Ellipsenpunkt } E;$$
$$A\,2 \times B\,2 = \text{Ellipsenpunkt } F$$

usw. Zieht man durch E und F parallele Sehnen zu $C D$, so erhält man durch Verdopplung der Sehnenabschnitte $M E$, $N F$ die neuen Ellipsenpunkte $G H$ usw.

II. Ein **2. Verfahren** (Abb. 245) ist das, über dem einen (meist größeren der beiden) konjugierten Durchmesser $A B$ einen Kreis und darin den zu $A B \perp$ Halbmesser $O C_0$ zu zeichnen und C_0 mit C, dem Endpunkte des 2. konjugierten Durchmessers, zu verbinden. Zieht man dann durch einen beliebigen Punkt M des Kreisdurchmessers $A_0 B_0$ eine Ordinate

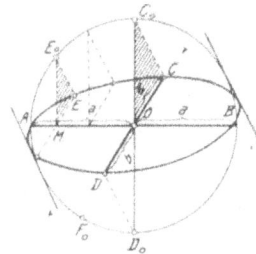

Abb. 245

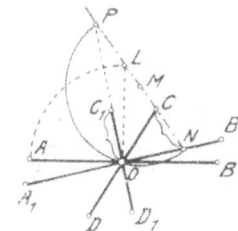

Abb. 246

$E_0 M$ des Kreises und schließt daran ein zu $O C_0 C$ ähnliches Dreieck, indem man $E_0 E \parallel C_0 C$ und $M E \parallel O C$ zieht, so ist der Schnittpunkt E ein weiterer Ellipsenpunkt E.

III. Ein **3. Verfahren** (Abb. 246) besteht darin, aus den konjugierten Durchmessern AB und CD die beiden **Achsen der Ellipse** zu ermitteln. Zu diesem Behufe zeichnet man $O L \perp O A$ und macht $O L = O A$; dann verbindet man L mit C und sucht den Halbierungspunkt M der Strecke LC. Von M aus zieht man einen Kreisbogen mit dem Halbmesser MO; wo dieser die Verlängerung der Geraden LC trifft, sind Punkte P und N in den Richtungen der Halbachsen. Auf OP die Länge CN und auf NO die Länge CP aufgetragen, gibt die beiden Halbachsen OB_1 und OC_1.

3. Der parabolische Schnitt:

Die Parabel ergibt sich als ebener Schnitt eines geraden Kreiskegels, wenn die Schnittebene einer Mantellinie parallel ist.

Jeder Punkt der Parabel ist vom Brennpunkte und der Leitlinie gleich weit entfernt (siehe Vorstufe [80]). Vergleicht man den elliptischen Schnitt mit dem parabolischen, so sieht man, daß die Parabel als eine Ellipse mit unendlich großer Achse angesehen werden kann.

4. Der hyperbolische Schnitt:

Wird ein gerader Kreiskegel von einer Ebene geschnitten, die die Mantellinien eines Doppelkegels auf verschiedenen Seiten der gemeinsamen Spitze trifft, so ergibt sich als Schnitt die Hyperbel.

Aufgabe 85.

[219] *Es ist ein auf der Gr. E. aufstehender Kreiskegel durch eine Ebene so zu schneiden, daß die Schnittfigur eine Ellipse bildet. Man zeichne das Netz des Kegelstumpfes. (Abb. 247 u. 248.)*

a) Der A. der Schnittellipse fällt in die auf E_2 liegende Strecke 1″—7″, welche die Länge der großen Ellipsenachse angibt (Abb. 247). Die kleine Achse cd geht durch den Mittelpunkt m'' von 1″7″ und ist senkrecht zu E_2. Der Gr. $c'd'$ ergibt sich mittels der durch m'' gelegten horizontalen Hilfsebene H_2. Diese schneidet den Kegel in einem Kreis, der sich im Gr. in wahrer Größe projiziert und die Schnittebene E nach einer zur A.E. $\perp$ Geraden cd schneidet. Die übrigen Punkte lassen sich im Gr. entweder durch die uns bekannte Konstruktion der Ellipse aus den Halbachsen oder besser durch Benützung von weiteren zu H_2 parallelen Hilfsebenen bestimmen.

b) Die wahre Größe der Schnittlinie erhält man durch Umlegung der Ebene E in die A.E. Die Tangente im Punkt 2 ergibt sich als Schnittlinie der Ebene E mit der Berührungsebene.

c) Die Abwicklung des Kegelmantels ist ein Kreissektor (Abb. 248), der die Mantellinie SI zum Radius und die Umfangslinie des Grundrisses zum Bogen hat.

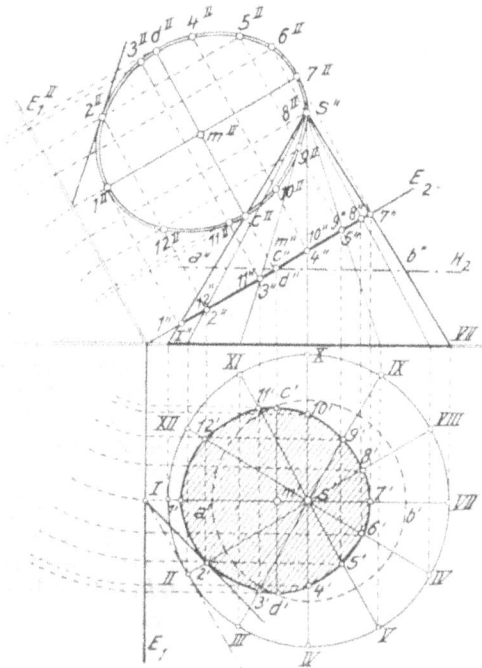
Abb. 247

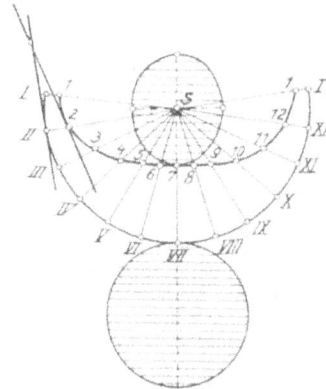
Abb. 248 (in halber Größe)

(Dieser Bogen kann näherungsweise durch Übertragen kleiner Bogenstücke bestimmt werden.)

Die sämtlichen Mantellinien der Abwicklung, die bekanntlich gleiche Neigung zur Gr. E. haben, wie $S''I''$, ziehen wir zunächst im Aufriß durch die einzelnen Ellipsenpunkte und suchen auf $S''I''$ ihre wahre Länge. Die Schnittfigur in ihrer wahren Größe wird dem Netze am besten so angefügt, daß ihre große Achse die Verlängerung der längsten Mantellinie VII—7 bildet. Gegenüber bringe man die im Gr. ohnedies in wahrer Gestalt erscheinende Grundfläche an.

Aufgabe 86.

[220] *An einen durch seine Projektionen bestimmten geraden Kegel ist parallel zu einer gegebenen Geraden L eine Berührungsebene zu legen. (Abb. 249.)*

Die Gr.-Spur der Berührungsebene muß den Grundkreis des Kegels berühren. Da die gesuchte Tangentialebene den Kegel in einer ganzen Mantellinie berührt, muß sie durch die Spitze gehen und folglich auch jene Gerade G in sich enthalten, die man durch die Kegelspitze parallel zur Geraden L ziehen kann. Man ziehe daher durch S eine Gerade $G // L$ (d. h. $L' // G'L'' // G''$) $G \times$ Gr.E. = Spurpunkt g_1. Von g_1 Tangente an den Grundkreis gibt den Berührungspunkt B' und in $B'S'$ die gesuchte Mantellinie M', in der der Kegel berührt wird. g_1B' ist die Gr.-Spur T_1 der Tangentialebene. $G \times$ A.E. = g_2; $BS \times$ A.E. = m_2; die Verbindungslinie der beiden Spurpunkte g_2 und m_2 gibt die A.-Spur T_2 der Tangentialebene.

Eine zweite Lösung ergibt sich bei A.

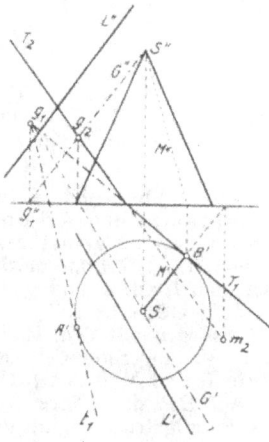
Abb. 249

[221] Schnitte und Netze bei Zylindern.

Die Schnitte bei Kreiszylindern sind gleichfalls Kegelschnitte, weil der Kreiszylinder als Kreiskegel angesehen werden kann, dessen Spitze in unendliche Entfernung gerückt ist. Von den Kegelschnitt- figuren kommen aber hier nur der Kreis und die Ellipse in Betracht, weil Schnitte parallel zu einer Mantellinie eines Zylinders immer gerade Schnittlinien ergeben; zweiästige Hyperbeln wie beim Doppelkegel sind bei Zylindern überhaupt nicht möglich.

Aufgabe 87.

[222] *Ein gerader Kreiszylinder ist durch eine gegen seine Basis unter 45° geneigte Ebene zu schneiden und abzuwickeln. (Abbb. 250 u. 251.)*

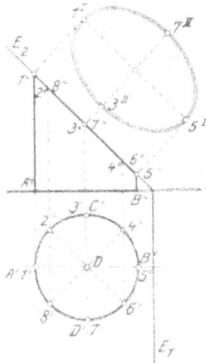

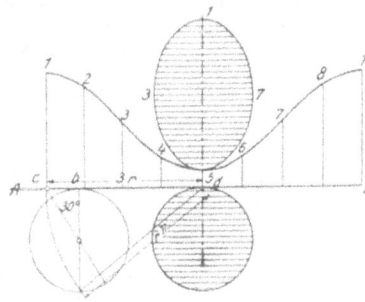

Abb. 251

Wir stellen den Zylinder (Abb. 250) ⊥ auf die Gr.E. und führen die Schnittebene normal zur A.E., so daß sie sich in dieser als gerade Linie projiziert, die mit der X-Achse den angegebenen Winkel von 45° einschließt. Das in der A.E. entstehende Trapez $A''1''B''5''$ ist der A. des abgeschnittenen Zylinders. Um das Netz dieses Stumpfes zu finden, schneiden wir den Zylinder z. B. längs der Mantellinie $A1$ auf und tragen den Umfang des Grundkreises $ACBD$ (Abb. 251) auf einer Grundlinie auf. Zu diesem Zwecke müssen wir den Betrag $2r\pi$ des Umfangs berechnen oder die Länge durch **Rektifikation des Kreises auf graphischem Wege** ermitteln. Zu diesem Behufe legt man durch

Abb. 250   den Endpunkt b des Kreisdurchmessers ab eine Tangente an den Kreis, legt in seinem Mittelpunkte an ab einen Winkel von 30° an, macht die Strecke $cd = 3 \cdot r$ und zieht ad. Dann ist ad annähernd dem halben Kreisumfange gleich. Die Strecke $AA = 2ad$ wird in gleiche Teile wie der Kreis geteilt, hier z. B. in 8 Teile, an den Teilpunkten Lote errichtet und auf diesen die aus dem A. zu entnehmenden wahren Längen der Mantellinien aufgetragen.

Aufgabe 88.

[223] *Den Durchstoßpunkt einer Geraden L mit dem Mantel eines schiefen Zylinders zu bestimmen. (Abb. 252.)*

Von einem beliebigen Punkt a der Geraden L ziehe man eine Parallele P zu den Mantellinien (oder der Achse) des schiefen Zylinders (also $P''//O''Q''$ und $P'//O'Q'$). Die Gr.-Spur der Ebene LP findet man in bekannter Art in l_1p_1; diese schneidet den Grundkreis in $1'$ und in 2; ziehe durch diese parallel zur Achse OQ die Mantellinie $1'1'$ bzw. $2'2'$. Wo diese die gegebene Gerade L schneiden, sind die gesuchten Durchstoßpunkte m und n.

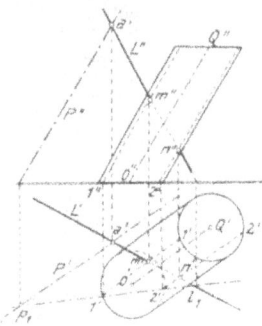

Abb. 252

[224] Kugelschnitte.

a) Bei einer Kugelfläche nimmt man gewöhnlich den vertikalen Durchmesser als Achse an. Dadurch werden die Schnittfiguren mit horizontalen Ebenen zu **Parallelkreisen.** Der horizontale Hauptkreis ist der **Äquator** der Kugel; die auf der Ebene des Äquators senkrechten Hauptkreise sind **Meridiane.** (Über die Verhältnisse der Erdkugel siehe Vorstufe [349].)

b) Von einem außerhalb einer Kugel gelegenen Punkt A kann man unendlich viele Tangenten an die Kugel ziehen; sie gehören alle jener Rotations- kegelfläche an, deren Achse die geradlinige Verbindung des gegebenen Punktes A mit dem Mittelpunkte M der Kugel ist. Sämtliche Berührungspunkte befinden sich auf einem Kreis, dessen Ebene senkrecht auf der Geraden AM steht.

c) **Der Umriß der Projektion einer Kugel ist ein Kreis.** Legt man nämlich durch den Mittelpunkt der Kugel eine Ebene parallel zur Projektionsebene, so ist die Schnittfigur ein Hauptkreis, dessen sämtliche Radien parallel zur Projektionsebene liegen und sich deshalb in wahrer Größe projizieren.

Aufgabe 89.

[225] *Für den Punkt A einer Kugel ist der Grundriß A' gegeben. Man suche den Aufriß. (Abb. 253.)*

Wir legen durch den Punkt A im Raume eine Ebene E parallel zur A.E. Die Schnittfigur projiziert sich im Gr. als eine in der Gr.-Spur E_1 gelegene Sehne $C'D'$. Ihr Aufriß ist ein Kreis, dessen Durchmesser gleich dieser Sehne ist und dessen

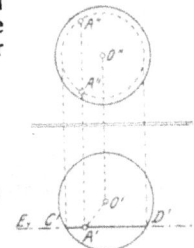

Abb. 253

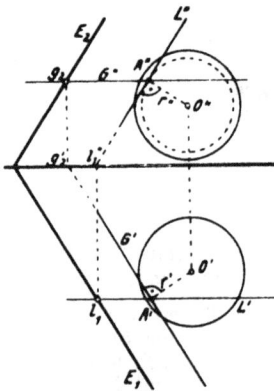

Abb. 254

Mittelpunkt in O'' liegt. Die Schnittpunkte des durch A' gehenden Projektionsstrahles mit diesem Kreise ergeben 2 Punkte A'', die beide den A. von A' darstellen. Die Aufgabe hat sonach 2 Lösungen, solange A' nicht auf dem Umriß der Gr.-Projektion (auf dem Äquator) liegt.

Aufgabe 90.

[226] *Es ist durch den Punkt A einer Kugelfläche an diese eine Berührungsebene zu legen.* (Abb. 254.)

Wir ziehen zum Punkte A, für den selbstverständlich nur eine Projektion beliebig angenommen werden darf (z. B. A' aus dem sich nach [225] A'' ergibt) den Radius r. Dann legen wir zwei Geraden G und L so durch A, daß $L'' \perp r''$, $L' \parallel x$ und $G' \perp r'$, $G'' \parallel x$ wird. G und L sind dann Tangenten an die Kugel im Punkt A. Durch deren Spurpunkte g_2 und l_1 werden dann in bekannter Weise die Spurlinien E_1 und E_2 der gesuchten Tangentialebene E gezogen.

[227] Übungsaufgaben.

Aufg. 91. Eine auf der A.E. stehende gerade dreiseitige Pyramide soll durch eine Ebene geschnitten werden, deren Aufrißspur die Grundfläche schneidet. Anleitung: Eine Kante wird weggeschnitten; Durchstoßpunkte der beiden anderen Kanten mit den Schnittpunkten Spur mal Grundfläche verbinden.

Aufg. 92. Wie müssen die Spuren einer Ebene liegen, die die Oberfläche eines Quaders in einem gleichseitigen Dreiecke schneiden soll? Anleitung: Grundfläche des Quaders in die Gr.E. legen. Gr.-Spur schneidet Grundfläche in 2 Punkten, die gleichweit von der Ecke liegen. Über der Schnittlinie gleichseitiges Dreieck zeichnen und so umlegen, daß seine Spitze die Quaderkante trifft.

Aufg. 93. Es ist ein gerades vierseitiges, auf der G.E. stehendes Prisma so zu schneiden, daß die Schnittfläche ein rechtwinklig gleichschenkliges Dreieck bildet. Anleitung: Grundfläche $\perp$ auf eine Seite schneiden und über die Schnittlinie das verlangte Dreieck zeichnen. Dann so weit zurückdrehen, bis die Spitze des Dreieckes die Kante des Prismas trifft.

Aufg. 94. Eine gegebene, auf der Gr.E. stehende, schiefe Pyramide wird durch eine Ebene geschnitten, die durch die Spitze geht und deren Gr.-Spur die Grundfläche schneidet. Es sind die Netze für beide Teilkörper zu konstruieren.

Aufg. 95. Es sind die Durchstoßpunkte einer Geraden mit einer Kugel zu bestimmen. Anleitung: Durch die Gerade eine Hilfsebene legen und Gerade mit dem Schnittkreis umlegen.

(Lösungen im 3. Briefe.)

[228] Lösungen der im 1. Briefe unter [117] gegebenen Übungsaufgaben.

Aufg. 53. (Abb. 255.) Grundriß G' mit X-Achse zum Schnitte bringen, gibt den Spurpunkt g_2 mit der A.E.

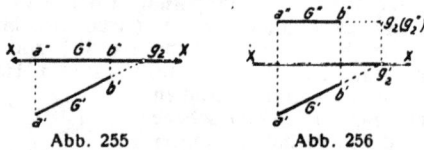

Abb. 255   Abb. 256

Aufg. 54. a) (Abb. 256.) Spurpunkt mit der Gr.E. liegt in ∞ Entfernung.

b) (Abb. 257.) Hier ist nur der Spurpunkt g_1 mit der Gr.E. vorhanden.

c) (Abb. 258.) Die Spurpunkte g_1 und g_2 findet man aus dem Seitenrisse.

Aufg. 55. (Abb. 259.) Den Spurpunkt mit der S.E. findet man in g_3, der gleichzeitig der S. der Geraden ist.

Aufg. 56. a) (Abb. 260.) Gerade erscheint im Gr. als Punkt.

b) (Abb. 261.) Gerade erscheint im A. als Punkt.

c) Lösung gleich der Aufg. 55 (Abb. 259).

Aufg. 57. (Abb. 262.) Gegeben sind $a''a'$ und der A. von b; Ecke a und den Projektionsstrahl durch b umlegen, gibt a' und $b''b' \perp a''b''$. Von a' aus Kreisbogen

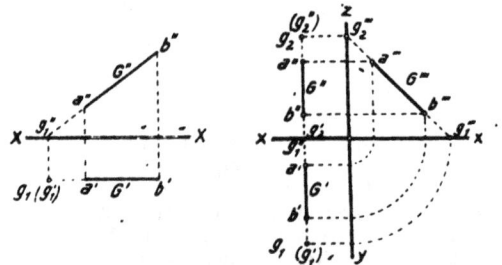

Abb. 257   Abb. 258

mit gegebener Seitenlänge l ziehen, schneidet $b''b'$ in b' und (b'). Ist $a''b'' = l$, so ist nur eine Lösung, für

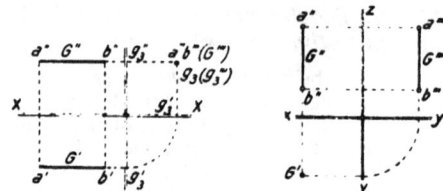

Abb. 259   Abb. 260

$a''b''$ l gar keine Lösung möglich. (Unter „Lösung" ist hier nur die Lage der Quadratseite zu verstehen. Da aber jeder Quadratseite 2 Quadrate entsprechen, ergeben sich tatsächlich 4 bzw. 2 Quadrate.) Über $a'b'$ ist das Quadrat $a'b'c'd'$ zu konstruieren, woraus sich dann der A. und der Gr. des Quadrates

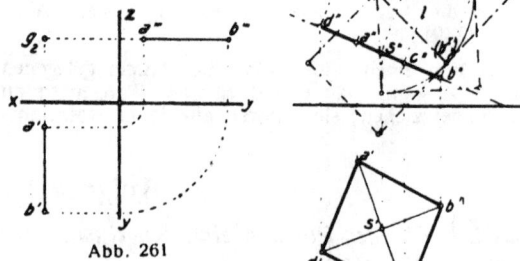

Abb. 261

ermitteln läßt. Daß das Quadrat eine ebene Figur ist, ergibt sich aus der Schnittpunktprobe $S'S''$.

Abb. 262

Aufg. 58. a) (Abb. 263.) Die A. $a''b''c''$ der 3 Punkte liegen auf E_2.

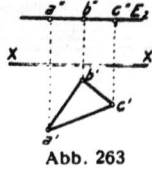

Abb. 263

b) (Abb. 264.) Die S. der 3 Punkte liegen in der S.-Spur; die anderen Projektionen ergeben sich in den Schnittpunkten der Projektionsstrahlen.

Aufg. 59. a) (Abb. 265.) Die Spurlinien der geneigten Ebene E sind E_1 und E_2; die Gr.-Spur der zur A.E. ⊥ Ebene steht ⊥ zur X-Achse. Der A. S'' der Schnittgeraden fällt mit der Spur F_2 zusammen.

b) (Abb. 266.) E_2 und F_2 sind ⊥ zur X-Achse. Der Gr. S' der Schnittgeraden fällt mit dem Punkte

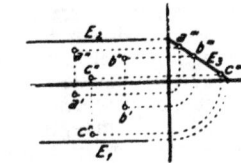

Abb. 264

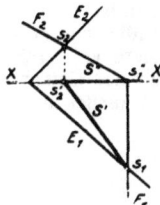

Abb. 265

$s_1 - E_1 \times F_1$ zusammen; der A. erscheint als eine zu E_2 und F_2 parallele Gerade S''.

c) (Abb. 267.) Die Ebene E ist durch die Spuren E_1 und E_2 gegeben, die zur Gr.E. // Ebene F durch die

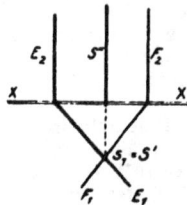

Abb. 266

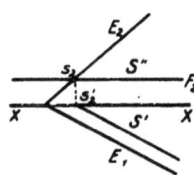

Abb. 267

A.-Spur F_2; die Ebene F schneidet die Gr.E. im Unendlichen. S'' fällt mit F_2 zusammen. $(F \perp A.E.)$ Der Gr. ist die Verbindungslinie von s_2' mit dem Schnittpunkte der Spur E_1 mit F_1. Da aber F_1 im Unendlichen ist, so ist auch der Schnittpunkt im Unendlichen und daher S' parallel zu E_1.

d) (Abb. 268.) Wir benutzen zur Lösung dieser Aufgabe zwei Methoden. Es wird sich zeigen, daß die Lösung mittels S. bedeutend einfacher ist.

α) Zur Lösung ohne S. benutzen wir eine Hilfsebene H, welche zur Gr.E. ⊥ steht. Der Gr. der Schnittgeraden T' der Ebenen E und H fällt mit der Spur H_1 zusammen, und die A. ergibt sich auf gleiche Art wie in den vorhergehenden Beispielen. Genau dasselbe gilt für die Schnittgerade W der Ebenen F und H. Der Schnittpunkt x der beiden Schnittgeraden T und W liefert einen Punkt, der beiden Ebenen gemeinsam ist, da T eine Gerade der Ebene E darstellt, und W der Ebene F an-

gehört. Die Schnittgerade zweier zur X-Achse paralleler Ebenen kann als Schnittgerade S wieder nur eine achsen-

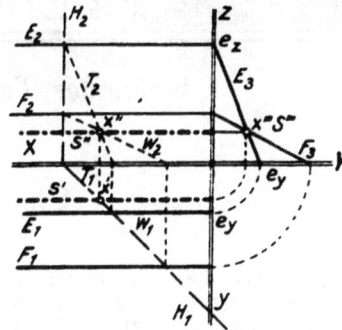

Abb. 268

parallele Gerade haben, welche durch den Punkt x hindurchgeht.

β) Mit Hilfe eines S ist die Aufgabe bedeutend leichter zu lösen. Die Spur E_2 z. B. der Ebene E durchstößt die S.E. im Punkte e_z; die Spur E_1 in e_y; ähnliches gilt für F. Im Schnittpunkte $x''' = S'''$ der beiden Spuren E_3 und F_3 projiziert sich die Schnittgerade S der beiden Ebenen E und F als Punkt. Die A. und Gr.Prj. sind zur X-Achse parallel und ergeben sich als S'' und S'.

Aufg. 60. (Abb. 269.) Man braucht zur Lösung dieser Aufgabe die Spuren der Dreiecksebene auf den Prj.E. nicht. Man legt durch den Punkt d eine erste Spurenparallele h_1,

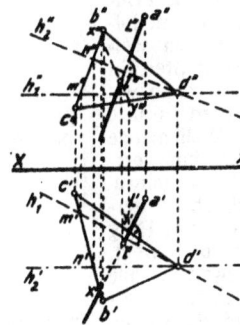

Abb. 269

deren A. zur X-Achse parallel ist und deren Gr. durch Aufsuchen des Gr. des Schnittpunktes m der Spurparallelen mit der Seite bc zu zeichnen ist. Auf die gleiche Art findet man eine zweite Spurparallele ebenfalls durch den Punkt d. Die Projektionen des Lotes L stehen auf den gleichnamigen Spuren der Ebenen ⊥; Spurparallele einer Ebene sind eben zur Spur parallel und daher stehen auch die Projektionen des Lotes L auf den entsprechenden Spurparallelen ⊥. Den Durchstoßpunkt l findet man in bekannter Art.

LEBENSBILDER

berühmter Techniker und Naturforscher.

Christian Huyghens.

* 1629, † 1695.

Über das Leben dieses berühmten holländischen Gelehrten ist nicht viel Interessantes zu erzählen. Als Sohn des holländischen Dichters gleichen Namens geboren, studierte er zunächst die Rechtswissenschaften, wandte sich aber dann der Mathematik zu, auf welchem Gebiete er durch eine Jünglingsarbeit über die Wahrscheinlichkeitsrechnung gar bald die Aufmerksamkeit der Gelehrtenkreise auf sich lenkte. Nach einem längeren Aufenthalte in Paris kehrte er in sein Vaterland zurück und lebte dort bis zu seinem Tode ganz den Wissenschaften.

Um so bedeutsamer für die Nachwelt wurden seine zahlreichen Entdeckungen und Erfindungen, die sich fast auf alle Gebiete der realen Wissenschaften erstreckten. Seine für das Verständnis der Natur des Lichtes besonders wichtige Theorie der Schwingungsbewegungen ist heute noch allgemein als das „**Huyghens-Prinzip**" bekannt, das wir im folgenden kurz besprechen wollen: Wenn wir einen Stein in einen Teich werfen, sehen wir von dem getroffenen Punkte aus gleichmäßige Wellenringe nach allen Seiten hin fortschreiten, bis sie, immer schwächer werdend, allmählich verschwinden. Wie der eine Ring nach außen sich fortbewegt, folgt ihm ein zweiter; alle Punkte des Wasserspiegels erheben sich dabei in regelmäßiger Abwechslung zu kleinen Bergen oder senken sich als kleine Täler hinab. Daß das Wasser selbst keine fortschreitende Bewegung hat, zeigt sich am deutlichsten dadurch, daß ein auf dem Wasser schwimmendes Stückchen Holz zwar die auf- und abgehenden Bewegungen, die mit Pendelschwingungen zu vergleichen sind, mitmacht, aber immer wieder an dieselbe Stelle zurückkehrt.

Alle diese Schwingungen ergeben nun als Summe die tatsächliche Wasserwelle; sie verschwindet, wenn die Wasserteilchen infolge der Reibung die ihnen durch den auffallenden Stein mitgeteilte Bewegung verloren haben. **Die Welle ist sonach nichts Körperliches, sondern nur ein Bewegungszustand und pflanzt sich in gerader Richtung fort, wenn nicht besondere Umstände deren Ablenkung bedingen.**

Huyghens war der erste, der auch das Licht als die Wellenbewegung einer besonderen, überaus feinen, elastischen Substanz, des **Lichtäthers**, erklärte, der durch das ganze Weltall verbreitet ist; diese Substanz muß so fein sein, daß sie für uns nicht fühlbar ist, weil sie noch zwischen den Atomen der durchsichtigen Körper sich bewegen und den Träger der Lichtquellen bilden muß. Gelangen solche Lichtwellen durch das Auge zu unserem Sehnerv, so lösen sie dort Empfindungen aus, die wir das „**Sehen**" nennen, ganz ebenso wie Luftwellen die Empfindung des „**Hörens**" hervorrufen.

Es ist interessant, daß der berühmte Forscher **Newton** sich mit dieser doch gewiß einfachen und durch die Gesetze der Lichtbrechung wirksam unterstützten **Wellentheorie** Huyghens nicht zu befreunden vermochte, sondern, vielleicht durch das von ihm entdeckte Gravitationsgesetz beeinflußt, starr an der sog. **Emanationstheorie** festhielt, wonach das Licht aus unmeßbar kleinen elastischen Teilchen besteht, die von den leuchtenden Körpern mit großer Geschwindigkeit abgestoßen werden. **Heute gilt in der Physik ausschließlich die von Huyghens aufgestellte Wellentheorie, der zufolge das Licht auf Schwingungserscheinungen beruht.**

Die Physik verdankt weiters Huyghens die Möglichkeit einer genauen Zeitbestimmung durch die Erfindung der **Penduluhr.** Da nach den Pendelgesetzen die Schwingungsdauer nur von der Länge des Pendels abhängt, jede Schwingung bei einem Pendel von bestimmter Länge mithin eine ganz bestimmte Zeit dauert, so eignet sich das Pendel vorzüglich zur Zeitmessung. Das Verdienst, dies zuerst klar erkannt zu haben, gebührt Galilei. Seine Konstruktion war aber ziemlich unvollkommen und praktisch kaum verwendbar, denn sein Pendel mußte von Zeit zu Zeit angestoßen werden, welchen Fehler erst sein Schüler Viviani beseitigte. Die Erfindung blieb aber unausgeführt, daher auch unbekannt, und Huyghens erfand erst 15 Jahre später selbständig eine neue Penduluhr mit Vertikalpendel. Da aber solche Uhren wegen der Schwankungen des Schiffes auf See nicht brauchbar waren, erfand Huyghens noch die Unruhe, welche seitdem für Taschenuhren allgemein angewendet wird und auch unter ungünstigen Verhältnissen, die die Verwendung vertikaler Pendel ausschließen, den durchaus sicheren und gleichmäßigen Gang der Uhr verbürgt. Als Huyghens die geheimgehaltene Erfindung des von ihm hochverehrten Galileis kennengelernt hatte, erkannte er bereitwilligst dessen Prioritätsansprüche an. Sein Ruhm wurde hierdurch nicht geschmälert, denn die Welt dankt doch ihm schließlich diesen Fortschritt der Technik. Huyghens war es auch, der die Länge des einfachen Sekundenpendels als Normallängenmaß vorschlug und zum ersten Male diese Länge zur Bestimmung der Beschleunigung freifallender Körper benutzte.

Die Reihe der Verdienste Huyghens um die Entwicklung der Wissenschaft ist damit noch lange nicht erschöpft: er konstruierte und verbesserte Fernrohre von ungewöhnlicher Größe, er erfand die erste Gasmaschine mit einem Kolben, der durch die Verbrennung von Schießpulver bewegt wurde usw. Von weittragender Bedeutung sind endlich seine vielen Entdeckungen und Erstanregungen auf mathematisch-geometrischem Gebiete gewesen, die auch nur aufzuzählen, uns hier viel zu weit führen würde. Jedenfalls hat die Wissenschaft und damit auch die Technik diesem stillen Denker überaus viel zu verdanken.

Nikolaus Riggenbach.
* 1817, † 1899.

Kaum etwas mehr als ein halbes Jahrhundert ist vergangen, seit es dem einfachen Schweizer Mechaniker Nikolaus Riggenbach, der freilich den den meisten seiner Landsleute eigentümlichen scharfen Verstand mit genialem Blicke für technisch Erreichbares und eiserner Tatkraft zu vereinigen wußte, die bedeutsame Erfindung der Zahnstangenbahn gelang, die später zur Erschließung selbst der höchsten Berggipfel für geregelten Bahnverkehr führte.

Die Eröffnung der Rigibahn ist ein Markstein in der Geschichte der Bergbahnen, und wenn uns heute in Meereshöhen bis zu 4000 m und darüber die früher nur einzelnen kühnen Bergsteigern zugänglich gewesenen Naturwunder der Alpenwelt ebenso bequem und sicher erreichbar geworden sind, als würden sie sich im Tale befinden, so haben wir das nur dem Manne zu danken, dessen Erfindung in erster Linie der Aufschließung des an Schönheiten so überreichen Schweizerlandes diente.

Der „alte Mechaniker", wie sich Riggenbach in seiner Selbstbiographie*) mit Vorliebe nannte, stammte von Schweizer Eltern, die nach dem Elsaß ausgewandert waren. Sein Vater war während der Zeit der Napoleonschen Herrschaft durch die Kontinentalsperre gegen England, die die Kolonialprodukte und namentlich Zucker zu unerhörten Preisen hinauftrieb, als Besitzer einer Rübenzuckerraffinerie in Gebweiler ein sehr vermögender Mann geworden, der seinem erstgeborenen Sohn Nikolaus eine durchaus sorglose, fröhliche Jugend bieten konnte. Aber „mit des Geschickes Mächten ist kein ewiger Bund zu flechten": Napoleon wurde verjagt, und die Aufhebung der Sperre brachte eine unheilvolle Krise über viele blühende Unternehmungen, gegen die auch Vater Riggenbach anfangs mit Erfolg, aber schließlich doch vergebens ankämpfte. Nach seinem durch die erlittenen Aufregungen beschleunigten Tode stand die Witwe mit acht unversorgten Kindern fast mittellos da.

Nun galt es zunächst, ihren Ältesten so rasch als möglich erwerbsfähig zu machen. Da er in seinen Gymnasialstudien aus angeborener Abneigung gegen diese Art der Schulung wenig Erfolg hatte, gab ihn seine Mutter in eine Bandfabrik in Basel, wohin die ganze Familie übersiedelt war, in die Lehre, wo er aber statt langweilige Geschäftsbriefe zu schreiben, unter Zustimmung des Fabrikbesitzers sein Interesse an Maschinen mit unermüdlichem Eifer betätigte. Riggenbach hatte nun einmal die Sehnsucht, Mechaniker zu werden; er hatte sein Talent entdeckt und verstand es, in diesem seinem Lieblingsfache trotz aller anfänglichen Hindernisse verhältnismäßig sehr rasch zu Erfolgen zu kommen. Von Basel ging er nach Lyon, wo er zuerst in einer Präzisionswerkstätte sich gründlich zum Mechaniker ausbildete und schon mit 20 Jahren in einer Seidenstoffabrik als Werkführer angestellt wurde. Von da wanderte er weiter nach Paris; dort schloß er sich an drei andere deutsche Mechaniker an, die gleich ihm nur einzig das Bestreben hatten, in ihrem Fache weiterzuarbeiten und das durch Selbststudium nachzulernen, was ihnen an technischen Kenntnissen fehlte. Dem eifrigen Streben wurde auch bei allen Vieren der gebührende Lohn zuteil: sie wurden sämtlich später tüchtige und wohlhabende Leute. In Paris sah Riggenbach zum erstenmal eine Eisenbahn gelegentlich der Abfahrt des ersten französischen Zuges von Paris nach St. Germain am 26. August 1837. Begeistert von diesem Anblicke, faßte er sofort den Entschluß, sein Leben endgültig dem Eisenbahnwesen zu widmen. Schon im Jahre 1840 fand er eine Stellung in einer Karlsruher Maschinenfabrik und nahm am Bau der ersten deutschen Lokomotive hervorragenden Anteil. Sehr bald übernahm Riggenbach dann als technischer Direktor die Leitung der ganzen Lokomotivfabrik. Mittlerweile hatte sich sein Ruf, einer der genialsten Maschinentechniker zu sein, auch in seinem engeren Vaterlande verbreitet, was 1856 seine Berufung zum Maschinenmeister der Schweizerischen Zentralbahnen mit dem Sitze in Olten zur Folge hatte. In dieser Zeit trat Riggenbach mit der großen Erfindung eines Zahnradbahnsystemes vor die Öffentlichkeit. Nur bei dem berühmten Schweizer Gelehrten, dem Züricher Hochschulprofessor Dr. Culmann, fand seine kühne Idee Beifall und Aufmunterung, während andere Kreise sehr heftig gegen ihn Stellung nahmen und sein Vorhaben geradezu als „Ungeheuerlichkeit" bezeichneten. Erst als 1867 der damalige schweizerische Generalkonsul John Hitz, der mit dem scharfen Blicke des Amerikaners sofort die weittragende Bedeutung der Riggenbachschen Erfindung erkannte, von der Zahnbahn erzählte, die damals mit 377°/₀₀ Steigung auf den Mount Washington geführt worden war und die einzig wegen der besonderen Vorteile dieser Bauart speziell für die Schweiz hinwies, begannen sich auch die Geldleute mit dem Rigiprojekt Riggenbachs ernstlich zu beschäftigen. Etwas verzögert durch den Deutsch-Französischen Krieg, wurde 1871 diese höchst merkwürdige Bahn eröffnet, deren System vorbildlich und bestimmend für alle Gebirgsbahnen in Europa und Amerika wurde. Um den technischen Fortschritt, der mit der anfangs arg verschrienen Idee Riggenbachs erzielt

---
*) Aus dem Leben eines alten Mechanikers. Basel 1886.

wurde, richtig beurteilen zu können, muß man sich daran erinnern, daß für Adhäsionsbahnen mit glatten Schienen bei Vollbetrieb $25^0/_{00}$ oder wenig mehr, bei Nebenbahnen etwa $40^0/_{00}$ die obere Grenze der zulässigen Steigung bilden, daß aber selbst bei elektrischen Kleinbahnen wegen des günstigeren Verhältnisses zwischen Reibung und Zugsgewicht höchstens Steigungen bis zu $80^0/_{00}$ vorkommen. Die Höchststeigung auf der Rigibahn betrug aber bei voller Zuverlässigkeit des Betriebes nicht weniger als $250^0/_{00}$.

Riggenbach war nun eine gefeierte Größe geworden; einer seiner Schüler, Roman Abt, hat eine sehr bedeutende Verbesserung der Zahnstange ersonnen und 1884 auf der Harzbahn zur Anwendung gebracht. Die Zahnstange Abts besteht zum Unterschiede von der Riggenbachschen Leiterstange aus mehreren Platten mit gegeneinander versetzten Zähnen; außerdem schuf Abt seine bekannte federnde Zahnstangeneinfahrt für gemischten Adhäsions- und Zahnradbetrieb sowie eine neuartige Zahnradlokomotive, die neben voller Eignung für den Zahnstangenbetrieb auch die volle Reibungsarbeit auszunutzen gestattete. Ein anderer Schüler Riggenbachs, Emil Strub, konstruierte 1896 eine Keilkopfzahnstange, die für leichtere elektrische Bahnen besondere Vorteile bietet und bei der Jungfraubahn Anwendung fand. Nach diesen Systemen der Riggenbachschen Schule sind alle die zahlreichen Touristenbahnen gebaut worden, die alljährlich ungezählte Tausende in bequemster und sicherster Weise mitten in die herrlichsten Gebirgsregionen bringen; in der Schweiz sind außer der bereits genannten weltberühmten Rigibahn an erster Stelle zu nennen die Pilatusbahn mit $480^0/_{00}$ Steigung, bisher wohl die steilste Bergbahn der Welt, ferner die 12,3 km lange Jungfraubahn, die mit durchschnittlicher Steigung von $200^0/_{00}$ bis zu dem 3420 m hohen Jungfraujoch in die Gletscherwelt führt und von da in einem durch das Eis zu führenden Aufzuge bis zu dem über 4000 m hohen Hochgipfel der Berner Alpen fortgesetzt werden soll; endlich die im Jahre 1898 erbaute elektrische Gornergratbahn. In Österreich und Deutschland sind nach Riggenbach-Abt nebst vielen kleineren Anlagen die Erzbergbahn, die Schafbergbahn, die Bahn auf den Schneeberg, die badische Höllentalbahn, die Bahn auf den Drachenfels und viele andere erbaut worden.

Riggenbach ließ sich als Zivilingenieur in Olten nieder und arbeitete noch in vorgerücktem Alter unermüdlich an großen Projekten für Zahnrad- und Drahtseilbahnen; in dem bescheidenen Bureau des berühmten Erfinders liefen unaufhörlich Anfragen und Bestellungen aus der ganzen Welt ein. Nach dem Tode seines einzigen Sohnes begann die Lebenskraft des arbeitsfreudigen Greises immer mehr abzunehmen, bis er wenige Wochen nach dem Verluste seiner treuen Lebensgefährtin seine Augen für immer schloß.

Das Lebensbild dieses interessanten, von seinen Landsleuten und den weitesten Fachkreisen hochgeehrten Mannes zeigt uns aufs neue, wie weit es auch ein einfacher geschickter Arbeiter bringen kann, wenn er den Mut und den nötigen Eifer besitzt, sich selbst technisch-wissenschaftlich auszubilden und im gewählten Arbeitsgebiete auch praktisch unermüdlich vorwärts zu streben.

3. BRIEF.

„Mit Fleiß und Kraft
Man vieles schafft."
(Hausspruch.)

PHYSIK

Hydromechanik – Aeromechanik – Wärmelehre.

Inhalt. In diesem Briefe wollen wir uns mit dem Verhalten der Flüssigkeiten und der Gase im Gleichgewichte und in der Bewegung sowie mit der Wärmelehre (Kalorik) beschäftigen. Diese Gebiete der Physik greifen schon vielfach in die Maschinentechnik über und können daher hier nur in den Grundzügen gebracht werden. Eine eingehendere Behandlung, insbesondere der mechanischen Wärmetheorie und der Wärmemotoren, müssen wir uns für den III. Fachband „Maschinenbau" vorbehalten. Immerhin werden auch in diesen Abschnitten eine ganze Reihe von Maschinen zur Sprache kommen, die in der Technik vielfach in Verwendung stehen und daher für unsere Leser von besonderem Interesse sind.

6. Abschnitt.

Das Verhalten der Flüssigkeiten.

[229] Molekularkräfte bei Flüssigkeiten.

a) Die tropfbar flüssigen Körper besitzen wie die Gase die gemeinsame Eigenschaft, einer nicht zu raschen Änderung ihrer Form keinen merklichen Widerstand entgegenzusetzen; gegenüber den festen Körpern sind daher beide durch eine leichte Verschiebbarkeit ihrer Teilchen ausgezeichnet, die auf eine geringe Kohäsion zurückzuführen ist. Sucht man aber das Volumen von Flüssigkeiten und Gasen zu verkleinern, so verhalten sich beide Arten von Körpern ganz verschieden. Während Gase schon auf eine kleine Änderung des Druckes eine merkliche Volumänderung zeigen, ruft bei Flüssigkeiten selbst ein großer Druck eine kaum merkliche Verkleinerung des Volumens hervor.

Merke: Flüssigkeiten zeigen einen sehr großen Widerstand gegen Volumänderung, einen sehr kleinen Widerstand gegen Formänderung.

b) Ist eine Flüssigkeit in einem Gefäße eingeschlossen, so sucht jedes Teilchen infolge der Schwere die tiefste Stelle im Gefäße einzunehmen, und die freie Oberfläche oder das Niveau der Flüssigkeit wird im allgemeinen stets wagerecht sein.

c) Da sich eine Flüssigkeit vollkommen dicht an die Oberfläche eines festen Körpers anzuschmiegen vermag, wirkt die Adhäsion zwischen der Flüssigkeit und dem festen Körper meist so kräftig, daß man eher die Kohäsion der Flüssigkeit überwinden, als sie vom festen Körper abreißen kann. Man sagt dann, der Körper wird benetzt! (Adhäsion von Wassertropfen an einer Glasscheibe, von Quecksilber an Gold, Amalgamieren von Zink usw.)

Häufig bleibt indes eine dünne Schicht von Luft oder eines fremden Gases zwischen der Flüssigkeit und dem festen Körper, so daß die innige Berührung und damit die volle Wirkung der Adhäsion unmöglich wird (Wassertropfen auf Samt, bestäubtem oder fettigem Glase usw.); der Körper wird nicht benetzt!

Infolge der Molekularanziehungen, welche zwischen festen und flüssigen Körpern tätig sind, wird die freie, sonst horizontale Oberfläche der Flüssigkeit überall dort eine Störung erleiden, wo sie mit der Oberfläche eines festen Körpers in Berührung kommt. Sie wird an der Wand des festen Körpers ansteigen, wenn die Wand benetzt wird, weil die Adhäsion zwischen der Flüssigkeit und der Gefäßwand sehr groß ist, die Oberfläche sich aber immer senkrecht zur Resultanten R der beiden Kräfte, der Adhäsion P an der Wand und der Kohäsion Q anordnen wird. (Abb. 270.) Überwiegt

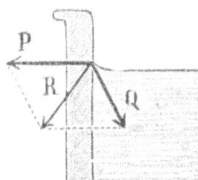

Abb. 270

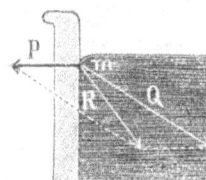

Abb. 271

dagegen die Kohäsion bei die Wand nicht benetzenden Flüssigkeiten (z. B. Quecksilber), so weicht der Flüssigkeitsrand vom Gefäße zurück. (Abb. 271.)

d) Mit den ebenerwähnten „**Randerscheinungen**" macht man in engen Gefäßen (Haar- oder Kapillarröhrchen) die auffallende und in gewisser Hinsicht nicht unwichtige Beobachtung, daß **benetzende Flüssigkeiten um so höher aufsteigen, je enger das Rohr ist** (Abb. 272). Man nennt diese Erscheinung **Kapillarattraktion**, worauf z. B. das Aufsteigen des Öls im Lampendochte und von Feuchtigkeit in porösen Mauern beruht. **Bei nicht benetzenden Flüssigkeiten** tritt dagegen sog. **Kapillardepression** auf, bei welcher die Flüssigkeit im engen Rohre sich um so niedriger stellt, je enger das Rohr ist. (Abb. 273.)

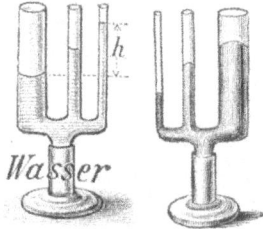

Abb. 272   Abb. 273

e) **Diffusion** nennt man die allmähliche Selbstvermischung zweier ruhender Flüssigkeiten, wobei man annimmt, daß die Moleküle der einen Flüssigkeit durch die auftretenden Kapillarkräfte der anderen in die molekularen Poren der zweiten Flüssigkeit hineingezogen werden.

Gießt man in eine Proberöhre Glyzerin und darüber vorsichtig Kupfervitriollösung, so verschwindet die scharfe Trennungslinie sehr bald; nach einigen Tagen ist der äußeren Schwere entgegen das leichtere Kupfervitriol nach abwärts, das schwere Glyzerin nach aufwärts gelangt.

Auch durch eine poröse Scheidewand (Pergamentpapier, Tierblase, ungebrannten Ton usw.) diffundieren zwei Flüssigkeiten, und zwar in der Regel mit verschiedener Geschwindigkeit. Den hierdurch eingetretenen Austausch der Flüssigkeiten nennt man **Osmose** (osmotischer Druck).

Alkohol geht schneller durch eine Tierblase wie Wasser. Auf der Osmose beruht das Aufquellen von Erbsen, das Aufsteigen des Pflanzensaftes in den Bäumen, der Übertritt des Nahrungssaftes in das Blut usw.

Die Erscheinungen der Diffusion und Osmose spielen in der Zuckerfabrikation eine große Rolle.

A. Hydrostatik.

[230] Fortpflanzung des Druckes.

a) Wie wir schon erwähnt haben, sind die Flüssigkeiten nahezu **inkompressibel**, d. h. **sie lassen sich nur äußerst wenig zusammendrücken.** Wird daher auf eine abgeschlossene Flüssigkeitsmenge (Abb. 274) an einer Stelle f ein Druck p ausgeübt, so gerät die Flüssigkeit in einen Spannungszustand. Man sagt kurz: **Flüssigkeiten pflanzen einen Druck gleichmäßig nach allen Richtungen hin fort (hydrostatischer Druck).** Dabei verhalten sich die Drücke wie die Flächen:

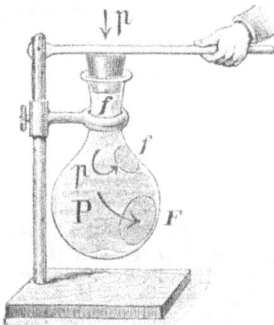

Abb. 274

$$P : p = F : f,$$

d. h. mit anderen Worten: **Der Druck pro Flächeneinheit ist überall derselbe.**

Die Druckfortpflanzung läßt sich am einfachsten mit der **Spritzflasche** (Abb. 275) nachweisen.

Der **kartesianische Taucher** (Abb. 276) ist ein kleines unten offenes Glaskölbchen, das soviel Wasser enthält, daß es gerade schwimmt. Bringt man diesen Taucher in ein Gefäß mit Wasser und drückt auf die Gummihaube, so wird die Luft im Taucher zusammengepreßt, und es dringt Wasser ein. Der Taucher sinkt unter und steigt wieder, wenn der Druck aufhört. Besonders lehrreich wird der Versuch, wenn sich in zwei durch eine Röhre verbundenen Gefäßen solche Taucher befinden, die

Abb. 275
Spritzflasche

Abb. 276
Kartesianischer Taucher

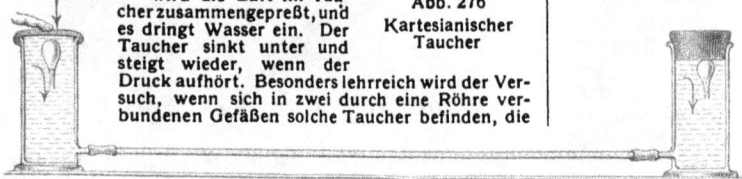

Abb. 277 Nachweis der Druckfortpflanzung

beide gleichzeitig untertauchen, wenn nur auf den Gummiabschluß des einen Gefäßes ein leiser Druck ausgeübt wird (Abb. 277).

Natürlich muß auch beim hydrostatischen Drucke die goldene Regel der Mechanik [119c] gelten. Wächst der Druck P im Verhältnisse zur gedrückten Fläche, so muß der von diesem Drucke zurück-

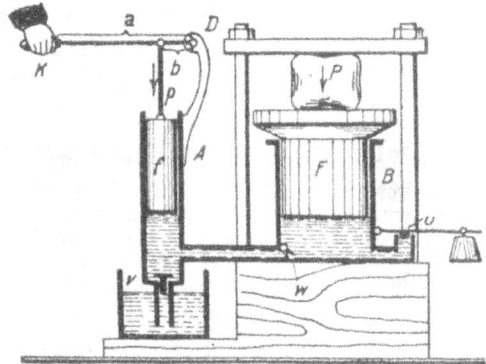

Abb. 278
Hydraulische Presse.

gelegte Weg s im selben Verhältnisse kleiner sein, als der Weg S, den die Kraft p zurückgelegt hat. Mithin

$$P \cdot s = p \cdot S.$$

Die Richtigkeit dieses Satzes ergibt sich leicht aus der Überlegung, daß die auf der einen Seite durch eine Fläche hineingedrückte Flüssigkeitsmenge auf der anderen Seite volumengleich wieder herausgedrängt werden muß. Der großen Fläche entspricht also ein kleiner Weg, der kleinen Fläche ein großer Weg. Dabei ist die übrige Form des Gefäßes durchaus gleichgültig, es kann z. B. ein sehr langes, vielfach verzweigtes Röhrensystem sein, und man kann ein solches dazu technisch benutzen, eine Kraft in veränderter Richtung in die Ferne zu übertragen.

b) Die hydraulische Presse (Abb. 278), erfunden von Brahma 1795, ist ein Apparat, in dem die Druckvermehrung durch Flüssigkeiten technisch nutzbar gemacht wird.

Sie besteht im wesentlichen aus einem engen und einem weiten Zylinder, die durch ein Querrohr verbunden und mit Wasser oder Öl gefüllt sind. Am Boden des kleineren Arbeitszylinders A ist das Saugventil v, ferner im Querrohr das Druckventil w und am größeren Druckzylinder B das Sicherheitsventil u angebracht.

(Ventile sind selbsttätige Verschlüsse für Flüssigkeiten und Gase, welche die Bewegung derselben nur nach einer Richtung hin gestatten, nach der anderen Richtung aber verhindern. Man unterscheidet Klappen-, Kegel- und Kugelventile. Näheres darüber im „Maschinenbau".)

Wird der Arbeitskolben f mit dem Hebel K heruntergedrückt, so schließt sich das Saugventil v, der Druck im Wasser pflanzt sich durch das Querrohr fort, öffnet das Druckventil w und hebt den Druckkolben F. Wird der Kolben nach aufwärts bewegt, so wird der Raum B durch das Ventil w geschlossen und bei v das Wasser angesaugt, das beim folgenden Niederdrücken des Hebels den Druck in B vermehrt usw.

Aus $P : p = F : f$ folgt $P = \dfrac{F}{f} \cdot p$. Der Druck p wird am Hebel mit einer Kraft K hervorgebracht, sonach $p \cdot b = K \cdot a$ und $p = \dfrac{a}{b} \cdot K$.

$$\boxed{\text{Erzielter Druck } P = \left(\frac{a}{b}\right) \cdot \left(\frac{F}{f}\right) \cdot \text{Kraft } K.}$$

Der Wirkungsgrad ist 0,8 bis 0,9.

Diese Maschine wird vielfach zum Heben schwerer Lasten (Brückenfelder), zur Herstellung von Zinn- und Bleirohren (Bleimäntel der elektrischen Kabel), zur Materialprüfung, zur Prüfung der Festigkeit von Dampfkesseln, zum Lochen und Nieten von Kesselblechen, zum Pressen von Heu usw. verwendet.

Würde man das Querrohr an eine Wasserleitung anschließen und so „Druckwasser" zum Kolben f einströmen lassen, so müßte, um den letzteren auf eine Höhe von h m zu heben, ein Wasservolumen $V = f \cdot h$ eintreten. Ist der Druck der Wasserleitung P, so würde das Druckwasser eine Arbeit von der Größe $P \cdot f \cdot h$ leisten. (Anwendung bei hydrostatischen Aufzügen (Lifts), zum Heben von Versenkungen in Theatern usw.).

Denkt man sich auf den Kolben f eine sehr schwere Last aufgelegt, welche zuerst durch Einpressen von Druckwasser in den Preßzylinder entsprechend hochgehoben wird, so hat man einen hydraulischen Akkumulator (Abb. 279), der die in ihm aufgespeicherte Energie an den Kolben abgibt. Anwendung zum Betrieb von Kranen, bei Schmiedepressen an Stelle der großen Fallhämmer [311] usw.

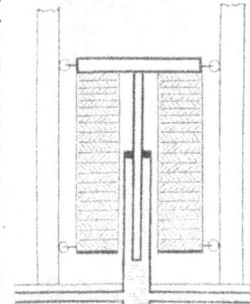

Abb. 279
Hydraulischer Akkumulator

Aufgabe 96.

[231] *Bei einer hydraulischen Presse beträgt der Durchmesser des Pumpenkolbens $d = 1{,}6$ cm, der des Druckkolbens $D = 32$ cm, der Hebelarm der Kraft $a = 60$ cm, der Arm des Pumpenkolbens $b = 10$ cm.*

a) Wie groß ist der durch die Presse bewirkte Druck P, wenn der Arbeiter mit einer Kraft $K = 12$ kg die Presse bedient?

b) Welchen Weg legt der Angriffspunkt der Kraft zurück, wenn der Druckkolben sich um 1 mm hebt?

c) Reicht der Druck aus, um einen Zementwürfel von $c = 6$ cm Kantenlänge und $F = 600$ kg Druckfestigkeit pro cm² zu zerdrücken?

Zu a) $P = K \cdot \dfrac{a}{b} \cdot \dfrac{D^2}{d^2}$.

Die obigen Werte eingesetzt, gibt $P = $ 28 800 kg.

Zu b)   Produkt Kraft × Weg muß gleich sein dem Produkte Last × Weg.

$$28\,800 \cdot 1 = 12 \cdot x, \text{ daraus } x = \frac{28\,800}{12} = 2400 \text{ mm} = \textbf{2,4 m.}$$

Zu c)   Ja! Der Würfel hat eine Basis von $6 \times 6 = 36$ cm² Inhalt; bei 600 kg per cm² ist seine höchste Festigkeit $600 \times 36 = 21\,600$ kg, während die Presse einen Druck von 28 800 kg ausübt.

[232] Der Bodendruck.

a) Ruhende Flüssigkeiten üben infolge ihrer Schwere einen mehr oder minder bedeutenden Druck sowohl auf den Boden als auch auf die Seitenwände der Gefäße aus, in denen sie enthalten sind. Es wäre nun naheliegend, zu glauben, daß der Druck auf den Boden eines mit Wasser gefüllten Gefäßes von der im Gefäße enthaltenen Wassermenge abhängt. Das ist aber nicht der Fall, sondern der **Bodendruck ist nur abhängig vom Flächeninhalte des Gefäßbodens, von dessen Tiefe unter dem Flüssigkeitsspiegel und dem spezifischen Gewichte der Flüssigkeit.**

> **Bodendruck in Gramm $= f \cdot h\, s,$**

wenn f die gedrückte Fläche in cm², h die Höhe der auf ihr aufstehenden Flüssigkeitssäule in cm und s das spez. Gewicht ist.

Da sonach unter Umständen mit einer großen Wassermasse ein kleiner und mit einer kleinen

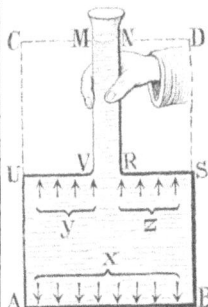

Abb. 280

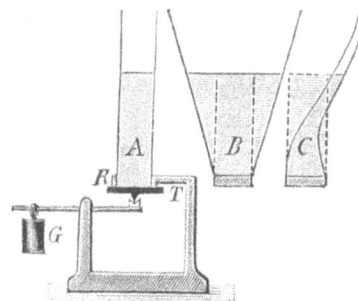

Abb. 281

Wassermasse ein großer Druck auf den Boden eines Gefäßes ausgeübt werden kann, hat man diesen

Satz auch das „**hydrostatische Paradoxon**" genannt.

In Abb. 280 ist der Bodendruck nicht x, sondern $x — (y + z)$.

Pascal hat 3 Gefäße A, B und C von gleicher Bodenfläche und verschiedener Form benützt, um sein Gesetz zu erweisen (Abb. 281). In allen drei Fällen ist dieselbe Flüssigkeitshöhe (also nicht gleiche Mengel) nötig, um dem Gewichte G das Gleichgewicht zu erhalten.

b) Der Wasserdruck wächst mit der Tiefe. Man mißt ihn wie den Luftdruck nach Atmosphären.

Je 10 m Wassertiefe entspricht dem Drucke einer Atmosphäre. [118]

[233] Der Seitendruck.

a) Es ist eine Folge der gleichförmigen Fortpflanzung des Druckes durch Flüssigkeiten, daß auch die Seitenwände der mit Flüssigkeiten gefüllten Gefäße einen Druck auszuhalten haben, gleichviel wie sie gegen die Horizontale geneigt sein mögen, und zwar erfährt jedes Flächenelement der Seitenwand einen Druck, der ebenso groß ist, als wenn es bei gleicher Tiefe unter dem Flüssigkeitsspiegel sich in einem horizontalen Boden befände. **Der Seitendruck ist sonach gleich dem Bodendrucke in gleicher Tiefe, daher**

$$\boxed{\text{Seitendruck} = f \cdot h \cdot s,}$$

wenn h der senkrechte Abstand des Schwerpunktes der gedrückten Fläche f vom Flüssigkeitsspiegel ist.

In einem 10 m hohen Behälter voll Wasser ist der Druck pro cm² in einer Tiefe von 1 m gleich 100 g, in einer Tiefe von 2 m gleich 200 g, in einer Tiefe von 10 m, also am Boden gleich 1000 g.

Auch der Seitendruck nimmt mit der Tiefe allmählich zu, wodurch Abb. 282 erklärlich wird,

wo das bei a, b und c ausfließende Wasser unter verschiedenem Drucke steht.

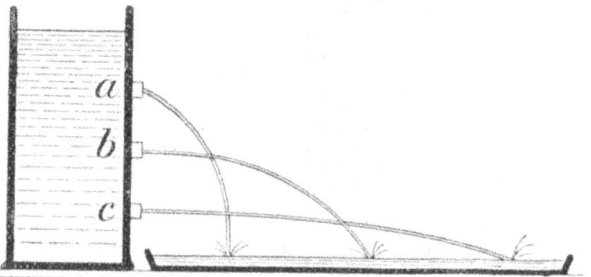
Abb. 282

b) **Der Angriffspunkt des Seitendruckes ist aber nicht der Schwerpunkt der gedrückten Fläche, sondern der Druckmittelpunkt**, d. h. der Punkt, wo die Resultierende aller Druckkomponenten der einzelnen Flächenteilchen angreift. **Dieser Druckmittelpunkt liegt immer tiefer als der Schwerpunkt des Wandstückes,** weil ja die Stärke des Druckes nach unten wächst. Abb. 283.

Darauf werden wir noch in der Baumechanik bei Berechnung der Wehren und Schleusen zu sprechen kommen.

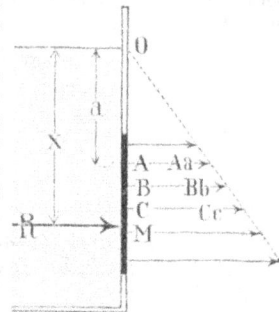
Abb. 283

Aufgabe 97.

[234] *Vor der $b = 80$ cm breiten und $G = 40$ kg schweren Falle eines Ablaßwehres steht das Wasser $h = 60$ cm hoch. Mittels eines Wellrades soll die Falle gezogen werden. Welche Kraft P ist anzuwenden, wenn der Radius der Welle $r = 15$ cm, der des Rades $R = 120$ cm und der Reibungskoeffizient in der Führung $\mu = 0{,}5$ beträgt?*

Um den Seitendruck in kg zu erhalten, muß die Rechnung in dm durchgeführt werden, weil dann das spez. Gewicht des Wassers 1 kg per dm³ ist.

Der Seitendruck auf die Falle ist gleich $F \cdot h = b \cdot h^2$ und wirkt mit je der Hälfte als Normaldruck auf die beiden Führungen, in denen die Falle läuft. Zu dem Fallgewichte von 40 kg ist sonach noch der Reibungswiderstand in den Führungen mit $\frac{1}{2} b \cdot h^2 \cdot \mu$ hinzuzuaddieren; $\frac{1}{2} b h^2 \cdot \mu = 72$ kg. — Die beim Hub zu überwindende gesamte **Last** ist daher gleich: Gewicht der Falle + Reibungswiderstand = $40 + 72 = 112$ kg. — Beim Wellrade ist $112 \cdot 15 = P \cdot 120$; daraus ergibt sich als notwendige **Kraft:** $P = 14$ **kg.**

[235] Kommunizierende Röhren.

Für beliebig weite und beliebig gestaltete Gefäße und Röhren, die unten auf irgendeine Weise mit-

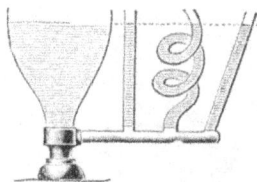
Abb. 284   Abb. 285
                  Wasserstandsglas

einander in Verbindung stehen (Abb. 284), gilt das Gesetz, **daß ihre freien Oberflächen stets in einer und derselben Horizontalebene liegen,** d. h. daß sie

in den Schenkeln der kommunizierenden Gefäße bis zur gleichen Höhe gefüllt sein müssen, wenn Gleich-

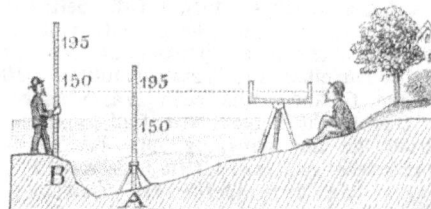
Abb. 286
Kanalwage

gewicht herrschen soll. Diese Erscheinung ist eine unmittelbare Folge des hydrostatischen Druckes. Das Gesetz gilt aber nur bei gleicher Flüssigkeit.

Sind die kommunizierenden Röhren mit Flüssigkeiten von verschiedenem spezifischen Gewichte gefüllt, so verhalten sich ihre Höhen, von der Trennungsfläche an gerechnet, umgekehrt wie ihre spez. Gewichte.

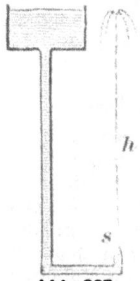

Abb. 287
Springbrunnen

Darauf beruhen folgende Anwendungen und Erscheinungen:

a) Das **Wasserstandsglas** an den Dampfkesseln (Abb. 285).

b) Die **Kanalwage** (Abb. 286) besteht aus zwei vertikalen Glasröhrchen, die durch eine lange Röhre (ev. durch einen Gummischlauch) miteinander verbunden sind.

c) Der **Springbrunnen** (Abb. 287); die Höhe h wird wegen der Reibung an der Luft und dem Rückschlag der fallenden Teilchen nicht erreicht.

d) **Artesische Brunnen** (Abb. 288) sind Quellen, die erst durch Anbohren einer undurchlässigen Schichte, dann aber oft mit gewaltiger Sprunghöhe zutage treten.

Abb. 288
Artesischer Brunnen

e) **Grundwasser** (Abb. 289); das Wasser der Flüsse sickert besonders in sandiger Gegend oft auf weite Entfernungen

Abb. 289
Grundwasser

durch, so daß man beim Bohren von Brunnen auf hohem Terrain erst in beträchtlicher Tiefe auf Wasser stößt. (Näheres hierüber und über Quellen im „Wasserbau".)

[236] Der Auftrieb.

a) Eine horizontale Fläche innerhalb einer Flüssigkeit erleidet einen Druck von oben gleich dem Gewichte der darüber lastenden Flüssigkeit und einen gleich starken von unten, der diese Säule trägt.

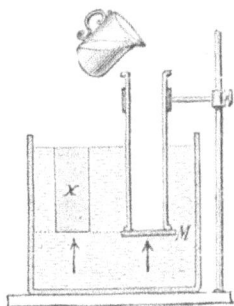 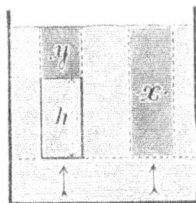

Abb. 290   Abb. 291

Zum Nachweis dient die in Abb. 290 dargestellte Anordnung. Das lose Glasplättchen M fällt erst ab, wenn man in das Rohr so viel Wasser einfüllt, bis es gleich hoch steht wie das äußere Wasser. — Taucht man einen hohlen, allseits wasserdicht geschlossenen Körper von der Höhe h und der

Grundfläche f in eine Flüssigkeit (Abb. 291), so wirkt von unten ein Druck gleich dem Gewichte der Säule x und von oben der Druck y der oberhalb stehenden Flüssigkeitssäule. Die Resultierende der beiden Kräfte ist nach aufwärts gerichtet und gleich dem Gewichte der durch den Körper verdrängten Flüssigkeit.

Dieser Druck, welchen die untere Fläche jedes in eine Flüssigkeit eingetauchten Körpers auszuhalten hat und der den Körper in die Höhe zu treiben sucht, heißt der **Auftrieb.**

b) Infolge des Auftriebes wird jeder in einer Flüssigkeit untergetauchte Körper leichter erscheinen, also einen Teil seines Gewichtes verlieren, und zwar ist dieser Gewichtsverlust genau so groß wie das Gewicht der von dem Körper verdrängten Flüssigkeitsmenge.

Dieses wichtige Gesetz führt nach seinem Entdecker Archimedes den Namen: „**Archimedisches Prinzip**" und lautet in der von ihm gegebenen Fassung:

> **Ein Körper verliert in einer Flüssigkeit so viel an Gewicht, als die Flüssigkeitsmenge wiegt, die er verdrängt.**

Man kann diesen Satz experimentell nachweisen durch den in Abb. 292 dargestellten Versuch, wo der Zeiger der Wage um A Gramm zurückgeht, sobald der Körper M ins Wasser versenkt wird, und durch den Versuch nach Abb. 293,

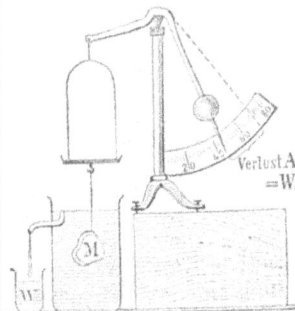 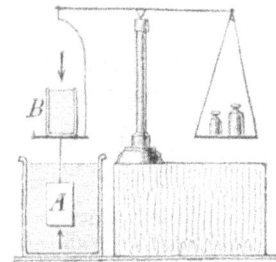

Abb. 292   Abb. 293

wobei man den Vollzylinder A unter der Wage befestigt und den genau passenden Hohlzylinder B auf die Wagschale legt. Das Gleichgewicht wird gestört, sobald A in Wasser taucht; es wird wieder hergestellt, wenn B sich mit Wasser füllt.

[237] Das Schwimmen.

a) **Ein schwimmender Körper** wird von seinem Auftriebe getragen; er taucht daher nur so tief unter den Spiegel der Flüssigkeit, bis die verdrängte Flüssigkeit so schwer ist wie er selbst. Für jede Tonne Gewicht muß er mithin 1 m³ Wasser verdrängen. Ist der Körper spezifisch schwerer als die Flüssigkeit, so schwimmt er auf letzterer nur, wenn er hohl ist.

Schwimmen der eisengepanzerten Schiffe. — Schwimmgürtel, Rettungssäcke, mit Gas gefüllt. — Verkorkte Flaschen.

b) Bezeichnen wir das Gewicht eines Körpers mit G, den Gewichtsverlust, den er durch Eintauchen in die Flüssigkeit erleidet, mit W, so ist die Kraft K, mit welcher der Körper sinkt:

$$K = G - W.$$

Solange nun der Körper **schwerer** ist als ein gleiches Volumen der Flüssigkeit, solange also $G > W$, ist der Wert von K positiv, **der Körper wird wirklich sinken** und kann erst ins Gleichgewicht kommen, wenn er auf dem Boden liegt oder sonst aufgehalten wird.

Ist $G = W$, so ist $K = 0$; **der Körper wird allerorten in der Flüssigkeit schweben,** ohne zu sinken, aber auch ohne zu steigen.

Ist aber endlich $G < W$, also der eingetauchte Körper leichter als ein gleiches Volumen Flüssigkeit, so wird K negativ; der untergetauchte Körper wird durch das Überwiegen des Auftriebes in die Höhe steigen. Der Gleichgewichtszustand kann dabei erst dann eintreten, wenn der Körper so weit über die Oberfläche der Flüssigkeit hervorragt, daß das Gesamtgewicht des Körpers gleich ist dem Gewichte der durch den eingetauchten Teil verdrängten Flüssigkeit: **Der Körper wird also schwimmen** (= an der Oberfläche der Flüssigkeit schweben).

c) Auf einen schwimmenden Körper wirken zwei Kräfte ein, das **Eigengewicht** $G \downarrow$ **im Schwerpunkt des Körpers** S und der **Auftrieb** $A \uparrow$ **im Schwerpunkte** W **der verdrängten Flüssigkeit.** Dieses Kräftepaar sucht den Körper zu drehen. (Abb. 294.)

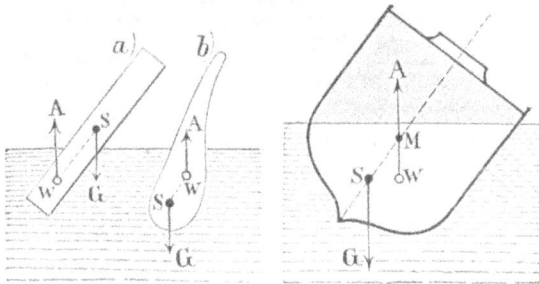

Abb. 294   Abb. 295

Wie bei unterstützten Körpern [155] gibt es auch bei schwimmenden **drei** Arten des Gleichgewichts:

1. **Ein Körper schwimmt stabil, wenn der Körperschwerpunkt tiefer liegt als der Flüssigkeitsschwerpunkt** oder wenn (Abb. 295) der Schnittpunkt M des Auftriebes mit der Mittellinie des schwimmenden Körpers, **das Metazentrum über dem Schwerpunkte des Körpers liegt.**

Das Metazentrum ist für den Schiffsbau wichtig und wird dort besprochen werden.

Zweck des Ballastes — schwere Kiele. Beim Schwimmen des Menschen wird die geringe Differenz zwischen Körpergewicht und Auftrieb durch passende Bewegungen der Arme und Beine ausgeglichen. Warum schwimmt man im Meerwasser viel leichter?

2. **Der Körper schwimmt labil, wenn das Metazentrum bei einer kleinen Drehung des schwimmenden Körpers unter** und

3. **indifferent, wenn es in dessen Schwerpunkt fällt.**

[238] Bestimmung des Volumens und des spez. Gewichtes nach dem Archimedischen Prinzip.

a) Wie im Lebensbilde des Archimedes (Vorstufe S. 59) erwähnt wurde, war der äußere Anlaß seiner wichtigen Entdeckung die Notwendigkeit, das Volumen der Krone seines Königs zu bestimmen. Wie wertvoll diese Methode der Volumsmessung ist, geht daraus hervor, daß der Auftrieb eines Körpers leicht bis auf **ein Milligramm** genau gemessen werden kann, was einer Genauigkeit in der Bestimmung des

Eintauchvolumens bis auf $\dfrac{1}{1000}$ cm³ entspricht.

Der Auftrieb ist $A = V \cdot s$. Da bei Wasser $s = 1$ ist, gilt die Regel:

bei Wasser $s = 1$:

Volumen = Auftrieb,

in beliebiger Flüssigkeit:

$$\text{Volumen} = \frac{\text{Auftrieb}}{\text{spez. Gew. der Flüssigkeit}}.$$

b) Der Auftrieb wird auch gerne zur Bestimmung des spez. Gewichtes von Stoffen benutzt.

Bei **festen Körpern** bestimmt man das absolute Gewicht G des Körpers in der Luft und das Gewicht G_1 des in Wasser getauchten Körpers; der Gewichtsverlust $G - G_1$ ist der Auftrieb, und dieser ist gleich dem Gewichte des Wassers vom Volumen des Körpers. Nach Vorstufe [106]

ist $S = \dfrac{G}{G - G_1}$.

Die Messung selbst kann man durchführen:

1. Mit der **hydrostatischen Wage** (Abb. 296).

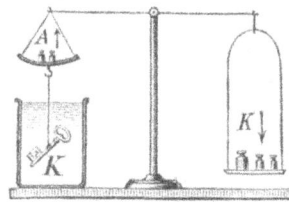

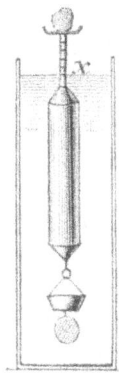

Abb. 296   Abb. 297
Hydrostatische Wage   Nicholsonsche
                           Senkwage

Erster Fall: Der Körper geht im Wasser unter.

Beispiel: Ein eiserner Schlüssel wiegt in der Luft 38,2 g, im Wasser 32,9 g. Wie groß ist das spez. Gewicht des Eisens?

$$S = \frac{g}{g - g_1} = \frac{38,2}{5,3} \approx 7,2\ g.$$

Zweiter Fall: Der Körper geht im Wasser nicht unter. Man beschwert ihn mit einem Hilfskörper.

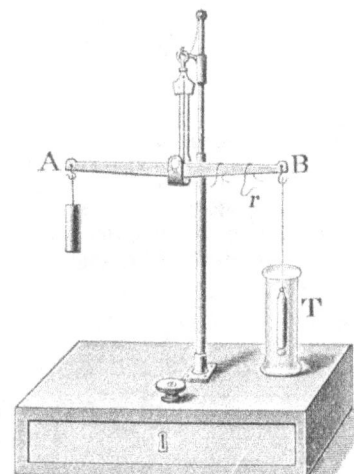

Abb. 298   Abb. 299
Mohrsche Wage   Aräometer

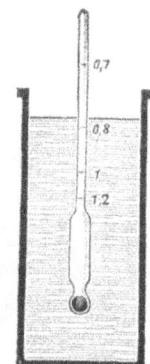

Beispiel: Ein Stück Holz wiegt in der Luft 22,5 g, ein Stück Blei 45,6 g, beide zusammen im Wasser 34,1 g, das Blei allein im Wasser 41,6 g. Wie groß ist das spez. Gewicht des Holzes?

Gew.-Verlust von Blei und Holz im Wasser (22,5 + 45,6) —
— 34,1 = 34 g,

Gew.-Verlust des Bleis allein = 45,6 — 41,6 = 4,0 g,

Gew.-Verlust des Holzes im Wasser = 34 — 4 = 30 g.

Spez. Gewicht des Holzes $= \frac{22,5}{30} = 0,75$ g.

Dritter Fall: Der Körper löst sich im Wasser auf:

Man bestimmt zunächst seinen Gewichtsverlust in einer anderen Flüssigkeit, in der sich der Körper nicht löst, berechnet das spez. Gewicht des Körpers in bezug auf diese Flüssigkeit und multipliziert das Resultat mit dem bekannten spez. Gewicht der zur Bestimmung gewählten Flüssigkeit.

2. Mit der **Nicholsonschen Senkwage**, einem Schwimmkörper aus Blech (Abb. 297), der oben einen dünnen Hals mit einer Marke x und ein Tellerchen, unten eine kleine Schale trägt.

Man legt das Gewicht g_1 auf die Wage, bis sie zum Punkt x einsinkt, dann den Körper und soviel Gewicht g_2 darauf, daß der Apparat wieder bis zur Marke untertaucht; $g_1 - g_2$ ist das Gewicht des Körpers in der Luft. Bei einem 3. Versuch legt man den Körper auf die untere Schale und legt oben

soviele Gewichtsstücke g_3 auf, bis die Wage bis x einsinkt; $g_1 - g_3$ gibt das Gewicht des Körpers im Wasser an; sonach

$$s = \frac{g_1 - g_2}{g_1 - g_3}.$$

Bei Flüssigkeiten verwendet man:

1. Die **hydrostatische Wage**, wobei man sich eines Anhängekörpers (Glaskörper mit Schrot) bedient, den man an die leere Wagschale hängt.

Wiegt das Anhängestück in der Luft G, im Wasser G_1 und in der fraglichen Flüssigkeit G_2, so wiegt das verdrängte Wasser $G - G_1$, die verdrängte Flüssigkeit $G - G_2$ und das spez. Gewicht ist

$$s = \frac{G - G_2}{G - G_1} = \frac{\text{Auftrieb in der Flüssigkeit}}{\text{Auftrieb im Wasser}}.$$

(Mohrsche Wage, Abb. 298.)

2. **Aräometer** (Abb. 299). Die Skala gibt bei **Volumetern** das untergetauchte Volumen, bei **Deusimetern** das spez. Gewicht der zu prüfenden Flüssigkeiten und bei **Prozent-Aräometern** den Prozentgehalt der betreffenden Lösung an.

B. Hydrodynamik.

[239] Ausfluß von Flüssigkeiten aus Gefäßen.

a) Wenn man in die Seitenwand oder in den Boden eines mit einer Flüssigkeit gefüllten, oben offenen Gefäßes eine Öffnung macht, die im Vergleiche mit den Dimensionen des Gefäßes klein ist, so strömt die Flüssigkeit mit einer Geschwindigkeit aus, die um so größer ist, je tiefer die Öffnung sich unter dem Spiegel der Flüssigkeit befindet. **Die Ausflußgeschwindigkeit ist gerade so groß wie die Geschwindigkeit, die ein freifallender Körper erreichen würde, wenn er vom Spiegel der Flüssigkeit bis zur Ausflußöffnung herabfiele.**

Dieser Satz ist unter dem Namen des **Torricellischen Theorems** bekannt. Ist h die Druckhöhe, so ist

$$v = \sqrt{2\,g\,h}. \quad [34]$$

Aus diesem Satze folgt unmittelbar:

1. **Die Ausflußgeschwindigkeit hängt nur von der Tiefe der Öffnung unter dem Flüssigkeitsspiegel, aber nicht von der Natur der Flüssigkeit ab.** Bei gleichen Druckhöhen muß also z. B. Wasser und Quecksilber gleichschnell ausfließen.

2. **Die Ausflußgeschwindigkeiten verhalten sich wie die Quadratwurzeln der Druckhöhen.** Aus einer Öffnung, die 100 cm unter dem Wasserspiegel liegt, muß also das Wasser mit 10mal größerer Geschwindigkeit ausfließen, als aus einer andern, die nur 1 cm unter dem Niveau liegt.

Der Flüssigkeitsstrahl aus einer seitlichen Öffnung hat die Gestalt einer **Parabel** (horizontaler Wurf) [40].

b) Die **Wassermenge**, welche in einer gegebenen Zeit aus einer Öffnung ausfließt, hängt offenbar von der Größe der Öffnung und der Ausflußgeschwindigkeit ab. Wenn alle Wasserteilchen mit jener Geschwindigkeit durch die Öffnung hindurchgingen, die nach dem Torricellischen Theorem der Druckhöhe entspricht, so würde die in einer Sekunde ausfließende Wassermenge einen Zylinder bilden, dessen Basis gleich der Öffnung und dessen Höhe gleich dem Wege ist, den ein Wasserteilchen vermöge seiner Geschwindigkeit in einer Sekunde zurücklegt. Dieser Weg ist aber die Ausflußgeschwindigkeit selbst, also $\sqrt{2\,g\,h}$, und wenn wir den Flächeninhalt der Öffnung mit F bezeichnen, so ist die Ausflußmenge in einer Sekunde

$$M = F\sqrt{2\,g\,h}$$

und in t Sekunden

$$\boxed{M_t = F \cdot t \cdot \sqrt{2\,g\,h}.}$$

Diese Ausflußmenge wollen wir die **theoretische** nennen.

Von dieser theoretischen Menge wird aber bei Wasser nur ungefähr 62% erreicht, weil sich der Flüssigkeitsstrahl durch das Zudrängen der seitlichen Teile zusammenzieht (**Kontraktionskoeffizient**).

Aufgabe 98.

[240] *Aus einem Gefäße, das stets bis zur Höhe h = 180 cm nachgefüllt bleibt, fließt durch zwei senkrecht übereinander liegende Wandöffnungen Wasser aus. Welche Entfernung b hat die obere Öffnung vom Wasserspiegel, wenn beide Strahlen die erbreiterte Bodenebene im gleichen Punkte treffen und die Entfernung der beiden Öffnungen a = 40 cm beträgt (Abb. 300)?*

Nach der Gleichung der Wurfparabel [40] ist $x^2 = 2 \cdot \frac{v^2}{g} \cdot y$.

Für die o b e r e Öffnung ist $v = \sqrt{2\,g \cdot b}$ und $y = 180 - b$,

für die u n t e r e Öffnung $v = \sqrt{2\,g\,(a + b)}$ und $y = 180 - a - b$.

Diese Werte eingesetzt, gibt:

I. $x^2 = 2 \cdot \frac{2\,g\,b}{g} \cdot (180 - b),$ II. $x^2 = 2 \cdot \frac{2\,g\,(a + b)}{g}\,(180 - a - b).$

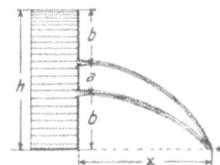

Abb. 300

Da x ansatzgemäß in beiden Fällen gleich sein soll, folgt:

$$b(180 - b) = (a + b)(180 - a - b),$$

oder $2\,ab = 180\,a - a^2$, $2\,b = 180 - a$, daraus $b = 70$ cm.

Die untere Öffnung liegt so hoch über dem Boden, wie die obere unter dem Flüssigkeitsspiegel.

[241] Das Strömen in Röhren.

Wenn aus irgendeinem Behälter das Wasser durch eine **längere** Röhre abfließt, so wird in derselben ein **Reibungswiderstand** auftreten, **dessen Überwindung einen Teil des vorhandenen hydrostatischen Druckes in Anspruch nimmt,** der also der Bewegung nicht zugute kommt. Der aus der Öffnung A (Abb. 301) austretende Strahl würde zu-

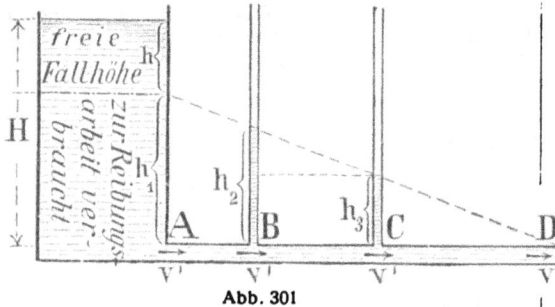

Abb. 301

nächst mit der Geschwindigkeit $v = \sqrt{2\,g\,H}$ fortschreiten. Infolge der Reibung an den Rohrwänden verringert sich aber die Geschwindigkeit von v auf $v' = \sqrt{2\,g\,h}$. Würde man seitliche Ansatzröhren B und C anbringen, so würden sich diese bis zu gewissen Höhen füllen, die um so kleiner werden, je näher sie sich dem freien Ende D nähern.

Auf die Flüssigkeitssäule zwischen B und C wirkt bei B ein Wasserdruck von der Höhe h_2, bei C ein entgegengesetzter

Abb. 302

von der Höhe h_3, also von B gegen C hin ein Überdruck $(h_2 - h_3)$. Entgegengesetzt wirkt die Reibung R (Abb. 302), und diese muß gleich sein $R = h_2 - h_3$, da ja sonst die Geschwindigkeit gegen C hin zunehmen müßte. Ist das Rohr AD gleichmäßig weit, so bilden die oberen Endpunkte der Druckhöhen eine schief ansteigende Gerade, welche die Höhe des Behälters in 2 Teile $h_1 + h$ zerlegt. h_1 ist das Maß für die Gesamtreibung zwischen A und D; h die freie Höhe, die die Geschwindigkeit $v' = \sqrt{2\,g\,h}$ bestimmt.

Findet man z. B., daß die Ausflußgeschwindigkeit v nur halb so groß ist als man nach der Druckhöhe H hätte erwarten sollen, daß sonach

$$v = \sqrt{2 \cdot g \cdot \frac{H}{4}},$$

so ist die Ausflußgeschwindigkeit eine solche, wie sie der Druckhöhe $\frac{H}{4}$ entspricht; $\frac{3}{4}$ der Druckhöhe H sind also zur Überwindung der Reibungswiderstände in der Röhre nötig. Wenn in der Röhre das Wasser sich mit jener Geschwindigkeit bewegen würde, die der Druckhöhe im Behälter entspricht, so hätten die Röhrenwände gar keinen Druck auszuhalten. **Da aber die Geschwindigkeit nur einem Teile der Druckhöhe entspricht, so wird sich der Rest als hydrodynamischer (hydraulischer) Druck auf die Röhrenwände geltend machen, und dieser wird um so kleiner werden, je mehr man sich der Ausflußöffnung D nähert.**

Der **Wassermesser** dient bei öffentlichen Wasserleitungen dazu, die Menge des Wassers, die von einem Abnehmer der Leitung entnommen wird, zu messen (Abb. 303). Das bei A einströmende Wasser stößt bei seinem Abfluß gegen ein **Flügelrad**, das dadurch in Umdrehung gesetzt wird. Die Bewegung der Radachse wird auf einen Zeiger übertragen. Das Zählwerk wird auf Grund praktischer Versuche geeicht.

Der Ausfluß aus Gefäßen (aus Sammelbecken mit und ohne Wehranlagen) sowie der Durchfluß durch Röhren, Flüsse und Kanäle sind für den Wasserbau- und Kulturtechniker von Wichtigkeit und werden im II. Fachbande über Bautechnik noch eingehend besprochen werden müssen.

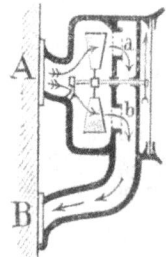

[242] Wassermotoren.

Wassermotoren übertragen die lebendige Kraft der Wassergefälle auf Arbeitsmaschinen.

Abb. 303
Wassermesser

Diese Übertragung kann stattfinden:

1. durch Druck, indem man das Wasser schon während seines Niederganges mit seinem Gewichte auf dem zu bewegenden Körper lasten läßt, so daß es nur mit geringer Geschwindigkeit herabsinkt, wie dies bei **oberschlächtigen Wasserrädern** und bei **Wassersäulenmaschinen** der Fall ist.

Die **oberschlächtigen Wasserräder** (Abb. 304) werden jetzt nur mehr bei höheren Gefällen von geringer Wassermasse, also in kleinen Gebirgsbächen angewendet.

Bei den **Wassersäulenmaschinen** erteilt die wirkende Wassermasse durch ihren Druck einem Kolben eine hin- und hergehende Bewegung, die nach Art

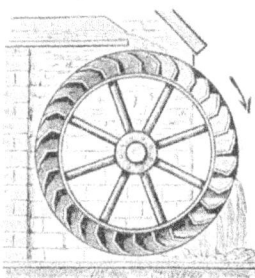

Abb. 304
Oberschlächtiges Wasserrad

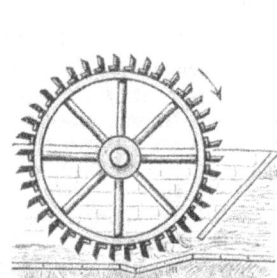

Abb. 305
Unterschlächtiges Wasserrad

der oszillierenden Dampfmaschinen weiter übertragen wird.

Sie sind nur dort anwendbar, wo Wasser von genügendem Drucke zur Verfügung steht und die Arbeitsmaschinen keine große Geschwindigkeit verlangen, wie z. B. im Bergbau oder als Kleinmotoren in Städten.

2. durch Stoß, indem man das Wasser ungehindert in seinem Gerinne herabströmen und es dann mit der erlangten Geschwindigkeit gegen irgendeinen Körper stoßen läßt.

Hierher gehören die **unterschlächtigen Wasserräder** (Abb. 305), die dort angewendet werden, wo man über ein Gefälle von ziemlich bedeutender Wassermenge, aber geringer Fallhöhe verfügt. Die Räder der Raddampfer sind Umkehrungen der unterschlächtigen Wasserräder.

3. **durch Rückstoß (Reaktion)** der durchströmenden Wassermassen. Diese Erscheinung zeigt sich, wenn man ein mit seitlicher Ausflußöffnung versehenes Gefäß aufhängt. Solange die Öffnung geschlossen ist, bleibt das Gefäß vollkommen in Ruhe, weil jeder Seitendruck durch einen gleichgroßen,

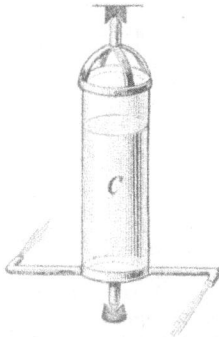

Abb. 306   Abb. 307 Segnersches Rad

aber entgegengesetzt wirkenden aufgehoben wird. Wenn man dagegen die Öffnung freigibt, so ist der Druck an dieser Stelle weggenommen und das ganze Gefäß wird sich in einer Richtung bewegen müssen, die der Richtung des ausfließenden Wasserstrahles entgegengesetzt ist. Es ist dies dem Rückstoße der Geschütze zu vergleichen.

In Abb. 306 ist ein Rohr mit einem Gummischlauch an ein Wasserleitungsrohr W angeschlossen. Sobald man bei x Wasser ausströmen läßt, biegt es sich zurück. Darauf beruht das **Segnersche Rad** (Abb. 307), aus dem sich später die Turbinen (Abb. 308) entwickelt haben.

Letztere sind Wasserräder mit vertikaler Achse. Das Wasser wird in einen Raum F geleitet, in dem feststehende Schaufeln, die sog. Leitschaufeln angeordnet sind. Das Wasser erhält dadurch eine solche Richtung, daß es senkrecht gegen die Schaufeln des eigentlichen Turbinenrades A stößt; seine Bewegung wird durch ein konisches Zahnradgetriebe auf weitere Wellen übertragen.

Die theoretische Leistung eines Wasserrades findet man aus

$$N = \frac{G \cdot h}{75} \text{ PS,}$$

wenn G die in der Sekunde durchfließende Wassermenge und h die Gefällshöhe ist. Die wirkliche Leistung der Wassermotoren ist viel geringer und beträgt bei den besten Turbinen etwa 75—90%, bei den besten oberschlächtigen Wasserrädern ca. 70%, bei unterschlächtigen höchstens 60% der theoretischen.

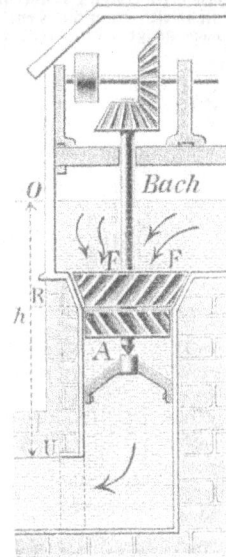

Abb. 308 Turbine

Aufgabe 99.

[243] *Ein Segnersches Wasserrad hat 12 Ausflußöffnungen von je 10 cm² Fläche, die 2 m von der Achse des Apparates entfernt sind. Welches Drehmoment bringt das abfließende Wasser hervor, wenn es 10 m hoch in der Trommel steht und welche Last Q könnte damit gehoben werden, wenn um die Welle vom Radius 8 cm das Lastseil geschwungen wird?*

Der Seitendruck auf eine Öffnung ist gleich $100 \cdot 0,1 = 10$ kg; bei 12 Öffnungen $= 10 \cdot 12 = 120$ kg. Da diese Kraft 2 m von der Achse entfernt ist, ist das Drehmoment **= 240 mkg.** — Diesem Momente muß das Moment der Last $Q \cdot 0,08$ gleich sein. —

$$Q \cdot 0,08 = 240, \qquad Q = 240 : 0,08 = 3000 \text{ kg} = \textbf{3 Tonnen.}$$

Aufgabe 100.

[244] *Zum Betriebe einer Turbine wird ein Wasserfall benützt, der in der Sekunde 10 m³ Wasser von der Fallhöhe 60 m liefert. Die Turbine liefert tatsächlich nur 7200 PS; wie groß ist der Wirkungsgrad?*

Die erwartete theoretische Leistung wäre $N = \frac{G h}{75} = \frac{10\,000 \cdot 60}{75} = \textbf{8000 PS.}$

Der Wirkungsgrad ergibt sich aus dem einfachen Ansatz:

$$8000 : 7200 = 100 : x; \text{ daraus } x = \frac{7200 \cdot 100}{8000} = 90\%.$$

[245] Pumpen und Schöpfwerke.

a) **Hierher gehören alle Vorrichtungen zur Hebung von Flüssigkeiten.** Man unterscheidet **Schöpfwerke,** wie sie zum Teil noch im Bauwesen und in der Landwirtschaft in Anwendung sind (Eimer, Wurfschaufeln, die Archimedische Schnecke (Abb. 309), Wasserschnecken, Schöpfräder usw.), dann **Kolbenpumpen** und **Schleuder- (oder Kreisel-)pumpen.**

b) **Bei Kolbenpumpen** unterscheidet man **Saug-** und **Druckpumpen.**

1. **Saugpumpe.** Sie besteht zunächst aus dem **Pumpenstiefel,** einem zylindrischen Rohr (Abb. 310), an das sich nach unten das engere Saugrohr S anschließt. Beide sind durch das Saugventil x, eine Klappe, die sich nur nach oben öffnet, abgeschlossen.

Im Pumpenstiefel selbst befindet sich ein wasserdicht schließender Kolben; dieser ist durchbohrt

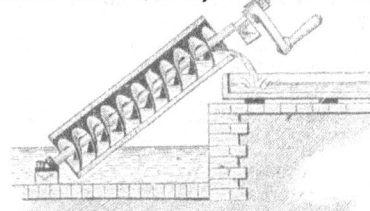

Abb. 309 Archimedische Schnecke

und die Bohrung von oben her durch ein weiteres Klappenventil y geschlossen.

Setzt man die Pumpe mit dem Saugrohr in die zu hebende Flüssigkeit und zieht den Kolben mittels des Hebelwerkes in die Höhe, so verdünnt sich zunächst die Luft unter dem Kolben und die Flüssigkeit steigt — durch den Überdruck der äußeren Luft getrieben — im Saugrohr empor, hebt die Klappe x und dringt in den Pumpenstiefel ein. Drückt man dann den Kolben nach abwärts, so ist das im Stiefel enthaltene Wasser gezwungen, unter Öffnung des Ventiles y über den Kolben zu treten. Beim nächsten Hochziehen des Kolbens schließt sich dann das Ventil von selbst und die übergetretene Wassermenge wird durch die Ausflußröhre abfließen.

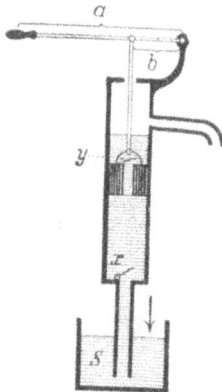

Abb. 310
Saugpumpe

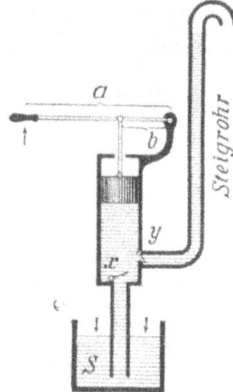

Abb. 311
Druckpumpe

Die gewöhnlichen Schöpfbrunnen sind von ähnlicher Konstruktion. Bei vollkommen luftdichtem Schlusse des Kolbens und der Ventile würde man das Wasser bis zu 10 m aufsaugen können; bei der geringen Vollkommenheit, mit der solche Pumpen in der Regel ausgeführt werden, darf aber das Bodenventil wohl nicht mehr als 6—7 m über dem Wasserspiegel angebracht sein.

2. **Die Druckpumpe** (Abb. 311) unterscheidet sich von der Saugpumpe dadurch, daß **der Kolben massiv ist und die Abflußröhre, die unterhalb des Kolbens**

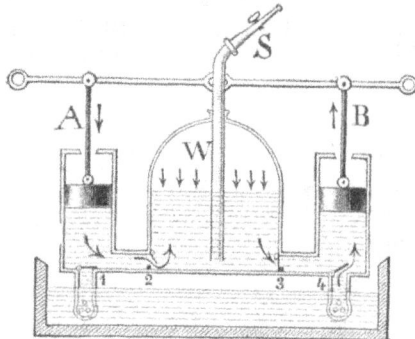

Abb. 312
Feuerspritze

in den Pumpenstiefel mündet, mit einem Druckventil versehen ist.

Beim Heben des Kolbens treibt der Überdruck der äußeren Luft die Flüssigkeit in den Stiefel. Beim Niederdrücken schließt sich das Saugventil x; die Flüssigkeit wandert durch das Abflußrohr, hebt das Druckventil y und gelangt so in das Steigrohr. Beim 2. Hube schließt sich y; es öffnet sich x und der Vorgang wiederholt sich von Zug zu Zug. Die Druckpumpe fördert das Wasser auf beliebige Höhen und steigert den Druck auf beliebige Stärke (Hydraulische Presse).

3. **Die Feuerspritze** (Abb. 312) ist eine Verbindung zweier Druckpumpen A und B mit einem Windkessel W, der den Strahl gleichmäßig ausfließen läßt.

Die Kolben der beiden Pumpen sind durch einen zweiarmigen Hebel derart verbunden, daß beim

Niedergehen des einen Kolbens der andere sich hebt. Die Druckrohre münden in den Windkessel, in dem durch das eindringende Wasser die Luft zusammengepreßt wird. Öffnet man dann den Hahn am Steigrohr, so wird das Wasser durch den Überdruck der gepreßten Luft herausgetrieben.

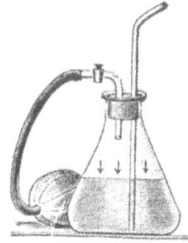

Abb. 313
Heronsball

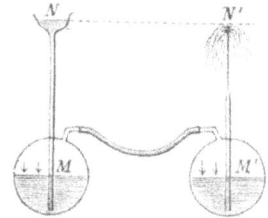

Abb. 314
Heronsbrunnen

Ist der Überdruck im Windkessel p at, so ist die theoretische Spritzhöhe p · 10 m.

Windkessel wird jedes Gefäß genannt, aus dem eine Flüssigkeit durch verdichtete Luft herausgetrieben wird. Hieher

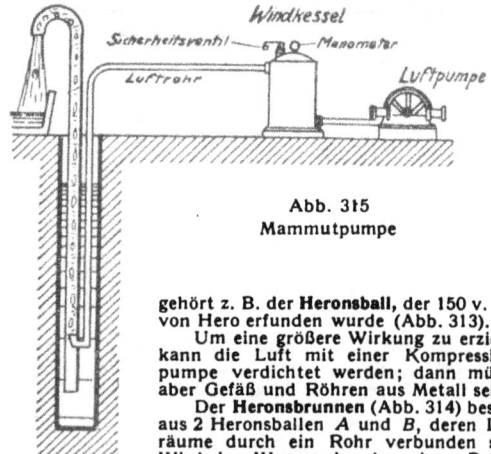

Abb. 315
Mammutpumpe

gehört z. B. der **Heronsball**, der 150 v. Chr. von Hero erfunden wurde (Abb. 313).

Um eine größere Wirkung zu erzielen, kann die Luft mit einer Kompressionspumpe verdichtet werden; dann müssen aber Gefäß und Röhren aus Metall sein.

Der **Heronsbrunnen** (Abb. 314) besteht aus 2 Heronsballen A und B, deren Lufträume durch ein Rohr verbunden sind. Wird im Wasserrohr des einen Ballens Wasser von der Druckhöhe MN zugeführt, so steigt im zweiten das Wasser in die gleiche Höhe. Der Gasdruck ist in M und M' gleich; daher ist in B auch die Steighöhe = M'N', gleichviel, ob wir das 2. Gefäß hoch oder tief stellen (Zimmerspringbrunnen).

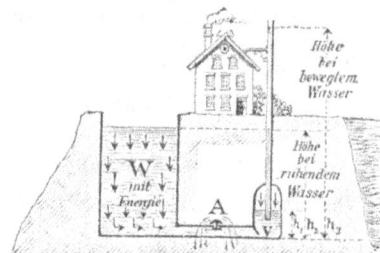

Abb. 316
Hydraulischer Widder

c) Weitere Vorrichtungen zur Wasserhebung sind noch die **Zentrifugal- oder Kreiselpumpe** (Abb. 57), die **Mammutpumpe** (Abb. 315) und der **hydraulische Widder** oder **Stoßheber** (Abb. 316).

Bei der **Mammutpumpe** wird verdichtete Luft von unten in das Steigrohr gepreßt. Die aufsteigenden Luftblasen machen die Wassersäule im Steigrohr sozusagen spezifisch leichter, so daß Wasser selbst aus tiefen Bergwerkschächten leicht zutage gefördert werden kann.

Hydraulische Widder sind bei kleinen Wasserversorgungen auf dem Lande viel verbreiteteWasserhebemaschinen, welche mit einem kleinen Gefälle (1,5—8 m) einen Teil des ihr zufließenden oder sonst vorhandenen Wassers (ca. $^1/_{16}$) auf eine Höhe selbsttätig befördern, die 5—10mal die Gefällshöhe beträgt.

W (Abb. 316) ist das vorhandene Wasserreservoir (Teich, Bach, Fluß, Quelle usw.), das durch eine Rohrleitung mit dem Widder in Verbindung steht. Es füllt das Steigrohr bis zu gleicher Höhe mit dem Wasserspiegel, während das Stoßventil A durch den Wasserdruck nach oben gedrückt und geschlossen wird. Öffnet man jetzt die Leitung durch Hinabdrücken des Stoßventils, so kommt die Wassersäule in Bewegung und schließt das Ventil A wieder ab; es wird ein Rückstoß erzeugt, infolgedessen es möglich ist, daß etwas Wasser durch das Steigventil V in den Windkessel und in das Steigrohr bis zu einer größeren Höhe vordringt, als es sonst der Wasserstand in W zulassen würde. Wiederholt man das Niederdrücken des Stoßventiles mehrere Male, so steigt das Wasser im Steigrohr immer höher, bis ein gewisser Überdruck erreicht ist, der dann das Spiel des Stoßventils selbsttätig bewirkt.

Von den Dampf-Wasserhebemaschinen haben nur die **Pulsometer** in Bergwerken größere Bedeutung erlangt. (Näheres über Pumpen im „Maschinenbau".)

7. Abschnitt.

Das Verhalten der Gase.

[246] Molekularkräfte der Gase.

a) **Die gasförmigen Körper oder Gase,** als deren Repräsentant die unsere Erde umgebende atmosphärische Luft gelten kann, **unterscheiden sich von den tropfbarflüssigen hauptsächlich durch das ständige Bestreben nach Volumsvergrößerung,** welches Streben **Expansion** heißt (Vorstufe [116]); diese behält bei Gasen die Oberhand über die Kohäsion.

Weiters gestattet die völlig lose Aneinanderhäufung der Moleküle die weitgehende Zusammendrückung dieser Körper.

Endlich besitzen die Gase im Vergleich zu anderen Körpern ein verhältnismäßig sehr geringes spezifisches Gewicht.

Diese Eigenschaften lassen sich alle aus der von Clausius 1857 aufgestellten Gastheorie (Vorstufe [112]) erklären.

b) Im übrigen zeigen sich auch hier in ähnlicher Weise wie bei Flüssigkeiten die Erscheinungen der **Diffusion** und der **Osmose.** Die Adhäsion gasförmiger Stoffe zu flüssigen und festen kann Veranlassung werden, daß der gasförmige Körper vom flüssigen oder festen verschluckt, **absorbiert** wird.

Bei starker Absorption tritt oft Erwärmung bis zur Selbstentzündung auf. — Döbereinersche Zündmaschine (Vorstufe [243]).

Aeromechanik.

[247] Der atmosphärische Luftdruck.

a) Als **Atmosphäre** bezeichnet man das Luftmeer, das über der Erde lastet und dessen Höhe man ungefähr auf 80—100 km schätzt (Abb. 317).

Die oberen Schichten drücken auf die unteren; schließlich drückt das Gewicht des ganzen Luftmeeres auf die Erde und bringt dort den **atmosphärischen Luftdruck** hervor, der sich nach allen Seiten ausbreitet.

b) **Die Größe des Luftdruckes ergibt sich aus dem Torricellischen Versuch** (Torricelli 1643). Man füllt dazu eine etwa 1 m lange, oben zugeschmolzene

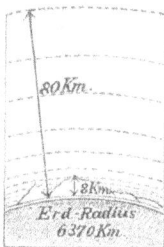

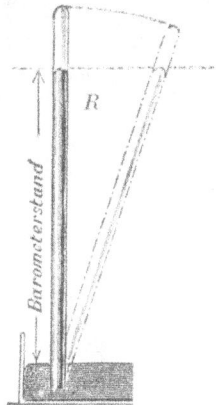

Abb. 317   Abb. 318

Röhre (Abb. 318) mit gereinigtem Quecksilber an, verschließt die freie Mündung mit dem Finger und stülpt dann die Röhre umgekehrt in ein mit Quecksilber gefülltes Gefäß so, daß Finger und Mündung bedeckt sind. Nach Entfernung des Fingers sieht man, daß das Quecksilber im Rohre nur wenig sinkt und daß es schließlich 72—76 cm höher steht als im Gefäß. Daraus schließt man, daß auf das Quecksilber eine Kraft wirkt, die das Quecksilber in der Röhre am Ausfließen hindert. **Dies ist der Luftdruck, der hiernach gleich dem Drucke einer gleich hohen Quecksilbersäule ist.**

Der Raum über dem Quecksilber ist vollständig luftleer und wird die Torricellische Leere oder das Vakuum genannt. Die Weite der Röhre ist gleichgültig, weil bei weiterem Rohre zwar das Gewicht der Quecksilbersäule, aber im selben Verhältnisse auch der Luftdruck wächst.

c) **Der Luftdruck ist veränderlich mit dem Zustande der Atmosphäre.**

Normaler Luftdruck am Meere = 760 mm Quecksilber = 1,033 kg/cm².

Diesen Druck nennt man die **alte Atmosphäre** und bezeichnet sie mit Atm.

Neuerdings bezeichnet man in der Technik den Luftdruck von **735,5 mm** Quecksilber als den normalen, weil dieser **genau dem Drucke von 1 kg/cm²** entspricht; diesen bezeichnet man als **die metrische Atmosphäre (at).**

Metrische Atmosphäre (at) = 735,5 mm Quecksilber = 1 kg/cm².

d) Da Quecksilber 13,6mal schwerer ist als Wasser, würde eine Wassersäule in der Torricellischen Röhre 10,33 m hoch stehen. Abgerundet sagt man:

1 at entspricht einer Wassersäule von 10 m bei 4° C.

Obwohl der menschliche Körper auf seiner gesamten Oberfläche von 1—1,5 m² einem sehr bedeutenden Luftdrucke (10—15 t) ausgesetzt ist, spürt der Mensch denselben doch nicht und wird durch ihn auch in seinen Bewegungen in keiner Weise beeinflußt; einerseits ist nämlich der Körper in seinem Bau dem Luftdrucke angepaßt und an denselben gewöhnt, anderseits ist die Resultierende aller Einzeldrücke gleich Null

Größere und namentlich rasche Änderungen des Luftdruckes können jedoch dem Menschen gefährlich werden (Bergkrankheit, Caissonkrankheit. Vgl. den Aufsatz über „Taucherkunst" [118]).

(Über Luftdruck usw. siehe Lebensbild O. v. Guerike Vorstufe, S. 177).

[248] Barometer.

a) **Den jeweilig herrschenden Luftdruck mißt man mit dem Barometer.** Man unterscheidet:

I. **Quecksilberbarometer.**

1. **Gefäßbarometer** (Abb. 319); der Abstand zwischen dem unteren und oberen Quecksilberspiegel gibt den gesuchten Barometerstand an.

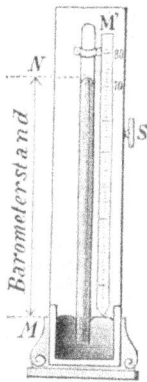

Bei wissenschaftlichen Unternehmungen wird der Maßstab oder wie beim **Fortinschen Ledersackbarometer** (Abb. 320) der untere Quecksilberspiegel verschiebbar gemacht.

2. **Heberbarometer** (Abb. 321), der auch als gewöhnlicher Zimmerbarometer (Abb. 322) verwendet wird; hier wird der untere Schenkel birnförmig erweitert, um die Ungenauigkeit wegen der Veränderung des unteren Spiegels näherungsweise auszugleichen.

Abb. 319   Abb. 320
Gefäßbarometer

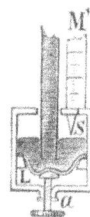

II. **Federbarometer.**

1. Das **Aneroidbarometer von Vidi** (Abb. 323), eine luftleere Metalldose mit einem wellenförmig gebogenen elastisch federnden Deckel, dessen sehr geringe Verschiebungen infolge der Änderungen des Luftdruckes durch geeignete Hebelübersetzungen sichtbar gemacht werden.

Abb. 321   Abb. 322
Heberbarometer

2. Das **Metallbarometer von Bourdon** (Abb. 324) besteht aus einer ringförmig gebogenen luftleeren Röhre von elliptischem Querschnitte, deren eines Ende fest ist, während das andere eine Zahnstange bewegt. Bei Verstärkung des Luftdruckes wird die äußere Fläche des Ringes ihrer größeren Oberfläche wegen mehr gedrückt als die innere.

Die Teilung der Aneroide wird durch Vergleichung mit einem Quecksilberbarometer hergestellt; sie müssen jedoch von Zeit zu Zeit nachgeprüft werden.

3. Der **Barograph** zur selbsttätigen Aufzeichnung des Barometerstandes (Abb. 325) ist ein Metall-

barometer mit mehreren aufeinandergeschichteten Dosen, dessen Zeiger *OF* einen Schreibstift trägt, der vor einer mit Papier bezogenen und durch ein

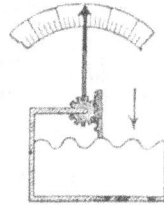

Abb. 323   Abb. 324
Aneroid   Bourdonsche Röhre

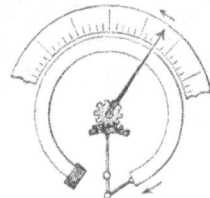

Uhrwerk in gleichmäßiger Bewegung erhaltenen Trommel sich bewegt.

b) Die Barometer werden nicht nur **zur Beobachtung der Luftdruckänderungen und zur Wetter-**

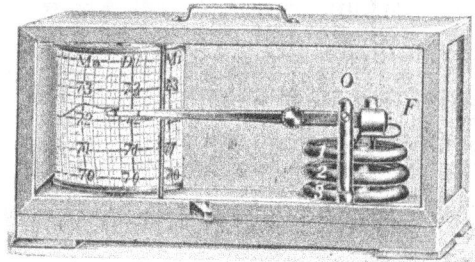

Abb. 325
Barograph

bestimmung, sondern auch zur Höhenmessung verwendet. Der Barometerstand ist am Meer am größten, mit zunehmender Höhe geringer.

> **Bei rund 10 m Erhebung fällt der Luftdruck um 1 mm.**

Genauer erhält man die Höhe eines Ortes mit dem Barometerstande b_1 über einen anderen mit Barometerstand b_0 aus der barometrischen Höhenformel $h = 18447 (\log b_0 - \log b_1)$ in m (siehe „Vermessungskunde" im 11. Fachbande).

Wetterprognosen: In Deutschland bringt fallender Barometerstand im allgemeinen Westwind und Niederschläge, im Sommer Abkühlung, im Winter Erwärmung. Steigender Barometerstand läßt Ostwind und Aufklärung

Abb. 326
Wasserhosen im Bodensee

erwarten. Luftwirbel enthalten wegen der auftretenden Zentrifugalkraft im Inneren einen luftverdünnten Raum, in dem Staub und Wasser aufgesaugt wird (Zyklone, Wasserhosen, Abb. 326). Tornados sind die so gefährlichen Wirbelwinde in Amerika.

[249] Das Boyle-Mariottesche Gesetz.

a) Bezüglich der Änderung des Gasdruckes gilt das von B o y l e 1662 aufgestellte und von M a r i o t t e 1667 ergänzte Gesetz, welches lautet:

Der Gasdruck (P) ist umgekehrt proportional dem Volumen (V) des Gases

$$\underbrace{P_1 : P_2}_{\text{Drücke}} = \underbrace{V_2 : V_1}_{\text{Volumen}} \quad \text{oder} \quad \boxed{V_1\,P_1 = V_2\,P_2}$$

Druck mal Volumen ist konstant.

Dabei ist vorausgesetzt, daß die Temperatur des Gases während der Druckänderung dieselbe bleibt.

b) **Druck und spez. Gewicht ändern sich direkt proportional.** Nimmt der Druck n mal zu, so sinkt das Gasvolumen auf $\frac{1}{n}$; in jedem cm^3 werden daher n mal mehr Moleküle sich befinden wie früher. (Abb. 327.)

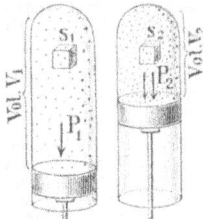

Abb. 327

$$\underbrace{P_1 : P_2}_{\text{Drücke}} = \underbrace{s_1 : s_2}_{\text{Spez. Gew.}}$$

[250] Die Manometer.

Manometer (Druckmesser) dienen zum Messen des Gas- und Dampfdruckes und des Wasserdruckes. Sie geben den Druck in Atmosphären an, meist aber nicht den wirklichen, sondern den Überdruck über eine Atmosphäre. Wie bei den Barometern unterscheidet man auch hier:

I. Flüssigkeitsmanometer.

1. Offene Quecksilbermanometer (Abb. 328). Der eine Schenkel eines U-förmig gebogenen Glasrohres steht mit dem Gasraume, der andere mit der Luft in Verbindung; die Biegung ist mit Quecksilber gefüllt. Die Differenz der Quecksilberspiegel gibt den Überdruck an; der absolute Druck ist um 1 at größer. (Werden nur für kleinere Drücke angewendet, weil sie sonst unhandlich werden.)

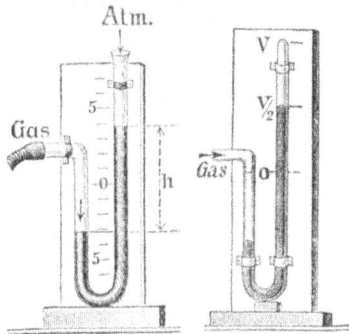

Abb. 328   Abb. 329   Abb. 330
Offenes   Geschlossenes   Feder-
    Manometer

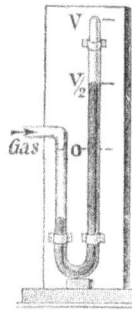

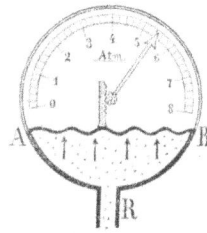

2. Geschlossene Quecksilbermanometer (Abb. 329). Der mit dem Gas nicht in Verbindung stehende Schenkel ist geschlossen und mit Luft gefüllt, die bei steigendem Luftdrucke zusammengepreßt wird; die Einteilung wird nach dem Mariotteschen Gesetze berechnet.

II. Federmanometer sind wie die Federbarometer [248 II] als Röhren- oder als Plattenmanometer konstruiert (Abb. 330), wobei man den Dampf oder das Gas in das Innere der Röhre oder Kapsel einströmen läßt.

Vakuummeter sind Manometer zur Messung von Gasdrücken **unter** einer Atmosphäre. Sie können als Quecksilber- oder als Federmanometer konstruiert sein und werden meist umgekehrt geteilt, so daß 760 mm vollständiges Vakuum und 0 den atmosphärischen Druck bezeichnet; zeigt z. B. das Instrument 190 mm an, so ist der Gasdruck = 760 — 190 = 570 mm. (Barometerproben an den Luftpumpen (Abb. 336.)

[251] Die Heber.

Wenn man ein Glas, dessen Rand recht eben ist, ganz mit Wasser füllt (Abb. 331) ein Papier auflegt und dann das Glas vorsichtig umkehrt, so läuft das Wasser nicht aus, denn es wird vom Luftdrucke zurückgehalten.

a) Auf diesem Prinzipe beruht der **Stechheber**, der dazu dient, Flüssigkeitsproben aus einem Fasse zu heben. Es ist eine mäßig weite Glasröhre (Abb. 332), die man oben bequem mit dem Daumen verschließen kann und die unten in eine so enge Spitze ausläuft, daß Luftblasen und Flüssigkeitstropfen nicht ausweichen können. Taucht man den offenen Heber in eine Flüssigkeit ein, so steigt sie langsam darin auf, bis außen und innen die Oberfläche gleich hoch steht (Aussaugen befördert das Aufsteigen). Schließt

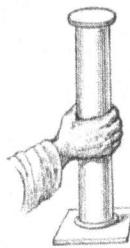

Abb. 331   Abb. 332   Abb. 333
    Stechheber   Saugheber

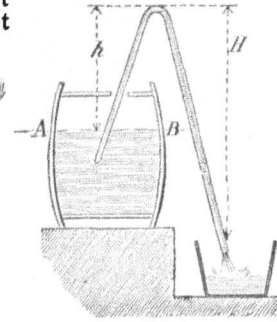

man dann mit dem Daumen oben ab, so kann man die Probe herausheben. Etwas Flüssigkeit fließt immer ab, um den Gegendruck der Luftmenge über der Probe etwas zu vermindern. (Auf diese Weise könnte eine 10,33 m hohe Wassersäule getragen werden. — Pipette des Chemikers.)

b) Eine sehr häufig verwendete Hebergattung ist der **Saug- (oder Winkel-)heber**, um Wein aus einem Fasse, das nur oben eine Öffnung hat, in ein tiefer liegendes Gefäß abfließen zu lassen. Es ist ein winkelig geknicktes Rohr (Abb. 333), das man mit dem kürzeren Schenkel in die Flüssigkeit steckt. Saugt man am Ende des längeren Schenkels die Flüssigkeit an, so beginnt diese dauernd abzufließen, sobald sie außen die Wagerechte AB des Flüssigkeitsspiegels unterschritten hat.

Denken wir uns im Knie eine Klappe angebracht, so stellt jeder Schenkel ein Barometerrohr vor; in jedem könnte der Luftdruck die Wassersäule 10 m hoch empor halten; tatsächlich steht sie links erst h m, rechts H m hoch; mithin erleidet die Klappe von links her einen Restdruck $x = 10 — h$, von rechts her einen Restdruck $y = 10 — H$ Meter. Ist nun $H > h$, so ist $x > y$; die Klappe geht nach rechts auf und das Wasser fließt im langen Schenkel ab.

Am einfachsten stellt man sich einen Saugheber mittels eines Gummischlauches her. — Die Geruchverschlüsse an den Abflüssen der Wasserleitungen sind Saugheber. — Füllen und Entleeren von Schleusen durch Heber.

[252] Der Auftrieb in der Luft.

a) Das Archimedische Prinzip [236 b] gilt auch für Luft.

> **Jeder Körper verliert in Luft ebensoviel an Gewicht, wie die Luftmasse wiegt, die er verdrängt.**

Der Mensch verdrängt rd. 60—70 dm³ Luft, erscheint also um 80—90 g leichter als er ist.

b) **Der Luftballon ist ein Hohlkörper, der leichter als Luft ist.** Seine Hülle besteht aus gefirnißtem Seidenstoff. Gefüllt wird er entweder mit **Wasserstoffgas** (nach Charles) oder mit **Leuchtgas** (nach Green).

Die Brüder Montgolfier, die 1783 den Luftballon erfanden, benutzten als Füllung erhitzte Luft.

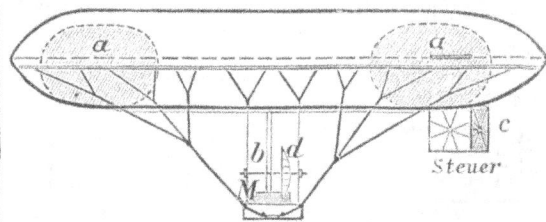

Abb. 334

Im Korbe des Ballons Humboldt (5000 m über Stettin)

a Aspirations-Psychrometer	e Barometer	i Instrumentkoffer
b Sonnenscheinthermometer	f Barograph	k Ballast
c Fernrohr	g Aneroid	l Anker
d Thermograph	h Photogr. Kamera	m Schlepptau

Steigkraft: Ist das Gewicht des Ballons = G, das Gewicht der verdrängten Luftmenge = A (Auftrieb), so ist

> **Steigkraft S = Auftrieb weniger Gewicht = $A - G$.**

1 m³ Wasserstoff hat den Auftrieb 1,293—0,089 = 1,204 kg.
1 m³ Leuchtgas „ „ „ 1,293—0,569 = 0,724 kg.

Dieser Auftrieb ist durch Multiplikation mit dem Bruch $b/760$ stets auf den herrschenden Barometerstand zu reduzieren.

Beispiel: Ein Luftballon von 950 m³ Rauminhalt ist mit Leuchtgas bei 720 mm Barometerstand gefüllt. Ballast und

Abb. 335 Lenkschiff von Parseval

Hülle samt 2 Mann Besatzung = 400 kg. a) Wie groß ist die Steigkraft? b) Wieviel Mann haben den Ballon vor dem Aufstiege zu halten, wenn jeder 20 kg Zug aufwenden soll? Antwort a) Steigkraft = 252 kg. b) 13 Mann.

Die Ausrüstung eines Luftballons zeigt Abb. 334.

Der Ballon ist unten offen, damit sich der Gasinhalt bei Erwärmung durch die Sonne ausdehnen kann. Oben befindet sich eine Ventilklappe, durch die der Luftschiffer Gas ausläßt, wenn er sinken will. Mit der Reißleine kann der Ballon von oben bis unten aufgerissen werden, wenn eine sofortige Landung nötig ist.

Lenkbare Luftballons sind mit Propellern ausgestattet, d. s. große Flügelräder mit schräg gestellten Flügeln (bis 4 m Durchmesser), die durch einen Motor in rasche Drehung versetzt werden (Vergleich mit Korkzieher und Schiffsschraube).

Das **lenkbare Luftschiff von Zeppelin** enthält 17—19 Gaszellen aus Goldschlägerhaut, die in einem starren mit Ballonstoff überzogenen Aluminiumgerüste untergebracht sind.

Das **lenkbare Luftschiff von Parseval** (Abb. 335) enthält im Inneren zwei kleine Regulierballons aa, die ein Kompressor mit Gas versorgt. Je nachdem der vordere oder hintere Ballon stärker gefüllt ist, stellt sich das Luftschiff schräg nach unten oder oben.

Die Gestalt des Luftschiffes wird hier durch Prallfüllung (Überdruck 20 bis 40 m Wassersäule), nicht durch ein starres Gerüst erhalten.

Flugzeuge (Aeroplane) sind schwerer als Luft und werden durch mächtige Luftschrauben vorwärts bewegt. Sie bestehen aus einem oder mehreren mit Stoff bespannten Rahmen auf einem leichten Fahrgestell; beim Anlassen des Motors dreht sich die Luftschraube und bewegt das Fahrgestell vorwärts. Dabei verdichtet sich die Luft unter der Tragfläche und das Flugzeug hebt sich sanft vom Erdboden.

Näheres über Luftschiffe und Flugzeuge später im Maschinenbau. Über die Entwicklung der Luftschiffe siehe Lebensbild des Grafen Zeppelin am Schlusse dieses Heftes.

[253] Die Luftpumpen.

Die Luftpumpen dienen zum Verdünnen der Luft in einem geschlossenen Raume.

a) Die wichtigste. Gattung ist die **Hahnluftpumpe**, erfunden von **Otto von Guerike** (Abb. 336); sie besteht aus dem **Rezipienten**, dem Gefäße, das ausgepumpt werden soll und dem **Stiefel**, einem Metallrohr, in dem ein massiver Kolben hin und her bewegt werden kann. Beide Teile sind durch ein Rohr verbunden, in dem dicht vor dem Stiefel der sog. **Dreiweghahn** H sitzt.

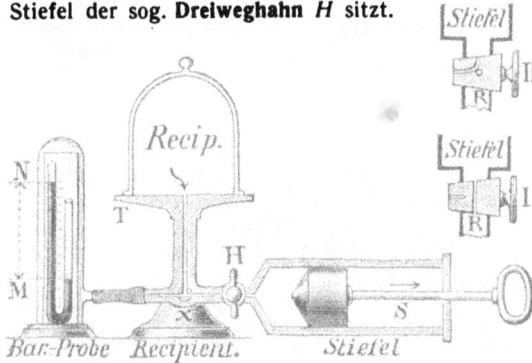

Abb. 336
Hahnluftpumpe

Als Rezipient benützt man gewöhnlich eine dickwandige Glasglocke, die mit ihrem eben geschliffenen und eingefetteten Rande auf den glatt durchbohrten Teller T gesetzt wird. Der **Dreiweghahn** hat eine gerade Hauptbohrung, die den Rezipienten R mit dem Pumpenstiefel verbindet (Stellung I) und eine Nebenbohrung, die die Luft im Stiefel mit der Außenluft in Verbindung setzt. (Stellung II.) Dreht man den Hahn, wie er in Stellung II gezeichnet ist, um 180°, so steht der Rezipient mit der Außenluft in Verbindung. Der Dreiweghahn kann auch mit einer T-förmigen Bohrung versehen sein (Abb. 337).

Zieht man bei geöffnetem Hahn H den Kolben zurück, so verbreitet sich die Luft des Rezipienten vermöge ihrer Spannkraft (Expansion) auch auf den Stiefel und wird somit verdünnt im Verhältnis

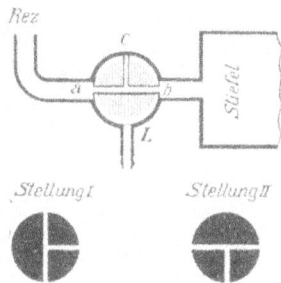

Abb. 337
Dreiweghahn

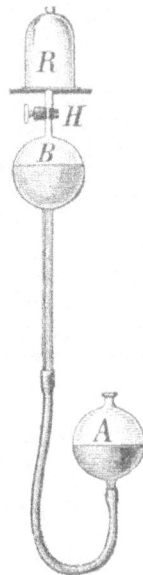

Abb. 338
Quecksilberluftpumpe

Um diese Verdünnung festzuhalten, sperrt man den Rezipienten ab, indem man den Hahn in die Stellung II bringt. Dann schiebt man den Kolben wieder vor, wodurch die in den Stiefel eingedrungene Luft ins Freie getrieben wird bis auf jene kleine Luftmenge, die im sog. **„schädlichen Raume"** zwi-

schen Hahn und Kolben verbleibt. Damit ist der erste Zug vollendet.

Bei jedem neuen Zuge wird der im Rezipienten verbliebene Luftrest ruckweise in demselben Verhältnis d verdünnt.

Verdünnung nach n Zügen = d^n.

Die Unbequemlichkeit, bei jedem Kolbenzuge den Hahn umlegen zu müssen, führten zur Konstruktion der **Ventilluftpumpe**, bei welcher der Kolben durchbohrt und mit einem Ventil versehen ist.

b) Die **Quecksilberluftpumpe** (Geißler 1855) beruht auf dem Gedanken, den Rezipienten als den oberen Teil eines Barometers aufzufassen, in dem das Torricellische Vakuum entsteht (Abb. 338). Zu Beginn stellt man die durch einen Schlauch verbundenen Gefäße A und B gleich hoch und füllt bei geöffnetem Dreiweghahn H Quecksilber ein, bis es beim Hahn ausfließt. Dann stellt man den Hahn so, daß R mit B verbunden ist und senkt A soweit wie möglich; die Füllung in B geht zurück und bewirkt die erste Verdünnung. (Gasdruck in R = Bar. — AB.) Umstellen des Hahnes. Ablassen der Luft aus B durch Hebung von A usw. Die Kostspieligkeit des Quecksilbers und die Zerbrechlichkeit des Glases machen diese Luftpumpe für gewöhnliche Zwecke nicht sehr verwendbar; wegen der hier zu erreichenden hohen Verdünnung ist sie dagegen in der Glühlampenfabrikation ausschließlich in Verwendung.

c) Die **Wasserluftpumpe** (Bunsen) beruht darauf, daß ein Wasserstrahl, der von einem engen Rohre a plötzlich in ein weiteres Rohr b eintritt, die Luft aus dem Rezipienten mitreißt (Abb. 339).

Versuche mit der Luftpumpe:

1. Druck der **Außenluft**: Eine Gummihaube auf einem zylindrischen Gefäße platzt beim Auspumpen mit starkem

Abb. 339
Wasserluftpumpe

Abb. 340
Magdeburger Halbkugeln

Abb. 341

Knall. — Das Pumpen wird immer schwieriger, weil der Außendruck wächst. — Magdeburger Halbkugeln (Abb. 340).

2. **Expansion**: Eine mit Luft gefüllte Gummiblase schwillt an (Abb. 341). — In einem Glas Wasser beginnt das Wasser zu sieden. — Füllt man von zwei ineinander passenden Probiergläschen das äußere mit Wasser, das innere mit Äther, so siedet beim Auspumpen der Äther und das Wasser gefriert (Vorstufe [114]).

3. **Sonstige Versuche**: In der Fallröhre (Abb. 49) fallen alle Körper gleich schnell. — Versuch mit dem **Dasymeter** (Abb. 342); ein Messingstück und ein größerer Hohlkörper, die in der Luft gleich schwer sind, sind es im Vakuum nicht. — Der Schall pflanzt sich nicht fort. — Lebewesen sterben! — Licht erlischt!

Über Luftpumpen siehe auch Lebensbild Otto v. Guerike (Vorstufe, S. 177).

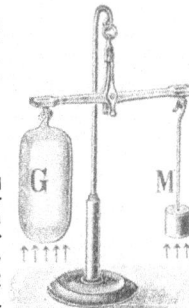

Abb. 342
Dasymeter

Aufgabe 101.

[254] *Der Stiefel einer Luftpumpe hat einen Inhalt von 3 l, der Rezipient 2 l.*
a) Wie stark ist der Luftdruck nach dem ersten und nach dem dritten Kolbenzuge? Bar. 720 mm.
b) Mit welcher Kraft haftet nach dem 3. Zuge der Rezipient auf dem Teller, wenn die Basis der Glocke einen Radius von 5 cm hat?

Zu a) Die Luft im Rezipienten mit dem Inhalte von 2 l verteilt sich nach dem ersten Kolbenzuge auf $2 + 3 = 5$ l. Da der Barometerstand 720 mm hat, wird der Luftdruck nach dem **ersten** Kolbenhube einer Quecksilbersäule von $720 \cdot \frac{2}{5} = $ **288 mm,** nach dem **3. Zuge** einer Säule von $720 \cdot \frac{2^3}{5^3} = $ **46,08 mm** das Gleichgewicht halten.

Zu b) Die Fläche, auf die der Außendruck wirkt, ist $5^2 \pi = 78,5$ cm². 1 at entspricht einer Quecksilbersäule von 735,5 mm [247c]; hiervon ab den Innendruck von 46,08, bleibt ein Überdruck von 689,42; daher $1 : x = 735,5 : 689,4$; daraus $x = 0,93$. Auf den cm² der Tellerfläche wirken daher 0,93 kg oder auf die ganze Tellerfläche von 78,5 cm²:

$$78,5 \cdot 0,93 = \textbf{73 kg.}$$

[255] Das Ausströmen der Gase.

Für die Ausflußgeschwindigkeit der Gase gelten, wenn man von den mit Volumänderungen unzertrennlich verbundenen Temperaturänderungen absieht, dieselben Gesetze wie bei Flüssigkeiten, d. h. die Ausflußgeschwindigkeit ist

$$v = \sqrt{2\,g\,s,}$$

wenn s die Druckhöhe bezeichnet. Hier ist aber s eine Größe, die nicht, wie bei tropfbar flüssigen Körpern, direkt durch die Beobachtung gegeben ist, sondern erst an einem Manometer abgelesen werden muß.

Wenn verschiedene Gase unter gleichem Drucke ausströmen, so ist ihre Ausströmungsgeschwindigkeit der Quadratwurzel aus ihren spez. Gewichten umgekehrt proportional. Ein viermal leichteres Gas wird also doppelt so schnell ausströmen.

Aufgabe 102.

[256] *In einer Windbüchse werden die darin befindlichen V = 1500 cm³ Luft durch Vorschieben des Kolbens auf $V_1 = 300$ cm³ verdichtet. Mit welcher Kraft wird der Pfropf von f = 3 cm² Fläche herausgeschleudert? Barometerstand b = 720 mm.*

Verdichtung $d = 1500 : 300 = 5$.
Luftdruck innen $b' = d \cdot b = 720 \cdot 5 = 3600$ mm.
Überdruck gegen außen $P = 3600 - 720 = 2880$ mm.
Kraft auf den Pfropf $P' = f \cdot P = 3 \cdot 288 \cdot 13,6$ g $= 11,7$ kg.

[257] Gebläse.

a) Bei den Gasen kann ihrer Molekularbeschaffenheit wegen weder von einem freien Falle, noch von einem Herabfließen auf geneigten Flächen, wie es bei tropfbar flüssigen Körpern stattfindet, die Rede sein. **Eine Bewegung von Gasen tritt nur dann ein,** wenn in zwei miteinander in Verbindung stehenden, mit Gasen erfüllten Räumen ein ungleicher Druck herrscht. Es wird dann das Gas von dem Raume, in dem ein stärkerer Druck vorhanden ist, in jenen von geringerem Drucke so lange überströmen, bis das Gleichgewicht wieder hergestellt ist. **Setzt man daher einen luftverdünnten Raum mit der äußeren Atmosphäre in Verbindung, so muß Luft einströmen.**

Gase, welche man in besonderen Gasbehältern (**Gasometern**) aufgefangen hat, werden meist durch den Druck einer Wassersäule zum Ausströmen gebracht.

Die in Laboratorien benutzten **Gasometer** haben gewöhnlich die in Abb. 343 dargestellte Form. Das in B enthaltene Gas steht unter dem Drucke des in A befindlichen Wassers. **Gasuhren oder Gasmesser** dienen in der öffentlichen Beleuchtung dazu, um die von einem Abnehmer verbrauchte Gasmenge zu messen (Abb. 344). In dem bis über die Hälfte mit Wasser gefüllten Gehäuse dreht sich eine Trommel, die in 4 Kammern geteilt ist. Das Gas füllt eine Kammer nach der anderen, wodurch sie aus dem Wasser herausgehoben werden. Die Zahl der Umdrehungen wird an einem Zählwerke abgelesen.

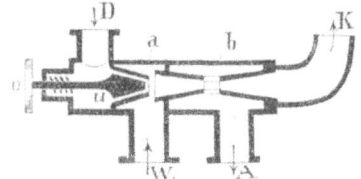

Abb. 346
Injektor

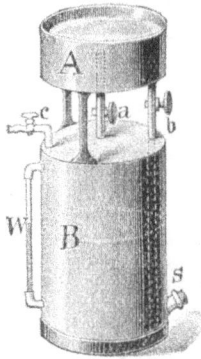

Abb. 343
Gasometer

Abb. 344
Gasmesser

Abb. 345
Radfahrpumpe

b) Unter **Gebläsen** versteht man Vorrichtungen zur Bewegung, Verdichtung und Verdünnung von Gasen. Die einfachste und bekannteste Form der Gebläse ist der **Blasebalg.** Weit vollkommener sind die **Zylinder- oder Kolbengebläse** mit selbsttätigem Druckventil (Radfahrpumpe, Abb. 345), dann die **Zentrifugalgebläse** (Ventilatoren), bei welchen die

Luft durch die ihr mittels rasch umlaufender Flügel oder Schaufel erteilten Zentrifugalkraft bewegt wird, endlich die **Strahlgebläse**, bei welchen die Luft durch einen mit großer Geschwindigkeit aus einer Mündung oder Düse ausfließenden Dampf-, Wasser- oder Druckluftstrahl angesaugt und fortbewegt wird. Hierher gehören die **Zerstäuber** und die **Dampf-injektionsapparate.**

Der **Injektor** (Giffard 1856) ist eine Dampfstrahlpumpe (Abb. 346), die dadurch wirkt, daß der mit großer Geschwindigkeit aus dem konischen Rohr *a* ausströmende Wasser-dampf Wasser aus *W* ansaugt und mit sich fortreißt. Das im Strahl bewegte Wasser öffnet dann ein nach dem Wasser-raume des Dampfkessels sich öffnendes Ventil *b* und dringt so in den Kessel *K* ein. Durch das Handrad *o* kann die Stel-lung des Kegels *u* so reguliert werden, daß kein überschüssiges Wasser durch *A* hinaustritt.

Strahlgebläse finden auch bei Entwässerung von Bau-gruben und Kellern Anwendung (Abb. 347).

Die **Rohrpostanlagen** werden mit Druckluft und Vakuum betrieben. Die Briefe kommen in eine zylindrische Büchse, die in ein Rohr gelegt wird und dieses gleich-sam abschließt. Durch große Gebläse wird Luft in das Rohr gepreßt oder aus dem Rohr abgesaugt; durch den hiedurch ent-stehenden Überdruck vor und hinter der Büchse werden diese durch das Rohr von Amt zu Amt getrieben.

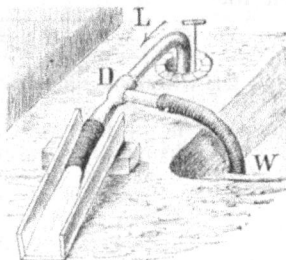
Abb. 347 Strahlgebläse

8. Abschnitt.

Die Wärme.

[258] Begriff der Wärme.

Ebenso, wie wir durch die Empfindung der Tätigkeit unserer Muskelkraft zu dem Begriffe „Kraft" gelangen, kommen wir durch die Emp-findung unserer eigenen Körperwärme zu den Be-griffen „Wärme" und „Temperatur". Während aber die Muskelkraft unserem Willen unterworfen ist, vermögen wir auf die Wärme unseres Körpers nicht direkt einzuwirken; wir fühlen nur, daß ein kalter Körper, welchen wir in die Hand nehmen, sich all-mählich erwärmt oder daß die kalte Hand, mit dem warmen Ofen in Berührung gebracht, aus diesen Wärme entnimmt, wie wenn die Wärme eine feine unsichtbare Materie wäre, welche sich in den Poren (Zwischenräumen in den Atomen eines Körpers) aufhalten, aus denselben entweichen und in einen anderen übergehen könnte.

Heute wissen wir, daß Wärme kein Stoff, sondern eine innere zitternde Bewegung der kleinsten Teile eines Körpers ist [1].

Bei Erwärmung dehnen sich fast alle Körper aus; bei Abkühlung ziehen sie sich zusammen. Dies ge-schieht bei den festen Körpern nur in geringem Grade, aber bis zum Schmelzpunkt g l e i c h m ä ß i g, bei den Flüssigkeiten in stärkerem Maße, aber um so u n g l e i c h m ä ß i g e r, je näher man dem Siede-punkt kommt. Alle Gase dehnen sich schließlich gleichmäßig um $1/_{273}$ ihres Volumens pro 1° C aus. — Man nimmt an, daß bei steigender Erwärmung die Moleküle eines Körpers mehr und mehr aus-einanderrücken und in Schwingungen geraten. Diese Schwingungen geben sich der fühlenden Hand als **Wärmegrad** (Temperatur) kund. Unser Gefühl ist aber trügerisch, und deshalb benutzen wir zur ge-nauen Messung der Temperaturen eigene Apparate, **die Thermometer, die auf der Ausdehnung geeigneter Stoffe durch die Wärme beruhen.**

[259] Die Thermometer.

Man benutzt Flüssigkeits-, Metall- und Luft-thermometer.

I. Flüssigkeitsthermometer.

a) Am häufigsten sind die **Quecksilberthermo-meter** (Abb. 348), die aus einem sehr engen kapil-laren Thermometerrohre bestehen, das an allen Stellen denselben Querschnitt haben muß (Prüfung

des Kalibers durch Verschieben eines abgetrennten Quecksilberfadens). An das Rohr schließt sich unten das kleine kugelförmige oder längliche Ther-mometergefäß an. Dieses und ein Teil der Röhre wird mit luftfreiem, gut ausgekochtem Queck-silber angefüllt.

Zur Eichung der Skala (Abb. 349) dient der **Eis-punkt** und der **Siedepunkt**

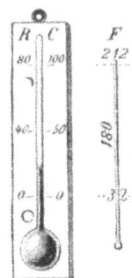
Abb. 348
Thermometer

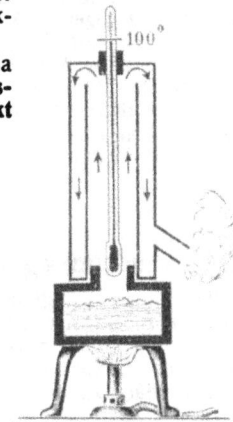
Abb. 349

des Wassers. Der erstere bezeichnet den Stand des Quecksilbers in schmelzendem Eise. Um den anderen zu bestimmen, bringt man das Thermometer in die Dämpfe von siedendem Wasser.

b) Man unterscheidet drei Thermometerskalen (Abb. 350):

1. Nach **Reaumur** be-zeichnet man den Eispunkt mit 0°, den Siedepunkt mit 80° (war früher vorherr-schend im Gebrauche).

2. Nach **Celsius** be-zeichnet man den Null-punkt mit Null, den Siede-punkt mit 100°. Diese Skala ist bei uns allein in der Wissenschaft üblich.

3. **Fahrenheit** (aus Danzig) bezeichnet den Eis-punkt mit +32°, den Siedepunkt mit +212°. (Verwendet in den Ländern englischer Zunge.)

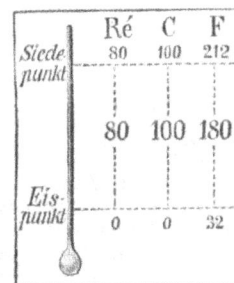

	Ré	C	F
Siede-punkt	80	100	212
	80	100	180
Eis-punkt	0	0	32

Abb. 350
Thermometerskalen

Der Abstand zwischen Eis- und Siedepunkt beträgt bei Celsius 100°, bei Reaumur 80°, bei Fahrenheit 180°, daher

$$4^0\ R = 5^0\ C = 9^0\ F.$$

c) Die Quecksilberthermometer sind nur verwendbar von —20° bis +220°. (Hg gefriert bei —39° und siedet bei +357° C.)

Alkoholthermometer enthalten wasserfreien gefärbten Alkohol, der sich 5 mal so stark ausdehnt als Hg. **Sie sind brauchbar von —70° bis +50°.**

Petroleumätherthermometer reichen von **—200° C bis +50°.**

Neuerdings werden **Quecksilberthermometer mit Stickstoffüllung** hergestellt, die bis zu **500° C** brauchbar sind, da der Druck des Stickstoffs das Quecksilber am Sieden hindert.

d) Maximum- und Minimumthermometer nennt man Thermometer, die die höchste bzw. tiefste Temperatur während eines bestimmten Zeitraumes anzeigen.

Sehr gebräuchlich ist das **Six-Thermometer** (Abb. 351), das beide Angaben vereinigt. Es ist ein U-förmig gebogenes Alkoholthermometer, das in der Biegung einen Quecksilberfaden MP mit zwei seinen Enden vorgelagerten Stahlstäbchen a, b enthält. b gibt die höchste, a die tiefste Temperatur an.

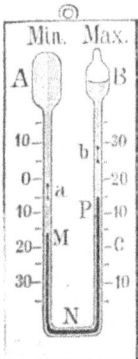

Abb. 351
Maximum- und Minimum-
thermometer

Beim **Fieberthermometer** der Ärzte ist die Kapillare über dem Thermometergefäß sehr verengt. Das Quecksilber kann sich zwar ausdehnen, beim Zusammenziehen reißt aber der Faden in der Verengung ab und bleibt im Rohr liegen, wodurch es die Höchsttemperatur anzeigt. Nach erfolgter Ablesung bringt man durch eine Schleuderbewegung den Faden wieder in die Kugel zurück.

II. Metallthermometer.

Sie bestehen meist aus zwei aufeinandergewalzten Streifen verschiedener Metalle (z. B. Zink und Eisen). Bei der Erwärmung dehnt sich das Zink stärker aus als das Eisen und der Streifen krümmt sich. Gewöhnlich verwendet man spiralig aufgewundene Doppelstreifen, deren eines Ende festgemacht ist, während das andere auf einen Zeiger wirkt (Abb. 352).

Abb. 352
Metallthermometer

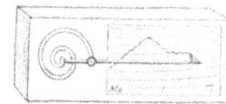

Abb. 353
Thermometrograph

In öffentlichen Wetterwarten findet man die sog. Thermometrographen (Abb. 353), deren Zeiger eine mit Farbe gefüllte Schreibfeder tragen, unter der ein von einem Uhrwerk gleichmäßig fortgeschobener Papierstreifen sich bewegt.

III. Luftthermometer.

Sie dienen zur Messung sehr hoher Temperaturen und werden unter [266] beschrieben werden.

A. Ausdehnung durch Wärme.

[260] Ausdehnung fester Körper.

a) Die Längenausdehnung eines Stabes kann man messen, indem man ein Ende festhält und das andere mit einem Zeiger verbindet. Meist benutzt man statt des Stabes ein Rohr von 1 m Länge, durch das man Dampf leitet

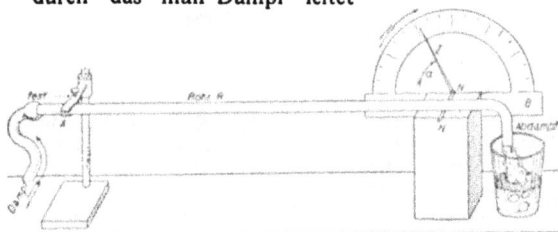

Abb. 354

Zuerst bestimmt man mechanisch, um wieviel mm man Rohr und Stativ verschieben muß, damit sich der Zeiger um 360° dreht. Ergeben sich z. B. 9 mm für 360° so entspricht dem ∢ 1° eine Ausdehnung von 0,025 mm.

Als linearen Ausdehnungskoeffizienten (AK) bezeichnet man die Längenausdehnung α, die ein Stab von 1 m Länge erfährt, wenn man ihn um 1° C erwärmt. Seine Länge bei t^0 ist dann

$$l_t = l_0 \underbrace{(1 + \alpha\, t)}_{\text{Temp.-Faktor}}$$

α ist für Glas und Platin 0,000009

   „ Eisen und Beton 0,000012

   „ Zink 0,000029

   „ Kupfer 0,000017

Die Längenänderung ist zu berücksichtigen beim Bau von eisernen Brücken, beim Legen von Eisenbahnschienen (**Dilatation**). — Man zieht Reifen glühend um Kanonenrohre, Wagenräder. — Abspringen des Lacks von Holz, Zerspringen der Glasur bei Öfen. — Daß Eisen und Beton gleichen AK haben, ist für die Sicherheit der Betoneisenbauten von Vorteil. **Rost- und Kompensationspendel** (Abb. 355): Die Eisenstäbe EE dehnen sich nach unten, die Zinkstäbe ZZ nach oben aus, so daß die Pendellänge bei allen Temperaturen dieselbe bleibt.

[261] Ausdehnung flüssiger Körper.

a) Die Ausdehnungszahl α für Flüssigkeiten findet man nach der Überlaufmethode (Abb. 356).

Man füllt ein kleines Kochfläschchen mit Petroleum, verschließt es durch einen Pfropf, durch den ein Thermometer und ein oben umgebogenes Steigrohr führt und

Abb. 355
Rostpendel

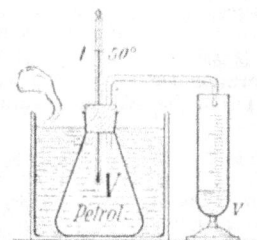

Abb. 356

setzt es in Eis. Dann gibt man das Fläschchen in ein heißes Wasserbad und fängt das überlaufende Petroleum in einem nach cm geteilten Gläschen auf.

Ist v das Volumen des übergeflossenen Petroleums, V das Volumen des Kochfläschchens und t die Temperatursteigerung, so ist

$$\alpha = \frac{v}{V} \cdot t.$$

α ist für Wasser . . . . . . $= 0,001180$
»   Äther . . . . $= 0,001600.$
»   Quecksilber . . . . $= 0,000182$
»   Schwefel und Glyzerin $= 0,000550$
»   Petroleum . . . . . $= 0,001000$

b) Anomalien des Wassers. 1. Erwärmt man Wasser von 0° bis 4°, so zieht es sich zusammen und dehnt sich erst bei Erwärmung über 4° aus.

Bei 4° C hat daher das Wasser seine größte Dichte. Abb. 357 zeigt das Diagramm für Wasser und ein Metall (Quecksilber); bei 8° hat das Wasser erst dasselbe Volumen wie bei 0°.

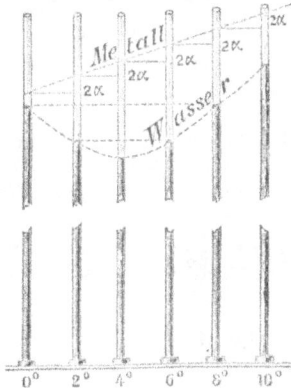
Abb. 357

Streicht über einen See von vielleicht 8° ein kalter Wind (Abb. 358), so kühlt sich die oberste Schichte ab, sinkt zu Boden, während das wärmere Wasser aufsteigt. Diese Wärmeströmung (Zirkulation) hört erst auf, bis der ganze See die Temperatur von 4° hat. Kühlt sich nun die oberste Schicht von 4° auf 3° usw. ab, so wird sie spezifisch leichter und bleibt oben liegen; die oberste Schichte wird immer kälter, während die unterste noch die Temperatur 4° behält. Der See beginnt also von oben her zu gefrieren (wichtig für die Fische!).

Abb. 358

2. Beim Erstarren verkleinern die meisten Körper ihr Volumen. (Schwinden!) Das Wasser dehnt sich dagegen beim Gefrieren aus.

10 l Wasser $\sim$ 11 l Eis. Eis ist sonach spezifisch leichter als Wasser ($s = 0,92$ g/cm³) und schwimmt auf diesem.

Die Ausdehnung des Wassers beim Gefrieren erfolgt mit unwiderstehlicher Kraft. Wasser sprengt im Winter Felsmassen und lockert die Ackererde.

[262] Ausdehnung der Gase.

a) Die Raumausdehnungszahl aller Gase ist

$$\alpha = 0,003667 = \frac{1}{273},$$

d. h. bei Erwärmung um 1° C dehnt sich jede Gasmenge um $\frac{1}{273}$ des Volumens aus, das sie bei 0° C hat. Trägt man auf einer Wagrechten die Temperaturen 0°, $t_1°$, $t_2°$ ... auf und errichtet in jedem Endpunkte eine senkrechte Ordinate, die dem Gasvolumen entspricht, so ergibt das Diagramm der Ausdehnung eine gerade Linie (Abb. 359). Kühlt

man nun eine Gasmenge unter 0° ab, so zieht sie sich für jeden Grad der Abkühlung um den festen Betrag $\frac{1}{273} V_0$ zusammen. Daraus ergäbe sich, daß eine Gasmenge bei Abkühlung auf —273° das Volumen 0 haben müßte.

Man vermutet daher, daß die Temperatur $\boxed{-273°}$ die tiefste Temperatur ist, die es gibt, bei welcher

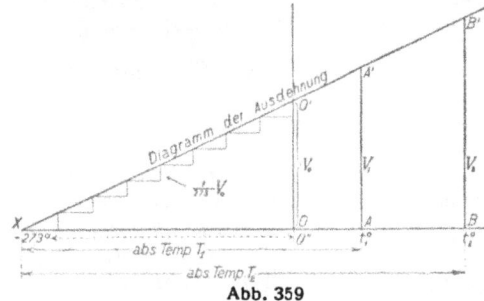
Abb. 359

die Moleküle des Gases vollkommen ruhen. Diesen Punkt der Skala nennt man den absoluten Nullpunkt und die um 273° vermehrten Temperaturen die absoluten Temperaturen. Aus den Dreiecken XAA' und XBB' ergibt sich:

$$\boxed{V_1 : V_2 = T_1 : T_2,}$$

d. h. das Volumen einer Gasmenge ändert sich bei gleichem Gasdrucke proportional mit den absoluten Temperaturen.

Dieses einfache und sehr wichtige Gesetz wurde zuerst 1703 von Amontons entdeckt, später von Charles und 1802 von Gay-Lussac erwiesen; es trägt den Namen „Gay-Lussacsches Gesetz".

Beispiel: Ein Luftballon hat bei 7° C das Volumen 560 m³. Welches wird er bei 27° haben?
Antwort: 7° C = 7 + 273 = 280° abs. T. 27° C = 27 + 273 = 300° abs. T. 560 : x = 280 : 300, daraus x = 600 m³.

b) Erhitzt man Luft in einem verschlossenen Gefäße, so steigt ihr Druck gegen das Gefäß (Vorsicht). Der Versuch lehrt:

$$\boxed{p_1 : p_2 = T_1 : T_2,}$$

d. h. bei konstant gehaltenem Volumen steigt auch der Druck des Gases proportional mit der absoluten Temperatur.

c) Das Gesetz von Gay-Lussac $V_1 : V_2 = T_1 : T_2$ gilt nur bei konstantem Gasdrucke; das Gesetz von Mariotte [249] $V_1 : V_2 = p_2 : p_1$ nur bei konstanter Temperatur. Ändern sich nun Temperatur und Druck zugleich, so gilt das **Gay-Lussac-Mariottesche Gesetz**, welches lautet: **Die Volumina derselben Gasmenge verhalten sich wie die Quotienten aus den absoluten Temperaturen durch die Spannkräfte.**

Eine Gasmenge habe (Abb. 360):

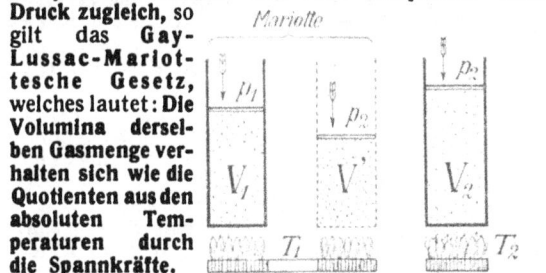
Abb. 360

bei der abs. Temp. T_1 und dem Drucke p_1 das Vol. V_1
„ „ „ „ T_1 „ „ „ p_2 „ „ V'
„ „ „ „ T_2 „ „ „ p_2 „ „ V_2

so folgt nach dem Gay-Lussacschen Gesetz

$$V' : V_2 = T_1 : T_2$$

und nach dem Mariotteschen Gesetz

$$V' : V_1 = p_1 : p_2.$$

Dividiert man die erste Proportion durch die zweite, so ergibt sich:

$$V_1 : V_2 = \frac{T_1}{p_1} : \frac{T_2}{p_2}.$$

Meist schreibt man die Gay-Lussac-Mariottesche Formel in der Form der **Zustandsgleichung:**

$$\frac{V_1 \cdot p_1}{T_1} = \frac{V_2 \cdot p_2}{T_2} = R \text{ (Gaskonstante)},$$

d. h. der Quotient $\dfrac{V \cdot p}{T}$ ist für alle Zustände eines Gases eine konstante Größe und heißt die Gaskonstante R.

Sind von den 6 Größen der Zustandsgleichung 5 bekannt, so kann man die 6. berechnen.

Beispiel. Ein Luftballon fasse bei 27° C und 720 mm B.St. 600 cm³. Wie groß ist sein Volumen bei 7° und 560 mm B.St.?

$$T_1 = 27 + 273 = 300° \qquad V_1 = 600 \qquad p_1 = 720$$
$$T_2 = 7 + 273 = 280° \qquad V_2 = x \qquad p_2 = 560$$

$$\frac{600 \cdot 720}{300} = \frac{x \cdot 560}{280}; \text{ daraus } x = 720 \text{ m}^3.$$

Aufgabe 103.

[263] *Ein Luftkompressor (Abb. 361) enthält einen Kolben von 1 m² Fläche, der vom Boden den Abstand $a_1 = 1{,}5$ m hat, während das Manometer den Druck $p = 5$ at bei 7° C anzeigt. Wie groß ist der Druck, wenn man den Kolben auf $a_2 = 0{,}5$ m vortreibt und die Temperatur auf $t = 15°$ C ansteigt?*

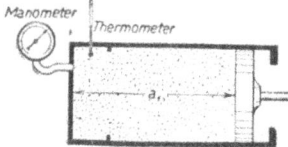

Abb. 361

Lösung: I. Zustand: $V_1 = 1{,}5$ m³, $p_1 = 5$ at, $T_1 = 273 + 7 = 280°$ abs.

II. Zustand: $V_2 = 0{,}5$ m³, $p_2 = x$ at, $T_2 = 273 + 15 = 288°$ abs.

Wenden wir die Zustandsgleichung an, so ist

$$\frac{0{,}5 \cdot x}{288} = \frac{1{,}5 \cdot 5}{280}, \text{ daraus } x = \mathbf{15{,}4 \text{ at}}.$$

Aufgabe 104.

[264] *Eine Hohlkugel sei bei 7° C mit Luft vom Barometerstand $p = 70$ cm gefüllt. Welchen Druck zeigt die eingeschlossene Luft, wenn man die Kugel auf 900° C erhitzt?*

Lösung: $p_1 = 70$ cm, $T_1 = 280°$ abs., $T_2 = 273 + 900 = 1173°$ C. Das Volumen bleibt dasselbe, fällt somit aus der Rechnung heraus.

Daher $p_2 = \dfrac{70 \cdot 1173}{280} = 293{,}25$ cm Quecksilbersäule. $p_2 = 293{,}25 \cdot 13{,}6$ g/cm² = 3988 g/cm² $\sim$ **3,9 at.**

Aufgabe 105.

[265] *Was wiegt die Luft in einem Zimmer von 8 m Länge, 5 m Breite und 4 m Höhe bei 27° C und 720 mm Druck?*

Lösung: $G = V \cdot \dfrac{p}{760} \cdot \dfrac{273}{T} \cdot s_0.$

$V = 160$ m³, $p = 720$, $T = 273° + 27° = 300°$ abs.

$s_0 = 1{,}293$ kg/m³ bei 760 mm Barometerstand und 0° C.

Daher $G = 160 \cdot \dfrac{720}{760} \cdot \dfrac{273}{300} \cdot 1{,}293 = \mathbf{178 \text{ kg}}.$

B. Wärmemenge.

[266] Wärmeeinheit.

a) **Werden zwei Körper von verschiedener Temperatur miteinander in dauernde Berührung gebracht, so erwärmt sich der kältere von beiden auf Kosten des wärmeren.** Wir sagen dann auch, es ist eine gewisse Menge von Wärme von dem wärmeren auf den kälteren übergegangen.

Als Wärmeeinheit gilt jene Wärmemenge, die 1 kg Wasser um 1° C erwärmt. Sie heißt Kilogrammkalorie (= 1 Kal). Der 1000. Teil der Kilogrammkalorie nennt man **Grammkalorie (= 1 kal).**

Während man nun, um 1 kg Wasser um 1° C zu erwärmen, die Wärmemenge von einer Kalorie benötigt, ist zum Erwärmen von 1 kg eines andern Stoffes im allgemeinen eine andere Wärmemenge erforderlich. **Die Wärmemenge, die nötig ist, um 1 kg eines Stoffes um 1° C zu erwärmen, bezeichnen wir als spezifische Wärme dieses Stoffes.**

Daß die spezifischen Wärmen verschiedener Stoffe verschieden sind, zeigt folgender Versuch (Abb. 362). Setzt man drei gleichschwere Zylinder aus Eisen, Kupfer und Blei, die man vorher im selben Bad gleichzeitig auf dieselbe Temperatur gebracht hat, auf einen Klotz Paraffin, so sinken sie verschieden tief ein.

Von allen festen und flüssigen Körpern besitzt das Wasser die größte spezifische Wärme = 1.

Deshalb mildert das Wasser als Wärmespeicher der ungeheueren Ozeane die starken Kontraste der Temperaturen in den verschiedenen Jahreszeiten, indem es für die Küstenländer der heißen Zone ein riesiges Abkühlungsreservoir, für jene der kälteren Zonen ein Wärmereservoir bildet, woraus sich das milde Seeklima erklärt.

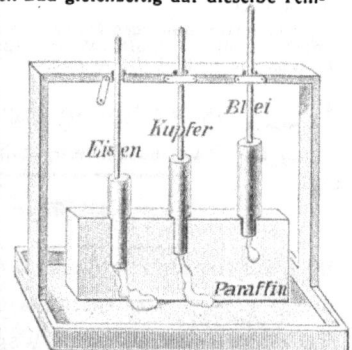

Abb. 362

Die Metalle haben die niedrigsten spezifischen Wärmen (z. B. Aluminium 0,21, Eisen 0,115, Kupfer 0,09, Zinn 0,06, Platin, Blei und Quecksilber 0,03 kal/g), größer ist die spezifische Wärme der Flüssigkeiten (z. B. Petroleum 0,5, Alkohol 0,6 kal/g).

b) Zur Bestimmung der spezifischen Wärme benutzt man ein wärmedichtes Gefäß, das **Kalori-**

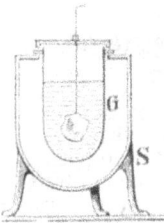

Abb. 363
Mischungs-Kalorimeter

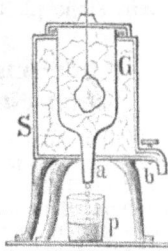

Abb. 364
Eis-Kalorimeter

meter (Abb. 363), das in einem behufs Zurückwerfung der Wärmestrahlen spiegelblank polierten Schutzgefäß steht.

Man unterscheidet zwei Arten von Messungsverfahren:

1. Das **Mischungsverfahren**, bei dem man den erhitzten Körper (Gew. G_1, Temp. t_1) in kaltes Wasser (Gew. G_2, Temp. t_2) bringt und die Mischungstemperatur T bestimmt.

Der Körper gab ab: $Q_I = G_1 \cdot c_1 (t_1 - T)$ Kal.
Das Wasser nahm auf: $Q_{II} = G_2 \cdot 1 \cdot (T - t_2)$ Kal.
Aus $Q_I = Q_{II}$ folgt spez. Wärme:

$$C_1 = \frac{G_2}{G_1} \cdot \frac{(T - t_2)}{(t_1 - T)}.$$

Beispiel: 500 g Eisen von 100° in 1 kg Wasser von 20° gibt eine Mischungstemperatur von $T = 24,2°$; $c_1 = 0,111$.

2. Das **Eisschmelzverfahren**, bei dem man den erhitzten Körper in Eis von 0° bringt und die Menge des abfließenden Schmelzwassers bestimmt. Die Rechnung gründet sich auf den Satz, **daß 1 Gramm Eis zum Schmelzen 80 Grammkalorien braucht.**

Beim **Eiskalorimeter** (Abb. 364) besitzt das Gefäß G ein Ablaufrohr a für das Schmelzwasser. Der Raum zwischen G und S ist auch mit Eis gefüllt, um das Eis in G auf 0° zu halten. Sind G_2 g Schmelzwasser abgeflossen, so folgt:

Der Körper gab ab: $Q_I = G_1 \cdot c_1 t_1$ kal.
Das Eis verbrauchte $Q_{II} = G_2 \cdot 80$ kal.
Aus $Q_I = Q_{II}$ folgt für die spez. Wärme:

$$c_1 = \frac{G_2 \cdot 80}{G_1 \cdot t_1}.$$

Beispiel: 120 g Kupfer von 70° erzielten 10 g Schmelzwasser.

$$c_1 = \frac{10 \cdot 80}{120 \cdot 70} = 0,095.$$

c) Mit Hilfe der **kalorimetrischen Messung** werden **hohe Temperaturen** bestimmt.

Man erhitzt einen schwer schmelzbaren Körper (Platin, Nickel usw. Gewicht G_1, Temp. t_1) in der zu messenden Wärmequelle, wirft ihn dann in eine abgewogene Menge Wasser (Gewicht G_2, Temp. t_2), das sich in einem Kalorimeter befindet und bestimmt unter Umrühren die Mischungstemperatur t_m.

Temp. der Wärmequelle $t_1 = \dfrac{G_2 (t_m - t_2)}{G_1 c_1} + t_m.$

Beispiel: Eine 39 g schwere Platinkugel wurde in der Flamme eines Bunsenbrenners erhitzt und dann in 100 g Wasser von 16° getaucht, dessen Temperatur dadurch auf 26° stieg. Wie hoch war die Temperatur der Flamme?

$$t_1 = \frac{100 (26 - 16)}{39 \cdot 0,03} + 26 = 881°.$$

Zur Messung hoher Temperaturen dienen auch die Luftthermometer (von Jolly), bei denen ein schwer schmelzbares Gefäß G (Abb. 365) durch einen starkwandigen Gummischlauch mit einer Glasröhre verbunden ist. In dem Gefäß befindet sich Luft, während der Schlauch und ein Teil der Röhre mit Quecksilber gefüllt ist. Bringt man das Gefäß G in die Wärmequelle, deren Temperatur zu messen ist, so steigt das Quecksilber in der Röhre. Man stelle dann durch Heben der Glasröhre das anfängliche Luftvolumen in G wieder her und liest die Differenz der Quecksilberspiegel ab. Dann verhalten sich die absoluten Temperaturen wie die Drucke:
$\dfrac{T_1}{T_2} = \dfrac{p_1}{p_2}.$ Kennt man die Anfangstemperatur T_1 (äußere Lufttemperatur, den Anfangsdruck p_1 und den Enddruck p_2 (der jeweilige Barometerstand + beobachtete Flüssigkeitssäule h), so kann man die gesuchte Temperatur T_2 berechnen. Andere Verfahren zur Messung hoher Temperaturen sind unter [193] beschrieben.

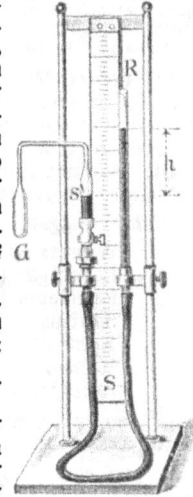

Abb. 365
Luftthermometer

[267] Wärmequellen.

a) **Die weitaus gewaltigste Wärmequelle ist für uns die rund 149 Millionen km weit entfernte Sonne,** die unaufhörlich Wärmefluten in das Weltall hinaussendet.

Nur ein winziger Bruchteil davon trifft unsere Erde und doch ist dieser noch so überwältigend groß, daß daneben alle übrigen Wärmequellen auf der Erde verschwinden.

Diese Sonnenwärme erhält und bedingt alles organische Leben auf der Erde; sie vermöchte im Jahre eine 33 m hohe Eisschichte zu schmelzen; sie gibt in der Minute 2 Grammkalorien per cm² ab (Solarkonstante). Die ganze jährliche Kohlenerzeugung liefert nur $\dfrac{1}{500000}$ der Sonnenwärme.

Die Sonne (Abb. 366) ist ein glühender Ball von 1,4 Mill. km Durchmesser (= rd. 11000 Erdbreiten) und rd. 6000° C Temperatur. Sie ist umgeben von einer glühenden Gashülle (**Photosphäre**), aus der zuweilen gewaltige Fackeln (**Protuberanzen**) hervorschießen.

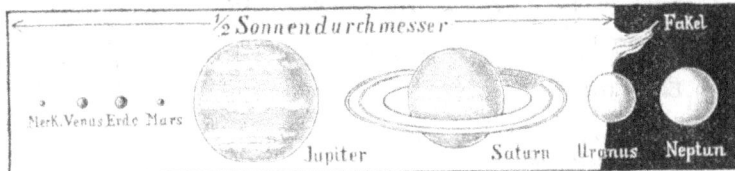

Abb. 366

Auch die **Erde** hat eine eigene Wärme, wie die Vulkane und die heißen Quellen beweisen. In tiefen Bohrlöchern beobachtet man eine allmähliche Zunahme der Temperatur mit der Tiefe.

Schon in 6 m Tiefe unter der Erde ist die Temperatur jahraus, jahrein konstant (gleich dem Jahresmittel). Beim tieferen

Eindringen in das Erdinnere steigt die Temperatur für je 33 m Tiefe um ungefähr 1° C.

Bei Erhebung über der Erde sinkt die Temperatur zunächst für je 200 m um 1° C bis zu 4000 m.

Beispiele unter der Annahme, daß an der Erdoberfläche (nicht 6 m tief) eine mittlere Jahrestemperatur von 10° C herrscht.

1. Eisen schmilzt bei 1200° C. In welcher Tiefe h unter dem Erdboden ist diese Temperatur zu vermuten?
Antw.: $h = (1200 - 10) \cdot 33\,m \backsim$ **39,3 km.**

2. Wenn ein Arbeiter nur eine Temperatur von 37° dauernd ertragen kann, wie tief können dann Bergwerke ausgenützt werden?
Antw.: $(37 - 10) \cdot 33 \backsim$ **1,2 km.**

b) **Weitere Wärmequellen sind die chemischen Prozesse, in erster Linie die Verbrennung.** Bei der Verbrennung vereinigen sich die Moleküle des Körpers mit dem Sauerstoff der Luft.

Die Wärmemenge, die 1 kg des Körpers beim Verbrennen abgibt, heißt die Verbrennungswärme.

Verbrennungswärmen sind bei:

Wasserstoff . . .	**34 600 Kal./kg**	
Leuchtgas } Petroleum }	rund 10 000	,,
Spiritus	,, 7 000	,,
Kohlenstoff . . .	**8 080**	,,
Kohlen	6—8 000	,,
Holz (trocken) rund	3 600	,,

In den gewöhnlichen Heizanlagen erreicht man für 1 kg mittelguter Steinkohle nur ungefähr 5000 Kal.

Verbrennungs-(Oxydations-)erscheinungen sind auch Quellen der **tierischen Wärme.** Die Temperatur des Blutes aller Tiere liegt gewöhnlich über der Temperatur des Mittels, in welchem sie leben. Der tierische Körper hat also seine eigentümliche Wärme, die er fortwährend neu erzeugen muß. Die innere Wärme des Menschen scheint für alle Organe dieselbe zu sein; diese Temperatur ist **37,5° C** und ändert sich nur wenig durch Alter, Klima, Gesundheit oder Krankheit. Die Blutwärme der **Vögel** ist größer als die der **Säuge**tiere und beträgt im Durchschnitt **42°**; sie ist ebenso wie die der Säugetiere unabhängig von der Temperatur der Umgebung. In einer kalten Umgebung verliert das Tier stets mehr Wärme als in einer warmen und dieser Wärmeverlust muß durch Aufnahme von Kohlenstoff immer wieder ersetzt werden. Dadurch erklärt sich auch, daß der Nordländer mehr kohlenstoffhaltige Speisen zu sich nehmen muß als der Bewohner der heißen Zone.

Der **Nährwert** der Nahrungsmittel ist durch die Wärmemenge gegeben, die sie bei ihrer Verbrennung im Organismus liefern. Dabei verbrennen die stickstofffreien Körper im Organismus genau so wie in der Flamme zu ihren letzten Endprodukten, Kohlensäure und Wasser; dagegen verbrennen die stickstoffhaltigen nur bis zu einem gewissen Grade und werden dann aus dem Körper ausgeschieden. Auch diese Wärme mißt man nach Kalorien; man hat ermittelt, daß **1 g Eiweiß oder Kohlenhydrat 4,1, Fett aber 9,3 Kalorien liefert, so daß Fett doppelt so nahrhaft ist als die anderen Stoffe.** Die Nahrungsmenge, welche ein Mensch braucht, wird bedingt durch die Wärmeverluste, die sein Körper durch die Arbeit der verschiedenen Organe, der Muskeln, des Herzens, der Drüsen usw. erleidet. Die Anzahl dieser Kalorien per Tag beträgt für ein Kind 1500, für einen Erwachsenen in Ruhe etwa **2100**, bei schwerer Arbeit bis zu **3400**, für Greise etwa 2100. Um die nötigen Spannkräfte zu liefern, wäre es ganz gleichgültig, aus welchen Stoffen sich diese Nahrungsmenge zusammensetzt. In Wirklichkeit braucht aber der Körper ein gewisses Mindestmaß von **Eiweiß**, dessen Fehlen selbst bei sonst reichlicher Nahrung den Hungertod zur Folge haben müßte (Vorstufe [404]).

c) Eine dritte Wärmequelle ist die **mechanische Arbeit.** Werden zwei Körper aneinander **gerieben**, so entsteht Wärme. Man beobachtet diese Wärmeentwicklung insbesondere beim Bremsen der Räder der Fuhrwerke und Eisenbahnwagen, beim Feuermachen mittels Stahl und Stein, bei der Bearbeitung der Metalle mittels Feile, Meißels und Bohrers.

Wenn die lebendige Kraft eines Körpers durch den **Stoß** verschwindet, so wird gleichfalls Wärme erzeugt. Läßt man eine Bleikugel aus bedeutender Höhe auf eine harte Unterlage fallen, so erhitzt sie sich. Wärme entsteht auch, wenn ein elastischer Körper zusammengepreßt wird. Bei flüssigen und

festen Körpern, die sich nur wenig zusammendrücken lassen, ist die Erwärmung unbedeutend, dagegen wird bei der Kompression der Gase eine ganz beträchtliche Wärmemenge entwickelt. Dehnt sich das komprimierte Gas wieder aus, so sinkt sein Druck; es kühlt sich ab und verrichtet dabei mechanische Arbeit. Über das mechanische Wärmeäquivalent siehe [283].

[268] Änderung des Aggregatzustandes durch die Wärme.

Außer den Erscheinungen der Erwärmung, Ausdehnung usw. vermag die einem Körper zugeführte Wärme noch tiefer gehende Änderungen hervorzubringen; vor allem kann hierdurch ein fester Körper in den flüssigen, ein flüssiger in den gasförmigen Zustand gebracht werden, welche Erscheinungen bei Entziehung der Wärme umgekehrt verlaufen.

Wird einem festen Körper Wärme zugeführt und hierdurch eine Vergrößerung seiner molekularen Wärmeschwingungen veranlaßt, so verlassen seine Moleküle bei einer bestimmten Temperatur ihre dem festen Zustande eigentümlichen Gleichgewichtslagen; **der feste Körper wird flüssig.** Man nennt diesen Vorgang das **Schmelzen** und die Temperaturgrenze, bei welcher er erfolgt, den **Schmelzpunkt.** An der Oberfläche einer Flüssigkeit überschreiten die daselbst befindlichen Moleküle bei ihren Schwingungen die Grenze des Wirkungskreises ihrer Nachbarmoleküle; sie werden von ihnen nicht mehr zurückgezogen und fliegen daher in den oberhalb der Flüssigkeit befindlichen Raum. Diese von den Fesseln der Kohäsion befreiten Moleküle bilden in ihrer Gesamtheit einen luftförmigen Körper. — Der geschilderte, bei jeder Temperatur stattfindende Übergang heißt das **Verdunsten.** Erfolgt er bei höherer Temperatur, dem **Siedepunkt,** auch im Innern der Flüssigkeit, so spricht man vom **Verdampfen** oder **Sieden.** Bei der Überführung aus dem niedrigeren in einen höheren Aggregatzustand ist immer eine gewisse Zufuhr von Energie in Form von Wärme nötig. Diese Wärmemenge bewirkt keine Erhöhung der Temperatur, sondern wird latent. Beim Schmelzen nennen wir sie **Schmelzwärme,** beim Verdampfen **Verdampfungswärme.** In jedem dieser beiden Fälle muß die zugeführte Wärmeenergie in zweifacher Weise Arbeit leisten, nämlich eine **innere Wärme** bei Überwindung der Molekularkräfte und eine **äußere Arbeit** bei Überwindung der von außen wirkenden Druckkräfte (Luftdruck u. a.). Die geschilderten Vorgänge sind umkehrbar. **Erniedrigt sich die Temperatur des Dampfes, so erfolgt beim Überschreiten einer Grenze, dem Kondensationspunkte, die Verflüssigung oder Kondensation des Dampfes.** Ebenso beim Überschreiten des Erstarrungspunktes das Festwerden oder Erstarren des Körpers. Immer muß die Energie als Wärme — Kondensationswärme oder Erstarrungswärme — wieder zurückgegeben werden oder, wie man sagt, es muß die latent gewordene, also gebundene Wärme frei werden.

Nun wollen wir jeden dieser Vorgänge noch kurz besprechen:

[269] Das Schmelzen.

a) Es ist eine bedeutende Menge Wärme nötig, um Eis oder Schnee von 0° in Wasser von 0° zu verwandeln. Diese Wärme, welche lediglich dazu verwendet wird, das Eis flüssig zu machen, ohne daß dabei seine Temperatur erhöht wird, die also für das Gefühl als verloren erscheint, wird mit dem Namen **gebundene oder latente Schmelzwärme** bezeichnet. Es sind nicht weniger als **80 Kalorien** nötig, um 1 kg Schnee oder Eis von 0⁰ zu schmelzen, mit andern Worten: **bei der Schmelzung von 1 kg Schnee oder Eis werden 80 Wärmeeinheiten latent oder gebunden.**

Man nennt **Schmelzwärme** die Wärmemenge, die nötig ist, um 1 kg eines Stoffes, der bereits auf den Schmelzpunkt gebracht ist, zu schmelzen. Sie beträgt bei

Aluminium 100 Kal./kg   Kupfer . . . 42 Kal./kg
Blei . . . . 5,4 ,,   Zink 28   ,,
Eisen . . . 30   ,,   Zinn . . . . 14,6 ,,

Beim Erstarren wird die Schmelzwärme wieder frei.

Streicht kalte Luft über ein Gewässer, so gefriert das Wasser und erwärmt durch die abgegebene Wärme die Luft. — Schutz von Kartoffeln und Obst in Kellern durch Hinstellen von Schalen mit Wasser. — Frostwetter mildert sich, sobald Schnee fällt.

b) **Die meisten Körper ziehen sich beim Erstarren zusammen** (Schwindmaß beim Gießen [294]).

Wasser dagegen dehnt sich beim Gefrieren stark aus.

$$\boxed{\text{10 l Wasser} = \text{11 l Eis.}}$$

c) **Den Schmelzpunkt kann man ändern:**

1. durch Druck. Eis schmilzt unter Druck schon unter 0⁰ C.

Dies zeigt sich bei einem belasteten Draht, der den Eisblock durchschneidet (Abb. 367). — Das Fließen der Gletscher erklärt man sich daraus, daß die unteren Eisschichten unter dem Druck der darüber liegenden Eismassen schmelzen (bis zu 100 m im Jahr).

Abb. 367

2. durch Überkaltung. Man kann Wasser, wenn man es vor Erschütterung schützt, weit unter 0⁰ abkühlen, ohne daß es gefriert. Erschüttert man es aber dann, so gefriert es ganz oder teilweise, wobei durch die freiwerdende Erstarrungswärme die Temperatur rasch gegen 0⁰ steigt.

Beispiel: Es sind 160 kg Wasser gegeben, das auf —10° unterkühlt ist. Wie viel Eis ergibt sich beim Gefrieren? Antwort: Um das Wasser von —10° auf 0° zu bringen, sind 160 · 10 = 1600 WE nötig. Diese werden geliefert von 1600 : 80 = 20 kg **Eis.**

Mithin werden von den 160 kg Wasser bei Erschütterung nur 20 kg zu Eis.

3. Durch Auflösen von Salz. Meerwasser gefriert erst bei —2,5⁰ C.

4. Bei Legierungen liegt der Schmelzpunkt tiefer als der seiner Bestandteile, weil die Moleküle des einen Metalles durch die des anderen schon etwas getrennt sind.

Beispiele: Schnellot (2 T. Zinn + 1 T. Blei) schmilzt bei 180°, während Zinn bei 230°, Blei bei 326° schmilzt. Woods Legierung (4 T. Wismut, 2 T. Blei, 1 T. Zinn und 1 T. Kadmium) schmilzt bei 75°.

d) **Wenn ein Salz durch Auflösen in den flüssigen Zustand übergeführt wird, so findet dabei ebenso ein Verbrauch von Wärme statt wie beim Schmelzen.** Wenn also von außen her keine Wärme zugeführt wird, so kann dieser Wärmeverbrauch nur auf Kosten der Temperatur des Salzes und des Lösungs-

mittels entstehen. **Auf dieser Temperaturerniedrigung beruhen die sog. Kältemischungen.**

Eine Abkühlung unter 0° findet statt, wenn man Salz in Schnee oder kleingehacktem Eis auflöst. Kältemischungen in den Konditoreien: 3 T. Eis + 1 T. Kochsalz (—17,5°); 10 T. Schnee + 7 T. Chlorkalzium (—55° C). Siehe übrigens auch Vorstufe [113] und [244].

[270] Das Verdampfen.

a) Wenn eine Flüssigkeit verdampft, so verbraucht oder bindet sie gleichfalls eine bestimmte Menge Wärme, die man **Verdampfungswärme** nennt. Auch diese ist für das Gefühl und für das Thermometer verschwunden, wie die Wärme, die beim Schmelzen gebunden wird.

Verdampfungswärme ist die Zahl von WE, die man braucht, um 1 kg Flüssigkeit bei der Siedetemperatur in Dampf von gleicher Temperatur überzuführen. Merke:

$$\boxed{\text{Die Verdampfungswärme des Wassers} = 539 \text{ Kal./kg.}}$$

Um also 1 kg Wasser von 100⁰ C in Dampf von 100⁰ zu verwandeln, braucht man 539 Kal. Soll aber 1 kg Wasser von 0⁰ in Dampf von 100⁰ C verwandelt werden, so muß man zunächst das Wasser auf 100⁰ erwärmen, wozu rund 100 Kalorien notwendig sind. **Die gesamte Wärmemenge, die nötig ist, um 1 kg Wasser von 0⁰ in Dampf von 100⁰ C zu verwandeln, ist demnach 639 Kalorien.** Merke auch:

$$\boxed{\text{1 l Wasser von 100}^{\circ}\text{ gibt rund 1650 l Dampf.}}$$

b) Leitet man Dampf in kaltes Wasser, so hört man ein Knattern, das vom Zusammenbruche der Dampfblasen herrührt. Dabei erhitzt sich das Kühlwasser, weil der Dampf bei der **Kondensation** seine Verdampfungswärme abgibt. Daher auch die starke Brühwirkung des Dampfes.

Die **Kondensationswärme** findet Verwendung bei der Dampfheizung. — Vorwärmung des Kesselspeisewassers durch den Abdampf aus der Maschine. — Dampfkochtöpfe.

Über die Kondensation (Verflüssigung) permanenter Gase siehe Vorstufe [115].

c) **Der Siedepunkt einer Flüssigkeit ist kein fester Wärmegrad.** Man bezeichnet als **Normalsiedepunkt** einer Flüssigkeit jene Temperatur, bei welcher diese Flüssigkeit bei dem normalen Drucke (760 mm Barometerstand) siedet, wobei somit die Spannkraft ihrer sich entwickelnden Dämpfe diesem Normaldrucke gleich wird.

Der Siedepunkt ändert sich sonach zunächst mit dem Drucke. Auf empirischem Wege wurde gefunden, daß Wasser z. B. unter einem Drucke von 1 at bei 100⁰ C, von 5 at bei 151⁰ C und von 11 at bei 183⁰ C siedet. Nimmt man den Barometerstand zur Grundlage, so ergibt sich, daß Wasser unter dem Drucke von 760 mm bei 100⁰ C, von 417 mm (z. B. auf dem Montblanc) bei 84⁰ C zum Sieden kommt usw.

In sehr gut gereinigten Glaskolben oder in sehr reinen Metallgefäßen kann Wasser, ohne zu sieden, mehrere Grade über den Siedepunkt erhitzt werden, welche Erscheinung man **Siedeverzug** nennt. Wird aber das überhitzte Wasser kräftig erschüttert oder Sand hineingeworfen, so erfolgt plötzlich eine starke explosionsartige Dampfbildung. Noch stärker treten diese Erscheinungen bei Öl- und Seifenlösungen auf. **Siedeverzug ist zuweilen Ursache von Dampfkesselexplosionen.**

Siehe auch Vorstufe [114]; über Verdunstungskälte und Eismaschinen [244].

Aufgabe 106.

[271] *Fünf Kubikmeter Wasser wurden bei normalem Luftdrucke auf 110° C überhitzt. Wieviel kg davon verdampfen sofort bei Erschütterung und wieviel m³ Dampf entstehen hierbei explosionsartig?*

Um 5000 kg Wasser von 100° um 10° zu überhitzen, ist eine Wärmemenge von 5000 · 10 = 50000 Kal. notwendig; hiervon sind je 539 Kal. pro kg zur Verdampfung erforderlich. Bei Erschütterung verdampfen daher von den 5000 kg nur

$$50000 : 539 = \textbf{93 kg} \text{ Wasser.}$$

Diese geben nach [270a]

$$93 \cdot 1650 = 153450 \, l = \textbf{153,45 m³} \text{ Dampf.}$$

Aufgabe 107.

[272] *Welche Wärmemenge braucht man, um 50 g Schnee von —8° C in Dampf von 100° C zu verwandeln?*

Beim Schmelzen von Schnee werden 80 kal pro g, sonach bei 50 g Schnee 80 · 50 = 4000 kal gebunden. Zur Verdampfung von 50 g Wasser, das sich aus dem Schnee gebildet hat, sind 50 · 539 = 26950 kal und zur Erwärmung von — 8° auf 100° 108 · 50 = 5400 kal erforderlich. Die nötige Wärmemenge beträgt daher

$$4000 + 26950 + 5400 = 36350 \text{ Grammkalorien}$$

oder rund **36** Kalorien.

Aufgabe 108.

[273] *Man leitet 1 kg Wasserdampf in ein Gefäß mit 12 kg Wasser von 15° C. Wie heiß wird das Wasser?*

In 1 kg Wasserdampf sind 639 Kal. enthalten, die bei der Kondensation frei werden. Bezeichnen wir die Temperatur, auf die das Kühlwasser erhitzt wird, mit x, so steht die Gleichung:

$$639 = 13x — 12 \times 15,$$

d. h. die freiwerdende Wärmemenge wird zur Erhitzung des Kühlwassers von 15° C auf x° C verwendet. Daraus $x = 63$°, das Wasser wird mithin auf 63° C erhitzt.

[274] Eigenschaften der Dämpfe.

a) **Jeder Raum kann nur eine bestimmte Dampfmenge aufnehmen. Dann ist der Dampf gesättigt.** Weitere Zufuhr von Dampf in den Raum bewirkt nur, daß sich stets eine gleich große Menge in Tröpfchen an der Wand kondensiert. Bei höherer Temperatur braucht ein Raum mehr Dampf, bis er gesättigt ist.

Steht der Dampf in einem abgeschlossenen Raum noch mit seiner „Stammflüssigkeit" in Verbindung, so ist er sicher gesättigt, da er immer Gelegenheit hat, sich zu sättigen. **Die Spannkraft des gesättigten Dampfes steigt bei Erhitzung viel stärker als die eines Gases,** denn bei der Erhitzung steigt nicht nur die Spannung des bereits vorhandenen Dampfes, sondern es kommt ja noch neuer Dampf zur Sättigung bei höherer Temperatur hinzu. **Die Spannkraft des gesättigten Dampfes kann man nicht berechnen,** sondern muß sie aus Tabellen entnehmen. Nach diesen ist die Dampfspannung z. B.:

bei $t°$ =	100°	120°	133°	143°	151°	158°	170°	200°
Druck p =	1 at	2 at	3 at	4 at	5 at	6 at	8 at	16 at

Die Dampfspannung ist nur beim Sieden in offenen Gefäßen gleich dem atmosphärischen Luftdrucke.

b) Ist ein Raum mit Dampf von bestimmter Temperatur gesättigt und vergrößert man sein Volumen, so wäre dieser Raum nun imstande, noch mehr Dampf aufzunehmen. Man sagt dann, **der Raum enthält ungesättigten oder überhitzten Dampf.** Dieser besitzt eine geringere Spannkraft, als gesättigter Dampf bei derselben Temperatur hätte, oder mit andern Worten: **seine Temperatur ist höher als jene des gesättigten Dampfes von gleicher Spann-** kraft (daher der Ausdruck **überhitzter Dampf**). Derartige Dämpfe befolgen das Gay-Lussac-Mariottesche Gesetz, d. h. **sie verhalten sich wie Gase.** Überhitzten Dampf erhält man, wenn man gesättigten Dampf von seiner Stammflüssigkeit trennt und dann erhitzt.

Beispiel: In einem Papinschen Dampftopf (Abb. 368) sei bei 144° C gerade alles Wasser verdampft. Das Manometer zeige 4 at Druck an. Wird nun auf 185° C erhitzt, so steigt der Druck proportional der abs. Temperatur. Aus $p_1 : p_2 = T_1 : T_2$ folgt $4 : p_2 = (273 + 144) : (273 + 185)$, woraus $p_2 = 4,4$ at. Gesättigter Dampf zeigt bei 185° C bereits über 11 at Druck.

Es ergibt sich somit der folgende bemerkenswerte Unterschied zwischen gesättigten und ungesättigten Dämpfen: **Gesättigter Dampf beginnt sich sofort zu kondensieren, wenn seine Temperatur erniedrigt oder sein Volumen verkleinert wird. Ungesättigter Dampf wird durch solche Behandlung** erst bei Erreichung einer bestimmten Temperatur oder eines bestimmten Volumens in gesättigten Dampf verwandelt. Bis zu dieser Grenze verhält er sich wie ein Gas und folgt dem Mariotte-Gay-Lussacschen Gesetze.

Bei der Kondensation gesättigten Dampfes — sei es durch Verdichtung oder durch Abkühlung — wird immer Wärme frei (Kondensationswärme), die der zur Überführung in den dampfförmigen Zustand nötigen Wärmemenge gleichkommt.

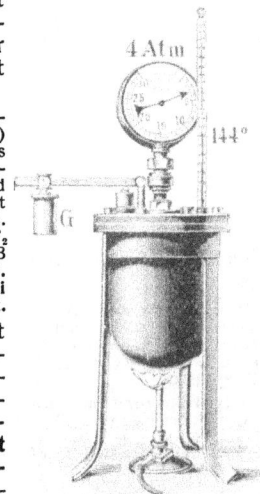

Abb. 368
Papinscher Dampftopf

Beispiel: Unter einem Kolben von 1 m² Fläche (Abb. 369) befinden sich 1 m³ (= 0,6 kg) gesättigter Wasserdampf von 100°, d. h. von 1 at Spannung (Gefäß *A*). Wird nun der Kolben von 1 m auf 2 m hochgezogen (Gefäß *C*), so wird der Dampf ungesättigt und die Spannung sinkt auf ½ at,

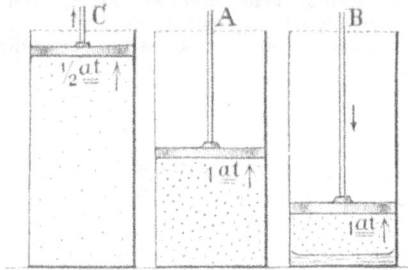

Abb. 369

bei 3 m auf ⅓ at u. f. s. (Mariotte). Schiebt man den Kolben hinunter, so hat man bei 1 m wieder gesättigten Wasserdampf; drückt man den Kolben bis auf ½ m Höhe nieder (Gefäß *B*) so faßt der Raum von ½ m³ nur 0,3 kg gesättigten Dampf, der Rest von 0,3 kg hat sich zu Wasser kondensiert. Weiteres darüber im 3. Fachbande über „Maschinenbau".

[275] Dampfkessel.

a) Bei einer Dampfkesselanlage unterscheidet man
1. den Dampfkessel,
2. die Feuerung oder die Feuerzüge,
3. den Schornstein.

Der **Dampfkessel** ist ein in allen seinen Teilen möglichst zylindrisches, allseits geschlossenes Gefäß, das aus schmiedbarem Eisen hergestellt wird und zum größten Teile mit Wasser angefüllt ist.

Kessel mit großem Wasserinhalt (Flammrohrkessel, Abb. 370 und Walzenkessel, Abb. 371) bedürfen längerer Zeit zum Anheizen, gestatten jedoch die ungleichmäßige Entnahme großer Dampfmengen (in chemischen Fabriken). **Kessel mit mittelgroßem oder kleinem Wasserraum** (Heizrohrkessel der Lokomotiven, Abb. 372, und Wasserrohrkessel, Abb. 373) geben schnell Dampf, sind jedoch nur für gleichmäßigen Betrieb zu verwenden.

Die **Feuerung** besteht aus dem Verbrennungsraum und dem Aschenfall, die durch den Rost getrennt sind. Die Feuerzüge, die die Verbrennungsgase an den Kesselwandungen entlang führen, müssen gesetzlich 10 cm unter dem niedrigsten Wasserstande NW bleiben. **Heizfläche** nennt man jenen Teil der Kesseloberfläche, der auf der einen Seite vom Wasser, auf der andern von den Heizgasen bestrichen wird.

Der **Schornstein** soll dem Heizmaterial die zur Verbrennung nötige Luftmenge zuführen. Seine Wirkung beruht darauf, daß die im Schornstein befindliche wärmere, also leichtere Luftsäule durch die unter dem Rost eintretende kältere Luft dauernd aus dem Schornstein gedrängt wird.

Bei feststehenden Anlagen wird der Schornstein als besonderes Mauerwerk von mindestens 16 m Höhe ausgeführt, das mit den Kesselzügen durch einen Kanal (Fuchs) in Verbindung steht. Lokomobile, Lokomotiven und Schiffsmaschinen erhalten im Anschluß an den letzten Feuerzug einen Blechschornstein, dessen Wirkung vielfach durch ein Gebläse verstärkt wird.

b) **Wirkungsweise.** Der Kessel wird bis zum niedrigsten Wasserstande (NW) aufgefüllt, das Brennmaterial entzündet und zur Verbrennung gebracht. Die hierbei erzeugte Wärme wird längs der Heizfläche dem Wasser zugeführt, und zwar oberhalb der Rostfläche direkt **(direkte Heizfläche)**, in den Zügen dagegen vermittels der Heizgase **(indirekte Heizfläche)**. Die Heizgase entweichen mit 200 bis 500° C durch den Fuchs in den Schornstein. Hierdurch sowie durch die unvermeidliche Ausstrahlung der Kesselmauerung, ferner durch die unvollkommene Verbrennung gehen rund 30% vom Heizwerte des Brennmaterials verloren. **Der**

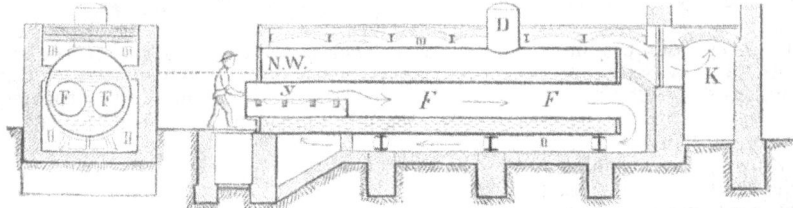

Abb. 370
Flammrohrkessel

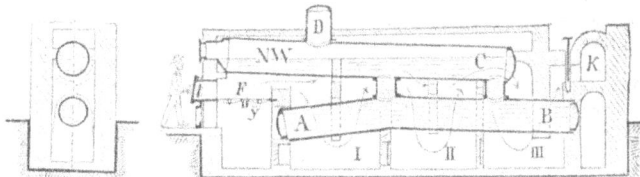

Abb. 371
Walzenkessel

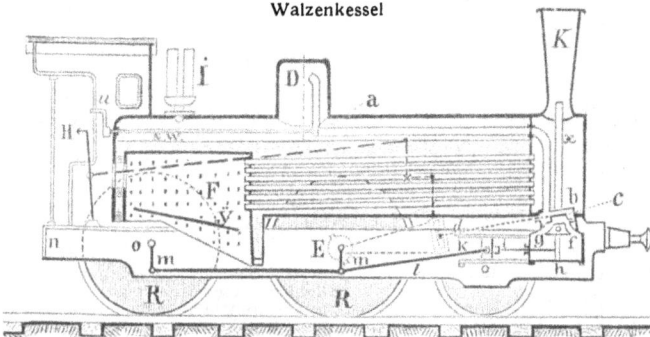

Abb. 372
Lokomotivkessel

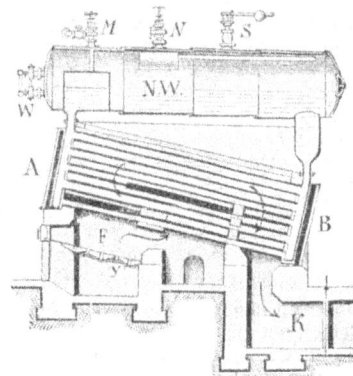

Abb. 373
Wasserrohrkessel

praktische Heizwert für 1 kg bester Steinkohle ist also nur
$$\frac{70}{100} \cdot 7000 \sim 5000 \text{ Kal.}$$

Die auf das Wasser übertragene Wärme erhöht anfangs dessen Flüssigkeitswärme und führt dann zur Dampfbildung mit steigender Spannung, womit die Aufgabe des Dampfkessels erfüllt ist.

Für Heizzwecke ist der Dampf von 1 at abs. (Gesamtwärme 639 Kal.) fast gleichwertig mit dem viel weniger Raum beanspruchenden Dampf von 12 at (668 Kal.). Für Kraftzwecke dagegen ist der hochgespannte Dampf bedeutend wertvoller, weil dann der Zylinder kleiner gehalten werden kann, ohne die Erzeugungskosten des Dampfes wesentlich zu erhöhen.

Aufgabe 109.

[276] *1 kg Dampf von 1 at (abs.) wird in das Kühlwasser eines Kondensators geleitet. Wieviel Kühlwasser von 15⁰ C sind nötig, wenn die Kondensatortemperatur 40⁰ C betragen soll?*

Die notwendigen x kg Wasser von 15⁰ enthalten (über 0⁰) an Wärme $x \cdot 15$ Kal. 1 kg Dampf von 1 at enthält die Wärme von 639 Kal. Nach der Mischung sind es $(x + 1)$ kg Wasser von 40⁰ C. Diese enthalten (über 0⁰) die Wärme $(x + 1)$ 40 Kal. Aus der Gleichung $(x + 1)\ 40 = x \cdot 15 + 639$ folgt $x \sim 24$ kg. **Praktisch rechnet man 25—30 kg Kühlwasser auf 1 kg Dampf.**

Aufgabe 110.

[277] *Um wieviel vergrößert sich 1 m³ Dampf von 9 at Überdruck (p = 8 at), wenn er auf 350⁰ erhitzt wird?*

Bei gleichbleibendem Dampfdruck verhält sich $V_1 : V_2 = T_1 : T_2$. Da $V_1 = 1$ m³, $T_1 = 273⁰ + 170⁰$ und $T_2 = 273⁰ + 350⁰$, so folgt $V_2 = 1,4$ m³. Der Dampf vergrößert also sein Volumen um rund 40%. In Wirklichkeit noch stärker ($\sim 45\%$).

[278] Luftfeuchtigkeit.

a) In der Atmosphäre befindet sich jederzeit Wasserdampf, welcher sich aus den großen Mengen irdischen Wassers beständig durch Verdunstung bildet.

In Mitteleuropa beträgt die Menge des pro m² Bodenfläche im Jahre verdunstenden Wassers ungefähr **6 hl**, unter dem Äquator das Zehnfache hiervon.

Die Anwesenheit von Wasserdampf in der Luft kann durch **hygroskopische** Körper, d. h. durch solche, die Feuchtigkeit aus der Luft anziehen und sich dabei irgendwie verändern, experimentell nachgewiesen werden. Hierher gehören zerfließliche Salze (z. B. **Chlorkalzium**, entwässerte Pottasche, das **Kobaltchlorür**, das in trockener Luft einen Teil seines Kristallwassers abgibt und seine rosenrote Farbe in Blau ändert (Barometerblumen), die wasseranziehende Schwefelsäure, die Grannen von Früchten (Storchschnabel), **Darmsaiten** (Wetterhäuschen), **entfettete Menschenhaare** usw. Enthält nun auch die Luft beständig Wasserdampf, so ist sie doch im allgemeinen nicht mit Wasserdampf gesättigt.

Die Temperatur, bis zu der man die feuchte Luft abkühlen muß, damit der Wasserdampf in ihr gesättigt wird, sich also kondensiert, heißt der Taupunkt.

Das Verhältnis der **absoluten Feuchtigkeit**, d. i. der Wasserdampfmenge, die die Luft momentan pro cm³ enthält, zu jener Menge, die sie bis zur Sättigung enthalten könnte, heißt **relative Feuchtigkeit.** Die absolute Feuchtigkeit wird mit Chlorkalzium bestimmt. Die Sättigungsmenge ist z. B. bei 20⁰ 17,22 g Wasserdampf pro cm³ Luft.

b) **Hygrometer** sind geeichte Hygroskope.

Das **Spiralenhygrometer** (Abb. 374) enthält eine kleine Kupferspirale A, die außen mit einem Streifchen des stark hygroskopischen Eihäutchens überzogen ist.

Das **Haarhygrometer** (Abb. 375) besteht aus einem um eine Rolle geschlungenen entfetteten Haar.

Der **Taupunktfinder** (Abb. 376) ist ein rechteckiges Metallgefäß, das vorn eine polierte Platte hat und etwas Äther enthält. Es wird der Äther abgesaugt, bis sich die Platte mit Tau beschlägt. Das Thermometer gibt den Taupunkt an.

Eine besondere Art von Feuchtigkeitsmessern ist das **Psychrometer,** bestehend aus zwei Thermometern, von deren Kugeln ie eine mit feuchtem lusselin umgeben ist.

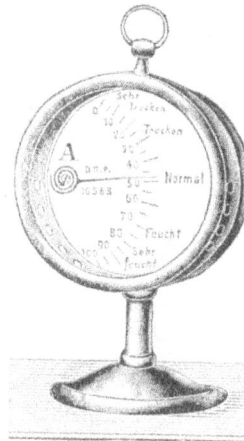  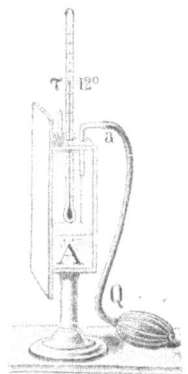

Abb. 374	Abb. 375	Abb. 376
Spiralenhygrometer	Haarhygrometer	Taupunktfinder

Tau tritt auf, wenn sich die Erde nachts unter den Taupunkt abkühlt (meist gegen 4 Uhr morgens). Ist die Abkühlung zu stark, so gefriert der Tau zu Reif. — Starke Tau- und Reifbildung in klaren Nächten. — Frostwehr durch Abbrennen von Reisig. —

Wolken entstehen, wenn sich feuchte Luft unter den Taupunkt abkühlt; es scheiden sich dann an den in der Luft schwebenden Staubkernen Wassertröpfchen ab, die uns in ihrer Gesamtheit als Nebel sichtbar werden und in höheren Luftschichten die Wolken bilden.

Regen. Nebel kann sich bei ganz reiner Luft oft 10⁰ unter den Taupunkt abkühlen, ohne daß es regnet. Die Luft ist dann eine übersättigte Lösung von Wasserdampf. Geringe Mengen von zugewehten Kontaktkörpern (Staub, Rauch) reichen aber hin, um die Wolke plötzlich zum Regnen oder unter 0⁰ zum Schneien zu bringen.

Die Erscheinung des Hagels ist noch nicht vollkommen erklärt.

C. Wärmeleitung und Wärmestrahlung.

[279] Gute und schlechte Wärmeleiter.

a) Bei der Wärmeleitung pflanzt sich die Wärme von Molekül zu Molekül fort. Die Schnelligkeit ist sehr verschieden. — **Die besten Wärmeleiter sind die Metalle, vor allem Silber, Kupfer und Eisen.**

Versuch: Daß Kupfer besser leitet als Eisen, zeigt der in Abb. 377 dargestellte Versuch. Die mit Wachs (Schmelz-

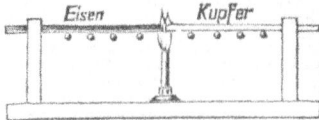

Abb. 377

punkt 65°) ange-klebten Kugeln fallen beim Kupferstabe schneller ab.

Drahtgitter leiten die Wärme rasch seit-wärts. Darauf beruht es, daß eine Flamme durch ein solches Gitter nicht hin-durchbrennt (Abb. 378). Die Hitze der Flamme wird vom Netz so rasch seitwärts geleitet, daß das Gas auf der anderen Seite des Netzes nicht mehr auf seine Entzündungstemperatur kommt. Darauf beruht die **Davysche Sicherheitslampe**, mit der sich die Bergleute gegen die Explosion schlagender Wetter schützen (Abb. 379).

Mittelmäßig leiten Ton, Ofen-kacheln und Glas. Zu den schlech-testen Leitern (oder Isolatoren) ge-hören ruhende Luftschichten und (infolge der Zwi-schenlagerung von Luft) lockere Körper (wie Stroh, Säge-späne, Laub, Asche, Haare, Pelz, Federn, Schnee, Torfmull).

Die Schneedecke schützt die Wintersaat vor dem Erfrieren. Kühlhäuser haben doppelte Wandung,

Abb. 378

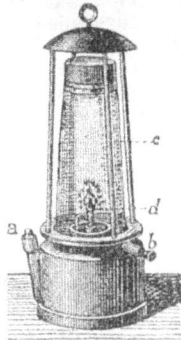

Abb. 379

deren Zwischenraum mit lockerem Material ausgefüllt ist, z. B. mit Stroh oder Torfmull, bei feuerfesten Geldschränken mit Holzasche usw. — Winterfenster!

Unsere Körpertemperatur ist 37,5°, die Außentempe-ratur niedriger: wir schützen uns vor Abkühlung durch Kleider, durch Pelz usw., vor allem aber durch die zwischen den ein-zelnen Kleidungsstücken befindlichen Luftschichten. (Zwei übereinander gezogene dünne Röcke wärmen mehr als ein dicker Rock.) Die Tiere zeigen im Winter dichtere Behaarung und Befiederung.

Wasser ist ein sehr schlechter Wärmeleiter. Dies zeigt sich, wenn man es von oben her erhitzt, da hierbei keinerlei Strömung eintreten kann.

Versuch (Abb. 380): Man bringe in ein Probierröhrchen ein beschwertes Stückchen Eis und darauf Wasser. Erhitzt man dieses von oben, so beginnt

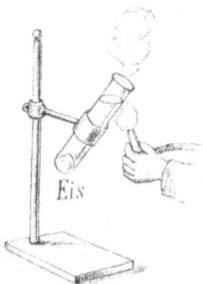

Abb. 380.

Abb. 382
Dewar Gefäße

Abb. 381
Leidenfrostscher Versuch

es dort bald zu sieden, während unten das Eis zunächst nicht schmilzt.

Wasserdampf ist auch ein schlechter Wärmeleiter. Dies zeigt der **Leidenfrostsche Versuch** (Abb. 381). Bringt man einen Wassertropfen auf ein weißglühendes Blech, so rollt er lange darauf hin und her, ohne zu verdampfen. Bei der ersten Berührung bildet sich eine Dampfschicht, die den Tropfen schwebend erhält und vor Wärmezufuhr schützt (Ursache von Dampfkesselexplosionen).

Gar nicht leitet der luftleere Raum.

Verwendung bei den **Thermophorgefäßen**, in denen Speisen tagelang warm, bzw. kalt gehalten werden können. Die doppelwandigen **Dewarschen** Glasgefäße (Abb. 382), die zum Aufbewahren flüssiger Luft dienen, umschließen zwischen ihren Wandungen einen luftleeren Raum.

Abb. 383

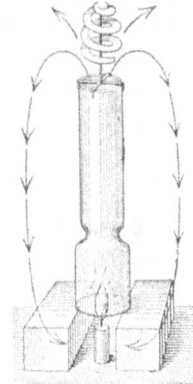

Abb. 384

b) Die Wärmeleitungszahl l **gibt die Zahl von WE an, die in einer Stunde durch 1 m² eines Stoffes auf eine gleiche Fläche in Abständen von 1 m über-gehen, wenn beide Flächen 1° C Temperaturunter-schied zeigen.** Die über-gehende Wärmemenge wächst mit dem Temperaturunter-schiede. Hat z. B. eine Wand von der Fläche F (m²) die Dicke d (m), die heißere Seite die Temperatur t_1, die kältere t_2, so ist die in z Stunden übergehende Wärmemenge

$$Q = \frac{l \cdot F \cdot (t_1 - t_2) z}{d}.$$

l ist für Silber 360, für Kupfer 320, für Eisen 50, Aluminium 175, Blei 30, Zink 95, Zinn 54, Beton 0,56, Mauerwerk 1,3 bis 2,1, Hohl-ziegel 0,2, Kesselstein 2, Kies 0,3, Öl 0,15, Steinkohle 0,12, Wasser 0,5, Luft 0,019, Wasserdampf 0,014.

Abb. 385
Seewind

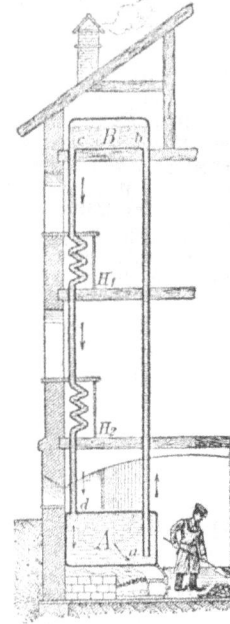

Abb. 386
Warmwasserheizung

[280] Wärmeströmung.

Bei der Wärmeströmung wandert der Stoff mit seiner Wärme an einen andern Ort (warme Winde, warmer Golfstrom). **Eine Strömung tritt auf, wenn**

eine Flüssigkeit oder ein Gas von unten erwärmt wird. Die erwärmtenTeilchen sind nämlich spezifisch leichter und steigen demgemäß in die Höhe..

Die Strömungen im Wasser kann man durch Sägespäne sichtbar machen (Abb. 383). Luftströmungen weist man mit der Papierschlange (Abb. 384), den Windrädchen der Kinder oder mit einer zum Ofentürchen gehaltenen Kerzenflamme nach.

Naturerscheinungen: Der Golfstrom entspringt unter dem Einfluß der äquatorialen Sonne in Zentralamerika und fließt an Englands Küste vorüber, wo er erwärmend wirkt.

Land und Seewind. Das Land erwärmt sich tagsüber stärker als das Meer. An tropischen Küsten findet daher morgens ein Aufsteigen der erwärmten Luft über dem Lande statt (Abb. 385), was ein fortgesetzes Nachströmen der kühlen Seebrise gegen das Land zur Folge hat. Abends ist es umgekehrt, da das Land schneller erkaltet als das Meer.

Passate. Am Äquator steigt die stark erwärmte Luft empor und fließt in den oberen Regionen dauernd zu den Polen (Antipassat). Das verursacht an der Erdoberfläche ein Nachströmen kalter Luft von den Wendekreisen gegen den Äquator (Passat).

Anwendungen in der Technik: Strömungen treten auf bei den Wasserrohrkesseln (Abb. 373), bei der Warmwasserheizung (Abb. 386), wo das erhitzte Wasser in dem geraden Rohr aufwärts steigt, an die Heizkörper Wärme abgibt und als schweres kaltes Wasser in den Kessel zurücksinkt. — Schornstein. — Ventilatorrädchen.

[281] Wärmestrahlung.

a) Selbst an sehr kalten Wintertagen fühlen wir deutlich die erwärmende Kraft der Sonnenstrahlen auf unseren Körper, obgleich die Luft, welche ihn unmittelbar berührt, sehr kalt ist. Es durchdringt somit in diesem Falle die Sonnenwärme die Luft, ohne sie erheblich zu erwärmen; sie durchdringt sogar den Weltraum, der höchstens Spuren von wägbarer Materie besetzt. Man nennt diesen Vorgang der Wärmeübertragung die **Wärmestrahlung.**

Da die Wärme stets die Temperatur der umgebenden Körper erhöhen soll, müssen wir annehmen, daß die **Wärmestrahlung eine besondere Energieform** ist, von welcher noch in der Schwingungslehre gesprochen werden wird.

Weil diese Wärme durch den leeren Raum zu uns gelangt, der ein Nichtleiter ist, kann sie nur durch die Erregung des Äthers fortgepflanzt sein — Ätherwellen von 0,00075—0,00038 mm Länge erregen die Netzhaut des Auges und heißen Licht. Wellen von 0,05—0,00075 mm Länge empfinden wir als Wärme.

Jeder warme Körper strahlt Wärme aus, z. B. der warme Ofen, unser Körper, die Erde usw.

b) **Helle Körper, wie Luft und Gas, lassen die Wärmestrahlen durch sich hindurchgehen, ohne sich zu erwärmen = diatherman.** Glasfenster lassen die langwellige Ofenwärme fast nicht, die Sonnenwärme aber sehr gut durch. (Vorteil für das Heizen — Glashäuser.) **Dunkle Körper verschlucken (= absorbieren) die Wärmestrahlen und erwärmen sich dabei.**

D. Wärme und mechanische Arbeit.

[282] Mechanische Wärmetheorie.

Zur Erklärung der Erscheinungen der Wärme nahm man früher die Existenz eines unwägbaren Wärmestoffes an, der, je nachdem er in größerer oder geringerer Menge in Körper eindringt, ihre Erwärmung, Ausdehnung usw. hervorrufen sollte. Eine sehr einfache und allbekannte Erscheinung bringt aber diese **Wärmestoffhypothese** in unlösbaren Widerspruch mit gewissen Erfahrungstatsachen. Man kann durch **Reibung,** durch den **Stoß** zweier Körper, durch Verkleinerung des Volumens bei Gasen, **kurz durch mechanische Arbeit Wärme erzeugen;** wie wäre es dann möglich, aus der begrenzten Materie eines Körpers unbegrenzte Mengen des Wärmestoffes durch Arbeit zu gewinnen?

Überdies gelang es, die Größe jener mechanischen Arbeit zu finden, welche aufgewendet werden muß, um eine Wärmeeinheit, eine Kalorie zu erhalten. Daraus bewies die neuere Physik in unwiderleglicher Weise, **daß Wärme eine Form der Energie ist.**

In diesem Sinne erklärt **die mechanische Wärmetheorie** das eigentliche Wesen der Wärme.

[283] Das mechanische Wärmeäquivalent.

Zahlreiche Experimente im Laufe der zweiten Hälfte des 19. Jahrhunderts, bei denen auf die verschiedenste Weise, durch Reibung, Stoß, Dampfspannung und durch Maschinen aller Art Arbeit in Wärme und Wärme in Arbeit verwandelt wurde, haben **stets dasselbe Umwandlungsverhältnis von mkg in Kalorien und von Kalorien in mkg** ergeben, anfangs mit gewissen Abweichungen, später, als die Versuche exakter ausgeführt wurden, immer genauer.

Danach ergibt sich

$$\boxed{1 \text{ kg Kalorie} = 427 \text{ mkg}}$$

und

$$\boxed{1 \text{ mkg} = \frac{1}{427} \text{ kg Kalorie.}}$$

Die Zahl 427 mkg nennt man **das Arbeitsäquivalent der Wärme** oder kurz **das Wärmeäquivalent.** Seine Existenz schließt zugleich die Konsequenz in sich, daß das Prinzip von der Erhaltung der Energie nicht bloß im Bereiche der Bewegungserscheinungen, sondern auch der Wärmeerscheinungen und bei der Verwandlung von Bewegung in Wärme sowie von Wärme in Bewegung gültig ist.

Der erste, welcher die Gleichwertigkeit aller Naturkräfte zu beweisen sich bemühte, war der deutsche Arzt **Robert Mayer** von Heilbronn; in strengerer und umfassenderer Form sind bald darauf seine Ideen von **Helmholtz** ausgesprochen worden und der englische Physiker und Techniker **Joule** war es, der durch mühevolle und sinnreiche Experimentaluntersuchungen den wahren Wert des Wärmeäquivalents festgestellt hat.

[284] Dampfmaschinen.

a) **Die Dampfmaschine ist ein Mechanismus, durch den die Energie des im Dampfkessel erzeugten Dampfes nutzbar gemacht wird.** Der Dampf tritt vom Dampfraum her durch ein Absperrventil (Abb. 387) in den **Schieberkasten** V, der drei Öffnungen 1, 2, 3 besitzt, von denen je 2 durch ein Steuerungsorgan (Schieberventil) überdeckt sind. Je nach der Stellung des auf der Welle r sitzenden **Exzenters** wird abwechselnd die Öffnung 1 bzw. 3 dem einströmenden Dampf frei gegeben, so daß dieser durch die Kanäle vor und hinter dem Kolben in den Zylinder eingeführt wird. Hierdurch wird der dampfdicht schließende Kolben in eine hin und her gehende Bewegung versetzt, die durch die Kolben- und Pleuelstange in eine drehende Bewegung umgesetzt wird.

Tote Punkte werden jene Lagen genannt, bei welchen der **Kurbelarm** mit der **Pleuelstange** in einer Linie liegt; sie werden bei Stabilmaschinen durch ein wuchtiges **Schwungrad** f, bei Lokomotiven durch Verwendung von **2 Zylindern** mit aufeinander senkrecht stehenden Kurbeln überwunden. Der **Zentrifugalregulator** (= Fliehkraftregler) Z wird von der Welle in Schwung erhalten und wirkt auf die Drosselklappe im Dampfzuleitungsrohr.

Alle modernen Maschinen werden als Expansionsmaschinen gebaut, d. h. der Schieber läßt den Dampf nur während eines Teiles l_1 des ganzen Kolben-

bzw. **Drillingsmaschinen. Durchströmt dagegen der vom Kessel kommende Dampf nacheinander 2 bis 3 meist im Durchmesser größer werdende Zylinder einer Maschine, so wird diese als Compound- oder Verbundmaschine bezeichnet.**

Letztere Maschinenart gestattet eine bessere Auswertung von hochgespanntem Dampf (über 9 at) und findet jetzt auch für Lokomotiven Anwendung, die mit Rücksicht auf eine größere Manövrierfähigkeit früher allgemein als Zwillingsmaschinen aufgeführt wurden.

Berechnung des Effektes. Als Einheit für die Effektberechnung einer Dampfmaschine gilt die PS = 75 mkg/sek. Danach bestimmt sich die Zahl

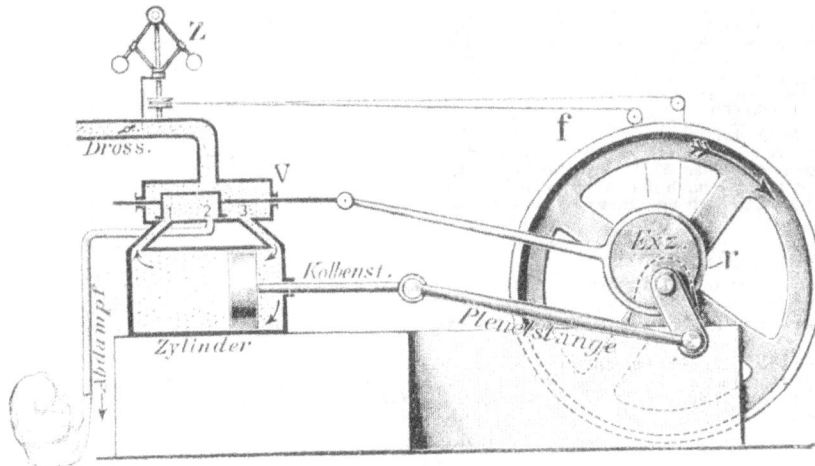

Abb. 387
Dampfmaschine

hubes l einströmen; dann sperrt er den Dampf ab. Der Kolben bleibt aber dann nicht stehen, da die bereits eingeströmte Dampfmenge von hohem Druck vermöge ihrer Expansivkraft sich ausdehnt und den Kolben vorwärts treibt. **Die während der Expansion geleistete Arbeit stellt reinen Gewinn dar, da keine Mehrkosten für den Dampf erwachsen.**

$$\text{Füllungsverhältnis} = \frac{l_1}{l}.$$

Nach Art des Dampfabganges unterscheidet man **Auspuffmaschinen,** bei welchen der Abdampf in die äußere Luft hinausgestoßen wird (Spannung 1,1 at) und **Kondensationsmaschinen,** bei welchen der Abdampf in ein Kühlgefäß (Kondensator) strömt, in das fortwährend kaltes Wasser eingespritzt wird. Dadurch wird der Dampf größtenteils verflüssigt und gibt seine Wärmemenge an das kalte Wasser ab, das sich bis auf 40⁰ bis 60⁰ erhitzt. Der Gegendruck im Zylinder sinkt auf 0,05 bis 0,3 at.

Kondensationsmaschinen sind überall da vorzuziehen, wo genügend viel Wasser zur Verfügung steht (Schiffsmaschinen). Dort, wo die nötigen Kaltwassermengen nicht vorhanden sind, wird das Wasser aus den Kondensatoren auf **Gradierwerke** (Vorstufe [361]) geleitet, beim Herabrieseln abgekühlt und als Kühlwasser wieder verwendet. In wasserarmen Gegenden und bei Lokomotiven macht die Beschaffung von Kühlwasser Schwierigkeiten, weshalb man da Auspuffmaschinen verwendet. Bei Auspuffmaschinen ist die Verwendung des Abdampfes zur Heizung zweckmäßig.

Nach der Zahl der Dampfzylinder unterscheidet man **einzylindrige** und **mehrzylindrige** Maschinen. Werden bei letzteren alle Zylinder mit frischem Kesseldampf gespeist, so nennt man die Maschinen je nach der Zahl der gleichgroßen Zylinder **Zwillings-**

der theoretischen (indizierten) Pferdestärken nach der Formel

$$N_i = \frac{\text{Kraft } P \text{ mal mittlere Kolbengeschwindigkeit } c_m}{75}.$$

Die **Kraft** P ist gleich der wirksamen Kolbenfläche F mal dem mittleren Dampfdruck p_i in kg/cm². Also

$$P = F \cdot p_i.$$

Die mittlere Kolbengeschwindigkeit c_m (1,8 bis 4 m, gewöhnlich 2 m) ist gleich dem vom Kolben in einer Minute zurückgelegten Weg, geteilt durch 60. Da die Zylinderlänge l bei einer Umdrehung zweimal vom Kolben durchlaufen wird, ist der Weg bei n Umdrehungen $2nl$, daher

$$c_m = \frac{2\,nl}{60} = \frac{nl}{30}.$$

Die Endformel für den Effekt ergibt sich daher mit

$$N_i = \frac{F \cdot p_i \cdot n \cdot l}{75 \cdot 30},$$

wobei F die wirksame Kolbenfläche, p_i den mittleren Dampfdruck, n die Zahl der Umdrehungen pro Minute und l die Zylinderlänge darstellt. Der mittlere Dampfdruck p_i, der in dieser Formel auftritt, ist als mittlere Ordinate des **Dampfdruckdiagrammes** zu finden, das auch mit eigenen Meßinstrumenten, den **Indikatoren,** aufgenommen werden kann.

Durch Reibung im Zylinder und im Kurbelmechanismus gehen rund 35% bei kleinen und bis 10% bei großen Maschinen an nutzbarer Arbeit verloren. Daher ergeben sich die nutzbaren PS mit $N_n = 0,65 — 0,9\ N_i$. $\dfrac{N_n}{N_i}$ nennt man den **mechanischen Wirkungsgrad** der Maschine.

Auch die vollkommenste Dampfanlage nutzt den kalorimetrisch bestimmten Heizwert der Kohle nur schlecht aus.

Der Dampfverbrauch guter dreifacher Expansionsmaschinen beträgt ca. 5 kg pro Stunde und PS. Bei einer Verdampfungsziffer = 8, die der Dampfmenge pro 1 kg Brennstoff entspricht, sind demnach für die Stunde und PS $^5/_8$ kg Kohlen erforderlich. Nimmt man den kalorimetrischen Heizwert der Kohle mit 8000 Kal. an, so müßte pro Stunde und PS eine Leistung von $^5/_8 \cdot 8000 \cdot 427$ mkg erzielt werden. Die wirklich geleistete Arbeit ist aber in der Stunde PS = $75 \cdot 60 \cdot 60$ mkg. Demnach ergibt sich ein wirtschaftlicher Wirkungsgrad $\eta = \dfrac{75 \cdot 60 \cdot 60}{5000 \cdot 427} = 0,126$, d. h. rd. 13% oder populär gesprochen, **von jeder Mark für verfeuerte Kohlen gehen bei den besten Maschinen 87 Pf. verloren durch den Kamin, durch Ausstrahlung, durch den Abdampf und durch die Reibung. Hier wäre also noch ein weites Feld für Verbesserungen.**

Weiteres über die Theorie und die Berechnung von Dampfmaschinen findet sich im „Maschinenbau".

Geschichtliches. Die erste Dampfmaschine wurde 1690 von Denis **Papin** in Magdeburg erbaut.

Es war dies (Abb. 388) nur eine einseitig wirkende Maschine.

Der Dampf treibt in B den Kolben empor und wird dann bei a durch Einspritzen kalten Wassers kondensiert. Der Luftdruck treibt den Kolben zurück, daher der Name „atmosphärische Maschine"

Die erste **doppelt wirkende Maschine** wurde von **James Watt** (1765) konstruiert.

Der Amerikaner **Fulton** erfand das **Dampfschiff 1807.** Die **Schiffsschraube** (Abb. 182) wurde von dem Österreicher **Ressel** erfunden.

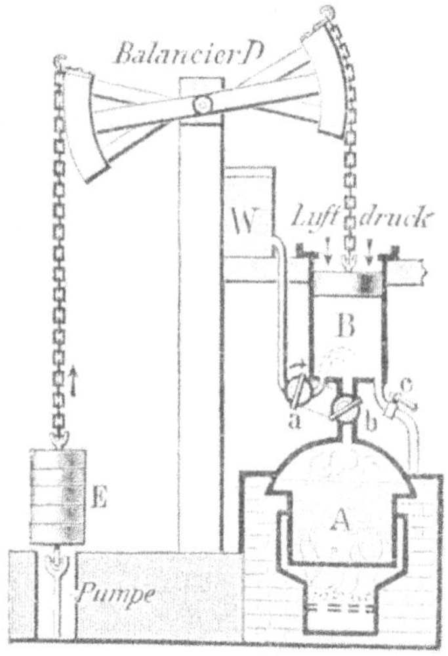

Abb. 388
Atmosphärische Maschine

Der Engländer **Stephenson** erfand die **Lokomotive 1825.** (Erster Schienenweg in Deutschland wurde zwischen Nürnberg und Fürth 1835 eröffnet).

Aufgabe 111.

[285] *Bei einer Expansionsmaschine mit Kondensator wirke der Volldampf von $P = 6$ at nur auf $^1/_3$ der Zylinderlänge; $l = 30$ cm. Welches ist die Leistung der Maschine, wenn die Umdrehungszahl in der Minute $n = 150$ ist und der wirksame Stempelquerschnitt $f = 200$ cm^2 beträgt?*

a) Arbeit des Volldampfes:

Kraft: 6 at auf 200 cm^2 = 1200 kg
Weg: $^1/_3$ Hin- und Hergang = 0,2 m.

Arbeit bei einer Umdrehung = $1200 \cdot 0,2 =$ **240 mkg.**

b) Arbeit des expandierenden Dampfes:

Druck am Anfang 6 at; am Ende (nach dem Mariotteschen Gesetz, da der Dampf sein Volumen bei der Expansion verdreifacht, 2 at.

Mitteldruck: $(6+2):2 = 4$ at.
Kraft: 4 at auf 200 cm^2 = 800 kg
Weg: $^2/_3$ Hin- und Hergang = 0,4 m

Arbeit bei einer Umdrehung = $800 \cdot 0,4 =$ **320 mkg.**

Gesamtarbeit bei einer Umdrehung = $(240 + 320)$ mkg = 560 mkg, daher Nutzeffekt

$$N = \frac{560 \cdot 150}{60 \cdot 75}\ \text{PS} = 18^2/_3\ \text{PS.}$$

[286] Verbrennungsmotoren.

a) Bei den **Verbrennungsmotoren** ist der Energieträger entweder ein vergaster **flüssiger Brennstoff** (Petroleum, Benzin, Spiritus) oder ein **Gas** (Leucht-, Kraft-, Hochofengas), **das mit der gleichzeitig eingesaugten Luft vermischt im Arbeitszylinder durch Zündung zur plötzlichen Verbrennung gelangt. Kleine und mittelgroße Motoren sind gewöhnlich**

einfach wirkend und arbeiten im Viertakt, der von dem deutschen Ingenieur **Otto** erfunden wurde.

1. Geht der Kolben (Abb. 389) nach rechts, so saugt er ein Gemisch von Gas und Luft durch das Einlaßrohr E an (1. Hinlauf).

2. Geht der Kolben nach links, so verdichtet er das Gas und preßt es auch in das Glühröhrchen G, das von außen her erhitzt wird (1. Rücklauf).

3. Dadurch entzündet sich das Gasgemisch und treibt durch die Kraft seiner Explosion den Kolben wieder nach rechts (2. Hinlauf = Arbeitsperiode).

4. Durch die Trägheit des Schwungrades geht der Kolben wieder nach links und treibt schließlich die Verbrennungsgase durch das Auspuffrohr bei geöffnetem Ventil u fort (2. Rücklauf). Dann wiederholt sich der Vorgang von selbst, daher der Name **Viertaktmotor**.

b) Die großen Motoren können einfach oder doppelt wirkend sein, sie arbeiten im Viertakt oder

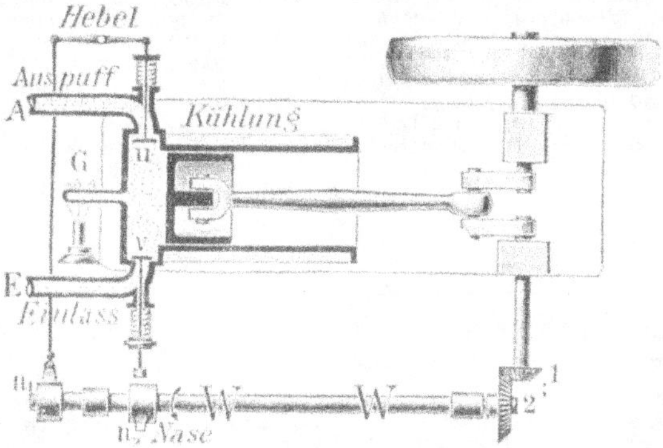

Abb. 389
Gasmaschine

auch im Zweitakt. Bei letzteren findet auf jeder Kolbenseite nach jeder Umdrehung eine Zündung statt. Das Ansaugen des Gasgemisches und das Ausstoßen der Verbrennungsgase erfolgt dann durch besondere Pumpen.

Die Verbrennungsmotoren sind im allgemeinen in bezug auf die nutzbar gemachte Wärme des Brennmaterials den Dampfmaschinen überlegen.

Kleine und mittelgroße Motoren werden angewandt bei häufig unterbrochenem Betrieb und an Orten, wo die Aufstellung einer Dampfanlage polizeilich nicht zulässig ist. Große Motoren gelangen auf Hüttenwerken, die von Gichtstaub gereinigte Hochofen- oder Kokereiabgase zur Verfügung haben, zur Anwendung.

Eine sehr große Bedeutung haben die Verbrennungsmotoren in der **Automobil**- und in der **Flugtechnik** erlangt; sie werden im Fachbande über „Maschinenbau" ausführlich besprochen werden.

[287] Übungsaufgaben.

Aufg. 112. Ein plattenförmiger Eisberg ragt 10 m hoch aus dem Wasser. Wie tief steckt er noch unter Wasser? Spez. Gewicht des Eises = 0,92, des Meerwassers = 1,025. [237].

Aufg. 113. Wie groß muß der Druck im Windkessel einer Feuerspritze sein, damit ihr Strahl ein dreistöckiges Gebäude (16 m) beherrscht? [245, b, 3].

Aufg. 114. Welche Mischungstemperatur erhält man, wenn man 3 kg Wasser von 80° C und 5 kg Wasser von 10° C mischt? (Anleitung: Aus der Formel für c_1 in [266, b, 1] ist T zu berechnen, wenn $c_1 = 1$ angenommen wird.)

Aufg. 115. Um wie viel Grad erwärmt sich 1 kg Blei, das von 100 m Höhe zur Erde fällt? (Anleitung: Arbeit in Kalorien umrechnen und daraus Temperatur bestimmen. [283], [266 a]).

Aufg. 116. Um wieviel dehnt sich eine 12 m lange Eisenbahnschiene bei einer Temperaturzunahme von 35° C aus? [260].

Aufg. 117. Es soll der bei $t = 32°$ C beobachtete Barometerstand $b = 728,4$ mm auf 0° C reduziert werden [261].

Aufg. 118. In einem geschlossenen Manometer hat die durch eine Atmosphäre (Barometerstand $b = 760$ mm) abgesperrte Luftsäule eine Länge $h = 45$ cm. Um wieviel Zentimeter steigt das Quecksilber, wenn sich der Druck auf $n = 5$ at erhöht?

(Anleitung: Steigt das Quecksilber um x cm, so ist die Luftsäule $h - x$ und der Barometerstand (Druck) $nb - x$. [249].)

(Lösungen im 4. Briefe.)

[288] Lösungen der im 2. Briefe unter [158] gegebenen Übungsaufgaben.

Aufg. 77. Um 200 kg auf 10 m zu heben, muß eine **Arbeit** von $200 \times 10 = $ **2000 kgm** verbraucht werden; wird diese Arbeit in 20 Sek. geleistet, so ergibt sich eine **Leistung** von $2000:20 = $ **100 kgm/sek**; wird die Arbeit in 25 Sek. geleistet, so ist die Leistung nur $2000:25 = $ **80 kgm/sek.** Die Arbeit bleibt in beiden Fällen die gleiche, nur die sekundlichen Leistungen werden größer, je schneller die Arbeit vollführt wird.

Aufg. 78. Wenn das Schiff in der Stunde 20 km zurücklegt, so entspricht das einer sekundlichen Geschwindigkeit von $20000:3600 = 5,55$ m; die Leistung ist das Produkt aus dem unbekannten Widerstande x, multipliziert mit dem Wege pro 1″, sonach $L = x \cdot 5,55$ in kgm/sek.

Die 3000 PS, die die Schiffsmaschine aufwendet, sind gleich $3000 \cdot 75$ kgm/sek $= 225000$ kgm/sek.

Es besteht daher die Gleichung $x \cdot 5,55 = 225000$;

daraus $x = \dfrac{225000}{5,55} = 40540$ kg $= $ **40,5 Tonnen.**

Aufg. 79. In der Sekunde wird eine Arbeit von $750 \times 9 = 6750$ kgm geleistet; die Leistung ist daher 6750 kgm/sek oder in Pferdestärken ausgedrückt

$$\frac{6750}{75} = \textbf{90 PS.}$$

Aufg. 80. Es ist N in Pferdestärken $= \dfrac{P \cdot v}{75}$, mithin

$$\frac{8000 \cdot 2}{75} = \textbf{213,3 PS.}$$

Aufg. 81. (Abb. 390) $Q \cdot x = 1 \cdot (E - x)$; daraus

$$x(Q + 1) = E \text{ und } x = \frac{E}{Q + 1}$$

für $Q = 81$ und $E = 382420$ ist $x = $ **4664 km.**

Abb. 390 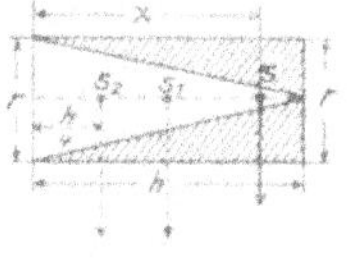   Abb. 391

Aufg. 82. (Abb. 391). Der Schwerpunkt S_1 des vollen Zylinders liegt $\dfrac{h}{2}$, jener S_2 des Kegels $\dfrac{h}{4}$ von der Deckfläche entfernt. Das Volumen des Zylinders ist $r^2 \pi \cdot h$ cm³, jenes des Kegels $\dfrac{1}{3} r^2 \pi \cdot h$ cm³; da das Material beider Körper dasselbe ist, verhalten sich die Massen wie die Volumina; mithin

$$\left(r^2 \pi \cdot h - \frac{1}{3} r^2 \pi \cdot h\right) x = r^2 \pi \cdot h \cdot \frac{h}{2} - \frac{1}{3} r^2 \pi \cdot h \cdot \frac{h}{4}$$

$$\frac{2}{3} x = \frac{h}{2} - \frac{h}{12} = \frac{5}{12} h,$$

daraus

$$x = \frac{15}{24} \cdot h = \frac{5}{8} \textbf{h.}$$

Der Schwerpunkt des Restkörpers liegt näher der Grundfläche.

STOFFKUNDE

Inhalt: Nachdem wir im vorigen Briefe der **Eisenhüttenkunde**, soweit sie von der Verarbeitung der Eisenerze und der Darstellung von Eisen handelt, eine ihrer technischen Bedeutung entsprechende Erörterung gewidmet haben, werden wir hier **das Hauptmaterial der Elektrotechnik, das Kupfer** mit seinen vielfach verwendeten Legierungen und einige andere technisch wichtigere Metalle wie Zink, Zinn, Blei und Aluminium besprechen. Wir gelangen damit teilweise in das Gebiet der **Metallhüttenkunde**, der Lehre von der hüttenmännischen Gewinnung der Metalle mit Ausnahme des Eisens, die wir aber aus Raumrücksichten nicht erschöpfend behandeln können. Um Wiederholungen zu vermeiden, ist manches, was in anderen Werken in die Hüttenkunde einbezogen ist, unter „Technologie" zu finden.
Der nächste Brief wird uns zu den hauptsächlich den Bautechniker interessierenden natürlichen und künstlichen Steinen sowie den verschiedenen Mörtelarten führen.

3. Abschnitt.

Einiges aus der Metallhüttenkunde.

Die allgemeinen Eigenschaften der Metalle und deren Verwendung wurden bereits in der Vorstufe „Chemie" [359—381] erörtert. Hier handelt es sich nur mehr darum, die hüttenmännische Darstellung und die technologischen Eigentümlichkeiten der in der Technik am meisten verwendeten Erd- und Schwermetalle zu besprechen.

[289] Kupfer.

In den letzten 30 Jahren hat die Metallurgie des Kupfers einen Aufschwung genommen, wie er wohl bisher noch keinem anderen Metalle beschieden gewesen sein mag und kaum mehr in der Geschichte der Metalle zu verzeichnen sein wird. Die Kupfergewinnungsprozesse sind in ungeahnter Weise vervollkommnet worden und ihre Zahl ist dank der wissenschaftlichen und technischen Fortschritte seit 1890 so ziemlich verdreifacht. Diese höchst beachtenswerten Errungenschaften in der Verhüttung des Kupfers sind zum größten Teile der Elektrotechnik zu verdanken, welche ca. 42% der gesamten Kupferproduktion aufnimmt. Sie bevorzugt das **Elektrolytkupfer** trotz des höheren Preises wegen seiner größeren Reinheit, so daß alljährlich ungefähr 400000 t, das sind ⁴/₇ der Weltproduktion oder ⁹/₁₀ der Produktion Nordamerikas auf elektrischem Wege erzeugt werden.

a) Die Kupfergewinnung erfolgt: ·

α) **Auf trockenem Wege:** Die sulfidischen Kupfererze enthalten außer den normalen Bestandteilen noch verschiedene Beimengungen, weshalb ihre Verarbeitung auf Kupfer, namentlich wegen des Schwefelgehaltes, eine ganze Reihe von verwickelten Arbeiten, Röst- und Schmelzprozessen, erfordert, bevor man Rohkupfer erhält.

Die trockene Verarbeitung erfolgt zumeist nach zwei Verfahren, dem **englischen** für kupferreichere Erze (Kupferkies) und dem **deutschen (Mansfelder) Verfahren,** wenn es sich um kupferarmen Kupferschiefer handelt.

1. Bei der **englischen Verhüttung** erfolgt zuerst ein Rösten der Erze in Flammöfen, die mit Steinkohle geheizt werden, wobei ein Teil des Schwefels und das Eisen samt anderen Beimengungen, z. B. Arsen, oxydiert wird. Der Schwefel entweicht als SO_2, das zur Erzeugung von Schwefelsäure weiter verwendet wird.

Nach der Röstung werden die Erze mit Kupferschlacken in Flammöfen niedergeschmolzen (Roh- oder Erzschmelzen), wobei man den kupferreichen sulfidischen **Kupferstein (Roh- oder Bronzestein)** erhält (ca. 35% Cu). Der Rohstein wird wieder geröstet und neuerdings mit schlackenbildenden Zusätzen und Kupferschlacken im Konzentrationsschmelzen geschmolzen, wobei der **Konzentrationsstein** erhalten wird. Nochmaliges Rösten und Schmelzen entfernen nun den größten Teil des Schwefels, und man erhält das noch etwas verunreinigte **Schwarzkupfer (Roh- oder Blasenkupfer),** das aber immerhin bis zu 98% Kupfergehalt aufweisen kann.

2. Bei der **Mansfelder Kupfergewinnung** werden die Erze (Kupferschiefer) in großen Haufen auf einer Unterlage von Reisig einem mehrere Monate dauernden Röstprozesse unterworfen, wobei die im Schiefer vorhandenen organischen Substanzen mitverbrennen, dann mit Flußspat und Kupferschlacke in Schachtöfen mit Koks oder Holzkohle niedergeschmolzen, wobei Rohstein erhalten wird. Durch weiteres Rösten und Schmelzen im Flammofen erhält man auch hier Konzentrationsstein (65% Cu) und Rohkupfer.

3. Das **Rohkupfer** ist technisch unverwendbar, weil es brüchig und blasig ist. Es kann entweder hüttenmännisch, in der neueren Zeit aber durch Elektrolyse auf reines Kupfer verarbeitet werden.

Im ersten Falle oxydiert man die Beimengungen durch das Rohgarmachen im Garherd oder im Flammofen; das erhaltene **Garkupfer** unterzieht man einer raschen Reduktion, welcher Prozeß „Polen" genannt wird, wobei das entstandene Kupferoxydul zu Kupfer reduziert wird. Durch Aufgießen von Wasser auf das geschmolzene Metall erhält man das **hammergare,** d. h. zum Schmieden und Walzen geeignete **Rosettenkupfer (raffiniertes oder Scheibenkupfer).**

Neuere Verfahren, um durch nur drei Operationen, Rohsteinschmelzen, Bessemern und Raffinieren, ein vorzügliches Produkt zu erhalten, sind das **Pyritschmelzen** der Amerikaner im Hochofen, der **Konverterprozeß** von Knudsen und Fink usw.)

Die **Kupferraffination durch Elektrolyse** liefert ein sehr reines Kupfer **(Elektrodenkupfer)** und läßt sich in einfacher Weise durchführen:

Aus dem Schwarz- oder Garkupfer werden Platten gegossen, die man abwechselnd mit dünnen Kupferblechen in eine angesäuerte Lösung von Kupfersulfat hängt; der elektrische Strom geht dann vom Schwarzkupfer nach dem Reinkupfer, und das im Schwarzkupfer enthaltene Kupfer wird auf den Kupferblechen in Form des sehr reinen **Kathodenkupfers** niedergeschlagen. In dem herausfallenden Anodenschlamme finden sich auch Silber und Gold als äußerst wertvolle Nebenprodukte.

β) **Auf nassem Wege:** Aus oxydischen Kupfererzen oder aus Gestein, das sehr kupferarm ist, zieht man das Kupfer mit Salzsäure oder Eisenchlorür ($FeCl_2$) aus. Die kupferarmen Rückstände des Schwefelkieses, der auf Schwefelsäure verarbeitet worden war, werden bei mäßiger Temperatur mit Kochsalz geröstet, wobei sich Kupferchlorid ($CuCl_2$) bildet. Durch Auslaugen mit Wasser erhält man Kupferlösungen (Zementwasser), aus denen das Kupfer durch Hinzubringen von Eisenabfällen als **Zementkupfer** herausgefällt wird, das man dann auf **Schwarzkupfer** verschmilzt.

b) In trockener Luft erhält sich Kupfer lange unverändert; in feuchter Luft überzieht es sich bald mit einer schönen, grünen Schichte von **Patina** (Edelrost, edler Grünspan), die einen dichten Überzug bildet und **so das darunterliegende Metall vor weiterer Zersetzung schützt**, wie wir das an alten Kupferdächern von Kirchen usw. beobachten können.

Kupfer ist außerordentlich dehnbar und wird hierin nur von Gold und Silber übertroffen. **Es eignet sich deshalb sehr gut zu Treibarbeiten** und kann zu dünnen Blechen gewalzt, sowie zu sehr feinen Drähten gezogen werden.

Man kann es schmieden, aber nicht schweißen, weshalb Kupferteile entweder durch Nieten oder Schrauben verbunden oder aneinander gelötet werden.

c) **Das Leitungsvermögen des Kupfers für Wärme und Elektrizität ist außerordentlich groß**, nur das Silber übertrifft es noch, kommt aber wegen seines hohen Preises für eine ausgebreitete technische Verwendung nicht in Betracht. Aus diesem Grunde findet Kupfer die allergrößte Verwendung als Leitungsdraht für elektrische Leitungen, und zwar für Freileitungen wie auch für Kabeladern.

d) **Kupfer ist zum Gießen ungeeignet, weil es beim Erstarren blasig wird.** Dies rührt von seiner Eigenschaft her, im geschmolzenen Zustande verschiedene Gase aufzunehmen (zu „absorbieren"), die es beim Festwerden unter Blasenbildung wieder abgibt (Spratzen). **Es legiert sich aber leicht mit einer ganzen Reihe von Metallen und gibt dann sehr gut brauchbare, gußfähige Verbindungen, die Legierungen.**

Legierungen sind zum Teil Metallgemische, zum Teil können sie als feste Lösungen aufgefaßt werden. Im allgemeinen haben die Legierungen Eigenschaften, die von denen ihrer Bestandteile oft erheblich abweichen. Strenge Gesetzmäßigkeiten lassen sich hierbei nicht nachweisen.

Die Gußfähigkeit ist meistens größer als die der Bestandteile, der Schmelzpunkt zumeist niedriger als das arithmetische Mittel der Schmelzpunkte der Bestandteile, das Leitungsvermögen wird geringer, die Härte zumeist größer als die des weichsten Metalls der Legierung.

Die Legierungen werden gewöhnlich durch direktes Zusammenschmelzen jener Metalle dargestellt, aus denen sie bestehen sollen. Auf den ersten Blick scheint mithin die Herstellung von Legierungen ungemein einfach zu sein, doch verhält sich in Wirklichkeit die Sache ganz anders, weil besondere Kunstgriffe eingehalten werden müssen, um eine Legierung von bestimmten Eigenschaften zu erhalten. **Bei der Darstellung von Legierungen ist immer das schwerer schmelzbare Metall zuerst zu schmelzen und das leichter schmelzbare wird erst eingetragen, wenn das erste schon vollständig geschmolzen ist.**

Heute ist die Zahl der Legierungen ungemein groß: namentlich waren es die Fortschritte der Mechanik, die die Veranlassung zur Darstellung der verschiedenartigsten Legierungen gaben. Wie ganz anders muß eine Legierung beschaffen sein, die zur Herstellung der Lager für eine Achse zu dienen hat, die sich bei geringer Belastung nur langsam umdreht, und welche Anforderungen werden an das Lagermetall gestellt, wenn die Achsen sehr hohe Belastung und große Umdrehungsgeschwindigkeit besitzen? Manche Legierungen müssen sich durch große Dehnbarkeit auszeichnen, bei anderen kommt es wieder auf besondere Härte an, usw.

Eine besondere Bedeutung besitzen in der Technik die Kupferlegierungen, von denen wieder **Messing** und **Bronze** hervorzuheben sind.

α) Legierungen aus Kupfer und Zink.

Hierher gehört eine Reihe sehr wertvoller Legierungen:

1. **Messing** 60—70% Cu; Farbe gelblich weiß, gelb, mit zunehmendem Zinkgehalt lichter und spröder (Gelbguß, Weißmessing). Gut bearbeitbar, walzbar, gießbar, schmiedbar.

2. **Tombak (Rotguß)** enthält 78—90% Cu, hat eine rötlichgelbe Farbe, ist sehr dehnbar und läßt sich zu sehr dünnen Blättchen, dem unechten Blattgolde, ausschlagen. Rotguß wird vielfach im Maschinenbau verwendet.

β) Legierungen aus Kupfer und Zinn.

Schon ein Zusatz von einigen Prozent Zinn (Zn) macht das Kupfer hart, gut gießbar und leicht schmelzbar. Solche Legierungen, die **Bronzen**, waren schon bei den Völkern der Bronzezeit bekannt.

Kanonenbronze, 90% Cu, 10% Zn, rötlichgelb. (Hierher gehört die sog. Stahlbronze mit ähnlichen Eigenschaften wie Stahl, wurde früher zu Geschützen verwendet.)

Lagermetall, 88% Cu, 12% Zn, gelb.

Glockenmetall, 80% Cu, 20% Zn, gelbrot.

γ) Legierungen aus Kupfer und Nickel.

Diese werden zur Herstellung von Nickelmünzen verwendet, deren Gehalt an Nickel sehr wechselt (bis zu 25%). Verschiedene Kupfer-Nickel-Legierungen **(Nickelin)** werden zu Drähten für elektrische Widerstände verarbeitet.

δ) Legierungen aus Kupfer, Zink und Nickel.

Zusatz von mehr als 15% Nickel gibt ganz schwach gelblich gefärbte, bei höherem Nickelzusatz silberweiße Legierungen, die härter sind als Messing und Tombak und den Einflüssen von Luft, Wasser und Säuren besser standhalten.

Hierher gehören die verschiedenen **Neusilberarten** mit 18—20% Ni und 20—30% Zn, die unter den Namen Packfong, Alpaka, Argentan usw. zu Kunstgegenständen verarbeitet werden.

ε) Andere Kupferlegierungen.

Bronze für Leitungsdrähte. Zusatz ganz geringer Anteile von Silizium, Phosphor, Kadmium zu Kupfer erhöht dessen Zerreißfestigkeit ganz außerordentlich; wohl ist damit eine Verringerung des elektrischen Leitungsvermögens verbunden, trotzdem aber eignet sich solche Bronze (die der Hauptsache nach aus reinem Kupfer besteht) **ausgezeichnet für Leitungsdrähte;** je nach dem Zweck verwendet man Drähte von kleinerer oder größerer Festigkeit; Telephondrähte müssen bei kleinem Durchmesser sehr hohe Festigkeit aufweisen (70 kg/mm²).

Kupfer-, Zink-, Eisen-Legierungen: Deltametall und **Duranametall** enthalten neben Cu und Zn zwischen 0,5—5% Eisen, **sind hart, schmiedbar, sehr gut zum Guß geeignet und lassen sich zu Drähten ausziehen. Die Farbe ist goldgelb. Verwendung für** Maschinenteile, Schiffsschrauben.

Aluminiumbronze besteht aus Kupfer und 5 bis 10% Aluminium. Diese Legierung ist goldgelb, hart hat hohe Zerreißfestigkeit, läßt sich gut bearbeiten **liefert gute Güsse und widersteht atmosphärischen Einwirkungen sehr gut.** Sie wird zu Instrumenten, Schmucksachen, Schiffsschrauben usf. verwendet.

Manganbronze, bestehend aus Kupfer und **Mangan, sehr fest, zähe und hart, walzbar und**

schmiedbar; Zusatz von Nickel gibt das **Manganin**, das für Widerstandsdrähte benutzt wird.

Weißguß (Weißmetall) für Lagerschalen besteht aus 5% Cu, 85% Zn und 10% Antimon.

[290] Zink.

a) Das wichtigste Zinkerz ist das **Zinksulfid** oder die **Zinkblende**; außerdem kommen in größeren Lagern noch der **Zinkopal (edler Galmei)** und das **Kieselzinkerz (Kieselgalmei)** vor. Zinkerze finden sich in großen Mengen in Preußisch-Schlesien, im Rheinlande, in Belgien, England und Nordamerika.

b) Aus **Kieselgalmei** kann man durch Reduktion mit Kohle unter Zusatz von Kalk unmittelbar metallisches Zink gewinnen.

Zinkopal wird in Flamm- oder Schachtöfen gebrannt, wodurch Kohlensäure und Wasser entweichen und Zinkoxyd (ZnO) zurückbleibt. Zinkblende wird unter Luftzutritt geröstet, wobei der Schwefel zu Schwefeldioxyd oxydiert wird, das zur Schwefelsäurefabrikation Verwendung findet.

Das erhaltene Zinkoxyd läßt sich beim Erhitzen mit Kohle leicht zu Zink reduzieren. Die Reduktion erfolgt nach zwei Verfahren: nach dem **schlesischen** und nach dem **belgischen**. Bei beiden Methoden erfolgt zuerst die Zerkleinerung der Erze (in Kollergängen, Schleudermühlen usw.) und eine Vermischung mit Kohlen- oder Kokspulver.

Eine besondere Schwierigkeit bei der Zinkdarstellung bildet der Umstand, daß die Reduktion des Zinks erst in einer Temperatur möglich ist, in welcher das Zink schon in Dampfform übergeht. Das Glühen des Zinkoxyds mit Kohle muß daher in geschlossenen Gefäßen (Retorten) ausgeführt werden, aus welchen das entstehende Zink überdestilliert.

Beim **schlesischen Verfahren** benutzt man Muffeln aus Ton, die entweder mit einem kniеförmig gebogenen Tonrohr oder mit einer zylindrischen Tonvorlage mit angeschlossenem Blechzylinder (Vorstoß) verbunden sind. Eine große Zahl solcher Muffeln (s. Abb. 392) stehen in einem Zinkdestillierofen, in dessen unterem Teil sich eine Siemenssche Regenerativfeuerung befindet. Die sich entwickelnden Zinkdämpfe kondensieren in dem erwähnten Knierohr oder der Tonvorlage zu metallischem Zink. Im Vorstoß sammelt sich „Zinkstaub‘‚, ein Gemenge von Zink und Zinkoxyd an.

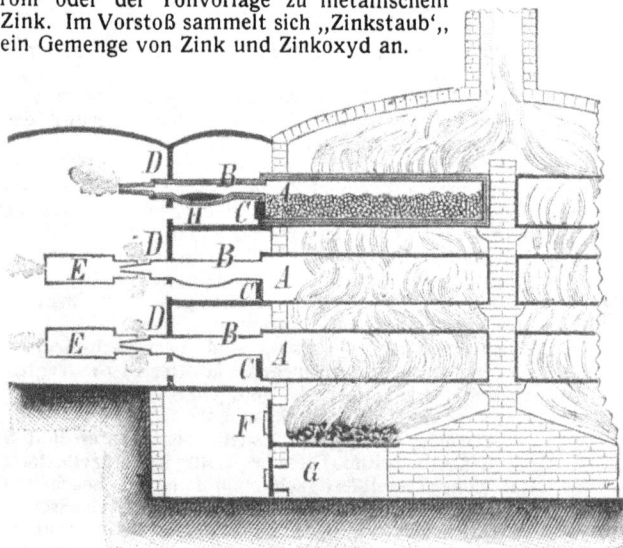

Abb. 392
Zinkdestillierofen

Beim **belgischen Verfahren** benutzt man Retorten in Röhrenform aus feuerfestem Ton, die mit einer Tonvorlage und anschließenden Eisenblechkegel verbunden sind.

Das erhaltene „Werkzink“ wird in Formen gegossen. Um es von verschiedenen Verunreinigungen zu befreien, wird es im Flammofen umgeschmolzen („Raffinieren“).

b) **Zink eignet sich sehr gut zum Gießen,** da es die Formen vollkommen ausfüllt; **es stellt auch ein sehr brauchbares Material für Treibarbeiten dar,** wird daher für Gesimse usw. verwendet. Sehr umfangreich ist die Verwendung des **Zinkblechs,** das in den verschiedensten Stärken gewalzt wird.

Wichtig ist die Verwendung des Zinks als **Rostschutzmittel** für Eisen durch Verzinkung der Oberfläche **(galvanische und Feuerverzinkung)** und neuester Zeit mit dem **Schoopschen Metallspritzverfahren.**

[291] Zinn.

a) Zinn kommt als **Zinnoxyd** (Zinnstein) in der Natur vor, das sich nicht nur als **Seifenzinn** im aufgeschwemmten Schuttlande, sondern auch als **Bergzinn** in Lagerstätten vorfindet.

Das **Seifenzinn** ist wesentlich reiner und kann nach Zerkleinerung und Schlämmen im Flammofen mit Kohle zu Zinn reduziert werden.

Das **Bergzinn** enthält verschiedene Beimengungen (Schwefel, Arsen, Kupfer, Mangan, Wolfram); um die flüchtigen Elemente (S, As) zu entfernen, muß das Erz nach dem Glühen gepocht und geschlämmt werden, worauf ein Röstprozeß folgt. Das erhaltene Röstgut (Schlich- oder Schwarzzinn) wird in Deutschland in niedrigen Schachtöfen, in England in Flammöfen nach Vermischen mit Kohle erhitzt, wobei metallisches Zinn in flüssiger Form erhalten wird, während Nebenbestandteile durch Zuschläge verschlackt werden. Man erhält durch das Schmelzen ein noch unreines Zinn in Blöcken. Es muß durch Umschmelzen („Pauschen“) und allenfalls durch „Polen“ (Umrühren mit einer Holzstange) raffiniert werden.

b) **Zinn läßt sich sehr gut gießen,** namentlich bei einem geringen Zusatz von Blei; es ist weich, sehr geschmeidig, **hämmerbar und gut walzbar** (Stanniol).

Zusatz von Blei macht das Zinn härter, daher wird dieser Zusatz in der Zinngießerei vielfach verwendet.

Schnellot (Weichlot) besteht aus etwa 53% Sn und 47% Pb.

Hartlot (Strenglot, Schlaglot) enthält neben Zinn noch Messing, Kupfer oder Zink.

c) Viel Zinn wird dazu verwendet, andere Metalle mit einer schützenden Decke zu überziehen. Besonders gilt dies vom Eisenblech, und die Darstellung des sog. **Weißbleches** ist ein Industriezweig, der alljährlich sehr bedeutende Mengen Zinn verbraucht. Bei der Verarbeitung von Weißblech ergibt sich viel Abfall; auch viele verzinnte Gegenstände die nach einmaligem Verbrauch nicht mehr weiter verwendbar sind, wie vor allem die **Konservenbüchsen,** repräsentieren durch ihren Zinngehalt einen beträchtlichen Wert. Man pflegt daher die **Weißblechabfälle** durch besondere Verfahren **zu entzinnen,** wobei das Zinn teils als Metall, teils in Form technisch wichtiger Verbindungen gewonnen wird.

[292] Blei.

a) Das wichtigste Bleierz ist der **Bleiglanz** (Schwefelblei). Je nach der Reinheit dieses Erzes ist die hüttenmännische Verarbeitung verschieden.

Ist der Bleiglanz nicht mit größeren Anteilen anderer Erze verbunden, so wird die **Röstseigerarbeit** angewendet, bei der man den Bleiglanz in einem Flammofen röstet. Das Blei fließt aus und unzersetzter Bleiglanz bleibt zurück. Die Temperatur wird so mäßig gehalten, daß die ganze Röstmasse nicht schmilzt; man rührt das Erz beim Erhitzen gut durch (**Rührblei**). Die Röstarbeit kann auch in niedrigen Herdöfen unter Verwendung von Gebläseluft vorgenommen werden.

Sind dem Bleiglanz viele andere Schwefelverbindungen beigemengt, so nimmt man zuerst eine bloße Röstung vor, um S, As u. dgl. zu oxydieren und schmilzt den Röstrückstand mit Kohle und Flußmittel im Schachtofen, wobei wieder metallisches Blei erschmolzen wird (**Röstreduktionsprozeß**).

Bleiärmere Erze mit viel Kieselsäuregehalt und Sulfidbeimengungen werden mit Eisen oder Eisenschlacken in Schacht- oder Flammöfen zusammengeschmolzen, wobei sich Eisensulfid und metallisches Blei bildet (**Niederschlagsarbeit**).

Das durch diese Verfahren erhaltene **Werkblei** ist noch durch verschiedene Beimengungen (Kupfer, Arsen, Eisen, oft auch Silber) verunreinigt und muß gereinigt, raffiniert werden. Beim Schmelzen bei möglichst niedriger Temperatur fließt das reinste Blei zuerst aus (**„Ausseigern"**). Allenfalls wird eine teilweise Oxydation durch eingeblasene Luft oder Bleiglättezusatz vorgenommen.

Die angegebenen Verfahren vermögen aber nicht das Blei vom Silber zu trennen. Wenn auch der Gehalt an letzterem im Werkblei zumeist nur einige Hundertel Prozent ausmacht, so lohnt sich dessen Gewinnung doch fast immer. Das Entsilbern geschieht entweder auf sog. Treibherden oder durch die Zinkentsilberung. Bei der **Treibarbeit** wird das Werkblei im Flammofen oder in einem Gebläseofen (Treibofen) oxydiert, wobei das Blei in Bleioxyd (Bleiglätte PbO) übergeht, während das Silber in einer Legierung zurückbleibt, die endlich reines Silber gibt.

Die Bleiglätte wird mit Kohle geschmolzen und so metallisches **Frischblei** erhalten.

Um das Werkblei mit Zink zu entsilbern, schmilzt man es unter Umrühren mit Zink zusammen. Letzteres nimmt das Silber leicht auf und trennt sich von dem geschmolzenen Blei ab.

b) **Man kann Blei gut hämmern und walzen; zum Guß ist es sehr geeignet.**

Bleiröhren kann man aus dem festen Metall pressen; man benutzt hierzu geschmolzenes Blei, wobei die Röhre im erstarrten Zustande aus der Presse herauskommt. Eine große Menge von Blei wird **in der Kabelfabrikation zum Umhüllen der isolierten Kabeladern mit einem nahtlosen Bleimantel** verwendet.

Legiert man Blei mit Antimon, so erhält man **Hartblei**, das 10—25% Antimon enthält und zu Blechen und Röhren verarbeitet wird. Das **Lettern**- oder **Schriftmetall** ist ebenfalls eine Blei-Antimon-Verbindung, die auch Zinn enthalten kann.

[293] Aluminium.

a) Aluminiumverbindungen sind in der Natur am meisten verbreitet, namentlich in Form der kieselsauren Salze (Feldspat, Tone). Zur Erzeugung des Aluminiummetalles sind diese Verbindungen nicht brauchbar; es kommen hierfür nur in Betracht: das Mineral **Bauxit,** das dem Wesen nach ein wasserhaltiges Aluminiumoxyd (Al_2O_3) mit beigemengtem Eisenoxyd ist und der **Kryolith** (Natriumaluminium-Fluorid $AlF_3 \cdot 3NaF$).

b) **Aluminium wird durch Elektrolyse von geschmolzenem Kryolith bei Gegenwart von reinem Aluminiumoxyd gewonnen. Vorerst handelt es sich darum, aus dem Bauxit reine, wasserfreie (kalzi**-

nierte) Tonerde (Al_2O_3) herzustellen, was in den Tonerde-Aufbereitungsanlagen geschieht.

Durch Glühen des zerkleinerten Bauxits entfernt man Wasser und organische Beimengungen. Die weitere Aufbereitung des fein zerkleinerten Minerals kann nach mehreren Verfahren vor sich gehen.

Im **Naßverfahren** wird Bauxit mit Ätznatronlauge behandelt und in Natriumaluminat überführt, das mit Wasser Aluminiumhydroxyd (s. Vorstufe [367, 2]) gibt. Durch Glühen an der Luft erhält man Al_2O_3.

Im **Trockenverfahren** glüht man den Bauxit mit Soda, wobei sich wieder Natriumaluminat bildet. Dieses löst man in Wasser und zersetzt es mit Kohlensäure in den „Karbonatoren", wobei Tonerdehydroxyd erhalten wird. Statt mit Soda kann man den Bauxit auch mit Natriumsulfat und Kohle bis zum Sintern erhitzen. Aluminiumoxyd erhält man auch, wenn man das nach dem Serpekschen Verfahren (Vorstufe [367, b, 1]) erhaltene Aluminiumnitrid mit Wasser zersetzt.

c) **Die elektrolytische Darstellung des Aluminiums** bot anfangs große Schwierigkeiten; als Kathode konnte man nur geschmolzenes Kupfer verwenden, das mit dem ausgeschiedenen Aluminium die Legierung **Aluminiumbronze** bildet. Die Frage der Darstellung von Reinaluminium ist jedoch seit Ende der 80er Jahre vollkommen gelöst. **Die Elektrolyse erfolgt in großen, von Borchers konstruierten elektrischen Öfen in Tiegelform, in die Kryolith und Tonerde gefüllt werden** (Abb. 393).

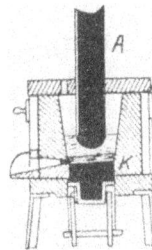

Abb. 393
Aluminiumofen

Der Ziegelofen, in den die aus Kohle hergestellte Anode A taucht, ist mit einer Schicht von Kryolith ausgekleidet, die auf seinem Grunde befindliche Kupferkathode K hat Wasserkühlung, wodurch ihr Schmelzen und die Bildung von Bronze verhindert wird.

Durch den elektrischen Strom wird der leicht schmelzbare Kryolith geschmolzen, wobei sich Aluminiummetall am Boden des Ofens abscheidet, das von Zeit zu Zeit abgelassen werden kann. An der Kohlenelektrode würde sich Fluorgas abscheiden; da aber im Schmelzfluß Tonerde vorhanden ist, bildet sich immer wieder Aluminiumfluorid zurück, so daß also ständig Kryolith vorhanden ist. Es muß daher nur ein Nachschub von Tonerde erfolgen.

Bei einem anderen Verfahren benutzt man Aluminiumsulfid zur Elektrolyse.

d) **Aluminium läßt sich zu Drähten ziehen,** die für offen geführte Leitungen immer ausgebreitetere Verwendung finden, wiewohl seine Zugfestigkeit verhältnismäßig gering ist. Wegen seiner Verwandtschaft zum Sauerstoff dient es als wichtigstes **Reduktionsmittel** bei Herstellung verschiedener Metalle. Bemerkenswert ist seine spezifische Wärme, die unter allen Metallen die größte ist, weshalb sich Vorsicht bei Benutzung von Aluminiumkochgeschirren empfiehlt.

e) **Aluminiumlegierungen.** Aluminium legiert sich mit verschiedenen Metallen; mit Kupfer bildet es die **Aluminiumbronze,** siehe [289, d, ε].

Aluminiummessing ist Messing mit 2—6% Aluminiumgehalt.

Ein geringer Gehalt an Aluminium (3—6%) macht Kupfer härter (**Aluminiumkupfer**).

Mit Magnesium liefert Aluminium verschiedene Legierungen, die als **Magnalium** bezeichnet werden. Sie lassen sich zum Unterschied von Aluminium auch mit feinen Feilen bearbeiten.

Über **Thermitschweißung** siehe [305].

TECHNOLOGIE

Inhalt: Wir kommen jetzt zu einem der interessantesten und für die Großindustrie bedeutungsvollsten Abschnitte der mechanischen Technologie, zu den **Formveränderungsarbeiten.** So mannigfaltig dabei die Verfahren sind, nach welchen solche Arbeiten maschinell ausgeführt werden, so mannigfach sind auch die hiermit erzielten Endprodukte. Zunächst wird uns das **Gießen, Schmieden, Walzen, Ziehen** usw., also die Bearbeitung gießbarer und bildsamer Stoffe, eingehend beschäftigen, während wir später Arbeitsarten besprechen werden, die auf der **Teilbarkeit der Stoffe,** dem **Abtrennen von Spänen** beruhen, wie es beim Drehen, Hobeln, Bohren usw. der Fall ist.

5. Abschnitt.

Das Gießen.

> „Festgemauert in der Erden
> Steht die Form, aus Lehm gebrannt.
> Heute muß die Glocke werden!
> Frisch, Gesellen, seid zur Hand!"
> Schiller. Das Lied von der Glocke.

[294] Allgemeines.

a) Um Gußstücke zu erzeugen, müssen die **gieß-baren Stoffe** [70] zunächst in flüssigen Zustand gebracht werden; dann erst kann man sie in Formen gießen, in denen sie erstarren. Soweit hierbei Metalle in Betracht kommen, werden sie durch Erhitzen in Öfen zum Schmelzen gebracht; einige andere gießbare Stoffe (Gips, Zement) werden mit Wasser zu einem dünnen Brei angerührt, der in den Gußformen erstarrt.

Je nach der Art des Metalles oder der Metall-legierung, die beim Gießen zur Verwendung kommt, unterscheidet man die Eisengießerei, die Messing-, Blei-, Zinngießerei usf.

b) Als Schmelzgut läßt sich nicht jedes schmelz-bare Metall oder jede Legierung verwenden; es muß bestimmte Eigenschaften zeigen, damit gut brauchbare Gußstücke erhalten werden. **Vor allem muß das Metall beim Erstarren dichte Gußstücke liefern, es dürfen also keine Blasen darin auftreten,** wie dies beim Kupfer der Fall ist. **Die Gußform muß von der geschmolzenen Masse vollständig ausgefüllt werden,** was offenbar bei leichter schmelzbaren, dünnflüssig werdenden Metallen besser zu erreichen ist, weshalb sich beispielsweise Gußeisen und Zink besonders gut für Gießereizwecke eignen. Diese Metalle **dehnen sich vor oder beim Erstarren noch etwas aus, quellen,** was zur guten Ausfüllung der Form wesentlich beiträgt.

Beim Erkalten ziehen sich die erstarrten Guß-stücke wieder zusammen, welchen Vorgang man als **Schwinden** bezeichnet.

Dieses Verhalten ist für den Gießereibetrieb von größter Bedeutung, weil das fertige Gußstück kleiner ausfällt als die Schmelzform; man muß also die Schmelzformen größer machen. Die Größe der linearen Zusammenziehung beim Erkalten wird **Schwindmaß** bezeichnet.

Das Schwindmaß beträgt bei Gußeisen durchschnittlich 1%, bei Messing 1,6%, bei Zink 1,3%. Um die Modelle für den Guß im richtigen Verhältnisse größer herzustellen, bedient man sich in der Modelltischlerei und Formerei besonderer Maßstäbe, der **Schwindmaßstäbe.**

c) Das Schwinden des Gußstückes bringt noch andere Folgen mit sich. **Das Abkühlen, Erstarren und Schwinden der geschmolzenen Masse erfolgt nicht an allen Stellen gleichzeitig,** sondern schreitet von außen nach innen fort. Das verursacht ein Nachfließen des noch flüssigen Schmelzgutes, wodurch allenfalls Löcher im Guß oder Vertiefungen an seiner Oberfläche entstehen. Man bezeichnet diese Erscheinung als „Saugen".

Um sie möglichst zu verhindern, hält man die Eingüsse durch Bewegen mit Eisenstangen so lang als möglich offen, damit flüssiges Metall angesaugt werden kann. Wo das Auftreten schädlicher Hohlräume nicht zu vermeiden wäre, beugt man am besten durch Anbringung eines oberen Aufsatzes am Gußstücke, eines sog. **verlorenen Kopfes (Guß-zapfens)** vor, in dem sich der Hohlraum bilden kann. Nach dem Gusse wird dieser Ansatz entfernt.

d) **Das ungleichmäßige Schwinden im Gußstücke kann allenfalls so weit gehen, daß die Form desselben geändert wird;** eine ebene Platte krümmt sich, runde Stücke nehmen andere Formen an, welche Erscheinung **Werfen** oder **Verziehen** heißt.

Zur Verhütung dieses Übelstandes muß man das entsprechende Material für gewisse Gußformen verwenden, es auf die richtige Temperatur erhitzen und hohe Gußzapfen anbringen.

e) **Bei großen Gußstücken von besonderer Form kann das Verziehen so weit gehen, daß ein Reißen des Gußstückes eintritt,** falls nicht gewisse Vorsichts-maßregeln beachtet werden.

Man hilft sich bei manchen Gußstücken durch Öffnung der Form, bei Schwungrädern z. B. sorgt man für künstliche Abkühlung der zu langsam erkaltenden Teile und verwendet nachgiebige Formen.

f) Der Gießereibetrieb zerfällt in mehrere scharf getrennte Abschnitte, und zwar in:

I. Die Herstellung der Form oder **die Formerei,**
II. **Das Schmelzen und das Gießen.**
III. Das Putzen oder die **Appretur** der Gußstücke.

I. Die Formerei.

[295] Formmaterial.

a) **Von besonderer Wichtigkeit für den guten Ausfall des Gießens ist die Herstellung einer genau dimensionierten Gußform,** bei welcher nicht nur auf das Schwinden, sondern auch auf andere Eigentüm-lichkeiten des Gießens Rücksicht genommen werden muß. Das Material für die Formen ist:

Sand, auch mit Ton oder Lehm gemischt (Quarz-sand mit 5—10% Ton).

„Masse" Sand (mit 15 und mehr Prozent Ton) und **Lehm.**

In der Eisengießerei unterscheidet man demnach vor allem **die Sand-, die Masse- und die Lehmformerei.**

b) Alle diese Formen nennt man **verlorene Formen,** weil sie nur **einem** Gusse dienen können. Sollen wiederholte Güsse nach demselben Modell gemacht werden, so verwendet man **bleibende Formen,** die je nach dem Schmelzpunkte des Materials aus Gußeisen, Schmiedeeisen, Messing, Sandstein, Schiefer usw. bestehen. Man nennt sie **Schalenformen** oder **Koquillen** und verwendet sie namentlich in der Eisengießerei beim S t a h l - und H a r t g u ß .

1. Die Sandformerei.

Der Modellsand muß zuerst in Kugelmühlen [201] oder Kollergängen [198] auf die richtige Korngröße gemahlen werden. Magerer Sand hat wenig Bindekraft, muß daher feucht gemacht werden, um formbar zu sein; **die Sandform muß auch beim Gießen feucht bleiben.**

Man mischt dem Sande Steinkohlenteilchen bei, damit sein Zusammenschmelzen in der Hitze verhindert werde. Das Anschmelzen des Sandes an das Gußstück verhütet man durch Bestauben der Innenflächen der Form mit feinem G r a p h i t - oder H o l z k o h l e n p u l v e r .

Zum Formen des Sandes benutzt man besondere Werkzeuge: Spitz- und Flachstampfer, das Streichbrett zum Glätten der Oberflächen. Bei größeren Formen müssen mit dem L u f t s p i e ß in der Umgebung der Form gestochen werden, um die Luft und die sich aus der Kohle bildenden brennbaren Gase entweichen zu lassen.

2. Masseformerei.

Für verschiedene größere und schwerere Gußstücke reichen die Formen aus Sand nicht mehr aus, weil sie nicht genügende Festigkeit und Feuerbeständigkeit bieten. Für solche Fälle arbeitet man die Formen aus „Masse", d. i. Sand mit 15 und mehr Prozent Ton. Diese ist bildsamer wie der Formsand; **die aus ihr hergestellten Formen müssen jedoch scharf getrocknet werden** (in Trockenkammern oder bei unbeweglichen Formen durch Koks- oder Kohlenfeuer). Hierdurch werden sie fester und für Gase durchlässiger. Aus Masse werden beispielsweise Formen für Dampfzylinder hergestellt.

3. Die Lehmformerei.

Für sehr große und schwere Gußstücke, wie für Kessel, Glocken, Dampf- und Gebläsezylinder, müssen die Formen aus Lehm hergestellt werden. Man verwendet hierbei sandigen Ton, der mit Pferdemist, Kälberhaaren u. dgl. gemischt wird. Beim Trocknen schwinden diese Zusatzstoffe und erzeugen Poren, die für das Entweichen der Gase beim Gießen nötig sind.

[296] Die Modelle.

Zur Herstellung der Gußformen, die genau dimensioniert sein müssen, bedarf man passender **M o d e l l e** , nach denen die Gußformen ausgearbeitet werden. **Zumeist werden die Modelle aus Holz hergestellt, manchmal aus Eisen; aber auch in diesem Falle muß zuerst das Holzmodell angefertigt werden.** Mit jeder Gießerei ist daher eine besondere **M o d e l l t i s c h l e r e i** vereinigt.

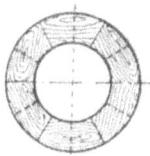

Für große Modelle benutzt man weiches N a d e l h o l z , für kleinere etwas härtere Holzarten (Erle, Buche). Die Faserrichtung des Holzes muß mit der Hauptrichtung des Modells zusammenfallen, z. B. bei ringförmigen Modellen nach Abb. 394, um das Verziehen zu verhüten. Die Modelle müssen so gestaltet sein, daß sie sich leicht aus der Form herausziehen lassen. Das Modell muß

Abb. 394
Ringmodell

vollkommen geglättet werden und wird mit einem farbigen Schellack überzogen, damit es in der feuchten Formmasse keine Feuchtigkeit aufnehmen könne.

Metallmodelle werden meist nach Holzmodellen, mitunter auch nach einem Gips- oder Wachsmodelle gegossen, zuweilen auch aus B l e c h g e t r i e b e n . Als Material dient Eisen, Messing, Zink und Bronze.

[297] Die Herstellung der Gußformen.

Jede Gußform muß folgende Eigenschaften besitzen:

1. **Genügende Festigkeit,** um wenigstens e i n e n Guß auszuhalten.

2. **Feuerbeständigkeit,** d. h. das Formmaterial darf nicht mit dem eingegossenen Metall zusammenschmelzen.

3. **Schärfe,** d. h. die Form muß alle Feinheiten des Modelles wiedergeben.

Der Hohlraum der Form entspricht im allgemeinen dem fertigen Gußstücke.

Manche Formen bleiben während des Gusses offen, andere (was zumeist der Fall ist) werden geschlossen angewendet; man unterscheidet hiernach den Guß in offene und geschlossene Formen. Die letzteren haben oben kleine Öffnungen zum Eingießen des Metalls (Eingüsse) und solche, um die Luft während des Gusses entweichen zu lassen (Windpfeifen, Steiger).

Je nachdem, wie die verlorenen Gußformen gegen das Auftreiben durch den Druck des flüssigen Materiales geschützt werden, spricht man von **Herdguß, Kastenguß und Schablonenguß.**

1. Herdgußformen.

Formen für flache Gußstücke werden direkt auf dem Gußherde hergestellt (**Herdformerei**); der feuchte Herdsand wird geebnet, das Modell in ihn hineingedrückt, mit Formsand umstampft und der Einguß *a* gemacht; dann hebt man das Modell heraus, bessert die Form, wenn nötig, aus und bestäubt sie mit Graphit- oder Holzkohlenpulver. Schließlich wird die Form mit dem Einguß durch Rinnen verbunden (Abb. 395).

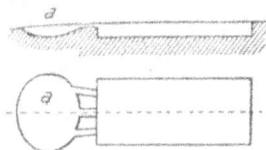

Abb. 395	Abb. 396
Herdgußform	Formkasten

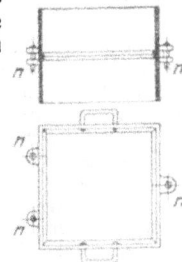

In dieser Weise werden glatte Platten, Ofenroste usw. gegossen, bei welchen es auf das Aussehen der Außenseite nicht ankommt.

2. Kastengußformen.

a) **Bei dieser sehr häufig verwendeten Art des Formens bedient man sich der aus Gußeisen hergestellten Formkästen (Flaschen oder Laden), die aus offenen Rahmen bestehen (Kastenformerei). Zumeist kommen zwei solcher Kästen, ein Unter- und ein Oberkasten, zur Verwendung.**

Abb. 396 zeigt einen kleinen Formkasten, der mit zwei Henkeln zum Heben und seitlich angebrachten gelochten Ansätzen (Schlössern) *n* versehen ist, um die übereinanderstehenden Kasten passend und unverrückbar aufeinandersetzen zu können. Größere Formkasten erhalten noch Zwischenwände, damit der Sand besser zusammenhält; zum gleichen Zwecke sind an der Innenseite Rippen (Sandleisten) angebracht.

Wir wollen uns das Wesen dieser Formerei an dem einfachen Beispiel einer Gußform für eine **Kugel** klar machen. In diesem Falle läßt sich ein **einteiliges Modell** benutzen: Man setzt den Unterkasten A (Abb. 397)

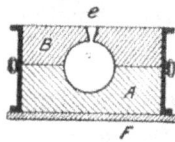

Abb. 397
Einteiliges Modell

auf ein Formbrett F (Lehr- oder Modellbank) stampft Modellsand ein und drückt die Modellkugel bis zur Mitte in den mit Kohlenpulver bestaubten Sand hinein, streift ihn dann oben ab und bestreut nochmals mit Kohlenpulver. Nun wird der Oberkasten B aufgesetzt, durch Schlösser verbunden und mit Sand gefüllt, worauf das **Eingußmodell** bei e eingesetzt und der Sand festgestampft wird. Wenn nötig können mit dem Luftspieß Löcher in den Formsand gestochen werden. Nach Abnahme des Eingußmodells wird der obere Kasten abgehoben, das Modell hinausgehoben und die Form nachgebessert. Man setzt den Oberkasten wieder auf den unteren auf und hat nun die Gußform gußbereit.

In ganz ähnlicher Weise können alle Rotationskörper geformt werden. Prismatische und konische Modelle können stehend, letztere mit der Spitze nach abwärts, ganz im Unterkasten oder auch im Herde eingeformt werden, in welchem Falle dann der Oberkasten nur als Deckkasten und zur Anbringung der Eingüsse und Luftabzüge dient.

Eine wesentliche Erleichterung beim Formen kann durch **geteilte Modelle** erreicht werden. Die Teilung der Modelle ist jedoch unerläßlich, wenn anders das einteilige Modell ohne Beschädigung der Form nicht herausgenommen werden könnte. Damit die Modellteile genau aufeinander passen, sind entsprechende Löcher und Paßstifte an denselben angebracht.

Bei den geteilten Modellen dringt das geschmolzene Metall etwas in die Fugen ein, wo die Teilformen aneinanderstoßen, die Oberfläche des Gußstückes ist dort daher nicht mehr glatt, sondern hat erhöhte Grate, die sog. **Gußnähte**. Sie zeigen beim rohen Gußstück, wo die Modelle zusammengesetzt waren. Der Eingußtrichter erweitert sich schwach konisch nach oben und gibt am Gußstück einen Ansatz (Gußzapfen), der abgeschlagen wird.

b) Anders gestaltet sich die Formerei, wenn man **hohle Gußstücke** herzustellen hat. Hier braucht man zwei Modelle: **eines für die Herstellung der äußeren Form, das eine Hohlform sein muß**, wie wir sie oben beschrieben haben, **und ein zweites Modell für die Innenform des Gußstückes, das eine Vollform (Kern) ist.** Der Kern steht so in der Hohlform, daß zwischen beiden die gewünschte Höhlung entsteht. **Der Kern wird aus Sand** (bei größeren Gußstücken aus Lehm) **hergestellt und wo erforderlich durch Kerneisen** (Drähte, Rund- oder Flacheisen) **oder Kerngitter versteift.**

Kleine Kerne formt man durch Eindrücken der Masse in hohle Kernbüchsen. Größere Kerne stellt man in besonderen Kernkästen her. Die fertigen Kerne werden ge-

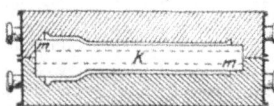

Abb. 398
Gußform für ein Eisenrohr

trocknet, nachgebessert und mit Schwärze, bestehend aus Graphit- und Holzkohlenpulver in Lehmwasser bestrichen, um das Anbrennen des Gußeisens zu vermeiden. Abb. 398 zeigt die Anordnung des Kernes in einer Gußform für ein Eisenrohr. Man muß dafür sorgen, daß er sich nicht verschieben kann, weshalb er an beiden Enden etwas länger ist als die Hohlform und mit den zylindrischen Ansätzen m, der Kernmarke, auf der Form sitzt.

Hohle Gußstücke lassen sich auch ohne Anwendung von Kernen erzeugen; man macht hiervon bei der Fabrikation von Gefäßen und Töpfen häufig Gebrauch. Hier ist die Form mehrmals

unterteilt, ebenso muß das Modell nach Bedarf aus mehreren Stücken zusammengesetzt werden.

In Abb. 399 ist das Modell zweimal geteilt: die erste Teilungsebene a b geht durch die engste Stelle und trennt den Boden des Gefäßes mit seinem Fuße ab. Die zweite Teilungsebene c d teilt das Hauptmodell und auch den Mittelkasten M in zwei Hälften. Zum Einformen stellt man das zusammengesetzte Modell mit dem Fuße auf das Formbrett, setzt dar-

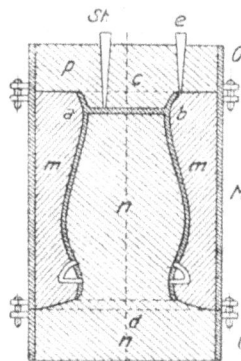

Abb. 399
Zweiteiliges Modell

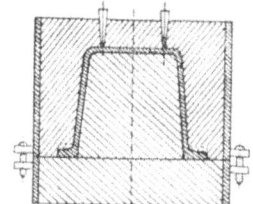

Abb. 400
Modell für ein konisches Gußstück

über den Mittelkasten M so, daß seine Teilungsebene c d mit der des Modelles zusammenfällt und stampft den Raum m um das Modell mit Sand aus.

Darauf streicht der Former die Oberfläche des Sandes glatt, setzt den Unterkasten auf das Modell und füllt ihn mit Sand (n) aus, den er feststampft. Endlich wird die Form umgekehrt; Einguß (e) und Steigermodell (St) eingesetzt und der Oberkasten O aufgestampft (p). Die Henkelmodelle werden durch Löcher des Hauptmodells hindurchgezogen.

In Abb. 400 ist die Form für ein konisches Maschinengestell dargestellt. Das Modell ist in diesem Falle einteilig.

Bei komplizierten Gußstücken (z. B. Dampfzylindern, verschiedenartigen Maschinenbestandteilen) ist die oben erwähnte mehrfache Unterteilung der Modelle und die Anwendung einer größeren Zahl von Formkästen die Regel.

3. Schablonengußformen.

Haben die Gußstücke die Form von Rotationskörpern (Schwungräder, Riemenscheiben usw.), **so kann man besondere Modelle entbehren, indem man die Formen mit passenden Schablonen herstellt** (Schablonenformerei). Der Hauptsache nach besteht eine solche Vorrichtung aus einer vertikalen, drehbaren Spindel, der Schablonenspindel, die auf den Gußherd aufgestellt wird. Durch Drehung der daran befestigten Schablonenform wird die Form aus dem Modellsande des Herdes herausgedreht.

Der Former hat hierbei mehr Arbeit, die Form wird also teurer, dafür fallen die Modellkosten fast ganz fort, wodurch ein einzelner Abguß billiger wird.

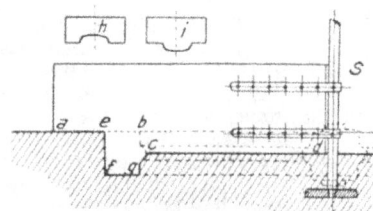

Abb. 401
Schablonenform

Bei der in Abb. 401 dargestellten Form für ein **Schwungrad** wird zunächst eine nach der Linie abcd ausgeschnittene Schablone zum Ausdrehen des Herdes benutzt; die oberen und unteren Armhälften werden mit den Schablonen h und i gezogen, während zum Formen der Nabe nach Entfernung der Schablonenspindel S ein Holzmodell in die Mitte der Form gesetzt wird. Schließlich wird die Herdform mit einer

Schablone, die nach der Linie *aefgcd* zugeschnitten ist, ausgedreht und mit dem schon früher entsprechend aufgestampften Deckkasten geschlossen.

Abb. 402 zeigt die Entstehung der Form für eine große **Gußeisenschale**. Auf den runden gemauerten Sockel wird die Lehmschicht *aa* aufgebracht, die man mit einer Schablone glattstreicht. Der „Kern" *A* wird aus Lehmsteinen aufgemauert und durch Lehmauftrag die Innenform der Schale

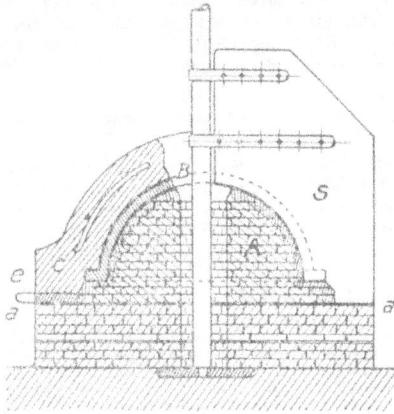

Abb. 402
Schablonenform mit „Hemd"

gebildet, deren genaue Form durch Drehung der Schablone *S* erhalten wird. Dieser Kern wird getrocknet und geschwärzt. Man trägt dann eine weitere Lehmschicht (*B*) auf (**Hemd** oder **Modell** genannt), deren Außenfläche durch eine Schablone passend abgedreht wird. Es folgt wieder Trocknen und Schwärzen. Endlich wird der „**Mantel**" [*C*] aus Lehm aufgetragen und allenfalls mit Stangen und Reifen verstärkt. Der Mantel sitzt auf dem Ring *l* und wird nach dem Trocknen mit letzterem abgehoben, **worauf das Hemd *B* zerbrochen und entfernt wird.** Später setzt man den Mantel wieder an die richtige Stelle und erhält bei *B* den gewünschten Hohlraum.

Das Verfahren läßt sich abgeändert in manchen Fällen auch so ausführen, daß Kern und Mantel mit Schablonen hergestellt werden, jedoch kein besonderes „Modell" (Hemd) angefertigt wird.

In ähnlicher Art wird die Lehmform für eine Kirchenglocke hergestellt. Alle größeren Lehmformen pflegt man auf dem Boden einer Grube (Dammgrube) herzustellen, wodurch die Form auch für den Guß eingedämmt ist.

[298] Bleibende Formen.

a) Während die bisher beschriebenen Formen nach jedem Guß erneuert werden müssen, kann man die **bleibenden Formen (die Schalenformen) oftmal zum Gusse benutzen.** Soweit es sich hierbei um Eisenguß handelt, muß beachtet werden, daß die Gußstücke beim Schalenguß etwas andere Eigenschaften erhalten, als wenn verlorene Formen zur Anwendung kommen.

Da die Schalen (Kokillen) aus Metall (zumeist Gußeisen) bestehen, kühlt sich z. B. das eingegossene Roheisen an der Schale rasch ab („Abschrecken"), übergeht hierbei in weißes Roheisen, wodurch die oberflächlichen Schichten sehr hart werden (**Hartguß**) und die Verwendung von Stahl erspart wird. Selbstverständlich lassen sich die aus Hartguß bestehenden Teile schwerer bearbeiten. Durch geeignete Wahl der Form hat man es jedoch in der Gewalt, **nur die Teile des Gußstückes zu härten, die außerordentlich stark beansprucht werden. Man** ordnet die Formen so an, daß die zu härtenden Teile in Schalenformen liegen, während die wenig beanspruchten Teile oder solche, die leichter bearbeitbar bleiben sollen, in Sandformen gegossen werden.

Auf diese Weise stellt man Hartgußwalzen, Platten für Zerkleinerungsmaschinen, Räder für Eisenbahnwagen (in sehr großem Umfang in Amerika als **Griffinräder**) her. Die Form für den Radkranz der teilweise hohlen Hartgußwaggonräder besteht aus einer Kokille, während die übrigen Radteile in Sandformen liegen. **Wesentlich ist hiebei die langsame, vollständige Abkühlung der Räder nach Herausnahme aus der Gußform während mehrerer Tage in eigenen Glühgruben.**

Für das Gießen leichter flüssiger Metalle (Zinn, Blei, Letternmetall) wendet man fast immer Schalenformen aus Metall an. In der **Schriftgießerei (Stereotypie)** benutzt man sogar Papier zur Herstellung sehr billiger Matrizen, indem man Papierblätter in den Letternsatz einklopft, feststampft und langsam trocknet.

II. Das Schmelzen und Gießen der Metalle.

[299] Das Schmelzen.

Um den Guß mit Metallen vornehmen zu können, müssen sie aus den festen in den tropfbar-flüssigen Zustand überführt werden, was durch den Schmelzprozeß erfolgt. Je nach der Art des Metalls werden Schmelzöfen verschiedener Konstruktion verwendet; die wichtigsten Typen derselben haben wir bereits beschrieben, weshalb wir hier nur noch einige Bemerkungen hinzuzufügen haben.

Der wichtigste Schmelzofen für Eisen ist der Kupolofen [188]. In diesem wird Roheisen in abwechselnden Schichten mit Koks eingebracht und ersteres zum Schmelzen gebracht. Der Wind wird entweder als Druckluft (Öfen von Ireland, Krigar) zugeführt, oder es wird Luft eingesogen (beim Saugkupolofen von Herbertz).

Sollen große Mengen von Gußeisen geschmolzen werden, so benutzt man den Flammofen [187]. Sonst **wird diese Ofenform normal nur beim Schmelzen von Bronze verwendet,** z. B. beim Gusse von Kirchenglocken und Bronzedenkmälern. Wird Bronze geschmolzen, so muß man Holz als Brennmaterial verwenden und oxydierende Flammen vermeiden, um nicht viel Abbrand zu erhalten.

Der Tiegelofen [186] **dient zum Umschmelzen von Stahl, Messing und Bronze.** Stahl wird zumeist gleich nach seiner Erzeugung in der Bessemerbirne

oder im Siemens-Martinofen für den Schmelzprozeß verwendet.

Im Kesselofen [189] **werden leichter flüssige Metalle, wie Zinn, Blei, Zink und Legierungen geschmolzen.**

[300] Das Gießen.

a) Das in den Schmelzöfen geschmolzene Metall wird in die vorbereiteten Formen gegossen. Je nach der Größe der Gußstücke bedient man sich zum Gießen verschiedener Hilfsmittel. **In jedem Falle soll die Größe des Gußgefäßes dem Gußstücke angepaßt sein, so daß sein Inhalt zur Füllung der Form vollkommen hinreicht.**

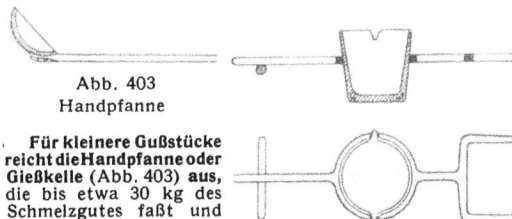

Abb. 403
Handpfanne

Für kleinere Gußstücke reicht die Handpfanne oder Gießkelle (Abb. 403) aus, die bis etwa 30 kg des Schmelzgutes faßt und von einem Mann getragen werden kann. Der Gießlöffel besteht aus einem gepreßten Eisenblech und

Abb. 404
Gabelpfanne

ist an einer schmiedeisernen Handhabe angenietet. Die Innenfläche der Pfanne wird mit feuerfestem Ton ausgeschmiert, um das Durchschmelzen zu verhüten.

Zum Gießen etwas größerer Formen verwendet man die Gabelpfanne, wie sie Abb. 404 zeigt. Sie hat die Form eines Kegelstumpfes, wird aus Eisenblechen zusammengenietet und innen ebenfalls mit feuerfestem Ton ausgekleidet. Sie kann von mehreren Mann getragen werden; der Gießer faßt die Gabel der Pfanne und erzielt mit ihr den Zufluß des Metalls.

Große Gußpfannen, die in der Eisengießerei bis zu 7500 kg Eisen fassen können, werden mit einem **Krane** zur Gußform gebracht (daher der Name **Kranpfanne**). Das Ausgießen erfolgt durch Kippen des Gefäßes um eine horizontale Achse mittels des Schneckentriebes. Diese Pfannen werden aus starkem Kesselbleche hergestellt und mit einer Schichte von Ton ausgeschmiert. Die sich an der Oberfläche des Eisens sammelnde Schlacke wird mit dem eisernen **Krampstock** beim Gießen zurückgehalten.

Aus dem **Flamm-** oder **Kupolofen** wird das Eisen selten unmittelbar zu den Formen geleitet; zumeist läßt man das Schmelzgut erst in die Gußpfannen abfließen, die dann an den Gußort gebracht werden. Beim **Tiegelguß** wird der Tiegel (allenfalls der Tiegelofen) zur Form gebracht und dort unmittelbar entleert. Aus Kesselöfen schöpft man das geschmolzene Metall mit Gießkellen. **Da das Eisen im Schmelzofen überhitzt ist, muß man es in den Gußgefäßen etwas abkühlen lassen, bis es die richtige Gießtemperatur angenommen hat, weil sonst der Formsand an das Gußstück anschmelzen würde.**

b) Das Gießen soll ohne jede Unterbrechung erfolgen, da sich sonst durch Oxydation unverschmolzene Trennungsschichten bilden, die den fehlerhaften **Kaltguß** erzeugen. Beim Eindringen von Luft und Schlacke in den Guß oder stärkerer Oxydation erhält man einen löcherigen, unganzen Guß.

III. Die Appretur der Gußstücke.

[301] Das Putzen der Gußstücke.

Nach dem Gusse läßt man die Gußstücke in den Formen abkühlen, bevor man sie herausnimmt. Die Gußzapfen und Steiger werden hierbei mit Hammer und Meißel abgeschlagen. Hierauf müssen noch die Gußnähte und die Reste der abgeschlagenen Teile beseitigt sowie der anhaftende Formsand entfernt werden, Nacharbeiten, die man mit Meißel, Feile und Hammer durchführt; statt des Handmeißels läßt sich auch der Druckluftmeißel vorteilhaft benutzen.

Das Putzen der Oberfläche geschieht mit Drahtbürsten oder mit Sandstrahlgebläsen, wobei der Gebläsewind Sand auf das Gußstück schleudert und es vom Formsand reinigt. Allenfalls bringt man die nicht zu großen Gußstücke in eine Scheuertrommel von zylindrischem oder achteckigem Querschnitte, die um eine horizontale Achse beweglich und mit grobem Sand und kleinen Gußstückchen gefüllt ist.

Sind die Gußeisenstücke an der Oberfläche zu hart und spröde geworden, so kann man sie durch **Tempern [171]** weich machen.

Eine große Reihe kleinerer Gegenstände (Schlüssel, Schraubenschlüssel, Beschläge usw.) gießt man aus weißem Roheisen, statt sie mühsam einzeln zu schmieden. Diese Gußstücke müssen aber dann gleichfalls durch Tempern in schmiedbaren Eisenguß verwandelt werden.

6. Abschnitt.

Hämmern und Schmieden.

Werden bildsame Metalle bei gewöhnlicher Temperatur mit dem Hammer bearbeitet, so bezeichnet man diesen Arbeitsvorgang als **Hammerarbeit,** erfolgt die Formänderung im glühenden Zustande, so wird diese Bearbeitung **Schmieden** genannt.

I. Handhämmern und Handschmieden.

[302] Treibarbeit.

Dickere Werkstücke lassen sich naturgemäß in ihrer Form durch Hammerarbeit nur sehr schwer ändern; diese beschränkt sich daher vor allem auf **die**

Abb. 405
Aufziehhammer

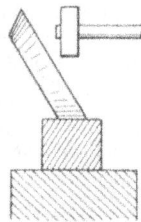

Abb. 406
Aufziehen

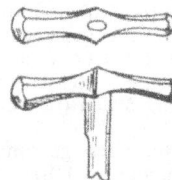

Bearbeitung von Blechen zu Hohlgefäßen sowie auf die Krümmung und Formänderung von Platten und Stäben.

Wird ein treibbares Blech am Rande durch nebeneinander gesetzte Schläge mit dem **Aufziehhammer** (Abb. 405), dessen Schlagzähne schmal und gekrümmt sind, bearbeitet, so biegt sich der Rand langsam auf und man erhält durch „**Aufziehen**" (Abb. 406) ein schalenförmiges Gefäß.

Bearbeitet man das Blech von der Mitte aus nach außen mit dem **Treibhammer** (Abb. 407), so biegt sich das Blech zu einer runden Schale durch „**Austiefen**" (Abb. 408).

Für Treibarbeiten eignen sich namentlich Kupferbleche (Arbeiten der Kupferschmiede), Gold- und Silberbleche (getriebene Gold- und Silberwaren), aber auch schwächere Eisenwerkstücke (Arbeiten der Kunstschlosser).

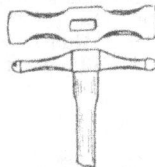

Abb. 407
Treibhammer

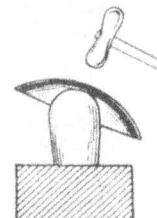

Abb. 408
Austiefen

[303] Schmiedewerkzeuge und Schmiedearbeiten.

a) Das Sprichwort: „Man muß das Eisen schmieden, solange es heiß ist", sagt in Kürze, daß die

Formänderung glühenden Eisens wesentlich leichter erzielt wird als die des kalten.

Um Eisen oder Stahl schmieden zu können, muß man sie auf helle Rotglut erhitzen. Die hierzu geeigneten Feuerungsanlagen haben wir schon früher kennengelernt. Zum Schmieden braucht man mehrere besondere Werkzeuge: **Das zu bearbeitende Werkstück liegt auf dem Amboß, dessen Masse viele Male größer sein muß als die des Hammers (Abb. 409).**

Abb. 409
Amboß

Der Amboß besteht aus Schmiedeeisen; seine Oberfläche, die Amboßbahn ist rechteckig und wird von einer angeschweißten Stahlplatte gebildet. Bei *l* befindet sich das Amboßloch, in das Werkzeuge (Untergesenke, Dorne usw.) eingesetzt werden können.

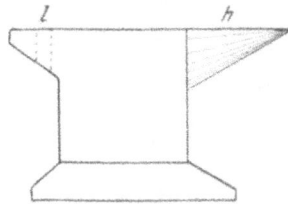

Sollen Werkstücke gebogen werden, so verwendet man Ambosse mit spitz zulaufenden Ansätzen *h* (mit einem oder 2 Hörnern).

Der Hammer des Schmiedes ist in verschiedener Form ausgebildet. **Der eigentliche Schmiedehammer (Hand- oder Fausthammer) (Abb. 410) ist 1 bis 3 kg**

Abb. 410
Schmiedehammer

Abb. 411
Kreuzschläger

schwer; der stählerne Hammerkopf ist an einem Ende breit und etwas gewölbt, welche Fläche **Bahn** heißt. Das andere Ende ist verschmälert und auch etwas abgerundet (**Finne**).

Der Schmied hält mit der Linken das Werkstück und bearbeitet es mit den von seiner rechten Hand gefaßten Handhammer. Größere Stücke bearbeitet der Meister mit einem oder mehreren Gehilfen, den Zuschlägern. Diese arbeiten mit Zuschlaghämmern (bis 10 kg schwer), die sie mit beiden Händen fassen und dort auftreffen lassen, wo es der Meister mit seinem Handhammer angibt.

Läuft die Schneide der Finne beim Zuschlaghammer parallel mit dem Hammerstiel, so führt ein solcher Hammer die Bezeichnung Kreuzschläger (Abb. 411).

Mit diesen einfachen Hilfsmitteln kann der Schmied eine ganze Reihe von Arbeiten ausführen, von denen wir nun die wichtigsten kurz anführen wollen:

1. Beim **Strecken** werden mit der Finne Einkerbungen in das Werkstück geschlagen, die dann mit der Bahn wieder ausgeglichen (geschlichtet)

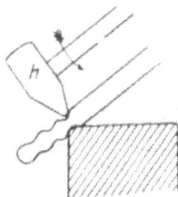

Abb. 412
Strecken

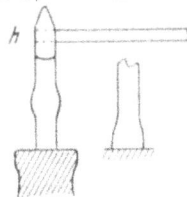

Abb. 413
Stauchen

werden. Rascher erfolgt die Streckung, wenn das Stück über der Amboßkante eingekerbt wird. (Abb. 412.)

2. Kurze Stücke werden durch Aufschlagen mit der Bahn an den weicher gemachten Stellen verdickt (**gestaucht**). (Abb. 413.)

3. Das **Biegen** geschieht entweder über der Amboßkante (eckig, Abb. 414) oder über dem Amboßhorn (rund, Abb. 415) oder über besonderen Unterlagen; so z. B. kann in das Loch des Ambosses ein **Dorn** oder die **Sprenggabel** für S-förmige Biegungen eingesetzt werden (Abb. 416); größere Stücke werden mit eigenen Biegemaschinen gebogen.

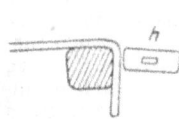

Abb. 414
Eckenbiegen

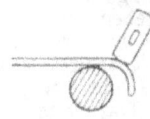

Abb. 415
Rundbiegen

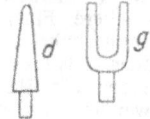

Abb. 416
Dorn Sprenggabel

4. Soll an einer bestimmten Stelle eine Querschnittsverengung erfolgen, so setzt der Schmied den **Setzhammer S** auf das letztere, worauf der Zuschläger auf dessen Kopf schlägt (Abb. 417); man bezeichnet diese Arbeit als **Ansetzen** oder **Absetzen.**

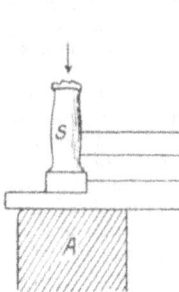

Abb. 418
Abschrott

Abb. 417
Absetzen

Abb. 419
Schrotmeißel

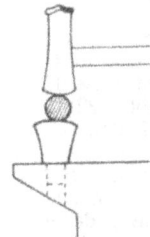

Abb. 420
Abschroten

5. Soll vom Arbeitsstück ein Teil abgetrennt (abgehaut, abgeschrotet) werden, so macht man es glühend, legt es auf den **Abschrot** (Abb. 418), dessen Ansatz im Loche des Ambosses sitzt; hierauf setzt man den **Schrotmeißel** (Abb. 419) auf und schlägt mit dem Schmiedehammer zu (Abb. 420).

6. Ist in das Werkstück ein **Loch** zu schlagen, so legt man es glühend auf den Amboß über das Loch desselben, setzt das **Locheisen (Stieldurchschlag)** auf und treibt es mit dem Zuschläger durch das Eisen, wodurch ein Stück desselben herausgeschlagen wird („Putzen" genannt) (Abb. 421). Durch einen kegelförmigen Dorn aus Eisen oder Stahl läßt sich das Loch erweitern. Bei der geschilderten Arbeitsart findet ein Materialverlust an der Lochungsstelle statt; man kann ihn vermeiden, wenn man mit dem Schrotmeißel durch Aufhauen das Arbeitsstück aufschlitzt und das Material mit dem Dorn auseinander treibt, wobei eine Stauchung um das Loch herum eintritt. (Ist eine größere Zahl von Löchern herzustellen, so bedient man sich dazu eigener Lochmaschinen.)

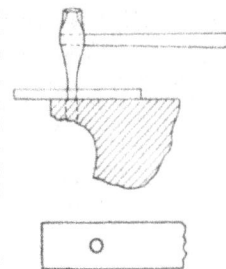

Abb. 421
Putzen

7. **Schmieden im Gesenke.** Mit den angeführten Arbeitsverfahren kann man dem Werkstücke nur verhältnismäßig einfache Formen geben, auch können die Maße naturgemäß nicht besonders genau ein-

gehalten werden. Will man schwierigere Formen und in genau gleichem Ausmaße herstellen, so bedient man sich der **Gesenke.** Das sind Formen aus Gußstahl oder Gußeisen, in die das glühend gemachte Werkstück durch Hammerschläge hineingeschlagen wird.

Man unterscheidet **einfache** (oder einteilige) **Gesenke (Untergesenke),** die oben offen bleiben, falls die obere Fläche eben ist, und daher durch die Hammerbahn ohne weiteres gebildet werden kann. Andernfalls müssen **doppelte oder zweiteilige Gesenke,** die aus dem **Unter-** und **Obergesenke** bestehen, angewendet werden. Das erste *n* trägt unten einen

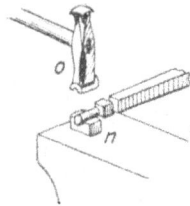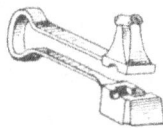

Abb. 422	Abb. 423	Abb. 424
Schmieden im Gesenke	Gesenkkluppe	Gesenkstock

Ansatz, der in das Amboßloch paßt. Das Obergesenke *o* trägt einen Stiel und wird auf das im Untergesenke liegende Arbeitsstück aufgesetzt (Abb. 422). Mit dem Zuschlaghammer schlägt man auf den Kopf des Obergesenkes. Allenfalls sind beide Gesenkteile in einer Gesenkkluppe (Abb. 423) gefaßt. Häufig gebrauchte einfache Gesenke werden in einen gemeinsamen Gesenkstock (Abb. 424) vereinigt, dessen Durchbrechungen bei anderer Lage für das Lochen verwendet werden können.

Kombinierte Schmiedearbeiten: Die vorbenannten einfachen Operationen lassen sich nun in der mannigfaltigsten Weise anwenden. Soll z. B. aus einem Quadratstabe ein Verschlußhaken mit Anschlagschiene hergestellt werden, so wird zunächst das Quadrateisen durch „Absetzen"

in die Form I (Abb. 425) gebracht; der so gebildete Ansatz wird nach *ii* mittels des Schrotmeißels auf etwa ³/₈ der Höhe eingehauen und hierauf der Ansatz nach II zu einem Haken umgebogen. Dieser Haken wird nach neuerlichem Glühendmachen in die Form III gebracht und schließlich die Schiene abgebogen. In dieser Weise wird sich die Arbeit nur bei sehr weichem Martinflußeisen ausführen lassen. Bei gewöhnlichem Schweißeisen ist die Gefahr des Einreißens beim Haken gegeben und würde man in diesem Falle den Haken lieber anschweißen, wiewohl eine solche Verbindung minder verläßlich wäre.

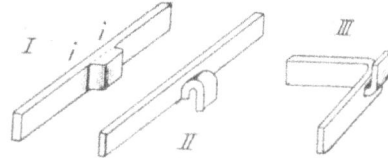

Abb. 425

Zur Herstellung eines Nagels verwendet man das sehr zähe Knoppereisen, welches in Gestalt ziemlich dünner, quadratischer, welliger Stäbe im Handel vorkommt. Das Stabende wird glühend gemacht und unter Wenden um 90⁰ zu einer Spitze ausgetrieben. Hierauf wird es am Abschrot eingehauen, abgebrochen, in das Nageleisen geschoben und der Kopf angestaucht. Alles in einer Hitze ohne nochmaliges Anwärmen.

Die Beobachtung des Arbeitsvorganges beim Schmieden ist sehr lehrreich und wird jedem Beobachter zur Wertschätzung dieses schönen Handwerkes führen, bei welchem wohlangebrachte Kraft, rasche Auffassung und schnelles Handeln unbedingte Voraussetzungen für das Gelingen der Arbeit sind.

Deshalb soll auch hier wie in der Gießerei der Konstrukteur die Formgebung nur in engem Einvernehmen mit der Werkstätte durchführen: geringfügige Änderungen in der Konstruktion können den Arbeitsvorgang ganz wesentlich erleichtern oder erschweren. Der Konstrukteur, welcher den beratenden Verkehr mit der Werkstätte meidet, ist wie ein eingebildeter Theoretiker, dem das Verständnis für die Forderungen des Lebens fehlt.

II. Das Schweißen.

Das Schweißen gehört eigentlich strenge genommen, nicht mehr zu den Formveränderungsarbeiten, sondern vielmehr wie das Löten, Nieten, Leimen und Kitten zu den **Verbindungsarbeiten.** Da aber diese Arbeit gleichzeitig einen sehr wichtigen Teil der Schmiedearbeiten bildet, wollen wir sie gleich an dieser Stelle erörtern; des Zusammenhanges wegen sollen aber hier auch **die modernen Schweißverfahren,** das **Thermitschweißen,** das **autogene** und das **elektrische Schweißen** zur Sprache kommen.

[304] Das Handschweißen.

Zwei weißglühende Stücke von Schmiedeeisen oder von Stahl lassen sich durch kräftige Hammerschläge zu einem einzigen Stücke vereinigen, zusammenschweißen. Auch mit Stahl läßt sich Eisen schweißen.

Die zu verbindenden Teile werden keilförmig ausgeschmiedet (abgefinnt), dann weißglühend gemacht, auf dem Amboß mit dem verjüngten Ende aufeinander gelegt und mit dem Hammer bearbeitet (Abb. 426). Die Schweißung gelingt nur, wenn die Flächen metallisch blank erhalten bleiben. **Da das Eisen bei sehr hoher** Temperatur rasch oxydiert, muß seine Oberfläche durch gebildete Schlacke geschützt werden. Zu dem Zwecke bestreut man die heißen Schweißflächen mit Schweißsand (feinen Quarzsand, Borax, Flußspat u. dgl.). Der sich bildende Glühspan

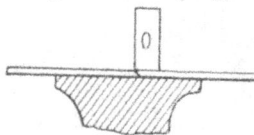

Abb. 426
Handschweißen

(Eisenhammerschlag) wird in die schmelzende Schlacke übergeführt.

Bei etwas dickeren Stücken empfiehlt es sich, das eine gabelförmig zu spalten, das andere kugelförmig auszuschmieden und in die Gabel einzulegen. Solche Stücke kann man auch stumpf aneinanderschweißen; hierzu werden die Enden zuerst gestaucht, um größere Schweißflächen zu erhalten, dann erhitzt und stark gegeneinander gedrückt, was mit sog. Schweißmaschinen geschieht.

[305] Thermit-Schweißung.

Dieses von Dr. Goldschmidt erfundene Verfahren beruht auf dem Schmelzen von Eisen **durch Entzündung der Thermitmischung, die aus Aluminium und Eisenoxyd besteht** (Vorstufe [367]). Die Schweißstelle wird von einer kleinen Gußform umgeben, in die das geschmolzene Eisen hineinfließt. **Durch die Verbrennung des Thermits wird eine Temperatur von 3000⁰ erzeugt,** wodurch das Eisen so heiß wird, daß an der Schweißstelle das Verschmelzen der verbindenden Stücke (z. B. Eisenbahnschienen) ohne weiteres bewirkt wird. Die Thermitmasse wird in einem feuerfesten Tiegel entzündet und mit einem Trichter in die Form gegossen.

[306] Autogene Schweißung.

Hierbei benutzt man die **hohen Temperaturen, die bei der Verbrennung von Knallgas** (etwa 2000°) oder eines Gemisches von Azetylen und Sauerstoff (3000°) entstehen. **Zumeist arbeitet man mit dem Azetylengebläse, das billiger zu stehen kommt.** Um das Schweißen auszuführen, werden die zu schweißenden Teile gegeneinander gedrückt, dann die Gebläsestichflamme auf die Schweißstelle gerichtet, wodurch die erforderliche hohe Temperatur leicht erreicht wird. Durch Abschmelzen von Eisendraht kann nach Bedarf noch Eisen hinzugebracht werden. **Durch autogene Schweißung läßt sich auch Gußeisen schweißen.**

[307] Elektrisches Schweißen.

In den letzten Jahren hat das Schweißen **mit Hilfe des elektrischen Stromes** große Fortschritte gemacht, **nachdem sich gezeigt hatte, daß man hiermit sehr rasch und billig arbeiten kann.** Die hierher gehörigen Verfahren lassen sich in zwei Gruppen gliedern: 1. in die **Widerstandsschweißungen,** bei denen das zu verschweißende Material durch starke elektrische Ströme genügend hoch erhitzt wird, 2. in die **Lichtbogenschweißung,** wobei auf dem Werkstücke mit Hilfe einer Elektrode ein Lichtbogen gezogen wird, der die Schweißhitze erzeugt.

1. **Die Widerstandsschweißung eignet sich namentlich zur Schweißung von Blechen bis 20 mm Stärke,** wobei sie die Nietung ersetzt und noch den Vorteil bietet, daß keine Materialschwächung eintritt. Überdies fallen die Vorarbeiten für das Nieten weg.

Die Bleche werden nicht in größeren Flächen, sondern in kleinen Kreisen aneinander geschweißt (**Punktschweißung**). In den **Punktschweißmaschinen** (für einen oder für zwei Schweißpunkte) werden die Kupferelektroden mit sehr hohem Druck auf die Bleche gedrückt und dann der Strom hindurchgeleitet. **Vorteilhaft ist hierbei, daß man ungebeizte, also noch mit der Walzhaut versehene Bleche**

schweißen kann. **Man erspart mit der Punktschweißung bis zu 50% der Arbeit für Nietungen.**

Für andere Arbeitsstücke wendet man die **Stumpfschweißmaschinen** an; man kann mit dem „**Abschmelzverfahren**" Achsen, auch dünnwandige Rohre, wie die Fahrradrohre, schweißen, ferner lassen sich Werkzeuge aus Edelstahl, z. B. Spiralbohrer, auf gewöhnlichen Stahl aufschweißen und so Sparwerkzeuge erzeugen.

Neuestens ist es auch gelungen, durch das sog. **Rollenschrittverfahren** kontinuierliche Nahtschweißungen von Eisenblechen, auch von Weißblech, Messing, Aluminium und anderen Materialien durchzuführen. Die Elektroden haben die Form beweglicher Rollen, die sich schrittweise drehen und gegen die Schweißnaht stark gedrückt werden. Dasselbe Verfahren kann auch zur Rohrschweißung mit **Längsschweißnähten** benutzt werden, so daß den Schweißmaschinen Feinblech zugeführt wird, die es in Form des vollkommen fertigen Rohres abgeben.

2. Bei den **Lichtbogen-Schweißungen wird das Werkstück an einen Pol der Stromquelle gelegt, während der andere zu einer Handelektrode geführt wird,** die entweder aus einem Kohlenstabe oder aus einem Metallstabe, der zumeist aus dem gleichen Material wie das zu verschweißende besteht, gebildet ist.

Die **Kohlen-Lichtbogenschweißung wird** bei Grau- und Stahlguß verwendet.

Bei Verwendung des metallischen Lichtbogens wird die Metallelektrode zumeist mit einem Flußmittel überzogen, um die Schweißnaht vor Oxydation zu schützen und gewisse Zusätze beifügen zu können.

Dieses Schweißverfahren läßt sich vielfach verwenden: bei Schienenreparaturen, im Waggon- und Kesselbau, bei Lokomotivreparaturen usw.

Die Schweißer müssen beim Arbeiten mit Lichtbögen entsprechend geschützt werden; bei kleineren Stücken genügt ein Schutz der Augen, während bei größeren Lichtbögen Masken zum Schutze des Oberkörpers benutzt werden müssen.

Beim elektrischen Schweißen können auch schwächere Leute (Kriegsinvalide) verwendet werden. Weiteres über elektrisches Schweißen folgt in der „Elektrotechnik".

III. Maschinenhämmer.

Die menschliche **Kraft reicht zum Schmieden größerer Werkstücke nicht aus,** da Zuschlaghämmer von mehr als 10 kg Gewicht für Handarbeit zu schwer sind. Man hat daher schon vor mehr als 100 Jahren die **Wasserkraft** benutzt, um mit Hilfe von Wasserrädern größere Schmiedehämmer zu heben und auf das Werkstück fallen zu lassen („**Wasserhämmer**"). Die immer allgemeiner werdende Anwendung der Dampfmaschinen hat die verschiedenen Arten solcher Hämmer schon seit längerer Zeit fast ganz verdrängt, so daß man sie nur noch vereinzelt in kleineren Betrieben mit Wasserkraft sieht (Sensenhammer).

Die Wasserhämmer sind als **Stiel-** oder **Hebelhämmer** ausgeführt worden; der Hammerkopf (Hammerbär) ist an einem Holzstiel befestigt, der sich um eine horizontale Achse drehen kann. Das Wasserrad bewegt eine Welle mit Ansätzen (**Daumenwelle**), durch die der Bär gehoben wird (Abb. 166); er fällt dann frei auf den Amboß herab. **Je nach dem Angriffspunkte** der Hebedaumen am Hammerstiel unterscheidet man Stirn-, Brust- (Aufwerf-) und Schwanzhämmer.

In kleineren Betrieben werden Stielhämmer in der Form der **Wipphämmer** verwendet, bei denen der Hammerbär durch starke Federn emporgehoben und durch Treten auf einen Fußtritt nach abwärts geschleudert wird.

[308] Transmissionshämmer.

Eine Reihe von **Hammerkonstruktionen beruht auf dem Antriebe durch Transmissionen.** Der Hammerbär wird in vertikalen Führungen auf- und

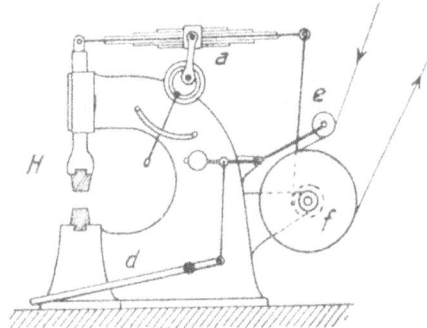

Abb. 427
Federhammer

abwärts bewegt. Die Hebung des Hammers erfolgt durch einen Kurbelmechanismus, wobei zwischen diesem und dem Bären allenfalls ein elastisches

Zwischenglied eingeschaltet wird, um Stöße im Gestänge zu vermeiden; entweder werden hierzu kräftige **Federn** verwendet oder man macht von einer **Luftfederung** Gebrauch.

1. Federhämmer.

In schematischer Darstellung zeigt uns die Abb. 427 einen **Stahlfederhammer.**

Die Transmission läuft über die Riemenscheibe *f*; um diese vom Riemen mitnehmen zu lassen, muß die Spannrolle *e* gegen ihn gedrückt werden, was durch ein Gewicht erfolgt. Durch die Riemenscheibe bewegt sich der damit verbundene Kurbelzapfen mit der Lenkstange auf- und abwärts. Ein bei *a* dehnbares Stahlfedernpaket vermittelt diese Bewegung zum vertikal geführten Hammerbär *H* und unterstützt die Fallwirkung durch die Federnspannung. Allenfalls können statt der Stahlfedern Gummipuffer eingeschaltet werden. Den Gang des Hammers (Umlaufszahl und Schlagstärke) regelt der Schmied mit dem Fußtritt.

2. Lufthämmer.

Beim **Lufthammer** wird eingeschlossene Luft als Zwischenglied eingeschaltet. Der Hammerbär sitzt an einem Vertikalzylinder, in dem sich zwei mit der Pleuelstange in unmittelbarer Verbindung stehende Kolben bewegen. Das zwischen beiden Kolben befindliche Luftpolster bewirkt hier die Federung. Beim Aufwärtsgehen der Kolben tritt Luftverdünnung zwischen beiden Kolben ein, daher erfolgt durch Überdruck der Außenluft das Emporheben des Bären. Beim Niedergang der beiden Kolben wird die Wirkung des Fallgewichtes durch die Spannung der nun zusammengedrückten Luft erhöht (Abb. 428).

[309] Fallwerke.

Fehlt das elastische Zwischenglied zwischen Hammerbär und Antrieb, so gelangt man zur einfachen Konstruktion des Fallwerkes, bei dem der Bär emporgehoben und dann frei fallen gelassen wird.

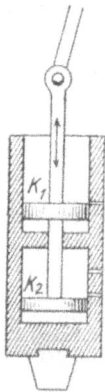

Abb. 428
Lufthammer

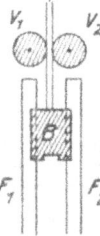

Abb. 429
Fallwerk

Beim **Friktionshammer** ist der Bär *B* (Abb. 429) mit einer flachen Holzschiene *H* fest verbunden. Die zwei Friktionsrollen v_1 und v_2 können an die Schiene angedrückt werden und nehmen dann bei ihrer Bewegung durch Reibung die Holzschiene und den Bären nach aufwärts mit (daher auch **Stangenreibhammer**). Rückt man dann im richtigen Augenblicke die Friktionsrollen wieder auseinander, so fällt der Bär durch sein Gewicht herab. Die Hubhöhe läßt sich ändern; bei kleinem Hube fallen die Schläge schwächer aus, aber ihre Zahl wird größer. Das Zusammendrücken der Rollen erfolgt durch ein Gewicht oder eine Feder, während zur Auslösung ein Handhebel oder Fußtritt betätigt wird.

Bei **Riemenhämmern** wird das Emporheben des Bären durch Riemen bewirkt. Der Hammerbär ist an einen nach aufwärts führenden Riemen befestigt, der über eine Rolle läuft und in einen Handgriff endet. Bewegt sich die Riemenscheibe rechtsläufig und zieht man den Riemen genügend weit herab, so wird der Gurt durch „Seilreibung" mitgenommen und der Bär gehoben. Läßt der Zug nach, so fällt der Hammer herab, während ein Gleiten des Riemens auf der Rolle erfolgt. Vorteilhafter ist es, den

Riemen im Augenblicke des Falles von der Heberolle abzuheben und über einer zweiten Leerrolle ablaufen zu lassen, weil hierdurch dem zu großen Verschleiße des Riemens vorgebeugt wird.

[310] Dampfhämmer.

Die im 19. Jahrhundert gewaltig emporstrebende Eisenindustrie hat immer größer werdende Arbeitsstücke der Schmiedearbeit unterwerfen müssen. Für Maschinenhämmer mit großen Ausmaßen reichen die bisher angeführten Konstruktionen nicht aus, weil sie die schweren Hammerbären nicht emporheben können. Diese Aufgabe läßt sich aber leicht lösen, wenn man zur Hebung die Dampfkraft zu Hilfe nimmt. Die ersten Dampfhämmer baute **Nasmyth**, indem er den Hub des Bären durch den in einen Zylinder einströmenden Dampf bewirkte; der Bär fällt dann im freien Fall auf den Amboß herab. Später sind verschiedenartige Konstruktionen von Dampfhämmern ausgeführt worden; **man hat im Laufe der Jahre die Dimensionen derselben außerordentlich gesteigert, so daß Fallgewichte von 80, selbst 127 Tonnen verwendet wurden. Es ist ohne weiteres einzusehen, daß so große Hämmer beim Aufschlagen auf den Amboß sehr bedeutende Erschütterungen der Umgebung erzeugen müssen. Man kommt daher in neuerer Zeit von der Verwendung großer Dampfhämmer von mehr als 10 Tonnen Fallgewicht immer mehr ab und führt die Schmiedearbeit sehr umfangreicher Werkstücke mit Schmiedepressen aus [311].**

Ein wesentlicher Bestandteil jedes Dampfhammers ist der zugehörige Amboß. Der großen Wucht des Hammeraufschlages entsprechend, muß die Masse des Ambosses groß genug gewählt werden, damit das Werkstück beim Schlage auf einer kräftigen Unterlage ruht, weil sonst eine Bearbeitung kaum möglich wäre. Wenn man festhält, daß das Gewicht des Ambosses etwa 8—10mal so groß sein soll wie das Fallgewicht, so ist leicht einzusehen, welche gewaltige Masse der Amboß eines großen Dampfhammers haben muß. **Solche große Ambosse bestehen aus 2 Teilen: dem unteren Teil A, Unteramboß** oder **Schabotte** (Abb. 430) genannt, der die Hauptmasse darstellt, und dem **Oberamboß** (Amboßbahn), einem kleinen auswechselbaren Teile *o*, auf den das Arbeitsstück gelegt wird.

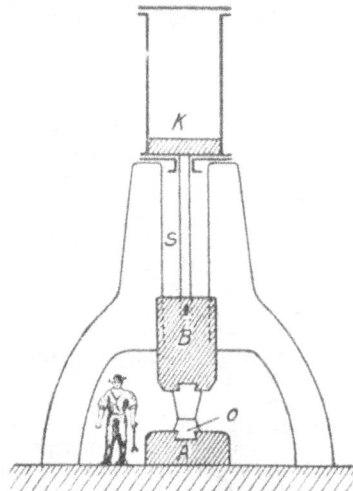

Abb. 430
Nasmythhammer

Der Amboß wird auf einem besonderen, sehr kräftig ausgeführten Fundament gelagert.

Es ist bemerkenswert, welche Gewandtheit geübte Hammerführer in der Bedienung selbst großer Dampfhämmer erlangen können. Trotz der gewaltigen Wucht, mit der der Dampfhammer niedersaust, hat der Führer die Handsteuerung so in seiner Gewalt, daß er eine auf dem Amboß liegende

Nuß mit dem Hammer zerknackt, aber nicht völlig zerquetscht.

Man kann die Dampfhämmer je nach der Wirkung des Dampfes einteilen in: 1. **einfach wirkende, die mit Unterdampf arbeiten, der bloß die Hebung des Fallbären bewirkt,** und in 2. **doppelt wirkende, bei denen der Dampf auch zum Herabwerfen des Fallgewichtes benutzt wird, die also mit Ober- und Unterdampf arbeiten.**

1. Einfache Dampfhämmer.

Hierher gehört der oben schon erwähnte **Nasmythhammer** (Abb. 430).

Der Kolben K ist mit einer kräftigen Kolbenstange S verbunden, an deren unterem Ende der Hammerbär B befestigt ist. Soll der Bär gehoben werden, so läßt man den Dampf unterhalb des Kolbens in den Dampfzylinder einströmen. Nach Erreichen der Hubhöhe wird der Dampf abgelassen, worauf der Hammerbär im freien Falle herabfällt. Ursprünglich wurde der Dampfzu- und -abfluß nur von Hand aus geregelt, später wurde eine durch den Hammer betätigte Selbststeuerung eingebaut, die den Dampfein- und -austritt durch einen Schieberkasten am Dampfzylinder bewirkte.

Andere einfach wirkende Dampfhammer-Konstruktionen rühren von Condie und Morrison her.

2. Doppelt wirkende Dampfhämmer.

Zuerst erhöhte **Daelen** die Wirkung des freien Falles, **indem er den im Zylinder nicht mehr gebrauchten Unterdampf in den Raum oberhalb des Kolbens leitete, wo er auf eine größere Kolbenfläche drücken kann, da dort die sehr dicke Kolbenstange fehlt. Der Kolben wird daher nach abwärts gedrückt;** überdies kann sich der Dampf beim Herabfallen des Bären ausdehnen und leistet Expansionsarbeit zur Unterstützung der durch den freien Fall hervorgerufenen Bewegung. Die Leistung solcher Hämmer kann nicht bedeutend erhöht werden, auch macht die Dichtung der breiten Stopfbüchse Schwierigkeiten.

Es ist daher weit vorteilhafter, den Dampfhammer außer mit Unterdampf noch mit frischem Oberdampf, der unmittelbar vom Kessel kommt, zu betreiben. Hierdurch wird der Bär von seinem Höchststande weit energischer herabgeschleudert, als wenn schon gebrauchter Unterdampf zur Expansion verwendet wird. Der Kolben wird hierbei wie in einer doppelt wirkenden Dampfmaschine bewegt. **Für rasch aufeinander folgende Schläge wird von der Selbststeuerung Gebrauch gemacht;** man kann bei kleineren Hämmern bis zu 500 Schlägen in der Minute gehen, wobei natürlich die Hubhöhe nur gering sein darf. **Bei Streckarbeit wendet man Selbststeuerung an, bei Gesenkarbeit wird auch Handsteuerung benutzt.**

IV. Schmiedepressen.

Während ein Hammer mit großer Geschwindigkeit auf das Arbeitsstück trifft und daher durch seine lebendige Kraft wirkt, **trifft eine Presse das Werkstück im allgemeinen mit sehr geringer Geschwindigkeit und wirkt daher durch den Preßdruck, der bei großen Stücken bis zu 10000 t beträgt.** Bei den Pressen fallen alle lästigen und verlustbringenden Erschütterungen fort. **Da die Pressen stets mit Formen (Gesenken, Stempel und Matrize usw.) arbeiten, so ist ihre Anwendung um so vorteilhafter, je mehr gleiche Stücke anzufertigen sind.** Hebelpressen, Schraubenpressen und Kurbelpressen dienen hauptsächlich zum Lochen und Prägen und werden später besprochen werden.

Zur Ausführung von eigentlichen Schmiedearbeiten, d. h. zur Bearbeitung von allerlei, besonders aber von sehr großen Schmiedestücken in heißem Zustande dienen hydraulische Pressen.

[311] Das Preßschmieden.

Das Preßschmieden ist eine Gesenkarbeit mit Anwendung ruhigen Druckes. Je nachdem dieser Druck durch eine Pumpe oder durch einen Dampfkolben hervorgerufen wird, unterscheidet man **rein hydraulische und dampfhydraulische Pressen.** Mit dem Preßkolben ist das Obergesenk d, mit der massigen Grundplatte f das Untergesenk e verbunden; ein roh vorgeschmiedetes Stück entsprechender Größe wird auf das Untergesenk gelegt und durch das Obergesenk eingepreßt. Hierbei können selbst kompliziert geformte gußeiserne Gesenke benutzt werden, weil dieses Material dem ruhigen Drucke standhält.

Die Wirkungsweise der **dampfhydraulischen Presse** zeigt Abb. 431. Zuerst wird das Schmiedestück auf das Untergesenk e gelegt. Dann wird der hydraulische Preßkolben b mit dem Querstücke c und dem Obergesenke durch Dampf auf das Arbeitsstück herabgelassen; beim Sinken des Preß-

kolbens b füllt sich der hydraulische Preßzylinder a vom Gefäße l aus durch ein geöffnetes Ventil und die Rohrleitung k mit Wasser.

Nun wird das eben erwähnte Ventil geschlossen und Dampf in den Zylinder o unter den Kolben n eingelassen.

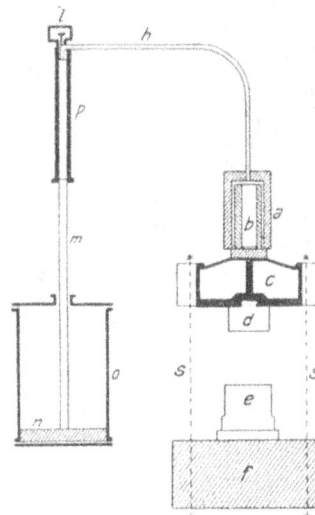

Abb. 431
Dampfhydraulische Presse

Der aufwärtssteigende Kolben n drückt durch seine Stange m, welche als **Tauchkolben** in den **hydraulischen Zylinder** p hineingeht, das gepreßte Wasser durch die Rohrleitung h in den **Preßzylinder** a, wodurch der **Preßkolben** b mit großer Kraft niedergeht und das Schmiedestück in das Gesenke hineinpreßt. Damit beim Pressen sich der Preßzylinder nicht hebt, ist das ihn tragende Querstück c mit dem unteren Querstücke f, das das Untergesenke e trägt, durch vier starke Schrauben SS verbunden.

DAS TECHNISCHE ZEICHNEN

Inhalt: Die darstellende Geometrie, soweit sie für das technische Konstruieren in Betracht kommt, werden wir in diesem Briefe mit der **Durchdringung von Körpern** abschließen. So wichtig diese Aufgaben für den Konstrukteur sind, bieten sie ihm doch keine weiteren Schwierigkeiten, weil er dazu nur die in den früheren Briefen ausführlich gelernten Schnitte von Geraden mit Ebenen und von Ebenen untereinander wiederholt anzuwenden hat.

3. Abschnitt.

Durchdringung von Körpern.

[312] Allgemeines.

a) Man kann eben- und krummflächige Körper nach Belieben untereinander zum Schnitte bringen. Es kann dies entweder in der Weise geschehen, daß der eine Körper den andern vollständig **durchdringt** oder so, daß der eine den andern nur **ausschneidet.** Im ersteren Falle besteht die Schnittfigur aus zwei getrennt liegenden Figuren, im zweiten Falle aus einer einzigen Figur. Zumeist sind die Schnittfiguren **unebene Polygone** oder bei gekrümmten Flächen **Raumkurven.**

b) Die Konstruktion der Schnittfiguren beim gegenseitigen Schnitte zweier Polyeder beruht stets auf einer wiederholten Lösung der Aufgabe, die Schnittlinie zweier Ebenen zu bestimmen, soweit sie innerhalb der Abgrenzungen der beiden sich schneidenden Flächen zugleich gelegen ist.

c) Der Schnitt zwischen zwei gekrümmten Flächen wird unter Benutzung von Hilfsebenen konstruiert, welche auf den Oberflächen beider Körper Schnittlinien erzeugen, die sich leicht zeichnen lassen.

d) In bezug auf die **Sichtbarkeit** oder **Unsichtbarkeit** der Schnittlinien ist zu beachten, daß diese zwischen zwei sichtbaren Flächen stets sichtbar sind; sie sind dagegen unsichtbar dort, wo eine der sich schneidenden Flächen unsichtbar wird. Um in dieser Hinsicht im klaren zu sein, empfiehlt es sich, vor Beginn der Konstruktion jeden der beiden Körper so zu zeichnen, wie er gesehen werden würde, wenn der andere nicht vorhanden wäre.

Aufgabe 119.

[313] *Es ist die vollständige Durchdringung eines Quaders durch ein sechsseitiges Prisma samt den zugehörigen Netzen zu konstruieren (Abb. 453, 454 u. 455).*

Wir sehen schon aus den Projektionen der Körper, daß die sämtlichen Kanten des vierseitigen Prismas das sechsseitige durchstoßen, das sechsseitige aber nur mit den Kanten FF und JJ in den 2. Körper eindringt, die übrigen jedoch von der Durchdringung unberührt bleiben.

Um zunächst die Schnittpolygone der Flächen des vierseitigen mit jenen des sechsseitigen zu erhalten (Abb. 453), legen wir der Reihe nach Schnittebenen durch die Seitenkanten AA, BB, CC und DD. Dadurch erhalten wir das Schnittpolygon 3, 4, 5, 7 in der entsprechend verlängerten Ebene EF, wovon aber die Seiten 3, 7 und 5, 7 zum Teile außerhalb des durchdrungenen Körpers fallen. Die Kante B durchstößt aber noch die Fläche FG in 1, welcher Punkt mit den Durchstoßpunkten 2 und 6 der Kante F mit den Flächen AB und BC zu verbinden ist. 2 und 6 findet man dadurch, daß man durch F Mantellinien m und n zieht und diese im Aufrisse mit der Kante F zum Schnitt bringt. So ergibt sich das Eintrittspolygon 1 2 6 (sichtbar), 6 5 4 3 2 (unsichtbar). In ganz gleicher Weise wird das Austrittspolygon 8 9 10 (sichtbar), 10 11 12 13 8 (unsichtbar) bestimmt, indem man zunächst das Viereck 8 9 10 14 zeichnet,

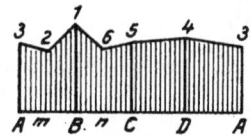

Abb. 454

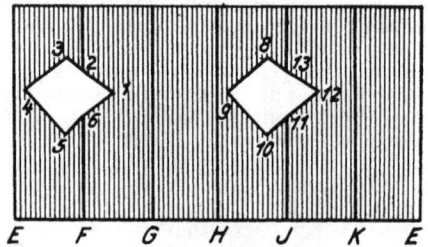

Abb. 455

das auf der erweiterten Fläche HJ erzeugt wird und dann noch die Durchstoßpunkte 11 und 13 von J durch die Flächen AD und DC ermittelt.

Die wahre Größe der Grundfläche $ABCD$ findet man durch Umlegen derselben um ihre Spur $B'D'$ mit der Hilfsebene H_1 in $A^I B^I C^I D^I$.

Abb. 453

Die beiden geschlossenen Schnittpolygone lassen sich natürlich als unebene Figuren nicht zur Gänze in eine Ebene bringen. Dafür läßt sich aber das Netz beider Prismen sowohl an der Eintritts- als auch an der Austrittsstelle zeichnen. Beim kleinen Prisma schneidet man z. B. in der Kante A3, trägt auf einer Horizontalen die Seiten der Grundfläche auf (Abb. 454) und errichtet Lote, auf denen die einzelnen Schnittpunkte gelegen sind. Die wahren Entfernungen auf der Grundfläche findet man aus dem Gr., weil die Achse des Prismas parallel zur Gr.-Ebene ist. Die Bruchpunkte 2 und 6 liegen in den Flächen AB und BC. Das Netz des sechsseitigen Prismas läßt sich leicht zeichnen, weil die Grundfläche im Gr. in wahrer Gestalt erscheint und die Höhenlagen der Schnittpunkte aus dem Aufrisse zu entnehmen sind. Die Schnittpolygone erscheinen in dem Netz einfach als Ausschnitte um die beiden zum Durchbruch gelangenden Kanten F und J (Abb. 455).

Ganz ähnlich sind auch die Netze an der Austrittsstelle des kleinen Prismas zu zeichnen.

Versuch: Schneide die Netze, die auf Karton gezeichnet sind, aus, biege sie an den Kanten auf und klebe sie an den Kanten A und E zusammen. Sie werden dir das Modell der ganzen Durchdringung ergeben. Die Zeichnungen auf den käuflichen Modellierbogen sind nach demselben Prinzipe hergestellt.

Aufgabe 120.

[314] *Es ist der Durchschnitt zweier auf der Gr.E. stehenden Pyramiden zu ermitteln.* (Abb. 456.)

Sind beide Grundflächen auf derselben Projektionsebene gelegen, so läßt sich eine vereinfachte Methode anwenden; man verbinde die Spitzen beider Pyramiden durch eine Gerade, die die Gr.E. in g_1 schneidet. Jede Gerade, die man durch g_1 zieht, bildet daher die Grundrißspur einer Ebene, die durch die beiden Spitzen geht, daher beide Pyramiden in Mantellinien schneidet, die von den Schnittpunkten der Spur mit den Grundkanten aus gezogen werden. Verbindet man daher g_1 mit G', so schneidet g_1G' die Seite $A'D'$ in m'; die Kante $G'S'$ durchstoßt daher die Fläche $A'D'P'$ im Punkte $1' = G'S' \times m'P'$. Der A. des Punktes 1 liegt auf der A.-Projektion der Kante $m''P''$. Auf diese Weise kann man sehr bequem die Durchstoßpunkte aller Kanten finden. Daß z. B. $C'P'$ die 2. Pyramide überhaupt nicht trifft, erkennt man daran, daß $C'g_1$ die Grundfläche $E'F'G'$ nicht schneidet.

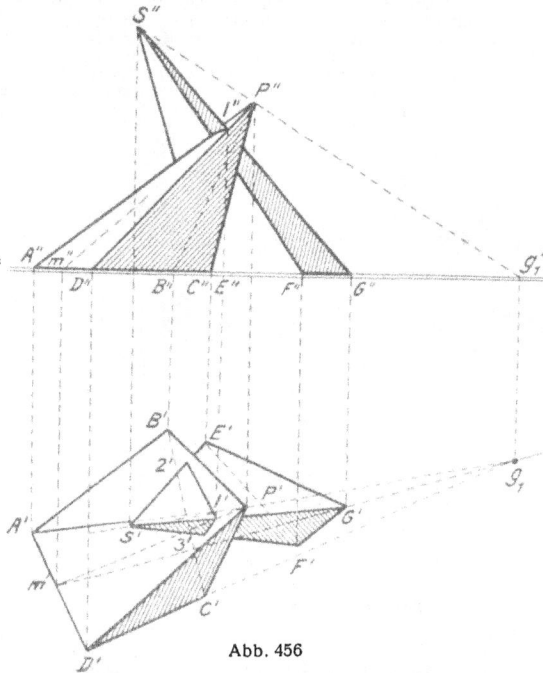

Abb. 456

Diese Durchstoßpunkte richtig miteinander verbunden, ergeben dann die Schnittpolygone.

Ist nach dieser Methode ein Prisma mit einer Pyramide zum Schnitte zu bringen, so muß die Hilfsgerade durch die Spitze der Pyramide parallel zur Achse des Prismas gezogen werden. Bei 2 Prismen wählt man einen beliebigen Punkt auf der Kante des einen Prismas und zieht durch diesen eine Parallele zur Achse des zweiten Prismas.

Befinden sich endlich die Grundflächen beider Körper nicht in derselben Projektionsebene, so muß man sich den Schnitt der Seitenflächen mit derselben Projektionsebene auf bekannte Art verschaffen.

Aufgabe 121.

[315] *Es ist der Schnitt eines Zylinders und eines Halbzylinders zu konstruieren, deren Achsen aufeinander senkrecht stehen. Ferner ist das Netz des Zylinders und des Halbzylinders zu zeichnen.* (Abb. 457, 458, 459.)

Es wird zum Verständnis sich empfehlen, zur Lösung dieser Aufgabe auch den Seitenriß oder den Querschnitt heranzuziehen. (Abb. 457.) Aus diesem ergeben sich schon von vornherein die höchsten und tiefsten Punkte der gesuchten Raumkurve in 1 bzw. 5 und in 3 bzw. 7. Die Zwischenpunkte findet man leicht dadurch, daß man vertikale Hilfsebenen legt, die beide Zylinderflächen in Mantellinien schneiden. So z. B. schneidet die Hilfsebene H den

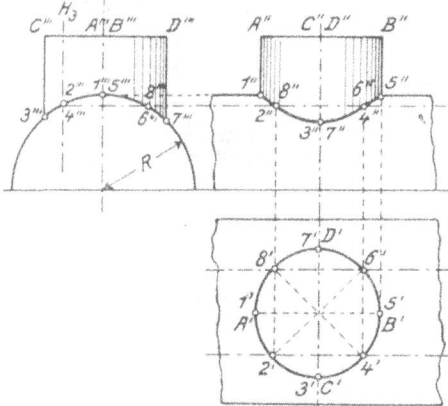

Abb. 457

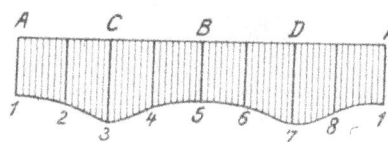

Abb. 458

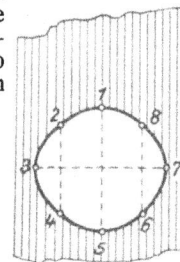

Abb. 459

Halbzylinder im Gr. in der Mantellinie 2′ 4′, die mit H_2 zusammenfällt, im S. in den entsprechenden Mantellinien des kleinen Zylinders. Der Schnitt der Projektionsstrahlen durch 2′ und 2‴ gibt im A. den Punkt 2″ der Schnittkurve usw. Um **das Netz des kleinen Zylinders** (Abb. 458) zu finden, müssen wir den Grundkreis $ACBD$ nach seiner Rektifikation in eine Gerade ausbreiten und die zum Schnitte gebrachten Mantellinien als Lote zur Grundlinie ziehen. Die Entfernungen der einzelnen Schnittpunkte entnimmt man in wahrer Größe aus dem Aufrisse. **Das Netz des Halbzylinders** (Abb. 459) brauchen wir nur für jenen Teil zu zeichnen, in dem die Schnittkurve gelegen ist. Der Bogen 3‴ 7‴ gibt nach erfolgter Rektifikation die Gerade 3, 7, auf der in entsprechende Entfernungen die Lote und auf diesen die aus dem Gr. zu entnehmenden Entfernungen der Kurvenpunkte von der Querschnittsebene CD aufzutragen sind.

Schneiden wir aus Karton das Netz des kleinen Zylinders aus und kleben wir es, aufgerollt, bei A_1 zusammen, schneiden wir ferner aus einem zweiten Kartonblatte die Schnittkurve 1—8 aus und biegen dieses Blatt nach dem Radius R, so müssen beide Zylinder genau zusammenpassen.

Ähnliche Aufgaben ergeben sich sehr oft bei der Fabrikation von Kesseln und Reservoiren, wenn große Kessel zu irgendwelchem Zwecke mit zylinderförmigen Aufsätzen ausgestattet werden sollen, wie dies z. B. bei Lokomotivkesseln mit vertikal aufgesetzten Dampfdomen der Fall ist. In solchen Fällen müssen zunächst die Durchdringung der beiden Zylinder und die Netze in der vorgeschilderten Weise konstruiert und die Umrisse der letzteren auf den Eisenblechen angerissen werden. Dann werden die Bleche danach geschnitten, die Nietlöcher ausgestanzt, weiters die Bleche mit der Blechbiegemaschine gebogen und schließlich zusammengenietet. Je genauer die Netze gezeichnet sind, um so genauer werden Kessel und Dom zusammenpassen.

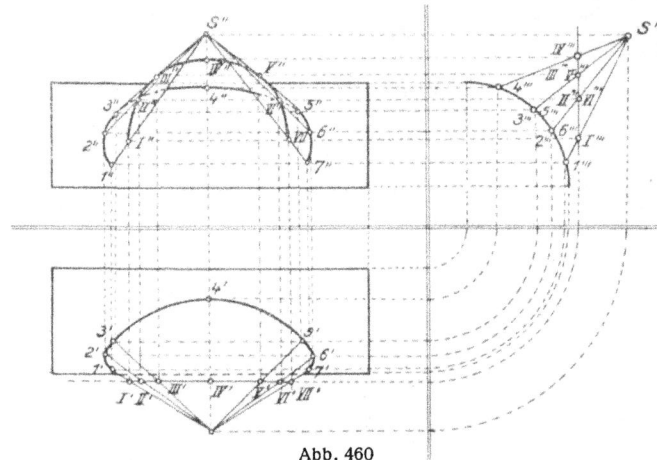

Abb. 460

Aufgabe 122.

[316] *Zum Zwecke der Herstellung einer Lichtöffnung in einem zylindrischen Kellergewölbe soll eine Stichkappe mit ansteigender Achse und kegelförmiger Leibung ausgeführt werden. Es ist die Durchdringung der Stichkappe mit dem Kellergewölbe zu konstruieren. (Abb. 460.)*

a) Um eine Stichkappe richtig darstellen zu können, empfiehlt es sich für den Anfänger, zuerst die dabei auftretenden geometrischen Konstruktionen für sich zu behandeln. Abb. 460 behandelt die Durchdringung eines Kreiszylinders mit einer elliptischen Kegelfläche, deren Leitkurve I, II . . . VII ein zur A.E. paralleler Kreis ist. Um die Durchschnittslinie 1, 2, . . . 6, 7 der beiden Flächen zu erhalten, verwenden wir Hilfsebenen, welche durch die Kegelspitze gehen und parallel zu den Mantellinien des Zylinders gerichtet sind. Bei unserer Annahme gehen daher die S.R.-Spuren dieser Ebenen durch S'''.

b) Wie eine solche geometrische Konstruktion praktisch verwertet wird, zeigt Abb. 461, welche eine Lichteinfallsöffnung in einem Keller im Aufriß, Grundriß und Querschnitt darstellt. Die Leitkurve I—VIII ist hier in der Ebene der inneren Mauerfläche angenommen. Wird eine zur Achse des Kellergewölbes parallele Ebene durch einen Punkt der Leitkurve, z. B. I, und die Spitze des Kegels gelegt, so schneidet sie das Kellergewölbe in der Mantellinie 1, 8; diese mit der Kegelmantellinie $I S$ zum Schnitte gebracht, gibt den Punkt 1 der Schnittkurve usw.

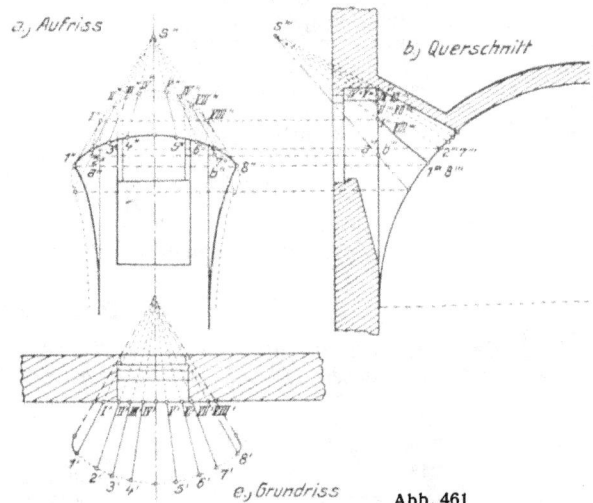

Abb. 461

Auf die weiteren Details dieser Zeichnung können wir erst im „Hochbau" näher eingehen.

[317] Übungsaufgaben.

Aufg. 123. Zwei gerade Prismen von verschiedener Höhe stehen so auf der A.E., daß sich die Umfänge ihrer Grundflächen schneiden. Es ist die Durchdringung der beiden Körper zu konstruieren (Abb. 462).

Aufg. 124. Eine gerade 6seitige Pyramide steht auf der Gr.E. Sie wird von einem 3seitigen Prisma durchdrungen, dessen Seitenkanten parallel zur A.E. liegen. Man bestimme die Schnittfiguren.

Aufg. 125. Die Durchdringung zweier Pyramiden zu konstruieren, deren Seitenflächen die Dachflächen eines

Turmhelmes bilden (Abb. 463).
(Lösungen im 4. Briefe.)

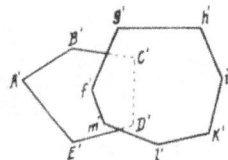

Abb. 462

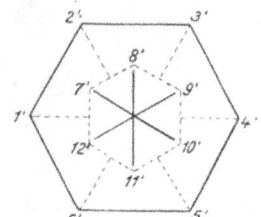

Abb. 463

[318] Lösungen der im 2. Briefe unter [227] gegebenen Übungsaufgaben.

Aufg. 91. (Abb. 464). Die Grundfläche $A'' B'' C''$ wird von E_2 in den Punkten m'' und n'' geschnitten; um den Schnittpunkt der Kante AS mit E zu finden, legen wir durch sie die Hilfsebene H. $H_1 \times E_1 = x'$; $H_2 \times E_2 = y''$. Die Schnittgerade ist im A. $x'' y''$; diese schneidet $A'' S''$ in o''. Ebenso findet man den Schnittpunkt der Kante CS in p.

$\perp$ zu $A' D'$ liegt. Sie schneidet die Grundfläche in $C' m'$, welche Strecke die eine Kathete des umgelegten rechtwinklig gleichschenkligen Dreiecks $C' m' o^I$ bildet. Dieses wird in bekannter Weise so aufgerichtet, bis o^I in die Kante D des Prismas fällt. $o' (o^I) = D'' o''$. Die zweite Spur E_2 findet man aus der Spurparallelen durch o, die die A.E. in l_1 durchstößt. Die Ebene E schneidet von dem Prisma nur die Ecke D ab, daher ist die Schnittfläche in A. $C'' o'' m''$ sichtbar, im Gr. $C' o' m'$ dagegen unsichtbar. Auch hier gibt es eine zweite Lösung, wenn $m' o^I > m' A'$; dann richtet man das Dreieck soweit auf, daß o^I in die Kante A fällt.

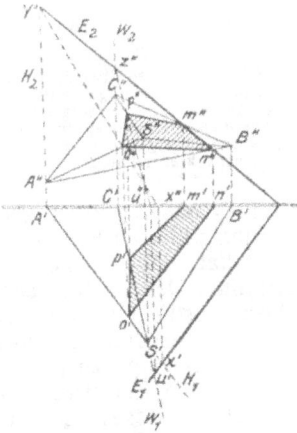

Abb. 464

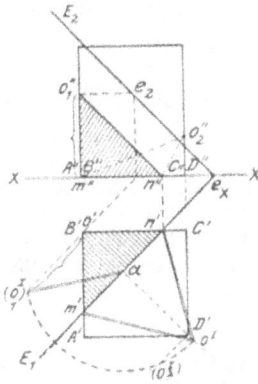

Abb. 465

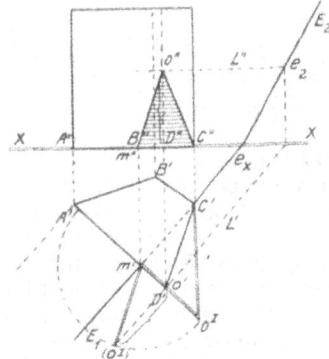

Abb. 466

Die Schnittfläche ist in A. $m'' n'' o'' p''$, ein Gr. $m' n' o' p'$; die Kante BS wird weggeschnitten.

Aufg. 92. (Abb. 465.) Die Gr.spur E_1 schneidet die Grundfläche des Quaders in $m' n'$. Über dieser Geraden konstruieren wir das gleichseitige Dreieck $m' n' o^I$ und richten dieses soweit auf, bis o^I in die Quaderkante B fällt.

[110]: in B^1 Parallele mit der Gr.spur zeichnen und mit dem Kreisbogen durch o^I in $(o_1{}^I)$ zum Schnitte bringen. Dann gibt die Strecke $o' (o_1{}^I)$ die Höhe des Punktes o_1''.

Aufg. 94. (Abb. 467.) Die schneidende Ebene ist so angenommen, daß ihre Gr.spur die Grundfläche $A' B' C' D'$ der Pyramide in den Eckpunkten B' und D' schneidet. Die A.spur geht durch den Durchstoßpunkt l_3 der Spurparallelen, die durch die Spitze S gelegt wird. Die Schnittfläche ist im Gr. $B' D' S'$, im A. $B'' D'' S''$. Die Netze beider Teilkörper (Abb. 468) findet man, indem man die wahren Längen der Seitenkanten bestimmt, wie dies für BS in der Zeichnung durchgeführt ist.

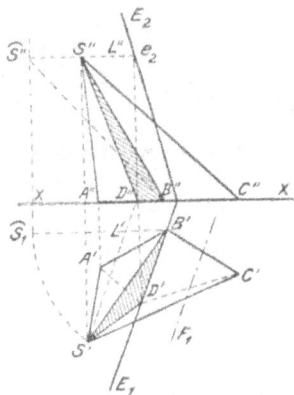

Abb. 467

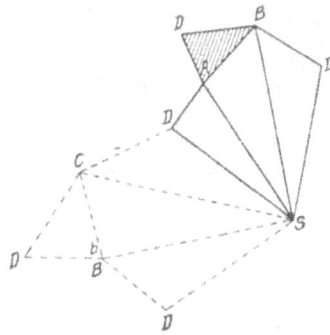

Abb. 468

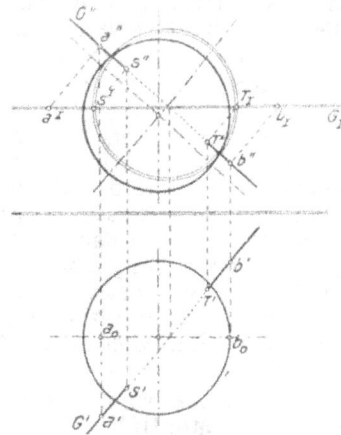

Abb. 469

über der Gr.E. an. Parallel zur Geraden $o_1'' n''$ ist durch e_2 die A.spur E_2 zu ziehen. Das Dreieck erscheint im A. in $m'' n'' o_1''$ und im Gr. in $m' n' o_1'$. Soweit die Höhe des umgelegten Dreieckes $d o^I > d D'$ ist, gibt es noch eine zweite Lösung, indem man das Dreieck nur soweit aufrichtet, bis o^I in die Kante D zu liegen kommt; dann ist $D'' o_1'' = D' (o_1{}^I)$.

Aufg. 93. (Abb. 466.) Hier ist die Gr.spur E_1 der zu suchenden Ebene so angenommen, daß sie durch C' geht und

Die Grundfläche ist ohnedies in wahrer Größe vorhanden. (Zur Übung führe der Leser dieselbe Aufgabe durch, wenn die Gr.spur der schneidenden Ebene die Lage F_1 habe.)

Aufg. 95. (Abb. 469.) Man lege durch die Gerade G eine Hilfsebene $\perp$ A. E. und lege diese um. Sie schneidet die Kugel in einem Parallelkreis, der umgelegt sich mit der umgelegten Geraden G_I in S_I und T_I schneidet.

Zurückgelegt, ergeben sich S'' und T'' als A. der Durchstoßpunkte, deren Grundrisse in der Geraden G' gelegen sind.

░░░░░░ ALLERLEI WISSENSWERTES ░░░░░░

über Technik und Naturwissenschaft.

Unsere Erde.

(Eine geologische Studie.)

Inhalt: Der Zweck dieser Studie soll nur der sein, unsere Leser vorläufig in ganz allgemeinen Umrissen über die bezüglich der Entstehung unserer Erde und der allmählichen Bildung der Erdrinde geltenden Anschauungen aufzuklären. Die Einzelheiten der technisch wichtigen Schichten und Formationen sowie die zu ihrer Bestimmung jeweilig gegebenen Anhaltspunkte werden später im „Bergbau" und in der „Stoffkunde" folgen, wo die Lagerungsverhältnisse und das Vorkommen der einzelnen Naturstoffe, aus denen wir unser Bau- und Betriebsmaterial gewinnen, eingehender zur Sprache kommen werden; erst dann wird der Zusammenhang zwischen Geologie und Technik so recht klar werden.

[319] Wir Erdenbewohner hängen mit unseren Daseinsbedingungen in hohem Maße von der Eigenart und den Schicksalen jenes im Gegensatz zum unendlich großen Weltall winzig kleinen Planeten ab, auf dem zu leben, zu wirken und zu sterben uns das Schicksal bestimmt hat. Ist es daher schon im allgemeinen von größtem Interesse, unsere Heimat im allerweitesten Sinne des Wortes kennenzulernen, so ist dies um so mehr für den Techniker von Wert, der von Beruf aus in erster Linie dazu bestimmt ist, die unerschöpflichen Reichtümer an Stoffen und Energien, die unsere Erde in ihrem Innern birgt und an ihrer Oberfläche immer aufs neue hervorbringt, zu gewinnen und zu verwerten. Wiewohl es dem Menschen bisher nicht gelungen ist, in die Erdrinde selbst viel weiter als etwa 2 km, also bis ungefähr $^1/_{3000}$ des Erdhalbmessers, unter Wasser bei Meerestiefen bis zu 9 km auf mehr als 70 m vorzudringen, ja selbst die jüngste, so vielversprechende technische Errungenschaft, die Flugtechnik, bis jetzt kaum ein Drittel der ungefähr 100 km hohen, die Erde umgebende Lufthülle für uns erreichbar macht, ist es der Wissenschaft doch gelungen, die Erde in allen ihren Teilen so genau zu erforschen, daß Mangel an diesen Kenntnissen dem Fortschreiten der Technik und Kultur keinen Hemmschuh mehr anlegt.

Auf Grund der Tatsachen, die dem stetig nach Erkenntnis ringenden Menschengeist über Form, Größe und Dichte unseres Erdkörpers allmählich klar geworden sind, und der Forschungsergebnisse der Astronomen über die Natur der übrigen Weltkörper, hat der deutsche Philosoph **Immanuel Kant** (1724—1804) und später der französische Mathematiker und Astronom **Pierre Simon de Laplace** (1749—1827) Vermutungen über die Bildung unseres Sonnensystemes aufgestellt, die als **Kant-Laplacesche Theorie** bezeichnet und bekannt sind.

Nach dieser Theorie erfüllte der gesamte Stoff der jetzt in unserem Sonnensysteme, der Sonne, den Planeten und ihren Trabanten, enthalten ist, ursprünglich in äußerst verdünntem gasförmigen Zustand einen gewaltig großen Teil des ganzen Raumes. Dieser „Riesengasball" drehte sich um eine Achse, und zwar in derselben Richtung, in der sich noch jetzt das System der Planeten um die Sonne bewegt, zog sich infolge der gegenseitigen Anziehung der einzelnen Teilchen nach und nach zusammen und wurde dadurch immer kleiner. Er plattete sich an den Polen ab und gleichzeitig wurde die Fliehkraft an seinem Mittelring, dem Äquator, stetig größer, bis sich schließlich ringförmige Teile ablösten, die sich dann im freien Raume unter stetiger Abkühlung zu selbständigen Himmelskörpern, zu Planeten, zusammenballten. Aus einer dieser Ablösungen entstand nach dieser Annahme auch unsere **Erde.** Durch Wiederholung desselben Vorganges bildeten sich wohl in der weiteren Folge bei den Planeten, somit auch bei der Erde, Begleiter (Trabanten) aus, die als Monde bezeichnet werden, während die Sonne im Mittelpunkt des Systemes als glühende Zentralmasse zurückblieb.

Nur durch einen anfänglich gasförmigen und später flüssigen Zustand des Erdkörpers war überhaupt die Möglichkeit gegeben, daß auch die Erde Kugelgestalt annahm und infolge der Rotation sich an ihren Polen abplattete; daß aber dieser ursprüngliche Zustand mit Gluthitze verbunden war, dafür spricht die heute noch im tiefsten Erdinnern vorhandene ungeheure Hitze, die sich uns durch heiße Quellen und die Lavaströme der Vulkane deutlich zu erkennen gibt. Wie jeder wärmere Körper in kälterer Umgebung, so hat sich auch die Erde allmählich abgekühlt. Infolge der Wärmeabgabe an den umgebenden Weltraum, dessen Temperatur mit etwa —270⁰ C angenommen wird, mußte für die Erde ein Zeitpunkt eintreten, **wo das Gasförmige flüssig zu werden, das Flüssige zu erstarren begann** und sich eine aus Mineralsubstanzen bestehende Kruste bildete, deren Dicke allmählich im Laufe der Millionen von Jahren umfassenden Zeiträume auf Kosten des schmelzflüssigen Erdinnern zunahm; diese Kruste hat dann im Verlaufe der verschiedenen geologischen Perioden alle die mannigfaltigen und gewaltigen Veränderungen und Entwicklungen durchgemacht, denen die Gebirge und Täler, die Festländer und die Meere in den Hauptumrissen ihre heutige Gestalt verdanken.

So mag ja im allgemeinen die Entstehung unseres Sonnensystemes und damit auch unserer Erde vor sich gegangen sein, wiewohl dabei noch viele Fragen, namentlich jene nach dem Ursprung des um seine Achse rotierenden Gasballes unaufgeklärt bleiben. Wir wollen uns aber hier nicht mit philosophischen Theorien sondern mit Tatsachen befassen, wie sie die Astronomie in bezug auf die Größe unseres Erdballes und seiner Lage im Weltraum, die Geologie, die Wissenschaft von der Erde, über den Bau der Erdrinde in so reichem Maße bietet.

Die Erde, der dritte der inneren Planeten (Merkur, Venus, Erde und Mars) wurde im Altertum, selbst von den Griechen lange Zeit hindurch für eine auf dem Wasser schwimmende kreisförmige Scheibe gehalten; aber nach und nach erkannte man, daß sie die Gestalt einer Kugel haben müsse, denn nur diese macht es erklärlich, daß die Erde von jedem Punkte aus rund erscheint und daß man z. B. die Spitzen von Türmen, Bergen aus der Ferne eher erblickt als ihre unteren Teile. Absolute Beweise für die Kugelgestalt der Erde boten nicht nur der runde Schatten der Erde auf dem Monde, sobald dieser durch sie verdunkelt wird, sondern auch viele andere Erscheinungen, deren Besprechung uns zu weit führen würde, — endlich aber die seit dem 16. Jahrhundert nach Erfindung des Kompasses oft und oft ausgeführten Weltumseglungen.

Der größte Durchmesser der an den Polen abgeplatteten Erdkugel beträgt 12756 km, während sie im Mittel von der Sonne 149 Millionen km, also ungefähr das 11000fache ihres Durchmessers vom Mond 383000 km, sonach nur das 30fache ihres Durchmessers, entfernt ist.

Das Innere der Erde, der sog. Erdkern, ist natürlich unserer direkten Beobachtung vollkommen verschlossen. Wir können aus den Erscheinungen in den uns genau bekannten äußeren Teilen nur Schlüsse auf die Beschaffenheit des Erdinnern ziehen: Die mit der Tiefe fortschreitende Zunahme der Temperatur um je 1° C für etwa 33 bis 36 m Tiefenzunahme, die heißen Quellen und die Vulkane, aus deren Innern zeitweise schmelzflüssige Gesteinsmassen unter enormer Gas- und Dampfentwicklung an die Oberfläche gelangen, führen unwillkürlich zur Annahme, daß in großer Tiefe sehr hohe Temperaturen herrschen, und daß dieses glutflüssige Innere von Gasen und Dämpfen durchtränkt ist. Aus dem Vergleiche der geringeren „mittleren" Dichte der Gesteine an der Erdoberfläche, die mit 2,8 g für 1 cm³ veranschlagt werden kann, mit der viel höheren mittleren Dichte des ganzen Erdballes, die von Prof. Richarz in Marburg zu 5,6 g für 1 cm³ ermittelt wurde, sowie aus der weiteren Tatsache, daß die dichtesten Gesteine der Erdkruste, wie u. a. die Basalte, auch zugleich die eisenreichsten sind, dürfen wir mit Bestimmtheit schließen, daß die mittlere Dichte des Erdinnern selbst bedeutend größer sein muß als 5,6 g für den cm³, das Erdinnere daher vorherrschend aus Eisen ($D = 7,8$) bestehen dürfte. Zu der letzteren Vermutung berechtigt uns übrigens auch die Tatsache, daß die Trümmer anderer zersprengter Weltkörper, die als Meteore auf unsere Erde fallen, größtenteils aus Eisen (Meteoreisen) bestehen. Es wird uns weiters ganz begreiflich, daß die an erster Stelle starr gewordene Rinde der Erde bei der weiter fortschreitenden Abkühlung und Zusammenziehung des Innenkerns, namentlich in den ältesten geologischen Perioden, wo die Rinde noch dünn war, gewaltigen Faltungen, Stauchungen, Pressungen und Zerreißungen ausgesetzt war, Ereignissen, die, von den heftigsten sog. tektonischen Erdbeben begleitet sein mußten. Diese ermöglichten den im Schmelzflusse befindlichen Innenmassen, zum Durchbruche zu gelangen und an der Oberfläche vulkanische Berge in langen Reihen zu bilden; sie haben auch jene Einsenkungen und wiederholten Einbrüche ausgedehnter Teile der Erdrinde herbeigeführt, durch deren Ausfüllung mit Wasser die Ozeane entstanden, aus denen die höhergelegenen Festländer (Kontinente) sozusagen als Inseln hervorragen. In diesen letzteren mögen sich dann nicht so sehr durch impulsiv hebende als vielmehr durch pressende und schiebende Kräfte die sanfteren Gebirge in ihren mannigfaltigen Formen gebildet haben: Die langgestreckten Ketten- und Faltengebirge mit ihren parallel aneinandergereihten, sich weithin erstreckenden Sätteln und Mulden, die einer eigentlichen Längsachse entbehrenden Massengebirge oder Massive, die vulkanischen Kegel- und Kuppengebirge usw.

Alle diese Gebirge bestanden in der ältesten **archäischen Periode,** die treffend als die **Urzeit** der Erde bezeichnet wird, vorherrschend aus den ältesten, dabei am meisten verbreiteten kristallinischen Silikatgesteinen, die in der Tiefe unter einer verschieden mächtigen Decke langsam erstarrt sind (Abb. 470).*) Zu den Urgesteinen gehören hauptsächlich Granit und Gneis, aus dem die Zentralstöcke der Alpen, der Karpathen, des Riesengebirges, des Erzgebirges und Böhmerwaldes, des Harzes usw. gebildet sind, dann der Syenit, der typisch im Plauenschen Grunde bei Dresden auftritt, der Porphyr, der im Thüringerwalde ganze Kuppen bildet und der Basalt, ein schwarzes Gestein, das sich durch säulenförmige Anordnung auszeichnet und namentlich in Mitteldeutschland in der Eifel, im Westerwald, in Nordböhmen usw. zu finden ist. **Das Urgebirge ist ungemein reich an Erzlagerstätten;** es enthält Gold, Silber, Platin, Blei, Kupfer, Zinn, Zink usw., aber auch viele Edelsteine wie Diamant, Rubin, Smaragd, Granat und

Abb. 470
Erzgebirge

a) Gneis, b) Glimmer,
c) Phyllit, g) Karbon,
h) Rotliegendes

*) Diese und mehrere folgende Abbildungen sind geologische Profile, d. h. Querschnitte durch Landstriche oder Gebirge, aus denen die Lagerung der einzelnen Schichten, also der geologische Aufbau des betreffenden Teiles der Erdkruste zu ersehen ist.

die verschiedenartigsten Quarzgattungen. Ob zu dieser Urzeit organische Wesen bereits gelebt haben, ist zweifelhaft, weil die Gesteine dieser Formation gar keine sichtbaren organischen Reste enthalten. Wahrscheinlich ist aber, daß der in den kristallinischen Schiefergesteinen vorkommende Graphit pflanzlichen Ursprungs ist.

In der Urzeit wird die Oberfläche der Erde nur von den kahlen Grundgebirgen aus Urgestein und den in den Vertiefungen desselben angesammelten mächtigen Wassermassen, Seen und Meeren, gebildet worden sein. Vergleichen wir nun diesen ursprünglichen Zustand mit der gegenwärtigen Beschaffenheit der Erdrinde: die Urgesteine treten heute nur in vereinzelten Gebirgszügen und in getrennten Gängen und Stöcken zutage, sonst aber sind sie von mächtigen Deckschichten offenkundig jüngeren Alters bedeckt, die aber wieder ihrerseits vielfach verworfen, zerklüftet, gebogen und gefaltet erscheinen. Alles das läßt darauf schließen, daß die Erdkruste auch noch nach der Bildung des Urgebirges eine Reihe von gewaltigen Störungen durchgemacht hat, und daß in den einzelnen, unermeßliche Jahre umfassenden Zeitperioden in einer und derselben Gegend im Wechsel Hebungen und Senkungen der Erdrinde, fester Boden und Meer einander ablösten, bis schließlich der Hauptsache nach die Erdoberfläche ihre heutige, scheinbar fertige, in der Tat aber noch fortwährenden langsamen Umbildungen und Veränderungen unterworfene Gestalt erhalten hat. Da über diese Vorgänge aus Urzeiten selbstverständlich gar keine Übermittlungen existieren, ja selbst über die Katastrophen der jüngeren und jüngsten Perioden in der Entwicklungsgeschichte der Erde, wie z. B. über die Sintflut, nur bei einzelnen Völkern des grauesten Altertums sich Überlieferungen sagenhaften Charakters erhalten haben, blieb der nach Aufklärung strebenden Wissenschaft kein anderer Ausweg, als aus kümmerlichen Resten der überkommenen Pflanzen- und Tier-Urwelt die Zusammengehörigkeit der einzelnen Schichten und durch Vergleich mit den von Menschen wirklich beobachteten tellurischen Vorgängen der Jetztzeit deren allmähliche Bildung zu ergründen. Und so sammelten denn die Geologen aller Kulturvölker mit unermüdlichem Fleiß durch Jahrzehnte hindurch Beobachtung für Beobachtung, trugen in allen Weltteilen gemachte Funde, Versteinerungen (Petrefakten), Abdrücke von Pflanzen und Tieren usw. zusammen, bis genügend wertvolles Material gesammelt war, um daraus in kunstvollster Weise ein nahezu lückenloses Mosaikbild über die allmähliche Entstehung und die Zusammensetzung unserer Erdrinde schaffen zu können.

Bevor wir nun in der Beschreibung unseres Bildes über die Urzeit hinaus fortfahren, wollen wir uns erst einmal das gesammelte Beobachtungsmaterial flüchtig vor Augen führen: Wenn auch die geologischen Veränderungen (Erdbeben), die sich uns in geschichtlicher Zeit darbieten, bei all ihren für die betroffenen Zeitgenossen mitunter furchtbar erscheinenden Folgen geradezu Kinderspiele gegen frühere Erdkatastrophen genannt werden müssen, so geben sie doch als Bilder im kleinen schätzbare Anhaltspunkte für Schlüsse ins Große. Es sind hier hauptsächlich die Vulkanausbrüche, die Erdbeben sowie die Hebungen und Senkungen des Bodens, die in Betracht gezogen werden müssen.

Vulkane oder **feuerspeiende Berge** sind dadurch entstanden, daß glutflüssige Gesteinsmassen durch einen Kanal aus dem Erdinnern emporbewegt wurden und sich um die Ausbruchstelle anhäuften; die Öffnungen am Gipfel oder an den Seiten, durch welche die Ausbrüche stattfinden, nennt man Krater und die herausfließenden oder durch die ungeheure Kraft der mitausbrechenden Wasserdämpfe herausgeschleuderten Steinflußmassen Lava, eine Masse, die bei Abkühlung zu festem vulkanischem Gestein, zu Basalt- oder Trachytlava erstarrt. Die Krater sind oft nur Vertiefungen von geringem Umfang, zuweilen aber auch schroffe kesselförmige Abgründe bis zu 5 km Tiefe. So mißt der Krater des Vesuvs 620 m, des Ätna 700 m, des Popocatepetl in Mexiko 1700 m und ein Vulkan auf Hawaii 4700 m im Durchmesser. Auch die Höhe der Vulkane über dem Meere ist sehr verschieden (der Monte Nuovo bei Neapel 142 m, der Vesuv 1241 m, der Ätna 3320 m, der Vulkan auf Hawaii 9900 m). (Abb. 471.) Die meisten Vulkane treffen wir an den Küsten und auf den Inseln; man kann sagen, daß es in der Gegenwart etwa 300 selbständige vulkanische Herde und mehrere tausend vulkanische Berge gibt. Der interessanteste Vulkan in Europa ist der Vesuv bei Neapel, der beständig etwas raucht. Den Alten galt er für erloschen, bis 63 v. Chr. plötzlich und unerwartet Ausbrüche erfolgten, die die Städte Herkulanum und Pompeji total verschütteten und sogar Neapel bedrohten. Weitere starke Ausbrüche erfolgten 1631, 1822, 1872 und 1906.

Im engen Zusammenhange mit den Vulkanen stehen die Kohlensäure-Gasquellen (Hundsgrotte bei Neapel, in der Eifel), ferner die Schwefel- und Wasserdampfquellen und endlich die heißen Quellen. Der berühmteste der letztgenannten Spring- oder Sprudelquellen ist der isländische Geysir, dessen Wasser während der Ruhepausen unten bis auf 127° erwärmt und dann durch die Dampfwirkung auf 30 m Höhe hoch gestoßen wird (Abb. 472). Ähnliche Quellen gibt

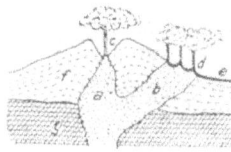

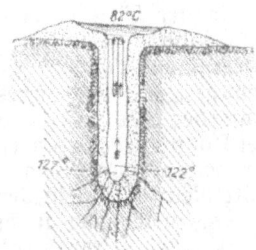

Abb. 471
Vulkan

a) Ausbruch, b) seitlicher Durchbruch, c) Krater, d) Seitenkrater, e) Lavastrom, f) lockerer Auswurf, g) Grundgebirge

Abb. 472
Der isländische Geysir

es zu Hunderten in Yellowstone-National-Park in Amerika. Alle diese Erscheinungen zeigen uns nicht nur, daß im Erdinnern auch heute noch flüssige Gesteinsmassen vorhanden sind, sondern daß die Erdoberfläche durch vulkanische Tätigkeit noch Veränderungen erleidet.

Ungleich verheerendere Wirkungen führen jene Erschütterungen herbei, die wir als **Erdbeben** bezeichnen; sie begleiten zuweilen Vulkanausbrüche oder gehen ihnen voraus, werden häufig aber nur durch plötzliche Verschiebungen überverspannter, übereinander liegender Schichten der Erdrinde hervorgerufen. Mit stärkeren Erdbeben sind mitunter plötzliche Hebungen und Senkungen des Erdbodens in ganz beträchtlicher Größe verbunden; so erlitten z. B. die Küstenstriche der Halbinsel Chile im Jahre 1750 eine momentane Hebung um 8 m. Allmähliche Hebungen und Senkungen betragen dagegen in einem Jahrhundert kaum 1 m; dadurch haben sich u. a. auch die hoch über dem Meeresniveau gelegenen Strandterrassen gebildet, die man in Norwegen auf weiten Strecken verfolgen kann (bei Trondhjem liegen zwei solche Strandlinien 150—170 m über dem Meere). Die Ursachen solcher Bodenverschiebungen hängen wohl, wie die Bildung der Gebirge überhaupt, mit dem allgemeinen Prozesse der Abkühlung und Zusammenziehung des Erdkernes sowie mit darin plötzlich ausgelösten chemischen Prozessen zusammen, die wieder Wärme erzeugen und die innere Glut steigern. (Schluß folgt.)

LEBENSBILDER
berühmter Techniker und Naturforscher.

Isaac Newton.
(* 1643, † 1727.)

Isaac Newton, der berühmte Entdecker der Gravitationsgesetze, war am 5. Januar 1643 zu Woolsthorpe bei Grantham in Lincolnshire geboren. Sein Vater besaß dort ein kleines Landgut, starb aber noch kurz vor der Geburt seines Sohnes.

Isaac, ein sehr schwächliches Kind, besuchte anfangs eine Dorfschule, zeigte aber wenig Lust zum Lernen. Schon in der Kindheit beschäftigte er sich am liebsten mit naturwissenschaftlichen und mechanischen Dingen; er verfertigte Wassermühlen und Sonnenuhren, studierte die Kraft des Windes und ließ zur Bewunderung der Einwohner Drachen über den Ort kreisen. Später sollte er seiner Mutter in der Verwaltung ihres Landgutes helfen, aber auch dazu hatte er wenig Geschick und so wurde beschlossen, ihn für das akademische Studium vorzubereiten. Bei der etwas unregelmäßigen Vorbildung hatte er auf der Universität in Cambridge anfangs einigermaßen Schwierigkeiten, aber mit seinen talentvollen Kräften konnte er diese gar bald überwinden.

Schon als Student machte Newton einige Entdeckungen, die später nicht wenig zu seinem Ruhme beitrugen. So erfand er gleichzeitig mit dem deutschen Mathematiker Leibniz die **Differential- und Integralrechnung,** die ihm zum unentbehrlichen Werkzeug bei

seinen weiteren Forschungen werden sollte.

Seine zweitwichtigste Entdeckung lag auf dem Gebiete der **Optik,** mit der er sich schon in seinen ersten Studentenjahren mit besonderer Vorliebe beschäftigte. Newton erkannte, daß es unmöglich sei, Linsen zu verfertigen, die ein völlig fehlerfreies Bild liefern, daß man aber diese Fehler dadurch vermeiden könne, daß man die Bilder durch genau geschliffene Hohlspiegel erzeugt. Er verlegte sich daher selbst auf das Schleifen von Metallspiegeln, um diese zur Herstellung von **Spiegelteleskopen** zu benutzen. Newton verfertigte erst ein kleineres und später ein größeres Teleskop, und namentlich das letztere erregte in Cambridge solches Aufsehen, daß es nach London gebracht und dort dem König vorgeführt wurde.

Daraufhin wurde ihm bereits 1669 eine Professur für Optik übertragen. In dieser Stellung gelang ihm dann die entscheidende Entdeckung, daß das weiße Sonnenlicht Strahlen von allen Farben enthält und daß jeder dieser Strahlen seinen bestimmten Brechungsexponenten besitzt. Die roten Strahlen werden am schwächsten, die violetten am stärksten gebrochen. **Die Entdeckung des nach ihm benannten Spektrums bezeichnete Newton selbst als einen der bedeutendsten Erfolge, die jemals auf dem Gebiete der Naturwissenschaften gemacht worden war.**

Den größten Triumph hat Newton durch seine glänzende mathematische Behandlung über die **Him-melskörper** geerntet. Gerade mit Rücksicht darauf schrieb sein jüngerer Zeitgenosse Pope in freier Über-setzung: „Natur und Naturgesetze lagen verborgen in der Nacht, Da sagte Gott, laßt Newton sein und — alles ward gemacht." Der Grundgedanke hierzu tauchte in ihm jedenfalls in seiner Jugend auf, wenn er sich auch erst viel später vollständig entfaltete und klärte. Seine Nichte erzählte hierüber Voltaire folgendes:

Im Jahre 1666 brachte Newton wegen der in Cambridge herrschenden Pest einige Zeit in seinem Ge-burtsorte Woolsthorpe zu; hier sah er eines Tages einen Apfel vom Baume fallen, und dies veranlaßte ihn, sich zu fragen, ob die Kraft, die das Fallen des Apfels und überhaupt das Fallen der Körper auf der Erd-oberfläche veranlaßt, auch in größerer Entfernung, ja selbst auf den Mond wirken könne; denn wenn diese Kraft gleichstark auf alle möglichen Körper so einwirkt, daß sie gleichschnell fallen, dann müßte auch der Mond ebenso rasch fallen. Newton vermutete nun, daß diese Kraft — ebenso wie die Wirkung einer Licht-quelle, mit dem Quadrate der Entfernung abnehmen müsse. War diese Annahme richtig, so könnte man leicht berechnen, um wieviel der Mond in einer Sekunde nach der Erde hin fällt. Da an der Erdober-fläche ein Körper um 4,9 m $\left(\frac{g}{2}\right)$ in einer Sekunde fällt und die Entfernung des Mondes vom Mittelpunkte der Erde gleich 60 Erdradien ist, so muß der Mond $\frac{4,9}{60^2} = 0,00136$ m pro Sekunde fallen, **womit sich die Bewegung des Mondes um die Erde vollständig durch das Trägheitsgesetz erklären ließe.** Leider fand der große Gelehrte wenig Übereinstimmung in seinen Berechnungen, weil er für die Größe der Erde und da-mit auch für die relative Entfernung des Mondes allzu ungenaue Werte zur Verfügung hatte; dadurch ent-mutigt, legte er die Sache einstweilen beiseite und nahm nach dem Erlöschen der Pest in Cambridge seine optischen Arbeiten wieder auf.

Was Newton in den folgenden Jahren unternommen hatte, um den Bau des Weltalls zu ergründen, wissen wir nicht. Er war zu sehr mit der Optik beschäftigt, um sich noch anderen Dingen ernstlich widmen zu können. Aber ganz scheinen seine astronomischen Arbeiten nicht geruht zu haben, denn schon 1679 ver-öffentlichte er eine Aufsehen erregende Abhandlung über die **Achsendrehung der Erde** und 1684 hatte er sein großes Werk **über die Bewegung der Himmelskörper** vollendet. Als es endlich der Gesellschaft der Wissen-schaften in London vorgelegt wurde, fand man es so überwältigend, daß die Lobrede in der Gesellschaft mit den Worten schloß: „Alles ist fertig, es ist nichts mehr zu tun."

In diesem Werke beweist nun Newton mit mathematischer Schärfe die **Keplerschen** Gesetze und zieht daraus seine Folgerungen: daß das erste dieser Gesetze sicher zu dem Schlusse führt, daß die Kraft, die auf die Planeten wirkt, ihren Sitz in der Sonne hat und in demselben Grade kleiner sein muß, in welchem die zweite Potenz der Entfernung größer ist, daß das dritte Gesetz den Schluß zuläßt, daß die Anziehung der Himmelskörper dem Produkte der Massen beider Körper proportional ist.

Damit war nun das **Gravitationsgesetz** $\frac{M \cdot M_1}{R^2}$ in seiner allgemeinsten Form gefunden und bot die geeignete Basis, von der aus dann alle übrigen Berechnungen über die Masse und die Größe der Erde sowie die übrigen Planeten durchgeführt werden konnten.

Auch die **Präzession**, die Erscheinung, daß die Erdachse ihre Richtung nicht beibehält, sondern im Laufe von 26000 Jahren eine Kegelfläche beschreibt, sowie die bis dahin ganz rätselhafte Erscheinung der **Ebbe und Flut** wurden von Newton lückenlos erklärt.

Wir begegnen dem Gelehrten auch noch auf vielen anderen Gebieten der Physik, auf denen er Großes geleistet hatte. Seine Autorität war so maßgebend, daß da, wo er an mißverständlichen Auffassungen fest-hielt, wie bei seiner Emanationstheorie über das Licht, es jahrhundertelang dauerte, bis die richtige Auf-fassung, in bezug auf das Licht z. B. die Huyghensche Wellentheorie, sich allgemein durchsetzte.

Newton ist einer der verhältnismäßig wenigen Naturforscher früherer Zeiten gewesen, die schon bei Lebzeiten die gebührende Anerkennung ihrer Verdienste gefunden haben. Als Münzmeister der königlichen Münze verlegte er seinen Wohnsitz nach Kensington, wo er im Alter von 85 Jahren als vermögender Mann starb. Seine Leiche wurde auf Befehl des Königs Georg I. mit großer Pracht in der Westminster-Abtei beigesetzt.

Über Newtons Auffassung des Verhältnisses zwischen der menschlichen Forschung und dem inneren Naturzusammenhange liegt eine Äußerung vor, die er als Greis getan hat: „Ich weiß nicht, was die Welt über meine Arbeiten denken wird; aber ich selbst komme mir nur wie ein Kind vor, das am Strande spielte und etwas glattere und etwas buntere Steinchen fand, als andere gefunden haben; aber der unermeßliche Ozean lag unerforscht vor meinen Blicken."

Graf Ferdinand von Zeppelin.

(* 1836, † 1917.)

Daß ein Mann erst in höherem Alter beginnt, der Verwirklichung seiner Gedanken über eine weit-tragende Erfindung, wie z. B. die des **lenkbaren Luftschiffes**, näherzutreten, dürfte an sich sehr selten sein; daß aber dieser Mann dann noch zu Lebzeiten auf einem Gebiete, das nicht nur viel tech-nisches Geschick, sondern auch große persönliche Tapferkeit und außerordentliche Tatkraft verlangt, Erfolge erzielen konnte, die das ganze Volk mit Bewunderung erfüllten, blieb dem **Grafen Zeppelin** vor-behalten, der deshalb auch nicht mit Unrecht zu einer Art von Nationalhelden für das deutsche Volk ge-worden ist.

Zeppelin wurde auf einer Insel bei Konstanz am Bodensee geboren und verbrachte auf dem elterlichen Gute eine recht glückliche Jugend. Von vornherein für die militärische Karriere bestimmt, trat er nach Absolvierung der Realschule in die Kadettenanstalt in Ludwigsburg ein, von der er als Leutnant zu einem Infanterieregiment und später zum Ingenieurkorps nach Ulm kam. Seinem Tatendrange folgend, ließ er sich behufs Teilnahme am amerikanischen Bürgerkriege beurlauben, während dessen er seinen ersten Aufstieg im Fesselballon mitmachte, der wohl mit den Grund für seine weiteren Bestrebungen als Luftschiffer gelegt haben dürfte. Sein kühner Aufklärungsritt zu Anfang des Deutsch-Französischen Krieges 1870/71, den er in Begleitung dreier Offiziere und dreier Dragoner ausgeführt hat und von dem er allein mit der gewünschten Auskunft zurückkehrte, lenkte die allgemeine Aufmerksamkeit auf ihn, und nun ging's in der militärischen Laufbahn rasch vorwärts, die er 1890 als Generalleutnant und Kavalleriebrigadeur in Saarburg abschloß.

Mit dem Jahre 1891 begann Zeppelin seine Idee über die Lenkbarkeit von Luftschiffen auszuführen.

Die Bestrebungen, auf aerostatischem Wege beträchtliche Lasten in die Luft zu heben, reichen bis in das 17. Jahrhundert zurück. Aber erst 1783 fand **Montgolfier,** daß auch durch Erwärmung der Luft in einem Behälter ein genügender Auftrieb erhalten werden kann. Mit einem Luftsacke von 2000 m³ Inhalt konnte beim Erwärmen der Innenluft schon die Last von mehreren Menschen hochgehoben werden.

Daraufhin baute **Charles** in Paris einen kugelförmigen Gasbehälter, der mit einer besonderen Kautschuklösung gedichtet war, und füllte diesen mit Wasserstoffgas, das 14½ mal leichter als Luft ist. In einem bloß 38 m³ fassenden Ballon erhob sich genau einen Monat nach dem Aufstiege der ersten bemannten „Montgolfière" die erste „Charlière" mit Charles an Bord. Die Konstruktion dieses Fahrzeuges ist bis auf den heutigen Tag vorbildlich geblieben. Charles hat mit genialem Blicke seinem Ballon eine Form gegeben, die seither geradezu zu einem Typus geworden ist: Netzhemd, Ventil und Füllansatz sind bereits vorhanden; Charles verwendete auch ein Barometer zur Bestimmung der Höhe und nahm in die Gondel Ballast und Anker mit. Nur der um den Äquator laufende Ring, an dem die schiffchenförmige Gondel hing, wurde später an das untere Ende des birnförmigen Ballons verlegt und zur Aufhängung des heute noch üblichen Gondelkorbes benutzt, die Anker, die bei ungünstigem Landen sehr häufig versagten und das Unheil mitunter nur noch vermehrten, seither durch die Reißleine ersetzt wurden, mit der im letzten Momente ein etwa ⅓ m breiter und mehrere Meter langer Streifen von der Ballonhülle weggerissen werden konnte.

Damit war der erste Teil des Flugproblemes gelöst; es blieb nur noch die Fortbewegung nach beliebigen Richtungen, die **Steuerung** in der Wagerechten, zu erfinden übrig. Die Lösung dieser Aufgabe blieb aber an die Bedingung der Herstellung eines leichten und kräftigen Motors geknüpft, da durch Menschenkraft sich niemals eine genügende Eigengeschwindigkeit zur Überwindung des „Abtriftens" mit dem Wind erzielen läßt. Damals gab es jedoch nur Dampfmotoren, und diese waren für den besagten Zweck zu kompliziert und auch zu schwer.

Nach einem mißglückten Versuch von **Giffard** mit einem von einem Dampfmotor getriebenen Spitzballon baute der deutsche Techniker **Hänlein** 1882 einen Ballon von 50 m Länge und 9 m Durchmesser, **dem als Motor zum ersten Male eine Lenoirsche Gasmaschine von 3,6 PS diente.** Den Propeller bildete eine vierflügelige Luftschraube von 4,6 m Durchmesser. Diese Konstruktion bedeutet jedenfalls ein wichtiges Glied in der Entwicklung des Lenkballons, denn schon 1884 gelang es Renard und Krebs mit dem von ihnen erbauten, sich den Giffardschen und Hänleinschen Typen anschließenden Lenkballon „La France" mit einem Elektromotor von Gramme Zielfahrten mit zwei Personen und ca. 200 kg Ballast auszuführen.

So stand die Sache, als Zeppelin an die Konstruktion eines lenkbaren Riesenluftschiffes herantrat; er war davon überzeugt, daß das Problem lösbar sei und daher keineswegs in eine Klasse mit dem Perpetuum mobile gestellt werden dürfe. **Seiner Ansicht nach mußte aber die Antriebsvorrichtung notwendigerweise am Tragkörper, also am Ballon selbst oder ihm wenigstens so nahe als möglich angebracht sein,** weil der Gasbehälter stets infolge seines großen Rauminhaltes den größten Winddruck auszuhalten hat, welche einzig zweckmäßige Schraubenanordnung aber mit der Notwendigkeit eines über den ganzen Tragkörper sich erstreckenden **formstarren** Gerüstes erkauft werden muß. Ein weiterer Vorteil des starren Gasbehälters liegt in der leichten und sicheren Anbringung der Steuerungs- und Stabilisierungsflächen am Ballonkörper selbst, die mit der Zeit zu Tragflächen nach Art der Drachenflieger ausgebildet werden konnten.

Die Gegner des starren Systemes hoben als Nachteile dieser Bauart das große Gewicht, die erschwerte Transportfähigkeit über Land und die Unnachgiebigkeit bei Landungsstößen und gegen seitlichen Winddruck hervor. In mancher Beziehung hatten sie gewiß recht, denn ein „Zeppelin" ist gasleer über Land kaum mehr transportabel. Zeppelin hielt aber trotzdem mit eiserner Konsequenz an seinem Systeme fest, denn nach seiner Ansicht blieb es immer wichtiger, daß ein Luftschiff in seinem Elemente, also für den Verkehr durch die Luft, am besten geeignet sei, als daß es bequem am Lande befördert werden könne.

Das erste nach Zeppelins Plänen 1898 erbaute Riesenluftschiff stellt eine wahre Musterleistung deutscher Ingenieurkunst dar. Der Tragkörper hatte 128 m Länge und 11,6 m im Durchmesser; er bestand aus einem starren Gerüste von Aluminiumträgern, über die Ballonstoff gespannt war. Der Querschnitt bildete ein 24-Eck, und nach den Enden lief der zylindrische Tragkörper wie bei Geschossen in Bogenspitzen aus. Wie bei Wasserschiffen wurde der Innenraum der größeren Sicherheit halber durch Querwände in 17 gasdichte Schotten geteilt. 17 Stoffballons, die in die versteiften Hohlräume eingebettet waren, enthielten 11 300 m³

Wasserstoffgas. Das erste Modell war mit zwei je 15 pferdigen Daimlermotoren von je 450 kg Gewicht ausgerüstet, die zwei symmetrisch zu beiden Seiten des Tragkörpers in der Höhe des Druckmittelpunktes angebrachte Propellerschrauben antrieben.

Das dritte Modell vermochte bereits eine Besatzung von 9 Personen zu tragen und 8 Stunden ununterbrochen in der Luft zu bleiben.

Das vierte Modell war 136 m lang und faßte 15000 m³; seine motorische Kraft wurde auf 220 PS erhöht. Mit diesem Fahrzeuge führte Graf Zeppelin im Jahre 1908 seine berühmte Fahrt von Friedrichshafen nach Mainz aus, mußte aber wegen starken Gasverlustes eine Zwischenlandung bei Echterdingen vornehmen. Der starke Wind riß den verankerten Ballon los und trieb ihn etwa 1 km ab. Vermutlich infolge elektrischer Entladungen wurden die Gasbehälter in Brand gesteckt, **wodurch das Luftschiff vollständig zerstört wurde.**

Graf Zeppelin ließ sich durch dieses Unglück durchaus nicht mürbe machen; **im Gegenteile, dieses Mißgeschick führte ihm erst recht durch die opferwillige Teilnahme des ganzen deutschen Volkes die erforderlichen großen Geldmittel zu,** und die Fortschritte in der Vervollkommnung der Automobilmotoren brachten ihm endlich die für seine Absichten nötige **Verminderung des Motorgewichtes** (von ca. 50 kg auf rund 2 kg pro PS) **und des Brennstoffverbrauches** (von rund 0,5 kg auf rund 0,2 kg pro Stunde und PS).

Von dem Unglücksjahr 1908 bis zur Stunde, da der kühne Luftschiffer seine Augen für immer schloß, gleicht sein Leben einem Siegeszuge, auf dem ihn die Wünsche des Volkes begleiteten und auf welchem ihm von allen Seiten die höchsten Ehrungen erwiesen wurden.

Zeppelin hat bewiesen, daß mit **Luftschiffen des starren Systemes tagelange Fahrten ohne Zwischenlandung ausführbar waren,** was nicht mit den **halbstarren** Systemen (Julliot-Lebaudy und Groß-Basenach), die nur einen starren Kiel zur Befestigung der Ballonhülle besitzen, und schon gar nicht mit den **unstarren** Systemen (Santos-Dumont und Parseval), bei denen die Antriebsvorrichtung in der Gondel untergebracht ist, jemals erreicht werden konnte.

Welche Entwicklung der Motorballon nehmen wird, ist heute noch nicht abzusehen; jedenfalls aber hat die Technik des Lenkballons in wenigen Jahren einen riesigen Aufschwung genommen. Eigengeschwindigkeiten bis zu 40 km pro Stunde und darüber wurden bereits mit Sicherheit erreicht und wie weit sich diese Geschwindigkeit, durch die das Luftschiff vom Winde immer mehr unabhängig wird, noch treiben lassen wird, kann man heute bloß vermuten.

Aber selbst, wenn die Zukunft wirklich der ballonfreien Flugmaschine, schwerer als Luft, gehören sollte, wird der volkstümliche Name „Zeppelin" niemals aus dem dankbaren Gedächtnisse des deutschen Volkes verschwinden.

4. BRIEF.

„Dem ringe nach! Es kann mit rechter Kraftanwendung
Der Mensch auf jeder Stuf' erreichen die Vollendung."
(Rückert.)

PHYSIK

Wellenlehre – Akustik – Optik.

Inhalt. Eine der verbreitetsten Bewegungen in der Natur ist die **periodische Bewegung**, bei welcher der Träger der Bewegung nach einer bestimmten Zeit immer wieder an denselben Ort im Raume zurückkehrt; wir haben solche Bewegungen schon in der Mechanik als Drehung [28] und als Schwingung beim Pendel [47] kennengelernt. Wo immer eine Schwingungsbewegung entsteht, pflanzt sie sich durch den Raum von Luft und Wasser, durch das Material, wie bei schwingenden Saiten oder, wenn der Raum ganz leer ist, durch den Äther fort und erzeugt damit eine **Wellenbewegung.** Wir wollen nun in der **Wellenlehre** diese Art der Bewegung etwas näher betrachten und dann ihre Eigentümlichkeiten in der Lehre vom Schall (**Akustik**) und in jener vom Licht (**Optik**) studieren.

9. Abschnitt.

Wellenlehre.

[320] Entstehung der Wellen.

a) Ein an einer elastischen Spiralfeder hängender schwerer Körper (Abb. 473) führt, wenn man ihn aus seiner Ruhelage, d. i. aus jener Lage, in welcher dem Gewichte des Körpers durch die elastischen Kräfte der Feder das Gleichgewicht gehalten wird, herausbringt und wieder freiläßt, eine hin und her gehende Bewegung aus, die wir eine **harmonische oder schwingende Bewegung** nennen.

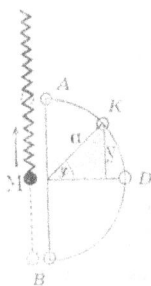

Den Ort des schwingenden Teilchens nach der Zeit t finden wir auf dem Durchmesser AB, wobei der Punkt K mit konstanter Geschwindigkeit c im Leitkreis vom Radius a läuft. Die Zeit t wird vom Durchgange des schwingenden Teilchens durch die Mittellage an gerechnet. Seine veränderliche Entfernung von der Mittellage wird **Elongation,** deren größter Wert a **Schwingungsweite** oder **Amplitude** genannt [47].

Abb. 473

Denkt man sich die schwingende Kugel auf ein dahinter gestelltes Papier photographiert, wobei dieses Papier mit gleichmäßiger Geschwindigkeit fortgezogen wird, so stellen sich die Elongationen y zeitlich nebeneinander als Ordinaten einer Sinuslinie (Vorstufe [215]) dar. Daher nennt man diese Art von Schwingungen **Sinusschwingungen.**

b) Führt ein Punkt eines in allen Teilen gleichartigen elastischen Körpers eine schwingende Bewegung aus, so geht dies nicht ohne Störung der Nachbarpunkte vor sich. Da dieselben nämlich durch elastische Kräfte mit dem ersten Punkte verbunden sind, werden auch sie in ähnliche Schwingungen versetzt. Wegen des Beharrungsvermögens vergeht dabei immer eine kleine Zeit, bis das nächste Teilchen in Bewegung gerät. **Wir nennen diese Fortpflanzung von Schwingungen in einem Körper** eine **Wellenbewegung** und erkennen, daß eine solche das Vorhandensein einer größeren Anzahl gleicher Elemente voraussetzt, die in ihrer Gesamtheit das **Mittel** oder **Medium** bilden. **Sind die Elemente geradlinig angeordnet, so haben wir es mit einer linearen Wellenbewegung zu tun (z. B. Violine, Saite), sind sie in einer Ebene ausgebreitet, mit einer ebenen** (Trommel, Membran), **bei räumlicher Ausdehnung mit einer räumlichen Bewegung** (Pfeife, Luft).

c) Schwingen die Teilchen senkrecht oder unter einem Winkel zur Richtung, in der sich die Welle fortpflanzt, so spricht man von einer transversalen oder einer Querwelle.

Schwingen die Teilchen in der Richtung hin und her, in der sich die Welle fortpflanzt, so nennt man die Welle eine longitudinale oder eine Längswelle.

[321] Querwellen.

a) **Ein Bild der Querwelle erzeugt man mit Hilfe der Machschen Wellenmaschine (Abb. 474).**

Eine Reihe gleichlanger Pendel wird mittels einer Leiste um denselben Betrag seitwärts gehoben, die Leiste dann in der Reihenrichtung zurückgezogen. Jedes Pendel vollführt dieselbe Bewegung, wobei jedoch jedes folgende etwas später anfängt. Daher das Wellenbild. Hat die Wellenbewegung erst eine größere Anzahl von Teilchen ergriffen, so bemerkt man, daß in einem beliebigen Augenblicke eine erste Gruppe von Teilchen nach der einen Seite, eine zweite nach der anderen Seite, eine dritte wieder wie die erste usf. senkrecht aus der Fortpflanzungsrichtung der Welle ausgewichen ist.

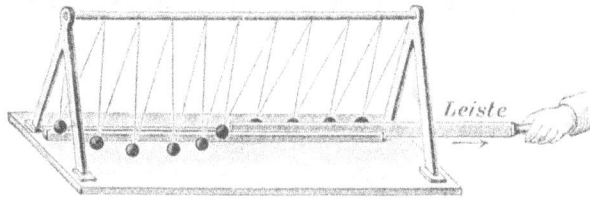

Abb. 474
Machsche Wellenmaschine

Man nennt die gleichgerichteten Ausweichungsgebilde der einen Seite **Wellenberge**, die der anderen **Wellentäler**. **Der Abstand von einem Wellenberg bis zum nächsten (oder von einem Wellental bis zum nächsten) stellt eine Wellenlänge dar.**

Das **Fortschreiten der Wellenform** studiert man am bequemsten an einer Glasröhre, um die ein gerader schmaler Papierstreifen gewunden ist (Abb. 475).

Man erhält dadurch eine Schraubenlinie, die, seitlich betrachtet, das Bild einer Welle darbietet. Dreht man die Vorrichtung an der Kurbel, so scheint der Wellenzug längs der Glasröhre fortzulaufen.

Abb. 475
Fortschreiten der Wellen

Betrachten wir z. B. den mittleren Wellenzug, so sehen wir, wie die Welle sich ausbreitet, indem sich die Vorderseite der Welle hebt, während ihre Rückseite einsinkt. (Wellenberg voran!)

b) Die Konstruktion der transversalen Welle kann mit Hilfe eines einzigen Leitkreises (Abb. 476) vollzogen werden, da ja alle Teilchen M_0, M_1, M_2 ... der Reihe nach dieselbe Schwingungsbewegung ausführen, aber jeweils später beginnen.

Die Ordinate y für einen Abstand $x = MM_0$ findet man kurz aus $y = a \cdot \sin \varphi$, wobei a die Amplitude und φ der Phasenwinkel ist, um den die Schwingungen der einzelnen Punkte verschoben sind. Die Wellenform ist also eine **Sinuslinie**.

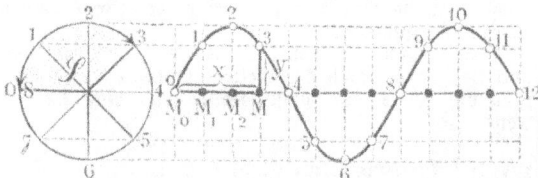

Abb. 476

Beispiele fortschreitender Querwellen sind z. B. die laufenden Seil- und die Wasserwellen:

1. **Seilwellen**: Man lege ein sehr langes Seil auf den Boden, erfasse das eine Ende und führe es plötzlich mit peitschenartigem Hiebe abwärts. Man sieht eine Welle durch das Seil laufen; führt man das Ende in rascher Bewegung hin und her, so wird Welle um Welle vorwärts laufen.

2. **Wasserwellen**: Läßt man auf die ruhende Wasserfläche einen Stein fallen, so wird das Wasser seitwärts gedrängt und bildet ringsum einen Wall. Von der Treffstelle breitet sich konzentrisch eine Welle aus, die gegen das Ufer läuft. Ein Stückchen Holz schaukelt am Ort, indes die Welle unter ihm hinzieht.

Siehe Lebensbild Huyghens S. 118 (Huyghens-Prinzip).

[322] Längswellen.

a) **Bei einer longitudinalen oder Längswelle schwingen die Teilchen in der Richtung ihrer Reihe hin und her.** Die Leitkreise der schwingenden Teile stehen senkrecht auf der Fortpflanzungsrichtung.

Um die Fortpflanzung einer solchen Welle zu zeigen, kann man sich die Leitkreise als kleine Zahnräder (Abb. 477) vorstellen, die alle in der Ruhelage (vgl. x, y, z) in ihrem obersten Punkte eine Marke tragen. Schiebt man eine Zahnstange darüber, so beginnen diese Marken

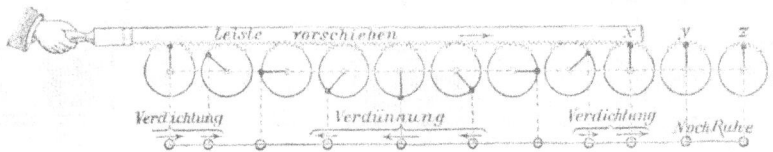

Abb. 477

sich zu drehen, jede folgende etwas später als die vorangehende.

Man findet die Elongationen der Teilchen bei einer Längswelle, indem man die Ordinaten y einer Querwelle (alle im selben Drehsinn) auf die Fortpflanzungslinie ($=$ den Wellenstrahl) umklappt (Abb. 478).

b) Hat die Wellenbewegung erst eine größere Anzahl von Teilchen ergriffen, so merkt man, daß in einem beliebigen Augenblicke eine erste Gruppe von Teilchen nach der einen Seite, eine zweite nach der anderen Seite, eine dritte wieder wie die erste usf. in der Wellenrichtung aus der Ruhelage ausgewichen ist. Dabei entstehen **Verdichtungen** und **Verdünnungen** in der Lage der Teilchen statt der Berge und Täler der Querwellen.

Abb. 478

Beispiele von Längswellen bieten die Wellenbewegungen in Spiralfedern und in der Luft (Schallwellen).

c) Bei den physikalischen Wellen pflanzt sich nicht nur eine geometrische Form fort, sondern von Teilchen zu Teilchen vermöge ihres elastischen Zusammenhangs auch ein Impuls. Wo dieser auftritt, leistet er Arbeit.

Die Welle ist das gewöhnlichste Mittel der Natur, um auf weite Strecken Arbeit zu übertragen.

Der Wellenschlag an der Küste höhlt Felsen aus und zerscheuert die Kiesel. Meereswogen heben auf ihrem Rücken mit Leichtigkeit die schwersten Schiffe zu beträchtlicher Höhe empor. Der Kutscher überträgt durch die Wellenbewegung seiner Peitschenschnur einen Arbeitsbetrag auf den Rücken des anzutreibenden Pferdes.

[323] Interferenz und Reflexion.

a) **Das gleichzeitige Einwirken zweier Wellenbewegungen auf ein Massenteilchen nennt man Interferenz.** Wenn zwei Querwellen auf ein Teilchen M einwirken, so erhält man in jedem Augenblicke dessen resultierende Elongation nach dem Satze vom Wegeparallelogramm (Abb. 479). Fallen

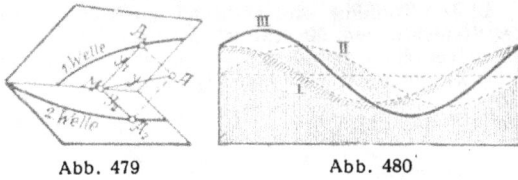

Abb. 479   Abb. 480

die Schwingungsebenen beider Wellenbewegungen zusammen, so addieren sich die Elongationen:

$$y = y_1 + y_2.$$

Haben die beiden Wellen, die **in derselben Richtung** fortschreiten, **dieselbe Wellenlänge** und **dieselbe**

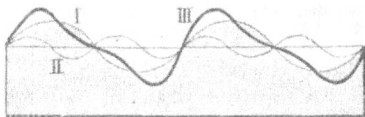

Abb. 481

Schwingungsdauer, wenn auch verschiedene Ausgangspunkte und verschiedene Schwingungsweiten, **dann entsteht,** wie man durch Rechnung oder Zeichnung nachweisen kann, **als Resultante der beiden Sinuswellen wieder eine Sinuswelle von derselben Wellenlänge und derselben Schwingungsdauer,** die aber einen anderen Ausgangspunkt und eine andere

Schwingungsweite a hat als die zwei Teilwellen (Abb. 480).

Sind dagegen die **Wellenlängen** der beiden Wellen **nicht gleich,** so entsteht als Resultante keine Sinuswelle, sondern eine mehr oder weniger komplizierte Wellenlinie (Abb. 481).

b) **Trifft eine Welle auf eine feste Wand** (Abb. 482), **so wird sie von dieser reflektiert** (zurückgeworfen). Die Welle mit ihrer Gegenwelle gibt überall da, wo Berg der einen und Tal der anderen sich treffen würden, eine andauernd **ruhende** Stelle, den **Knoten.** Zwischen zwei Knoten befindet sich ein **Schwingungsbauch** und eine solche Wellenform nennen wir eine **stehende Welle.**

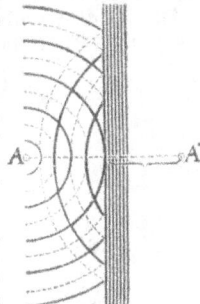

Abb. 482

Stehende Seilwellen erzielt man leicht, indem man ein Seil, dessen eines Ende befestigt ist, am anderen Ende in mehr oder minder rasche Schwingung versetzt (Abb. 483).

Abb. 483
Seilwellen

Stehende Luftwellen kann man auch mit der **Kundtschen Röhre** (Abb. 485) erzeugen.

10. Abschnitt.

Die Lehre vom Schall.

[324] Ausbreitung des Schalles.

a) **Um Schall zu erzeugen, muß man einen Körper zum Schwingen bringen.**

Klopfe an ein Weinglas; zupfe eine Saite; blase über die Kante eines Papierstreifens, so daß er tönt; schlage eine Stimmgabel an!

Der schwingende Körper erteilt der Luft Stöße, die die Luftteilchen an der gestoßenen Stelle verdichten. Die Verdichtung pflanzt sich fort und hinterläßt eine Verdünnung, wodurch eine Luftwelle entsteht. Merke:

> **Luftwellen sind Längswellen.**

Zum Nachweis dient die **manometrische Flamme** (Abb. 484). Diese brennt an einer Kapsel, die eine elastische Wand (Membran) enthält. Mittels eines Trichters läßt man die erzeugten Luftwellen auf diese Wand wirken. Bei jeder an die Membran kommenden Verdichtung zuckt die Flamme zusammen, was man am besten wahrnehmen kann, wenn man das Flammenbild im rasch gedrehten Spiegel S betrachtet.

b) **Schall** nennen wir den Reiz, der von unserem Gehör wahrgenommen wird, **Schallquellen** die Körper, die einen solchen Reiz aussenden. Die von ihnen in der Luft oder den umgebenden Mitteln erzeugten Wellen heißen **Schallwellen,** sofern sie auf unser Gehör wirken. **Dies tritt ein, wenn in der Sekunde mehr als 16 und weniger als 35 000 Verdichtungen auf das Trommelfell treffen.**

Die Geschwindigkeit des Schalles beträgt in der Luft 333 m/sek, in

Wasser 1435 m/sek und in festen Körpern gegen 4000—5000 m/sek.

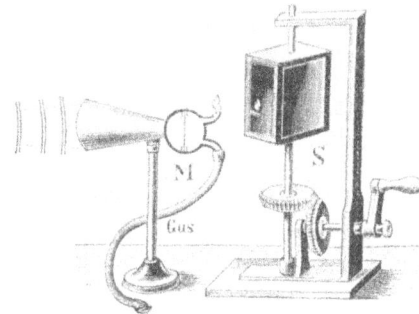

Abb. 484
Manometrische Flamme

Die Wellenlänge von Schallwellen in Luft kann man sichtbar darstellen in der **Kundtschen Röhre** (Abb. 485).

Man bestreut eine einseitig durch einen Stempel verschlossene Glasröhre im Innern möglichst gleichmäßig mit feinem Korkpulver (besser Lykopodium) und bringt vor dem

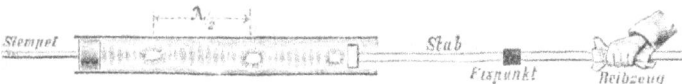

Abb. 485
Kundtsche Röhre

offenen Ende einen Stab aus Metall oder Glas an. Beim Reiben erzeugt dieser Luftwellen, die am Stempel reflektiert werden. Durch deren Zusammenwirken entsteht also eine stehende Welle und eine Luftbewegung, die auf das Pulver in der Röhre wirkt; an den Stellen heftigster Luftbewegung wird es fortgeschleudert, an den Knoten verdichtet.

Da sich die Schallwellen kugelförmig ausbreiten, so **nimmt ihre Stärke mit dem Quadrate der Entfernung von der Schallquelle ab.**

Abb. 486
Reflexion

Wird aber Schall durch Röhren geleitet, so trifft dies nicht mehr zu, weil die vom Schall übertragene Energie sich seitlich weniger gut ausbreiten kann. Verwendung bei Sprachrohren in Hotels, auf Schiffen.

c) **Reflexion des Schalles:** Die Schallwellen werden beim Auftreffen auf ein dichteres Mittel reflektiert, und zwar nach dem gewöhnlichen Reflexionsgesetze (Abb. 486). [132, II.]

Den Schall, der an Wäldern, Felswänden oder Mauern reflektiert wird, nennen wir **Echo** oder **Widerhall.**

Unser Ohr vermag in der Sekunde nur 10 Silben zu unterscheiden. Ein einsilbiges Echo kann demnach getrennt vom Urlaute nur dann wahrgenommen werden, wenn es $^1/_{10}$ Sek. später eintritt, d. h. wenn es einen Umweg von 33 m macht (hin und zurück also 16,5 m). Ist der Umweg kleiner, so stört der zu früh eintreffende reflektierte Laut den gesprochenen; man spricht dann von **Nachhall**, der sich besonders in leeren Zimmern geltend macht; man vernichtet ihn durch Behängen der Wände mit weichen Stoffen und durch Anfüllen des Raumes mit Einrichtungsgegenständen. — Auf der Reflexion des Schalles beruhen auch die Flüstergalerien, die Sprach- und Hörrohre.

[325] Die Tonhöhe.

a) Man unterscheidet im wesentlichen 3 Arten von Toneindrücken: den **Knall**, das **Geräusch** und den **Klang.**

Der **Knall** ist durch eine kurze, heftige Lufterschütterung bedingt (Peitschenknall), während mit „Geräusch" oder „Lärm" jedes Durcheinander von Schallwellen bezeichnet wird (Murmeln einer Volksmenge).

Dagegen nennt man jene angenehme Schallempfindung, welche durch regelmäßige rhythmische Schwingungen der Luft in unserem Ohr entsteht, einen **Klang.**

b) **Die Tonhöhe wird bestimmt durch die Zahl n der Verdichtungen, die sekundlich an das Ohr treffen. Je größer diese Zahl ist, desto höher erscheint der Ton**, was sich mit Hilfe der sog. Sirene zeigen läßt.

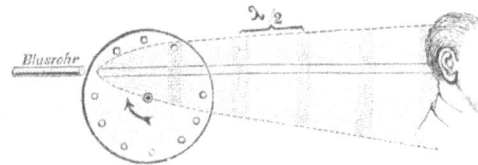
Abb. 487
Seebecksche Sirene

Die Seebecksche **Sirene** (Abb. 487) ist eine kreisförmige Metallscheibe, die nahe dem Rande eine Anzahl von in gleichen Zwischenräumen kreisförmig angeordneten Löchern aufweist. Versetzt man die Scheibe in Drehung und bläst mittels eines Röhrchens einen Luftstrom gegen die vorbeigehenden Löcher, so erfährt der Luftstrom in der Sekunde so viel Stöße, als in dieser Zeit Löcher vorübergehen. Hat die Scheibe m Löcher und dreht sich in der Sekunde n mal, so gibt sie den Ton, dem $m \cdot n$ Schwingungen in der Sekunde entsprechen. Dreht man schneller, so wird der Ton entsprechend höher.

c) Als **Intervall** zweier Töne bezeichnet man das Verhältnis ihrer Schwingungszahlen $\frac{n_1}{n_2}$. Gewisse Intervalle haben eigene Namen, so heißt das Intervall 2 eine **Oktave**, das Intervall $^4/_3$ eine **Quarte**, das Intervall $\frac{3}{2}$ eine **Quinte** usw.

Eine bestimmte Intervallfolge nennt man **Tonleiter**; der Ton, auf dem sie aufgebaut ist, heißt **Grundton. Die diatonische Dur-Tonleiter klingt dem Ohr besonders angenehm;** durch Anblasen einer Sirene mit in konzentrischen Kreisen angeordneten Lochreihen von 24, 27, 30 ... usf. Löchern findet man, daß den acht Tönen einer Dur-Tonoktave folgende relative Schwingungszahlen entsprechen:

	C	D	E	F	G	A	H	C
	Grundton	Sekunde	**Terz**	Quarte	Quinte	**Sexte**	Septime	**Oktave**
	24	27	30	32	36	40	45	48
Auf den Grundton berechnetes Intervall	1	$\frac{9}{8}$	$\frac{5}{4}$	$\frac{4}{3}$	$\frac{3}{2}$	$\frac{5}{3}$	$\frac{15}{8}$	2

Eine andere Tonleiter ist die **harmonische Moll-Tonleiter**, welche sich von der früheren durch Verwendung der **kleinen Terz** $^6/_5$ und der **kleinen Sexte** ($^8/_5$) unterscheidet; sie klingt mehr düster und schwermütig.

[326] Obertöne.

a) **Zu jedem Grundtone gehört eine Gruppe von Obertönen**, d. h. von solchen Tönen, welche der Reihe nach 2, 3, 4, 5, ... mal soviel Schwingungen machen als der Grundton.

Nur selten erklingt ein Ton ganz für sich allein ohne jegliche Obertöne. **Was uns die Musik darbietet, sind tatsächlich Tongemische mit Obertönen, d. s. Klänge.**

Obertonlose Töne klingen weich und matt, durchaus nicht angenehm. Sie sind für unser Ohr wie eine Speise ohne Salz, wie ein Trunk von destilliertem Wasser für unseren Gaumen.

Erst der Zusatz verschiedener Obertöne gibt jedem Klange auf den verschiedenen Instrumenten verschiedene Klangfarbe.

Ob ein Ton auf einem Klavier, einer Flöte oder von einem Sänger erzeugt wurde, ist durch die jedem Instrumente eigentümliche Klangfarbe leicht zu erkennen; ja sogar die meisten Mitmenschen erkennt man am Klange ihrer Stimme.

b) Geben zwei oder mehrere Töne, wenn sie gleichzeitig auf unser Gehör einwirken, einen Wohlklang, so spricht man von **Konsonanz**, im anderen Falle von **Dissonanz. Der Wohlklang erscheint um so befriedigender, je einfacher das Intervall der Töne ist.** Der bekannteste Wohlklang ist der sog. C-Dur-Dreiklang C : E : G = 1 : 5 : 6.

Grund der Konsonanz ist das Auftreten gemeinsamer Obertöne.

[327] Tonerreger.

Als Tonerreger werden **Stäbe und Saiten, Platten und Luftsäulen verwendet.**

1. **Stäbe** können leicht transversal schwingen. **Ist der Stab einseitig befestigt, wie in Spieldosen, so bildet die Befestigungsstelle a einen Knoten, das freie**

Ende einen Schwingungsbauch; der Stab schwingt daher in ¼ Wellenlänge (Abb. 488).

2. **Ist der Stab an zwei Punkten** *b*, *c* **festgemacht, so bilden die Befestigungsstellen Knoten, die Mitte den Bauch; der Stab schwingt in ½ Wellenlänge** (Abb. 488); (Glasharmonika, Xylophon, Zymbal).

Die **Stimmgabel** (Abb. 489) ist ein U-förmig gebogener Stahlstab, der mit der Rundung auf einem Stiel sitzt. Schlägt man sie an, so schwingen die Enden mit großer Lebhaftigkeit gleichzeitig ein- und auswärts. Dieses Instrument dient nur zur Erzeugung von Normaltönen beim Stimmen der Klaviere usw.

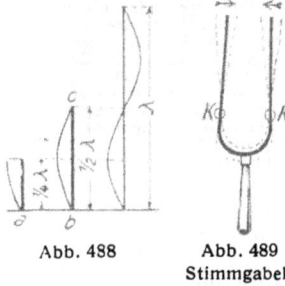

Abb. 488   Abb. 489
Stimmgabel

3. Während Stäbe aus elastischem Metalle von vornherein in Schwingungen und zum Tönen gebracht werden können, ist dies **bei Saiten nur in gespanntem Zustande möglich.** In diesem werden Metall- und Darmsaiten häufig als Tonerreger verwendet (Klavier, Violine, Zither usw.)

Ihr Verhalten studiert man am **Monochord,** einer Saite, die über zwei Stegen gespannt ist (Abb. 490).

Abb. 490
Monochord

Der Ton einer Saite wird durch Kürzung und Spannung erhöht.

4. Auch **schwingende Platten** können zur Tonerregung benutzt werden, besonders in Gestalt der Glocken. Schlägt man sie an, so ergeben sich hierbei mehrere abwechselnd entgegengesetzt schwingende Teile, die längs Linien aneinander grenzen, welche während des Tönens in Ruhe verharren (**Knotenlinien**).

Sehr schön sieht man das an mit Sand bestreuten kreisförmigen oder quadratischen Scheiben, die man zum Tönen bringt, während ihre Mitte festgehalten wird (**Chladnische Klangfiguren,** Abb. 491).

5. **Die Pfeifen sind Röhren, deren Luftinhalt**

Abb. 491
Chladnische Klangfiguren

durch Anblasen in Schwingungen versetzt werden **kann** (Pfeifen auf einen hohlen Schlüssel). Diese Schwingungen können aber, da der schwingende Körper bloß Elastizität des Volumens, nicht aber solche der Gestalt besitzt, sich sonach bloß die Dichte des Luftinhaltes ändert, nur **longitudinal** sein. Das Anblasen erfolgt mittels eines Mundstückes, und je nach dessen Beschaffenheit spricht man von **Lippen-** oder **Zungenpfeifen.**

Bei der **Lippenpfeife** wird der Luftstrom aus der Windlade *W* gegen eine scharfe Kante *L*, die sog. Lippe, getrieben

(Abb. 492). Am Mundstück herrscht während des Anblasens eine heftige Luftbewegung, ein sog. Schwingungsbauch. Ist das Ende der Röhre offen, so ist auch hier ein solcher. Ist das Ende geschlossen, so bildet sich dort ein Knoten.

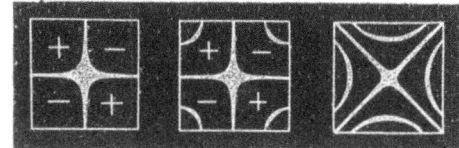

Abb. 492
Lippenpfeife

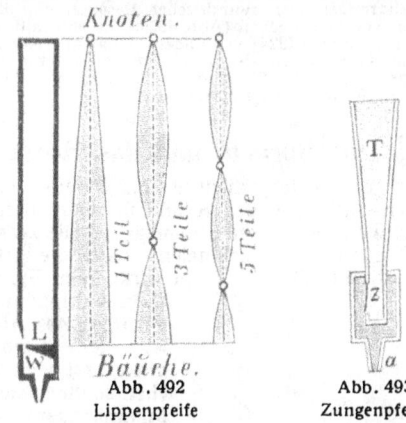

Abb. 493
Zungenpfeife

Bei **Zungenpfeifen** (Abb. 493) wird Luft aus der Windlade gegen eine Zunge *Z* getrieben, die durchschlagend oder aufschlagend sein kann.

Die Flöte ist eine Lippenpfeife, die Klarinette, die Oboe und das Fagott, Harmonium und Harmonika sind Zungenpfeifen, ebenso die Kindertrompeten. Die Orgel enthält Lippen- und Zungenpfeifen. Bei den Blechblasinstrumenten bilden die Lippenränder des Bläsers (ähnlich den Stimmbändern des Kehlkopfs) die Zunge der Pfeife.

[328] Resonanz.

Resonanz heißt das Mitschwingen von Körpern, wenn Schallwellen auf sie treffen, und zwar ist solche Resonanz nur dann eine freiwillige, wenn die Schwingungszahl der auftreffenden Schall-

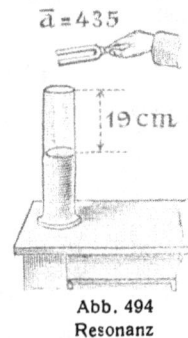

Abb. 494
Resonanz

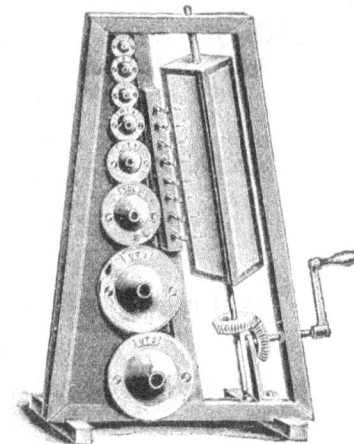

Abb. 495
Resonatoren

wellen mit der Eigenschwingungszahl des Körpers übereinstimmt.

Streichen wir z. B. eine Stimmgabel an, so tönt eine zweite ihr kongruente fort, auch wenn wir den Ton der ersten durch Berühren zum Erlöschen gebracht haben. Schlagt man eine Stimmgabel an, so tönt sie zunächst ziemlich schwach, hält man sie aber über einen Glaszylinder und füllt diesen allmählich mit Wasser, so wird der Ton der Stimmgabel bei einem bestimmten Wasserstand sehr verstärkt (Abb. 494).

Erzwungen nennt man die Resonanz, wenn man einen tönenden Körper auf eine geeignete Unterlage setzt, die dadurch in erzwungene Schwingungen kommt (Resonanzkasten).

Die Erscheinung der Resonanz wird zur Analyse der Töne herangezogen. Dazu dient nach Helmholtz eine Reihe kugel- und kegelförmiger oder zylindrischer **Resonatoren**, die auf bestimmte Töne ansprechen (Abb. 495). Sie sind mit manometrischen Flammen [324] verbunden. Singt man einen Ton gegen den Apparat, so sieht man im rasch umlaufenden Drehspiegel diejenigen Flammen zucken, welche den ansprechenden Resonatoren zugehören.

[329] Das Sprech- und das Hörorgan.

a) Zur Lautbildung dient uns das erweiterte obere Ende der Luftröhre, der **Kehlkopf.** Dort befinden sich zwei weiße elastische **Stimmbänder,** die zwischen ihren Rändern einen schmalen Spalt, die **Stimmritze,** freilassen. Der Kehlkopf wirkt beim Sprechen wie eine Lippenpfeife. **Während des Atmens ist die Stimmritze offen, erst beim Sprechen spannen sich die Stimmbänder straff und geraten durch den aus der Lunge hervorgepreßten Luftstrom ins Tönen.**

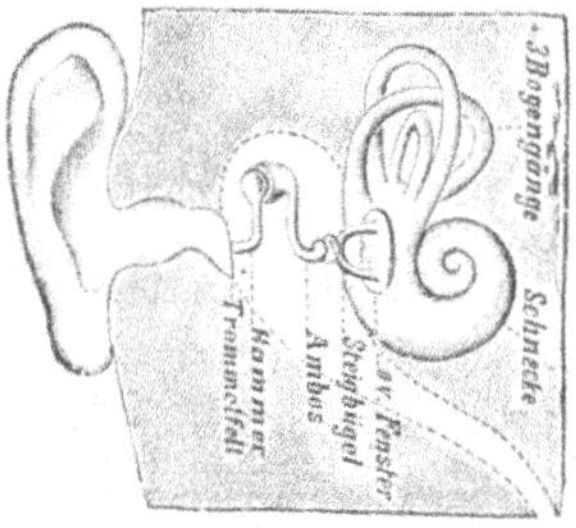

b) Die Schallanalyse besorgt das **Ohr** (Abb. 496), bei welchem man das **äußere,** das **mittlere** und das **innere** Ohr unterscheidet.

Abb. 496
Das Ohr

Ersteres dient nur zur Aufnahme des Schalles und stellt einen Schalltrichter dar, der sich außen zur **Ohrmuschel** erweitert und innen durch ein elastisches Häutchen, das **Trommelfell,** abgeschlossen ist. An letzteres schließt sich das **Mittelohr** mit den **Gehörknöchelchen** und hieran das **innere** Ohr, das zur Analyse des ankommenden Schalles bestimmt ist.

Die dem **Trommelfell** zugeleiteten Schwingungen werden zunächst im Mittelohr durch eine Reihe von Knöchelchen **(Hammer, Amboß, Steigbügel)** auf eine zweite elastische Membran, das **ovale Fenster,** übertragen, das die mit dem Gehörwasser gefüllte **Schnecke** abschließt, die ihrer äußerlichen Ähnlichkeit mit einer Weinbergschnecke wegen so genannt wird. In der Schnecke befindet sich eine große Zahl feiner Nervenstäbchen von verschiedener Länge und Spannung, die sog. **Cortischen Fasern,** die durch einen Nervenstrang mit dem Gehirn in Verbindung stehen. Die ankommende Schallwelle bringt von diesen Stäbchen die gleichgestimmten zum Mitschwingen. Auf diese Weise wird der Schall in seine Teile zerlegt und unserem Bewußtsein zugeführt.

c) Die Wiedergabe der Sprache wurde mit dem **Phonograph** (Abb. 497) 1875 von Edison ermöglicht. Er besteht aus zwei Teilen: aus einer Walze W von gehärtetem Wachs und aus einem Sprechtrichter, der mit einer dünnen Glasmembran M abgeschlossen ist. An dieser ist ein meißelförmiger Stichel befestigt, der die Walze berührt.

Abb. 497
Phonograph

Beim Gebrauch löst man ein Uhrwerk aus, das die Walze in rasche Umdrehung versetzt und gleichzeitig bei jeder Umdrehung den Trichter längs einer Schraube etwas seitlich verschiebt. Spricht man in den Trichter, so gerät die Membran in die entsprechenden Schwingungen und ritzt mittels des Stichels mehr oder minder tief und regelmäßig erscheinende Rinnen in den Walzenüberzug ein. Diese bilden das Phonogramm (Tonschrift). Läßt man umgekehrt den Stichel der Membran über eine solche Tonschrift gleiten, so versetzt er, indem er genau den Vertiefungen der Rinnen folgt, die Membran wieder in entsprechende Schwingungen, die durch das Aufsetzen geeigneter Sprachrohre bis zum Tönen verstärkt werden. Dies war der ursprüngliche Edisonsche Apparat zur Wiedergabe von Tönen. Bei den heutigen **Phonographen, Gramophonen** usw. verwendet man meist statt der Walzen Platten zur Aufnahme und Wiedergabe der Tonschriften.

Aufgabe 126.

[330] *Der Ton einer Lokomotivpfeife mache* $n = 522$ *Schwingungen in einer Sekunde. Die Lokomotive fahre mit einer Geschwindigkeit* $v = 17$ *m an einem ruhenden Beobachter vorbei, dem bekanntlich der nahende Ton höher, der sich entfernende Ton tiefer erscheint, als der wirkliche Ton der Pfeife.*

Welches sind die Schwingungszahlen des höheren bzw. tieferen Tones, den der Beobachter beim Annähern bzw. Entfernen der Lokomotive hört?

Nach den Bewegungsgesetzen, auf die Verhältnisse beim Schall angewendet, ist die Länge der Wellenbewegung in einer Sekunde, mithin **die Fortpflanzungsgeschwindigkeit c des Schalles gleich der Länge l der einzelnen Welle mal der Zahl n der in der Sekunde entstehenden Wellen,** somit

$$c = l \cdot n, \text{ woraus } l = \frac{c}{n} \text{ sich ergibt.}$$

Fährt nun die Lokomotive dem Beobachter entgegen, so ändert sich die Formel in

$$l' = \frac{c - v}{n},$$

weil die Gesamtlänge der Wellenbewegung um c kleiner wird.

Es ist sonach $l : l' = \frac{c}{n} : \frac{c - v}{n} = c : (c - v)$.

Da sich die Wellenlängen umgekehrt wie die Schwingungszahlen verhalten, also $l : l' = n' : n$, ist

$n' : n = c : (c - v)$ und $n'(c - v) = n \cdot c$, daraus $n' = \dfrac{n}{1 - \dfrac{v}{c}}$.

Die Werte $c = 333$ m, $v = 17$ m und $n = 522$ eingesetzt, gibt $n' = $ **549,9.**

Beim Entfernen der Lokomotive ist $n : n'' = (c + v) : c$

$$n''(c + v) = n \cdot c \text{ und } n'' = \frac{n}{1 + \dfrac{v}{c}}.$$

Die Werte eingesetzt, gibt $n'' = $ **497,1,** d. h. die Tonhöhen bei der heranfahrenden und sich entfernenden Lokomotive verhalten sich daher rund wie **5,5 : 5.**

Vgl. auch die Aufgaben in [26] und [35].

11. Abschnitt.

Die Lehre vom Licht.

[331] Begriff des Lichtes.

a) Jede Reizung des Sehnerven (z. B. bei geschlossenen Augen durch den elektrischen Strom) bringt eine Empfindung hervor, welche man als **Lichtempfindung** bezeichnet. Das Licht geht von gewissen Körpern (wie z. B. von der Sonne, von Fixsternen, von glühenden und brennenden Körpern) aus, die man daher **Lichtquellen** oder **selbstleuchtende Körper** nennt. **Diese sind infolgedessen durch sich selbst sichtbar,** während andere, nicht selbst Licht aussendende Körper **erst dann sichtbar werden, wenn von selbstleuchtenden Körpern Licht auf sie fällt;** zu dieser letzten Gruppe der dunklen Körper gehören unter anderem die infolge weitgehender Erkaltung bereits mit einer festen Rinde umgebenen Himmelskörper (z. B. die Planeten und Satelliten unseres Sonnensystems) sowie die meisten der nur im Tageslichte sichtbaren Körper unserer Umgebung. Von einer punktförmig gedachten Lichtquelle geht das Licht nach allen Richtungen auf Wegen fort, die man als **Lichtstrahlen** bezeichnet. **Diese Lichtstrahlen sind in einem homogenen Körper geradlinig.**

b) Das Licht geht durch manche Körper (Medien, Mittel) hindurch, und man unterscheidet nach dem Grade der Lichtdurchlässigkeit **durchsichtige** (Luft, Wasser), **durchscheinende** (Mattglas, Pauspapier) und **undurchsichtige** Mittel (Eisen). Bei sehr geringer Dicke zeigen sich auch die letzteren durchscheinend (z. B. Blattgold), woraus man schließt, daß das auftreffende Licht auch bei den undurchsichtigen Körpern etwas unter die Oberfläche eindringt.

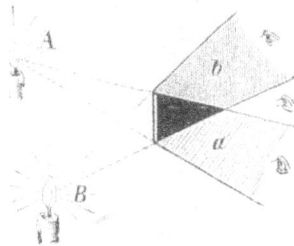

Abb. 498

c) **Da die Lichtstrahlen sich nur geradlinig ausbreiten können, so entsteht hinter einem un**durchsichtigen Körper ein **lichtarmer Raum, der Schatten.**

Ein Raumteil, der gar kein Licht erhält, heißt **Kernschatten**; ein Raum, der nur von einem Teil der leuchtenden Punkte Licht empfängt, heißt **Halbschatten** (Abb. 498).

Auf der geradlinigen Ausbreitung des Lichtes beruhen auch die Bilder in der sog. **Lochkamera (camera obscura)** (Abb. 499). Es ist dies ein lichtdicht verschlossener Kasten, der in der Vorderwand eine kleine Öffnung hat und dessen Rückseite aus einer Mattscheibe besteht. Von jedem Punkte A eines vor dem Kästchen befindlichen Körpers geht ein dünner

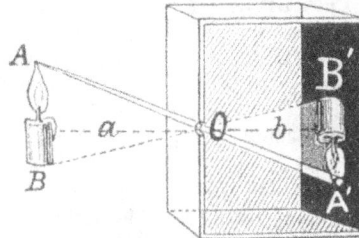

Abb. 499   Lochkamera

Lichtkegel durch die Öffnung, wodurch auf der Rückwand für jeden Punkt A ein gleichfarbiger kleiner Lichtfleck A' entsteht. Die Lichtflecke $A'B'$ reihen sich aneinander wie die Punkte AB, nur in umgekehrter Folge, und so entsteht auf der Rückwand der Kamera ein **umgekehrtes**, verschwommenes unscharfes Bild des Gegenstandes. Das Bild ist um so schärfer, je kleiner die Öffnung ist, aber es wird dabei auch entsprechend lichtschwächer. Die **Bildgröße** ergibt sich aus der Proportion

$$AB : A'B' = a : b.$$

Noch **Newton** (1670) vertrat die Annahme, daß das Licht ein von den leuchtenden Körpern ausgehender feiner Stoff sei (**Stofftheorie, Emanations- oder Emissionshypothese**); dagegen wies schon **Huyghens** (1678) darauf hin, daß das Licht auch in einer Wellenbewegung bestehen könne (**Undulations- oder Wellentheorie, Vibrationshypothese**), wobei man aber natürlich einen Träger dieser Wellenbewegung benötigte, den man **Äther** nannte. Nach dieser neuen Theorie, deren Anerkennung aber zunächst an dem überwiegenden Ansehen Newtons scheiterte, versetzt also der leuchtende Körper (ähnlich wie eine Stimmgabel die sie umgebende Luft) das ihn umgebende Äthermeer in Schwingungen, die sich mit ungeheurer Geschwindigkeit ausbreiten. Siehe auch Lebensbild von Huyghens auf S. 118.

A. Fortpflanzung des Lichtes.

[332] Geschwindigkeit des Lichtes.

Das Licht braucht zur Ausbreitung eine sehr kurze Zeit; es legt im Äther des freien Weltraumes **in der Sekunde den Weg von 300 000 km zurück.**

Für irdische Verhältnisse ist diese Geschwindigkeit sehr groß, sie verschwindet aber im Vergleiche zu den Entfernungen im Weltraume; so braucht das Licht $3\frac{1}{2}$ Jahre, um von dem uns nächstgelegenen Fixsterne, dem α-Centauri, zu uns zu gelangen, und die Sterne der Milchstraße sind nicht weniger als 3700 Lichtjahre von uns entfernt.

Dem dänischen Astronomen **Olaf Römer** gelang es als erstem 1670, die Lichtgeschwindigkeit aus Verfinsterungen des innersten Jupitermondes zu berechnen, aber **Fizeau** zeigte schon 1849, daß man auch mit verhältnismäßig kurzen Strecken auf der Erde ganz gut die Lichtgeschwindigkeit bestimmen könne.

Er benutzte hierzu ein Rad (Abb. 500), das 720 Lücken und ebensoviele gleich breite Zähne aufwies. Durch die Lücken sandte er ein Lichtband senkrecht auf einen rund 8633 m weit entfernten Spiegel, an dem es reflektiert wurde, um dann auf der alten Bahn in die Ausgangslücke zurückzu-

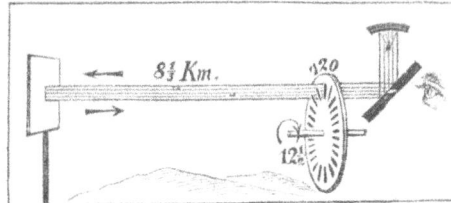

Abb. 500

kehren. Blickte er bei ruhendem Rade hinter den Lücken gegen den Spiegel, so zeigte das von diesem zurückgeworfene Licht das Gesichtsfeld hell. Wurde das Rad aber so rasch gedreht, daß es sich um eine Lückenbreite vorwärts schob in dem winzigen Zeitabschnitt, während dessen das Licht hin und zurück lief, so traf der zurückkommende Strahl statt der Ausgangslücke den ihr folgenden Zahn, und der Beobachter hinter den Lücken sah das Gesichtsfeld dunkel.

Die Messung der Lichtgeschwindigkeit durch **Foucault** (1854) beruht auf der Verwendung eines rotierenden Spiegels. Ihm gelang es auch, **die Lichtgeschwindigkeit im Wasser mit 225 000 km** zu bestimmen.

[333] Lichtstärken und deren Messung (Photometrie).

a) Als Einheit der **Lichtstärke** wird die sog. **Normalkerze** angenommen, d. h. eine nach festem Übereinkommen hergestellte Flamme. In Deutschland benutzt man hierbei die **Hefnerkerze**, d. i. **die 40 mm hohe Flamme einer mit Amylazetat gespeisten Lampe von 8 mm Dochtdicke.**

Es hat ungefähr:

1 offene Gasflamme . . . . . $\sim$ 10 NK,
1 Auerlampe . . . . $\sim$ 60 NK,
1 Glühlampe . . . . . $\sim$ 16 — 50 NK,
1 Petroleumflamme . . . $\sim$ 15 — 20 NK,
1 Bogenlampe . . . . . $\sim$ 2000 NK,
Hochkerzige Glühlampen . . $\sim$ 6000 NK.

Als Beleuchtung einer Fläche bezeichnet man den Lichtstrom, der auf 1 cm² der Fläche trifft. Die Einheit der Beleuchtung ist die Meterkerze (MK), d. i. jener Lichtstrom, den 1 NK senkrecht gegen 1 cm² Wandfläche in 1 m Entfernung aussendet. (1 MK = 1 Lumen/cm².)

b) **Die Beleuchtung nimmt ab mit der Neigung der Fläche gegen den Lichtstrom.** Sie ist am größten, wenn der Lichtstrom die Fläche senkrecht trifft (Abb. 501). Steht die Fläche AB senkrecht zum Strahl, so empfängt sie den Lichtstrom J; dreht man die Fläche um den Winkel α in die Lage AB', so empfängt sie den geringeren Lichtstrom

$$i = J \cdot \cos \alpha \quad . \quad . \quad . \quad . \quad \text{I)}$$

Die Beleuchtung einer Fläche nimmt aber auch ab mit dem Quadrate ihrer Entfernung von der Lichtquelle (Abb. 502). Hat die Lichtquelle die Stärke

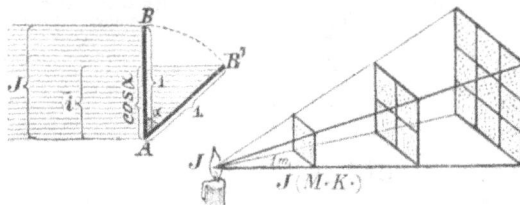

Abb. 501   Abb. 502

von J HK, so trifft auf 1 cm² im Abstande von 1 m der Lichtstrom von J MK auf. Dieser Lichtstrom verbreitet sich in 2, 3, 4 . . . r m Abstand auf 4, 9, 16 . . . r^2 cm². Auf $\boxed{1 \text{ cm}^2}$ in der Entfernung r trifft demnach nur noch die Lichtmenge

$$i = \frac{J}{r^2} \text{ MK} \quad . \quad . \quad . \quad . \quad \text{II)}$$

Liegt die Fläche nicht nur im Abstande von r m, von der Lichtquelle entfernt, sondern ist sie auch um α^0 geneigt gegen die Senkrechte, so ergibt sich die Hauptformel aus I) und II):

$$\boxed{i = \frac{J}{r^2} \cdot \cos \alpha \text{ in MK.}}$$

c) **Photometrische Messungen:** Zwei Lichtquellen S_1 und S_2 **können nur dadurch verglichen werden, daß man die von ihnen hervorgerufenen Beleuchtungen x und y vergleicht.** Dies geschieht mit Hilfe von **Photometern.** Die ältesten Photometer sind die von **Ritchie, Rumford** und **Bunsen.**

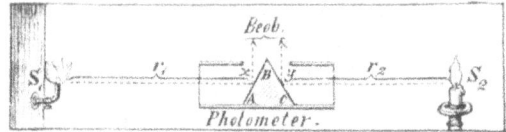

Abb. 503
Photometer von Ritchie

1. Methode von Ritchie (Abb. 503): In einem Kästchen befindet sich unter einer Öffnung der Oberseite ein gleichschenklig gebogener weißer Papierstreifen ABC, dessen eine Seite man von der Lichtquelle S_1 und dessen andere Seite man von der Lichtquelle S_2 beleuchten läßt.

Durch Verschieben der Lichtquelle bringt man es leicht dahin, daß die Beleuchtungen x und y der Schenkel des Streifens dem von oben hereinblickenden Beobachter gleich hell erscheinen. Dann ist:

Bel. $x =$ Bel. y oder $\dfrac{S_1}{r_1^2} = \dfrac{S_2}{r_2^2}$ oder $\boxed{S_1 : S_2 = r_1^2 : r_2^2,}$

d. h. **die Stärken der Lichtquellen verhalten sich wie die Quadrate ihrer Abstände von der gleich stark beleuchteten Wand.**

Ist die Stärke von S_1 bekannt, so kann man S_2 berechnen.

2. Methode von Rumford (Schattenphotometer) (Abb. 504). Die zu vergleichenden Lichtquellen A und B entwerfen von einem Stäbchen auf einer weißen Wand die Schattenstreifen a und b.

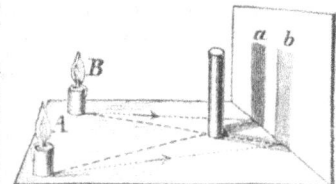

Abb. 504
Schattenphotometer

Die letzteren sind nicht ganz dunkel, da der Schattenstreifen a Licht von B und b Licht von A erhält. Die Lichtquellen verschiebt man nun so lange, bis die Schatten a und b einander berühren und gleich hell erscheinen.

3. Methode von Bunsen (Fettfleckphotometer) (Abb. 505): Ein Papierschirm a trägt in der Mitte

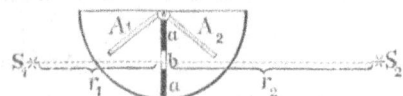

Abb. 505
Photometer von Bunsen

einen Fettfleck b, ist also an dieser Stelle durchscheinend. Er wird von jeder Seite, aber ungleich stark beleuchtet.

Auf der stärker beleuchteten Seite erscheint der Fleck dunkel auf hellem Grunde (warum?), auf der anderen Seite umgekehrt. Man verschiebt nun die eine Lichtquelle so lange, bis die beiden schräggestellten Spiegel A_1 und A_2 dasselbe Bild des Schirmes zeigen.

Neuere Photometer von **Lummer-Brodhun** und **L. Weber** können nur in eigens eingerichteten Photometerzimmern benutzt werden.

Notwendige Lichtstärke beim Lesen: Bei einer **künstlichen Beleuchtung von 50 MK** liest man so gut wie bei **Tageslicht.** Eine Beleuchtungsstärke von **10 MK** ist das **hygienische Mindestmaß** für Arbeiten, die die Augen anstrengen. Als Mindestmaß für Straßenbeleuchtung gilt 0,1 bis 1 MK.

Aufgabe 127.

[334] *Berechne die Beleuchtung, die hervorbringt:*
a) eine Gasflamme von 10 NK in 3 m Entfernung,
b) eine Glühlampe von 32 NK in 4 m Abstand,
c) eine Bogenlampe von 400 NK in 100 m Abstand.

Auf 1 cm² in der Entfernung r trifft die Lichtmenge

$$i = \frac{J}{r^2} \text{ MK.}$$

Ausgerechnet ergibt sich die Beleuchtung bei a) mit **1,1**, bei b) mit **2**, bei c) mit **0,04** MK.

Aufgabe 128.

[335] *Eine Gasflamme von der Stärke $J_1 = 10$ NK brennt im Abstande von $r_1 = 80$ cm über dem Tische. Wie hoch wäre eine Glühlampe von der Stärke $J_2 = 32$ NK anzubringen, damit sie eine $n = 1,5$ fache Beleuchtung hervorbringt?*

Es ist $n \dfrac{J_1}{r_1{}^2} = \dfrac{J_2}{x^2}$; daraus $x = \sqrt{\dfrac{r_1{}^2}{J_1 \cdot n} \cdot J_2}$.

Die obigen Werte eingesetzt, ergibt $x = \sqrt{\dfrac{0,8^2}{10 \cdot 1,5}} \; 32 \backsim$ **1,17 m.**

Die Gasflamme bringt eine für das Lesen noch halbwegs genügende Beleuchtung von $\frac{10}{0,8^2} = 15,6$ MK, die Glühlampe eine solche von $\frac{32}{1,17^2} \backsim 23,4$ MK hervor, ist also rund 1,5 mal stärker.

B. Die Brechung der Lichtstrahlen.

[336] Allgemeines.

a) Wenn Lichtstrahlen, die sich in Luft, Wasser, Glas oder irgendeinem anderen Körper verbreiten, auf die Grenzfläche eines anderen, durchsichtigen Mittels auftreffen, so erfahren sie in der Regel eine zweifache Richtungsänderung: Ein Teil wird in das alte Mittel nach noch zu erörternden Gesetzen reflektiert; der andere dringt in das neue Mittel ein, erfährt aber an der Trennungsstelle eine derartige Richtungsänderung, daß jeder Strahl daselbst abgeknickt oder gebrochen wird. Den **Brechungswinkel** nennen wir den Winkel zwischen dem gebrochenen Strahle und dem Einfallslote. Die **Brechung** oder **Refraktion des Lichtstrahles** im neuen Mittel erfolgt nach folgenden Gesetzen:

1. **Der gebrochene Strahl liegt in der Einfallsebene auf der entgegengesetzten Seite des Einfallslotes wie der einfallende Strahl** (Abb. 506).

2. **Der Sinus des Einfallswinkels steht zum Sinus des Brechungswinkels in einem konstanten Ver-** hältnis. Während die Reflexion des Lichtes — was die geometrische Richtung des reflektierten Lichtes betrifft — sich unabhängig von der materiellen Beschaffenheit der reflektierenden Fläche vollzieht, hängt die Refraktion des Lichtes von der Natur beider Mittel ab. Ist das neue Mittel optisch **dünner,** so wird der Strahl **vom Lot** ge- brochen, ist aber das neue Mittel optisch **dicker,** so wird er **zum Lot** gebrochen.

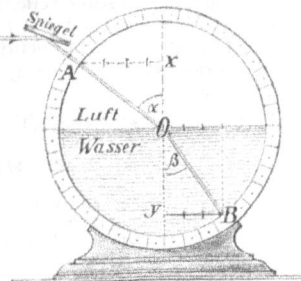

Abb. 506

Der **Brechungsexponent** $n = \sin \alpha : \sin \beta$ ist für verschiedene Paare von Mitteln verschieden groß. Merke:

Von Luft in	Wasser	Kronglas Vorstufe [362,11]	Flintglas	Diamant
ist	$n_{LW} = \dfrac{4}{3}$	$n_{LK} = 1{,}5$	$n_{LF} = 1{,}7$	$n_{LD} = 2{,}5$

Auf der **Brechung des Lichtes** beruhen folgende Erscheinungen: Ein schräg ins Wasser gehaltener Stab erscheint an der Wasserfläche geknickt, der ins Wasser ragende Teil gehoben (Abb. 507). (Es ist $\beta > \alpha$, da Wasser das dichtere Mittel ist.) Der Boden einer mit Wasser gefüllten Wanne erscheint gehoben, ebenso alles, was sich im Wasser befindet. Die Hebung ist um so stärker, je mehr sich das Auge des Beobachters dem Wasserspiegel nähert. (Versuch mit einem eingetauchten Maßstab.)

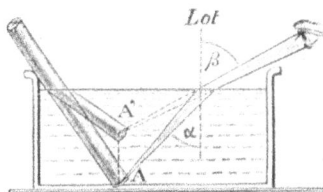

Abb. 507

Die **atmosphärische Strahlenbrechung** (Abb. 508). Die Luft wird nach oben dünner; man kann sie sich in konzen-

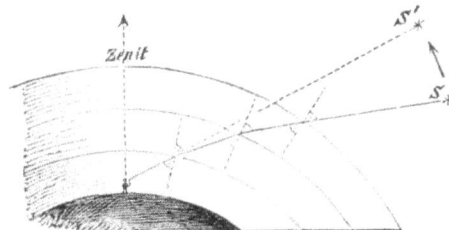

Abb. 508 Atmosphärische Strahlenbrechung

trische Schichten von abnehmender Dichte zerlegt denken. Durchquert ein Lichtstrahl solche Schichten, so wird er mehr und mehr zum Lot hin gebrochen. Er beschreibt also eine krumme Bahn. Eine Folge ist, daß besonders die Sterne nahe dem Horizont stark gehoben erscheinen.

[337] Totale Reflexion.

a) **Eine Brechung tritt nicht immer ein.** Kommt nämlich ein Lichtstrahl aus einem dichteren Mittel in ein dünneres, so muß sein Brechungswinkel β größer werden als sein Einfallswinkel α (Abb. 509).

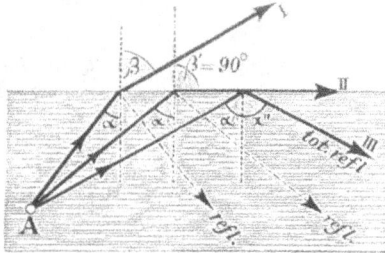

Abb. 509
Totale Reflexion

Wächst α, so wächst auch β, **aber β wird zuerst 90⁰.** Jener Winkel α, dem der Winkel $\beta = 90^0$ entspricht, heißt der **Grenzwinkel.** Er ist für Wasser **48⁰ 35′.** Wächst α noch weiter, so kann der Strahl nicht mehr in das zweite Mittel eindringen, sondern er wird „total" in das alte Mittel reflektiert. Die Bedingungen der **totalen Reflexion** sind also: **Der Strahl muß aus dem dichteren Mittel kommen und sein Einfallswinkel muß größer als der Grenzwinkel g sein.**

Für den **Grenzwinkel** g gilt

$$\frac{\sin g}{\sin 90^0} = m \text{ oder } \sin g = m.$$

Die früher angegebenen Brechungsexponenten n gelten nur für den weitaus häufigeren Fall, daß der Lichtstrahl aus der Luft in ein optisch dichteres Mittel wie Wasser usw. geht. Da es sich hier um den umgekehrten Fall handelt, daß der Strahl aus einem dichteren Mittel in Luft gelangt, ist

$$m = \frac{1}{n_{LW}}, \ \frac{1}{n_{LK}}, \ \frac{1}{n_{LF}}, \ \frac{1}{n_{LD}} \text{ u. s. f.}$$

Nehmen wir daher **Luft als das dünnere Mittel,** so ist der Grenzwinkel g für **Diamant 24⁰, Flintglas 36⁰, Quarz und Kronglas 42⁰** und für **Wasser 48⁰ 35′.**
Erscheinungen, die auf der totalen Reflexion beruhen, sind:
1. Das stärkere **Brillieren der Diamanten** im Vergleich zu Glasimitationen, das auf der stärkeren totalen Reflexion der eingedrungenen Strahlen beruht. — Taucht man eine bauchige leere Flasche in Wasser, so erscheint sie an gewissen Stellen quecksilberartig glänzend.

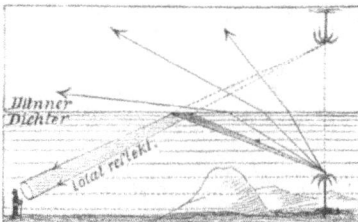

Abb. 510
Fata Morgana

Abb. 511
Total reflektierendes Prisma

2. **Die Luftspiegelung.** Lagern zwei Luftschichten, deren Dichten sprungweise verschieden sind, so kann an einem Stück ihrer Grenzfläche totale Reflexion eintreten (Abb. 510). Dieses Stück wirkt dann wie ein vollkommener Spiegel,

man erblickt in diesem ferne, vielleicht unmittelbar gar nicht wahrnehmbare Gegenstände verkehrt **(Fata Morgana).**
3. **Das total reflektierende Prisma,** das die Eigenschaft hat, den Lichtstrahl **ohne Lichtverlust** umzuknicken. Das total reflektierende Prisma ist ein meist rechtwinklig gleichschenkliges Glasprisma mit polierter Hypotenusenfläche (Abb. 511). Strahlen, die senkrecht gegen die eine Kathetenfläche treffen, gehen ungehindert bis zur Hypotenusenfläche und treffen diese unter einem Winkel von 45⁰. Verwendung zur Absteckung rechter Winkel, wovon in der „Vermessungskunde" die Rede sein wird.

[338] Die planparallele Platte und das Prisma.

a) Eine **planparallele Platte** heißt ein durchsichtiger Körper, der zwei parallele ebene Grenzflächen aufweist, wie dies z. B. bei Fensterscheiben der Fall ist.
Geht ein Strahl durch eine planparallele Platte, so erleidet er nur eine Parallelverschiebung (Abb. 512).

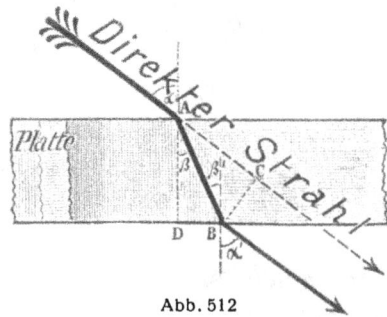

Abb. 512
Planparallele Platte

b) Ein durchsichtiger Körper mit zwei keilförmig gegeneinander geneigten ebenen Flächen heißt ein **optisches Prisma** (Abb. 513). Der Schnitt der beiden

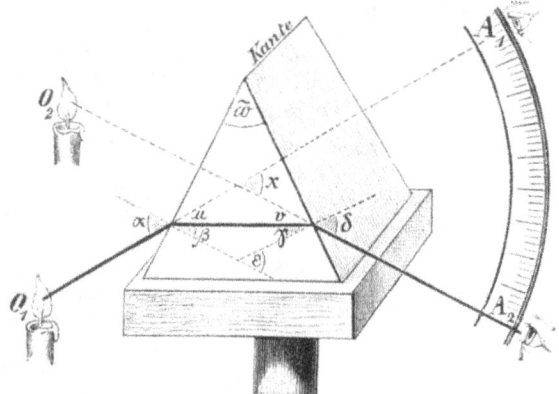

Abb. 513
Prisma

Ebenen heißt **brechende Kante,** der Winkel zwischen ihnen **brechender Winkel.** Geht ein Strahl durch ein solches Prisma, so wird er zweimal gebrochen: **beim Eintritt zum Lote hin** und **beim Austritt vom Lote weg.** Dabei ergeben sich die folgenden Regeln:
1. **Der Strahl erscheint zum dickeren Ende des Prismas gedreht.**
2. **Das Bild O_2 des Gegenstandes O_1 erscheint zur brechenden Kante** hin verschoben.

[339] Sphärische Linsen.

Ein durchsichtiger Körper, der von zwei Kugelflächen begrenzt ist, heißt eine sphärische Linse und

die Verbindungslinie der Kugelmittelpunkte **ihre optische Achse.**

Je nach der Lage der begrenzenden Kugelflächen unterscheidet man zwei Arten von Linsen:

I. **Konvexlinsen** (Abb. 514), **die in der Mitte dicker als am Rande sind.** Da nach dem Prismensatz durchgehende Strahlen stets zur dickeren Stelle hin gebrochen werden, wirken diese Linsen als **Sammellinsen** (Abb. 515).

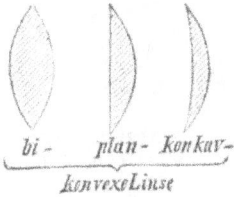

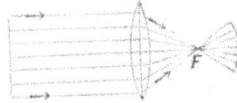

Abb. 514   Abb. 515

Konvexlinsen

II. **Konkavlinsen** (Abb. 516), **die in der Mitte dünner als am Rande sind.**

Da nach dem Prismensatze durchgehende Strahlen stets zur dickeren Stelle hin gebrochen werden, so wirken diese Linsen als **Zerstreuungslinsen** (Abb. 517).

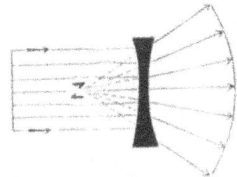

Abb. 516   Abb. 517

Konkavlinsen

Den Radius einer Linsenfläche bezeichnet man als positiv, wenn die dem Beschauer zugekehrte Fläche erhaben ist, als negativ, wenn die Fläche einen Hohlschliff darstellt.

I. Sammellinsen.

a) Alle Strahlen, die **von einem Punkte** A ausgehend auf eine Linse treffen, werden so gebrochen, daß sie nach Durchquerung der Linse wieder **durch einen Punkt** B gehen, wobei A der Gegenstandspunkt und B der Bildpunkt genannt wird. Dünne Linsen und Zentralstrahlen, die die Linse nahe der Mitte und fast senkrecht durchsetzen, vorausgesetzt, läßt sich die Entfernung des Bildes aus Abb. 518 berechnen:

$$\frac{1}{a} + \frac{1}{b} = \frac{1}{f} \quad \text{und} \quad \frac{1}{f} = (n-1)\left(\frac{1}{r_1} + \frac{1}{r_2}\right)$$

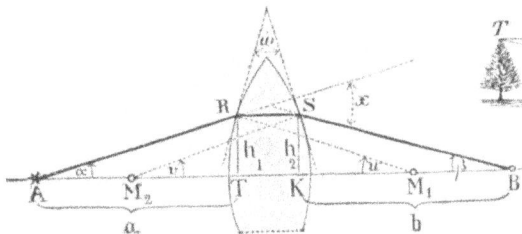

Abb. 518

Diese beiden Formeln, in welchen a die Gegenstandsweite, b die Bildweite, n den Brechungsexponent, r_1 und r_2 die Krümmungshalbmesser und f die Brennweite bezeichnen, heißen die **Linsengleichungen.**

Der **Brennpunkt** (oder **Fokus**) einer Linse heißt jener Punkt der optischen Achse, in dem sich die Parallelstrahlen nach der Brechung vereinigen. Jede Linse hat zwei Brennpunkte, da die Parallelstrahlen zur optischen Achse die Linse entweder von der einen oder von der anderen Seite her treffen können. Ihre Lage findet man, indem man entweder a oder b unendlich groß setzt. In beiden Fällen ergibt die Linsengleichung denselben Wert f und damit den Satz: **Die beiden Brennpunkte einer Linse haben von deren Hauptebene denselben Abstand f.** Brennweite einer Linse ist der Abstand f ihrer Brennpunkte von der Hauptebene der Linse. Sammellinsen haben einen **wirklichen reellen Brennpunkt** F (Abb. 515) und können durch Sonnenstrahlen Papier in Brand setzen (Abb. 519).

b) Um für einen Objektpunkt A, der außerhalb der optischen Achse einer Linse liegt, dessen Bild B in bezug auf diese Linse, das **Linsenbild,** zu zeichnen,

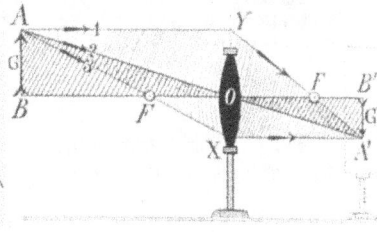

Abb. 519   Abb. 520

bedient man sich dreier **ausgezeichneter Strahlen,** deren Verlauf man voraussagen kann (Abb. 520).

1. der **Parallelstrahl** wird nach der Brechung **Brennstrahl;**

2. der **Mittelpunkt-** oder **Hauptstrahl,** d. i. der durch die Mitte der Linse gehende Strahl, **geht ungebrochen hindurch;**

3. der **Brennstrahl** wird nach der Brechung **Parallelstrahl.**

Aus der Ähnlichkeit der beiden Scheiteldreiecke (Abb. 521) folgt:

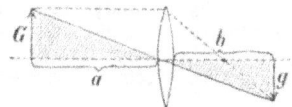

Abb. 521

$$G : g = a : b,$$

d. h. **die Gegenstandsgröße verhält sich zur Bildgröße wie die Gegenstandsweite zur Bildweite.**

c) Als zusammenfassendes Resultat ergeben sich folgende Regeln:

1. **Sammellinsen geben**

| umgekehrte, | wirkliche |

(reelle) **Bilder, wenn sich der Gegenstand**

| außerhalb der Brennweite |

befindet. Diese Bilder kann man auf einem Schirm auffangen (Abb. 522, Zeichenlinse).

Abb. 522

Rückt der Gegenstand gegen die Linse herein, so rückt das Bild hinaus und wird größer. Bild und Gegenstand sind gleich groß, wenn beide um $2f$ von der Linse entfernt sind. Diese Punkte heißen **Gegenpunkte der Linse.**

2. Sammellinsen geben

aufrechte,	scheinbare	(virtuelle)	vergrößerte

[345 b]

Bilder, wenn der Gegenstand sich

innerhalb der Brennweite

befindet (Abb. 523, Schaulinse).

Befindet sich eine Lichtquelle im Brennpunkte einer Sammellinse, so wird das durch sie gehende Licht gerade gerichtet.

II. Zerstreuungslinsen.

Zerstreuungslinsen haben nur einen scheinbaren (virtuellen) Brennpunkt, den man besser als **Zerstreuungspunkt** bezeichnet (Abb. 517). **Die Bilder,** die solche Linsen von Gegenständen liefern, **sind stets**

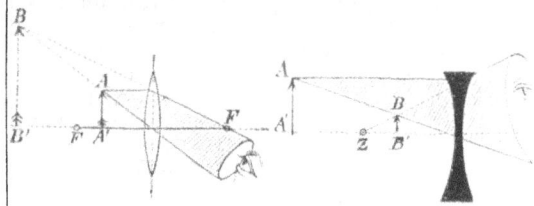

Abb. 523   Abb. 524

(Abb. 524). Der Parallelstrahl wird zum dickeren Ende so gebrochen, als käme er vom Zerstreuungspunkte Z.

Aufgabe 129.

[340] *Eine Sammellinse gibt von einem 2 m weit entfernten Gegenstand ein Bild in 50 cm Entfernung. Wie weit rückt das Bild weg, wenn der Gegenstand auf 1 m hereinrückt?*

$$\frac{1}{a} + \frac{1}{b} = \frac{1}{a_1} + \frac{1}{b_1}; \text{ für } a = 2\,\text{m, } b = 0{,}5\,\text{m, } a_1 = 1\,\text{m ist } b_1 = 0{,}66,$$

daher rückt das Bild um 0,667 — 0,5 = **16,7** cm weg.

[341] Aplanate und Anastigmate.

a) **Einfache Linsen geben eine Verzeichnung,** da sie am Rande anders vergrößern als in der Mitte (Abb. 526), **wodurch das Bild gewölbt erscheint. Durch Verbindung von Sammel- und Zerstreuungslinsen (Aplanate) kann man den Fehler beheben.**

b) **Astigmatismus** nennt man die Eigenschaft, daß **schief** auf die einfache Linse treffende Strahlenbündel nicht einen **Brennpunkt,** sondern zwei zueinander senkrechte, kurze **Brennlinien** haben. Linsensysteme, bei denen dieser Fehler beseitigt ist, heißen **Anastigmate.**

Abb. 525   Abb. 526
Verzeichnung

C. Farbenzerstreuung (Dispersion).

[342] Das Spektrum.

a) Läßt man ein weißes Lichtband durch ein Prisma gehen (Abb. 527), so zerlegt es sich beim Durchgang in einen Farbenfächer. Schneidet man diesen Farbenfächer durch einen Schirm, so entsteht darauf ein farbiges Band, das sog. **Spektrum.**

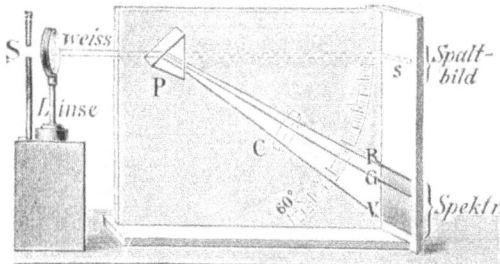

Abb. 527

In diesem unterscheidet man in herkömmlicher Weise die sieben Hauptfarben: Rot, Orange, Gelb, Grün, Blau, Indigo, Violett.

Zur Erklärung dieser Erscheinung, die man **Farbenzerstreuung** oder **Dispersion des Lichtes** nennt, nahm Newton 1672 an, daß das weiße Licht aus Licht von allen möglichen Farben zusammengesetzt ist und daß jeder Lichtart eine etwas andere Brechbarkeit zukommt. (Rot wird dabei am wenigsten, Violett am stärksten gebrochen.) Newton zeigte, daß man die Spektralfarben wieder zu weiß vereinigen kann. Man stellt dazu in den Strahlengang eines Farbenfächers eine Sammellinse (Zylinderlinse C). Die Farbenstrahlen werden dann vereinigt und geben ein weißes Spaltbild auf dem Schirm. Siehe auch das Lebensbild Newtons auf S. 173.

Daß das weiße Licht ein optisches Gemenge verschiedener Grundfarben ist, zeigt man zumeist mit dem **Farbenkreisel,** einer kreisrunden, aus farbigen Sektoren zusammengesetzten Glas- oder Pappscheibe, die, in rasche Drehung versetzt, farblos grau erscheint.

Den Eindruck „Weiß" kann man auch durch Mischung von nur zwei Farben erzielen. **Zwei derartige Farben heißen komplementär.** Solche sind z. B. Gelb und Blau, Rot und Grün, Orange und Violett.

Versuche: 1. Mit einem Farbenkreisel, der zwei komplementäre Farbensektoren aufweist.
2. Man vereinige (Abb. 528) zunächst mit Hilfe der Zylinderlinse C das Spektrum auf dem Schirm zu „Weiß". Spaltet man dann aus dem zu vereinigenden Strahlenbündel durch Einschieben eines schmalen Glaskeiles W ein Bündel x ab, während man den Rest weitergehen läßt, so erhält man auf dem Schirm **zwei komplementärfarbige Spaltbilder.** Die Farbenpaare ändern sich, wenn man den Glaskeil bewegt; warum?

b) Untersucht man das Licht, das von verschiedenen leuchtenden Körpern ausgeht (**emittiert** wird), so erhält man 3 Arten von Spektren:

1. Das **Linienspektrum: Leuchtende Gase,** z. B. gefärbte Flammen, Geißlersche Röhren, **geben nur**

einzelne **Spektrallinien, d. h. ein Linienspektrum.** Natriumdampf gibt eine gelbe Doppellinie (genannt *D*, Abb. 529), Wasserstoffgas gibt 4 Linien (Abb. 530), Eisendampf an 1000 Linien.

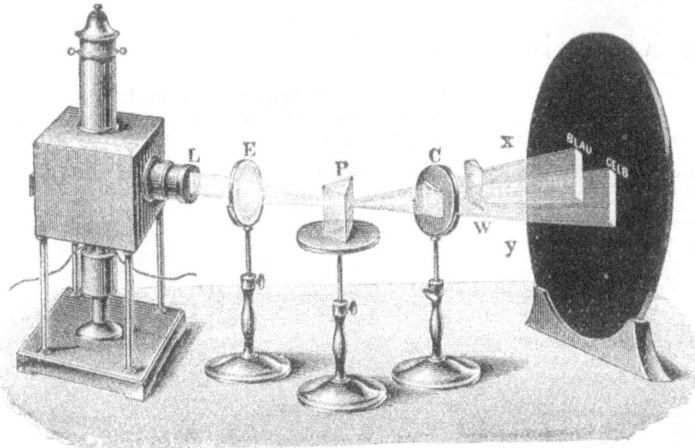

Abb. 528

Stelle die fast farblose Flamme des Bunsenbrenners so ein, daß im Innern deutlich ein Kegel erscheint. Betrachtet man diesen mit dem Spektralapparat, so sieht man sehr schön die 4 Wasserstofflinien.

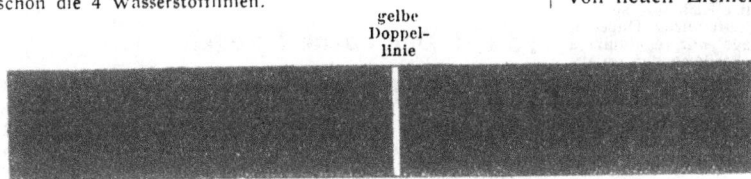

Abb. 529
Natriumlinie

2. Das **kontinuierliche Spektrum: Glühende feste und flüssige Stoffe geben immer ein kontinuierliches Spektrum,** das mit Rot beginnt und mit steigender

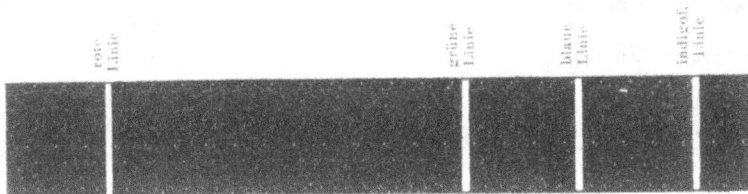

Abb. 530
Wasserstofflinien

Temperatur sich gegen das violette Ende hin erweitert.

Beispiele: Die glühenden Kohlen der Bogenlampe. — Halte eine Stricknadel in die Flamme des Bunsenbrenners und betrachte sie durch den Spektralapparat. Bei geringer Erhitzung erscheint nur das rote Ende des Spektrums, bei

höherer erweitert sich das Spektrum, bei Weißglut der Stricknadel erblickt man das volle Spektrum.

3. **Das Absorptionsspektrum:** Geht das Licht durch einen farbigen Körper, so werden gewisse Farben mehr oder minder beim Durchgang zurückbehalten (absorbiert). Im Spektrum des durchgehenden Restlichtes fehlen gewisse Farben (schwarze Streifen) oder sie erscheinen geschwächt und abgetönt.

c) Im **Sonnenspektrum** zeigen sich zahlreiche dunkle Linien (Abb. 531), die nach ihrem Entdecker **Fraunhofersche Linien** genannt werden (1814). Er zählte ihrer bereits 600 und gab den am meisten hervortretenden Linien Bezeichnungen mit großen lateinischen Buchstaben, die noch jetzt im Gebrauch sind.

Siehe Lebensbild des Fraunhofer am Schlusse dieses Briefes.

Das Studium dieser Linien führte zur **Spektralanalyse,** einer Wissenschaft, die es ermöglicht, aus dem Spektrum auf den Stoff zu schließen, von dem es herrührt. Neue, früher noch nicht wahrgenommene Spektralbilder führten Bunsen (1860) und andere Gelehrte zur Entdeckung von neuen Elementen.

[343] Achromatische Prismen und Linsen.

a) Ein **achromatisches Prisma** heißt ein Prismenpaar, das einen weißen Strahl **ohne Farbenzerstreuung** ablenkt; man stellt ein solches her, indem man Prismen aus verschiedenen Glassorten mit den brechenden Kanten entgegengesetzt aneinanderfügt und die brechenden Winkel so bemißt, daß die zwei

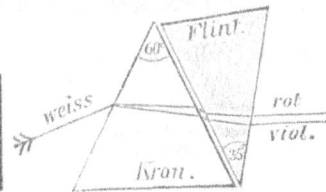

Abb. 532

Grenzfarben des Spektrums, z. B. Rot und Violett, beim Durchgange dieselbe Ablenkung erfahren (Abb. 532). Denkt man sich dann den eintretenden Strahl parallel verschoben, so überdecken sich auch die austretenden roten und violetten Strahlen zu „Weiß".

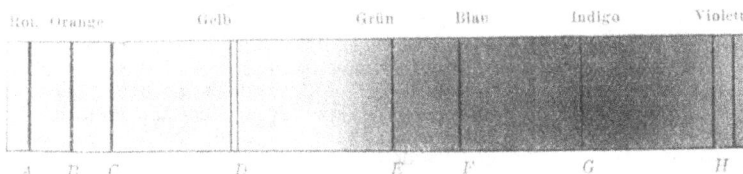

Abb. 531
Fraunhofersche Linien

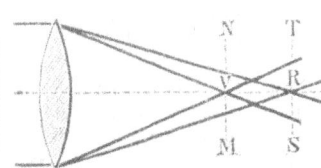

Abb. 533
Chromatische Abweichung

b) Eine einzelne Linse hat **für jede Farbe eine etwas andere Brennweite,** für Rot die größte und für Violett die kleinste, welche Erscheinung man **Chromatische Abweichung** nennt (Abb. 533). Durch geeignete Verbindung einer Kronglas- und einer Flintglaslinse gelingt es, eine **achromatische Linse** zu erzeugen.

D. Die Reflexion des Lichtes.

[344] Reflexionsgesetze.

Ein Bündel Sonnenlicht wird in ein verdunkeltes Zimmer geleitet und nahe der gegenüberliegenden Wand ein weißüberzogener Schirm in seinen Weg gestellt. Der vom Lichte getroffene Fleck erscheint grell beleuchtet und gleichzeitig erhellt sich auch der vor dem Schirme befindliche Teil des Zimmers. Ersetzen wir nun die rauhe Schirmfläche durch eine möglichst glatte Fläche, z. B. durch eine eben geschliffene und polierte Glasplatte, so erscheint der vom Lichte getroffene Teil viel weniger beleuchtet als früher. Dagegen durchdringt ein Teil des auffallenden Lichtes die durchsichtige Glastafel und erzeugt auf der dahinter befindlichen Wand einen sehr hellen Lichtfleck, der seine Stelle nicht ändert, wenn wir die Tafel beliebig drehen. Endlich erscheint auf einer der Zimmerwände ein zweiter Lichtfleck, welcher genau die Form des auf der Platte beleuchteten Fleckes hat, aber seine Stelle ändert, wenn man die Glastafel verschieden neigt. Bei Anwendung einer polierten Metallplatte oder eines mit Quecksilberamalgam bekleideten Spiegelglases erfolgt keine Durchdringung der nunmehr undurchsichtig gewordenen Platte, während der zweite Lichtfleck weit heller ausfällt.

Bei diesen Versuchen wird der nicht selbst leuchtende Körper (Schirm, Glasplatte usw.) **dadurch sichtbar, daß** das auf ihn fallende Licht unregelmäßig — man sagt **diffus** — zurückgeworfen, reflektiert wird. An der rauhen weißen Schirmfläche ist diese **diffuse Reflexion** so ausgiebig, daß davon das ganze Zimmer erhellt wird. Dagegen zeigt die Glasplatte vorwiegend, **ein Spiegel nur regelmäßige Reflexion,** die bloß nach einer, von der Stellung der reflektierenden Fläche abhängigen Richtung erfolgt.

Als wichtigste Erscheinung der diffusen Reflexion findet das Licht des Mondes, sowie die Morgen- und Abenddämmerung ihre Erklärung.

a) Bezeichnet man den vom einfallenden Lichtstrahle getroffenen Punkt des Spiegels als **Einfallspunkt,** die Flächennormale als **Einfallslot** und die durch den einfallenden Strahl und das Lot gebildete Ebene als **Einfallsebene,** so lautet das Reflexionsgesetz:

1. Der reflektierte Lichtstrahl liegt in der Einfallsebene auf der entgegengesetzten Seite des Einfallslotes.

2. Der Reflexionswinkel ist gleich dem Einfallswinkel.

Siehe auch [132, 11].

Um diese Erscheinung nachzuweisen, lasse man aus dem Projektionsapparat (Abb. 534) ein scharf begrenztes

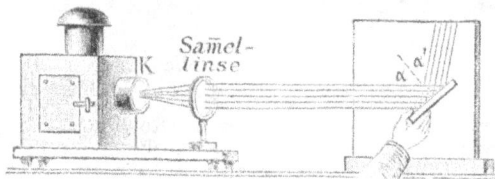

Abb. 534

paralleles Lichtbündel austreten, längs eines Schirmes hinstreifen und halte in den Strahlengang einen kleinen ebenen Spiegel.

Aus dem Reflexionsgesetze folgt:

1. Parallele Strahlen, die auf einen ebenen Spiegel treffen, werden parallel reflektiert, denn da alle α gleich sind, so sind es auch alle α' (Abb. 534).

2. Senkrecht auftreffende Strahlen werden vom Spiegel in sich zurückgeworfen ($\alpha = 0$, daher auch $\alpha' = 0$).

b) **Dreht sich der Spiegel,** also auch sein Lot **um den Winkel** α, **so dreht sich der reflektierte Strahl um** 2α (Abb. 535.)

Jede Drehung eines Spiegels erzeugt sonach eine Drehung des Bildes um den doppelten Winkel.

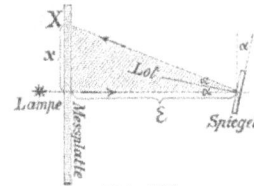

Abb. 535
Spiegelablesung

Auf dieser Tatsache beruhen mehrere wichtige Vorrichtungen, die Spiegelablesung (Abb. 535), der Winkelspiegel, das Winkelkreuz, der Spiegelsextant usw., die wir in der „Vermessungskunde" näher besprechen wollen.

[345] Der ebene Spiegel.

a) Aus dem Reflexionsgesetze folgt, daß alle Strahlen, die von einem leuchtenden Punkte A ausgehen, von einer ebenen Spiegelfläche so reflektiert werden, als kämen sie von einem Punkte A', **der ebenso weit hinter dem Spiegel liegt wie** A **vor ihm.** Der Punkt A' heißt das **Spiegelbild** von A (Abb. 536).

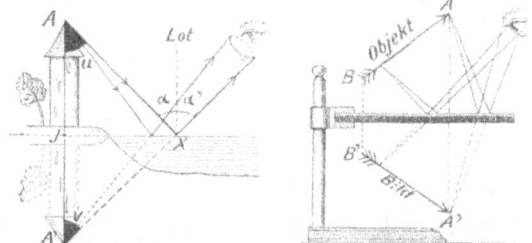

Abb. 536   Abb. 537

Da jedem Punkt A eines vor dem Spiegel befindlichen Gegenstandes ein Spiegelbild A' in derselben Entfernung hinter dem Spiegel entspricht, **so sind Gegenstand und Spiegelbild symmetrisch gleich, doch ist dabei links und rechts vertauscht.**

Eine Schrift erscheint im Spiegel als sog. Spiegelschrift. Abdruck einer Schrift auf Fließpapier gibt auch Spiegelschrift. Lesen dieser Schrift mittels eines Spiegels! — Hebe deine rechte Hand vor dem Spiegel empor und du erblickst im Spiegel eine linke. (Vorstufe [337].)

b) Alle Spiegelbilder werden **virtuelle** oder **scheinbare** Bilder genannt, weil sie nicht durch wirkliche Vereinigung der Lichtstrahlen zustande kommen (Abb. 537). Sie sind zwar sichtbar, können aber auf einem Schirm hinter dem Spiegel **nicht** aufgefangen werden.

Bei Verwendung unbelegter Spiegel (Spiegelglastafeln) kann man zugleich mit dem Spiegelbilde hinter dem Spiegel befindliche Gegenstände sehen. (Gespenstererscheinungen mit dem Bühnenspiegel.)

Aufgabe 130.

[346] *Das Spiegelbild des Feuers eines Leuchtturmes von $h = 50$ m Meereshöhe erblickt ein an Bord eines Schiffes stehender Beobachter unter dem Tiefenwinkel $\alpha = 15^0$. Wie weit ist er vom Turme noch entfernt, wenn sein Auge $a = 20$ m über dem Meere ist?*

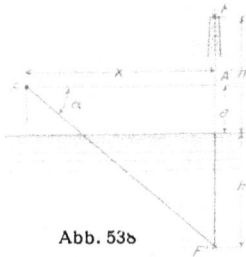

Abb. 538

Die gesuchte Entfernung x (Abb. 538) ergibt sich aus $\triangle A A' F'$:

$$x = \frac{a + h}{\text{tg } \alpha} = \frac{20 + 50}{\text{tg } 15^0} = \frac{70}{0{,}2679} \sim \textbf{261 m.}$$

Vgl. auch die Aufgabe 127 in Vorstufe [222].

[347] Die sphärischen Spiegel.

Als **sphärischen** oder **Kugelspiegel** bezeichnet man jedes polierte Stück einer Kugelschale. Spiegelt die hohle innere Seite, so spricht man von einem **Hohl**- oder **Konkavspiegel**, spiegelt die erhabene Außenseite, so nennt man den Spiegel einen **erhabenen** oder **Konvex**spiegel.

I. Der Konkavspiegel (Hohlspiegel).

a) Ein Hohlspiegel gibt von einem ihm genügend nahen Gegenstande ein vergrößertes, aufrechtes Bild (Abb. 539). Alle Strahlen, die von einem Punkte A

Abb. 539

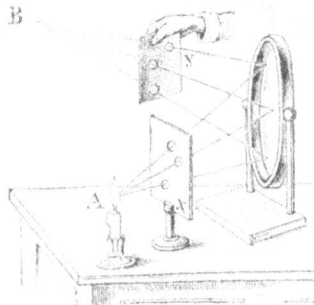

Abb. 540

ausgehen und auf den Hohlspiegel treffen (Abb. 540) werden von diesem so reflektiert, daß sie nach der Reflexion wieder durch einen Punkt B gehen (oder zu gehen scheinen). — Bedingung dabei ist, daß die Größe des Spiegels gegen seinen Radius und gegen den Abstand des Punktes A klein ist.

b) Die **Lage des Bildpunktes B** (Abb. 541) findet man rechnerisch, indem man nach den Reflexions-

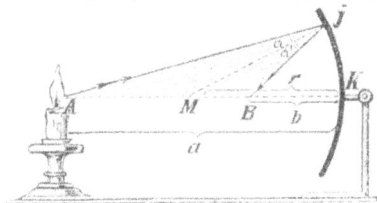

Abb. 541

gesetzen einen von A ausgehenden Strahl genauer verfolgt: Ein solcher Strahl trifft den Spiegel in J. In J errichten wir das Spiegellot JM ($=$ Kugelradius) und machen $\angle \alpha = \angle \alpha'$. Ist nun der Spiegel klein in bezug auf r, so erhält man die **Hohlspiegelgleichung:**

$$\boxed{\frac{1}{a} + \frac{1}{b} = \frac{1}{f}}, \text{ wobei } f = \frac{r}{2}.$$

Der Abstand $f = \dfrac{r}{2}$ ist für ein und denselben Spiegel konstant und heißt die **Brennweite des Spiegels.**

Der Punkt in der Entfernung des halben Krümmungshalbmessers heißt **Brennpunkt** (oder **Fokus**). In ihm vereinigen sich alle parallel auf den Hohlspiegel treffenden Strahlen nach der Reflexion; **er ist also der Bildpunkt für einen unendlich weit entfernten Gegenstandspunkt** (Abb. 542).

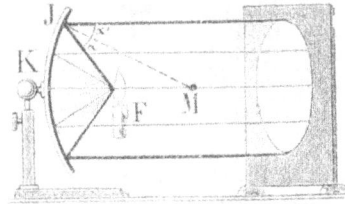

Abb. 542   Reflektor

Umgekehrt werden alle Strahlen, die von dem Brennpunkte aus auf einen Hohlspiegel fallen, nach der Reflexion **parallel**, von welcher Erscheinung man bei den **Reflektoren, Scheinwerfern** Gebrauch macht.

Da mit den Lichtstrahlen auch die Wärmestrahlen im Brennpunkte gesammelt werden, entsteht daselbst eine beträchtliche Wärmewirkung, woraus sich die Bezeichnungen „Brennpunkt", „Brennweite" sowie die oft gebrauchten Ausdrücke „Sammelspiegel", „Brennspiegel" erklären.

Alle diese Eigenschaften des Brennpunktes treffen nur bei parabolischen Spiegeln genau zu, weshalb auch diese von weit entfernten Gegenständen sehr reine Bilder geben. Bei Konkavspiegeln von großer Öffnung geht der Brennpunkt in Brennflächen über; sie geben deshalb auch nur undeutliche Bilder.

c) Um die Hohlspiegelbilder zeichnerisch aufzufinden, wählt man meist einen Durchmesser des Spiegels als **optische Achse** und gibt den daraufliegenden Brennpunkt F an. Liegt diese Angabe vor, so kann man sehr leicht den Bildpunkt B, der zu einem außerhalb der Achse liegenden Objektpunkt A gehört, zeichnerisch finden. Zu diesem Zwecke ver-

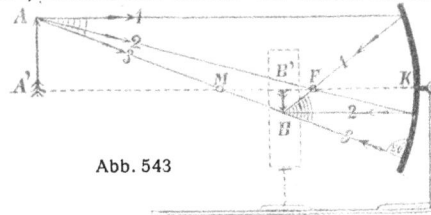

Abb. 543

wendet man von den unendlich vielen Strahlen (Abb. 543), die von A ausgehen, folgende drei:

1. Den **Parallelstrahl**, der als **Brennstrahl**
2. Den **Brennstrahl**, der als **Parallelstrahl** oder   } reflektiert wird.
3. Den **Mittelpunktstrahl**, der in sich selbst

Zur wirklichen Auffindung von B genügen aber schon zwei dieser ausgezeichneten Strahlen.

Steht das Objekt, z. B. ein kleiner Pfeil AA', senkrecht zur gewählten optischen Achse, so ist dies auch mit dem Bilde BB' der Fall. (Entsprechende Punkte von Objekt und Bild liegen immer auf einem Durchmesser.)

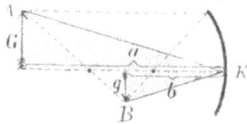

Abb. 544

d) Um die **Größe des Bildes** zu ermitteln, betrachtet man den Verlauf des Scheitelstrahles AK (Abb. 544), der nach der Reflexion auch durch B gehen muß. Für diesen muß der Winkel bei K durch die optische Achse halbiert werden. Daher sind die Dreiecke mit den Basen G bzw. g und der Spitze K ähnlich, folglich:

$$G : g = a : b$$

d. h. **die Größe des Gegenstandes verhält sich zur Größe des Bildes wie die Gegenstandsweite zur Bildweite.**

e) Als zusammenfassendes Resultat ergibt sich: **Der Hohlspiegel gibt reelle**, frei im Raume schwebende **Bilder,** wenn sich der Gegenstand **außerhalb** der Brennweite befindet. Diese Bilder, die **immer verkehrt** sind, kann man auf einem Schirm auffangen; sie sind

vergrößert, verkleinert oder **gleich groß,**

je nachdem der Gegenstand

innerhalb, außerhalb oder **in der doppelten Brennweite**

liegt (Abb. 545).

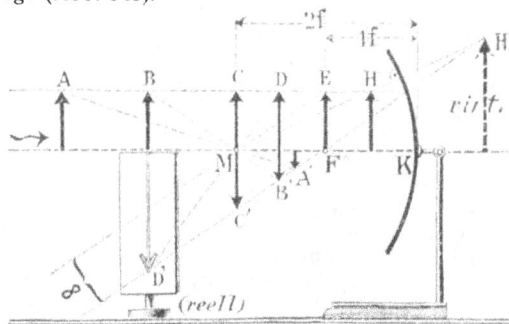

Abb. 545

Der Hohlspiegel gibt virtuelle Bilder, wenn der Gegenstand **innerhalb** seiner Brennweite steht.

Diese Bilder sind **stets aufrecht und vergrößert** (Abb. 546).

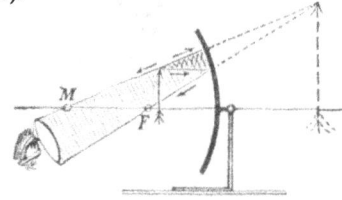

Abb. 546

Vgl. diese Verhältnisse mit jenen bei den Sammellinsen [339, 1 c].

II. Der erhabene (konvexe) Kugelspiegel.

a) Wie man bei jeder Gartenkugel sieht, gibt ein Konvexspiegel von allen vor ihm befindlichen Gegen-

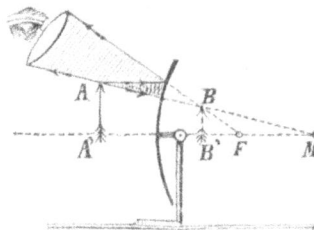

Abb. 547

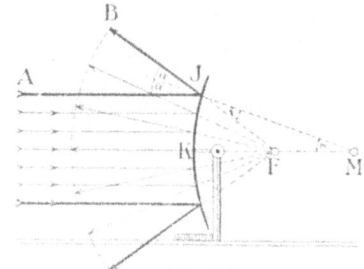

Abb. 548

ständen **verkleinerte virtuelle Bildchen** hinter dem Spiegel.

b) Die Strahlen, die von einem Gegenstandspunkt A auf einen erhabenen Spiegel treffen, werden von dem Spiegel zerstreut (Abb. 547). Es scheint, als kämen sie nach der Reflexion von einem Strahlungszentrum hinter dem Spiegel. **Konvexe Spiegel geben also virtuelle Bilder der umliegenden Gegenstände, die Bilder sind verkleinert und aufrecht stehend!** Parallele Strahlen, die auf einen erhabenen Spiegel treffen, werden von einem Punkte F zerstreut, der wie bei dem Hohlspiegel im Mittelpunkt des zugehörigen Radius liegt. F heißt auch hier der **Brennpunkt (besser Zerstreuungspunkt) (Abb. 548)**

Die Konstruktion des Bildes erfolgt beim erhabenen Spiegel ebenfalls durch zwei von den drei ausgezeichneten Strahlen.

Zur Berechnung des Bildes gelten auch hier dieselben drei Gesetze wie beim Hohlspiegel:

$$\frac{1}{a} + \frac{1}{b} = \frac{1}{f} \qquad f = \frac{r}{2} \qquad G : g = a : b$$

nur sind alle hinter dem Spiegel liegenden Größen also Radius r und Brennweite f negativ zu nehmen.

Aufgabe 131.

[348] *120 cm vor einem Hohlspiegel vom Radius $r = 60$ cm ist eine 9 cm hohe Glühlampe aufgestellt. Man bestimme Art, Ort und Größe des Bildes.*

$$a = 120 \text{ cm}, \quad f = \frac{r}{2} = 30 \text{ cm}.$$

Da $a > f$, ist das entstehende Bild **reell und umgekehrt.**

$$\text{I.} \quad \frac{1}{a} + \frac{1}{b} = \frac{1}{f}; \quad \frac{1}{120} + \frac{1}{b} = \frac{1}{30};$$

daraus $b = 40$ cm, d. h. **das Bild liegt 40 cm vor dem Spiegel.**

$$\text{II.} \quad G : g = a : b = 120 : 40 \qquad g = 3 \text{ cm.}$$

E. Die optischen Instrumente.

[349] Der Projektionsapparat.

1. Der **Projektionsapparat** (auch **Skioptikon**, laterna magica, Zauberlaterne genannt) **dient dazu, von kleinen Gegenständen recht große Bilder zu entwerfen** (Abb. 549).

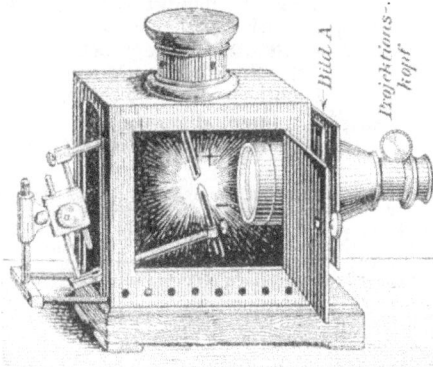

Abb. 549
Projektionsapparat

Er besteht aus zwei Teilen, dem Projektionskopf und dem Beleuchtungsapparate. Der Projektionskopf ist eine Sammellinse. Da sie von dem kleinen Gegenstand A (Glasbild, Diapositiv) ein möglichst großes Bild auf dem Projektionsschirm zu entwerfen hat, so muß das Glasbild zwischen Gegenpunkt und Brennpunkt aufgestellt werden (Abb. 550). Der Beleuchtungsapparat dient

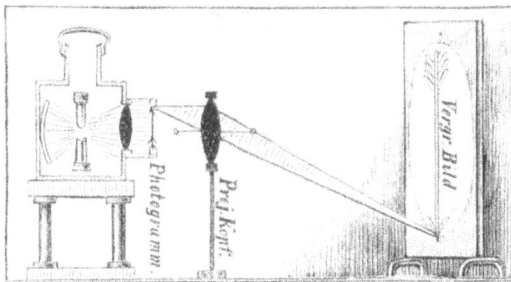

Abb. 550

dazu, die Glasbilder zu beleuchten, was mit Hilfe einer starken Lichtquelle (Bogenlampe) geschieht, die sich innerhalb eines Blechgehäuses befindet. Deren Licht wird durch eine sog. Kondensorlinse K auf das Glasbild gerichtet. Die Vergrößerung wird praktisch bestimmt, indem man einen auf Glas geätzten Maßstab projiziert. Man findet so, daß z. B. 1 cm in der Vergrößerung 40 cm groß erscheint. Die Vergrößerung ist dann $v = 40$.

2. Der **Kinematograph** ist ein Projektionsapparat, der eine fortlaufende Reihe von Photographien eines bewegten Gegenstandes ruckweise projiziert (d. h. mit einer Verdunklungspause während des Bildwechsels). Diese Photographien zeigen denselben Gegenstand von $1/20$ zu $1/20$ Sekunde während seiner Bewegung; die auf einem endlosen Filmstreifen aufgenommenen Serienbilder werden mittels eines Projektionsapparates vergrößert und so rasch hintereinander vorgeführt, daß dem Beobachter, dessen Auge den Lichteindruck nur $1/20$ Sekunde lang festhält, die gesehenen Bilder ineinander überzugehen scheinen (lebende Bilder). Das Prinzip ist dasselbe wie der jedem Kinde bekannte Schnellseher (Abb. 551) Daraus hat sich die heute schon großartige Filmindustrie entwickelt.

[350] Der photographische Apparat.

Der photographische Apparat besteht aus einem ausziehbaren Dunkelkasten, dessen Vorderwand eine Sammellinse von mäßiger Brennweite, das **Objektiv**, und dessen Rückenwand eine auswechselbare **Mattscheibe** enthält (Abb. 552).

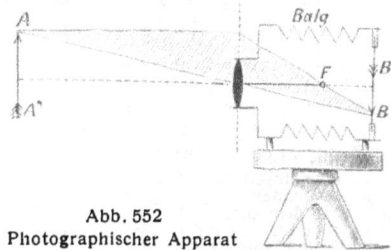

Abb. 552
Photographischer Apparat

Das **Objektiv** wirkt als Sammellinse, der Gegenstand muß also außerhalb der Brennweite liegen. Das Objektiv liefert von AA' ein reelles umgekehrtes Bild BB' in bestimmter Entfernung. Wird die Mattscheibe auf diese Entfernung eingestellt, so erblickt man darauf das umgekehrte Bild des Gegenstandes. An die Stelle der Mattscheibe wird die lichtempfindliche Platte, meist eine sog. **Trockenplatte**, die in einer Schichte eingetrockneter Gelatine das lichtempfindliche Bromsilber enthält, gesetzt und exponiert. Die Platte wird in einer Dunkelkammer in den Entwickler gebracht. Durch die Exposition ist an den belichteten Stellen schon der Zusammenhang zwischen Brom und Silber gelockert; durch die Entwicklung wird das Bromsilber zu metallischem Silber in um so stärkerem Maße reduziert, je stärker die Stelle belichtet war. Das Bild wird dann fixiert, indem das noch unzersetzt gebliebene Bromsilber aufgelöst wird. Ein solches Negativ zeigt die dunkleren Stellen licht und die hellen dunkel und kann durch geeignete Prozesse zur Herstellung eines Positives benutzt werden. Näheres über Photographie, Kinematographie usw. später.

Geschichtliches. Daguerre fixierte 1838 zuerst ein Bild auf einer jodierten Silberplatte. Talbot führte 1839 das Chlorsilberpapier ein.

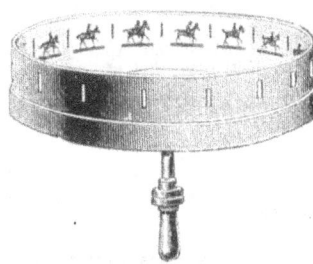

Abb. 551
Schnellseher

[351] Das Auge.

a) Das Auge hat die Gestalt einer Kugel von etwa 24 mm Durchmesser (Augapfel). Man unterscheidet daran (Abb. 553):

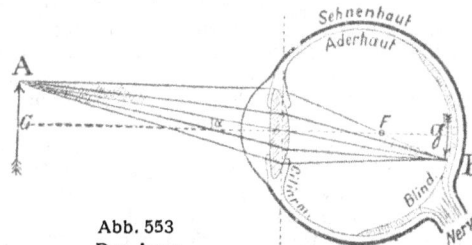

Abb. 553
Das Auge

1. **Die äußere Kapsel.** Diese wird von der weißen Sehnenhaut (= dem Weißen des Auges) gebildet, die vorn im stärker gewölbten Teil in die durchsichtige Hornhaut übergeht.

2. **Die Kristallinse.** Diese scheidet das Innere des Auges in zwei Kammern: in eine vordere, die wässerige Flüssigkeit enthält, und in eine hintere, die mit gallertartiger Masse (dem Glaskörper) ausgefüllt ist. Die Kristallinse befindet sich in einer ringförmigen, häutigen Fassung, deren vorderer gefärbter Teil **Regenbogenhaut** oder **Iris** heißt. Diese läßt mitten vor der Linse eine kreisförmige Öffnung frei, die **Pupille** oder das Sehloch.

Die Vorderseite der veränderlichen Linse ist im Ruhezustand fast eben, die Linse also fast plankonvex. Durch Anspannung des **Ziliarmuskels** kann die Linse deformiert werden; sie wird dann mehr bikonvex und bekommt dabei eine kleinere Brennweite.

3. **Die Netzhaut,** mit der die hintere Wand des Auges ausgekleidet ist, wirkt als lichtempfindliche Bildwand. In ihr verzweigt sich der seitlich vom Gehirn kommende Sehnerv in vielen feinen Enden, den „Zäpfchen" und „Stäbchen".

Die Zäpfchen befähigen uns, Farben zu unterscheiden. Sie befinden sich besonders in der sog. Netzhautgrube oder dem gelben Fleck, dem Ort, an dem gewöhnlich die Bilder entstehen. Seitlich davon befinden sich die Stäbchen, die stärker lichtempfindlich sind, aber die Farben nicht unterscheiden (Graulicht). Zur Ernährung des Auges liegt zwischen Netz- und Sehnenhaut die Aderhaut eingebettet.

b) **Das Auge wirkt wie ein Photographen-apparat mit Linse, Blende und lichtempfindlicher Bildwand.** Die lichtbrechenden Mittel des Auges wirken nämlich wie eine einzige Linse, deren optischer Mittelpunkt in der Kristallinse liegt, rund 22 mm von der Netzhaut entfernt. Es entsteht daher von einem fernen Gegenstand G auf der Netzhaut ein reelles verkleinertes verkehrtes Bild g.

Die **Größe g des Netzhautbildes** hängt von der **Größe des Gesichts(Seh-)winkels α** ab, unter dem ein Gegenstand vom optischen Mittelpunkt des Auges aus erscheint.

Bei kleinem Winkel α (Abb. 554) ist $g = b \cdot \mathrm{tg}\,\alpha$, wobei b rund 22 mm ist. Gegenstände erscheinen dem Auge gleich groß, wenn sie unter demselben Gesichtswinkel erscheinen.

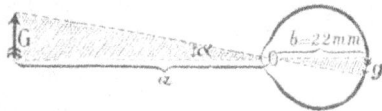

Abb. 554

So kann man es dahin bringen, daß ein vor das Auge gehaltener Bleistift so hoch erscheint, wie die entfernte Zimmertür oder selbst noch höher als ein entfernter Turm. Sehen können wir einen Gegenstand, z. B. eine Fliege, in größerer Entfernung nur dann, wenn das entstehende Netzhautbild mindestens so groß ist, daß es mehrere Nervenstäbchen der Netzhaut überdeckt. Dazu muß der Gesichtswinkel $\alpha > \frac{1}{2}$ Minute sein.

Die **Iris** wirkt als selbsttätige Blende. Blicken wir ins Helle, so verengert sie das Sehloch (die Pupille), damit weniger Licht ins Auge gelangt; lesen wir in der Dämmerung, so erweitert sich die Pupille von selbst. Blicken wir auf einen Gegenstand, so trifft sein Bild auf die lichtempfindliche Stelle der Netzhaut, den gelben Fleck. Diese Stelle ist etwas vertieft gegen die Umgebung und heißt dementsprechend auch die Netzhautgrube.

c) **Das Auge liefert von einem Gegenstande G ein verkehrtes Bild,** das auf die Netzhaut fallen sollte. Um dies zu erreichen, regelt der Ziliarmuskel selbsttätig die Brennweite der Kristallinse in entsprechender Weise. **Diese Fähigkeit, die Kristallinse der wechselnden Entfernung des Gegenstandes anzupassen, heißt Akkommodation.**

Fixiert man einen Gegenstand, der gegen den Beschauer heranrückt, so muß der Ziliarmuskel fortwährend die Brennweite kürzen, damit das Bild nicht über die Netzhaut hinausrückt. Während also beim Photographenapparat die Linse

fest und die Mattscheibe verschiebbar ist, bleibt hier die Netzhaut fest, und die Linse wird deformiert.

Man kann immer nur auf eine bestimmte Entfernung akkommodieren.

Hält man z. B. den Finger in halber Entfernung gegen ein beschriebenes Blatt und fixiert den Finger, so verschwimmt die Schrift; fixiert man die Schrift, so wird das Bild des Fingers unklar.

Die Fähigkeit des Akkommodierens ist beschränkt. Der fernste Punkt, den man durch Akkommodation erreichen kann, heißt **Fernpunkt** (F), der nächste **Nahepunkt** (N), der zwischen beiden gelegene Raum **Akkommodationsbreite.** Sie beträgt beim normalen Auge 25 cm bis ∞, beim kurzsichtigen Auge 5 bis 40 cm, beim weitsichtigen Auge 40 cm bis ∞.

d) **Brillen** sind Linsen, die man vor die Augen setzt, um diesen die normale Sehweite (25 cm) zu verleihen.

Wollte ein **Weitsichtiger** ohne Brille eine Zeitung lesen, so müßte er sie weit von sich halten. Hält er sie in 25 cm Entfernung vor sich, so rückt das Bild hinter die Netzhaut. Um es auf die Netzhaut zu bringen, muß man die Strahlen vor dem Eintritt in das Auge stärker konvergent machen. Dies geschieht durch Vorsetzen einer **Sammellinse** (Abb. 555).

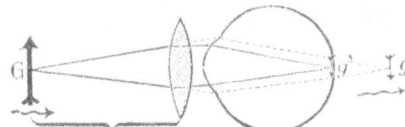

Abb. 555
Weitsichtig

Ein **Kurzsichtiger** kann ohne Brille eine Zeitung nur lesen, wenn er sie sehr nahe ans Auge hält. Entfernt er sie auf 25 cm Entfernung vor sich, so rückt das Bild der Schrift vor die Netzhaut. Deshalb muß man die Strahlen vor ihrem Eintritt in das Auge etwas divergent machen, was durch Vorsetzen einer **Zerstreuungslinse** geschieht (Abb. 556).

Abb. 556
Kurzsichtig

Liest man in der Jugend im Dämmerschein, so beugt man sich unwillkürlich nahe an das Buch, um genügend Helligkeit zu bekommen. Die Bilder solch näher gehaltener Gegenstände liegen aber für das normale Auge hinter der Netzhaut. Da tritt nun der Fall ein, daß sich das Auge verlängert, um den überangestrengten Ziliarmuskel zu entlasten, und das Auge wird kurzsichtig. — In vorgerückten Lebensjahren (meist zwischen 40 und 50 Jahren) wird der Ziliarmuskel geschwächt, der Nahepunkt N rückt hinaus (der Fernpunkt F herein), man wird dabei weitsichtig. — Ist die Akkommodationsbreite Null geworden, so müßte man für jede Entfernung eine besondere Brille tragen.

Die **Schärfe der Brillen** wird nach Dioptrien angegeben. Man sagt, die Brille hat n Dioptrien, wenn ihre Brennweite $1/n$ Meter beträgt.

Optische Täuschungen: Parallele Linien, Zickzacklinien schraffiert, erscheinen nicht mehr parallel (Abb. 557). — Hält man eine Stricknadel vor eine Flamme, so erscheint sie in der Mitte dünner als

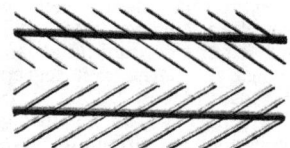

Abb. 557

an den Enden. — Betrachtet man längere Zeit ein blaues Stück Stoff auf weißem Papier und nimmt es dann plötzlich weg, so erscheint die Stelle des Papiers, an der der Stoff lag, komplementär gelb gefärbt. — Fährt man mit der glühend gemachten Spitze einer Stricknadel rasch im Kreise herum, so sieht man nicht einen Lichtpunkt, sondern einen Lichtkreis.

[352] Das Stereoskop.

Sog. stereoskopische Bilder erhält man, wenn man einen Gegenstand durch das eine, dann durch das andere Auge auf eine Ebene projiziert (Abb. 558). Es macht uns denselben Eindruck, ob wir das räumliche Objekt zweiäugig betrachten oder an dessen Stelle

Bild I durch Auge I und Bild II durch Auge II.

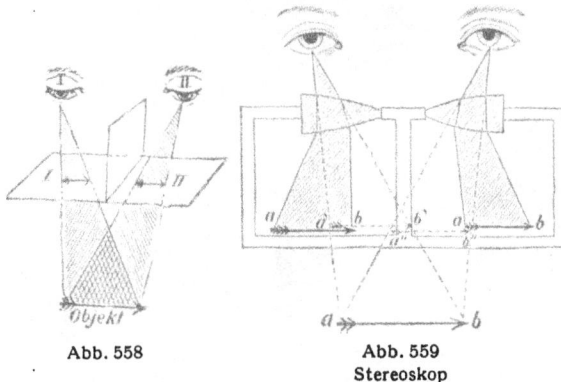

Abb. 558

Abb. 559
Stereoskop

Darauf beruht bekanntlich das **Stereoskop.** (Abb. 559.)

Dieses ist ein Kästchen, in das man das Doppelbild ab, ab unten einschiebt. Es hat in der Mitte eine Scheidewand und oben zwei Gucklöcher. In diese sind zwei Prismen mit der brechenden Kante gegen die Nase eingesetzt. Die Prismen bewirken zunächst eine virtuelle Verschiebung der Bilder gegen die Zwischenwand (nach a'b', a''b''), so daß die Sehstrahlen, die von den Augen gegen diese gerichtet sind, konvergieren. Bei geeigneter Akkommodation in die Ferne erblickt dann das Auge den **räumlichen** Gegenstand AB.

[353] Die optischen Vergrößerungsinstrumente.

Eine Gesichtswahrnehmung ist um so inhaltsreicher in den Einzelheiten, je größer das betreffende Netzhautbild ist. Dieses kann nun in zwei Fällen klein, die Wahrnehmung daher wenig detailliert sein:

1. **Der Gegenstand selbst ist von kleiner Ausdehnung.** Bringt man ihn dem Auge näher, so vergrößert man wohl den Sehwinkel und damit auch das Bild. Allein die Vergrößerung hat ihre Grenze erreicht, wenn der Gegenstand in den Nahepunkt des Auges (25 cm) gebracht ist, weil das Auge weiter nicht akkommodieren kann. **Eine weitergehende Vergrößerung erreicht man durch Mikroskope;** man unterscheidet **einfache Mikroskope (die Lupe)** und **zusammengesetzte Mikroskope.**

2. **Der Gegenstand ist vielleicht groß, befindet sich aber in sehr großer Entfernung.** Die Vergrößerung des Bildes wird dann durch **Fernrohre (Teleskope)** erzielt, die eine Kombination von Linsen oder eine solche von Linsen und Spiegeln darstellen.

Die Wirkungsweise beider Arten von optischen Instrumenten **beruht immer nur auf einer Vergrößerung des Sehwinkels oder der scheinbaren Größe des betrachteten Objektes.** Die Vergrößerungszahl ist

der Quotient aus der scheinbaren, durch das Instrument gegebenen Größe des Gegenstandes gebrochen durch seine wahre Größe.

I. Die Lupe (das einfache Mikroskop).

Die Lupe ist eine kleine Sammellinse (Abb. 560). Der kleine Gegenstand $g_1 = AA'$ ist so innerhalb der Brennweite aufzustellen, daß das entstehende

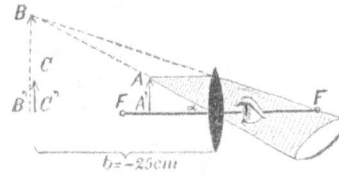

Abb. 560
Lupe

virtuelle Bild $g_2 = BB'$ in der deutlichen Sehweite erscheint.

Ohne Lupe müßte man den kleinen Gegenstand AA', um ihn genau zu sehen, günstigstenfalls an der Stelle CC', d. h. in der Entfernung der deutlichen Sehweite aufstellen. Er ergäbe dann einen viel kleineren Sehwinkel als an der Stelle AA'. Indem die Lupe statt CC' das Bild BB' liefert, wirkt sie vergrößernd.

Die Vergrößerung $v = BB' : AA'$ ergibt sich aus der Proportion: $BB' : AA' = b : a$, wobei b die deutliche Sehweite (25 cm), a nahezu gleich der Brennweite f der Lupe ist. Daher **lineare Vergrößerung**

$$v = \frac{\text{deutliche Sehweite}}{\text{Brennweite}} = \frac{25}{f}.$$

II. Das zusammengesetzte Mikroskop.

Am Mikroskop (erfunden von Zacharias Jansen 1590) unterscheidet man das **Objektiv**, das **Okular** und die **Beleuchtungsvorrichtung** (Abb. 561). Das

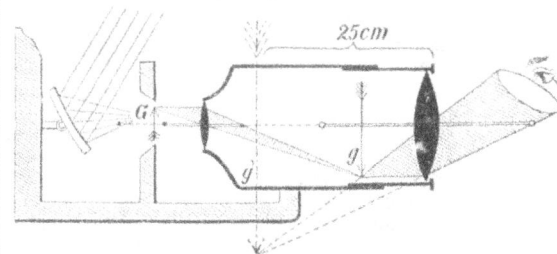

Abb. 561
Mikroskop

Objektiv ist die dem Objekte zugekehrte Sammellinse, die den Zweck hat, von letzterem ein vergrößertes Bild g zu entwerfen. Das **Okular** ist eine Lupe, die das Bild noch weiter bis auf g' zu vergrößern bestimmt ist. Zur Beleuchtung der zu betrachtenden kleinen Gegenstände dient ein Spiegel, mit dem man Tages- oder Lampenlicht gegen den Gegenstand reflektiert.

In der Praxis wird die Vergrößerung, die Lupen, Mikroskope und Fernrohre geben, meist nur abgeschätzt. Zu dem Zweck betrachtet man die Teilung eines Maßstabes mit dem einen Auge unmittelbar, mit dem anderen Auge durch den optischen Apparat und bestimmt, wieviel direkt gesehene Teile einen mit dem Apparat gesehenen Teil decken.

III. Die Fernrohre (Refraktoren).

a) **Das astronomische Fernrohr** (Johannes Kepler 1611) enthält zwei Sammellinsen, das Objektiv und das Okular (Abb. 562). Das Objektiv entwirft zunächst vom fernen Gegenstande ein kleines **umgekehrtes** Bild g in der Nähe des Brennpunktes; es ist meist sehr groß, um dem Bilde möglichst viel Licht zuzuführen. Das Okular ist eine Lupe, die zur Vergrößerung des vom Objektiv entworfenen

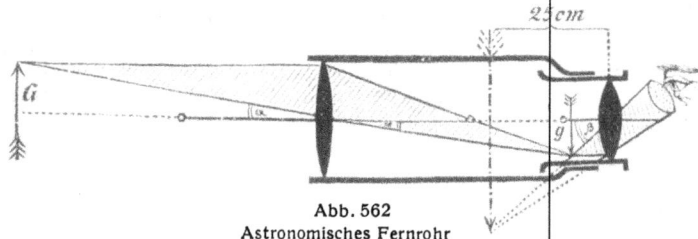

Abb. 562
Astronomisches Fernrohr

Bildes dient. Die Vergrößerung ist ungefähr gleich dem Quotienten der Brennweiten beider Linsen, also $v = \dfrac{f_1}{f_2}$, wenn f_1 die Brennweite des Objektives, f_2 jene des Okulars ist.

Im Okular ist meist an der Stelle, wo das Bild hinkommen soll, ein Fadenkreuz eingespannt, mit dem man die Achse des Fernrohrs fixieren kann.

Die Verwendung dieses Fernrohres als Nivellierinstrument, für Theodoliten usw. wird in der Vermessungskunde besprochen werden.

b) **Das terrestrische Fernrohr** (Schyrl, 1645) ist eine Umformung des astronomischen; es zeigt die betrachteten Gegenstände **aufrecht,** was durch Einschalten eines Umkehrglases erreicht wird (Abb. 563).

c) **Das holländische oder Galileische Fernrohr** (Abb. 564) hat als Objektiv eine Sammellinse und als Okular eine Zerstreuungslinse. Das Objektiv entwirft vom Gegenstande A ein Bild B, das aber nicht zustande kommt, weil es erst hinter dem

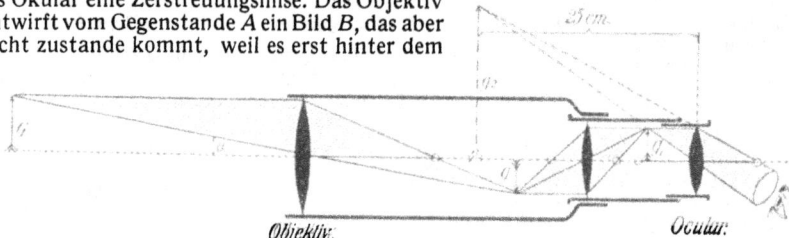

Abb. 563 Terrestrisches Fernrohr

Okular entstehen könnte. Das Okular „zerstreut" aber wieder die auftreffenden Strahlenkegel so, daß vor ihm ein **aufrechtes** virtuelles Bild C entsteht.

Dieses Fernrohr ist das älteste und wurde 1608 in Holland erfunden. Die Kunde davon gelangte bald nach Italien, wo Galilei es nach eigenen Gedanken zusammenstellte. Siehe Lebensbild Galileis auf S. 61.

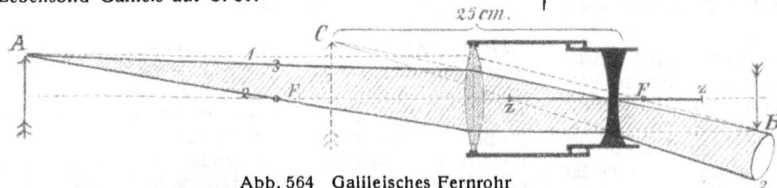

Abb. 564 Galileisches Fernrohr

Dieses Fernrohr besitzt den Vorteil, daß man schon mit zwei Linsen ein aufrechtes Bild erhält; auch seine Länge ist sehr gering.

Wegen der handlichen Form wird es gern auf Reisen als Feldstecher und im Theater als Doppelfernrohr oder Opernglas benutzt. Neuerdings werden aber hierzu mit Vorliebe auch die astronomischen Fernrohre verwendet, weil es gelungen ist, durch Einschaltung von total reflektierenden Prismen das Bild umzukehren und die Fernrohrlänge abzuknicken (Zeiß in Jena, Abb. 565).

IV. Die Spiegelteleskope (Reflektoren).

Ein Spiegelteleskop, wie es Newton 1668 baute, ist die Verbindung eines Hohlspiegels mit einem

Okular. Die von einem Fixstern ausgehenden Parallelstrahlen sammeln sich im Brennpunkte F des Hohlspiegels (Abb. 566), welcher Punkt mittels eines kleinen ebenen Spiegels vor eine im Teleskoprohr seitlich angebrachte Lupe gebracht wird.

Vor Erfindung der achromatischen Objektive benutzte man gern zu astronomischen Beobachtungen die Spiegelteleskope, weil es beim Hohlspiegel keine Farbenzerstreuung gab. Seit es aber gelang, fehlerfreie

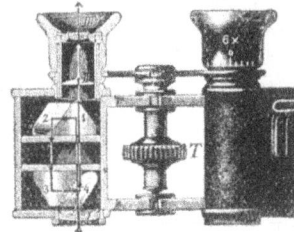

Abb. 565
Zeiss Opernglas

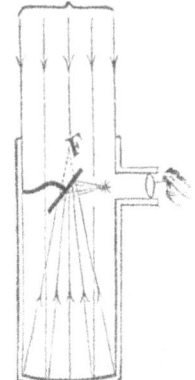

Abb. 566
. Spiegelteleskop

Objektive in beliebigen Größen herzustellen, haben die Teleskope weniger Bedeutung. Siehe Lebensbild Fraunhofers am Schlusse dieses Heftes.

[354] Übungsaufgaben.

Aufg. 132. Wie viel Zeit braucht das Licht, um von der Sonne auf die Erde zu gelangen?

Aufg. 133. Wie groß ist die Wellenlänge des Pariser Kammertones (ā), der pro Sekunde 435 Schwingungen macht? [330]

Aufg. 134. Die Sonne sendet durch ein Kellerfenster $30 \cdot 60$ cm einen Lichtstrom von 18000 Lumen. Wie groß ist die Beleuchtung pro cm² des Fensters? [333, a]

Aufg. 135. Welche Dioptrie hat eine Brille von der Brennweite $f = 20$ cm? [351, d]

Aufg. 136. Welche Beleuchtung gibt eine Lichtquelle von 90 NK im Abstande von 3 m? Ist sie zum Lesen ausreichend? [333, b] (Lösungen im 5. Briefe.)

[355] Lösungen der im 3. Briefe unter [287] gegebenen Übungsaufgaben.

Aufg. 112. $(x + 10)\, 0{,}92 = x \cdot 1{,}025;\ x = 87{,}6$ m.

Aufg. 113. $P = 1$ at $+ \dfrac{16}{10}$ at $= 2{,}6$ at.

Aufg. 114. $1 = \dfrac{g_2}{g_1} \cdot \dfrac{T - t_2}{t_1 - T}$; daraus $T = \dfrac{g_1 t_1 + g_2 t_2}{g_1 + g_2}$ für $g_1 = 3$ kg, $t_1 = 80^0$, $g_2 = 5$ kg, $t_2 = 10^0$ ist $T = 36{,}25^0$ C.

Aufg. 115. Geleistete Arbeit $= g \cdot h = 100$ mkg; $\dfrac{100}{427} = 0{,}2342$ Kal.

Da nun für Blei $c = 0{,}031$ Kal/kg ist, so folgt $\dfrac{0{,}2342}{0{,}031} = 7{,}55^0$ C.

Aufg. 116. $12 \times 0{,}000012 \times 35 = 5{,}04$ mm.

Aufg. 117. $b_0 = \dfrac{b}{1 + \alpha\, t}$; für $b = 728{,}4$ und $t = 32^0$ C ist $b_0 = 724$ mm.

Aufg. 118. $h : (h - x) = (n\,b - x) : b$; daraus $x = 35{,}1$ cm.

STOFFKUNDE

Inhalt: Nachdem wir in den früheren Abschnitten das **Holz** und die für die Technik wichtigsten **Metalle** besprochen haben, wollen wir uns jetzt den **Steinmaterialien** zuwenden, die als natürliche und künstliche Steine seit jeher in der Baukunde eine hervorragende Rolle spielten. Da aber deren Bearbeitung seit alters her so ziemlich dieselbe geblieben und verhältnismäßig wenig mit den sonstigen Fortschritten der Technik vorgeschritten ist, können die in der Steintechnik üblichen Arbeitsmethoden am zweckmäßigsten gleich in die Stoffkunde selbst einbezogen werden.

4. Abschnitt.

Steine und Mörtel.

A. Natürliche Steine.

[356] Gesteinsarten.

Die Gewinnung und Bearbeitung natürlicher Steine für bauliche und andere Zwecke ist uralt; sie waren die Werkzeuge der Urmenschen und bilden heute noch das wichtigste Material zur Ausführung und Ausschmückung aller unserer Bauwerke.

Der Entstehung nach unterscheidet man die **harten Gesteine — Ur- oder Massengesteine,** wie Basalt, Granit, Porphyr usw. — und die **weichen Schichtgesteine,** die durch mechanischen Absatz aus dem Wasser oder durch chemischen Niederschlag aus wässrigen Lösungen entstanden sind, wie Kalksteine, Sandsteine usw. **Geschichtete Gesteine sind leichter zu spalten und zu bearbeiten als Massengesteine.**

Ihrer Zusammensetzung nach teilt man die Gesteine ein in **kristallinische,** bei denen die Mineralindividuen unmittelbar miteinander verbunden erscheinen, und in **Trümmergesteine,** bei welchen die einzelnen Individuen entweder lose aneinandergehäuft oder durch ein Bindemittel zusammengehalten sind.

Sehr wesentlich für die Bearbeitung kristallinischer Gesteine ist ihre **Struktur:** Sind die Gesteine regellos aus kleinen Kristallen zusammengesetzt, so nennt man sie **körnig** (z. B. Granit), kann man aber die Kristalle kaum mehr unterscheiden, so spricht man von **dichtem Gefüge;** sind sie endlich in einer bestimmten Richtung aneinandergefügt, so entsteht **schieferige Struktur.** Bei dichtem Gefüge ist Festigkeit und Härte ziemlich gleichartig nach allen Richtungen, das Spalten durch Spanabtrennen verhältnismäßig leicht, längs größerer Flächen dagegen schwierig, wogegen körnige und verwachsene Gesteine sich durch Spanabtrennen um so schlechter bearbeiten lassen, je gröber das Korn und je verschiedenartiger die Härte der einzelnen Gemengteile ist. Bei schieferigen Gesteinen beschränkt sich die Bearbeitung fast nur auf das Spalten. Wichtig ist noch die Eigenschaft, daß viele, ja die meisten Gesteine im bruchfeuchten Zustande weicher sind als später.

Für die technische Verwendung der verschiedenen Steinarten sind hauptsächlich äußere Merkmale, in erster Linie deren **Gefüge,** von dem, wie erwähnt, Festigkeit und Härte, leichtere und schwerere Bearbeitung, Polierbarkeit usw. abhängen, dann aber auch ihre **Farbe** maßgebend, während ihre geologische Herkunft weniger für die Verwendbarkeit als für das Auffinden der Lagerstätten von Bedeutung ist. Wir wollen im folgenden von letzterer absehen und die Reihenfolge nur nach dem Grade der Verwendung wählen.

I. Sandsteine.

Sandstein ist der weitaus wichtigste natürliche Baustein und wird auch, wie wir gleich hören werden, am häufigsten und am täuschendsten nachgemacht.

Sein Vorkommen in den verschiedensten geologischen Horizonten, sein Auftreten in Bänken von sehr wechselnder Stärke, die die Herstellung von Werksteinen in den mannigfaltigsten Abmessungen gestattet, seine leichte Bearbeitung, wie nicht minder seine vorzügliche Wetterbeständigkeit nebst den warmen Farbtönen von grau und gelb bis rötlich und grünlich **sichern dem Sandsteine unstreitig den ersten Rang unter allen Bausteinen.**

Überall, wo er vorkommt, wird er gebrochen, aber kein Gebiet der Welt kann sich in bezug auf Großartigkeit dieses Betriebes auch nur annähernd mit der **Sächsischen Schweiz** vergleichen. Die meisten Betriebe liegen dort längs der Elbe, was auch die Abfuhr des Materiales wesentlich erleichtert. Zur Gewinnung wird oft ein Teil der 10—20 m hohen Felswände unterhöhlt und im ganzen niedergelegt, wobei freilich leider folgenschwere Unglücksfälle nicht selten sind.

Die Sandkörner im Sandstein bestehen fast stets aus unverwitterbarem Quarz; **sind sie mit einem kieseligen Bindemittel verbunden, so wird der Sandstein außerordentlich dauerhaft.**

Er geht dabei mitunter in **reines Quarzgestein (Quarzit)** über, der zwar schwer zu bearbeiten ist, sich aber als Pflaster (Kleinschlag) und als Mühlstein vorzüglich eignet.

Sandstein mit **kalkigem** Bindemittel sind wie die kieseligen meist weiß oder graulich. Sie brausen mit Säuren auf und sind unter dem Einflusse von kohlensaurem Wasser **weniger wetterfest.**

Sandsteine mit **eisenhaltigen** Bindemitteln sind meist von schöner roter, brauner oder gelblicher Farbe **(Buntsandsteine).** Weicher und leichter verwitternd sind die Steine mit **tonigem** oder **mergeligem** Bindemittel, die gelbliche oder bräunliche Färbung und den charakteristischen Tongeruch haben.

Alle Sandsteine sind deutlich geschichtet und lassen sich bei paralleler Anhäufung von Glimmerblättchen zu dünnen **Platten** und **Tafeln (Solinger Platten),** mitunter auch bei senkrechten Klüften zu **Quadern** verarbeiten.

Sie finden im Hochbau auch zu feinen Bildhauerarbeiten, ferner im Wasser-, Straßen- und Brückenbau sowie als Mühl- und Schleifsteine die vielseitigste Verwendung.

II. Kalksteine.

Nächst den Sandsteinen dürften die Kalksteine das am meisten benutzte Material sein. Ihre Verwendung als eigentlicher Baustein, namentlich für die äußere Architektur, tritt wohl etwas zurück, weil Farbe und Politur den Witterungseinflüssen nur selten auf die Dauer widerstehen; dagegen ist ihre Anwendung **zur Ausschmückung der Innenräume,** besonders als **farbiger Marmor** eine sehr vielseitige, und **als Bodenbelag** sieht man häufig dünnplattige Kalksteine in Benutzung.

Zu Feuerungsanlagen eignen sie sich nicht, weil sie in der Hitze Kohlensäure verlieren und in wasserlöslichen Kalk verwandelt werden. (Vorstufe [362].)

Der körnige Kalkstein, der echte Marmor, ist weiß, oft kantendurchscheinend, manchmal auch fleckig und geädert; er läßt sich gut bearbeiten und vorzüglich polieren. Der berühmteste Marmor ist wohl der von Karrara.

Dichter Kalkstein ist so feinkörnig, daß die einzelnen Kristalle auch unter der Lupe kaum mehr wahrnehmbar sind; er hat matten, flachmuschligen Bruch und weiße bis schwarze, mitunter auch fleckige Färbung.

Die polierbaren Sorten heißen ebenfalls Marmor, während die anderen als gewöhnliche Bausteine und zum Kalkbrennen dienen; sind sie stark löcherig, so heißen sie **Kalktuffe.**

Ein sehr geschätzter Baustein ist der **dolomitische Kalkstein**, der aus einem Gemenge von kohlensaurem Kalk und kohlensaurer Magnesia besteht. Hierher gehört auch noch der **Pariser Grobkalk, der sich sägen, drehen und hobeln läßt** (Kirche Notre Dame in Paris), und die **Kreide**, die in den tieferen Schichten den sandsteinartigen **Plänerkalk** liefert (Dom in Regensburg und in Münster).

Als Straßenbaumaterial eignet sich der **Kalkstein wegen seiner geringen Härte nicht besonders.** Kalkstraßen nutzen sich rasch ab und sind namentlich von Automobilreisenden wegen der großen Staubplage gefürchtet.

Außer den Kalksteinen von Solnhofen, die als **lithographische Platten** eine Berühmtheit erlangt haben, sind die **Rüdensdorfer Kalksteine** als Bausteine sehr bekannt; die in der Nähe von Berlin gelegenen Brüche zeichnen sich durch einen ebenso großartigen als eigentümlichen Betrieb aus.

III. Granit, Syenit und Porphyr.

Unter den Massengesteinen findet sicher der **mittelkörnige Granit**, der aus einem Gemenge von verschiedenen Silikaten wie Feldspat, Quarz und Glimmer besteht, die mannigfaltigste Verwendung zu Werkstücken, Treppenstufen und Podestplatten, zu Randsteinen und Platten für Fußsteige, als Straßenpflaster und zu vielen anderen Zwecken.

Dieses Material, welches wegen seiner hohen Festigkeit und großen Widerstandsfähigkeit gegen Witterungseinflüsse sehr geschätzt ist, läßt sich schwer bearbeiten, dafür aber gut schleifen und polieren.

Manche Granite zeigen nach gewissen Richtungen hin eine Art Spaltbarkeit, welche Eigenschaft bei der Gewinnung und Bearbeitung mit Vorteil ausgenutzt wird.

In Berlin sind freitragende Treppen aus Granit verboten, weil dieses Material bei Bränden durch das Löschwasser leicht Sprünge bekommt.

Ursprünglich verarbeitete man nur die ausgewitterten Blöcke (Findlinge), wie sie sich in Granitgebieten häufig vorfinden, und spaltete sie durch Keillöcher zu Werkstücken. Eigentliche Granitbrüche sind nur dort gewinnbringend, wo günstig gelegene Abfuhrwege vorhanden sind und die Granitmasse eine Absonderung in stärkeren Bänken zeigt, die wenig Klüfte enthalten und gut spaltbar sind. **Von Sprengarbeit wird nur bei minderwertigen Gesteinen Gebrauch gemacht.** In Mitteldeutschland haben die Granite des Fichtelgebirges und der **Lausitz** besonderen Ruf erlangt; außerdem wird in Norddeutschland viel schwedischer Granit verwendet, der sich durch eine tiefschwarze Farbe auszeichnet.

Während der Lausitzer Granit zu sandigem Schutt verwittert, bildet sich an tiefen und feuchtgelegenen Stellen **Kaolinton** in einer Mächtigkeit bis zu 25 m. Dieser Ton wird zu **Kaolin** verwaschen und spielt in dieser Form nicht nur in der Porzellanfabrikation, sondern auch in der Papierindustrie, ferner zur Herstellung von **Schamottesteinen** eine große Rolle (Vorstufe [367]).

Sehr ähnlich dem Granite ist **Gneis**; nur ist dieser durch parallele Lage seiner Glimmerblättchen von mehr schieferiger Struktur.

Syenit ist ein ähnliches kristallinisch-körniges Gestein, das noch viele andere Mineralien nebensächlich beigemengt enthält und häufig durch Aufnahme von Quarz in Granit übergeht; **er ist bei sehr schöner Färbung ebenso hart und wetterfest, dabei aber leichter zu bearbeiten als Granit.** Für Straßenbauzwecke ist Syenit infolge der Zähigkeit der eingesprengten Hornblende vorzüglich geeignet, ebenso wie **Diorit und Gabbro.**

Der **rote Porphyr** setzt sich aus einer dichten Grundmasse mit eingesprengten Kristallen verschiedener Mineralien zusammen. Die Bearbeitung ist schwer, weshalb der gemeine Porphyr meist nur zu festem Rauhgemäuer verwendet wird.

IV. Basalt.

Basalt ist ein **grauschwarzes** inniges Gemenge verschiedener Mineralien, das vorwiegend als Straßenpflaster und Schotter Verwendung findet. **Seine außerordentliche Härte erschwert jede Bearbeitung, die aber durch das Vorkommen regelmäßiger vierkantiger, vielfach gesprungener Säulen bis zu 50 m Länge einigermaßen erleichtert wird.**

V. Tonschiefer.

Tonschiefer sind verhärtete Tone sehr verschiedener Zusammensetzung und Herkunft. Sie sind dicht, meist schwärzlich und stark geschichtet.

Der gemeine Tonschiefer, der den Übergang zu Glimmerschiefer bildet, wird zu Bruchsteinen verwendet. Der **Dachschiefer** ist frei von sandigen Bestandteilen und spaltet sich in großen, dünnen, glatten Tafeln. **Zu Dacheindeckungen** soll er hellklingend, also ohne Risse, hart und fest sein, sich leicht bohren und lochen lassen und möglichst wenig Wasser ansaugen.

[357] Prüfung der Gesteine.

Wenn es sich um die Auswahl von Steinen für bestimmte Verwendungsarten handelt, muß man sich vorerst über die zu fordernden Eigenschaften klar sein. Ein Stein, der zu Straßenpflaster verarbeitet werden soll, muß neben Bearbeitungsmöglichkeit auch ausreichende Festigkeit und Undurchlässigkeit besitzen, wogegen der Baustein als tragender Teil einer Baukonstruktion von ausreichender Druckfestigkeit sein soll.

Nach der **Festigkeit** lassen sich die Steine etwa wie folgt ordnen: Basalt, Porphyr, Syenit (1600 bis 800 kg/cm²), Kalkstein, Marmor, Dolomit (1000 bis 500 kg/cm²), Sandstein (800—200 kg/cm²). **Schichtgesteine haben die größte Druckfestigkeit senkrecht zu ihren Lagerungsflächen, die daher auch im Bauwerk als Lagerflächen gewählt werden müssen.**

Die Druckfestigkeit der Steine ermittelt man mit hydraulischen Pressen an regelmäßigen Würfeln von 4—6 cm Seitenlänge. Als zulässige Beanspruchung nimmt man bei dauernden Konstruktionen im allgemeinen $^1/_{10}$, bei solchen, die Erschütterungen ausgesetzt sind, dagegen nur $^1/_{20}$ bis $^1/_{30}$ der Druckfestigkeit an.

Die Druckfestigkeit ist meist im trockenen Zustande größer als im bruchfeuchten oder wasserhaltigen, welche Abnahme durch Wasseraufnahme einen Maßstab für die Wetterbeständigkeit der Steine abgibt.

Die Porosität der Gesteine läßt sich durch Eintauchen in Wasser bestimmen.

Die **Frostbeständigkeit** wird durch Überwintern, die **Abnutzung,** die vorwiegend bei Pflastermaterial von Bedeutung ist, mit rotierenden Scheiben oder in rotierenden Trommeln ermittelt.

Ein guter Baustein muß fest, wetterbeständig und gleichmäßig im Gefüge sein; er darf keine verwitterten Stellen, keine Risse und Adern und keine Kittstellen zeigen. Letztere sowie Haarrisse erkennt man am deutlichsten beim Annässen des Steines.

[358] Bearbeitung und Erhaltung der Steine.

I. Schotter und Sand.

Zum Straßenbau können aus einleuchtenden Gründen **nur Hartgesteine,** also Granit, Gneis, Diorit, Basalt, Gabbro usw. Verwendung finden, wenn sie wohlfeil zu beschaffen sind. Sie werden in roh zerteiltem Zustande als Schottermaterial, und zwar als **Grobschrot** (4—7 cm) und als **Feinschrot** (3—5 cm) geliefert, während **Grobsplit, Feinsplit** und **Kiessand** oder **Grand** im Betonbau Verwendung finden.

Der **Schrot,** auch Schotter, Steinschlag oder **Kleingeschläge** genannt, wird aus den Abfällen der Pflastersteinfabrikation oder aus Findlingen gewonnen. Die Zerkleinerung erfolgt durch Handbetrieb, wie ihn die Steinklopfer auf Chausseen ausüben oder mit Steinbrechmaschinen [197].

Sand ist eine lockere Anhäufung von kleinen, höchstens erbsengroßen Körnern aus harten Materialien, vorwiegend von Quarz, seltener von Feldspat und noch seltener von Kalkstein. Zumeist rührt der Sand von dem Zerfalle quarzführender Gesteine her, wobei natürlich der Quarz am längsten der Vernichtung widersteht.

An fremden Beimengungen enthält der Sand noch Ton und Kalkstaub, welche vom Wasser weggeführt werden, weshalb Quell-, Fluß- und Meersand am reinsten ist. Flugsand besteht aus feinen abgerundeten Körnern und wird vom Winde getragen.

Man unterscheidet **Sand bis zu 3 mm Korn** und darüber hinaus **Kies** oder **Grand. Reiner eckiger (rescher) Sand wird zur Mörtelbereitung verwendet**; man prüft ihn, indem man ihn zwischen den Fingern zerreibt; bleiben diese rein, so hat man es mit lehmfreiem, reschem Sande zu tun.

Weiße Sande werden in der Glas- und Porzellanfabrikation, etwas tonige in der Formerei und mit Kalk oder Zement gemengt zum Verputz verwendet.

II. Pflastersteine.

Wesentlich dieselben Felsarten wie für Schotter werden zur Herstellung der Pflastersteine verwendet.

Im allgemeinen werden sie in Form von **Würfeln, Parallelepipeden** oder **abgestumpften Pyramiden** gestaltet, deren Grundfläche, **Kopf** genannt, die Fahrbahn bildet, daher der Name **Kopfsteinpflaster.**

Um die im Steinbruche losgelösten Blöcke in die gewünschte Form zu bringen, was selten im Bruche selbst geschieht, bedient man sich des **Schellhammers** (Abb. 567)

Abb. 567   Abb. 568
Schellhammer   Kraushammer

mit zwei abgerundeten Schneiden, womit der Stein nur gespalten wird, während man zur feineren Bearbeitung den **Kraushammer** (Abb. 568) benutzt.

III. Bausteine.

a) Die Steine werden schon im Bruche in der richtigen Größe abgesprengt oder annähernd durch Zerlegen **mit einem Übermaß von 2,5 cm nach allen Richtungen** in die verlangte Form gebracht.

Man teilt die Bausteine ein in:

1. **Gewöhnliche Bruchsteine,** die mit dem Hammer nur von den ganz hervortretenden Teilen befreit werden,

2. **lagerhafte Bruchsteine,**

3. **Schichtsteine,** die am **Haupte und an den vorderen Fugenflächen,** und

4. **Werksteine, Quadern** oder **Haussteine,** die **in allen Flächen** bearbeitet sind.

Da beim Haustein der Grad der Bearbeitungsfähigkeit für die Auswahl entscheidend ist, werden aus ökonomischen Gründen solche Gesteine bevorzugt, die sich leicht mit Stahlwerkzeugen bearbeiten lassen, und nur dort Hartgesteine in Betracht gezogen, wo hohe Festigkeit und besondere Wetterbeständigkeit erforderlich sind. Größere Blöcke muß man durch Keile, wie wir sie schon in der Technologie besprochen haben [196], oder durch Zersägen zerlegen.

Die **Stahlsäge,** wie sie bei Holz benutzt wird, kann nur für Weichgesteine und auch da nur unter ständigem Benässen der Sägeblätter in Frage kommen. Zum Zersägen von Hartgestein muß man Sägeblätter mit auswechselbaren Stahlzähnen von besonderer Härte oder mit Diamantsplittern (**Karbon**) verwenden. Weniger kostspielig ist das Zerlegen durch Schleifwirkung; es ist eine bekannte Tatsache, daß beim Verschieben eines weichen und eines harten Körpers gegeneinander ein zwischen beide gebrachtes Schleifmittel (Quarzsand, Schmirgel usw.) den harten Körper **mehr** angreift. Darauf beruhen die sog. **Schwertsägen,** die aus 4—8 m langen Blättern aus Kupfer oder Schmiedeeisen bestehen, welche in horizontalen Rahmen eingespannt, mit Hilfe von Quarzsand und unter stetiger Zufuhr von Wasser schleifend auf den Stein einwirken und ihn zerschneiden. Man hat diese Schwertsägen auch als **Bandschneidemaschinen** gebaut, wobei das Sägeblatt durch ein endloses Drahtseil ersetzt ist.

Das rohe Behauen der Flächen, das **Bossieren,** erfolgt bei hartem Gestein mit dem **Spitzeisen** (Abb. 569) und dem **Schlägel** (Abb. 570), bei weicherem mit dem **Zweispitz** (Abb. 571). Zur genaueren Bearbeitung dienen die **Schlageisen** (Abb. 572), die den mit dem **Zahneisen** (Abb. 573) vorgehauenen „Schlag" glätten. Auf den Schlag wird das **Richtscheit** aufgelegt, um die zweite Fläche zu ersehen (Abb. 574) und dann erst der zweite Schlag ausgehauen. Auf diese Weise gewinnt man den Rahmen für die richtige Gestalt der ersten Fläche, die nun beliebig weiter bearbeitet werden kann. Der in der Mitte stehengebliebene „Bossen" läßt sich mit dem **Zahnhammer**

(Abb. 575) und dem Spitzeisen beseitigen oder mit dem **Kröhnel** (Abb. 576) vorebnen. Der Ersatz dieser Handgriffe durch Maschinen hat sich bei der Steinbearbeitung nicht ganz bewährt.

Will man die mit Hand- oder Maschinenarbeit roh ausgeführte Steinfläche völlig ebnen oder polieren, so muß man

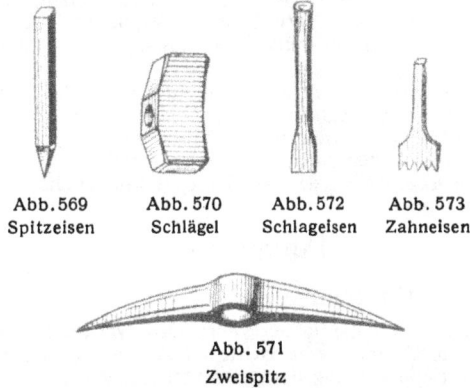

Abb. 569   Abb. 570   Abb. 572   Abb. 573
Spitzeisen   Schlägel   Schlageisen   Zahneisen

Abb. 571
Zweispitz

sie mit **sehr hartem Schmirgel** oder neuerdings mit **Carborundum schleifen.** Soll aber eine **matte** Fläche erzeugt werden, in der die härteren Körner des Gesteins gegen die weicheren hervortreten, soll also die Fläche „mattiert" werden, so benutzt man hierzu mit Vorliebe das **Sandstrahlgebläse,** wobei ein Dampfstrahl mit großer Geschwindigkeit Quarzsand gegen die Steinfläche wirft.

Zum Heben schwerer Quadern dient die **Kniehebelzange** oder man versieht die Werkstücke mit Löchern, in die der **Steinwolf** (Abb. 577) eingeführt werden kann, der durch Keilwirkung den Stein hebt.

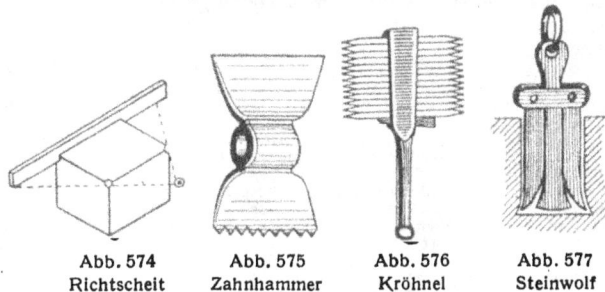

Abb. 574   Abb. 575   Abb. 576   Abb. 577
Richtscheit   Zahnhammer   Kröhnel   Steinwolf

b) Was die **Erhaltung** der Bausteine betrifft, so kann der Verwitterung durch richtige Auswahl der Felsart und durch passende Konstruktion vorgebeugt werden.

So soll bei Außenflächen das Wasser rasch ablaufen können, sollen vorragende Teile durch Deckplatten mit Wassernasen oder durch Asphaltierung und Zementierung entsprechend geschützt werden.

Die Fugen müssen überall dicht sein, und das Aufsteigen des Grundwassers durch Isolierschichten verhindert werden.

Dacheindeckungen, Regenrinnen und Abfallrohre sind stets in tadellosem Zustande zu erhalten; **bei Kalksteinmauerwerk und Kalkmörtel sind verwesende Stoffe (Humus, Jauche, Dünger) möglichst fernzuhalten, um die Bildung von Mauerfraß zu verhindern.**

Überhaupt schützt das Reinigen der Steine von Schmutz, Staub, Flechten und Moos sehr gut gegen Verwitterung der Steine; da sie allen diesen Angriffen um so besser widerstehen, je dichter und glatter ihre Oberfläche ist, erscheint auch das **Schleifen und Polieren der Flächen sehr empfehlenswert.**

Die eigentlichen Schutzmittel bezwecken entweder eine dichte Umhüllung der Steine durch Tränken mit Paraffin und Wachs, **durch Anstreichen** mit Leinöl, Ölfarbe, Kitte, Teer usw. **oder eine Verdichtung und Härtung der Oberfläche** mit Wasserglas, schwefelsaurer Tonerde oder geeigneten Fluoraten.

B. Mörtel.

Um die Bausteine irgendeines Bauwerkes fest miteinander zu verbinden, muß man sie mit geeigneten Verbindungsstoffen aneinander kitten, wozu die verschiedenen Arten von **Mörtel** dienen, die weiters auch zum Verputzen der Mauerwerksfugen und zur Erzeugung künstlicher Bausteine verwendet werden.

Man kann die Mörtelarten in zwei große Gruppen einteilen, und zwar in **Luftmörtel** und **Wassermörtel**; erstere erhärten nur an der Luft, aber nicht im Wasser, in dem sie im Gegenteile zerfallen. Wassermörtel dagegen werden an der Luft und auch unter Wasser hart.

Luftmörtel.

[359] Kalkmörtel.

a) Der am häufigsten gebrauchte Mörtel ist der **Kalkmörtel, der aus gelöschtem Kalk und Quarzsand besteht;** die Bildung des gelöschten Kalkes aus dem gebrannten und den bei der Erhärtung des Mörtels sich abspielenden chemischen Prozeß haben wir bereits in der Vorstufe [137, 362] erörtert.

Um guten, gebrannten Kalk zu liefern, dürfen die Kalksteine nicht allzu große Mengen von tonigen Bestandteilen enthalten; ist dies der Fall, so wird der Kalk namentlich bei stärkerem Erhitzen **tot gebrannt und löscht sich dann nur sehr schwer oder gar nicht im Wasser.** Wenig verunreinigter Kalkstein gibt „**fetten**" Kalk oder **Weißkalk,** der sich nach dem Löschen fett anfühlt und eine reinweiße Farbe zeigt.

Die **Kalköfen** sind solche mit kurzer oder langer Flamme. Erstere arbeiten mit schichtweise übereinander gelagerten Kalksteinen und Brennstoffen (magere Steinkohle oder Koks), wobei aber der Kalk leicht durch Asche verunreinigt werden kann. Reinere Ware, wohl bei höheren Betriebskosten, liefern die Öfen mit langer Flamme, wo die Feuerung von Rosten, Düsen usw. aus geschieht. Ein Ofen mit langer Flamme und unterbrochenem Betrieb ist in Vorstufe [362] dargestellt. Während bei diesen Öfen der Kalk oben (bei *B*) aufgegeben und unten (bei *C*) abgezogen wird, sich also dem Feuer entgegen bewegt, gibt es auch kontinuierliche Öfen, in welchen der Kalk liegen bleibt und das Feuer vorschreitet; es sind dies die sog. Ringöfen, die aus der Ziegelindustrie übernommen und den Ziegelöfen konstruktiv nachgebildet sind [369].

b) **Gebrannter Kalk ist durchaus trocken und vor der Luft geschützt aufzubewahren, da er begierig Feuchtigkeit und Kohlensäure aufnimmt und sich in Kalkhydrat und kohlensauren Kalk verwandelt. Am besten ist es, ihn sofort zu löschen; in diesem Zustande erhält er sich, vor Luft geschützt, jahrelang.**

Das Ablöschen des Kalkes geschieht in hölzernen Kalkkästen, die in Erdgruben eingebaut sind. Nach dem Löschen soll der Kalk noch mindestens 8 Tage in der Grube verbleiben, d. h. er wird „eingesumpft", damit auch das Innere der Kalkstücke vollkommen aufgeschlossen wird. Um die Aufnahme von Kohlensäure zu vermeiden, bedeckt man den Kalk beim Lagern in der Grube mit Pfosten.

c) Den **Kalkmörtel** bereitet man durch Mischen des gelöschten Kalkes, des sog. Kalkbreis mit Bausand, der scharfkantig und möglichst frei von organischen Bestandteilen (Humus, Torf usw.) sein soll.

In kleineren Betrieben wird das Durchkneten des Mörtels von Hand aus vorgenommen. Für größere Mörtelmengen benutzt man verschiedenartig konstruierte **Mörtelmischmaschinen,** auf welche wir in der „Baukunde" noch zu sprechen kommen werden.

Man mischt 1 G.T. Kalk je nach seiner Beschaffenheit mit 3—5 G.T. Sand so lange, bis daraus ein vollkommen gleichmäßiges Gemenge entsteht.

Nach dem Auftragen des Mörtels verliert er Wasser, das von den porösen Ziegelsteinen aufgesaugt wird, und geht hierbei aus dem teigigen Zustande in den starren über. Bei dieser Erhärtung wird Kohlensäure aus der Luft aufgenommen und Wasser abgespalten, **weshalb frische Mauern noch längere Zeit hindurch feucht bleiben.** Man kann die Erhärtung durch Luftzug oder künstliche Austrocknung beschleunigen, indem man in den zu trocknenden Räumen Koks in Eisenkörben verbrennt.

Die Umwandlung des Kalziumhydroxyds in Kalziumkarbonat geht im Innern der Mauern ungemein langsam vor sich, so daß ein Teil des gebrannten Kalkes noch nach Jahrzehnten unverändert bleibt. Bei Frostwetter bindet der Mörtel nicht ab, weshalb man sich in solchen Fällen durch Verwendung gewärmten Wassers hilft.

Kommt Mörtel mit Erde in Berührung, enthält der Sand organische Beimengungen oder wird der Mörtel bei Dungstätten und Aborten verwendet, so bildet sich Kalksalpeter, der auswittert und das Mauerwerk zerstört (Mauerfraß).

[360] Lehmmörtel.

Bei Feuerungsanlagen (Öfen, Herde) und bei kleineren landwirtschaftlichen Gebäuden benutzt man **Lehmmörtel.**

Man stellt ihn aus mittelfettem Lehm her, den man mit Wasser zu einem Brei anrührt und zur besseren Bindung mit Häcksel, Kälberhaaren u. dgl. vermengt.

Böden aus Lehmmörtel erweisen sich in Scheuertennen als sehr widerstandsfähig.

[361] Gipsmörtel.

In der Vorstufe haben wir unter [262, 4] erwähnt, daß gebrannter Gips bei Wasseraufnahme rasch erhärtet. Beim Mischen mit Wasser erhält man einen dickflüssigen Brei, den **Gipsmörtel,** der nach dem „Anmachen" bald erhärtet und teils allein, teils mit Kalk und Sand beim Aufmauern von Gewölben, als Wand- und Deckenverputz usw. verwendet wird.

Wegen der raschen Erhärtung des Gipsmörtels eignet er sich sehr gut zur Herstellung von Gesimsen, von künstlichen Steinen, Gipsdielen und in scharf gebranntem Zustande zur Erzeugung von Gipsestrichen.

Wassermörtel (Zemente).

[362] Einleitung.

a) Früher verstand man unter dem Worte „Zement" jene Stoffe, welche dem Kalke die Eigenschaft verliehen, unter Wasser zu erhärten.

Jetzt versteht man unter „Zementen" im weitesten Sinne jene Mörtelbindemittel, welche mit Wasser zu einem Brei angerührt, auch unter Wasser erhärten und dann dauernd und mit zunehmender Verfestigung der Einwirkung des Wassers widerstehen.

Zemente sind also mehlfeine Stoffe, welche allein oder mit anderen feinkörnigen mineralischen Stoffen gemischt, der sog. Mörtelspeise, ein bildsames Gemenge, Mörtel genannt, geben, das sowohl an der Luft als auch unter Wasser erhärtet und dabei die Stoffe, zwischen welchen es eingebracht wurde, innig miteinander verbindet und verkittet. Diese Bindemittel gehören zu den selbständig erhärtenden, weil auch ohne Einwirkung der Kohlensäure der Luft, somit auch bei vollständigem Luftabschlusse erhärten.

Man unterscheidet die Zemente:

1. **in solche, die durch Brennen bis zur Sinterung oder unter der Sintergrenze erzeugt werden,** wobei unter Sinterung jener Stand des Brandes verstanden wird, bei welchem das zu brennende Gut sich anfangs erweicht und dann zusammenbackt. Zu den **gesinterten** Zementen gehören nur die **Portlandzemente,** zu den **ungesinterten** die **Roman-** und die **Magnesiazemente.**

2. **in Zemente, die durch Vermahlen und Mischen eines Zementes im älteren Sinne mit einem anderen Bindemittel auf kaltem Wege erzeugt werden.**

Diese **gemischten Zemente** bestehen aus Stoffen, **Puzzolane** oder **hydraulische Zuschläge** genannt, die für sich allein noch keine Unterwassererhärtung besitzen, diese aber bei Zusatz eines anderen kalkabspaltenden Mörtelstoffes erlangen. Hierher gehören die Zemente aus **natürlichen Puzzolanen** (Puzzolan, Santorinerde, Traß) und die Zemente aus **künstlichen Puzzolanen**, als welche man früher Ziegelmehl, in jüngster Zeit aber nur Hochofenschlacken verwendet.

b) Alle vorgenannten Zemente, mit Ausnahme des sehr selten verwendeten Magnesiazementes sind in der Hauptsache **Verbindungen von Kalk, Kieselsäure und Tonerde**, bei welchen die Kieselsäure und die Tonerde durch Glühen mit dem Kalk in eine lösliche, verbindungsfähige Form übergeführt, wie man sagt „aufgeschlossen" werden. In dieser Form vermögen die Kieselsäure und die Tonerde mit dem Kalke auf nassem Wege unter Aufnahme von Wasser erhärtende, im Wasser unlösliche Verbindungen, Kalkhydrosilikate und Kalkhydroaluminate zu bilden.

Zemente im alten Sinne wurden schon im Altertume verwendet. Den Phöniziern, Griechen und Römern war bekannt, daß Ziegelmehl mit Kalk einen im Wasser erhärtenden Mörtel gibt. Die Römer fanden ferner, daß gewisse vulkanische Erden, wie z. B. die Puzzolanerde aus Neapel die Santorinerde von der Insel Thera und der deutsche Traß in Mischung mit Kalk unterwassererhärtende Mörtel geben. Erst 1756 gelang es dem englischen Zivilingenieur Smeaton, hydraulischen Kalk und Romanzement aus natürlich vorkommenden tonhaltigen Steinen und Mergeln zu erzeugen. Der englische Maurermeister Aspdin nahm 1824 ein Patent auf die Erfindung eines Zementes, den er, weil er in der Farbe dem in England als Baustein sehr beliebten „Portlandstone" ähnlich war, Portlandzement nannte. Aber erst Johnson erkannte 1844 die Wichtigkeit des scharfen Brandes bis zur Sinterung und wurde so der eigentliche Erfinder dieses wichtigen Mörtelstoffes, der zwar durch fast 20 Jahre ausschließlich in England erzeugt, dessen wissenschaftliche Grundlage aber dann eine Reihe deutscher Forscher geschaffen wurde, auf der die Portlandzementtechnik einen mächtigen Aufschwung nahm.

I. Durch Brennen erzeugte Zemente.

[363] Portlandzement.

Die außerordentliche Bedeutung, die der Portlandzement für das moderne Bauwesen besitzt, rechtfertigt es, wenn wir der Erzeugung dieses hochwichtigen Produktes etwas mehr Raum widmen.

a) **Das Rohmaterial ist entweder tonreicher Kalkmergel (Tonmergel)**, in dem die Hauptbestandteile Kalk, Kieselsäure und Tonerde schon von Natur aus im richtigen Verhältnisse gemischt, vorhanden sind, **oder Gemische von ton- und kalkhaltigen Materialien** (kohlensaurer Kalk und kieselsäurereicher Ton).

Gut brauchbare Kalkmergel finden sich nicht allzu häufig in der Natur; bekannt sind nur die Vorkommen in Tirol, bei Spalato in Dalmatien, bei Salzburg und im Kaukasus.

Die aus Kalkmergel hergestellten Zemente heißen Naturportlandzemente zum Unterschiede von den aus Gemischen im Verhältnis 1,7 des Kalkanteiles zu 2,2 der übrigen Bestandteile (Kieselsäure, Tonerde und Eisenoxyd) erzeugten künstlichen Portlandzementen. **Dieses Verhältnis, das man auch als hydraulische Zahl bezeichnet, ist für die Güte des Zementes maßgebend, da kalkreicher Portlandzement höhere Bindekraft besitzt, langsamer abbindet und rascher erhärtet.**

Der natürliche Kalkmergel kann ohne weiteres gebrannt werden, wogegen bei Verwendung von Gemengen dem Brennprozesse erst eine entsprechende **Aufbereitung** vorangehen muß.

Diese erfolgt in Rohmühlen. Die Gesteine werden in Steinbrechern oder Walzmühlen auf Nußgröße zerkleinert, dann in Kollergängen und Kugelmühlen vorgeschrotet und endlich in Rohmühlen, Mahlgängen u. dgl. mehlfein gemahlen. Erst dann nimmt man die Mischung der Bestandteile vor, wobei das Mischungsverhältnis ständig genau überprüft wird. Das Mischen geschieht mit Mischmaschinen verschiedener Ausführung, wobei man in dreierlei Weise vorgehen kann: man mahlt und mischt trocken und spricht dann von **trockener Aufbereitung.** Oder man schlämmt den Ton mit Wasser und

verarbeitet die anderen Bestandteile trocken **(Halbnaßverfahren)** oder man vermahlt und mischt alle Rohstoffe unter Wasserzusatz, was man die „ganz nasse Aufbereitung" oder das Naß (Schlämm-) verfahren nennt.

b) Die derart vorbereitete Masse muß nun gebrannt werden, und damit kommen wir zum Kernpunkt der Portlandzementerzeugung, **der Erhitzung des natürlichen oder künstlichen Gemenges bis zu etwa 1400° C,** bei welcher Temperatur bereits ein **Sintern,** d. h. ein Weichwerden und Backen des Brenngutes erfolgt. Bei diesem Brennen wird die Kohlensäure aus dem Kalkstein ausgetrieben, die Kieselsäure, Tonerde und Eisenoxyd in lösliche Form gebracht, also „aufgeschlossen".

Je nach der Konstruktion des Brennofens ist der Vorgang verschieden: Benutzt man Schachtöfen mit ununterbrochenem Betrieb, deren Konstruktion jener der Ziegel- und Kalkringöfen [369] ähnelt, so muß die Rohmasse vor dem Brennen in Ziegelform gebracht werden, was bei nasser Aufbereitung durch Strangziegelpressen [381], bei trockener Aufbereitung durch Trockenpressen [380] geschieht. Bei nasser Aufbereitung muß man den Rohmasseschlamm erst absitzen lassen.

Noch weit praktischer haben sich die seit etwa 20 Jahren im Gebrauch stehenden **Drehöfen** mit ununterbrochenem Brennbetriebe erwiesen; sie bedeuten wohl den größten Fortschritt in der Portlandzementtechnik. Dieser Ofen ist der Hauptsache nach eine Brenntrommel, die aus einem 20—70 m langen Rohre aus Schmiedeeisenblech besteht, einen Durchmesser von 2—3 m und eine unter etwa 6° gegen die Horizontale geneigte Längsachse besitzt. Das Brennrohr ist innen mit feuerfestem Materiale ausgekleidet und rotiert langsam um seine Achse. An seinem oberen Ende füllt man das Brenngut als dickflüssigen Schlamm oder, falls trocken aufbereitet wurde, als angefeuchtetes Mehl ein, während der Brennstoff am unteren Ende zugeführt wird; er besteht aus Kohlenstaub, Rohöl oder Brenngas und wird mit Luft eingeblasen.

Die gebrannte Masse verläßt das Brennrohr an seinem unteren Ende in Form von rotglühenden, gesinterten Stücken, „Klinker" genannt, die in einer Kühltrommel sich rasch abkühlen. Nach Besprengung mit Wasser führt man die Klinker in große luftige Hallen und läßt sie dort einige Zeit lagern, weil ganz frisch vermahlener Zement zu rasch „binden" würde.

Der sehr harte Portlandklinker wird schließlich in der Zementmühle unter Zusatz von etwas Rohgips zum Zweck weiterer Verlangsamung der Abbindezeit **auf Mehlfeinheit gemahlen.**

Verschiedenartig ausgebildete Fördereinrichtungen bringen das Zementmehl in die Lager- und Packräume, in denen das Einfüllen des Zementes in Fässer oder Säcke erfolgt.

c) **Der Portlandzement ist grünlichgrau gefärbt** und gibt beim Zusammenbringen mit Wasser erhärtende unlösliche Verbindungen von großer Festigkeit. Je nach seiner Zusammensetzung erfolgt das Abbinden mehr oder weniger rasch.

Reiner Zementmörtel, der nur durch Verrühren von Portlandzement mit Wasser erzeugt wird, erhärtet beinahe sofort und gibt eine sehr harte, feinkörnige und wasserdichte Masse, die sich in feuchter Umgebung gut erhält; er wird zum Verstopfen von Quellen, zur Herstellung von festen Unterwasser-Kunststeinen usw. verwendet.

Für trockene Bauten benutzt man Portlandzement mit reinem, scharfkantigem Sand, dessen Zwischenräume vom Zement ausgefüllt werden. Setzt man weniger Sand zu, etwa 1—1½ G.T. auf 1 G.T. Zement, so erhält man Mörtel von großer Festigkeit; für andere Zwecke nimmt man für 1 G.T. Zement 3—4 G.T. Sand.

Bei Zement-Kalk-Mörtel kann der Sandzusatz noch vergrößert werden und trotzdem erstarrt der Mörtel bald zu einer haltbaren und gut hydraulischen Masse.

Vor der Verwendung ist Portlandzement durchaus trocken zu lagern, da er in feuchter Luft knollig, stückig und zuletzt unbrauchbar wird; auch macht man nur so viel an, als man bald verarbeiten kann.

In der trockenen Jahreszeit soll man die eingebaute Mörtelmasse durch Annässen oder durch nasse Tücher gegen allzu rasches Austrocknen möglichst schützen.

[364] Romanzement (hydraulischer Kalk).

Romanzemente sind Erzeugnisse, welche aus tonreichen Kalkmergeln durch Brennen unterhalb der Sintergrenze erhalten werden. Sie löschen sich bei Benetzung mit Wasser nicht, sondern müssen durch mechanische Zerkleinerung auf Mehlfeinheit gebracht werden. Die Brenntemperatur des Romanzementes liegt mit etwa 900—1000° C beträchtlich unter derjenigen, bei der Portlandzement gebrannt wird. **Romanzement ist von gelblicher Farbe, bindet meist rasch ab, erhärtet aber langsam, während Portlandzement langsam abbindet, aber dafür sehr rasch und kräftig erhärtet.**

Er ist, wie erwähnt, früher erfunden worden als Portlandzement, aber heute fast ganz von dem hochwertigen Portlandzement verdrängt worden.

Werden Kalksteine mit 20—25 % Kieselton gebrannt, so erhält man **Wasser- oder hydraulischen Kalk,** der sich mit Wasser ablöscht.

II. Gemischte Zemente.

[365] Natürliche Puzzolane.

Natürliche Puzzolane bestehen aus vulkanischen Gesteinen, die Silikate des Kalziums, Eisens, Magnesiums und Aluminiums enthalten; durch die vulkanische Hitze sind diese Verbindungen „aufgeschlossen" worden, so daß die daraus hergestellten Mörtel hydraulische Eigenschaften erhalten.

Diese Zemente geben für sich allein keinen brauchbaren Mörtel, sie müssen dem gelöschten Kalk zugesetzt werden, weshalb sie auch „hydraulische Zuschläge" heißen.

[366] Künstliche Puzzolane.

Mischt man Kalkbrei mit Mehl aus gebrannten Ziegeln, so erhält man einen künstlichen, unter Wasser erhärtenden Mörtel, der z. B. bei der ägyptischen Cheopspyramide verwendet worden ist. Sonst sind gegenwärtig von Mischzementen nur **Schlacken-** zement, **Hochofenzement** und **Eisenportlandzement.** Gegenstand einer großgewerblichen Fabrikation.

Der Grundstoff dieser drei Zemente ist durchwegs basische, beim Hochofenbetrieb gewonnene und durch rasche Kühlung aus dem feuerflüssigen Zustande gekörnte, glasige Schlacke von bestimmter stofflicher Zusammensetzung.

Die Schlacken werden zu feinem Pulver gemahlen und mit gelöschtem Kalk gemischt, wobei der **Schlackenzement** entsteht; mengt man das Schlackenmehl mit mindestens 15 % Portlandzement, so erhält man **Hochofenzement,** mit mehr als 70 % Portlandzement, **Eisenportlandzement.**

[367] Beton.

Wenn man zu Zementmörtel noch eine Füllmasse, z. B. Kies, Schotter, Basalt- oder Porphyrstücke, Ziegelbrocken u. dgl. mischt, so erhärtet das Gemenge langsam zu einer außerordentlich festen, wasserdichten Masse, dem **Beton,** der neuerer Zeit in ausgedehntestem Maße zu den verschiedenartigsten Bauten und zur Herstellung der mannigfaltigsten Gegenstände wie Röhren, Maste usw. verwendet wird.

Am häufigsten wird Portlandzement mit gesiebtem Flußsand und Kies zum Mischen von Beton gewählt. Seine Eigenschaften hängen vom Mischungsverhältnis ab.

Je besser die Hohlräume im Beton mit Mörtel ausgefüllt sind, desto härter wird er mit der Zeit, weshalb seine Festigkeit durch Einstampfen in die Formen wesentlich erhöht wird.

Das Mischen erfolgt mit der Hand und nur bei sehr großen Bauten in **Betonmischmaschinen** mit bedeutender Leistungsfähigkeit.

Die besonderen Vorzüge des Betons erklären seine große Beliebtheit für alle Arbeiten; er ist luft- und wasserdicht, volumbeständig, fest und so dauerhaft, daß er auch dem Wellenschlage widersteht. Für Wasserbauten ist er geradezu unentbehrlich; man benutzt ihn zur Ausführung von Wehren, Brückenpfeilern, Quaimauern, Wellenbrechern, Talsperren, von Fundamenten und vielen anderen Bauten. Im Hochbau ist seine Verwendung eine sehr vielseitige geworden, seit es gelang, ihm als **Eisenbeton** oder „**armierten Beton**" durch Einziehen von Rundeisen und Eisendraht eine noch größere Festigkeit zu geben.

Weiteres über Beton und Eisenbeton folgt im II. Fachbande „Bautechnik".

C. Kunststeine.

Die Erzeugung und Verwendung künstlicher Steine scheint viel älter zu sein, als man im allgemeinen anzunehmen pflegt. Die Herstellung gebrannter Tonziegel läßt sich bis in die Zeit der alten Ägypter verfolgen und ungebrannte Kunststeine kannten schon unsere Vorfahren im Altertum und im Mittelalter.

Nach der Erzeugungsart unterscheidet man **gebrannte** und **ungebrannte** Kunststeine, nach ihrer Verwendungsart solche für den **Außenbau,** die daher in erster Linie den Witterungseinflüssen widerstehen, d. h. **wetterbeständig** oder wetterfest sein müssen, dann solche, die nur im **Innenbau** Verwendung finden, an die weniger die Forderung der Wetterbeständigkeit, als jene der **Politurfähigkeit** und leichten Bearbeitung gestellt werden und endlich Kunststeine, die auch ohne Schädigung hohe Hitzegrade ertragen, also **feuerbeständig** sind, was freilich zumeist nur bei gebrannten Steinen erreicht wird.

Gebrannte Kunststeine (Ziegel).

[368] Das Rohmaterial.

a) Alle gebrannten Steine werden aus Ton erzeugt, der zu diesem Zwecke je nach seiner Beschaffenheit ohne oder mit Zuschlagmittel verarbeitet wird.

Aller Ton ist durch Verwitterung aus gewissen Urgesteinen entstanden, die der Feldspatgruppe angehören und tonerdehaltige Felsarten, hauptsächlich Granit, Gneis und Porphyr darstellen.

Der edelsten Porzellanvase wie dem unscheinbarsten Ziegelstein ist derselbe Grundstoff zu eigen: die **kieselsaure Tonerde,** die den wesentlichsten Bestandteil aller reinen und unreinen Tone ausmacht. Während in der Porzellanindustrie annähernd **reine kieselsaure Tonerden,** die sog. **Kaoline** oder **Porzellanerden,** die auf ihrer ursprünglichen Bildungsstätte im Urgebirge vorkommen und **sich immer weiß brennen,** verwendet werden, können zur Ziegelfabrikation auch weniger reine Tone der jüngsten Ablagerungen, der **Ziegelmergel** und **Lehme,** die durch Sand, Glimmer, kalk- und eisenhaltige Mineralien mehr oder weniger verunreinigt sind, verarbeitet werden. **Sie sind gelbgrün bis rotbraun gefärbt, werden aber durch das Brennen hellgelb, rot und braun.**

Ist der Tonschiefer durch die Einflüsse der Witterung von seiner ursprünglichen Bildungsstätte als Kaolin fortgeschwemmt und so einem natürlichen Schlämmprozeß unterworfen worden, so wird daraus bei starkem Drucke der überlagernden Erdschichten ein **feuerfester Ton,** der ungebrannt grau bis schwarz gefärbt ist, aber nach dem Brande eine fast **weiße, höchstens gelbliche Farbe** zeigt; aus diesem wird **Schamotte** erzeugt.

Kaolin und feuerfester Ton werden meist bergmännisch, Ziegelerde und Lehm, die in den Tiefebenen in riesigen Ablagerungen vorkommen, im Tagebau gewonnen.

b) Die **Ziegelerde** muß frei sein von Kieseln und Steinstücken, da diese beim Trocknen und Brennen nicht wie der Ton schwinden, sondern im Gegenteile sich beim Brennen ausdehnen, wodurch Risse und schädliche Spannungen entstehen; sie darf keine größeren Kalkstückchen enthalten, weil diese mitgebrannt werden, sich aber nachher beim Naßwerden ablöschen und ausdehnen. Organische Beimengungen, wie Holz und Kohle geben beim Brennen zum Entstehen von Hohlräumen Anlaß.

c) Die Rohstoffe haben vielfach nicht die natürliche Zusammensetzung und Beschaffenheit, um daraus unmittelbar feste und dauerhafte Ziegel herzustellen, weshalb es nötig wird, sie fachgemäß **aufzubereiten.**

Ist der Ton von schwer aufweichbaren Klümpchen Schieferstücken, Letten u. dgl. durchsetzt oder läßt er sich mit Wasser schwer aufweichen, so sucht man ihn durch „Wintern" oder „Sommern" aufzuschließen, indem man den aus der Grube kommenden Ton in 30—60 cm hohen Lagen im Freien aufschüttet und ihn der Einwirkung von Luft und Feuchtigkeit, Wärme und Kälte überläßt. Die erwähnten schädlichen Beimengungen werden am besten durch Schlämmmaschinen beseitigt. Ist der Ton sehr fett, so schwindet er beim Trocknen und Brennen oft so stark, daß sich die Ziegel werfen und reißen. Solche Materialien müssen mit Sand oder Ziegelmehl innig gemischt werden, was in eigenen Knetmaschinen, den sog. Tonschneidern, geschieht.

[369] Die Herstellung der Ziegel.

a) Der in dem Tonschneider durchknetete und homogenisierte Ton tritt am Ende als Strang aus und ist für das Verziegeln fertig.

Geschieht das Formen der Ziegel **mit der Hand,** so bedient man sich hierzu oben und unten offener Formen aus Holz, Guß- oder Bandeisen, die um das Schwindmaß größer gehalten sind. In diese mit Wasser genetzten und mit Sand bestreuten Formen wird die Masse kräftig eingestrichen, worauf die Ziegel in den Trockenschuppen gebracht werden.

Bei der **Maschinenformerei** wendet man das Naß- oder Trockenformverfahren an. Beim ersteren erzeugt die sog. **Strangpresse** [381] einen fortlaufenden Tonstrang, der dann nach Ziegellängen geschnitten wird. Der Ziegel erhält seine Gestalt durch die Form des Mundstückes, durch das der Strang gepreßt wird (Vollziegel, Hohlziegel, Formsteine, Rohre); Hohl- und Lochsteine werden mittels eingesetzter Dorne geformt.

Beim Trockenverfahren wird pulverförmiger Ton unter entsprechend hohem Drucke zu Ziegeln gepreßt [380].

Bei Handformerei stellt ein Arbeiter täglich bis zu 3000 Steine her, während eine Strangpresse über 10000 Stück erzeugt.

b) **Die naß geformten Ziegel mit einem Feuchtigkeitsgehalt von etwa 30% müssen vor dem Brennen hart getrocknet werden.**

Die meisten Ziegeleien trocknen heute in eigenen Schuppen, in denen die Ziegel auf Gerüsten aufgestappelt und von der Luft so bestrichen werden, daß sie nach allen Richtungen hin gleichmäßig schwinden und ihre Form behalten. Je nach dem Feuchtigkeitsgehalte und dem Wärmegrade sind hierzu 3—14 Tage notwendig.

Vorteilhaft ist es, die Trockenschuppen um oder über dem Ofen zu errichten, weil dadurch die Abhitze besser ausgenutzt werden kann, nur für den Winterbetrieb sind eigene Trockenanlagen im Gebrauch.

c) **Das Brennen der Ziegel** geschieht in Öfen mit **unterbrochenem** oder **ständigem** Betriebe; die Temperatur schwankt zwischen 800—1200° C.

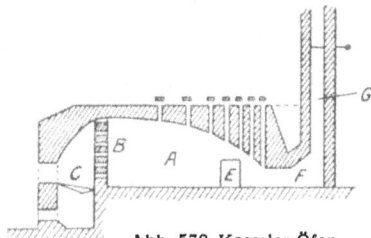

Abb. 578 Kasseler Öfen

Früher erfolgte der unterbrochene Betrieb in **Meilern** oder in viereckigen stehenden Öfen, später in den sog. **Kasseler Öfen,** in denen die Flamme nicht senkrecht aufsteigt, sondern wagerecht durchstreicht (Abb. 578).

A ist der Brennraum, in den die zu brennenden Waren durch die Einkarrtüre *E* eingebracht werden, *B* die Schildwand, *C* sind die Roste und *F* die Abzüge in den Schornstein *G.*

Die eigentliche Massenproduktion von Ziegeln unter bester Ausnutzung des Brennmateriales ist erst durch den **Hoffmannschen Ringofen** ermöglicht worden, dessen überwölbter Brennraum einen in sich zurücklaufenden, geschlossenen und aus 12 bis 24 Kammern bestehenden Kanal bildet, der um den Rauchsammler *C* und den Schornstein *D* angeordnet ist (Abb. 579).

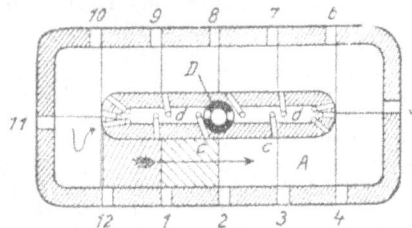

Abb. 579
Hoffmannscher Ringofen

Jede Kammer ist mit einer Einkarrtüre, mit Heizöffnungen in der Decke und mit einem durch ein Glockenventil zu schließenden Seitenfuchs versehen. Es wird immer nur eine Kammer, z. B. 6 durch Einwurf von Kohlenklein in die Heizöffnungen, geheizt; 2 Kammern, z. B. 12 und 1, sind außer Betrieb, und zwar wird in 12 aus- und in 1 eingefahren. Dann ist in 11 das Glockenventil zum Rauchsammler geöffnet, die Kammer selbst aber gegen die außer Betrieb gesetzte Kammer 12 mit einem vorgeklebten Vorhang aus grobem Papier verschlossen. Alle anderen Glockenventile sind geschlossen, ebenso wie alle Türen der im Betriebe befindlichen Kammern vorübergehend vermauert sind. Durch diese Anordnung wird nun eine große Brennstoffersparnis dadurch erzielt, daß die zur Unterhaltung des Feuers nötige Luft gezwungen wird, durch eine größere Anzahl von Kammern mit fertig gebrannten Steinen zu gehen und diese abzukühlen (hier z. B. 2—6), während sie die in ihnen aufgespeicherte Wärme der im Brande befindlichen Kammer zuführt. Auf der andern Seite werden die Verbrennungsgase gezwungen, durch den Rest der Kammern (hier z. B. 7—11) zu gehen, um diese vorzuwärmen, ehe sie, ziemlich abgekühlt, durch den offenen Fuchs in Kammer 1 in den Schornstein entweichen können. Der Betrieb ist kontinuierlich, denn sobald die Steine in 6 gebrannt sind, wird Kammer 7 geheizt und 12 als letzte Kammer eingerichtet. Dann wird in 1 aus- und in 2 eingefahren.

Die Temperaturen 600°—1200° werden mittels **Segerkegeln** [193] gemessen, die mit den zu brennenden Steinen in den Ofen gestellt und von außen durch Schaurohre beobachtet werden.

[370] Die wichtigsten Ziegelsorten.

I. Mauerziegel. Das deutsche Normalformat ist **25 : 12 : 6,5 cm.** Die zulässige Inanspruchnahme auf Druck soll bei gewöhnlichen Ziegeln **7 kg per cm²** betragen.

Gute Ziegel sollen beim Anschlagen einen hellen Klang geben. Die Masse soll porös, körnig, gleichmäßig und frei von Steinen, Kalkstücken oder Hohlräumen sein. Sie dürfen nicht mehr als $\frac{1}{15}$ ihres Gewichtes Wasser aufsaugen, keine Risse oder Sprünge besitzen und solche auch nicht erhalten, wenn man sie glüht und in Wasser taucht.

Zu schwach gebrannte Ziegel haben einen dumpfen Klang, keine Festigkeit und saugen begierig Wasser ein. **Zu stark gebrannte Steine** sind verglast, lassen sich schlecht behauen und werden leicht krumm.

Zu den Mauerziegeln gehören auch die Hohlziegel und die verschiedenartigsten Formsteine.

II. Klinker. Klinker werden aus schwer schmelzenden Tonen bei hoher Temperatur (1200°) bis zur völligen Verglasung gebrannt. Sie sind sehr fest und wasserundurchlässig. Die zulässige Beanspruchung beträgt **12—14 kg per cm²**.

Mosaikplatten (z. B. Mettlacher Platten, Abb. 580) werden aus **sehr fetten, plastischen, weißlich-grau brennenden Tonen**, welchen man zur Erzielung farbiger Muster Metalloxyde oder farbig brennende Tone zusetzt, dadurch hergestellt, daß man die farbige Oberflächenschichte von 2—3 mm Dicke auf eine weniger wertvolle Tonunterlage mit hydraulischen Pressen aufpreßt und in Steingutöfen brennt.

Abb. 580
Mettlacher
Platte

III. Feuerfeste Steine. Während die Mauerziegel ihrer Zusammensetzung und technischen Behandlung nach dazu bestimmt sind, den Einflüssen der Witterung zu widerstehen, geht man bei der Fabrikation der feuerfesten Steine darauf aus, ihnen eine solche Zusammensetzung zu geben, daß sie geeignet sind, bei den verschiedenen Prozessen der Technik möglichst hohe Temperaturen und chemische Angriffe der verschiedensten Art auszuhalten. Je nachdem diese Prozesse saure oder basische (Vorstufe [137]) sind, werden hierzu Materialien von basischem oder saurem Charakter gewählt werden müssen, d. h. für basische Prozesse solche, die möglichst viel Tonerde enthalten, für saure solche, die stark kieselsäurereich sind. Außerdem müssen sie ein möglichst dichtes Gefüge aufweisen, um nicht so leicht angegriffen werden zu können.

Man unterscheidet daher:

1. **Schamottesteine für basische Prozesse,** die aus hochtonerdehaltigen Tonen und einer aus solchen gebrannten und gemahlenen Schamotte als Magerungsmittel bestehen. Das Schamottematerial muß unbedingt in einer Temperatur gebrannt sein, die höher ist als die, für welche der Stein später bestimmt ist, damit er nicht mehr nachschwindet. Die Steine werden mit der Hand geformt und nach langsamem vorsichtigem Trocknen bei heller Weißglut gebrannt. **Schamottesteine bilden das beste Material zur Ausmauerung aller Arten von Öfen.**

2. **Dinassteine für saure Prozesse,** die zu 98% aus Quarz und zu 1—2°/₀₀ aus Kalk bestehen. Sie sind hart, gegen saure Schlacken sehr widerstandsfähig, vertragen die höchsten Temperaturen, aber keinen allzu raschen Temperaturwechsel und keine Nässe. Sie werden zum Wölben der Flammöfen und Glasschmelzöfen verwendet, wozu sie sich besonders eignen, weil sie sich in der Hitze eher ausdehnen, als schwinden, das Gewölbe daher immer fester wird.

Ungebrannte Kunststeine.

Zur Herstellung der ungebrannten Kunststeine finden sämtliche zur Mörtelbildung geeignete Stoffe Verwendung entweder für sich allein oder als Bindemittel zwischen den verschiedenartigsten Füllstoffen, wie Sand, Kies, Schlacke, Bimsstein, Kork, Asbest, Sägespäne usw. Je nach ihrer Verwendung unterscheidet man solche für den Außenbau, für den Innenbau und für sonstige Zwecke.

[371] Kunststeine für den Außenbau.

1. **Künstlicher Sandstein.** Namentlich Sandstein hat man vielfach nachgeahmt, hauptsächlich in der Absicht, die Formgebung für Werkstücke und Ornamente in wetterbeständigem Materiale zu erleichtern und zu verbilligen. Man verwendet dazu langsam bindenden, raumbeständigen Portlandzement, der mit reinem gewaschenen Sand oder Flußkies von scharfem Korn trocken gemischt und dann mit Wasser erdfeucht angerührt wird.

Die aus Gips, Holz oder Eisen bestehenden teilbaren Formen werden zunächst mit Feinstoff (1 Zement : 1 Sand) einige Zentimeter hoch gefüllt und darauf magere Betonmischungen eingestampft. Mitunter legt man auch Eisendrähte und Eisendrahtgewebe in die Masse, um großen Stücken mehr Haltbarkeit zu geben. Nach einigen Tagen werden die Stücke aus der Form genommen, worauf sie wie echte Sandsteine weiter bearbeitet werden können. In ähnlicher Weise

werden auch Sandstein-Mauersteine in den Normalformaten der Ziegel erzeugt und ergeben ein recht wertvolles Baumaterial, das überall dort am Bauplatz selbst erzeugt wird, wo Sand genügend vorhanden ist. An Wetterbeständigkeit und Druckfestigkeit dürften sie aber den Ziegeln etwas nachstehen.

Neuester Zeit scheint die Fabrikation von **Betonhohlsteinen** und deren Erzeugung mit leicht transportablen Hohlsteinmaschinen zur Erzielung billiger Sparbauweisen einen sehr großen Aufschwung zu nehmen.

2. **Künstlicher Granit.** Ausgezeichnete Werkstücke, die dem natürlichen Granit täuschend ähnlich sehen, fertigt man aus feinkörnigem gebrochenem Kalkstein und bestem Portlandzement im Mischungsverhältnisse 3 : 1 an. Trotz des grobkörnigen Aussehens und der anscheinenden Porosität erreichen diese Steine eine sehr hohe Festigkeit.

Hierher gehören auch die **Granitoidplatten** und **Terrazzoplatten,** welche aus zerkleinerten Hartgesteinen und einem Bindemittel durch Stampfen hergestellt werden. Sie sind zu allen möglichen Gegenständen, Säulen, Treppenstufen, hauptsächlich aber als Fußbodenbelag (Fliesen) geeignet; mitunter wird der Belag auch an Ort und Stelle durch Einstampfen hergestellt.

3. **Kalksandziegel (Hartziegel).** Sie werden mit 10% Kalk hergestellt, wobei man Wasserdampf auf die gepreßten Ziegel einwirken läßt, sind frostbeständig und feuersicher, saugen wenig Wasser auf, leiten aber besser die Wärme wie gebrannte Ziegel. Die Steine eignen sich auch für Wasserbauten gut.

4. **Schlackensteine.** Diese werden aus granulierter Hochofenschlacke, wie sie auf Eisenhütten jahraus jahrein erzeugt werden und sich zu ungeheuren Bergen ansammeln, mit Kalk 4 : 1 angefertigt. Man kann auch die flüssige Hochofenschlacke in gußeiserne Formen laufen und erstarren lassen und sie dann in Öfen glühen und langsam abkühlen. Sie werden zu Grundbauten und Pflastersteinen verwendet.

[372] Kunststeine für den Innenbau.

1. **Kunstmarmor** wird aus Abfällen von Kalk und Marmor mit einem geeigneten Bindemittel erzeugt. Der schwarze Marmor aus Belgien ist bekanntlich nichts anderes als ein geschickt präparierter Schiefer, der mit Bimsstein fein geschliffen und poliert wird.

2. **Korksteine** werden aus zerkleinerten Korkabfällen hergestellt.

Weiße Korksteine erhalten ein tonigkalkiges Bindemittel, sind sehr schlechte Wärmeleiter, lassen sich leicht zerteilen und befestigen; sie werden mit Gips vermauert, können aber nur an trockenen Orten verwendet werden. **Schwarze Korksteine** haben Steinkohlenpech als Bindemittel, sind schwerer und fester und werden mit Zement auch an feuchten Orten vermauert.

3. **Gipsdielen** werden in Gestalt von Brettern aus Gipsguß in Verbindung mit leichten Substanzen, wie Holzspänen, Holzwolle, Stroh, Schilf und Rohr angefertigt und bilden wegen ihrer Leichtigkeit ein beliebtes Baumaterial für Zwischenwände. Gipsdielen sind schlecht wärmeleitend, feuersicher, sägbar und nagelbar.

4. **Asbestzementsteine** sind Zementsteine, denen Asbest in Form von Pulver und Fasern beigemengt ist; sie werden unter hohem Drucke hergestellt, sind fest, elastisch, leicht, wetterbeständig, wasserundurchlässig, schlecht wärmeleitend und feuersicher. Unter dem Namen Eternit dienen sie als Dachschiefer und zu Verkleidungen.

5. **Xylolith oder Steinholz** besteht aus Sägespänen oder Sägemehl und einem Bindemittel und wird unter hohem Drucke geformt.

Es vereinigt die Vorzüge von Stein und Holz, ist leicht bearbeitbar, feuer-, schwamm- und fäulnissicher, eignet sich daher ebensogut zu Fußbodenbelagen wie für Wandbekleidungen, nur muß die Unterlage vollkommen trocken sein.

TECHNOLOGIE

Inhalt: Als Fortsetzung der sich auf die **Formveränderungsarbeiten** beziehenden Abschnitte über das Gießen und Schmieden werden wir im folgenden noch die nicht minder wichtigen Arbeitsvorgänge beim **Walzen und Ziehen, Pressen und Biegen** sowie beim **Abscheren und Lochen** in Kürze besprechen. Damit ist das Gebiet der bei bildsamen Stoffen möglichen Formveränderungen abgeschlossen und erübrigt uns nur mehr, die **zur genaueren Formgebung nötigen, auf der Teilbarkeit beruhenden Arbeitsvorgänge** zu erörtern, von welchen uns hauptsächlich die **durch Abtrennen von Spänen zu bewerkstelligenden Holz- und Metallarbeiten** interessieren werden.

7. Abschnitt.

Walzen und Ziehen.

I. Das Walzen.

[373] Allgemeines.

Sehr oft liegt das Bedürfnis vor, Werkstücke in die Länge zu strecken oder zu verbreitern, was man bis zu einem gewissen Grad durch Schmieden und Pressen bewirken kann; **mit Vorteil wendet man aber hierfür das Walzen an, das einerseits zur Erzeugung langgestreckter Werkstücke** (Stabeisen, Schienen, Walzdraht u. dgl.), **anderseits zur Herstellung von Blechen dient.**

Wir wollen uns vorerst den Walzvorgang klarmachen. **Zwei Walzen aus Stahl oder Gußeisen, die sich um horizontale Achsen gegeneinander drehen können, sind so gelagert, daß zwischen ihnen ein Spalt frei bleibt.** Drückt man nun das Walzstück vom Durchmesser h_1 in heller Gluthitze gegen den Zwischenraum zwischen beiden Walzen, so wird es von diesen erfaßt, durch Reibung mitgenommen und auf die Dicke h_2 zusammengedrückt, gewalzt (Abb. 581). Vor allem findet hierbei eine Längenausdehnung, ein **Strecken** statt, während die Vergrößerung der Breite, die **Breitung** weit geringer ist.

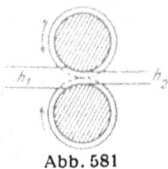

Abb. 581

Soll das Werkstück in der Breitendimension stärker vergrößert werden, so muß man Walzen von größerem Durchmesser verwenden, die bei langsamer Drehung auf das Werkstück stark pressen. Im Betriebe wäre es unwirtschaftlich, einzelne Walzenpaare zum Walzen zu verwenden; man baut eine ganze Reihe von Walzen in Walzwerke zusammen, die mit besonderen Walzenzugmaschinen betrieben werden.

[374] Die Walzen (Kaliber).

Je nach der Form, die das Walzgut erhalten soll, unterscheidet man verschiedene Arten von Walzen. **Sollen Platten und Bleche gewalzt werden, so verwendet man glatte Walzen** (Abb. 582). Der mittlere Teil, dessen Oberfläche die eigentliche Walzfläche darstellt, hat den größten Durchmesser und heißt **Walzenbund** W. Nach beiden Seiten hin schließen sich die **Lager-** oder **Laufzapfen** LL an, weiter nach außen liegen die **Kuppel-** oder

Abb. 582
Glatte Walzen

Kreuzzapfen KK, die zur Verkupplung mit der Antriebswelle dienen. **Diese Walzen sind gegeneinander verstellbar angeordnet,** weil die Bleche nicht bei einem Durchgange fertig gewalzt werden; es muß daher eine Engerstellung des Spielraumes möglich sein.

Um die zahlreichen Arten des Formeisens walzen zu können, muß man die Walzen mit verschieden gestalteten Nuten oder Furchen versehen, den Kalibern, deren Querschnitt den zu walzenden Profilen entspricht. **Sind die Vertiefungen an den Oberflächen der Walzen gleichmäßig eingeschnitten, so daß die Walzen symmetrisch zueinander sind, so bezeichnet man die Kaliber als offene (geteilte);** beim Entfernen der Walzen voneinander öffnen sich solche Kaliber sofort (s. Abb. 583). Sie werden namentlich für Rund-, Oval- und Quadrateisen, auch für Flacheisen benutzt. **Geschlossene (oder versenkte) Kaliber** öffnen sich nicht sofort bei der Entfernung der Walzen voneinander. Bei ihnen sind

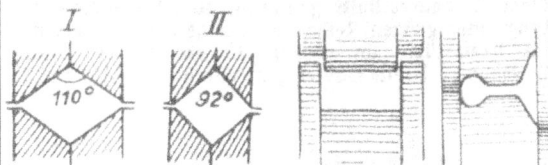

Abb. 583   Abb. 584   Abb. 585
Offene Kaliber   Geschlossene   Fasson-
                  Kaliber   Kaliber

die zusammenpassenden Walzen verschieden gestaltet, der Bund der oberen Walze schließt das in der anderen ausgesparte Kaliber (Abb. 584 für Flacheisen). Außer den obgenannten Kaliberformen benutzt man noch Polygon- und Fassonkaliber (letztere für L-, T-, U-Eisen und für Eisenbahnschienen). (Abb. 585.)

Um an Kaliberwalzen zu sparen, die ein sehr bedeutendes Anlagekapital darstellen, verwendet man zum Vorwalzen von Flacheisen **Stufen-** oder **Staffelwalzen,** die aus einer Reihe von Zylindern mit abgestuften Durchmessern bestehen.

In anderer Weise erzielt man die Herabminderung von Kalibern durch Verwendung der von **Daelen** konstruierten **Universalwalzen** (Abb. 586). Außer dem normalen Walzenpaare a, b mit horizontalen Achsen und glatten Bunden werden noch zwei glatte Walzen c verwendet, die sich um vertikale Achsen drehen. Man erhält hierdurch Kaliberformen von quadratischem oder rechteckigem Querschnitte, dessen horizontale und vertikale Dimension durch die Walzenentfernung leicht

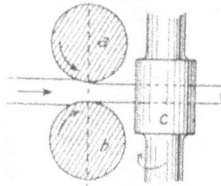

Abb. 586
Universalwalzen

Abb. 587
Schienenpaket

verstellbar sind. Die Kaliber sind bezüglich ihrer Aufgabe, Form und Lage in den Walzen sehr verschieden. Man kann sie einteilen in:

Vorwalzen
1. **Schweißkaliber,** die dazu bestimmt sind, eine gute Verschweißung der einzelnen Schienen des Paketes (Abb. 587) zu bewirken;
2. **Streck- und Vorbereitungskaliber,** welche die tunlichste Streckung des Walzstückes herbeiführen sollen;

Fertigwalzen
3. **Entwicklungskaliber,** welche allmählich die Endform bilden und
4. **Vollend- oder Fertigkaliber,** welche die Endform mit Rücksicht auf das Schwindmaß ausbilden.

In Abb. 583 ist ein Quadratkaliber in I als Streckkaliber, in II als Vollendkaliber dargestellt.

Indem die Walzen entgegengesetzt rotieren, fassen und zwängen sie das Walzstück durch die engere Kaliber, **aber nur dann, wenn es nicht breiter ist als das Kaliber,** wobei die Zugkraft der Walzen größer sein muß als der Widerstand des Walzstückes; man kann daher hier ganz gut von einem Drucke in der Richtung der Höhe, sonach von einem **Höhendrucke** reden, der mitunter ganz bedeutend, bei größeren Kalibern sogar über 100 000 kg ist.

Will man sonach von einem bestimmten Anfangsquerschnitt des Paketes zu einem geometrisch ähnlichen Endquerschnitt gelangen, so ist die Anwendung einer ganzen Reihe von Kalibern nötig, welche das Walzstück abwechselnd in gewendeter Lage, die Höhe als Breite gesetzt, passieren muß. (Abb. 588.)

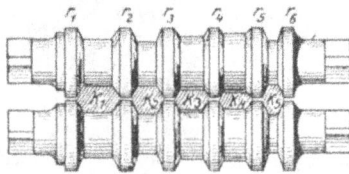

Abb. 588
Kaliberwalzen

Je nach der Art des Walzproduktes führen die Walzen auch besondere Benennungen als Schienenwalzen, Kessel- und Sturzblechwalzen, je nach den Ausmaßen Grob-, Mittel- und Feinwalzen, ferner Schnellwalzen (für Draht, Nageleisen) usw.

[375] Walzwerke.

Jede zum Walzen dienende Anordnung besteht aus zwei Hauptteilen: der sog. **Walzenstraße (Walzenstrecke),** in der das Walzen bewirkt wird, und der **Walzenzugmaschine,** mittels der die Bewegung der Walzen erfolgt.

1. Walzenstraße.

In der Walzenstraße sind mehrere Walzen auf gemeinsamer horizontaler Welle zu Walzensträngen vereinigt.

Ist über je einer Unterwalze eine Oberwalze angeordnet, so spricht man von einem **Duowalzwerk** oder **Duo.** Hier bewegen sich die beiden Walzen in entgegengesetzter Richtung zueinander. Beim Duowalzwerk muß man das Werkstück wieder auf die andere Seite der Straße bringen, damit es neuerdings von den Walzen erfaßt werden könne. Man legt es auf die obere Seite der Oberwalze, die es durch Reibung mitnimmt.

Dieser Leerlauf bringt aber Zeitverlust mit sich, den man vermeiden kann, wenn drei Walzen übereinander gestellt werden (Abb. 589). Hier haben die oberste und unterste Walze die gleiche Bewegungsrichtung, die Mittelwalze dreht sich entgegengesetzt zu ihnen. Man bezeichnet eine Walzenanordnung dieser Art als **Trio-Walzwerk (Trio).** Das im unteren Walzenspielraum ausgewalzte Arbeitsstück kann nach Senkung sofort in den oberen Zwischenraum eingeführt und hier weiter gewalzt werden.

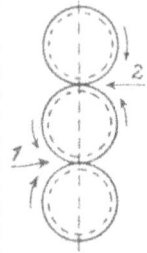

Abb. 589
Trio-Walzwerk

Bei schweren Arbeitsstücken ist das **Heben** und **Senken** zu den verschieden hoch liegenden Spielräumen unbequem, man vermeidet es, indem man im selben Spielraume weiterwalzt, aber nach jedem Walzendurchgang die Drehrichtung der Walzenstraße umkehrt. Solche Duowalzwerke führen die Bezeichnung **Reversier- oder Kehrwalzen.**

Werden zwei Stufenwalzen übereinandergestellt, so heißt das so gebildete Walzwerk **Stufen-** oder **Staffelwalzwerk.**

Walzwerke, die in die Daelensche Universalwalze eingebaut wurden, bezeichnet man als **Universalwalzwerke.** Sie sind nur als Vorwalzwerke verwendbar, da in ihnen die Bildung reiner Kanten und Seitenflächen nicht durchführbar ist.

2. Walzzugmaschinen.

Zum Antriebe der Walzenstraßen dienen kräftige Dampfmaschinen (bis zu 10000 PS), deren Antriebswelle mit einem großen Schwungrade versehen ist, um während der Walzpausen die überschüssige Arbeit aufzuspeichern.

Auch im Walzbetriebe hat neuerer Zeit der elektrische Antrieb immer mehr Eingang gefunden; selbst Walzwerke für sehr große Walzstücke (Blockwalzwerke) werden mit elektrischen Motoren von oft mehr als 10000 PS angetrieben.

Falls Umkehrwalzenstraßen von Dampfmaschinen betrieben werden, die dann besonders kräftige Bauart aufweisen müssen, entfällt das Schwungrad, weil die Maschinen nach jedem Walzdurchgange rasch umgesteuert werden müssen. Die im Schwungrad angesammelte Energie ginge hierbei verloren, und man erhielte überdies noch große Walzpausen.

In den letzten Jahrzehnten ist die außerordentlich schwierige Aufgabe des elektrischen Antriebes der Kehrwalzwerke durch Elektromotoren des „Ilgner“-Systems, die mit rasch umlaufenden Schwungrädern und besonderen elektrischen Umformern gekuppelt sind, ebenfalls gelöst worden (Motorleistungen bis zu 20000 PS).

3. Hilfsvorrichtungen der Walzwerke.

Zum Einführen der Arbeitsstücke in die Kaliber und zur Bewegung der ersteren gebraucht man verschiedene Hilfsvorrichtungen. Bei schwachen Stücken verwendet man **Zangen,** bei größeren benutzt man **Hebel,** die an verschiebbaren Ketten hängen. Schwere Platten und Bleche liegen auf

Walzentischen (Walzenbänken), die man zu den Walzen über Rollen schieben kann (Rollengänge).

Langgestreckte Werkstücke werden durch besondere Führungen zum Kaliber geleitet. Das Umwickeln des Walzstückes um eine Walze verhindert der an der Austrittsstelle beim Kaliber angebrachte Abstreifmeißel. Zur Befreiung des fertigen Walzgutes von Schlacken dienen die an den Walzen angebrachten Schlackenbürsten. Das glühende Eisen bedeckt sich beim Walzprozeß mit Eisenoxyden (Hammerschlag), die man mit Besen abkehrt.

4. Schnellwalzwerke.

Beim Auswalzen auf geringen Durchmesser ginge viel Zeit verloren, wenn man immer zuwarten müßte, bis das langgewordene Arbeitsstück (Walzdraht) den Walzengang ganz durchlaufen hätte. **Bei der Herstellung von Walzdraht** bis zu 5 mm Durchmesser **passiert dasselbe Walzstück gleichzeitig mehrere Rundkaliber von immer kleiner werdendem Durchmesser,** so daß der aus dem letzten herauslaufende Draht sofort auf eine Haspel aufgewickelt werden kann.

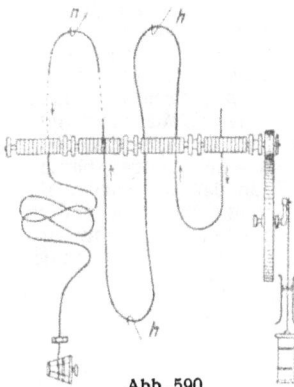

Abb. 590
Schnellwalzwerk

Eine Übersicht über ein solches Schnellwalzwerk zeigt uns Abb. 590. Um Verwicklungen der glühenden, rasch, bis zu 7 m/sek. laufenden Drähte und Beschädigungen der Walzarbeiter hintanzuhalten, müssen besondere Vorsichtsmaßregeln (Haken *h*) zur Offenhaltung der Drahtschlingen durchgeführt werden.

[376] Das Röhrenwalzen.

Der Bedarf der Industrie und des praktischen Lebens überhaupt an luft- und wasserdicht schließenden Metallröhren ist sehr groß; bis vor wenigen Jahrzehnten war es nicht möglich, solche Rohre nahtlos herzustellen, sondern sie mußten durchaus geschweißt werden. Heute unterscheidet man dagegen geschweißte und nahtlose Rohre.

1. Geschweißte Rohre.

Es wird ein Flach- oder Bandeisen von entsprechender Breite röhrenförmig zusammengebogen und dann im glühenden Zustande in Röhrenwalzwerken gewalzt, wobei eine Schweißung in der Längsnaht erfolgt. Stoßen dabei die Enden der zusammengebogenen Eisenschienen stumpf aneinander, so bezeichnet man dies als stumpfe Schweißung.

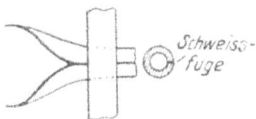

Zieheisen
Abb. 591
Stumpfe Schweißung

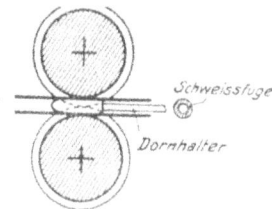

Abb. 592
Schweißung mit Überlappung

Für Gasröhren werden Flacheisenstücke entsprechend breit zugeschnitten, an einem Ende röhrenförmig zusammengebogen und heiß durch das Zieheisen einer Röhrenziehbank (Abb. 591) durchgezogen, wobei das Zusammenrollen und die stumpfe Schweißung des Streifens auf die ganze Länge erfolgt.

Haltbarer ist die Schweißung mit Überlappung, die bei Siederohren für Dampfkessel benutzt wird und bei der die Ränder der Röhre, schräg abgeschnitten, übereinandergelegt werden. Solche Röhren werden, um die Schweißung verläßlich auszuführen, gewalzt, wobei im Rohrinnern ein an einem Dornhalter befindlicher, genau passender Dorn liegt. (Abb. 592.)

2. Nahtlose Rohre.

Ein eigentliches Rohrwalzen aus vollem Blocke findet nur beim sog. Mannesmannverfahren (Schrägwalzen) statt.

Dieser große Fortschritt in der Erzeugung von Metallröhren ist den Gebrüdern Mannesmann zu danken, denen es durch das sog. Schrägwalzverfahren gelang, nahtlose Röhren aus einem vollen glühenden Metallblock herauszuwalzen. Als Material eignet sich hierfür namentlich Flußeisen und Flußstahl, aber auch Kupfer oder Messing werden hierzu verwendet. Schweißeisen läßt sich dagegen nahtlos nicht walzen.

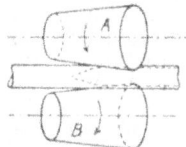

Abb. 593

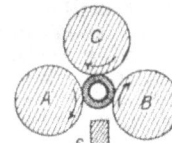

Abb. 594

Das Kennzeichnende dieser Erfindung sind zwei konische, schräg zueinandergestellte Walzen. In Abb. 593 sehen wir die zwei eigentlichen Arbeitswalzen *A* und *B* samt dem dazwischen liegenden Arbeitsstück (Rundstahl oder -Eisen). Zum Walzwerk gehört noch eine 3. Walze, die das Herausfallen des Walzstückes verhindern soll; wir sehen diese 3. Walze in Abb. 594 im Schnitte der Walzen bei *c*; *s* stellt eine Sicherungsschiene dar.

Die Arbeits- oder Streckwalzen drehen sich mit großer Geschwindigkeit und versetzen das Arbeitsstück in drehende und fortschreitende Bewegung. Hierdurch, namentlich durch die schräge Stellung der Walzen werden die äußeren Schichten des Werkstückes stärker gezogen als die inneren, so daß in der Mitte desselben ein Loslösen des Materials eintritt und ein Hohlraum gebildet wird; es entsteht aus dem vollen Block ein Rohr.

Um glatte Innenränder der Röhren zu erhalten, wird dem Rohr *R* ein Dorn *a* entgegengestellt, der mitrotiert und die Rohrbildung befördert (Abb. 595). *m* ist eine Muffe, die im Rohr *F* geführt wird.

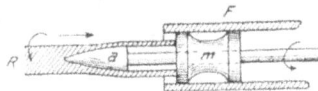

Abb. 595
Blockwalzen

Dieser Walzvorgang heißt das Blocken, die Anordnung auch Blockwalzen.

Die erhaltenen nahtlosen Röhren lassen sich durch das Erweiterungswalzwerk auf einen größeren Durchmesser bringen, in dem man das heiß gemachte Rohr mittels

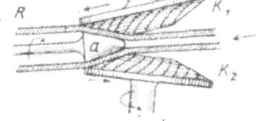

Abb. 596
Erweiterungswalzwerk

zweier Kegelwalzen K_1, K_2 über einen Dorn a walzt, womit auch eine Festigkeitsvermehrung erzielt wird (s. Abb. 596).

Fehlerhaftes Material macht sich schon beim Walzen bemerkbar, indem das Rohr reißt. **Die gelungenen Röhren weisen daher eine besonders gute Qualität auf.** Außerordentlich vielfach werden nahtlose Flußstahlrohre verwendet; sie haben eine 5—6fache größere Widerstandsfähigkeit gegen **Innendruck wie die geschweißten.** Man benutzt sie zu Kesselrohren, Telegraphenstangen (in den Tropen), für die Telephonständer-Dachgerüste, zu Fahrrädern, zu Bohrgestängen, für Stahlflaschen zur Aufbewahrung verflüssigter oder komprimierter Gase usw.

Durch das Mannesmannverfahren lassen sich auch Rohre mit **geschlossenen Enden** walzen. Merkwürdigerweise sind solche Rohre **innen** nicht luftleer, sondern enthalten sehr verdünnten Wasserstoff!!

II. Das Ziehen.

[377] Allgemeines.

Die Operation des Ziehens unterscheidet sich hinsichtlich der Einwirkung des Werkzeuges, des **Zieheisens**, auf das zu ziehende Stück ganz wesentlich vom Walzen, obwohl der Zweck des Ziehens gleichfalls in der Vergrößerung der Länge, in der Abnahme des Querschnittes und sehr häufig auch in der Umwandlung der Querschnittsform besteht.

Beim Ziehen wird ein Metallstab, dessen Ende verjüngt angearbeitet ist, durch ein konisch ausgebildetes, glatt poliertes Loch gesteckt, dessen kleinster Querschnitt geringere Maße aufweist als der Stabquerschnitt.

Wird nun das konische Stabende mit einer Zange gefaßt und gezogen, so wird ein Hindurchziehen des Stabes durch das Loch des Zieheisens nur dann eintreten, **wenn die Zugfestigkeit des erfaßten Endes größer ist als der Widerstand, welchen der Stab der Formveränderung entgegensetzt.** Während sonach bei den Walzen die Streckung eine Folge des Höhendruckes [374] und die Querschnittsabnahme nur eine Folge der Höhenabnahme ist, ist beim Ziehen die Streckung eine Folge des auf den ganzen Querschnitt sich erstreckenden Druckes der Lochwand und kann daher die Querschnittsabnahme eine allseitige sein, wodurch die Formengebung viel freier wird. **Freilich ist man in der Reduktion des Querschnittes viel beschränkter als beim Walzen.** Beim Ziehen muß daher eine größere Reihe abgestufter Zieheisen benutzt werden, um zum gewünschten kleinen Querschnitt zu kommen.

Vom Ziehen macht man hauptsächlich Gebrauch, um **Drähte** von verschiedenstem Querschnitt und **Röhren** von kreisrunden oder beliebig anderen Querschnitten zu erzeugen.

[378] Drahtziehen.

Alle dünneren Drähte können nur durch Ziehen erzeugt werden. Das Ausgangsmaterial ist **Walzdraht**, und zwar bei Eisendrähten von 4—5 mm, bei Kupfer-, Messing- und Silberdrähten von etwa 20 mm Stärke, wie er von den Walzwerken geliefert wird. Er wird durch die **Ziehlöcher** der **stählernen Zieheisen**, auch **Ziehscheiben** genannt, hindurchgezogen, die eine ganz allmähliche Querschnittsänderung aufweisen müssen und keine schabend wirkenden Kanten besitzen dürfen, wie dies Abb. 597 zeigt. Zum Ziehen sehr

Abb. 597

feiner Drähte benutzt man Ziehlöcher aus **Diamant** (Karbon.), die sich wenig abnutzen und **Steinlöcher** heißen.

Die Eigenschaften des Drahtes ändern sich beim Ziehen ziemlich stark: Seine Zugfestigkeit nimmt erheblich zu unter gleichzeitiger Abnahme der Dehnbarkeit, man nennt solche Drähte **hartgezogen.** Um das Ziehen fortsetzen zu können, **muß der Draht durch Glühen wieder etwas weicher gemacht werden**, wobei man den Draht nicht unmittelbar in Flammöfen, sondern in geschlossenen Töpfen erhitzt; der sich an Eisendrähten bildende Glühspan wird in **Scheuertrommeln** mit Flußsand oder durch Aufschlagen auf **Polterbänken** entfernt.

Beim Ziehen von **gröberen Eisendrähten** wird vor das Zieheisen **Talg** oder eine Mischung von **Talg und Rüböl** geschmiert oder der Draht in einer schwachen Kupfervitriollösung dünn verkupfert; diese feine **Kupferhülle** mindert die Reibung im Ziehloche bedeutend und gibt dem Draht ein besseres Aussehen.

Zum Drahtziehen werden verschiedene Vorrichtungen benutzt; am häufigsten die **Schleppzangenziehbank** (Abb. 598), die aus einem langen Gestell besteht, an dessen einem Ende die Ziehscheibe angebracht ist. Die Schleppzange faßt das durch das Ziehloch hindurchgesteckte Drahtende und wird an einer **Kette** befestigt, die auf einer Trommel oder Walze rasch aufgewickelt werden kann.

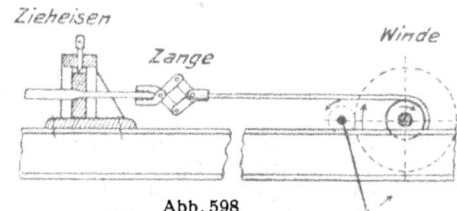

Abb. 598
Schleppzangenziehbank

Zum Ziehen feinerer Drähte bis etwa $\frac{1}{2}$ mm Durchmesser verwendet man die **Leierwerke**, die wohl auch anfangs das verjüngte Drahtende mit einer Zange fassen; später aber wirkt aber der Zug des sich auf einer Trommel mit vertikaler Achse aufwickelnden Drahtes allein.

Sehr feine Drähte zieht man auf besonders konstruierten **Feindrahtziehmaschinen**, die mit „Steinlöchern" ausgestattet sind.

Man kann auch Drähte von viereckigem und sternförmigem Querschnitt ziehen, aus denen z. B. die kleinen Zahnräder der Uhren angefertigt werden.

Um die Ziehbänke leistungsfähiger zu machen, zieht man neuerdings auch in heißem Zustande.

[379] Das Ziehen von Röhren.

Röhren können auf Schleppzangen-Ziehbänken durch Zieheisen gezogen werden, wobei aber ein **Dorn** aus poliertem Stahl in das Ziehloch gesteckt werden muß, **um das Einknicken während des Ziehens zu verhindern.**

Abb. 599   Abb. 600
Zugbolzen

Die zu ziehenden Röhren werden gegossen, wenn sie aus Kupfer, Messing, Bronze oder Aluminium bestehen.

Wird von einem **gegossenen Rohre** ausgegangen, so muß dasselbe ein verjüngtes Ende erhalten, mit welchem die Zugvorrichtung verbunden werden kann. Abb. 599 u. 600 geben zwei Arten von gebräuchlichen **Zugbolzen** an. Der kurze Dorn wird von der offenen Seite in das Rohr eingeführt und während

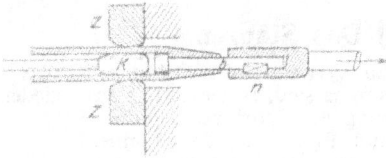

Abb. 601
Röhrenziehen

des Ziehens an einer Stange festgehalten (Abb. 601). **Das Hartziehen tritt hier ebenso ein wie beim Draht-**

ziehen und müssen die Rohre in entsprechenden **Öfen ausgeglüht werden.**

Beim Ziehen **eiserner Gasröhren** muß zunächst das nach [376, 1] vorbereitete Bandeisen eingerollt werden, was im glühenden Zustande durch ein Zugeisen besorgt wird. Nach dem Einrollen wird bis zur Schweißhitze erhitzt und dann entweder neuerlich **gezogen** (Abb. 591) **oder gewalzt.** Über**lappte Rohre** werden nach dem Einrollen des Bandeisens durch Ziehen, zur Besorgung der Schweißung über einen konischen Hartgußdorn **gewalzt**, wodurch gute Ausbildung der Innenfläche und verläßliche Schweißung erzielt wird. Die so hergestellten überlappten Rohre werden insbesondere als Siederohre für Lokomotivkessel verwendet.

8. Abschnitt.

Vom Pressen und Biegen.

A. Das Pressen, Prägen und Stanzen.

Der technologische Begriff, der mit dem Worte „**Pressen**" ausgedrückt wird, ist kein scharf begrenzter. Wir haben schon beim **Presseschmieden** gehört, daß durch Ausübung eines großen Druckes im glühenden Zustande in eine andere Form gepreßt, mithin **geschmiedet** werden können. Eine bildsame Masse, die in einem mit einer Ausflußöffnung versehenen zylindrischen Gefäße eingeschlossen ist, kann durch entsprechenden Druck in „**Fluß**" geraten und in Form eines zylindrischen Stranges durch die Öffnung austreten, in welchem Falle man von **Röhrenpressen**, **Strangpressen** usw. spricht. Werden **pulverige Massen** mittels eines Kolbens zu Stücken von bestimmter Form zusammengedrückt, so spricht man ebenso von Pressen, wie wenn man einem Metallstück oder auch Papier und Leder durch Druck eine voraus bestimmte Gestalt geben, also **prägen**, oder Bleche und Platten ohne wesentliche Veränderung der Dicke umformen, d. h. **stanzen** will. Man sieht, daß mit dem Worte „**Pressen**" keine bestimmte Gattung von Formveränderung, sondern **nur die Anwendung eines hohen Druckes zu einer noch näher zu bezeichnenden Formänderungsarbeit gemeint ist.** Über Schmiedepressen haben wir bereits unter [311] gesprochen; die übrigen Arten von „**Pressen**" sollen Gegenstand der folgenden Betrachtungen sein.

[380] Trockenpressen.

Vom Zusammenpressen trockener Pulver macht man namentlich bei der **Ziegelerzeugung** Gebrauch. Aus manchen Tonen lassen sich auf nassem Wege keine brauchbaren Ziegel herstellen; man kann aber das Material trotzdem verwenden, wenn man es im lufttrockenen Zustande in Desintegratoren [202] oder ähnlichen Maschinen pulverisiert und dann in die Ziegelform preßt. Da bei der Pressung von Pulvern das Material in der Nachbarschaft des Druckstempels dichter wird, muß man trachten, **den Druck von zwei Seiten** auszuüben.

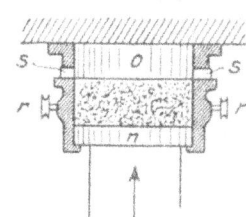

Abb. 602
Trockenziegelpresse

Zu diesem Behufe ruht der Formrahmen der Presse auf Rollen *r* (Abb. 602), die sich auf Laufschienen bewegen, während die Bodenplatte *n* durch die Preßstempel hinaufgedrückt wird. An der Decke der Presse befindet sich die Gegenplatte *o* und ein Rahmen von geringerer Höhe, der von dem Formrahmen durch Schienen *s* getrennt ist. Es wird zuerst von unten Druck gegeben, wobei nur *n* zur Wirkung kommt; dann werden die Schienen *s* entfernt und, indem sich bei neuerlichem Drucke der Formrahmen und die Bodenplatte heben, gelangt auch die Gegenplatte *o* zur Geltung.

Die Trockenziegelpressen können automatisch wirkend eingerichtet werden, wodurch sich die

Fabrikation sehr bedeutend beschleunigen läßt. Die erzeugten Ziegel zeichnen sich durch gute Form aus; überdies erspart man an Trocknungskosten.

[381] Ausflußpressen.

a) Auch von diesen Pressen wird in maschinell betriebenen **Ziegeleien** ausgedehntester Gebrauch gemacht; der in der Tonschneidemaschine [210 b] homogenisierte, genügend feucht gemachte Ton ist plastisch genug, daß er das Druckgefäß der **Ziegelstrangpresse** bei einer Ausflußöffnung, dem Mundstücke, als Tonstrang verläßt, der horizontal weiter geführt und durch gespannte Drähte in richtigen Längen geschnitten werden kann. Das Mundstück ist auswechselbar, so daß je nach seiner Form gewöhnliche Vollziegel, Hohlziegel, Falzziegel und Drainageröhren erzeugt werden können. Um Röhren zu pressen, wird in die Ausflußöffnung ein entsprechender Dorn *d* (Abb. 603) eingesetzt.

Eine weitere Verwendung finden Ausflußpressen in der **Bleistiftfabrikation**, wo der bildsam gemachte Graphitteig durch passende Öffnungen vertikal nach abwärts gedrückt wird. Ähnlich erfolgt auch die Herstellung von **Teigwaren**, wobei das Zerschneiden in kleinere Stücke durch rotierende Messer erfolgt.

b) Die leichte Schmelzbarkeit des Bleies ermöglicht die Herstellung von Bleiröhren beliebiger Länge durch die **Bleiröhrenpresse, die auch zur Umpressung von Kabeln mit nahtlosen Bleiröhren verwendet wird** (Abb. 604). Dieses Pressen ist dem Ziehen nahe verwandt; statt das Arbeitsstück durch ein Loch zu ziehen, wird es vor dem Loche in einen Zylinder eingeschlossen und aus diesem durch das Loch gedrückt. Das Verfahren wird nur bei Materialien

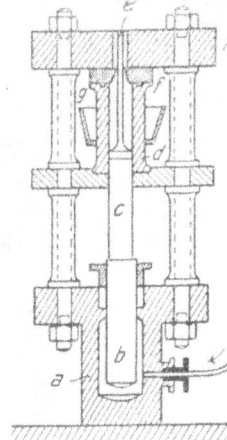

Abb. 603

Abb. 604
Bleiröhrenpresse

verwendet, die sich wegen ihrer geringen Zugfestigkeit nicht ziehen, aber wegen ihrer Weichheit gut drücken lassen.

a ist ein hydraulischer Druckzylinder, dem seitlich Druckwasser zugeführt wird. *d* ist der Preßzylinder, der das flüssige Blei aufnimmt; er ist durch die das Loch enthaltende Preßplatte *f* geschlossen, die während des Pressens dicht aufliegt und durch das Querstück *h* festgehalten wird. Um das flüssige Blei im Preßzylinder warm und weich zu erhalten, gibt man in das Blechgefäß *g* glühende Kohlen. Sobald der mit dem hydraulischen Druckkolben *b* aus einem Stücke bestehende Preßkolben *c* steigt, wird das Blei durch die Öffnung der Preßplatte austreten. Sollen Röhren hergestellt werden, so wird auf den Kolben *c* der Dorn *e* aufgesetzt, wodurch das Preßloch ringförmig wird. Der nötige Druck beträgt ungefähr 250 at.

Denkt man sich den Dorn durch ein Kabel ersetzt, welches unten eintritt und oben austritt, so erhält man ein **Kabel mit Bleiumpressung**; gibt man aber statt Blei Guttapercha in den Preßzylinder und läßt statt des Kabels eine Kupferlitze mit austreten, so erhält man **Adern mit Guttaperchaumpressung**, wie sie für Seekabel gebraucht werden. Da Guttapercha schon bei 70° C sehr weich ist, wird die Presse für viel geringeren Druck zu konstruieren sein.

[382] Das Prägen.

a) Läßt man zwei im Querschnitte gleich große Stempel, welche **beide** mit **vertiefter** Gravierung versehen sind, auf eine dazwischen liegende Scheibe von bildsamem Metall pressend einwirken, während Scheibe und Stempel von einem kräftigen Ringe eingeschlossen sind, der das seitliche Ausweichen des Metalles verhindert, so fließt das Metall bei hinreichendem Drucke in die Vertiefungen der Gravierung der beiden Stempel ein (Abb. 605). Man erhält eine

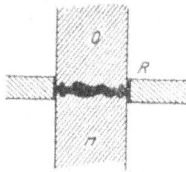

Abb. 605
Prägen

Metallscheibe (Münze oder **Medaille), welche beiderseits erhabene, voneinander unabhängige Zeichnungen aufweist;** man nennt sie **Prägstück** und die Operation selbst das **Prägen.**

Bei dem Prägen ist gewöhnlich der Unterstempel *n* fest gestellt, der Prägring *R* und der Oberstempel *o* beweglich.

In alter Zeit fehlte der Prägring, der Oberstempel wurde aus freier Hand aufgesetzt und wie beim „Schmieden im Gesenke" mit dem Hammer aufgetrieben. Daraus erklärt sich der unreine Rand alter Münzen und deren oft exzentrische Prägung. Damals verzichtete man auf die heute allgemein gestellte Forderung, aus einer Anzahl von Münzen Münzrollen zu bilden, während jetzt diesem Verlangen nur dann entsprochen werden kann, wenn die Prägung tiefer als der Münzrand liegt, was der Ausbildung kräftiger Reliefs hindernd im Wege steht; dagegen sind solche bei Medaillen ohne weiteres zulässig. Der Prägring *R* hemmt im Augenblick der Prägung den seitlichen Fluß des Metalles und liefert einen gleichförmig glatten oder gerippten Rand, in den noch durch eine besondere Rände!-maschine vertiefte Schrift eingepreßt werden kann.

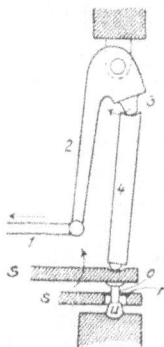

Abb. 606
Prägmaschine

Die erforderlichen Pressungen sind ziemlich hoch und betragen annähernd bei Blei 1600, bei Kupfer 12000 und bei Eisen 14000 at.

Hohe Prägungen, wie sie bei Medaillen vorkommen, verlangen **wiederholte** Pressung bei wiederholtem Glühen.

b) Zum Prägen der gewöhnlichen Handelsmünzen wird die automatisch wirkende **Prägmaschine** benutzt, bei der ein einziger Druck durch **Kniehebelwirkung** erzielt wird (Abb. 606).

Die den Oberstempel *o* tragende Stange *S* ist als kräftige lange Feder ausgebildet, durch deren Wirkung die Pfanne gegen das Pendel **4** gedrückt wird. Die den Prägering *r* tragende Stange *s* umschließt im Moment der Prägung die

Münze, sinkt aber nachher sofort und gibt sie dem Abstreifer frei. Alle diese Operationen vollziehen sich hier selbsttätig. Übrigens können auch die meisten Stanzmaschinen für das Prägen eingerichtet werden.

[383] Das Stanzen.

a) So verwandt die Operationen des Prägens und Stanzens sind, so wesentlich verschieden ist die Einwirkung der dabei verwendeten Stempel. Während beim Prägen beide Stempel vertieft graviert sind, ist hier der eine vertieft und der andere erhaben, so daß die beiden Stempel genau ineinander passen. Legt man dazwischen ein dünnes Blech, so drückt und zieht es der Oberstempel *O*, die **Patrize,** in den vertieften Unterstempel *n*, die **Matrize,** hinein; **man erhält durch das Stanzen eine Blechhohlform, deren beide Seiten dieselbe Figur einerseits vertieft, anderseits erhaben aufweisen** (Abb. 607). Während so-

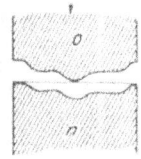

Abb. 607
Stanzen

nach beim Prägen ein eigentlicher Fluß des Materials stattfindet, handelt es sich beim Stanzen vorwiegend nur um ein Biegen und Ziehen des Bleches.

Der Umstand, daß mit der Bildung der Hohlform sehr häufig bei hierzu geeigneten Werkzeugen auch das gleichzeitige Lochen verbunden ist, hat dazu geführt, daß Lochmaschinen, Ausschneidemaschinen und ähnliche Vorrichtungen oft, wenn auch nicht ganz richtig, als **Stanzmaschinen** bezeichnet werden. Aus Messingblech werden vielerlei gestanzte Waren hergestellt, bei welchen die zu bildende Form eine sehr verschiedene Beanspruchung des Bleches bedingen. Man kann in solchen Fällen nicht mit einem Schlage bis zur Endform gelangen. Will man aber doch nur eine Stanze benutzen, so hilft man sich da durch ein Vorstanzen aller Stücke mit Hilfe einer Bleipatrize, die das Blech wohl in die Stahlmatrize eintreibt, aber wegen der Weichheit des Bleies die stärker vorspringenden Teile des Reliefs vorläufig noch nicht ausarbeitet. Hierauf .glüht man die so vorgestanzten Stücke aus und behandelt sie nacheinander mit einer Zinn-, dann mit einer Kupfer- und schließlich mit einer Stahlpatrize; dadurch wird das Relief, dem härter werdenden Patrizenmateriale entsprechend, immer schärfere Kanten erhalten, das Stanzen somit allmählich erfolgen. Ähnlichen Erfolg erzielt man, wenn man mehrere dünne Bleche übereinanderlegt und der Wirkung der Stanzmaschine ...ussetzt; das unterste der Stahlmatrize an-...iegende Blech wird zuerst die Endform ...rlangen und kann dann oben durch ein ...risches Blech ersetzt werden.

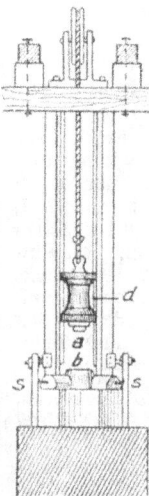

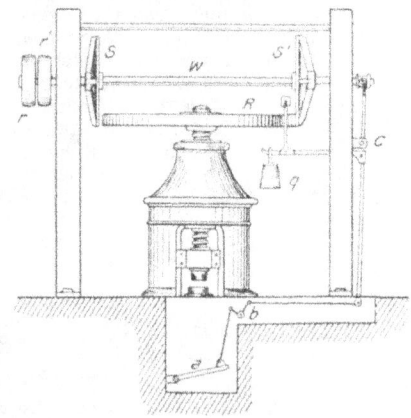

Abb. 608   Abb. 609
Fallwerk   Spindelwerk

b) Als Stanzmaschinen sind das **Fallwerk,** die **Schraubenpresse (Spindelwerk)** und die **Exzenterpresse** im Gebrauch.

Das in Abb. 608 dargestellte **Fallwerk** besteht aus einem vertikal geführten Fallklotz oder Bär *d,* an welchem unten die Patrize *a* befestigt ist. Die Matrize *b* kann durch Stellschrauben *s* genau eingestellt werden. Das Seil geht über die Rolle und endet in einem Steigbügel, mit dem der Arbeiter den Bär hebt. Mitunter wird die Rolle maschinell betrieben und der Arbeiter besorgt nur die Spannung des Seiles.

Von Wesenheit für die gute Stanzarbeit ist genaue **Vertikalführung des Fallklotzes** und **richtige Zentrierung der Matrize.** Ein großes Spindelwerk, welches für größere Stanzarbeiten, Tassen, Waschbecken usw. Verwendung findet, ist in Abb. 609 gezeichnet.

An einer horizontalen Welle *W* sitzen die Voll- und Leerscheiben *rr'* und die beiden Friktionsscheiben *S* und *S'*. Die Welle läßt sich durch das Hebelwerk *abc* nach rechts und links verschieben, wodurch entweder *S* oder *S'* zum Anliegen gebracht wird; daraus ergibt sich die Möglichkeit, die Schraube in dem einen oder andern Sinn drehen zu können. Der Arbeiter sitzt in der Grube und dirigiert die Maschine mit dem Fußtritt *a*.

Für leichte Stanzarbeiten lassen sich mit Vorteil die **Exzenterpressen** anwenden.

c) Sehr viel Ähnlichkeit mit Stanz- und den unter [302] besprochenen Treibarbeiten hat das **Metalldrücken,** wodurch man Blechgefäße als Rotationskörper herstellt.

Zu diesem Zwecke setzt man auf die Spindel einer Drehbank [390] und [396] ein Modell *M* aus Holz oder Metall auf und läßt mit diesem die zu bearbeitende Blechscheibe mitrotieren (Abb. 610). Mit dem Druckstahl (Abb. 611) drückt man langsam vom Zentrum gegen die Peripherie das Blech an das Modell.

Das Stanzen ist ein Arbeitsverfahren von großer technischer Wichtigkeit und zur Massenfabrikation fast aller Hohlformen aus Blech im ausgedehntesten Gebrauch.

Durch Biegen [385] lassen sich alle Gegenstände herstellen, deren Oberfläche abwickelbar ist, wobei die Blechdicke nahezu unverändert bleibt. Gegenstände mit doppelt gekrümmter, z. B. von kugeliger oder bauchiger Form können durch Treiben [302] erzeugt werden, womit in der Regel auch eine Veränderung der Blechstärke verbunden ist, die durch das Strecken kleiner, durch das Stauchen größer wird.

Die Handarbeit des Treibens empfiehlt sich übrigens nur bei Herstellung von Gegenständen, die nicht auf der Drehbank durch D r ü c k e n herstellbar sind und auch nicht in so großer Anzahl angefertigt werden, daß die Herstellung durch Stanzen vorteilhaft wäre. Alle übrigen hohlgeformten Gegenstände aus Blech werden gestanzt.

d) Die Werkzeuge, um Bleche von bestimmten Formen, namentlich für Massenfabrikation vorzuschneiden oder in Blechwaren aller Art beliebig

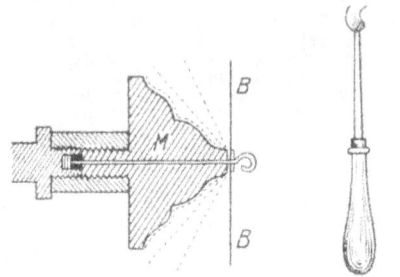

Abb. 610   Abb. 611
Metalldrücken

geformte Öffnungen (Durchbrüche) zur Verzierung usw. anzubringen, heißen **Schnitte.**

Sie bestehen aus der Matrize, der Patrize und der Führung. Die Matrize ist in der Regel ein viereckiges Stahlstück, das in der Mitte beliebig geformte Öffnungen enthält, die nach unten weiter werden müssen. Die Patrize wird entweder aus Stahl oder für besondere Zwecke aus Eisen bester Qualität angefertigt. Die Führung muß eine getreue Kopie der Matrizenöffnungen sein und kann aus Stahl oder Eisen bestehen.

Der Anfertigung der Schnitte muß in der einschlägigen Metallindustrie die größte Sorgfalt gewidmet werden, da hiervon die Güte der Erzeugnisse ganz wesentlich abhängt.

B. Das Biegen.

[384] Geraderichten.

a) Geraderichten ist ein Biegen aus der Krümmung in die Gerade. Das Geraderichten eines gekrümmten Stabes, dessen Länge auf der konvexen Seite eine größere ist als auf der konkaven, mit dem Hammer hat ziemliche Schwierigkeiten, wenn die Hammerbahn im Vergleiche zur Bogenlänge nicht groß genug ist. Weit besser eignet sich hierzu eine Schraubenpresse (Abb. 612), die aus einem

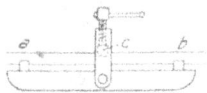

Abb. 612   Abb. 613
Schraubenpresse   Drahtdressur

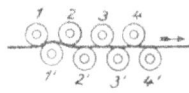

kräftigen Balken und einer damit verbundenen Flasche besteht. Durch Verschiebung dieser Vorrichtung längs des Stabes oder der Transmissionswelle läßt sich der Stab oder die Welle leicht geraderichten.

b) Zum Geraderichten von Drähten bedient man sich gewöhnlich der sog. D r a h t d r e s s u r (Abb. 613), einer Vorrichtung, bei welcher die Röllchen *1—4* festgestellt, die Röllchen *1'—4'* auf einstellbaren Schiebern montiert sind.

Zuerst wird der Draht stärker durchgebogen, um alle seine Krümmungen in eine Ebene zu bringen und dann erst wird er geradegebogen. Ganz ebenso verfährt man mit Blechen, nur sind die Röllchen hier durch Walzen ersetzt.

Dünne, durch Walzen im heißen Zustande hergestellte Bleche pflegen nicht eben, sondern häufig windschief zu sein und Beulen zu haben. Ein geschickter Arbeiter kann sie mit dem Hammer geraderichten; besser eignen sich hierzu Blechrichtmaschinen, wie sie eben beschrieben wurden.

[385] Das Biegen von Blechen und Röhren.

a) Blechbiegemaschinen haben je nach der Form der Biegung eine sehr verschiedenartige Konstruktion. Eine **Blechbiegemaschine** zeigt Abb. 614.

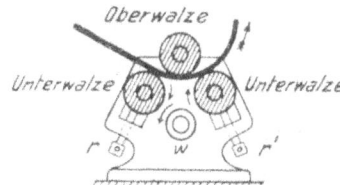

Abb. 614
Blechbiegemaschine

Sie besteht im wesentlichen aus 3 Walzen, die in 2 Ständern gelagert sind. Die Unterwalzen sind verstellbar und werden durch ein Wendegetriebe *W* bald rechts, bald links gedreht. Das Blech wird eingelegt und dann werden die Unterwalzen heraufgestellt. Ist das Blech fast durchgelaufen, so steuert man die Maschine um und stellt die Walzen nach. Das wird so lange wiederholt, bis das Blech die gewünschte Biegung hat.

Soll Blech längs einer Geraden im Winkel gebogen werden, so kann dies durch die **Falzzange**

(Abb. 615) geschehen, mit der der Blechrand gefaßt und umgebogen wird. Dieses Werkzeuges bedient sich der Klempner zur Herstellung der **stehenden und liegenden, einfachen und doppelten Falze** (Abb. 616).

Für das Biegen **p a r a l l e l** z u r **K a n t e** der Blechtafeln stehen verschiedene **Abkantemaschinen** im Gebrauche, bei denen das zwischen zwei Spannwangen *C* und *D* (Abb. 617) festgehaltene Blech durch die Biegewange *B* umgebogen wird.

I kennzeichnet die Stellung **v o r** und *II* die Stellung **n a c h** der Biegung. Um die Biegung für beliebig dicke Bleche mehr oder weniger scharf zu machen, kann der Abstand der Biegewange von den Spannwangen bis zu einem gewissen Grade verändert werden.

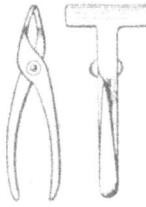

Abb. 615
Falzzange

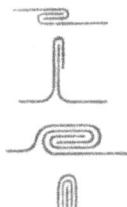

Abb. 616
Falze

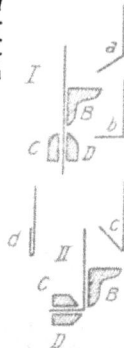

Abb. 617
Abkanten

b) Sollen Röhren gebogen werden, so muß das Einknicken an der Biegungstelle durch **Ausfüllen des Rohres mit Blei, Pech, feinem Sande oder Wasser** verhindert werden. Am gebräuchlichsten ist die Ausfüllung mit Pech. Man verschließt das eine Rohrende, gießt geschmolzenes Pech ein, läßt erkalten und biegt sodann um entsprechend festgestellte Dorne, wobei man sich je nach den Dimensionen des Rohres mechanischer Hilfsmittel, Winden, Flaschenzüge usw. bedient.

Um kreisförmige oder schraubenförmige Biegungen zu erzielen, wie letztere zu Kühlschlangen nicht selten gebraucht werden, kann man **Röhrenbiegemaschinen** verwenden, die mit drei am Umfange genuteten Scheiben arbeiten, von denen zwei fixgelagert und die dritte verstellbar ist. Für schrauben-

förmige Biegung stehen die Achsen, der Steigung der Schraube entsprechend, schief gegeneinander. **Ein Ausfüllen des Rohres ist bei diesem Biegen nicht erforderlich.**

Auf einem ganz anderen Prinzipe beruht das **Biegen** der sog. **Knieblechröhren;** hierbei werden in das Rohr regelmäßig keilförmig verlaufende Falten eingepreßt, wodurch die Biegung erzielt wird.

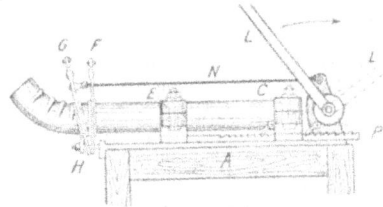

Abb. 618
Knieblechröhren-Biegemaschine

Die Faltenbiegung bewirkt ein Zangenapparat (Abb. 618). Zieht man den Hebel *L* nach rechts, so vermittelt die Stange *N* eine Rechtsdrehung der Zange *G* und diese schiebt eine Blechfalte gegen die fixe Zange *F*. Beim nächsten Linksgange des Hebels schiebt der Sperrkegel die Zahnstange *P* und mit ihr die Docke *E* und das sich daran stützende Blechrohr um eine Zahnlänge nach links; es werden beide Zangen geschlossen, um die nächste Falte zu bilden.

[386] Das Biegen von Holz.

Das Biegen frischen Holzes und das Festhalten der erlangten Biegung gelingt bis zu einem gewissen Grade durch Erhitzen der Biegungsstelle in einer freien Flamme oder durch scharfes Trocknen.

Bei Herstellung der **Möbel aus gebogenem Holze** wird das hierzu meist verwendete R o t b u c h e n h o l z zu Brettern und Latten geschnitten, zugearbeitet, **durch nassen Wasserdampf gedämpft** und gebogen. Das Biegen erfolgt über gußeiserne Formen, wobei an die Außenseite der zu biegenden Latte ein Bandeisen angelegt und mitgebogen wird, damit das Einreißen oder Spalten der gespannten Fasern vermieden bleibt. Das um die Form gebogene Holz wird sofort durch Leimzwingen an die Form befestigt und mit ihr in den Trockenofen gebracht.

Für besondere Zwecke, so zum Biegen von Schiffsplanken, Faßdauben, Holzschachteln usw. hat man eigene Holzbiegemaschinen konstruiert.

9. Abschnitt.

Abscheren und Lochen.

[387] Scheren.

a) Alle jene Werkzeuge, welche wir **Scheren** nennen, **beabsichtigen eine abschiebende, abscherende Wirkung, die sie nur dann erreichen, wenn das zu schneidende Stück allseitig umschlossen ist.** Da aber das zumeist nicht der Fall ist, ist es bei Scheren kaum möglich, tatsächlich exakte, ebene Schnittflächen zu erlangen.

Die meisten Scheren bestehen aus zwei steifen „Blättern", welche sich dicht aneinander vorbeibewegen und mit ihren Schneidkanten auf das zu schneidende Material einwirken. Ist zwischen den beiden Scherflächen ein Spielraum vorhanden, so wird das Material auf Biegung beansprucht, was sich stets durch eine sehr merkliche Verkrümmung und Verquetschung bemerkbar macht, sofern der abgeschnittene Streifen nur wenig breiter als dick ist.

Eine Schere als die Verbindung zweier Messer anzusehen, wäre technologisch ganz verfehlt; wenn ihre beiden Backen auch messerähnliche Form haben, so tritt doch hier kein eigentliches „Schneiden" durch Keilwirkung wie bei Messern ein.

Bei jeder Schere, die ihrer Aufgabe entsprechen soll, **müssen die Schneiden dicht aneinander vorübergehen, ja dort, wo sie sich jeweilig kreuzen, sich innig**

berühren und mit einem gewissen Drucke gegeneinander gepreßt sein.

Dieser Bedingung wird bei der gewöhnlichen **Papierschere** und bei der **Schafschere** dadurch entsprochen, daß man in den Körper der Schere durch entsprechende Formung (**Schränkung**) eine Spannung legt, **die eine innige Berührung in jenem Punkte herbeiführt, in dem sich die Schneiden kreuzen;** hierbei kann auch ein geschickter Gebrauch der Schere die Wirkung wesentlich fördern, wenn durch Abnutzung der Niete oder des Federbügels die Spannung etwas nachgelassen hat.

Abb. 619 u. 620 zeigen diese Scheren in der Seitenansicht in geschlossenem Zustande, und man sieht, daß die Scherblätter nur an der Spitze aneinanderliegen. **Sie sind aber in einem Spannungszustande,** bei der **Papierschere** bedingt durch die hohle Form der Blätter, bei der **Schafschere** durch die Spannung des Bügels. Derlei Scheren sind bestimmt für Materialien von geringer Dicke und geringem Abscherungswiderstande, z. B. Papier, dünnes Kupferblech usw.

Abb. 621 zeigt eine Metallschere mit gekrümmten Scherblättern zur Ausführung krummer Schnitte, Abb. 622 eine solche mit praktischerem Griffe, deren Scherblatt nebenan im Normalschnitte gezeichnet ist.

b) Bei allen Scheren mit Scharnieren und geraden Schneiden ist der Winkel, den beide Schneiden miteinander einschließen mit dem Abstande vom Drehpunkte variabel, und es wird z. B. Eisen nur

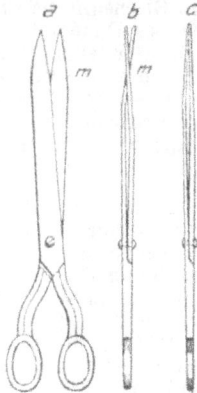
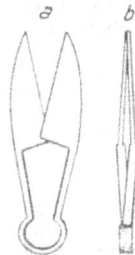

Abb. 619
Papierschere

Abb. 620
Schafschere

dann sicher geschnitten werden und kein Hinausschieben eintreten, wenn der Winkel gleich oder kleiner als 20° ist. **Will man den Kreuzungswinkel konstant** machen, so muß man eine oder beide

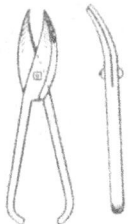
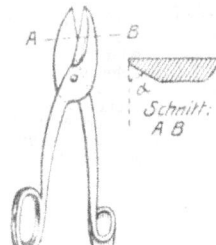

Abb. 621   Abb. 622
Metallscheren

Schneiden entsprechend krümmen, wie dies bei der **Tafelschere** für Spengler bei dem oberen Schermesser der Fall ist (Abb. 623).

Für das Schneiden von dickem Blech, z. B. Kesselblech und Platten, bedient man sich meist der

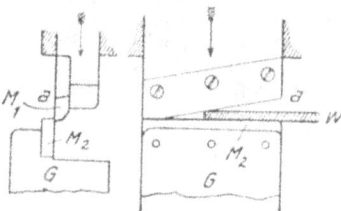

Abb. 623
Tafelschere

Abb. 624
Parallelführung

Scheren mit Parallelführung und wendet diese Führungsweise bei allen maschinell angetriebenen Scheren an.

In Abb. 624 bezeichnet W das Werkstück, das zwischen dem oberen beweglichen Messer M_1 und dem unteren festen Messer M_2 vorgeschoben wird. Der höchste Punkt a des Obermessers darf auch in der tiefsten Stellung nicht in das Arbeitsstück eindringen, damit am Scherenschnitte Querrisse vermieden bleiben.

c) Zum Abschneiden von Draht und Rundeisen dienen die **Drahtzangen** (Abb. 625), bei welchen sich zwei Scheiben mit Einschnitten aneinander verdrehen lassen. Gibt man aber hierbei den Scherbacken Ausschnitte von solcher Form, daß das zu schneidende Stück am Beginne des Schneidens von den Backen gleichsam umklammert wird, so erzielt man einen viel reineren Schnitt, als es mit gewöhnlichen Scheren möglich ist.

Derselbe Zweck, dem die Drahtzange dient, kann man auch durch die **Kneipzange** (Abb. 626) erreichen, bei welcher zwei einseitig zugeschärfte Schneiden keilförmig in den Draht eingedrückt werden. Es findet hierbei kein Abscheren, sondern ein Abbeißen statt.

Endlich sei noch des **Rohrabschneiders** gedacht, dessen Wirkung in dem Eindrücken eines gehärteten scharfrandigen Schneidröllchens r besteht (Abb. 627).

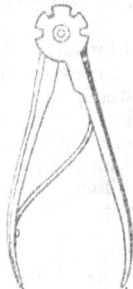
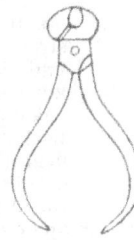
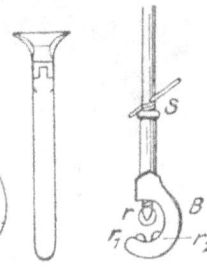

Abb. 625
Drahtzange

Abb. 626
Kneipzange

Abb. 627
Rohrabschneider

Das Werkzeug wird auf das abzuschneidende Metallrohr aufgesetzt, das Schneidröllchen r durch die Schraube s angedrückt und um das Rohr herum bewegt. Sind im Bügel B noch zwei feste Schneidröllchen r_1 und r_2 angebracht, so erfordert das Abschneiden weniger Kraftaufwand.

[388] Lochen und Perforieren.

a) Auch das **Lochen** beruht auf abscherender Wirkung; **die Werkzeuge hierzu sind der Lochring, die Matrize M und der Stempel, die Patrize P** (Abb. 628).

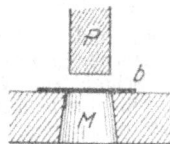
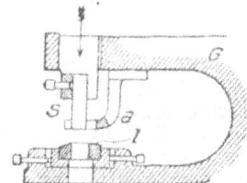

Abb. 628
Lochen

Abb. 629
Durchschnitt

Paßt der Stempel genau in das Loch der Matrize, so findet bei dünnem Bleche b ein nahezu reines Abscheren statt; hat dagegen der Stempel in der Matrize Spiel, d. h. ist sein Durchmesser kleiner als der Lochdurchmesser, so findet zunächst ein Einbiegen des dünnen Bleches und dann erst das Abreißen statt. Die Erweiterung der Matrize nach unten gewährt den Vorteil des leichteren Ausfallens der aus dem Bleche geschnittenen Scheibchen.

Die festgestellte Matrize und der genau geführte Stempel bilden zusammen den Durchschnitt, womit man auch die **Lochmaschine** als Ganzes bezeichnet (Abb. 629).

In der Abbildung ist G das Gestell, s der Stempel, a der Abstreifer und l der Lochring.

Daß beim Lochen dickerer Platten, z. B. Kesselblechen, der Stempel kleiner als die Matrize gewählt wird, hat eine sehr einfache praktische Ursache. Derlei Lochmaschinen führen den Stempel nie so genau, daß bei den bedeutenden

Pressungen von 10000 bis 30000 kg keine Ablenkung möglich wäre, was jedoch bei scharf passenden Stempeln das Aussprengen des Lochrandes der Matrize zur Folge hätte.

b) Durch den beim Lochen entstehenden Fluß des Materiales kommen in dasselbe Spannungen, die die Festigkeit beeinträchtigen. Deshalb sind bei eisernen Brücken häufig gebohrte Löcher vorgeschrieben, obwohl sich alle schädlichen Spannungen beim Lochen vermeiden lassen, wenn die Bleche rings um den Lochstempel derart gepreßt werden, daß ein ganz reines Abscheren erfolgt.

Um Platten, namentlich Brückenkonstruktionsteile, an Ort und Stelle lochen zu können, verwendet man häufig **transportable Lochmaschinen,** die auf dem Prinzipe der hydraulischen Presse beruhen (Abb. 630).

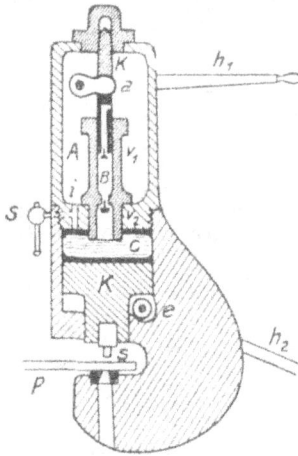

Abb. 630
Transportable Lochmaschine

Durch den Hebel h_1 und den Arm a erhält der Pumpenkolben k seine Bewegung nach auf- und abwärts. Dieser Kolben hat eine Bohrung, welche A mit B verbindet, wenn das Ventil v_1 geöffnet wird, was bei der Aufwärtsbewegung des Hebels h_1 der Fall ist. Die Druckflüssigkeit (Öl) tritt hierbei aus A nach B. Wird h_1 niedergedrückt, so schließt sich v_1, während v_2 sich öffnet und das Öl von B nach C gelangen läßt. Der Druckkolben K geht dadurch nach abwärts, und der Stempel s wird gegen die zu lochende Platte p gepreßt. Um K zu heben, wird der Hebel h_2 und das Exzenter e betätigt; hierbei muß C mit A kommunizieren, was durch den mit der Schraube S absperrbaren Kanal i geschieht.

Große Schmiedestücke können im glühenden Zustande durch hydraulische Presseschmieden gelocht werden.

c) Die Herstellung zahlreicher kleiner Löcher in Papier, Kartons oder dünnen Blechen in bestimmten Linien oder zum Auszacken des Randes bei Briefmarken u. dgl., ebenso wie die Herstellung gelochter Bleche für Drahtsiebe u. dgl. nennt man **Perforieren;** als Durchschnitte, Loch- und Perforiermaschinen können in entsprechender Anordnung alle Vorrichtungen dienen, die wir beim Stanzen beschrieben haben.

d) Mitunter werden zum Lochen auch einfachere Werkzeuge benutzt, welche zwar eine minder reine, aber doch für viele Fälle genügende Arbeit liefern. Um in Blech bis zu 3 mm Dicke Löcher von verschiedener Form rasch herzustellen, bedient sich der Schlosser des **Bankdurchschlages,** eines Stahlstäbchens mit kreisförmiger, quadratischer oder anders gestalteter ebener Endfläche; er legt das Blech auf den wenig geöffneten Schraubstock [81], setzt den Durchschlag auf und treibt ihn mit dem Hammer durch. Die unreinen Lochränder werden dann mit Feile und Reibahle abgeglichen. Aus dünnem Blech schlägt man Scheibchen mittels des **Aushauers** (Abb. 631) aus, wobei man das Blech auf eine dicke Bleiplatte auflegt.

Abb. 631
Aushauer

Läßt man aber ein solches Werkzeug auf viele Lagen von Papier oder Stoff wirken, so werden die Ausschnitte wegen der auftretenden Durchbiegungen nicht genau gleich groß. Dieselbe Ursache bedingt eine eigenartige Konstruktion jener Maschinen, mit welchen man ganze Stöße von Papier oder Bücher **beschneidet.** Dicht neben dem einseitig geschliffenen, meist schräg niedergehenden Messer wird das zu beschneidende Buch durch einen Preßbacken stark zusammengedrückt, damit man einen reinen, ebenen Schnitt erhält.

10. Abschnitt.

Holzbearbeitung.

Ebenso wie die aus Metallen hergestellten Gegenstände durch die bereits beschriebenen Formveränderungsarbeiten wie Gießen, Schmieden, Walzen usw. allein oft nicht genau die für den beabsichtigten Zweck erforderliche Gestalt bekommen, sondern noch weiter bearbeitet werden müssen, liefert die Natur auch das Holz in den meisten Fällen nicht in jener Form, in der es gewünscht wird. Die Rohstämme des Waldes müssen daher ebenfalls einer Bearbeitung unterzogen werden, die aber, weil Holz nicht gießbar und nur in sehr beschränktem Maße bildsam ist, **fast ausschließlich nur durch Abtrennung von größeren oder kleineren Spänen** bewerkstelligt werden kann. Die dazu nötigen Arbeitsverfahren gründen sich also hauptsächlich **auf die Teilbarkeit des Holzes,** sind übrigens den bei der feineren Bearbeitung der Metalle üblichen Arbeitsvorgängen sehr ähnlich. Da sie aber im allgemeinen beim Holz mehr bekannt sind, daher leichter verständlich erscheinen, und selbst bei maschinellem Betriebe viel einfachere Vorrichtungen (Werkzeugmaschinen für Holzbearbeitung) bedingen, als es die Werkzeugmaschinen für Metalle sind, wollen wir die Holzbearbeitung der Metallbearbeitung vorangehen lassen.

Die Bearbeitung der Steine wird in der Stoffkunde, die Konstruktion der Gesteinsbohrmaschinen dagegen im Tunnelbau besprochen werden.

[389] Das Schneiden.

Während das **Spalten** [73] und [196] auch beim Holze meist **nur zur Herstellung roher Formen oder zur Teilung** dient, läßt sich dem hölzernen Werkstücke durch **Schneiden** schon ziemlich genau die angestrebte Gestalt geben.

Eine der einfachsten, Späne abtrennenden Werkzeugformen ist die **Keilform,** die dem Werkzeuge nur an dem eigentlich wirkenden Teile gegeben zu werden braucht, während es im übrigen behufs bequemerer Handhabung oder Anbringung in Maschinen beliebig ausgebildet sein kann.

Auf die schneidbaren Materialien [74], wie Kork, Fleisch, Leder usw. lassen sich die keilförmigen Werkzeuge in der gewöhnlichen Weise nicht gebrauchen, weil das zähe Gewebe nur bei sehr kleinem Keilwinkel durchschnitten werden kann, dieser jedoch die Dauerhaftigkeit der Werkzeuge beeinträchtigt. Hier muß vielmehr vom **gezogenen Schnitt** (Abb 632) Gebrauch gemacht werden, der im wesentlichen mit jenem Schnitte übereinstimmt, bei welchem die Schneide des Werkzeuges nicht normal zur Bewegungsrichtung steht.

Abb. 632
Gezogener Schnitt

Abb. 633
Gedrückter Schnitt

Bei Holz dagegen lassen sich Späne auch mit **gedrücktem Schnitte** abnehmen (Abb. 633). Zur

Bearbeitung von Holz werden keilförmig zuge-
schliffene Werkzeuge gegen die Oberfläche des Werkstückes gedrückt oder gestoßen. So dient das **Reifmesser** (Abb. 634) zum Zuschnitzen von Werkzeug-
stielen, deren Ende in der Schnitz-
bank [82] festgehalten ist. Hierbei zieht der Arbeiter das Messer
gegen sich.

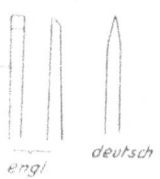

Abb. 634
Reifmesser

Liegen die Keilflächen nicht
symmetrisch zur Bewegungsrichtung, so wird im allgemeinen eine
andere Art der Schichtenverschiebung und mithin
des Eindringens des Werkzeuges erfolgen. Liegt
eine der Keilflächen parallel zur Bewegungsrichtung,
so nennen wir das Werkzeug **einseitig** geschliffen,
welcher Zuschliff für manche Arbeiten und für die
Herstellung des Werkzeuges gewisse Vorteile hat.
Der **deutsche Lochbeitel** (Abb. 635) ist zweiseitig, der
englische einseitig geschliffen, was die Herstellung der vertikalen Wand eines Zapfenloches wesentlich erleichtert (Abb. 636)

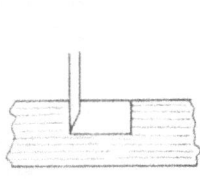

Abb. 635   Abb. 636   Abb. 637
Lochbeitel   Stemmeisen

Das **Stemmeisen** (Abb. 637) ist ähnlich dem letzteren oder
noch häufiger einem Viereisen, um die Löcher reiner zu
stemmen und einen Teil der Späne aus dem Loche zu entfernen.

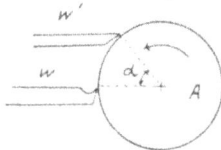

Abb. 638   Abb. 639
Axt   Beil

Die **Äxte** sind beiderseitig zugeschliffen (Abb. 638);
dieser Schliff bewirkt bei schräg unter verschiedenen Winkeln
geführten Hieben das Abtrennen gröberer Späne, wodurch
eine Querschnittsverminderung des Stammes beim Zuspitzen
von Pfählen, Fällen von Bäumen eintreten kann.
Das **Beil** (Abb. 639) ist einseitig geschliffen und hat
ein größeres Blatt als die Axt, um sicherer eine ebene Arbeits-
fläche herstellen zu können.

[390] Das Drechseln (Drehen).

**Drechseln oder Drehen nennt man die Bearbeitung
von hölzernen Gegenständen auf der Drehbank zum
Zwecke der Herstellung einer genau runden Form.**

In Abb. 640 stellt A ein rotierendes Werkstück dar. Ist
das Werkzeug w so festgestellt, daß die Schneide in der Höhe
der Achse steht, so wird das Werkzeug bei seiner Durchbiegung
während der Spanbildung gleichsam zurückgezogen und kann

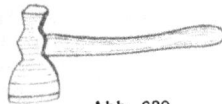

Abb. 640   Abb. 641

daher nicht leicht brechen; Stellung w ist somit richtiger
als w'. Eine Ausnahme hiervon bildet beim Holzdrehen nur
der Gebrauch des sog. **Drehmeißels**, den man häufig nach
Abb. 641 anwendet, wobei die Schneide s c h i e f zur Bewegungsrichtung steht.

Als Drehwerkzeuge, welche bei Holzdrehbänken
immer aus freier Hand unter Benutzung einer Auflage geführt werden, dient die **Röhre** (Abb. 642),

Abb. 642
Röhre

die halbkreisförmig ausgehöhlt ist, dazu, um Holz
aus dem Groben zu arbeiten, zu schroten, während
mit dem **Drehstichel** (Abb. 643), dessen gerade

Abb. 643
Drehstichel

Schneide etwas schräg gestellt ist, die Arbeit voll-
endet wird.
Bei größeren Widerständen wendet man wohl auch den
Drehhacken (Abb. 644) an, d. i. ein ca. 0.3 m langer Stahl,

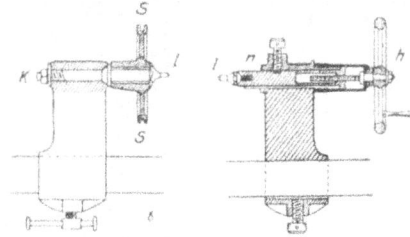

Abb. 644
Drehhacken

deren eines die Schneide bildendes Ende aufwärts gebogen
ist, während das andere mit einem Heft versehene Ende
beim Drehen auf der Schulter des Drehers ruht.
b) Die **Drechselbänke** sind auch heute noch
großenteils aus Holz hergestellt und werden durch
den Fuß des Arbeiters in Bewegung gesetzt. Ihr
wichtigster Teil ist der **Spindelstock** (Abb. 645 links),

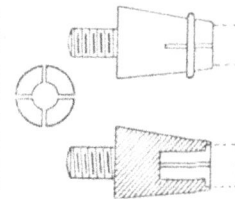

Abb. 645
Drechselbank

der die hier feststehende Spindel mit dem **Körner** *l*
enthält. Auf dem festgestellten Bolzen ist die Schnurscheibe S frei drehbar.
Hat das Arbeitsstück in der Richtung der Drehachse nur
eine geringe Länge, so daß eine einseitige Unterstützung genügt, so befestigt man es an der Spindel mit Hilfe eines
Futters, d. h. eines nach Weg-
nahme des Körners auf die
Spindel geschraubten Kopfes,
in welchem der Gegenstand
leicht befestigt werden kann.
Bei den Holzdrechslern sind
hauptsächlich die **Klemmfutter**
(Abb. 646) im Gebrauch, welche
zwei aufeinander senkrechte,
ziemlich tiefe Einschnitte besitzen; hierdurch läßt sich das
Futter mit einem aufgetriebenen
Ring stark zusammenziehen.
Steckt man das Arbeitsstück,
dessen Ende in das ausge-
drehte Futter passen muß,
hinein, so kann es mit dem
Ring festgeklemmt werden.

Abb. 646
Klemmfutter

Längere Arbeitsstücke müssen an beiden Enden unterstützt werden, wozu man das Stück zwischen 2 Stahlspitzen,
Körner genannt, spannt, von welchen sich eine in der Spindel,
die andere in einer feststehenden, an der Umdrehung nicht
teilnehmenden Stütze, dem sog. **Reitstocke** (Abb. 645 rechts)

angebracht ist. Er besteht aus dem **Reitnagel** *n* mit dem Körner *l*, der mit einem Handrade *h* verschoben werden kann. Damit das Arbeitsstück sich mit der Spindel dreht, verwendet man bei hölzernen Gegenständen den **Dreispitz** (Abb. 647); man versieht die Spindel an ihrem freien Ende anstatt des Körners mit einem Kopfstücke, das außer einer scharfen Spitze in der Mitte noch zweischneidige Kanten daneben erhält, die in das dagegen gepreßte Holz eindringen und dieses bei der Umdrehung mitnehmen.

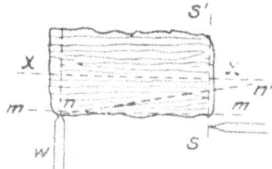

Abb. 647
Dreispitz

c) Mit der Drehbank lassen sich nun die verschiedenartigsten Arbeiten ausführen: Denken wir, das Arbeitsstück rotiere um die fixe Achse *x x* (Abb. 648) und lassen wir auf dasselbe das Werkzeug *w* einwirken, dessen Spitze in der Horizontalebene liege wie *x x*, so wird es bei allmählicher Annäherung eine **Furche** einschneiden, die konzentrisch zu *x x* liegt. Wird aber gleichzeitig der Stahl sehr langsam nach der Geraden *mm ‖ x x* bewegt, so wird das Werkstück nach einer **Zylinderfläche** abgedreht, welche Arbeit wir „egalisieren" nennen. Wird das Werkzeug nach einer zur *x x*-Achse geneigten Geraden *n n'* geführt, so wird eine **konische** Fläche abgedreht. Würden wir den Stahl längs der die Achse *x x* senkrecht schneidenden Geraden *s s'* bewegen, so würde an das Werkstück eine Ebene ⊥ zur Rotationsachse angedreht, welche Arbeit „plandrehen" heißt.

Abb. 648

Sind an einem Arbeitsstücke verschiedene Rotationsflächen und solche ebene Flächen, die auf der Achse der Rotationsfläche senkrecht stehen, anzuarbeiten, so bedient man sich immer der Drehbänke. Haben die auszuarbeitenden Rotationsflächen verschiedene Achsen, dann müssen sie nacheinander unter entsprechender Umspannung des Werkstückes ausgeführt werden.

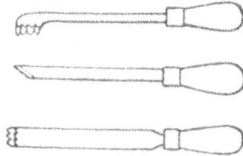

Abb. 649
Schneidkamm

Wenn das Werkstück hohl ist und der Durchmesser der Höhlung durch ein Werkzeug (Drehhacken) vergrößert werden soll, so nennt man eine solche Arbeit „ausdrehen".

Durch Zuhilfenahme eines **Schneidkammes** (Abb. 649) können aus freier Hand kurze Spindel- und Muttergewinde geschnitten werden, wenn der Arbeiter darauf eingeübt ist, während der Umdrehung das Werkzeug gleichmäßig um seinen Spitzenabstand zu verschieben. Leichter und sicherer gelingt aber diese Arbeit, wenn das Werkzeug selbst die Schraubenbewegung macht und der Schneidkamm nur angedrückt, bzw. an der Auflage festgehalten zu werden braucht, wie dies bei den **Patronendrehbänken** der Fall ist.

[391] Das Hobeln.

I. Handhobeln.

a) Denken wir uns ein Arbeitsstück *A* (Abb. 650) auf einen horizontal verschiebbaren Schlitten befestigt und mit diesem geradlinig hin und her bewegt, das Werkzeug jedoch für jeden Rechtsgang des Schlittens festgehalten, so wird längs einer Geraden ein Span genommen. Verschiebt man nach jedem Schnitte das Werkzeug, so wird Span auf Span so abgenommen, daß eine horizontale Ebene angearbeitet wird. Diese Arbeit heißt **hobeln**.

Abb. 650

Jeder Hobel besteht aus dem **Hobelkasten** und dem **Hobeleisen** (Abb. 651). Ersterer wird aus hartem Holz (Weißbuche) gefertigt; seine untere Fläche soll auf dem Werk-

stücke gleiten, ist daher meistens eben, zuweilen aber auch gekrümmt oder profiliert. In der Mitte seiner Länge ist er durchbrochen, um das Hobeleisen aufzunehmen, das um etwa 45° gegen die Längsrichtung geneigt ist. Das Eisen ist mit einem Keile befestigt, und die Späne treten nach oben aus dem Kasten. Das Hobeleisen ist selten ganz aus Stahl,

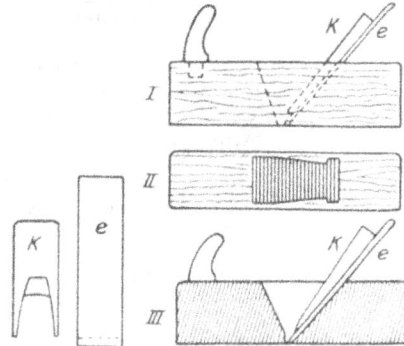

Abb. 651
Hobel

gewöhnlich aus zwei flach aufeinander geschweißten Platten aus Eisen und Stahl; die Zuschärfung geschieht einseitig unter einem Winkel von 30—35°, so daß die Schneide sich an der Stahlseite befindet. Der Hobel wird mit beiden Händen erfaßt. Oft gibt man dem Hobelkasten eine Nase für das Anfassen der linken Hand; die größeren Hobel erhalten für die rechte Hand einen ring- oder stabförmigen Griff.

b) Hobel werden hauptsächlich zum Ausarbeiten und Glätten ebener oder schwach gekrümmter Flächen verwendet. Das mit den Hobeln zu bearbeitende Werkstück wird in der Regel auf der **Hobelbank** [82] eingespannt.

Zum **Vorhobeln** auf weichem Holz wird der **Schrothobel** mit gekrümmter Schneide, auf hartem Holz der **Zahnhobel** mit feingezahnter Schneide verwendet; letzterer dient auch zuweilen dazu, aneinander zu leimende Holzflächen, z. B. Furniere, aufzurauhen.

Zum Hobeln ebener Flächen bedient man sich meist eines kurzen, ca. 30 cm langen Hobels, des **Schlichthobels** (Abb. 651), der meist mit einem einfachen, oft aber auch mit einem doppelten Eisen versehen ist.

Beim Hobeln harten Holzes kann das Hobeleisen nämlich leicht spaltend wirken, indem der sich bildende Span tiefer

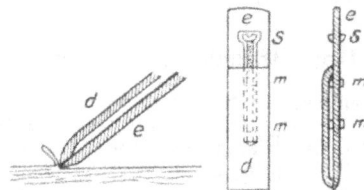

Abb. 652
Doppeleisen

liegende Faserbüschel mit sich reißt. Dieser Übelstand kann durch das **Doppeleisen** (Abb. 652) beseitigt werden, weil die auf das Eisen gesetzte Deckplatte *d* den sich bildenden Span abknickt.

Zum sehr genauen Abhobeln ebener Flächen dient die dem Schlichthobel ähnliche **Rauhbank**, die bis zu 70 cm lang ist und die **Fugebank** mit ungefähr 90 cm Länge.

Der **Gesimshobel** (Abb. 653) besitzt ein Eisen, das die ganze Hobelsohle durchquert. Die Späne

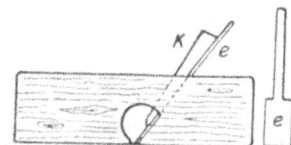

Abb. 653
Gesimshobel

treten seitlich aus und der Hobelkasten umschließt den schmäleren oberen Teil des Eisens in einem viereckigen Loche, in welches ein Keil zur Feststellung des Eisens eingetrieben wird.

Um Feder und Nutt ▬▬ ▬▬ zu hobeln, bedient man sich des **Feder-** und des **Nuthobels** (Abb. 654), deren Messer dem wegzunehmenden Holze entsprechen. Die Sohle dieser Hobel muß der Form der Messer angepaßt, also als Gegenform des herzustellenden Stückes gebildet sein. Sie sind häufig mit einstellbarem Anschlag und Auflauf versehen, um die richtige Entfernung der Nut oder Feder und deren Tiefe einstellen zu können.

Als Hauptrepräsentant der Profilhobel ist der **Kehlhobel** anzuführen; er dient zur Herstellung von Gesimsen, die aus architektonischen Gliedern zusammengesetzt sind und Kehlungen heißen. Die Profileisen werden durch Schmieden in Gesenke auf 40—60 mm profiliert und einfach schräg angeschliffen, so daß die Profilseite die Schneide bildet.

Abb. 654
Nuthobel

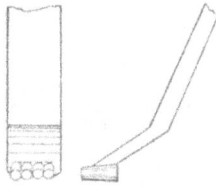

Abb. 655
Zündhölzchenhobel

Es gibt auch Hobel, welche nicht die Aufgabe haben, bestimmte Flächen anzuarbeiten, **sondern Späne von bestimmter Form** zu liefern. Als ein hervorragendes Beispiel sei der **Zündhölzchenhobel** erwähnt, dessen Eisen aus mehreren dicht aneinander gereihten, zugeschärften Stahlröhrchen besteht (Abb. 655). Die brauchbaren Späne — die Zündholzdrähte — treten nach rückwärts aus den Röhrchen, das geringe Zwischenholz bildet den Abfall.

II. Hobelmaschinen.

a) Bei den **Abricht-Hobelmaschinen** (Abb. 656) liegt die mit 1000—4000 Touren per 1'' rotierende Messerwelle M unter dem Tische und greift durch eine Unterbrechung desselben hindurch, um das auf dem Tische liegende Arbeitsstück auf seiner unteren Seite zu bearbeiten.

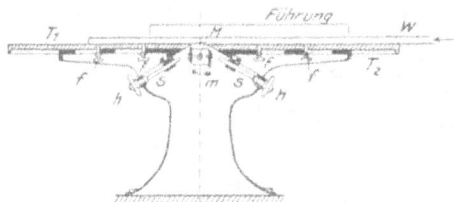

Abb. 656
Abricht-Hobelmaschine

Das Arbeitsstück wird dabei mit den Händen niedergedrückt und vorgeschoben. Hierbei steht der rechte Teil des Tisches T_1 um die Spandicke tiefer als der linke T_2, dessen Oberkante den von den Messerschneiden beschriebenen Kreis berührt. Zum genauen Einstellen der Tischhälften kann man die Konsolen beiderseits auf geneigten Flächen des Gestelles durch die Handräder h und die Schrauben s verstellen. Nach dem Lösen mehrerer, mit Fingerrädern f versehener Schrauben lassen sich die beiden Tischhälften auseinanderziehen, wodurch der Messerknopf M zum Auswechseln der Schneiden frei wird.

b) Die obere Seite eines Brettes kann nicht durch Umdrehen desselben auf dieser Maschine bearbeitet werden, weil dann besonders bei windschiefen Brettern die obere und untere Fläche nicht parallel würden. Dazu braucht man die **Walzenhobelmaschine** (Abb. 657), bei der die Messerwelle M über der mit der Schraube S bzw. dem Handrade R auf und ab beweglichen Tischplatte TT liegt.

Der Antrieb der Speisewalzen $w_1 w_1$ erfolgt durch einen besonderen Riemen, ist aber mit dem der Messerwelle M verbunden. Die unteren Walzen $w_2 w_2$ sind im Tische gelagert

und sollen nur die gleitende Reibung zwischen Arbeitsstück und Tisch in rollende Reibung umwandeln. Die Schutzhaube H über der Messerwelle leitet die Hobelspäne vom Stand des Arbeiters ab.

Die gewöhnliche Form des **Messerknopfes** mit 4 Messern zeigt Abb. 658. Der Span muß von der

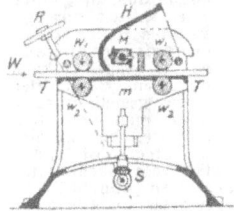

Abb. 657
Walzenhobelmaschine

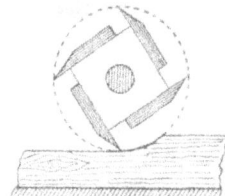

Abb. 658
Messerknopf

schwachen Seite aus genommen werden und ist bis zu ½ mm dick. Werden die Messer durch Kehlmesser oder durch Feder- und Nutmesser ersetzt, so können auch Kehlungen oder Zapfen und Nuten hergestellt werden.

c) Das Werkzeug der **Stemmaschinen** ist ein **Stemmeisen** (Abb. 659), das in einem vertikal bewegten Schlitten so befestigt ist, daß es aus Lage I in Lage II, also um 180° gedreht werden kann. Man kann von einem vorgebohrten Loche zuerst nach a und dann nach b stemmen, wodurch ein rechteckiges Zapfenloch gebildet wird.

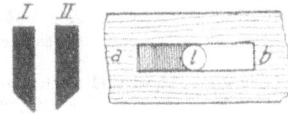

Abb. 659
Stemmaschine

[392] Das Sägen.

A. Handsägen.

Sägen sind Werkzeuge aus Stahlblech mit vielen schneidenden Zähnen, die hintereinander an der geraden oder gekrümmten Blechkante angebracht sind. Indem man die Sägezähne nacheinander in der Bewegungsrichtung des Sägeblattes wirken läßt und jeder Zahn Späne nimmt, bildet man allmählich einen Einschnitt in dem Werkstück, in dem sich das Sägeblatt bewegt. **Nie wird eine Säge eine vollkommen glatte Schnittfläche erzeugen;** die Einschnittbreite muß stets größer sein als die Blatttiefe, damit sich die Seitenwand der Säge nicht im Einschnitte reibe oder klemme (Abb. 660). Dies erreicht man bei Holzsägen dadurch, daß man die Sägezähne abwechselnd rechts und links durch seitliche Biegung über die Blattfläche vorragen läßt, was man das **Schränken der Säge** nennt.

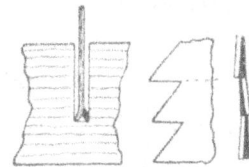

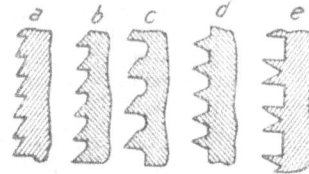

Abb. 660
Schränken der Säge

Abb. 661
Gebräuchliche Zahnformen

Einige der gebräuchlicheren **Zahnformen** sind in Abb. 661 dargestellt, von welchen die Sägen nach a, b und c nur in **einer**, nach d und e in beiden Bewegungsrichtungen schneiden.

Für den Längsschnitt von Holzstämmen bedient man sich bei Handarbeit der **Schrotsäge** (Abb. 662), die ein 1,5 bis 2 m langes Blatt besitzt, zum Querschneiden der **Bauchsäge** (Abb. 663).

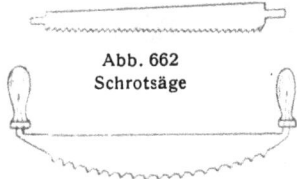

Abb. 662
Schrotsäge

Abb. 663
Bauchsäge

Die Tischler gebrauchen am häufigsten die **Örtersäge** (Abb.664), dessen Sägeblatt die nötige Spanunng durch einen mittels durchgesteckten Keiles zusammengedrehten Strick erhält. Das Sägeblatt kann mit den Handgriffen schräg gestellt werden, wenn man tiefe Einschnitte, bei welchen der Steg sonst hinderlich wäre, machen muß.

Sehr verbreitet sind auch die **Baumsägen** (Abb. 665) und die **Laubsägen** (Abb. 666), deren Sägeblätter aus Uhrfedern mit eingehauten Zähnchen bestehen.

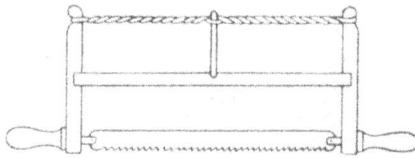

Abb. 664
Örtersäge

Alle diese Sägen sind solche mit Spannung. Ohne Spannung sind u. a. der **Fuchsschwanz** (Abb. 667) und die **Lochsäge** (Abb. 668), die bezeichnenderweise auch **Räubersäge** genannt wird, weil sie von den Einbrechern mit Vorliebe zum Ausschneiden der Türfüllungen verwendet wird.

Abb. 665 Baumsäge

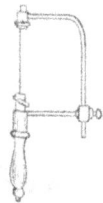

Abb. 667
Fuchsschwanz

Abb. 666
Laubsäge

Abb. 668
Lochsäge

B. Maschinsägen.

Die Herstellung von Schnittholz findet in der Regel durch maschinellen Antrieb der Säge statt. Zumeist werden gerade ebene Sägeblätter in Rahmen gespannt und mechanisch bewegt, wie in den **Gatter-** oder **Brettsägen**. Zu demselben Zwecke finden aber auch **Kreissägen** oder **Bandsägen** Anwendung.

1. Gattersägen: Das sind Maschinsägen, die ausschließlich zum Zerschneiden oder Zerteilen roher Baumstämme dienen. Je nachdem sich die Sägeblätter senkrecht auf und ab oder wagerecht hin und her bewegen, heißen die Gatter **Vertikal-** oder **Horizontalgatter;** erstere enthalten in der Regel mehrere Sägeblätter, um den Baumstamm bei einmaligem Durchgange vollständig in Bretter zu zerlegen oder auf zwei Seiten zu beschneiden. Sie heißen dann **Bund-** oder **Vollgatter,** während Horizontalgatter stets nur ein Sägeblatt haben.

Die Sägeblätter, meist 120—170 mm breit und 1,25 bis 2 mm dick, sind in dem eigentlichen Gatter (Abb. 669) eingespannt, der aus den beiden Riegeln $r_1 r_2$ und den beiden Stäben $s_1 s_2$ besteht. Für die Arbeit einer Gattersäge ist es wichtig, daß die Sägeblätter genau parallel zur Bewegung und daher auch untereinander parallel gespannt sind. Weiters muß sich der Abstand der Sägeblätter voneinander, von welchem die Dicke der Bretter und die Lage der Schnitte am Blocke abhängt, leicht ändern lassen. Eine diese Aufgabe gut lösende Anordnung ist in Abb. 670 gezeichnet. Das obere und untere Ende des Sägeblattes b ist beiderseits durch

Leisten verstärkt, die in der um den Bolzen a drehbaren Kluppe e eingehängt sind; letztere kann durch Keil k und Gegenkeil festgestellt werden. Der obere Gatterriegel r_1

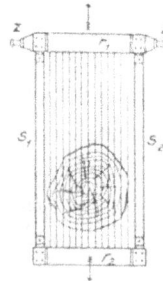

Abb. 669
Gatter

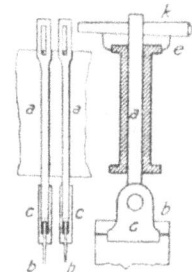

Abb. 670

hat zwei Zapfen zz, an welchen die Pleuelstangen der Kurbelgetriebe angreifen. Abb. 671 zeigt die Arbeitsweise eines Vertikalgatters in schematischer Skizze. Der Sägeblock B

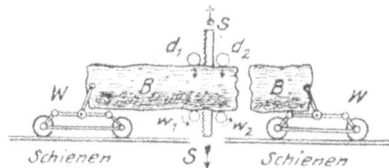

Abb. 671
Vertikalgatter

wird, auf zwei Blockwagen WW liegend, durch die sich drehenden Speisewalzen $w_1 w_2$ den mit dem Gatterrahmen auf- und abgehenden Sägeblättern S zugeführt. Die Blockwagen laufen auf Schienen und werden von dem durch Druckwalzen $d_1 d_2$ niedergehaltenen Baumstamme mitgenommen.

2. Kreissägen: Das Werkzeug ist ein kreisrundes Sägeblatt, das sich mit 20—60 m sekundlicher Umlaufsgeschwindigkeit stets in demselben Sinne dreht. Die Zähne brauchen daher nur nach einer Richtung zu schneiden, sind daher Dreieck- (Abb. 661 a) oder bei größeren Blättern Wolfszähne (Abb. 661 b).

Das durch eine Schraube auf der Arbeitswelle befestigte Sägeblatt S (Abb. 672) greift durch einen Schlitz der Tischplatte T von unten hindurch; das Werkstück wird auf das Gestell gelegt und längs einer Führung F gegen das auf der Arbeitswelle w befestigte Sägeblatt vorgeschoben.

Die Kreissäge arbeitet sehr rasch, zerspant aber viel, weil größere Säge-

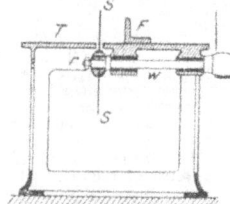

Abb. 672
Kreissäge

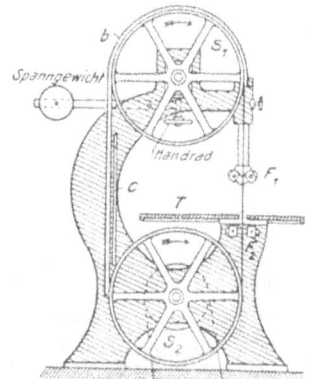

Abb. 673
Bandsäge

blätter behufs Versteifung auch ziemlich dick sein müssen; bei wertvollen Hölzern sind Kreissägen daher nicht vorteilhaft.

3. Bandsägen: Ein durch Zusammenlöten endlos gemachtes bandförmiges Sägeblatt wird wie ein Riemen auf zwei Bandscheiben $S_1 S_2$ gelegt, deren eine S_2 von der Maschine umgedreht wird (Abb. 673); das gespannte Stück des Sägeblattes läuft von der oberen Führung F_1 nach der unteren F_2

durch den Schlitz des Tisches T, auf welchem das Werkstück mit den Händen vorgeschoben wird. Der Sicherheit der Arbeiter dienen das Schutzbandeisen b und die Schutzbretter c. Ist das Sägeblatt sehr schmal, so können wie mit einer maschinellen Laubsäge die mannigfaltigsten Schnitte ausgeführt werden.

Das Band läuft mit einer Geschwindigkeit von 20—40 m pro Sek., zerspant weniger und braucht auch weniger Betriebsarbeit als die Kreissäge.

[393] Das Bohren.

a) Verwandelt man das Material, welches einen zylindrischen Raumteil des Werkstückes ausfüllt, in Späne, so spricht man vom „Bohren aus dem Vollen" oder vom „Bohren" im engeren Sinne. Den gebildeten Hohlraum nennt man **Bohrloch**, das Werkzeug heißt **Bohrer**. Erweitert man einen zylindrischen Hohlraum mittels rotierender Werkzeuge dadurch, daß man von der Lochwand Späne abtrennt, so wird diese Arbeit „**Ausbohren**" genannt.

Während beim Bohren harter Gegenstände, wie z. B. von Metallen, die Wirkung mehr in einem Abschaben der Späne besteht, findet bei weichen Stoffen, wie z. B. bei Holz, eine eigentliche Schneidwirkung statt, indem die hierfür schärfer zugeschliffenen Schneiden sich zwischen das Material eindrängen und davon Späne abspalten oder abheben. **Zu diesem Zwecke sucht man durch eine schräge Stellung und durch eine krumme Gestalt der Schneiden möglichst die Vorteile des sog. „gezogenen" Schnittes zu erlangen**, was insbesondere bei Holz mit Rücksicht auf den Faserverlauf von Bedeutung ist. **Wichtig ist für jedes Bohren die unablässige oder doch möglichst häufige Entfernung der Bohrspäne aus dem Bohrloche**, weil diese sonst einen erheblichen Widerstand veranlassen. Durch ihre vorteilhafte Wirkung ausgezeichnet sind die **steirischen Schneckenbohrer**, wie sie, in den kleinsten Abmessungen mit einem Querhefte versehen, unter dem Namen **Nagelbohrer** bekannt sind, jedoch auch in größeren Stärken zum Ausbohren hölzerner Röhren u. dgl. Verwendung finden (Abb. 674). Ein solcher

Abb. 674
Steirischer Schneckenbohrer

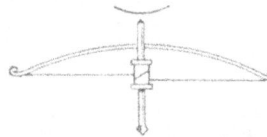

Schneckenbohrer entsteht, indem ein runder Stahlstab an einem Ende flach ausgeschmiedet, rinnenförmig ausgetieft und so um seine Achse gewunden wird, daß die beiden Ränder der Rinne Schrauben bilden, deren Steigung nach dem Ende hin stetig abnimmt. Von diesen beiden Kanten dient die vorangehende ab zum Ausschälen der Späne, während die andere rückwärts gekrümmte cd nicht zum Schneiden kommt. Die schräge Stellung der Schneide und die polierte Oberfläche des Bohrers verursachen eine schöne, glatte Fläche der Lochwandung. Der an der Spitze eingefeilte Schraubengang ae wirkt als Zugschraube und zieht den Bohrer selbsttätig in das Holz hinein.

b) Nur kleine Bohrer für Holz und andere weiche Materialien können an einer Handhabe umgedreht werden, während man sich bei den größeren Bohrern für Holz bestimmter Vorrichtungen, der **Bohrgeräte**, zur Erzeugung der Umdrehungen bedient.

Die einfachste Vorrichtung ist die **Bohrrolle** (Abb. 675), welche auf dem Bohrer befestigt ist und mittels einer um sie

geschlungenen Schnur abwechselnd nach entgegengesetzten Seiten umgedreht wird, sobald man die Schnur hin und her zieht, die an ihren Enden mit einem gebogenen Stück Stahl verbunden ist. Der Bohrer legt sich in ein Grübchen des gekrümmten Bohrbrettchens und wird vom Arbeiter mit der Brust gegen das Werkstück angedrückt.

Für das Bohren in beliebiger Richtung verwendet man den **Drillbohrer** (Abb. 676), der aus einer Spindel A mit mehrgängigen steilen Gewinde gebildet ist, die am unteren Ende den Bohrer w aufnimmt, während das obere Ende mit dem Knopfe B drehbar verbunden ist. Durch Auf- und Abbewegen des mit Muttergewinden versehenen Knopfes D wird der Bohrer in rasche Rotation versetzt.

Das einfachste Gerät, mit dem dem Bohrer eine ununterbrochene Drehung im selben Sinne gegeben wird, ist die **Brustleier** (Abb. 677) der Holzarbeiter. Der Arbeiter drückt

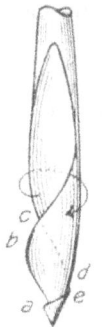

Abb. 675
Bohrrolle

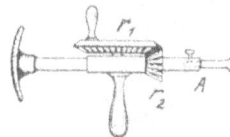

Abb. 678
Räderbohrer

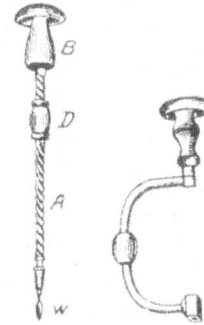

Abb. 676
Drillbohrer

Abb. 677
Brustleier

mit der Brust gegen den Knopf, welcher dem Bügel die Drehung gestattet. Die Anwendung der Brustleier setzt voraus, daß ringsherum freier Raum zur Umdrehung des Bügels zur Verfügung steht. Ist dies nicht der Fall, wie beim Bohren in Ecken, so kann man sich eines **Räderbohrers** (Abb. 678) bedienen, bei welchem die Bohrspindel A durch Kegelräder r_1 und r_2 angetrieben wird.

Eine besondere Form muß das Bohrgerät erhalten, wenn man Löcher an schwer zugänglichen Stellen bohren will. Hierzu dient der **Schlangenbohrer**, der aus einer langen Stahlspiralfeder besteht, die am Ende den Bohrer trägt. Die Spirale befindet sich in einem Schlauche und überträgt die Drehbewegung auf den Bohrer. Solche Bohrer wenden bekanntlich auch die Zahnärzte an.

c) Bei massenhafter Herstellung von Gegenständen finden ausnahmsweise auch bei Holz **Bohrmaschinen** Anwendung, deren Konstruktion aber den bei der Metallbearbeitung gebräuchlichen Maschinen so ähnlich sind, daß sie mit diesen gleichzeitig besprochen werden sollen.

Dasselbe gilt von den **Holzfräsmaschinen**, die mitunter zur Bearbeitung krummlinig begrenzter Flächen an Leisten sowie zur Herstellung von Zapfen und Schlitzen dienen. Sie sind alle den bezüglichen Metallbearbeitungsmaschinen nachgebildet und unterscheiden sich von diesen nur durch eine leichtere Bauart und eine weit größere Arbeitsgeschwindigkeit.

11. Abschnitt.

Werkzeuge und Werkzeugmaschinen für Metallbearbeitung.

[394] Allgemeines.

a) Die Bearbeitung der Metalle erfolgt heute zum größten Teile durch Maschinen, und ist die Handarbeit nur mehr auf Vollendungsarbeiten (Feilen, Schleifen, Schaben usw.) und auf die Montage beschränkt. Die hierzu dienenden Maschinen werden **Werkzeugmaschinen** genannt, **weil sie ihre Arbeiten mit einem in die Maschine eingespannten Werkzeuge ausführen.**

Zur Erreichung dieses Zweckes ist **jede Werkmaschine** so eingerichtet, **daß auf ihr das Werkstück befestigt (aufgespannt) und an einem anderen Teile das Werkzeug**, meist ein **schneidender Stahl, eingespannt werden kann.** Durch geeignete Mechanismen werden dann mit den betreffenden Maschinenteilen entweder das Arbeitsstück oder das Werkzeug, mitunter auch beide zugleich in solcher Weise bewegt, daß das Werkzeug vom Werkstück nach und nach Späne lostrennt, bis schließlich die gewünschte Form genau erreicht ist.

Der Teil, auf welchem das Arbeitsstück befestigt ist, heißt **Tisch, Aufspannplatte, Planscheibe** oder **Bohrfutter,** während der das Werkzeug haltende Teil **Werkzeughalter** oder **Support** genannt wird.

b) Die gegenseitige Bewegung des Werkzeuges und des Arbeitsstückes wird in der Regel dadurch erhalten, daß zwei Einzelbewegungen ausgeführt werden, nämlich die **Haupt- oder Arbeitsbewegung** und die **Vorschub- oder Schaltbewegung; erstere bedingt die Umfangs- oder Arbeitsgeschwindigkeit, die die Spanlänge pro Sekunde ergibt, die letztere die Spandicke.** Diese beiden Bewegungen können entweder auf das Arbeitsstück und das Werkzeug verteilt werden oder einem der beiden Stücke gleichzeitig zukommen. Außer diesen beiden Hauptbewegungen ist noch eine **Einstellbewegung** erforderlich, um dem Werkstücke oder dem Werkzeuge die zum Beginne der Arbeit nötige Lage zu geben.

Die Bewegungsmechanismen werden später im „Maschinenbau" besprochen werden.

c) **Zur Erzielung genauer Arbeit ist ein ruhiger Gang der Maschine erforderlich,** weshalb alle Teile derselben, namentlich aber die Gestelle reichlich stark gehalten werden müssen. **Diesen Anforderungen entsprechen Hohlgußgestelle am besten.**

[395] Die Werkzeuge oder Stähle.

a) Die Werkzeuge haben den Zweck, Teile, zumeist Späne vom Arbeitsstücke abzutrennen. Besitzt das Werkzeug Keilform und hat es eine solche Stellung (Abb. 679), daß eine Tangente durch die Schneidkante c des Keiles an die vordere, zumeist zurückgebogene Fläche einen kleineren Winkel als 90° mit der Oberfläche des Werkstückes einschließt, so daß auf seiner vorderen Fläche eine beim Vorbewegen des Werkzeuges vom

Abb. 679

Arbeitsstücke losgelöste Schichte, der **Span,** emporgleiten kann, so heißt die Arbeit „Schneiden". Je zäher das Material und je spitzer der Stahl ist, desto länger werden die Späne, ehe sie abbrechen.

b) Maßgebend für den Verlauf der Arbeit sind die 3 Winkel, den die beiden Keilflächen miteinander und mit der Bewegungsrichtung einschließen. Den Winkel a, den die Keilflächen miteinander ein-

schließen, nennt man den **Zuschärfungswinkel, der um so größer sein muß, je härter das Material ist,** da ein sehr spitzes Werkzeug in einem harten Material allzu leicht abbrechen würde. Bei weichen Stoffen (Zinn, Blei) ist er oft nicht mehr als 18°—20°, bei Eisen 50°—60° und steigt bei Hartguß bis zu 85°, so daß das Schneiden schon fast in ein Schaben übergeht. Der Winkel b, den die untere Fläche des Keiles mit der Oberfläche des Arbeitsstückes bildet, heißt der **Anstellungswinkel,** der nur den Zweck hat, das Reiben der unteren Stahlfläche auf dem Arbeitsstücke zu verhüten. Er pflegt bei der Metallbearbeitung nicht größer als 3°—4° zu sein, nur bei weichen Metallen, bei welchen sehr spitze Werkzeuge verwendet werden, muß auch der Anstellungswinkel größer sein, weil sonst der **Schneidewinkel** a + b von dem namentlich der Aufwand an mechanischer Arbeit abhängt, zu klein würde.

c) Die Kante, welche die beiden Keilflächen des Stahles bilden, die **Schneidkante,** kann gerade oder gekrümmt sein. Bildet sie einen rechten Winkel mit der Bewegungsrichtung, so rollt sich der Span in nicht zu sprödem Material spiralförmig (Abb. 680), sonst schraubenförmig (Abb. 681) auf.

d) Über die Herstellung der Stähle ist noch zu bemer-

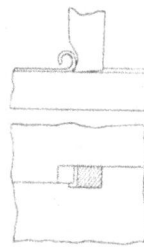
Abb. 680
Spiralförmiger Span

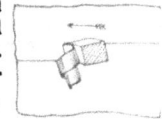
Abb. 681
Schraubenförmiger Span

ken, daß diese in möglichst wenig Hitzen geschmiedet und ihr arbeitender Teil nicht durch Stauchen seine Form erhalten soll, weil beides die Güte des Stahles beeinträchtigt.

Nach dem Ausschmieden werden die Stähle gehärtet, angelassen und geschliffen. Werkzeuge zur Bearbeitung von Hartguß werden aus Wolfram- oder Chromstahl angefertigt; sie bedürfen keiner künstlichen Härtung. Seit 1900 sind überall **Schnellarbeitstähle** eingeführt, die durch Abkühlung in einem Luftstrome oder in Petroleum gehärtet werden und mit denen weit größere Arbeitsgeschwindigkeiten erzielt werden können. Die obere Grenze dafür ist durch die begrenzte Haltbarkeit der Stähle gegeben und muß durch Versuche ermittelt werden. Die Stähle erhitzen sich nämlich und verlieren dann ihre künstliche Härte; nur durch Kühlen des Stahles mit Seifenwasser oder Öl läßt sich der Wärmegrad auch bei gesteigerter Arbeitsgeschwindigkeit einigermaßen niedrig halten. Eine noch größere Steigerung der Arbeitsgeschwindigkeit ist möglich bei der Verwendung von **Schnellarbeitstählen,** weil diese einen viel höheren Wärmegrad vertragen als gewöhnliche.

I. Werkzeugmaschinen mit rotierender Hauptbewegung.

[396] Drehbänke.

a) Die Drehbank ist die in den Werkstätten der Metallarbeiter am häufigsten verwendete Maschine, weil sie die bequeme und genaue Herstellung aller Umdrehungskörper ermöglicht.

Von den bei den Holzarbeiten beschriebenen Drechselbänken [390b] unterscheiden sich die für Metallarbeiter bestimmten Drehbänke hauptsächlich dadurch, **daß sie durchweg aus Metall gefertigt,** namentlich mit einem festen eisernen Gestell versehen sind, welches neben genauerer Ausführung einen festeren Stand der ganzen Bank sichert, **daß alle größeren Maschinen,** insbesondere die in Fabriken angewendeten, **für Maschinenkraft eingerichtet** sind und **daß beim Abdrehen größerer Gegenstände und** in allen Fällen, wo es auf besondere Genauigkeit der Arbeit ankommt, **das Werkzeug in eine feste**

Auflage gespannt wird, um das Vibrieren des Meißels unter dem Einflusse der beträchtlichen Widerstände wirksam zu verhindern.

Auch die Geschwindigkeit, mit welcher das Werkstück umgedreht wird, darf gewisse Werte nicht überschreiten, wenn eine Erhitzung des Werkzeuges und mangelhafte Beschaffenheit der abgedrehten Flächen vermieden werden soll. **Diese noch zulässige Geschwindigkeit ist um so größer, je weicher das zu bearbeitende Material ist.** Man kann durchschnittlich die Umfangsgeschwindigkeit in der Sekunde annehmen mit 100—120 mm für Schmiedeeisen, 80—90 mm für Gußeisen, 40—50 mm für Stahl, 10—20 mm für Hartguß, während man für Messing und Bronze 150—200 mm und für Holz 400 bis 500 mm wählt. Die seitliche Verschiebung des Meißels, sowie die Dicke des abzuschälenden Spans richtet sich ganz nach der Art der auszuführenden Arbeit.

b) Der Hauptsache nach besteht jede Drehbank aus dem **Spindelstocke,** der zur Unterstützung oder Befestigung des Arbeitsstückes dient, dem **Support,** als Träger oder Stütze des Drehwerkzeuges und aus dem **Reitstocke,** falls ein zweiter Stützpunkt für das Werkstück notwendig ist.

Der **Spindelstock** dient zur Lagerung der Arbeitswelle, der **Arbeitsspindel** (Abb. 682), deren Antrieb durch eine mehrstufige Riemenscheibe *d* erfolgt, so daß die Spindel *f* mit dem Körner je nach Bedarf verschiedene Drehungsgeschwindigkeiten erhalten kann. Der Spindelstock ist auf dem Bette durch 2 oder 4 Schrauben befestigt und läßt sich unter Umständen verschieben und nach Belieben mit einer Schraube feststellen.

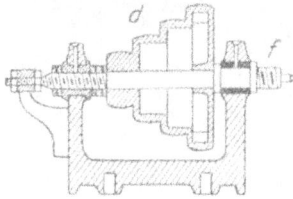

Abb. 682
Spindelstock

Zum Einspannen und Führen des Werkzeuges dient der **Support** (Abb. 683). Aus dem Vergleich der beiden Vertikalschnitte ist ohne weiteres zu ersehen, daß der Support mittels zweier senkrecht zueinander liegender Bewegungsschrauben *k* und *l* eine Bewegung parallel und senkrecht zur Spindel gestattet. Der Teil *h* ist mit *i* drehbar und verstellbar verbunden, wenn konisch gedreht werden soll. Die Einspannvorrichtung für das Werkzeug sieht man bei *w* in Abb. 692.

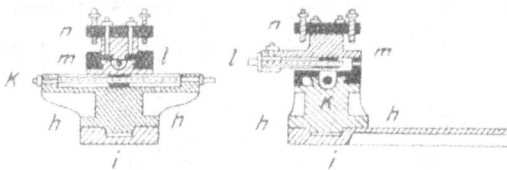

Abb. 683
Support

Da der **Reitstock** der Träger des zweiten Körners ist, so wird er nur bei der Bearbeitung langer Arbeitsstücke benutzt; seine Konstruktion ist auch bei Metalldrehbänken ganz ähnlich dem Reitstocke bei Drechselbänken (Abb. 645 rechts). Alle diese Teile sind auf dem sog. **Bette** befestigt, das aus zwei I-förmigen Wangen besteht, die mit ihren Querverbindungen ein Gußstück bilden. Die oberen Teile der Wangen dienen zur Führung des Supports und heißen die **Prismen des Bettes.** Wie der Support in den Prismen *B* festgestellt werden kann, zeigen die Abb. 684 u. 685.

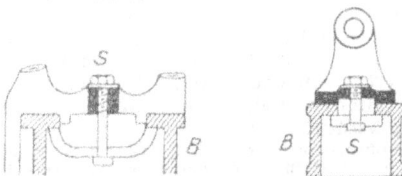

Abb. 684   Abb. 685
Befestigung im Prisma

Das Bett wird durch zwei oder, wenn es sehr lange ist, durch mehr Füße unterstützt, deren Höhe danach bemessen wird, daß die durch die Körner gegebene Rotationsachse sich in einer für den Arbeiter bequemen Höhe von 1—1,2 m über dem Fußboden befindet. Die senkrechte Entfernung von den Körnerspitzen im Spindel- und Reitstock bis zum Bette heißt die **Spitzenhöhe,** die größte Entfernung der Körnerspitzen die **Spitzenweite** einer Drehbank. Die Spitzenhöhe, von welcher der Durchmesser der Arbeitsstücke und das Widerstandsmoment beim Drehen abhängen, ist das grundlegende **Hauptmaß der Maschine;** alle anderen Abmessungen sind von ihr abhängig, nur die Bettlänge wird von der Spitzenweite bestimmt.

c) Außer diesen Hauptbestandteilen enthalten noch manche Drehbänke Nebenbestandteile, deren Konstruktion sich nach der Form der Werkstücke und der beabsichtigten Art der Arbeit richtet. Damit bei einer **Spitzendrehbank,** bei der wie bei der Drechselbank das Arbeiten zwischen einer beweglichen und einer feststehenden Spitze geschieht, **ein längeres Arbeitsstück an der Bewegung der Spindel sicher teilnimmt,** wird an der letzteren

ein **Mitnehmer** angebracht, d. h. ein hervorragender Stift, der sich gegen einen auf das Arbeitsstück vorübergehend angeschraubten Arm, das **Drehherz** legt, soferne das Werkstück nicht schon vermöge seiner Gestalt einen vorspringenden Teil im Bereiche des Mitnehmers hat, gegen welchen der letztere sich anlegen kann. **Hat das Arbeitsstück in der Richtung der Drehachse nur eine geringe Länge,** so daß eine einseitige Unterstützung genügt, so befestigt man es an der Spindel mit Hilfe eines **Futters,** d. h. eines auf die Spindel geschraubten Kopfes, in welchem der Gegenstand leicht befestigt werden kann. Ein solches Futter ist unentbehrlich, wenn es sich um das Ausdrehen oder Ausbohren im Innern eines Gegenstandes handelt, was beim Einspannen zwischen zwei Spitzen nicht möglich wäre.

Die gewöhnliche Konstruktion eines **Drehherzes** zeigt Abb. 686; es ist eine Klemme von verschiedener Gestalt, die auf dem Werkstück festgeklemmt und von dem auf dem auf der Drehbank befestigten **Mitnehmer** *m* (Abb. 692) vor sich hergeschoben wird. Für metallene Arbeitsstücke wendet man meist das **Schraubenfutter** (Abb. 687) an; die radialen Klemm-

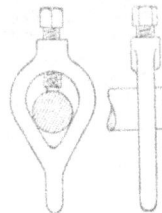

Abb. 686   Abb. 687
Drehherz   Schraubenfutter

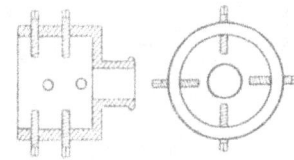

schrauben werden derart gegen das in das Futter gesteckte Werkstück angezogen, daß es zentrisch zur Drehbankspindel, auf der das Futter aufgeschraubt wird, zu stehen kommt, was übrigens Übung und Zeit kostet.

d) Zum Abdrehen an der Mantelfläche dienen als Werkzeuge der **Schrot-,** der **Schlicht-** und der **Spitzstahl** (Abb. 688, 689 u. 690), zum Ausdrehen hohler Werkstücke die zugehörigen Hackenstähle. Die Schrotstähle mit **gerundeter** Schneide dienen zum Arbeiten aus dem Groben, die Schlichtstähle mit **geradliniger** Schneide zum Ebenen und Vollenden (Schlichten).

Abb. 688   Abb. 689   Abb. 690
Schrotstahl   Schlichtstahl   Spitzstahl

e) Die am häufigsten verwendeten Arten von Drehbänken sind folgende:

1. Der Stiftendrehstuhl.

Zu den kleinsten Dreharbeiten der Uhrmacher oder Feinmechaniker verwendet man **Stiftendrehstühle,** bei welchen das Arbeitsstück zwischen zwei unbeweglichen, sog. toten Spitzen umgedreht wird (Abb. 691).

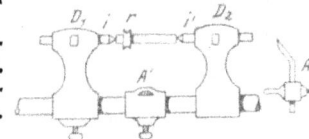

Zur Umdrehung des Werkstückes wird auf demselben eine kleine Rolle befestigt, die mit

Abb. 691
Stiftendrehstuhl

einem Fiedelbogen hin und her oder mit einer Handkurbel oder einem Schwungrade ununterbrochen nach derselben Richtung gedreht wird. Das Werkzeug ist in die Auflage *A* eingeschraubt, die in *A'* eingeschoben werden kann.

Ein solches Drehen zwischen „toten" Spitzen findet übrigens immer statt, wenn es sich, wie bei wissenschaftlichen Instrumenten, um die Erzielung besonderer Genauigkeit handelt.

2. Die Prismadrehbank.

Nach diesem Typ sind nicht nur die für Holzarbeiten bestimmten Drechselbänke (Abb. 645), sondern auch jene Drehbänke gebaut, die für **leichte Metallarbeiten** oder zum **Metalldrücken** [383 c] Verwendung finden.

Spindel und Reitstock sind auf dem Prisma festgestellt, das Werkstück durch Mitnehmer und Herz zwischen ruhenden Spitzen in Umdrehung gesetzt. Die Dreharbeit ist somit von Ungenauigkeiten in der Lagerung der Spindel völlig unabhängig.

3. Die Wangendrehbank.

Diese auch unter dem Namen „deutsche Drehbank" bekannte Gattung ist in Abb. 692 dargestellt.

Die Spindel rotiert in den beiden Lagern des Spindelstockes; die auf ihr befestigte Schnurscheibe ist mit mehreren Schnurläufen von verschiedenem Durchmesser versehen, um verschiedene Umfangsgeschwindigkeiten erzielen zu können.

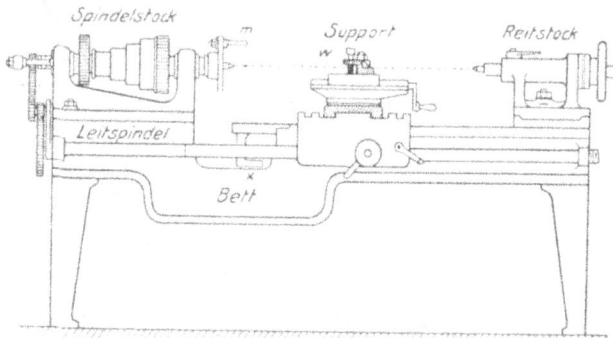

Abb. 692
Deutsche Drehbank

Der Support macht eine kontinuierliche Schaltbewegung in der Längsrichtung der Bank. Erfolgt diese Verschiebung und daher auch die Schaltbewegung des Werkzeuges mit Hilfe einer im Gestelle gelagerten Schraube, der Leitspindel selbsttätig, so heißen solche Maschinen **Egalisierbänke**.

4. Die Plandrehbank.

Plandrehbänke oder **Kopfdrehbänke** dienen zum Ausbohren und Drehen von Arbeitsstücken mit großem Durchmesser und geringer Länge, wie z. B. Schwungräder, Seil- und Riemenscheiben usw.

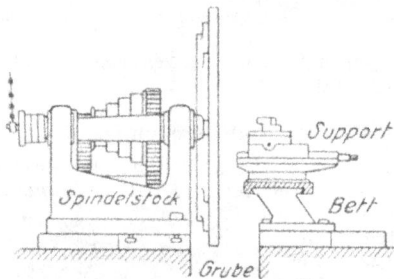

Abb. 693
Plandrehbank

Solche Stücke müssen an der Planscheibe befestigt werden, die entweder senkrecht oder wagerecht liegen kann.

Da die großen Arbeitsstücke oft in eine Grube vor der Planscheibe hinabreichen, steht der Spindelstock direkt auf dem Fundamente und für den Support ist ein eigenes Querbett vorhanden (Abb. 693).

5. Die Revolverdrehbank.

Ein ganz eigenartiger Typ von Drehbänken ist die **Revolverdrehbank**, die jetzt in großen Betrieben

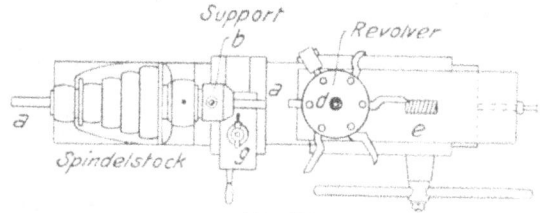

Abb. 694
Revolverdrehbank

immer häufiger wird und sich überall dort bewährt, **wo mehr als 6 gleiche Stücke angefertigt werden müssen** (Abb. 694).

Das Arbeitsstück wird in der Regel von einer Stange a abgearbeitet, welche man durch den hohlen Spindelstock steckt und in einem Klemmfutter b festklemmt. Die Werkzeuge, deren meist 3 vorhanden sind und welche zur Herstellung der einzelnen Stücke nach - einander zur Wirkung kommen, sind auf einem drehbaren Zylinder, dem **Revolver**, befestigt; er ist mit einem Schlitten e drehbar verbunden, der durch Drehen eines Handkreuzes vor- und zurückgeschoben werden kann. Am Ende jedes Rückganges dreht sich der Revolver so, daß das nächste Werkzeug in Arbeitsstellung steht. Haben alle Werkzeuge gearbeitet, so wird das Arbeitsstück durch ein von der Seite herangeführtes Werkzeug g abgestochen und die Stange a bis zu einem Anschlage vorgeschoben.

Führen solche Maschinen alle Bewegungen selbsttätig aus, so nennt man sie Automaten; sie eignen sich dann besonders zur Fabrikation von kleinen Gegenständen wie Schräubchen usw.

Ein Mann kann bis zu 10 Automaten bedienen, weil er nur neues Material einzustecken und die fertigen Gegenstände wegzunehmen hat.

f) Die beim Drehen gebräuchlichen Drehmeißel oder Stähle, die wir bereits beschrieben haben, werden so wie bei der Bearbeitung von Holz auch bei leichten Metallarbeiten in einem Hefte aus freier Hand geführt. **Beim Abdrehen größerer Gegenstände und wo größere Genauigkeit verlangt wird, muß das Werkzeug immer in eine feste Auflage, den Support, gespannt werden.**

Die häufigsten Arbeiten auf der Drehbank bestehen im **Abdrehen** und **Ausdrehen**, im Anarbeiten von ebenen Flächen (**plandrehen**) und von Zylinderflächen (**egalisieren**), im **Konischdrehen** und **Kugeldrehen**. Auf sog. **Ovalwerken** kann man auch **elliptische** und **dreickige Körper** mit abgerundeten Ecken drehen, wie überhaupt eine entsprechend ausgerüstete Drehbank sich zu den vielseitigsten Arbeiten, auch zum **Bohren** und **Fräsen** verwenden läßt.

Universalbänke besonderer Konstruktion dienen zur Herstellung beliebig gekrümmter Flächen, was man das **Passig-** oder **Unrunddrehen** nennt. Um Schrauben zu schneiden, richtet man die sog. **Patronendrehbank** so ein, daß dem Arbeitsstück eine Schraubenbewegung erteilt und gegen dasselbe der Schraubstahl gedrückt wird.

[397] Bohrwerkzeuge und Bohrmaschinen.

a) Es gibt **zweischneidige** oder **einschneidige** Bohrer, je nachdem der Bohrer nach beiden oder nur nach einer Bewegungsrichtung schneidet. (Abb. 695.)

Häufige Formen der Bohrer für Metall sind in Abb. 696 u. 697 dargestellt. Ein ausgezeichneter Bohrer

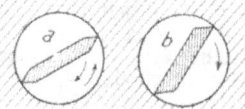

Abb. 695

ist der **amerikanische Spiralbohrer** (Abb. 698); die beiden schraubenförmigen Nuten befördern die Späne aus dem Bohrloch und die Zylinderfläche des Schaftes gibt dem Bohrer eine gute Führung.

Von den stetig wirkenden **Bohrgeräten** ist für Meta'lbearbeitung zu erwähnen:

1. Die **Bohrkurbel**, die der Brustleier der Holzarbeiter [393] sehr ähnlich ist, aber nur in Verbindung mit einem **Bohrgestell** benutzt werden kann (Abb. 699).

2. Die **Bohrratsche**, die dort benutzt wird, wo wenig **Raum zur Verfügung steht.** Durch die Bewegung des Hebelgriffes h (Abb. 700), der zwar im Bogen bewegt wird, aber keine volle Umdrehung macht, wird das Sperrad r und der Bohrer b ruckweise mitgenommen.

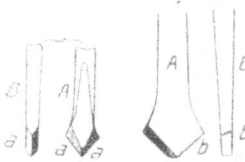

Abb. 696   Abb. 697
Bohrerformen

b) Findet das Bohren maschinell statt, was bei Metall die Regel bildet, so wird dem Bohrer durch den Mechanismus zum mindesten die **rotierende** Bewegung erteilt. Die **fortschreitende** Bewegung

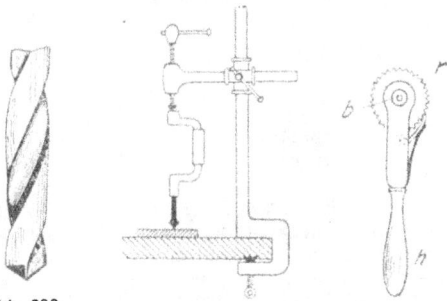

Abb. 698
Amerikanischer
Spiralbohrer

Abb. 699
Bohrkurbel

Abb. 700
Bohrratsche

kann der Bohrer entweder durch entsprechende Belastung, aus freier Hand oder auch selbsttätig erhalten; mitunter wird das Arbeitsstück dem rotierenden Werkzeuge genähert.

Die Anordnung ist gewöhnlich eine **vertikale,** wobei das Werkstück auf einem horizontalen Bohrtische befestigt ist. Läßt sich dieser nach zwei horizontalen Richtungen einstellen, so kann man jeden Punkt des Arbeitsstückes unter die Bohrachse bringen, um beliebig viele Löcher mit zueinander parallelen Achsen zu bohren.

Man kann natürlich auch bei **horizontaler** Anordnung der Bohrspindel bohren; es geschieht dies auf der **Drehbank,** wenn man den Bohrer mit der Drehbankspindel und das Arbeitsstück mit dem Support verbindet, oder auf eigenen **Horizontal-Bohrmaschinen.** Soll ein zylindrischer Hohlraum erweitert oder genauer gestaltet werden, so benutzt man in solchen Fällen **Zylinderbohrmaschinen,** wobei man die Wahl zwischen dem Ausbohren auf diesen Maschinen oder dem Ausdrehen auf der Drehbank hat.

1. Vertikal-Bohrmaschinen.

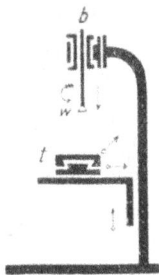

Abb. 701
Vertikal-Bohrmaschine

Die Einrichtung einer Vertikal-Bohrmaschine ist schematisch in Abb. 701 dargestellt.

Der Tisch t besitzt eine vertikale und zwei aufeinander senkrechte, horizontale Einstellbewegungen $\uparrow\!\!\downarrow$; die Bohrspindel b macht sowohl die rotierende Arbeitsbewegung, als auch die fortschreitende Schaltbewegung $\uparrow$. Das Zurückholen des Bohrers geschah früher mit einem Handrade. Da aber diese Manipulation namentlich bei tiefen Löchern ziemlich zeitraubend war, hat man bei den neuartigen amerikanischen Bohrspindeln Schraube und Mutter durch eine Zahnstange mit Rad ersetzt.

2. Radial-Bohrmaschine.

Sie gehört zwar auch zu den Vertikal-Bohrmaschinen, doch ist ihre Bohrspindel A (Abb. 702) nicht in unverrückbaren Lagern, sondern in einem **Bohrschlitten** gelagert, der sich auf einem um eine senkrechte Achse w drehbaren Ausleger wagerecht und radial verschieben läßt.

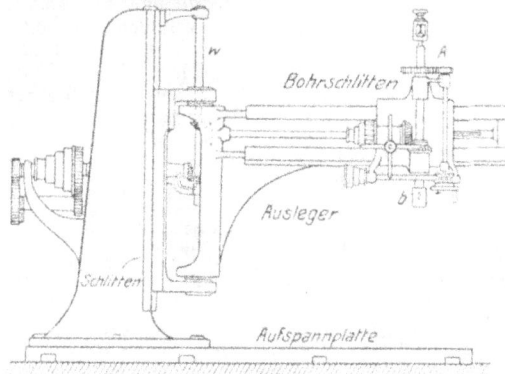

Abb. 702
Radia'.-Bohrmaschine

Ohne das auf der Aufspannplatte befestigte Arbeitsstück verschieben zu müssen, kann man durch Schwenken des Auslegers und Verschieben des Bohrschlittens den Bohrer b über jede Stelle des Werkstückes bringen. Die Maschine heißt auch **Kranbohrmaschine,** weil sie besonders zum Bohren schwerer Arbeitsstücke bestimmt ist, die sonst mit einem Kran gehandhabt werden müßten.

3. Zylinder-Bohrmaschine.

Große Dampfzylinder bohrt man am besten in der Lage, in welcher sie verwendet werden, weil sie andernfalls durch ihr Eigengewicht nach erfolgtem Umdrehen etwas unrund werden.

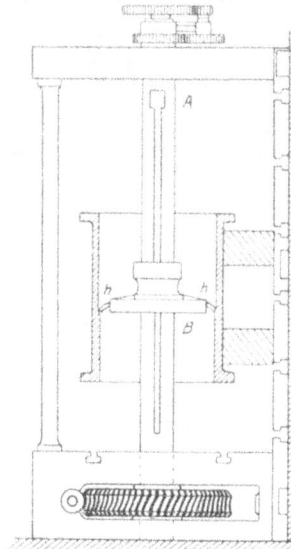

Abb. 703
Zylinder-Bohrmaschine

Abb. 703 zeigt eine solche Maschine für stehende Zylinder; sie besitzt eine selbsttätige Bohrspindel A, deren auf ihr verschiebbarer Bohrkopf B durch eine Schraubenspindel die Schaltbewegung ausführt. Auf dem Bohrkopfe sind die Hakenstähle h h befestigt.

4. Horizontal-Bohrmaschinen.

Während die Vertikal- und Radial-Bohrmaschinen hauptsächlich zum Bohren aus dem Vollen verwendet werden, benutzt man die Horizontal-Bohrmaschinen mit Vorliebe zum Ausbohren von Lagern, Zylindern u. dgl. **Das Ausbohren von zwei Lagern an einem Werkstücke kann schnell und genau nur mit einer Bohrstange erfolgen,** weshalb solche Maschinen sehr selten · mit einem Spiralbohrer arbeiten.

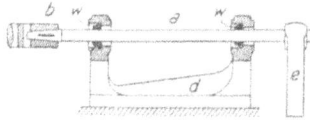

Abb. 704
Horizontal-Bohrmaschine

Die Bohrstange *a* (Abb. 704) ist einerseits mit einem konischen Schafte in die Bohrspindel eingekeilt, anderseits in einem besonderen Lager *e* gelagert. Das Arbeitsstück *d* ist auf dem Tische befestigt und macht mit diesem die Schaltbewegung, wenn letztere nicht ebenfalls von der Bohrspindel und der Bohrstange besorgt wird. In die Bohrstange werden die Bohrzähne *w w* durch Klemmschrauben festgehalten.

Bei der Massenfabrikation legt man mit Vorteil die zu bohrenden Stücke in eigene **Bohrkästen,** die mit Löchern zur Führung der Bohrer und Bohrstangen versehen sind. Dadurch werden alle Arbeitsstücke auch ohne Anreißen haarscharf genau und meist auswechselbar.

[398] Fräsmaschinen.

a) Das Wort „Fräse" kommt aus dem französischen Wort fraise, das auf deutsch „Halskrause" heißt; **es ist ein mit einer Anzahl Schneiden versehenes Stahlwerkzeug, das bei der Drehung um eine Achse Späne von der Oberfläche eines Arbeitsstückes wegnimmt.** Die Arbeitsbewegung ist stets eine rotierende Bewegung mit etwa 100 mm Schnittgeschwindigkeit. Die kontinuierliche Schaltbewegung kann entweder dem Tische oder dem die Fräswelle tragenden Frässchlitten gegeben werden.

Die Fräsen sind zwar von den Uhrmachern und Mechanikern zur Anfertigung der Zähnchen von Rädern und anderen feineren Arbeiten schon lange verwendet worden, aber erst in neuerer Zeit hat man sie auch zur Bearbeitung der größten Maschinenteile allgemein verwendet, **so daß jetzt die Fräsmaschinen vielfach die Drehbänke der Metallarbeiter vorteilhaft ersetzen.** Insbesondere ist dies der Fall, seitdem man die Fräsen, anstatt wie früher mit vielen feinen, durch Einfeilen unvollkommen hergestellten Zähnen mit nur wenigen größeren Zähnen versieht, die man nach dem Stumpfwerden mittels geeigneter Schmirgelscheiben im gehärteten Zustande wieder schärfen kann, während die älteren Fräsen immer wieder ausgeglüht und nach dem Schärfen wieder gehärtet und nachgelassen werden mußten, wodurch sie rasch zugrunde gingen.

Die Fräsen sind namentlich bei der massenhaften Herstellung vieler gleicher Gegenstände in Anwendung, weil sie selbständig übereinstimmende Formen erzeugen, ohne eines besonderen Messens und Kontrollierens während der Arbeit zu bedürfen. **Deshalb ist die Fräse im modernen Maschinenbau eines der wichtigsten Werkzeuge geworden, welches mehr und mehr Verbreitung findet.**

b) Man unterscheidet:

1. **Stirnfräser** (Abb. 705), die mit ihrer gezahnten Stirnfläche die zu bearbeitende Fläche berühren und

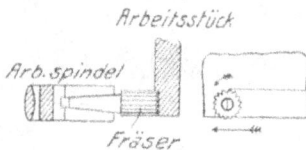

Abb. 705
Stirnfräser

mit den Zähnen sichelförmige Späne vom Arbeitsstücke abschneiden, wenn sie sich rechtwinklig zur Rotationsachse vorschieben.

2. **Walzenfräser** (Abb. 706) haben ihre Zähne am Umfange und berühren mit diesen die zu bearbeitende Fläche.

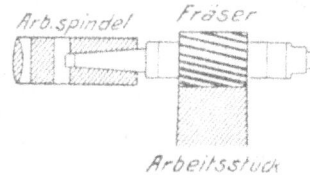

Abb. 706
Walzenfräser

3. **Nutenfräser** (Abb. 707), die dazu bestimmt sind, Nuten zu fräsen, haben die Zähne gleichfalls am Umfange und bewegen sich wie die Walzenfräser.

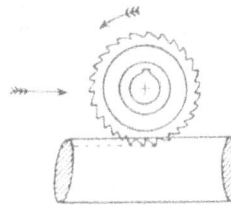

Abb. 707
Nutenfräser

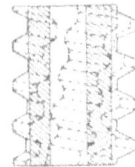

Abb. 708
Wurmfräser

4. **Wurmfräser** (Abb. 708) dienen zum Fräsen von Stirn- und Schneckenrädern und haben die Gestalt von gezahnten Schnecken.

Als Fräsmaschinen können Horizontal-Bohrmaschinen oder auch Drehbänke benutzt werden, indem man den Fräserdorn wie ein Arbeitsstück zwischen die Körnerspitzen nimmt und letzteres auf dem Support befestigt.

Die vielseitigste Verwendung läßt die **Universalfräsmaschine** zu, die in ihren Hauptteilen in Abb. 709 dargestellt ist. Der Ständer *S* mit dem Spindelstock *B* gleicht im allgemeinen den bezüglichen Teilen einer Horizontal-Bohrmaschine mit einer festgelagerten, nicht verschiebbaren Arbeitsspindel; dafür ist ein verschiebbarer Arm *b* vorhanden, welcher dem in der Spindel bei *a* befestigten Fräserdorn eine zweite Stütze gibt. Will man Plan-, Profil- oder Nutenfräsen, so spannt man das Arbeitsstück entweder unmittelbar oder mit Hilfe eines Parallelschraubstockes auf dem Tische ein und läßt es von dem zwischen *a* und *b* befestigten Fräser bearbeiten. Sollen dagegen Spiralbohrer, Zahnräder usw. gefräst werden, so spannt man das Arbeitsstück eventuell mit Hilfe einer kurzen Welle zwischen die beiderseits des Spindelstockes in einer zur Spindelachse senkrechten Linie befindlichen Körnerspitzen ein. Die

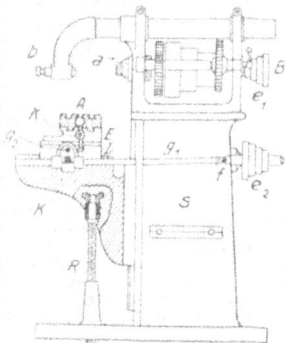

Abb. 709
Universalfräsmaschine

Schaltbewegung führt unter allen Umständen der Tisch *T*, von der Schraubenspindel *k* angetrieben, aus. Er wird dabei von dem Stücke *E* geführt, das von einem auf der Konsole *K* verstellbaren Schlitten *D* getragen wird. Die Schaltbewegung wird von der Stufenscheibe *e₁* auf die Gegenstufenscheibe *e₂* und von dieser durch das Kreuzgelenk *f* auf *g₁* und *g₂* übertragen. Die Konsole *K* läßt sich durch eine Schraubenspindel *R* verschieben.

Gußeisen wird trocken, Stahl, Schmiedeeisen, Bronze und Messing naß gefräst, indem man Seifenwasser oder Öl zufließen läßt.

c) Sehr ähnlich den Fräsern sind die **Sägen,** namentlich die **Kreissägen,** die fast ausschließlich als **Kaltsägen** im Gebrauch sind. Die Zähne müssen verhältnismäßig langsam gehen, und es müssen geeignete Vorkehrungen getroffen werden, um sie nicht zu stark zu beanspruchen.

So verwendet man auch für den verschiedenen Vorschub des Sägeblattes je nach der Breite des Arbeitsstückes z. B. beim Sägen von Eisenbahnschienen, Traversen usw. einen bestimmten Druck, entweder das Eigengewicht eines rahmenförmigen Gestelles, in dem das Sägeblatt gelagert ist (Abb. 710), oder das Gewicht an einer am Schlitten befestigten und über einer Rolle geleiteten Kette (Abb. 711).

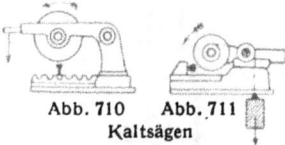

Abb. 710   Abb. 711
Kaltsägen

Warmeisensägen werden in den Walzwerken häufig benutzt, um die noch glühenden Walzstücke von den unreinen Enden (Zöpfen) zu befreien. Die Säge läuft viel rascher in Wasser, um einer übermäßigen Erhitzung vorzubeugen.

Sehr häufig sind sie als Pendelsägen gebaut, die in einem schwingenden Rahmen gelagert sind und von Hand mit Stange und Räderübersetzung durch das glühende Werkstück geführt werden.

[399] Schrauben-Schneidmaschinen.

a) Wie Schrauben aus Metall, insbesonders aus Schmiedeeisen und Stahl hergestellt werden, wird später bei der Schraubenfabrikation besprochen werden. Hier handelt es sich nur um das Schneiden der Gewinde, das entweder von Hand oder auf der Drehbank oder auf besonderen **Schraubenschneidmaschinen** erfolgen kann, zu bewerkstelligen. **Zum Schneiden auf der Drehbank verwendet man bei Bolzen- und Muttergewinden einfache Gewindesträhler**

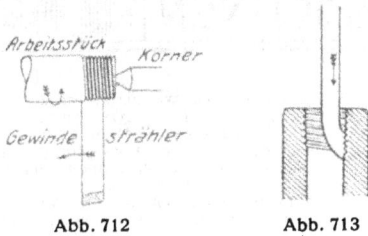

Abb. 712   Abb. 713

(Abb. 712, 713). **In allen anderen Fällen benutzt man als Werkzeuge den Gewindebohrer zur Herstellung von Muttergewinden und die Schneidbacken zum Schneiden des Bolzengewindes.**

b) Um einen **Gewindebohrer** in einer mit den einfachsten Mitteln herstellbaren Form zu erhalten, werden an den gehärteten Schraubenbolzen vier Ebenen angeschliffen, welche gemeinsam eine sehr spitze, im Querschnitte quadratische Pyramide bilden und deren Achse mit der Achse der Schraube zusammenfallen muß (Abb. 714).

Abb. 714

Die Endfläche des Werkzeuges bildet dann ein Quadrat, das etwas kleiner ist als jenes Quadrat, welches in einen Kreis vom inneren Durchmesser der Schraube eingeschrieben werden kann. Dieser Zuschliff läßt somit an dem einen Ende nichts mehr von dem Gewinde übrig, während das Gewinde am andern Ende unberührt bleibt (Abb. 715). Führt man

Abb. 715

nun dieses Werkzeug in eine Bohrung vom Durchmesser des inneren Gewindes ein und gibt man dem Werkzeuge, während man es dreht, einen stetigen Druck in seiner Längsrichtung, so schaben die Kanten Furchen in die Lochwand, die sich dann bald zu Muttergewinden ausbilden und den Druck auf das Werkzeug ausüben, wenn die Hand des Arbeiters nur mehr drehend einwirkt. Drehung und anfänglich auch Druck wird dem Werkzeuge durch ein Windeisen gegeben, das auf dem Bohrerkopf aufgesetzt werden kann.

Mit ähnlichen, **durch Fräsnuten schneidend gemachten Schraubenbohrern**, die auch als **Grundbohrer** für sackförmige Löcher dienen, werden jene Muttersegmente geschnitten, welche an den Backen der **Schneidköpfe** sich befinden. Diese Köpfe enthalten 2—4 auswechselbare, durch Stellschrauben feststellbare Schneidbacken und schneiden mitunter mit einmaligem Schnitte fertige Gewinde ein.

Die **Schrauben-Schneidmaschinen** schneiden das Bolzengewinde in der Regel mit 3 **Schneidbacken**, welche in einem rotierenden Schneidkopfe radial verstellbar angeordnet sind, während der Bolzen in einer Einspannvorrichtung befestigt ist.

Zum Gewindeschneiden werden die Schneidbacken zusammengestellt und die Einspannvorrichtung von Hand gegen den Schneidkopf vorgeschoben. Haben die Backen den Bolzen erfaßt, so ziehen sie sich selbsttätig in den Schneidkopf hinein. Ist das Gewinde lange genug geschnitten, so rückt man die Schneidbacken auseinander und zieht die Einspannvorrichtung nebst dem Schraubenbolzen heraus. Das Werkzeug macht also die Arbeitsbewegung und das Arbeitsstück die Schaltbewegung. Diese Maschinen dienen in der Regel zum Gewindeschneiden an rohe Bolzen oder Muttern. Bearbeitete Schrauben werden vollständig fertig auf Revolverdrehbänken oder, wenn sie in großer Menge gebraucht werden, auf Automaten hergestellt.

II. Maschinen mit hin- und hergehender Bewegung.

[400] Hobelmaschinen.

So verschieden auch die Gestaltung der Werkzeuge beim Metallhobeln sein kann, so muß doch immer darauf gesehen werden, **daß die durch den Widerstand des Materiales bedingte Durchbiegung kein tieferes Eindringen des Werkzeuges in das Material zur Folge haben darf; die An**ordnung rechts in Abb. 716 ist daher fehlerhaft, links dagegen richtig.

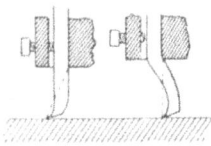

Abb. 716

Man unterscheidet drei Gattungen solcher Maschinen:

1. Metallhobelmaschinen.

Das Schema der gewöhnlichen Metallhobelmaschine, bei der jede einzelne Arbeitsbewegung

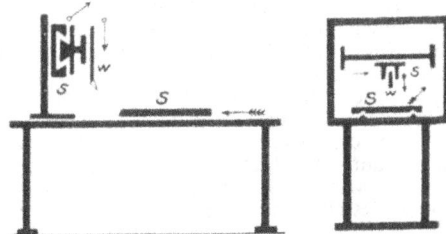

Abb. 717 Metallhobelmaschine

verhältnismäßig lang ist und **auch die dicksten Späne abgehoben** werden, zeigt Abb. 717.

Der Schlitten *S*, auf welchem das Werkstück aufgespannt ist, macht die Arbeitsbewegung, während der das Werkzeug *w* tragende Support, der im vertikalen und horizontalen Sinne einstellbar ist, die Schaltbewegung ausführt. Da beim Hobeln

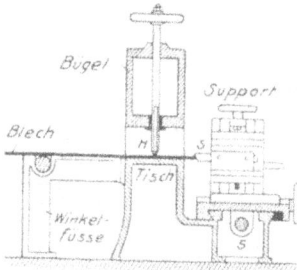

Abb. 718
Blechkantenhobelmaschine

der zu hobelnde Gegenstand abwechselnd zu beiden Seiten des Stichels sich befindet, muß der von der Maschine beanspruchte Raum mindestens die doppelte Länge des Werkstückes haben. **Ist das Werkstück sehr lang und schwer, so lagert man das Werkstück fest und gibt dem Support eine hin und her gehende Bewegung.** Hierher gehören z. B. die **Blechkantenhobelmaschinen** (Abb. 718), bei welchen das Blech auf dem Tisch durch eine Anzahl von Handschrauben *H* festgeklemmt werden kann, der Support *S* aber durch eine Schraubenspindel mit Mutter angetrieben wird. Es ist häufig ein Doppelsupport mit zwei Arbeitsstählen, so daß sowohl beim Hin- als auch beim Rückgange ein Stahl *s* schneidet.

2. Feilmaschinen (Querhobelmaschinen).

Manche Stücke, an welchen eine ebene oder eine zylindrische Fläche bearbeitet werden soll, eignet sich ihrer Form wegen nicht zum Aufspannen auf eine Hobelmaschine. **In solchen Fällen läßt man** lieber das Werkzeug die Hauptbewegung machen, das Werkstück dagegen ruhen oder die Schaltbewegung ausführen.

Die **Feilmaschine** oder, wie man sie auch nennt, die **Shapingmaschine,** deren schematische Anordnung aus Abb. 719 zu ersehen ist, läßt sich zum Plan- und Rundhobeln einrichten. Der Tisch gestattet nur eine Auf- und Abwärtsbewegung im vertikalen Sinne zum Zweck der Einstellung.

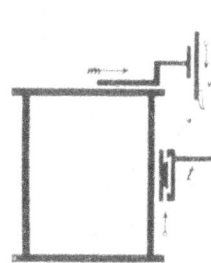

Abb. 719
Feilmaschine

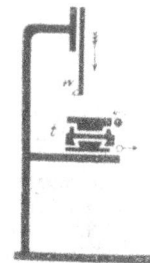

Abb. 720
Stoßmaschine

3. Stoßmaschinen.

Diese Maschine ist schematisch in Abb. 720 gezeichnet.

Sie besitzt einen vertikal geführten Schlitten, der das Werkzeug *w* trägt; es macht die Arbeitsbewegung. Der Tisch *t* kann je nach Bedarf eine ruckweise drehende und zwei aufeinander senkrechte geradlinige Schaltbewegung erhalten. **Die Stoßmaschine dient in erster Linie zum Stoßen von Keilnuten in die Naben von Rädern, Scheiben, Hebel usw.,** dann aber zu Arbeiten, die auch von der Feilmaschine besorgt werden können.

DAS TECHNISCHE ZEICHNEN

Inhalt: Die darstellende Geometrie als Hilfsmittel für das technische Konstruieren haben wir bereits im vorigen Briefe zum Abschlusse gebracht. Hier folgen nur noch die wichtigsten Regeln über Schattenkonstruktionen, die den Konstrukteur instand setzen, seine Zeichnungen durch richtige Verteilung von Licht und Schatten anschaulicher zu machen sowie die Grundzüge der Parallel- und Zentralperspektive. Wer übrigens die räumliche Vorstellungsgabe bereits besitzt, was bei gründlichem Studium der vorhergehenden Abschnitte ohne weiteres möglich ist, wird auch hier nur mehr „bereits Erlerntes" anzuwenden haben.

Im nächsten Briefe werden wir die manuelle Ausführung technischer Zeichnungen besprechen, für die, wie wir bereits erwähnten, im Interesse der allgemeinen Verständlichkeit, wenn auch ungeschriebene, aber desto strenger einzuhaltende Vereinbarungen der gesamten Technikerschaft bestehen.

4. Abschnitt.

Schattenlehre.

[401] Schlagschatten von Punkten, Linien und Figuren.

a) Bei den bisherigen Darstellungen kam es lediglich darauf an, die **Gestalt** eines Körpers durch seine Projektionen festzulegen; nur darin besteht schließlich das Endziel **jeder geometrischen Konstruktion.** Soll aber eine technische Zeichnung nicht nur dem Fachmanne verständlich sein, sondern auch bei flüchtigerer Betrachtung eine deutliche Vorstellung des abgebildeten Gegenstandes in uns hervorrufen, so müssen in der Zeichnung auch die **Schatten,** die die Körper auf die Bildebene oder auf benachbarte Gegenstände werfen, angegeben werden. **Aus der Größe und Gestalt dieser Schatten lassen sich dann Rückschlüsse auf die Form und Lage der Körper selbst ziehen.**

b) Ist *l* (Abb. 721) ein leuchtender Punkt, so gehen von demselben nach allen Richtungen hin Lichtstrahlen aus, die sich geradlinig fortpflanzen. Trifft ein solcher Lichtstrahl einen materiellen Punkt *a*, so hebt dieser in der Verlängerung *ab* die Wirkung des Lichtstrahles auf. Wird dagegen in den Bereich dieser Linie irgendeine Fläche *E* gebracht, so entsteht an der Stelle *a_e,*

Abb. 721

wo die Gerade *lb* die Fläche trifft, ein dunkler Punkt, **der Schlagschatten des Punktes *a*,** während die lichtlose Linie im Schattenraume des Punktes *a* bleibt.

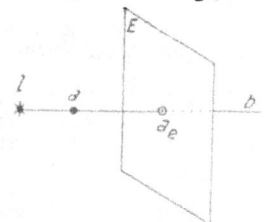

Der Schlagschatten eines Punktes a auf eine Fläche E ist jener Punkt, in dem der durch a gehende Lichtstrahl die Fläche durchdringt.

Die Schattenkonstruktionen sind also Anwendungen der darstellenden Geometrie, bei welchen es sich um die Bestimmung des Schnittpunktes einer Geraden mit einer Fläche handelt, eine Aufgabe, die wir schon im ersten Abschnitt wiederholt gelöst haben.

c) Denkt man sich den leuchtenden Punkt in sehr großer Entfernung von den beleuchteten Gegenständen, so werden die diese treffenden Lichtstrahlen parallel.

Bei Projektionszeichnungen setzt man allgemein die Beleuchtung durch Sonnenstrahlen voraus, die von links oben und vorn nach rechts unten und hinten parallel zur Diagonale eines Würfels gerichtet sind, von welchen drei Kanten mit den Projektionsebenen X, Y, Z zusammenfallen (Abb. 722). Bei dieser Annahme erhalten die Gegenstände eine sehr günstige Beleuchtung, und die auftretenden Schatten lassen sich auf die bequemste Weise zeichnen, indem die Projektionen der angenommenen Lichtstrahlen Winkel von 45° mit der zugehörigen Projektionsachse einschließen.

d) Zieht man durch sämtliche Punkte einer Geraden im Raume Lichtstrahlen, so bilden diese eine Ebene parallel zur Richtung der Lichtstrahlen, die sog. Lichtebene. Der Schnitt der Lichtebene mit der den Schatten auffangenden Fläche bildet den Schlagschatten der Geraden. Ist diese Fläche eine Projektionsebene, so ist der Schlagschatten die Spurlinie der Lichtebene.

e) Zieht man durch sämtliche Punkte eines Vieleckes im Raume Lichtstrahlen, so bilden diese das „Lichtprisma". Dieses Prisma geht in einen „Lichtzylinder" über, wenn statt des Vieleckes eine von krummen Linien begrenzte Figur gegeben ist. Der Schlagschatten dieser Figur wird begrenzt von der Schnittlinie des Prismas oder des Zylinders mit der den Schatten auffangenden Fläche.

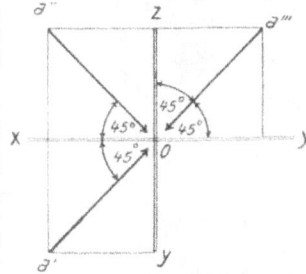

Abb. 722

Aufgabe 137.

[402] *Den Schlagschatten zu bestimmen, den der Punkt a auf die A-Ebene wirft (Abb. 723).*

Der Schlagschatten von a auf die A.E. ist der A.-Spurpunkt des durch a gehenden Lichtstrahles, den man nach [97] leicht findet. Nur a_v kann als wirklicher Schlagschattenpunkt gelten; a_h wäre nur in dem Falle ein Schlagschatten, wenn die A.E. weggenommen wäre, denn erst dann würde a_h sichtbar werden. Aus der Abbildung ist zu entnehmen, daß bei der gewählten Lichtstrahlrichtung $a''d'' = a_x a_v' = d'' a_v$ ist; man könnte mithin ohne Benutzung des Grundrisses den Punkt a_v finden, was bei vielen Gebilden mit Vorteil sich verwenden ließe.

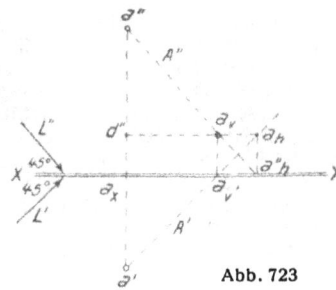

Abb. 723

Aufgabe 138.

[403] *Den Schlagschatten eines Punktes a auf eine beliebig begrenzte Figur E zu bestimmen. (Abb. 724.)*

Man ziehe durch den Schatten werfenden Punkt a einen Lichtstrahl L in der festgesetzten Richtung und findet den Schnittpunkt a_e von L mit der gegebenen Fläche [104].

[404] *Man bestimme den Schlagschatten, den ein zur Gr.Ebene paralleles Parallelogramm auf die beiden Projektionsebenen wirft (Abb. 725).*

Die Lichtstrahlen durch die vier Ecken a, b, c, d des Parallelogrammes schneiden die Gr. Ebene in a_h, b_h, c_h und d_h, die A.-Ebene in a_v, b_v, c_v und d_v. Davon kommen nur a_v und d_v, b_h und c_h als Schlagschatten zur Geltung, während die übrigen Durchstoßpunkte unsichtbar bleiben. Die Schatten der Parallelogrammseiten ab und cd werden daher in der X-Achse gebrochen erscheinen.

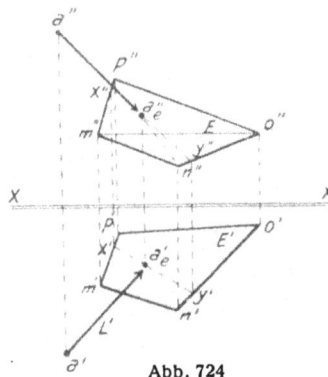

Abb. 724

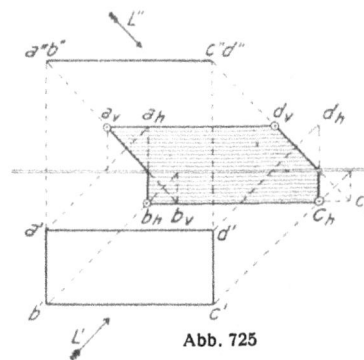

Abb. 725

Aufgabe 140.

[405] *Es sind die Schlagschatten zu konstruieren, die ein Dreieck abc auf ein Parallelogramm $mnop$ wirft und beide Figuren auf die Projektionsebenen werfen (Abb. 726).*

Den Schlagschatten, welchen das Dreieck abc auf die Proj.-Ebenen wirft, erhält man, indem man durch den Punkt a einen Lichtstrahl zieht, und ihn mit der Gr.E. in a_h zum Schnitte bringt. a_h mit den in der

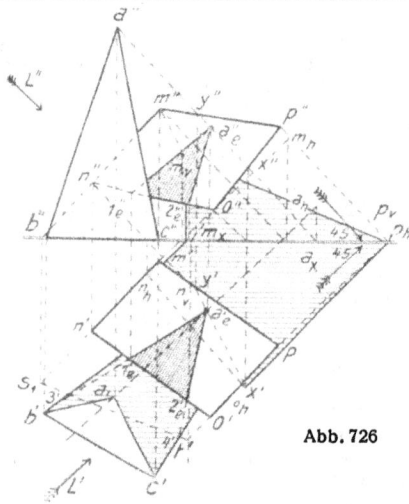

Abb. 726

Gr.E. gelegenen Punkten b' und c' verbunden, gibt den Schatten des Dreieckes auf die Gr.E., soweit er sichtbar ist. Um den Schlagschatten des Dreieckes auf das Parallelogramm zu ermitteln, legt man durch den Lichtstrahl $a'' a_x$ eine zur A.E. $\perp$ Ebene. Sie schneidet das Parallelogramm in xy, wodurch man $x'y' \cdot a' a_h = a_e'$ findet. Dann sucht man die Gr.Spur $s_1 t_1$ der Parallelogrammebene in bekannter Weise [105]. Dort, wo diese Spur den Dreieckschatten schneidet, ergeben sich die Punkte $3'$ und $4'$, die, mit a_e' verbunden, den Schatten im Gr. und nach der Punktprobe auch im A. liefern.

Nun ist noch der Schlagschatten des Parallelogrammes zu bestimmen; man zieht durch alle Eckpunkte Lichtstrahlen und bringt sie zunächst mit der Gr.E. in m_h, n_h, o_h und p_h zum Schnitte. Die Schnitte der Lichtstrahlen mit der Aufrißebene sind in p_v, der mit p_h zusammenfällt, und in m_v. Die Gerade $m_v p_v$ ist der Schatten der Kante mp auf die A.E.; jener von mn auf die A.E. $m_v n_v$ schneidet sich mit dem Schatten $m_h n_h$ auf der Gr.E. in mx.

[406] Schlagschatten und Eigenschatten bei Vielflächnern.

a) Ebenso wie ein Vielflächner in bezug auf eine bestimmte Projektionsrichtung in einen sichtbaren und in einen unsichtbaren Teil zerfällt, die längs des Umrisses aneinander grenzen, zerfällt die Oberfläche desselben **in einen beleuchteten und in einen im Eigenschatten (Selbstschatten) liegenden Teil, die längs des Lichtgrenzpolygons aneinander stoßen. Alle Kanten, in denen der Lichtstrahl den Körper bloß streift, ohne in ihn einzudringen, gehören dem Grenzpolygon an; alle Punkte, in denen der verlängerte Lichtstrahl in den Körper eindringt, liegen auf seinem** „beleuchteten" Teile, alle anderen Punkte, zu denen die Lichtstrahlen erst nach Durchdringung des Körpers gelangen können, befinden sich im „Eigenschatten" oder Selbstschatten des Körpers.

b) Die „streifenden" Lichtstrahlen (Streifstrahlen) **umschließen hinter dem Körper den dunklen Schattenraum.** Jede Fläche, die in diesen Raum hineinreicht, empfängt vom Körper einen Schlagschatten, dessen Umriß von dem Schatten des Grenzpolygons gebildet wird. Merke: Der Schlagschatten eines Vielflächners auf irgendeine Fläche erhält als Umriß die Durchschnittslinie des das Grenzpolygon als Leitlinie enthaltenden Lichtprismas mit der Schatten empfangenden Fläche.

Aufgabe 141.

[407] *Es ist der Schlag- und Eigenschatten eines Prismas auf die Projektionsebenen zu bestimmen (Abb.727).*

Zieht man an die Gr.Proj. des Prismas die Streifstrahlen L', welche hier durch die Punkte b' und d' hindurchgehen, so erhält man die Seitenkanten $b'f'$ und $d'h'$, die zur Eigenschattengrenze gehören. Das „Grenzpolygon" setzt sich somit aus den Seitenkanten $b'f'$ und $d'h'$ und den Grundkanten $f'g'$, $g'h'$, $a'b'$ und $a'd'$ zusammen. Die Gr. und A.Spuren des Lichtprismas bestimmen dann den gesuchten Schlagschatten des Körpers.

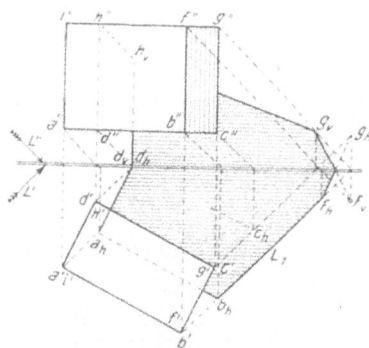

Abb. 727

Aufgabe 142.

[408] *Für die in Abb. 728 gezeichnete Körperzusammenstellung ist der Schatten zu konstruieren.*

Bestimmt man das Grenzpolygon des auf der Gr.E. stehenden Prismas und der auf dem Prisma stehenden Platte, so wird man finden, daß es die gebrochene Linie mno ist, deren Schlagschatten auf die beiden direkt beleuchteten Prismenflächen fällt. Die Schlagschattengrenzen selbst bestimmt man punktweise, indem man durch die einzelnen Punkte der gebrochenen Linie 1, 2 und 3 Strahlen zieht und deren Schnitte mit den beleuchteten Prismenflächen sucht. Dabei wird man selbstverständlich die in den Kanten liegenden Schattenpunkte $1p$, $2p$ und $3p$ zuerst konstruieren.

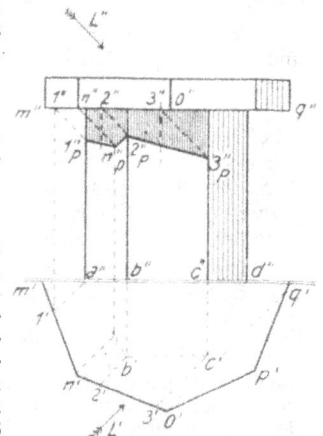

Abb. 728

[409] Schatten auf Zylinder- und Kegelflächen.

a) Bei der Bestimmung der Eigen- und Schlagschattengrenzen für Zylinderflächen wird man ähnlich wie bei Prismen verfahren. **Statt der Streifstrahlenebenen erhält man hier Berührungsebenen.** Die Bestimmung der Eigen- und Schlagschatten- grenzen eines Zylinders führt daher immer auf die Hilfsaufgabe, **an eine Zylinderfläche Berührungsebenen parallel zu einer gegebenen Geraden L zu legen.**

b) Dasselbe ist auch bei Kegelflächen der Fall. Die Spuren der Berührungsebenen begrenzen den auf die entsprechenden Projektionsebenen fallenden Schlagschatten des Kegels.

Aufgabe 143.

[410] *Für die in Abb. 729 angenommenen Zylinderflächen ist die Schattenkonstruktion auszuführen.*

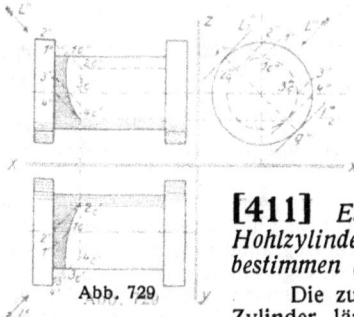

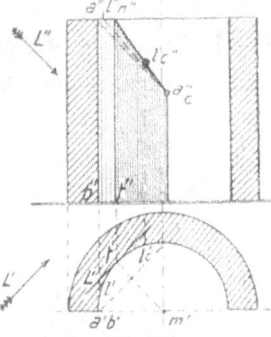

Wie man mit Hilfe des Seitenrisses die Eigenschattengrenzen der Zylinder sowie den Schlagschatten erhält, den der Kreisbogen 2 1 3 4 der linken zylindrischen Randplatte auf den anstoßenden Zylinder wirft, dürfte aus der Abbildung zu entnehmen sein.

Aufgabe 144.

[411] *Es ist der Schlagschatten eines halben Hohlzylinders auf den inneren Zylindermantel zu bestimmen (Abb. 730).*

Abb. 729

Abb. 730

Die zu L parallele Berührungsebene berührt den Zylinder längs der Mantellinie tn; es ist somit nur der Streifen $abtn$ der inneren Zylinderwandung im Schatten. Auf den übrigen beleuchteten Teil derselben fällt der Schlagschatten der Kante ab und des Kreisbogens aln. Der Schatten der Kante ab ergibt sich im Schnitte der durch ab gelegten „Lichtebene" mit dem Zylinder. Der Schatten $n''l_c''a_c''$ ist ein Teil der elliptischen Schnittkurve des durch aln geführten Lichtzylinders mit dem Hohlzylinder.

5. Abschnitt.

Perspektive.

Wir wissen bereits, daß jede Projektion mit zur Bildebene geneigten Projektionsstrahlen zu den räumlichen Darstellungen gehört und daß man Parallel- und Zentralperspektive unterscheidet, je nachdem diese Projektionsstrahlen untereinander parallel sind oder sich in einem Punkte vereinigen [84]. Die orthogonalen Bilder, die wir bisher gezeichnet haben, wirkten im allgemeinen wenig plastisch. Es lag dies zum guten Teile daran, daß man, um die Darstellung zu vereinfachen und gleichzeitig die Entnahme der Maße aus den Projektionen zu erleichtern, die drei Hauptdimensionen des abzubildenden Objektes gern so richtete, daß sich jede von ihnen mindestens in einer der Projektionsebenen in wahrer Größe zeigte. Ein gerades viereckiges Prisma z. B. stellte man mit Vorliebe in die Horizontalebene, wodurch sich zwei Dimensionen im Grundriß und die dritte im Aufriß in wahrer Größe zeigten. Anderseits verschwand die Höhe des Prismas im Grundriß vollständig, im Aufriß dagegen verschwand wieder die Tiefenausdehnung oder fiel mit der Breitenrichtung zusammen. Keine dieser Darstellungen konnte sonach anschaulich wirken und nur der Kenner konnte sich aus dem Zusammenhalte beider Projektionen ein vollständiges Bild des dargestellten Gegenstandes machen.

Soll aber eine Zeichnung auch für den Laien räumlich, also körperlich wirken, so müssen alle drei Dimensionen in ihr zur Geltung kommen und jede von ihnen in eine andere Richtung fallen. Wie dies mit Hilfe der parallelen und zentralen Perspektive erreicht wird, soll Gegenstand der folgenden Ausführungen sein.

I. Parallelperspektive.

Zur Herstellung parallelperspektivischer Zeichnungen bedient man sich verschiedener Methoden, wie der Axonometrie, die eine gewisse Bedeutung namentlich in der Kristallographie besitzen, aber in der technischen Praxis sehr selten verwendet werden, weil sie ziemlich umständlich sind und die Wahl der die günstigsten Bilder liefernden Verhältnisse nicht leicht ist. Besser eignet sich hierfür die sog. **schiefe Projektion**.

Sehr ähnlich dieser Darstellungsart ist die Methode der **Haederschen Schnellperspektive**, die wir bereits in der Vorstufe [327—333] eingehend beschrieben haben. Da in der Praxis zumeist orthogonale Zeichnungen (Grundriß und Seiten-

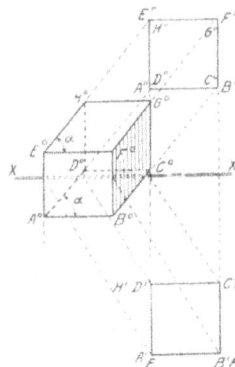

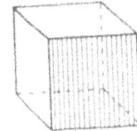

Abb. 732

[412] Die schiefe Projektion.

a) Die **schiefe Projektion** ist eine Darstellungsart, bei der die projizierenden Strahlen parallel und unter einem schiefen Winkel gegen die Bildebene geneigt sind.

Man zieht durch die Ecken des Grundrisses $A'B'C'D'$ und des Aufrisses $A''B''C''D''$ parallele Strahlen (Abb. 731) und erhält dann die schiefe Projektion des Würfels in A_0 bis H_0. — Der Winkel $D_0A_0B_0$, der Bildwinkel α sowie die Länge von A_0D_0 sind von der Richtung der Strahlen abhängig und können daher beliebig gewählt werden. Man kann sonach auch ohne Benutzung von Auf- und Grundriß parallelperspektivisch zeichnen, wenn man nur den Bildwinkel und die Verkürzung der Tiefenlinien zweckmäßig wählt.

Die gebräuchlichsten Annahmen sind für den Bildwinkel $\alpha = 30^0$, 45^0 oder 60^0 und für die Verkürzung der Tiefenlinien $A_0D_0 = \frac{1}{3}$, $\frac{2}{3}$, $\frac{1}{2}$ oder 1. Die Tiefenlinien können natürlich auch nach links oben (Abb. 732) oder nach unten (Abb. 733) gerichtet sein. Sind die Tiefenlinien nach oben gerichtet, so stellt das Bild eine **Oberansicht**, sind sie nach unten gezeichnet, die **Unteransicht** dar. Die vordere zwischen A_0E_0 und A_0B_0 liegende Fläche und alle, die dazu parallel sind, erscheinen in wahrer Größe.

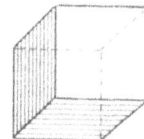

Abb. 731

Abb. 733

riß) zur Verfügung stehen oder durch Naturaufnahmen (Vorstufe [326]) leicht beschafft werden können, **gibt die Haedersche Methode das einfachste und sicher zum gewünschten Ziele führende Mittel an die Hand, um einen Gegenstand aus orthogonalen Projektionen räumlich abzubilden.**

b) Um den Schlagschatten in einem parallel-perspektivischen Bilde zu zeichnen, muß man sich zunächst den orthogonalen Grundriß und Aufriß des Lichtstrahles in bekannter Weise verschaffen und daraus seine axonometrische oder schiefe Projektion bestimmen.

Aufgabe 145.

[413] *Es sind in orthogonaler Projektion eine sechsseitige gerade Pyramide und ihr gegenüber ein vertikales Parallelogramm gegeben.* Diese beiden Gegenstände sind in schiefer Projektion $(30^\circ, \frac{1}{2}$, rechts oben) sammt den Schlagschatten der Pyramide auf die Basisebene derselben und auf das Parallelogramm zu zeichnen (Abb. 734 und 735).

Die Grundfläche der Pyramide ist (Abb. 728) in A' bis F' im Gr. und in A'' bis F'' im A. gezeichnet; die Projektionen der Spitze sind S' und S''. Das vertikale Parallelogramm projiziert sich im Gr. als Gerade $m'n'$. Die Schlagschatten ergeben sich im Gr. durch Verbindung des Schlagschattens S_h der Spitze mit den Ecken C' und E' des Grenzpolygons [406]; der Schlagschatten auf das Parallelogramm ist nur im A. zu sehen und ergibt sich aus dem Schnitte des Projektionsstrahles durch

$$S_e' = S'S_h \times m'n'$$

und dem Lichtstrahle durch S'' in S_e''. — Die Bildebene hat ihre Gr.-Spur in der Geraden PP, die mit der X-Achse den Winkel von 30^0

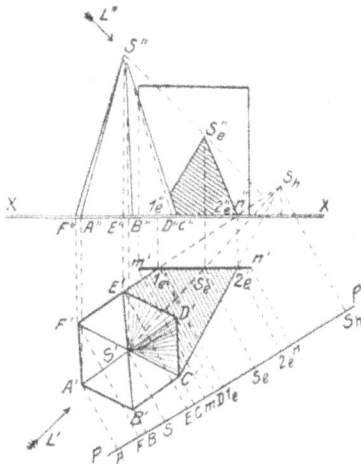
Abb. 734

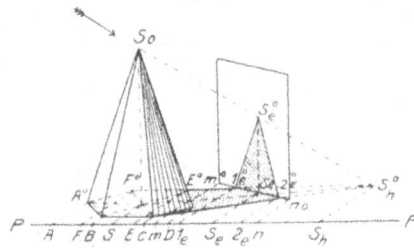
Abb. 735

bildet. Dann müssen die Lote zur Bildebene, die man von den Ecken und anderen wichtigen Punkten der Grundrißprojektion aus fällt, unter dem vorgeschriebenen Winkel von 30^0 aufsteigend projiziert und auf die Hälfte ihrer Länge verkürzt werden. Um die räumliche Darstellung zu trennen, trägt man sich die Fußpunkte dieser Lote in Abb. 735 auf einer Geraden PP auf und erhält dann die schiefe Projektion der Gegenstände und der zugehörigen Schlagschatten. Wie jede zur Bildebene parallele Strecke ihrer schiefen Projektion parallel und gleich ist, müssen sich die Höhe der Pyramide und die vertikalen Strecken vertikal und in wahrer Größe abbilden.

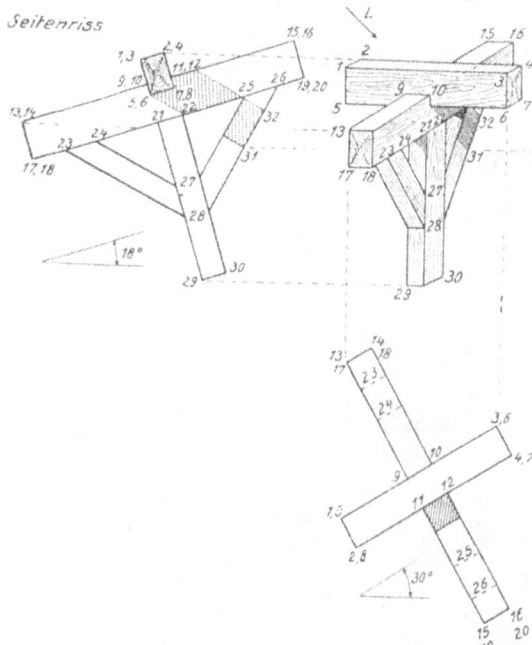
Abb. 736

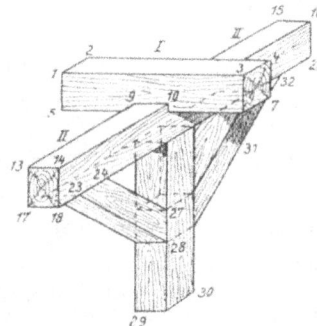
Abb. 737

Der Leser versuche zur Übung aus dem orthogonalen Gr. und A. den Seitenriß zu konstruieren und mit diesen Behelfen eine schnellperspektivische Darstellung nach Haeder anzufertigen.

Aufgabe 146.

[414] *Der Knotenpunkt eines Dachgebälkes ist in Schnellperspektive und in schiefer Projektion $(30^\circ, 1$, rechts oben) darzustellen.*

Da in Abb. 736 der Grundriß unten und der Seitenriß links schon in den zweckmäßigsten Verhältnissen gezeichnet sind, wird die räumliche Darstellung eine Oberansicht des Knotenpunktes ergeben.

Eine ganz ähnliche Ansicht liefert auch die schiefe Projektion (Abb. 737), wenn die Tiefenlinien (Balken II und Hirnende des Balkens I) entsprechend geneigt gezeichnet werden.

Wie man sieht, geben beide Darstellungsarten annähernd gleichwertige Ergebnisse. Auch in bezug auf die Ausführung werden sie sich wenig voneinander unterscheiden, soweit einfachere Gegenstände in Betracht kommen, deren Konturen sich zumeist rechtwinklig schneiden. Bei komplizierteren Objekten, zu deren Darstellung Linien von verschiedenster Form und Neigung nötig sind, bedarf man aber bei der schiefen Projektion außer den orthogonalen Grundlagen verschiedener Hilfs-konstruktionen, in welchem Falle sich die Haedersche Methode wohl rascher und sicherer wird ausführen lassen.

II. Zentralperspektive.

[415] Einleitung.

a) Die Parallelperspektive gibt von allen den verschiedenen Gegenständen, Apparaten und Maschinen recht anschauliche und für technische Zwecke geeignete Bilder; dagegen ist sie zur Darstellung von größeren Bauwerken aller Art wegen störender Verzeichnung nicht gut verwendbar und muß bei solchen Objekten durch die **Zentralperspektive** ersetzt werden, deren Bilder auf das Auge in gleicher Weise wirken wie das Objekt selbst.

b) Wie die Netzhaut unseres Auges alle durch die Pupille eintretenden Lichtstrahlen schneidet, so muß auch die als Bildfläche eingeführte Ebene mit sämtlichen Sehstrahlen zum Schnitte kommen. Zu diesem Zwecke muß die Bildebene so gewählt werden, daß alle Punkte des Objektes vom Auge aus gerechnet hinter ihr liegen, **sie muß sich also zwischen dem Auge und dem Objekte befinden.**

Wollte man die Bildebene hinter letzterem annehmen, so würde man zwar auch eine vollkommen perspektivische Wirkung erzielen, aber das Bild würde größer als das Objekt werden, was wohl selten erwünscht wäre.

Entsprechend der Lage der Netzhaut im Auge eines aufrechtstehenden Beschauers mit geradem Blicke stellt man auch die Bildebene gewöhnlich **vertikal.**

Bei der Festlegung des Auges ist darauf Rücksicht zu nehmen, daß der Abstand desselben von der Bildebene mindestens der **deutlichen Sehweite** (15 bis 20 cm) gleich ist und daß der Körper selbst innerhalb des Sehwinkels von ca. 60⁰ gelegen ist. Das abzubildende Objekt und der Beschauer desselben stehen gewöhnlich in einer und derselben Horizontalebene, die man die **Grundebene** nennt. Die Entfernung des Auges von der Grundebene — die **Augenhöhe** — wird im allgemeinen mit 180 cm festgesetzt. Die Schnittlinie zwischen der Bildebene und der Grundebene heißt die **Grundlinie.**

[416] Linearperspektive.

a) Die Gesetze der Linearperspektive gehen aus folgender, schon von dem berühmten Maler und Techniker Leonardo da Vinci (geb. 1452 in Vinci, gest. 1519 zu Cloux bei Amboise) ausgesprochener Grundanschauung hervor. Sollen die Konturen der gezeichneten Objekte den in der Wirklichkeit ge-

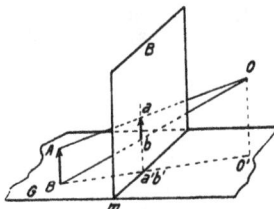

Abb. 738

sehenen entsprechen, so müssen die einzelnen Bildpunkte mit den entsprechenden Punkten des hinter der Bildebene gelegenen Originales auf geraden, durch das Auge gehenden Linien, den **Sehstrahlen,**

liegen. Daher bekommt man von den zu zeichnenden Gegenständen ein naturgetreues Bild, wenn man zwischen diesen und das Auge eine Glasscheibe aufstellt und auf dieser die gesehenen Umrisse und Teilungslinien nachzeichnet. In Abb. 738 sei O das Auge, B die durchsichtig gedachte Bildebene, G die Grundebene, auf der der Beobachter steht, und m die Grundlinie. Jeder Punkt, der vom Auge O aus gesehen, hinter der Bildebene B liegt, bildet sich auf letzterer dadurch ab, daß man ihn durch den Sehstrahl mit dem Auge verbindet; wo diese Gerade die Bildebene durchdringt, ist der gesuchte Bildpunkt. Auf diese Weise ist es immer möglich, aus

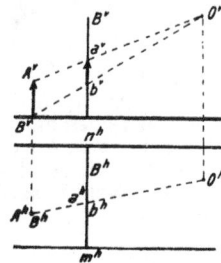

Abb. 739

den Parallelprojektionen eines Objektes sein perspektivisches in der Zeichenebene zu entwerfen (Abb. 739).

b) Da aber diese Art ziemlich mühsam ist, hat man Gesetze aufgestellt, nach denen man die Richtung ganzer Linien findet, was für Architekturansichten usw. von großem Vorteile ist. Hat man (Abb. 740) eine beliebige gerade Linie t des Objektes

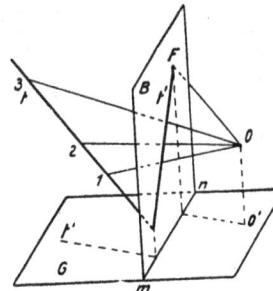

Abb. 740

abzubilden, so liegen alle nach ihren einzelnen Punkten 1, 2, 3 usf. gezogenen Sehstrahlen in einer Ebene, die durch die Gerade t und das Auge O gelegt wird. Ihre Schnittlinie t' mit der Bildebene ist das perspektivische Bild der Geraden. Je weiter ein Punkt dieser Geraden von der Bildebene entfernt liegt, um so kleiner wird ihr Winkel mit dem Sehstrahl, und letzterer wird parallel zur Geraden, wenn der Punkt in unendlicher Entfernung liegt; sein Schnittpunkt F mit der Bildebene, d. h. der Bildpunkt des unendlich fernen Punktes heißt der **Fluchtpunkt** oder **Verschwindungspunkt** der Geraden. Da OF

aber auch der Sehstrahl für die unendlich fernen Punkte aller zu t parallelen Geraden ist, so schneiden sich in F die Bilder aller parallelen Geraden, wie wir dies in allen perspektivisch richtigen Zeichnungen, z. B. bei den Trottoirkanten, Häusergesimsen, Dachfirsten, Eisenbahnschienen usw. erkennen.

Ganz anders verhalten sich parallele Linien, die zugleich parallel mit der Bildebene sind; sie bleiben im Bilde ebenfalls parallel.

Eine horizontale Ebene g (Abb. 741) bildet sich in einer Horizontalen hh, die von der Grundlinie

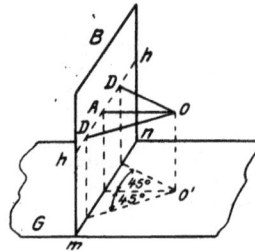

Abb. 741

um die Augenhöhe entfernt ist. Diese Linie heißt der **Horizont,** und auf ihm liegen **die Fluchtpunkte aller horizontalen Geraden** überhaupt. Der Punkt A des Horizontes hh, welcher dem Auge O am nächsten liegt, heißt der Augenpunkt; **er ist der Fluchtpunkt aller auf der Bildebene senkrechten Geraden.**

Je höher der Augenpunkt liegt, desto klarer ist der Überblick über die Horizontalebene; eine Perspektive mit ungewöhnlich hohem Augenpunkt bezeichnet man als **Vogelperspektive,** während ein tiefer, der Grundebene sich nähernder Augenpunkt zur **Froschperspektive** führt.

Diejenigen ebenfalls auf dem Horizonte liegenden Punkte DD, **welche die Fluchtpunkte für die unter 45° gegen die Bildebene geneigten Horizontallinien bilden, heißen Distanzpunkte; sie stehen vom Augenpunkte ebenso weit ab, wie das Auge von der Bildebene.**

c) Die vier wichtigsten Gesetze der Perspektive lauten sonach:

> **1. Zur Bildebene parallele Gerade bleiben parallel.**

> **2. Zur Bildebene senkrechte Linien schneiden sich im Augenpunkt.**

> **3. Zur Bildebene unter 45° geneigte Horizontallinien schneiden sich in den Distanzpunkten.**

> **4. Alle übrigen zur Bildebene beliebig geneigten Parallellinien schneiden sich in den Fluchtpunkten.**

In Abb. 742 ist ein Obelisk aus seinen orthogonalen Projektionen perspektivisch dargestellt: Zunächst wählt man dem Objekte entsprechend die Lage der Bildebene (Gr.: B^h, A.: B^v), die Höhe des Auges A über der Grundlinie, dessen Projektionen (O^h, O^v) und die Lage des Augenpunktes (A^h, A^v) im Horizont (A). **Von diesen Annahmen, insbesondere von der Stellung des Auges zum Objekte hängt ganz wesentlich die Beschaffenheit des perspektivischen Bildes ab:** es wird um so kleiner, je weiter die Bildebene vom Objekte entfernt liegt und um so ansprechender, je näher der Augenpunkt der Mitte des Objektes gelegen ist. Letzterer ist übrigens möglichst so zu wählen, daß keine längeren horizontalen Linien parallel der Bildfläche oder zu ihr unter 45° geneigt zu liegen kommen, weil in diesen Fällen die Perspektive in der Regel langweilig wirkt. Nach diesen Annahmen sind die Fluchtpunkte für die wichtigsten Parallellinien zu bestimmen, indem man im Grundriß zu diesen Linien (1′ 2′ und 1′ 3′) die Parallelen $O^h F_1$ und $O^h F_2$ zieht; ihre Schnittpunkte mit der Spur der Bildebene geben dann die beiden Fluchtpunkte F_1 und F_2, deren Entfernungen vom Augenpunkte A^h man auf dem Horizont

hh beiderseits des angenommenen Augenpunktes A aufträgt. Die einzelnen Punkte des Bildes werden nun wie folgt ermittelt: Man verbindet den Grundriß des Punktes (z. B. 1′) mit O^h und bringt diesen Sehstrahl $O^h 1′$ mit der Bildebene B^h in 1^h zum Schnitte. Die Entfernung $1^h A^h$ trägt man auf einer beliebigen Horizontalen H auf und zieht eine

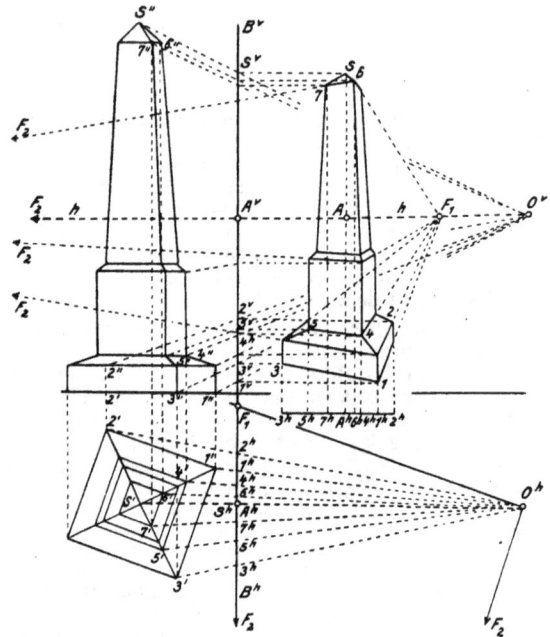

Abb. 742

Vertikale durch 1^h, wodurch man die eine der Koordinaten erhält. Die zweite findet man, indem man den Aufriß 1″ desselben Punktes mit O^v verbindet und diesen Sehstrahl $O^v 1″$ in 1_v mit der Bildebene zum Schnitte bringt. Durch 1^v eine Horizontale gezogen, gibt die 2. Ordinate, die mit der ersten geschnitten, den Bildpunkt 1 ergibt. Im Punkte 1 treffen sich die beiden Kanten 1′ 2′ und 1′ 3′, die ihren Fluchtpunkt in F_1 und F_2 haben. Den Punkt 1′ mit diesen verbunden, gibt dann das Bild der beiden Kanten der Grundplatte usf.

An diese Grundgesetze muß sich im allgemeinen auch der Künstler halten, wenn er seine Bilder richtig zeichnen will; er wird sich die Hauptlinien der Szenerie linearperspektivisch konstruieren, soweit dies in der Natur möglich ist, nachdem er sich für den günstigsten Standpunkt der Aufnahme entschieden hat; er wird sich an die wichtigsten Forderungen der Perspektive halten, daß alle Gegenstände kleiner zu werden scheinen, je weiter sie sich von seinem Auge entfernen, daß alle höherliegenden wagerechten Flächen nach der Ferne hin zu fallen, tiefer liegende zu steigen scheinen, im übrigen aber absichtlich **in freier Perspektive** von den mathematischen Regeln dort abweichen, wo er es vom künstlerischen Standpunkte aus für wünschenswert hält.

Um in dieser Hinsicht auf einige kleine Beispiele hinzuweisen, sei nur erwähnt, daß eine Kugel sich streng genommen als Ellipse darstellt, wenn ihr Mittelpunkt nicht mit dem Augenpunkt zusammenfällt; da wir aber gewohnt sind, die Kontur einer Kugel als Kreis zu sehen, wird der Künstler sich wohl zumeist diese kleine Abweichung erlauben. Ebenso müßten nach der geometrischen Konstruktion bei einer der Bildebene parallelen Reihe von Säulen oder Personen die am Rande befindlichen dicker gezeichnet werden als die in der Mitte. Dieser jedem Photographen wohlbekannte Übelstand, den er durch geschickte Stellung zu mildern sucht, muß auch der Maler zu beseitigen trachten. Übrigens gibt es genug mechanische Hilfsmittel, wie die **Fluchtpunktschienen,** den **Perspektograph** und ganz besonders aber die **photographische Kamera** mit der **Momentphotographie,** die in komplizierteren Fällen, namentlich bei bewegten Objekten, dem Künstler das Ablauschen der Natur erleichtern. Im allgemeinen muß es aber seinem künstlerischen Empfinden, seinem Talente und seiner Übung überlassen bleiben, hier immer den richtigen Mittelweg zu finden.

Dasselbe gilt von der sog. **Luftperspektive**, nach deren Regeln der Einfluß der Luftschichte zwischen Auge und Gegenstand, die Gestalt und Größe, Farbe und Lichtverteilung zur richtigen, naturgetreuen Darstellung gebracht wird. Das Aussehen der Gegenstände wird in dieser Hinsicht desto mehr verändert, je weiter die Gegenstände liegen und je feuchter die zwischenliegende Luft ist. Bezüglich der Körperschatten gilt, daß fernliegende Objekte ihre Plastik scheinbar verlieren und wie Flächen erscheinen, bezüglich der Farbe, daß sie allmählich ein gleichmäßiges Blaugrau annehmen. Mehr darüber zu sagen, würde den Rahmen eines technischen Selbstunterrichtes bedeutend überschreiten. Übrigens existieren ganz vorzügliche Sonderwerke über malerische Perspektive, Naturstudien u. dgl.

[417] Übungsaufgaben.

Aufg. 147. Es ist der Schlagschatten einer Strecke *ab* auf die Gr.E. und A.E. zu konstruieren. [401]

Aufg. 148. Es ist der Schlagschatten eines Dreieckes *abc* auf die Proj.-Ebenen zu bestimmen. [404]

Aufg. 149. Den Schatten einer Strecke *fg* auf die Fläche eines Parallelogrammes ist zu konstruieren. [405]

Aufg. 150. Es ist der Schlagschatten einer Strecke *mn* auf eine Pyramide darzustellen.

(Lösungen im 5. Briefe.)

[418] Lösungen der im 3. Briefe unter [317] gegebenen Übungsaufgaben.

Aufg. 123. (Abb. 743.) Die Kanten *ABE* des niederen und *g, h, i, k, l* des höheren Prismas bleiben unberührt; die

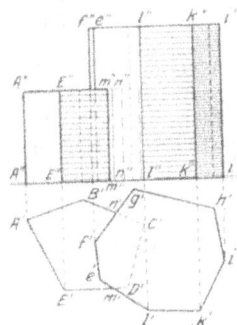

Abb. 743

Kanten *C* und *D* dringen erst bei der Deckfläche des niederen Prismas durch. Die Flächen *DE* und *le, BC*

und *fg* schneiden sich in den Mantellinien *m* und *n.* von denen nur ersterer sichtbar ist. Die Schnittfigur besteht aus einem Rechtecke mit den Seiten *m* und *n.*

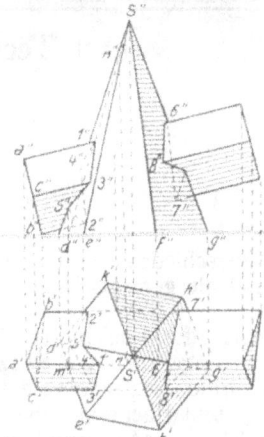

Abb. 744

Aufg. 124. (Abb. 744.) Man ermittle zunächst die Durchstoßpunkte der Prismenkanten *abc* mit den Flächen der Pyramide, zu welchem Behufe man durch die Kanten zur A.E. parallele Hilfsebenen legt und sie zum Schnitte mit den Pyramidenflächen bringt Hat man auf diese Weise je 3 Punkte des Eintritts- und Austrittspolygons festgelegt, so ergänzt man sie noch mit den Durchstoßpunkten der Pyramidenkanten *dS* und *gS* mit den Prismenflächen.

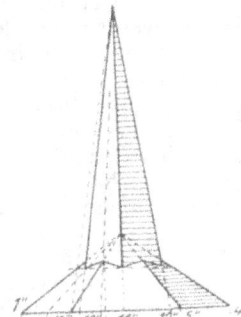

Aufg. 125. (Abb. 745.) Durch die Gratlinien gelegte Hilfsebenen ⊥ zur Gr.E. schneiden beide Pyramiden in Mantellinien, die im A. leicht zu zeichnen sind. Man kann die Schnittpunkte auch dadurch finden, daß man die Gratlinien des Turmhelmes in eine zur A.E. ∥ Lage dreht, die beiden Pyramidenkanten im A. zum Schnitte bringt und den Schnittpunkt zurückdreht, wie dies bei 12 angedeutet ist.

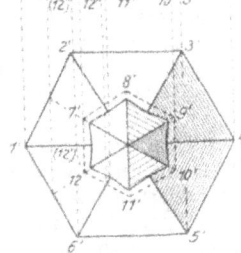

Abb. 745

⫸ ALLERLEI WISSENSWERTES ⫷

über Technik und Naturwissenschaft.

Unsere Erde.

(Eine geologische Studie.)

(Schluß.)

[419] Ganz verschieden von diesen mehr oder weniger momentane Wirkungen hervorrufenden Erscheinungen sind **die geologischen Einflüsse des Wassers, des Eises und der Winde,** kurz der Zahn der Zeit.

Alles Wasser, das von meteorologischen Niederschlägen (Regen oder Schnee) herrührt, ist Süßwasser, im Gegensatz zum Salzwasser der Meere. Beide wirken teils chemisch, teils mechanisch auf die Erdrinde ein, indem sie die Gesteine langsam auslaugen, lockern und zersetzen, wodurch längs der Flüsse und Bäche verschieden geformte, oft beträchtlich tiefe Täler und Schluchten, am Meere die Steilküsten entstehen. Begünstigt wird dieser Verwitterungsprozeß in Klimaten mit häufigerem Wechsel von Frost und Tauwetter, weil das sich bildende Eis die Felsen auseinandertreibt und zertrümmert. Diese Gesteinstrümmer, von großen Blöcken angefangen bis zum feinsten Sande, werden zuweilen durch die Schwerkraft, öfter vom strömenden Wasser nach abwärts gebracht, wodurch sich an den Lehnen Schutthalden und in den Niederungen, namentlich an den Windungen der Wasserläufe, Ablagerungen verschiedener Art, wie Kies- und Sandbänke, Schotterkegel, Schutt- und Steinfelder bilden. Bei Hochwasserkatastrophen können auch ganze Bergteile ins Rutschen kommen und Täler vermuhren. Was das Meer vom Lande wegnimmt, lagert es an den Flachküsten ab. In Salzseen und Meeresbuchten setzen sich die Salze nach dem Grade ihrer Löslichkeit ab, in der Regel zuerst Gips, dann Steinsalz und zuletzt die am leichtesten löslichen Kalium- und Magnesiumsalze (Staßfurter Abraumsalze).

Fügen wir noch hinzu, daß ebenso die Gletscher (Eisfelder in Gebirgsmulden) in beständiger langsamer Abwärtsbewegung begriffen sind, daß Winde und Orkane leicht bewegliches Staubmaterial oft auf weite Entfernungen vertragen, so können wir ermessen, wie sehr auch diese, einzeln genommen, recht geringfügigen Wirkungen in vielen Tausenden und Hunderttausenden von Jahren die äußere Form der Erdoberfläche zu ändern vermochten. Das Endresultat aller dieser modellierenden und nivellierenden Vorgänge müßte die vollkommene Ausebnung der Erdoberfläche sein, wenn nicht die früher erwähnten, durch das Zusammenziehen des Erdkernes verursachten Hebungen und Senkungen des Bodens wieder im entgegengesetzten Sinne wirken würden.

Aber nicht nur die durch Wasser bewirkten Ablagerungen sind gesteinsbildend, sondern auch oft **Pflanzen und Tiere.** In Urzeiten verschüttete Wälder wurden zu fossilen Kohlenschichten; die kalkabsondernden Algen, sowie die Schalen und Hüllen von Millionen und Millionen niederer Tiere, wie Mollusken, Austern, Korallentiere usw., endlich auch die Knochen längst ausgestorbener Wirbeltiere bilden Kalkbänke, Knochenbreccien und andere mächtige Schichten organischen Ursprungs, die dem Urgebirge sich aufgelagert haben. Ja selbst aus Vogelexkrementen, z. B. aus Guano auf den peruanischen Chinchainseln, werden schroffe, bis zu 40 m hohe Wände aufgebaut.

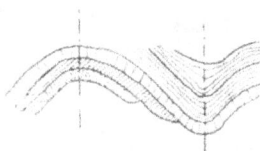 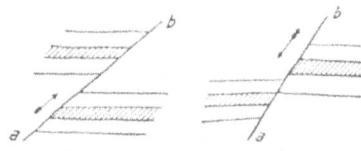

Abb. 746   Abb. 747

Diese allmählich entstandenen Schichten mußten ursprünglich normal aufeinander gewesen sein, bei Ablagerungen aus dem Wasser sogar annähernd horizontal; wo sie mehr oder weniger steil aufgerichtet, gebogen (Abb. 746), gefaltet oder verworfen (Abb. 747) erscheinen, ist dies späteren Störungen zuzuschreiben.

Das absolute Alter der einzelnen Schichten in Jahren läßt sich wohl nicht bestimmen, dagegen bieten aber die Lagerungsverhältnisse Mittel, um festzustellen, ob irgendeine Schichte früher oder später gebildet wurde, wobei angenommen werden muß, daß untere Schichten immer älter als die auflagernden und durch die Erddecke greifende Gebirgsglieder jünger als die durchsetzten sind. Fassen wir das Gesagte zusammen, so ergibt sich die Erkenntnis eines zwar ungemein langsamen, aber unablässig sich vollziehenden Kreislaufes, wohl des großartigsten Kreislaufes, der sich auf der Erde überhaupt abspielt: Die Zerstörungsprodukte werden in das Meer getragen, bilden Veranlassung zur Bildung neuer Sedimentschichten, die schließlich zuweilen durch Hebung so mächtig werden, daß sie über das Meeresniveau emporragen und zu Tafelländern werden;

auf diesen bilden sich durch aus dem Erdinnern kommende gewaltige Störungen Gebirge, die wieder durch Wasser geebnet werden oder durch neuerliche Senkungen unter Wasser gelangen und dort die Unterlage für neue Schichten bilden usw. Schon A r i s t o t e l e s hat seine Gedanken mit den Worten: „E s w i r d z u r S e e, w o f r ü h e r L a n d w a r, u n d L a n d, w o f r ü h e r S e e w a r" Ausdruck gegeben. Berücksichtigt man ferner noch die stetigen Änderungen des Klimas und aller übrigen Existenzbedingungen für Lebewesen, so wird die Mannigfaltigkeit der Natur auch im Aufbau der Erdrinde begreiflich. Babylonien, noch vor 1000 Jahren ein Paradies, ist heutzutage im Herbst und Winter eine öde Sandwüste, im Frühjahr und Sommer eine trostlose sumpfige Wasserfläche.

Von der Zeit an, da das Grundgebirge der Erde gebildet war, ist die weitere Gestaltung der Erdoberfläche hauptsächlich durch Zerstörung früher gebildeter Gesteinsmassen und der Umbildung derselben zu neuen Gesteinen und Schichten gekennzeichnet. Die eckigen und runden Bruchstücke der zerstörten Gesteine wurden durch tonige und kalkige Bindemittel zu T r ü m m e r g e s t e i n e n, K o n g l o m e r a t e n, S a n d s t e i n e n, T o n s c h i e f e r n umgebildet, die die Hauptmasse des auf das Urgebirge folgenden F l ö z g e b i r g e s bilden.

In dieser als **Altertum** der Erde bezeichneten **paläozoischen Periode** treten nun schon deutlich erkennbare Reste von Tieren und Pflanzen auf, die sich freilich von den Organismen unserer Zeit unterscheiden. Unter den Pflanzen sind F a r n k r ä u t e r, S c h a c h t e l h a l m e in baumartigen Riesenexemplaren die vorherrschenden Formen, während z. B. Laubbäume fehlen. Unter den Tieren sind neben verschiedenen Fischarten die d a r m l o s e n T i e r e, die K o r a l l e n und G l i e d e r f ü ß l e r, auch merkwürdige Krebsenarten am meisten vertreten. Zu dieser Zeit dürfte die Erdoberfläche eigentlich nur aus einem weiten, uferlosen Ozean mit kleinen, flachen Festlandsinseln bestanden haben, welcher Charakter bei dem wahrscheinlich durchaus gleichmäßig feuchtheißen Klima die Eintönigkeit des Pflanzenwuchses und der Tierbevölkerung ausreichend erklärt.

Besonders wichtig sind die Formationen dieser Periode wegen ihres wertvollen Erzgehaltes und ihrer reichen Ablagerungen an besten Kohlen (Anthrazit und Schwarzkohle). Die **Silurformation** enthält reiche Goldlagerstätten in Form von goldführenden Quarzgängen. Auch die phosphorreichen Eisenerze Böhmens und Bleiglanzlagerstätten von Příbram liegen im Silur. Nicht minder reich ist die **Devonformation** an Silber, Blei, Quecksilber, Zink und Eisenerz; auch das Petroleum Pennsylvaniens gehört dieser Formation an. K o h l e n l i e f e r t d a g e g e n i n e r s t e r

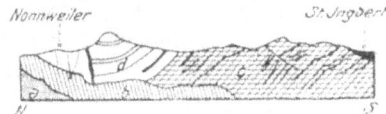

Abb. 748
S t e i n k o h l e n b e c k e n d e s S a a r g e b i e t e s
a) u. b) Devon, c) Karbon, d) Rotliegendes.

Linie die **Steinkohlenformation** und die **Dyas** (auch Permformation oder das Rotliegende genannt), die überdies in Thüringen und am Harz auch reich an Kupfererzen ist. Im europäischen Rußland kommen alle vier Formationen dieser Periode in regelmäßiger und fast ungestörter Lagerungsfolge neben- und übereinander vor, in Böhmen ist das Silur und Devon als ehemalige Meeresablagerung sehr ausgedehnt, während die beiden anderen Formationen nur in getrennten Bildungen in Deutschland (Abb. 748) verbreitet sind.

Diesem Hauptabschnitte in der geologischen Entwicklungsgeschichte folgt das **Mittelalter** der Erde, die **mesozoische Periode**, die bei dem recht selten Auftreten von Eruptivgesteinen eine Zeit verhältnismäßiger Ruhe gewesen zu sein scheint. Die Verbreitung der Formationen dieser Periode läßt darauf schließen, daß zwischen dem Altertum und dem Mittelalter eine vollständig geänderte Verteilung von Wasser und Land Platz gegriffen hat. In diesem ruhigen Zeitalter der sog. **sekundären** Formationen treten neben den noch fortlebenden Farnkräutern und Schachtelhalmen schon B l ü t e n p f l a n z e n, P a l m e n, L a u b b ä u m e und S t r ä u c h e r (immergrüne Eichen, Feigenbäume usw.) auf; unter den Tieren erscheinen nebst langschwänzigen Krebsen und Krabben bereits die ersten Knochenfische und, kennzeichnend für das Mittelalter, treten als Vertreter der Reptilien die sonderbaren S a u r i e r, d. s. Fischeidechsen von über 10 m Länge, auf. Selbst Vögel und Säugetiere (Beuteltiere) sind in diesen Formationen schon zu finden.

Die sekundären Formationen zerfallen in die **Triasformation,** die in Süd- und Mitteldeutschland als Ablagerungen von buntem Sandstein, Muschelkalk und Lettenkohle (Keuper) auftritt, in den Alpen die mächtigen Kalk- und Dolomitmassen aufbaut und dort Salzstöcke einschließt (Ischl, Aussee, Hallstadt, Reichenhall, Berchtesgaden). Auch Korallenriffbildungen spielen eine ziemliche Rolle. Zweitens gehören hierher die **Juraformationen,** ausgezeichnet entwickelt im südwestlichen Deutschland, in der Schweiz, Frankreich und England. Endlich

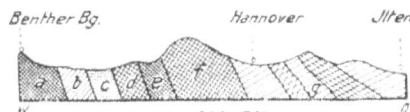

Abb. 749
T r i a s u n d J u r a v o n N o r d w e s t -
D e u t s c h l a n d
a—c) Trias, d—f) Jura, g) Kreide

drittens ist zu erwähnen die nach der Schreibkreide benannte, aber nur wenig verbreitete **Kreideformation** (Abb. 749). Sie kommt hauptsächlich auf der Insel Rügen, in Dänemark, in Nordfrankreich und Südostengland, sowie in der sächsichen und böhmischen Schweiz vor, der der Quadersandstein durch seine bizarren, großartigen Felsengebilde ihren eigentümlichen landschaftlichen Charakter verleiht.

Auf diese Zeit der anscheinenden Ruhe ist in der vierten, der **känozoischen Periode,** wieder eine großartige Vulkantätigkeit gefolgt; jedenfalls hat die Erdoberfläche in diesem als **Neuzeit der Erde** bezeichneten tertiären Zeitalter so gewaltige Veränderungen durchgemacht, daß Süßwasser- und Meeresbildungen wiederholt am selben Ort wechseln konnten. Eine dieser Überflutungen scheint die Sintflut gewesen zu sein, die die Arche Noahs bis hinauf auf den Gipfel des Berges Ararat getragen haben soll. Europa war damals ein beträchtlich großes, von zahlreichen Meeresarmen durchschnittenes Festland. Die hierher gehörigen **tertiären Formationen,** aus Kalk und Tegel bestehend, sind reich an Salz, Gips, Schwefel, Petroleum und ganz besonders an Braunkohlen, dagegen sehr arm an Erzen (Abb. 750). Die Pflanzen- und Tiergattungen lassen auf weitverbreitetes Tropenklima schließen. Palmen fanden sich damals in ganz Europa, selbst in Grönland wurden Reste von Platanen und hochstämmige Laubhölzer gefunden. Von den Säugetieren dieser Zeit sind die riesigen Mastodons mit ihren höchst sonderbaren Körperformen zu erwähnen. Gegen Ende der Periode vollzog sich eine langsame Erniedrigung der Temperatur, besonders an den Polen, und das Klima wurde dem heutigen ähnlich. Nach diesem zweifellos höchst unruhig gewesenen Zeitalter traten weiter große durchgreifende Änderungen in den physikalischen Verhältnissen der Erde ein. Das Klima wurde immer noch kälter, schnee- und regenreicher.

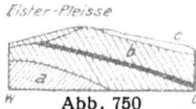

Abb. 750.
Braunkohlen-
formation bei Leipzig
a) Silur, b) Tertiär (Braunkohlen) c) Diluvium.

Diese Übergangszeit ist durch Gletscherbildung gekennzeichnet, weshalb sie auch **Eiszeit** genannt wird. Gebirge, die heute ganz schneefrei sind, bedeckten sich mit scheinbar ewigem Eis, und Tiere, die sonst nur im hohen Norden wohnen, bevölkerten die heute gemäßigten Zonen Europas. Aus dieser Eiszeit dürften auch die erratischen Blöcke herrühren, die auf den Rücken von vorrückenden Gletschern und schwimmenden Eisbergen aus den nördlichsten Gegenden bis an den Jura, ja sogar bis in die norditalienische Tiefebene getragen wurden. Nach der Eiszeit scheint endlich der gegenwärtige Zustand eingetreten zu sein. Tatsächlich haben zu dieser Zeit schon Menschen gelebt, denn in beiden Formationen dieser Periode, im älteren **Diluvium** sowie im jüngeren **Alluvium,** finden sich bereits menschliche Reste mit Waffen und Geräten aller Art aus Stein, Bronze und Eisen.

Alle Beobachtungen führen sonach zur Annahme, daß schon während der Diluvialzeit die Bildung der Erde mit allen ihren organischen Schöpfungen abgeschlossen war, soweit hier von einem Abschluß die Rede sein kann. Denn ebenso wie die lebende Welt mit dem Menschen an der Spitze in fortwährender Entwicklung begriffen ist, gibt es auch in der leblosen Natur, dem Reiche des chemischen Kampfes, keinen Stillstand.

LEBENSBILDER

berühmter Techniker und Naturforscher.

Antoine Laurent Lavoisier.
(* 1743, † 1794.)

Es war ein düsteres Schicksal, das die Franzosen ihrem Landsmanne, dem berühmten Chemiker und Begründer der modernen Chemie **Lavoisier** bereitet hatten.

Lavoisier war der Sohn eines reichen Advokaten, hatte einen ausgezeichneten Schulunterricht genossen und während seiner Studienzeit die tüchtigsten französischen Naturforscher zu Lehrern gehabt. Auf Wunsch seines Vaters studierte er zuerst Rechtswissenschaft, wandte sich aber später ganz dem Studium der Naturwissenschaften zu. Schon mit 22 Jahren wurde er Mitglied der französischen Akademie. Als Direktor der königlichen Pulverfabriken ließ er umfassende technische und wissenschaftliche Ver-

suche ausführen, wozu er die nötigen Mittel aus den bedeutenden Einnahmen bestritt, die er als Generalpächter der Steuern hatte. Während der Schreckensherrschaft wurde dieser ausgezeichnete Bürger und hervorragende Gelehrte trotz seiner Verdienste um das Vaterland und die Wissenschaft angeklagt und **1794 hingerichtet.** Robespierre verschonte niemanden, der eine hervorragende Stellung einnahm, und die Richter erklärten, die Republik brauche keine Gelehrten.

Bis Mitte des 17. Jahrhunderts gab es überhaupt keine Chemie im heutigen Sinne, sondern nur chemische Kunst, die von den Goldmachern, den Alchimisten, in virtuoser Weise betrieben wurde. Sie beschäftigten sich hauptsächlich mit der Verwandlung der Metalle und später mit medizinischen Heilmitteln. Erst der englische Chemiker **Boyle** wollte 1660 das Feuer, die Erde, das Wasser und die Luft als Elemente nicht anerkennen; er war sich schon klar darüber, daß es viele Substanzen geben müsse, die sich nicht in andere Bestandteile zerlegen lassen und daher als E l e m e n t e angesehen werden müssen. **Die Chemie wurde sonach erst von Boyle zur exakten Wissenschaft erhoben,** deren Aufgabe es ist, die Eigenschaften der Grundstoffe und der chemischen Verbindungen gesetzmäßig zu untersuchen.

Nur über den V e r b r e n n u n g s p r o z e ß waren sich die damaligen Chemiker lange nicht im klaren; allgemein nahm man an, daß alle brennbaren Körper ein und denselben Stoff enthalten, der die Brennbarkeit bedingt. Man nannte diesen geheimnisvollen Stoff **Phlogiston** und behauptete, daß ein feuerfester Körper kein Phlogiston enthalte, ein Körper dagegen wie z. B. die Kohle, die verbrennt, ohne viel Asche zu hinterlassen, zum größten Teil daraus bestehe. Der Hauptverfechter dieser Theorie, der königliche Leibarzt **Stahl** in Berlin, glaubte, Phlogiston sei ein Grundstoff, der sich nicht isolieren lasse. Er wußte recht gut, daß eine Verbrennung nur in Gegenwart von Luft stattfinden könne. Die Rolle, die die Luft bei der Verbrennung spielt, bestand seiner Ansicht nach darin, daß sie das entweichende Phlogiston aufnimmt und daher hauptsächlich Phlogiston enthalten müsse. **Daß das Verbrennungsprodukt der Metallmasse schwerer ist als die Metallmasse selbst,** erklärte sich **Lennery** dadurch, daß ein Körper beim Verbrennen einerseits Phlogiston abgibt, aber anderseits wägbaren Wärmestoff aufnimmt.

Im Jahre 1774 entdeckte **Priestley** eine neue Luftart, die in bezug auf die Verbrennung sozusagen das Gegenteil von Wasserstoff bildet, d. h. sie brennt nicht, aber unterhält sehr lebhaft die Verbrennung anderer Körper. Priestley hielt die neue Luft für phlogistonfreie Luft, die weit begieriger diesen Stoff aufnimmt als gewöhnliche Luft.

Aber erst **Lavoisier** zog aus der Tatsache, daß beim Verkalken (Verbrennen) eines Metalls eine Gewichtszunahme stattfindet, den einzig richtigen Schluß, **daß sich bei jeder Verbrennung ein Teil der Luft, der Sauerstoff, mit dem Metall vereinigt und die Verbrennung in der atmosphärischen Luft eine Oxydation, d. h. eine Vereinigung des brennenden Körpers mit Sauerstoff ist.** Die Hauptbedeutung der Arbeiten Lavoisiers liegt aber darin, daß damit der Phlogistontheorie der Todesstoß versetzt wurde und daß dadurch für die Auffassung aller chemischen Vorgänge eine ganz neue Grundlage geschaffen wurde. Seit dieser Zeit wurde die **Wage** das unentbehrlichste Werkzeug des Chemikers. **Nur durch die Wage hatte man erkannt, daß die Stoffe sich zerlegen und vereinigen lassen, daß aber die Materie selbst weder geschaffen noch vernichtet werden kann.**

Durch den von Lavoisier eingeführten Gebrauch der Wage wurde später **Dalton** in die Lage versetzt, seine Atomtheorie aufzustellen, die bis heute die Grundlage aller chemischen Forschung geblieben ist.

Joseph von Fraunhofer.
(* 1787, † 1826.)

Unter den berühmtesten Männern, die sich durch eigene Kraft und Fleiß unter schweren Hemmnissen im Dienste der Wissenschaften emporgearbeitet haben, darf der deutsche Mechaniker **Joseph Fraunhofer** nicht übergangen werden. F r a u n h o f e r ist auf dem Boden des Handwerkes in den kümmerlichsten Verhältnissen aufgewachsen. Er war zehnter Sohn eines armen Glasers aus Straubing in Bayern, früh verwaist, dann als Lehrling ohne Lehrgeld von einem Spiegelmacher in M ü n c h e n aufgenommen worden. Das Haus seines Meisters stürzte ein, und als F r a u n h o f e r unter den Trümmern glücklich ausgegraben wurde, frug ihn ein Abgesandter des mitleidigen Königs, Herr v. U t z s c h n e i d e r, was er werden möchte und wozu er ein Geldgeschenk verwenden wolle. Und der junge Mann hat nur einen Wunsch — ein tüchtiger Brillenmacher zu werden. Um das Geld des Königs kaufte er sich eine Glasschleifmaschine und suchte sich selbst als Glas- und Metallschleifer einzurichten. Der ernste und lernbegierige Fraunhofer, der seine freie Zeit nur dazu verwendete, sich zu unterrichten, hatte bald die Aufmerksamkeit des Herrn **v. Utzschneider** geweckt. Dieser hatte inzwischen mit **Reichenbach** ein optisch-mechanisches Institut gegründet und zog seinen ehemaligen Schützling für die Ausführung der optischen Arbeiten zu sich. Hier war nun F r a u n h o f e r an seinem rechten Platze und schon nach drei Jahren wurde dem strebsamen Mann die Leitung der optischen Abteilung übertragen. In dieser Stellung gelang es ihm, die **Schmelzprozesse des Glases** zu verbessern, die verlangten Krümmungen der Linsen auf das genaueste herzustellen und selbst bei großen Teleskopen die Genauigkeit und Reinheit der Bilder möglichst zu steigern; die hierfür von Fraunhofer ersonnenen Methoden sind wertvolle Grundlagen für die Bestrebungen der Folgezeit geblieben.

Um **achromatische Fernrohre** herzustellen, mußte man die dem Objekte zugekehrten Linsen aus je zwei Linsen von verschiedenem Glase, dem Kronglase und dem bleihaltigen Flintglase kombinieren, deren Krümmungsverhältnisse der berühmte Mathematiker **Euler** angegeben hatte. Um aber diesen Berechnungen die nötige Basis zu geben, mußten die Brechungsexponenten einer gewissen Anzahl jener farbigen Strahlen bestimmt werden, die im Regenbogen wie in den prismatischen Bildern aus dem weißen Lichte der Sonne ausgeschieden werden. Bei kleinen billigen Linsen, von denen man eine große Zahl schleifen kann, ließ sich die richtige Auswahl gut zueinander passender Glassorten leicht treffen, was aber für große kostspielige Linsen ausgeschlossen blieb, weshalb man bei sehr großen Fernrohren, wie sie **Herschel** konstruierte, lange Zeit hindurch lieber bei den sonst unbequemen Spiegelteleskopen blieb. Dies veranlaßte nun Fraunhofer zu eingehenden Versuchen über die **Strahlenbrechung, in deren Verlaufe er die berühmten, nach ihm benannten dunklen Linien entdeckte, die für das Sonnenspektrum charakteristisch sind.** Das Licht anderer Fixsterne zeigte andere Liniengruppen, während das Licht irdischer Flammen meist keine aufweist. **Damit waren endlich feste Merkzeichen in dem Farbenfelde gefunden, nach denen die Brechung der verschiedenen Farben genau gemessen und die Form der Linsen in jedem einzelnen Falle vorausbestimmt werden konnte.**

Dadurch hat Fraunhofer den **großen achromatischen Fernrohren zum Siege über den Spiegelreflektor** verholfen, welcher praktische Erfolg allein ihn zum Bahnbrecher in dem von ihm gewählten überaus schwierigen Gebiete machte. Aber auch die Wissenschaft hatte dadurch die Möglichkeit gewonnen, nach weiteren Entdeckungen von Bunsen und Kirchhoff, nicht nur wie bisher nur den Lauf der Gestirne, **sondern auch die Natur der Stoffe, aus welchen sie bestehen,** festzustellen. So kam Fraunhofer leider erst nahe vor seinem frühzeitigen Ende zu eigentlich wissenschaftlichen Untersuchungen, welchen der einstige Glaserlehrling, der sich so mühsam durchringen mußte, die Berufung zum Mitglied der Akademie der Wissenschaften in München und seine Berühmtheit im wissenschaftlichen Europa zu danken hatte.

Die Lebensbahn Fraunhofers hat viel Ähnlichkeit mit der des berühmten Physikers Faraday, der seine Laufbahn als armer Buchbinderlehrling begann und sich durch Selbstunterricht aus den ihm zum Einbinden übergebenen Büchern ausbildete. Während aber Faraday sich später ausschließlich der Wissenschaft widmete, blieb Fraunhofer bei all seinen wissenschaftlichen Erfolgen auf dem Boden des Handwerkes stehen, von dem er ausgegangen war; er wurde freilich nicht nur ein guter, sondern sogar ein besserer Brillenmacher, als je einer vor ihm gelebt hatte. **Seine Hauptbestrebungen galten aber doch immer dem Handwerk, das er durch wissenschaftliche Entdeckungen so wesentlich zu vervollkommnen verstand.**

Fraunhofer ist in dieser Hinsicht ein Vorbild, welches zeigt, zu welcher Höhe die Arbeit des Handwerkers führen kann, wenn der volle Fleiß, der ganze Scharfsinn eines begabten Mannes dahin gerichtet bleibt, jeden sich bei der Arbeit ergebenden Mangel zu beseitigen.

5. BRIEF.

„Die Natur kann besiegt werden, nur müssen wir ihre schwache Seite finden."
(James Watt.)

PHYSIK

Magnetismus und Elektrizität.

Inhalt: Von den in der Physik zu behandelnden Naturvorgängen fehlen uns jetzt nur mehr die Erscheinungen des **Magnetismus** und der **Elektrizität**; da aber ihre technische Anwendung sich in den letzten Jahren in der „Elektrotechnik" zu einer eigenen Wissenschaft entwickelt hat, deren Bedeutung für die gesamte Technik heute schon eine ganz gewaltige ist, für die Zukunft aber so viel verspricht, daß voraussichtlich dem jetzigen **Zeitalter des Dampfes ein solches der Elektrizität** folgen wird, müssen wir dieser höchst modernen Wissenschaft im Zusammenhange mit dem Maschinenbau einen besonderen Fachband widmen. Im folgenden werden wir uns daher darauf beschränken, die Grundzüge der elektrischen und magnetischen Erscheinungen zu besprechen und einen flüchtigen Überblick über ihre bisher schon erreichte praktische Anwendung zu geben, den wir mit den trotz der Fortschritte der drahtlosen Telegraphie auch nicht annähernd erschöpften Fortschritten der **elektrischen Strahlentheorie** abschließen werden. Alle weiteren technischen Details werden wir dann dem III. Fachbande über „Maschinenbau und Elektrotechnik" vorbehalten.

12. Abschnitt.

Magnetismus.

[420] Grunderscheinungen.

Manche Stücke eines in der Natur vorkommenden Eisenerzes, des Magneteisensteines (Eisenoxyduloxyd Fe_3O_4) besitzen — wie schon im Altertume bekannt war — **die merkwürdige Eigenschaft, Eisen- und Stahlstückchen anzuziehen und festzuhalten.** Man sagt, daß diese Mineralien **Magnetismus** besitzen und bezeichnet sie als **natürliche Magnete.**

Wird ein solches Stück Magneteisenstein in Eisenfeilspäne getaucht, so bleiben letztere vorzugsweise an zwei Stellen hängen, die man **Pole** nennt. Ein Stückchen weiches Eisen, das man an einen dieser Pole anlegt, erlangt selbst die Fähigkeit, Eisen anzuziehen, es wird ein Magnet, bleibt es aber nur so lange, als es mit dem natürlichen Magnet in Berührung steht. Im Gegensatze hierzu erlangt ein **Stahlstückchen** erst nach länger andauernder Berührung Magnetismus; dafür behält es aber den **Magnetismus dauernd, es ist ein künstlicher** Magnet geworden.

[421] Künstliche Magnete.

a) **Die künstlichen Magnete bestehen aus Stahl und werden in Form von Nadeln, von geraden und hufeisenförmig gebogenen Stäben gebraucht** (Abb. 751).

Abb. 751

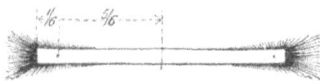

Abb. 752

Sie zeigen zwei **Pole** nahe den Enden und in der Mitte eine Stelle ohne Anziehungskraft, die sog. **Indifferenzzone** (Abb. 752). Eine freibewegliche Magnetnadel, die auf einer Spitze schwingt, stellt sich von selbst immer in die **Nord-Südrichtung** ein; **es zeigt stets derselbe Pol, der Nordpol, nach Norden, der andere, der Südpol, nach Süden.**

b) Bestimmt man auf diesem Wege auch an einem zweiten Magnetstabe Nordpol und Südpol und nähert sie abwechselnd jedem der beiden Pole des freibeweglichen Magnetstabes, so beobachtet man, daß **gleichnamige Pole einander abstoßen, ungleichnamige dagegen einander anziehen. Es ist das das Grundgesetz der magnetischen Wechselwirkung.**

Unmagnetisches Eisen zieht beide Pole des beweglichen Magnetes an und schon diese einfachsten Versuche lassen deutlich erkennen, daß **die Wechselwirkung zwischen den Magnetpolen um so schwächer wird, je weiter die Pole entfernt sind.** Schiebt man Platten aus Stoffen, die der Magnet nicht beeinträchtigt, dazwischen, so wird die Wirkung nicht beeinträchtigt; in erheblichem Maße erfolgt dies jedoch durch Zwischenbringen einer Eisenplatte (**magnetische Schirmwirkung**).

c) Bringt man in die Nähe eines drehbaren Magnetes einen Magnetstab, so nimmt der drehbare Magnet eine bestimmte Ruhelage an, in welche er immer wieder zurückkehrt, wenn man ihn aus derselben herausbringt (Abb. 753). Da nun ein freibeweglicher Magnet, auch wenn in seiner Nähe keine anderen Magnete oder Eisenmassen sich befinden, eine ganz bestimmte Gleichgewichtslage

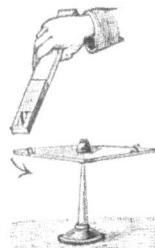

Abb. 753

— ungefähr die Nord-Südrichtung — annimmt, kommen wir zur Erkenntnis, **daß der „richtende" Einfluß in diesem Falle nur von der Erde ausgeübt werden kann.**

Die Richtkraft der Magnete findet Anwendung beim **Kompaß** zur Bestimmung der Himmelsrichtungen. Der Kompaß enthält eine horizontal freibewegliche Magnetnadel, die über einer Windrose spielt (Abb. 754), auf der die Namen der wichtigsten Himmelsrichtungen angegeben sind. Beim

Abb. 754   Abb. 755
Kompaß   Schiffskompaß

Schiffskompaß ist die Windrose auf dem Rücken der Nadel befestigt; der Kompaß selbst ruht hierbei in einer Cardanischen Aufhängung, die ihn von den Schwankungen des Schiffes unabhängig macht (Abb. 755). Er hängt mit Stiften a und b in einem Ring und der Ring mit den Stiften c und d im Lager ($a\,b \perp cd$).

Schon 1000 Jahre v. Chr. war den Chinesen der Kompaß bekannt, der dort Chinan heißt. Aber erst der Italiener **Flavio Gioja** soll ihn ums Jahr 1300 zur Schiffssteuerung in Europa eingeführt haben. Schwingt die Magnetnadel über einem nach Graden geteilten Kreis, so nennt man den Apparat eine **Bussole.**

[422] Molekularmagnete.

a) **Zerbricht man eine magnetisierte Stricknadel an der Indifferenzzone, so zeigt sich überraschender-**

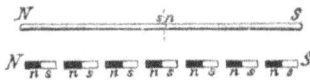

Abb. 756

weise, daß die eine Bruchstelle südpolar, die andere dagegen nordpolar ist; jeder Teil der gebrochenen Stricknadel erweist sich sonach als ein vollkommener Magnet mit Nord- und Südpol (Abb. 756).

Setzt man die zwei Stücke mit ihren Bruchteilen neuerdings zusammen, so erscheint die Bruchstelle wieder indifferent, wobei die eine Seite der Bruchstelle alles das abstößt, was die andere anzieht.

Das Zerbrechen der Stricknadel kann man sich auf die Moleküle fortgesetzt denken und kommt so zur Erkenntnis, daß ein Magnetstab eigentlich aus einer Schar von geordneten Molekularmagneten besteht, die alle mit ihren Nordpolen nach derselben Richtung weisen (Abb. 757).

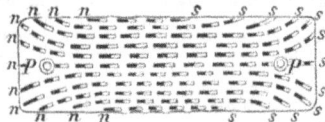 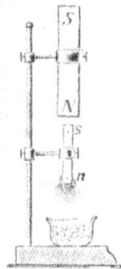

Abb. 757   Abb. 758

Die Linien, nach denen die Molekularmagnete im Innern des Magnets angeordnet sind, nennt man **Kraft-** oder **Induktionslinien;** sie zeigen an den Enden eine Art **Streuung,** da dort die gleichnamigen Endpole einander abstoßen.

b) Ein Magnetpol wirkt schon aus der Ferne ordnend auf die Molekularmagnete von Eisen und Stahl, welchen Einfluß des Poles man **magnetische Verteilung** oder **magnetische Influenz** nennt, und zwar wird das dem Pole abgewandte Ende gleich-

namig, das zugewandte ungleichnamig magnetisch (Abb. 758).

c) In dieser Beziehung verhalten sich nun Eisen und Stahl verschieden: Weiches Eisen verliert den influenzierten Magnetismus sofort wieder, wenn man es aus der Nähe des influenzierenden Poles entfernt (**temporärer Magnetismus**), wogegen Stahl nach der Influenz dauernd magnetisch bleibt (**permanenter Magnetismus**). Mittelharte Eisensorten behalten später noch Spuren des Magnetismus bei (**remanenter Magnetismus**).

Zur Erklärung der Influenz nimmt man an, daß Eisen und Stahl schon im unmagnetischen Zustande aus Molekularmagneten bestehen, wobei aber diese in einem solchen Zustande der Unordnung sind, daß ihre Gesamtwirkung nach außen gleich Null ist. Durch die Annäherung des influenzierenden Pols tritt eine Ordnung dieser Molekularmagnete insoferne ein, als alle gleichnamigen Pole ihm zugekehrt werden.

Stahl setzt dem Ordnen seiner Teilchen einen Widerstand entgegen, den man **Koerzitivkraft** nennt. Diese erschwert nicht nur das Ordnen beim Magnetisieren, sondern hindert auch die einmal geordneten Teilchen, wieder in ihre Urlage zurückzukehren. Bei Erhitzung über 900° C verschwindet die Koerzitivkraft. Erschütterungen begünstigen die Ordnung der Molekularmagnete, also die Magnetisierung, schwächen aber den bereits erlangten Magnetismus.

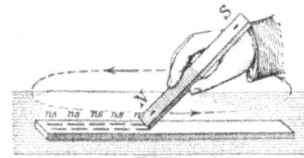

Abb. 759

Rascher und ausgiebiger als durch Influenz werden Magnete durch „**Streichen**" erzeugt, wobei man 2 Arten des Streichens unterscheidet:

1. **den einfachen Strich** (Abb. 759). Man bestreicht wiederholt z. B. mit dem N-Pol des Streichmagnets den Stahlstab seiner ganzen Länge nach und kehrt stets in der Luft zurück.

2. **den Doppelstrich.** Man geht von der zukünftigen Indifferenzzone aus und streicht nach dem Ende zu die eine Hälfte mit dem S-Pol, die andere mit dem N-Pol des Streichmagnetes.

Da die Magnetisierung dabei kaum $^1/_{10}$ mm unter die Oberfläche eindringt, werden stärkere Magnete aus einer Reihe von Stahlstreifen oder Lamellen zusammengesetzt, die man einzeln magnetisiert. Solche Magnete heißen dann **Lamellenmagnete** oder auch **magnetische Magazine.**

[423] Einheitspol — Coulombsches Gesetz.

Als **Einheitspol** (EP) gilt der Pol, der einen gleich starken Pol in der Entfernung von 1 cm mit der Kraft von 1 Dyn $\left(= \frac{1}{981}\,g\right)$ anzieht oder abstößt [31 b].

Das **Coulombsche Gesetz** lautet daher: **Stehen zwei Pole einander gegenüber, der eine von der Stärke** m_1, **der andere von der Stärke** m_2, **und zwar im Abstande von** r **cm, so ist die Größe ihrer**

$$\left.\begin{array}{l}\text{Abstoßung}\\\text{oder Anziehung}\end{array}\right\} = \frac{m_1 \cdot m_2}{r^2}\ \text{Dyn,}$$

d. h. die gegenseitige Abstoßung (oder Anziehung) zweier Pole nimmt zu mit dem Produkte ihrer Polstärken und nimmt ab mit dem Quadrate ihrer Entfernung. (Gravitationsgesetz [46 b].)

Das Produkt ist negativ, wenn m_1 und m_2 die Polstärken ungleichnamiger Magnetpole sind, es sich also um eine Anziehung handelt.

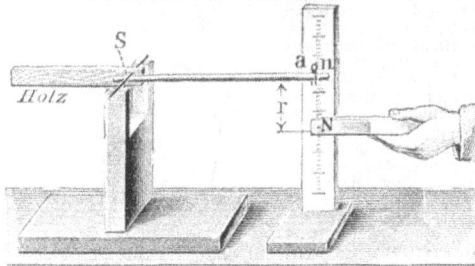

Abb. 760
Polwage

Die Abstoßung oder Anziehung kann mit Hilfe der **Polwage** gemessen werden (Abb. 760).

[424] Das magnetische Feld — Feldstärke — Kraftlinien.

a) **Der Raum, innerhalb dessen ein Magnetpol seine magnetische Kraft ausübt, heißt sein magnetisches Feld.**

Vom Vorhandensein dieses Feldes überzeugt man sich in zweierlei Weise:

1, Verschiebt man darin einen kleinen Kompaß, so nimmt dessen Nadel an jedem Orte eine bestimmte Stellung ein.

2. Bestreut man ein in ein solches Feld gebrachtes Blatt Papier mit vielen Eisenfeilspänchen und erschüttert die Unterlage, so ordnen sich diese zu schönen Kurven an, den sog. **Kraftlinien** des Feldes. Die Eisenfeilspänchen werden nämlich im Felde durch Influenz gleichsam in kleine Magnetnadeln verwandelt und ordnen sich wie diese (Abb. 761).

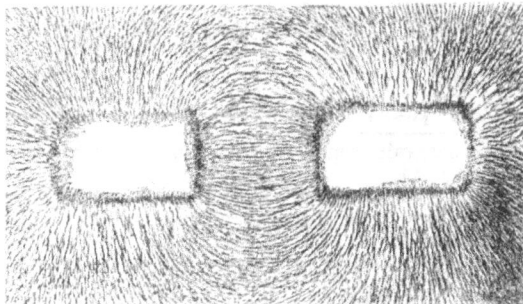

Abb. 761
Kraftlinien

Den Kraftlinien schreibt man die Richtung zu, nach der der Nordpol einer in das Feld gebrachten Versuchsnadel weist. **Sie gehen außen vom Nordpol zum Südpol und, da sie geschlossene Linien sind, im Innern des Magnets vom Südpol zum Nordpol.**

b) Ein magnetisches Feld ist bestimmt, wenn für jeden Punkt des Feldes seine **Richtung** und die **Feldstärke** bekannt ist. **Die Feldrichtung stellt man durch eine kleine Probenadel fest, während die Feldstärke die Kraft in Dyn ist, mit der an der betreffenden Stelle der Einheitspol angezogen oder abgestoßen wird.**

Ein Magnetfeld wird als ein **homogenes** bezeichnet, wenn in demselben alle Kraftlinien unter sich parallel und

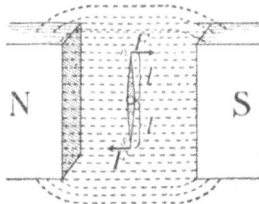

Abb. 762
Homogenes Feld

die Feldstärke überall dieselbe ist. Annähernd ist das Feld zwischen den Polschuhen eines Hufeisenmagnetes homogen (Abb. 762).

Nach Faraday ist die Feldstärke H gleich der Zahl der Kraftlinien, die an jeder Stelle durch 1 cm² normal hindurchgehen.

Denkt man sich um einen Einheitspol eine Kugel vom Radius 1 cm, also von $4\pi \cdot$ cm² Oberfläche geschlagen, so ist auf ihrer Fläche die Feldstärke nach dem Coulombschen Gesetz überall gleich 1; es geht mithin nach Faraday durch jedes cm² dieser Kugelfläche nur eine Kraftlinie. Vom Einheitspole strahlen somit 4π Kraftlinien, von einem Pole von der Polstärke m dagegen $\boxed{4\,m\,\pi}$ Kraftlinien gleichmäßig nach allen Raumrichtungen aus.

c) In einem homogenen Felde kann man jeden Magnet durch seine beiden Pole ersetzen, deren geradlinige Verbindung als **magnetische Achse** und deren Entfernung als **Polabstand** bezeichnet wird. Im Sinne der Mechanik ist somit das **Drehungsmoment** eines Magnetstabes, dessen Achse in einem homogenen Felde von der Feldstärke H mit der Kraftlinienrichtung den Winkel α einschließt, gegeben durch $H \cdot m \cdot l \cdot \sin\alpha$, worin m die Polstärke und l den Polabstand bezeichnet. Sein größter Wert für $\alpha = 90^0$ ist das **magnetische Moment** des Stabes und gleich

$$\boxed{\text{Magnetisches Moment} = H \cdot m \cdot l.}$$

[425] Para- und diamagnetische Körper.

a) **Eisen hat die Eigenschaft, die Kraftlinien anzuziehen und weiterzuleiten** (Abb. 763); man sagt deshalb, Eisen hat eine größere **Durchlässigkeit** oder **Permeabilität** für Kraftlinien wie die Luft.

Abb. 763

Das Eisen wird im Feld durch Influenz selbst magnetisch, und zwar entsteht da, wo die Kraftlinien **eintreten**, ein **Südpol**, dort, wo sie **austreten**, ein **Nordpol**. Im Eisen erscheint daher das Kraftfeld verdichtet, während es außen geschwächt wird.

Legt man ein Weicheisenstück an beide Pole eines Hufeisenmagnetes, so schließt es die Molekularmagnetketten des Magnetes (Abb. 764). Man nennt dann das Eisenstück einen **Anker**, durch dessen Anlegen die Stärke des Magnetes gewahrt bleibt, seine Tragkraft jedoch nahezu verdoppelt wird.

b) **Wismut** läßt dagegen weniger Kraftlinien durch als Luft. Während sich ein Eisenstäbchen im Magnetfelde parallel zu den Kraftlinien einstellt, stellt sich ein Wismutstäbchen **senkrecht** zu ihnen.

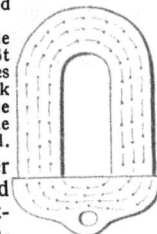

Abb. 764
Anker

Körper, die sich wie Eisen verhalten, nennt man **paramagnetisch** (Nickel, Kobalt), jene, deren Verhalten dem Wismut ähnlich ist, **diamagnetisch**.

[426] Erdmagnetismus.

Gilbert (1600) hat zuerst erkannt, daß die Kompaßnadeln deshalb nach Norden zeigen, weil die Erde sich wie ein großer Magnet verhält, der im Norden südpolar, im Süden nordpolar ist. Er hielt die Erde für einen zweipoligen Magnet, was aber nicht genau zutrifft, denn bereits Kolumbus entdeckte auf seiner Fahrt nach Amerika, daß die Kompaßnadeln nicht genau nach Norden zeigen. Sie weichen an einigen Orten östlich, bei uns gegenwärtig westlich von der genauen Nordrichtung (dem geographischen Meridian) ab.

Die Richtung der Kompaßnadel nennt man den **magnetischen Meridian.** Als **Deklination** bezeichnet man den Winkel, um den diese Linie vom geographischen Meridian abweicht.

Bei uns beträgt zurzeit die Deklination 11° (n. W.). Zur Bestimmung der Deklination stelle man ein Stäbchen senkrecht auf den Tisch und warte, bis es mittags 12 Uhr ist! Der Schatten der Nadel zeigt dann genau nach Norden, weil die Sonne dann im Süden steht. Die Kompaßnadel weicht um rund 11° von der Nordrichtung ab.

Genauer erfolgt die Bestimmung der Deklination mit Hilfe eines **Deklinatoriums,** dessen Kompaß mit einem Ablesefernrohr in den magnetischen Meridian eingestellt werden kann.

Um eine Übersicht über die Verteilung der Deklination an den verschiedenen Orten der Erde zu gewinnen, zeichnet man in Karten die **Isogonen** ein, d. h. die Verbindungslinien je aller Orte gleicher Deklination. Diese verlaufen nordsüdlich und kreuzen sich einander in den Polen.

Die magnetische Deklination ist regelmäßigen Schwankungen und unregelmäßigen Störungen (magnetischen Ungewittern) ausgesetzt, die oft mit Erdbeben, Nordlichtern usw. zusammenfallen.

b) Eine vollkommen frei bewegliche Magnetnadel stellt sich überdies so ein, daß sie in der Ebene des magnetischen Meridians mit der horizontalen Richtung einen Winkel einschließt, den man als **Inklination bezeichnet.**

Um die Inklination zu finden, benutzt man das **Inklinatorium,** dessen Gestell eine vertikal freischwingende, im Schwerpunkt unterstützte Magnetnadel enthält (Abb. 765). Beim Gebrauch wird das Inklinatorium so aufgestellt, daß die Magnetnadel im magnetischen Meridian schwingt. Die Nadel stellt sich dann in der Richtung der erdmagnetischen Kraft F ein. Auf der nördlichen Halbkugel neigt sich die Nadel mit dem Nordpol, auf der südlichen mit dem Südpol nach unten, nur in der Nähe des Äquators stellt sie sich horizontal. Die Abweichung i der Magnetnadel von der Wagerechten beträgt jetzt für Deutschland rund 66°. Die Verbindungslinien je aller Orte gleicher Inklination heißen **Isoklinen.** Sie verlaufen im wesentlichen ostwestlich wie die Breitegrade. Die Isokline Null heißt der magnetische Äquator.

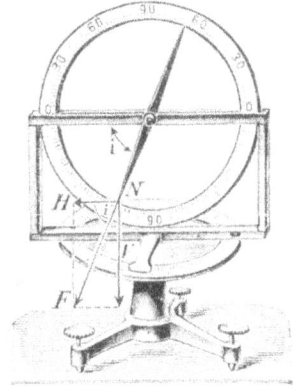

Abb. 765
Inklinatorium

13. Abschnitt.

Elektrizität.

A. Die ruhende (statische) Elektrizität (Elektrostatik).

[427] Grunderscheinungen.

a) **Manche Körper, insbesondere Haare und Kautschuk** (z. B. Bernstein, Schellack, Guttapercha, Hartgummi), ferner **Glas, Schwefel, Paraffin usw. werden durch Reiben mit Wolle, Seide, Pelzwerk u. dgl. in einen von ihrem gewöhnlichen Verhalten abweichenden Zustande versetzt; sie werden, wie man sagt, elektrisiert oder elektrisch geladen.**

In diesem elektrischen Zustande vermögen sie leichte Körperchen (Papierschnitzel, Hollundermarkkügelchen usf.) anzuziehen und nach erfolgter Berührung wieder abzustoßen. Ferner springen von einem elektrischen Körper Fünkchen auf den geäherten Fingerknöchel über, welche ein knisterndes Geräusch und einen stechenden Schmerz verursachen.

Das vorläufig noch unbekannte Agens, welches diese Erscheinungen verursacht, nennt man **Elektrizität.**

Der Name kommt von Bernstein oder Elektron, an welchem die Griechen zuerst diese Erscheinung beobachteten.

Versuch mit dem **elektrischen Pendel,** einem an einem Seidenfaden aufgehängten Kügelchen aus Hollundermark oder Zelluloid (Abb. 766). — Ebenso zieht ein unelektrischer

Abb. 766
Elektr. Pendel

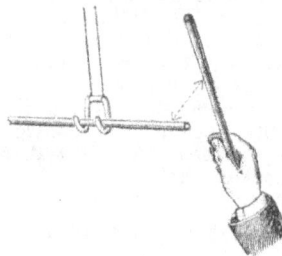

Abb. 767

Körper den Hartgummistab an, wenn dieser an einem Doppelseidenfaden „bifilar" aufgehängt ist. Nähert man einem so aufgehängten, mit Wolle geriebenen Hartgummistab einen

Glasstab, der mit einem amalgamierten Seiden- oder Lederlappen gerieben wurde, so ziehen sich beide Stäbe an (Abb. 767), während sich zwei ebenso vorbereitete Glasstäbe oder zwei Hartgummistäbe gegenseitig abstoßen.

Man muß daher zweierlei Elektrizitäten unterscheiden. Nach Lichtenberg (1777) nennt man die Elektrizität auf

| Glas: positiv, | Hartgummi: negativ, |

wenn Glas mit Amalgam, Hartgummi mit Wolle gerieben wird.

Zugleich ergibt sich das Gesetz: **Gleichnamige Elektrizitäten stoßen einander ab, ungleichnamige ziehen einander an.**

Streicht man einen Glas- oder Hartgummistab an einem Konduktor, d. i. einem Metallkörper auf Glas- oder Hartgummifuß ab, so spreizt sich ein daran befestigtes Doppelpendel dauernd, was als sicheres Zeichen der Elektrisierung gelten kann. Das elektrische Doppelpendel besteht aus zwei Hollundermarkkügelchen, die an kurzen Drahtstücken befestigt und um eine Öse drehbar sind. Berührt man den elektrisch geladenen Konduktor mit dem Finger, so springt unter knisterndem Geräusche ein Fünkchen auf den Finger über, und die Pendel fallen zusammen. Die Elektrizität geht dabei durch unseren Körper auf die Erde über, der Konduktor wird **entladen.**

Zum bequemen Nachweis der Elektrisierung dient das **Elektroskop** (Abb. 768). Es ist im wesentlichen ein sehr leichtes Doppelpendel aus zwei Streifen Blattgold, Aluminium, Papier oder Stroh innerhalb einer Glasflasche. Das Doppelpendel ist an einem Messingstäbchen s befestigt, das durch einen Pfropf aus Hartgummi führt und oben in einen Knopf K endigt. Die Glasflasche hat den Zweck, das Doppelpendel vor Luftzug und vor Feuchtigkeit zu schützen. Man teilt dem Knopf Elektrizität mit, die sich auf die Pendel verbreitet; letztere stoßen dann einander ab.

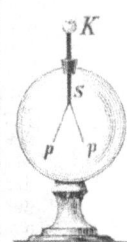

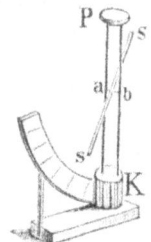

Abb. 768   Abb. 769

Elektroskop

Will man prüfen, ob ein Elektroskop positiv oder negativ el. geladen ist, so nähert man dem Knopf desselben einen Körper von bekannter Elektrisierung.

Häufig benutzt man auch Elektroskope, bei denen der eine Schenkel des Doppelpendels fest ist (Abb. 769).

Auf manchen Körpern breitet sich die mitgeteilte Elektrizität aus, auf anderen nicht.

Um die **Leitfähigkeit** zu konstatieren, spanne man zwischen zwei Elektroskopen A und B z. B. einen dünnen Kupferdraht aus und elektrisiere das eine Elektroskop, sofort schlägt auch das zweite aus. — Man prüfe ebenso eine Seidenschnur.

b) **Leiter** sind alle Metalle, das Wasser, der menschliche Körper, der Erdboden, feuchte Körper. **Nichtleiter** oder **Isolatoren** sind: trockene Luft, trockenes Papier, trockenes Glas, Hartgummi, Porzellan, Seide, Paraffin und Bernstein. — **Halbleiter** sind feuchte Körper wie Holz, Bindfaden. Ist die Luft feucht, so überziehen sich die Isolatoren mit einer unsichtbaren Schicht kondensierten Wasserdampfes, längs deren die elektrischen Ladungen in die Erde entweichen.

Reibt man zwei verschiedene Körper aneinander, so wird der eine positiv, der andere negativ elektrisch. Metalle muß man dabei an isolierenden Stielen anfassen, damit ihre elektrische Ladung nicht durch die Hand in die Erde entweichen kann.

Von zwei in Gummischuhen stehenden Personen bürste A den B aus. A wird positiv, B negativ, was sich konstatieren läßt, wenn jeder ein Elektroskop berührt.

[428] Elektrizitätsmenge.

a) Nähert man einem geladenen elektrischen Pendel allmählich ein zweites, das man zuvor mit der Hand berührt, also **entladen** hat, so wird nun auch das letztere bis zur Berührung mit dem ersten angezogen, worauf sich beide Pendel abstoßen.

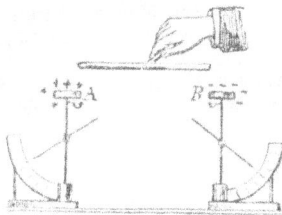

Man ersieht daraus, daß das zweite Pendel durch die Berührung mit dem ersten selbst elektrisch wurde, welche Art der Übertragung einer Ladung als **Elektrisierung durch Mitteilung** bezeichnet wird. **Die Menge der elektrischen Ladung, die Ladungsmenge des ersten Körpers hat sich dabei vermindert, jene des berührten Körpers vermehrt.** Ladet man auf diese Weise zwei Elektro-

Abb. 770

meter mit entgegengesetzten Elektrizitäten bis zum gleichen Pendelausschlage und verbindet man sie dann leitend (Abb. 770), so fallen sofort beide Pendel zusammen, d. h. **gleiche Mengen positiver und negativer Elektrizität neutralisieren (vernichten) sich gegenseitig.**

b) Durch Versuche mit der elektrischen Drehwage (Abb. 771) hat Coulomb festgestellt, daß die

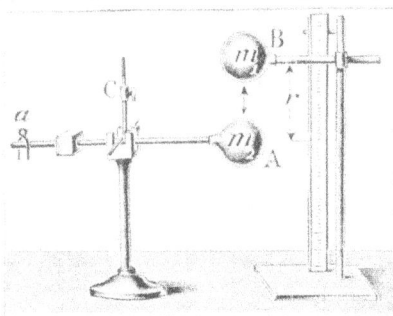

Abb. 771
Elektrische Drehwage

Kraftwirkung, die zwei elektrisch geladene Körper A und B gegenseitig aufeinander ausüben, demselben

Gesetze folgt, das für die Kraftwirkung zweier Magnetpole aufeinander gilt [423]. Es ist somit auch hier

$$\boxed{\begin{array}{l}\text{Größe der Anziehung} \\ \text{oder Abstoßung}\end{array} \Big\} = \frac{m_1 \cdot m_2}{r^2}.}$$

Als elektrostatische Einheit der Elektrizitätsmenge wird jene angenommen, die auf eine gleich große, in der Entfernung der Längeneinheit (1 cm) die Krafteinheit $\left(\text{Dyn} = \dfrac{1}{981}\,\text{g}\right)$ **ausübt.** Da sie aber sehr klein ist, wählt man für praktische Zwecke als Einheit den dreimilliardenfachen Wert und nennt diese Einheit ein **Coulomb.**

$$\boxed{1 \text{ Coulomb} = 3 \cdot 10^9 \text{ Dyn.}}$$

c) **Die Elektrizität sitzt immer nur an der Außenseite eines Leiters.**

Dies zeigt man unter anderem bei einer Hohlkugel, die oben eine Öffnung hat (Abb. 772) oder mit dem Käfigversuch von Faraday (Abb. 773). Zum Nachweis stellt man ein Elektroskop in einen Drahtkäfig, der auch unten metallischen Abschluß hat, im übrigen aber isoliert auf-

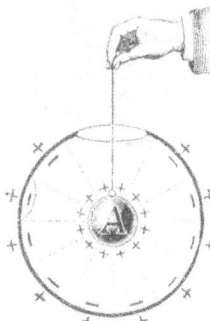
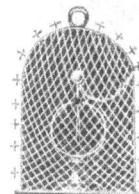

Abb. 772   Abb. 773

gestellt ist. Das Elektroskop, das durch einen Metalldraht mit dem Drahtgitter verbunden ist, zeigt nun auch bei stärkster Elektrisierung des Käfigs keinen Ausschlag.

Als Dichte der Elektrizität an einer Stelle bezeichnet man die Elektrizitätsmenge, die dort auf der Flächeneinheit von 1 cm² sitzt.

Auf einer Kugel ist die Elektrizität überall gleichmäßig dicht, während sie bei einem eiförmig gestalteten Konduktor an der spitzen Stelle, d. i. an der Stelle stärkerer Krümmung, am dichtesten ist (Abb. 774).

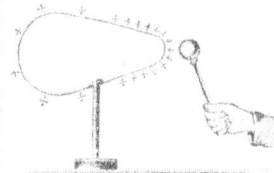

Abb. 774

In Spitzen häuft sich Elektrizität so an, daß sie zum Teil in die Luft ausströmt; die von der Spitze aus elektrisierte Luft wird fortgestoßen und erzeugt den sog. **elektrischen Wind** (Spitzenwirkung).

[429] Die elektrische Spannung.

a) **Die Ladung auf einem Konduktor befindet sich in einem Spannungszustande, da alle die kleinsten Teile der Ladung als gleich geladen einander abstoßen.**

Verbindet man den geladenen Konduktor mit einem Elektroskop, so fließt ein geringer Teil der Ladung des Konduktors auf das Elektroskop über, bis die el. Spannung auf dem Elektroskop so groß ist wie die el. Spannung auf dem Konduktor. Je größer der Ausschlag des Elektroskops ist, desto größer ist die auf dem Konduktor herrschende Spannung.

Als praktische Einheit der elektrischen Spannung gilt das

$$\boxed{\text{Volt.}}$$

In der Elektrostatik bedeutet dies die **Spannung, die ¹/₃₀₀ Mengeneinheit auf einer Kugel von 1 cm Radius hervorbringt.** 1 Volt ist gleich der 10⁸fachen absoluten Einheit.

Ein nach Volt geeichtes Elektroskop nennt man ein **Elektrometer** (Abb. 775).

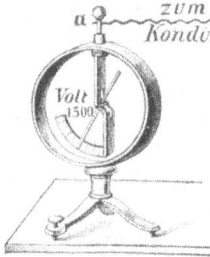

Abb. 775
Elektrometer

Das **Potential** ist ein Rechnungsausdruck, mit Hilfe dessen sich die Abstoßungs- und Anziehungskräfte (magnetischen, elektrischen, Gravitationskräfte usw.), welche ein das wirksame Agens enthaltender Punkt von anderen ebensolchen erfährt und selbst ausübt, bequem berechnen lassen. Die Differenz der beiden Werte des Potentiales an verschiedenen Raumstellen heißt **Potentialdifferenz**, die Abnahme pro Längeneinheit **Potentialgefälle**. (Vergleiche auch den Ausdruck potentielle Energie [129].)

In der praktischen Elektrotechnik wird nur von **Spannung, Spannungsunterschied** usw. gesprochen.

[430] Elektrische Influenz.

Die Scheidung der ±Elektrizitäten tritt auf einem neutralen Körper sofort ein, wenn man einen elektrisch geladenen Körper in seine Nähe bringt (Abb. 776, 777). Diesen Vorgang nennt man elek-

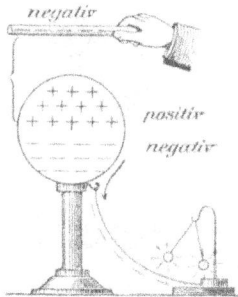 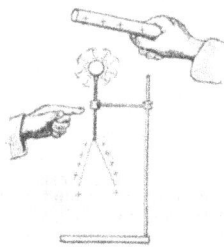

Abb. 776   Abb. 777

trische Verteilung oder Influenz. **Die abgestoßene Elektrizität ist frei, denn man kann sie durch Berührung in die Erde ableiten. Die angezogene Elektrizität wird vom genäherten Körper festgehalten, also gebunden.**

Versuche: 1. Nähert man einem Elektroskop von oben einen z. B. positiv elektrisch geladenen Glasstab, dann sind die Pendel positiv, der Knopf negativ elektrisch geladen. Berührt man den Hals des Elektroskops mit dem Finger, so klappen die Pendel zusammen. Es ist also jetzt nur noch im Knopf gebundene negative Elektrizität. Entfernen wir zuerst den Finger, dann den Stab, so wird die Ladung des

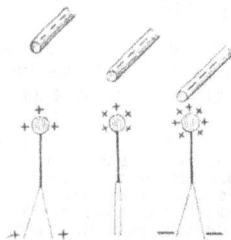

Abb. 778   Abb. 779

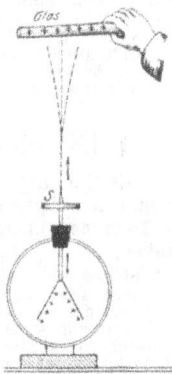

Knopfes frei und verbreitet sich auch über die Pendel, wodurch diese sich wieder spreizen (Abb. 777).

2. Ist aber das Elektroskop bereits positiv geladen und nähert man ihm von oben her allmählich einen negativ geladenen Stab, so ist dieser bei entsprechender Annäherung fähig, die ganze positive Ladung des Elektroskops in den Knopf zu ziehen, so daß die Pendel zusammenklappen (Abb. 778).

3. Setzt man auf das Elektroskop eine Spitze und hält darüber z. B. einen positiv geladenen Glasstab, so tritt an der Spitze eine Scheidung von ± El. ein (Abb. 779). Die angezogene Elektrizität strömt aus der Spitze fort, die abgestoßene Elektrizität verbleibt im Elektroskop und treibt dessen Blättchen auseinander (**Saugwirkung der Spitze**).

[431] Elektrische Kapazität.

a) Wenn wir zwei Konduktoren, auf welchen verschiedene Spannung herrscht, leitend verbinden, so kommt es zu einer Elektrizitätsbewegung, die so lange dauert, bis auf beiden gleiche Spannung vorhanden ist.

Eine völlige Analogie bieten zwei auf verschiedenes Niveau mit einer Flüssigkeit gefüllte Gefäße, die durch ein mit Hahn versehenes Kommunikationsrohr verbunden sind. Beim Öffnen des Hahnes strömt so lange Flüssigkeit aus dem Gefäße mit höherem Niveau in das andere, bis das Niveau in beiden gleichhoch steht. Eine zweite Analogie bieten zwei Körper mit verschiedener Temperatur.

Unter elektrischer Kapazität eines Leiters versteht man jene Elektrizitätsmenge, die nötig ist, um die Spannung des Leiters um die Einheit ihres Wertes zu erhöhen, d. h. an einem und demselben Leiter ist die Spannung proportional der jeweilig vorhandenen Ladung.

Elektrizitätsmenge = Kapazität × Spannung.

Die elektrische **Aufnahmefähigkeit** (Kapazität) **der Erde** darf als **unendlich groß** betrachtet werden, d. h. die Ladung eines elektrischen Körpers, der „geerdet" wird, fließt vollständig in die Erde ab und bekommt daher die Spannung Null.

b) Die Einheit der elektrischen Kapazität besitzt eine Kugel von 1 cm Radius, welche die Ladungseinheit unter der Spannung eins aufweist. Als praktische Einheit der Kapazität nimmt man dagegen jene eines kugelförmigen Konduktors an, der durch eine Ladung von 1 Coulomb die Spannung von 1 Volt erhält und nennt diese Einheit 1 Farad.

$$1 \text{ Farad} = \frac{1 \text{ Coulomb}}{1 \text{ Volt}} = \frac{3 \cdot 10^9}{{}^1\!/_3 \cdot 10^2} = 9 \cdot 10^{11} \text{ cm} =$$
$$= 9 \text{ Millionen Kilometer Radius.}$$

Da aber eine solche Einheit unbequem wäre, wird nur ein **Millionstel eines Farads** — ein **Mikrofarad** — als praktische Kapazitätseinheit verwendet.

Sind C_1, V_1 Kapazität und Spannung eines ersten Konduktors, C_2, V_2 die eines zweiten Konduktors, so enthalten beide zusammen die Ladung $V_1 \cdot C_1 + V_2 \cdot C_2$. Verbindet man sie, so nehmen beide die mittlere Spannung V an und enthalten die Ladung $V \cdot C_1 + V \cdot C_2$. Da beide Ladungen gleich sein müssen, so ergibt sich als Endspannung:

$$V = \frac{V_1 C_1 + V_2 C_2}{C_1 + C_2} \, .$$

Vergleiche die Formel [266b, 1] für $c_1 = c_2 = 1$; Ausgleich der Spannungen analog dem Ausgleiche der Temperaturen.

[432] Die Kondensatoren.

a) Zur Aufspeicherung der Elektrizitätsmengen dient der Kondensator (= Verdichter)**, der aus zwei parallelen, einander sehr nahe gegenüberstehenden Metallplatten A, B besteht, die durch eine isolierende Schicht, wie Luft, Glas, Hartgummi, Glimmer getrennt sind** (Abb. 780).

Die eine Platte A stellt den zu ladenden Konduktor vor, die andere Platte B muß zur Erde abgeleitet sein und hat den Zweck, einen Teil der Elektrizität auf dem Kollektor zu binden.

Die isolierende Schicht zwischen den Platten A und B eines Kondensators nennt man **Dielektrikum.**

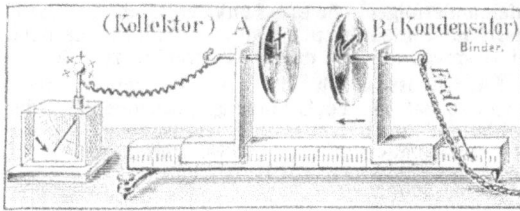

Abb. 780
Kondensator

Faraday zeigte, daß die Kapazität eines Kondensators sehr stark vom gewählten Dielektrikum abhängt. Wählt man statt der Luftschicht zwischen A und B eine gleich dicke Glasschicht, so wird die Kapazität rund 7 mal so groß wie vorher. Die Zahl 7 nennt man die **Dielektrizitätskonstante c des Glases** (Verstärkungszahl in bezug auf Luft).

Dielektrizitätskonstanten c für					
Luft	Schellack	Hart-gummi	Glas, gew.	Flint-glas	Glimmer
1	2,8—3,7	2—3	4—7	bis 10	4—8

Der Sitz der gebundenen Ladungen eines Kondensators ist übrigens nicht in den beiden Metallplatten, die deshalb beliebig dünn sein können, sondern wegen ihrer gegenseitigen Anziehung im Dielektrikum, was man an einem zerlegbaren Kondensator leicht nachweisen kann.

b) Der einfachste Kondensator ist die **Franklinsche Tafel,** bei der zwei durch eine Glasscheibe getrennte Staniolbelege die erwähnten Platten vorstellen (Abb. 781).

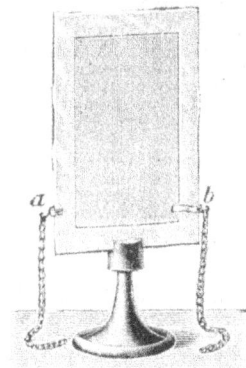

Abb. 781
Franklinsche Tafel

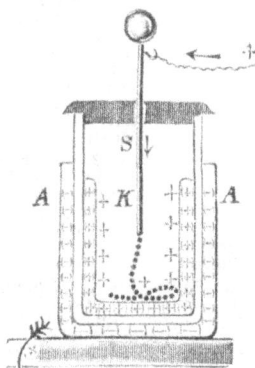

Abb. 782
Leidner Flasche

Die in der Elektrostatik gebräuchlichste Form des Kondensators ist jedoch die der **Leidener Flasche,** die aus einem außen und innen bis zu etwa $^2/_3$ ihrer Höhe, mit einem Staniolbeleg versehenen Glasgefäße besteht. Zum inneren Beleg führt durch den isolierenden Deckel ein Messingstab S, der unten in einem Messingkettchen endet (Abb. 782). Die Flasche wird geladen, indem man den inneren Beleg mit dem Konduktor einer Elektrisiermaschine verbindet, während man die äußere Belegung zur Erde ableitet. Daß auch hier der Sitz der Elektrizität das Glas ist, beweist eine Leidener Flasche mit stärkeren Metallbelegen (aus Messing), die sich abnehmen lassen.

Verbindet man die äußeren Belege mehrerer Leidener Flaschen leitend miteinander und ebenso die Knöpfe (d. h. die inneren Belege), so erhält man eine **Leidener Flaschenbatterie in Parallelschaltung.** Diese wirkt wie eine einzige Leidener Flasche mit entsprechend größeren Belegen. **Hintereinanderschaltung** tritt ein, wenn man je den inneren Beleg der einen Flasche mit dem äußeren den nachfolgenden verbindet. Alle Flaschen müssen dabei auf isolierende Unterlagen gesetzt werden (**Kaskadenbatterie).**

Die Leidener Flasche wurde durch Zufall vom Domherrn v. Kleist in Pommern, gleichzeitig von Cunäus in Leiden (Holland) erfunden.

[433] Elektrizitätsquellen.

Zur Erzeugung größerer Mengen von Elektrizität dienen folgende Apparate:

1. Die Reibungs-Elektrisiermaschine.

Die Reibungserscheinungen haben vielfach zur Anfertigung von Maschinen angeregt, um größere Mengen von Elektrizität hervorzubringen (Abb. 783).

Die Maschine besteht der Hauptsache nach aus einer runden **Glasscheibe,** die man mit einer Kurbel um ihre Achse drehen kann und einem **Reibzeuge,** das zwei mit Amalgam bestrichene Lederlappen enthält, die durch Klammern an die Scheibe gepreßt werden.

Beim Drehen der Scheibe reibt sich das amalgamierte Leder am Glase, wodurch das Leder und der mit ihm verbundene Konduktor B negativ, das Glas positiv elektrisch wird.

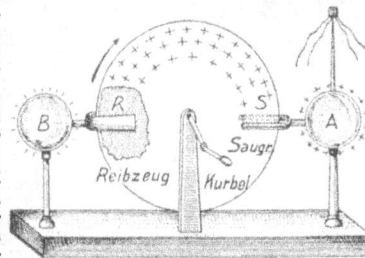

Abb. 783

Kommt die + Ladung der Glasscheibe am Saugrechen vorbei, so wird dieser von ihr influenziert; die angezogene —El. strömt durch die Spitzen heraus und neutralisiert einen gleichen Betrag der Ladung auf der Glasscheibe. Gleichviel + El. bleibt in dem mit dem Rechen S verbundenen Konduktor A zurück und ladet diesen positiv. Es ist anscheinend so, als ob die + El. des Glases geradeswegs auf den Konduktor A übergegangen wäre. (Siehe Lebensbild Otto von Guericke. Vorstufe S. 177.)

2. Der Elektrophor.

Der **Elektrophor,** erfunden von dem Deutschen Wilke, verbessert von Volta 1790, wird zur Erzeugung von Elektrizität durch Influenz verwendet.

Er besteht aus einer Hartgummischeibe oder einem Kuchen aus Schellack und venetianischem Terpentin, der auf einem Blechteller liegt (Abb. 784).

Durch Reiben mit Wolle erteilt man zunächst dem Kuchen eine negative Ladung an der Oberseite.

Nähert man nun den Deckel mit dem isolierenden Griff, so wird dieser influenziert, es tritt auf ihm eine Scheidung dahin ein, daß er unten positiv, oben negativ elektrisch wird. Erstere Ladung wird vom Kuchen gebunden, letztere ist frei und kann durch Berühren mit dem Finger in die Erde geleitet werden (1. Funke).

Abb. 784
Elektrophor

Dann gibt man den Finger weg und hebt man den Deckel ab. Dadurch wird die auf ihm vorhandene gebundene + El. frei und kann zur Ladung eines Konduktors oder einer Leidener Flasche verwendet werden (2. Funke).

Dieser Vorgang kann oft wiederholt werden, ohne daß man die Ladung des Kuchens erneuern muß. Beim Abheben des Deckels muß man eine mechanische Arbeit leisten, um die Anziehung zwischen der Ladung des Deckels und der des Kuchens zu überwinden. Daß die Kuchenladung nicht verloren geht, dafür sorgt der Blechteller, in dem +El. influenziert wird, die ihrerseits die —Ladung des Kuchens bindet.

3. Die Influenzmaschine.

Die **Influenzmaschinen, erfunden von Holtz und Töpler 1865,** beruhen auf dem Gedanken, **Elektrizität durch Influenzierung von Spitzen zu erzeugen.** Es gibt solche, denen eine kleine Anfangsladung zugeführt werden muß und solche, die sich selbst erregen.

Heute ist vorherrschend die **selbsterregende Maschine von Wimshurst** im Gebrauche, die tatsächlich auch von Holtz erfunden wurde. Sie ist weniger von atmosphärischen Verhältnissen abhängig und besteht aus zwei entgegengesetzt rotierenden Hartgummischeiben, die mit kleinen Stanniolsektoren beklebt sind (Abb. 785).

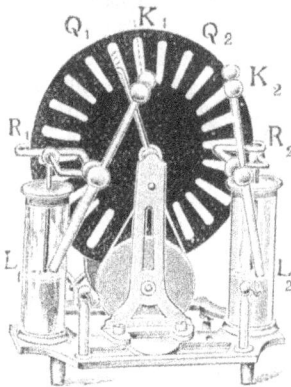

Abb. 785
Influenzmaschine

Bei R_1 und R_2 (Abb. 786) umgeben gabelförmig gestaltete Saugapparate beide Scheiben. Wesentlich sind noch zwei diametrale Konduktoren p_1 und p_2, deren Enden Metallpinsel tragen, die auf der Scheibe und den Stanniolsektoren schleifen. Für den Anfang genügt eine Ladungsspur, die gewöhnlich von Ladungsrückständen der Ebonitscheibe herrührt, sonst auch durch das Schleifen der Metallpinsel auf einem Sektor zustande kommt. Angenommen, Sektor s auf der hinteren Scheibe sei aus irgendwelcher Ursache + geladen. Sowie ein Sektor auf der vorderen Scheibe vorbeirotiert, wird er — elektrisch, welche Ladung durch p_2 auf die hintere Scheibe fließt, dann nach Umdrehung der Scheibe vom Rechen R_1 abgenommen und der Leidener Flasche L_1 sowie dem Konduktor K_1 zugeführt wird. Ebenso fließt die +El. der hinteren Scheibe dem Rechen R_2, der Flasche L_2 und dem Konduktor K_2 zu. Diese +El. der hinteren Scheibe influenziert nun ihrerseits wieder den Pinsel p_2 und zieht aus diesem noch mehr —El. und diese wieder aus p_1 noch mehr +El. usw. So kommt es hier zu steigender Ladung der Sektoren bis zu einer vom Isolationsvermögen

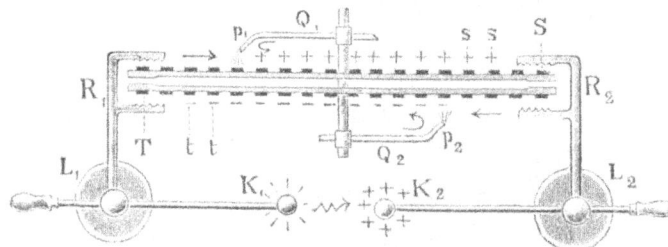

Abb. 786

der Scheiben und den atmosphärischen Umständen bedingten Grenze.

Als Maschinenspannung gilt der Unterschied der Spannungen zwischen dem positiven und negativen Konduktor. Sie ist für jede Maschine fest und bildet die Grenze der möglichen Elektrizitätslieferung.

[434] Der elektrische Funke.

Mit den besprochenen Elektrisiermaschinen, teilweise in Verbindung mit Verstärkungsapparaten (Leidener Flaschen und Batterien) können die Wirkungen der elektrischen Entladungen verfolgt werden, die sich zunächst als **Funkenstrom** kundgeben.

a) Die Stärke des elektrischen Funkens hängt von der Menge der sich ausgleichenden Elektrizitäten ab, seine Schlagweite von der Spannung der beiden Elektroden. Je 1000 Volt Spannungsdifferenz geben rund 1 mm Funkenlänge.

Die Entfernung, auf die ein Funke noch überspringt, nennt man seine **Schlagweite**. Überschreitet man die Schlagweite, so strömt die Elektrizität ohne Funkenbildung in die umgebende Luft, was man als **stille Entladung** bezeichnet; dabei zeigt die **positive** Elektrizität büschelförmiges, die **negative punktförmiges** Licht. Die Farbe des Funkens richtet sich nach dem Metall der Konduktorkugeln; Funken, die zwischen Kupfer überspringen, sind grün.

b) Wie Wheatstone zeigte, ist die Dauer des elektrischen Funkens eine außerordentlich kurze, und

Fedderson hat nachgewiesen, daß der Funke eine Reihe von Funkenentladungen wechselnder Richtung darstellt, welche dem Auge, da sie äußerst rasch aufeinanderfolgen, wie ein Funke erscheinen. (**Oszillatorische Entladungen.**) Darauf kommen wir noch bei Besprechung der Funkentelegraphie zurück.

Endlich ist durch die Versuche von H. Hertz bewiesen, daß die Fortpflanzungsgeschwindigkeit der Elektrizität im freien Raume ebenso groß ist wie jene des Lichtes (300000 km pro Sekunde).

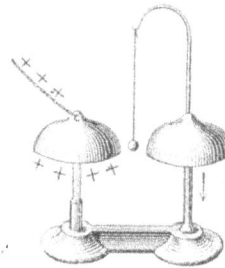

Abb. 787
El. Glockenspiel

Abb. 788
Isolierschemel

c) Im übrigen hat der elektrische Funke verschiedene mechanische, chemische, physiologische Wärme- und Lichtwirkungen, die wir bei den Versuchen mit der Elektrisiermaschine beobachten können.

1. Mechanische Wirkungen. Beispiele hierfür bieten das elektrische Glockenspiel (Abb. 787). — Der **elektrische Hagel,** bei welchem sich die Konduktorentladungen durch wiederholte Anziehungen und Abstoßungen bemerkbar machen. — Der **elektrische Wind** bei Spitzen. — Durchbohrung von Papier und Glas. — Der den Funken begleitende Knall.

2. Chemische Wirkungen. Der elektrische Funke wirkt beim Durchschlagen durch Gemische **zusammensetzend** (z. B. Sauerstoff und Stickstoff geben Stickstoffdioxyd, Verdichtung des Sauerstoffes zu **Ozon**) oder bei Verbindungen auch **trennend** (z. B. Kaliumjodid in Jod und Kalium).

3. Physiologische Wirkungen. Geht die elektrische Entladung durch den menschlichen oder tierischen Körper, so sind je nach der Spannungsdifferenz **schwächere oder stärkere Muskelzuckungen fühlbar, die selbst zu Lähmungen oder zum Tode führen können** (Blitzschläge — Isolierschemel, Abb. 788).

4. Wärmewirkungen. Nimmt der Funke seinen Weg durch brennbare Körper oder explosive Gase, so entzündet er sie (**Minenzündung**). Drähte werden erhitzt und zerstäubt.

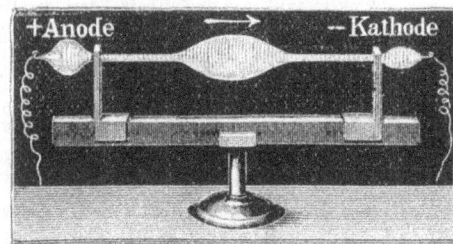

Abb. 789
Geißlersche Röhre

5. Lichtwirkungen. In verdünnten Gasen (**in Geißlerschen Röhren**) geht die Entladung auf weit größere Entfernungen vor sich. An Stelle des Funkens tritt dann ein eigentümliches Glimmlicht auf, dessen Farbe von der Natur des Gases abhängt (Abb. 789).

[435] Atmosphärische Elektrizität. Gewitter und Blitzableiter.

a) **Franklins** bekannter Drachenversuch bewies, daß die Luft und die Wolken elektrisch geladen sind; er ließ bei einem Gewitter einen Drachen an hänfener Leine steigen und befestigte an deren unterem Ende einen Schlüssel. Während des eingetretenen Regens wurde die Leine feucht (leitend), und Franklin konnte nun aus dem Schlüssel Funken ziehen, woraus er folgerte, daß die Wolken und die Luft in hohen Regionen elektrisch geladen sind (s. Lebensbild des **Benjamin Franklin** am Schlusse dieses Briefes).

Spätere Wiederholungen dieser ersten wegen Unkenntnis der Verhältnisse ziemlich gefährlichen Versuche ergaben, daß **die Atmosphäre bei heiterem Himmel positiv, die Erdoberfläche dagegen negativ geladen ist.**

b) Eine plötzliche und ausgiebige Änderung der Spannungsdifferenz ergibt sich nur bei **Gewitter, weil die Wolken einen ungleich höheren Elektrizitätsgrad als die Luft zeigen.**

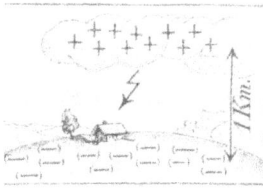

Abb. 790

Der gewaltsame Ausgleich der + und der —El. solcher Wolken untereinander oder gegen die influenzierte Erde erfolgt durch einen oft meilenlangen Funken, den **Blitz** (Abb. 790). Der Ausgleich der Luftdichtigkeiten längs der Blitzbahn ruft den **Donner** hervor.

Die Wirkungen des Blitzes entsprechen ganz denen eines gewaltigen elektrischen Funkens, namentlich zeigen sich die Wärmewirkungen bei zündenden Blitzen und die mechanischen Wirkungen bei kalten Schlägen.

Linienblitze gehen von Wolke zu Wolke oder von der Wolke zur Erde, während **Flächenblitze** nur Reflexerscheinungen sind, welche oft ganze Wolkenflächen beleuchten (**Wetterleuchten**). Die immerhin seltene Erscheinung der **Kugelblitze** ist noch nicht aufgeklärt.

Der Blitz schlägt gern in die höchsten Stellen der Gebäude (Kamine, Türme, Dachfirste) ein; je vereinzelter ein Gebäude steht, um so mehr gefährdet ist es. Der Blitz verzweigt sich auch mit Vorliebe auf benachbarte Metallmassen, indem er selbst trennende Isolatoren, Mauern durchschlägt. Er ruft im Umkreis in den Metallteilen Influenzwirkung hervor, zwischen welchen dann sekundäre Blitze auftreten. (**Elektrischer Rückschlag.**) — Menschen, vom Blitz oder Rückschlag getroffen, werden betäubt, oberflächlich verbrannt, häufig gelähmt oder getötet.

c) Der **Blitzableiter**, erfunden von F r a n k l i n, **hat die Aufgabe, dem Blitz eine gute metallische Leitung zur Erde darzubieten und dadurch Schaden von dem geschützten Gebäude abzuhalten.** Der Hauptsache nach besteht jeder Blitzableiter aus den Auffangstangen, einer Luftleitung und einer Erdleitung.

Die Auffangstangen müssen durch dicke Drahtseile aus Kupfer oder Eisen miteinander, ferner mit allen größeren Metallmassen des Hauses und schließlich mit der Erde leitend verbunden sein. Dort endigen sie in ca. 1 m² großen Erdplatten aus Kupfer oder Eisen, die am besten in Grundwasser oder in feuchtes Erdreich eingebettet werden (Abb. 791).

Abb. 791 Blitzableiter

Nach **Findeisen** kann man die Auffangstangen sparen, wenn man den First durch verzinktes Eisenblech schützt und dieses in gut leitende Verbindung mit der Erde bringt. Letzteres geschieht, indem man in der Erde ein langes Rohr aus verzinktem Eisen verlegt und dieses mit der Luftleitung verbindet. Früher nahm man an, daß die Stangen durch eine stille Entladung der Erdelektrizität (= Spitzenwirkung) einem plötzlichen Ausgleiche vorbeugen. Erfahrungsgemäß schützt die Auffangstange eines Blitzableiters nur einen Raum, welcher die Form eines um die Stange beschriebenen Kegels von 90° Öffnungswinkel hat. Der **Melsensche Blitzschutz** besteht aus einem gut zur Erde abgeleiteten metallischen Schirmnetze.

Zu den Erscheinungen der atmosphärischen Elektrizität gehört auch das **St. Elmsfeuer** (Ausströmung der Elektrizität aus spitzen Objekten) und wahrscheinlich auch das **Polarlicht**.

B. Die strömende Elektrizität (Elektrodynamik).

I. Der elektrische Strom.

[436] Elektrische Strömung.

a) **Ein jeder Übergang von Elektrizitätsmengen infolge eines Spannungsunterschiedes,** wie er z. B. immer stattfindet, wenn man die Konduktoren einer Elektrisiermaschine durch einen Halbleiter (einer Hanfschnur, einem dünnen Holzstabe u. dgl.) verbindet, **heißt eine elektrische Strömung oder ein elektrischer Strom. Als Stromstärke bezeichnet man die Elektrizitätsmenge, die in der Zeiteinheit durch den Querschnitt des Leiters fließt;** sie muß in allen Querschnitten dieselbe sein, weil sonst Stauungen der Ladungen vorkommen müßten.

Da die Ursache einer elektrischen Strömung in einem Leiter nur in der Verschiedenheit der Spannungswerte an seinen Enden zu suchen ist, sind wir berechtigt, die Ursache der Elektrizitätsbewegung, d. h. **die elektromotorische Kraft (EMK) proportional der an den Enden des Leiters vorhandenen Spannungsdifferenz anzunehmen.**

b) **Die Stromstärke** i, d. i. die durch den Querschnitt eines in der ganzen Länge l gleichartig gedachten Leiters während der Zeiteinheit hindurchgehende Elektrizitätsmenge **ist proportional der an den Enden des Leiters vorhandenen Spannungsdifferenz** V **und umgekehrt proportional dem Wider-** stande W, den der Leiter der Strömung entgegensetzt, ·daher

$$i = \frac{V}{W}.$$

Diese Gleichung führt den Namen „Ohmsches Gesetz".

[437] Das Voltasche Element.

Zu Ende des 18. Jahrhunderts wurde eine zufällige Beobachtung des Bologneser Arztes Luigi **Galvani,** daß der mittels eines kupfernen Hakens an einem eisernen Balkongeländer aufgehängte Schenkel eines kurz vorher getöteten Frosches zuckte (Abb. 792), wenn er mit dem eisernen Geländer in Berührung kam, die erste Veranlassung zur Entdeckung einer neuen Elektrizitätsquelle, welche ungleich größere Elektrizitätsmengen zu liefern imstande ist als selbst die größten Elektrisiermaschinen.

Abb. 792

a) Diese höchst einfache Vorrichtung, welche nach ihrem Entdecker das **Voltasche Element** genannt wurde, besteht aus je einer Zink- und einer Kupferplatte, welche voneinander getrennt in ein Gefäß mit verdünnter Schwefelsäure eintauchen.

Es läßt sich nachweisen, daß die Kupferplatte eine positive, die Zinkplatte eine ebenso große negative Spannung besitzt, daß also zwischen beiden eine gewisse Spannungsdifferenz herrscht. Die an den Polen des Elementes befindlichen Ladungen treten bei der Berührung der Metalle Zn und C mit der Flüssigkeit H_2SO_4 auf; infolge dieser Berührung finden auch gewisse, später noch zu besprechende chemische Veränderungen im Elemente selbst statt.

Man bezeichnet die Veranlassung zu diesen Ladungen als **Berührungselektrizität** und zu Ehren des ersten Entdeckers als **galvanische Elektrizität.**

Durch Versuche mit dem Voltaschen Element hat sich ergeben, daß **die Spannungsdifferenz wohl von der Natur der sich berührenden Körper abhängig, jedoch von der Größe der Berührungsflächen unabhängig ist.** Sie ergibt sich bei den Platten des Voltaelementes mit **1,06 Volt.**

b) Vereinigt man mehrere Elemente so, daß stets der positive Kupferpol des vorhergehenden mit dem negativen Zinkpole des folgenden Elementes leitend verbunden ist, so erhält man eine **Voltasche Batterie,** deren Spannungsdifferenz bei Annahme von n Elementen n mal so groß ist wie bei einem einzigen Elemente. **(Hintereinander- oder Serienschaltung der Elemente.)**

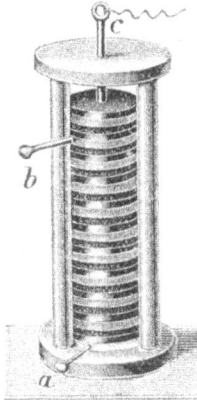

Die Voltasche Batterie hatte anfänglich die Gestalt einer Säule, die aus Zink- und Kupferplatten und dazwischen gelegten, mit angesäuertem Wasser benetzten Filzplatten bestand (Abb. 793); die Spannung einer

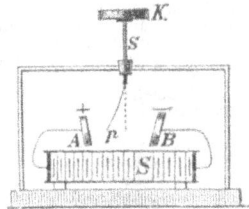

Abb. 793
Voltasche Säule

Abb. 794
Zambonische Säule

solchen **Voltaschen Säule** ist natürlich auch proportional der Elementenzahl. Aus der Voltaschen Säule, die heute nicht mehr im Gebrauche steht, ist die **Zambonische** oder **trockene Säule** hervorgegangen, die man erhält, wenn man Gold- und Silberpapiere mit den unbelegten Seiten zusammenleimt; sie ist zur Ladung und Prüfung von Elektroskopen sehr bequem (Abb. 794).

c) Verbindet man die Platten Zn und Cu eines Voltaschen Elementes oder die äußersten freien Platten einer Batterie durch einen Leiter, d. h. schließt man **das offene Element** oder **die offene Batterie,** so gleichen sich die entgegengesetzten Ladungen der Platten aus; es entsteht somit ein **elektrischer Strom,** dessen Stärke von der **elektromotorischen Kraft** [436] der Stromquelle und vom **Widerstande** des Leiters abhängt. **Der Strom ist geschlossen,** er geht außen durch den Leiter vom Kupfer zum Zink und innen durch die Flüssigkeit, also vom Zink zum Kupfer hindurch. Durch die Berührung der Metalle mit der Flüssigkeit wird trotz des ungeheuer raschen Abflusses der Elektrizitäten von den

Polen dauernd neue Elektrizität im galvanischen Elemente erzeugt, bis dieses erschöpft ist.

Wie wir später hören werden, ist die **elektromotorische Kraft eines Voltaschen Elementes wegen der auftretenden Polarisation nicht konstant, sondern nimmt allmählich ab.** Im Gegensatze zu diesen **inkonstanten** gibt es jedoch **konstante** Stromquellen, zu denen andere Arten von galvanischen Elementen, die Akkumulatoren und die Dynamomaschinen gehören, deren Beschreibung erst später folgen kann. Für diese ist dann die elektromotorische Kraft als konstant anzusehen, wie wir dies in den nachstehenden Ausführungen voraussetzen wollen.

[438] Vom Leitungswiderstande.

a) Wie wir bereits wissen, ist die durch eine gegebene **Spannungsdifferenz** erzeugte **Stromstärke umgekehrt proportional dem Widerstande,** den der gesamte Stromkreis dem Durchgange des elektrischen Stromes entgegenstellt.

In dieser Hinsicht unterscheidet man nun:

1. **Gute Leiter,** als welche alle Metalle und die Kohle anzusehen sind.

2. **Mittlere Leiter,** wie sie alle zersetzbaren Flüssigkeiten darstellen, und

3. **Nichtleiter** oder **Isolatoren,** deren Leitfähigkeit so gering ist, daß man praktisch von einem Durchfließen des elektrischen Stromes nicht mehr reden kann; man benutzt sie im Gegenteile dazu, den Leiter zu umhüllen, **zu isolieren,** und ihn dadurch vor Stromverlusten zu bewahren. Hierher gehören Glimmer, Preßspan, Fiber, Glas, Porzellan, Schiefer, Marmor, Kautschuk, Guttapercha, Gummi, Paraffin, Schwefel, Seide, Wolle, trockenes Papier, Öl.

Die praktische Einheit des Widerstandes wird mit **Ohm** (Ω) bezeichnet und durch den Widerstand einer Quecksilbersäule bei 0° C dargestellt, deren Länge bei einem Querschnitte von 1 mm² 106,3 cm beträgt. Bei Metallen bezeichnet man den Widerstand eines Drahtes von 1 m Länge und 1 mm² Querschnitt bei 15° C als spezifischen Widerstand σ des betreffenden Materiales.

Der Widerstand eines Drahtes ist proportional seiner Länge in m und umgekehrt proportional seinem Querschnitte q **in mm².** Somit

$$R = \sigma \cdot \frac{l \, m}{q \, mm^2}.$$

Den reziproken Wert des Leitungswiderstandes nennt man **Leitfähigkeit.**

b) **Der Leitungswiderstand ist abhängig von der Temperatur, und zwar derart, daß der Widerstand der meisten Metalle mit wachsender Temperatur zunimmt; nur Kohle und viele Flüssigkeiten haben bei höherer Temperatur geringeren Widerstand.** Um einen Widerstand für beliebige Temperaturen angeben zu können, muß bekannt sein, um wieviel sich der Widerstand ändert, wenn die Temperatur um 1° C zunimmt. Hat ein Leiter bei irgendeiner Temperatur den Widerstand R_t, so wächst dieser für jeden Grad der Erwärmung um k Ohm. Daher

$$R_T = R_t \, [1 + k \, (T - t)].$$

Es ist	bei					
	Blei	Eisen	Kupfer	Neusilber	Platin	Quecksilber
die **Leitfähigkeit** bei 0° C, bezogen auf Quecksilber von 0° C	4,8	9,75	57,0	3,14	14,4	1
der **Widerstand** von 1 m und 1 mm² bei 15° C in Ω	0,2076	0,0982	0,0174	0,301	0,0937	0,9539
die **Widerstandszunahme** pro 1° C Temp.-Erhöhung in Ω	0,0039	0,0048	0,0038	0,00036	0,0024	0,00090

Daraus ist schon zu ersehen, daß **Neusilber,** eine Legierung von Kupfer, Zink und Nickel einen verhältnismäßig hohen Widerstand und einen sehr kleinen Temperaturkoeffizienten hat. Es gibt aber noch viele andere Legierungen, wie **Nicke-lin, Manganin, Konstantan, Rheotan, Kruppin usw.,** die bei noch günstigeren Eigenschaften sich vorzüglich für Regulierwiderstände eignen.

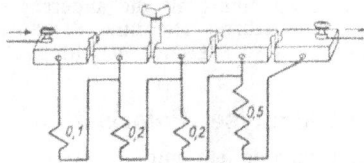

Abb. 795
Widerstandskasten

Solche **Widerstandsapparate, Rheostate,** die teils zu Meß-, teils zu Regulierungszwecken dienen, sind:

1. Der **Widerstandskasten,** der bei Messungen benutzt wird. Es ist ein Kästchen, auf dessen isolierendem Deckel ein in gleichmäßigen Abständen unterbrochener dicker Messingbarren liegt (Abb. 795). Die Unterbrechungsstellen sind außen durch Metallstöpsel, innen durch Drahtspulen von z. B. 0,1 Ω, 0,2 Ω, 0,2 Ω, 0,5 Ω usw. überbrückt.

Abb. 796
Walzenrheostat

Stecken alle Stöpsel, so ist der Widerstand gleich Null. Zieht man den Stöpsel 0,2 heraus, so ist der Widerstand 0,2 Ω eingeschaltet usf.

2. Der **Walzenrheostat** ist eine Porzellan- oder Schieferwalze, um die blanker Draht in Windungen herumgewickelt ist, ohne daß sie einander berühren (Abb. 796). Durch Verschieben eines Bügelkontaktes B kann man rasch mehr oder weniger Windungen und damit mehr oder weniger Widerstand einschalten.

3. Der **Kurbelrheostat** (Abb. 797) ist ein rechteckiger, mit Schiefer verkleideter Rahmen, auf dem Drahtspiralen im Zickzack ausgespannt sind. Durch Drehen einer Kurbel kann man den Strom zwingen, eine oder mehrere Spiralen zu durchlaufen. Diese Art von Rheostaten benutzt man zur Regulierung bei Bogenlampen und als Anlasser für Motoren.

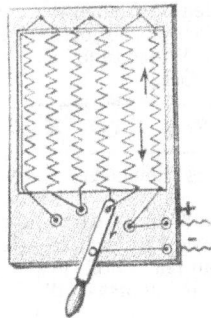

Abb. 797   **Abb. 798**
Kurbelrheostat   Flüssigkeitswiderstand

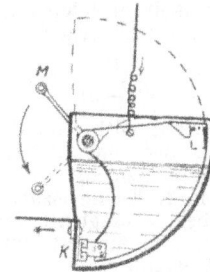

4. Auch **Flüssigkeitswiderstände** finden für solche Zwecke Anwendung. Sie bestehen im wesentlichen aus einem mit Sodalösung gefüllten eisernen Trog, in dem eine oder mehrere eiserne Platten durch Drehen einer Kurbel M (Abb. 798) allmählich eingetaucht werden können. Für die tiefste Stellung der Platten ist der Kontakt K vorgesehen, wodurch der Flüssigkeitswiderstand ganz ausgeschaltet ist.

Flüssigkeiten zeigen einen hohen spezifischen Leitungswiderstand.

So hat z. B. 5 proz. Schwefelsäure 47 600 Ω,
             15 proz.   ,,   18 000 ,,
             Kupfervitriollösung   240 000 ,,
             20 proz. Kochsalzlösung   51 000 ,,

Aufgabe 151.

[439] *Von einem Ring Kupferdraht von 1 mm Durchmesser ist ein Stück von 25 Ω Widerstand bei 15° C abzuschneiden. Wieviel Meter sind wegzunehmen?*

$$l = \frac{R \cdot q}{\sigma} = \frac{25 \cdot 0{,}787}{0{,}0174} = 1125 \text{ m.}$$

Aufgabe 152.

[440] *Die Platten eines Akkumulators haben 1 dm² Größe bei 2 cm Abstand. Welchen Widerstand bietet die Flüssigkeit (15% Schwefelsäure) dem Strome dar?*

$$R = \frac{0{,}02 \cdot 18\,000}{10\,000} = 0{,}036 \ \Omega.$$

Aufgabe 153.

[441] *Die Magnetwicklung einer Dynamomaschine besitzt bei 18° C einen Widerstand von 270 Ω, Nach einem 6 stündigen Dauerbetriebe wurde der Widerstand mit 324 Ω gemessen. Wie groß ist demnach die Temperaturerhöhung der Wicklung während des Betriebes, und welches ist ihre Endtemperatur?*

Aus $R_T = R_t [1 + k(T - t)]$ folgt

$$R_T = R_t + R_t k \cdot (T - t)$$

$$T - t = \frac{R_T - R_t}{R_t \cdot k}$$

für $R_T = 324$, $R_t = 270$, $t = 18$ und $k = 0{,}004$ ist $T = 50 + 18 = $ **68° C.**

[442] Klemmenspannung, Schaltung der Stromquellen.

a) Die an den Klemmen eines offenen galvanischen Elementes vorhandene Spannungsdifferenz E treibt, wenn das Element durch einen Widerstand R_a geschlossen wird, einen Strom von einer gewissen Stromstärke J durch den Schließungskreis hindurch. Dabei hat sie aber nicht bloß den zwischen den Klemmen eingeschalteten äußeren Widerstand R_a zu überwinden sondern auch den im Elemente selbst durch die Platten und die dazwischen befindliche Flüssigkeit gebildeten inneren Widerstand R_i. Es gilt also nach dem Ohmschen Gesetz

$$J = \frac{E}{R_i + R_a} \text{ oder } \boxed{J \cdot R_i + J R_a = E;}$$

es zerfällt mithin die EMK des Elementes in zwei Teile: der eine derselben $E_k = J R_a$ treibt die Elektrizitätsmenge durch den äußeren Widerstand R_a und heißt **Klemmenspannung**; sie ist durch $E - J R_i$ gegeben, also gleich der gesamten EMK des Elementes, vermindert um den **Spannungsabfall** $J R_i$ **im Elemente.**

Die Klemmenspannung E_k ändert sich mit der Belastung. Im offenen Element ist $E_k = E$ und $J = 0.$

Wird das Element durch den Widerstand $R_a = 0$ kurzgeschlossen, so ist $E_k = 0$ und

$$E = J\max \cdot R_i.$$

b) **Die Stromstärke einer Batterie ist verschieden je nach der Art, wie die Elemente verbunden sind.** Man unterscheidet:

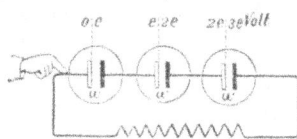

Abb. 799
Reihenschaltung

1. Die **Hintereinander- (Reihen- oder Serien-)Schaltung** (Abb. 799); der positive Pol eines jeden Elementes wird mit dem negativen des folgenden verbunden.

n Elemente haben dann die Spannung $n \cdot E$ und den inneren Widerstand $n \cdot w$. Daher ist

$$J = \frac{n \cdot E}{R_a + nw} = \frac{E}{\dfrac{R_a}{n} + w}.$$

Ist nun R_a gegen w sehr groß, wie z. B. bei Telegraphenleitungen, so darf man w, ja sogar $n \cdot w$ gegen R_a vernachlässigen; dann erhält man $J = \dfrac{nE}{R_a}$, d. h. **es wird durch Hintereinanderschaltung der Elemente der $n$fache Strom erzeugt.**

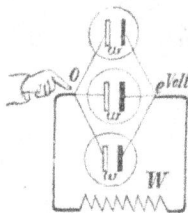

Abb. 800
Parallelschaltung

2. Die **Parallelschaltung** (Abb. 800); bei dieser werden alle positiven und alle negativen Pole zu je einem gemeinschaftlichen Pole vereinigt.

Diese Batterie wirkt wie ein Element mit $n$mal so großen Platten, während der innere Widerstand auf $\dfrac{1}{n}$ des Widerstandes des einzelnen Elementes herabsinkt. Mithin

$$J = \frac{E}{R_a + \dfrac{w}{n}} = \frac{n \cdot E}{n R_a + w}.$$

Ist R_a sehr klein gegen w, wie z. B. in der Galvanoplastik, so kann $n R_a$ vernachlässigt werden; dann ist $J = \dfrac{n \cdot E}{w}.$

Bei sehr großem äußeren Widerstande empfiehlt sich nur die Serien-, bei sehr kleinem äußeren Widerstande nur die Parallelschaltung der Elemente. Man beachte, daß die Parallelschaltung nur angewendet werden darf, wenn die Spannung der einzelnen Elemente gleich groß ist. Hat ein Element eine niedrigere Spannung als die anderen, so empfängt es in umgekehrter Richtung Strom von der Batterie und wird so zugrunde gerichtet.

[443] Elektrolyse, Polarisation.

a) Bringt man in ein mit Schwefelsäure angesäuertes Wasser zwei Platinplatten, wovon die eine mit dem positiven Pole, die andere mit dem negativen Pole einer Batterie verbunden wird, so wird die Schwefelsäure H_2SO_4 zersetzt (Abb. 801); der positive Wasserstoff H_2 wandert mit dem Strom und scheidet sich an der negativen Platte, der Kathode ab; das negative SO_4 sollte an der positiven Platte, der Anode, auftreten, greift aber das Lösungswasser an ($SO_4 + H_2O = H_2SO_4 + O\nearrow$) und bildet Schwefelsäure, wobei Sauerstoff aufsteigt. Als Ergebnis findet man, daß die Menge der Schwefelsäure erhalten bleibt, dafür Wasser H_2O in $H_2 + O$ zersetzt wurde. Dieser Vorgang heißt **Elektrolyse,** die zersetzte Flüssigkeit **Elektrolyt.**

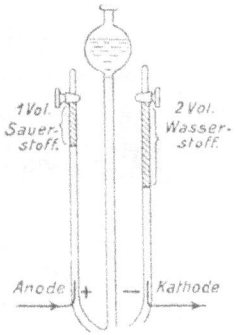

Abb. 801

b) Schaltet man nach einiger Zeit den Wasserzersetzungsapparat von der Batterie ab, so sollte man glauben, die beiden Platinplatten wären wieder neutral. Dem ist aber nicht so: **Die früher negative Platte bleibt noch einige Zeit negativ, die positive Platte noch positiv geladen. Man sagt, die Platten sind nun polarisiert;** der von ihnen erzeugte Strom verläuft entgegengesetzt zum Batteriestrome und erlischt, wenn die Gasschichten verbraucht sind.

Die **Polarisationsspannung** tritt schon während der Zersetzung auf, so daß man in dieser Zeit zwei Spannungen zu unterscheiden hat: die **Klemmenspannung,** die den Zersetzungsstrom durch die Flüssigkeit treibt und die entgegenwirkende **Polarisationsspannung,** die auch als **Gegenspannung** oder **elektromotorische Gegenkraft** bezeichnet wird.

Weiteres über Elektrolyse, Galvanoplastik, Galvanostegie usw. folgt in der „Elektrotechnik".

[444] Konstante Elemente. Akkumulatoren.

a) Entnimmt man einem galvanischen Elemente Strom, so geht dieser auch durch die Flüssigkeit, die er zersetzt. **Der dabei auftretende Wasserstoff wirkt polarisierend,** so daß während der Stromentnahme die Klemmenspannung und damit die Stromstärke sinkt. Erreicht die Gegenspannung die EMK des Elementes, so hört die Stromlieferung auf. Der bekannteste Repräsentant dieser **inkonstanten** Elemente ist das Voltaelement.

Um die Polarisation zu vermeiden, muß man die Bildung von Wasserstoff verhindern oder den sich bildenden Wasserstoff auf chemischem Wege unschädlich machen.

Im **Daniellschen Elemente** (Abb. 802) ist dies dadurch erreicht, daß man die Kupferplatte in konzentrierte Kupfervitriollösung ($CuSO_4$) stellt und letztere durch eine poröse Wand (unglasierte Tonzelle, Diaphragma) von dem in verdünnter Schwefelsäure stehenden Zinke trennt. Der freiwerdende Wasserstoff gelangt nun bis zur Tonzelle,

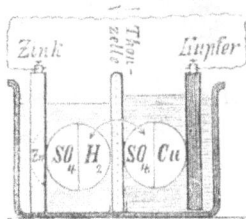

Abb. 802
Daniellsches Element

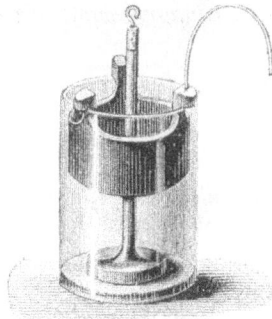

Abb. 803
Element der RTV

wo er sich mit dem SO_4 des $CuSO_4$ zu Schwefelsäure verbindet. **Statt des Wasserstoffes scheidet sich an der Kupferplatte Kupfer** ab. Abarten des Daniellschen Elementes, dessen EMK 1,15 Volt beträgt, sind das **Meidinger Element** und **das Element der Reichstelegraphenverwaltung** (Abb. 803).

Das **Bunsenelement** wird erhalten, wenn man in die Tonzelle konzentrierte Salpetersäure eingießt und eine Kohlenplatte (Retortenkohle der Leuchtgasfabriken) hineinstellt. Die sehr sauerstoffreiche Salpetersäure oxydiert den an der Kathode auftretenden Wasserstoff zu Wasser (Abb. 804).

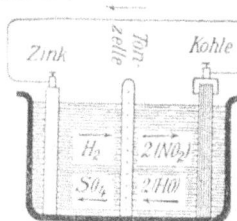

Abb. 804
Bunsen-Element

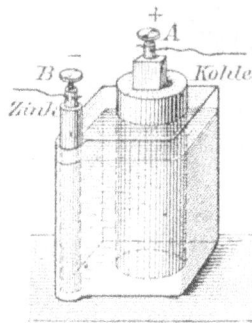

Abb. 805
Leclanché-Element

Im **Leclanché-Element** (Abb. 805) steht die Kohle in einem Gemische aus B r a u n s t e i n (Vorstufe [372]) und Kohlenkörnern, das Zink in einer S a l m i a k l ö s u n g (Vorstufe [258]); der sauerstoffreiche Braunstein wirkt depolarisierend. Um die Tonzelle zu ersparen, preßt man die Kohle mit Braunstein in einen Beutel (**Beutelelement**).

Die **Trockenelemente** enthalten die elektrolytische Flüssigkeit aufgesogen in Sägmehl, Asbest, Sand oder Gips. Um ein schnelles Verdunsten zu verhüten, ist das Element oben bis auf eine kleine Ventilationsöffnung mit Pech oder Paraffin abgedichtet. EMK = 1,5 Volt.

In allen Elementen ist der Zinkpol der negative Pol. Besteht er — wie dies meist der Fall ist — aus unreinem Zink, so wird er in verdünnter Schwefelsäure auch bei offenem Elemente angegriffen und allmählich aufgezehrt; man vermeidet diesen „Zinkverbrauch im offenen Elemente" durch Amalgamieren des Zinkes, indem man es mit einer Quecksilberschichte überzieht.

b) Hierher gehört auch der **Bleiakkumulator**, der entsteht, wenn man zwei Bleiplatten in verdünnter Schwefelsäure polarisiert. Der Polarisationsstrom dauert jedoch in diesem Falle viel länger an, was insbesondere der Fall ist, wenn man die Ladung und Entladung wiederholt in wechselnder Richtung vorgenommen hat.

Bei der ältesten, von Planté (1860) herrührenden Akkumulatorenform wurden nur reine Bleiplatten verwendet, in welchem Falle es ziemlich lange dauert, bis durch wiederholte Ladung und Entladung in wechselnder Richtung eine genügende Auflockerung der obersten Bleischichte stattfindet, um die Bildung einer hinreichend dicken Schichte von Blei-

superoxyd zu erreichen. Bei den neueren Akkumulatoren kürzt man diese „**Formation**" der Platten dadurch wesentlich ab, daß man die letzteren in Form von Gittern oder mit Längsrippen anfertigt, in deren Vertiefungen bei den Anodenplatten ein Teig von M e n n i g e (Pb_3O_4) m i t S c h w e f e l - säure, bei den Kathodenplatten ein Teig von B l e i o x y d mit Schwefelsäure eingepreßt wird.

Die Spannung steigt bei der Ladung über 2,2 Volt; bei der Entladung darf die Spannung nicht unter 1,8 Volt sinken.

Größere Akkumulatoren-(Sammler-)Batterien werden zu Ergänzungszwecken in elektrischen Zentralen, kleinere Batterien zum Betriebe von Automobilen, elektrischen Booten usw. benutzt. Wir haben die Akkumulatoren schon in der Vorstufe [126 b] erwähnt, werden aber in der Elektrotechnik noch mehrfach darauf zu sprechen kommen.

[445] Die internationalen Einheiten für Stromstärke, Widerstand und Spannung.

a) Die **Einheit der Stromstärke** ist das $\boxed{\text{Ampere A}}$. Dies ist die Stromstärke, die in einer Sekunde aus einer Silbersalzlösung (meist Silbernitrat oder Höllenstein, Vorstufe [379, 1] **1,118 mg Silber** abscheidet.

Das **Silbervoltameter** ist ein Platintiegel mit Silbernitrat $AgNO_3$ gefüllt, in die ein Silberstab taucht (Abb. 806).

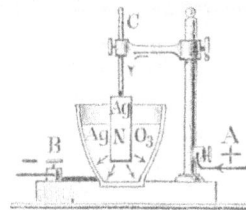

Derselbe Strom scheidet in der Sekunde im **Kupfervoltameter** (Abb. 807) aus einer konzentrierten Kupfervitriollösung **0,329 mg Kupfer pro sek.** und im **Knallgasvolta-**

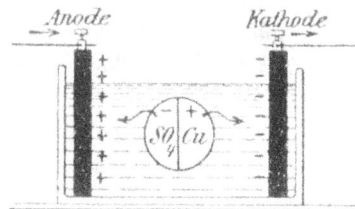

Abb. 806
Silbervoltameter

Abb. 807
Kupfervoltameter

meter (Abb. 808) aus Wasser bei 0° C und 760 mm Druck **0,174 cm³ Knallgas** (Vorstufe [243]) aus.

1 A scheidet demnach per 1″ aus:

$\boxed{\text{1,118 mg Silber}}$ $\boxed{\text{0,329 mg Kupfer}}$

$\boxed{\text{0,174 cm³ Knallgas}}$.

b) Die **Einheit des Widerstandes** ist das $\boxed{\text{Ohm } \Omega}$, d. i. der **Widerstand einer Quecksilbersäule** von $\boxed{\text{1,063 m}}$ Länge und $\boxed{\text{1 mm}^2}$ Querschnitt bei 0° C.

c) Die **Einheit der Spannung** ist das $\boxed{\text{Volt V}}$; es ist die Spannung, die verbraucht wird, um in einem Draht von 1 Ω Widerstand einen Strom von 1 A hervorzurufen.

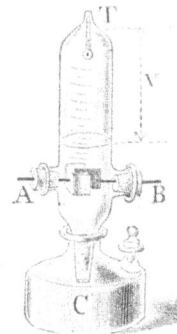

Abb. 808
Knallgasvoltameter

In jeder Leitung tritt **Spannungsverlust** oder **Spannungsabfall** ein; er ist glatter Verlust ohne Nutzen und soll daher möglichst klein sein.

Aufgabe 154.

[446] *Durch eine Doppelleitung von 0,2 Ω Widerstand fließt ein Strom J = 10 A. Die Spannung am Anfange der Leitung sei 112 Volt. Wie groß ist der Spannungsabfall in der Leitung und die Spannung am Ende der Leitung?*

    a) Spannungsabfall $e = J \cdot R = 10 \times 0,2 =$ **2,0 V.**
    b) $E_2 = E_1 - e = 112 - 2 =$ **110 V.**

Aufgabe 155.

[447] *Ein Danielelement (E = 1,15 V) vom inneren Widerstand $R_i = 0,8$ Ω wird auf einen äußeren Widerstand $R_a = 2$ Ω geschaltet. Wie groß ist die Stromstärke und die Klemmenspannung?*

    a) $J = \dfrac{E}{R_a + R_i} = \dfrac{1,15}{2,8} =$ **0,41 A.**
    b) $E_k = J \cdot R_a = 0,41 \cdot 2 = E - J \cdot R_i = 1,15 - 0,41 \cdot 0,8 =$ **0,82 V.**

Aufgabe 156.

[448] *Eine Batterie von 10 in Reihe geschalteten Elementen liefert in einen Stromverbraucher von $R_a = 8$ Ω einen Strom J = 0,75 A. Der innere Widerstand eines Elementes sei $r_i = 1,2$ Ω. Wie groß ist der innere Widerstand der Batterie, deren EMK und deren Klemmenspannung?*

    a) $R_i = 10\, r_i =$ **12 Ω.**
    b) $E = J (R_a + R_i) = 0,75 (8 + 12) =$ **15 V.**
    c) $E_k = J \cdot R_a = 0,75 \cdot 8 =$ **6 V.**

Aufgabe 157.

[449] *Ein Silbervoltameter scheidet in 5 Minuten 1,342 g Silber aus. Wie groß ist die Stromstärke?*

$$J = \frac{g}{g \cdot t} = \frac{1342}{1,118 \cdot 5 \cdot 60} = \textbf{4,0 A.}$$

Aufgabe 158.

[450] *Eine Glühlampe besitzt einen Widerstand R = 383 Ω. Die Brennspannung ist E = 115 V. Wie groß ist die von der Lampe aufgenommene Stromstärke?*

$$J = \frac{E}{R} = \frac{115}{383} = \textbf{0,3 A.}$$

Aufgabe 159.

[451] *Drei Leclanché-Elemente (von je 1,5 V EMK und 0,4 Ω innerer Widerstand) sind a) in Reihe, b) parallel geschaltet. Äußerer Widerstand ist 5 Ω. Wie groß ist die Stromstärke?*

    a) $J = \dfrac{E}{R_a + R_i} = \dfrac{3 \cdot 1,5}{5 + 3 \cdot 0,4} =$ **0,73 A.**   b) $J = \dfrac{1,5}{5 + \dfrac{0,4}{3}} = \dfrac{1,5}{5,13} =$ **0,29 A.**

[452] Stromverzweigungen.

1. Die Kirchhoffschen Gesetze.

Verzweigt sich ein Strom zwischen A und B (Abb. 809) in mehrere Zweige, so muß, damit keine

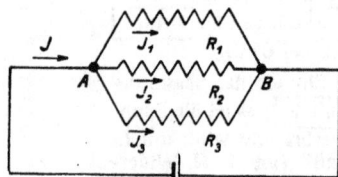

Abb. 809

Stauung von Elektrizität stattfindet, an jedem Knotenpunkte die zufließende Menge der abfließen-

den gleich sein. Daher lautet **das erste Kirchhoffsche Gesetz: An jeder Verzweigungsstelle muß die Summe aller zu- und abfließenden Ströme gleich sein:**

$$\boxed{J = J_1 + J_2 + J_3 + \cdots}$$

Jedem Zweigstrom kommt dieselbe Spannungsdifferenz zwischen A und B zu. Ist diese e, so ist

$$J_1 = \frac{e}{R_1}, \quad J_2 = \frac{e}{R_2}, \quad J_3 = \frac{e}{R_3},$$

woraus das **zweite Gesetz** folgt:

$$\boxed{J_1 : J_2 : J_3 = \frac{1}{R_1} : \frac{1}{R_2} : \frac{1}{R_3},}$$

d. h. **die Zweigströme verhalten sich umgekehrt wie ihre Widerstände.**

Der **Ersatzwiderstand** für eine Verzweigung ist

$$\frac{1}{R} = \frac{1}{R_1} + \frac{1}{R_2} + \frac{1}{R_3},$$

was aus $J = J_1 + J_2 + J_3$ und

$$\frac{E}{R} = \frac{E}{R_1} + \frac{E}{R_2} + \frac{E}{R_3}$$

gefunden wird.

Der Ersatzwiderstand ist stets kleiner, als der eines jeden Zweiges, weil jeder neue Zweig eine Querschnittsvergrößerung der Leitung nach sich zieht.

Verwendung findet diese Verzweigung bei der Parallelschaltung von Stromverbrauchern (z. B. Glühlampen) und als **Nebenschluß (Shunt)** bei Meßapparaten. Gibt man dem Meßapparat G (Abb. 810) vom Eigenwiderstand g einen Nebenschluß N vom Widerstand von z. B. $\frac{1}{9}\,g$, so gilt jeder Teil der Skala das 10fache.

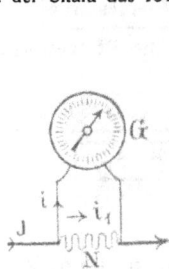

Abb. 810

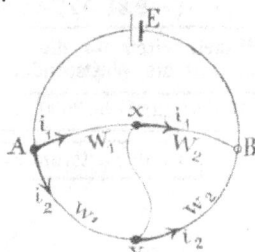

Abb. 811

2. Die Wheatstonesche Brücke.

Diese Art der Stromverzweigung bietet ein sehr genaues Verfahren zur Bestimmung von Widerständen.

Fällt von dem Punkte A (Abb. 811) einer aus zwei Zweigen bestehenden Leitung die Spannung von V_1 zu V_2 im Punkte B, so ist klar, daß dem Spannungswerte $V_2 x$ im Punkte x des einen Zweiges ein Punkt y gleicher Spannung auf dem zweiten Zweige entsprechen muß, d. h. die Brücke xy müßte dann

stromlos sein. Vergleicht man diese Verzweigung mit 2 Wassergerinnen (Abb. 812), so wird es immer zwei Punkte xy geben,

Abb. 812

die durch einen horizontalen Kanal miteinander verbunden, keine Wasserströmung gestatten. Das Mühlrad in M würde daher stillstehen.

Es verhält sich dann

$$w_1 : w_2 = W_1 : W_2.$$

Zur Messung verwendet man die in Abb. 813 dargestellte Anordnung.

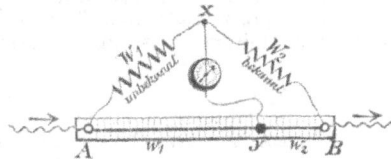

Abb. 813

3. Gemischte Schaltung von Elementen und Widerständen.

Auch diese kann als besonderer Fall der Stromverzweigung aufgefaßt werden, bedarf aber keiner besonderen Erklärung. Der Selbstschüler berechne zur Übung selbst den Fall, wo in 2 Zweigen je 3 hintereinandergeschaltete Elemente oder in 3 Zweigen je 2 hintereinandergeschaltete Elemente oder Widerstände parallel geschaltet sind.

Aufgabe 160.

[453] *Eine Telegraphenleitung wird mit $n = 30$ hintereinander geschalteten Meidinger Elementen von der EMK $e = 0,9\,V$ und dem inneren Widerstande $w = 6\,\Omega$ betrieben. Wie groß ist der äußere Widerstand R, wenn die Stromstärke $J = 0,04\,A$ beträgt?*

$$J = \frac{n \cdot e}{n \cdot w + R}; \text{ daraus } R = n\left(\frac{e}{J} - w\right)$$

$$R = 30\left(\frac{0,9}{0,04} - 6\right) = 495\,\Omega.$$

[454] Elektrische Arbeit — Elektrische Leistung.

a) Wir haben in der Mechanik [119] gehört, daß die **Einheit der mechanischen Arbeit** das **Meterkilogramm** ist, die vollbracht wird, wenn ein Kilogramm um einen Meter gehoben wird, ohne Rücksicht darauf, welche Zeit zu dieser Bewegung gebraucht wird, und gleichzeitig erwähnt, daß in der Physik manchmal andere Arbeitseinheiten, das **Erg** und das **Joule,** verwendet werden. **Das Erg ist die mechanische Arbeit eines Dyns auf dem Wege von 1 cm, während Joule den 10⁷fachen Betrag dieser Arbeit, also rund ¹/₁₀ mkg darstellt.** Es erübrigt uns nur mehr, **die elektrische Bedeutung der Einheit Joule** klarzustellen: Jeder vom Strome durchflossene

Leiter wird warm und nach dem Jouleschen Gesetze ist:

$$\boxed{\text{Stromwärme } A = C \cdot J^2 R \cdot t \text{ Kalorien,}}$$

wobei J die Stromstärke in A, R den Widerstand in Ω, t die Zeit des Stromdurchganges und C den reziproken Wert des Wärmeäquivalents $\frac{1}{427}$ [283] bedeutet.

Da Stromwärme einer Arbeit gleichkommt und eine Kalorie = 427 Arbeitseinheiten ist, kann diese Gleichung auch geschrieben werden:

$$\boxed{\text{Stromarbeit } A = J \cdot J R \cdot t}$$

und weil $JR = E$ ist, folgt daraus, daß

$$\boxed{\text{Arbeit } A = J \cdot E \cdot t.}$$

Die Einheit der elektrischen Arbeit, die sonach ein Strom von 1 Volt-Ampere in 1 Sekunde vollbringt, nennt man nun 1 Joule, so daß

$$\boxed{1 \text{ Joule} = 1\,A \cdot 1\,V \sim \frac{1}{10} \text{ mkg}}$$

ist.

b) In [120] haben wir erwähnt, daß man unter **mechanischer Leistung die in einer Sekunde vollbrachte Arbeit** versteht und als Einheit der Leistung das Sekundenmeterkilogramm und in der Technik den 75fachen Betrag des Sekundenmeterkilogramms als **Pferdestärke** annimmt. Weiters haben wir beigefügt, daß in der Physik statt des **Sekundenergs** dessen 10^7facher Betrag, das **Sekundenjoule**, als Einheit angenommen wird, so daß das Sekundenjoule die Leistung darstellt, die eine Arbeit von einem Joule in der Sekunde vollbringt.

Dieses Sekundenjoule heißt nun in der Elektrotechnik allgemein „**Watt**", ist also jene Leistung, die ein Volt-Ampere pro 1″ vollbringt. Ihre Größe im Vergleiche zur mechanischen Leistung ergibt sich aus

$$\boxed{\begin{array}{l} 1 \text{ mkg} = 9{,}81 \text{ Joule } [119] \\ 1 \text{ PS} = 75 \cdot \text{mkg/sek} = 75 \cdot 9{,}81 \cdot \text{Sekundenjoule} \\ \qquad = 736 \text{ Watt.} \end{array}}$$

$$\boxed{1000 \text{ Watt} = 1 \text{ Kilowatt.}}$$

c) **Länger andauernde Arbeiten** kann man in der Technik nach Stunden bemessen, und nimmt man als solche Arbeitseinheiten in der Mechanik die **Pferdestärkenstunde**, d. h. die von einer PS in der Stunde geleistete Arbeit, in der Elektrotechnik die **Wattstunde** und die **Kilowattstunde** an. Statt der Arbeitseinheit **Joule** wird mitunter auch der Ausdruck **Wattsekunde** für die von einem Watt in der Sekunde geleistete Arbeit gebraucht.

Die Maßeinheiten für die **Leistung (Arbeit pro Sekunde)** sind sonach die **Pferdestärke** und das **Watt**.

$$\boxed{736\,(= 9{,}81 \cdot 75)\,\text{Watt} = 1 \text{ Pferdestärke}}$$

die Maßeinheiten für die **Arbeit** die **Pferdestärken-stunde** und die **Wattstunde**:

$$\boxed{1 \text{ Wattstunde} = 3600 \text{ Joule} = 0{,}00136 \text{ PSSt,}}$$

$$\boxed{1 \text{ Kilowattstunde} = 1{,}36 \text{ PSSt.}}$$

Aufgabe 161.

[455] *Welche Energie verbrauchen 100 25kerzige Metallfadenlampen von 0,25 A und 110 V pro Lampe, wenn sie 3 Stunden lang brennen?*

In einer 25kerzigen Metallfadenlampe von 0,25 A und 110 V pro Lampe werden 27,5 Joule per Sekunde oder 27,5 Watt verzehrt. Da 736 Watt einer Pferdestärke gleichkommen [119c], so braucht eine solche Glühlampe eine Energie von **0,037 PS**.

Brennen 100 Glühlampen dieses Typs durch 3 Stunden, so verbrauchen sie $3 \cdot 100 \cdot 27{,}5 = $ **8250 Watt-stunden** oder **8,25 Kilowattstunden**.

8250 Wattstunden sind gleich $8250 \cdot 0{,}00136 = $ **11,22 PSSt.**

[456] Wärmewirkungen des elektrischen Stromes.

a) Nach dem früheren [454] ist die

$$\boxed{\text{Stromwärme } A = C \cdot J^2 \cdot R \cdot t = C \cdot E \cdot J \cdot t \text{ Kalorien.}}$$

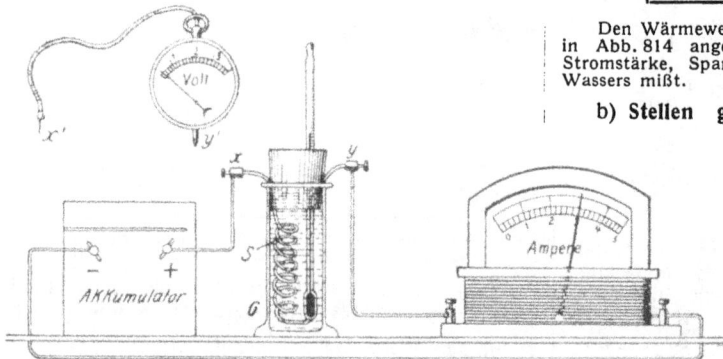

Abb. 814

Um die per Sekunde entwickelte Stromwärme zu finden, muß die Formel durch t dividiert werden. In diesem Falle ergibt sich EJ in Voltampere bzw. Watt und die Konstante C ist für 1 Watt: $\dfrac{1 \text{ mkg}}{9{,}81}$

und 1 mkg $= \dfrac{1000}{427}$ Grammkalorien, sonach $C = 0{,}239 \sim 0{,}24$ Grammkalorien, d. h. **man erhält als sekundlich gelieferte Wärmemenge für jedes Watt 0,24 Grammkalorien**, mithin

$$\boxed{1 \text{ Watt} = 0{,}24 \text{ Grammkalorien/sek.}}$$

Den Wärmewert für 1 Watt findet man leicht durch die in Abb. 814 angegebene Versuchsanordnung, wobei man Stromstärke, Spannung und die Temperaturerhöhung des Wassers mißt.

b) **Stellen größeren Widerstandes werden im selben Stromkreis schneller erwärmt als solche von geringerem Widerstande.**

Praktisch wird diese Erscheinung bei den **Bleisicherungen** verwertet; wird der Strom z. B. bei Kurzschluß zu groß, so erwärmt sich die leicht schmelzbare Sicherung übermäßig und schmilzt ab („**geht durch**"), wodurch man die Anlage vor den gefährlichen Folgen einer solchen Störung bewahrt.

Während diese Vorrichtungen Gefahren verhüten sollen, bringen die auf dem gleichen Prinzipe der stellenweisen Erhitzung beruhenden **Glühdrahtzünder** die Minen in Bergwerken, Tunnels zur gleichzeitigen Explosion. Auch in der Galvanochirurgie leistet die **galvanokaustische** Abtrennung und Zerstörung von Auswüchsen durch einen glühend gemachten Platindraht sehr wertvolle Dienste. Die größte technische Bedeutung haben aber die Wärmewirkungen des elektrischen Stromes in der **elektrischen Beleuchtung** und neuestens in der **elektrischen Heizung** erlangt.

[457] Die elektrische Beleuchtung.

1. Die Bogenlampe.

a) **Das Bogenlicht entsteht, wenn man einen el. Strom von mindestens 40 Volt Spannung (20 Akkumulatoren) durch zwei zunächst einander berührende Kohlen leitet und diese dann allmählich 1 bis 2 cm weit auseinander zieht.** Dadurch entsteht zwischen ihnen der **Davysche Flammenbogen** (Davy, 1808).

Abb. 815

Dieser besteht aus heißer, hochverdünnter, ionisierter Luft und leitet ähnlich den verdünnten Gasen in Geißlerröhren den Strom (Abb. 815). Er entwickelt eine Hitze von rund 3000° C, wodurch die Kohlenspitzen, besonders die positive, in glänzende Weißglut geraten und so starkes Licht aussenden, daß es durch Milchglaskugeln gedämpft werden muß. Die positive Kohle brennt rascher ab als die negative und höhlt sich dabei kraterförmig aus. Erstere wird daher dicker gewählt und der richtige Abstand der Kohlen durch Handregelung oder durch einen selbsttätigen Mechanismus aufrechterhalten.

In dieser Hinsicht unterscheidet man:

1. Die **Hauptschlußlampe** (Abb. 816), bei welcher sich die Kohlen anfangs berühren.

Die positive ist an einem federnden Metallhebel befestigt, der auf der Gegenseite einen weichen Eisenkern E trägt. Dieser wird bei Stromschluß in die Hauptschlußspule gezogen, wodurch die Lampe angezündet und ihre Lichtbogenlänge geregelt wird. Ist letztere so lang, so wird der ganze Betriebsstrom geschwächt und die Magnetspule gibt den Eisenkern wieder etwas frei.

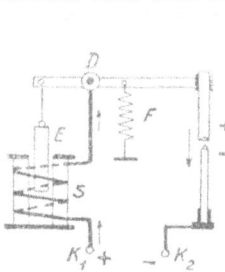

Abb. 816
Hauptschlußlampe

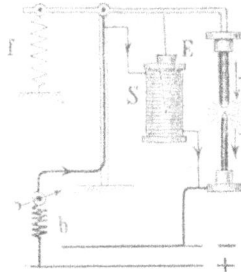

Abb. 817
Nebenschlußlampe

Diese Anordnung ist zur Reihenschaltung nicht geeignet, da jede Störung der einen Lampe sich auf die andere überträgt, ist heute nur bei Reinkohlenlampen mit beschränkter Luftzufuhr (Dauerbrandlampen) sowie bei Lampen mit Metallelektroden (Magnetitlampen) im Gebrauche.

2. Die **Nebenschlußlampe** (Abb. 817), bei der die Kohlen getrennt sind.

Die positive Kohle ist an einem federnden Bügel befestigt, der auf der Kohlenseite einen Eisenkern trägt; dieser wird bei Stromschluß in die Nebenschlußspule hineingezogen. In dem Augenblick, wo beide Kohlen sich berühren, fließt Strom durch die Kohlen, wodurch der Spulenstrom S geschwächt wird; die Spule gibt den Kern etwas frei und regelt so die Lichtbogenlänge.

Die Nebenschlußregulierung, die für Reihen- und Parallelschaltung gleich gut geeignet ist, wird mit Vorteil dort verwendet, wo reichliche Netzspannung zur Verfügung steht.

3. Die **Differentiallampe** (Abb. 818) besitzt zwei Regulierungsspulen, von denen die eine H im Hauptschluß, die andere N im Nebenschluß liegt.

Das Zünden erfolgt als Hauptschluß- oder als Nebenschlußlampe, je nachdem sich die Kohlen vor dem Einschalten berühren oder nicht.

Es ist entschieden die beste Regulierungsmethode, die sich für Reihen- und Parallelschaltung namentlich bei Effektkohlen bestens bewährt. Um die Regulierung ruhiger zu gestalten, ist eine Dämpfung und ein Beruhigungswiderstand bei Berührung der Kohlen vorgesehen.

b) **Eine Bogenlampe verbraucht bei Gleichstrom ungefähr 35 Volt, bei Wechselstrom ungefähr 25 Volt. Meist schaltet man für 110 V drei Lampen in Serie.** Soll eine einzelne Gleichstrombogenlampe an 110 Volt Spannung angeschlossen werden, so wird ihr ein Vorschaltwiderstand R gegeben, der die Restspannung $E = 110 - 35 = 75$ Volt übernimmt. Ist J die Stromstärke, die durch die Lampe gehen soll, so ist $R = 75 : J$.

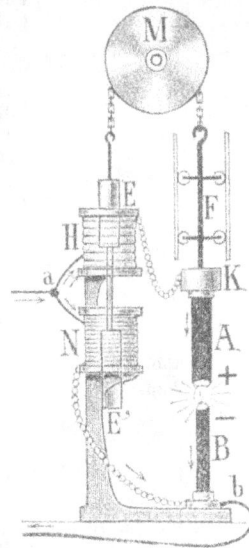

Abb. 818
Differentiallampe

Beispiel: Welchen Vorschaltwiderstand erfordert eine Projektionslampe von 10 A? $R = \dfrac{75}{10} = 7,5 \, \Omega$.

Für offene Bogenlampen mit Reinkohlen rechnet man 0,6—1 Watt pro Normalkerze, **für Effektkohlen, die mit Salzen gefärbt sind,** um farbiges Licht zu erzeugen, 0,2—0,25 W pro HK, **für geschlossene Bogenlampen,** die in einem Zylinder mit Luftabschluß brennen, etwa 10% mehr.

Die Effektkohlen werden meist nebeneinander, unter einem spitzen Winkel nach abwärts zusammengehend, angeordnet und der Lichtbogen durch einen Magneten nach unten gezogen.

c) Hierher gehört auch die **Quecksilberdampflampe,** die aus einer 1 m langen, schräg gestellten, luftleeren Glasröhre besteht, an deren Enden sich die Elektroden, und zwar die Anode aus Eisen oder Kohle, die tieferliegende Kathode aus Quecksilber befinden; außerdem ist an der Röhre an geeigneter Stelle ein Kühlgefäß angebracht.

Das Anlassen der Lampe geschieht durch Kippen der Röhre, wobei ein Quecksilberfaden von der einen zur anderen Elektrode entsteht, der den Strom leitet, dann zerreißt und dadurch den Lichtbogen bildet. Die Spannung beträgt ca. 40—80 Volt. Der Überschuß wird im Vorschaltwiderstand vernichtet. **Die Kippzündung ist bei Serienschaltung nur dadurch ermöglicht, daß jede Lampe einen Ersatzwiderstand erhält.** Die Lichtausbeute beträgt ca. 0,38 Watt pro Kerze. Die Lampe, deren grünlich-blaue Farbe eigentümlich ist, eignet sich hauptsächlich zur Beleuchtung von Maschinenräumen.

Ähnlich sind die **Quarzlampen,** bei denen die Brennröhre aus reinem geschmolzenem Quarz besteht.

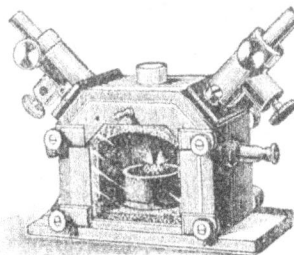

Abb. 819
Schmelzofen

Während für Glaslampen kaum mehr als 1 V für 1 cm Lichtbogen zulässig ist, vertragen Quarzlampen 10—20 V für 1 cm, wodurch die Lampen kurz und handlich werden.

Abb. 820
El. Schweißen

d) Die Hitze des elektrischen Flammenbogens (3000° C) findet Anwendung im elektr. Schmelzofen (Abb. 819) und beim elektrischen Schweißen [307] (Abb. 820).

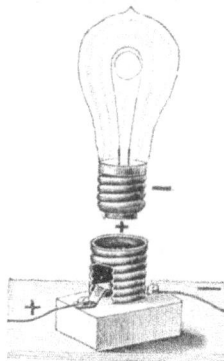

2. Die Glühlampe.

a) Die elektrische Glühlampe beruht auf dem Glühen eines Kohlen- oder Metallfadens in einer luftleeren oder wenigstens sauerstofffreien Glasbirne, in der der Faden nicht verbrennt.

Die Stromzuleitung zum Faden erfolgt durch das Glas mit Platindrahtstückchen, weil Glas und Platin sich bei Erwärmung gleichmäßig ausdehnen (Abb. 821).

Die von Edison 1879 erfundenen Kohlefadenlampen sind außer Gebrauch, da sie zuviel Energie statt in Licht in Wärme umsetzen.

Abb. 821
Glühlampe

Heute verwendet man nur mehr die weit ökonomischer wirkenden **Metallfadenlampen**, deren Faden aus Osmium, Tantal oder einer Wolframpaste besteht und neuestens **Metalldrahtlampen** aus **Wolframdraht**, die noch unempfindlicher gegen Erschütterungen sind und sich praktisch das ganze, früher von den Kohlefadenlampen innegehabte Gebiet erobert haben.

Die Fadenlänge wird zumeist so abgepaßt, daß die Lampen bei Anschluß an 110 oder 220 Volt weißglühen, und kann man dann beliebig viele Lampen zum normalen Leuchten bringen, indem man sie zwischen die Zuleitungen parallel schaltet. Die Metallfadenlampe im Vakuum verbraucht nur 0,5 bis 1,2 Watt für die Kerzenstärke (**Wattlampen**).

Auf anderen Grundsätzen beruht die Herstellung der **Halbwattlampen**, die unter dem Namen **Nitralampe** und **Sparwattlampe** verkauft werden. Sie enthalten dicht gewickelte Drahtspiralen und eine Gasfüllung von Stickstoff oder Argon und werden heute schon bis 3000 Kerzen ausgeführt.

Kohlefadenlampen, die ca. 3,3 Watt per Kerze verbrauchen, werden nur noch als Vorschaltwiderstände gebraucht.

Das Prinzip der Geißlerschen Röhren wurde beim **Moorelicht** dazu benutzt, um in Vakuumröhren von mehreren Metern Länge bestimmte Gase zum Leuchten zu bringen. Stickstoffröhren kommen zur Beleuchtung großer Hallen, Kohlensäureröhren wegen ihres dem Tageslicht nahekommenden Leuchteffektes für Bildergalerien usw. in Betracht.

Aufgabe 162.

[458] *Welche Wärmemenge entwickelt eine 25kerzige Metallfadenlampe von 0,25 A und 110 V?*

In einer solchen Lampe werden $0,25 \times 110 = 27,5$ Joule per Sekunde oder 27,5 Watt verzehrt.

Nach [456] liefert jedes Watt 0,24 Grammkalorien, sonach 27,5 Watt $27,5 \times 0,24 = $ **6,6 Grammkalorien** oder **0,0066 Kalorien per Sekunde.**

[459] Die elektrische Heizung.

Die zur Umsetzung von Elektrizität in Wärme verwendeten Heizkörper bestehen aus Drähten oder Bändern aus Stoffen von hohem spez. Widerstande, die in verschiedenster Art auf Isoliermaterial angeordnet sind.

Beim Prometheussystem wird dagegen auf Glimmerstreifen eine Metallösung aufgestrichen, die den Widerstand bildet.

Für die Konstruktion **elektrischer Herde** benutzt man neuerdings Stäbe aus **Silundum**, die bis zu 2000° belastet werden können. Silundum oder silizierte Kohle wird durch Glühen von Kohle in Siliziumdampf unter hoher Temperatur erhalten.

Die Stromzuführung ist dreiteilig (Abb. 822), und die drei Kontaktstifte A, B, C sind am Apparate sichtbar.

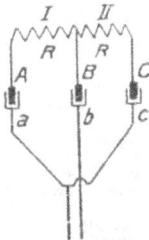

[460] Thermoelektrizität.

a) Es kann nicht nur Elektrizität in Wärme, sondern auch umgekehrt Wärme in Elektrizität verwandelt werden.

Seebeck entdeckte nämlich 1821, daß beim Erhitzen der Berührungsstelle zweier Metalle eine Trennung neutraler $\pm$ Elektrizität eintritt, wobei das eine Metall positiv, das andere negativ elektrisch wird. Die Verbindung wirkt also wie ein galvanisches Element.

Man nennt sie ein **Thermoelement** und den von diesem gelieferten Strom einen **Thermostrom** (Abb. 823).

Ist die Berührungsstelle wärmer als die freien Enden, so entsteht ein Strom in dem einen Sinne; ist sie kälter als diese, ein Strom im anderen Sinne. Man kann die verschie-

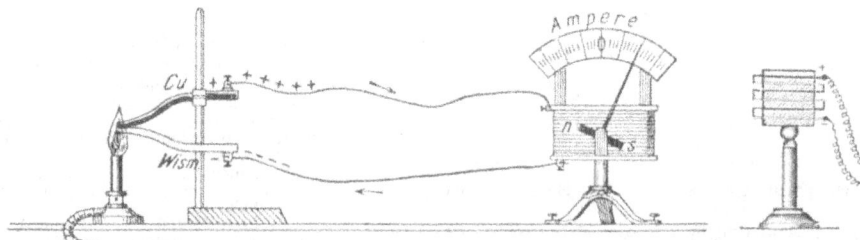

Abb. 822

Abb. 823
Thermostrom

Abb. 824
Thermosäule

Die zweiadrige Zuleitungsschnur gabelt sich in drei Äste a, b, c. Bei der in Abb. 822 dargestellten Anordnung geht der Strom $\frac{E}{R}$ durch beide Spiralen I und II. Schaltet man b auf c, so geht der halbe Strom $\frac{E}{2R}$ durch zwei Spiralen, die **Heizwirkung ist halbiert.**

Bei der elektr. **Zimmerheizung** verwendet man häufig **Kryptolplatten**, die aus einem Gemenge von Graphit mit Ton und Karborund bestehen. Sie kann nur bei sehr niedrigen Strompreisen mit anderen Heizarten konkurrieren, wogegen sie sich als Interimsheizung an kalten Frühjahrs- und Herbsttagen sehr empfiehlt.

Immer beliebter werden elektrische **Kochapparate** und **Bügeleisen.**

denen Metalle so in eine Reihe ordnen, daß bei Erwärmung das jeweils vorangehende Metall thermopositiver ist als das folgende; an den Enden dieser thermoelektrischen Reihe steht einerseits **Antimon**, anderseits **Wismut**.

Schaltet man eine größere Zahl solcher Elemente, deren Spannung nur gering ist, hintereinander, so erhält man eine **Thermosäule** (Abb. 824).

Schickt man durch die Lötstelle zweier Metalle einen elektrischen Strom, so kühlt er die Lötstelle ab, wenn er ebenso fließt, wie der Thermostrom, der durch Erhitzen der Lötstelle entsteht und umgekehrt. Diese Erscheinung ist von Peltier 1834 beobachtet worden und heißt **Peltier-Effekt.**

Da bei Thermosäulen die Wärme schlecht ausgenützt wird, hat diese Art der Erzeugung elektrischer Energie wenig praktische Bedeutung, dagegen findet sie im **Pyrometer** von **Chatelier** mit Platin und Platin-Rhodium Anwendung zur Messung von Temperaturen von 300°—1600° C [193].

II. Elektromagnetismus.

[461] Magnetfeld eines elektrischen Stromes.

a) Nach **Oersted (1820)** wirkt ein elektrischer Strom richtend auf eine benachbarte, frei bewegliche Magnetnadel (Abb. 825); es muß mithin der Strom

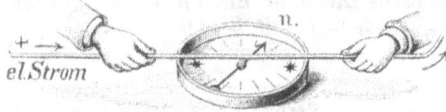

Abb. 825

ein magnetisches Feld hervorrufen, das die Nadel richtet.

Die Wirkung auf die Magnetnadel kann man verstärken, wenn man die Magnetnadel durch einen **Multiplikator** mehrfach um die Nadel leitet (Abb. 826) oder indem man ein **astatisches Nadelpaar** verwendet (Abb. 827), wodurch die Richtkraft des Erdmagnetismus nur noch auf die Differenz der Polstärken der beiden fest verbundenen Magnetnadeln wirkt.

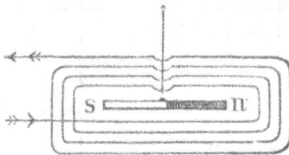

Abb. 826
Multiplikator

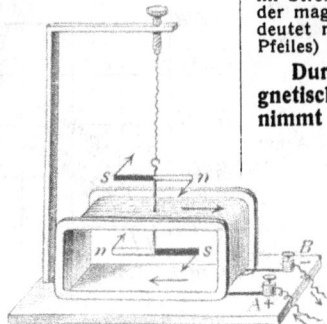

Abb. 827
Astatisches Nadelpaar

Die magnetischen Linien sind konzentrische Kreise um den Leiter als Achse (Abb. 828), was man leicht konstatieren kann, wenn man den Leiter durch ein Brettchen steckt, auf das Eisenfeilspäne gestreut werden.

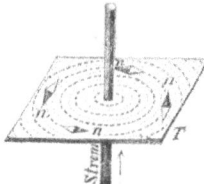

Abb. 828

Die Ablenkung der Magnetnadel kann man nach folgenden Regeln finden:

1. Nach **Faraday:** Hält man die **rechte Hand** so an den Leiter, daß der Zeigefinger die Richtung des Stromes und die innere Handfläche der Nadel zugekehrt ist, so wird der Nordpol des Magnetes in der Richtung des abgespreizten Daumens abgelenkt (Abb. 829).

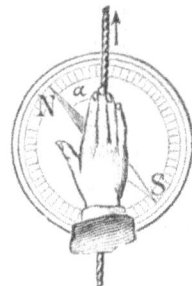

Abb. 829
Faradays Regel

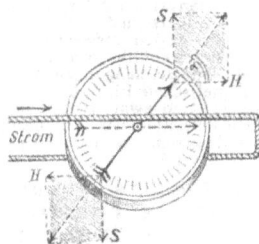

Abb. 830
Äußere Schwimmerregel]

2. Die **Amperesche Schwimregel** lautet: Denkt man sich mit dem Strome schwimmend, so daß man die Magnetnadel ansieht, so weicht deren Nordpol nach links aus.

Daraus folgt, daß der elektrische Strom auf jeden Pol eine Kraft S senkrecht zu seiner Richtung ausübt. Die Nadel kann sich aber nie ganz senkrecht zum Stromleiter stellen,

weil auf jeden ihrer Pole auch noch die Horizontalkraft H des erdmagnetischen Feldes wirkt, die die Nadel in den magnetischen Meridian zurückziehen will (Abb. 830).

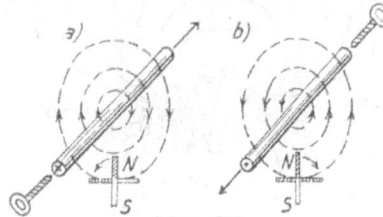

Abb. 831
Korkzieherregel

Die Feldrichtung bestimmt man nach der **Korkzieherregel:** Schraubt man einen Korkzieher im Sinne des Stromes im Stromleiter vorwärts, so gibt sein Drehsinn die Richtung der magnetischen Linien an (Abb. 831). Die Stromrichtung deutet man im Querschnitt durch einen Punkt (Spitze des Pfeiles) oder durch ein Kreuz (Ende des Pfeiles) an.

Durch Verstärken des Stromes werden die magnetischen Linien dichter, d. h. die Feldstärke nimmt zu.

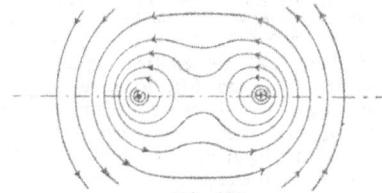

Abb. 832
Gleichgerichtete Ströme

Das magnetische Feld zweier paralleler gleichgerichteter Ströme läßt sich nach der Korkzieherregel nach Abb. 832, bei entgegengesetzter Stromrichtung nach Abb. 833 darstellen.

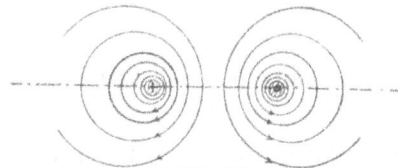

Abb. 833
Entgegengesetzt gerichtete Ströme

Nach der Regel von Ampere ziehen sich gleichgerichtete Ströme an, entgegengesetzt gerichtete stoßen sich ab (Abb. 834).

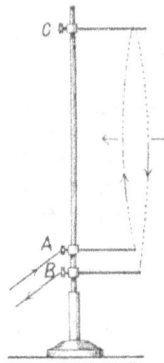

Abb. 834

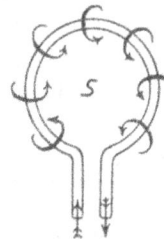

Abb. 835

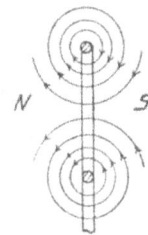

Abb. 836

b) **Das Magnetfeld einer Drahtschleife** kann man bequem nach der **Korkzieherregel** bestimmen (Abb. 835, 836). **Der Südpol wird also im Uhrzeigersinn, der Nordpol im Gegensinne umflossen.**

Eine Magnetspule, ein Solenoid, entsteht, wenn man Strom durch eine Drahtspule leitet (Abb. 837); jede Windung und damit die ganze Spule wirkt wie ein Stabmagnet.

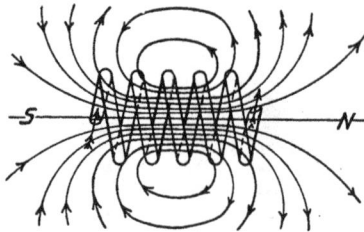

Abb. 837
Solenoid

c) Die magnetische Kraft einer Spule wächst einerseits mit der Zahl der Windungen, anderseits mit der Zahl der Ampere, die man durch die Spule schickt, kurz mit der

Amperewindungszahl (AW).

Beispiel: Eine Spule von 50 Windungen und 4 A hat dieselbe Wirkung wie eine solche von 25 Windungen und 8 A. $AW = 50 \cdot 4 = 25 \cdot 8 = 200$.

d) Man hat als elektromagnetische Einheit der Stromstärke jenen Strom angenommen, der einen 1 cm langen Kreisbogen vom Halbmesser 1 cm durchfließend, auf einen im Zentrum des Kreises befindlichen Einheitspol mit der Krafteinheit 1 Dyn wirkt. Die so gewonnene Stromeinheit ist für die meisten Fälle zu groß, man hat daher auf dem elektrischen Kongresse zu Paris (1881) als praktische Stromeinheit den zehnten Teil dieser Einheit angenommen und diesen als Ampere bezeichnet.

Es ist dies dieselbe Einheit, die nach [445] im Silbervoltameter 1,118 mg Silber in der Sekunde abscheidet.

[462] Magnetische Induktion, Elektromagnetismus.

a) Ein Elektromagnet entsteht, wenn man in eine Magnetspule einen Eisenkern bringt, wodurch die magnetische Wirkung der Spule bedeutend erhöht wird.

Die Stärke des Elektromagnets hängt außer von der Zahl der Amperewindungen auch von der Permeabilität [425] des benutzten Eisenkernes ab.

b) Nach [424] ist die Feldstärke H gleich der Zahl der Kraftlinien, die an jeder Stelle des magnetischen Feldes hindurchgehen. Diesen magnetischen

Fluß durch 1 cm² nennt man die magnetische Dichte der Kraftlinien oder die magnetische Induktion B. Für Luft ist die

magn. Induktion B = Feldstärke H.

Sie hängt nur von der Zahl der Amperewindungen ab und könnte theoretisch eigentlich bis ins Unendliche gesteigert werden.

Ganz anders verhält sich die Sache, wenn der magnetische Fluß durch Eisen oder ein ähnliches Material verläuft, das die Eigenschaft hat, die magnetischen Linien eines Feldes in sich hineinzuziehen und zu verdichten (Abb. 763).

Das Eisen wird nämlich im Felde durch Influenz selbst magnetisch, und zwar entsteht da, wo die Kraftlinien eintreten, ein Südpol, wo sie austreten, ein Nordpol. Diese Kraftlinien überlagern sich dem ursprünglichen Felde, das natürlich umgeändert fortbesteht; das Kraftfeld verdichtet sich also im Eisen, weil die neuen Magnetlinien gleichsinnig mit jenen des Feldes verlaufen.

Jede einzelne magnetische Linie des Feldes H, die durch das Eisen geht, ruft also durch Influenz im Eisen μ magnetische Linien hervor, wodurch die magnetische Dichte im Eisen μ mal so groß wird wie im Luftfelde, d. h. für Eisen

$$B = \mu \cdot H.$$

μ heißt die Permeabilität des Eisens und wird für die verschiedenen Eisensorten durch Kurven dargestellt, deren Abszissen die Zahl der Amperewindungen pro Zentimeter AW/cm, deren Ordinaten die dadurch im Eisen hervorgerufene Induktion B bilden (Abb. 838).

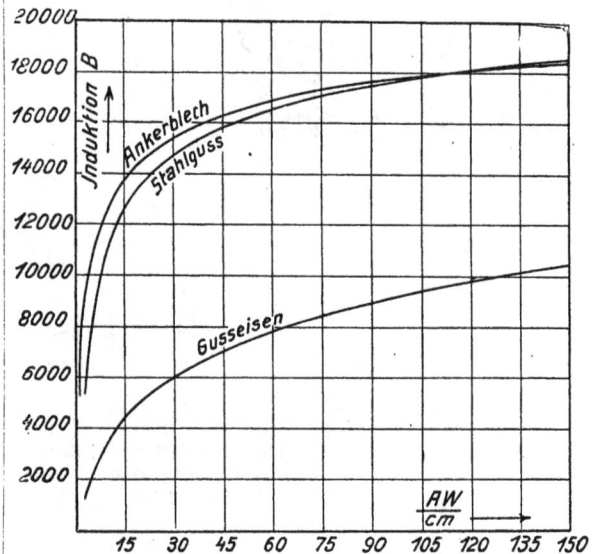

Abb. 838
Magnetisierungskurven

Die Zahl der Amperewindungen für 1 cm Länge des Eisenkernes, die nötig ist, um im Eisen die gewünschte Liniendichte B hervorzurufen, muß man solchen **Magnetisierungskurven** entnehmen. Diese geben uns für jede Eisensorte die Liniendichte (Induktion) B für verschiedene AW/cm an; umgekehrt greift man für jedes B die zugehörige AW/cm ab.

Wie man aus der Magnetisierungskurve ersieht, verläuft die Kurve verschieden für die verschiedenen Eisensorten, weil das praktisch verwendete Eisen nicht chemisch rein ist und die Permeabilität in hohem Maße von den stark wechselnden kleinen Beimengungen abhängt. Bei Gußeisen hängen die magnetischen Eigenschaften hauptsächlich vom Mangangehalt ab, und zwar werden sie um so ungünstiger, je mehr Mangan enthalten ist. Am besten verhält sich schwedisches Holzkohleneisen, welches darum auch für gewisse Zwecke unentbehrlich ist.

Die Höchststärke eines Elektromagnetes ist erreicht, wenn der Eisenkern mit Magnetlinien gesättigt ist; eine weitere Steigerung der Stromstärke ist dann zwecklos.

c) Besteht der **Kern aus weichem Eisen**, so verschwindet sein Magnetismus bei Unterbrechung des Stromes bis auf einen kleinen Rest, den man als **remanenten Magnetismus** bezeichnet. Besteht er dagegen aus Stahl, so behält er viel mehr an magnetischer Kraft zurück. Am Magnet unterscheidet man die **Schenkel** mit der **Wicklung**, das **Joch** und den **Anker.** Der Form nach gibt es **Stab-, Hufeisen-** und **Mantelmagnete** (Abb. 839, 840, 841).

c) Die **magnetischen Linien bilden einen in sich geschlossenen Zug.** Verläuft dieser Zug vollständig im Eisen, so spricht man von einem **geschlossenen magnetischen Kreis;**

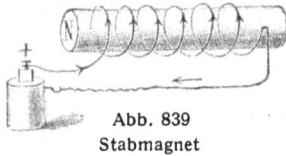

Abb. 839
Stabmagnet

man entnimmt in diesem Falle für die bestimmte Eisensorte die zur Erzielung einer gewissen Liniendichte B notwendigen AW-cm der Magnetisierungskurve. Multipliziert man diese mit der Länge l Eisen des mittleren Linienweges im Eisen, so erhält man die Gesamtzahl der AW für die Magnetisierungsspule:

$$AW/cm = B \cdot l_{\text{Eisen}}^{\text{cm}}$$

Ist der Kreis offen, d. h. verläuft der Linienzug nicht vollständig im Eisen, sondern teilweise auch

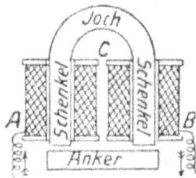

Abb. 840
Hufeisenmagnet

Abb. 841
Mantelmagnet

in Luft, so muß man die erforderlichen AW/cm für Eisen und Luft **getrennt berechnen** und **die Summe beider** gibt dann die totale notwendige AW/cm.

Für einen **kleinen Luftweg** ist erfahrungsgemäß:

$$AW/cm = 0,8 \, B \cdot l_{\text{Luft}}^{\text{cm}}$$

d) Die **Tragkraft** eines **Hufeisenmagnets** berechnet man nach der Formel:

$$P = \frac{B^2 F}{12\,320\,000} \text{ kg.}$$

e) **Hysteresis** ist die Erscheinung, daß ein Eisenkörper bei fortgesetzt rasch wechselnder Ummagnetisierung nicht im vollen Betrage der magnetisierenden Feldstärke zu folgen vermag. Dadurch tritt ein Verlust an magnetischer Energie ein, der sich als Erwärmung des Eisens bemerkbar macht.

Der Hysteresisverlust ist um so kleiner, je weicher das Eisen ist, er steigt mit der Wechselzahl der Ummagnetisierungen und sinkt mit der magnetischen Liniendichte. Sie beeinflußt sonach besonders den Wirkungsgrad der Dynamomaschinen und Transformatoren.

f) Legen wir eine Stricknadel AB auf zwei Schienen I und II, die man mit den Polen einer Stromquelle verbindet, so fließt Strom von A nach B

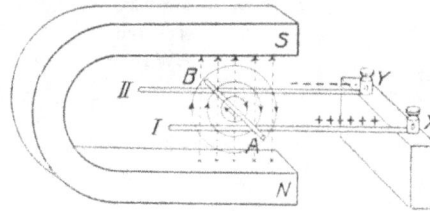

Abb. 842

(Abb. 842). Schieben wir nun über die Nadel einen Hufeisenmagnet, so entstehen zwei Magnetfelder, das des Magnetes und das des Stromes. Links tritt also eine Verdichtung, rechts eine Schwächung des Kraftlinienflusses ein, infolgedessen sich der Stromleiter AB von links nach rechts bewegt. Kehrt man die Stromrichtung oder das Magnetfeld um, so ist die Bewegung eine entgegengesetzte. **Ein Stromleiter wird sonach von einem Magnetfeld senkrecht zu den Magnetlinien fortgetrieben.**

Die Bewegungsrichtung findet man durch die **Dreifingerregel für die linke Hand.**

Man spreize nach Abb. 843 die ersten drei Finger der linken Hand senkrecht voneinander und ordne ihnen nach dem Alphabete die Worte zu:

Bewegung, Kraftlinie, Stromrichtung

 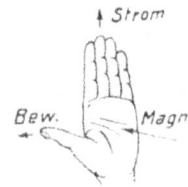

Abb. 843 Abb. 844
Dreifingerregel f. die linke Hand Handflächenregel

Dann zeigt der Mittelfinger die Stromrichtung, der Zeigefinger die Kraftlinienrichtung und der Daumen die Richtung an, nach der sich der Leiter bewegt.

Ähnlich ist die **Handflächenregel** (Abb. 844), wonach der Daumen die Bewegung angibt, wenn die Magnetlinien in die innere **linke** Handfläche eintreten und die Finger nach der Stromrichtung weisen.

Aufgabe 163.

[463] *Wieviel Windungen zu 4 A muß man dem in Abb. 845 dargestellten Ring aus Stahlguß geben, um darin eine Liniendichte B = 14000 hervorzurufen? Wie groß ist der ganze magnetische Fluß durch den Ring?*

Lösung: Mittlerer Linienzug $l = \pi \cdot 6,5 = 20,4$ cm, Querschnitt des Ringes $F = \dfrac{\pi \cdot 1,5^2}{4} = 1,765$ cm².

Nach Abb. 838 für Stahlguß bei $B = 14000$ gibt

Abb. 845

$$AW/cm = 24,$$
$$AW = 24 \cdot 20,4 = 489$$
$$W = \frac{489}{4} = 122 \text{ Windungen.}$$

Der magnetische Fluß ist $14000 \cdot 1,765 = 24700$ Kraftlinien.

Aufgabe 164.

[464] *Wieviel Windungen sind unter den Annahmen der vorigen Aufgabe erforderlich, wenn der Ring einen Luftspalt von 3 mm Weite besitzt?*

Lösung: Weg im Eisen $l_E = 20{,}1$ cm,

$$AW_{Eisen} = 24 \cdot 20{,}1 = 482,$$

Weg in Luft: $l_L = 0{,}3$ cm,

$$AW_{Luft} = 0{,}8, \quad B \cdot l_L = 0{,}8 \cdot 14\,000 \cdot 0{,}3 = 3360,$$

$$AW_{Total} = AW_{Eisen} + AW_{Luft} = 482 + 3360 = 3842,$$

$$W = \frac{3842}{4} = \textbf{960 Windungen.}$$

Beachte den großen Unterschied in den AW mit und ohne Luftspalt.

Aufgabe 165.

[465] *Der in Abb. 846 dargestellte Hufeisenmagnet aus Schmiedeeisen trägt auf jedem Schenkel 252 Windungen, durch die ein Strom von 5 A geht. Welche Liniendichte B wird dadurch hervorgerufen und wie groß ist die Tragkraft P des Magnets?*

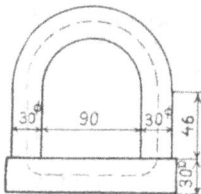

Abb. 846

Lösung: Länge des Linienweges:

$$l = 2 \times 4{,}6 + \frac{\pi \cdot 12}{2} + \frac{\pi \cdot 3}{4} \cdot 2 + 9 = 41{,}75 \text{ cm.}$$

$$AW = 2 \cdot 252 \cdot 5 = 2520.$$

Teilt man diesen Wert durch die Länge des Linienweges, so erhält man AW pro cm.

$$AW/cm = \frac{2520}{41{,}75} = 60.$$

Da Stahlguß und Schmiedeeisen magnetisch ziemlich gleichwertig sind, so folgt aus Abb. 838 AW/cm der Wert:

$$B = \textbf{16\,500,}$$

$$\text{Querschnitt} \quad F = \frac{\pi \cdot 3^2}{4} = 7{,}06 \text{ cm}^2.$$

$$P = \frac{B^2 \cdot F}{12\,320\,000} = \textbf{156 kg.}$$

[466] Der elektromagnetische Telegraph.

a) Der älteste und heute noch in der ganzen Welt im Gebrauch stehende elektromagnetische Telegraph ist der **Morsetelegraph.**

In der Sendestelle wird durch Niederdrücken eines Tasters der Strom einer Batterie geschlossen (Abb. 847); in der Emp-

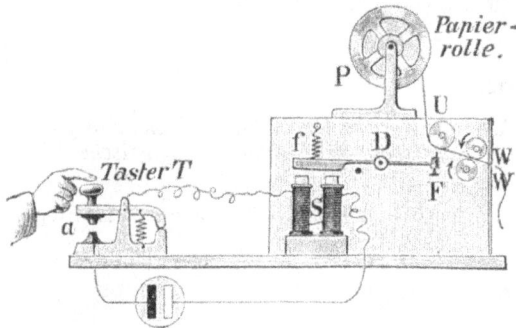

Abb. 847
Morsetelegraph

fangsstelle befindet sich der Morseschreiber, dessen Hauptteil ein Elektromagnet S ist. Letzterer zieht bei Stromschluß

den vorgelagerten federnden Anker f an, preßt dabei einen am Anker befestigten Schreibstift F gegen einen Papierstreifen, der durch zwei Walzen WW fortgezogen wird. Je nachdem man den Taster längere oder kürzere Zeit geschlossen hält, entstehen auf dem Papierstreifen Striche oder Punkte, aus welchen das bekannte Morsealphabet gebildet wird.

Beim Telegraphieren auf größere Entfernung wird zur Rückleitung des Stromes die Erde benutzt (Abb. 848); weil der Linienstrom sehr schwach ist, so benutzt man ihn in der Empfangsstelle nur zur Betätigung eines Relais, das durch Anziehen eines Ankers die Lokalbatterie der zweiten Station schließt (Abb. 849).

Unter den vielen Zweigen der **Elektrotechnik,** worunter man die Lehre von der Anwendung der Elektrizität zu technischen Zwecken versteht, hat sich am frühesten die **elektrische Telegraphie** ausgebildet; damit wurde der Grundstein zur **Schwachstromtechnik** oder, wie man heute sagt, Fernmeldetechnik gelegt, deren großartige Erfolge so wenig als die ihrer jüngeren Schwester, der **Starkstromtechnik,** heute noch gar nicht abzusehen sind. Der erste brauchbare magnetelektrische Telegraph war von **Gauß** und **Weber** im Jahre 1833 erfunden worden; er beruhte auf der Ablenkung der Magnetnadel durch den elektrischen Strom und gab das Vorbild für die späteren **Nadeltelegraphen.** Erst die nach dem Morsesystem gebauten **Schreibtelegraphen** erzielten dauernde Zeichen, die dann später durch die **Drucktelegraphen** in **Typendruck** gegeben wurden. Welchen Einfluß deutsche Forscher an der Entwicklung der Telegraphie nahmen, möge dem Lebensbilde **Werner v. Siemens** in Vorstufe S. 60 entnommen werden. Weiteres über dieses wichtige Verkehrsmittel folgt unter „Telegraphie und Telephonie" in einem späteren Bande.

b) **Die elektrische Klingel besteht aus einem Elektromagnet, dem ein federnder Anker vorgelagert ist** (Abb. 850).

Wird der Strom durch einen Drücker D geschlossen, so zieht der Elektromagnet den Anker an, der sich hierdurch von der Stellschraube S entfernt und den Strom unterbricht.

Läßt man Glockenschale und Klöppel weg, so entsteht ein selbsttätiger Stromunterbrecher, der unter dem Namen **Wagnerscher** oder **Neefscher Hammer** bekannt ist.

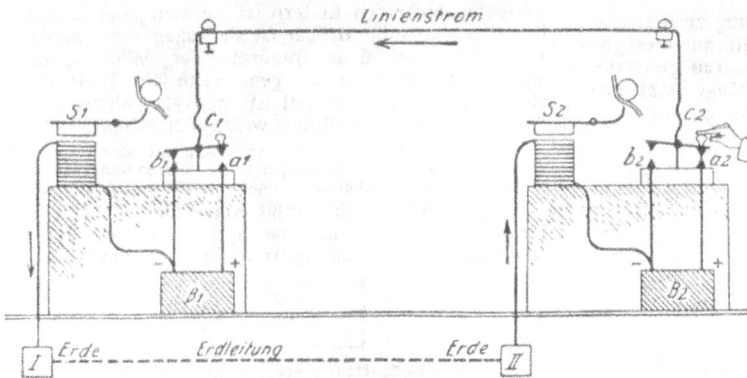

Abb. 848
Erdleitung

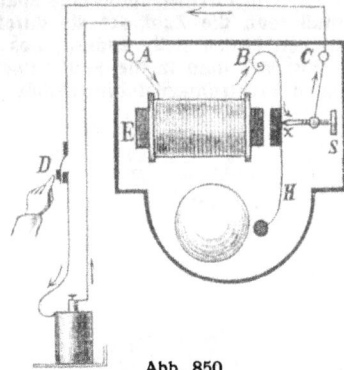

Abb. 850
Elektrische Klingel

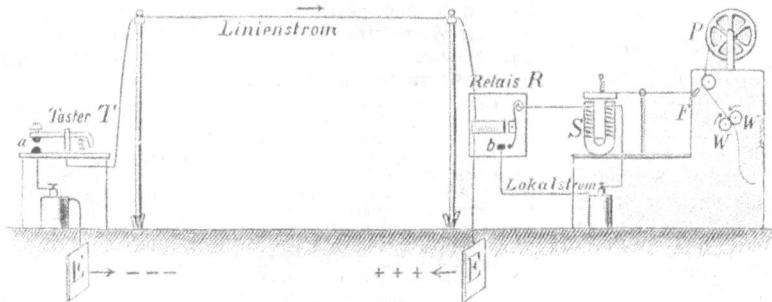

Abb. 849
Relaisschaltung

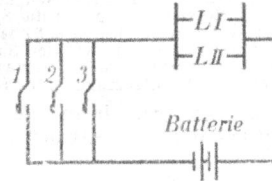

Abb. 851

Sofort verliert der Elektromagnet seine Kraft und läßt den Anker los, der vermöge seiner Federkraft zurückschwingt und den Strom von neuem schließt.

Sollen Läutewerke von mehreren Stellen aus betätigt werden, so schaltet man die Drücker 1, 2, 3 parallel (Abb. 851).

III. Induktion.

[467] Die elektrische Induktion.

a) Bewegt man ein Drahtstück AB so durch ein magnetisches Feld, daß es die Kraftlinien des Feldes durchschneidet, so tritt in AB eine Trennung neutraler ($\pm$) Elektrizität ein; **es entsteht in den Endpunkten A und B eine Spannungsdifferenz, die den Induktionsstrom auslöst** (Abb. 852).

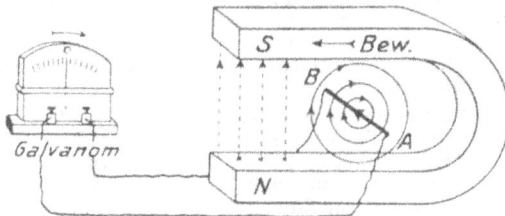

Abb. 852

Kehrt man die Bewegungsrichtung um, so kehrt sich auch der Induktionsstrom um; ebenso wenn man die Richtung des Magnetfeldes umkehrt.

Die Richtung des Induktionsstromes bestimmt man nach der **Dreifingerregel für die rechte Hand.** Gibt der Daumen die Bewegungs-, der Zeigefinger die Kraftlinienrichtung an, so erkennt man am Mittelfinger die Stromrichtung. (Spiegelbild von Abb. 843.)

b) **Die Stärke der induzierten EMK kann man nach dem Satze berechnen, daß für jede in der Sekunde geschnittene Kraftlinie eine Spannungsdifferenz 10^{-8} Volt entsteht** [429]. Bewegt man nun ein Leiterstück AB (Abb. 853) von der Länge l in

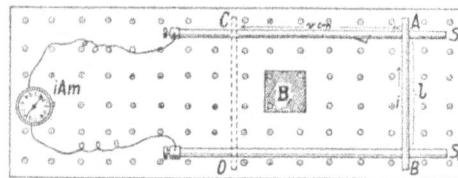

Abb. 853

einem Magnetfelde von der Stärke B senkrecht zu dessen Kraftlinien mit der Geschwindigkeit v cm/sek, so schneidet es in 1 Sekunde $B \cdot l \cdot v$ Kraftlinien, daher ist die in ihm induzierte EMK:

$$EMK = Bv \cdot l \cdot 10^{-8} \text{ Volt.}$$

Da die Magnetlinien vor dem bewegten Leiter verdichtet werden, muß man nach der Lenzschen Arbeitsregel eine Kraft aufwenden, um den Leiter im Magnetfelde zu bewegen. Die Lenzsche Regel sagt kurz: **Der Induktionsstrom hat stets eine solche Richtung, daß er die Bewegung, durch die er zustande kommt, zu hemmen sucht.**

c) Um in einer Spule eine Spannung zu erzeugen, muß man die Zahl der sie durchsetzenden magnetischen Linien stetig ändern, was dadurch geschehen kann, daß man in die Spule einen Magnetstab oder einen Elektromagnet hineinstößt (Abb. 854).

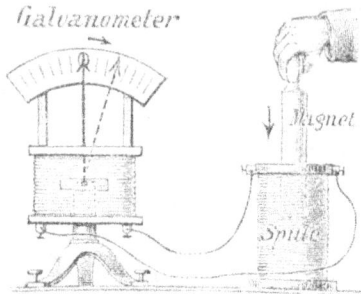

Abb. 854

Die Richtung des induzierten Stromes findet man nach der Induktionsregel oder nach der Lenzschen Regel. Stößt man z. B. einen Nordpol in die Spule, so muß die Spule den Nordpol abstoßen, also selbst oben einen Nordpol aufweisen. Wird der Magnetstab aus der Spule herausgezogen, so tritt wegen der Verminderung der magnetischen Linien in ihr ein Stromstoß in entgegengesetzter Richtung auf.

d) Von zwei ineinander steckenden Spulen I und II (Abb. 855) beschicken wir die eine mit Strom, um ein Magnetfeld zu erzeugen, die wir die **primäre** Spule nennen wollen. Das Entstehen dieses Feldes bedeutet für die zweite Spule, die die **sekundäre** Spule heißt, eine Vermehrung der sie durchsetzenden magnetischen Linien, die einen Induktionsstoß zur Folge hat. Wird dann der **primäre** Strom unterbrochen, so verschwindet das Magnetfeld, was für die Sekundärspule eine Verminderung der magnetischen Linien auf Null bedeutet; es erfolgt sonach ein Induktionsstoß im entgegengesetzten Sinne.

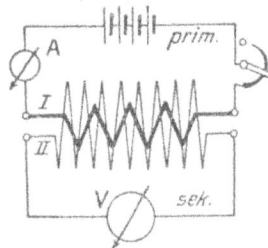

Abb. 855

Es ist nicht erforderlich, den Strom zu schließen oder zu unterbrechen, sondern jede Änderung des primären Stromes genügt, um Induktionsströme in der sekundären Spule hervorzurufen (Abb. 856).

Denkt man sich in Abb. 855 die Spule II fort und ändert die Stromstärke in I, so ändert sich auch das Feld in I. Daher muß auch in der primären Spule während der Dauer der

Verstärkung   Schwächung.
Abb. 856

Abb. 857
a) Schließen b) Öffnen

Änderung eine EMK induziert werden. Diesen Vorgang nennt man Selbstinduktion und den in der Spule erregten Strom den Selbstinduktionsstrom oder Extrastrom. Er wird beim Schließen und Verstärken dem Primärstrome entgegengesetzt sein, weshalb dieser erst nach einiger Zeit seine volle Stärke erreichen kann (Abb. 857). Beim Unterbrechen des Primärstromes ist der Selbstinduktionsstrom gleichgerichtet, was sich

an der Unterbrechungsstelle oft durch einen Öffnungsfunken bemerkbar macht.

Jede Leitung hat Selbstinduktion. Bei geradlinig verlegten einzelnen Leitern ist sie klein, bei Doppellitzen sogar Null. Größer ist sie dagegen bei Spulen, wobei sie mit dem **Quadrate der Windungszahl** wächst, am größten dagegen, wenn die Spule über einen Eisenkern gewickelt ist, weil ein solcher Kern die Zahl der Magnetlinien wesentlich erhöht.

Um die Selbstinduktion bei Spulen zu unterdrücken, muß man sie **bifilar**, d. h. mit doppeltem Windungssinne wickeln, so daß sich die Magnetfelder beider Drahthälften aufheben.

Die Selbstinduktion mißt man nach Zentimeter. Sind n cm Draht auf eine Spule von l cm Länge gewickelt, so hat die Spule die Selbstinduktion

$$L = \frac{n^2}{l} \text{ cm.}$$

e) **Induktionsströme** treten nicht nur in Drähten auf, sondern auch in allen **massiven Metallteilen** (Kupfer, Messing usw.), wenn sich diese durch ein Magnetfeld bewegen. Da sie aber in diesen massiven Leitern keinen bestimmten Verlauf nehmen, nennt man sie **Wirbelströme (Foucaultsche Ströme).** Immer haben sie eine solche Richtung, daß sie die Bewegung hemmen, durch die sie erzeugt werden.

Derselben Ursache zufolge kommt eine über eine Kupferplatte schwingende Magnetnadel rasch zur Ruhe, ihre Schwingungen werden rasch **gedämpft** [475].

Auch in dem massiven Eisenkern eines Elektromagnetes entstehen solche Ströme und verzögern in demselben das rasche Ansteigen und Verschwinden des Magnetismus. Wenn ein plötzliches Entstehen und Verschwinden des Magnetismus nötig ist, wendet man nicht massive, sondern aus Blechen und Drähten zusammengesetzte Eisenkerne an; die massiven Teile werden hierdurch quer zur Stromrichtung unterteilt und durch dünne Papierzwischenlagen gegeneinander isoliert.

Weiteres über Induktion, Selbstinduktion usw. in der Elektrotechnik.

[468] Die elektromagnetischen Maße.

Die Erscheinungen des Elektromagnetismus und der Induktion bilden die Grundlagen für die Aufstellung der **absoluten elektromagnetischen Maße**, auf welche alle **praktischen Einheiten der Elektrotechnik** aufgebaut sind; ihrer besonderen Wichtigkeit halber wollen wir sie im folgenden noch einmal zusammenfassen.

1. **Stromstärke:** Die Einheit der Stromstärke hat jener Strom, der einen Kreisbogen von 1 cm Länge und 1 cm Radius durchfließend, im Kreismittelpunkt die Feldstärke 1 erzeugt. **Die praktische Einheit ist das Ampere,** das 10^{-1}fache der absoluten [461].

2. **Elektrizitätsmenge:** Die Einheit ist die vom Strom 1 in der Sekunde durch einen Querschnitt der Leitung beförderte Elektrizitätsmenge. **Die praktische Einheit ist das Coulomb,** das 10^{-1}fache der absoluten.

3. **Elektromotorische Kraft, Spannung:** Die Einheit ist jene, die in einem Leiter von 1 cm Länge erzeugt wird, wenn er sich senkrecht zu einem Feld von der Stärke 1 mit einer Geschwindigkeit 1 bewegt. **Die technische Einheit ist das Volt,** das 10^8fache der absoluten [429, 467].

4. **Widerstand:** Die Einheit besitzt jener Leiter, in welchem die EMK 1 den Strom 1 erzeugt. **Die praktische Einheit ist das Ohm,** das 10^9fache der absoluten.

5. **Selbstinduktion:** Die Einheit hat ein Leiter dann, wenn der in ihm fließende Strom 1 das Kraftlinienfeld 1 in ihm erzeugt. **Die praktische Einheit ist das Henry,** das 10^9fache der absoluten.

6. **Kapazität:** Die Einheit besitzt ein Kondensator, wenn er von der EMK 1 die Elektrizitätsmenge 1 erhält. **Die Einheit, die sich aus Coulomb und Volt ergibt, ist das Farad, das 10^{-9}fache der absoluten. Für technische Zwecke ist diese Einheit zu groß; man wählt daher meist das Mikrofarad, das 10^{-15}fache der absoluten Einheit. [431]**

[469] Der Induktor.

a) **Der Induktor zum Elektrisieren (Abb. 858) besteht aus einem Wagnerschen Hammer [466b], über dessen Elektromagnet eine Sekundär- oder**

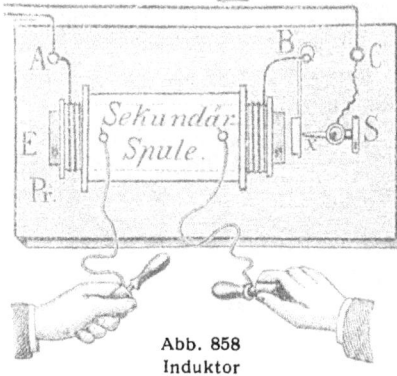

Abb. 858
Induktor

Induktionsspule mit vielen feinen wohlisolierten Windungen geschoben ist.

Der Wagnersche Hammer schließt und unterbricht in rascher Folge den Batteriestrom, wodurch in der Spule ein Wechselstrom entsteht, der in der Medizin zum Faradisieren verwendet wird. Die Induktion wird durch Einschieben eines Messingrohres zwischen Spule und Kern gedämpft.

Da am Kontakt x infolge der Selbstinduktion in der Primärspule ein Öffnungsfunke entsteht, macht man die Kontaktstelle aus Platin oder Kohle.

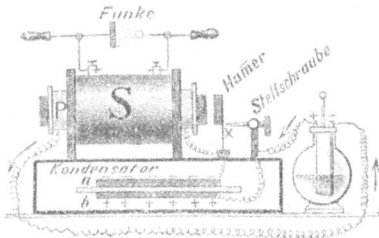

Abb. 859
Funkeninduktor

Bei großen **Funkeninduktoren (Abb. 859) wird die Windungszahl der Sekundärspule so groß gewählt, daß die Spannung zwischen den Elektroden sich unter Funkenbildung ausgleicht.**

Der Funke bei x, der ein leitendes Stück Luft vorstellt, verzögert stark die Unterbrechung; er wird dadurch einen Kondensator unschädlich gemacht, der aus zwei durch paraffiniertes Papier getrennten Stanniolplatten a und b besteht. Bei Stromunterbrechung fließt der Induktionsstrom in den Kondensator, statt bei x einen Funken zu geben. Große Induktoren sind lebensgefährlich!

b) **Die Funkeninduktoren finden Verwendung zum Betrieb von Geißlerschen oder Hittdorfschen (Crookesschen) Röhren, deren Luft oder Gasinhalt bis auf ein Milliontel Atmosphäre verdünnt ist und mit welchen Kathoden- und Röntgenstrahlen erzeugt werden.**

Bei 1 mm Gasdruck ist die Röhre von dem **rötlichen Anodenlichte** erfüllt, welches bei $^1/_{100}$ mm Gasdruck verschwindet und durch das **bläuliche Kathodenlicht** ersetzt wird.

1. Die **Kathodenstrahlen** verbreiten sich geradlinig (Abb. 860), bringen beim Auftreten Glas und andere Stoffe zum Fluoreszieren (Abb. 861). Da sie sich durch einen Ma-

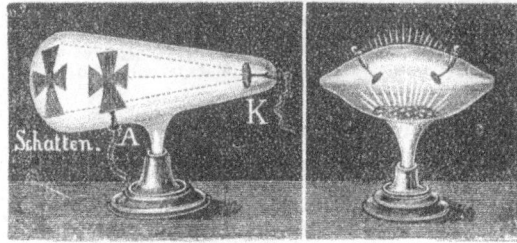

Abb. 860

Abb. 861

gneten ablenken lassen (Abb. 862), so gleichen sie einem elektrischen Strome, der dadurch entsteht, daß von der Kathode fortwährend negativ elektrische Teilchen, **Elektronen** genannt, fortgeschleudert werden.

2. Die **Anodenstrahlen** gehen durch Löcher der Kathode weiter. Sie erweisen sich als ein Strom von positiv geladenen Ionen.

Abb. 862

3. Die **Röntgenstrahlen.** Röntgen entdeckte 1892, daß von der Stelle der Glaswand, wo die Kathodenstrahlen auftreffen, neue unsichtbare Strahlen ausgehen, für die Holz, Leder, Hartgummi usw. so durchlässig sind wie Glas für gewöhnliches Licht. Treffen diese Strahlen auf einen Bariumplatincyanürschirm, so leuchtet dieser hell auf. Hält man die Hand davor, so erhält man auf dem Schirm ein Schattenbild der Handknochen, weil Fleisch für die Strahlen durchlässig ist (Abb. 863, 864).

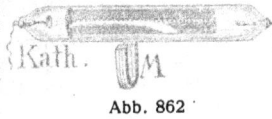

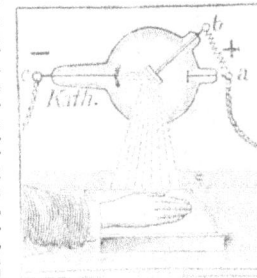

Abb. 863
Röntgenstrahlen

Wichtig für die Heilkunde zur Durchleuchtung des Körpers. — Die Röntgenstrahlen erregen die photographische Platte in der verschlossenen Kassette. — Zur Herstellung

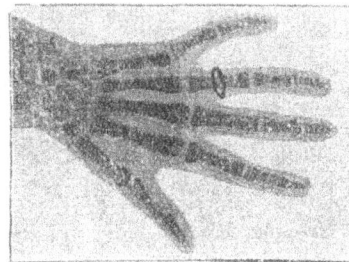

Abb. 864

der Röntgenstrahlen benutzt man meist kugelige Röhren, wobei man die Kathodenstrahlen durch ein schräg gestelltes Blech (Antikathode) gegen die Glaswand treffen läßt.

Über Elektronen und Radiumstrahlung siehe Vorstufe [365].

Die Funkeninduktoren **dienen endlich noch zur Erzeugung von Wechselströmen sehr hoher Spannung** (mehrere Millionen Volt) und großer Wechselzahl (einige Hunderttausend in der Sekunde), wie sie **Tesla** bei seinen berühmten Versuchen verwendete. Zur Erzeugung der sog. **Teslaströme** dient jetzt meist folgende Anordnung: Durch einen Funkeninduktor mit hoher Unterbrechungszahl wird eine Leidnerflasche geladen, die sich durch eine stellbare Funkenstrecke oszillierend entlädt, wodurch die an sich schon hohe Wechselzahl des Induktionsstromes noch bedeutend erhöht wird; die Spannung wird durch einen Transformator wesentlich gesteigert. Die Teslaströme haben merkwürdige Eigenschaften: die umgebende Luft machen sie zu einem Leiter, Glühlampen, die man einem von solchen Strömen durchflossenen Leiter nähert, leuchten auf; dem in den Stromkreis eingeschalteten menschlichen Körper fügen sie trotz ihrer Spannung keinen Schaden zu und werden von ihm nicht einmal empfunden. Dagegen fand **d'Arsonval,** daß sie auf die im Körper stattfindenden Verbrennungsprozesse günstig einwirken und gründete darauf sein Heilverfahren gegen Gicht usw.

Ihre hauptsächlichste Auswertung haben aber die Tesla-ströme in der **drahtlosen Telegraphie** gefunden, wovon in einem späteren Fachbande noch die Rede sein wird.

[470] Der Fernsprecher.

a) **Eine Fernsprechanlage besteht aus dem Sprech- und dem Hörapparate. Als Sprechapparat oder, wie man kurz sagt, als Geber benutzt man ein Mikrophon, in dem die Umsetzung der Schallwellen in elektrische Ströme erfolgt.** Es besteht aus einer Sprechplatte aus harter Kohle oder aus einer Aluminiumplatte mit aufgenieteter Kohlenmembran, die auf einen veränderlichen, zumeist aus Kohlenkörnern gebildeten

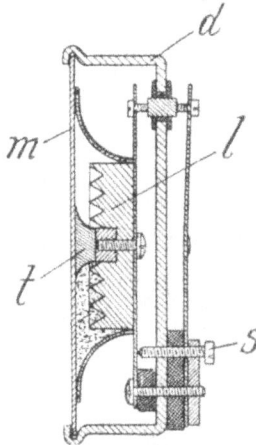

Abb. 865
Mikrophon

Abb. 866
Magnettelephon

Kontakt wirkt (Abb. 865). Als Hörer dient das von einem deutschen Lehrer **Reiß** in Magdeburg erfundene, vom Amerikaner **Bell** 1877 vereinfachte **Magnettelephon** (Abb. 866), **das aus einem Stabmagnet besteht, über dessen Ende eine kleine Induktionsrolle mit äußerst dünnen, wohlisolierten Windungen geschoben ist. Vor dem Pol befindet sich eine Membrane aus weichem Eisen.**

b) Man könnte den pulsierenden Gleichstrom des Mikrophons unmittelbar in die Empfangsstelle zum Hörtelephon senden (Abb. 867a), was aber einen geringen Leitungs- und Apparatwiderstand voraussetzt, wie dies bei Haussystemen der Fall ist. Für größere Entfernungen wird dagegen das

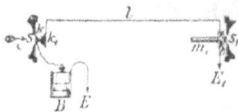

Abb. 867a
Haustelephon

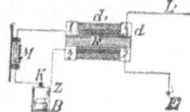

Abb. 867b
Induktionsspule

Mikrophon *M* mit der Batterie *B* an die Primärwicklung *d'* einer **Induktionsspule** *K* geschaltet, während die Leitung an die Sekundärwicklung dieser Spule *d* angeschlossen wird (Abb. 867b).

Der pulsierende Gleichstrom ruft durch seine Schwankungen in der Sekundärspule einen Wechselstrom hervor, der zur Spule des Hörers geht. Dadurch wird der Eisenkern im Telephon bald in dem einen, bald in dem andern Sinne magnetisch, wodurch die Wirkung der als Ankerplättchen funktionierenden Membran abwechselnd verstärkt und geschwächt wird; die Membrane gerät in Schwingungen und versetzt der Luft im selben Rhythmus Stöße, die wir als Laut vernehmen.

c) **Ist der Telephonstrom zu schwach, so kann er durch eine Kathodenröhre verstärkt werden** (Abb. 868).

Die Kathodenröhre ist eine hochverdünnte Hittdorfsche Röhre, deren Elektroden sich so nahe stehen, daß eine Batterie *B* von 110 Volt genügt, um einen Elektronenstrom von

der Kathode *K* zur Anode *A* zu treiben. Um diesen stärker zu machen, wird die meist aus einem Glühfaden bestehende Kathode durch eine eigene Heizbatterie, die in Abb. 868 nicht gezeichnet ist, zum Glühen gebracht. Zwischen *K* und *A* befindet sich ein Metallsieb *S*; ladet man dieses negativ, so stößt es die von *K* ausgehenden negativen Elektronen zurück und unterbricht so den Strom. Die Kathodenröhre ist somit der empfindlichste Stromunterbrecher, den wir kennen, und darauf beruht ihre Verwendung beim Telephonieren.

Die Leitung führt man zum Siebkreis *KS*; durch den ankommenden Wechselstrom wird das Sieb abwechselnd positiv und negativ geladen, der Batteriestrom *B* hierdurch abwechselnd verstärkt und unterbrochen. Diesen läßt

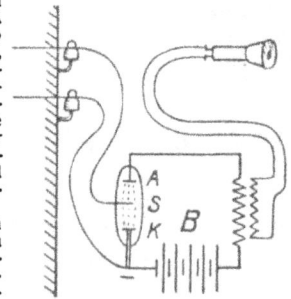

Abb. 868
Kathodenröhre

man auf einen kleinen Transformator wirken, an dessen Sekundärspule das Telephon angeschlossen ist. Die Verstärkung des Lautes beträgt durch eine Röhre das 15fache, bei 3 hintereinandergeschalteten Röhren das 1500fache.

Weiteres darüber unter „Telegraphie und Telephonie".

[471] Die Dynamomaschine.

a) **Dreht man eine Drahtschleife (Abb. 869) zwischen den Polen eines Magnetes, so muß darin eine**

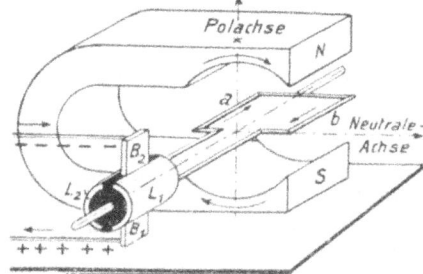

Abb. 869

EMK auftreten, da sich bei der Drehung die Zahl der von der Drahtschleife umfaßten Kraftlinien ändert.

Die Richtung des Stromes in den Randstäben *a* und *b* könnte man nach der Dreifingerregel [467] ermitteln. Lieber benutzt man hierzu die folgende **Polregel** (Abb. 870): **Man blicke auf die Achse der Maschine, dann treten bei Rechtsdrehung der Schleife die Ströme unter dem Nordpol ein, unter dem Südpol aus.**

Stromlos ist die Schleife bei noch so schneller Bewegung in der neutralen Zone, die senkrecht zur Polachse steht. Von 0° bis 90° verringert sich die Zahl der Magnetlinien, wodurch die EMK sinusartig bis zu $+E_0$ wächst. Der Höchstbetrag wird in der Polachse erreicht, wenn plötzlich keine Magnetlinien mehr durch die Schleife gehen, während von 90° bis 270° die EMK bis $-E_0$ sinkt. Das Bild der EMK entspricht daher einer Sinuskurve (Abb. 871), ebenso wie das der Stromstärke, wenn der äußere Widerstand sich nicht ändert.

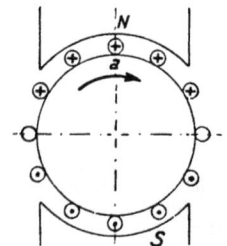

Abb. 870

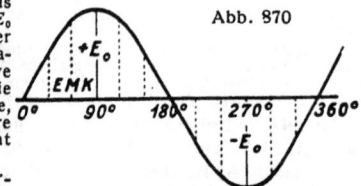

Abb. 871

b) Man unterscheidet an jeder Dynamomaschine:

1. **Die Pole** dienen zur Erzeugung eines kräftigen magnetischen Feldes und werden meist durch die Polwicklung erregt.

2. Den **Anker (Läufer),** der aus einem um eine Achse drehbaren zylindrischen Eisenkern besteht, der von den Polschuhen möglichst nahe umgeben ist, um den Luftweg abzukürzen. Der Anker trägt eine oder mehrere Wicklungen von isoliertem Kupferdrahte.

3. Die **Bürsten,** die zur Abnahme des Stromes dienen und aus Kohle oder Kupfer bestehen.

Mit diesen Dynamomaschinen oder Generatoren kann nun Wechselstrom oder Gleichstrom erzeugt werden, je nachdem die Bürsten im Verhältnis der Ankerwicklungen angeordnet sind.

I. Wechselstromgeneratoren.

Bei Wechselstrommaschinen (Abb. 872) werden die Enden einer im Magnetfelde umlaufenden Spule mit

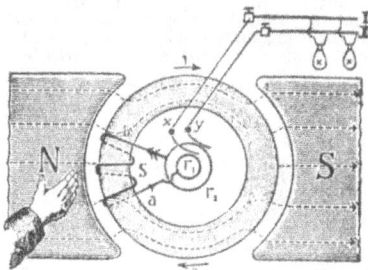

Abb. 872

zwei auf der Achse isoliert nebeneinander angebrachten Metallringen $r_1 r_2$ (Schleifringen) verbunden, auf denen die Bürsten schleifen.

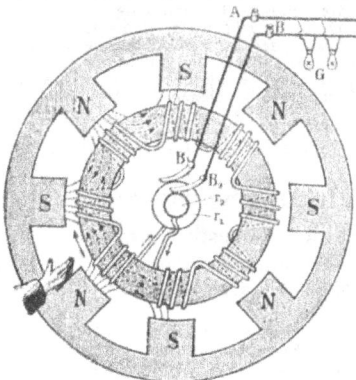

Abb. 873
Achtpolige Wechselstromdynamo

Jedem Pol der Maschine entspricht eine Spule auf dem Anker, die Spulen müssen aber entgegengesetzt gewickelt sein. Abb. 873 zeigt eine 8polige Wechselstromdynamo mit Flachringanker. Man kann auch den Anker festhalten und das **Polrad** umlaufen lassen, dem man den Gleichstrom durch Schleifringe zuführt (Abb. 874). Wenn man auf demselben Anker zwei voneinander unabhängige Wicklungen so verlegt, daß die Spulen der einen zwischen den Spulen der anderen liegen, so entstehen gleichzeitig zwei Wechselströme I und II, die man durch zwei Bürstenpaare abnimmt; man nennt

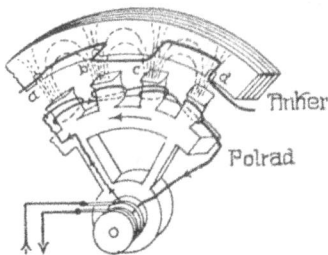

Abb. 874

diesen Strom einen **Zweiphasenstrom (Abb. 875). Beide Ströme sind gleichstark, jedoch um ¼ Periode verschoben.**

Ein **Dreiphasenstrom** besteht aus drei Wechselströmen I, II, III, die gegeneinander um ⅓ ihrer Periode verschoben sind.

Zur Fortleitung solcher Ströme sind drei voneinander unabhängige Leitungen nötig, die, wenn sie in der **Dreieckschaltung** (Abb. 877) oder in der **Sternschaltung** (Abb. 876) angeordnet sind, keinen Rückdraht brauchen, weil in jedem Augenblicke die Summe der 3 Ströme gleich Null ist. Den Zwei-, Drei- oder **Mehrphasenstrom** bezeichnet man kurz als `Drehstrom`.

Über die besonderen Eigenschaften der Wechselströme wird erst in der Elektro-

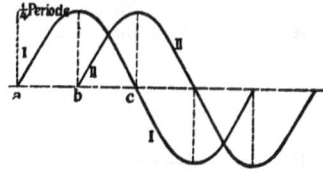

Abb. 876
Sternschaltung

Abb. 875

Abb. 877
Dreieckschaltung

technik ausführlicher gesprochen; hier sei nur nebenbei erwähnt, daß eine **nicht bifilar gewickelte Spule** jeden Wechselstrom hemmt, weil in ihr die Gegenspannung der Selbstinduktion auftritt, daher der Name **Drosselspule,** daß dagegen der Wechselstrom durch einen Kondensator glatt hindurchgeht.

II. Gleichstromgeneratoren.

a) Werden die Enden jeder Spule nicht zu zwei Schleifringen, sondern zu Kupferstreifen geführt, die auf dem Kollektor, einem kleinen Zylinder, der auf der Drehachse befestigt ist, wohl isoliert nebeneinander angeordnet sind, so nehmen die Bürsten, die mit leisem Drucke auf dem Kollektor schleifen, Gleichstrom ab, vorausgesetzt, daß die Bürsten die Lamellen des Kollektors in dem Augenblicke berühren, wo die Spule stromlos ist (Abb. 869).

Das ist nur für den Leerlauf richtig; ist aber die Maschine belastet, so funken die Bürsten in dieser Stellung; man muß sie dann im **Drehsinne** etwas vorstellen, um einen funkenlosen Gang zu erzielen.

Der Kollektor heißt auch **Kommutator** oder **Stromwender.** Das Strombild für 1 Schleife zeigt Abb. 878. Vermehrt man die Zahl

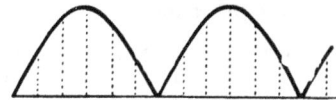

Abb. 878

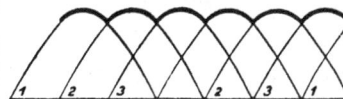

Abb. 879

der Schleifen, so wird in jeder eine EMK derselben Art erzeugt, die aber in ihrem zeitlichen Verlaufe verschoben sind, wie dies Abb. 879 darstellt. **Die Stromschwankungen werden sonach mit zunehmender Windungszahl geringer.**

Die Erregung der Pole kann auch durch den eigenen Strom der Dynamomaschine erfolgen, weil wie **Siemens** fand, der Restmagnetismus der Feldmagnete genügt, um die Maschine nach und nach selbst bis zur höchsten Stärke zu erregen. In dieser Hinsicht unterscheidet man nun:

1. Die **Hauptschlußmaschine** (Abb. 880), bei der man den ganzen Ankerstrom um den Feldmagnet leitet.

2. Die **Nebenschlußmaschine** (Abb. 881), bei welcher die Wicklung des Feldmagnets im Nebenschluß an die Bürsten gelegt wird.

3. Die **Doppelschluß- (Compound-) maschine** (Abb. 882) mit zwei Wicklungen, von denen die eine im Haupt-, die andere im Nebenschluß zu den Bürsten gelegen ist.

Natürlich können wie bei. den Wechselstromgeneratoren auch hier die Pole durch fremden Strom erregt werden (Abb. 883).

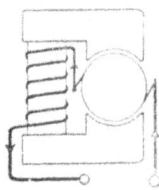

Abb. 880
Hauptschlußmaschine

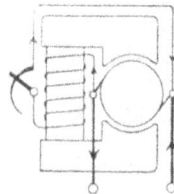

Abb. 881
Nebenschlußmaschine

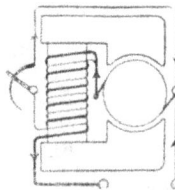

Abb. 882
Doppelschlußmaschine

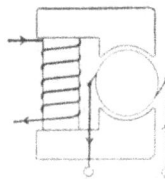

Abb. 883
Maschine mit Fremderreger

Näheres über Ankerwicklungen, Charakteristik usw. folgt in „Elektrotechnik" im III. Fachbande. S. auch Lebensbild **W. v. Siemens** in Vorstufe S. 60.

[472] Umformer.

a) **Umformer sind Vorrichtungen, durch die Ströme von hoher Stärke und geringer Spannung in Ströme von hoher Spannung und geringer Stärke oder Ströme der einen Art in solche anderer Art umgeformt werden.**

b) **Gleichstrom irgendeiner Spannung läßt sich in Gleichstrom anderer Spannung nur durch rotierende Maschinen umformen,** wovon man beim Betrieb von Licht und Motoren aus Bahnnetzen sowie bei Ladung von Akkumulatoren Gebrauch macht.

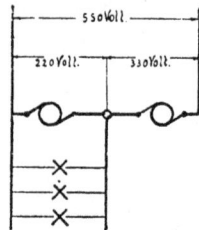

Abb. 884
Sparschaltung

Eine vorteilhafte Umformung von Gleichstrom kann durch die sog. **Sparschaltung** bewirkt werden (Abb. 884). Der Anker der einen Maschine ist für die kleinere, der der anderen für die Differenz der beiden Spannungen gewickelt.

Zur Umformung von Gleichstrom in Wechselstrom oder Drehstrom werden Motorgeneratoren verwendet, wobei man für die Gleichstrommotoren meist eine schwache Compoundwicklung wählt.

c) **Um Wechselstrom zu transformieren, wählt man Wechselstromumformer (Abb. 885), die aus einem Spulenpaar I, II bestehen, das auf demselben Eisenkerne arbeitet.**

Sendet man durch die eine Spule den Wechselstrom I, so induziert dessen pulsierendes Magnetfeld in der anderen Spule den Wechselstrom II. Für den gilt

$$E_1 J_1 = E_2 J_2$$

Trägt man auf die zweite Spule z. B. 30 mal so viele Windungen wie auf die erste, so ist $E_2 = 30 E_1$, dafür ist $J_2 = \frac{1}{30} J_1$.

Das Übersetzungsverhältnis ist allgemein

$$n = \frac{\text{Zahl der sekundären Windungen}}{\text{Zahl der primären Windungen}}$$

Um die Wirbelströme und damit eine zu starke Erhitzung der Maschine zu verhindern, werden die Eisenkörper aus dünnen Blechen zusammengesetzt, die mit Seidenpapier beklebt und mit einer hydraulischen Presse zusammengepreßt sind.

Man unterscheidet **Kerntransformatoren** (Abb. 885) und **Manteltransformatoren** (Abb. 886); erstere haben leichter zugängliche Spulen, aber weniger Eisen als

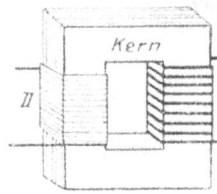

Abb. 885
Kerntransformator

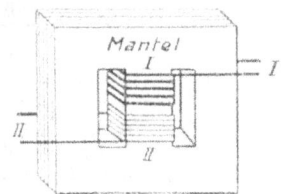

Abb. 886
Manteltransformator

die Manteltransformatoren. Für je 100 Watt rechnet man 1 cm³ Eisen.

Um Wechselstrom und Drehstrom in Gleichstrom zu verwandeln, benutzt man häufig die **Quecksilberdampfgleichrichter,** wobei die Ventilwirkung von Quecksilberlichtbögen im Vakuum zur Umwandlung herangezogen wird. Abb. 887 stellt die Schaltung eines Dreiphasengleichrichters dar.

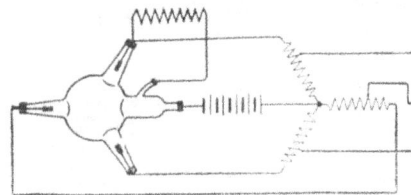

Abb. 887
Quecksilberdampfgleichrichter

Die Transformatoren ermöglichen erst eine wirtschaftliche Übertragung der elektrischen Energie auf weite Strecken. In den Zentralen werden starke Ströme (2000—5000 A) erzeugt, für deren Weiterleitung man armsdicke Kupferleitungen benutzen müßte, um eine Erhitzung der Drähte vorzubeugen, was aber sehr kostspielig wäre. Man transformiert daher lieber den Strom in der Zentrale in **hochgespannten Wechselstrom** von geringer Stärke, der zur Fortleitung nur dünne Drähte braucht, und wandelt an der Verbrauchstelle den hochgespannten Strom in solchen von der zulässigen Betriebsspannung um. Es ist bereits gelungen, die bei der Transformation auftretenden Verluste so gering zu machen, daß oft 95 % der induzierten Watt übertragen werden.

[473] Elektrische Motoren.

1. Gleichstrommotoren.

a) **Jede Dynamomaschine läßt sich auch als Motor verwenden; der Drehsinn ist entgegen dem des Generators.**

Eine einfache Ankerform ist der früher benutzte **Grammesche Ring,** ein Eisenhohlzylinder, auf dem eine Reihe von hintereinander geschalteten Stromspulen angebracht sind (Abb. 888). Die Stromzuführung erfolgt durch zwei Bürsten,

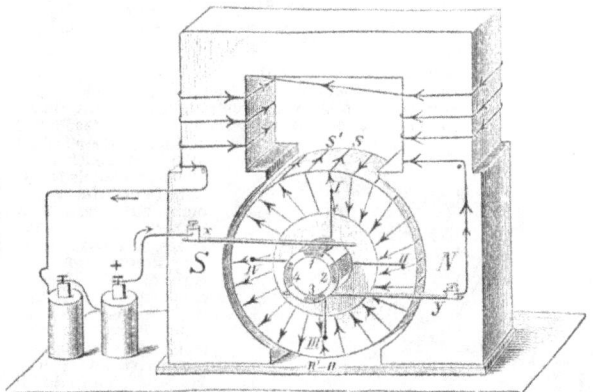

Abb. 888 Grammesche Ring

die auf dem Kollektor schleifen und zur Vermeidung der Funkenbildung entgegengesetzt zum Drehsinne zurückgestellt werden müssen.

Die Motoren werden zumeist als Nebenschlußmotor geschaltet, weil dann E bei jeder Belastung fast konstant ist, die Tourenzahl sich daher sehr wenig ändert, während bei Hauptschlußmotoren mit der steigenden Belastung die Tourenzahl sehr rasch sinkt. Auch hier läßt man den Strom zuerst stets voll in die Magnetwicklung eintreten, um rasch ein starkes Feld zu erhalten. Dieses geschieht mit einem Anlasser (Abb. 889), der den eintretenden Strom teilt.

b) Der **Grammesche Ring** hat den Nachteil, daß das Magnetfeld nur auf die außen am Ring liegenden Leiterstücke wirkt, die Kupfermasse der Spulen daher ganz überflüssig ist.

Abb. 889
Anlasser

Dieser Nachteil ist vermieden beim **Siemensschen Anker** (Abb. 890), bei dem die Windungen der

Abb. 890
Siemensscher Anker

Abb. 891
Trommelanker

Drahtspulen zentral über einen T-förmigen Anker aus massivem Eisen geführt sind. Aus diesem hat sich später der **Trommelanker** (Abb. 891) ausgebildet.

2. Wechselstrommotoren.

Diese sind in der Bauart identisch mit den Wechselstromgeneratoren, erfordern also wie diese eine besondere Gleichstromerregung.

Der Wechselmotor kann sowohl für gewöhnlichen Wechselstrom als auch für Drehstrom gebaut werden. Mit Hilfe der Feldmagneterregung läßt sich der Strom des Motors so einstellen, daß er gegen die Betriebsspannung keine Phasenverschiebung besitzt, daß also Generator und Motor genau gleich schnell, d. h. synchron laufen. In diesem Falle bildet er für den Stromkreis eine ebenso induktionsfreie Belastung wie z. B. Glühlampen. Der synchrone Einphasenmotor kann nicht, der synchrone Mehrphasenmotor nur unter bestimmten konstruktiven Bedingungen von selbst anlaufen.

3. Drehstrommotoren.

Speist man mit dem Wechselstrom I (Abb. 892) das Polpaar 1, 1', mit dem Wechselstrompaar II das dazu senkrecht angeordnete Polpaar 2, 2' des Stators, so wird, wenn 1, 1' aufs stärkste erregt ist, 2, 2' stromlos und im nächsten Augenblick umgekehrt. Das Kraftlinienband, das

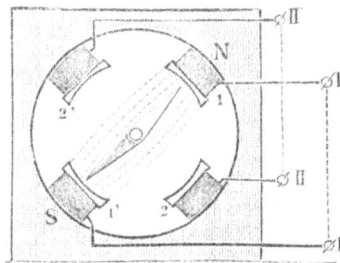

Abb. 892

Abb. 893
Kurzschlußanker

sich zuerst von 1 nach 1' spannte, wird nach $^1/_4$ Periode von 2 nach 2', nach $^2/_4$ Periode von 1 nach 1', nach

$^3/_4$ Periode von 2 nach 2', nach $^4/_4$ Periode wieder von 1 nach 1' verlaufen. **Ein solches umlaufendes Feld heißt Drehfeld und in einem solchen fängt nicht nur die in Abb. 892 angedeutete Magnetnadel, sondern auch ein sog. Kurzschlußanker (Rotor) an, mitzulaufen.**

Dieser (Abb. 893) ist ein Eisenzylinder, der am Mantel eine Reihe von durch Kupferreifen zusammengehaltenen Kupferstäben trägt. Ein solcher Anker setzt sich demnach auch **ohne einen Kollektor** und **ohne Schleiffedern** in Bewegung.

[474] Funkentelegraphie, Fernphotographie.

a) Der berühmte Physiker **Heinrich Hertz** entdeckte 1890, daß der Funke eines Induktors den umgebenden Ätherraum in Schwingungen versetzt.

Die elektrischen Wellen, die sich mit Lichtgeschwindigkeit verbreiten, lassen sich am bequemsten mit einem **Kohärer (Fritter)** nachweisen; es ist das ein etwa 2 cm langes, mit Metallfeilicht gefülltes Glasröhrchen; treffen elektrische Wellen darauf, so wird das Feilicht plötzlich leitend und eine in den Stromkreis geschaltete Klingel schlägt an. Durch einen leichten Schlag auf den Kohärer, der selbsttätig vom Hammer der Klingel gegeben wird, wird letzterer wieder nicht leitend und die Klingel kommt zur Ruhe, bis das nächste Wellensignal eintrifft (Abb. 894). Wird nun die Klingel durch einen Moreseschreiber ersetzt und werden die elektrischen Wellensignale durch kurze und lange Zeichen des Morsealphabetes gegeben, so kann man **drahtlos telegraphieren**, welche Anordnung zuerst von **Marconi** zur drahtlosen Telegraphie im großen verwendet wurde.

b) **Später wurde zum besseren Empfang der Wellen ein abgestimmter Leiterkreis verwendet.**

Abb. 894
Drahtlose Telegraphie

Treffen die Wellen auf einen solchen Leiter, so wird die Elektrizität in diesem in Schwankung versetzt. Stimmt die Eigenschwingungszeit dieses Leiters mit derjenigen der ankommenden Wellenstöße überein, was durch Veränderung der Kapazität eines Drehkondensators zu erreichen ist, so tritt **Resonanz** ein, d. h. die Elektrizität im Leiter schwingt verstärkt, wenn ihn eine Welle anregt.

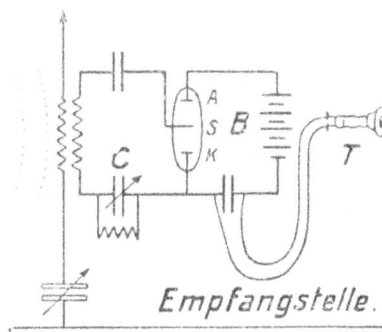

Abb. 895
Kathodenverstärker

Es ist dies so, wie wenn man ruckweise gegen einen aufgehängten Ball blasen würde; seine Schwingungen werden immer stärker, wenn die Blasestöße im gleichen Rhythmus einwirken, mit dem das Pendel schwingt, werden aber gehemmt, wenn das Tempo nicht übereinstimmt.

Die im Leiterkreis C (Abb. 895) zum Schwingen gebrachte Elektrizität (Wechselstrom) läßt man zur Verstärkung auf das Sieb S einer **Kathodenröhre** wirken und erst in deren Anodenstromkreis schaltet man das Telephon ein [470c].

Abb. 896
Fernphotographie

Hierher gehört auch die von Siemens entdeckte sprechende Bogenlampe, die ein entfernt geführtes Telephongespräch laut widergibt.

c) Die von **Korn** erfundene **Fernphotographie beruht auf der Eigenschaft des Selens, bei Belichtung mehr Strom durchzulassen** (Abb. 896).

Läßt man durch eine Linse a Licht auf die **Selenzelle** durch ein Diapositiv fallen, so wird mit der Veränderung von Hell und Dunkel bei A auch der Glühkörper in der Empfangsstelle hell und dunkel werden. Wird dort ein Film genau so wie das Diapositiv in der Sendestelle bewegt, so entsteht von einem Negativ in der ersten Station ein Positiv in der zweiten.

Die Übertragung gelang bereits auf weite Strecken, z. B. München —Berlin im März 1907.

IV. Elektrische Messungen.

Da unsere Sinne im allgemeinen für elektrische Erscheinungen unempfindlich sind, müssen wir sie durch geeignete Vorrichtungen ergänzen, um die Wirkungen der Elektrizität wahrnehmbar und in ihren Größenverhältnissen meßbar zu machen. **Aus diesem Grunde sind speziell auf diesem Gebiete geeignete Meßinstrumente und richtige Meßmethoden von hervorragender Bedeutung.** Wenn nun auch die Meßtechnik besondere Übung und Erfahrung voraussetzt, die nur in der Praxis zur Gänze erlangt wird, muß doch der Anfänger das Wesen der einzelnen Meßmethoden richtig erfassen, wenn er später die Messungen selbst durchführen will. Die feinen Instrumente sind ungemein kostspielig und werden dem Studierenden wohl kaum zur Einübung zur Verfügung stehen. Wir werden aber einige solche mit den einfachsten Mitteln durchführbare Versuche und Messungen erwähnen, mit denen sich der Anfänger ausbilden kann. Über den Wert solcher Anfangsversuche haben wir bereits in der Vorstufe [222] gesprochen.

[475] Elektrische Meßinstrumente.

Alle elektrischen Messungen beruhen auf Messung der Stromstärke, wozu die mit der Stromstärke veränderlichen Wirkungen des elektrischen Stromes (Elektrolyse, Wärme, Magnetfeld, Antrieb im fremden Feld, Anziehung paralleler Ströme) **verwertet werden können.**

Die **Voltameter** [445a] sind ihrer zeitraubenden Handhabung halber selten im Gebrauche.

Die Wärmewirkung wird nur in den **Hitzdrahtinstrumenten** (Abb. 897) verwendet.

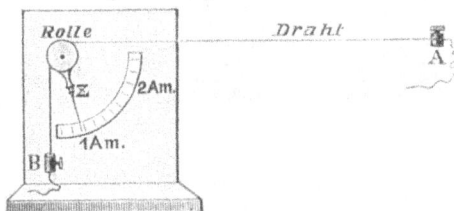

Abb. 897

$A B$ ist ein feiner Platinfaden, der sich bei Stromdurchgang erhitzt und dabei sich ein wenig verlängert. Die Verlängerung überträgt sich auf eine Rolle mit Zeiger.

Am häufigsten sind jene Instrumente, bei welchen das Stromfeld auf einen beweglichen magnetischen oder magnetisierbaren Teil oder 2 Stromkreise aufeinander wirken. Es sind dies

I. die Magnetinstrumente.

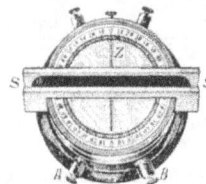

Abb. 898

a) Das **Galvanoskop** enthält eine Magnetnadel, über die eine Stromspule SS geschoben ist.

Rechtwinkelig zur Nadel ist ein Zeiger befestigt, der vor einer Skala spielt (Abb. 898). Je stärker der Strom, desto größer der Ausschlag.

b) Das **Galvanometer** (Abb. 899) **enthält ein Magnetstäbchen** ns, **das wie ein Wagebalken in einer Stromspule schwingen kann.**

Leitet man Strom durch den Draht der Spule, so weicht das Stäbchen der Stromrichtung aus. Man kann das Instrument nach Ampere oder Milliampere $\left(= \frac{1}{1000} \text{ Ampere}\right)$ eichen und erhält dann **Strommesser**, die je nach der Teilung **Amperemeter** oder **Milliamperemeter** heißen. Gibt man der Spule großen Widerstand und eicht die Skala nach Volt, so erhält man einen **Spannungsmesser** oder ein **Voltmeter**. Oft sind solche Instrumente mit einer **Kupferdämpfung** ausgestattet (Abb. 900) [467e].

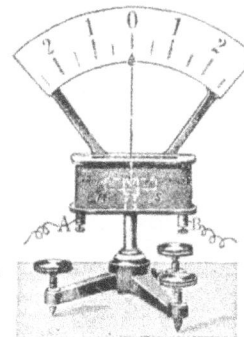   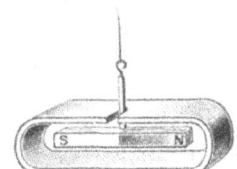

Abb. 899   Abb. 900
Galvanometer   Kupferdämpfung

Eine solche Vorrichtung kann sich nun der Selbstschüler mit einfachen Mitteln selbst zusammenbauen und sich damit in den später zu beschreibenden Meßmethoden ausbilden. Er kauft sich um wenig Geld ein kleines Magnetstäbchen, das er mit einem Zeiger versieht und in einer kleinen Holzspule drehbar befestigt. Um diese Holzspule wickelt er nun einige Windungen isolierten Kupferdrahtes und führt die Enden zu zwei Klemmen 1 und 2; darauf dann viele Windungen dünneren Drahtes, die zu zwei anderen Klemmen 3 und 4 führt. Um die Papierskala, auf welcher der Zeiger spielt, zu eichen, vermerkt er zunächst die Ruhelage des Zeigers, dann nimmt er zwei beliebige Elemente, deren EMK er kennt, und eine bestimmte Länge eines Eisen- oder Kupferdrahtes und berechnet sich nach dem Ohmschen Gesetz unter Berücksichtigung des Spulenwiderstandes die resultierende Stromstärke bzw. Spannung. Schaltet er dann den Strom bei Klemme 1 und 2 ein, so gibt ihm der Zeiger für die berechnete Stromstärke die richtige Stelle der Skala an, schaltet er bei 3 und 4, jene der Spannung an, die der Stromstärke entspricht. In dieser Weise kann er nun die Skala für Strom und Spannung einteilen und besitzt damit ein einfaches und billiges Instrument, das er bei allen Messungsversuchen, wo es doch anfangs auf Genauigkeit durchaus nicht ankommen dürfte, mit Vorteil wird benutzen können. Hat er mehr Geld zur Verfügung, so wird er sich lieber eines der im Handel erhältlichen Taschenamperemeter oder Voltmeter beschaffen.

c) Das **Spiegelgalvanometer** enthält in einer Stromspule einen an einem Faden hängenden Spiegel, der auf der Rückseite eine Reihe von magnetisierten Nähnadeln trägt (Abb. 901). Die Ablesung erfolgt nach [344].

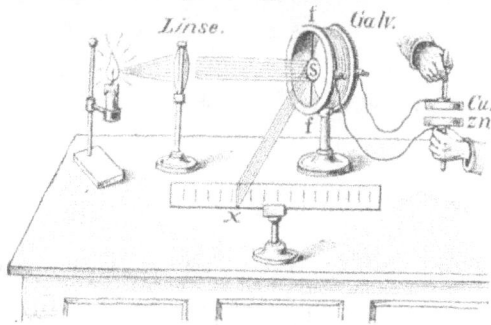

Abb. 901
Spiegelgalvanometer

II. Die Weicheiseninstrumente.

a) Beim **Federamperemeter** hängt ein Eisenstäbchen an einer Spiralfeder und wird um so mehr in die Spule hineingezogen, je stärker der Strom ist (Abb. 902).

b) Beim **Schnellwage-instrument** befindet sich vor einer Magnetspule ein exzentrisch aufgehängtes Eisenstück A (Abb. 903).

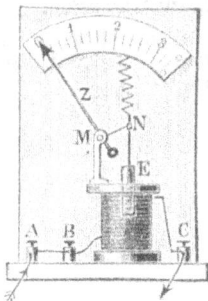

Abb. 903
Schnellwageinstrument

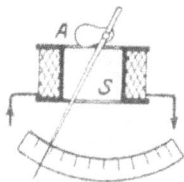

Abb. 902
Federamperemeter

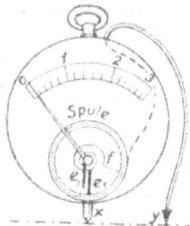

Abb. 904
Uhrforminstrument

c) Die **Uhrforminstrumente (Ampere- und Voltmeter)** enthalten im Innern einer Stromspule zwei Eisenbleche e_1 und e_2, wovon das eine fest, das zweite beweglich ist (Abb. 904). Das bewegliche ist mit einem Zeiger verbunden und wird durch die Feder f gehalten.

III. Elektrodynamometer und Drehspuleninstrumente.

a) **Das Elektrodynamometer** (Abb. 905) beruht auf der Anziehung gleichgerichteter Ströme.

Es enthält innerhalb einer festen Drahtspule I eine bewegliche II, die an einer Feder hängt. Die Windungsebenen beider Spulen sollen stets aufeinander senkrecht stehen.

Schickt man denselben Strom durch beide Spulen, trachten sie sich in dieselbe Ebene zu stellen. Durch Drehen des Knopfes K treibt man die bewegliche Spule immer wieder in ihre frühere Lage zurück und der Drillwinkel der Feder gibt ein Maß für das Quadrat der Stromstärke.

b) Das **Drehspuleninstrument** enthält zwischen den Polschuhen eines Magnetes einen festen Eisenkern, um dessen Achse sich eine äußerst leichte, auf

Aluminiumrahmen gewickelte Spule drehen kann (Abb. 906).

Die Stromzufuhr erfolgt durch zwei Spiralfedern. Bei Stromdurchgang dreht sich die Spule im Magnetfeld, aber nur je nach der Stromstärke um einen gewissen Betrag, der durch die Drillung der Spiralfedern begrenzt wird.

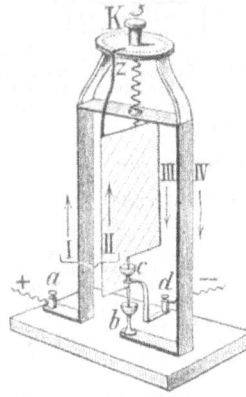

Abb. 905
Elektrodynamometer

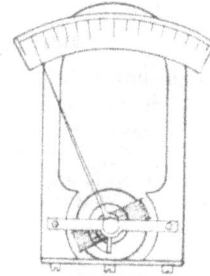

Abb. 906
Drehspuleninstrument

[476] Meßmethoden.

1. Strom- und Spannungsmessungen.

a) Da der **Strommesser** den gesamten Strom messen soll, der einer Verbrauchsstelle zugeführt wird, so ist er in einer Zuführungsleitung, gleichgültig wo, anzubringen; **sein Eigenwiderstand muß verschwindend klein sein.**

Soll ein Amperemeter einen Strom messen, der für seinen Meßbereich zu stark ist, so muß er in einen Nebenschluß [452, 1] gebracht werden (Abb. 907):

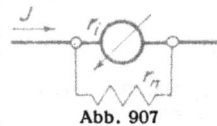

Abb. 907

$$r_n : r_i = 1 : (n-1)$$

$$r_n = \frac{r_i}{n-1}.$$

Soll der Meßbereich eines Strommessers auf den $n$fachen Betrag gebracht werden, so ist zu ihm ein Nebenschlußwiderstand $\frac{r_i}{n-1}$ parallel zu schalten.

b) **Mit dem Spannungsmesser wird die Spannungsdifferenz zwischen zwei Leitungen oder zwei beliebigen Punkten eines Stromkreises ermittelt** (Abb. 908).

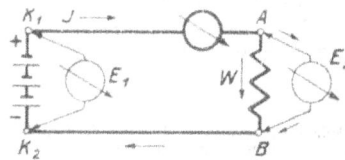

Abb. 908

Soll z. B. die Spannung E_1 an den Klemmen K_1 und K_2 der Batterie gemessen werden, so ist das Voltmeter zwischen diese Punkte zu legen. Wird dagegen die Spannungsdifferenz E_2 an den Klemmen A und B des Stromverbrauchers W gewünscht, so ist das Instrument an A und B anzuschließen.

Das Voltmeter muß großen Widerstand haben, weil es den schwachen Nebenstrom i mißt und dieser darf nicht groß sein, um den Hauptstrom nicht nennenswert zu schwächen. Sein Widerstand beträgt bis zu 30 000 V.

Soll das Instrument eine Spannung messen, die über sein Meßbereich hinausgeht, so ist vor dasselbe ein Vorschaltwiderstand r_v zu legen (Abb. 909):

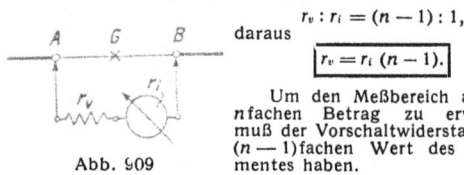

Abb. 909

$$r_v : r_i = (n - 1) : 1,$$

daraus

$$\boxed{r_v = r_i \, (n - 1).}$$

Um den Meßbereich auf den n fachen Betrag zu erweitern, muß der Vorschaltwiderstand den $(n - 1)$ fachen Wert des Instrumentes haben.

2. Widerstandsmessungen.

Man unterscheidet hierbei folgende Methoden:

a) Das **Ersatzverfahren.**

Man schaltet den unbekannten Widerstand mit einem Galvanometer in Reihe an die Pole einer passenden Stromquelle und merkt sich den Ausschlag des Galvanometers. Ersetzt man dann den unbekannten Widerstand durch einen regulierbaren Widerstand, bis der Ausschlag derselbe wird, so ist der eingeschaltete Widerstand gleich dem zu suchenden.

b) Das **indirekte Verfahren** (Abb. 910).

Man schickt einen Strom J durch den zu bestimmenden Widerstand und mißt die Spannungsdifferenz E. Dann ist

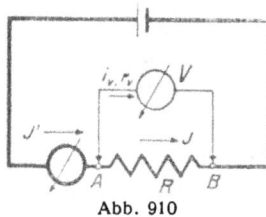

Abb. 910

$$\boxed{R = \frac{E}{J}.}$$

Bei genauen Messungen muß der durch das Voltmeter gehende Zweigstrom i_v berücksichtigt werden.

$$J = J' - i_v$$

und

$$i_v = \frac{E}{r_i}.$$

c) Das **Voltmeterverfahren** zur Bestimmung von Isolationswiderständen (Abb. 911).

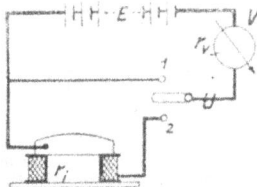

Abb. 911

In Stellung 1 des Umschalters U mißt das Voltmeter V die Batteriespannung E. In Stellung 2 drückt letztere einen schwachen Strom i durch den zu messenden Isolationswiderstand r_i und den Eigenwiderstand des Voltmeters; dabei zeigt es den kleinen Ausschlag E_1. Sind die übrigen Widerstände des Stromkreises zu vernachlässigen, so ist

$$E = i \, r_v \quad \text{und} \quad E_1 = i \, (r_v + r_i),$$

daraus durch Division beider Formeln:

$$r_i = r_v \left(\frac{E}{E_1} - 1 \right).$$

Solche Isolationsmessungen lassen sich meist nur mit einem sehr empfindlichen Spiegelgalvanometer durchführen.

d) Das **Brücken- (Null-) verfahren.**

Nach [452₂] und Abb. 912 wird die Brücke CD stromlos, wenn die Spannungsdifferenz zwischen C und B ($r_2 \, i_1$) gleich ist jener zwischen D und B ($r_4 \cdot i_2$). Diese Gleichheit der Spannungsdifferenz ergibt sich auch aus $r_1 \cdot i_1 = r_3 \cdot i_2$. Daher $r_2 : r_4 = i_2 : i_1 = r_1 : r_3$, daraus ergibt sich:

$$r_1 : r_2 = r_3 : r_4.$$

Verschiebt man D so weit, bis das Galvanometer stromlos wird, d. h. auf Null zeigt, so ist:

$$\boxed{r_1 = \frac{r_2 \, r_3}{r_4}.}$$

Auch zu diesen Messungen benutzt man, namentlich bei sehr kleinen Widerständen, mit Vorliebe ein Spiegelgalvanometer.

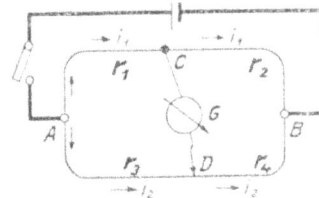

Abb. 912

Häufig verwendet man einen auf einen Maßstab aufgespannten Meßdraht (Abb. 913); es ist dann

$$\boxed{r_1 = r_2 \cdot \frac{a}{b}.}$$

Die Messung wird am genauesten, wenn der Gleitkontakt D sich bei der Nullage in der Nähe der Drahtmitte befindet.

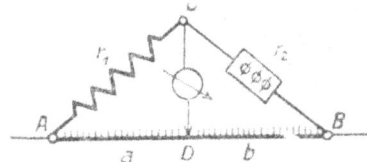

Abb. 913

3. Messung von Elektrizitätsmengen.

a) Je größer die in der Zeiteinheit durch den Querschnitt des Leiters gehende Elektrizitätsmenge Q ist, desto größer ist die Stromstärke J. Mithin:

$$\boxed{Q = J \cdot t.}$$

Ihre Einheit ist die

$$\boxed{\textbf{Amperesekunde (A/sek)}}$$

oder das **Coulomb.**

Die technische Einheit ist die

$$\boxed{\textbf{Amperestunde (A/h).}}$$

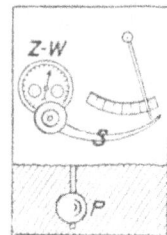

Abb. 914
Zähler

b) Zähler (Abb. 914): Fließt der Strom ungleichmäßig durch den Verbraucher, so stellt man z. B. nach je 1 Min. die Stromstärke J fest und addiert diese Beträge. Ein Uhrwerk gibt alle 1¼' einen sichelartig gekrümmten Hebel frei, der dabei gegen die Spitze des Amperemeterzeigers stößt. Hierbei legt er bei verschiedenem Stande des Zeigers verschieden lange, der Stromstärke J proportionale Wege zurück, die von einem Zählwerke Z—W addiert werden.

4. Messung der elektrischen Leistung.

a) Legt man zwischen zwei Leitungen von $E = 110$ Volt eine Glühlampe, so leistet der Strom hier Arbeit, indem er den Widerstand erwärmt.

Schalten wir statt einer Lampe deren n **parallel** so ist der Gesamtstrom $n \, i$; **die Leistung ist daher bei konstanter Spannung der Stromstärke proportional.**

Schalten wir die n Glühlampen nicht parallel, sondern in **Reihe,** so ist die Gesamtspannung $n \, E$, d. h. **die Leistung ist bei konstanter Stromstärke der Spannung proportional.**

Die Formel für die Leistung lautet daher:

$$\boxed{L = E \cdot J} \quad \text{I.}$$

Ihre Einheit ist das $\boxed{\text{Watt (W)}}$ oder bei Wechselstrom das Voltampere [454 b).

$$\boxed{\text{1 Kilowatt (KW)} = 1000\ \text{W.}}$$

Da $E = J \cdot R$ und $J = \dfrac{E}{R}$, ist

$$\boxed{L = J^2 \cdot R}\ \text{II. und}\ \boxed{L = \dfrac{E^2}{R}}\ \text{III.}$$

b) Die Leistung mißt das **Wattmeter** (Abb. 915).

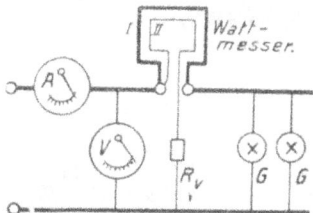

Abb. 915
Wattmeter

Das Wattmeter enthält eine **Amperespule**, die in den Stromkreis und eine **Voltspule**, die an die Enden des Stromverbrauchers angeschlossen wird. Die Wirkung beider ist dem Produkte EJ, also der Leistung proportional.

Messung der elektrischen Arbeit.

a) Da die Leistung L die Arbeit für 1 Sekunde ist, so ist die Arbeit in t Sekunden

$$\boxed{A = L \cdot t}\ \text{I.}$$

oder nach obigem

$$A = \boxed{E \cdot J \cdot t}\ \text{II.}\quad A = \boxed{J^2 \cdot R \cdot t}\ \text{III.}$$

$$A = \boxed{\dfrac{E^2}{R} \cdot t}\ \text{IV.}$$

Ihre Einheit ist 1 Joule oder

$$\boxed{\text{1 Wattsekunde (Wsek)}}\ [454\,\text{c}]$$

$$\boxed{\text{1 Wattsekunde} = 1\ \text{Joule} = \dfrac{1}{9{,}81}\ \text{mkg/sek}}\ \text{I.}$$

$$\boxed{\text{1 mkg/sek} = 9{,}81\ \text{Watt}}\ \text{II.}$$

In der Technik rechnet man nach

$$\boxed{\text{Kilowattstunden KWh}}\ [454\,\text{c}].$$

1 KWh $= 1000 \cdot 3600 = 3600000$ W/sek.

$$\boxed{\text{1 PS} = 75\ \text{mkg/sek} = 736\ \text{Watt}}\ \text{III } [454\,\text{c}].$$

b) Zur Arbeitsmessung dienen eigene **Zähler,** von denen der **Motorzähler** und der **Aronsche Pendelzähler** am gebräuchlichsten sind.

Der **Motorzähler** ist ein kleiner Motor, dessen **Feldmagnet** eine Amperespule, dessen Anker eine Voltspule trägt (Abb. 916). Gehemmt wird die Drehung durch die **Wirbel-**

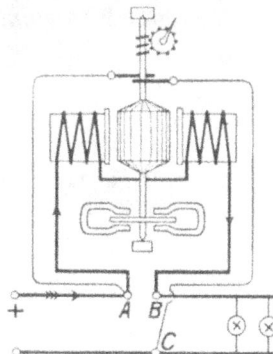

Abb. 916
Motorzähler

ströme, die in einer an der Achse sitzenden Kupferscheibe dadurch entstehen, daß diese sich zwischen Stahlmagneten bewegen muß. Die Drehbewegung wird auf ein Zählwerk übertragen.

Der **Aronsche Pendelzähler wird als Amperestundenzähler und als Wattstundenzähler gebaut; beide bestehen aus je zwei gleichen Uhrwerken mit Pendeln, die im stromlosen Zustande gleiche Schwingungsdauer haben.**

Beim **Amperestundenzähler** trägt eines der Pendel unten statt einer Linse einen **permanenten Magnet** m, unter dem sich eine **Hauptstromspule** h befindet. (Abb. 917). Sobald diese vom Strom durchflossen ist, wird die Schwingungsdauer des darüber befindlichen Pendels verkürzt. Der so hervorgerufene **Gangunterschied** zwischen den beiden Pendeln, der mit Hilfe eines Differentialgetriebes auf ein Zählwerk übertragen wird, **ist sehr angenähert proportional der Ampere-**

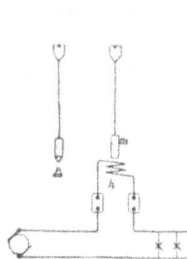

Abb. 917

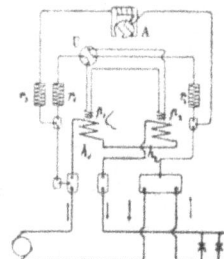

Abb. 918
Aronscher Wattstundenzähler

stundenzahl. Beim **Wattstundenzähler** (Abb. 918) sind beide Pendel mit je einer feindrähtigen Spule $p_1 p_2$ versehen, durch welche ein der Spannung proportionaler Strom geschickt wird. Nahe unter den Pendeln befinden sich zwei dickdrähtige Spulen h_1 und h_2, durch welche der Hauptstrom geleitet wird. Die Stromrichtung wird so gewählt, daß zwischen dem einen Pendel und seiner Hauptspule eine Anziehung, beim anderen Pendel eine Abstoßung auftritt. Infolgedessen wird **der Gang des ersten Pendels annähernd proportional dem Produkte aus Spannung und Stromstärke beschleunigt und der des anderen Pendels ebenso verzögert**; der Gangunterschied wird wieder auf ein Zählwerk übertragen.

Aufgabe 166.

[477] *Durch einen Leiter fließt in 4 Stunden bei konstantem Strome eine El.-Menge von 24 A/h. Wie stark war der Strom?*

$$J = \frac{Q}{t} = 24 : 4 = 6\ \textbf{A.}$$

Aufgabe 167.

[478] *Zur Vernichtung einer überschüssigen Spannung ist einem Stromverbraucher ein Widerstand von 1,25 Ω vorgelegt, der 80 Watt aufnimmt. Wie groß ist die vom Widerstande vernichtete Spannung?*

$$E = \sqrt{L \cdot R} = \sqrt{80 \cdot 1,25} = \sqrt{100} = \textbf{10 V.}$$

Aufgabe 168.

[479] *Eine Glühlampe für 110 Volt und 0,5 A brenne 3 Stunden. Berechne die Stromarbeit und die Kosten bei einem Preise von k = 0,50 Goldmark für die KWh.*

$$A = E \cdot J \cdot t = 110 \cdot 0,5 \cdot 3 = 165 \text{ Wh} = \textbf{0,165 KWh.}$$
$$K = k \cdot A = 0,50 \cdot 0,165 = \textbf{0,08 Goldmark.}$$

Aufgabe 169.

[480] *Eine Bogenlampe von 40 V Spannung, die 10 A braucht, sei unter Verwendung eines Vorschaltwiderstandes R an 110 V angeschlossen. a) Welche Spannung trifft auf den Vorschaltwiderstand und wie groß ist dieser? b) Wieviel Wärme entwickelt sich stündlich in der Lampe und im Vorschaltwiderstand? c) Wie groß ist schließlich der Wirkungsgrad η?*

a) $E_2 = E - E_1 = 110 - 40 = \textbf{70 V}$; $R = E : J = \textbf{7 Ω.}$

b) $Q_1 = 0,00024 \, E_1 \cdot J \cdot t = 0,00024 \cdot 40 \cdot 10 \cdot 3600 = \textbf{345 Kal.}$; $Q_2 = 0,00024 \cdot E_2 \cdot J \cdot t = \textbf{604,8 Kal.}$

c) $\eta = Q_1 : Q_1 + Q_2 = 0,36 = \textbf{36\%.}$

[481] Übungsaufgaben.

Aufg. 170. In einem Widerstande $R = 3,5$ Ω fließt ein Strom von 2 A. Wie groß ist die Spannung an den Enden des Widerstandes?

Aufg. 171. Eine elektrische Glühlampe besitzt einen Widerstand von 230 Ω. Die Brennspannung ist $E = 115$ V. Wie groß ist die von der Lampe aufgenommene Stromstärke?

Aufg. 172. Eine Spannung $E = 220$ V ruft in einer Leitung einen Strom von 50 A hervor. Wie groß ist der Widerstand derselben?

Aufg. 173. Ein Motor wird durch eine Doppelleitung von $R = 0,75$ Ω Widerstand mit einem Strome $J = 12$ A gespeist. Wie groß ist der in der Leitung auftretende Spannungsabfall?

Aufg. 174. Wie groß ist der Widerstand eines Kupferdrahtes von 1000 m Länge und 1,5 mm Durchmesser bei 15° C?

Aufg. 175. Ein Eisendraht besitzt eine Länge von 60 m. Sein Widerstand bei 15° C ist 1,3 Ω. Wie groß ist der Querschnitt?

Aufg. 176. Ein Hauptstrom J soll sich in zwei parallelen Widerständen so verzweigen, daß der eine Zweig, der $R_1 = 1$ Ω Widerstand hat, nur $^1/_{10}$ des Hauptstromes durchläßt. a) Welcher Strom trifft auf den zweiten Zweig? b) Wie groß muß man R_2 wählen?

Aufg. 177. 50 Glühlampen von je 355 Ω Widerstand werden parallel geschaltet. Wie groß ist der Gesamtwiderstand?

Aufg. 178. Eine Dynamomaschine liefert bei 230 V Klemmenspannung eine elektr. Leistung von 115 KW. Wie hoch ist die Stromstärke?

Aufg. 179. Eine Wasserturbine hat eine Leistung von 750 PS. Wieviel Kilowatt entspricht dies?

Aufg. 180. Ein Elektromotor leistet 7,36 Kilowatt. Wieviel PS sind dies?

(Lösungen im Anhang.)

[482] Lösungen der im 4. Briefe unter [354] gegebenen Übungsaufgaben.

Aufg. 132. 150 Millionen km : 300 000 km $= 500'' = \textbf{8'.}$

Aufg. 133. $l = \dfrac{333}{435} = \textbf{76 cm.}$

Aufg. 134. $B = \dfrac{\text{Lichtstrom}}{\text{Fläche}} = \dfrac{18\,000}{30 \cdot 60} = 10\,\text{lum/cm}^2 = \textbf{10 MK.}$

Aufg. 135. $n = \dfrac{100}{20} = \textbf{5 Dioptrien.}$

Aufg. 136. a) $x = \dfrac{90}{3^2} = \textbf{10 MK.}$

b) Ja!

Anhang.

[483] Lösungen der im 5. Briefe unter [481] gegebenen Übungsaufgaben.

Aufg. 170. $E = J \cdot R = 2 \cdot 3,5 = \textbf{7 V.}$

Aufg. 171. $J = \dfrac{E}{R} = \dfrac{115}{230} = \textbf{0,5 A.}$

Aufg. 172. $R = \dfrac{E}{J} = 220 : 50 = \textbf{4,4 Ω.}$

Aufg. 173. $e = J R = 12 \cdot 0,75 = \textbf{9 V.}$

An den Motorklemmen ist eine um 9 V niedrigere Spannung als wie am Anfange der Leitung.

Aufg. 174. $q = \dfrac{\pi \cdot 1,5^2}{4} = \textbf{1,78 mm}^2.$

$r = \sigma \cdot \dfrac{l}{q} = 0,0174 \cdot \dfrac{1000}{1,78} = \textbf{9,7 Ω.}$

Aufg. 175. $q = \sigma \cdot \dfrac{l}{r} = \dfrac{0,1 \cdot 60}{1,3} = \textbf{4,6 mm}^2.$

Aufg. 176. $J_1 = \dfrac{1}{10} J$, $J_2 = J - J_1 = \dfrac{9}{10} J$,

$R_2 = R_1 \cdot \dfrac{J_1}{J_2} = R_1 \cdot \dfrac{\frac{1}{10} \cdot J}{\frac{9}{10} J} = \dfrac{1}{9}\ \textbf{Ω.}$

Aufg. 177. $R = \dfrac{r}{n} = \dfrac{355}{50} = \textbf{7,1 Ω.}$

Aufg. 178. $J = L : E = 115\,000 : 230 = \textbf{500 A.}$

Aufg. 179. $L = N \cdot 0,736 = \textbf{552 Kilowatt.}$

Aufg. 180. $N = L : 0,736 = \textbf{10 PS.}$

```
┌────────────────────────────────────────────────────────────────┐
│ ▐█▌▐█▌▐█▌▐█▌▐█▌▐█▌▐█▌   STOFFKUNDE   ▐█▌▐█▌▐█▌▐█▌▐█▌▐█▌▐█▌ │
└────────────────────────────────────────────────────────────────┘
```

Inhalt: In diesem Briefe wollen wir die eigentliche Stoffkunde mit der Beschreibung der **Brennstoffe** und der Schmier- materialien, die noch allgemeineres Interesse haben, abschließen. Die vielen besonderen Stoffe, die nur in einzelnen Zweigen der Technik ausgebreitetere Verwendung finden, wie z. B. die **Sprengstoffe** im Tunnelbau, **Asphalt** im Straßenbau, **Kautschuk, Guttapercha** in der Elektrotechnik usw., werden dann an geeigneter Stelle in den weiteren Fachbänden ausführlicher besprochen werden.

5. Abschnitt.

Die Brennstoffe.

Dort, wo große Wasserkräfte zur Verfügung stehen, deren gewaltige potentielle Energie zur Erzeugung von Elek- trizität verwendet werden kann, läßt sich die für technische Zwecke erforderliche Wärme aus dem elektrischen Strome gewinnen. Da aber derzeit nur wenige Länder in der be- neidenswerten Lage sind, aus vorhandenen Wasserkräften sich billig mit Energie zu versorgen, muß man die Wärme durch Verbrennung geeigneter Stoffe erzeugen. Die Kenntnis dieser Brennstoffe, ihrer Eigenschaften und ihrer Wertung ist somit von besonderer Bedeutung für das gewöhnliche Leben, wie nicht minder für Industrie und Gewerbe.

[484] Arten der Brennstoffe.

a) Die Natur liefert eine ganze Reihe von Mate- rialien, die ohne besondere Zubereitung und Um- formung als Brennstoffe dienen können. Zu diesen **natürlichen Brennstoffen** gehört in erster Linie das **Holz,** der **Torf,** die **Braun-** und **Steinkohle,** das **Erdgas** und das **Erdöl.** Von diesen entstammt nur das Holz der Jetztzeit und wird uns ständig von der Natur neu geliefert; es wurde bereits unter

[53—67] eingehend beschrieben. Alle anderen natür- lichen Brennstoffe sind in längst vergangenen Zeiten entstanden und heißen deshalb auch **fossile** (aus der Urzeit der Erde stammende) **Stoffe.**

b) Im Gegensatze zu den natürlichen Brennstoffen stehen die **künstlichen,** die durch Verkokung, trockene Destillation von Brennstoffen oder auf andere Weise gewonnen werden.

Die Entstehung der **festen fossilen** Brennstoffe haben wir bereits in der Vorstufe [265] geschildert. Die Anfänge der Kohlenbildung können wir auch heute noch verfolgen. Sie finden sich in den **Mooren,** die wir in sumpfigen Gegenden als **Nieder-** und **Hochmoore** bezeichnen, je nachdem sie u n t e r Wasser aus abgestorbenen Sumpfpflanzen oder in etwas trockeneren Gebieten aus dem Torfmoos gebildet werden.

Im Gegensatze zur Kohlenbildung dürften **Erdöl, Erd- wachs, Asphalt** und **Erdgas** aller Wahrscheinlichkeit nach aus tierischen Überresten entstanden sein, indem gewaltige Mengen von Leichen niedrig stehender Seetiere in weit zurück- liegenden Erdperioden von der Luft abgeschlossen wurden, wodurch die gewöhnliche Verwesung gehindert worden sein mag.

I. Natürliche Brennstoffe.

[485] Torf.

a) Je nach seinem Alter bildet der **Torf** lockere oder dichte, hell- oder dunkelbraun gefärbte Massen, in denen — bei Torfen jüngeren Datums — noch die Reste der Pflanzen mit freiem Auge deutlich erkenn- bar sind. Alter, somit dichter und schwerer Torf ist kohlenstoffreicher (etwa 60% C, 6% H, 34% O).

Ausgebreitete **Hochmoore** [484] findet man beispielsweise in Nordwestdeutschland in geringer Erhebung über der Meeresküste, zahlreiche **Niedermoore** in hochgelegenen Alpen- gebieten.

Die Gewinnung des Torfes erfolgt in den „Torfstichen" zumeist durch Handarbeit. Weil er mit schärferen Werk- zeugen noch gut zerteilbar ist, benutzt man zum Torfstechen schaufelartige Werkzeuge (Torfmesser, Breitstecher oder Flügeleisen), mit denen man ziegelförmige Stücke heraus- schneidet, die man dann auf Gerüsten unter Schutz- dächern oder in trockenen Gegenden auf dem Boden trocknen läßt.

b) Frischer Torf ist sehr wasserreich, man muß ihn daher möglichst lange lagern lassen, um seinen Heizwert halbwegs zu steigern.

Eine Erhöhung des Heizwertes wird durch die Erzeugung von **Preßtorf** erzielt, zu welchem Zwecke man den Torf in besonderen Torfformmaschinen mit rotierenden flügelförmigen Messern zerkleinert und in Formen preßt, wodurch er fester wird.

In nicht allzu großen Entfernungen von den Verbrauchs- stellen ist der Torf wohl ein recht brauchbares Heizmaterial für sekundäre Zwecke. Für Großbetriebe kann man ihn seines großen Wassergehaltes und geringen Heizwertes wegen aus wirtschaftlichen Gründen nicht verwenden und künstliche Trocknung wäre zu unökonomisch.

[486] Braunkohle.

a) Die wertvollsten Sorten der **Braunkohle** be- stehen aus festen, harten, schwarzbraunen Stücken, der sog. **Pech-** oder **Glanzkohle,** die den Steinkohlen schon sehr ähnlich sind.

Am verläßlichsten zur Unterscheidung beider Kohlen- arten erscheint die **Ligninreaktion,** indem man die Probestücke mit verdünnter Salpetersäure behandelt; Steinkohle bleibt unverändert, während sich bei Braunkohle eine braunrote Lösung bildet.

Gemeine Braunkohle weist noch Spuren der Holz- struktur auf, ist hellbraun bis schwarz und derb. An die Abstammung von Holzgewächsen erinnern stärker die **Lignite.** Außerdem unterscheidet man noch die **erdige Braunkohle** und die **Moorkohle.**

Der Kohlenstoffgehalt beträgt bis zu 70%, der Aschen- gehalt bis zu 10%. Grubenfeuchte Braunkohle kann bis zu 50% Wasser enthalten.

Gut brauchbare Förderkohle kann ohne weiteres ver- wendet werden, während andere Kohle mit Rüttelsieben nach **Stück-** und **Klarkohle** sortiert werden muß.

b) Um auch die **Klarkohle**, die sonst als Feuerungsmaterial nicht brauchbar ist, zu verwerten, bläst man mit Preßluft Staubkohle dazu, weil man dadurch mit pulverförmigen Brennmaterialien höhere Temperaturen erzielt. Feuchte Klarkohle läßt sich auch zu **Naßpreßsteinen** verarbeiten, die aber leider keinen weiteren Transport vertragen.

Wichtiger ist die Erzeugung von **Braunkohlenbriketts**, die sich aber nur bei einem Mittelgehalte an bituminösen Bestandteilen empfiehlt.

[487] Steinkohle.

a) Bei den Steinkohlen unterscheidet man:

1. **Glanzkohle**, tief schwarz, leicht spaltbar, oft spröde, reich an Kohlenstoff, liefert gute Koksausbeute.

2. **Mattkohle**, härter und fester als Glanzkohle, mit geringerer Koksausbeute, weil der Kohlenstoffgehalt geringer ist, wogegen sie wegen des höheren Gehaltes an Wasserstoff und Sauerstoff bei der trockenen Destillation mehr Gas liefert.

3. **Cannelkohle** läßt sich leichter entzünden und brennt mit langer Flamme.

4. **Anthrazit** besitzt schwachen Metallglanz und eine grauschwarze oder rötlichschwarze Farbe.

Außerdem kann man die Steinkohlen auch einteilen in Schmiede- und Kesselkohle, Gas- und Kokskohle. Manche Sorten haben die Eigenschaft, zu „backen", was von ihrem Gehalte an bituminösen Bestandteilen abhängt. Sie fritten dabei zusammen oder werden weich und schmelzen. **Backkohle** darf natürlich nicht zur Kesselfeuerung herangezogen werden, weil sie die Roste verlegen würde.

b) Die aus dem Schachte geförderte Steinkohle muß einer Sortierung nach **Stück-, Nußkohle** usw. unterzogen werden.

Auch bei der Steinkohle macht man von der **Brikettierung** behufs Verwertung der abfallenden Feinkohle Gebrauch. Der Gehalt an bituminösen Stoffen ist jedoch in den meisten Steinkohlen so gering, daß man zumeist noch ein Bindemittel, vorwiegend **Steinkohlenpech**, dem genügend trockenen Kohlenpulver zusetzen muß, wodurch natürlich die Herstellung der Briketts wesentlich verteuert wird.

[488] Erdgas und Erdöl.

a) **Brennbares Erdgas** findet sich in manchen Gegenden, namentlich in Nordamerika, Kaukasien, Rumänien, Galizien usw. in sehr großen Mengen und wird in der Umgebung der erbohrten Erdgasquellen als Brennstoff verwendet; zur Verteilung auf die Bedarfsorte dienen ausgedehnte Rohrleitungen. Das Gas strömt meist unter hohem Drucke aus, so daß besondere Fördereinrichtungen entfallen können; in einigen Fällen hat man bis zu 300000 m³ im Tage gewonnen.

Der hohe Heizwert beruht auf dem oft mehr als 90% betragenden Gehalte an **Methan** (Vorstufe [268 und 382]).

b) Das **Erdöl** ist an keine bestimmten geologischen Schichten gebunden, sondern findet sich in den verschiedensten Erdschichten, besonders in Nordamerika (Pennsylvanien), in Kaukasien, Rumänien, Galizien, in Deutschland bei Hannover usw.

Seine Hauptbedeutung liegt in dem aus ihm gewonnenen Produkten, unter welchen Benzin, Leuchtöl, Schmieröl und Paraffin besonders hervorzuheben sind. Doch hat auch der aus den Erdölen gewonnene dickflüssige Rückstand, **Masut** genannt, als Heizmaterial großen Wert (siehe auch [493]). Das aus den Bohrlöchern herausströmende Rohöl ist eine dunkle, schwarzbraune Flüssigkeit, die schon bei 40°—60° zu sieden beginnt, wobei Leichtbenzin entweicht.

Die Trennung der verschiedenen Bestandteile erfolgt durch die **fraktionierte Destillation** (Vorstufe [383]).

II. Künstliche Brennstoffe.

[489] Die Kokerei.

Früher benutzte man die Brennstoffe unmittelbar zur Heizung, erst die neuere Zeit hat uns die Erkenntnis gebracht, daß es oft recht unwirtschaftlich ist, die Verbrennung in der althergebrachten Form bis zur vollständigen Vergasung durchzuführen; man verzichtet hierbei auf die Gewinnung und Verwertung einer großen Reihe wertvoller Stoffe, die sich aus den Rohbrennstoffen gewinnen lassen.

Auch bedingen es viele moderne Betriebe, daß Brennstoffe von sehr hohem Heizwerte verwendet werden, wie dies z. B. bei Holzkohle und Koks der Fall ist.

Das Hilfsmittel, um hochwertige Brennstoffe unter gleichzeitiger ökonomischer Ausnutzung ihrer Bestandteile zu gewinnen, ist die **trockene Destillation**, deren Wesen wir bereits in der Vorstufe [265, 393] behandelt haben.

Erhitzt man organische Körper (Holz, Kohle u. dgl.) bei Luftabschluß oder unter sehr gemindeter Luftzufuhr, so tritt eine Verkohlung des Körpers unter Bildung von gasförmigen und flüssigen Produkten auf, und man erhält sehr kohlenstoffreiche Rückstände von hohem Heizwerte (Holzkohle, Koks). Dieser Vorgang, die **Verkokung**, hat in letzter Zeit immer größere Bedeutung, namentlich bei Stein- und Braunkohlen, erlangt. Den Anstoß hierzu hat die vor etwas mehr als 100 Jahren eingeführte **Leuchtgasfabrikation** gegeben, bei der Koks als wertvolles Nebenprodukt abfällt. Später fing man an, eigene **Kokereien** zu bauen, bei denen die Erzeugung von Koks und der übrigen Produkte die Hauptsache,

die Gewinnung von Leuchtgas jedoch zur Nebensache wurde, wodurch sich auch gasärmere Kohlen recht vorteilhaft ausbeuten ließen.

Der Verlauf der **trockenen Destillation** hängt wesentlich von der Temperatur ab, auf die man die Kohle erhitzt. Allgemein erhitzte man sie früher bis auf 1200°, arbeitete also mit **Hochtemperatur-Verkokung**, bei der eine weitgehende Vergasung erfolgte. Das wichtigste Nebenprodukt ist der **Hochtemperaturteer**. Neuerer Zeit unterwirft man die Kohle vielfach der **Tieftemperatur-** oder **Urverkokung**, wobei man die Kohle nur auf 350—500° erhitzt. Die Zersetzung der Kohle, die im Wesen eine Entgasung darstellt, ist dabei nicht so weitgehend, liefert aber den **Urteer**, die entweichenden Gase als **Urgas** und den zurückbleibenden Koks als **Halbkoks**. Im **Urteer** sind namentlich Paraffin und flüssige Kohlenwasserstoffe enthalten, die zusammen als **künstliches Erdöl** bezeichnet werden können. Urteer kann auch als **Treiböl** verwendet werden.

Der **Halbkoks** unterscheidet sich vom gewöhnlichen Koks dadurch, daß er weniger fest ist und sich leichter zerreiben läßt. Man kann ihn aber pulverisieren und im Brenner in Pulverform verfeuern; er läßt sich auch zur Beschickung von Generatorfeuerungen verwenden oder nach Brikettierung mit Pech in Schrägretorten bei etwa 1000° verkoken, wodurch man **Koksbriketts** erhält.

1. Verkohlung von Holz und Torf.

Die Verkohlung von Holz und Torf zur Erzeugung von Holzkohle und Torfkoks geschah von alters her in den sog. **Meilern.**

Die Holzklötze oder Torfziegel werden in Hügelform aufgeschichtet und mit einer Erdschichte, Rasen u. dgl. luftdicht abgeschlossen. Hierauf wird der Brennstoff im Innern zur Entzündung gebracht und der Luftzutritt so weit beschränkt, daß die Verbrennung nicht mit offener Flamme vor sich gehen kann.

Im Kohlenmeiler findet eine trockene Destillation, ein **Schwelen** statt, wobei die Kohlen als schwarze, glänzende Stücke zurückbleiben, die die Holzstruktur noch deutlich erkennen lassen.

Wie wir in der Vorstufe [393d] erwähnt haben, bilden sich bei der Verkohlung von Holz und Torf noch verschiedene wertvolle Produkte, die beim Verkohlen in den ursprünglichen Meilern ungenutzt in die Luft entweichen. Um in dieser Hinsicht ökonomischer vorzugehen, erhitzt man jetzt die Brennstoffe in **eisernen Retorten** mit eigenen Vorrichtungen zum Auffangen der gasförmigen und flüssigen Produkte. Das Gas kann zum Heizen der Retorten oder benachbarter Dampfkessel, der gewonnene Teer zur Gewinnung von Essigsäure, Holzgeist, Azeton und Paraffin herangezogen werden.

2. Braunkohlenkokerei.

Die **Hochtemperatur-Verkokung** erfolgt hier in **Schwelzylindern**, in denen der Braunkohlenkoks zurückbleibt.

Die entweichenden **Schwelgase** werden so weit als möglich kondensiert, wobei man zunächst eine Flüssigkeit von schwach alkalischer Reaktion, das **Schwelwasser** erhält, das als Düngemittel in der Umgebung verwendet wird, dann aber Braunkohlenteer, aus dem das wertvolle **Braunkohlenteeröl**, weiters aber auch Hart- und Weichparaffin, Solaröl, Benzin, Kreosotöl und Asphalt (Goudron) gewonnen werden kann.

Der **Braunkohlenkoks** ist schwarz und körnig **(Grudekoks)**; er verbrennt in besonders gebauten Grudeöfen bei gehemmtem Luftzutritt sehr langsam unter Glimmen.

Neuestens bestrebt man sich, auch die Braunkohle durch Tieftemperaturverkokung möglichst auszubeuten, wobei auch minderwertige Braunkohle entsprechende Verwertung finden kann.

3. Verkokung von Steinkohlen.

Bei der Aufbereitung der Steinkohle ergibt sich naturgemäß ein ganz erheblicher Anteil an Kohlenklein, der nicht ohne weiteres verfeuert werden kann; er eignet sich vorzüglich zur Erzeugung des so vielfach in der Metallurgie verwendeten Steinkohlenkoks, namentlich wenn die Kohle die Eigenschaft hat, in der Hitze zu sintern oder zu backen. **Man verwendet für die Steinkohlenkokerei hauptsächlich gasarme Backkohle**, die sehr festen, hochwertigen Koks liefert, **wogegen man zur Leuchtgasfabrikation vorwiegend backende Sinterkohle verarbeitet**, die bei der Vergasung größere Mengen flüchtiger Produkte abgibt.

Bei der Steinkohlenkokerei ist derzeit die **Hochtemperaturverkokung** von größerer Bedeutung. Man benutzt hierbei gesiebte Feinkohle, die nicht mehr als 15% Feuchtigkeitsgehalt besitzt. Selbstverständlich erfolgt die Verkokung in geschlossenen **Koksöfen**, die mit den, den erhitzten Kohlen entströmenden Brenngasen geheizt werden. Während man früher zur Vorwärmung der Luft bis auf 1000° das System der Regenerativöfen anwendete, erfolgt jetzt die Verbrennung in einer Art von **Bunsenbrennern**, die in großen Dimensionen an der Sohle des Koksofen gelegen sind. Eine Vorwärmung der Luft wird zwar auch hier vorgenommen, aber nicht in eigenen Regeneratorkammern. Nach Schluß des Verkokungsprozesses erhält man im Ofen einen großen, zusammengesinterten, weißglühenden Koksblock, der entweder mit einer eigenen Ausstoßmaschine auf Transportwagen verladen wird oder auf der geneigten Ofensohle selbsttätig nach außen gleitet.

Je nach der Größe der Koksstücke unterscheidet man **Großkoks** und **Kleinkoks**, die vorwiegend im Hüttenbetriebe und zur Raumbeheizung in besonders konstruierten Öfen dienen. Der Verbrennungsrückstand, die **Kokslösche**, bildet eine gute Beschotterung für Wege.

Steinkohlenkoks besitzt metallischen Glanz und silbergraue Farbe. Der Aschengehalt soll 7% für Gießereien und 9% für die Beschickung von Hochofen nicht übersteigen, der Wassergehalt nicht mehr als

2—4% betragen. Gießereikoks soll möglichst schwefelfrei sein.

Die Gase werden sobald als tunlich aus dem Ofen entfernt, um ihre Zersetzung zu verhüten. Man baut zu diesem Behufe besondere **Gassauger** ein, die das Gas in die Kondensationsapparate ansaugen. In den Kondensatoren befinden sich Röhren, in denen Kühlwasser nach dem Gegenstrombetrieb fließt. In diesen Kühlvorrichtungen sammelt sich **Ammoniakwasser** und **Teer**. Die Gase gelangen dann durch einen Vorreiniger, werden in eigenen Glockenwäschereien weiter gereinigt und schließlich durch Drücken weiterbefördert.

Der bei der **Leuchtgasfabrikation** abfallende **Gaskoks** wird ebenfalls durch **Hochtemperatur-Verkokung** erzeugt. Früher bediente man sich zur Erhitzung der Kohlen horizontal liegender Tonretorten mit ovalem Querschnitte, deren Füllung und Entleerung aber etwas schwierig war. Jetzt benutzt man in großen Betrieben die **Schrägkammeröfen**, die ein leichtes Herausgleiten des Kokskuchens gestatten. Die aus dem Ofen strömenden Gase und Dämpfe müssen auch hier eine Reihe von Verdichtungs-, Abkühlungs- und Reinigungsapparaten passieren, wobei, da es sich um Leuchtgas auch für bewohnte Räume handelt, namentlich für Entfernung übelriechender und giftiger Verunreinigungen, z. B. Blausäure, Sorge getragen werden muß. An den letzten Reiniger schließt sich dann der über Wasser stehende **Gasometer** an.

[490] Treiböle.

Der hohe Heizwert flüssiger Brennstoffe und auch die bequeme Art ihrer Verstauung und Verfrachtung auf Schiffen hat die Verwendung der Treiböle sehr gefördert, besonders seit die Dieselmotoren immer größere Bedeutung erlangt haben.

Unter den künstlichen flüssigen Brennstoffen ist das **Teeröl** das am häufigsten verwendete **Treiböl** geworden, das aber natürlich für Heizzwecke nur in Betracht kommen kann, soweit es nicht für die Erzeugung der so überaus wertvollen Teerölprodukte gebraucht wird. Das Bestreben, die Teer- und Teerölproduktion möglichst zu steigern, hat auch dazu geführt, Feuerungen statt mit unmittelbarer Kohlenverbrennung mit Urteergewinnung einzuführen.

In den letzten Jahren hat man auch Versuche gemacht, um direkt aus festen Kohlen flüssige Brennstoffe zu erhalten, was durch die sog. **Hydrierung** von Kohle gelungen zu sein scheint. Hierbei wird feingemahlene Kohle in ein druckfestes Gefäß gebracht, in dem sie bei 300—400° C und unter einem Drucke von etwa 200 at mit Wasserstoffgas in Berührung kommt. Nach ca. 12 Stunden hat sich der Wasserstoff mit Kohlenbestandteilen chemisch verbunden, also eigentlich der größte Teil der Kohle in ein Treiböl verwandelt.

[491] Heizgase.

Wir hatten die gasförmigen Heizstoffe schon mehrmals erwähnt, so z. B. bei den Gichtgasen, beim Generatorgas und in der Vorstufe [269, 3]. Hier wollen wir nur die wichtigeren Arten übersichtlich erwähnen; sie sind zum großen Teile für den Betrieb der verschiedenartig gebauten Gasmotoren von Bedeutung.

1. Leuchtgas.

Dieses Gas ist nach seiner Reinigung ein Gemisch einer großen Zahl verschiedener Gase; einige derselben sind ausgesprochene **Wärmeträger**, deren Verbrennung in erster Linie den Heizwert des Leuchtgases bedingt (H, CH_4, CO), andere sind **Lichtträger**, die nötig sind, um die Gasflamme leuchtend zu machen, wie z. B. Äthan, Äthylen, Azetylen, Benzol, Naphthalin und viele andere. Den Rest bilden Verunreinigungen, wie CO_2, N u. a.

Der Hauptsache nach enthält Leuchtgas in Volumprozenten:

45% Wasserstoff,
40% Methan,
10% Kohlenoxyd,
4% andere Kohlewasserstoffe,
1% Verunreinigungen.

Die bekannte Giftigkeit des Leuchtgases rührt von Kohlenoxyd her, der eigentümliche Geruch von kleinen Mengen schwefel- und stickstoffhaltiger Verunreinigungen, die aber von dicken Erdschichten fast vollständig absorbiert werden. Um so gefährlicher sind Rohrbrüche in der Erde, weil sich das Gas dann nicht mehr durch seinen penetranten Geruch bemerkbar macht. Luft mit 5—30 Volumprozenten Leuchtgas ist explosibel.

2. Ölgas.

Diese Gassorte dient wegen ihrer besonderen Leuchtstärke vorzugsweise zu Beleuchtungszwecken, gilt aber auch wegen ihres hohen Heizwertes als Heizgas.

·Um **Ölgas** zu bereiten, unterwirft man flüssige kohlenstoffhaltige Verbindungen, z. B. die dickflüssigen Rückstände der Petroleumindustrie, das Gasöl der Braunkohlenschwelerei oder schwere Öle, die sich bei der Destillation der bituminösen Schiefer ergeben, einer trockenen Destillation in eisernen Retorten, in die man das Öl langsam eintropfen läßt. Das gewaschene und gereinigte Gas enthält viel Methan (48%) und Wasserstoff (32%), dann Äthylen (16,5%) und etwas Sauerstoff und Stickstoff.

Eine besondere Art von Ölgas, dessen Leuchtkraft durch zugesetzte Kohlenwasserstoffe erzielt wird, ist das nach seinem Erfinder, Ingenieur H. Blau, genannte **Blaugas**, das in verflüssigtem Zustande in Stahlzylindern versendet und zur Beleuchtung oder als Heizgas zum Schweißen usw. verwendet wird.

3. Wassergas.

Seine Herstellung beruht auf der Einwirkung von Wasserdampf auf glühende Kohle, wobei sich nach der Formel $C + H_2O = CO + H_2$ ein gut brennbares Gemenge von CO und H bildet.

Man verbrennt in besonderen Generatoren Anthrazit oder Kohle und bringt hierdurch einen Teil dieser Brennstoffe auf 1000—1200° C („Heißblasen"), dann sperrt man den Zutritt von Luft ab und bläst Wasserdampf ein („Gasmachen"). Läßt die Reaktion nach, so wird das Heißblasen wiederholt, welche Operationen bei neueren Konstruktionen nur wenige Minuten in Anspruch nehmen.

Das Wassergas besteht aus etwa 40% CO, 51% H und kleinen Mengen von N, O, CH_4 und CO_2; es brennt mit schwach bläulicher, sehr heißer Flamme und ist wegen des hohen Gehaltes an CO außerordentlich giftig, aber leider geruchlos. Um es durch den Geruch kenntlich zu machen, wird es parfümiert.

4. Kraftgas.

Man erhält dieses Gas, das auch **Dawsongas**, **Mischgas** oder **Generatorwassergas** genannt wird, durch Vergasung von Koks oder Anthrazit, während man gleichzeitig Wasserdampf und Luft einbläst.

Es besteht aus ungefähr 23% CO, 17% H, 52% N, 6% CO_2 und verschiedenen Kohlenwasserstoffen. Der Heizwert ist geringer als beim Wassergas, dafür kann die Kohle hier ständig im Glühen erhalten werden, während sie durch die Bildung von Wassergas abgekühlt wird.

5. Generatorgas.

Die Vorteile, die mit der Verbrennung gasförmiger Stoffe verbunden sind, haben schon vor längerer Zeit dazu geführt, die Verbrennung solcher Stoffe so zu leiten, daß sie erst vergast werden und nur die sich bildenden Gase in den Generatoren zur Heizung verwendet werden. Wir haben darauf schon in der Vorstufe [269] und später eingehend in diesem Bande [175] hingewiesen.

Das im Generator aufgeschüttete feste Brennmaterial ruht auf einem Roste, dem nur so viel Luft zugeführt wird, um die Verbrennung auf die untersten Schichten des Brennmateriales zu beschränken. Die sich entwickelnden, sehr heißen Verbrennungsgase durchstreichen die oberen Schichten, die hierdurch einer trockenen Destillation unterworfen werden.

Das Kohlendioxyd, das sich bei dieser Verbrennung gebildet hat, gelangt ebenfalls in diese oberen Schichten, von denen ein Teil glühende Kohle enthält. Hierdurch tritt nach der Gleichung $CO_2 + C = 2CO$ eine Reduktion ein, und es bildet sich Kohlenoxyd als gasförmiger Brennstoff, während sich durch Berührung des Wasserdampfes mit der glühenden Kohle Wassergas bildet.

Beim Generatorbetriebe kann nicht nur hochwertiges, sondern auch minderwertiges Material wie Torf, Braunkohle, Sägespäne usw. mit größerem Wassergehalte mit gutem Erfolge verwendet werden, vorausgesetzt, daß die Ofenkonstruktion dem betreffenden Brennstoffe angepaßt ist. **Die modernen Sauggasmotoren arbeiten fast ausschließlich mit solchen Gasen.**

Nach dem Mondschen Verfahren werden Braunkohlen, im Generator von Frank-Caro sogar Torf, mit 80% Wasser zu **Mondgas** verarbeitet, wobei der im festen Brennstoffe enthaltene Stickstoff als Ammoniak gewonnen wird.

6. Hochofengas.

Wir haben beim Hochofenprozeß [166] erwähnt, daß man die sich in den Hochöfen in sehr großen Mengen bildenden Gichtgase nicht ungenutzt entweichen läßt, sondern auffängt und zum Betriebe von Gasmotoren verwendet, zu welchem Zwecke sie natürlich vorher in eisernen Türmen mit Koksfüllung und Wasserberieselung gereinigt werden müssen.

[492] Heizwert der Brennstoffe.

Jeder unserer Leser weiß aus eigener Erfahrung, daß die Wärmeentwicklung verschiedener Brennstoffe, auf gleiches Gewicht bezogen, recht ungleich ausfällt. Man weiß, daß beispielsweise die Heizkraft schlechter Braunkohle weit geringer ist als die guter Steinkohle, daß „hartes" Holz besser heizt als „weiches" Fichtenholz usf.

Die praktische Erfahrung lehrt uns auch in den Betrieben sehr bald, ob ein Brennstoff in dieser Hinsicht dem anderen überlegen ist oder nicht. Um solche Vergleiche ziffermäßig durchführen zu können, muß man die Zahl der **Wärmeeinheiten** kennen, die eine bestimmte Menge des Stoffes bei der Verbrennung entwickelt. Man bezeichnet als Heizwert jene Anzahl von Kalorien [266], die bei der Verbrennung von 1 kg dieses Stoffes oder bei gasförmigen Stoffen von 1 m^3 frei werden.

Der Wert in Kalorien wird in Kalorimetern bestimmt; von dieser **Verbrennungswärme** muß die **Verdampfungswärme** abgezogen werden, die nötig ist, um das im Brennstoffe enthaltene oder bei seiner Verbrennung sich bildende Wasser zu verdampfen.

Im folgenden geben wir eine Übersicht der Heizwerte der gebräuchlichsten Brennstoffe, die aber auch beim selben Stoffe ziemlich stark schwanken, weil sie von seiner Zusammensetzung, vom Wasser- und Aschengehalt wesentlich beeinflußt werden.

Tabelle 3 der Heizwerte:

Brennstoff	kg/Kalorien	Brennstoff	Kalorien pro m³
a) Feste und flüssige:		b) Heizgase:	
Holz	2500—4000	Leuchtgas	5000
Torf	3000—4500	Ölgas	10000—13500
Jüngere Braunkohle	3500—4000	Blaugas	15300
Ältere „	5500—6500	Wassergas	2500
Hochwertige Steinkohle	7500	Kraftgas	1300
Minderwertige „	4500	Braunkohlengas	1100—3500
Anthrazit	7500 - 8100	Koksofengas	3000—4500
Koks	6000—7000	Hochofengas	900—950
Petroleum	9000		
Spiritus	6000		

6. Abschnitt.

Die Schmiermittel.

[493] Allgemeines.

a) Zum Schmieren von Maschinen wurden früher hauptsächlich Pflanzenöle, tierische Fette und Öle verwendet, während man jetzt mehr **Mineralöle** und Mischungen von diesen mit Seifen, d. s. **konsistente Fette**, verwendet.

Die **Pflanzenöle** trocknen an der Luft ein, wie z. B. das **Leinöl**, und sind daher zum Schmieren untauglich oder sie werden mit der Zeit ranzig und sauer wie z. B. das **Rüböl**.

Von den **tierischen Fetten** verwendete man hauptsächlich den **Talg**, ein Rinderfett, zum Einfetten von Stopfbüchsen und Kolbendichtungen mittels Hanfzöpfen. **Ein tierisches, zum Schmieren benutzbares Öl ist das Knochenöl**, welches durch Auskochen mit Benzin aus Knochen gewonnen wird; es ist ein dünnflüssiges Öl, das als **Spindelöl** bekannt ist.

Die **Mineralöle** stammen meist, und zwar die besseren Sorten aus dem **Rohpetroleum** oder Erdöl, sie werden aber auch aus dem **Teer** (Teeröl) hergestellt, welches bei der trockenen Destillation von Torf, Braun- oder Steinkohlen gewonnen wird. Das Erdöl liefert bei seiner Destillation Benzin, Leuchtpetroleum und Rückstände, und aus diesen Rückständen, die die Tartaren in Baku **Masut** nennen, werden durch Destillation bei höherer Temperatur die Schmieröle erzeugt. Von diesen ist das **Spindelöl** das dünnflüssigste und spezifisch leichteste (0,9), das **Maschinenöl** das mittlere (0,92) und das **Zylinderöl** das dickflüssigste und schwerste (0,925); sie haben alle durch Verunreinigung eine schwarze Farbe; durch Schwefelsäure, Waschen und Trocknen werden sie gereinigt.

[494] Eigenschaften der Schmiermittel, Viskosität.

a) Die Schmierfähigkeit eines Schmiermittels hängt in erster Linie von der Adhäsion an den zu schmierenden Flächen und von seiner inneren Reibung ab. Außerdem kommen noch sein Entflammungs- und sein Kältepunkt in Betracht. Zuerst muß das Schmiermittel zwischen den reibenden Flächen bleiben, wenn es überhaupt schmieren soll. **Die größte Adhäsion besitzen die Fette** und sie dienen daher mit Recht zum Schmieren stark belasteter Flächen. Mit der Adhäsion nimmt aber auch ihre innere Reibung zu, von welchen die Reibung der geschmierten Maschinenteile abhängt. Zwischen gering belasteten Flächen, wie an den Spindelzapfen der Spinnmaschinen bleibt schon dünnflüssiges Spindelöl mit geringer Adhäsion haften. Im allgemeinen kann

man sagen, daß jenes Schmiermittel am besten schmiert, das die für den betreffenden Fall genügende Adhäsion bei geringster innerer Reibung besitzt.

Eine getrennte Bestimmung der Adhäsion und der inneren Reibung ist in einfacher Weise noch nicht möglich. Man begnügt sich daher mit der Bestimmung des Flüssigkeitsgrades, der **Viskosität** des Öles.

Der Englersche Viskosimeter besteht aus einem vergoldeten Gefäße aus Messing, welches bis zu den Marken 240 cm³ Schmieröl aufnimmt. In der Mitte des Bodens befindet sich ein durch einen Holzstift verschlossenes Ablaufrohr aus Platin. Das nach Hebung des Holzstiftes ablaufende Öl wird in einen Glaskolben aufgefangen und gleichzeitig die Zeit beobachtet, welche nötig ist, um den Kolben bis zur Marke 200 cm³ zu füllen. Diese Zeit dividiert durch die Zeit, welche die gleiche Menge Wasser von 20° C zum Ausfließen braucht, ist der **Flüssigkeitsgrad** oder die **Viskosität** des Schmieröls. **Je größer diese Zahl, desto dickflüssiger ist es.** Um die Viskosität bei verschiedenen Temperaturen festzustellen, ist das Gefäß in ein größeres Gefäß aus Messing eingebaut, das mit Wasser oder Öl gefüllt ist und durch einen Gasbrenner erhitzt werden kann.

b) Der **Entflammungspunkt** ist diejenige Temperatur eines Schmieröles, bei der sich aus dem Öl so viel Dämpfe entwickeln, daß man es mit einer kleinen Flamme entzünden kann, ohne daß es weiter brennt. Dieser Punkt ist besonders wichtig für Zylinderöle, wenn der Zylinder überhitzten Dampf oder brennbare Gase enthält. Ein Entflammungspunkt von 250° ist bei Ölen leicht zu erreichen.

Zur Feststellung des Entflammungspunktes gibt man das prüfende Öl in einen Porzellantiegel, setzt diesen in eine Blechschale auf ein Sandbad und erhitzt dieses durch einen Bunsenbrenner. Fährt man dann von Zeit zu Zeit mit einem Gasflämmchen über den Tiegel, ohne daß das Öl berührt wird und erfolgt dabei ein Aufflammen des Öles, so zeigt das Thermometer den Entflammungspunkt an.

d) Manche Öle, namentlich die mit hohem Entflammungspunkte, werden in der Kälte so steif, daß sie sich in engen Röhren oder Bohrungen nicht mehr bis zur Schmierfläche bewegen. Diese Temperatur nennt man den **Kältepunkt** des Schmieröls. — Der Kältepunkt kommt z. B. beim Schmieren von im Freien sich bewegenden Maschinenteilen in Betracht.

Als **Kältepunkt** bezeichnet man jene **Temperatur, bei der ein Schmieröl in einem 6 mm weiten Glasrohre unter einem Drucke von 50 mm Wassersäule in einer Minute um 1 cm steigt.** Zur Feststellung dieser Temperatur gibt es besondere Apparate.

TECHNOLOGIE

Inhalt: Nachdem wir in den früheren Briefen die verschiedenen **Formveränderungsarbeiten** und die **Bearbeitung von Holz und Metallen durch Abtrennung von Spänen** besprochen haben, erübrigt uns nur, über die **Verbindungsarbeiten** noch einige Worte zu sagen und sodann mit den **Vollendungs- und Verschönerungsarbeiten** den Lehrgegenstand der Technologie vorläufig abzuschließen.

12. Abschnitt.

Von den Verbindungsarbeiten.

Die Verbindungsarbeiten sind mannigfach; vom **Schweißen** haben wir bereits unter [304—307] gesprochen. Das Nageln, Zusammenschrauben, Verkeilen usw. sind teils aus dem gewöhnlichen Leben bekannt, teils werden sie im Anschlusse an die Elemente des Maschinenbaues und in der Baukonstruktionslehre behandelt werden. So verbleibt also von allgemein üblichen Verbindungsarbeiten nur mehr das **Nieten, Löten, Leimen** und **Kitten,** dem wir einige Worte widmen wollen.

[495] Das Nieten.

a) Für das **Nieten** bedient man sich zylindrischer Bolzen mit einem Kopfe, **der Niete,** die in zusammenstoßende, gleichgroße Löcher der zu verbindenden Stücke gut einpassen und etwas länger sein muß als die Dicke der zu nietenden Teile. Den vorstehenden Teil der Niete staucht man zu einem Kopfe.

Abb. 919

Abb. 919 stellt eine Niete dar, bei welcher der **Setzkopf** *u* bereits angestaucht ist; der **Schließkopf** *o* wird beim Nieten gebildet.

Bei der sog. **Stiftennietung** verwendet man zylindrische Bolzen ohne Setzkopf und staucht beide Köpfe gleichzeitig.

b) Man kann **kalt** oder **warm,** durch **ruhigen Druck** oder durch **Schlag** nieten. Die Vernietung kann eine **starre** sein, wie bei Brücken, Dampfkesseln oder eine **bewegliche,** wie bei Zangen, Scheren u. dgl.

Kalt nietet man in der Regel nur bei kleinen Nieten bis zu 6 mm Durchmesser und bei beweglicher Vernietung. **Ruhigen Druck** wendet man bei kalter Nietung sehr selten an, weil man bald zu sehr hohen Pressungen kommt.

Bei **starrer Vernietung** mit starken Nieten wird **heiß** und mit **Schlag** gearbeitet. Ist die glühende Niete eingeschoben, so wird der Setzkopf durch die Pfanne unterstützt, die ihn andrückt, bis die Nietung vollendet ist. Der Schließkopf wird zunächst durch Handhammer aus dem Groben angestaucht und sodann mittels des **Schellhammers** (Abb. 920) fertig gemacht, indem man ihn auf den roh geformten Schließkopf aufsetzt und mit dem Zuschlaghammer antreibt.

Abb. 920
Schellhammer

Das Nieten großer, besonders hohler Werkstücke macht einen für die Arbeiter und die Nachbarschaft ungemein lästigen Lärm; deshalb verwendet man gerne **hydraulische Nietmaschinen** dort, wo man der Nietstelle mit einer solchen Maschine beikommen kann.

Für Nietungen mit kleinen Nieten, wie sie bei Schlossern, Spenglern usw. häufig vorkommen, bedient man sich kleiner, in den Schraubstock einzuspannender Pfannen und statt des Schellhammers der **Nietpunze,** eines fingerlangen Stahlstäbchens, das am Ende halbkugelig oder kegelförmig ausgenommen ist.

Jede gute starre Verbindung verlangt, daß die Löcher gut zusammenpassen, was nachträglich durch Eintreiben von Dornen oder durch Reibahlen erzielt werden kann, und **daß die zu verbindenden Teile dicht aneinander liegen,** das durch den Nietenzieher oder Anzug erreicht wird. Um die Nietung **wasser- und dampfdicht** zu machen, muß sie mit stumpfen, abgerundeten Werkzeugen **verstemmt** werden, was sich sowohl **auf den Rand aller** außenliegenden Nietköpfe als auch auf die Fugen der Kesselbleche erstreckt (Abb. 921). **Bei beweglichen Vernietungen taucht man die Nieten in Öl.**

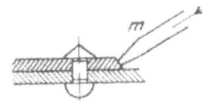

Abb. 921

[496] Löten.

Löten wird jenes Verfahren genannt, durch welches **Metallflächen mittels eines anderen, im geschmolzenen Zustande zwischengebrachten und daselbst erstarrenden Metalles verbunden werden. Die metallische Verbindung kann nur dann eine gute sein, wenn die zu lötenden Flächen metallisch rein sind und das Lot die Neigung hat, an ihnen zu haften (zu adhärieren) oder noch besser sich zu legieren.**

Das Lot darf keinen höheren Schmelzpunkt haben als die zu lötenden Metalle, vielmehr ist in der Regel sein Schmelzpunkt niedriger.

Man unterscheidet **Weich-** oder **Schnellot** mit niedrigem Schmelzpunkte und **Hart-** oder **Schlaglot,** das erst bei höherer Temperatur schmilzt.

Das **Weichlot** besteht zumeist aus einer Zinn-Bleilegierung im Verhältnisse 5 : 3; sein Schmelzpunkt liegt unter dem des reinen Zinnes, man kann daher mit demselben Eisen, Kupfer, Messing, Zink, Blei, Gold, Silber, ja selbst verzinntes Eisenblech (Weißblech) löten.

Das **Weichlöten** erfolgt gewöhnlich in folgender Weise: Die blanken reinen Flächen, oft frisch geschabt, werden aneinander gelegt und durch Draht, Falze u. dgl. aneinandergehalten. Damit sie blank bleiben und nicht durch die Erhitzung oxydieren, bestreicht man sie mit **Lötwasser,** d. i. eine **konzentrierte Chlorzinklösung.** Hierauf sucht man in die Lötfuge geschmolzenes Lot einfließen zu lassen, was meist mit einem **Lötkolben** geschieht; es ist das ein Werkzeug, welches aus einem zum Teile prismatischen, am Ende keilförmigen Kupferstücke (Hammerkolben) oder aus einem prismatischen, in eine Pyramide auslaufenden Kupferkörper (Spitzkolben) besteht. Der Lötkolben muß auf 3—4 cm von seinem Ende aus gut verzinnt sein, damit man mit dem erhitzten Kolben etwas geschmolzenes Lot abheben und zur Lötstelle übertragen kann. Zur Erhitzung des Kolbens bedient man sich des **Lötofens** oder einer **Lötlampe,** in der Spiritus- oder Benzindampf verbrennt; für gewisse feinere Zwecke hat man auch elektrische Lötkolben konstruiert.

Ganz ähnlich erfolgt das **Hartlöten;** nur erfordert es als Lötmittel **Borax** oder ein Gemenge von diesem mit **Pottasche** und **Kochsalz.**

Das Schmelzen des Lotes wird sehr oft durch eine **Stichflamme** besorgt, die man durch Anwendung einer gewöhnlichen Lampe in Verbindung mit einem **Lötrohr** (Vorstufe [271, 410]) erhält.

Nach dem Löten wird der angeschmolzene Borax durch Einlegen der Stücke in verdünnte Schwefelsäure entfernt.

[497] Leimen.

Holzteile können mit ebenen, gut aufeinander passenden Flächen durch **Leimen** verbunden werden.

Der hierzu verwendete Leim ist entweder **Knochen-** oder **Knorpelleim** (siehe Vorstufe [403]); man stellt hieraus die **Leimlösung** her, indem man den Leim mit wenig kaltem Wasser zusammenbringt und ihn mehrere Stunden lang stehen läßt, wobei er unter Aufquellen Wasser aufnimmt. Dann wird der Leim bis zu 100° erhitzt; es ist dabei am besten, den Leimtiegel in ein Wasserbad, also in kochendes Wasser zu stellen.

Die Leimlösung wird mit dem Leimpinsel heiß aufgetragen und schließlich die zu verbindenden Holzteile mit Leimzwingen [82] oder geeigneten Pressen fest aneindergedrückt.

Mit gutem Leime richtig ausgeführte Leimung hält so fest, daß z. B. zwei teilweise übereinander geleimte Leisten sich nicht nur an der Leimfuge lösen, sondern der Bruch auch teilweise im Holze erfolgt.

Soll die Leimung der Einwirkung **der Nässe** widerstehen, so setzt man dem Leim Leinölfirniß zu, wodurch **Holzkitt** entsteht. Will man Metall auf Holz festleimen, so verwendet man Leim mit etwas Schwerspat, Zinkweiß oder Kreidepulver.

[498] Das Kitten.

Durch Kitten kann man Gegenstände aus ungleichem Materiale fest miteinander verbinden oder auch Fugen und Poren ausfüllen. Die Kittflächen sollen möglichst gut aufeinanderpassen, der Kitt darf nur in dünner Lage aufgetragen werden, und bis zur vollständigen Erhärtung des Kittes müssen die zu verbindenden Teile fest aneinandergepreßt bleiben.

Es gibt eine große Zahl von brauchbaren Kitten, unter welchen hervorzuheben sind:

1. **Leimkitte** aus Leim, Gelatine, Hausenblase mit verschiedenen Zusätzen; sie sind nicht nässebeständig.

2. **Käsekitte (Kaseinkitte)** aus Quark, Kalk und allenfalls verschiedenen Zusätzen; sie sind wetterfest.

3. **Eiweiß-** und **Blutkitt** mit Kalk oder Kreidezusatz.

4. **Öl-** oder **Firniskitte** sind wasserdicht und werden aus Leinöl oder Leinölfirnis mit Kreide, Blei- oder Zinkweiß gemacht; sie dienen zum Kitten von Glas, Porzellan, Metallen. Eine ähnliche Zusammensetzung hat der Glaserkitt zum Kitten von Glas auf Holz.

5. **Harzkitte** bestehen aus verschiedenen Harzen (Schellack, Kolophonium, Pech usw.), entweder in passenden Lösungsmitteln oder geschmolzen mit mineralischen Zusätzen versetzt; sie dienen zum Kitten von Glas, Porzellan, Eisen usw. Alle Harzkitte sind wasserdicht, werden aber zumeist durch Wärme wieder weich (Siegellack).

6. **Kautschuk-** und **Guttaperchakitte** werden durch Auflösen von Kautschuk oder Guttapercha in Schwefelkohlenstoff, Chloroform, in Ölen usw. erhalten; sie lassen sich auch unter Wasser und in ätzenden Flüssigkeiten verwenden.

7. **Rost-** und **Eisenkitte** bestehen aus Eisenfeilspänen, Salmiak, Schwefel und anderen mineralischen Zusätzen und dienen zum Kitten von Wasserleitungs- und Dampfröhren, für Roste usw.

13. Abschnitt.

Vollendungs- und Verschönerungsarbeiten.

Für den Verkaufswert jeder Ware ist das äußere Aussehen von großem Einflusse und, um dasselbe gefälliger zu machen, werden je nach der Gattung der Ware verschiedene Arbeiten ausgeführt, welche man unter dem Worte **Appretur** zusammenfaßt. Nicht selten erhöhen solche Arbeiten auch die Dauerhaftigkeit, mithin den inneren Wert der Sache. Zu diesen Arbeiten gehören außer dem Feilen, Schleifen und Polieren, die zum Teil auch Formänderungsarbeiten sind, noch gewisse Verschönerungsarbeiten, wie das Guillochieren, Abbeizen, Gelbbrennen, Ätzen, Brünieren, Firnissen und Lackieren.

[499] Das Feilen.

Was Säge und Hobel dem Tischler sind, das ist Hammer und Feile dem Metallarbeiter, insbesondere dem Schlosser. In der handwerksmäßigen Metallbearbeitung ist die Feile das nach dem Hammer am meisten gebrauchte Werkzeug; aber auch im maschinellen Betriebe läßt sich die Feilarbeit selten umgehen, mindestens spielt sie in den Reparaturwerkstätten eine sehr wichtige Rolle.

Die **Feile** ist im allgemeinen ein stählernes Werkzeug, dessen Oberfläche durch regelmäßige Meißelhiebe mit schneidenden Zähnen versehen ist; nur ausnahmsweise finden sich Feilen aus weichem Eisen für weichere Metalle und aus Hartguß für die Appretur von Eisenguß.

Die aus Stahl hergestellten Feilen sind glashart gehärtet, nicht nachgelassen.

Bei der Erzeugung der Feilen wird das entsprechend vorgeschmiedete und abgeschliffene Stahlstück auf einen Amboß gelegt, der Meißel geneigt aufgesetzt und mit dem **Feilhauerhammer** eingetrieben. Hierdurch entsteht ein aus einem vertieften und einem aufgetriebenen Teil zusammensetzt, der **Hieb.**

Wenn die Feile nur eine Reihe paralleler Hiebe erhält, nennt man sie **einhiebig.** In der Regel haut man die Feilen aber so, daß nach der ersten Serie von Hieben, dem **Grundhiebe,** der **Oberhieb** folgt, wodurch spitze Zähnchen in regelmäßiger Verteilung entstehe.

Ist auch mathematische Genauigkeit hierbei nicht möglich, so ist doch zu bewundern, was gute Feilhauer hierin wirklich leisten. Aber die Feilhaumaschinen sind bereits so ausgebildet, daß sie die Handarbeit für die gewöhnlichen Formen und Hiebstärken vollkommen ersetzen.

Man unterscheidet den **groben Hieb** bei den größten, den **mittleren Hieb** bei den kleineren und den **feinen Hieb** bei den kleinsten Feilen.

Die größten Feilen, im Querschnitt quadratisch und gegen das Ende zu verjüngt, die durch in eine Spitze auszulaufen, heißen **Armfeilen.** Sie dienen für grobe Arbeiten als Vorfeilen; der Hieb ist grob mit Abstand von etwa 1 mm.

Die halbrunden, dreieckigen und runden Feilen haben meist gegen die Spitze abnehmenden Querschnitt, sind durchwegs mit Hieb von verschiedener Feinheit versehen.

Kleine **Rundfeilen** bis zu 4 mm Durchmesser werden **Rattenschwänze** genannt.

Das Schärfen stumpf gewordener Feilen kann zweimal durch richtig angewendetes Sandstrahlgebläse erfolgen, dann müssen die Feilen neuerlich gehauen werden.

[500] Schleifen und Polieren.

a) Das **Schleifmittel** muß aus gleichmäßig großen scharfen Körnern bestehen, die durch eine natürliche oder künstliche Bindemasse zusammengehalten werden; es muß härter oder gleichhart wie der zu bearbeitende Stoff sein.

So werden Diamanten mit Diamantpulver, Saphire, Smaragde und Rubine mit Schmirgel oder Karborund, Glas mit Quarzsand geschliffen. Harte Metalle schleift man mit Schmirgel, weichere mit Quarzpulver und Sandstein, weiche mit Kohle oder Weidenholz usw.

Die **Schleifvorrichtungen** sind je nach dem Zwecke und dem Material sehr mannigfach. Um die größeren Rauhheiten der Oberfläche zu beseitigen, bedient man sich der **Schleifsteine,** welche entweder aus natürlichen Gesteinen oder aus Schmirgel hergestellt werden. Schmirgelscheiben vertragen eine größere Umfangsgeschwindigkeit, ohne zerrissen zu werden. Die Schleifsteine rotieren meist um eine horizontale Achse, an dessen Umfange das Arbeitsstück angedrückt wird. **In der Regel wird naß geschliffen,** indem der Stein entweder im Wasser läuft oder mit Wasser betropft wird.

Das Feinschleifen geschieht dann mit Schmirgelscheiben, die zumeist trocken laufen, wobei der Schleifstaub nur abgesaugt wird.

Zum **feinsten Schliffe** benutzt man hölzerne **Schleifscheiben, die am Umfange einen Lederüberzug haben, auf dem man Schmirgelpulver aufleimt.**

Durch das Schleifen bildet sich bei Messern und Scheren ein sehr feiner Grat an der Schneidekante, der durch Abziehen auf **Liegesteinen** beseitigt werden muß. Die Liegesteine haben ein sehr feines Korn und werden mit Öl oder Wasser benetzt. Rasiermesser müssen noch auf Riemen oder Leinen abgestrichen werden.

Bei einfacher geformten Gegenständen genügt oft das Anhalten derselben an die Schleifvorrichtung; handelt es sich aber um sehr große Genauigkeit oder hat man es mit großen Stücken zu tun, so muß man Schleifmaschinen der verschiedenartigsten Konstruktionen benutzen.

Bei Glas usw. ist das Schleifen die einzig mögliche Form-änderung; sie geschieht mit großen Schleifscheiben aus Stahl oder Gußeisen, auf deren ebener Fläche sich Schleifpulver und Wasser befinden. Holztafeln schleift man auf Holz-scheiben, die mit Sand- oder Glaspapier beklebt sind. Auch Schleifbürsten, die mit angefeuchtetem Schleifpulver bestreut sind, werden häufig verwendet.

Matte Schleifflächen, besonders Glasflächen, er-hält man, wenn man feinen Sand durch einen Luft- oder Dampfstrom gegen die zu mattierende Fläche schleudert **(Sandstrahlgebläse),** wobei man die nicht zu verändernden Stellen mit einem elastischen Ma-teriale wie Leder, Wachstuch usw. bedeckt.

b) Durch Schleifen mit bestimmten Mitteln kann man hohen Glanz und spiegelnde Flächen erzielen, was man **Glanzschleifen** oder **Polieren** nennt.

Ein solches Poliermittel, das sehr häufig bei den meisten Metallen, bei Glas usw. angewendet wird, ist das **Polierrot (Caput mortuum, Engelrot, Rouge),** das aus feinpulverigem, geschlämmtem Eisenoxyd besteht und mit Wasser, Öl oder Spiritus angerieben wird.

Gebrannter Kalk dient zum Polieren von Stahl, Messing und Bronze, Zinnasche für Marmor und Stahl, Knochenasche, Kork, Holzkohle, Graphit, Magnesia und Speckstein für weiche Metalle und Steine.

Ein anderes Verfahren wendet man bei hämmerbaren Metallen, namentlich bei Gold und Silber an. Hierbei werden die letzten feinen Unebenheiten der Oberfläche nicht weg-geschliffen, sondern mit dem **Polierstahl** niedergedrückt.

Man taucht letzteren in Seifenwasser und reibt mit ihm unter Druck die zu polierende Fläche, die dadurch Hoch-glanz annimmt.

[501] Das Herstellen von Metall-überzügen.

a) Teils zur Erhöhung der Dauerhaftigkeit, teils auch zur Verschönerung überzieht man das fertige Werkstück häufig mit dünnen Schichten von anderen Metallen. [181, 3] Man erzeugt die Metallüberzüge entweder durch Eintauchen der Waren in Bäder aus geschmolzenem Metall oder auf elektrolytischem Wege.

b) Neuester Zeit entstand das Metallspritzver-fahren von M. U. Schoop in Zürich, mit dem man sehr gleichmäßige und festhaftende Metallüberzüge auf Gegenständen aus Metall und anderen Stoffen herstellen kann. Besondere Bedeutung hat das Ver-fahren bei der Verzinkung von Eisengegenständen, die hierdurch gegen das Rosten geschützt werden.

Das Zink wird durch eine heiße Stichflamme, die man mit einem Gasgemenge von Sauerstoff mit Leuchtgas oder Azetylen erzeugt, geschmolzen und mit aus einer Düse aus-strömender Preßluft, sehr fein zerstäubt, kräftig gegen den zu überziehenden Gegenstand geschleudert. Die ganze An-ordnung ist bei der sog. **Metallspritzpistole** in eine sehr hand-liche Form gebracht.

Um die Verwendung von Brenngasen zu ver-meiden, hat **Schoop** später ein **elektrisches Metall-spritzverfahren** ausgebildet, das sich noch vielseitiger verwenden läßt, da doch elektrischer Strom heute überall zur Verfügung steht.

Die im Winkel gegeneinander gebogenen, stromführenden Metalldrähte geben einen Metallschmelztropfen ab, der durch die Preßluft sofort zerstäubt und fortgeschleudert wird. Dabei ist die Temperatur über 3000°, so daß auch schwer

schmelzbare Metalle, wie Wolfram und Platin geschmolzen werden können. Auch dieses Verfahren ist in der **Elektro-pistole** in eine überaus praktische Form gebracht worden.

[502] Verschiedene andere Ver-schönerungsmittel.

1. Das **Guillochieren** ist ein Verfahren zur Herstellung von Mustern auf Metallen, sei es zu deren Verzierung wie auf Taschenuhren, Gewehren usw., oder zur Erzeugung von Platten für den Druck. Man bedient sich hierzu der **Guil-lochiermaschine** und stellt damit Gravierungen in geraden oder krummen, mitunter auch vielfach verschlungenen Linien her.

2. Das **Abbeizen, Abbrennen, Gelbbrennen, Weißsieden** und **Goldfärben** sind sehr nahe verwandte Operationen, bei welchen entweder Metalloxyde durch schwache Säuren, namentlich verdünnte Schwefelsäure entfernt werden, wo-durch die natürliche Farbe des Metalles zum Vorschein kommt, oder bei kurzer kräftiger Einwirkung sehr starker Säuren und Salzen der Messingware eine schöne Goldfarbe **(Gelbbrennen),** der Goldware aber ein Gelb mit einem Stiche ins Röt-liche, Grünliche oder Bläuliche verliehen wird **(Goldfärben).**

3. Das **Ätzen** wird auf Metall und Glas zur Hervorbrin-gung matter Zeichnungen auf glänzendem Grunde oder um-gekehrt angewendet. Das „Matt" wird durch den Angriff einer Säure, bei Stahl verdünnter Salz- oder Salpetersäure, bei Glas Flußsäure, erzielt.

4. Das **Emaillieren** von **Metallgegenständen** wird nament-lich bei solchen aus Eisenblech und Gußeisen angewendet. Es wird zuerst das **Grundemail** aufgetragen, das aus einer schweren schmelzbaren Masse eines undurchsichtigen, meist gefärbten Glases besteht und dann das **Deckemail,** das leicht-flüssiger ist. Das Schmelzen erfolgt in Muffelöfen. **Ein guter Emailüberzug darf auch bei raschen Temperaturänderungen nicht springen.**

5. Das **Bronzieren** soll Kupfer- und Messingwaren, Zink-oder Eisengüssen, Holz, Gips und Steingegenständen das Aussehen von Bronze erteilen. Als Farbe dienen die sehr fein gemahlenen Bronze- oder **Brokatpulver** (z. B. unechtes Malergold oder -Silber), die man auf Firnis- oder Ölfarben-anstriche aufstaubt.

5. Das **Brünieren des Eisens** ist ebenfalls ein chemischer Vorgang, durch welchen glatte Eisenflächen gegen Rost geschützt werden; man behandelt sie mit Chlorantimon und erhält dadurch eine mattgraue bis schwarze Farbe (z. B. Gewehr-läufe).

6. Das **Schwärzen der Eisenwaren** erfolgt durch Erhitzen der mit Leinöl, Teer usw. überzogenen Gegenstände bis auf etwa 350° C.

7. Das **Beizen von Holzgegenständen** ist ein künstliches Färben; es wird angewendet, wenn solche Mittel zur Erhöhung der Haltbarkeit oder zur Verzierung für nötig erachtet werden.

8. **Furniere** sind dünne Blätter, die man aus schön ge-färbten oder schön gezeichneten Hölzern, z. B. Nuß, Eiche, Mahagoni usw. schneidet und in besonders solider Weise auf die zu verzierenden Holzflächen aufleimt. Die furnierten Flächen werden dann noch abgeschliffen, lackiert oder poliert. Weitere Verzierungen lassen sich mit Furnieren durch **Holzmosaik** (Einlegearbeiten, Intarsien) erzielen.

9. Das **Anstreichen, Firnissen** und **Lackieren bietet Schutz und Verzierung bei Metall- und Holzgegenständen.** Das wich-tigste Material für Anstriche auf Holz, Metall und Steinen sind die **Ölfarben,** die meist aus gekochtem, mit den sehr fein gemahlenen Farbstoffen gemengtem Leinöle bestehen. Je nach der Art der Farbkörper ist der Ölfarbenanstrich mehr oder weniger dauerhaft.

Vor dem Auftragen des ersten **Grundanstriches** muß die Fläche vollkommen gereinigt werden, nachdem die Risse und Vertiefungen ausgekittet wurden. Dann wird bei Holz die Fläche mit Bimsstein abgerieben, worauf der Anstrich erfolgt. Zumeist wird **zweimal** gestrichen, wobei man den ersten dünn-flüssigen Grundanstrich erst trocknen läßt, bevor man noch-mals streicht. Nach Bedarf kann man auch Leim-, Kalk-oder Kaseinfarben wählen. **Firnisse und Lacke** liefern meist nur einen wenig gefärbten, dafür aber durchsichtigen, stark glänzenden Überzug; unter Umständen benutzt man auch farbige Lacke und Firnisse.

Man unterscheidet verschiedene Arten von Firnissen; am beliebtesten sind die **Ölfirnisse** aus gekochtem Leinöl, die **Spiritus-** und **Terpentinölfirnisse,** die Schellack- und **Kopal-firnisse.**

Lacke geben sehr feste und dauerhafte Überzüge, sie werden aus Terpentin und Leinöl unter Zusatz von Harz-pulvern gemacht. Am bekanntesten sind der **Bernstein-** und der **Kopallack.** Spiegelnde Überzüge werden mit **japanischen Lacken** erhalten.

Statt der erwähnten Lösungsmittel kann man noch andere, durch große Flüchtigkeit ausgezeichnete Lösungsmittel, wie Benzin, Schwefelkohlenstoff, Amylazetat **(Zaponlack)** ver-wenden.

Hochglanz erzielt man bei Holzwaren durch das Polieren, indem man auf den sehr glatt gemachten Flächen eine geeignete **Politur,** zumeist Schellackfirnis, verreibt.

DAS TECHNISCHE ZEICHNEN

Inhalt: Bisher haben wir uns nur mit den Grundlagen des technischen Zeichnens beschäftigt, die in den Schulen als „darstellende Geometrie" gelehrt wird. In diesem Briefe wollen wir nun den Übergang von der theoretischen Vorbildung zur praktischen Anwendung im „Fachzeichnen" zeigen. Zunächst werden wir die verschiedenen Hilfsmittel zur Anfertigung von technischen Zeichnungen kennenlernen und erfahren, nach welchen Regeln zeichnerische Darstellungen ausgeführt werden müssen, um allgemein verständlich wirken zu können.

In den letzten Abschnitten werden wir schließlich die beiden Hauptarten des technischen Zeichnens, **das Bau- und Maschinenzeichnen,** so weit erörtern, als es im gegenwärtigen Stadium des T.S. möglich erscheint.

Sowohl das Bauzeichnen wie auch das Maschinenzeichnen erfordert zunächst als unbedingte Voraussetzung ein sehr ausgebildetes **Raum- und Formvorstellungsvermögen,** das auch der Selbstschüler sich bloß durch gründliche Vorbildung in der darstellenden Geometrie aneignen kann. Hier wie dort hat er mit Projektionen, Körperschnitten und Körperdurchdringungen zu tun; während er jedoch in der darstellenden Geometrie fast ausschließlich mit abstrakten Gegenständen beschäftigt hat und nur an **Linien, Flächen** und **Körpern** die nötige Übung im Projizieren und damit wohl auch eine sehr gediegene **Vorstellungsgabe** erlangen konnte, werden ihm im **Bau-** und **Maschinenzeichnen konkrete bauliche und maschinelle Gegenstände** — sie mögen nun **bereits vorhanden** sein oder erst in der Idee existieren, also **erst zu schaffen sein** — mit der Aufgabe übergeben werden, sie **zeichnerisch so darzustellen, daß deren Form richtig verstanden und eventuell danach korrekt ausgeführt werden kann.** Dazu braucht er jedoch nebst eingehender Vertrautheit mit der Projektionskunde **auch noch tüchtige Fachkenntnis in allen Bau- und Maschinenarbeiten,** die er nach der, dem technischen Selbstunterrichte zugrunde liegenden Einteilung erst in den nächsten zwei Fachbänden über Bautechnik und Maschinenbau erwerben kann. Damit wird von selbst die Grenze abgesteckt, bis zu welcher wir hier in der Erörterung des Bau- und Maschinenzeichnens naturgemäß gehen können. Wir werden daher im folgenden beschreiben, wie die Projektionen und Schnitte zu wählen sind, auch gewisse allgemein gültige Vorschriften über **Baupläne** und **Werkzeichnungen** erwähnen und besonders hervorheben, welche häufiger vorkommenden Fehler hierbei unbedingt zu vermeiden sind. Dort, wo es sich jedoch darum handelt, die auf die tatsächliche Ausführung bezüglichen, zeichnerischen oder beschreibenden Angaben zu machen, werden wir aber vorläufig abschließen und die ergänzende Fortsetzung des Bau- und Maschinenzeichnens erst später, einerseits gelegentlich der Projektierung von Bauarbeiten, anderseits im Werkstättenbetriebe bringen. Erst dann wird der künftige Konstrukteur für seine praktische Tätigkeit so weit ausgebildet sein, als es nach Büchern überhaupt möglich ist. Zum mindesten wird er aber dann eine **sehr verwendbare** Kraft sein, der nur noch die nötige praktische Erfahrung fehlt, die eben lediglich in der Praxis mit der Zeit erworben werden kann.

2. Teil.
Die Ausführung technischer Zeichnungen.
6. Abschnitt.

Das Fachzeichnen.

[503] Allgemeines.

Fähigkeit im Zeichnen sollte eigentlich ein wesentlicher Teil jeder Bildung sein. **Die Zeichnung ist aber insbesondere die eigentliche Sprache des Technikers, eine internationale Sprache, die stets erschöpfend, klar und eindeutig,** also jedes Mißverständnis ausschließend **gesprochen werden muß. Sie muß unbedingt richtig gesprochen, aber ebenso richtig verstanden werden.**

Daher sagt auch die Zeichnung, wenn sie nicht nur ein anschauliches Bild darstellen soll, dem Unkundigen nichts, dem Arbeiter zeigt sie eine besondere Form, die er gewissenhaft ausführt, ohne sich viel darüber zu denken, dem Sachkundigen bedeutet sie aber eine Kette von Erfahrungen, die auf Grund einer wissenschaftlichen Idee zum Entwurfe geführt haben.

Die Art des zeichnerischen Ausdruckes ist immer vom Zwecke der Zeichnung abhängig, und zwar ebensogut bei zeichnerischer Wiedergabe einer gegebenen Form als auch bei schaffender Gestaltung. Im letzteren Falle hat die Zeichnung als Mittel für den Ausdruck des Vorgestellten zu dienen. Wenn die Vorstellung im Kopfe des Zeichnenden fehlt, kann auch durch die schönste Zeichnung nichts ausgedrückt werden. **Die Zeichnung als Ausdrucksmittel und die räumliche Vorstellung als Geistestätigkeit verhalten sich genau so wie die Sprache zu den Gedanken;** wo diese fehlen, nützt auch die größte Redegewandtheit wenig.

Diese Vorstellungsgabe ist aber nur sehr wenigen angeboren; in der Regel muß sie erst mühsam durch Lösung zahlreicher Aufgaben langsam erworben werden.

b) In der Praxis wird nur „**nach Zeichnung**" gearbeitet, d. h. alle Teile, auch die scheinbar nebensächlichsten werden nach vorher ausgerechneten und zeichnerisch festgelegten Angaben ausgeführt.

Deshalb muß auch die Zeichnung alle Angaben enthalten, die zur richtigen Ausführung erforderlich sind, weil mündlich übertragene Aufträge gar zu leicht zu Irrtümern und Fehlern führen.

In dieser Beziehung ist in letzter Zeit ein gründlicher Wandel eingetreten; selbständige Schmiede- und Schlossermeister, in deren Werkstätten noch vor wenigen Jahren keine Zeichnung zu finden war, folgen jetzt der Zeitforderung und arbeiten viele Stücke „nach Zeichnung". Wenn auch solche Gewerbsleute kein eigenes Konstruktionsbureau einrichten können, so müssen sie und ihre Hilfsarbeiter, wenn sie von größeren Firmen Lieferungen erhalten wollen, doch **vom Fachzeichnen so viel verstehen, daß sie „nach Zeichnung" arbeiten können.** Es muß daher heute sogar jeder Lehrling bemüht sein, theoretisch sich so weit auszubilden, daß er es im Fachzeichnen zur erreichbar höchsten Stufe bringen kann. Dann wird ihm selbst eine schwierigere Zeichnung nicht so leicht Rätsel aufgeben, die er nicht prompt lösen kann. Er wird, ohne mit dem Konstrukteur gesprochen zu haben, aus der Zeichnung erkennen, wie die Arbeit gedacht ist und wie sie ausgeführt werden soll, und zwar gleichgültig, aus welchem Lande die Zeichnung herstammt. Durch die Zeichnung spricht der Ingenieur zum Arbeiter; der Arbeiter muß sich dann die Form richtig vorstellen und sie ausführen können.

[504] Zeichenmaterialien.

a) Für technische Zeichnungen empfiehlt sich mäßig starkes, gut geleimtes und gut radierfähiges **Papier** von mäßig glatter Oberfläche.

Bei Zeichnungen, von denen Lichtpausen angefertigt werden, und das ist heute fast die Regel, sind alle anderen

Papiereigenschaften nebensächlich. Für solche Zeichnungen sowie für Entwürfe und Skizzen ist **Pauspapier** zu verwenden, das vollständig durchsichtig und nicht von gelblicher Farbe ist, weil letztere schlechte Lichtkopien geben. Fette Oberfläche ist durch Abreiben mit Kreide zu beseitigen, damit die Tusche nicht ausfließt.

    Millimeterpapiere mit blauem, braunem oder grünem Liniennetze sind für Entwürfe, Skizzen und graphische Dar-

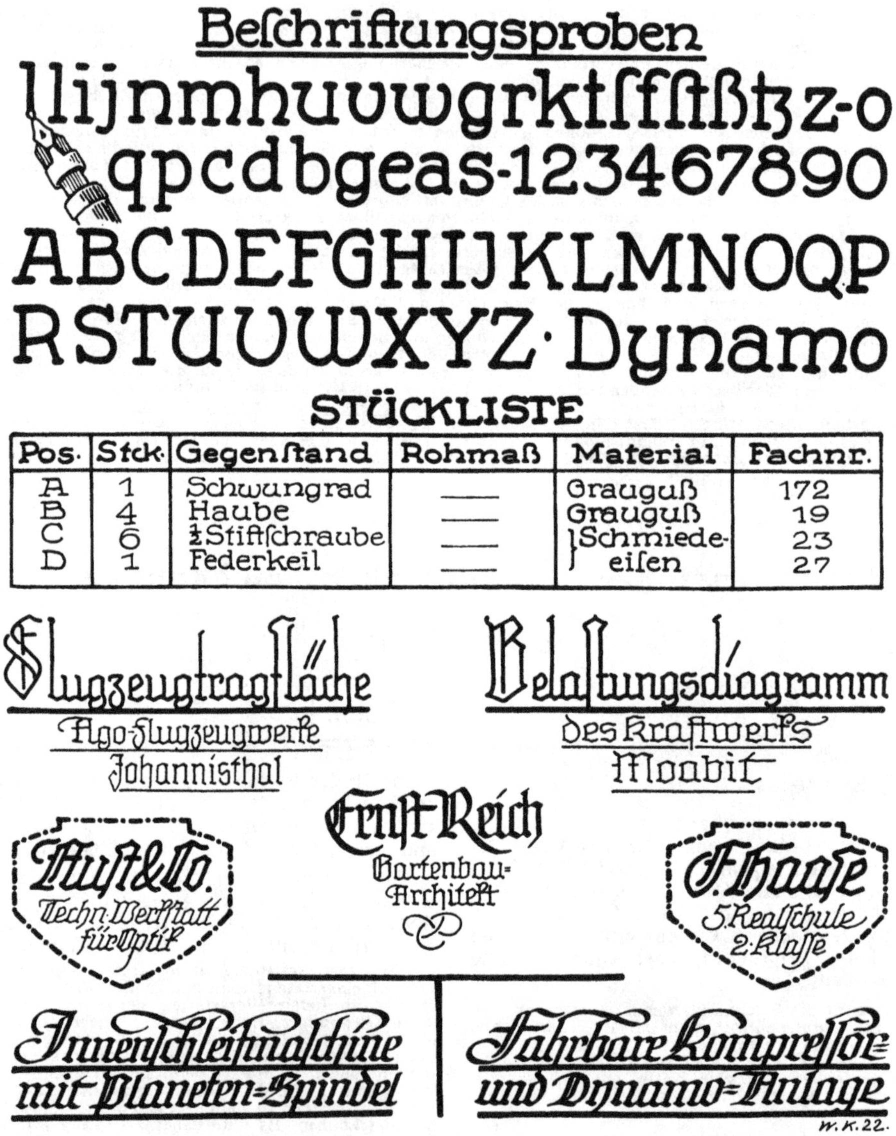

oder Schmirgelpapier. Alle übrigen Vorrichtungen hierzu sind mindestens überflüssig.

    c) An **Maßstäben** sind erforderlich: ein gewöhnlicher zusammenlegbarer Maßstab und ein Anlegemaßstab mit scharfer Kante, um Maße ohne Zirkel auftragen zu können. Letzterer ist am besten

Beschriftungsproben

lli j n m h u v w g r k t ſ ſ ſt ß tz z · o
q p c d b g e a s · 1 2 3 4 6 7 8 9 0
ABCDEFGHIJKLMNOQP
RSTUVWXYZ · Dynamo

STÜCKLISTE

Pos.	Stck.	Gegenstand	Rohmaß	Material	Fachnr.
A	1	Schwungrad	—	Grauguß	172
B	4	Haube	—	Grauguß	19
C	6	½ Stiftschraube	—	}Schmiede-	23
D	1	Federkeil	—	}eisen	27

Flugzeugtragfläche
Ago-Flugzeugwerke
Johannisthal

Belastungsdiagramm
des Kraftwerks
Moabit

Ernst Reich
Gartenbau-
Architekt

Innenschleifmaschine
mit Planeten-Spindel

Fahrbare Kompressor-
und Dynamo-Anlage

W. K. 22.

Abb. 922

stellungen nicht zu empfehlen, obwohl zahlreiche Techniker sie mit Vorliebe benutzen. Das Liniennetz beeinträchtigt die Freiheit im Entwurfe, wenn auch hierdurch die Auftragung von Maßen erspart wird. Dagegen sind **Skizzierblocks** und **kartonnierte Zeichenpapiere** sehr praktisch, weil hierdurch die unbequemen Zeichenbretter bei Zeichnungen von kleinerem Umfange entfallen.

    b) Über **Bleistifte** kann sich jeder selbst leicht ein Urteil bilden: Hartes Blei (Nr. 4 oder Nr. 5) gehört nur in den Zirkel, im übrigen lassen sich mit weicherem Blei (Nr. 2 und Nr. 3) kegelförmig gespitzt, kräftige und übersichtliche Zeichnungen anfertigen.

    Zum Spitzen der Bleistifte verwenden erfahrene Zeichner nur das Taschenmesser und schärfen die Spitze mit Bimsstein

mit einem **Rechenschieber** zu kombinieren, da dieser für technische Berechnungen kaum mehr zu entbehren ist. (Vorstufe [177].)

    d) Unerläßlich ist ein gutes **Reißzeug**, das wohl nie ausgeliehen werden soll. Es soll enthalten einen großen Handzirkel, einen Einsatzzirkel mit Blei und Ziehfeder samt Verlängerungsstück, mehrere Reißfedern und einen Nullenzirkel. Damit kommt wohl der geübte Zeichner für alle Zwecke aus.

    e) Die **Dreiecke** müssen gerade Kanten und genaue Winkel haben, Eigenschaften, welche unbedingt vor dem Gebrauche geprüft werden müssen.

Als Material ist nur Holz, Hartgummi oder Zelluloid zu empfehlen.

Das **Reißbrett** dient zum Aufspannen des Zeichenpapieres und zur Führung der Reißschiene; es soll aus festem, weichem und völlig trockenem Linden-, Pappel- oder Ahornholz mit Randleisten aus hartem Holze hergestellt sein.

winklig zur Schiene stehenden Kopf besitzen, über den das Dreieck hinausgeschoben werden kann.

f) Sonst sind noch zum Zeichnen erforderlich: einige spitze **Zeichenfedern** zum Ausziehen von Übergangskurven, **Schreibfedern** für Rund- oder Steilschrift. Ferner **Tusche,** die entweder jedesmal aus chinesischer Tusche frisch angerieben oder flüssig vorrätig gehalten wird, dann aber selten tiefschwarz ist, einige **Radiergummi** für Blei- und für Tuschlinien und verschiedene unverwischbare farbige **Tinten.**

Abb. 923

Geprüft muß werden, ob die Platte eben und die Kante auf der linken Seite richtig ist, wo die Schiene angelegt wird. Auf die Genauigkeit der übrigen Kanten ist kein Wert zu legen, da die Horizontalen nur mit der Schiene, die Vertikalen aber mit dem Winkel gezogen werden. Das Zeichenpapier wird meist mit Heftnägel auf den Reißbrettern befestigt. Das früher üblich gewesene „Aufspannen" des Papieres, das Abwaschen nach dem Ausziehen und überhaupt farbige Ausführung sind heute, in der Zeit der Lichtpausen, fast ganz abgekommen.

Überwiegend werden stehende, stellbare **Zeichentische** verwendet; sie nehmen weniger Raum ein und gestatten dem Zeichner eine ungezwungene, gesunde Haltung. Die **Reißschienen** sollen aus hartem Holze bestehen, genaue Kanten und einen recht-

[505] Das Skizzieren.

a) **Skizzieren heißt nicht nachlässig oder auch nur flüchtig zeichnen, sondern das Wesentliche einer Form möglichst vereinfacht und mit den einfachsten Mitteln darstellen;** jeder Sachverständige muß sich nach der Skizze die Form genau vorstellen können, oft muß sie darnach auch ausführbar sein.

Skizzieren kann daher nur der, der die Sache gründlich kennt und ein entwickeltes Vorstellungs- und Ausdrucksvermögen besitzt. Auch hier ist Handfertigkeit erwünscht, für rasches Skizzieren auch notwendig; das Wesentliche ist aber immer, daß die Vorstellungsbilder im Kopfe klar und vollständig entwickelt sind, bevor das Skizzieren beginnt.

b) Man unterscheidet Aufnahms-, Entwurfs- und Werkskizzen.

1. Aufnahmeskizzen von vorhandenen Formen werden meist zu dem Zwecke angefertigt, um nachträglich eine genaue Bau- oder Werkzeichnung anzufertigen.

Zirkel und Lineal können für die Hauptlinien immerhin benutzt werden, nur Reißbrett, Schiene usw. sind ausgeschlossen. Außerdem braucht man zum Aufnehmen oft einen Greifzirkel [78 c], eine Schublehre [78 a], ein Meßband, Meßlatten und Lot [152]. Da in der Regel auf kleinem Papierformat, oft nur in Skizzenbüchern gezeichnet werden muß, werden die einzelnen Projektionen auf getrennte Blätter skizziert und wird der Zusammenhang erst in einer besonderen Skizze dargestellt. Es ist zweckmäßig, in die fertige Skizze die Maßlinien hineinzuzeichnen, bevor die Maße in der Natur aufgenommen werden. (Über Naturaufnahmen siehe Vorstufe [326].)

2. Entwurfskizzen haben das Wesentliche für einen bestimmten Konstruktionszweck vorläufig darzustellen. Die ersten maßstäblichen Entwurfskizzen haben nur Raumverteilung und Anordnung der Hauptteile festzustellen, sie brauchen daher bloß das hierzu Wesentliche zu enthalten, aber keine Einzelheiten, deren spätere Durchführung keine Schwierigkeiten mehr bietet. **Gebrauch aller Zeicheninstrumente ist zulässig, soweit dadurch Zeit erspart werden kann.** Solche Skizzen müssen aber unter allen Umständen maßstäblich richtig angefertigt werden, sonst sind sie zwecklos und täuschen nur über den Zusammenhang der einzelnen Teile.

Für die Anfertigung dieser Skizzen wird mit Vorteil Pauspapier verwendet. Entspricht die erste Skizze den Anforderungen nicht, so wird eine neue Skizze gemacht und mit der ersten verglichen.

3. Werk- oder Bauskizzen werden oft nur hergestellt, um eine zeichnerische Darstellung rasch in die Werkstätte oder an den Bauplatz zu bringen. Zeit- und Kostenersparnis zwingt zu Einfachheit und Klarheit in der Darstellung, **zur größten Deutlichkeit mit den einfachsten Mitteln.**

Die Skizze als Werk- oder Bauzeichnung ist heute sogar die Regel bei allen Aufträgen, die Normalteile betreffen oder Teile, die von diesen nur wenig abweichen. Freilich kann solche skizzenhafte Aufträge nur der geben, der seine Sache vollkommen beherrscht, es muß deshalb schon die Bleistiftskizze übersichtlich und sauber gezeichnet werden, ohne erst durch das „Ausziehen" deutlicher werden zu wollen. Fehlerhaft ist es dabei, dünn und schwach, mit hartem Bleistift zu zeichnen oder überflüssige Linien zu ziehen. Zur Unterstützung der Vorstellung werden Skizzen, die sich nur auf Veranschaulichung der Formen beziehen, zweckmäßig freihändig **perspektivisch** dargestellt und womöglich durch einfachste Schattierung plastischer gehalten. Dem Anfänger kann daher nur dringend geraten werden, durch wiederholte räumliche Darstellung der verschiedensten Objekte sich auf diesem Gebiete die nötige Übung zu verschaffen. (Siehe die bezüglichen Bemerkungen in Vorstufe [327].)

c) Die Hauptsache beim Skizzieren ist die **Mittellinie**; sie ermöglicht eine richtige Platzverteilung und erleichtert auch das Auftragen der verschiedenen Maßverhältnisse. Die Maßlinien sind feiner als die kräftigen Zeichnungslinien, und zwar so lange zu ziehen, daß die schlanken Pfeile →⊫ auch merklich das Ende der betreffenden Entfernung begrenzen; für die Ziffer wird die Linie etwas unterbrochen. Eine sehr große Sorgfalt muß dem richtigen Aufnehmen gegebener Maße gewidmet werden.

Eine vollständige Handskizze ist oft wertvoller als die danach angefertigte Zeichnung; sie schärft auch den Blick, die Selbständigkeit und das Verantwortungsgefühl des Skizzierenden. Welche Zeit- und Geldkosten verursacht es oft, wenn dabei wichtige Maße vergessen oder falsch aufgenommen werden und wie sehr gewinnt jeder Handwerker das Vertrauen des Bestellers, der seinem Auftrag nicht selbst die gewünschte Form bringen kann, wenn der Handwerker ihm durch rasche Skizzierung die richtig erkannte Art der Bestellung anzudeuten vermag.

[506] Die Ausführung der Zeichnungen.

a) Nachdem so die Maßskizze mit allen Einzelheiten fertiggestellt ist, kann, wenn nötig, mit der Ausführung der Zeichnung begonnen werden.

Beim zweckmäßigen Einteilen des Zeichenbogens vergleiche und berechne man vorher die Größe der zu zeichnenden Teile mit dem zur Verfügung stehenden Raume und erwäge vor allem, wie die übersichtliche Darstellung beschaffen sein wird, was im Schnitte, in der Ansicht oder einzeln herauszuzeichnen ist.

Der Maßstab soll richtig gewählt werden. Ist natürliche Größe zu groß, so wähle man den nächst kleineren Maßstab 1 : 5, d. h. die Zeichnung wird fünfmal verkleinert, **doch werden stets nur die natürlichen Maße eingeschrieben.** Als folgende Maßstäbe kommen 1 : 10, 1 : 50, 1 : 100 usw. in Betracht. Dagegen gibt der Maßstab 1 : 2 eine unübersichtliche Darstellung und zu Verwechslungen über die richtige Form leicht Veranlassung.

Ist ein Körper **symmetrisch,** so genügt auch die Zeichnung bis etwas über die Mittellinie; ebenso ist es zulässig, bei solchen Formen halb im Schnitte, halb in Ansicht zu zeichnen, doch muß die Mittellinie oder die Achse des Objektes in diesem Falle zugleich die **Trennungslinie** sein.

In der Regel sind aus dem Grundrisse auch die anderen Risse zu entwickeln, wobei der Zeichnende dahin trachten soll, gleichzeitig auch die anderen sich ergänzenden Risse in Angriff zu nehmen, weil er dadurch neuerliche Abmessungen und Übertragungen erspart. Er denke daran, daß er eine über das ganze Brett reichende Reißschiene, einen Winkel und einen zum bequemen Übertragen und Festlegen der einmal gefundenen, mehrmals zu brauchenden Punkte sehr geeigneten **Spitz-** oder **Stechzirkel** zur Verfügung hat, während der Bleizirkel zum Übertragen von Maßen weniger geeignet ist.

b) Die **Schraffieren** von Schnittflächen geschieht mit unter 45° geneigten Linien, größere Stücke werden weit, kleinere eng, sich begrenzende Schnitte verschiedener Teile entgegengesetzt schraffiert.

Beim Ausziehen mit **Tusche** hat der Zeichner darauf zu achten, daß die Reißfeder immer sauber ist. **Kurven werden stets zuerst mit dem Zirkel oder nach dem Kurvenlineal ausgezogen,** weil man dann mit den geraden Linien besseren Anschluß an den ausgezogenen Bogen erhält. Die **Mittellinien** werden fein blau, die **Zeichenlinien** mit kräftigen schwarzen Strichen gezeichnet, die **verdeckten** Linien fein schwarz gestrichelt, die **Maß- und Hilfslinien** fein rot, **Pfeile und Maßziffern** schwarz gezogen. Wird dagegen nur in Schwarz-Weiß gearbeitet, was die Regel ist, so bleibt die Strichstärke ebenso kräftig, damit die Zeichnung vom Arbeiter am Bauplatze oder in der Werkstätte aus einiger Entfernung lesbar ist, doch werden die Mittellinien strichpunktiert, die Maß- und Hilfslinien dazu voll ausgezogen.

c) **Eine besondere Sorgfalt ist der Beschriftung jeder Zeichnung zuzuwenden;** gefälliges Aussehen aller zeichnerischen, graphischen und schriftlichen Arbeiten, ja selbst der Skizzen sind Forderungen des praktischen Lebens und können um so mehr verlangt werden, als sie doch nur etwas Aufmerksamkeit, Überlegung und Übung kosten. Schließlich sind alle diese Arbeiten Urkunden, denen eine Wichtigkeit innewohnt und die auch in der äußeren Ausstattung mit Sorgfalt zu behandeln sind.

Welche **Schriftgattungen** für die Beschriftung zu wählen sind, ist Geschmacksache; jedenfalls kommen nur einfache und gut lesbare Schriftzeichen in Frage, die sich mit zweckmäßigen Federarten (Quellstift und Breitfeder) leicht und flüssig schreiben lassen und die durch Anwendung verschiedener **Federstärken** eine Hervorhebung der **Kernworte** und eine Unterordnung des übrigen Textes leicht ermöglichen. Gute Proportion der Buchstaben, gleichmäßige Sperrung der Hintergrundausschnitte zwischen denselben, zweckmäßige Engführung der Zeilenabstände, gute Fleckwirkung der Schriftblöcke sowie harmonische Verteilung des Schriftfeldes können natürlich nur durch fleißiges Üben erreicht werden.

Einige stilgerechte Beschriftungsproben bringen die Abb. 922 und 923 in verkleinerter Darstellung. Sie sind 2 Heften entnommen, die im **Verlage von Otto Maier, Ravensburg (Württemberg) erschienen sind: Prof. Wilh. Krause, Breslau, „Antiqua-Alphabete und Beschriftungen" und „Geschriebene Frakturschriften".** Jedem, der ein leichtfaßliches Lehrwerk für solche Handschriftübungen sucht, seien die Hefte warm empfohlen.

d) Die Ziffern müssen eine einfache, der Zeichnung angepaßte Form besitzen, in welcher Hinsicht **gerade stehende** Ziffern und Buchstaben besser entsprechen würden. Trotzdem werden vielfach schräge Schriftzeichen verwendet, weil sie rascher und bequemer auszuführen sind.

Zum leichteren Lesen einer Zeichnung und dem Arbeiten danach empfiehlt es sich, an den Stellen, wo ein Körper rund oder quadratisch ist, hinter die betreffende Ziffer das Durchmesserzeichen ⌀ oder ☐ zu setzen, z. B. 73 ⌀, 45 ☐.

Hauptmaße, welche bei der Ausführung besonders gebraucht werden, müssen in der Zeichnung auch besonders auffällig sichtbar sein und, wenn nötig, durch kräftigere Ziffern hervorgehoben werden.

Die **Maßlinien** werden in die Zeichnung hineingeschrieben, solange die Form darunter nicht leidet; sonst sind sie außerhalb der Zeichnung anzubringen. **Keinesfalls dürfen Mittellinien oder Achsen als Maßlinien benutzt werden.**

Die Maßzahlen dürfen nie senkrecht zu den Maßlinien eingeschrieben werden, da sonst bei sich kreuzenden Maßlinien leicht kostspielige Irrungen daraus entstehen könnten.

Bei vertikalen Maßlinien sind die Maßzahlen stets so zu schreiben, daß sie von der rechten Seite aus lesbar sind. Außer den Hauptlängen-, Breiten- und Höhenmaßen sowie den Entfernungen von Mitte zu Mitte sind in die Zeichnung bzw. Skizze alle jene Maße übersichtlich und deutlich lesbar einzutragen, die zur Ausführung erforderlich sind. **Dabei ist wohl zu beachten, daß die Einzelmaße, zusammenaddiert, mit dem Gesamtmaße übereinstimmen, daß für dieselbe Entfernung in zwei verschiedenen Projektionen, z. B. Auf- und Grundriß, nicht verschiedene Maße eingeschrieben werden.** Es ist besser, ein Maß doppelt zu schreiben, als eins zu wenig. Es müssen in einer Zeichnung alle Maße so angeordnet werden, **daß der Ausführende nichts dabei zu rechnen hat,** die Möglichkeit des Verrechnens und damit eine falsche Ausführung, sonach ein Verschwenden von Zeit und Geld absolut ausgeschlossen bleibt.

7. Abschnitt.

Bauzeichnen.

[507] Einleitung.

Da Bauarbeiten von halbwegs größerem Umfange in allen Ländern in irgendeiner Form der behördlichen Genehmigung bedürfen, für diese aber überall bestimmte Vorschriften und Anweisungen über die Ausführung der vorzulegenden Bauzeichnungen bestehen, hat sich im gesamten Bauwesen die Übung herausgebildet, die Projektierung im allgemeinen diesen Vorschriften anzupassen und nur soweit, als es in besonderen Fälle für die Ausführung nötig erscheint, diese behördlich verlangten Zeichnungen durch besondere zeichnerische Darstellungen von Einzelheiten zu ergänzen.

So sollen in Deutschland nach einer Anweisung des Ministeriums für öffentliche Arbeiten vor Anfertigung von eingehend bearbeiteten Entwürfen für alle Bauten, deren Kosten mehr als 5000 M. betragen, Skizzen unter Beifügung eines **Lageplanes** sowie eines allgemein gehaltenen, aber alle wesentlichen Punkte klarstellenden **Erläuterungsberichtes** aufgestellt werden. Beizufügen ist ferner ein **Kostenüberschlag** nach m² der zu bebauenden Fläche und nach m³ des Rauminhaltes.

Die eine Bauanlage bildenden verschiedenen Baulichkeiten sind getrennt zu entwerfen; es sind also z. B. im Hochbau gesonderte Entwürfe für das Hauptgebäude, für die Nebengebäude, für die Umfriedungen, für Pflasterungen der Höfe, für Gartenanlagen, Brunnen usw. aufzustellen.

Der für die Bauausführung bestimmte **Entwurf** hat zu bestehen aus:

A. dem **Lageplan** und, wenn erforderlich, aus den **Längs- und Querschnitten** eines Bauplatzes von verschiedener Höhenlage, sowie den Bauzeichnungen nebst den etwa erforderlichen Teilzeichnungen in größerem Maßstabe;

B. dem **Erläuterungsbericht;**

C. dem **Voranschlage** mit Berechnung der Massen der verschiedenen Baustoffe und der Kosten.

In ähnlicher Weise wird auch der Ausführungsentwurf für alle übrigen Bauarbeiten auszuarbeiten sein.

[508] Baupläne.

a) Der **Lageplan** soll dazu dienen, die Oberfläche der Baustelle und deren nächste Umgebung zu veranschaulichen. Sind demselben Höhenangaben durch Querschnittszeichnungen beizufügen, was aber nur bei bedeutenderen Unebenheiten des Bauplatzes notwendig wird, so sind in der Regel die Längen im Maßstabe 1 : 500, die Höhen dagegen in zehnfachem Betrage der Längen (1 : 50) aufzutragen.

Für gewöhnlich genügt aber nur die Angabe der wichtigsten Höhenzahlen im Lageplan, der außerdem die Angabe der Himmelsrichtung enthalten soll. In den Querschnitten, falls solche überhaupt erforderlich werden, ist der Stand des **Grundwassers** sowie der bekannte **niedrigste, mittlere und höchste Wasserstand** benachbarter Gewässer anzugeben. Über die Aufnahme des Geländes und die Herstellung von Lageplänen oder Situationsplänen, Längen- und Querprofilen wird in der „Vermessungskunde" eingehend gesprochen werden.

b) **Die Bauzeichnungen sind meist im Maßstabe 1 : 100 aufzutragen und sollen durch Grundrisse, Schnitte und Ansichten das auszuführende Bauwerk vollständig zur Anschauung bringen.** Die eigentliche Grundlage des ganzen Bauentwurfes bildet der **Grundriß,** der jedoch hier nicht mehr nur die Oberansicht des zu zeichnenden Gegenstandes darstellt, wie dies in der darstellenden Geometrie der Fall ist. **Um eine genauere Einsicht in das Innere eines Bauwerkes zu erlangen, schiebt man dem Grundrisse, also der von den Umfassungslinien eingeschlossenen Fläche einen horizontalen Schnitt unter,** deren Ebene etwas über jenen Flächen liegt, in welchen in bezug auf Mauerstärken oder Verteilung des Raumes irgendwelche einschneidendere Änderungen eintreten. Bei der großen Mannigfaltigkeit, in der technische Bauwerke je nach ihren verschiedenen Zwecken ausgeführt werden, ist natürlich die Zahl der zur vollständigen Darstellung des Objektes und auch deren Ausstattung eine höchst verschiedene.

Als Beispiel hierfür wollen wir die Verhältnisse eines Gebäudes besprechen, bei welchem die Grundrisse, die Einteilung und Verwendung der einzelnen Räume, die Anordnung der Türen und Fenster, ja sogar zum Teil die innere Einrichtung deutlich ersichtlich gemacht werden sollen. An der Hand dieses Beispieles wird es dann leicht sein, die Baupläne für andere Bauten zu entwerfen, worüber Fachband II die nötigen Aufklärungen geben wird.

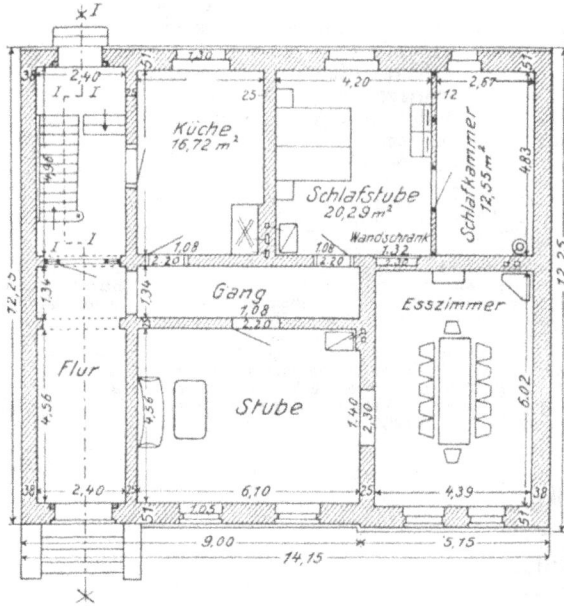

Abb. 924
Erdgeschoßgrundriß 1 : 100

Im Hochbau ist es unerläßlich, für jedes Stockwerk, ja selbst für die Balkenlagen besondere Grundrisse anzufertigen, um die in jedem Geschosse sich ändernden Verhältnisse deutlich zum Ausdrucke zu bringen, und man unterscheidet daher hier den **Keller-**, den **Erdgeschoßgrundriß**, ferner die **Grundrisse für die oberen Stockwerke**, den **Grundriß des Dachgeschosses** und schließlich den **Balkenriß**. So zeigt z. B. Abb. 924 den Erdgeschoßgrundriß für ein kleines Gebäude in halber Größe.

Während die Grundrisse sonach einen allgemeinen Überblick über das Gebäude geben, sind die Höhenverhältnisse in passenden **Schnitten** festzustellen (Abb. 925). **Wenn nötig, können diese Schnitte auch gebrochen sein,** wie z. B. *II.* Während sonach der Grundrißschnitt *II* durch die Tür- und Fensterachsen, sowie durch den linksseitigen Stiegenarm geht, werden die Schnitte *BB, CC, DD* in die Höhe der Fenster gelegt und auch nach Bedarf gebrochen.

Für Schnitte wird meist der Maßstab 1 : 50 oder, wenn es sich um Teilzeichnungen handelt, 1 : 20 oder 1 : 10 gewählt (Abb. 926).

Weiteres folgt später in der „Baukunde".

c) Die der Bauausführung zugrunde zu legenden Maße sind nach erfolgter genauer Ausrechnung in

Metern mit zwei Dezimalen, die Mauerstärken jedoch in Zentimetern einzutragen.

Die Stärken der Bauhölzer sind in Zentimetern in Form eines Bruches zu schreiben, z. B. $\frac{20}{24}$ cm.

Schnitte sind entweder zu schraffieren oder mit

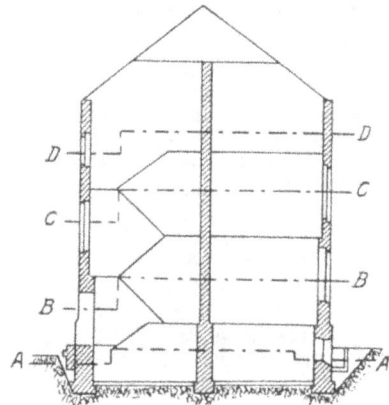

Abb. 925
Schnitt

hellen, durchsichtigen, den Baustoff kennzeichnenden Farben anzulegen.

Die Größe der Zeichnung soll eine Länge von 65 cm und eine Breite von 50 cm nicht überschreiten, was sich durch

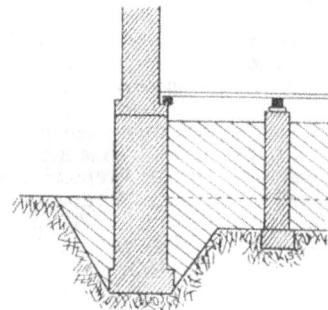

Abb. 926
Teilzeichnung

Absonderung der Grundrisse, Schnitte und Ansichten auf einzelne Blätter leicht erreichen läßt.

Die Verpackung und Versendung soll nur in Mappen erfolgen, ein Aufrollen der Zeichnungen muß möglichst vermieden werden.

8. Abschnitt.

Maschinenzeichnen.

[509] Zweck der Zeichnungen.

a) **Das Wesentliche des Maschinenzeichnens liegt in der Vorstellung der Konstruktionsformen und im zeichnerischen Ausdruck dieser Vorstellung,** die natürlich dem jeweiligen Zweck der Darstellung entsprechen muß. In dieser Hinsicht unterscheidet man:

1. **Projektzeichnungen,** die oft nur den Zweck haben, nicht sachverständigen Beurteilern ein allgemeines Bild der Konstruktionsformen zu geben und daher lediglich **eine äußere Darstellung der** Hauptform, des Raumbedarfes, der Zugänglichkeit und der Anschlüsse erfordern. Diese Notwendigkeit liegt vor bei vielen Erläuterungs-, Projekt- und Patentzeichnungen, in denen bestimmte, nur für den augenblicklichen Zweck wichtige Einzelheiten hervorgehoben werden müssen.

2. **Gesamtzeichnungen, die nur eine Übersicht für einen bestimmten Zweck bieten und daher die Abhängigkeit der zeichnerischen Darstellung vom Sonderzweck besonders deutlich erkennen lassen;** sie sind z. B. erforderlich **für den Zusammenbau der fertigen**

Maschinenteile in den Werkstätten und am Verwendungsorte und gliedern sich in **Montagezeichnungen, Rohrpläne, Fundamentpläne** und **Armaturpläne.** Für alle Übersichtszwecke ist es am besten, nur die Hauptteile, entweder die beweglichen oder die unterstützenden, hervorzuheben und alles nebensächliche Beiwerk wegzulassen, damit die Zeichnung recht anschaulich wird. Solche Gesamtpläne können nur auf Grund von Einzelzeichnungen angefertigt werden, erfordern aber viel Geschick, wenn sie wirken sollen.

3. **Werkzeichnungen, die das ausschließliche Ausdrucks- und Verständigungsmittel des Konstrukteurs mit der Werkstätte sein soll** und mit denen wir uns noch im folgenden beschäftigen werden.

[510] Werkzeichnungen.

a) **Jede Werkstattzeichnung muß unbedingt eindeutig und vollständig alles enthalten, was zur Ausführung der dargestellten Form erforderlich ist;**

1. Sie muß **in sehr kräftigen Linien gezeichnet** sein, weil die Arbeiter das Auszuführende (Form und Maße) auch in größerer Entfernung deutlich sehen müssen und

2. **so gezeichnet sein, daß kein Maß abgemessen werden muß,** weil dies ungenau wäre, das Papier veränderlich ist und die Zeichnungen durch diese Art der Benutzung beschädigt werden. Daher sind alle Ausführungsmaße auch bei Darstellung in natürlicher Größe deutlich in Zahlen einzuschreiben und **nur diese Maßzahlen sind für die Ausführung maßgebend.** Die Zeichnung soll nur die Form veranschaulichen.

b) **Die Konstruktionsformen müssen in so viel Projektionen und Schnitten dargestellt werden, daß sie vollständig und unzweifelhaft bestimmt sind.**

Gegen diese Forderung wird in der Praxis oft verstoßen und verursacht bei mangelhafter Kontrolle oft große Nachteile. So z. B. waren für eine Schiebersteuerung mit drehbarem Expansionsschieber die halben Abwicklungen der Schieber richtig gezeichnet, aber ohne auffällige Angabe, daß nur die untere Hälfte dargestellt sei. Die Schieber wurden irrtümlich symmetrisch ausgeführt, ergaben unrichtige Dampfverteilung und mußten mit großen Kosten ausgewechselt werden. In einem anderen Falle wurden nur wegen unklarer Anordnung der Projektionen, die Dampfzylinder von 10 Maschinen mit dem Schieberkasten rechts statt links ausgeführt und mußten gegen neue ersetzt werden.

Solche Fehler werden insbesondere häufig veranlaßt bei einfachen Formen, wenn diese nur in zwei

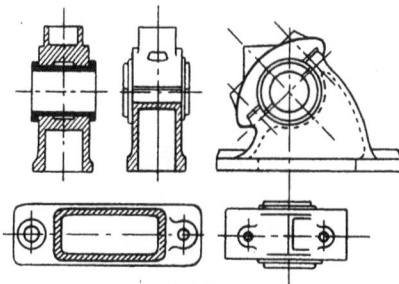

Abb. 927 (falsch)

oder überhaupt zu wenig Projektionen dargestellt werden und **dann die Bedeutung von rechts und links verwechselt wird.**

Die darstellende Geometrie benutzt meist nur drei Projektionen, die für die Formen vieler Maschinenteile nicht genügen. Selbst wenn eine Konstruktionsform nur in Aufriß, Grundriß und Kreuzriß oder in entsprechenden Schnitten vollständig darstellbar ist, **muß einheitlich eine bestimmte Anordnung der Projektionen,** also z. B. Grundriß unterhalb des Aufrisses und Kreuzriß je nach der Umklapprichtung

rechts oder links eingehalten werden. Sonst ergeben sich Irrtümer und Zweifel über die Bedeutung von rechts und links. Deshalb müssen zusammengehörige Projektionen richtig unter- und nebeneinander gezeichnet und dürfen nicht beliebig verteilt werden, wie dies z. B. in der Zeichnung eines Lagers (Abb. 927) der Fall ist, die bezüglich der Bedeutung von rechts und links sehr große Zweifel in sich birgt. Dasselbe Lager ist in Abb. 928 vollkommen **eindeutig** dargestellt.

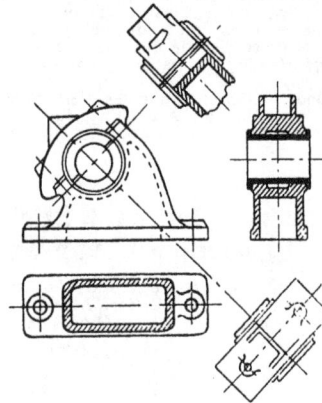

Abb. 928 (richtig)

Die Schnitte werden ohne Rücksicht auf Materialunterschiede schraffiert oder kleinere Querschnitte schwarz hervorgehoben und sollen möglichst frei von eingeschriebenen Maßzahlen bleiben. Dort wo dies nicht möglich ist und auch bei breiten Schnittflächen weniger stört, ist an Stelle der einzuschreibenden Maßzahl die Schraffur zu unterbrechen.

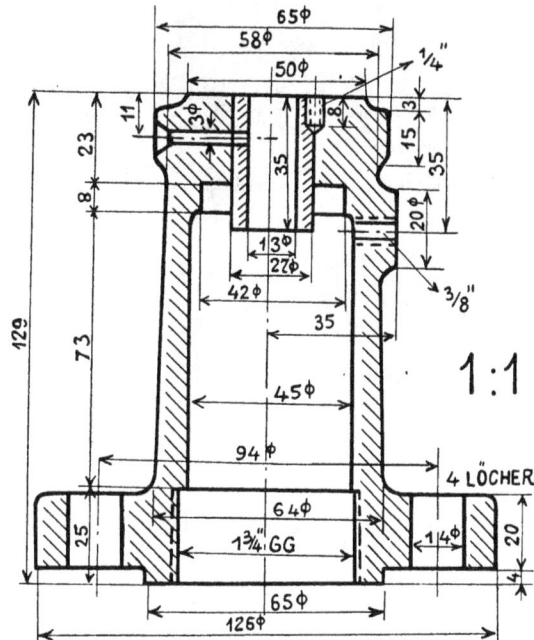

Abb. 929
Werkzeichnung

c) **Schnitte und Projektionen, welche nicht die wahren Abmessungen zeigen oder für die Ausführung unwesentlich sind, sollen unbedingt vermieden werden.** Solche schiefe Projektionen und Schnitte lassen sich durch Teilprojektionen ersetzen, welche die für die

Ausführung erforderlichen wahren Abmessungen darstellen. **Ebenso sollen die Durchdringungslinien von
Körpern nicht auffällig gezeichnet, sondern höchstens
nur angedeutet werden.**

Ihre richtige Konstruktion ist zwar unerläßlich, ihre
Darstellung ist aber nur ein Hilfsmittel des Konstrukteurs,
welches nicht in die Werkzeichnung gehört. Dagegen trägt
es viel zur Deutlichkeit bei, wenn zwischen benachbarten
Konstruktionsteilen, namentlich dort, wo Querschnitts-
flächen aneinanderstoßen, links und oben schmale **Licht-
ränder** freigelassen werden, wie dies die Abb. 929 einer ganz
korrekt ausgeführten und vollständig kotierten Werkzeichnung zeigt.

Weiteres über die Beschreibung der Werkzeichnungen mit
erläuterndem Texte über die Art der Ausführung, über **Be-
stellungs-** und **Stücklisten** usw. folgt später im „Werkstätten-
betrieb".

[511] Lösungen der im 4. Briefe unter [417] gestellten Übungsaufgaben.

Aufg. 147. In Abb. 930 stellt $a^h b^h$ den Schatten auf die
Gr.E., $a^c b^r$ jenen auf die A.E. dar. Als wirklicher Schatten gelten nur die in den positiven Proj.-Ebenen liegenden

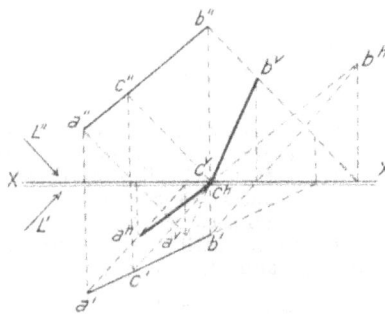

Abb. 930

Stücke $a^h c^h c^r b^r$. Aus dem Schatten $c^h c^r$ findet man
leicht den schattenwerfenden Punkt c, dessen Projektionen natürlich auf den Projektionen der Strecke ab
liegen müssen.

Aufg. 148. (Abb. 931.) Man konstruiert in bekannter Weise
die Schattenbilder der Dreieckseiten, wobei aber nur

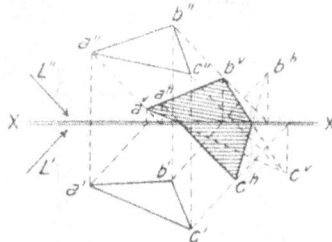

Abb. 931

der schraffierte Teil den wirklichen Schlagschatten des
Dreieckes darstellt.

Aufg. 149. (Abb. 932.) Man bestimmt den Schlagschatten
des Parallelogrammes $abcd$ und der Strecke fg auf die
Gr.E. und sucht die Punkte $x_e^h y_e^h$, in welchen die

Schattenlinie $f^h g^h$ die Schattenbegrenzung $a^h b^h c^h d^h$
schneidet. Zieht man dann durch x_e^h und y_e^h nach
rückwärts Parallele zum Lichtstrahl, so erhält man in
x_e' und y_e' die gesuchten Schattenprojektionen, deren
A. sich in x_e'' und y_e'' ergibt.

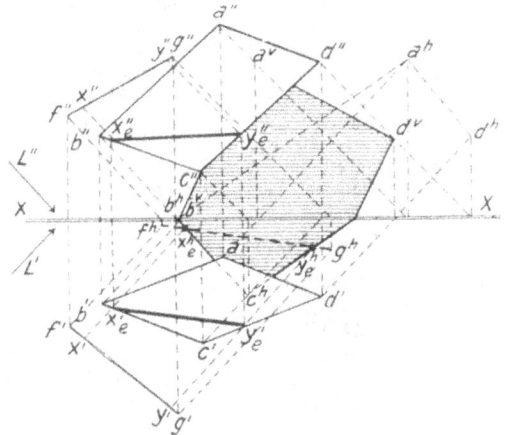

Abb. 932

Aufg. 150. (Abb. 933.) Die Pyramide habe ihre Grundfläche
$abcd$ in der Gr.E. und ihre Spitze in S. Ihr Grund-
rißschatten ist durch die Geraden $a' S^h$ und $c' S^h$ begrenzt,
die die Schattenlinie $m^h n^h$ in x_ν und z_ν schneiden.
Ein wichtiger 3. Punkt ergibt sich im Schnittpunkte

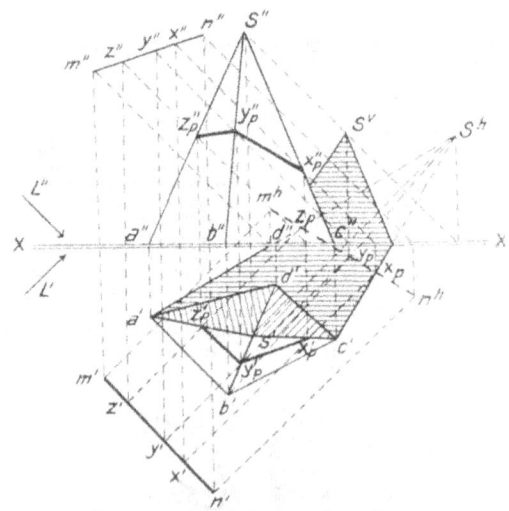

Abb. 933

$y_\nu = b' S^h \times m^h n^h$. Werden in diesen Punkten die
Lichtstrahlen nach rückwärts gezogen, so ergibt sich
die Schattenlinie $x_\nu' y_\nu'$ der Strecke $x' y'$ und die Schattenlinie $y_\nu' z_\nu'$ der Strecke $y' z'$. Nach der Punktprobe erhält man den A. der gebrochenen Schattenlinie $x_\nu'' y_\nu'' z_\nu''$
und der schattenwerfenden Punkte $x'' y'' z''$.

LEBENSBILDER

berühmter Techniker und Naturforscher.

Benjamin Franklin.
* 1706, † 1790.

Einer der berühmtesten und wohl auch geachtetsten Männer des 18. Jahrhunderts war der Amerikaner **Benjamin Franklin,** dem wir u. a. auch die Erfindung des Blitzableiters danken.

Als das 16. Kind seiner Eltern in Boston geboren, mußte Benjamin von früher Jugend dem Vater in seinem Seifensiedergeschäfte mithelfen, erlernte aber dann bei seinem Halbbruder James die Buchdruckerei und wurde frühzeitig Schriftsteller. Nach zweijährigem Aufenthalte in London errichtete er in Philadelphia eine eigene Druckerei und wurde als Herausgeber einer politischen Zeitung in immer weiteren Kreisen bekannt. In dieser Zeit fing er an, sich mit dem Studium der Physik, namentlich der Elektrizität, zu beschäftigen, trotzdem er eigentlich in seinem Leben wenig geregelten Unterricht genossen und seine Kenntnisse nur durch eifriges Lesen der verschiedensten Bücher erworben hatte. Schon Franklins Theorie der Elektrizität (1747), in welcher er zum ersten Male die Benennung **„positive"** und **„negative"** Elektrizität statt Glas- und Harzelektrizität gebrauchte, wurde von den Physikern der Alten Welt günstig aufgenommen, aber es waren doch in erster Linie die Erklärung der **Leidener Flasche** und die Erfindung seiner **Blitztafel,** durch die sein Name in allen wissenschaftlichen Kreisen Europas bekannt wurde. Auf Grund eingehender Versuche bewies er, daß die negative Elektrizität der äußeren Belegung der Menge nach ebenso groß sei wie die der inneren Belegung zugeführte Elektrizitätsmenge und daß die Elektrizität hauptsächlich auf der Oberfläche des Glases sitze, wo sie durch die gegenseitige Anziehung festgehalten wird. Aus seiner weiterer Entdeckung, daß man vermittelst eines zugespitzten Metallstäbchens einen geladenen Konduktor selbst aus größerer Entfernung Elektrizität entziehen kann, kam er dann zu seiner berühmtesten Erfindung des Blitzableiters. Mit seinem Drachen, den er mit einer Metallspitze versah, konnte er aus einem an dem Hanfseil hängenden Schlüssel Funken ziehen, was ihm bewies, daß **die Gewitterwolken elektrisch sind und der Blitz ein elektrischer Funke ist.** Franklin setzte auf sein Haus eine zugespitzte Eisenstange und verband diese mit einem Draht, den er mit einer in einem Brunnen stehenden Pumpe verband; **der erste Blitzableiter war damit ausgeführt.**

Die elektrische Stange hatte in Europa eine wahre Begeisterung hervorgerufen, und der Name Franklins war in aller Munde. Aber viele Zeitgenossen verstanden die Wirkungsweise des Blitzableiters nicht, dessen Einführung übrigens auch in vielen Orten auf heftigen Widerstand stieß, weil manche im Blitzableiter ein Anziehungsmittel für den Blitz sahen; wurde ja doch der bekannte Petersburger Physiker Richmann bei Berührung seines Blitzableiters vom Blitz erschlagen. Später hatte Franklin keine Zeit mehr zu eingehenden naturwissenschaftlichen Studien; er war ein Vorkämpfer im amerikanischen Freiheitskriege gegen England geworden und erschien 1766 in London als Vertreter für Pennsylvanien, sprach mit seltener Freimütigkeit für die Sache der Kolonien und setzte die Aufhebung der sog. Stempelakte durch. In seiner Wirksamkeit als Gesandter der Vereinigten Staaten in Paris brachte er den Vertrag mit Frankreich zustande, der die Unabhängigkeit der Kolonien anerkannte und die Hilfe Frankreichs im Kampfe gegen England zusicherte. Noch in hohem Lebensalter wurde er Präsident des Rats von Pennsylvanien und starb als solcher in Philadelphia.

Mit ruhiger Klarheit durchschaute Franklin die Verhältnisse des Lebens im Großen wie im Kleinen, und sein edles Herz umfaßte das Wohl der ganzen Menschheit. Unübertrefflich war er in der Kunst, die Lehren der Moral zu entwickeln und sie in populärer Darstellung auf die Pflichten der Freundschaft und der Humanität anzuwenden. Dem Erfinder des Blitzableiters und dem Befreier seines Vaterlandes galt der bekannte Ausspruch: **„Er entriß dem Himmel den Blitz, den Tyrannen das Zepter."** Die Nationalversammlung in Frankreich legte bei seinem Tode Trauer auf drei Tage an. Er selbst aber bestimmte die Inschrift auf seinem Grabstein mit den Worten: **„Hier liegt der Leib Benjamin Franklins, eines Buchdruckers, gleich dem Deckel eines alten Buches, eine Speise für die Würmer; doch wird das Werk selbst nicht verloren sein, sondern wie er glaubt, einst in einer neuen schönern Ausgabe erscheinen."**

Wie dankbar die Amerikaner auch heute noch ihrem einstigen Befreier sind, beweist der jedem Reisenden auffällige Umstand, daß fast jede amerikanische Stadt in herrlicher Gartenanlage ihr Franklindenkmal besitzt.

Schlußwort zum 1. Fachbande.

In dem nunmehr vorliegenden I. Fachbande „Naturkräfte und Baustoffe" haben wir zunächst die **Physik** so eingehend behandelt, daß unsere Leser für das folgende Studium ihrer technisch hervorragend wichtigen Zweigwissenschaften, der **Technischen Mechanik**, der **Baumechanik** und der **Elektrotechnik**, genügend vorbereitet sein werden. Auch die „**Stoffkunde**" und die „**Technologie**" bilden eine geeignete Grundlage für die richtige Wahl und zweckentsprechende Bearbeitung der in der Bautechnik notwendigen Baustoffe.

Alle diese Kenntnisse könnten aber schließlich ganz allmählich auch in der Praxis erworben werden, **wenn solchen nur gelegentlich da und dort zufällig gesammelten Erfahrungen nicht immer jener innere wissenschaftliche Zusammenhang fehlen würde,** der bei pädagogisch folgerichtiger Darstellung sich unwillkürlich einstellt.

Was aber absolut nicht in noch so langer praktischer Verwendung und noch so guter praktischer Schulung gelernt werden kann, ist das technische Zeichnen und Konstruieren, und gerade diese Fähigkeiten sind dasjenige, was den Techniker hauptsächlich vom Hilfsarbeiter unterscheidet. Ebenso wie es einfach unmöglich ist, das mathematische Denken, den Ansatz mathematischer Gleichungen ohne eigene Mühe zu lernen, ist es ganz ausgeschlossen, vorhandene oder erst zu schaffende Gegenstände und Konstruktionen sich selbst oder anderen durch richtige Darstellung klar und verständlich zu machen, **wenn der Betreffende nicht selbst die Grundlagen der darstellenden Geometrie völlig erfaßt und sich durch Arbeiten mit Zirkel und Lineal die nötige Übung im Zeichnen und Konstruieren erworben hat.** Welchen günstigen Eindruck macht ein Gewerbsmann oder ein technischer Geschäftsmann auf jeden, der mit ihm zu tun hat, wenn er es versteht, ihm seine Gedanken bildlich klarzustellen, und welcher Stümper in technischer Hinsicht bleibt ein noch so vielseitig gebildeter Mann, wenn ihm die allgemein verständliche Sprache der zeichnerischen Darstellung fehlt, und er erst langatmig und umständlich beschreiben muß, was er sonst durch wenige, richtig entworfene Linien so deutlich zum Ausdruck bringen könnte?

Wir haben uns bemüht, unseren Selbstschülern die Sache so leicht als möglich zu machen, indem wir uns dabei nur auf das Allernotwendigste beschränkt haben. Wenn unsere Leser die gleiche Mühe aufwenden, um alles das gründlich zu erfassen, was wir im technischen Zeichnen gebracht haben, wenn er sich bemüht, die gestellten Aufgaben mit Verständnis zu lösen, **dann ist er schon durch diese Übungen allein ein tüchtiger, sehr verwendbarer Techniker geworden,** der sich von allen Hilfskräften wesentlich unterscheidet und der dann nur Erfahrung braucht, um brauchbare Gedanken erfolgreich zu verwirklichen.

Darum raten wir nochmals unseren Lesern, dem in diesem Fachbande vollständig abgeschlossenen technischen Zeichnen ihre größte Aufmerksamkeit zu widmen. Stoßen sie dabei auf Schwierigkeiten, was hier nicht überraschen, aber auch nicht entmutigen darf, so mögen sie sich nur vertrauensvoll an unsere Fragestelle wenden. Wir wollen unsere Selbstschüler zu tüchtigen Fachleuten heranbilden und werden keine Mühe scheuen, um ihnen dabei mit Rat und Tat an die Hand zu gehen.

Nach unserem im Schlußworte zur Vorstufe gewählten „Bergbilde" haben wir jetzt nach dem mühsamen Aufstiege auch die schon viel genußreichere **Gratwanderung** hinter uns und werden nunmehr in den folgenden Fachbänden die uns so verlockend erscheinenden Hochgipfel erzwingen. Die „**Bau- und Kulturtechnik**" wird uns zeigen, wie die Technik in der freien Natur arbeitet und diese den Zwecken der Menschheit dienstbar macht; die „**Maschinenlehre und Elektrotechnik**" wird uns dagegen allmählich einen Einblick in die gewaltigen Gebiete der **Verkehrstechnik** sowie der **gewerblichen und industriellen Tätigkeit** eröffnen, die die Kultur des Menschen in so hohem Maße umgestaltet haben und uns zu einer noch nicht zur Gänze übersehbaren Höhe in der technischen Entwicklung bringen werden. **Freuen wir uns gemeinschaftlich auf das, was uns der T. S. noch bringen wird!**

Literatur.

Fr. **Almstedt**, Fachzeichnen, Hannover, Dr. Max Jänneke.

G. **Benkwitz**, Die Darstellung der Bauzeichnung, Berlin, Springer.

Dr. **Bernhard**, Darstellende Geometrie, Stuttgart, Wenderlin.

Buch der Erfindungen und Entdeckungen, Leipzig, Spamer.

Elektrotechnik und Maschinenbau, Wien, Elektrotechnischer Verein.

A. **Haberstroh**, Die Baustoffkunde, Berlin und Leipzig, Göschen.

Hermann v. **Helmholtz**, Vorträge und Reden, Braunschweig, Vieweg.

Dr. R. **Hennig**, Buch berühmter Ingenieure, Leipzig, Spamer.

Hütte, Des Ingenieurs Taschenbuch, Berlin, Ernst.

Paul **La Cour**, Die Physik, Braunschweig, Vieweg.

Friedr. **Kick**, Mechanische Technologie, Leipzig, Deutike.

Kleiber-Karsten, Physik für technische Lehranstalten, München, Berlin, Oldenbourg.

Dr. Paul **Krais**, Gewerbliche Materialkunde, Stuttgart, Krais.

R. **Krüger**, Baustofflehre, Wien, Hartleben.

Ing. Karl **Mayer**, Technologie des Maschinentechnikers, Berlin, Springer.

B. **Malenkovic**, Die Holzkonservierung, Wien, Hartleben.

Naturwissenschaftliche Zeitschrift für Forst- und Landwirtschaft, Stuttgart.

Ing. Th. **Pierus**, Wie entsteht Zement? Wien, Perlmooser Zementfabrik A.-G.

Prof. A. **Riedler**, Das Maschinenzeichnen, Berlin Springer.

Prof. Dr. **Rosenberg**, Lehrbuch der Physik, Wien, Hölder.

Dr. H. **Seipp**, Baustofflehre, Leipzig, Degener.

Dr. **Toula-Bisching**, Mineralogie und Geologie, Wien, Hölder.

Uppenborn-Detmar, Kalender für Elektrotechniker, München, Berlin, Oldenbourg.

Namen- und Sachregister.

Die Zahlen mit vorgesetztem S. bedeuten Seitenzahlen, alle übrigen die eingeklammerten Nummern der Unterabschnitte
z. B. 249 = [249]. — Sie sind bezüglich der ausführlicheren Textstellen fettgedruckt.

Inhalt des I. Fachbandes:
„Naturkräfte und Baustoffe"

Das technische Zeichnen

Allerlei Wissenswertes über Technik und Naturwissenschaft.

Lebensbilder berühmter Techniker und Naturforscher.

Tabellen

www.ingramcontent.com/pod-product-compliance
Lightning Source LLC
Chambersburg PA
CBHW081436190326
41458CB00020B/6219